国家电网有限公司
STATE GRID
CORPORATION OF CHINA

电网安全性评价查评依据
第2部分：城市电网

国家电网有限公司安全监察部　编

中国电力出版社
CHINA ELECTRIC POWER PRESS

内 容 提 要

本书内容按《电网安全性评价规范 第2部分：城市电网》（Q/GDW 11808.2—2018）的顺序排序，并给出查评依据的出处和具体条款，以方便广大读者在使用时查阅。本书主要内容包括电网、调度及二次系统、电力通信与信息安全、变电一次设备、输配电设备、供用电安全和安全管理等，为城市电网安全性评价提供了较翔实的依据。

本书可供电企业从事安全性评价与安全管理工作的各级管理人员及一线人员学习和使用。

图书在版编目（CIP）数据

电网安全性评价查评依据 . 第2部分 . 城市电网／国家电网有限公司
安全监察部编 .—北京：中国电力出版社，2019.6（2019.9重印）
 ISBN 978-7-5198-3117-2

Ⅰ．①电… Ⅱ．①国… Ⅲ．①电网－安全评价－中国②城市配
电网－安全评价－中国 Ⅳ．① TM7② TM727.2

中国版本图书馆 CIP 数据核字（2019）第 078929 号

出版发行：中国电力出版社
地　　址：北京市东城区北京站西街 19 号（邮政编码 100005）
网　　址：http://www.cepp.sgcc.com.cn
责任编辑：吴　冰　赵云红
责任校对：黄　蓓　常燕昆
装帧设计：赵姗姗
责任印制：石　雷

印　　刷：三河市百盛印装有限公司
版　　次：2019 年 7 月第一版
印　　次：2019 年 9 月北京第二次印刷
开　　本：880 毫米 ×1230 毫米　16 开本
印　　张：57.5
字　　数：1785 千字
印　　数：5001—8000 册
定　　价：280.00 元

编 写 人 员 名 单

主　　编　　王国春

副 主 编　　李　龙　　吴　哲　　杨　军

审　　核　　宋金根　　王　东　　苏　峰

编写组成员　吴剑凌　　吴国威　　杨　扬　　章伟林　　来　骏

　　　　　　张学东　　李　强　　翁兴辰　　何成彬　　兰　洲

　　　　　　祝项英　　钱建国　　杜奇伟　　占震滨　　陆德胜

　　　　　　林海泉　　杨德超　　邵金福　　叶忠民　　姚一杨

　　　　　　王秋梅　　翁秉宇　　裴传逊　　卢　巍　　唐　剑

　　　　　　杨一峰　　蔡怡挺　　吴佳毅　　于海生　　陈　敏

国家电网有限公司
STATE GRID
CORPORATION OF CHINA

前　言

　　城市电网安全性评价是系统梳理电网安全隐患、有效防范电网安全风险的重要手段。2011 年，国家电网有限公司（简称公司）颁布了城市电网安全性评价及查评依据，规定了城市电网安全性评价的查评内容和依据。随着城市电网容量越来越大、电压等级越来越高，城镇化建设对城市电网供电可靠性要求的持续提高，新设备、新技术的日益广泛应用，对供电企业城市电网的安全管理提出了新的课题。公司 2011 年印发的城市电网安全性评价及查评依据已不能完全适应形势变化要求，为此，公司在总结多年来城市电网安全性评价工作的基础上，结合城市电网供电企业发展实际和公司安全管理需求，依据国家、电力行业和公司近年来新颁法律法规、规程规范以及规章制度要求，组织修订、形成了《电网安全性评价规范　第 2 部分：城市电网》（Q/GDW 11808.2—2018）及其查评依据，并通过试评价进行了验证，具备在公司系统正式发布实施的条件，为新形势下规范城市电网安全性评价工作创造有利条件。

　　本次修订注重评价标准的实用性、统一性和规范性。在整体章节设置上，由电网、调度及二次系统、电力通信与信息安全、变电一次设备、输配电设备、供用电安全和安全管理组成，各专业章节均按照"管业务必须管安全"原则，明确各专业安全管理机制建设、专业管理、技术指标、反措落实四个架构的评价内容，在具体评价项目上更加突出安全性，希望能够进一步深化和拓展供电企业安全性评价工作，持续强化企业本质安全建设，继续提升城市电网的安全生产水平。

编　者

2019 年 5 月

目 录

1 电网部分

1.1 主网部分

1.1.1 机制建设

本条评价项目（见《评价》）的查评依据如下。

【依据1】《国家电网公司电网规划设计内容深度规定》（Q/GDW 268—2009）

2.3 电网规划包括近期规划、中期规划、长期规划，遵循"近细远粗、远近结合"的思路开展工作。设计年限宜与国民经济和社会发展规划的年限相一致，近期规划5年左右、中期规划5～15年左右、长期规划15年以上。

2.4 近期规划侧重于对近期输变电建设项目的优化和调整；中期规划侧重于对电网网架进行多方案的比选论证，推荐电网方案和输变电建设项目，提出合理的电网结构；长期规划侧重于对主网架进行战略性、框架性及结构性的研究和展望。近期规划是中期、长期规划的基础，中期、长期规划指导近期规划。

【依据2】《城市电力网规划设计导则》（Q/GDW 156—2006）

2.5 规划的修正

城网规划的不确定因素很多，因此必须按负荷的实际变动和规划的实施情况，对规划每年进行滚动修正。

为适应城市经济和社会发展的需要，中远期规划一般每五年修编一次，近期规划应每年做滚动修正。

2.6.2 城网规划由当地政府城市规划主管部门综合协调，经人民政府审批后，纳入城市总体规划和各地区详细规划中。

2.6.4 城网建设中的线路走廊、电缆通道、变（配）电站等用地应上报城市规划管理部门预留（给出预留用地的具体位置并切实纳入城市用地规划）。

【依据3】《国家电网公司关于进一步适应核准制改革加强电网管理的意见》（国家电网发展〔2015〕274号）

一、电网规划管理

电网规划主要有编制、评审、批复三个管理环节。

1. 规划编制

坚持各级电网统一规划，公司系统规划设计支撑体系负责电网规划编制。国网发展部统一组织制定规划工作方案和边界条件，地市经研所负责编制110kV及以下电网规划，省经研院负责编制220～500kV电网规划，国网经研院负责编制国家电网总体规划和750kV及以上交流、跨境跨省交直流电网规划。

3. 规划批复

公司审定电网总体规划且批复省公司电网规划后，国网发展部将国家电网总体规划报国家能源局；省公司将本省电网规划报地方政府，纳入地方经济社会发展规划。

对于急需建设和规划外项目，750kV及以上交流、跨省交直流项目由国网发展部提出调整报告，报公司审定后纳入规划；在公司审定的规划规模和投资范围内，220～500kV项目由省公司提出调整报告并报国网发展部组织审定后纳入规划，110（66）kV 及以下项目由省公司组织调整并报国网发展部备案。规划调整情况纳入考核管理。

【依据4】《电网设施布局规划内容深度规定》（Q/GDW 11396—2015）

1 范围

本标准适用于国家电网公司管辖的各省（自治区、直辖市）电力公司开展省域范围、市域范围、县域范围 10（20、6）kV 及以上电压等级的电网设施布局规划编制工作。

4.2 电网设施布局规划一般按省域、市域、县域三级进行编制，直辖市可按两级进行编制；市辖区规划可参照县域规划进行编制，也可纳入市域规划。

4.3 省域规划的重点为 500（300）kV 及以上电压等级电网设施，市域规划的重点为 110（66）kV～220kV 电压等级电网设施，县域规划的重点为 35kV 及以下电压等级电网设施。县域电网设施布局规划应将省域、市域电网设施布局规划的成果纳入其中，市域电网设施布局规划应将省域电网设施布局规划的成果纳入其中。各级电网设施布局规划所涉及的电压等级可根据本省各级电网的现状定位、作用和现有规模情况等进行明确。

4.6 电网设施布局规划的成果应通过政府主管部门批准和发布。

1.1.2 专业管理

本条评价项目（见《评价》）的查评依据如下。

【依据1】《电力系统安全稳定导则》（DL 755—2001）

2.1.2 合理的电网结构是电力系统安全稳定运行的基础。在电网的规划设计阶段，应当统筹考虑，合理布局。电网运行方式安排也要注重电网结构的合理性。合理的电网结构应满足如下基本要求：

a）能够满足各种运行方式下潮流变化的需要，具有一定的灵活性，并能适应系统发展的要求；

b）任一元件无故障断开，应能保持电力系统的稳定运行，且不致使其他元件超过规定的事故过负荷和电压允许偏差的要求；

c）应有较大的抗扰动能力，并满足本导则中规定的有关各项安全稳定标准；

d）满足分层和分区原则；

e）合理控制系统短路电流。

2.1.3 在正常运行方式（含计划检修方式）下，系统中任一元件（发电机、线路、变压器、母线）发生单一故障时，不应导致主系统非同步运行，不应发生频率崩溃和电压崩溃。

2.2.1.2 受端系统是整个电力系统的重要组成部分，应作为实现合理的电网结构的一个关键环节予以加强，从根本上提高整个电力系统的安全稳定水平。加强受端系统安全稳定水平的要点有：

a）加强受端系统内部最高一级电压的网络联系；

d）枢纽变电站的规模要同受端系统的规模相适应；

e）受端系统发电厂运行方式改变，不应影响正常受电能力。

2.2.2 电源接入：

2.2.2.1 根据发电厂在系统中的地位和作用，不同规模的发电厂应分别接入相应的电压网络；在经济合理与建设条件可行的前提下，应注意在受端系统内建设一些较大容量的主力电厂，主力电厂宜直接接入最高一级电压电网。

2.2.2.2 外部电源宜经相对独立的送电回路接入受端系统，尽量避免电源或送端系统之间的直接联络和送电回路落点过于集中。每一组送电回路的最大输送功率所占受端系统总负荷的比例不宜过大。具体比例可结合受端系统的具体条件来决定。

2.2.3 电网分层分区：

2.2.3.1 应按照电网电压等级和供电区域，合理分层分区。合理分层，将不同规模的发电厂和负荷接到相适应的电压网络上；合理分区，以受端系统为核心，将外部电源连接到受端系统，形成一个供需基本平衡的区域，并经联络线与相邻区域相连。

2.2.3.2 随着高一级电压电网的建设，下级电压电网应逐步实现分区运行，相邻分区之间保持互为备用。应避免和消除严重影响电网安全稳定的不同电压等级的电磁环网，发电厂不宜装设构成电磁环网的联络变压器。

2.2.3.3 分区电网应尽可能简化，以有效限制短路电流和简化继电保护的配置。

2.2.4 电力系统间的互联：

2.2.4.1 电力系统采用交流或直流方式互联应进行技术经济比较。

2.2.4.2 交流联络线的电压等级宜与主网最高一级电压等级相一致。

2.2.4.3 互联电网在任一侧失去大电源或发生严重单一故障时，联络线应保持稳定运行，并不应超过事故过负荷能力的规定。

2.2.4.4 在联络线因故障断开后，要保持各自系统的安全稳定运行。

2.2.4.5 系统间的交流联络线不宜构成弱联系的大环网，并要考虑其中一回断开时，其余联络线应保持稳定运行并可转送规定的最大电力。

2.6 电力系统全停后的恢复

2.6.1 电力系统全停后的恢复应首先确定停电系统的地区、范围和状况，然后依次确定本区内电源或外部系统帮助恢复供电的可能性。当不可能时，应很快投入系统黑起动方案。

2.6.2 制定黑起动方案应根据电网结构的特点合理划分区域，各区域必须安排1～2台具备黑起动能力机组，并合理分布。

3.2.1 第一级安全稳定标准：正常运行方式下的电力系统受到下述单一元件故障扰动后，保护、开关及重合闸正确动作，不采取稳定控制措施，必须保持电力系统稳定运行和电网的正常供电，其他元件不超过规定的事故过负荷能力，不发生连锁跳闸。

a) 任何线路单相瞬时接地故障重合成功；

b) 同级电压的双回线或多回线和环网，任一回线单相永久故障重合不成功及无故障三相断开不重合；

c) 同级电压的双回线或多回线和环网，任一回线三相故障断开不重合；

d) 任一发电机跳闸或失磁；

e) 受端系统任一台变压器故障退出运行；

f) 任一大负荷突然变化；

g) 任一回交流联络线故障或无故障断开不重合；

h) 直流输电线路单极故障。

但对于发电厂的交流送出线路三相故障，发电厂的直流送出线路单极故障，两级电压的电磁环网中单回高一级电压线路故障或无故障断开，必要时可采用切机或快速降低发电机组出力的措施。

3.3.2 向特别重要受端系统送电的双回及以上线路中的任意两回线同时无故障或故障断开，导致两条线路退出运行，应采取措施保证电力系统稳定运行和对重要负荷的正常供电，其他线路不发生连锁跳闸。

5.1 在电力系统规划工作中，应考虑电力系统的安全稳定问题，研究建设结构合理的电网，计算分析远景系统的稳定性能，在确定输电线的送电能力时，应计算其稳定水平。

5.4 在电力系统调度运行工作中，应按年、季、月全面分析电网的特点，考虑运行方式变化对系统稳定运行的影响，提出稳定运行限额，并检验继电保护和安全稳定措施是否满足要求等。还应特别注意在总结电网运行经验和事故教训的基础上，做好事故预测，对全网各主干线和局部地区稳定情况予以计算分析，以及提出主力电厂的保厂用电方案，提出改进电网安全稳定的具体措施（包括事故处理）。当下一年度新建发、送、变电项目明确后，也应对下一年度的各种运行条件下的系统稳定情况进行计算，并提出在运行方面保证稳定的措施。应参与电力系统规划设计相关工作。

【依据2】《城市电力规划规范》（GB/T 50293—2014）

5.1 城市供电电源种类和选择，除应遵守国家能源政策外尚应符合下列原则：

5.1.1 城市供电电源可分为城市发电厂和接受市域外电力系统电能的电源变电站；

5.1.2　城市供电电源的选择，应结合研究所在地区的能源资源状况、环境条件和可开发利用条件，进行统筹规划，经济合理地确定城市供电电源；

5.1.3　以系统受电或以水电供电为主的大城市，应规划建设适当容量的本地发电厂，以保证城市用电安全及调峰的需要。

5.1.4　有足够稳定的冷、热负荷的城市，电源规划宜与供热（冷）规划相结合，建设适当容量的冷、热、电联产电厂，并应符合下列规定：

5.1.4.1　以煤（燃气）为主的城市，宜根据热力负荷分布规划建设热电联产的燃煤（燃气）电厂，同时与城市热力网规划相协调。

5.1.4.2　城市规划建设的集中建设区或功能区，宜结合功能区规划用地性质的冷热电负荷特点，规划中小型燃气冷、热、电三联供系统。

5.1.5　在有足够可再生资源的城市，可规划建设可再生能源电厂。

【依据3】《国家电网有限公司十八项电网重大反事故措施（2018年修订版）》（国家电网设备〔2018〕979号）

2.1.1.1　合理规划电源接入点。受端系统应具有多个方向的多条受电通道，电源点应合理分散接入，每个独立输电通道的输送电力不宜超过受端系统最大负荷的10％～15％，并保证失去任一通道时不影响电网安全运行和受端系统可靠供电。

2.1.1.3　发电厂的升压站不应作为系统枢纽站，也不应装设构成电磁环网的联络变压器。

2.1.1.4　新能源电场（站）接入系统方案应与电网总体规划相协调，并满足相关规程、规定的要求。在完成电网接纳新能源能力研究的基础上，开展新能源电场（站）接入系统设计；对于集中开发的大型能源基地新能源项目，在开展接入系统设计之前，还应完成输电系统规划设计。

2.1.1.5　综合考虑电力市场空间、电力系统调峰、电网安全等因素，统筹协调、合理布局抽蓄电站等调峰电源。

【依据4】《电力系统设计技术规程》（DL/T 5429—2009）

6.2.7　电网分层分区的要求：

1　应按照电网电压等级和供电区域合理分层分区。

2　随着高一级电压电网的建设，下级电压电网应逐步实现分区运行。

3　相邻分区之间下级电压电网联络线应解列运行，并保持互为备用。

4　应避免和消除严重影响电网安全稳定的不同电压等级的电磁环网。

5　分区电网应尽可能简化，以有效限制短路电流和简化继电保护的配置。

6.3.2　发电厂接入系统的电压等级要求：

1　发电厂接入系统的电压不宜超过两种。

2　根据发电厂在系统中的地位和作用，接入相应的电压等级。

【依据5】《城市电力网规划设计导则》（Q/GDW 156—2006）

4.4.2　220kV及以上的输电线路和变电站是电力系统的重要组成部分，又是城网的电源，可靠性要求高，一般为建于城市外围的架空线双环网。由于地理原因不能形成环网时，也可以采用C形电气环网，超高压环网的规划属系统规划。当负荷增长而需要新电源接入时，如果使环网的短路容量超过规定值，则可在现有环网外围建设高一级电压的环网，并将原有的环网分片或开环，以降低短路容量，并尽量避免电磁环网运行。

【依据6】《国家电网公司安全事故调查规程（2017修正版）》（国家电网安监〔2011〕2024号）

2.2.4　一般电网事故（四级电网事件）

有下列情形之一者，为一般电网事故（四级电网事件）：

（2）造成电网负荷20000MW以上的省（自治区）电网减供负荷5％以上10％以下者；

（6）造成省（自治区）人民政府所在地城市电网减供负荷10％以上20％以下，或者15％以上30％以下供电用户停电者；

（8）造成其他设区的市电网减供负荷 20％以上 40％以下，或者 30％以上 50％以下供电用户停电者；

（9）造成电网负荷 150MW 以上的县级市电网减供负荷 40％以上 60％以下，或者 50％以上 70％以下供电用户停电者。

1.1.3 技术指标

本条评价项目（见《评价》）的查评依据如下。

【依据 1】《电力系统安全稳定导则》（DL 755—2001）

2.1.3 在正常运行方式（含计划检修方式）下，系统中任一元件（发电机、线路、变压器、母线）发生单一故障时，不应导致主系统非同步运行，不应发生频率崩溃和电压崩溃。

附录 A.3 正常运行方式下的电力系统中任一元件（如线路、发电机、变压器等）无故障或故障断开，电力系统应能保持稳定运行和正常供电，其他元件不过负荷，电压和频率均在允许范围内。

3.1.1 在正常运行方式下，对不同的电力系统，按功角判据计算的静态稳定储备系数（K_p）应为 15％～20％，按无功电压判据计算的静态稳定储备系数（K_v）为 10％～15％。

3.1.2 在事故后运行方式和特殊运行方式下，K_p 不得低于 10％，K_v 不得低于 8％。

3.2.1 第一级安全稳定标准：正常运行方式下的电力系统受到下述单一元件故障扰动后，保护、开关及重合闸正确动作，不采取稳定控制措施，必须保持电力系统稳定运行和电网的正常供电，其他元件不超过规定的事故过负荷能力，不发生连锁跳闸。

a）任何线路单相瞬时接地故障重合成功；

b）同级电压的双回线或多回线和环网，任一回线单相永久故障重合不成功及无故障三相断开不重合；

c）同级电压的双回线或多回线和环网，任一回线三相故障断开不重合；

d）任一发电机跳闸或失磁；

e）受端系统任一台变压器故障退出运行；

f）任一大负荷突然变化；

g）任一回交流联络线故障或无故障断开不重合；

h）直流输电线路单极故障。

但对于发电厂的交流送出线路三相故障，发电厂的直流送出线路单极故障，两级电压的电磁环网中单回高一级电压线路故障或无故障断开，必要时可采用切机或快速降低发电机组出力的措施。

3.2.2 第二级安全稳定标准：

正常运行方式下的电力系统受到下述较严重的故障扰动后，保护、开关及重合闸正确动作，应能保持稳定运行，必要时允许采取切机和切负荷等稳定控制措施。

a）单回线单相永久故障重合不成功及无故障三相断开不重合；

b）任一段母线故障；

c）同杆并架双回线的异名两相同时发生单相接地故障重合不成功，双回线三相同时跳开；

d）直流输电线路双极故障。

3.2.3 第三级安全稳定标准：

电力系统因下列情况导致稳定破坏时，必须采取措施，防止系统崩溃，避免造成长时间大面积停电和对最重要用户（包括厂用电）的灾害性停电，使负荷损失尽可能减少到最小，电力系统应尽快恢复正常运行。

a）故障时开关拒动；

b）故障时继电保护、自动装置误动或拒动；

c）自动调节装置失灵；

d）多重故障；

e）失去大容量发电厂；

f）其他偶然因素。

【依据2】《电力系统电压和无功电力技术导则（试行）》（SD 325—1989）

3　基本要求

3.1　电力系统各级网络，必须符合电压允许偏差值的要求。

3.2　电力系统的无功电源与无功负荷，在高峰或低谷时都应采用分（电压）层和分（电）区基本平衡的原则进行配置和运行，并应具有灵活的无功电力调节能力与检修备用。

3.3　在规划、设计电力系统时，必须包括无功电源及无功补偿设施的规划。

在发电厂和变电所设计中，应根据电力系统规划设计的要求，同时进行无功电源及无功补偿设施的设计。

3.4　电力系统应有事故无功电力备用，以保证负荷集中地区在下列运行方式下，保持电压稳定和正常供电，而不致出现电压崩溃。

3.4.1　正常运行方式下，突然失去一回线路、或一台最大容量无功补偿设备、或本地区一台最大容量发电机（包括发电机失磁）。

3.4.2　在正常检修方式下，发生3.4.1条所述事故，允许采取必要的措施，如切负荷、切并联电抗器等。

3.5　无功补偿设备的配置与设备类型选择，应进行技术经济比较。220kV及以上电网，应考虑提高电力系统稳定的作用。

3.6　加强受端系统最高一级电压网络的联系及电压支持，创造条件尽可能提高该级系统短路容量，对保持电压正常水平及防止电压失稳具有重要意义。配电网络则应采用合理的供电半径。

3.7　要按照电网结构及负荷性质，合理选择各级电压网络中升压和降压变压器分接开关的调压范围和调压方式。电网中的各级主变压器，至少应具有一级有载调压能力，需要时可选用两级有载调压变压器。

5　无功电力平衡和补偿

5.1　330kV～500kV电网，应按无功电力分层就地平衡的基本要求配置高、低压并联电抗器，以补偿超高压线路的充电功率。一般情况下，高、低压并联电抗器的总容量不宜低于线路充电功率的90%。高、低压并联电抗器的容量分配应按系统的条件和各自的特点全面研究决定。

5.2　330kV～500kV电网的受端系统，应按输入有功容量相应配套安装无功补偿设备。其容量（kvar）宜按输入容量（kW）的40%～50%计算。分别安装在由其供电的220kV及以下变电所中。

5.3　220kV及以下电网的无功电源安装总容量，应大于电网最大自然无功负荷，一般可按最大自然无功负荷的1.15倍计算。

5.7　220kV及以下电压等级的变电站中，应根据需要配置无功补偿设备，其容量可按主变压器容量的0.10～0.30确定。

5.15　无功电源中的事故备用容量，应主要储备于运行的发电机、调相机和静止型动态无功补偿装置中，以便在电网发生因无功不足可能导致电压崩溃事故时，能快速增加无功电源容量，保持电力系统的稳定运行。

【依据3】《电力系统无功补偿配置技术导则》（Q/GDW 1212—2015）

6　通用技术要求

6.3　功率因数

6.3.1　35kV～220kV变电站

35kV～220kV变电站配置的无功补偿装置，在高峰负荷及低谷负荷情况下，高压侧功率因数应满足以下条件：

a）在高峰负荷时 $\cos\varphi \geq 0.95$；

b）在低谷负荷时 $\cos\varphi \leq 0.95$。

7　330kV及以上电压等级变电站无功补偿

7.1　容性无功补偿

7.1.1 补偿容量

容性无功补偿容量宜按照主变压器容量的 10%～20%配置，或采用附录 A 式 A.1 经过计算后确定。

8 220kV 变电站的无功补偿

8.1 容性无功补偿

8.1.1 补偿容量

在主变压器最大负荷运行工况下，容性无功补偿容量应按表 1 情况选取，或采用附录 A 式 A.1 经过计算后确定，并测算满足高压侧功率因数不低于 0.95 的要求。

8.2 感性无功补偿

每一台变压器的感性无功补偿装置容量不宜大于主变压器容量的 20%，或经过技术经济比较后确定。所配置的感性无功补偿装置主要用于补偿线路剩余充电功率，使低谷负荷时变压器 220kV 侧功率因数达到 0.95 以上。

【依据 4】《风电场接入电力系统技术规定》（GB/T 19963—2011）

7 风电场无功容量

7.2 无功容量配置

7.2.2 对于直接接入公共电网的风电场，其配置的容性无功容量能够补偿风电场满发时场内汇集线路、主变压器的感性无功及风电场送出线路的一半感性无功之和，其配置的感性无功容量能够补偿风电场自身的容性充电无功功率及风电场送出线路的一半充电无功功率。

7.2.3 对于通过 220kV（或 330kV）风电汇集系统升压至 500kV（或 750kV）电压等级接入公共电网的风电场群中的风电场，其配置的容性无功容量能够补偿风电场满发时场内汇集线路、主变压器的感性无功及风电场送出线路的全部感性无功之和，其配置的感性无功容量能够补偿风电场自身的容性充电无功功率及风电场送出线路的全部充电无功功率。

【依据 5】《光伏发电站接入电力系统技术规定》（GB/T 19964—2012）

6 无功容量

6.2 无功容量配置

6.2.3 对于通过 110（66）kV 及以上电压等级并网的光伏发电站，无功容量配置应满足下列要求：

a）容性无功容量能够补偿光伏发电站满发时站内汇集线路、主变压器的感性无功及光伏发电站送出线路的一半感性无功之和；

b）感性无功容量能够补偿光伏发电站自身的容性充电无功功率及光伏发电站送出线路的一半充电无功功率之和。

6.2.4 对于通过 220kV（或 330kV）光伏发电汇集系统升压至 500kV（或 750kV）电压等级接入电网的光伏发电站群中的光伏发电站，无功容量配置宜满足下列要求：

a）容性无功容量能够补偿光伏发电站满发时站内汇集线路、主变压器的感性无功及光伏发电站送出线路的全部感性无功之和；

b）感性无功容量能够补偿光伏发电站自身的容性充电无功功率及光伏发电站送出线路的全部充电无功功率之和。

【依据 6】《国家电网公司电力系统电压质量和无功电力管理规定》（国家电网生〔2009〕133 号）

第六条 电力网电压质量控制标准

（一）发电厂和变电站的母线电压允许偏差值

3. 500（330）kV 母线正常运行方式时，最高运行电压不得超过系统额定电压的＋10%；最低运行电压不应影响电力系统同步稳定、电压稳定、厂用电的正常使用及下一级电压的调节。

4. 发电厂 220kV 母线和 500（330）kV 变电站的中压侧母线正常运行方式时，电压允许偏差为系统额定电压的 0～＋10%；事故运行方式时为系统额定电压的－5%～＋10%。

5. 发电厂和 220kV 变电站的 35～110kV 母线正常运行方式时，电压允许偏差为系统额定电压的－3%～＋7%；事故运行方式时为系统额定电压的±10%。

【依据7】《电力系统设计技术规程》（DL/T 5429—2009）

6.2.3　220kV 及以上电网的电压质量标准：

2　电网任一点的运行电压，在任何情况下严禁超过电网最高运行电压；变电站一次侧母线的运行电压正常情况下不应低于电网额定电压的 0.95～1.0 倍，处于电网受电终端时变电站取低值，最低运行电压不应影响电力系统同步稳定、电压稳定、厂用电的正常使用及下一级电压的调节。

【依据8】《交流电气装置的过电压保护和绝缘配合》（DL/T 620—2016）

4.1.1　工频过电压、谐振过电压与系统结构、容量、参数、运行方式以及各种安全自动装置的特性有关。工频过电压、谐振过电压除增大绝缘承受电压外，还对选择过电压保护装置有重要影响。

a）系统中的工频过电压一般由线路空载、接地故障和甩负荷等引起。对范围Ⅱ的工频过电压，在设计时应结合实际条件加以预测。根据这类系统的特点，有时需综合考虑这几种因素的影响。

通常可取正常送电状态下甩负荷和在线路受端有单相接地故障情况下甩负荷作为确定系统工频过电压的条件。

对工频过电压应采取措施加以降低。一般主要采用在线路上安装并联电抗器的措施限制工频过电压。在线路上架设良导体避雷线降低工频过电压时，宜通过技术经济比较加以确定。

系统的工频过电压水平一般不宜超过下列数值：

线路断路器的变电所侧 1.3p.u.；

线路断路器的线路侧 1.4p.u.。

b）对范围Ⅰ中的 110kV 及 220kV 系统，工频过电压一般不超过 1.3p.u.；3kV～10kV 和 35kV～66kV 系统，一般分别不超过 1.13p.u. 和 3p.u.。

应避免在 110kV 及 220kV 有效接地系统中偶然形成局部不接地系统，并产生较高的工频过电压。对可能形成这种局部系统、低压侧有电源的 110kV 及 220kV 变压器不接地的中性点应装设间隙。因接地故障形成局部不接地系统时该间隙应动作；系统以有效接地方式运行发生单相接地故障时间隙不应动作。间隙距离的选择除应满足这两项要求外，还应兼顾雷电过电压下保护变压器中性点标准分级绝缘的要求。

4.2　操作过电压及保护

4.2.1　线路合闸和重合闸过电压。

空载线路合闸时，由于线路电感—电容的振荡将产生合闸过电压。线路重合时，由于电源电势较高以及线路上残余电荷的存在，加剧了这一电磁振荡过程，使过电压进一步提高。

a）范围Ⅱ中，线路合闸和重合闸过电压对系统中设备绝缘配合有重要影响，应该结合系统条件预测空载线路合闸、单相重合闸和成功、非成功的三相重合闸（如运行中使用时）的相对地和相间过电压。预测这类操作过电压的条件如下：

1）对于发电机—变压器—线路单元接线的空载线路合闸，线路合闸后，电源母线电压为系统最高电压；对于变电所出线则为相应运行方式下的实际母线电压。

2）成功的三相重合闸前，线路受端曾发生单相接地故障；非成功的三相重合闸时，线路受端有单相接地故障。

b）空载线路合闸、单相重合闸和成功的三相重合闸（如运行中使用时），在线路上产生的相对地统计过电压，对 330kV 和 500kV 系统分别不宜大于 2.2p.u. 和 2.0p.u.。

4.2.2　空载线路分闸过电压。

空载线路开断时，如断路器发生重击穿，将产生操作过电压。

a）对范围Ⅱ的线路断路器，应要求在电源对地电压为 1.3p.u. 条件下开断空载线路不发生重击穿。

b）对范围Ⅰ，110kV 及 220kV 开断架空线路该过电压不超过 3.0p.u.；开断电缆线路可能超过 3.0p.u.。

为此，开断空载架空线路宜采用不重击穿的断路器；开断电缆线路应该采用不重击穿的断路器。

c) 对范围Ⅰ，66kV及以下系统中，开断空载线路断路器发生重击穿时的过电压一般不超过3.5p.u.。开断前系统已有单相接地故障，使用一般断路器操作时产生的过电压可能超过4.0p.u.。为此，选用操作断路器时，应该使其开断空载线路过电压不超过4.0p.u.。

4.2.3 线路非对称故障分闸和振荡解列过电压。

系统送受端联系薄弱，如线路非对称故障导致分闸，或在系统振荡状态下解列，将产生线路非对称故障分闸或振荡解列过电压。

对范围Ⅱ的线路，宜对这类过电压进行预测。预测前一过电压的条件，可选线路受端存在单相接地故障，分闸时线路送受端电势功角差应按实际情况选取。

当过电压超过4.2.1b)所列数值时，可用安装在线路两端的金属氧化物避雷器加以限制。

4.2.4 隔离开关操作空载母线的过电压。

隔离开关操作空载母线时，由于重击穿将会产生幅值可能超过2.0p.u.、频率为数百千赫至兆赫的高频振荡过电压。这对范围Ⅱ的电气装置有一定危险。为此，宜符合以下要求：

a) 隔离开关操作由敞开式配电装置构成的变电所空载母线时的过电压，可能使电流互感器一次绕组进出线之间的套管闪络放电，宜采用金属氧化物避雷器对其加以保护。

b) 隔离开关操作气体绝缘全封闭组合电器（GIS）变电所的空载母线时，会产生频率更高的过电压，它可能对匝间绝缘裕度不高的变压器构成威胁。为此，宜对采用的操作方式加以校核，尽量避免可能引起危险的操作方式。

4.2.6 操作空载变压器和并联电抗器等的过电压。

a) 开断空载变压器由于断路器强制熄弧（截流）产生的过电压，与断路器型式、变压器铁芯材料、绕组型式、回路元件参数和系统接地方式等有关。

当开断具有冷轧硅钢片的变压器时，过电压一般不超过2.0p.u.，可不采取保护措施。

开断具有热轧硅钢片铁芯的110kV及220kV变压器的过电压一般不超过3.0p.u.；66kV及以下变压器一般不超过4.0p.u.。

采用熄弧性能较强的断路器开断激磁电流较大的变压器以及并联电抗补偿装置产生的高幅值过电压，可在断路器的非电源侧装设阀式避雷器加以限制。保护变压器的避雷器可装在其高压侧或低压侧。但高低压侧系统接地方式不同时，低压侧宜装设操作过电压保护水平较低的避雷器。

b) 在可能只带一条线路运行的变压器中性点消弧线圈上，宜用阀式避雷器限制切除最后一条线路两相接地故障时，强制开断消弧线圈电流在其上产生的过电压。

c) 空载变压器和并联电抗补偿装置合闸产生的操作过电压一般不超过2.0p.u.，可不采取保护措施。

4.2.7 在开断高压感应电动机时，因断路器的截流、三相同时开断和高频重复重击穿等会产生过电压（后两种仅出现于真空断路器开断时）。过电压幅值与断路器熄弧性能、电动机和回路元件参数等有关。开断空载电动机的过电压一般不超过2.5p.u.。开断起动过程中的电动机时，截流过电压和三相同时开断过电压可能超过4.0p.u.，高频重复重击穿过电压可能超过5.0p.u.。采用真空断路器或采用的少油断路器截流值较高时，宜在断路器与电动机之间装设旋转电机金属氧化物避雷器或R-C阻容吸收装置。

高压感应电动机合闸的操作过电压一般不超过2.0p.u.，可不采取保护措施。

4.2.8 66kV及以下系统发生单相间歇性电弧接地故障时，可产生过电压，过电压的高低随接地方式不同而异。一般情况下最大过电压不超过下列数值：

不接地系统3.5p.u.；

消弧线圈接地系统3.2p.u.；

电阻接地系统2.5p.u.。

具有限流电抗器、电动机负荷，且设备参数配合不利的3kV～10kV某些不接地系统，发生单相间歇性电弧接地故障时，可能产生危及设备相间或相对地绝缘的过电压。对这种系统根据负荷性质和工程的重要程度，可进行必要的过电压预测，以确定保护方案。

4.2.9 采用无间隙金属氧化物避雷器限制各类操作过电压时，其持续运行电压和额定电压不应低于表3所列数值。避雷器应能承受操作过电压作用的能量。

【依据9】《城市电力网规划设计导则》（Q/GDW 156—2006）

4.7 短路水平

4.7.1 为了取得合理的经济效益，城网各级电压的短路容量应该从网络设计、电压等级、变压器容量、阻抗选择、运行方式等方面进行控制，使各级电压断路器的开断电流以及设备的动热稳定电流相配合。在变电站内系统母线的短路水平，一般不超过表4-2中的数值。

表4-2 各电压等级的短路容量限定值

电压等级（kV）	短路容量（kA）
500	50、63
330	50、63
220	40、50

4.7.2 各级电压网络短路容量控制的原则及采取的措施如下：

（1）城网最高一级电压母线的短路容量在不超过表4-2规定值的基础上，应维持一定的短路容量，以减小受端系统的电源阻抗，即使系统发生振荡，也能维持各级电压不过低，高一级电压不致发生过大的波动。为此，如受端系统缺乏直接接入城网最高一级电压的主力电厂，经技术经济论证后可装设适当容量的大型调相机。

（2）城网其他电压等级网络的短路容量应在技术经济合理的基础上采取限制措施：

a）网络分片，开环，母线分段运行；

b）适当选择变压器的容量、接线方式（如二次绕组为分裂式）或采取高阻抗变压器；

c）在变压器低压侧加装电抗器或分裂电抗器，或在出线断路器出口侧加装电抗器等。

1.1.4 反事故措施（反措）落实

本条评价项目（见《评价》）的查评依据如下。

【依据1】《城市电力规划规范》（GB/T 50293—1999）

7.2.8 城市变电所主变压器安装台（组）数宜为2～3台（组），单台（组）主变压器容量应标准化、系列化。

【依据2】《电力系统安全稳定导则》（DL 755—2001）

2.1.2 合理的电网结构是电力系统安全稳定运行的基础。在电网的规划设计阶段，应当统筹考虑，合理布局。电网运行方式安排也要注重电网结构的合理性。合理的电网结构应满足如下基本要求：

e）合理控制系统短路电流。

2.2.3 电网分层分区

2.2.3.1 应按照电网电压等级和供电区域，合理分层分区。合理分层，将不同规模的发电厂和负荷接到相适应的电压网络上；合理分区，以受端系统为核心，将外部电源连接到受端系统，形成一个供需基本平衡的区域，并经联络线与相邻区域相连。

2.2.3.2 随着高一级电压电网的建设，下级电压电网应逐步实现分区运行，相邻分区之间保持互为备用。应避免和消除严重影响电网安全稳定的不同电压等级的电磁环网，发电厂不宜装设构成电磁环网的联络变压器。

2.2.3.3 分区电网应尽可能简化，以有效限制短路电流和简化继电保护的配置。

3.3.2 向特别重要受端系统送电的双回及以上线路中的任意两回线同时无故障或故障断开，导致两条线路退出运行，应采取措施保证电力系统稳定运行和对重要负荷的正常供电，其他线路不发生连锁跳闸。

【依据3】《国家电网有限公司十八项电网重大反事故措施（2018年修订版）》（国家电网设备〔2018〕979号）

2.1.1.1 合理规划电源接入点。受端系统应具有多个方向的多条受电通道，电源点应合理分散接入，每个独立输电通道的输送电力不宜超过受端系统最大负荷的 10％～15％，并保证失去任一通道时不影响电网安全运行和受端系统可靠供电。

2.1.1.3 发电厂的升压站不应作为系统枢纽站，也不应装设构成电磁环网的联络变压器。

2.2.1.2 电网规划设计应统筹考虑、合理布局，各电压等级电网协调发展。对于造成电网稳定水平降低、短路容量超过断路器遮断容量、潮流分布不合理、网损高的电磁环网，应考虑尽快打开运行。

2.2.3.1 电网应进行合理分区，分区电网应尽可能简化，有效限制短路电流；兼顾供电可靠性和经济性，分区之间要有备用联络线以满足一定程度的负荷互带能力。

1.2 配网部分

1.2.1 机制建设

1.2.1.1 配电网规划滚动机制

本条评价项目（见《评价》）的查评依据如下。

【依据1】《配电网规划内容深度规定》（Q/GDW 1865—2012）

3.3 配电网规划年限应与国民经济和社会发展规划的年限相一致，一般可分为近期（5年）、中期（10年）、远期（15年及以上）三个阶段，遵循"进细远粗、远近结合"的思路，并建立逐年滚动工作机制。其中，近期规划应着力解决当前配电网存在的问题，并依据近期规划编制年度计划，35～110kV电网应给出5年的网架规划和分年度新建与改造项目；10kV及以下电网应给出两年的网架规划和分年度新建与改造项目，并估算5年的建设规模和投资规模。中期规划应与近期规划相衔接，明确配电网发展目标，对近期规划起指导作用。远期规划应侧重于战略性研究和展望。

【依据2】《国家电网公司配电网规划管理规定》（国家电网企管〔2014〕67号）

第二十九条 为提高配电网规划质量，配电网规划实行动态管理，每年应开展规划评估和规划滚动调整工作。

1.2.1.2 电网设施布局规划

本条评价项目（见《评价》）的查评依据如下。

【依据】《电网设施布局规划深度规定》（Q/GDW 11396—2015）

4.1 电网设施布局规划应以电网发展规划、国民经济和社会发展规划、城乡总体规划、土地利用总体规划、控制（修建）性详细规划、交通设施及其他基础设施专项规划等为依据，科学预测分析用电需求、电网建设需求，合理规划各电压等级电网设施布局，通过开展规划选址、选线，确定变电站、电力线路的规划黄线，保证电网设施布局规划编制的科学性、前瞻性和系统性。

4.2 电网设施布局规划一般按省域、市域、县域三级进行编制，直辖市可按两级进行编制；市辖区规划可参照县域规划进行编制，也可纳入市域规划。

4.3 省域规划的重点为500（330）kV及以上电压等级电网设施，市域规划的重点为110（66）kV～220kV电压等级电网设施，县域规划的重点为35kV及以下电压等级电网设施。县域电网设施布局规划应将省域、市域电网设施布局规划的成果纳入其中，市域电网设施布局规划应将省域电网设施布局规划的成果纳入其中。各级电网设施布局规划所涉及的电压等级可根据本省各级电网的现状定位、作用和现有规模情况等进行明确。

4.4 电网设施布局规划的年限应与城乡总体规划、土地利用总体规划的年限相一致，一般可在明确远景年份电网设施布局的基础上，按远期（20年）进行编制，并落实近期（5年）规划项目。远期规划应根据负荷预测结果，制定发展目标网架，积极落实规划站址和廊道资源，并留有合理的裕度。近期规划应重点解决近期将建设输（配）电项目的站址、走廊问题，并与远期规划相衔接。

4.5 编制35kV及以上电压等级电网设施的布局规划时，优先采用控制性详细规划或修建性详细规划作为基础资料，无控制性详细规划和修建性详细规划时，则以城乡总体规划为基础。10（20、6）kV电压等级配电设施的布局规划应采用控制性详细规划或修建性详细规划作为基础资料。

4.6 电网设施布局规划的成果应通过政府主管部门批准和发布。

1.2.1.3 隐患排查治理机制

本条评价项目（见《评价》）的查评依据如下。

【依据】《国家电网公司安全工作规定》[国网（安监/2）406—2014]

第六十二条 公司各级单位应针对电网、设备、管理和生产作业中存在的危及人身、电网、设备安全的隐患、缺陷和问题，有效组织年度方式分析、安全性评价、隐患排查治理、作业风险管控等工作，系统辨识安全风险，落实整改治理措施。

1.2.1.4 风险预警机制

本条评价项目（见《评价》）的查评依据如下。

【依据】《国家电网公司安全工作规定》[国网（安监/2）406—2014]

第九章 风险管理

第六十一条 公司各级单位应全面实施安全风险管理，对各类安全风险进行超前分析和流程化控制，形成"管理规范、责任明确、闭环落实、持续改进"的安全风险管理长效机制。

1.2.2 专业管理

1.2.2.1 配电网规划

本条评价项目（见《评价》）的查评依据如下。

【依据1】《国家电网公司配电网规划管理规定》（国家电网企管〔2014〕67号）

第二十二条 配电网规划工作内容主要如下：

（四）配电网规划设计应遵循《配电网规划设计技术导则》（Q/GDW 1738—2012）技术要求，规划报告应满足《国家电网公司配电网规划内容深度规定》（Q/GDW1865—2012）相关要求，报告编制重点是提出规划期各级配电网的建设规模、建设项目（包括一次项目和二次项目）、建设时序、逐年投资估算以及相应的接线图册、项目清册。

【依据2】《配电网规划内容深度规定》（Q/GDW 1865—2012）

3.4 配电网规划工作应通过点、面结合的方式进行广泛调研，根据地区配电网发展规律及特点，通过系统分析和研究总结，对未来配电网负荷增长进行预测，提出配电网总体发展目标和原则，分阶段给出建设方案和建设规模，进行投资估算及经济性分析，并提出相应政策建议。

3.5 配电网规划工作应统筹考虑、合理规划，做到科学论证、技术先进、经济合理，并遵循以下原则：

a）统筹考虑城乡电网、输配电网、电网电源、电网用户之间协调发展，落实公司"横到边、纵到底"的工作要求；

b）在保障供电安全可靠的前提下，能够灵活运行，提高电网的供电水平和经济效益；

c）满足电力发展需求，贯彻全寿命周期管理理念，适度超前，新/扩建与扩展性改造相结合；

d）创新规划理念，规范研究方法，有条件地区应积极开展定量分析和电气计算；

e）重视电网新技术的应用，提高电网的装备水平和智能化水平；

f）充分考虑各类系能源、新型负荷的灵活高效接入；

g）节约土地资源，重视环境保护；

h）配电网设备要标准化、规范化、系列化，落实公司"三通一标"工作要求。

1.2.2.2 配电网设计

本条评价项目（见《评价》）的查评依据如下。

【依据】《配电网技术导则》（Q/GDW 10370—2016）

4.3 配电网设计应满足标准化建设要求，设备及材料选型应坚持安全可靠、经济适用、节能环保、寿命周期合理的原则，并兼顾区域差异。积极稳妥采用成熟的新技术、新设备、新材料和新工艺，入网的设备及材料均应符合国家、行业和企业标准的要求并抽检合格。

1.2.2.3 配电网建设和改造

本条评价项目（见《评价》）的查评依据如下。

【依据】《配电网技术导则》（Q/GDW 10370—2016）

4.4 配电网建设和改造应采用先进的施工技术和检验手段，合理安排施工周期，严格按照标准验收，所采用的施工工艺应便于验收检验，隐蔽工程应在设计前期及工程实施各阶段予以介入检验并落实相应技术要求，应及时收集地下电力管线等隐蔽工程相关资料并归档。

1.2.3 技术指标

1.2.3.1 高压配电网结构合理性

本条评价项目（见《评价》）的查评依据如下。

【依据】《配电网规划设计技术导则》（Q/GDW 1738—2012）

8.3 配电网的拓扑结构包括常开点、常闭点、负荷点、电源接入点等，在规划时需合理配置，以保证运行的灵活性。各电压等级配电网的主要结构如下：

a）高压配电网结构主要有：链式、环网和辐射状结构；变电站接入方式主要有：T 接和 π 接。

8.4 各类供电区域 110kV～35kV 电网目标电网结构推荐表如表 7 所示。

表 7   110kV～35kV 电网电影票电网结构推荐表

电压等级	供电区域类型	链 式			环 网		辐 射	
		三链	双链	单链	双环网	单环网	双辐射	单辐射
110（66）kV	A＋、A类	√	√	√	√		√	
	B类	√	√	√	√		√	
	C类	√	√	√	√	√	√	
	D类						√	√
	E类							√
35kV	A＋、A类	√	√	√	√		√	
	B类		√	√	√		√	
	C类		√	√	√	√	√	
	D类						√	√
	E类							√

注 1. A＋、A、B类供电区域供电安全水平要求高，110kV～35kV电网宜采用链式结构，上级电源点不足且在上级电网较为坚强且10kV具有较强的站间转供能力时，也可采用双环网结构，在上级电网较为坚强且10kV具有较强的站间转供能力时，也可采用双辐射结构；

2. C类供电区域供电安全水平要求高，110kV～35kV电网宜采用链式结构、环网结构，也可采用双辐射结构；

3. D类供电区域110kV～35kV电网可采用单辐射结构，有条件的地区也可采用双辐射结构或环网结构；

4. E类供电区域110kV～35kV电网一般可采用单辐射结构。

（1）同一地区同类供电区域的电网结构应尽量统一。

（2）A＋、A、B类供电区域的110kV～35kV变电站宜采用双侧电源供电，条件不具备或电网发展的过渡阶段，也可同杆架设双电源供电，但应加强10kV配电网的联络。

1.2.3.2 变电站供电区域独立性

本条评价项目（见《评价》）的查评依据如下。

【依据1】《配电网规划设计技术导则》（Q/GDW 1738—2012）

8.1 合理的电网结构是满足供电可靠性、提高运行灵活性、降低网络损耗的基础。高压、中压和低压配电网三个层级应相互匹配、强简有序、相互支援，以实现配电网技术经济的整体最优。A＋、A、B、C类供电区的配电网结构应满足以下基本要求：

a）正常运行时，各变电站应有相互独立的供电区域，供电区不交叉、不重叠，故障或检修时，变电站之间应有一定比例的负荷转供能力。

b）在同一供电区域内，变电站中压出线长度及所带负荷宜均衡，应有合理的分段和联络；故障或检修时，中压线路应具有转供非停运段负荷的能力。

c）接入一定容量的分布式电源时，应合理选择接入点，控制短路电流及电压水平。

d）高可靠性的配电网结构应具备网络重构能力，便于实现故障自动隔离。

D、E类供电区的配电网以满足基本用电需求为主，可采用辐射状结构。

【依据2】《城市配电网规划设计规范》（GB 50613—2010）

5.2.3　中压配电网宜按电源布点进行分区，分区应便于供、配电管理，各分区之间应避免交叉。当有新的电源接入时，应对原有供电分区进行必要调整，相邻分区之间应具有满足适度转移负荷的联络通道。

1.2.3.3　高压配电网容载比

本条评价项目（见《评价》）的查评依据如下。

【依据】《配电网规划设计技术导则》（Q/GDW 1738—2012）

7.3　容载比

7.3.1　容载比是配电网规划的重要宏观性指标，合理的容载比与网架结构相结合，可确保故障时负荷的有序转移，保障供电可靠性，满足负荷增长需求。

7.3.4　根据规划区域的经济增长和社会发展的不同阶段，对应的配电网负荷增长速度可分为较慢、中等、较快三种情况，相应电压等级配电网的容载比如表5所示，总体宜控制在1.8～2.2范围之间。

表5　110～35kV电网容载比选择范围

负荷增长情况	较慢增长	中等增长	较快增长
年负荷平均增长率 K_P	$K_P \leqslant 7\%$	$7\% < K_P \leqslant 12\%$	$K_P > 12\%$
110～35kV 容载比（建议值）	1.8～2.0	1.9～2.1	2.0～2.2

对处于负荷发展初期以及负荷快速发展期的地区、重点开发区或负荷较为分散的偏远地区，可适当提高容载比的取值；对于网络发展完善（负荷发展已进入饱和期）或规划期内负荷明确的地区，在满足用电需求和可靠性要求的前提下，可以适当降低容载比的取值。

1.2.3.4　N-1要求

本条评价项目（见《评价》）的查评依据如下。

【依据1】《配电网规划设计技术导则》（Q/GDW 1738—2012）

7.2　供电安全标准

7.2.1　配电网供电安全水平应符合 DL/T 256 的要求。供电安全标准规定了不同电压等级配电网单一元件故障停运后，允许损失负荷的大小及恢复供电的时间。配电网供电安全标准的一般原则为：接入的负荷规模越大，停电损失越大，其供电可靠性要求越高、恢复供电时间要求越短。根据组负荷规模的大小，配电网的供电安全水平可分为三级，如表4所示。

表4　配电网的供电安全水平

供电安全等级	组负荷范围（MW）	对应范围	单一故障条件下组负荷的停电范围及恢复供电的时间要求
1	≤2	低压线路、配电变压器	维修完成后：恢复对组负荷的供电。
2	2～12	中压线路	a）3h 内：恢复（组负荷－2MW）。 b）维修完成后：恢复对组负荷的供电。
3	12～180	变电站	a）15min 内：恢复负荷≥＿＿ min（组负荷－12MW，2/3 组负荷）。 b）3h 内：恢复对组负荷的供电。

a）第一级供电安全水平要求：

对于停电范围不大于 2MW 的组负荷，允许故障修复后恢复供电，恢复供电的时间与故障修复时间相同。

该级停电故障主要涉及低压线路故障、配电变压器故障，或采用特殊安保设计（如分段及联络开关均采用断路器，且全线采用纵差保护等）的中压线段故障。停电范围仅限于低压线路，或配电变压器故障所影响的负荷，或特殊安保设计的中压线段，中压线路的其他线段不允许停电。

该级标准要求单台配电变压器所带的负荷不宜超过 2MW，或采用特殊安保设计的中压分段上的负荷不宜超过 2MW。

b）第二级供电安全水平要求：

对于停电范围在 2～12MW 的组负荷，其中不小于组负荷减 2MW 的负荷应在 3h 内恢复供电；余下的负荷允许故障修复后恢复供电，恢复供电的时间与故障修复时间相同。

该级停电故障主要涉及中压线路故障，停电范围仅限于故障线路上的负荷，而该中压线路的非故障段应在 3h 内恢复供电，故障段所带负荷应小于 2MW，可在故障修复后恢复供电。

A＋类供电区域的故障线路的非故障段应在 5min 内恢复供电，A 类供电区域的故障线路的非故障段应在 15min 内恢复供电，B、C 类供电区域的故障线路的非故障段应在 3h 内恢复供电。

该级标准要求中压线路应合理分段，每段上的负荷不宜超过 2MW，且线路之间应建立适当的联络。

c）第三级供电安全水平要求：

对于停电范围在 12～180MW 的组负荷，其中不小于组负荷减 12MW 的负荷或者不小于三分之二的组负荷（两者取小值）应在 15min 内恢复供电，余下的负荷应在 3h 内恢复供电。

该级停电故障主要涉及变电站的高压进线或主变压器，停电范围仅限于故障变电站所带的负荷，其中大部分负荷应在 15min 内恢复供电，其他负荷应在 3h 内恢复供电。

A＋、A 类供电区域故障变电站所带的负荷应在 15min 内恢复供电；B、C 类供电区域故障变电站所带的负荷，其大部分负荷（不小于 2/3）应在 15min 内恢复供电，其余负荷应在 3h 内恢复供电。

该级标准要求变电站的中压线路之间宜建立站间联络，变电站主变压器及高压线路可按 N-1 原则配置。

7.2.2 为了满足上述三级供电安全标准，应从电网结构、设备安全裕度、配电自动化等方面考虑，还可通过应用地理信息系统、95598 系统等方式，缩短故障响应和抢修时间。高压配电网可采用 N-1 原则配置主变压器和高压线路；中压配电网可采取线路合理分段、适度联络，以及配电自动化、不间断电源、备用电源、不停电作业等技术手段；低压配电网（含配电变压器）可采用双配电变压器配置或移动式配电变压器的方式。

7.2.3 B、C 类供电区域的建设初期及过渡期，高压配电网存在单线单变，中压配电网尚未建立相应联络，暂不具备故障负荷转移条件时，可适当放宽标准，但应根据负荷增长，通过建设与改造，逐步满足上述三级供电安全标准。

7.2.4 对于 D、E 类供电区域，可因地制宜制定相应的供电安全标准，条件不具备的地区，故障停电后恢复供电时间可与故障修复时间相同。

【依据 2】《城市电网供电安全标准》（DLT 256—2012）

4.1 在评估电网的改造需求时，应考虑电网现有的以及可提供的转供能力。

4.2 对于"N-1"停运，回路的容量宜以其在夏季炎热天气条件下的额定容量为依据。但是，如果用户组的最大负荷不在夏季出现，则回路的容量应以适当环境条件下的额定容量为依据。对于"N-1-1"停运，回路容量宜以其在初秋季节的额定容量为依据。

用户组的等级按有功功率（MW）划分，但由于需要考虑回路中发电机发出的有功功率（MW）和无功功率（Mvar），所以回路容量应采用视在功率（MVA）衡量。

4.3 电网发生"N-1"和"N-1-1"停运后的供电能力，应按以下方法评估：

a）最重要的供电点（或回路）停运后，其余向该用户组正常供电输配电回路在正常运行条件下的额定容量。

b）其他供电点能够提供的转供容量。

c）含有发电机组的用户组，发电机对电网所能提供的有效容量（见表 2）。

1.2.3.5 中压线路配电变压器装接容量

本条评价项目（见《评价》）的查评依据如下。

【依据】《国网发展部关于印发配电网典型供电模式的通知》（发展规二〔2014〕21 号）

2　配电网典型供电模式 A＋—1

2.2　电网结构及运行方式

由 2 座 110kV 变电站不在同一条 110kV 母线的不同主变的 10kV 侧分别馈出 2 回 10kV 电缆线路，由多个环网单元组成电缆双环网，每条线路分段数宜为 3～5 段，每段线路挂接配变容量约为 1500～2500kVA，最小不应低于 1000kVA，最大不应超过 4000kVA。

6　配电网典型供电模式 A＋—5

6.2　电网结构及运行方式

单回线路按 3 分段计算，线路每段装接配变容量不超过 3.5MVA。综合线路负荷分布不均、不同用户配变负载率存在差异等情况，10kV 线路装接容量范围建议 9.9MVA～14MVA。

10　配电网典型供电模式 A—4

10.2　电网结构及运行方式以 A 类供电区负荷情况为例，单、双环网中单回线路平均负载率约 50％，电缆安全载流量为 500A，以此计算线路平均输送负荷约为 4MW，配变负载率选取 60％ 计算，配变负荷同时率选取 0.7，单回线路装接配变容量为 10.5MVA。单回线路按 3 分段计算，线路每段装接配变容量不超过 3.5MVA。综合线路负荷分布不均、不同用户配变负载率存在差异等情况，10kV 线路装接容量范围建议为 9.9MVA～14MVA。

1.2.3.6　中压线路主干线分段和互联

本条评价项目（见《评价》）的查评依据如下。

【依据 1】《配电网规划设计技术导则》（Q/GDW 1738—2012）

8.5　各类供电区域 10kV 配电网目标电网结构推荐表如表 8 所示。

表 8　　　　　　　　　　　　10kV 配电网目标电网结构推荐表

供电区域类型	推荐电网结构	
A＋、A 类	电缆网：双环式、单环式	
	架空网：多分段适度联络	
B	架空网：多分段适度联络	
	电缆网：单环式	
C	架空网：多分段适度联络	
	电缆网：单环式	
D	架空网：多分段适度联络、辐射状	
E	架空网：辐射状	

（1）中压配电网应根据变电站位置、负荷密度和运行管理的需要，分成若干个相对独立的供电区。分区应有大致明确的供电范围，正常运行时一般不交叉、不重叠，分区的供电范围应随新增加的变电站及负荷的增长而进行调整。

（2）对于供电可靠性要求较高的区域，还应加强中压主干线路之间的联络，在分区之间构建负荷转移通道。

（3）10kV 架空线路主干线应根据线路长度和负荷分布情况进行分段（一般不超过 5 段），并装设分段开关，重要分支线路首端亦可安装分段开关。

（4）10kV 电缆线路一般可采用环网结构，环网单元通过环进环出方式接入主干网。

（5）双射式、对射式可作为辐射状向单环式、双环式过渡的电网结构，适用于配电网的发展初期及过渡期。

（6）应根据城乡规划和电网规划，预留目标网架的廊道，以满足配电网发展的需要。

8.6　220/380V 配电网实行分区供电，应结构简单、安全可靠，一般采用辐射式结构。

【依据 2】《城市配电网规划设计规范》（GB 50613—2010）

5.8.3　中压配电网接线方式应符合下列规定：

1　应根据城市的规模和发展远景优化、规范各供电区的电缆和架空网架，并根据供电区的负荷性质和负荷密度规划接线方式；

2 架空配电网宜采用开环运行的环网接线。在负荷密度较大的供电区宜采用"多分段多联络"的接线方式；负荷密度较小的供电区可采用单电源辐射式接线，辐射式接线应随负荷增长逐步向开环运行的环网接线过渡；

3 电缆配电网接线方式应符合下列规定：

1）电缆配电网宜采用互为备用的 N-1 单环网接线或固定备用的 N 供 1 备接线方式（元件数 N 不宜大于 3）。中压电缆配电网各种接线的电缆导体负载率和备用裕度应符合表 5.8.3 的规定；

2）在负荷密度较高且供电可靠性要求较高的供电区，可采用双环网接线方式；

3）对分期建设、负荷集中的住宅小区用户可采用开关站辐射接线方式，两个开关站之间可相互联络；

1.2.3.7 35～110kV 变电站建设型式

本条评价项目（见《评价》）的查评依据如下。

【依据 1】《配电网规划设计技术导则》（Q/GDW 1738—2012）

9.2 110kV～35kV 变电站

9.2.1 应综合考虑负荷密度、空间资源条件，以及上下级电网的协调和整体经济性等因素，确定变电站的供电范围以及主变压器的容量序列。同一规划区域中，相同电压等级的主变压器单台容量规格不宜超过 3 种，同一变电站的主变压器宜统一规格。各类供电区域变电站推荐的容量配置如表 9 所示。

表 9 各类供电区域变电站最终容量配置推荐表

电压等级	供电区域类型	台数（台）	单台容量（MVA）
110kV	A+、A 类	3～4	63、50
	B 类	2～3	63、50、40
	C 类	2～3	50、40、31.5
	D 类	2～3	40、31.5、20
	E 类	1～2	20、12.5、6.3
66kV	A+、A 类	3～4	50、40
	B 类	2～3	50、40、31.5
	C 类	2～3	40、31.5、20
	D 类	2～3	20、10、6.3
	E 类	1～2	6.3、3.15
35kV	A+、A 类	2～3	31.5、20
	B 类	2～3	31.5、20、10
	C 类	2～3	20、10、6.3
	D 类	1～3	10、6.3、3.15
	E 类	1～2	3.15、2

注 1. 上表中的主变低压侧为 10kV。

2. 对于负荷确定的供电区域，可适当采用小容量变压器。

3. A+、A、B 类区域中 31.5MVA 变压器（35kV）适用于电源来自 220kV 变电站的情况。

9.2.2 应根据负荷的空间分布及其发展阶段，合理安排供电区域内变电站建设时序。变电站内主变台数最终规模不宜超过 4 台。

9.2.3 变电站的布置应因地制宜、紧凑合理，尽可能节约用地。原则上，A+、A、B 类供电区域可采用户内或半户内站，根据情况可考虑采用紧凑型变电站，A+、A 类供电区域如有必要也可考虑与其他建设物混合建设，或建设半地下、地下变电站；B、C、D、E 类供电区域可采用半户内或户外站，沿海或污秽严重地区，可采用户内站。

9.2.4 应明确变电站供电范围，随着负荷的增长和新变电站站址的确定，应及时调整相关变电站的供电范围。

9.2.5　变压器宜采用有载调压方式。

9.2.6　变压器并列运行时其参数应满足相关技术要求。

【依据2】《城市配电网规划设计规范》(GB 50613—2010)

6.2.1　变电站布点应符合下列规定：

1　变电站应根据电源布局、负荷分布、网络结构、分层分区的原则统筹考虑、统一规划；

2　变电站应满足负荷发展的需求，当已建变电站主变台数达到2台时，应考虑新增变电站布点的方案；

3　变电站应根据节约土地、降低工程造价的原则征用土地；

6.2.2　变电站站址选择应符合下列规定：

1　符合城市总体规划用地布局和城市电网发展规划要求；

2　站址占地面积应满足最终规模要求，靠近负荷中心，便于进出线的布置，交通方便；

3　站址的地质、地形、地貌和环境条件适宜，能有效避开易燃、易爆、污染严重的地区，利于抗震和非危险的地区，满足防洪和排涝要求的地区；

4　站内电气设备对周围环境和邻近设施的干扰和影响符合现行国家标准有关规定的地区。

6.2.3　变电站主接线方式应满足可靠性、灵活性和经济性的基本原则，根据变电站性质、建设规模和站址周围环境确定。主接线应力求简单、清晰，便于操作维护。各类变电站的电气主接线方式应符合本规范附录A的规定。

6.2.4　变电站的布置应因地制宜、紧凑合理，尽可能节约用地变电站宜采用占空间较小的全户内型或紧凑型变电站，有条件时可与其他建筑物混合建设，必要时可建设半地下或全地下的地下变电站。变电站配电装置的设计应符合现行行业标准《高压配电装置设计技术规程》DL/T 5352的规定。

6.2.5　变电站的主变压器台数最终规模不宜少于2台，但不宜多于4台，主变压器单台容量宜符合表6.2.5容量范围的规定。同一城网相同电压等级的主变压器宜统一规格，单台容量规格不宜超过3种。

表6.2.5　　　　　　　　　　　　变电站主变压器单台容量范围

变电站最高电压等级（kV）	主变压器电压比（kV）	单台主变压器容量（MVA）
110	110/35/10	31.5、50、63
	110/20	40、50、63、80
	110/10	31.5、40、50、63
66	66/20	40、50、63、80
	66/10	31.5、40、50
35	35/10	5、6.3、10、20、31.5

6.2.6　变电站最终出线规模应符合下列规定：

1　110kV变电站110kV出线宜为2回～4回，有电厂接入的变电站可根据需要增加至6回；每台变压器的35kV出线宜为4回～6回，20kV出线宜为8回～10回，10kV出线宜为10回～16回；

2　66kV变电站66kV出线宜为2回～4回；每台变压器的10kV出线宜为10回～14回；

3　35kV变电站35kV出线宜为2回～4回；每台变压器的10kV出线宜为4回～8回。

6.2.9　变电站建筑结构应符合下列规定：

1　变电站建筑物宜造型简单、色调清晰，建筑风格与周围环境、景观、市容风貌相协调。建筑物应满足生产功能和工业建筑的要求。土建设施宜按规划规模一次建成，辅助设施、内外装修应满足需要、从简设置、经济、适用；

2　变电站的建筑物及高压电气设备应根据重要性按国家公布的所在区地震烈度等级设防；

3　变电站应采取有效的消防措施，并应符合现行国家标准《火力发电厂与变电站设计防火规范》

GB 50229 的有关规。

1.2.3.8 35～110kV 线路建设型式

本条评价项目（见《评价》）的查评依据如下。

【依据1】《配电网规划设计技术导则》（Q/GDW 1738—2012）

9.3.2 A+、A、B 类供电区域 110（66）kV 架空线路截面不宜小于 240mm²，35kV 架空线路截面不宜小于 150mm²；C、D、E 类供电区域 110kV 架空线路截面不宜小于 150mm²，66kV、35kV 架空线路截面不宜小于 120mm²。

9.3.3 110kV～35kV 线路跨区供电时，导线截面宜按建设标准较高区域选取。导线截面选取宜适当留有裕度，以避免频繁更换导线。

9.3.4 110kV～35kV 架空线路导线宜采用钢芯铝绞线，沿海及有腐蚀性地区可选用防腐型导线。

9.3.5 110kV～35kV 电缆线路宜选用交联聚乙烯绝缘铜芯电缆，载流量应与该区域架空线路相匹配。

【依据2】《城市配电网规划设计规范》（GB 50613—2010）

6.1.1 包括架空线路和电缆线路的高压配电线路应符合下列规定：

1 为充分利用线路通道，市区高压架空线路宜采用同塔双回或多回架设；

2 为优化配电网络结构，变电站宜按双侧电源进线方式布置，或采用低一级电压电源作为应急备用电源；

3 市区内架空线路杆塔应适当增加高度，增加导线对地距离。杆塔结构的造型、色调应与环境相协调；

4 市区 35kV～110kV 架空线路与其他设施有交叉跨越或接近时，应按照《66kV 及以下架空电力线路设计规范》GB 50061 和《110kV～750kV 架空输电线路设计规范》GB 50545 的有关规定进行设计。距易燃易爆场所的安全距离应符合现行国家标准《爆破安全规程》GB 6722 的有关规定。

6.1.3 高压架空线路的设计应符合下列规定：

1 气象条件应符合现行国家标准《66kV 及以下架空电力线路设计规范》GB 50061 和《110kV～750kV 架空输电线路设计规范》GB 50545 的有关规定；

2 高压架空线路的路径选择应符合下列规定：

1) 应根据城市总体规划和城市道路网规划，与市政设施协调，与市区环境相适应；应避免拆迁，严格控制树木砍伐，路径力求短捷、顺直，减少与公路、铁路、河流、河渠的交叉跨越，避免跨越建筑物；

2) 应综合考虑电网的近、远期发展。应方便变电站的进出线减少与其他架空线路的交叉跨越；

3) 应尽量避开重冰区、不良地质地带和采动影响区。当无法避让时，应采取必要的措施；宜避开军事设施、自然保护区、风景名胜区、易燃、易爆和严重污染的场所，其防火间距应符合现行国家标准《建筑设计防火规范》GB 50016 的有关规定；

4) 应满足对邻近通信设施的干扰和影响防护的要求，符合现行行业标准《输电线路对电信线路危险和干扰影响防护设计规范》DL/T 5033 的有关规定；架空配电线路与通信线路的交叉角应大于或等于：一级 40°，二级 25°。

3 高压架空线路导线选择应符合下列规定：

1) 高压架空配电线路导线宜采用钢芯铝绞线、钢芯铝合金绞线；沿海及有腐蚀性地区可选用耐腐蚀型导线；在负荷较大的区域宜采用大截面或增容导线。

2) 导线截面应按经济电流密度选择，可根据规划区域内饱和负荷值一次选定，并按长期允许发热和机械强度条件进行校验。

3) 在同一城市配电网内导线截面应力求一致，每个电压等级可选用 2 种～3 种规格。35kV～110kV 架空线路宜根据表 6.1.3 的规定选择导线截面。

表6.1.3   **35kV～110kV架空线路（普通钢芯）导体截面选择**

电压（kV）	钢芯铝绞线导体截面积（mm²）						
110	630	500	400	300	240	185	—
66		500	400	300	240	185	150
35				300	240	185	150

注 截面较大时，可采用双分裂导线，如2×185mm²、2×240mm²、2×300mm²等。

4）通过市区的架空线路应采用成熟可靠的新技术及节能型材料。导线的安全系数在线间距离及对地高度允许的条件下，可适当增加。

5）110kV和负荷重要且经过地区雷电活动强烈的66kV架空线路宜沿全线架设地线，35kV架空线路宜在进出线段架设1km～2km地线。架空地线宜采用铝包钢绞线或镀锌钢绞线。架空地线应满足电气和机械使用条件的要求，设计安全系数宜大于导线设计安全系数。

6）确定设计基本冰厚时，宜将城市供电线路和电气化铁路供电线路提高一个冰厚等级，宜增加5mm。地线设计冰厚应较导线冰厚增加5mm。

6.1.4 高压电缆线路的使用条件、路径选择、电缆型式、截面选择和敷设方式应符合下列规定：

1 使用环境条件应符合下列规定：

1）高负荷密度的市中心区、大面积建筑的新建居民住宅区及高层建筑区，重点风景旅游区，对市容环境有特殊要求的地区以及依据城市发展总体规划，明确要求采用电缆线路的地区；

2）走廊狭窄、严重污秽，架空线路难以通过或不宜采用架空线路的地区；

3）电网结构要求或供电可靠性、运行安全性要求高的重要用户的供电地区；

4）易受热带风暴侵袭的沿海地区主要城市的重要供电区。

2 路径选择应符合下列规定：

1）根据城市道路网规划，与道路走向相结合，电缆通道的宽度、深度应充分考虑城市建设远期发展的要求，并保证地下电缆线路与城市其他市政公用工程管线间的安全距离。应综合比较路径的可行性、安全性、维护便利及节省投资等因素。

2）电缆构筑物的容量、规模应满足远期规划要求，地面设施应与环境相协调。有条件的城市宜协调建设综合管道。

3）应避开易遭受机械性外力、过热和化学腐蚀等危害的场所。

4）应避开地下岩、水涌和规划挖掘施工的地方。

1.2.3.9 10（20）kV线路建设型式

本条评价项目（见《评价》）的查评依据如下。

【依据1】《配电网规划设计技术导则》（Q/GDW 1738—2012）

9.4.1 10kV配电网应有较强的适应性，主干线截面宜综合饱和负荷状况、线路全寿命周期一次选定。导线截面选择应系列化，同一规划区的主干线导线截面不宜超过3种，主变容量与10kV出线间隔及线路导线截面的配合一般可参考表10选择。

表10   **主变容量与10kV出线间隔及线路导线截面配合推荐表**

110～35kV主变容量（MVA）	10kV出线间隔数	10kV主干线截面（mm²）		10kV分支线截面（mm²）	
		架空	电缆	架空	电缆
63	12及以上	240、185	400、300	150、120	240、185
50、40	8～14	240、185、150	400、300、240	150、120、95	240、185、150
31.5	8～12	185、150	300、240	120、95	185、150
20	6～8	150、120	240、185	95、70	150、120
12.5、10、6.3	4～8	150、120、95	—	95、70、50	—
3.15、2	4～8	95、70		50	—

注 1. 中压架空线路通常为铝芯，沿海高盐雾地区可采用铜绞线，A+、A、B、C类供电区域的中压架空线路宜采用架空绝缘线。
    2. 表中推荐的电缆线路为铜芯，也可采用相同载流量的铝芯电缆。沿海或污秽严重地区，可选用电缆线路。
    3. 对于专线用户较为集中的区域，可适当增加变电站10kV出线间隔数。

【依据2】《城市配电网规划设计规范》（GB 50613—2010）

7.1.1 中压配电线路的规划设计应符合下列规定：

1 中心城区宜采用电缆线路，郊区、一般城区和其他无条件采用电缆的地段可采用架空线路；

2 架空线路路径的选择应符合本规范第6.1.2条和第6.1.3条的规定；

3 电缆的应用条件、路径选择、敷设方式和防火措施应符合本规范第6.1.1条、第6.1.3条和第6.1.6条的有关规定；

4 配电线路的分段点和分支点应装设故障指示器。

7.1.2 中压架空线路的设计应符合下列规定：

1 在下列不具备采用电缆型式供电区域，应采用架空绝缘导线线路：

1) 线路走廊狭窄，裸导线架空线路与建筑物净距不能满足安全要求时；

2) 高层建筑群地区；

3) 人口密集，繁华街道区；

4) 风景旅游区及林带区；

5) 重污秽区；

6) 建筑施工现场。

2 导线和截面选择应符合下列规定：

1) 架空导线宜选择钢芯铝绞线及交联聚乙烯绝缘线；

2) 导线截面应按温升选择，并按允许电压损失、短路热稳定和机械强度条件校验；有转供需要的干线还应按转供负荷时的导线安全电流验算；

3) 为方便维护管理，同一供电区，相同接线和用途的导线截面宜规格统一，不同用途的导线截面宜按表7.1.2的规定选择。

表7.1.2　　　　　　　　　　　　　　中压配电线路导线截面选择

线路型式	主干线（mm²）				分支线（mm²）			
架空线路	—	240	185	150	120	95	70	
电缆线路	500	400	300	240	185	150	120	70

3 中压架空线路杆塔应符合下列规定：

1) 同一变电站引出的架空线路宜多回同杆（塔）架设，但同杆（塔）架设不宜超过四回；

2) 架空配电线路直线杆宜采用水泥杆，承力杆（耐张杆、转角杆、终端杆）宜采用钢管杆或窄基铁塔；

3) 架空配电线路宜采用12m或15m高的水泥杆，必要时可采用18m高的水泥杆；

4) 各类杆塔的设计、计算应符合现行国家标准《66kV及以下架空电力线路设计规范》（GB 50061）的有关规定。

7.1.3 中压电缆线路的设计和电缆选择应符合下列规定：

1 电缆截面应按线路敷设条件校正后的允许载流量选择，并按允许电压损失、短路热稳定等条件校验。有转供需要的主干线应验算转供方式下的安全载流量，电缆截面应留有适当裕度；电缆缆芯截面宜按表7.1.2的规定选择；

2 中压电缆的缆芯对地额定电压应满足所在电力系统中性点接地为式和运行要求。中压电缆的绝缘水平应符合表7.1.3的规定；

表7.1.3　　　　　　　　　　　　　中压电缆绝缘水平选择（kV）

系统标称电压，U_n		10		20	
电缆额定电压 U_o/U	U_o 第一类①	6/10		12/20	
	U_o 第二类②		8.7/10		18/20
缆芯之间的工频最高电压 U_{max}		12		24	
缆芯对地雷电冲击耐受电压峰值 U_{Pl}		75	95	125	170

① 指中性点有效接地系统。

② 指中性点非有效接地系统。

3　中压电缆宜选用交联聚乙烯绝缘电缆；

4　电缆敷设在有火灾危险场所或室内变电站时，应采难燃或阻燃型外护套；

5　电缆线路的设计应符合现行国家标准《电力工程电缆设计规范》GB 50217 的有关规定；

1.2.3.10　主要配电设备选型

本条评价项目（见《评价》）的查评依据如下。

【依据1】《配电网规划设计技术导则》（Q/GDW 1738—2012）

9.5.1　柱上变压器

配电变压器应按"小容量、密布点、短半径"的原则配置，应尽量靠近负荷中心，根据需要也可采用单相变压器。配电变压器容量应根据负荷需要选取，不同类型供电区域的配电变压器容量选取一般应参照表11。

表 11　　　　　　　　　　　　　　10kV柱上变压器容量推荐表

供电区域类型	三相柱上变压器容量（kVA）	单相柱上变压器容量（kVA）
A+、A、B、C类	≤400	≤100
D类	≤315	≤50
E类	≤100	≤30

注　在低电压问题突出的 E 类供电区域，也可采用 35kV 配电化建设模式，35/0.38kV 配电变压器单台容量不宜超过 630kVA。

9.5.2　配电室

a）配电室一般配置双路电源，10kV 侧一般采用环网开关，220/380V 侧为单母线分段接线。变压器接线组别一般采用 D，yn11，单台容量不宜超过 1000kVA。

b）配电室一般独立建设。受条件所限必须进楼时，可设置在地下一层，但不宜设置在最底层。其配电变压器宜选用干式，并采取屏蔽、减振、防潮措施。

9.5.3　箱式变电站

箱式变电站一般用于配电室建设改造困难的情况，如架空线路入地改造地区、配电室无法扩容改造的场所，以及施工用电、临时用电等，其单台变压器容量一般不宜超过 630kVA。

9.5.4　柱上开关

a）规划实施配电自动化的地区，开关性能及自动化原理应一致，并预留自动化接口。

b）对过长的架空线路，当变电站出线断路器保护段不满足要求时，可在线路中后部安装重合器，或安装带过流保护的断路器。

9.5.5　开关站

a）开关站宜建于负荷中心区，一般配置双电源，分别取自不同变电站或同一座变电站的不同母线。

b）开关站接线宜简化，一般采用两路电源进线、6～12 路出线，单母线分段接线，出线断路器带保护。开关站应按配电自动化要求设计并留有发展余地。

9.5.6　环网单元

环网单元一般采用两路电源进线、4 路出线，必要时可增加出线。

【依据2】《城市配电网规划设计规范》（GB 50613—2010）

7.2.1　中压开关站应符合下列规定：

1　当变电站的 10（20）kV 出线走廊受到限制、10（20）kV 配电装置馈线间隔不足且无扩建余地，宜建设开关站。开关站应配合城市规划和市政建设同步进行，可单独建设，也可与配电站配套建设。

2　开关站宜根据负荷分布均匀布置，其位置应交通运输方便，具有充足的进出线通道，满足消防、通风、防潮、防尘等技术要求。

3　中压开关站转供容量可控制在 10MVA～30MVA，电源进线宜为 2 回或 2 进 1 备，出线宜为 6 回～12 回。开关站接线应简单可靠，宜采用单母线分段接线。

7.2.2　中压室内配电站、预装箱式变电站、台架式变压器的设计应符合下列规定：

1　配电站站址设置应符合下列规定：

1）配电站位置应接近负荷中心，并按照配电网规划要求确定配电站的布点和规模。站址选择应符合现行国家标准《10kV及以下变电所设计规范》GB 50053的有关规定。

2）位于居住区的配电站宜按"小容量、多布点"的原则设置。

2 室内配电站应符合下列规定：

1）室内站可独立设置，也可与其他建筑物合建。

2）室内站宜按两台变压器设计，通常采用两路进线，变压器容量应根据负荷确定，宜为315kVA～1000kVA。

3）变压器低压侧应按单母线分段接线方式，装设分段断路器；低压进线柜宜装设配电综合监测仪。

4）配电站的型式、布置、设备选型和建筑结构等应符合现行国家标准《10kV及以下变电所设计规范》GB 50053的有关规定。

3 预装箱式变电站应符合下列规定：

1）受场地限制无法建设室内配电站的场所可安装预装箱式变电站；施工用电、临时用电可采用预装箱式变电站。预装箱式变电站只设1台变压器。

2）中压预装箱式变电站可采用环网接线单元，单台变压器容量宜为315kVA～630kVA，低压出线宜为4回～6回。

3）预装箱式变电站宜采用高燃点油浸变压器，需要时可采用干式变压器。

4）受场地限制无法建设地上配电站的地方可采用地下预装箱式配电站。地下预装箱式配电站应有可靠的防水防潮措施。

4 台架式变压器应符合下列规定：

1）台架变应靠近负荷中心。变压器台架宜按最终容量一次建成。变压器容量宜为500kVA及以下，低压出线宜为4回及以下。

2）变压器台架对地冲离不应低于2.5m，高压跌落式熔断器对地距离不应低于4.5m。

3）高压引线宜采用多股绝缘线，其截面按变压器额定电流选择但不应小于25mm²。

4）台架变的安装位置应避开易受车辆碰撞及严重污染的场所，台架下面不应设置可攀爬物体。

5）下列类型的电杆不宜装设变压器台架：转角、分支电杆；设有低压接户线或电缆头的电杆；设有线路开关设备的电杆；交叉路口的电杆；人员易于触及和人口密集地段的电杆；有严重污秽地段的电杆。

7.3.1 配电变压器选型应符合下列规定：

1 配电变压器应选用符合国家标准要求的环保节能型变压器。

2 配电变压器的耐受电压水平应满足本规范表6.2.8的规定。

3 配电变压器的容量宜按下列范围选择：

1）台架式三相配电变压器宜为50kVA～500kVA；

2）台架式单相配电变压器不宜大于50kVA；

3）配电站内内油浸变压器不宜大于630kVA，干式变压器不宜大于1000kVA。

4）配电变压器运行负载率宜按60%～80%设计。

7.3.2 配电开关设备应符合下列规定：

1 中压开关设备应满足环境使用条件、正常工作条件的要求，其短路耐受电流和短路分断能力应满足系统短路热稳定电流和动稳定电流的要求。

2 设备参数应满足负荷发展的要求，并应符合网络的接线方式和接地方式的要求。

3 断路器柜应选用真空或六氟化硫断路器柜系列；负荷开关环网柜宜选用六氟化硫或真空环网柜系列。在有配网自动化规划的区域，设备选型应满足配电网自动化的遥测、遥信和遥控的要求，断路器应具备电动操作功能；智能配电站应采用智能设备。

4 安装于户外、地下室等易受潮或潮湿环境的设备，应采用全封闭的电气设备。

7.3.3 电缆分接箱应符合下列规定：

1 电缆分接箱宜采用屏蔽型全固体绝缘，外壳应满足使用场所的要求，应具有防水、耐雨淋及耐腐蚀性能；

2 电缆分接箱内宜预留备用电缆接头主干线上不宜使用电缆分接箱。

7.3.4 柱上开关及跌落式熔断器应符合下列规定：

1 架空线路分段、联络开关应采用体积小、少维护的柱上无油化开关设备，当开关设备需要频繁操作和放射型较大分支线的分支点宜采用断路器；

2 户外跌落式熔断器应满足系统短路容量要求，宜选用可靠性高、体积小和少维护的新型熔断器。

1.2.3.11 低压线路选型

本条评价项目（见《评价》）的查评依据如下。

【依据】《配电网规划设计技术导则》（Q/GDW 1738—2012）

9.6.1 220/380V 配电网应有较强的适应性，主干线截面应按远期规划一次选定。导线截面选择应系列化，同一规划区内主干线导线截面不宜超过 3 种。各类供电区域 220/380V 主干线路导线截面一般可参考表 12 选择。

表 12 线路导线截面推荐表

线路形式	供电区域类型	主干线（mm²）
电缆线路	A+、A、B、C 类	≥120
架空线路	A+、A、B、C 类	≥120
	D、E 类	≥50

注 1. 表中推荐的架空线路为铝芯，电缆线路为铜芯。
　　2. A+、A、B、C 类供电区域宜采用绝缘导线。

9.6.2 农村人流密集的地方、树（竹）线矛盾较突出的地段，可选用绝缘导线。

9.6.3 220/380V 电缆可采用排管、沟槽、直埋等敷设方式。穿越道路时，应采用抗压力保护管。

1.2.3.12 配电网供电质量

本条评价项目（见《评价》）的查评依据如下。

【依据】《配电网规划设计技术导则》（Q/GDW 1738—2012）

7.6.1 供电电压允许偏差

配电网规划要保证网络中各节点满足电压损失及其分配要求，各类用户受电电压质量执行 GB 12325 的规定。

a) 110kV～35kV 供电电压正负偏差的绝对值之和不超过额定电压的 10%。

b) 10kV 及以下三相供电电压允许偏差为额定电压的 ±7%。

c) 220V 单相供电电压允许偏差为额定电压的 +7% 与 −10%。

d) 对供电点短路容量较小、供电距离较长以及对供电电压偏差有特殊要求的用户，由供、用电双方协议确定。

1.2.3.13 短路电流

本条评价项目（见《评价》）的查评依据如下。

【依据】《配电网规划设计技术导则》（Q/GDW 1738—2012）

7.4.1 配电网规划应从网络结构、电压等级、阻抗选择和运行方式、变压器容量等方面合理控制各级电压的短路容量，使各级电压断路器的开断电流与相关设备的动、热稳定电流相配合。变电站内母线的短路电流水平一般不应超过表 6 中的对应数值。

表 6 各电压等级的短路电流限定值

电压等级	短路电流限定值（kA）		
	A+、A、B 类供电区域	C 类供电区域	D、E 类供电区域
110kV	31.5、40	31.5、40	31.5
66kV	31.5	31.5	31.5

电压等级	短路电流限定值（kA）		
	A+、A、B类供电区域	C类供电区域	D、E类供电区域
35kV	31.5	25、31.5	25、31.5
10kV	20、25	20、25	16、20

注 1. 对于主变容量较大的110kV变电站（40MVA及以上）、35kV变电站（20MVA及以上），其低压侧可选取表中较高的数值，对于主变容量较小的110kV～35kV变电站的低压侧可选取表中较低的数值。

2. 10kV线路短路容量沿线路递减，配电设备可根据安装位置适当降低短路容量标准。

7.4.2 对于变电站站址资源紧张、主变容量较大的变电站，需合理控制配电网的短路容量，主要技术措施包括：

a）配电网络分片、开环，母线分段，主变分列。

b）合理选择接线方式（如二次绕组为分裂式）或采用高阻抗变压器。

7.4.3 对处于系统末端、短路容量较小的供电区域，可通过适当增大主变容量、采用主变并列运行等方式，增加系统短路容量，提高配电网的电压稳定性。

1.2.3.14 无功补偿

本条评价项目（见《评价》）的查评依据如下。

【依据】《配电网规划设计技术导则》（Q/GDW 1738—2012）

7.5.1 配电网规划需保证有功和无功的协调，电力系统配置的无功补偿装置应在系统有功负荷高峰和负荷低谷运行方式下，保证分（电压）层和分（供电）区的无功平衡。变电站、线路和配电台区的无功设备应协调配合，按以下原则进行无功补偿配置：

a）无功补偿装置应按就地平衡和便于调整电压的原则进行配置，可采用变电站集中补偿和分散就地补偿相结合，电网补偿与用户补偿相结合，高压补偿与低压补偿相结合等方式。接近用电端的分散补偿装置主要用于提高功率因数，降低线路损耗；集中安装在变电站内的无功补偿装置主要用于控制电压水平。

b）应从系统角度考虑无功补偿装置的优化配置，以利于全网无功补偿装置的优化投切。

c）变电站无功补偿配置应与变压器分接头的选择相配合，以保证电压质量和系统无功平衡。

d）对于电缆化率较高的地区，必要时应考虑配置适当容量的感性无功补偿装置。

e）大用户应按照电力系统有关电力用户功率因数的要求配置无功补偿装置，并不得向系统倒送无功。

f）在配置无功补偿装置时应考虑谐波治理措施。

g）分布式电源接入电网后，原则上不应从电网吸收无功，否则需配置合理的无功补偿装置。

7.5.2 110kV～35kV电网应根据网络结构、电缆所占比例、主变负载率、负荷侧功率因数等条件，经计算确定无功配置方案。有条件的地区，可开展无功优化计算，寻求满足一定目标条件（无功设备费用最小、网损最小等）的最优配置方案。

7.5.3 110kV～35kV变电站一般宜在变压器低压侧配置自动投切或动态连续调节无功补偿装置，使变压器高压侧的功率因数在高峰负荷时达到0.95及以上，无功补偿装置总容量应经计算确定，对于分组投切的电容器，可根据低谷负荷确定电容器的单组容量，以避免投切振荡。

7.5.4 配电变压器的无功补偿装置容量应依据变压器最大负载率、负荷自然功率因数等进行配置。

7.5.5 在供电距离远、功率因数低的10kV架空线路上可适当安装无功补偿装置，其容量应经过计算确定，且不宜在低谷负荷时向系统倒送无功。

7.5.6 提倡220/380V用户改善功率因数。

1.2.3.15 中性点接地方式

本条评价项目（见《评价》）的查评依据如下。

【依据】《配电网规划设计技术导则》（Q/GDW 1738—2012）

7.7.1 中性点接地方式对供电可靠性、人身安全、设备绝缘水平及继电保护方式等有直接影响。

配电网应综合考虑可靠性与经济性，选择合理的中性点接地方式。同一区域内宜统一中性点接地方式，以利于负荷转供；中性点接地方式不同的配电网应避免互带负荷。

7.7.2 中性点接地方式一般可分为直接接地方式和非直接接地方式两大类，非直接接地方式又分不接地、消弧线圈接地和阻性接地。

a) 110kV系统采用直接接地方式。

b) 66kV系统宜采用经消弧线圈接地方式。

c) 35kV、10kV系统可采用不接地、消弧线圈接地或低电阻接地方式。

7.7.3 35kV架空网宜采用中性点经消弧线圈接地方式；35kV电缆网宜采用中性点经低电阻接地方式，宜将接地电流控制在1000A以下。

7.7.4 10kV配电网中性点接地方式的选择应遵循以下原则：

a) 单相接地故障电容电流在10A及以下，宜采用中性点不接地方式。

b) 单相接地故障电容电流在10A～150A，宜采用中性点经消弧线圈接地方式。

c) 单相接地故障电容电流达到150A以上，宜采用中性点经低电阻接地方式，并应将接地电流控制在150A～800A内。

7.7.5 10kV电缆和架空混合型配电网，如采用中性点经低电阻接地方式，应采取以下措施：

a) 提高架空线路绝缘化程度，降低单相接地跳闸次数。

b) 完善线路分段和联络，提高负荷转供能力。

c) 降低配电网设备、设施的接地电阻，将单相接地时的跨步电压和接触电压控制在规定范围内。

7.7.6 220/380V配电网主要采用TN、TT、IT接地方式，其中TN接地方式主要采用TN-C-S、TN-S。用户应根据用电特性、环境条件或特殊要求等具体情况，正确选择接地系统。

1.2.3.16 继电保护及自动装置

本条评价项目（见《评价》）的查评依据如下。

【依据】《配电网规划设计技术导则》（Q/GDW 1738—2012）

7.8.2 配电网设备应装设短路故障和异常运行保护装置。设备短路故障的保护应有主保护和后备保护，必要时可再增设辅助保护。

7.8.3 10kV配电网应采用过流、速断保护，架空及架空电缆混合线路应配置重合闸；低电阻接地系统中的线路应增设零序电流保护；合环运行的配电线路应增设相应保护装置，确保能够快速切除故障。

7.8.4 接入110kV～10kV电网的各类电源，采用专线接入方式时，其接入线路宜配置光纤电流差动保护，对于分布式光伏发电以10kV电压等级接入的线路，可不配置光纤纵差保护。采用T接方式时，在满足可靠性、选择性、灵敏性和速动性要求时，其接入线路可采用电流电压保护。

7.8.5 保护信息的传输宜采用光纤通道。对于线路电流差动保护的传输通道，往返均应采用同一信号通道传输。

7.8.6 分布式电源接入时，继电保护和安全自动装置配置方案应符合相关继电保护技术规程、运行规程和反事故措施的规定，定值应与电网继电保护和安全自动装置配合整定；公共电网线路投入自动重合闸时，应校核重合闸时间。

1.2.3.17 用户接入方式

本条评价项目（见《评价》）的查评依据如下。

【依据】《配电网规划设计技术导则》（Q/GDW 1738—2012）

11.1.1 用户接入应符合电网规划，不应影响电网的安全运行及电能质量。

11.1.2 用户的供电电压等级应根据当地电网条件、最大用电负荷、用户报装容量，经过技术经济比较后确定。供电电压等级一般可参照表13确定。供电半径较长、负荷较大的用户，当电压质量不满足要求时，应采用高一级电压供电。

表 13	用户接入容量和供电电压等级推荐表	
供电电压等级	用电设备容量	受电变压器总容量
220V	10kW 及以下单相设备	—
380V	100kW 及以下	50kVA 及以下
10kV	—	50kVA～10MVA
35kV	—	5MVA～40MVA
66kV	—	15MVA～40MVA
110kV	—	20MVA～100MVA

注　无 35kV 电压等级的电网，10kV 电压等级受电变压器总容量为 50kVA～20MVA。

1.2.3.18　电动汽车充换电设施接入

本条评价项目（见《评价》）的查评依据如下。

【依据】《电动汽车充换电设施接入电网技术规范》（Q/GDW 11178—2013）

5.1　电压等级

充换电设施所选择的标称电压应符合国家标准 GB/T 156 的要求。供电电压等级应根据充换电设施的负荷，经过技术经济比较后确定。供电电压等级一般可参照表 1 确定。当供电半径超过本级电压规定时，应采用高一级电压供电。

表 1	充换电设施电压等级
供电电压等级	充换电设备负荷
220V	10kW 及以下单相设备
380V	10kW 及以下
10kV	10kW 以上

5.2　用户等级

具有重大政治、经济、安全意义的充换电站，或中断供电将对公共交通造成较大影响或影响重要单位的正常工作的充换电站，可作为二级重要用户，其他可作为普通用户。

5.3　接入点

5.3.1　220V 充电设备，宜接入低压配电箱；380V 充电设备，宜接入低压线路或配电变压器的低压母线。

5.3.2　接入 10kV 的充换电设施，容量小于 3000kVA 宜接入公用电网 10kV 线路或接入环网柜、电缆分支箱等，容量大于 3000kVA 的充换电设施宜专线接入。

5.4　供电电源

5.4.1　充换电设施供电电源点应具备足够的供电能力，提供合格的电能质量，并确保电网和充换电设施的安全运行。

5.4.2　供电电源点应根据城市地形、地貌和道路规划选择，路径应短捷顺直，避免近电远供、交叉迂回。

5.4.3　属于二级重要用户的充换电设施宜采用双回路供电。

5.4.4　属于一般用户的充换电设施可采用单回线路供电。

1.2.3.19　分布式电源接入方式

本条评价项目（见《评价》）的查评依据如下。

【依据】《分布式电源接入配电网设计规范》（Q/GDW 11147—2013）

5.2.1　接入配电网电压等级

对于单个并网点，接入的电压等级应按照安全性、灵活性、经济性的原则，根据分布式电源容量、发电特性、导线载流量、上级变压器及线路可接纳能力、用户所在地区配电网情况，经过综合比选后确定，具体可参考表 1。

表1 分布式电源接入电压等级推荐表

单个并网点容量	并网电压等级
8kW 以下	220V
400kW 以下	380V
400kW～6MW	10kV
6MW～20MW	35kV

注 最终并网电压等级应根据电网条件，通过技术经济比选认证确定，若高低两级电压均具备接入条件，优先采用低电压等级接入。

5.2.2 接入点

分布式电源接入点的选择应根据其电压等级及周边电网情况确定，具体见表2。

表2 分布式电源接入点选择推荐表

电压等级	接入点
35kV	用户开关站、配电室或箱变母线
10kV	用户开关站、配电室或箱变母线、环网单元
380V/220V	用户配电室、箱变低压母线或用户计量配电箱

1.2.3.20 分布式电源电能质量

本条评价项目（见《评价》）的查评依据如下。

【依据】《分布式电源接入配电网设计规范》（Q/GDW 11147—2013）

5.8 电能质量

5.8.1 一般原则

分布式电源向当地交流负载提供电能和向电网送出电能的质量，在谐波、电压偏差、三相电压不平衡、电压波动和闪变等方面，应满足 GB/T 14549、GB/T 24337、GB/T 12325、GB/T 15543、GB/T 12326 的有关规定。

5.8.2 电能质量指标

分布式电源向配电网送出的电能质量应该满足以下性能指标：

a）电压波动：输出为正弦波，电压波形失真度不超过5％；

b）电压值：35kV 电压值偏差小于额定电压的10％，10kV/380V 电压值偏差小于额定电压的7％，220V 电压值偏差小于额定电压的 $-7\% \sim 10\%$；

c）频率：输出电流频率为（50±0.5）Hz；

d）谐波：分布式电源接入配电网后，公共连接点的谐波电压应满足 GB/T 14549 的规定；

e）直流分量：向公共连接点注入的直流电流分量不超过其交流额定值的 0.5％；

f）三相平衡度：以 220V 接入配电网时，应尽量保证三相平衡。

5.8.3 电能质量在线监测

分布式电源接入系统的公共连接点的电能质量应满足 GB/T 19862，必要时在公共连接点加装电能质量在线监测装置。

a）分布式电源以 35/10kV 接入，必要时可在并网点配置电能质量在线监测装置。

b）同步电机类型分布式电源接入时，可不配置电能质量在线监测装置。

1.2.3.21 分布式电源继电保护配置和并网运行信息采集

本条评价项目（见《评价》）的查评依据如下。

【依据】《分布式电源接入配电网设计规范》（Q/GDW 11147—2013）

6.1 系统继电保护及安全自动装置

6.1.1 一般原则

分布式电源的继电保护应以保证公共电网的可靠性为原则，兼顾分布式电源的运行方式，采取有效的保护方案，其技术条件应符合 GB 50054、GB/T 14285 和 DL/T 584 的要求。

6.1.2 线路保护

6.1.2.1 380/220V 电压等级接入

分布式电源以 380/220V 电压等级接入公共电网时，并网点和公共连接点的断路器应具备短路速断、延时保护功能和分励脱扣、失压跳闸及低压闭锁合闸等功能，同时应配置剩余电流保护。

6.1.2.2 35/10kV 电压等级接入

分布式电源接入 35/10kV 电压等级系统保护参考以下原则配置：

a) 送出线路继电保护配置。

1) 采用专线接入配电网分布式电源采用专用线路接入用户变电站或开关站母线等时，宜配置（方向）过流保护；接入配电网的分布式电源容量较大且可能导致电流保护不满足保护"四性"要求时，可配置距离保护；当上述两种保护无法整定或配合困难时，可增配纵联电流差动保护。

2) 采用"T"接方式接入配电网分布式电源采用"T"接线路接入用户配电网时，为了保证用户其他负荷的供电可靠性，宜在分布式电源站侧配置电流速断保护反映内部故障。

b) 系统侧相关保护校验及改造完善。

1) 分布式电源接入配电网后，应对分布式电源送出线路相邻线路现有保护进行校验，当不满足要求时，应调整保护配置。

2) 分布式电源接入配电网后，应校验相邻线路的开关和电流互感器是否满足要求（最大短路电流）。

3) 分布式电源接入配电网后，必要时按双侧电源线路完善保护配置。

6.1.3 母线保护

分布式电源接入系统母线保护宜按照以下原则配置：

a) 分布式电源系统设有母线时，可不设专用母线保护，发生故障时可由母线有源连接元件的后备保护切除故障。如后备保护时限不能满足稳定要求，可相应配置保护装置，快速切除母线故障。

b) 应对系统侧变电站或开关站侧的母线保护进行校验，若不能满足要求时，则变电站或开关站侧应配置保护装置，快速切除母线故障。

6.1.4 防孤岛保护

分布式电源接入系统防孤岛保护应满足：

a) 变流器必须具备快速检测孤岛且检测到孤岛后立即断开与电网连接的能力，其防孤岛保护方案应与继电保护配置、频率电压异常紧急控制装置配置和低电压穿越等相配合。

b) 接入 35/10kV 系统的变流器类型分布式电源应同时配置防孤岛保护装置，同步电机、感应电机类型分布式电源，无需专门设置防孤岛保护，分布式电源切除时间应与线路保护、重合闸、备自投等配合，以避免非同期合闸。

6.1.5 安全自动装置

分布式电源接入 35/10kV 电压等级系统安全自动装置满足：

a) 分布式电源接入配电网的安全自动装置应实现频率电压异常紧急控制功能，按照整定值跳开并网点断路器。

b) 分布式电源 35/10kV 电压等级接入配电网时，应在并网点设置安全自动装置；若 35/10kV 线路保护具备失压跳闸及低压闭锁功能，可以按 U_N 实现解列，也可不配置具备该功能的自动装置。

c) 380/220V 电压等级接入时，不独立配置安全自动装置。

d) 分布式电源本体应具备故障和异常工作状态报警和保护的功能。

6.1.6 电压异常时的响应特性要求

6.1.6.1 分布式电源电压异常时的响应特性

接入用户电网的分布式电源在并网点处电网电压异常时的响应要求见表 3。此要求适用于多相系统中的任何一项。

表3	分布式电源在电网电压异常时的响应要求
并网点电压	电大分闸时间
$U<0.5U_N$	不超过 0.2s
$0.5U_N\leqslant U<0.85U_N$	不超过 0.2s
$0.85U_N\leqslant U\leqslant 1.1U_N$	连续运行
$1.1U_N<U<1.35U_N$	不超过 0.2s
$1.35U_N\leqslant U$	不超过 0.2s

注　1. U_N 为分布式电源并网点的电网标称电压；
　　2. 最大分闸时间是指异常状态发生到电源停止向电网送电的时间。

6.1.6.2　电力系统故障类型下的考核电压

各种电力系统故障类型下的考核电压如表4所示。

表4	分布式电源低电压穿越考核电压
故障类型	考核电压
三相故障短路	并网点线电压
两相故障短路	并网点线电压
单相接地故障短路	并网点线电压

6.1.7　同期装置

分布式电源接入系统工程设计的同期装置配置应满足以下要求：

a）经同步电机直接接入配电网的分布式电源，应在必要位置配置同期装置。

b）经感应电机直接接入配电网的分布式电源，应保证其并网过程不对系统产生严重不良影响，必要时采取适当的并网措施，如可在并网点加装软并网设备。

c）变流器类型分布式电源（经电力电子设备并网）接入配电网时，不配置同期装置。

6.1.8　其他

分布式电源接入系统工程设计还应满足以下要求：

a）当以 35/10（6）kV 线路接入公共电网环网单元、开关站等时，环网单元或开关站需要进行相应改造，具备二次电源和设备安装条件。对于空间实在无法满足需求的，可选用壁挂式、分散式直流电源模块，实现分布式电源接入配电网方案的要求。

b）系统侧变电站或开关站线路保护重合闸检无压配置应根据当地调度主管部门要求设置，必要时配置单相 TV。接入分布式电源且未配置 PT 的线路原则上取消重合闸。

c）35/10（6）kV 接入配电网的分布式电源电站内应具备直流电源，供新配置的保护装置、测控装置、电能质量在线监测装置等设备使用。

d）35/10（6）kV 接入配电网的分布式电源电站内应配置 UPS 交流电源，供关口电能表、电能量终端服务器、交换机等设备使用。

e）分布式电源并网变流器应具备过流保护与短路保护，在频率电压异常时自动脱离系统的功能。

f）同步电机和感应电机并网的分布式电源其电机本体应该具有反映内部故障及过载等异常运行情况的保护功能。

6.2.2　调度自动化需求

分布式电源调度管理按以下原则执行：

a）以 35/10kV 电压等级接入的分布式电源，纳入地市或县公司调控中心调度运行管理，上传信息包括并网设备状态、并网点电压、电流、有功功率、无功功率和发电量，调控中心应实时监视运行情况。35/10kV 接入的分布式电源应具备与电力系统调度机构之间进行数据通信的能力，能够采集电源并网状态、电流、电压、有功、无功、发电量等电气运行工况，上传至相应的电网调度机构。

b）以 380/220V 电压等级接入的分布式电源，应上传发电量信息，经同步电机形式接入配电网的分布式电源应同时具备并网点开关状态信息采集和上传能力。

6.2.3 远动系统

分布式电源接入配电网的远动系统按以下原则配置：

a）以 380/220V 电压等级接入的同步电机类型分布式电源，并网点开关状态信息及发电量信息，宜采用专用装置实现统一采集和远传。

b）以 380/220V 电压等级接入的其他类型分布式电源，按照相关暂行规定，只考虑采集关口计费电能表计量信息，可通过配置无线采集终端装置或接入现有集抄系统实现电量信息采集及远传，一般不配置独立的远动系统。

c）以 35/10kV 电压等级接入的分布式电源本体远动系统功能宜由本体监控系统集成，本体监控系统具备信息远传功能；本体不具备条件时，应独立配置远方终端，采集相关信息。

d）以 380V/10kV 多点、多电压等级接入时，380V 部分信息由 35/10kV 电压等级接入的分布式电源本体远动系统统一采集并远传。

1.2.3.22 配电自动化系统

本条评价项目（见《评价》）的查评依据如下。

【依据1】《配电自动化规划设计技术导则》（Q/GDW 11184—2014）

4.3.1 配电自动化规划设计应遵循经济实用、标准设计、差异区分、资源共享、同步建设的原则，并满足安全防护要求。

4.3.2 经济实用原则。配电自动化规划设计应根据不同类型供电区域的供电可靠性需求，采取差异化技术策略，避免因配电自动化建设造成电网频繁改造，注重系统功能实用性，结合配网发展有序投资，充分体现配电自动化建设应用的投资效益。

4.3.3 标准设计原则。配电自动化规划设计应遵循配电自动化技术标准体系，配电网一、二次设备应依据接口标准设计，配电自动化系统设计的图形、模型、流程等应遵循国标、行标、企标等相关技术标准。

4.3.4 差异区分原则。根据城市规模、可靠性需求、配电网目标网架等情况，合理选择不同类型供电区域的故障处理模式、主站建设规模、配电终端配置方式、通信建设模式、数据采集节点及配电终端数量。

4.3.5 资源共享原则。配电自动化规划设计应遵循数据源端唯一、信息全局共享的原则，利用现有的调度自动化系统、设备（资产）运维精益管理系统、电网 GIS 平台、营销业务系统等相关系统，通过系统间的标准化信息交互，实现配电自动化系统网络接线图、电气拓扑模型和支持电网运行的静、动态数据共享。

4.3.6 规划建设同步原则。配电网规划设计与建设改造应同步考虑配电自动化建设需求，配电终端、通信系统应与配电网实现同步规划、同步设计。对于新建电网，配电自动化规划区域内的一次设备选型应一步到位，避免因配电自动化实施带来的后续改造和更换。对于已建成电网，配电自动化规划区域内不适应配电自动化要求的，应在配电网一次网架设备规划中统筹考虑。

【依据2】《配电网规划设计技术导则》（Q/GDW 1738　2012）

10.2.2 配电自动化建设应与配电网一次网架相衔接。实施前应对本区域供电可靠性、一次网架、配电设备等进行评估，经技术经济比较后制定合理的配电自动化方案，因地制宜、分步实施。A+、A、B 类供电区域馈线自动化宜采用集中式或智能分布式，其中 A+、A 类供电区域配电网宜具备网络重构和自愈能力，C 类供电区域馈线自动化可采用集中式或就地型重合器式，D、E 类供电区域馈线自动化可根据实际需求采用故障指示器方式。

10.2.3 应合理选择配电自动化终端类型，提高信息采集覆盖范围。根据网架结构、设备状况和应用需求，合理选用自动化终端或故障指示器。对关键性节点，如主干线开关、联络开关，进出线较多的开关站、配电室和环网单元，应配置"三遥"（遥测、遥信、遥控）配电自动化终端；对一般性节点，如分支开关、无联络的末端站室，应配置"两遥"（遥测、遥信）配电自动化终端或故障指示器。

【依据3】《配电自动化技术导则》（Q/GDW 11184—2014）

5.1　配电自动化建设应与配电网一次网架、设备相适应，在一次网架设备的基础上，根据供电可靠性需求合理配置配电自动化方案。

5.2　配电网一次设备新建、改造时应同步考虑配电终端、通信等二次需求，配电自动化规划区域内的一次设备如柱上开关、环网柜、配电站等建设改造时应考虑自动化设备安装位置、供电电源、电操机构、测量控制回路、通信通道等，同时应考虑通风、散热、防潮、防凝露等要求。

5.3　配电网建设、改造工程中涉及电缆沟道、管井建设改造及市政管道建设时应一并考虑光缆通信需求，同步建设或预留光缆敷设资源，并考虑敷设防护要求；排管敷设时应预留专用的管孔资源。

5.4　对能够实现继电保护配合的分支线开关、长线路后段开关等，可配置为断路器型开关，并配置具有继电保护功能的配电终端，快速切除故障。

5.5　在用户产权分界点可安装自动隔离用户内部故障的开关设备，视需要配置"二遥"或"三遥"终端。

5.6　配电自动化主站应与一次、二次系统同步规划与设计，考虑未来5～15年的发展需求，确定主站建设规模和功能。

5.7　电流互感器的配置应满足数据监测、继电保护和故障信息采集的需要。电压互感器的配置应满足数据监测和开关电动操动机构、配电终端及通信设备供电电源的需要，并满足停电时故障隔离遥控操作的不间断供电要求。户外环境温度对蓄电池使用寿命影响较大的地区，或停电后无需遥控操作的场合，可选用超级电容器等储能方式。

5.8　配电自动化系统与PMS、电网GIS平台、营销95598系统等其他信息系统之间应统筹规划，满足信息交互要求，为配电网全过程管理提供技术支撑。配电自动化系统可用于配电网可视化、供电区域划分、空间负荷预测、线路及配变容量裕度等计算分析，指导用电客户、分布式电源、电动汽车充换电设施等有序接入，为配电网规划设计提供技术支撑。

1.2.4　反措落实

1.2.4.1　反事故措施管理

本条评价项目（见《评价》）的查评依据如下。

【依据】《国家电网有限公司十八项电网重大反事故措施（2018年修订版）》（国家电网设备〔2018〕979号）

2.2.1.1　加强电网规划设计工作，制定完备的电网发展规划和实施计划，尽快强化电网薄弱环节，重点加强特高压电网建设及配电网完善工作，对供电可靠性要求高的电网应适度提高设计标准，确保电网结构合理、运行灵活、坚强可靠和协调发展。

2.2.1.2　电网规划设计应统筹考虑、合理布局，各电压等级电网协调发展。对于造成电网稳定水平降低、短路容量超过断路器遮断容量、潮流分布不合理、网损高的电磁环网，应考虑尽快打开运行。

2.2.1.3　规划电网应考虑留有一定的裕度，为电网安全稳定运行和电力市场的发展等提供物质基础，以提供更大范围的资源优化配置的能力，满足经济发展的需求。

2.2.2.1　在工程设计、建设、调试和启动阶段，国家电网公司的计划、工程、调度等相关管理机构和独立的发电、设计、调试等相关企业应相互协调配合，分别制定有效的组织、管理和技术措施，以保证一次设备投入运行时，相关配套设施等能同时投入运行。

2.2.2.2　加强设计、设备订货、监造、出厂验收、施工、调试和投运全过程的质量管理。鼓励科技创新，改进施工工艺和方法，提高质量工艺水平和基建管理水平。

2.2.3.1　电网应进行合理分区，分区电网应尽可能简化，有效限制短路电流；兼顾供电可靠性和经济性，分区之间要有备用联络线以满足一定程度的负荷互带能力。

2.2.3.2　避免和消除严重影响系统安全稳定运行的电磁环网。在高一级电压网络建设初期，对于暂不能消除的影响系统安全稳定运行的电磁环网，应采取必要的稳定控制措施，同时应采取后备措施限制系统稳定破坏事故的影响范围。

2.2.3.3　电网联系较为薄弱的省级电网之间及区域电网之间宜采取自动解列等措施，防止一侧系统发生稳定破坏事故时扩展到另一侧系统。特别重要的系统（政治、经济或文化中心）应采取自动措施，防止相邻系统发生事故时直接影响到本系统的安全稳定运行。

1.2.4.2　配电线路敷设要求

本条评价项目（见《评价》）的查评依据如下。

【依据】《城市配电网规划设计规范》（GB 50613—2010）

6.1.2　架空配电线路跨越铁路、道路、河流等设施及各种架空线路交叉或接近的允许距离应符合表 6.1.2 的规定。

表 6.1.2　架空配电线路跨越铁路、道路、河流等设施及各种架空线路交叉或接近的允许距离（m）

项目		铁路		公路		电车道	通航河流	不通航河流
项目		标准轨距	电气化线路	高速、一级	二、三、四级	有轨及无轨		
导线在跨越档内的接头要求		不应接头	—	不应接头	—	不应接头	不应接头	
导线固定方式		双链连接	—	双链连接	单固定	双链连接	双链连接	单固定

	线路电压（kV）	项目							
	线路电压（kV）	至轨顶	至接触线或承力索	至路面		至承力索或接触线 至路面	至5年一遇洪水位	至最高航行水位的最高船桅顶	至最高洪水位	冬季至冰面
最小垂直距离（m）	35～110	7.5	3.0	7.0		3.0/10.0	6.0	2.0	3.0	6.0
最小垂直距离（m）	20	7.5	3.0	7.0		3.0/10.0	6.0	2.0	3.0	5.0
最小垂直距离（m）	3～10	7.5（6.0）	3.0	7.0		3.0/9.0	6.0	1.5	3.0	5.0
最小垂直距离（m）	3 以下	7.5（6.0）	3.0	6.0		3.0/9.0	6.0	1.5	3.0	5.0

	线路电压（kV）	项目					线路与拉纤小路平行时，边导线至斜坡上缘
	线路电压（kV）	电杆外缘至轨道中心		电杆外缘至路基边缘			
	线路电压（kV）	交叉	平行	开阔地区	路径受限地区	市区内	
最小水平距离（m）	35～110	30	最高杆（塔）高加3.1m	交叉：8.0 平行：最高杆塔高	5.0	0.5	最高杆（塔）高
最小水平距离（m）	20	10		1.0	1.0	0.5	
最小水平距离（m）	3～10	5		0.5	0.5	0.5	
最小水平距离（m）	3 以下	5		0.5	0.5	0.5	

| 备注 | | 括号内为窄轨铁路 | 山区入地困难时，应协商解决 | ① 公路等级见附录D，城市道路的分级，参照公路等级；
② 1kV以下配电线路与二、三级弱电线路，与公路交叉时，导线固定方式不限制；
③ 本栏内最小水平距离适用于公路和电车道；
④ 公路等级应符合现行行业标准《公路路径设计规范》JTJ 001 的规定 | | | ① 最高洪水位时，有抗洪抢险船只航行的河流，垂直距离应协商确定
② 不能通航河流指不能通航也不能浮运的河流；
③ 最高水位对20kV是指50年一遇洪水位 |

弱电线路		电力线路 kV						特殊管道	一般管道、索道	人行天桥
一、二级	三级	3～10	20	35～110	154～220	330	500			
不应接头		交叉不应接头		—	—	—	—	不应接头		—
双链连接	单固定	单固定	双链连接	—	—	—	—		双链连接	—

项目										
至被跨越线		至导线						至管道任何部分	至管、索道任何部分	—
3.0	3.0	3.0	3.0	4.0	5.0	6.0		4.0	3.0	6
2.5	3.0	3.0	3.0	4.0	5.0	6.0		4.0	3.0	6
2.0	2.0	3.0	3.0	4.0	5.0	6.0		3.0	2.0	5
1.0	1.0	3.0	3.0	4.0	5.0	6.0		1.5	1.5	5

项目

在路径受限制地区，两线路边导线间	在路径受限制地区，两线路边导线间						至管道任何部分		导线边缘至人行天桥边缘
							开阔部分	路径受限制地区	
4.0	3.0	4.0	5.0	7.0	9.0	13.0	最高杆（塔）高	4.0	5.0
3.0	3.0	3.0	5.0	7.0	9.0	13.0		3.0	5.0
2.0	2.5	2.5	5.0	7.0	9.0	13.0		2.0	4.0
1.0	2.5	2.5	5.0	7.0	9.0	13.0		1.5	3.0
① 两平行线路在开阔地区的水平距离不应小于电杆高度；② 弱电线路等级见附录C	① 两平行线路开阔地区的水平距离不应小于电杆高度；② 对 500kV 跨越杆（塔）最小垂直距离为 8.5m						① 特殊管道指架设在地面上的输送易燃、易爆物的管道；②交叉点不应选在管道检查井（孔）处，与管道、索道平行、交叉时，管道、索道应接地		

6.1.5 直埋敷设的电缆，严禁敷设在地下管道的正上方或正下方，电缆与电缆或电缆与管道、道路、构筑物等相互间的允许最小距离应符合表6.1.5的规定。

表 6.1.5 电缆与电缆或电缆与管道、道路、构筑物等相互间的允许最小距离（m）

电缆直埋敷设时的配置情况		平行	交叉
控制电缆之间		—	0.50
电力电缆之间或与控制电缆之间	10kV 及以下电力电缆	0.1	0.50
	10kV 以上电力电缆	0.25	0.50
不同部门使用的电缆		0.50	0.50
电缆与地下管沟	热力管沟	2.00	0.50
	油管或易（可）燃气管道	1.00	0.50
	其他管道	0.50	0.50
电缆与铁路	非直流电气化铁路路轨	3.00	1.00
	直流电气化铁路路轨	10.00	1.00
电缆与建筑物基础		0.60	—
电缆与公路边		1.50	1.00
电缆与排水沟边		1.00	0.5
电缆与树木的主干		0.70	—
电缆与 1kV 以下架空线杆		1.00	—
电缆与 1kV 以上架空线杆塔基础		4.00	—
与弱电通信或信号电缆		按计算决定	0.25

1.2.4.3 短路电流控制

本条评价项目（见《评价》）的查评依据如下。

【依据】《城市配电网规划设计规范》（GB 50613—2010）

5.7.3 当配电网的短路电流达到或接近控制水平时应通过技术经济比较选择合理的限流措施，宜采用下列限流措施：

1 合理选择网络接线，增大系统阻抗；

2 采用高阻抗变压器；

3 在变电站主变压器的低压侧加装限流电抗器。

1.2.4.4 供电安全要求

本条评价项目（见《评价》）的查评依据如下。

【依据】《配电网规划设计技术导则》（Q/GDW 1738—2012）

同 1.2.3.4【依据】。

1.2.4.5 用户供电安全

本条评价项目（见《评价》）的查评依据如下。

【依据】《城市配电网规划设计规范》(GB 50613—2010)

5.4.5 对于不同用电容量和可靠性需求的中压用户应采用不同的供电方式。电网故障造成用户停电时，允许停电的容量和恢复供电的目标应符合下列规定：

1 双回路供电的用户，失去一回路后应不损失负荷；

2 三回路供电的用户，失去一回路后应不损失负荷，失去两回路时应至少满足 50% 负荷的供电；

3 多回路供电的用户，当所有线路全停时，恢复供电的时间为一回路故障处理的时间；

4 开环网络中的用户，环网故障时，非故障段用户恢复供电的时间为网络倒闸操作时间。

2 调度及二次系统

2.1 调度及运方

2.1.1 机制建设

2.1.1.1 调控管理规程变动机制

本条评价项目（见《评价》）的查评依据如下。

【依据1】《国家电网公司安全工作规定》[国网（安监/2）406—2014]

第二十七条 公司系统各级单位应建立健全保障安全的各项规程制度：

（三）根据国务院颁发的《电网调度管理条例》和国家颁发的有关规定以及上级的调控规程或细则，编本系统的调度规程或细则，经专业分管领导批准后执行。

第二十八条 公司所属各级单位应及时修订、复查现场规程，现场规程的补充或修订应严格履行审批程序。

（一）当上级颁发新的规程和反事故技术措施、设备系统变动、本单位事故防范措施需要时，应及时对现场规程进行补充或对有关条文进行修订，书面通知有关人员；

（二）每年应对现场规程进行一次复查、修订，并书面通知有关人员；不需修订的，也应出具经复查人、审核人、批准人签名的"可以继续执行"的书面文件，并通知有关人员；

（三）现场规程宜每3～5年进行一次全面修订、审定并印发。

【依据2】 国家电网公司调控机构安全工作规定 [国网（调/4）338—2018]

第二十五条 各级调控机构应每年对所辖电网调度控制规程进行一次复查，根据需要进行补充修订；每三至五年进行一次全面修订，在履行审批手续后印发执行。

【依据3】《国家电网公司省级以上调控机构安全生产保障能力评估办法》[国网（调/4）339—2014]

1.6.3 调控机构应制定调控范围内运行人员有关调控内容的培训计划，每年应对调控范围内运行人员进行调度管理规程等专业知识培训、考试。

2.1.1.2 调控值班室资料管理机制

本条评价项目（见《评价》）的查评依据如下。

【依据1】《电网调度系统安全性评价（省会、副省级城市地调部分）》（国家电网安监〔2009〕636号）

2.3.6 调度值班室应具备以下资料：调度规程、继电保护及安全自动装置调度运行规定、电网一次系统图和厂站接线图、调度日志、月计划和日计划表单、调度日方式安全措施、拉闸限电序位表、继电保护定值单、年度电网运行方式、年度电网稳定规定（或上级规定）、低频低压减载方案、典型事故处理预案、电网大面积停电应急处理预案、电网黑启动方案（或上级方案）、EMS/OMS及各类高级应用软件使用说明、调度运行联系人员名单、（重要、典型、特殊）厂站现场运行规程、厂站的保厂站用电措施。调度室资料应及时更新，符合电网实际，满足值班需要。

【依据2】《国家电网公司地县级备用调度运行管理工作规定》[国网（调/4）341—2014]

第二十四条 资料管理要求：

（一）备调应能查阅主调的下列相关资料：

1. 调度法律、法规及有关文件。

2. 应急机制、各类电网突发事件处置预案。

3. 调度各专业运行规程、规定、制度、年度运行方式等。

4. 操作票、检修票、日志等。

5. 各应用系统、设备运行维护日志、图纸、资料、手册等。

6. 各专业技术标准、文档、软件、资料等。

7. 备调各类规章、制度等。

8. 有关单位通信联系方式和其他重要运行资料等。

9. 其他所需要的有关文件资料。

2.1.1.3 调度管辖范围和设备命名规范机制

本条评价项目（见《评价》）的查评依据如下。

【依据1】《电网调度管理条例》（中华人民共和国国务院令 第115号）

第二章 调度系统

第七条 调度机构的职权及其调度管辖范围的划分原则，由国务院电力行政主管部门确定。

第八条 调度机构直接调度的发电厂的划定原则，由国务院电力行政主管部门确定。

【依据2】《国家电网调度控制管理规程》（国家电网调〔2014〕1405号）

2.1 调度管辖范围（以下简称调管范围）是指调控机构行使调度指挥权的发、输、变电系统，包括直接调度范围（以下简称直调范围）和许可调度范围（以下简称许可范围）。

2.2 调控机构直接调度指挥的发、输、变电系统属直调范围，对应设备称为直调设备。

2.3 下级调控机构直调设备运行状态变化对上级或同级调控机构直调发、输、变电系统运行有影响时，应纳入上级调控机构许可范围，对应设备称为许可设备。

2.4 上级调控机构根据电网运行需要，可将直调范围内发、输、变电系统授权下级调控机构调度。

2.5 调管范围划分原则

2.5.4 地、县调调管范围

2.5.4.1 10kV～110kV电网。

2.6 监控范围划分原则

2.6.2 地、县调监控范围：220kV及以下变电站。

【依据3】《国家电网公司电网调度控制管理通则》[国网（调/1）93—2014]

第十八条 各级调控机构负责所辖电网的实时运行监控，按调管范围开展电网运行监视、调度倒闸操作、频率调整与联络线功率控制、电压调整与无功控制、异常及事故处理等工作。开展电网实时监控工作如需多个调控机构协调配合时，由所涉及的最高一级调控机构统一指挥、统筹开展。

2.1.1.4 电网风险管控机制

本条评价项目（见《评价》）的查评依据如下。

【依据1】《国家电网公司安全工作规定》[国网（安监/2）406—2014]

第九章 风险管理

第六十一条 公司各级单位应全面实施安全风险管理，对各类安全风险进行超前分析和流程化控制，形成"管理规范、责任明确、闭环落实、持续改进"的安全风险管理长效机制。

第六十二条 公司各级单位应针对电网、设备、管理和生产作业中存在的危及人身、电网、设备安全的隐患、缺陷和问题，有效组织年度方式分析、安全性评价、隐患排查治理、作业风险管控等工作，系统辨识安全风险，落实整改治理措施。

【依据2】《国家电网运行风险预警管控工作规范（试行）》（国家电网安质〔2014〕1291号）

第五条 公司按照电网调度管辖范围，建立总（分）部、省公司级、地市公司级电网运行风险预警管控机制。总（分）部负责直（分）调系统电网运行风险预警管控，省公司负责省调电网运行风险预警管控，地市公司负责地（县）调电网运行风险预警管控。

第六条　各级安监部门职责：是电网运行风险预警管控工作的牵头组织部门，负责组织建立电网运行风险预警管控机制，编制（修订）电网运行风险预警管控工作规范；负责电网运行风险预警管控工作的全过程监督、检查、评价；负责安监一体化信息系统电网运行风险预警平台的建设与应用；组织电网安全应急准备措施；根据需要做好电网安全风险报备工作。

第七条　各级调控部门职责：是电网运行安全风险预警的主要发起部门，负责电网运行风险辨识和评估，编制"电网运行风险预警通知单"（以下简称"预警通知单"），提出电网运行风险预警管控措施要求；组织落实优化停电计划、调整运行方式、制定事故预案、完善安控策略等措施。

第十三条　地（县）调电网运行风险预警发布条件包括但不限于：

1. 设备停电期间发生 N-1 故障，可能发生七级以上电网事件（事故）；

2. 设备停电造成 110 千伏变电站改为单台主变、单母线运行；

3. 220 千伏主设备存在缺陷或隐患不能退出运行；

4. 二级以上重要客户供电安全存在隐患。

【依据3】《国家电网调度控制管理规程》（国家电网调〔2014〕1405 号）

5.6.4　根据周停电安排和电网运行情况，动态开展风险评估，及时发布周电网运行风险预警。风险预警对应的工作任务结束后，按规定程序解除预警。

2.1.1.5　电网运行分析机制

本条评价项目（见《评价》）的查评依据如下。

【依据1】《国家电网公司安全工作规定》［国网（安监/2）406—2014］

第六十三条　年度方式分析。公司各级单位应开展电网 2～3 年滚动分析校核及年度电网运行方式分析工作，全面评估电网运行情况、安全稳定措施落实情况及其实施效果，分析预测电网安全运行面临的风险，组织制定专项治理方案。

【依据2】《国家电网公司调控机构安全工作规定》［国网（调/4）338—2018］

第四十五条　调控机构应开展电网 2～3 年滚动分析校核，组织制定所辖电网年度运行方式，全面评估电网运行情况、安全稳定措施落实情况及其实施效果，分析预测电网安全运行面临的风险，组织制定风险专项治理方案。

【依据3】《国家电网公司 2～3 年滚动分析校核规定》［国网（调/4）458—2014］

第四章　2～3 年滚动分析校核

第二十五条　公司 2～3 年滚动分析校核的基本要求、仿真条件、计算方法和稳定性判据等遵循电网安全稳定等相关规定。计算程序采用中国电科院开发的电力系统分析程序（PSD-BPA 或 PSASP），各计算程序版本在每次 2～3 年滚动分析校核中应统一，计算数据以数据中心统一发布的典型方式数据为基础。

第二十六条　联合计算工作组工作内容如下：

（一）联合计算工作组开展公司 2～3 年滚动分析校核工作，主要针对国调直调系统、新建跨区工程以及国调重点关注的其他新建工程开展分析计算。

（二）联合计算工作组在分析计算中，应着重分析新投运重点工程对电网的影响，第 2 年滚动分析校核工作主要用于指导第 2 年年度方式工作，第 3 年滚动分析校核工作主要用于指导规划调整或技改工作。

（三）联合计算工作组应注重本次计算中电网特性跟之前年度方式、2～3 年滚动分析校核的对比。若发现电网特性差别较大，则应进行深入细致分析，给出相关分析结论。

（四）联合计算工作组根据工作形式及需求召开例会，汇报工作情况、解决技术问题、安排后续工作等；联合计算工作组定期阶段性向国调中心汇报工作进展和主要结论、听取领导指示意见、安排后续工作等。

第二十七条　分中心按联合计算工作组安排、组织相关省调进行本区域电网 2～3 年滚动分析校核工作，主要针对区域电网、区域内部新建工程开展计算分析，并研究区域电网对新建跨区工程的适应性。

第二十八条 联合计算工作组完成计算分析后，国调中心组织中国电科院、分中心、省调编写计算分析报告，总结提炼措施建议。

第二十九条 国调中心 7 月份组织相关部门对计算报告进行审查，根据各部门意见完善修改计算报告。

第三十条 国调中心负责 8 月份向公司分管领导汇报、并安排向领导小组汇报公司 2～3 年滚动分析校核计算结论及措施建议，并根据领导小组意见完善修改计算报告和措施建议，直至领导小组审核通过。

第三十一条 中国电科院负责报告汇总，形成年度工作报告。

【依据4】《电网调度运行分析制度（试行）》（国家电网公司调技〔2007〕22 号）

第一章 总则

第二条 本制度通过对电网运行状况的分析，建立对电网控制精确性和运行方式合理性的反馈机制。

第三条 本制度适用于国、网、省三级调度机构，地、县级电网调度机构参照本制度执行。

第四章 分析要求

第十九条 调度机构应按日、月分析运行监控项目及对应指标，找出差距，以便采取针对性措施，不断提高电网安全与精确控制水平。

第二十条 调度机构应通过对电网运行指标的分析，验证运行方式的适应性，总结电网运行规律和趋势，为电网运行方式的编制和调度计划的安排提供参考依据。

第二十一条 在电网运行分析中反映出的电网结构、控制手段、设备管理等重要问题，应及时反馈有关部门统筹解决。

第二十二条 各类指标应通过能量管理系统（EMS）、调度交易计划系统（TMS）、调度管理系统（OMS）等实时记录和自动统计生成，以提高分析工作效率。

【依据5】《国家电网公司调控机构安全工作规定》［国网（调/4）338—2018］

第七章 安全活动

第三十五条 调控机构应定期召开季度安全分析会，会议由调控机构安全生产第一责任人主持，相关专业人员参加，会后应下发会议纪要。会议主要内容应至少包括：

（一）组织学习有关安全生产的文件；

（二）通报季度电网运行情况；

（三）各专业根据电力电量平衡、电网运行方式变更、季节变化、水情变化、火电储煤变化、水电及新能源运行情况、网络安全情况、技术支持系统运行情况等，综合分析安全生产趋势和可能存在的风险；

（四）根据安全生产趋势，针对电网运行存在的问题，研究应对事故的预防对策和措施；

（五）总结事故教训，布置下季度安全生产重点工作。

【依据6】《电力系统安全稳定导则》（DL 755—2001）

5 电力系统安全稳定工作的管理

5.4 在电力系统调度运行工作中，应按年、季、月全面分析电网的特点，考虑运行方式变化对系统稳定运行的影响，提出稳定运行限额，并检验继电保护和安全稳定措施是否满足要求等。还应特别注意在电网运行经验和事故教训的基础上，做好事故预测，对全网各主干线和局部地区稳定情况予以计算分析，以及提出主力电厂的保厂用电方案，提出改进电网安全稳定的具体措施（包括事故处理）。当下一年度新建发、送、变电项目明确后，也应对下一年的各种运行条件下的系统稳定情况进行计算，并提出在运行方面保证稳定的措施。应参与电力系统规划设计相关工作。

2.1.1.6 电网在线静态安全分析机制

本条评价项目（见《评价》）的查评依据如下。

【依据1】《智能电网调度控制系统实用化要求（试行）》《智能电网调度控制系统实用化验收方法（试行）》（调自〔2013〕194 号）

5.2.6 在线安全稳定分析与预警

5.2.6.1 功能要求

在线安全稳定分析与预警具备静态安全分析、暂态稳定分析、电压稳定分析、小干扰稳定分析、短路电流分析及裕度评估等六大类稳定分析及辅助策略功能，支持电网实时分析、电网预想方式分析、电网应急状态分析。电网实时分析可自动完成对当前电网方式扫描，实现对当前电网运行方式的评估、预警和辅助决策；电网预想方式分析在电网出现重大方式调整前进行，可给出当前电网运行方式下的危险点及薄弱环节等，并将分析结果和实际采取决策进行比对。预想方式分析支持独立计算分析和联合计算分析两种模式。电网应急状态分析在电网运行方式遭到严重破坏时启动，重点分析电网设备严重过载、提高系统稳定的措施。具体功能要求详见 Q/GDW 680.45—2011《智能电网调度技术支持系统第 4-5 部分：实时监控与预警类应用在线安全稳定分析与调度运行辅助决策》。

电网安全稳定分析应具备三种启动方式：周期启动、人工启动和事件启动。

【依据2】《电力系统安全稳定导则》（DL 755—2001）

4 电力系统安全分析

4.2 电力系统静态安全分析

电力系统静态安全分析指应用 $N-1$ 原则，逐个无故障断开线路、变压器等元件，检查其他元件是否因此过负荷和电网低电压，用以检验电网结构强度和运行方式是否满足安全运行要求。

【依据3】《电网调度运行分析制度（试行）》（国家电网公司调技〔2007〕22 号）

第二章 运行监控要求

第七条 潮流越限监测

1）实现对电网设备越限的在线监测；

2）实现对断面潮流超过稳定限额的在线监测与告警；

3）实现静态安全分析的在线计算，对 $N-1$ 扫描产生的越限告警在线监视；

4）实现在线稳定分析和在线安全预警；

5）实现短路电流的在线计算，对断路器遮断容量越限的在线监测；

6）实现短期母线（或分地区）负荷预测，并对交易计划进行安全校核。

2.1.1.7 年度方式存在问题的措施建议落实及后评估工作机制

本条评价项目（见《评价》）的查评依据如下。

【依据1】《国家电网公司安全工作规定》[国网（安监/2）406—2014]

第六十二条 公司各级单位应针对电网、设备、管理和生产作业中存在的危及人身、电网、设备安全的隐患、缺陷和问题，有效组织年度方式分析、安全性评价、隐患排查治理、作业风险管控等工作，系统辨识安全风险，落实整改治理措施。

第六十三条 年度方式分析。公司各级单位应开展电网 2～3 年滚动分析校核及年度电网运行方式分析工作，全面评估电网运行情况、安全稳定措施落实情况及其实施效果，分析预测电网安全运行面临的风险，组织制定专项治理方案。

开展月度计划、周计划电网运行方式分析工作，评估临时方式、过渡方式、检修方式的电网风险，建立电网运行风险预警管控机制，分级落实电网风险控制的技术措施和组织措施。

【依据2】《国家电网公司电网运行方式管理规定》（国家电网企管〔2014〕1464 号）

第二十一条 年度方式后评估工作要求

（一）数据收资工作后评估

各级调控部门总结年度电网实际运行情况，对电力电量平衡预计、新（改、扩）建设备投产计划等年度运行方式编制的边界条件的准确性进行评估。

（二）计算分析工作后评估

各级调控部门总结年度电网实际运行情况，对年度方式中电网安全稳定运行分析结论及措施的合理性进行评估。

（三）年度方式工作落实及效果后评估

各级调控部门总结年度电网实际运行和相关工作进展情况，对年度方式安排的重大基建、技改及安全控制措施等重点工作落实情况进行评估。

2.1.1.8　持证上岗机制

本条评价项目（见《评价》）的查评依据如下。

【依据1】《国家电网公司调控机构安全工作规定》［国网（调/4）338—2018］

第六章　安全教育

第二十六条　各级调控机构应组织制定年度安全生产教育培训计划，定期开展培训，加强安全生产教育考核，确保所有员工具有适应岗位要求的安全知识和安全技能，增强事故预防和应急处理能力。

第二十七条　调控机构安全生产教育培训内容包括但不限于《国家电网公司安全工作规定》、《国家电网公司电力安全工作规程》、《国家电网公司事故调查规程》、《电力监控系统安全防护规定》、《电网调控运行安全百问百查读本》、《电网调控运行反违章指南》、《电网调度安全风险辨识防范手册》等规程规定和安全读本，安全生产教育培训应结合调控运行特点和日常业务开展。

第二十八条　调控机构新入职人员必须经过专业处室（科室、班组）安全生产教育、中心安全培训，在考试合格后方可进入专业处室（科室、班组）工作。安全生产教育培训的主要内容应包括电力安全生产法律法规、技术标准、规章制度及调控机构内部安全生产工作要求。

第二十九条　调控机构新上岗调控运行值班人员必须经专业培训并经考试合格后方可正式上岗，专业培训的主要形式包括发电厂和变电站现场实习、跟班实习、各专业轮岗学习、专业技术培训等。

第三十条　在岗生产人员安全培训要求如下：

（一）调控机构应定期组织在岗人员的安全生产教育培训，对在岗人员开展有针对性的现场考问、技术问答、事故预想、反事故演习等培训工作；各专业处室（班组）负责本专业管理范围内安全生产教育培训工作的具体实施；

（二）调控机构应加强在岗生产人员现场培训，熟悉现场设备及工作流程，调控运行、设备监控管理专业至少每年开展两次，其他专业至少每年开展一次；

（三）离开调控运行岗位三个月及以上的调控人员，应重新熟悉设备和系统运行方式，并经安全规程及业务考试合格后，方可重新开展调控运行工作；

（四）生产人员调换岗位，应当对其进行专门的安全生产教育培训，经考试合格后，方可上岗；

（五）每年进行一次全员安全知识和安全规程制度考试，不及格的应限期补考，合格后方可重新上岗；

（六）对违反安全规章制度造成事故、严重未遂事故的责任者，应停止其业务工作，学习有关安全规章制度，考试合格后方可重新上岗；

（七）调控机构人员应学会自救互救方法、疏散和现场紧急情况处理方法，掌握触电现场急救方法，掌握消防器材的使用方法。

第三十一条　调控机构应定期对调控业务联系对象进行培训，组织开展持证上岗考试。调控业务联系对象经培训合格并取得任职资格证书后方可上岗。

【依据2】《国家电网公司电网调度控制管理通则》［国网（调/1）93—2014］

第三章　管理内容与管理流程

第一节　调度运行管理

第二十条　国调调负责对调控机构调控运行人员持证上岗工作进行统一组织管理，编制调控运行人员岗位资格考试题库，负责分中心调控运行人员上岗考试和证书到期复审工作，发放省级以上调控运行人员岗位资格证书；分中心负责区域内省调调控运行人员的上岗考试及证书到期复审工作；省调负责区域内地（县）调调控运行人员的上岗考试、证书发放及到期复审工作。

2.1.2　专业管理

2.1.2.1　调度操作管理

本条评价项目（见《评价》）的查评依据如下。

【依据1】《国家电网调度控制管理规程》（国家电网调〔2014〕1405号）

第十一章 调控运行操作规定

11.1 调度倒闸操作原则

11.1.1 调控机构应按直调范围进行调度倒闸操作。许可设备的操作应经上级调控机构值班调度员许可后方可执行。对下级调控机构调管设备运行有影响时，应在操作前通知下级调控机构值班调度员。

11.1.2 调度倒闸操作应填写操作指令票。下列操作值班调度员可不用填写操作指令票，但应做好记录：

11.1.2.1 投退 AGC 功能或变更区域控制模式。

11.1.2.2 投退 AVC 功能、无功补偿装置。

11.1.2.3 发电机组启停。

11.1.2.4 计划曲线更改及功率调整。

11.1.2.5 故障处置。

11.1.3 影响网架结构的重大操作前，相关调控机构应进行在线安全稳定分析计算。

11.1.4 操作前应考虑以下问题：

11.1.4.1 接线方式改变后电网的稳定性和合理性，有功、无功功率平衡及备用容量，水库综合运用及新能源消纳，防止故障的对策。

11.1.4.2 操作引起的输送功率、电压、频率的变化，潮流超过稳定限额、设备过负荷、电压超过正常范围等情况。

11.1.4.3 继电保护及安全自动装置运行方式是否合理，变压器中性点接地方式、无功补偿装置投入情况，防止引起过电压。

11.1.4.4 操作后对设备监控、通信、远动等设备的影响。

11.1.5 计划操作应尽量避免在下列时间进行，特殊情况下进行操作应有相应的安全措施。

11.1.5.1 交接班时。

11.1.5.2 雷雨、大风等恶劣天气时。

11.1.5.3 电网发生异常及故障时。

11.1.5.4 电网高峰负荷时段。

11.3 调度倒闸操作指令票

11.3.1 拟写操作指令票应以停电工作票或临时工作要求、日前调度计划、调试调度实施方案、安全稳定及继电保护相关规定等为依据。拟写操作指令票前，拟票人应核对现场一二次设备实际状态。

11.3.2 拟写操作指令票应做到任务明确、票面清晰，正确使用设备双重命名和调度术语。拟票人、审核人、预令通知人、下令人、监护人必须签字。

11.3.3 操作指令票分为计划操作指令票和临时操作指令票。计划操作指令票应依据停电工作票拟写，必须经过拟票、审票、下达预令、执行、归档五个环节，其中拟票、审票不能由同一人完成。临时操作指令票应依据临时工作申请和电网故障处置需要拟写，可不下达预令。

11.3.4 对于无人值守的变电站，原则上值班调度员应将预令下达至相关调控机构值班监控员，值班监控员转发预令至输变电设备运维人员。对于有人值班的厂站，应由值班调度员直接下达预令至厂站运行值班人员。

11.3.5 对于无人值守的变电站，原则上由值班调度员下达操作指令至相关调控机构值班监控员。特殊情况下，值班调度员可以直接下达设备操作指令至输变电设备运维人员。对于有人值班的厂站，应由值班调度员直接下达操作指令至厂站运行值班人员。

11.4 系统解、并列与解、合环操作

11.4.1 系统并列前，原则上需满足以下条件：

11.4.1.1 相序、相位相同。

11.4.1.2 频率偏差应在 0.1Hz 以内。特殊情况下，当频率偏差超出允许偏差时，可经过计算确定允许值。

11.4.1.3　并列点电压偏差在5％以内。特殊情况下，当电压偏差超出允许偏差时，可经过计算确定允许值。

11.4.2　系统并列操作必须使用同期装置。

11.4.3　系统解列操作前，原则上应将解列点的有功功率调至零，无功功率调至最小，使解列后的两个系统频率、电压均在允许范围内。

11.4.4　系统解、合环操作必须保证操作后潮流不超继电保护、电网稳定和设备容量等方面的限额，电压在正常范围内。具备条件时，合环操作应使用同期装置。

11.5　线路操作

11.5.1　线路停送电操作，如一侧为发电厂，一侧为变电站，一般在变电站侧停送电，发电厂侧解合环。如两侧均为变电站或发电厂，一般在短路容量大的一侧停送电，短路容量小的一侧解合环。

11.5.2　线路停送电操作应考虑潮流转移和系统电压，特别注意使运行线路不过负荷、断面输送功率不超过稳定限额，应防止发电机自励磁及线路末端电压超过允许值。

11.5.3　任何情况下严禁"约时"停电和送电。

11.5.4　线路高抗（无专用开关）投停操作必须在线路冷备用或检修状态下进行。

11.5.5　正常停运带串补装置的线路时，先停串补，后停线路。带串补装置的线路恢复运行时，先投线路，后投串补。

11.6　开关操作

11.6.1　开关合闸前，应确认相关设备的继电保护已按规定投入。开关合闸后，应确认三相均已合上，三相电流基本平衡。

11.6.2　开关操作时，若远方操作失灵，厂站规定允许就地操作，应三相同时操作，不得分相操作。

11.6.3　交流母线为3/2接线方式的设备送电时，应先合母线侧开关，后合中间开关。停电时应先拉开中间开关，后拉开母线侧开关。

11.7　刀闸操作

11.7.1　未经试验不允许使用刀闸向500kV以上母线充电。

11.7.2　不允许使用刀闸拉、合空载线路、并联电抗器和空载变压器。

11.7.3　未经试验不允许用刀闸进行拉开母线环流或T接短线操作。

11.7.4　其他刀闸操作按厂站规程执行。

11.8　变压器操作

11.8.1　一般情况下，变压器投入运行时，应先合电源侧开关，后合负荷侧开关，停运时操作顺序相反。对于有多侧电源的变压器，应同时考虑差动保护灵敏度和后备保护情况。

11.8.2　变压器并列运行条件：接线组别相同，变比相等，短路电压相等。变比不同和短路电压不等的变压器经计算和试验，在任一台都不发生过负荷的情况下，可以并列运行。

11.9　发电机操作

11.9.1　发电机应采取准同期并列。

11.9.2　发电机正常解列前，应先将有功、无功功率降至最低，再拉开发电机出口开关，切断励磁。

11.10　零起升压操作

11.10.1　零起升压系统必须与运行系统可靠隔离。

11.10.2　担任零起升压的发电机其容量应足以防止发生自励磁，发电机强励退出，联跳其他非零起升压回路开关的压板退出，其余保护均可靠投入。

11.10.3　零起升压线路保护完整并可靠投入，联跳其他非零起升压回路开关压板退出，线路重合闸停用。

11.10.4　对主变压器或线路串变压器零起升压时，该变压器保护必须完整并可靠投入，联跳其他非零起升压回路开关压板退出，中性点必须接地。

11.10.5 双母线中的一组母线进行零起升压时，母差保护应采取适当措施防止误动作。母联开关应改为冷备用，防止开关误合造成非同期并列。

11.11 直流系统操作

11.11.1 直流输电系统操作包括：直流极系统（背靠背直流单元）启停、输送功率调整、潮流方向变更、接线方式转换、直流电压方式变更及极开路试验等。

11.11.2 正常情况下，除背靠背外的直流系统采用双极平衡方式运行或单极金属回线方式运行。当确有需要进行单极大地回线或双极不平衡运行时，接地极电流不应超过安全限值，且运行时间按接地极设计总安时数控制。

11.11.3 直流极系统（背靠背直流单元）的启动操作应在直流极系统（背靠背直流单元）处于热备用状态下执行。启动操作由主控站执行，同时应明确直流电压方式、潮流方向、有功控制方式、无功控制方式及无功运行方式等。

11.11.4 进行直流输送功率（电流）调整时，换流站运行人员应按日计划曲线或调度指令合理设置功率（电流）变化率，且操作前应确认目标功率（电流）符合直流系统当前运行方式的要求。直流功率（电流）升降过程中，一般不进行有功控制方式、无功控制方式和直流电压方式的调整。

11.11.5 极开路试验。

11.11.5.1 极开路试验分为直流输电系统极开路试验和背靠背系统极开路试验，其中直流输电系统极开路试验包括不带线路极开路试验和带线路极开路试验。

11.11.5.2 极开路试验可选择自动模式或手动模式。一般情况下，极开路试验采取自动模式，当自动模式无法进行或试验失败时，可视情况采取手动模式。

11.11.5.3 当直流输电系统两侧换流站及直流线路均需进行极开路试验时，由一侧换流站进行不带线路极开路试验，由另一侧换流站进行带线路极开路试验。

11.11.5.4 直流输电系统两侧换流站站间通信故障时，一般不进行带线路极开路试验。如确需进行，应电话联系对侧换流站确定接线方式满足极开路试验要求。

11.11.5.5 特高压直流输电系统单极单换流器进行极开路试验时，极内另一换流器应处于冷备用或检修状态。

11.11.6 因恶劣天气、设备缺陷等因素导致直流设备绝缘水平降低时，根据运维单位建议，值班调度员可下令将直流输电系统改为降压方式运行。对于特高压直流系统，单换流器运行时一般不安排降压方式运行。

11.11.7 直流线路再启动逻辑只在整流站起作用，当直流线路有带电工作需要退出线路再启动逻辑时，值班调度员应许可整流站退出直流线路再启动逻辑。

11.11.8 站间通信异常时，一般不进行直流极系统启动、停运、直流功率（电流）调整操作。

【依据2】《国家电网公司省级以上调控机构安全生产保障能力评估办法》[国网（调/4）339—2014]

1.3.2 值班调度员下令操作应严格遵守调度操作规定，互报单位姓名，核对设备状态，执行操作复诵制度，负责操作指令的正确性。

【依据3】《智能电网调度控制系统实用化要求（试行）》《智能电网调度控制系统实用化验收办法（试行）》（调自〔2013〕194号）

2.2.2.5.2 调度员潮流说明：用该指标进行考核时，应提供每个月不少于1次的调度员进行合/解环操作前的线路两侧与母线相连线路的模拟操作潮流结果和实际操作后的实时量测值（如该量测值为坏数据则取其状态估计值，下同）结果记录，并宜提供相应的潮流图。

2.1.2.2 监控远方操作管理

本条评价项目（见《评价》）的查评依据如下。

【依据1】《国家电网调度控制管理规程》（国家电网调〔2014〕1405号）

11.2 监控远方操作原则

11.2.1 调控机构值班监控员负责完成规定范围内的监控远方操作。

11.2.2 下列情况可由值班监控员进行开关监控远方操作：

11.2.2.1 一次设备计划停送电操作。

11.2.2.2 故障停运线路远方试送操作。

11.2.2.3 无功设备投切及变压器有载调压分接头操作。

11.2.2.4 负荷倒供、解合环等方式调整操作。

11.2.2.5 小电流接地系统查找接地时的线路试停操作。

11.2.2.6 其他按调度紧急处置措施要求的开关操作。

11.2.3 监控远方操作前，值班监控员应考虑设备是否满足远方操作条件以及操作过程中的危险点及预控措施，并拟写监控远方操作票，操作票应包括核对相关变电站一次系统图、检查设备遥测遥信指示、拉合开关操作等内容。

11.2.4 监控远方操作中，严格执行模拟预演、唱票、复诵、监护、记录等要求，若电网或现场设备发生故障及异常，可能影响操作安全时，监控员应中止操作并报告相关调控机构值班调度员，必要时通知输变电设备运维人员。

11.2.5 监控远方操作前后，值班监控员应检查核对设备名称、编号和开关、刀闸的分、合位置。若对设备状态有疑问，应通知输变电设备运维人员核对设备运行状态。

11.2.6 监控远方操作无法执行时，调控机构值班监控员可根据情况联系输变电设备运维单位进行操作。

11.2.7 设备遇有下列情况时，严禁进行开关监控远方操作：

11.2.7.1 开关未通过遥控验收。

11.2.7.2 开关正在检修（遥控传动除外）。

11.2.7.3 集中监控功能（系统）异常影响开关遥控操作。

11.2.7.4 一、二次设备出现影响开关遥控操作的异常告警信息。

11.2.7.5 未经批准的开关远方遥控传动试验。

11.2.7.6 不具备远方同期合闸操作条件的同期合闸。

11.2.7.7 输变电设备运维单位明确开关不具备远方操作条件。

【依据2】《国家电网公司开关常态化远方操作工作指导意见》（调调〔2014〕72号）

五、保障措施

（二）完善监控远方操作技术条件

完善开关位置"双确认"信息接入，分相操作机构开关应逐步实现三相遥信和遥测采集；监控远方操作应在监控系统间隔图上进行，间隔图应布局合理，能清晰显示开关遥测和遥信信息；实施主站和变电站开关远方同期操作功能改造，使有同期合闸需求的开关具备监控远方同期合闸操作功能；主站和变电站通信应配置纵向加密装置，并保持密通运行。

（三）严格远方操作防误管理

规范监控信息表管理，严格管控监控信息表变更，确保调度主站端和变电站端监控信息表准确无误；应结合调度数字证书严格调控权限管理，加强用户名和密码管理，应用双机监护功能，确保远方操作监护到位；完善集中监控功能，具备远方操作模拟预演、拓扑防误校核等手段；加强监控系统尤其是变电站端系统运行维护管理，落实调度控制远方操作技术规范要求，确保操作指令传输各环节安全、准确、可靠，严防遥控误操作。

2.1.2.3 电网运行监视管理

本条评价项目（见《评价》）的查评依据如下。

【依据1】《国家电网调度控制管理规程》（国家电网调〔2014〕1405号）

第十六章 设备监控管理

16.1 调控机构按监控范围开展变电设备运行集中监控、输变电设备状态在线监测与分析业务。

16.2 设备监控管理主要包括变电站设备实时监控、监控信息管理、变电站集中监控许可管理、集中监控缺陷管理和监控运行分析评价等内容。

16.3 监控运行管理

16.3.1 值班监控员按照监控范围监视变电站运行工况，负责监控告警信息监视。当监控系统发出告警信息时，值班监控员按有关规定及时处置，通知输变电设备设备运维单位，必要时汇报值班调度员。输变电设备设备运维单位接到通知后应立即开展设备核查，并及时反馈处理情况，不得迟报、漏报、瞒报、谎报。

16.3.2 输变电设备运维人员现场发现设备异常和缺陷情况，应按照有关规定处理，若该异常或缺陷影响电网安全运行或调控机构集中监控，应及时汇报相关调控机构。

16.3.3 值班监控员无法对变电站实施正常监视时，应通知相关输变电设备运维单位，并将监控职责移交至输变电设备运维人员。监控职责移交或收回后，值班监控员均应向有关调控机构值班调度员汇报。

16.4 设备监控管理

16.4.1 调度机构负责监控变电站设备监控信息表的制定和下发，输变电设备运维单位负责按规定落实，保证监控信息的规范、正确和统一。

16.4.2 调控机构负责监控范围变电站设备监控信息（包括输变电设备状态在线监测信息）的接入、变更和验收工作；输变电设备运维单位配合做好相关工作，保证遥测、遥信、遥控、遥调信息的正确性。

16.4.3 调控机构按监控范围实施变电站集中监控许可管理，严格执行申请、审核、验收、评估、移交的管理流程；相关调控机构按调度关系参与验收和评估工作；输变电设备运维单位负责提交许可申请，并配合开展相关工作。

16.4.4 调控机构对监控范围集中监控缺陷情况进行跟踪、统计、分析，定期组织召开监控运行分析例会；输变电设备运维单位依据相关规定及时消除缺陷。

16.4.5 调控机构按月、季度和年度开展监控运行评价工作，对监控范围变电站监控运行情况进行总结和分析评价，并按规定将报表和总结报送国调和相应分中心。

【依据2】《国家电网公司调控机构设备集中监视管理规定》[国网（调/4）222—2014]

第二章 职责分工

第三条调控中心负责监控范围内变电站设备监控信息、输变电设备状态在线监测告警信息的集中监视。

（一）负责通过监控系统监视变电站运行工况；

（二）负责监视变电站设备事故、异常、越限及变位信息；

（三）负责监视输变电设备状态在线监测系统告警信号；

（四）负责监视变电站消防、安防系统告警总信号；

（五）负责通过工业视频系统开展变电站场景辅助巡视。

第三章 设备集中监视管理

第四条 设备集中监视分为全面监视、正常监视和特殊监视。第五条全面监视是指监控员对所有监控变电站进行全面的巡视检查，330kV及以上变电站每值至少两次，330kV以下变电站每值至少一次。

第六条 全面监视内容包括：

（一）检查监控系统遥信、遥测数据是否刷新；

（二）检查变电站一、二次设备，站用电等设备运行工况；

（三）核对监控系统检修置牌情况；

（四）核对监控系统信息封锁情况；

（五）检查输变电设备状态在线监测系统和监控辅助系统（视频监控等）运行情况；

（六）检查变电站监控系统远程浏览功能情况；

（七）检查监控系统GPS时钟运行情况；

（八）核对未复归、未确认监控信号及其他异常信号。

第七条　正常监视是指监控员值班期间对变电站设备事故、异常、越限、变位信息及输变电设备状态在线监测告警信息进行不间断监视。

第八条　正常监视要求监控员在值班期间不得遗漏监控信息，并对监控信息及时确认。

第九条　正常监视发现并确认的监控信息应按照《调控机构设备监控信息处置管理规定》要求，及时进行处置并做好记录。

第十条　特殊监视是指在某些特殊情况下，监控员对变电站设备采取的加强监视措施，如增加监视频度、定期查阅相关数据、对相关设备或变电站进行固定画面监视等，并做好事故预想及各项应急准备工作。

第十一条　遇有下列情况，应对变电站相关区域或设备开展特殊监视：

（一）设备有严重或危急缺陷，需加强监视时；

（二）新设备试运行期间；

（三）设备重载或接近稳定限额运行时；

（四）遇特殊恶劣天气时；

（五）重点时期及有重要保电任务时；

（六）电网处于特殊运行方式时；

（七）其他有特殊监视要求时。

第十二条　监控员应及时将全面监视和特殊监视范围、时间、监视人员和监视情况记入运行日志和相关记录。

第十三条　出现以下情形，调控中心应将相应的监控职责临时移交运维单位：

（一）变电站站端自动化设备异常，监控数据无法正确上送调控中心；

（二）调控中心监控系统异常，无法正常监视变电站运行情况；

（三）变电站与调控中心通信通道异常，监控数据无法上送调控中心；

（四）变电站设备检修或者异常，频发告警信息影响正常监控功能；

（五）变电站内主变、断路器等重要设备发生严重故障，危及电网安全稳定运行；

（六）因电网安全需要，调控中心明确变电站应恢复有人值守的其他情况。

第十四条　监控职责移交

（一）监控职责临时移交时，监控员应以录音电话方式与运维单位明确移交范围、时间、移交前运行方式等内容，并做好相关记录。

（二）监控职责移交完成后，监控员应将移交情况向相关调度进行汇报。

第十五条　监控职责收回

（一）监控员确认监控功能恢复正常后，应及时通过录音电话与运维单位重新核对变电站运行方式、监控信息和监控职责移交期间故障处理等情况，收回监控职责，并做好相关记录。

（二）收回监控职责后，监控员应将移交情况向相关调度进行汇报。

2.1.2.4　停役申请及操作票管理

本条评价项目（见《评价》）的查评依据如下。

【依据1】《国家电网公司安全工作规定》［国网（安监/2）406—2014］

第五十八条　"两票"管理。公司所属各级单位应建立"两票"管理制度，分层次对操作票和工作票进行分析、评价和考核，班组每月一次，基层单位所属的业务支撑和实施机构及其二级机构至少每季度一次，基层单位至少每半年一次。基层单位每年至少进行一次"两票"知识调考。

【依据2】《电网调度运行分析制度》（国家电网公司　调技〔2007〕22号）

第三章　运行指标

第十五条　检修操作

1）月度、年度检修计划完成率：按计划执行的设备检修项目数与月度（年度）检修计划的检修项目数之比；

2）月度、年度检修申请单数量，日执行最多张数；

3）操作票月度、年度操作票合格率、执行张/项数，日执行最多张/项数。检修操作按月、年统计。

【依据3】《国家电网公司省级以上调控机构安全生产保障能力评估办法》[国网（调/4）339—2014]

1.1.3　操作票流程化管理调度机构根据核心业务流程化管理要求，按操作票管理规定对操作票的拟票、审票、下票、操作和监护各个环节进行严格管理和SOP（标准操作程序）上线，每月对操作票进行统计、分析、考评。

【依据4】《国家电网公司调控机构安全工作规定》[国网（调/4）338—2018]

第四章　安全监督

第十九条　调控机构内部日常安全监督的主要内容如下：

（一）调度控制操作票、调控电话录音、调控值班日志、在线安全风险分析执行情况；

（二）电网运行风险预警通知书发布及解除情况；

（三）电网日前停电检修工作票、电网日前计划执行情况；

（四）自动化系统及设备检修工作票、自动化值班日志及自动化运行消缺值班记录执行情况、外来人员进入机房环境登记记录情况；

（五）电力监控系统安全防护措施落实情况；

（六）隐患排查及治理情况。

第二十条　调控机构安全员应定期组织分析安全监督工作中存在的问题，提出改进意见及建议，并对整改落实情况进行监督检查。

2.1.2.5　调控运行日志管理

本条评价项目（见《评价》）的查评依据如下。

【依据】《国家电网公司省级以上调控机构安全生产保障能力评估办法》[国网（调/4）339—2014]

1.3.6　调度、监控运行日志：运行日志采用OMS统一管理，按照OMS功能规范具备相应内容。内容应真实、完整、清楚。每月对运行日志进行检查。

3.1.11　调度模拟图板或SCADA系统的厂、站主接线及检修标志

2.1.2.6　检修计划管理及运行方式安排管理

本条评价项目（见《评价》）的查评依据如下。

【依据1】《电网运行准则》（GB/T 31646—2015）

6.3　设备检修

6.3.1　概述

6.3.1.1　应开展设备状态检修管理，加强提前诊断和预测工作，按照应修必修、修必修好、一次停电综合配套检修的原则，统筹安排检修计划。

6.3.1.2　电网企业负责协调新设备启动和设备检修计划。

6.3.1.3　电网调度机构在安排与计划检修、非计划（临时）检修和新设备启动相关的电网运行方式时，应考虑发用电平衡，以有利于电网安全稳定运行。

6.3.2　检修

6.3.2.1　计划检修

计划检修要求如下：

必要时，电网企业、电网使用者可向电网调度机构提出非计划（临时）检修申请，电网调度机构应根据电网运行情况进行批复，在电网允许时及时安排。

6.3.2.3　检修计划制定

检修计划的制定应遵循以下原则：

a）设备检修的工期与间隔应符合有关检修规程的规定。

b）按有关规程要求，留有足够的备用容量。

c）发、输变电设备的检修应根据电网运行情况进行安排，尽可能减少对电网运行的不利影响。

d）设备检修应做到相互配合，如发电和输变电、主机和辅机、一次和二次设备等之间的检修工作应相互配合。

e）当电网运行状况发生变化导致电网有功出力备用不足或电网受到安全约束时，电网调度机构应对相关的发、输变电设备检修计划进行必要的调整，并及时向受到影响的各电网使用者通报。

f）年度检修计划是计划检修工作的基础，月度检修计划应在年度检修计划的基础上编制，日检修计划工作应在月度检修计划的基础上安排。

g）已有计划的检修工作应按照所属电网调度管理规程规定，在履行相应的申请、审批手续后，根据电网调度机构值班调度员的指令，在批复的时间内完成。

6.3.2.4　年度检修计划

年度检修计划要求如下：

a）设备运行维护单位应在每年 9 月 30 日之前，向电网调度机构提交次年发、输变电设备检修预安排申请，包括建议的设备检修内容、检修工期等。

b）电网企业应按 6.3.2.3 的原则编制年发、输变电设备检修计划，并于当年 11 月 30 日前向各设备运行维护单位发布。

6.3.2.5　月度检修计划

月度检修计划要求如下：

a）设备运行维护单位应按相关调度管理规程的规定向所属电网调度机构提供其最新的下月设备检修预安排申请。如预安排的内容、工期与年度计划不一致，还应同时提供其关于修改原因的书面说明。

b）电网调度机构应在年度检修计划的基础上，根据各方提供的最新下月检修预安排申请和相关材料，编制下月发、输变电设备检修计划，并按相关调度管理规程规定向各设备运行维护单位发布。

6.3.2.6　日检修计划

日检修计划要求如下：

a）设备运行维护单位应严格按月度检修计划并至少在设备停役日前两天向所属电网调度机构申报设备日检修计划申请。

b）发电机、线路、母线和主变等电网主设备的日检修计划如无法按照月度检修计划开展，各设备运行维护单位至少在计划停役时间或实际停役时间（两者取较早者）前三天提供其关于修改原因的书面说明。

c）电网调度机构应严格按照 6.3.2.3 的原则并依据月度检修计划审批日检修计划，并至少在设备停役日前一天向设备运行维护单位批复，对于不能批复的检修计划应向设备运行维护单位说明原因。

【依据 2】《国家电网调度控制管理规程》（国家电网调〔2014〕1405 号）

5.1　调度计划包括发输电计划和设备停电计划。按照安全运行、供需平衡和最大限度消纳清洁能源的原则，统筹考虑年度、月度、日前发输电计划及设备停电计划。

5.2　许可设备的停电计划须经上级调控机构批准后纳入年度、月度、日前停电计划。

5.3　年度停电计划

5.3.1　年度停电计划应统筹考虑电网基建投产、设备检修和基础设施工程等因素，并以相关文件为依据。

5.3.2　年度停电计划原则上不安排同一设备年内重复停电；对电网结构影响较大的项目，必须通过专题安全校核后方可安排。

5.3.3　国调及分中心统一制定 500kV 以上主网设备年度停电计划。年度停电计划下达后，原则上不得进行跨月调整。如确需调整，须提前向相关调控机构履行审批手续。

5.3.4　年度发电设备检修计划应考虑分月电力电量平衡和跨区跨省输电计划等。300MW 以上发电设备年度检修计划经全网统筹后，按调管范围发布。

5.4　年度发输电计划（包括大用户直供等交易）必须通过调控机构安全校核。

5.5　月度调度计划

5.5.1　月度停电计划

5.5.1.1　月度停电计划以年度停电计划为依据，未列入年度停电计划的项目一般不得列入月度计划。对于新增重点工程、重大专项治理等项目，相关部门必须提供必要说明，并通过调控机构安全校核后方可列入月度计划。

5.5.1.2　国调及分中心统筹制定 500kV 以上主网设备月度停电计划，统一开展安全校核。

5.5.1.3　月度停电计划须进行风险分析，制定相应预案及预警发布安排。对可能构成一般及以上事故的停电项目，须提出安全措施，并按规定向相应监管机构备案。

5.5.2　月度发输电计划

5.5.2.1　国调、分中心、省调统筹安排 220kV 以上电网月度发输电计划。

5.5.2.2　省调根据本网发电资源、负荷预测、安全约束、电力电量平衡、月度跨区跨省电力、通道设备停电检修计划，编制发电机组组合并上报国调及分中心核备。

5.5.2.3　国调及分中心可根据电网安全约束、全网电力电量平衡、清洁能源消纳需求等因素，调整省级电网月度发电机组组合。

5.5.2.4　国调、分中心、省调按照直调范围制定并发布月度发输电调度计划。

5.6　日前调度计划

5.6.1　日前停电计划

5.6.1.1　日前停电计划的编制，应以月度停电计划为基础，原则上不安排未列入月度停电计划的项目。

5.6.1.2　日前停电计划必须遵循 $D-3$ 日以上申报原则。

5.6.1.3　停电申请须逐级报送；需上级调控机构审批的项目，必须进行安全校核。

5.6.1.4　计划检修因故不能按批准的时间开工，应在设备预计停运前 6h 报告值班调度员。计划检修如不能如期完工，必须在原批准计划检修工期过半前向调控机构申请办理延期手续。

5.6.1.5　设备异常需紧急处理或设备故障停运后需紧急抢修时，值班调度员可安排相应设备停电，运维单位应补交检修申请。

5.6.2　日前发输电计划

5.6.2.1　省级调控机构应开展日前系统负荷预测、日前母线负荷预测，负荷预测准确率及合格率应符合相关规定，并按要求报上级调控机构。

5.6.2.2　火电厂须按规定申报分机组发电能力、升降负荷速率等机组约束。水电、风电、光伏等优先消纳类机组须按规定申报发电计划。

5.6.2.3　调控机构根据水电、风电、光伏等优先消纳类机组发电申报计划，综合考虑电网安全约束、发电预测准确率等因素后将其纳入日前发电平衡，并合理预留调峰、调频资源。

5.6.2.4　国调、分中心、省调协同开展日前发输电计划编制，发输电计划必须经过全网联合量化安全校核。

5.6.3　日前计划安全校核

5.6.3.1　按照"统一模型、统一数据、联合校核、全局预控"的原则，开展 220kV 以上电网的日前联合量化安全校核。

5.6.3.2　根据安全校核结果，针对基态潮流及 N-1 开断后潮流断面越限情况，采取预控措施消除越限。

5.6.4　根据周停电安排和电网运行情况，动态开展风险评估，及时发布周电网运行风险预警。风险预警对应的工作任务结束后，按规定程序解除预警。

2.1.2.7 运行方式的编制管理

本条评价项目（见《评价》）的查评依据如下。

【依据1】《国家电网公司安全工作规定》［国网（安监/2）406—2014］

第六十二条 公司各级单位应针对电网、设备、管理和生产作业中存在的危及人身、电网、设备安全的隐患、缺陷和问题，有效组织年度方式分析、安全性评价、隐患排查治理、作业风险管控等工作，系统辨识安全风险，落实整改治理措施。

第六十三条 年度方式分析。公司各级单位应开展电网 2～3 年滚动分析校核及年度电网运行方式分析工作，全面评估电网运行情况、安全稳定措施落实情况及其实施效果，分析预测电网安全运行面临的风险，组织制定专项治理方案。

开展月度计划、周计划电网运行方式分析工作，评估临时方式、过渡方式、检修方式的电网风险，建立电网运行风险预警管控机制，分级落实电网风险控制的技术措施和组织措施。

【依据2】《国家电网调度控制管理规程》（国家电网调〔2014〕1405号）

4.1 运行方式管理

4.1.1 各级电网的运行方式应协调统一。

4.1.2 国调及分中心统一开展 500kV 以上主网年度运行方式、夏（冬）季运行方式计算分析，统筹确定主网运行方式。

4.2 年度运行方式

4.2.1 年度运行方式是电网全年生产运行的指导性文件。电网年度运行方式应根据电网和电源投产计划、检修计划、发输电计划及电力电量平衡预测，统一确定主网运行限额，统筹制定电网控制策略，协调电网运行、工程建设、大修技改、生产经营等管理工作。

4.2.2 国家电网年度运行方式由国调及分中心统一组织编制，规划、建设、运维、营销、交易等部门配合，经国家电网公司批准后执行。分中心根据国家电网年度运行方式制定本网实施细则。

4.2.3 根据国家电网年度运行方式，省调负责制定省级电网年度运行方式，经省公司批准后执行，并报国调及分中心备案。

4.2.4 年度运行方式主要包括以下内容：

4.2.4.1 上年度电网运行总结

a）上年度新设备投产情况及系统规模。

b）上年度生产运行情况分析。

c）上年度电网安全运行状况分析。

4.2.4.2 本年度运行方式

a）电网新设备投产计划。

b）电力生产需求预测。

c）电网主要设备检修计划。

d）水电厂水库运行方式预测及新能源预测。

e）本年度电网结构分析、短路容量分析。

f）电网潮流计算、N-1 静态安全分析。

g）系统稳定分析及安全约束。

h）无功电压分析。

i）电网安自装置和低频低压减负荷整定方案。

j）调度系统重点工作开展情况。

k）电网运行年度风险预警。

l）电网安全运行存在的问题、电网结构的改进措施和建议。

m）下级电网年度运行方式概要。

4.3 夏（冬）季运行方式

4.3.1　在年度方式基础上，根据夏（冬）季供需形势、基建进度以及系统特性变化等情况，国调及分中心统一组织、滚动校核跨区、跨省重要断面稳定限额，统一制定夏（冬）季主网稳定运行控制要点。

4.3.2　国调、分中心、省调依据夏（冬）季主网稳定控制要点要求，按照调管范围制定夏（冬）季电网稳定运行规定。

4.4　临时运行方式

4.4.1　针对电网特殊保电期、多重检修方式、系统性试验、配合基建技改等临时运行方式，调控机构应按调管范围进行专题安全校核，制定并下达安全稳定措施及运行控制方案。

4.4.2　对上级调控机构调管的电网运行有影响的运行控制方案，应报上级调控机构批准；对同级调控机构调管的电网运行有影响时，应报上级调控机构协调处理，统筹制定运行控制要求。

2.1.2.8　电网稳定运行管理

本条评价项目（见《评价》）的查评依据如下。

【依据1】《电力系统安全稳定导则》（DL 755—2001）

5　电力系统安全稳定工作的管理

5.1　在电力系统规划工作中，应考虑电力系统的安全稳定问题，研究建设结构合理的电网，计算分析远景系统的稳定性能，在确定输电线的送电能力时，应计算其稳定水平。

5.2　在电力系统设计及大型输变电工程的可行性研究工作中，应对电力系统的稳定做出计算，并明确所需采取的措施。在进行年度建设项目设计时，应按工程分期对所设计的电力系统的主要运行方式进行安全稳定性能分析，提出安全稳定措施，在工程设计的同时，应设计有关的安全稳定措施，对原有电网有关安全稳定措施及故障切除时间等进行校核，必要时应提出改进措施。

5.3　在电力系统建设工作中，应落实与电力系统安全稳定有关的基建计划，并按设计要求施工。当一次设备投入系统运行时，相应的继电保护、安全自动装置和稳定技术措施应同时投入运行。

5.4　在电力系统调度运行工作中，应按年、季、月全面分析电网的特点，考虑运行方式变化对系统稳定运行的影响，提出稳定运行限额，并检验继电保护和安全稳定措施是否满足要求等。还应特别注意在总结电网运行经验和事故教训的基础上，做好事故预测，对全网各主干线和局部地区稳定情况予以计算分析，以及提出主力电厂的保厂用电方案，提出改进电网安全稳定的具体措施（包括事故处理）。当下一年度新建发、送、变电项目明确后，也应对下一年度的各种运行条件下的系统稳定情况进行计算，并提出在运行方面保证稳定的措施。应参与电力系统规划设计相关工作。

5.5　在电力系统生产技术工作中，应组织落实有关电力系统安全稳定的具体措施和相关设备参数试验，定期核定设备过负荷的能力，认真分析与电力系统安全稳定运行有关的事故，及时总结经验，吸取教训，提出并组织落实反事故措施。

5.6　在电力系统科研试验工作中，应根据电力系统的发展和需要，研究加强电网结构、改善与提高电力系统安全稳定的技术措施，并协助实现；改进与完善安全稳定计算分析方法；协助分析重大的电网事故。

5.7　电力系统应配备连续的动态安全稳定监视与事故录波装置，并能按要求将时间上同步的数据送到电网调度中心故障信息数据库，实现故障信息的自动传输和集中处理，以确定事故起因和扰动特性，并为电力系统事故仿真分析提供依据。

5.8　电力生产企业、电力供应企业应向电网调度机构、规划设计和科研单位提供有关安全稳定分析所必需的技术资料和参数，如发电机，变压器、励磁调节器和电力系统稳定器（PSS）、调速器和原动机、负荷等的技术资料和参数，并按电力系统安全稳定运行的要求配备保护与自动控制装置，落实安全稳定措施。对影响电力系统稳定运行的参数定值设置必须经电网调度机构的审核。

【依据2】《国家电网调度控制管理规程》（国家电网调〔2014〕1405号）

10.1　依据《电力系统安全稳定导则》《电力系统技术导则》《电网安全稳定管理工作规定》等，按照"统一管理、分级负责"原则实施电网稳定管理。

10.2 各级电网应建立规划设计、建设、运维、调度、安全监督和科研试验等电网稳定协同管理机制。

10.3 电网稳定管理包括电网安全稳定分析、电网运行方式安排、稳定限额管理、安全稳定措施管理以及电网运行控制策略管理等工作。

10.4 电网中长期规划、2～3年滚动分析校核，年度、夏（冬）季、月度、临时运行方式必须按照统一标准开展稳定分析。

10.5 电网稳定分析

10.5.1 依据《电力系统安全稳定计算技术规范》开展电网稳定分析计算。

10.5.2 电网稳定分析应统筹制定计算边界条件和计算分析大纲，统一程序、统一模型、统一稳定判据、统一计算方式、统一计算任务、统一协调控制策略。

10.5.3 调控机构应建立覆盖全网220kV以上发、输、变电设备的统一系统仿真模型，并基于全网互联计算数据开展稳定计算工作。

10.5.4 调控机构根据安全稳定分析结果制定电网运行方式，确定稳定限额和安全稳定措施等，并按要求报上级调控机构。

10.5.5 下级调控机构制定的稳定控制策略应服从上级调控机构的稳定控制要求，稳定控制策略必须通过联网计算故障集合校验。

10.6 稳定限额及断面管理

10.6.1 调控机构应执行统一的输电断面稳定限额。对关联输电断面稳定限额的制定，应按照下级服从上级的原则，由上级调控机构统筹管理。

10.6.2 输电断面的运行控制，原则上应按调管范围进行管理。上级调控机构可指定输电断面实时运行责任调控机构，责任调控机构负责断面的正常实时调整与控制，必要时可申请上级调控机构进行调整。

10.7 安全稳定控制措施管理

10.7.1 调控机构应根据《电力系统安全稳定导则》规定的安全稳定标准，制定电网安全稳定控制措施。

10.7.2 安全稳定控制系统原则上按分层分区配置，各级稳定控制措施必须协调配合。稳定控制措施应优先采用切机、直流调制，必要时可采用切负荷、解列局部电网。

10.7.3 国调及分中心统一下达国家电网500kV以上主网安全稳定控制方案，统一下达省级电网低频自动减负荷方案。

2.1.2.9 负荷预测管理

本条评价项目（见《评价》）的查评依据如下。

【依据1】《母线负荷预测功能技术规范》（国家电网公司调计〔2008〕255号）

五、性能指标

（1）系统性能

平均单个母线负荷预测时间，<1s；

软件的可用率，>99%；

（2）预测指标

月平均母线负荷预测准确率，>90%；

月平均母线负荷预测合格率，>80%。

【依据2】《电网运行准则》（GB/T 31646—2015）

6.2 负荷预测

6.2.1 概述

6.2.1.1 负荷预测是保证电力供需平衡的基础，并为电网、电源的规划建设以及电网企业、电网使用者的经营决策提供信息和依据。

6.2.1.2　负荷预测分为长期、中期、短期和超短期负荷预测，预测对象包括系统负荷和母线负荷，由电网企业负责组织编制。

6.2.1.3　大用户应根据有关规定，按时报送其主要接装容量和年、月用电量预测及日用电负荷变化过程。

6.2.2　申长期负荷预测

6.2.2.1　中长期负荷预测包括年度、5年和10年等的负荷预测。

6.2.2.2　年度负荷预测应按月给出预测结果，5年及以上期负荷预测应按各水平年绘出预测结果。

6.2.2.3　中长期负荷预测应以年度预测为基础，按月（季）度跟踪负荷动态变化，5年期负荷预测应每年滚动修订一次。

6.2.2.4　中长期负荷预测应至少包括以下内容

a）年（月）电量。

b）年（月）最大负荷。

c）分地区年（月）最大负荷。

d）典型日、周负荷曲线，月、年负荷曲线。

e）年平均负荷旦在、年最小负荷率、年最大峰谷差、年最大负荷利用小时数、典型日平均负荷率和最小负荷率。

6.2.2.5　年度负荷预测应至少采用连续3年的数据资料，5年及以上负荷预测应至少采用连续，5年的数据资料，在进行负荷预测时应综合考虑社会经济和电网发展的历史和现状，包括：

a）电网的历史负荷资料。

b）国内生产总值及其年增长率和地区分布情况。

c）电源和电网发展状况。

d）大用户用电设备及主要高能能产品的接装容量、年用电量。

e）水情、气象等其他影响季节性负荷需求的相关数据。

6.2.3　短期负荷预测短期负荷预测要求如下：

6.2.4　超短期负荷预测

超短期负荷预测要求如下：

a）预测当前时刻的下一个5min或10min或15min的用电负荷。

b）在实时用电负荷的基础上，结合工作日、休息日等日期类型和历史负荷的特性，完成超短期负荷预测。

6.2.5　母线负荷预测

母线负荷预测要求如下：

a）母线负荷预测包括从次日到第八日的母线有功负荷和元功负荷预测。

b）短期母线负荷预测应按照96点编制，96点预测时间为，00′15～24′00，超短期母线负荷预测当前时刻的下一个5min、10min或15min的母线负荷。

c）各级电网调度机构在进行电网母线负荷预测时，应采用统一、规范的电网母线负荷模型，以便于相互校验。

d）下级电网调度机构管辖的母线负荷模型（母线负荷名称、参数等）发生变化时应根据上级调度有关规定提前上报。

e）母线负荷预测应综合考虑日期类型（工作日、休息日、节假日等）、气象、社会大事件、网络拓扑变化以及负荷转供等因素对母线负荷的影响．积累历史数据，深入研究各种因素与母线负荷的相关性。

6.2.6　主网直供用户的负荷申报要求

主网直供用户的负荷申报要求如下：

a）主网直供用户应根据有关规定，按时报送其主要接装容量和年用电量预测，按时申报其下一年度的年用电计划、下一月度的月用电计划和次日的日用电计划。

b）年用电计划．包括年用电量、双边购电合同电量、分月电量、年最大负荷、年最小负荷、年最大峰谷差、每月典型日的用电负荷曲线及年度检修计划。

c）月用电计划．包括月用电量、双边购电合同电量、月最大负荷、月是小负荷、月最大峰谷差、平均峰谷差、典型日用电负荷曲线及月度检修计划。

d）日用电计划。包括日用电量、日用电负荷曲线，该用电负荷曲线的负荷率不能低于电网的用电负荷率。

2.1.2.10　安全自动装置控制策略管理

本条评价项目（见《评价》）的查评依据如下。

【依据1】《国家电网公司省级以上调控机构安全生产保障能力评估办法》［国网（调/4）339-2014］

5.3.6 根据计算分析报告制定安全自动装置控制策略；在电网结构重大变化和相关地区新机组投产时及时复核安全自动装置控制策略。

【依据2】《电网运行准则》（GB/T 31646—2015）

6.9　系统稳定及安全对策

6.9.1　系统稳定管理应遵循以下原则：

a）并入电网运行的各方都有责任和义务维护电网的安全稳定运行。

b）电网调度机构应根据 SD 131、DL 755 和 DL/T 723，按照调度管辖范围，分级进行稳定计算。

c）电网调度机构负责根据稳定计算的结果制定系统的安全稳定控制方案。涉及发电企业或其他电网的安全自动装置配置方案应经各方讨论通过。各电网使用者应根据方案的要求开展相关工作。

d）安全稳定控制方案中要求采用的各种安全自动装置，由电网调度机构按照《电力系统安全稳定导则》组织制定方案和组织设计，相关电网企业和发电厂负责实施。涉及上级电网调度机构管辖的设备须经上级电网调度机构批准，实施进度应报上级电网调度机构备案。配置于下级电网调度机构管辖范围的各种安全自动装置，由下级电网调度机构所在电网企业组织实施，并报上级电网调度机构核查备案。

e）自动低频、低压减负荷装置，以及安全自动装置切除的负荷不应与过负荷及事故紧急拉路序位表中所控制的负荷重叠，不应被备用电源自投装置等再次投入，并可与其他安全自动装置相协调。

f）不具备黑启动能力的电厂，应有保厂用电措施。

6.9.2　电网企业及其调度机构应根据国家有关法规、标准、规程、规定等，制订和完善电网反事故措施、系统黑启动方案、系统应急机制和反事故预案。电网使用者应按电网稳定运行要求编制反事故预案，并网发电厂应制订全厂停电事故处理预案，并报电网调度机构备案。电网企业、电网使用者应按设备产权和运行维护责任划分，落实反事故措施。电网调度机构应定期组织联合反事故演习，电网企业和电网使用者应按要求参加联合反事故演习。

6.9.3　新设备投产的系统安全稳定管理：

a）各级电网调度机构应根据电网企业和其与发电企业协商确定的设备投产计划，做好涉及新设备投产的稳定计算，校核并提出相应的安全自动装置配置方案。

b）首次并网的发电机组应由拟并网方于首次并网前向电网调度机构提交由有资质单位完成的接入系统稳定计算报告。必要时应提交次同步振荡、次同步谐振专题分析报告。

c）安全自动装置应与一次设备同步投产。

6.9.4　安全自动装置的日常运行：

a）安全自动装置应按调度管辖范围由相应电网调度机构发布投退的调度指令，现场值班人员负责执行。

b）下级电网调度机构管辖的安全自动装置的使用，如影响到上级电网调度机构管辖电网的稳定运行和保护配合时，应经上级电网调度机构许可。

c）安全自动装置发生不正确动作后，现场值班人员应及时向相应电网调度机构的值班调度员报告。重大事故的检验工作应由相关发电企业和电网企业共同进行。

6.9.5 各级电网调度机构和安全自动装置的运行维护单位应按 DL/T 623，对装置的动作进行评价分析。

6.9.6 安全自动装置日常的运行维护和检查，由设备所在单位负责。装置的检验应按有关继电保护及安全自动装置检验的电力行业标准和其他有关检验规程的规定进行。

2.1.2.11 电网安全自动装置管理

本条评价项目（见《评价》）的查评依据如下。

【依据1】《电网运行准则》（GB/T 31646—2015）

同 2.1.2.10【依据2】。

【依据2】《国家电网有限公司十八项电网重大反事故措施（2018 年修订版）》（国家电网设备〔2018〕979）

2 防止系统稳定破坏事故

为防止系统稳定破坏事故，应认真贯彻《电力系统安全稳定导则》（DL 755—2001）、《国家电网安全稳定计算技术规范》（Q/GDW 1404—2015）、《国调中心关于印发故障直流分量较大导致断路器无法灭弧解决方案的通知》（调继〔2016〕155 号）等行业标准和国家电网有限公司企业标准及其他有关规定，并提出以下重点要求：

2.1 电源

2.1.1 设计阶段

2.1.1.1 合理规划电源接入点。受端系统应具有多个方向的多条受电通道，电源点应合理分散接入，每个独立输电通道的输送电力不宜超过受端系统最大负荷的 10%～15%，并保证失去任一通道时不影响电网安全运行和受端系统可靠供电。

2.1.1.2 发电厂宜根据布局、装机容量以及所起的作用，接入相应电压等级，并综合考虑地区受电需求、动态无功支撑需求、相关政策等的影响。

2.1.1.3 发电厂的升压站不应作为系统枢纽站，也不应装设构成电磁环网的联络变压器。

2.1.1.4 新能源电场（站）接入系统方案应与电网总体规划相协调，并满足相关规程、规定的要求。在完成电网接纳新能源能力研究的基础上，开展新能源电场（站）接入系统设计；对于集中开发的大型能源基地新能源项目，在开展接入系统设计之前，还应完成输电系统规划设计。

2.1.1.5 综合考虑电力市场空间、电力系统调峰、电网安全等因素，统筹协调、合理布局抽蓄电站等调峰电源。

2.1.2 基建阶段

2.1.2.1 对于点对网、大电源远距离外送等有特殊稳定要求的情况，应开展励磁系统对电网影响等专题研究，研究结果用于指导励磁系统的选型。

2.1.2.2 并网电厂机组投入运行时，相关继电保护、安全自动装置、稳定措施和电力专用通信配套设施等应同时投入运行。

2.1.2.3 按照国家能源局及国家电网有限公司相关文件要求，严格做好风电场、光伏电站并网验收环节的工作，避免不符合电网要求的设备进入电网运行。

2.1.3 运行阶段

2.1.3.1 并网电厂发电机组配置的频率异常、低励限制、定子过电压、定子低电压、失磁、失步等涉网保护定值应满足电力系统安全稳定运行的要求。

2.1.3.2 加强并网发电机组涉及电网安全稳定运行的励磁系统及电力系统稳定器（PSS）和调速系统的运行管理，其性能、参数设置、设备投停等应满足接入电网安全稳定运行要求。

2.1.3.3 加强风电、光伏集中地区的运行管理、运行监视与数据分析工作，优化电网运行方式，制订防止机组大量脱网的反事故措施，保障电网安全稳定运行。

2.2 网架结构

2.2.1 设计阶段

2.2.1.1　加强电网规划设计工作，制定完备的电网发展规划和实施计划，尽快强化电网薄弱环节，重点加强特高压电网建设及配电网完善工作，对供电可靠性要求高的电网应适度提高设计标准，确保电网结构合理、运行灵活、坚强可靠和协调发展。

2.2.1.2　电网规划设计应统筹考虑、合理布局，各电压等级电网协调发展。对于造成电网稳定水平降低、短路容量超过断路器遮断容量、潮流分布不合理、网损高的电磁环网，应考虑尽快打开运行。

2.2.1.3　规划电网应考虑留有一定的裕度，为电网安全稳定运行和电力市场的发展等提供物质基础，以提供更大范围的资源优化配置的能力，满足经济发展的需求。

2.2.1.4　系统可研设计阶段，应考虑所设计的输电通道的送电能力在满足生产需求的基础上留有一定的裕度。

2.2.1.5　受端电网330kV及以上变电站设计时应考虑一台变压器停运后对地区供电的影响，对变压器投运台数进行分析计算。

2.2.1.6　新建工程的规划设计应统筹考虑对其他在运工程的影响。

2.2.2　基建阶段

2.2.2.1　在工程设计、建设、调试和启动阶段，国家电网公司的计划、工程、调度等相关管理机构和独立的发电、设计、调试等相关企业应相互协调配合，分别制定有效的组织、管理和技术措施，以保证一次设备投入运行时，相关配套设施等能同时投入运行。

2.2.2.2　加强设计、设备订货、监造、出厂验收、施工、调试和投运全过程的质量管理。鼓励科技创新，改进施工工艺和方法，提高质量工艺水平和基建管理水平。

2.2.3　运行阶段

2.2.3.1　电网应进行合理分区，分区电网应尽可能简化，有效限制短路电流；兼顾供电可靠性和经济性，分区之间要有备用联络线以满足一定程度的负荷互带能力。

2.2.3.2　避免和消除严重影响系统安全稳定运行的电磁环网。在高一级电压网络建设初期，对于暂不能消除的影响系统安全稳定运行的电磁环网，应采取必要的稳定控制措施，同时应采取后备措施限制系统稳定破坏事故的影响范围。

2.2.3.3　电网联系较为薄弱的省级电网之间及区域电网之间宜采取自动解列等措施，防止一侧系统发生稳定破坏事故时扩展到另一侧系统。特别重要的系统（政治、经济或文化中心）应采取自动措施，防止相邻系统发生事故时直接影响到本系统的安全稳定运行。

2.2.3.4　加强开关设备、保护装置的运行维护和检修管理，确保能够快速、可靠地切除故障。

2.2.3.5　根据电网发展适时编制或调整"黑启动"方案及调度实施方案，并落实到电网、电厂各单位。

2.3　稳定分析及管理

2.3.1　设计阶段

2.3.1.1　重视和加强系统稳定计算分析工作。规划、设计部门必须严格按照《电力系统安全稳定导则》（DL 755　2001）和《国家电网安全稳定计算技术规范》（Q/GDW 1404—2015）等相关规定要求进行系统安全稳定计算分析，全面把握系统特性，并根据计算分析情况优化电网规划设计方案，合理设计电网结构，滚动调整建设时序，确保不缺项、不漏项，合理确定输电能力，完善电网安全稳定控制措施，提高系统安全稳定水平。

2.3.1.2　加大规划阶段系统分析深度，在系统规划设计有关稳定计算中，发电机组均应采用详细模型，以正确反映系统动态特性。

2.3.1.3　在规划设计阶段，对尚未有具体参数的规划机组，宜采用同类型、同容量机组的典型模型和参数。

2.3.2　基建阶段

2.3.2.1　对基建阶段的特殊运行方式，应进行认真细致的电网安全稳定分析，制定相关的控制措施和事故预案。

2.3.2.2 严格执行相关规定，进行必要的计算分析，制定详细的基建投产启动方案。必要时应开展电网相关适应性专题分析。

2.3.3 运行阶段

2.3.3.1 应认真做好电网运行控制极限管理，根据系统发展变化情况，及时计算和调整电网运行控制极限。电网调度部门确定的电网运行控制极限值，应按照相关规定在计算极限值的基础上留有一定的稳定储备。

2.3.3.2 加强有关计算模型、参数的研究和实测工作，并据此建立系统计算的各种元件、控制装置及负荷的模型和参数。并网发电机组的保护定值必须满足电力系统安全稳定运行的要求。

2.3.3.3 严格执行电网各项运行控制要求，严禁超运行控制极限值运行。电网一次设备故障后，应按照故障后方式电网运行控制的要求，尽快将相关设备的潮流（或发电机出力、电压等）控制在规定值以内。

2.3.3.4 电网正常运行中，必须按照有关规定留有一定的旋转备用和事故备用容量。

2.3.3.5 加强电网在线安全稳定分析与预警系统建设，提高电网运行决策时效性和预警预控能力。

【依据3】《国家电网调度控制管理规程》（国家电网调〔2014〕1405号）

13.1 调控机构按照直调范围开展继电保护和安全自动装置的定值管理、运行管理和专业技术管理工作。

13.2 调控机构组织或参加直调范围新建工程、技改工程以及系统规划的继电保护专业的审查工作（含可研、初设、继电保护和安全自动装置配置原则等）。

13.3 调控机构组织或参加重大事故的调查、分析工作，并负责监督反事故措施的执行。

13.4 定值管理。

13.4.1 继电保护和安全自动装置的整定计算按照直调范围开展，发电厂负责发电机变压器组等元件保护定值计算，发电厂发变组中性点零序电流保护定值应按照调控机构下达的限值执行，并满足电网运行要求。

13.4.2 上级调控机构可将部分继电保护和安全自动装置的整定计算授权下级调控机构或运维单位。

13.4.3 继电保护和安全自动装置定值应依据直调该设备的调控机构（含被授权单位）下达的定值单整定。

13.4.4 继电保护和安全自动装置的定值单由厂站运行值班人员或输变电设备运维人员与值班调度员核对执行。定值单执行后及时返回归档。

13.4.5 涉及整定分界面的定值整定，应按下一级电网服从上一级电网、下级调度服从上级调度、尽量考虑下级电网需要的原则处理。

13.4.6 涉及整定分界面的调控机构间应定期或结合基建工程进度相互提供整定分界点的保护配置、设备参数、系统阻抗、保护定值以及整定配合要求等资料。

13.4.7 发电厂、运维单位应根据调控机构提供的系统侧等值参数，对自行整定的保护装置定值进行计算、校核及批准。

13.4.8 110kV以上的变压器中性点接地方式由调管该设备的调控机构确定，并报上级调控机构备案。如上级调控机构对主变中性点接地方式有明确规定，则按上级调控机构规定执行。

13.5 运行管理。

13.5.1 继电保护和安全自动装置应按规定正常投运。一次设备不允许无主保护运行，特殊情况下停用主保护，应按相关规定处理。

13.5.2 继电保护和安全自动装置运行状态的变更应由值班调度员下令执行。

13.5.3 运行中的继电保护及安全自动装置动作时，值班监控员、厂站运行值班人员或输变电设备运维人员应记录继电保护及安全自动装置动作情况，立即向值班调度员汇报。运维单位查明动作原因后，应及时汇报直调及监控该装置的调控机构。

13.5.4 继电保护和安全自动装置的动作分析和运行评价按照分级管理的原则，依据《电力系统继电保护及安全自动装置运行评价规程》开展。

13.6 专业技术管理。

13.6.1 进入电网运行的继电保护和安全自动装置应通过国家或行业的设备质量检测中心的检测。

13.6.2 继电保护和安全自动装置的软件版本及反事故措施应统一管理，分级实施。运维单位负责反事故措施及软件版本升级的具体实施。

13.6.3 各发电厂继电保护的配置和设计严格遵守和执行《继电保护和安全自动装置技术规程》《电网运行准则》《继电保护设备标准化设计规范》等规程规范及继电保护反事故措施要求。

13.6.4 继电保护和安全自动装置的状态信息、告警信息、动作信息及故障录波数据应满足上送至调控机构的要求。

13.7 智能变电站继电保护和安全自动装置管理

13.7.1 智能变电站继电保护和安全自动装置、含继电保护功能模块的智能电子设备，以及影响继电保护和安全自动装置功能的二次回路相关设备均应纳入继电保护和安全自动装置设备管理范畴。

13.7.2 调控机构对智能变电站中的全站系统配置文件（SCD）进行归口管理，运维单位具体负责。

13.7.3 智能变电站继电保护和安全自动装置使用的智能装置能力描述文件（ICD）应通过国家或行业的设备质量检测中心的检测。

13.8 直流输电系统保护管理

13.8.1 直流输电系统保护定值及控制参数应经过具有与实际工程相同控制保护系统的仿真试验验证。

13.8.2 直流工程建设部门在工程系统调试前应向调控机构提供包含完整一、二次系统的 PSCAD/EMTDC 工程模型。

13.8.3 涉及直流输电系统保护软件修改的工作应按相应直流输电系统保护软件管理要求执行。

【依据4】《电力系统安全稳定导则》（DL 755—2001）

2.5 防止电力系统崩溃

2.5.1 在规划电网结构时，应实现合理的分层分区原则。运行中的电力系统必须在适当的地点设置解列点，并装设自动解列装置。当系统发生稳定破坏时，能够有计划地将系统迅速而合理地解列为供需尽可能平衡（与自动低频率减负荷、过频率切机、低频自起水轮发电机等措施相配合），而各自保持同步运行的两个或几个部分，防止系统长时间不能拉入同步或造成系统频率和电压崩溃，扩大事故。

2.5.2 电力系统必须考虑可能发生的最严重事故情况，并配合解列点的安排，合理安排自动低频减负荷的顺序和所切负荷数值。当整个系统或解列后的局部出现功率缺额时，能够有计划地按频率下降情况自动减去足够数量的负荷，以保证重要用户的不间断供电。发电厂应有可靠的保证厂用电供电的措施，防止因失去厂用电导致全厂停电。

2.5.3 在负荷集中地区，应考虑当运行电压降低时，自动或手动切除部分负荷，或有计划解列，以防止发生电压崩溃。

2.1.2.12 电网安全自动装置运行、动作情况的统计与分析管理

本条评价项目（见《评价》）的查评依据如下。

【依据1】《电网运行准则》（GB/T 31646—2015）

6.9 系统稳定及安全对策

6.9.4 安全自动装置的日常运行：

a）安全自动装置应按调度管辖范围由相应电网调度机构发布投退的调度指令，现场值班人员负责执行。

b）下级电网调度机构管辖的安全自动装置的使用，如影响到上级电网调度机构管辖电网的稳定运行和保护配合时，应经上级电网调度机构许可。

c）安全自动装置发生不正确动作后，现场值班人员应及时向相应电网调度机构的值班调度员报告。重大事故的检验工作应由相关发电企业和电网企业共同进行。

6.9.5　各级电网调度机构和安全自动装置的运行维护单位应按 DL/T 623，对装置的动作进行评价分析。

6.9.6　安全自动装置日常的运行维护和检查，由设备所在单位负责。装置的检验应按有关继电保护及安全自动装置检验的电力行业标准和其他有关检验规程的规定进行。

【依据2】《国家电网公司省级以上调控机构安全生产保障能力评估办法》［国网（调/4）339-2014］

5.3.7　应每年定期统计安全自动装置切负荷、切机（供热机组）情况，结合国务院 599 号令开展风险评估。

2.1.2.13　无功电压运行管理

本条评价项目（见《评价》）的查评依据如下。

【依据1】《电网运行准则》（GB/T 31646—2015）

6.6.3　电压控制

6.6.3.1　电网的元功补偿实行"分层分区、就地平衡"的原则。电网调度机构负责电网无功的平衡和调整，必要时组织制定改进措施，由电网企业和电网使用者组织实施，电网调度机构按调度管辖范围分级负责电网各级电压的调整、控制和管理，接入电网运行的发电厂、变电所等应按电网调度机构确定的电压运行范围进行调节。

6.6.3.2　电网调度机构负责管辖范围内电网的电压管理内容包括：

a）确定电考核点、电压监视点。

b）编制季或月度电压曲线。

c）管理系统元功补偿装置的运行。

d）确定和调整变压器分接头位置。

e）统计电压合格率，并按有关规定进行考核。

6.6.3.3　电网无功电压调整的手段：

a）调整发电机无功功率。

b）调整发电机变频器、逆变器无功功率。

c）调整调相机无功功率。

d）调整无功补偿装置。

e）自动低压减负荷。

f）调整电网运行方式。

g）调整变压器分接头位置。

h）直流降压运行。

6.6.3.4　接入电网运行的发电厂、变电站、供电企业、主网直供用户等应按电网调度机构确定的电压运行范围进行调节。当无功调节能力用尽电压仍超出限额时，应及时向电网调度机构汇报

【依据2】《国家电网调度控制管理规程》（国家电网调〔2014〕1405 号）

9.1　电网无功补偿遵循分层分区、就地平衡的原则。电网电压的调整、控制和管理，由各级调控机构按调管范围分级负责。

9.2　无功电压调度管理主要内容包括：

9.2.1　确定电压考核点、电压监视点。

9.2.2　编制季度（月度）电压曲线。

9.2.3　指挥直调系统无功补偿装置运行。

9.2.4　确定和调整变压器分接头位置。

9.2.5　统计考核电压合格率。

9.3　调控机构负责直调范围内系统无功平衡分析工作，并制定改进措施。

9.4 值班监控员和厂站运行值班人员,负责监控范围内母线运行电压,控制母线运行电压在电压曲线限值内。

9.5 值班调度员应按照直调范围监控有关电压考核点和电压监视点的运行电压,当发现超出合格范围时,首先会同下级调控机构在本地区内进行调压,经过调整电压仍超出合格范围时,可申请上级调控机构协助调整。主要措施包括:

9.5.1 调整发电机、调相机无功出力,调整风电场和光伏电站风电机组或并网逆变器的无功出力,投切或调整无功补偿设备、交流滤波器等达到无功就地平衡。

9.5.2 对于换流站母线电压控制,一般采用交流滤波器自动投切方式,特殊情况下,可手动投切交流滤波器。

9.5.3 在无功就地平衡前提下,当变压器二次侧母线电压仍偏高或偏低,可以带负荷调整有载调压变压器分接头运行位置。

9.5.4 调整直流输电系统功率或电压。

9.5.5 调整电网接线方式,改变潮流分布,包括转移部分负荷等。

【依据3】《国家电网公司电网无功电压调度运行管理规定》[国网(调/4)455—2014]

第三章 无功电压运行要求

第九条 电力系统无功电压运行控制应遵循以下基本原则:

(一)电力系统应充分利用各种调压手段,确保系统电压在允许范围内。

(二)电力系统应有事故无功备用,无功电源中的事故备用容量,应主要储备于运行的发电机、调相机和动态无功补偿设备中,保证电力系统的稳定运行。

(三)110kV~220kV变电站在主变压器最大负荷时,其高压侧功率因数应不低于0.95;在低谷负荷时功率因数不应高于0.95,且不宜低于0.92。

第十条 发电厂和变电站的母线电压允许偏差值应遵循以下要求:

(四)500(330/220)kV母线正常运行方式时,最高运行电压不得超过系统额定电压的+10%;最低运行电压不应影响电力系统功角稳定、电压稳定、厂用电的正常使用及下一级电压的调节。

(五)发电厂220kV母线和500(330)kV变电站的中压侧母线正常运行方式时,电压允许偏差为系统额定电压的0%~+10%;事故运行方式时为系统额定电压的-5%~+10%。

(六)发电厂和220kV变电站的35kV~110kV母线正常运行方式时,电压允许偏差为系统额定电压的-3%~+7%;事故运行方式时为系统额定电压的±10%。

(七)特殊运行方式下的电压允许偏差值由调度控制机构确定。

第十一条 发电厂和变电站母线电压波动率允许值应遵循以下要求:

(一)发电厂和变电站的母线电压在满足第十条规定的电压偏差的基础上,日电压波动率应满足以下要求。

(1)500(330)kV变电站高压母线:5%。

(2)发电厂220kV母线和500kV(330kV)变电站中压母线电压:3.5%。

(3)特殊运行方式下的日电压波动率由调度控制机构确定。

(二)在满足以上电压运行要求的基础上,调度控制机构可根据系统安全稳定性要求,可适当调整电压允许范围及波动值。

(1)系统运行电压偏高时,调度控制机构在保证电网安全的前提下,可根据设备过压水平采取相应的措施调整电压至允许范围内。

(2)当调压手段用尽后,220kV电压仍低于205kV(0.93p.u.)时,调度控制机构可采取限制负荷措施;当220kV电压低于198kV(0.90p.u.)时,调度控制机构可按地区紧急限电序位表直拉馈线。

第四章 无功电压运行管理

第十二条 各级调度控制机构应按调度管辖范围划分,进行电压质量和无功电力相关计算,按月(季)度下达发电厂和枢纽变电站的运行电压或无功电力曲线,应针对重要新投设备及原有重要设备的检修方式、春节等节假日特殊运行方式，提前开展专题计算，制定无功电压运行控制措施。

第十三条　各级调度控制机构 AVC 系统专责负责本级调度控制机构 AVC 系统的建设和日常运行维护工作，负责 AVC 子站的接入和联合调试工作，总结 AVC 系统运行中存在问题，提出功能改进措施并组织实施。

第十四条　各级调度控制机构调度员负责对调度管辖范围内无功电压调整，负责调度控制机构 AVC 主站系统及厂站 AVC 子站系统运行状态变更的调度管理。若发现异常情况应及时通知相关人员进行处理并做好运行记录。

各级调度控制机构监控员负责监控范围内变电站母线电压、AVC 系统实时运行状态监控。确认执行调度员下发的变电站低压电容器（电抗器）组投退、变压器分接头调整、可控高压电抗器档位升降等遥控、遥调指令，有异常情况应向调度员汇报。

变电站运维检修人员负责变电站内并联电容器、并联电抗器、主变分接头等无功补偿设备和调压装置的运检工作，保障设备正常可用。

电厂人员负责监视厂内及高压母线运行电压，执行调度控制机构下发的电压（或无功）电力曲线。做好厂站 AVC 子站的运行、维护工作，确保机组 AVC 功能投运率及 AVC 调节合格率满足相关规定要求，发现异常情况应及时上报调度控制机构

2.1.2.14　新建、扩建及更新设备的投运管理

本条评价项目（见《评价》）的查评依据如下。

【依据1】《电网运行准则》（GB/T 31646—2015）

5.5　新设备启动

5.5.1　拟并网方应向电网调度机构报送新设备资料。

5.5.2　电网调度机构负责新设备启动并网调度方案的编制和协调组织实施。

5.5.3　拟并网方根据新设备启动并网调度方案完成启动准备工作，并按照电网调度机构值班调度员下达的调度指令执行启动操作。

【依据2】《国家电网调度控制管理规程》（国家电网调〔2014〕1405号）

6.1　凡新建、扩建和改建的输变电设备（含发电厂升压站设备）并入电网运行，应符合国家有关法规、标准及相关技术要求。工程业主单位应按照《电网运行准则》向调控机构提供相关资料。

6.2　调控机构收到资料后，按规定进行计算、核定和设备命名编号。

6.3　调度命名应遵循统一、规范的原则。

6.3.1　特高压交直流系统、跨区交直流系统及其第一级出线范围内设备按相同规则进行调度命名。

6.3.2　新建500kV以上变电站的命名，应在工程初设阶段，由工程管理单位报相关调控机构审定。

6.3.3　下级调控机构调管变电站命名，应报送上级调控机构核备。

6.4　新设备启动前必须具备下列条件：

6.4.1　设备验收工作已结束，质量符合安全运行要求，有关运行单位已向调控机构提出新设备投运申请。

6.4.2　所需资料已齐全，参数测量工作已结束，并以书面形式提供给有关单位（如需要在启动过程中测量参数者，应在投运申请书中说明）。

6.4.3　生产准备工作已就绪（包括运行人员的培训、调管范围的划分、设备命名、现场规程和制度等均已完备）。

6.4.4　监控（监测）信息已按规定接入。

6.4.5　调度通信、自动化系统、继电保护、安全自动装置等二次系统已准备就绪。计量点明确，计量系统准备就绪。

6.4.6　启动试验方案和相应调度方案已批准。

6.5　新设备启动前，有关人员应熟悉厂站设备，熟悉启动试验方案和相应调度方案及相应运行规程规定等。

2.1.2.15 电厂并网运行管理

本条评价项目（见《评价》）的查评依据如下。

【依据1】《电网调度管理条例》（中华人民共和国国务院令115号）

第十四条 并网运行的电厂或电网，必须服从调度机构的统一调度。

第十五条 需要并网运行机制的电厂与电网之间以及电网与电网之间，应当在并网前根据平等互利、协商一致的原则签订并网协议并严格执行。

【依据2】《电力系统安全稳定导则》（DL 755—2001）

2.4 对机网协调及厂网协调的要求

发电机组的参数、继电保护（发电机失磁、失步保护、频率保护、线路保护等）和自动装置（自动励磁调节器、电力系统稳定器、稳定控制装置、自动发电机控制装置等）的配置和整定等必须与电力系统相协调，保证其性能满足电力系统稳定运行的要求。

【依据3】《电网运行准则》（GB/T 31646—2015）

5.1 并网程序

5.1.1 拟并网方应与电网企业根据平等互利、协商一致和确保电力系统安全运行的原则，签订并网调度协议。互联电网各方在联网前应签订电网互联调度协议等文件，并网程序中的时间顺序参见附录10。

5.1.2 并网调度协议的基本内容包括但不限于：双方的责任和义务、调度指挥关系、调度管辖范围界定、拟并网方的技术参数、并网条件、并网申请及受理、调试期的并网调度、调度运行、调度计划、设备检修、继电保护及安全自动装置、调度自动化、电力通信、调频调压及备用、事故处理与调查、不可抗力、违约责任、提前终止、协议的生效与期限、争议的解决、并网点图示等。

5.1.3 新、改、扩建的发、输、变电工程首次并网90d前，拟并网方应向相应电网调度机构提交附录A所列资料，并报送并网运行申请书。申请书内容包括：

a）工程名称及范围；

b）计划投运日期；

c）试运行联络人员、专业管理人员及运行人员名单；

d）安全措施；

e）调试大纲；

f）现场运行规程或规定；

g）数据交换及通信方式。

5.1.4 在拟并网方按照5.1.3的要求资料提交齐全后，电网调度机构在收到拟并网方提出的厂站命名申请后的15d内，下发厂站的调度命名。

5.1.5 电网调度机构在收到拟并网方提出一次设备命名、编号申请及正式资料后的30d内，下发相关设备的命名和编号。设备编号和命名程序参见附录C。

5.1.6 电网调度机构应在收到并网申请书后35d内予以书面确认。如不符合规定要求，电网调度机构有权不予确认，但应书面通知不确认的理由。

5.1.7 拟并网方在收到并网确认通知后20d内，应按电网调度机构的要求编写并网报告，并与电网调度机构商定首次并网的具体时间和工作程序。电网调度机构应在首次并网日前20d内对电厂的并网报告予以书面确认。

5.1.8 电网调度机构收到并网申请并确认后，完成下列工作：

a）在首次并网日30d前，向拟并网方提交并网启动调试的有关技术要求。

b）根据启动委员会审定的调试大纲和启动方案，编制调试期间的并网调度方案。在首次并网日（或倒送电）5d前向拟并网方提供电厂送出线路、高压母线、主变中性点接地方式和后备保护切除时间等的继电保护定值单s涉及实测参数时，则在收到实测参数5d后，提供继电保护定值单。发电机失步保护、频率电压保护、失磁保护等涉网保护定值单经试验后由拟并网方报调度机构备案。

d) 在首次并网日 30d 前向拟并网方提供通信电路运行方式单，双方共同完成通信电路的联调和开通工作。

e) 在首次并网日 7d 前，双方共同完成调度自动化系统的联调。其他相关工作。

5.1.9 首次并网日 5d 前，电网调度机构应组织认定本标准规定的拟并网方并网条件。当拟并网方不具备并网条件时，电网调度机构应拒绝其并网运行，并发出整改通知书，向其书面说明不能并网的理由，拟并网方应按有关规定要求进行整改，符合并网必备条件之后方可并网。

5.1.10 拟并网方根据启动并网调度方案和有关技术要求，按照电网调度机构值班调度员的调度指令完成并网运行操作。

5.1.11 需进行系统联合调试的，拟并网方应提前 7d 向电网调度机构提出书面申请，电网调度机构应于系统调试前一日批复。

5.1.12 首次并网前，拟并网方应与电网企业根据平等互利、协商一致的原则，签订有关购售电合同或供用电合同。

5.1.13 新机组在进入商业运行前，发电企业应完成附录 B 包含的系统调试工作，调试结束后，向电网调度机构提供详细的调试报告，经电网调度机构组织评审合格。

5.1.14 风电场、光伏电站并网后，发电企业应在电网调度机构规定的时间内完成并网检测工作，检测内容包括风电场、光伏电站的电能质量、有功功率/无功功率调节能力、低电压穿越能力等。电网调度机构依据风电场、光伏电站的并网检测报告进行并网特性评价，批准符合并网技术标准的风电场、光伏电站投入正式并网运行。

【依据4】《发电厂并网运行管理规定》（国家电监会电监市场〔2006〕42 号）

第三章 考核实施

第三十九条 区域电力监管机构组织电力调度机构及电力企业制定考核办法，电力调度机构负责并网运行管理的具体实施工作。

第四十条 电力调度机构对已投入商业运行（或正式运行）的并网发电厂运行情况进行考核，考核结果报电力监管机构核准备案后执行，并定期公布。考核内容应包括安全、运行、检修、技术指导和管理等方面。

第四十一条 发电厂并网运行管理考核采取扣减电量或收取考核费用的方式。考核所扣电量或所收考核费用实行专项管理，并全部用于考核奖励。

第四章 监管

第四十二条 电力监管机构负责协调、监督发电厂并网运行管理和考核工作。各级电力监管机构负责辖区内并网运行管理争议的调解和裁决工作。

第四十三条 电力调度机构应当按照电力监管机构的要求组织电力"三公"调度信息披露，并应逐步缩短调度信息披露周期。信息披露应当采用简报、网站等多种形式，季度、年度信息披露应当发布书面材料。

第四十四条 建立并网调度协议和购售电合同备案制度。合同（协议）双方应于每年 11 月底以前签订下一年度并网调度协议和购售电合同，并在签订后 10 个工作日内分别向调度关系所在省（区、市）电力监管机构备案，由该省（区、市）电力监管机构汇总后报区域电力监管机构；并网发电厂调度关系所在省（区、市）没有设立电力监管机构的，直接向区域电力监管机构备案；区域电力调度机构调度的发电厂，双方直接向区域电力监管机构备案；与国家电网公司签订购售电合同和并网调度协议的，双方直接向国家电监会备案。

第四十五条 建立电力"三公"调度情况书面报告制度。省级电力调度机构按季度向所在省（区、市）电力监管机构报告电力"三公"调度情况，由该省（区、市）电力监管机构汇总后报。区域电力监管机构；没有设立电力监管机构的省（区、市），电力调度机构直接向区域电力监管机构报告；区域电力调度机构按季度向区域电力监管机构报告电力"三公"调度情况；国家电力调度机构每半年向国家电监会报告电力"三公"调度情况。

第四十六条　建立厂网联席会议制度，通报有关情况，研究解决发电厂并网运行管理中的重大问题。厂网联席会议由国家电监会派出机构会同政府有关部门组织召开，有关电力企业参加，采取定期和不定期召开相结合的方式。定期会议原则上每季度召开一次，不定期会议根据实际需要召开。会后应形成会议纪要，向参加联席会议电力企业发布，重大问题应同时报国家电监会。

【依据5】《电网公司关于印发10kV并网分布式电源并网调度协议（参考文本）的通知》（国家电网调〔2013〕894号）

第6章　调度运行管理

6.1　乙方运行操作人员须服从电力调度机构值班调度员的调度指令。乙方运行操作人员对甲方调度管辖范围内设备的倒闸操作，必须在电力调度机构调度指令下进行。

6.2　甲方设备检修影响乙方正常运行时，甲方提前__工作日通知乙方。乙方设备正常停电检修时，应提前__工作日通知甲方。双方应配合做好检修设备单元的明显断开点及挂接接地线等安全措施。

6.3　乙方可在不影响电网安全的前提下，自行安排发电出力。

6.4　在威胁电网安全的紧急情况下，电力调度机构当值调度员可以采取必要手段确保和恢复电网安全运行，包括调整乙方分布式电源发电出力、发布开停机指令、对乙方分布式电源实施解列等。解列后分布式电源设备的安全保障由乙方自行负责。电力调度机构应在该紧急情况结束后或已经得到补救后，尽快恢复其并网运行。

6.5　当发生乙方带自身或其他负荷孤岛运行时，乙方应按照事先制定的事故处理方案自行处理，确保设备及人身安全。

6.6　乙方不得擅自改变并网方式，不得在低压侧形成电磁环网，自行脱网后不得擅自并网。

6.7　双方应严格遵守有关继电保护及安全自动装置的设计、运行和管理规程、规范，负责所属继电保护及安全自动装置的运行管理。乙方继电保护及安全自动装置应与甲方相配合。

6.8　双方应严格遵守有关调度自动化系统的设计、运行和管理规程、规范，负责各自调度自动化设备的运行维护，不得随意退出或停用。运行设备实时信息的数量和精度应满足国家有关规定和电力调度机构的运行要求。双方计算机监控系统应符合《电力二次系统安全防护规定》（国家电监会第5号令）。

6.9　双方应严格遵守有关调度通信系统的设计、运行和管理规程、规范，各自负责本端调度通信系统的运行维护，并保证其可靠运行。乙方电力通信网互联的通信设备选型和配置应与甲方协调一致。

2.1.2.16　直调用户管理

本条评价项目（见《评价》）的查评依据如下。

【依据1】《电网调度管理条例》（中华人民共和国国务院令115号）

第十四条　并网运行的电厂或电网，必须服从调度机构的统一调度。

第十五条　需要并网运行机制的电厂与电网之间以及电网与电网之间，应当在并网前根据平等互利、协商一致的原则签订并网协议并严格执行

【依据2】《国家电网公司安全工作规定》[国网（安监/2）406—2014]

第八十条　公司所属各级单位与电网使用相关方（并网发电企业、电力用户、分布式电源等）应当依据国家有关法律法规和标准，明确各自的安全管理责任，共同维护电力系统的安全稳定运行和可靠供电。

第八十二条　公司所属各级单位应与并网运行的发电企业（包括电力用户的自备电源和分布式电源）签订并网调度协议，在并网协议中至少明确以下内容：

（一）对保证电网安全稳定、电能质量方面双方应承担的责任；

（二）为保证电网安全稳定、电能质量所必须满足的技术条件；

（三）对保证电网安全稳定、电能质量应遵守的运行管理、检修管理、技术管理、技术监督等规章制度；

（四）并网电厂应开展并网安全性评价工作，达到所在电网规定的并网必备条件和评分标准要求；

（五）并网电厂应参加电网企业为保证电网安全稳定、电能质量为目的组织的联合反事故演习；

（六）发生影响到对方的电网、设备安全稳定运行、电能质量的事故（事件），应为对方提供有关事故调查所需数据资料以及事故时的运行状态；

（七）电网企业对并网发电企业以保证电网安全稳定、电能质量为目的的安全监督内容。对于380（220）V接入的分布式电源，可不单独签订调度协议，但必须签署含有调度运行内容的发用电合同。

第八十三条　公司所属各级单位应根据国家有关规定，参与并网发电企业、供电企业和用户系统接线、运行方式等技术方案的审查工作和设备受电前验收工作。

第八十四条　公司所属各级单位应与电力用户签订供用电合同，在合同中明确双方应承担的安全责任。

第八十五条　公司所属各级单位应与并网运行的发电企业或分布式电源业主签订发用电合同，明确合同各方应承担的安全责任。

第八十六条　公司所属各级单位对并网运行的发电企业、供电企业和电力用户，可邀请其参加与电网安全稳定相关的专业会议，交流管理经验，通报有关信息，并告知公司有关安全的规章制度。

第八十七条　公司所属各级单位对并网运行的发电企业、供电企业和电力用户，应积极创造条件为其提供有关电网安全运行的重大技术问题和反事故措施所必要的咨询和帮助。

【依据3】《电网运行准则》（GB/T 31646—2015）

5.3　通用并（联）网技术条件

5.3.1　人员要求

调度机构值班人员和拟并网方有权接受调度指令的运行值班人员均须具备上岗值班资格，资格认定由相应的电网调度机构组织进行。

5.3.2　继电保护

有关规程进行调试，并按该设备调度管辖部门编制的继电保护定值通知单进行整定。所有继电保护装置只有在检验和整定完毕，并经验收合格后，方具备并网试验条件。在用一次负荷电流和工作电压进行试验，并确认互感器极性、变比及其回路的正确性，以及确认方向、差动、距离等保护装置有关元件及接线的正确性后，继电保护装置方可正式投入运行。

5.3.2.4　双方应制定继电保护装置管理制度并严格执行，继电保护装置管理制度应满足有关法规、电力行业标准、电网企业的反事故措施规定以及有关继电保护技术监督的规定。

5.3.2.5　新投继电保护装置应满足所在电网继电保护运行管理规程的要求，以及所在电网的微机型保护和故障录波器软件版本管理规定。

5.3.2.6　继电保护整定计算的基本工作原则和程序包括：

a）继电保护的整定计算遵循DL/T 559、DL/T 584、DL/T 684等标准所确定的整定原则。

b）网与网、网与厂的继电保护定值应相互协调。

c）拟并网方应在首次并网日90日前向所属电网调度机构提供附录A规定的资料。

d）在首次并网日（或倒送电）5日前向拟并网方提供继电保护定值单；涉及实测参数时，则在收到实测参数5日后，提供继电保护定值单。

5.3.2.7　并（联）网前应通过的调试及有关试验见附录B。

5.3.3　电力通信

5.3.3.1　并网双方的通信系统应能满足继电保护、安全自动装置、调度自动化及调度电话等业务的要求。

5.3.3.2　拟并网方至电网调度端之间应具备两条及以上独立路由的通信通道。

5.3.3.3　同一条输电线路上的两套继电保护或安全自动装置信号应采用两条完全独立的通信通道传送，配备两套独立的通信设备，并由两套独立的电源供电。

5.3.3.4　拟并网方新建通信电路在正式投运前，应由建设方会同拟并电网的有关通信部门对新建通信电路进行竣工验收。竣工验收项目按国家或电力行业有关规定执行。

5.3.3.5 为保障电网运行的可靠性和电力通信网的安全性,未经上级电力通信主管部门批准,任何接入电力通信网的电力企业不得利用通信电路承载非电力企业的通信业务或从事营业性活动。

5.3.3.6 拟并网方的通信设备应配备监测系统,并能将设备运行工况、告警信号等传送至相关通信设备的运行管理部门或有人值班的地方。

5.3.3.7 拟并网方设有独立通信机房的通信设备应配置通信专用电源系统供电。通信专用电源系统应由输入电源、整流器和蓄电池组组成,具有两路输入电源。

5.3.3.8 拟并网方所用通信设备应符合国际标准、国家标准、电力行业标准及相应的相关技术运行管理规定,满足通信网组网与管理要求;通信设备的接入方案和技术规范应通过相应的电网通信主管部门审查。

5.3.3.9 并(联)网前应完成的资料及信息交换见附录 A。

5.3.3.10 并(联)网前应通过的调试及有关试验见附录 B。

5.3.4 调度自动化

5.3.4.1 拟并网方应装备 4.2.9.1b) 所列系统及设备,其性能、指标和通信规约应符合国家和电力行业的有关技术标准。

5.3.4.2 拟并网方接入调度自动化系统及设备应符合国家电力监管委员会第 5 号令和相关规定等要求。

5.3.4.3 拟并网方接入调度自动化系统的 4.2.9.1b) 所列系统及设备应与系统一次设备同步完成建设、调试、验收与投运,以确保附录 A2.4b) 所列调度自动化信息完整、准确、可靠、及时地传送至相关电网。

5.3.4.4 拟并网方的新、改扩建设备启动投产前,应完成其与相关电网调度机构 4.2.9.1a) 所列调度端调度机构。系统的联调、测试和数据核对等工作。

5.3.4.5 相关电网调度机构 EMS 之间应实现实时计算机通信;为保证网间联络线潮流按计划值运行,EMS 应具有满足控制策略要求的自动发电控制(AGC)功能。

5.3.4.6 拟并网方的调度自动化数据传输通道,应具备两个及以上独立路由的通信通道,其质量和可靠性应符合国家、电力及有关行业相关标准。

5.3.4.7 并(联)网前应完成的资料及信息交换见附录 A。

5.3.4.8 并(联)网前应通过的调试及有关试验见附录 B。

2.1.2.17 电网紧急事故拉闸限电序位表管理

本条评价项目(见《评价》)的查评依据如下。

【依据1】《电网运行准则》(GB/T 31646—2015)

6.7 负荷控制

6.7.1 电网调度机构负责编制本网事故限电序位表和保障电力系统安全的限电序位表,报政府主管部门审批后执行。

6.7.2 电网调度机构在电网出现有功功率不能满足需求、超稳定极限、电力系统故障、持续的频率或电压超下限、备用容量不足等情况时,可按事故限电序位表和保障电力系统安全的限电序位表进行限电操作。电网使用者有义务按负荷控制方案在电网企业及其调度机构的指导下实施负荷控制。

6.7.3 负荷控制手段:

a) 供电企业自行控制负荷。供电企业在无法得到超过负荷计划的额外供应时,必须按事先确定的程序进行负荷控制。

b) 供电企业指令负荷控制。当频率或电压待续低于规定的运行限值,供电企业根据所赋予的负荷控制责权,对供电区用户直接进行切除负荷操作。电网调度机构指令负荷控制。当运行系统出现负荷不平衡危及系统安全的情况时,电网调度机构根据有关程序,对供电企业或主网直供用户下达指令切除负荷。

d) 自动低频、低压减负荷。

e) 实施需求侧管理,实现有序用电。

【依据2】《电网调度管理条例》（中华人民共和国国务院令第 115 号）

第四章　调度规则

第十五条　调度机构必须执行国家下达的供电计划，不得克扣电力、电量，并保证供电质量。

第十六条　发电厂必须按照调度机构下达的调度计划和规定的电压范围运行，并根据调度指令调整功率和电压。

第十七条　发电、供电设备的检修，应当服从调度机构的统一安排。

第十八条　出现下列紧急情况之一，值班调度人员可以调整日发电、供电调度计划，发布限电、调整发电厂功率、开或者停发电机组等指令；可以向本电网内的发电厂、变电站的运行值班单位发布调度指令：

（一）发电、供电设备发生重大事故或者电网发生事故；

（二）电网频率或者电压超过规定范围；

（三）输变电设备负载超过规定值；

（四）主干线路功率值超过规定的稳定限额；

（五）其他威胁电网安全运行的紧急情况。

第十九条　省级电网管理部门、省辖市级电网管理部门、县级电网管理部门应当根据本级人民政府的生产调度部门的要求、用户的特点和电网安全运行的需要，提出事故及超计划用电的限电序位表，经本级人民政府的生产调度部门审核，报本级人民政府批准后，由调度机构执行。

限电及整个电网调度工作应当逐步实现自动化管理。

第二十条　未经值班调度人员许可，任何人不得操作调度机构调度管辖范围内的设备。电网运行遇有危及人身及设备安全的情况时，发电厂、变电站的运行值班单位的值班人员可能按照有关规定处理，处理后应当立即报告有关调度机构的值班人员。

2.1.2.18　调度电网运行方式与主网运行方式的配合管理

本条评价项目（见《评价》）的查评依据如下。

【依据】《国家电网调度控制管理规程》（国家电网调〔2014〕1405 号）

4.1　运行方式管理

4.1.1　各级电网的运行方式应协调统一。

4.1.2　国调及分中心统一开展 500kV 以上主网年度运行方式、夏（冬）季运行方式计算分析，统筹确定主网运行方式。

4.2.2　国家电网年度运行方式由国调及分中心统一组织编制，规划、建设、运维、营销、交易等部门配合，经国家电网公司批准后执行。分中心根据国家电网年度运行方式制定本网实施细则。

4.2.3　根据国家电网年度运行方式，省调负责制定省级电网年度运行方式，经省公司批准后执行，并报国调及分中心备案。

4.3.2　国调、分中心、省调依据夏（冬）季主网稳定控制要点要求，按照调管范围制定夏（冬）季电网稳定运行规定。

4.4　临时运行方式

4.4.1　针对电网特殊保电期、多重检修方式、系统性试验、配合基建技改等临时运行方式，调控机构应按调管范围进行专题安全校核，制定并下达安全稳定措施及运行控制方案。

4.4.2　对上级调控机构调管的电网运行有影响的运行控制方案，应报上级调控机构批准；对同级调控机构调管的电网运行有影响时，应报上级调控机构协调处理，统筹制定运行控制要求。

2.1.3　专业指标

2.1.3.1　安全调控运行

本条评价项目（见《评价》）的查评依据如下。

【依据】《国家电网公司调控机构安全工作规定》[国网（调/4）338—2018]

第七条　各级调控机构以不发生负有人员责任的五级以上电网事件（事故）为基准，逐年制定安全生产目标。省级以上调控机构安全生产目标至少应包含以下内容：

（一）不发生有人员责任的一般以上电网事故；

（二）不发生有人员责任的一般以上设备事故；

（三）不发生重伤以上人身事故；

（四）不发生危害电网安全的电力监控系统网络安全事件；

（五）不发生五级信息系统事件；

（六）不发生调控生产场所火灾事故；

（七）不发生影响公司安全生产记录的其他事故。

第八条　省级以上调控机构内设专业处室（科室）以不发生负有人员责任的六级以上电网事件（事故）为基准，逐年制定专业安全生产目标。专业安全生产目标至少应包含以下内容：

（一）不发生调控值班人员误调度、误操作、漏监视信息等事件；

（二）不发生监控信息误接入、误定义、误分类等事件；

（三）不发生发电计划、停电检修计划安排不当等事件；

（四）不发生系统运行方式安排不合理、无功电压控制策略安排不当等事件；

（五）不发生继电保护和安全自动装置配置不当、误整定等事件；

（六）不发生调度自动化系统 SCADA 功能全部丧失等事件；

（七）不发生危害电网安全的电力监控系统网络安全事件；

（八）不发生因调度运行安排不当导致的水库水位运行异常事件。

第九条　省级以下调控机构根据自身实际情况，参照省级以上调控机构的安全生产控制目标，逐年制定本级机构和内设专业科室（班组）安全生产控制目标。

2.1.3.2　系统运行方式安排合理

【依据】《国家电网公司调控机构安全工作规定》［国网（调/4）338—2018］

第七条　各级调控机构以不发生负有人员责任的五级以上电网事件（事故）为基准，逐年制定安全生产目标。省级以上调控机构安全生产目标至少应包含以下内容：

（一）不发生有人员责任的一般以上电网事故；

（二）不发生有人员责任的一般以上设备事故；

（三）不发生重伤以上人身事故；

（四）不发生危害电网安全的电力监控系统网络安全事件；

（五）不发生五级信息系统事件；

（六）不发生调控生产场所火灾事故；

（七）不发生影响公司安全生产记录的其他事故。

第八条　省级以上调控机构内设专业处室（科室）以不发生负有人员责任的六级以上电网事件（事故）为基准，逐年制定专业安全生产目标。专业安全生产目标至少应包含以下内容：

（一）不发生调控值班人员误调度、误操作、漏监视信息等事件；

（二）不发生监控信息误接入、误定义、误分类等事件；

（三）不发生发电计划、停电检修计划安排不当等事件；

（四）不发生系统运行方式安排不合理、无功电压控制策略安排不当等事件；

（五）不发生继电保护和安全自动装置配置不当、误整定等事件；

（六）不发生调度自动化系统 SCADA 功能全部丧失等事件；

（七）不发生危害电网安全的电力监控系统网络安全事件；

（八）不发生因调度运行安排不当导致的水库水位运行异常事件。

第九条　省级以下调控机构根据自身实际情况，参照省级以上调控机构的安全生产控制目标，逐年制定本级机构和内设专业科室（班组）安全生产控制目标。

2.1.3.3　检修统计考核工作管理

本条评价项目（见《评价》）的查评依据如下。

【依据】《国家电网公司省级以上调控机构安全生产保障能力评估办法》[国网（调/4）339—2014]

3.3.4 停电计划刚性管理满足以下要求：

1. 月度停电计划完成率，≥95%；

2. 月度停电计划执行率，≥85%；

3. 月度临时停电率，≤10%；

4. 停电工作票按时完成率，≥85%；

5. 停电工作票按时报送率，≥95%。

评估指标参照国调要求，如今后有明确标准，以具体文件为准。相应指标须经上级调度确认（基建、电网方式安排、不可抗力等原因除外）。

1. 月度停电计划完成率＝（实际完成月度停电计划项目数/月度停电计划项目数）×100%；

2. 月度停电计划执行率＝（按月度停电计划时间开工的停电项目数/月度停电计划项目数）×100%；

3. 月度临时检修率＝[当月临时停电项目数/（实际完成月度停电项目数＋临时停电项目数）]×100%；

4. 停电工作票按时完成率＝（在批准时间内完成的停电单数/当月实际执行的停电单总数）×100%；

5. 停电工作票按时报送率＝（按规定时间提交且被批准执行的有效停电单数/当月实际批准执行的停电单总数）×100%。

2.1.3.4 低频低压减负荷、限电序位、重要断面负荷、负荷容量和用电指标实时监测

本条评价项目（见《评价》）的查评依据如下。

【依据1】《电网运行准则》（GB/T 31464—2015）

6 电网运行

6.6 频率及电压控制

6.6.1 概述

电网调度机构有责任组织有关各方保障电网频率、电压稳定和可靠供电，负责安排运行方式，优化调度，维持电力平衡，保障电网的安全、优质、经济运行。

6.6.2 频率控制

6.6.2.1 电网调度机构负责指挥电网的频率调整，并使电网运行在规定的频率范围内。

6.6.2.2 电网调频厂根据系统调频要求和电厂调整能力确定，在并网调度协议中明确。

6.6.2.3 在正常运行时，电网调度机构应安排适当的备用容量，并组织备用容量的分配。

6.6.2.4 电网调度机构按照有关原则（如CPS1、CPS2或A1、A2）控制互联电网的联络线功率。

6.6.2.5 控制电网频率的手段有一次调频、二次调频、高频切机、自动低频减负荷、机组低频自启动、负荷控制，以及直流调制等。

6.6.2.6 电网必须具有适当的高频切机容量、低频自启动机组容量和自动低频切负荷容量，并由电网调度机构负责管理。

6.6.2.7 频率异常的处理：

a) 当系统频率高于正常频率范围的上限时，电网调度机构可采取调低发电机组出力、解列部分发电机组等措施。

b) 当系统频率低于正常频率范围的下限时，电网调度机构可采取调高发电机组出力、调用系统备用容量、进行负荷控制等措施。

6.6.3 电压控制

6.6.3.1 电网的无功补偿实行"分层分区、就地平衡"的原则。电网调度机构负责无功的平衡和调整，必要时组织制定改进措施，由电网企业和电网使用者组织实施。电网调度机构按调度管辖范围分级负责电网各级电压的调整、控制和管理。接入电网运行的发电厂、变电站等应按电网调度机构确定的电压运行范围进行调节。

6.6.3.2 电网调度机构负责管辖范围内电网的电压管理。内容包括：

a) 确定电压考核点、电压监视点；

b）编制季或月度电压曲线；

c）管理系统无功补偿装置的运行；

d）确定和调整变压器分接头位置；

e）统计电压合格率，并按有关规定进行考核。

6.6.3.3 电网无功电压调整的手段：

a）调整发电机无功功率；

b）调整发电变频器、逆变器无功功率；

c）调整调相机无功功率；

d）调整无功补偿装置；

e）自动低压减负荷；

f）调整电网运行方式；

g）调整变压器分接头位置；

h）直流降压运行。

【依据2】《国家电网公司省级以上调控机构安全生产保障能力评估办法》［国网（调/4）339—2014］

1.5.11 能够对系统低频减负荷、低压减负荷、限电序位负荷容量进行在线监测和告警，不发生负荷容量不足的情况。

2.1.4 反措落实

2.1.4.1 典型事故处理预案的编制、培训及演练

本条评价项目（见《评价》）的查评依据如下。

【依据1】《国家电网公司安全工作规定》［国网（安监/2）406—2014］

第十章 应急管理

第六十七条 公司各级单位应贯彻国家和公司安全生产应急管理法规制度，坚持"预防为主、预防与处置相结合"的原则，按照"统一指挥、结构合理、功能实用、运转高效、反应灵敏、资源共享、保障有力"的要求，建立系统和完整的应急体系。

第六十八条 公司各级单位应成立应急领导小组，全面领导本单位应急管理工作，应急领导小组组长由本单位主要负责人担任；建立由安全监督管理机构归口管理、各职能部门分工负责的应急管理体系。

第六十九条 公司各级单位应根据突发事件类别和影响程度，成立专项事件应急处置领导机构（临时机构），在应急领导小组的领导下，具体负责指挥突发事件的应急处置工作。

第七十条 公司各级单位应按照"平战结合、一专多能、装备精良、训练有素、快速反应、战斗力强"的原则，建立应急救援基干队伍。加强应急联动机制建设，提高协同应对突发事件的能力。

第七十一条 公司各级单位应按照"实际、实用、实效"的原则，建立横向到边、纵向到底、上下对应、内外衔接的应急预案体系。应急预案由本单位主要负责人签署发布，并向上级有关部门备案。

第七十二条 公司各级单位应定期组织开展应急演练，每两年至少组织一次综合应急演练或社会应急联合演练，每年至少组织一次专项应急演练。

第七十三条 公司各级单位应建立应急资金保障机制，落实应急队伍、应急装备、应急物资所需资金，提高应急保障能力；以3～5年为周期，开展应急能力评估。

第七十四条 突发事件发生后，事发单位要做好先期处置，并及时向上级和所在地人民政府及有关部门报告。根据突发事件性质、级别，按照分级响应要求，组织开展应急处置与救援。

第七十五条 突发事件应急处置工作结束后，相关单位应对突发事件应急处置情况进行调查评估，提出防范和改进措施。

【依据2】《国家电网公司调控机构安全工作规定》［国网（调/4）338—2018］

第十章 应急管理

第五十三条 调控机构应成立调控应急指挥工作组，总指挥由调控机构行政正职担任，接受本单位应急领导小组的统一领导和指挥。调控应急指挥工作组应结合本调控机构实际情况，下设故障处置、综合协调等小组，协同参与应急处置。

第五十四条　按照"实际、实用、实效"的原则，建立完善调控机构应急预案体系，主要包括：调控机构应对大面积停电事件处置方案，调控场所应急处置方案，重要厂站全停应急处置方案，黑启动方案，孤网运行应急处置方案、通信中断应急处置方案，电煤预警应急处置方案，调度自动化系统故障应急处置方案，备调应急启用方案、电力监控系统安全防护应急处置方案等。

第五十五条　完善应急处置预案（方案）管理流程，按照年度演练计划，开展应急预案（方案）演练，演练宜采用实战化、无脚本的形式，以提高调控机构人员应急处置水平，及时开展评估，组织应急预案（方案）修订工作。

第五十六条　建立完善应急预案报备和协调工作机制：

（一）涉及下级或多个调控机构的，由上级调控机构组织共同研究和统一协调应急过程中的处置方案，明确上下级调控机构协调配合要求；

（二）需要上级调控机构支持和配合的，下级调控机构应及时将调度应急预案报送上级调控机构，由上级调控机构统筹协调。下级调控机构应定期将应急预案报送上级调控机构备案；

（三）可能出现孤网运行的，上级调控机构应根据地区电网特点与关联程度，组织下级调控机构及相关发电企业对预案进行统筹编制。

第五十七条　调控机构应定期组织开展应急预案的应急演练工作，及时对演练效果进行总结分析，查找存在的问题，提出预案及演练的改进建议。

第五十八条　加强调控机构反事故演习管理，定期组织反事故演习，统一规范反事故演练工作的方案编制、组织形式、演练流程。

（一）每年调控机构应至少组织或参加一次电网联合反事故演习。联合反事故演习应遵循"针对薄弱环节，检验应急预案"的原则，依托调度员培训仿真系统（简称"DTS"），应尽可能将备调系统、应急通信等所辖应急装备纳入同步演习；

（二）联合反事故演习参演单位应包含相关调控机构、运维班（变电站）、发电厂（场、站）、用户等各级调控对象，各单位参演人员应包含运行人员及技术支撑专业人员；

（三）联合反事故演习可由调控机构自行组织，也可与公司大面积停电、设备设施损坏、水电站大坝垮塌、气象灾害或地震地质灾害处置、电力服务事件处置等专项预案应急演练协同进行；

（四）联合反事故演习应组织相关人员现场观摩，并开展反事故演习后评估；

（五）调控运行专业每月应至少举行一次专业反事故演习。

【依据3】《国家电网公司省级以上调控机构安全生产保障能力评估办法》［国网（调/4）339-2014］

1.4.4　调度机构应根据电网薄弱环节和上级调度机构有关规定编制典型事故处理预案，并根据电网结构和方式变化滚动修订，组织各级调控预案的学习、交流、演练。

1.4.5　调控运行人员应熟悉电网大面积停电、黑启动、通信中断、自动化全停、调控场所失火等严重事件调控处理预案。

2.1.4.2　电网事件汇报、电网事故处理分析和总结

本条评价项目（见《评价》）的查评依据如下。

【依据1】《国家电网公司调度系统重大事件汇报规定》［国网（调/4）328—2014］

第一条　为有效应对电网运行突发事件，确保发生大面积停电等重大事件时信息通报的及时、畅通，提高调度系统突发事件的应对能力，最大限度的减少事件的影响和损失，保障电网安全运行，依据《电力安全事故应急处置和调查处理条例》《国家处置电网大面积停电事件应急预案》《国家电网公司处置电网大面积停电事件应急预案》《国家电网公司安全事故调查规程》制定本规定。

第二条　本规定适用于公司总（分）部及所属各级单位电网发生大面积停电等重大事件时调控机构的汇报工作。

第二章　重大事件分类

第三条　调度系统重大事件包括特急报告类、紧急报告类和一般报告类事件。

第四条 特急报告类事件

（一）《电力安全事故应急处置和调查处理条例》规定的特别重大事故、重大事故中涉及电网减供负荷的事故，具体见附表 1。

（二）《国家处置电网大面积停电应急预案》规定的Ⅰ级、Ⅱ级大面积停电事件中涉及电网减供负荷的事件，具体见附表 2。

（三）《国家电网公司处置电网大面积停电事件应急预案》规定的特别重大电网大面积停电事件、重大电网大面积停电事件中涉及电网减供负荷的事件，具体见附表 3。

（四）《国家电网公司安全事故调查规程》规定中涉及电网减供负荷的事件，具体见附表 4。

第五条 紧急报告类事件

（一）《电力安全事故应急处置和调查处理条例》规定的较大事故、一般事故中涉及电网减供负荷、电压过低、供热受限的事故，具体见附表 5。

（二）《国家电网公司处置电网大面积停电事件应急预案》规定的较大电网大面积停电事件、一般电网大面积停电事件中涉及电网减供负荷的事件，具体见附表 6。

（三）《国家电网公司安全事故调查规程》规定中涉及电网减供负荷、电压过低、供热受限的事件，具体见附表 7。

（四）除上述事件外的如下电网异常情况：

1. 省（自治区、直辖市）级电网与所在区域电网解列运行故障。

2. 区域电网内 500kV 以上电压等级同一送电断面出现 3 回以上线路相继跳闸停运的事件；因同一次恶劣天气、地质灾害等外力原因造成区域电网 500kV 以上线路跳闸停运 3 条以上，或省级电网 220kV 以上（西藏电网 110kV 以上）线路跳闸停运 5 以上条的事件。

3. 北京、上海等重点城市发生停电事件，造成重要用户停电，对国家、政治经济活动造成重大影响的事件。

4. 电网保电时期出现保电范围内的损失负荷、拉限电等异常情况。

第六条 一般报告类事件如下：

（一）《国家电网公司安全事故调查规程》规定的五级电网事件及五级设备事件中涉及电网安全的内容，具体见附表 8。

（二）除上述事件外的如下电网异常情况。

1. 发生 110kV 以上局部电网与主网解列运行故障事件。

2. 装机容量 3000MW 以上电网，频率偏差超出 50±0.2Hz；装机容量 3000MW 以下电网，频率偏差超出 50±0.5Hz。

3. 因 220kV（西藏电网 110kV）以上电压等级厂站设备非计划停运造成负荷损失、拉限电或稳控装置切除负荷、低频、低压减负荷装置动作的事件。

4. 在电力供应不足或特定情况下，电网企业在当地电力主管部门的组织下，实施了限电、拉闸等有序用电措施。

5. 厂站发生 220kV（西藏电网 110kV）以上任一电压等级母线故障全停或强迫全停事件。

6. 通过 220kV（西藏电网 110kV）以上电压等级并网且水电装机容量在 100MW 以上或其他类型装机容量在 600MW 以上的电厂运行机组故障全停或强迫全停事件。

7. 220kV（西藏电网 110kV）以上电压等级 CT、PT 着火或爆炸等设备事件。

8. 单回 500kV 以上（西藏电网 220kV）电压等级线路故障停运及强迫停运事件。

9. 因电网原因造成电气化铁路运输线路停运的事件。

10. 恶劣天气、水灾、火灾、地震、泥石流及外力破坏等对电网运行产生较大影响的事件。

11. 省级以上调控机构、220kV（西藏电网 110kV）以上厂站发生误操作、误整定等恶性人员责任事件。

12. 省级以上调控机构通信全部中断、调度自动化系统 SCADA、AGC 功能全停超过 15min，对调控业务造成影响的事件。

13. 省级以上调控机构调控场所（包括备用调控场所）发生停电、火灾，主备调切换等事件。

14. 其他对调控运行或电网安全产生较大影响及造成较大社会影响的事件。

第七条　时间要求如下：

（一）发生特急报告类事件，相应国调电力调度控制分中心（以下简称分中心）或省级电力调度控制中心（以下简称省调）调度员须在 15min 内向国家电力调度控制中心（以下简称国调中心）调度员进行特急报告。

（二）发生紧急报告类事件，相应分中心或省调调度员须在 30min 内向国调中心调度员进行紧急报告。

（三）发生一般报告类事件，相应分中心或省调调度员须在 2h 内向国调中心调度员报告。

（四）分中心或省调发生电力调度通信全部中断事件应立即报告国调中心调度员。

（五）特急报告类、紧急报告类、一般报告类事件应按调管范围由发生重大事件的分中心或省调尽快将详细情况以书面形式报送至国调中心，省调应同时抄报分中心。

第八条　内容要求如下：

（一）发生文中规定的重大事件后，相应分中心或省调须在规定时间内向国调中心调度员进行报告，内容主要包括事件发生时间、概况、造成的影响等情况。

（二）在事件处置暂告一段落后，分中心或省调应将详细情况汇报国调中心，内容主要包括：事件发生的时间、地点、运行方式、保护及安全自动装置动作、影响负荷情况；调度系统应对措施、系统恢复情况；以及掌握的重要设备损坏情况，对社会及重要用户影响情况等。

第九条　组织要求如下：

（一）发生特急报告类、紧急报告类事件，除值班调度员在规定时间内向国调中心特急报告外，相应调控机构负责生产的相关领导应及时了解情况，并向国调中心汇报事件发展及处理的详细情况，符合《电力安全事故应急处置和调查处理条例》、《国家电网公司安全事故调查规程》调查条件的事件，要及时汇报调查进展。

（二）在发生严重电网事故或受自然灾害影响，恢复系统正常方式需要较长时间时，有关分中心或省调应随时向国调中心调度员汇报恢复情况。

（三）地级电力调度控制中心（以下简称地调）、县级电力调度控制中心（以下简称县调）调管范围内发生文中规定的重大事件后，应按照逐级汇报的原则，及时准确将事件情况汇报至国调中心。

第四章　检查考核

第十条　对于未及时汇报特急报告类、紧急报告类、一般报告类事件的相关单位，国调中心将按《国家电网公司调度工作评价考核细则》进行评价考核，并定期通报。

【依据2】《国家电网调度控制管理规程》（国家电网调〔2014〕1405 号）

11.9　事故处理完毕后，应将事故情况详细记录，并按规定报告。

11.10　事故调查工作按《电业生产事故调查规程》进行。

12.1　故障处置原则

12.1.1　迅速限制故障发展，消除故障根源，解除对人身、电网和设备安全的威胁。

12.1.2　调整并恢复正常电网运行方式，电网解列后要尽快恢复并列运行。

12.1.3　尽可能保持正常设备的运行和对重要用户及厂用电、站用电的正常供电。

12.1.4　尽快恢复对已停电的用户和设备供电。

12.2　故障处置要求

12.2.1　电网发生故障时，调控机构值班调度员应结合综合智能告警信息，监视本网频率、电压及重要断面潮流情况，开展故障处置。

12.2.2　电网发生故障时，值班监控员、厂站运行值班人员及输变电设备运维人员应立即将故障发生的时间、设备名称及其状态等概况向相应调控机构值班调度员汇报，经检查后再详细汇报相关内容。值班调度员应按规定及时向上级调控机构值班调度员汇报故障情况。

【依据3】《国家电网公司省级以上调控机构安全生产保障能力评估办法》[国网（调/4）339—2014]

1.4.12 调度员应迅速果断正确处理电网事故。发生事故后调度机构及时进行分析评估，提出改进措施。每年初将上年度事故分析报告汇编成册。

2.1.4.3 调控运行人员应熟悉相关的应急预案

本条评价项目（见《评价》）的查评依据如下。

【依据1】《国家电网公司安全工作规定》[国网（安监/2）406—2014]

第45条 在岗生产人员的培训，在岗生产人员应定期进行有针对性的现场考问、反事故演习、技术问答、事故预想等现场培训活动。

【依据2】《国家电网公司省级以上调控机构安全生产保障能力评估办法》[国网（调/4）339—2014]

1.4.5 调控运行人员应熟悉电网大面积停电、黑启动、通信中断、自动化全停、调控场所失火等严重事件调控处理预案。

【依据3】《国家电网公司应急管理工作规定》（国家电网安监〔2007〕110号）

第十九条 公司各单位应加强对应急预案的动态管理，根据应急管理法律法规和有关标准变化情况、电网安全生产形势和问题、应急处置经验教训等，及时评估和改进预案内容，不断增强预案的科学性、针对性、实效性和可操作性，提高应急预案的质量。

2.1.4.4 电网反事故演习

本条评价项目（见《评价》）的查评依据如下。

【依据1】《国家电网公司突发事件总体应急预案》（国家电网办〔2018〕1181号）

9.2 预案演练

公司各单位应制定预案演练计划，应定期组织开展不同类型的应急演练，其中，每三年至少组织一次大型综合实战演练；每年至少开展一次专项预案应急演练，且三年内各专项预案至少演练一次；每半年至少开展一次现场处置方案应急演练，且三年内各现场处置方案至少演练一次。演练可采用桌面推演、实战演练等多种形式。

应急演练组织单位应对演练进行评估，并针对演练过程中发现的问题，对修订预案、应急准备、应急机制、应急措施等提出意见和建议，形成应急演练评估报告。

【依据2】《国家电网公司调控机构安全工作规定》[国网（调/4）338—2014]

第九章 应急管理

（四）调控机构应定期组织开展预案的应急演练工作，并加强对演练的分析，及时查找存在的问题，提出预案及演练的改进意见。

第五十五条 省级以上调控机构应定期组织反事故演习，统一规范反事故演练工作的方案编制、组织形式、演练流程。

（一）每年度夏或度冬前，调度机构应至少组织一次电网联合反事故演习。联合反事故演习应遵循"针对薄弱环节，检验应急预案"的原则，依托调度员培训仿真系统（简称DTS），应尽可能将备调系统、应急通信等所辖应急装备纳入同步演习。

（二）联合反事故演习参演单位应包含相关调控机构、运维站（变电站）、发电厂、用户等各级调控对象，各单位参演人员应包含运行人员及技术支撑专业人员。

（三）联合反事故演习可由调控机构自行组织，也可与公司应急物质、应急装备、应急队伍的反事故演练协同进行。

（四）联合反事故演习应组织相关人员现场观摩，并开展反事故演习后评估。

（五）调控运行专业每月应至少举行一次专业反事故演习。

【依据3】《国家电网公司省级以上调控机构安全生产保障能力评估办法》[国网（调/4）339—2014]

1.4.2 每月至少进行1次调控联合反事故演习，每年至少进行1次两级以上调度机构参加的系统联合反事故演习。反事故演习应使用调控联合仿真培训系统。调控联合仿真培训系统应具备变电站仿真、省地联合演习功能。

2.1.4.5 主、备调应急启动

本条评价项目（见《评价》）的查评依据如下。

【依据1】《国家电网公司调控机构安全工作规定》［国网（调/4）338—2018］

第十一章 备调管理

第六十条 各级调控机构应加强备调运行管理，动态修订备调启用应急方案，明确组织体系、人员配置、技术支持及后勤保障等工作要求，规范备调启用的工作流程。

第六十一条 备调所在地的调控机构负责备调场所的日常管理，备调场所应纳入所在单位生产场所安防体系，备调场所的消防工作应纳入所在单位消防工作统一管理和维护。备调场所应实行24h保卫值班，非备调运行、维护、管理和保卫人员不得进入备调场所和备调席位工作。

第六十二条 加强调控机构备调演练管理，每月至少组织一次专业演练，校验主、备调技术支持系统技术及管理资料的一致性、可用性；每季度组织一次备调短时转入应急工作模式的整体演练，对技术支持系统切换、人员快速集结的应急响应速度进行检验；每年组织一次调控指挥权向备调转移的综合演练，全面检验备调运行水平和主备调业务切换能力。

第六十三条 备调值班人员经培训考试合格、取得任职资格后方可上岗。备调值班人员应每年定期到主调进行学习，参与主调调控值班，确保具备承担主调调控业务的能力。

第六十四条 主备调调控技术支持系统应保持同步运行，并按照《电力监控系统安全防护规定》的要求建立完备的安全防护体系。主调运行值班和专业管理人员应基于备调系统常态化开展应用，确保核心业务可靠切换。

第六十五条 调控机构应对备调可用情况进行季度评估、年度评估，对备调临时启用的实战情况进行总结评估，完善有关管理流程，不断提升备调管理水平。

【依据2】《国家电网调度控制管理规程》（国家电网调〔2014〕1405号）

第十七章 备用调度管理

17.1 备调管理内容包括：备调场所及技术支持系统管理、备调人员管理、备调演练及启用管理。

17.2 备调场所及技术支持系统管理

17.2.1 备调场所设施及技术支持系统配备应满足调度实时运行值班和日前调度业务开展需求，并与主调同步运行。

17.2.2 主、备调系统应实现电网模型一致、信息自动同步。

17.2.3 主、备调调度电话应满足呼叫信息同步更新和共享的需求。

17.2.4 主、备调电网运行资料应保持一致。

17.2.5 备调场所设施及技术支持系统的日常维护由所在地单位负责管理。

17.3 备调人员管理

17.3.1 备调应按规定为主调配置相应的调度员（以下简称备调调度员）。

17.3.2 备调调度员应具备主调值班资格，并统一纳入主调调度员持证上岗管理。

17.3.3 备调调度员应定期赴主调参加业务培训、参与运行值班。

17.3.4 主调调度员及相关专业人员应定期赴备调同步值守，开展部分主调业务。

17.4 备调演练

17.4.1 调控机构应定期开展主、备调应急转换演练及系统切换测试。

17.4.2 调控机构每年至少组织一次主、备调调度指挥权转移综合演练。

17.4.3 调控机构应针对可能发生的突发事件及危险源制定备调应急预案，并滚动修编。

17.5 备调启用

17.5.1 因环境、场所、设备等原因影响主调调控业务正常开展时，应按相关规定及时启用备调。

17.5.2 调度指挥权转移前后，调度员应及时汇报上级调控机构，并根据需要通知相关调控机构及厂站。

【依据3】《国家电网公司地县级备用调度运行管理工作规定》［国网（调/4）341—2014］

第三十一条 地县调控机构应每年组织一次调控指挥权转移的综合演练。综合演练时，主、备调均应有主调负责人及各专业人员参加。演练应包括技术支持系统切换、人员转移和调控指挥权转移，主调至少应关闭值班场所及 SCADA 功能。备调年度演练至少应通过 24h 以上的连续启用检验，演练期间调控系统有关统计考核指标可申请上级调控机构免考核。

2.1.4.6 电网局部停电和黑启动方案及试验

本条评价项目（见《评价》）的查评依据如下。

【依据1】《电网运行准则》（GB/T 31646—2015）

6.9.2 电网企业及其调度机构应根据国家有关法规、标准、规程、规定等，制定和完善电网反事故措施、系统黑启动方案、系统应急机制和反事故预案。电网使用者应按电网稳定运行要求编制反事故预案，并网发电厂应制定全厂停电事故处理预案，并报电网调度机构备案。电网企业、电网使用者应按设备产权和运行维护责任划分，落实反事故措施。电网调度机构应定期组织联合反事故演习，电网企业和电网使用者应按要求参加联合反事故演习。

【依据2】《电力系统安全稳定导则》（DL 755—2001）

2.6 电力系统全停后的恢复

2.6.1 电力系统全停后的恢复应首先确定停电系统的地区、范围和状况，然后依次确定本区电源或外部系统帮助恢复供电的可能性。当不可能时，应很快投入系统黑启动方案。

2.6.2 制定黑启动方案应根据电网结构的特点合理划分区域，各区域必须安排 1～2 台具备黑启动能力机组，并合理分布。

2.6.3 系统全停后的恢复方案（包括黑启动方案），应适合本系统的实际情况，以便能快速有序地实现系统的重建和对用户恢复供电。恢复方案中应包括组织措施、技术措施、恢复步骤和恢复过程中应注意的问题，其保护、通信、远动、开关机安全自动装置均应满足自起动和逐步恢复其他线路和负荷供电的特殊要求。

2.6.4 在恢复起动过程中应注意有功功率、无功功率平衡，防止发生自励磁和电压失控及频率的大幅度波动，必须考虑系统恢复过程中的稳定问题，合理投入继电保护和安全自动装置，防止保护误动而中断或延误系统恢复。

【依据3】《国家电网公司调控机构安全工作规定》[国网（调/4）338—2018]

第五十四条 按照"实际、实用、实效"的原则，建立完善调控机构应急预案体系，主要包括：调控机构应对大面积停电事件处置方案，调控场所应急处置方案，重要厂站全停应急处置方案，黑启动方案，孤网运行应急处置方案、通信中断应急处置方案，电煤预警应急处置方案，调度自动化系统故障应急处置方案，备调应急启用方案、电力监控系统安全防护应急处置方案等。

第五十五条 完善应急处置预案（方案）管理流程，按照年度演练计划，开展应急预案（方案）演练，演练宜采用实战化、无脚本的形式，以提高调控机构人员应急处置水平，及时开展评估，组织应急预案（方案）修订工作。

第五十六条 建立完善应急预案报备和协调工作机制：

（一）涉及下级或多个调控机构的，由上级调控机构组织共同研究和统一协调应急过程中的处置方案，明确上下级调控机构协调配合要求；

（二）需要上级调控机构支持和配合的，下级调控机构应及时将调度应急预案报送上级调控机构，由上级调控机构统筹协调。下级调控机构应定期将应急预案报送上级调控机构备案；

（三）可能出现孤网运行的，上级调控机构应根据地区电网特点与关联程度，组织下级调控机构及相关发电企业对预案进行统筹编制。

第五十七条 调控机构应定期组织开展应急预案的应急演练工作，及时对演练效果进行总结分析，查找存在的问题，提出预案及演练的改进建议。

第五十八条 加强调控机构反事故演习管理，定期组织反事故演习，统一规范反事故演练工作的方案编制、组织形式、演练流程。

（一）每年调控机构应至少组织或参加一次电网联合反事故演习。联合反事故演习应遵循"针对薄弱环节，检验应急预案"的原则，依托调度员培训仿真系统（简称"DTS"），应尽可能将备调系统、应急通信等所辖应急装备纳入同步演习；

（二）联合反事故演习参演单位应包含相关调控机构、运维班（变电站）、发电厂（场、站）、用户等各级调控对象，各单位参演人员应包含运行人员及技术支撑专业人员；

（三）联合反事故演习可由调控机构自行组织，也可与公司大面积停电、设备设施损坏、水电站大坝垮塌、气象灾害或地震地质灾害处置、电力服务事件处置等专项预案应急演练协同进行；

（四）联合反事故演习应组织相关人员现场观摩，并开展反事故演习后评估；

（五）调控运行专业每月应至少举行一次专业反事故演习。

2.1.4.7 调度模拟图板或 SCADA 系统的厂、站主接线及检修标志
本条评价项目（见《评价》）的查评依据如下。

【依据1】《国家电网公司电力安全工作规程（变电部分）》（Q/GDW 1799.1—2013）

5.3.5 倒闸操作的基本条件

5.3.5.1 有现场一次设备和实际运行方式相符的系统模拟图（包括各种电子接线图）。

【依据2】《国家电网调度控制管理规程》（国家电网调〔2014〕1405号）

11.2 监控远方操作原则

11.2.1 调控机构值班监控员负责完成规定范围内的监控远方操作。

11.2.2 下列情况可由值班监控员进行开关监控远方操作：

11.2.2.1 一次设备计划停送电操作。

11.2.2.2 故障停运线路远方试送操作。

11.2.2.3 无功设备投切及变压器有载调压分接头操作。

11.2.2.4 负荷倒供、解合环等方式调整操作。

11.2.2.5 小电流接地系统查找接地时的线路试停操作。

11.2.2.6 其他按调度紧急处置措施要求的开关操作。

11.2.3 监控远方操作前，值班监控员应考虑设备是否满足远方操作条件以及操作过程中的危险点及预控措施，并拟写监控远方操作票，操作票应包括核对相关变电站一次系统图、检查设备遥测遥信指示、拉合开关操作等内容。

11.2.4 监控远方操作中，严格执行模拟预演、唱票、复诵、监护、记录等要求，若电网或现场设备发生故障及异常，可能影响操作安全时，监控员应中止操作并报告相关调控机构值班调度员，必要时通知输变电设备运维人员。

11.2.5 监控远方操作前后，值班监控员应检查核对设备名称、编号和开关、刀闸的分、合位置。若对设备状态有疑问，应通知输变电设备运维人员核对设备运行状态。

2.1.4.8 调度应急通信方式（设备）
本条评价项目（见《评价》）的查评依据如下。

【依据】《电网调度系统安全性评价（省会、副省级城市地调部分）》（国家电网安监〔2009〕636号）

2.4.6 调度室应备有调度应急通信方式（设备）。调度员应熟练掌握调度应急通信方式（设备）使用方法。

2.2 继电保护及安全自动装置

2.2.1 机制建设

2.2.1.1 年度继电保护及安全自动装置整定方案管理
本条评价项目（见《评价》）的查评依据如下。

【依据1】《防止电力生产事故的二十五项重点要求》（国能安全〔2014〕161号文）

18.10.1 依据电网结构和继电保护配置情况，按相关规定进行继电保护的整定计算。当灵敏性与选择性难以兼顾时，应首先考虑以灵敏度为主，防止保护拒动，并备案报主管领导批准。

【依据2】《国家电网公司保护与控制系统技术监督规定》（国家电网生〔2005〕682号）

第二十二条　确定新建、扩建、技改工程工期应树立安全第一的思想，合理制定投产日期，以保证设计、调试和验收质量。基建部门应按相关规定要求及时提供继电保护整定计算所需的图纸、资料、设备参数、线路实测参数至各级调度继电保护部门。

2.2.1.2　继电保护备品备件管理

本条评价项目（见《评价》）的查评依据如下。

【依据1】《微机继电保护装置运行管理规程》（DL/T 587—2007）

6.15　备用插件的管理。

6.15.1　运行维护单位应储备必要的备用插件，备用插件宜与微机继电保护装置同时采购。备用插件应视同运行设备，保证其可用性。储存有集成电路芯片的备用插件，应有防止静电措施。

6.15.2　每年12月底运行维护单位应向上级单位报备用插件的清单，并向有关部门提出下一年备用插件需求计划。

6.15.3　备用插件应由运行维护单位保管。

【依据2】《国家电网有限公司十八项电网重大反事故措施（2018年修订版）》（国家电网设备〔2018〕979号）

15.4.2　加强继电保护和安全自动装置运行维护工作，配置足够的备品、备件，缩短缺陷处理时间。装置检验应保质保量，严禁超期和漏项，应特别加强对新投产设备的首年全面校验，提高设备健康水平。

2.2.1.3　继电保护装置检验规程或作业指导书（范本）

本条评价项目（见《评价》）的查评依据如下。

【依据1】《继电保护和电网安全自动装置检验规程》（DL/T 995—2016）

4　总则

4.1　本标准是保护装置在检验过程中应遵守的基本原则。本标准内容不限于继电保护单体装置，还包括合并单元、智能终端、交换机、通道、二次回路等构成继电保护系统的设备。

4.2　各级继电保护管理及运行维护单位，应根据当地电网具体情况并结合一次设备的检修合理地安排年、季、月的检验计划。相关调度机构应支持配合，并做统筹安排。

4.3　保护装置检验工作应制定标准化的作业指导书及实施方案，其内容应符合本标准。

【依据2】《国家电网有限公司十八项电网重大反事故措施（2018年修订版）》（国家电网设备〔2018〕979号）

15.4.1　严格执行继电保护现场标准化作业指导书，规范现场安全措施，防止继电保护"三误"事故。

【依据3】《微机继电保护装置运行管理规程》（DL/T 587—2007）

7.1　微机继电保护装置检验时，应认真执行DL/T 995及有关微机继电保护装置检验规程、反事故措施和现场工作保安规定。

7.2　对微机继电保护装置进行计划性检验前，应编制继电保护标准化作业书，检验期间认真执行继电保护标准化作业书，不应为赶工期减少检验项目和简化安全措施。

2.2.1.4　保护装置年度检验

本条评价项目（见《评价》）的查评依据如下。

【依据1】《继电保护和电网安全自动装置检验规程》（DL/T 995—2016）

4　总则

4.1　本标准是保护装置在检验过程中应遵守的基本原则。本标准内容不限于继电保护单体装置，还包括合并单元、智能终端、交换机、通道、二次回路等构成继电保护系统的设备。

4.2　各级继电保护管理及运行维护单位，应根据当地电网具体情况并结合一次设备的检修合理地安排年、季、月的检验计划。相关调度机构应支持配合，并做统筹安排。

4.3　保护装置检验工作应制定标准化的作业指导书及实施方案，其内容应符合本标准。

4.4 检验用仪器、仪表的准确级及技术特性应符合要求，并应定期校验。

4.5 微机型保护装置的检验，应充分利用其"自检"功能，着重检验"自检"功能无法检测的项目。

4.6 对于不停电检验工作，应考虑继电保护双重化配置及远、近后备保护配合，遵循任何电力设备不允许在无继电保护的状态下运行的原则。

5 常规变电站继电保护和电网安全自动装置的检验

5.1 常规检修检验种类及周期

5.1.1 常规检修检验种类

常规检修检验分为三类：

a) 新安装保护装置的验收检验；

b) 运行中保护装置的定期检验（简称定期检验）；

c) 运行中保护装置的补充检验（简称补充检验）。

5.1.1.1 新安装保护装置的验收检验

新安装保护装置的验收检验，在下列情况进行：

a) 当新安装的一次设备投入运行时；

b) 当在现有的一次设备上投入新安装的保护装置时。

5.1.1.2 运行中保护装置的定期检验

定期检验分为三种：

a) 全部检验；

b) 部分检验；

c) 用保护装置进行断路器跳、合闸试验。

5.1.1.3 运行中保护装置的补充检验

补充检验分为五种：

a) 对运行中的保护装置进行较大的更改（含保护装置软件版本升级）或增设新的回路后的检验；

b) 检修或更换一次设备后的检验；

c) 运行中发现异常情况后的检验；

d) 事故后检验；

e) 已投运行的保护装置停电一年及以上，再次投入运行时的检验。

5.1.2 定期检验的内容与周期

5.1.2.1 定期检验应根据本标准所规定的周期、项目及各级主管部门批准执行的标准化作业指导书的内容进行。

5.1.2.2 定期检验周期计划的制定应综合考虑所辖设备的电压等级及工况，按本标准要求的周期、项目进行。一般情况下，定期检验应尽可能配合在一次设备停电检修期间进行。220V电压等级及以上保护装置的全部检验及部分检验周期表见表1和表2。

表1   全 部 检 验 周 期 表

编号	设备类型	全部检验周期（年）	定义范围说明
1	微机型保护装置	6	包括装置引入端子外的交、直流及操作回路以及涉及的辅助继电器、操作机构的辅助触点、直流控制回路的自动开关等
2	非微机型保护装置	4	包括装置引入端子外的交、直流及操作回路以及涉及的辅助继电器、操作机构的辅助触点、直流控制回路的自动开关等
3	保护专用光纤通道，复用光纤或微波连接通道	6	指站端保护装置连接用光纤通道及光电转换装置。
4	保护用载波通道的加工设备（包含与通信复用、电网安全自动装置合用且由其他部门负责维护的设备）	6	涉及如下相应的加工设备：①高频电缆；②结合滤波器；③差接网络；④分频器

| 表 2 | | | 部 分 检 验 周 期 表 |
编号	设备类型	部分检验周期（年）	定义范围说明
1	微机型保护装置	2-4	包括装置引入端子外的交、直流及操作回路以及涉及的辅助继电器、操作机构的辅助触点、直流控制回路的自动开关等。
2	非微机型保护装置	1	包括装置引入端子外的交、直流及操作回路以及涉及的辅助继电器、操作机构的辅助触点、直流控制回路的自动开关等。
3	保护专用光纤通道，复用光纤或微波连接通道。	2~4	指光纤头擦拭、收信裕度测试等。
4	保护用载波通道的加工设备（包含与通信复用、电网安全自动装置合用且由其他部门负责维护的设备）	2~4	指传输衰耗、收信裕度测试等。

5.1.2.3　制定部分检验周期计划时，设备的运行维护部门可视保护装置的电质等级、制造质量、运行工况、运行环境与条件，适当缩短其检验周期，增加检验项目。具体如下：

a）新安装保护装置投运后一年内应进行第一次全部检验。在装置第二次全部检验后，若发现装置运行情况较差或已暴露需予以监督的缺陷，可考虑适当缩短部分检验周期，并有目的、有重点地选择检验项目。

b）110kV 电压等级的微机型保护装置宜每 2 年～4 年进行一次部分检验，每 6 年进行一次全部检验；非微机型保护装置参照 220kV 及以上电压等级同类保护装置的检验周期。

c）利用保护装置进行断路器的跳、合闸试验宜与一次设备检修结合进行。必要时可进行补充检验。

5.1.2.4　母线差动保护、断路器失灵保护及电网安全自动装置中投切发电机组、切除负荷、切除线路或变压器等设备的跳合断路器试验，允许用导通方法分别证实至每个断路器跳闸回路接线的正确性。

5.1.3　补充检验的内容

5.1.3.1　因检修或更换一次设备（断路器、电流和电压互感器等）所进行的检验，应由运行维护单位继电保护部门根据一次设备检修（更换）的性质，确定其检验项目。

5.1.3.2　运行中的保护装置经过较大的更改或装置的二次回路变动后，均应由运行维护单位继电保护部门进行检验，并按其工作性质确定其检验项目。

5.1.3.3　凡保护装置发生异常或装置不正确动作且原因不明时，均应由运行维护单位继电保护部门根据事故情况，有目的地拟定具体检验项目及检验顺序，尽快进行事故后检验。检验工作结束后，应及时提出报告，按设备调度管结权限上报备查。

5.1.4　检验管理

5.1.4.1　对试运行的新型保护装置，应进行全面的检查试验，并经网（省）公司继电保护运行管理部门审查。

5.1.4.2　因制造质量不良、不能满足运行要求的保护装置，应出制造厂负责解决，并向上级主管部门报告。

5.1.4.3　保护装置出现普遍性问题后，制造厂有义务向运行主管部门及时通报，并提出预防性措施。

【依据 2】《国家电网有限公司十八项电网重大反事故措施（2018 年修订版）》（国家电网设备〔2018〕979 号）

15.4.2　加强继电保护和安全自动装置运行维护工作，配置足够的备品、备件，缩短缺陷处理时间。装置检验应保质保量，严禁超期和漏项，应特别加强对新投产设备的首年全面校验，提高设备健康水平。

【依据 3】《微机继电保护装置运行管理规程》（DL/T 587—2007）

7.3　进行微机继电保护装置的检验时，应充分利用其自检功能，主要检验自检功能无法检测的项目。

7.4　新安装、全部和部分检验的重点应放在微机继电保护装置的外部接线和二次回路。

7.5　微机继电保护装置检验工作宜与被保护的一次设备检修同时进行。

【依据4】《继电保护状态检修导则》（Q/GDW 1806—2013）

4　总则

4.1　继电保护实行状态检修必须坚持"安全第一、预防为主、综合治理"的原则，综合考虑安全、环境、效益等因素，持续完善，逐步推进。

4.2　继电保护实行状态检修应遵循"应修必修、修必修好"的原则，要避免盲目检修、过度检修和设备失修，提高检修质量和效率，确保继电保护设备的安全运行。

4.3　继电保护实行状态检修应加强运行巡视和专业巡检，充分利用微机保护的自检性能，实时掌握设备的运行工况。

4.4　继电保护实行状态检修应建立相应的管理体系、技术体系、数据与信息收集体系、执行体系、宣贯和保障体系，明确状态检修各环节的职责分工和工作要求。

4.5　继电保护实行状态检修在投产后1年内应开展投运后第一次全部检验，之后每隔6年至少保证开展1次例行试验。

4.6　状态评价是继电保护实行状态检修的前提和基础，应综合应用自检信息、巡检信息、试验信息，结合环境信息和家族性信息，对设备状态进行科学评价。

4.7　继电保护与一次设备状态检修应相互协调，检修决策时应统筹考虑，避免一次设备重复停电。

4.8　电磁型、集成电路型等非微机保护设备不实行状态检修，仍按照DL/T 995—2006实行定期检修。

【依据5】《继电保护状态检修检验规程》（Q/GDW 11284—2014）

3　总则

3.1　本标准是继电保护装置及二次回路在状态检修检验过程中应遵守的基本原则。

3.2　继电保护状态检修应按照Q/GDW 1806的要求开展运行巡视和专业巡检，为状态检修提供基础数据支撑，同时还应依靠检验检修、动作分析、装置自检、状态监测等多种措施和手段为状态评价的准确性提供技术支撑。

3.3　开展状态检修的继电保护装置及二次回路，应按照Q/GDW 1806要求开展状态信息收集、状态评价和检修决策等工作，状态评价1年内至少开展1次。

3.4　继电保护装置及二次回路在投产后1年内应开展投运后第一次全部检验。新安装装置验收检验、第一次全部检验应严格按照DL/T 995—2006要求执行。

3.5　状态检修检验计划应进行动态管理，依据状态评价结果，对继电保护装置及二次回路的检修类别和检修计划进行动态调整。在一次设备停电时，继电保护及二次回路宜根据需要进行检修。

3.6　对于停用部分保护的不停电维护工作，应考虑继电保护双重化配置及远、近后备保护配合，遵循任何电力设备不允许在无继电保护的状态下运行的原则。

3.7　装置检验工作应制定标准化的作业指导书及实施方案，其内容应符合本标准。

3.8　检验、巡检用仪器、仪表的准确级及技术特性应符合要求，并应定期校验。

3.9　对于不满足Q/GDW 1806基本实施条件的继电保护装置及二次回路，仍应按照DL/T 995—2006要求开展检修。

2.2.1.5　现场继电保护作业指导书管理

本条评价项目（见《评价》）的查评依据如下。

【依据】《微机继电保护装置运行管理规程》（DL/T 587—2007）

参见3.2.4.2数据恢复的【依据1】、【依据2】、【依据3】。

2.2.1.6　仪器仪表管理

本条评价项目（见《评价》）的查评依据如下。

【依据1】《继电保护和电网安全自动装置检验规程》（DL/T 995—2016）

5.2.1　仪器、仪表的基本要求与配置

5.2.1.1　保护装置检验所使用的仪器、仪表应检验合格，并应满足 GB/T 7261—2016 中的规定，定值检验所使用的仪器、仪表的准确级应不低于 5 级。

5.2.1.2　220kV 及以上变电站如需调试载波通道应配置高频振荡器和选频表。220kV 及以上变电站或集控站应配置一套至少可同时输出三相电流、四相电压的微机成套试验仪及试验线等工具。

5.2.1.3　继电保护班组应至少配置指针式电压表、电流表，数字式电压表、电流表，钳形电流表，相位表，毫秒计，电桥等；500V、1000V 及 2500V 绝缘电阻表；可记忆示波器；载波通道测试所需的高频振荡器和选频表，无感电阻，可变衰耗器等；微机成套试验仪。

建议配置便携式录波器（波形记录仪）、模拟断路器。

需要调试光纤纵联通道时应配置光源、光功率计、误码仪、可变光衰耗器等仪器。

【依据 2】《国家电网有限公司十八项电网重大反事故措施（2018 年修订版)》（国家电网设备〔2018〕979 号）

15.4.10　加强继电保护试验仪器、仪表的管理工作，每 1～2 年应对微机型继电保护试验装置进行一次全面检测，确保试验装置的准确度及各项功能满足继电保护试验的要求，防止因试验仪器、仪表存在问题造成继电保护误整定、误试验。

【依据 3】《微机继电保护装置运行管理规程》（DL/T 587—2007）

7.10　检验所用仪器、仪表应由检验人员专人管理，特别应注意防潮、防振。仪器、仪表应保证误差在规定范围内。使用前应熟悉其性能和操作方法，使用高级精密仪器一般应有人监护。

2.2.1.7　纵联保护通道及其加工设备的定期检修

本条评价项目（见《评价》）的查评依据如下。

【依据 1】《国家电网有限公司十八项电网重大反事故措施（2018 年修订版)》（国家电网设备〔2018〕979 号）

15.4.9　利用载波作为纵联保护通道时，应建立阻波器、结合滤波器等高频通道加工设备的定期检修制度，定期检查线路高频阻波器、结合滤波器等设备运行状态。对已退役的高频阻波器、结合滤波器和分频滤过器等设备，应及时采取安全隔离措施。

【依据 2】《继电保护和电网安全自动装置检验规程》（DL/T 995—2016）

5.3.5　纵联保护通道检验

5.3.5.1　对于载波通道的检查项目如下：

a）继电保护专用载波通道中的阻波器、结合滤波器、高频电缆等加工设备的试验项目与电力线载波通信规定的相一致。与通信合用通道的试验工作由通信部门负责，其通道的整组试验特性除满足通信本身要求外，也应满足继电保护安全运行的有关要求。在全部检验时，只进行结合滤波器、高频电缆的相关试验。

b）投入结合设备的接地刀闸，将结合设备的一次（高压）侧断开，并将接地点拆除之后，用 1000V 绝缘体电阻表分别测量结合滤波器二次侧（包括高频电缆）及一次侧对地的绝缘电阻及一、二次间的绝缘电阻。

c）测定载波通道传输衰耗。部分检验时，可以简单地以测量接收电平的方法代替（对侧发信机发出满功率的连续高频信号），将接收电平与最近次通道传输衰耗试验中所测量到的接收电平相比较。其差若大于 3dB 时，则须进行进步检查通道传输衰耗值变化的原因。

d）对于专用收发信机，在新投入运行及在通道中更换了（增加或减少）个别加工设备后，所进行的传输衰耗试验的结果，应保证收信机接收对端信号时的通道裕量不低于 8.686dB，否则保护不允许投入运行：

5.3.5.2　对于光纤及微波通道的检查项目如下：

a）对于光纤及微波通道可以采用自环的方式检查通道是否完好。光纤通道还可以通过下面两种方法检查通道是否完好：方法一，拔插待测光纤一端的通信端口，观察其对应另一端的通信接口信号灯是否正确熄灭和点亮；方法二，采用激光笔照亮待测光纤的一端而在另外一端检查是否点亮。

b）光纤尾纤检查及要求：光纤尾纤应呈现自然弯曲（弯曲半径大于3cm），不应存在弯折的现象，不应承受任何外重，尾纤表皮光好无损，尾纤接头应干净无异物，如有污染应立即清洁干净；尾纤接头连接应牢，不应有松动现象。

c）对于与光纤及微波通逆相连的保护用附属燃接口设备应对其电器输出触点、电源和接口设备的接地情况进行检查。

d）通信专业应对光及微波通道的误码率和传输时间进行检查，指标应满足 GB/T 14285—2006 的要求。

e）对于利用专用光纤及微波通道传输保护信息的远方传输设备，应对其发信功率（电平）、收信灵敏度进行测试，并保证通道的裕度满足运行要求。

5.3.5.3　传输远方跳闸信号的通道，在新安装或更换设备后应测试其通道传输时间。采用允许式信号的纵联保护，除了测试通道传输时间，还应测试"允许跳闸"信号的返回时间。

5.3.5.4　保护装置与通信设备之间的连接（继电保护利用通信设备传送保护信息的通道）应有电气隔离，并检查各端子排接线的正确性和可靠性。

2.2.1.8　线路纵联保护通道的配置及运行管理

本条评价项目（见《评价》）的查评依据如下。

【依据1】《微机继电保护装置运行管理规程》（DL/T 587—2007）

5.15　继电保护复用通信通道。

5.15.1　各级继电保护部门和通信部门应明确继电保护复用通信通道的管辖范围和维护界面，防止因通信专业与保护专业职责不清造成继电保护装置不能正常运行或不正确动作。

5.15.2　各级继电保护部门和通信部门应统一规定管辖范围内的继电保护与通信专业复用通道的名称。

5.15.3　若通信人员在通道设备上工作影响继电保护装置的正常运行，作业前通信人员应填写工作票，经相关调度批准后，通信人员方可进行工作。

5.15.4　通信部门应定期对与微机继电保护装置正常运行密切相关的光电转换接口、接插部件、PCM（或2M）板、光端机、通信电源的通信设备的运行状况进行检查，可结合微机继电保护装置的定期检验同时进行，确保微机继电保护装置通信通道正常。光纤通道要有监视运行通道的手段，并能判定出现的异常是由保护还是由通信设备引起。

5.15.5　继电保护复用的载波机有计数器时，现场运行人员要每天检查一次计数器，发现计数器变化时，应立即向上级调度汇报，并通知继电保护专业人员。

【依据2】《国家电网有限公司十八项电网重大反事故措施（2018年修订版）》（国家电网设备〔2018〕979号）

15.4.8　继电保护专业和通信专业应密切配合。注意校核继电保护通信设备（光纤、微波、载波）传输信号的可靠性和冗余度及通道传输时间，检查是否设定了不必要的收、发信环节的延时或展宽时间，防止因通信问题引起保护不正确动作。

【依据3】《线路保护及辅助装置标准化设计规范》（Q/GDW 1161—2014）

10.1　保护用通信通道的一般要求

10.1.1　双重化配置的线路纵联保护通道应相互独立，通道及接口设备的电源也应相互独立；线路保护装置中的双通道应相互独立。

10.1.2　线路纵联保护优先采用光纤通道。采用光纤通道时，短线、支线优先采用专用光纤。采用复用光纤时，宜采用 2Mbit/s 数字接口。

10.1.3　线路纵联电流差动保护通道的收发时延应相同。

10.1.4　双重化配置的远方跳闸保护，其通信通道应相互独立；线路纵联保护采用数字通道的，"其他保护动作"命令宜经线路纵联保护传输。

10.1.5　2Mbit/s 数字接口装置与通信设备采用75Ω同轴电缆不平衡方式连接。

10.1.6 安装在通信机房继电保护通信接口设备的直流电源应取自通信直流电源，并与所接入通信设备的直流电源相对应，采用−48V 电源，该电源的正端应连接至通信机房的接地铜排。

10.1.7 通信机房的接地网与主地网有可靠连接时，继电保护通信接口设备至通信设备的同轴电缆的屏蔽层应两端接地。

【依据4】《国家电网公司输变电工程通用设计 220kV 变电站二次系统部分》

8.1.1 光传输设备配置

（5）一回线路的两套保护均复用通信专业光端机时，应通过两套独立的光通信设备传输。每套光通信设备可按最多传送 8 套线路保护信息考虑。

2.2.1.9 设备二次回路管理

本条评价项目（见《评价》）的查评依据如下。

【依据1】《防止变电站全停十六项措施（试行）》（国家电网运检〔2015〕376 号）

6.1.4 新投运的 220kV 及以上开关的压力闭锁继电器应双重化配置，防止第一组操作电源失去时，第二套保护和操作箱或智能终端无法跳闸出口。对已投运单套压力闭锁继电器的开关，宜结合设备运行评估情况，逐步列入技术改造。

6.1.5 应提高双母线接线方式母线电压互感器二次回路的可靠性，防止因母线电压互感器二次回路原因造成相关线路的距离保护在区外故障时先启动后失压，距离保护误动导致全站停电事故。

6.1.6 在对各类保护装置分配电流互感器二次绕组时应考虑消除保护死区，特别注意避免运行中一套保护退出时可能出现的电流互感器内部故障死区问题。

【依据2】《继电保护和安全自动装置技术规程》（GB/T 14285—2006）

6.2.1.2 电流互感器带实际二次负荷在稳态短路电流下的准确限值系数或励磁特性（含饱和拐点）应能满足所接保护装置动作可靠性的要求。

6.2.1.3 电流互感器在短路电流含有非周期分量的暂态过程中和存在剩磁的条件下，可能使其严重饱和而导致很大的暂态误差。在选择保护用电流互感器时，应根据所用保护装置的特性和暂态饱和可能引起的后果等因素，慎重确定互感器暂态影响的对策。必要时应选择能适应暂态要求的 TP 类电流互感器，其特性应符合 GB 16847 标准的要求。如保护装置具有减轻互感器暂态饱和影响的功能，可按保护装置的要求选用适当的电流互感器。

a）30kV 及以上系统保护、高压侧为 330kV 及以上的变压器和 300MW 及以上的发电机变压器组差动保护用电流互感器宜采用 TPY 电流互感器。互感器在短路暂态过程中误差应不超过规定值。

b）220kV 系统保护、高压侧为 220kV 的变压器和 100MW 级～200MW 级的发电机变压器组差动保护用电流互感器可采用 P 类、PR 类或 PX 类电流互感器。互感器可按稳态短路条件进行计算选择，为减轻可能发生的暂态饱和影响宜具有适当暂态系数。220kV 系统的暂态系数不宜低于 2，100MW 级～200MW 级机组外部故障的暂态系数不宜低于 10。

c）110kV 及以下系统保护用电流互感器可采用 P 类电流互感器。

d）母线保护用电流互感器可按保护装置的要求或按稳态短路条件选用。

【依据3】《国家电网有限公司十八项电网重大反事故措施（2018 年修订版）》（国家电网设备〔2018〕979 号）

15.3.2 基建单位应至少提供以下资料：一次设备实测参数；通道设备（包括接口设备、高频电缆、阻波器、结合滤波器、耦合电容器等）的参数和试验数据、通道时延等；电流、电压互感器的试验数据（如变比、伏安特性、极性、直流电阻及 10%误差计算等）；保护装置及相关二次交、直流和信号回路的绝缘电阻的实测数据；气体继电器试验报告；全部保护纸质及电子版竣工图纸（含设计变更）、保护装置及自动化监控系统使用及技术说明书、智能站配置文件和资料性文件〔包括智能电子设备能力描述（ICD）文件、变电站配置描述（SCD）文件、已配置的智能电子设备描述（CID）文件、回路实例配置（CCD）文件、虚拟局域网（VLAN）划分表、虚端子配置表、竣工图纸和调试报告等〕、保护调试报告、二次回路（含光纤回路）检测报告以及调控机构整定计算所必需的其他资料。

2.2.2　专业管理

2.2.2.1　运行规程及防继电保护"三误"事故的措施

本条评价项目（见《评价》）的查评依据如下。

【依据1】《微机继电保护装置运行管理规程》（DL/T 587—2007）

4　职责分工

4.1　省级及以上电网调度机构的继电保护部门。

4.1.1　负责直接管辖范围内微机继电保护装置的配置、整定计算和运行管理。

4.1.2　负责所辖电网各种类型微机继电保护装置的技术管理。

4.1.3　贯彻执行有关微机继电保护装置规程、标准和规定，结合具体情况，为所辖电网调度人员制定、修订微机继电保护装置调度运行规程，组织制定、修订所辖电网内使用的微机继电保护装置检验规程和微机继电保护标准化作业指导书。

4.1.4　负责所辖电网微机继电保护装置的动作统计、分析和评价工作，负责对微机继电保护装置不正确动作造成的重大事故或典型事故进行调查，及时下发改进措施和事故通报。

4.1.5　统一管理直接管辖范围内微机继电保护装置的程序版本，及时将对电网安全运行有较大影响的微机保护装置软件缺陷和软件升级情况通报有关下级继电保护部门。

4.1.6　负责对所辖电网调度人员进行有关微机继电保护装置运行方面的培训工作，负责组织对所辖电网现场继电保护人员进行微机继电保护装置的技术培训。

4.1.7　负责组织直接管辖范围内微机继电保护装置的组柜（屏）典型设计工作。

4.1.8　积极慎重推广微机继电保护新技术。

4.1.9　提出提高继电保护运行管理水平的建议。

4.2　供电企业、输电企业和发电企业继电保护部门。

4.2.1　负责微机继电保护装置的日常维护、定期检验、输入定值和新装置投产验收工作。

4.2.2　按地区调度及发电厂管辖范围，定期编制微机继电保护装置整定方案和处理日常运行工作。

4.2.3　贯彻执行有关微机继电保护装置规程、标准和规定，负责为地区调度及现场运行人员编写微机继电保护装置调度运行规程和现场运行规程。制定、修订直接管辖范围内微机继电保护标准化作业书。

4.2.4　统一管理直接管辖范围内微机继电保护装置的程序版本，及时将微机保护装置软件缺陷报告上级继电保护部门。

4.2.5　负责对现场运行人员和地区调度人员进行有关微机继电保护装置的培训。

4.2.6　微机继电保护装置发生不正确动作时，应调查不正确动作原因，并提出改进措施。

4.2.7　熟悉微机继电保护装置原理及二次回路，负责微机继电保护装置的异常处理。

4.2.8　了解变电站自动化系统中微机继电保护装置的有关内容。

4.2.9　提出提高继电保护运行管理水平的建议。

【依据2】《国家电网有限公司十八项电网重大反事故措施（2018年修订版）》（国家电网设备〔2018〕979号）

15.4.1　严格执行继电保护现场标准化作业指导书，规范现场安全措施，防止继电保护"三误"事故。

【依据3】《继电保护和电网安全自动装置现场工作保安规定》（Q/GDW 267—2009）

3　总则

3.1　为规范现场人员作业行为，防止发生人身伤亡、设备损坏和继电保护"三误"（误碰、误接线、误整定）事故，保证电力系统一、二次设备的安全运行，特制定本标准。

3.2　凡是在现场接触到运行的继电保护、电网安全自动装置及其二次回路的运行维护、科研试验、安装调试或其他（如仪表等）人员，均应遵守本标准，还应遵守《国家电网公司电力安全工作规

程　变电站和发电厂电气部分》。

2.2.2.2　继电保护整定管理规定

本条评价项目（见《评价》）的查评依据如下。

【依据1】《3kV～110kV电网继电保护装置运行整定规程》（DL/T 584—2007）

3　总则

3.1　按照GB/T 14285的规定，配置结构合理、质量优良和技术性能满足运行要求的继电保护及自动重合闸装置是电网继电保护的物质基础。按照本标准的规定进行正确的运行整定是保证电网稳定运行、减轻故障设备损坏程度的必要条件。

3.2　3kV～110kV电网继电保护的整定应满足选择性、灵敏性和速动性的要求，如果由于电网运行方式、装置性能等原因，不能兼顾选择性、灵敏性和速动性的要求；则应在整定时，保证规定的灵敏系数要求，同时，按照如下原则合理取舍：

a）地区电网服从主系统电网；

b）下一级电网服从上一级电网；

c）保护电力设备的安全；

d）保重要用户供电。

3.3　继电保护装置能否充分发挥作用，继电保护整定是否合理，继电保护方式能否简化，从而达到电网安全运行的最终目的，与电网运行方式密切相关。为此，继电保护部门与调度运行部门应当相互协调，密切配合。

3.4　继电保护和二次回路的设计和布置，应当满足电网安全运行的要求，同时也应便于整定、调试和运行维护。

3.5　为了提高电网的继电保护运行水平，继电保护运行整定人员应当及时总结经验，对继电保护的配置和装置性能等提出改进意见和要求。各网省局继电保护运行管理部门，可根据本标准基本原则制定运行整定的相关细则，以便制造、设计和施工部门有所遵循。

3.6　对继电保护特殊方式的处理，应经所在单位总工程师批准，并备案说明。

4　继电保护运行整定的基本原则

4.1　3kV～110kV电网的继电保护，应当满足可靠性、选择性、灵敏性及速动性四项基本要求，特殊情况的处理原则见本标准3.2。

4.2　继电保护的可靠性。

4.2.1　继电保护的可靠性主要由配置结构合理、质量优良和技术性能满足运行要求的继电保护装置以及符合有关标准要求的运行维护和管理来保证。

4.2.2　任何电力设备（电力线路、母线、变压器等）都不允许无保护运行。运行中的电力设备，一般应有分别作用于不同断路器，且整定值有规定的灵敏系数的两套独立的保护装置作为主保护和后备保护，以确保电力设备的安全。对于不满足上述要求的特殊情况，按本标准3.6的规定处理。

4.2.3　3kV～110kV电网继电保护一般采用远后备原则，即在临近故障点的断路器处装设的继电保护或断路器本身拒动时，能由电源侧上一级断路器处的继电保护动作切除故障。

4.2.4　如果变压器低压侧母线无母线差动保护，电源侧高压线路的继电保护整定值对低压母线又无足够的灵敏度时，应按下述原则考虑保护问题：

a）如变压器高压侧的过电流保护对低压母线的灵敏系数满足规程规定时，则在变压器的低压侧断路器与高压侧断路器上配置的过电流保护将成为该低压母线的主保护及后备保护。在此种情况下，要求这两套过流保护由不同的保护装置（或保护单元）提供。

b）如变压器高压侧的过电流保护对低压母线的灵敏系数不满足规程规定时，则在变压器的低压侧断路器上应配置两套完全独立的过电流保护作为该低压母线的主保护及后备保护。在此种情况下，要求这两套过流保护接于电流互感器不同的绕组，经不同的直流熔断器供电并以不同时限作用于低压侧断路器与高压侧断路器（或变压器各侧断路器）。

4.2.5 对中低压侧接有并网小电源的变压器，如变压器小电源侧的过电流保护不能在变压器其他侧母线故障时可靠切除故障，则应由小电源并网线的保护装置切除故障。

4.2.6 对于装有专用母线保护的母线，还应有满足灵敏系数要求的线路或变压器的保护实现对母线的后备保护。

4.3 继电保护的选择性。

4.3.1 选择性是指首先由故障设备或线路本身的保护切除故障，当故障设备或线路本身的保护或断路器拒动时，才允许由相邻设备、线路的保护或断路器失灵保护切除故障。为保证选择性，对相邻设备和线路有配合要求的保护和同一保护内有配合要求的两元件，其灵敏系数及动作时间，在一般情况下应相互配合。

按配合情况，配合关系分为：

a) 完全配合：动作时间及灵敏系数均配合；

b) 不完全配合：动作时间配合，在保护范围的部分区域灵敏系数不配合；

c) 完全不配合：动作时间及灵敏系数均不配合。

电网需要配合的两级继电保护一般应该是完全配合，如灵敏性和选择性不能兼顾，在整定计算时应保证规定的灵敏系数要求，由此可能导致两级保护的不完全配合，两级保护之间的选择性由前级保护的可靠动作来保证。此时，如前级保护因故拒动，允许后级保护失去选择性。

4.3.2 遇如下情况，允许适当牺牲部分选择性：

a) 接入供电变压器的终端线路，无论是一台或多台变压器并列运行（包括多处T接供电变压器或供电线路），都允许线路侧的速动段保护按躲开变压器其他母线故障整定。需要时，线路速动段保护可经一短时限动作。

b) 对串联供电线路，如果按逐级配合的原则将过分延长电源侧保护的动作时间，则可将容量较小的某些中间变电站按T接变电站或不配合点处理，以减少配合的级数，缩短动作时间。

c) 双回线内部保护的配合，可按双回线主保护（例如纵联保护）动作，或双回线中一回线故障时两侧零序电流（或相电流速断）保护纵续动作的条件考虑，确有困难时，允许双回线中一回线故障时，两回线的延时保护段间有不配合的情况。

d) 在构成环网运行的线路中，允许设置预定的一个解列点或一回解列线路。

4.3.3 变压器电源侧过电流最末一段保护的整定，原则上主要考虑为保护变压器安全的最后一级跳闸保护，同时兼作其他侧母线及出线故障的后备保护，其动作时间及灵敏系数视情况可不作为一级保护参与选择配合，但动作时间必须大于所有配出线后备保护的动作时间（包括变压器过流保护范围可能伸入的相邻和相隔线路）。

4.3.4 线路保护范围伸出相邻变压器其他侧母线时，可按下列顺序优先的方式考虑保护动作时间的配合：

a) 与变压器同电压侧的后备保护的动作时间配合；

b) 与变压器其他侧后备保护跳该侧总路断路器动作时间配合；

c) 与其他侧出线后备保护段的动作时间配合；

d) 与其他侧出线保全线有规程规定的灵敏系数的保护段动作时间配合；

e) 如其他侧的母线装有母线保护、线路装有纵联保护，需要时，也可以与其他侧的母线保护和线路纵联保护配合。

4.4 继电保护的灵敏性。

4.4.1 电力设备电源侧的继电保护整定值应对本设备故障有规定的灵敏系数，对远后备方式，继电保护最末一段整定值还应对相邻设备故障有规定的灵敏系数。

4.4.2 对于无法得到远后备保护的电力设备，应酌情采取相应措施，防止同时失去主保护和后备保护。

4.4.3 对于110kV电网线路，考虑到在可能的高电阻接地故障情况下的动作灵敏系数要求，其最末一段零序电流保护的电流定值一般不应大于 300A（一次值），此时，允许线路两侧零序保护相继动作切除故障。

4.4.4 在同一套保护装置中闭锁、启动和方向判别等辅助元件的灵敏系数应不低于所控的保护测量元件的灵敏系数。

4.5 继电保护的速动性。

4.5.1 地区电网应满足主网提出的整定时间要求，下一级电压电网应满足上一级电压电网提出的整定时间要求，供电变压器过电流保护时间应满足变压器绕组热稳定要求，必要时，为保证设备和主网安全、保重要用户供电，应在地区电网或下一级电压电网适当的地方设置不配合点。

4.5.2 对于造成发电厂厂用母线或重要用户母线电压低于额定电压 60% 的故障，应快速切除。

4.5.3 临近供电变压器的供电线路，设计单位应充分考虑线路出口短路的热稳定要求。如线路导线截面过小，不允许延时切除故障时，应快速切除故障。对于多级串供的单电源线路，由于逐级配合的原因，临近供电变压器的线路后备保护动作时间较长，如不能满足线路热稳定要求，宜设置短延时的限时速断保护。

4.5.4 手动合闸或重合闸重合于故障线路，应有速动保护快速切除故障。

4.5.5 采用高精度时间继电器，以缩短动作时间级差。综合考虑断路器跳闸断开时间，整套保护动作返回时间，时间继电器的动作误差等因素，在条件具备的地方，保护的配合可以采用 0.3s 的时间级差。

4.6 按下列原则考虑距离保护振荡闭锁装置的运行整定：

4.6.1 35kV 及以下线路距离保护一般不考虑系统振荡误动问题。

4.6.2 下列情况的 66kV～110kV 线路距离保护不应经振荡闭锁：

a) 单侧电源线路的距离保护；

b) 动作时间不小于 0.5s 的距离Ⅰ段、不小于 1.0s 的距离Ⅰ段和不小于 1.5s 的距离Ⅲ段。

注：系统最长振荡周期按 15s 考虑。

4.6.3 有振荡误动可能的 66kV～110kV 线路距离保护装置一般应经振荡闭锁控制。

4.6.4 有振荡误动可能的 66kV～110kV 线路的相电流速断定值应可靠躲过线路振荡电流。

4.6.5 在单相接地故障转换为三相故障，或在系统振荡过程中发生不接地的相间故障时，可适当降低保护装置快速性的要求，但必须保证可靠切除故障。

4.7 10kV 及以下电网均采用三相重合闸，重合闸其他条件的选定，应根据电网结构、系统稳定要求、发输电设备的承受能力等因素合理地考虑。

4.7.1 单侧电源线路选用一般重合闸方式。如保护采用前加速方式，为补救相邻线路速动段保护的无选择性动作，则宜选用顺序重合闸方式。

4.7.2 双侧电源线路选用一侧检无压，另一侧检同步重合闸方式，也可酌情选用下列重合闸方式：

a) 带地区电源的主网终端线路，宜选用解列重合闸方式，终端线路发生故障，在地区电源解列（或跳闸联切）后，主网侧检无压重合。

b) 双侧电源单回线路也可选用解列重合闸方式。

4.7.3 电缆线路的重合闸：

a) 全线敷设电缆的线路，由于电缆故障多为永久性故障，不宜采用自动重合闸。

b) 部分敷设电缆的终端负荷线路，宜以备用电源自投的方式提高供电可靠性，视具体情况，也可以采用自动重合闸。

c) 含有少部分电缆、以架空线路为主的联络线路，当供电可靠性需要时，可以采用重合闸。

d) 部分敷设电缆的线路，宜酌情采用以下有条件重合闸：

1) 单相故障重合、相间故障不重合。

2) 判别故障不在电缆线路上才重合。

4.8 配合自动重合闸的继电保护整定应满足如下基本要求：

4.8.1 自动重合闸过程中，必须保证重合于故障时快速跳闸，重合闸不应超过预定次数，相邻线路的继电保护应保证有选择性。

4.8.2 零序电流保护的速断段和后加速段，在恢复系统时，如果整定值躲不开合闸三相不同步引起的零序电流，则应在重合闸后延时 0.1s 动作。

4.8.3 自动重合闸过程中，相邻线路发生故障，允许本线路后加速保护无选择性跳闸。

4.9 对 110kV 线路纵联保护运行有如下要求：

4.9.1 在旁路断路器代线路断路器运行时，应能保留纵联保护继续运行。

4.9.2 在本线路纵联保护退出运行时，如有必要，可加速线路两侧的保全线有规程规定的灵敏系数段，此时，加速段保护可能无选择性动作，应备案说明。

4.10 只有两回线路的变电所，当本所变压器全部退出运行时，两回线路可视为一回线，允许变电所两回线路电源侧的保护切除两回线路中任一回线的故障。

4.11 对于负荷电流与线路末端短路电流数值接近的供电线路，过电流保护的电流定值按躲负荷电流整定，但在灵敏系数不够的地方应装设负荷开关或有效的熔断器。需要时，也可以采用距离保护装置代替过电流保护装置。

4.12 在电力设备由一种运行方式转为另一种运行方式的操作过程中，被操作的有关设备均应在保护范围内，允许部分保护装置在操作过程中失去选择性。

4.13 在保护装置上进行试验时，除了必须停用该保护装置外，还应断开保护装置启动其他系统保护装置和安全自动装置的相关回路。

4.14 除母线保护外，不宜采用专门措施闭锁电流互感器二次回路断线引起的保护装置可能的误动作。

6.1.1 整定计算所需的发电机、调相机、变压器、架空线路、电缆线路、并联电抗器、串联补偿电容器的阻抗参数均应采用换算到额定频率的数值。下列参数应使用实测值：

a) 三相三柱式变压器的零序阻抗；

b) 66kV 及以上架空线路和电缆线路的阻抗；

c) 平行线之间的零序互感阻抗；

d) 其他对继电保护影响较大的有关参数。

【依据2】《220kV～750kV 电网继电保护装置运行整定规程》（DL/T 559—2007）

4 总则

4.1 本标准是电力系统继电保护运行整定的基本规定，是相关继电保护设备运行整定的基本依据，与电力系统继电保护相关的设计部门和调度运行部门应共同遵守。

4.2 220kV～750kV 电力系统继电保护及自动重合闸装置的技术要求必须与本标准的继电保护运行整定具体规定相符合。

4.3 按照 GB/T 14285—2006 的规定配置结构合理、质量优良和技术性能满足运行要求的继电保护及自动重合闸装置是实现可靠继电保护的物质基础。按照本标准的规定进行正确的运行整定是保证电网稳定运行、减轻故障设备损坏程度的必要条件。

4.4 220kV～750kV 电网继电保护的运行整定，应以保证电网全局的安全稳定运行为根本目标。电网继电保护的整定应满足速动性、选择性和灵敏性要求，如果由于电网运行方式、装置性能等原因，不能兼顾速动性、选择性或灵敏性要求时，应在整定时合理地进行取舍，并执行如下原则：

a) 局部电网服从整个电网；

b) 下一级电网服从上一级电网；

c) 局部问题自行处理；

d) 尽量照顾局部电网和下级电网的需要。

4.5 继电保护整定应合理，保护方式应简化。调度运行部门与继电保护部门应相互协调，密切配合，共同确定电网的运行方式。电流互感器的配置、选型及变比大小宜统一，使继电保护装置充分发挥作用，从而达到电网安全运行的最终目的。

4.6 继电保护和二次回路的设计和布置，应当满足电网安全运行要求，并便于整定、运行操作、运行维护和检修调试。

4.7 继电保护运行整定人员应当及时总结经验，有责任对继电保护的配置和装置性能等提出改进建议和要求。电网的继电保护部门有责任制定相关细则，以便制造、设计和施工部门有所遵循。

4.8 对继电保护在特殊运行方式下的处理，应经所在单位总工程师批准并备案说明。

5 继电保护运行整定的基本原则

5.1 220kV～750kV 电网的继电保护的整定，必须满足可靠性、速动性、选择性及灵敏性的基本要求。可靠性由继电保护装置的合理配置、本身的技术性能和质量以及正常的运行维护来保证；速动性由配置的全线速动保护、相间和接地故障的速断段保护以及电流速断保护取得保证；通过继电保护运行整定，实现选择性和灵敏性的要求，并处理运行中对快速切除故障的特殊要求。

5.2 电力系统稳定运行主要由符合 SD 131 要求的电网结构、符合 DL 755—2001 要求的电力系统运行方式和按 GB/T 14285 要求配置的速动保护（全线速动保护、相间与接地故障的速断段保护），在正常运行整定情况下，快速切除本线路的金属性短路故障来获得保证。相间和接地故障的延时段后备保护主要应保证选择性和灵敏性要求，在不能兼顾的情况下，优先保证灵敏性。

5.3 对 220kV～750kV 联系不强的电网，在保证继电保护可靠动作的前提下，应防止继电保护装置的非选择性动作。对于联系紧密的 220kV～750kV 电网，应保证继电保护装置的可靠快速动作。

5.4 继电保护的可靠性

5.4.1 对于 220kV～750kV 电网的线路继电保护，一般采用近后备保护方式，即当故障元件的一套继电保护装置拒动时，由相互独立的另一套继电保护装置动作切除故障；而当断路器拒动时，启动断路器失灵保护，断开与故障元件相连的所有其他连接电源的断路器。需要时可采用远后备保护方式，即故障元件所对应的继电保护装置或断路器拒绝动作时，由电源侧最邻近故障元件的上一级继电保护装置动作切除故障。

5.4.2 对配置两套全线速动保护的线路，在线路保护装置检修、定期校验和双母线带旁路接线方式中旁路断路器代替线路断路器运行等各种情况下，至少应保证有一套全线速动保护投运。

5.4.3 对于 220kV～750kV 电网的母线，母线差动保护是其主保护，变压器或线路后各保护是其后备保护。如果没有母线差动保护，则必须由对母线故障有灵敏度的变压器后备保护或/及线路后备保护充任母线的主保护及后备保护。

5.5 继电保护的速动性

5.5.1 配置的全线速动保护、相间和接地故障的速断段保护动作时间取决于装置本身的技术性能。

5.5.2 下一级电压母线配出线路的故障切除时间，应满足上一级电压电网继电保护部门按系统稳定要求和继电保护整定配合需要提出的整定限额要求；下一级电压电网应按照上一级电压电网规定的整定限额要求进行整定，必要时，为保证电网安全和重要用户供电，可设置适当的解列点，以便缩短故障切除时间。

5.5.3 手动合闸和自动重合于母线或线路时，应有确定的速动保护快速动作切除故障。合闸时短时投入的专用保护应予整定。

5.5.4 继电保护在满足选择性的条件下，应尽量加快动作时间和缩短时间级差。可以针对不同的保护配合关系和选用的时间元件性能，选取不同的时间级差。

5.6 继电保护的灵敏性

5.6.1 对于纵联保护，在被保护范围末端发生金属性故障时，应有足够的灵敏度。

5.6.2 带延时的线路后备灵敏段保护（例如距离Ⅱ段），在被保护线路末端发生金属性故障时，应有足够的灵敏度。

5.6.3 相间故障保护最末一段（例如距离Ⅲ段）的动作灵敏度，应躲过最大负荷电流选取（最大负荷电流值由运行方式部门提供）。

5.6.4　接地故障保护最末一段（例如零序电流Ⅳ段），应以适应下述短路点接地电阻值的接地故障为整定条件：220kV 线路，100Ω；330kV 线路，150Ω；500kV 线路，300Ω；750kV 线路，400Ω。对应于上述条件，零序电流保护最末一段的动作电流定值一般应不大于 300A，对不满足精确工作电流要求的情况，可适当抬高定值。

5.6.5　在同一套保护装置中，闭锁、启动、方向判别和选相等辅助元件的动作灵敏度，应大于所控制的测量、判别等主要元件的动作灵敏度。例如，零序功率方向元件的灵敏度，应大于被控零序电流保护的灵敏度。

5.6.6　采用远后备保护方式时，上一级线路或变压器的后备保护整定值，应保证当下一级线路末端故障或变压器对侧母线故障时有足够灵敏度。

5.7　继电保护的选择性

5.7.1　全线瞬时动作的保护或保护的速断段的整定值，应保证在被保护范围外部故障时可靠不动作。

5.7.2　上、下级（包括同级和上一级及下一级电力系统）继电保护之间的整定，应遵循逐级配合的原则，满足选择性的要求：即当下一级线路或元件故障时，故障线路或元件的继电保护整定值必须在灵敏度和动作时间上均与上一级线路或元件的继电保护整定值相互配合，以保证电网发生故障时有选择性地切除故障。

5.7.3　配合保护的配合对象是被配合保护，被配合保护正确动作是配合保护整定计算的基础。例如距离Ⅱ段与相邻纵联保护完全配合，只要相邻纵联保护正确动作，任何区外故障配合保护的距离Ⅱ段就不会动作。

5.7.4　后备保护的配合关系优先考虑完全配合。在主保护双重化配置功能完整的前提下，后备保护允许不完全配合，如后备Ⅲ段允许在某些情况下和相邻元件后备灵敏段的时间配合，灵敏度不配合。

5.7.5　对于配置了两套全线速动保护的 220kV～750kV 密集型电网的线路，带延时的线路后备保护第Ⅱ段，如果需要，可与相邻线路全线速动保护相配合。

5.7.6　对大型发电厂的配出线路，必要时应校核在线路发生单相接地故障情况下，线路接地故障后备保护与发电机负序电流保护之间的选择性配合关系。如果配合困难，宜适当提高线路接地故障后备保护的动作灵敏度以满足选择性要求。

5.7.7　当线路保护装置拒动时，一般情况只允许相邻上一级的线路保护越级动作，切除故障；当断路器拒动（只考虑一相断路器拒动），且断路器失灵保护动作时，应保留一组母线运行（双母线接线）或允许多失去一个元件（一个半断路器接线）。为此，保护第Ⅱ段的动作时间应比断路器拒动时的全部故障切除时间大 0.2s～0.3s。

5.7.8　当线路末端发生接地故障时，允许由两侧线路继电保护装置纵续动作切除故障。

5.7.9　在某些运行方式下，允许适当地牺牲部分选择性，例如对终端供电变压器、串联供电线路、预定的解列线路等情况。

5.8　如采取各种措施后，继电保护的选择性、灵敏性和速动性仍不能满足规定的要求时，应与调度运行部门协商，采取其他合理措施。

5.9　振荡闭锁装置的运行整定

5.9.1　除了预定解列点外，不允许保护装置在系统振荡时误动作跳闸。如果没有本电网的具体数据，除大区系统间的弱联系联络线外，系统最长振荡周期可按 1.5s 考虑。

5.9.2　在系统振荡时可能误动作的线路或元件保护段均应经振荡闭锁控制。

5.9.3　受振荡影响的距离保护的振荡闭锁控制原则如下：

a）预定作为解列点上的距离保护，不应经振荡闭锁控制。

b）躲过振荡中心的速断段保护，不宜经振荡闭锁控制。

c）动作时间大于振荡周期的保护段，不应经振荡闭锁控制。

d) 当系统最大振荡周期为 1.5s 及以下时：动作时间大于 0.5s 的距离Ⅰ段，动作时间大于 1.0s 的距离Ⅱ段和动作时间大于 1.5s 的距离Ⅲ段，均可不经振荡闭锁控制。

5.9.4 在系统振荡过程中发生接地故障时，应有选择地可靠切除故障：若发生不接地的多相短路故障时，应保证可靠切除故障，但允许个别的相邻线路相间距离保护无选择性动作。

5.9.5 在系统振荡过程中发生短路故障，可适当降低对继电保护装置速动性的要求，但应保证可靠切除故障。

5.10 自动重合闸方式的选定

5.10.1 应根据电网结构、系统稳定要求、电力设备承受能力和继电保护可靠性，合理地选定自动重合闸方式。

5.10.2 对于 220kV 线路，当同一送电截面的同级电压及高一级电压的并联回路数不小于 4 回时，选用一侧检查线路无电压，另一侧检查线路与母线电压同步的三相重合闸方式（由运行方式部门规定哪一侧检电压先重合，但大型电厂的出线侧应选用检同步重合闸）。三相重合闸时间整定为 10s 左右。

5.10.3 330kV、500kV、750kV 及并联回路数不大于 3 回的 220kV 线路，采用单相重合闸方式。单相重合闸的时间由运行方式部门选定，并且不宜随运行方式变化而改变。

5.10.4 带地区电源的主网终端线路，一般选用解列三相重合闸（主网侧检线路无电压重合）方式，也可以选用综合重合闸方式，并利用简单的选相元件及保护方式实现；不带地区电源的主网终端线路，一般选用三相重合闸方式，若线路保护采用弱馈逻辑，也可选用单相重合闸方式。重合闸时间配合继电保护动作时间而整定。

5.11 配合自动重合闸的继电保护整定应满足的基本要求

5.11.1 自动重合闸过程中，无论采用线路或母线电压互感器，无论采用什么保护型式，都必须保证在重合于故障时可靠快速三相跳闸。如果采用线路电压互感器，对距离保护的后加速跳闸应有专门措施，防止电压死区。

5.11.2 零序电流保护的速断段，在恢复三相带负荷运行时，不得因断路器的短时三相不同步而误动作。如果整定值躲不过，则应在重合闸后增加 0.1s 的时延。

5.11.3 对采用单相重合闸的线路，应保证重合闸过程中的非全相运行期间继电保护不误动。在整个重合闸周期过程中（包括重合成功后到重合闸装置复归），本线路若发生一相或多相短路故障（包括健全相故障、重合于故障及重合成功后故障相再故障）时，本线路保护能可靠动作，并与相邻线路的线路保护有选择性

5.11.4 为满足本线路重合闸后加速保护的要求，在后加速期间，如果相邻线路发生故障，允许本线路无选择性地三相跳闸，但应尽可能缩短后加速保护无选择性动作的范围。

5.11.5 对选用单相重合闸的线路，无论配置一套或两套全线速动保护，均允许后备保护延时段动作后三相跳闸不重合。

5.11.6 对符合 5.10.2 条规定的线路，若保留原有的单相重合何方式，则允许实现距离选相元件的瞬时后加速。

5.12 如遇特殊的整定困难，不能满足正常运行及正常检修运行情况下的选择性要求时，可采取下列措施：

5.12.1 根据预期后果的严重性，改变运行方式。

5.12.2 对单回线环网的运行线路，允许设有一个解列点或一回解列线路，例如零序电流保护最末一段定值之间相互配合时允许有一处无选择性。

5.12.3 对双回线环网的运行线路，可采取下列措施：

5.12.3.1 零序电流或接地距离Ⅰ段按双回线路中的另一回线断开并两端接地的条件整定。

5.12.3.2 后备保护延时段按正常双回线路对双回线路运行并考虑其他相邻一回线路检修的方式进行配合整定。当并行双回线路中一回线路检修停用时，可不改定值，允许保留运行一回线路的后备保护延时段在区外发生故障时无选择性动作，此时要求相邻线路的全线速动保护和相邻母线的母线差

动保护投运。

5.12.3.3 整定配合有困难时，允许双回线路的后备延时保护段之间对双回线路内部故障的整定配合无选择性。

5.12.3.4 后备保护整定配合有困难时，允许适当设置解列点，但应经所在单位总工程师批准，并备案说明。

5.13 对正常设置全线速动保护的线路，如果因检修或其他原因，本线路的全线速动保护全部退出运行，而在当时的运行方式下，必须依靠线路两侧伺时快速切除故障才能保持系统稳定运行，或者与相邻线路保护之间配合有要求时，为保证尽快地切除本线路故障，可按如下原则处理：

5.13.1 在相邻线路的全线速动保护和相邻母线的母线差动保护都处于运行状态的前提下，可临时缩短没有全线速动保护的线路两侧对全线路金属性短路故障有足够灵敏度的相间和接地短路后各保护灵敏段的动作时间。根据线路发生相间短路和接地故障对电网稳定送行的影响程度，将相间和接地短路后备保护灵敏段动作时间临时缩短到瞬时或一个级差时限。无法整定配合时，允许当相邻线路或母线故障时无选择性地跳闸。

5.13.2 任何一套线路全线速动保护投运后，被缩短的后备保护段动作时间随即恢复正常定值。

5.13.3 对采用三相重合闸方式的线路，三相重合闸仍保留运行。对采用单相重合闸方式的线路，如果原来按照5.11.5整定重合闸启动方式，则停用单相重合闸；如果原来不按5.11.5整定重合闸启动方式，且单相重合闸时间不小于10s时，可缩短对全线有灵敏度的接地故障后备保护段动作时间，保留单相重合闸继续运行，但要躲开非全相运行过程中零序电流引起的可能误动作。

5.13.4 对超短线路，距离Ⅰ段可以停用，但不得将该类线路全线速动保护停用；对短线路环网，一般也不允许线路全线速动保护停运。若线路的全线速动保护全部停用，根据稳定运行要求，可将被保护线路停运或将本线路两侧相间短路和接地故障后备保护灵敏段临时改为瞬时动作。

5.13.5 不允许同一母线上有2回及以上线路同时停用全部的全线速动保护。线路全线速动保护和相邻任一母线的母线保护也不能同时停用。

5.14 对正常设置母线差动保护的双母线主接线方式，如果因检修或其他原因，引起母线差动保护被迫全部停用且危及电网稳定运行时，应考虑：

5.14.1 首先按6.7条的原则执行。

5.14.2 根据当时的运行方式要求，临时将带短时限的母联或分段断路器的过电流保护投入运行，以快速地隔离母线故障。

5.14.3 如果仍无法满足母线故障的稳定运行要求，在本母线配出线路全线速动保护投运的前提下，在允许的母线差动保护停运期限内，临时将本母线配出线路对侧对本母线故障有足够灵敏度的相间和接地故障后各保护灵敏段的动作时间缩短。无法整定配合时，允许无选择性跳闸。

5.15 单电源单回线路向终端变压器供电时，为快速切除线路变压器单元的故障，可将送电侧的相间短路和接地故障保护的速断段保护范围伸入变压器内部，按躲开下一级电压母线整定。需要时，为保证变压器内部故障时能可靠跳闸断开，线路的瞬时段保护应经一短时限动作。

5.16 对多级串供的终端变电所，如整定配合困难或后备保护动作时间过长，允许送电侧线路保护适当地无选择性动作切除故障。

5.17 若变压器保护启动断路器失灵保护，则须注意因变压器保护出口回路延时复归可能引起的误动作，变压器气体继电器等本体保护的出口不宜启动断路器失灵保护。断路器失灵保护应经电流元件控制，若需经电压闭锁，必须考虑其灵敏度。原则上，220kV变压器保护宜起动断路器失灵保护。

5.18 尽可能减少继电保护及自动重合闸的各类连锁跳闸回路。在保护装置上进行试验时，除了必须停用该保护装置的跳闸回路外，还应断开保护装置与其他可能起动所对应断路器的操作回路，如启动断路器失灵保护回路、启动重合闸回路等。

5.19 除母线差动保护外，不推荐采用专用措施闭锁因线路电流互感器二次回路断线引起的保护装置误动作，避免因新增闭锁措施带来保护装置拒绝动作和可能失去选择性配合的危险性。

5.20 对只有两回线和一台变压器的变电所，当该变压器退出运行时，可不更改两侧的线路保护定值，此时，不要求两回线路相互间的整定配合有选择性。

5.21 在电力设备由一种运行方式转为另一种运行方式的操作过程中，被操作的有关设备均应在保护范围内，部分保护装置可短时失去选择性。

【依据3】《国家电网有限公司十八项电网重大反事故措施（2018年修订版）》（国家电网设备〔2018〕979号）

15.5.1 依据电网结构和继电保护配置情况，按相关规定进行继电保护的整定计算。

15.5.2 当灵敏性与选择性难以兼顾时，应首先考虑以保灵敏度为主，防止保护拒动，并备案报主管领导批准。

15.5.3 宜设置不经任何闭锁的、长延时的线路后备保护。

15.5.4 中、低压侧为110kV及以下电压等级且中、低压侧并列运行的变压器，中、低压侧后备保护应第一时限跳开母联或分段断路器，缩小故障范围。

15.5.5 对发电厂继电保护整定计算的要求如下：

15.5.5.1 发电厂应按相关规定进行继电保护整定计算，并认真校核与系统保护的配合关系。

15.5.5.2 发电厂应加强厂用系统的继电保护整定计算与管理，防止因厂用系统保护不正确动作，扩大事故范围。

15.5.5.3 发电厂应根据调控机构下发的等值参数、定值限额及配合要求等定期（至少每年）对所辖设备的整定值进行全面复算和校核。

15.6.4.3 定期对所辖设备的整定值进行全面复算和校核。

【依据4】《微机继电保护装置运行管理规程》（DL/T 587—2007）

11.4 66kV及以上系统微机继电保护装置整定计算所需的电力主设备及线路的参数，应使用实测参数值新投运的电力主设备及线路的实测参数应于投运前1个月，由运行单位统一归口提交负责整定计算的继电保护部门。

2.2.2.3 图纸资料管理

本条评价项目（见《评价》）的查评依据如下。

【依据1】《3kV～110kV电网继电保护装置运行整定规程》（DL/T 584—2017）、《220kV～750kV电网继电保护装置运行整定规程》（DL/T 559—2018）

参见3.2.2.1的【依据1】、【依据2】。

【依据2】《国家电网公司保护与控制系统技术监督规定》（国家电网生〔2005〕682号）

第二十三条 运行维护单位应建立、健全保护与控制系统装置运行管理规章制度。要建立保护与控制系统（含图纸、资料、动作统计、运行维护、检验、事故、调试、发生缺陷及消除等）档案，并采用微机管理。

2.2.2.4 微机继电保护装置软件版本档案管理

本条评价项目（见《评价》）的查评依据如下。

【依据1】《微机继电保护装置运行管理规程》（DL/T 587—2007）

6.7 微机继电保护装置的软件管理。

6.7.1 各级继电保护部门是管辖范围内微机继电保护装置的软件版本管理的归口部门，负责对管辖范围内软件版本的统一管理，建立微机继电保护装置档案，记录各装置的软件版本、校验码和程序形成时间。并网电厂涉及电网安全的母线、线路和断路器失灵等微机保护装置的软件版本应归相应电网调度机构继电保护部门统一管理。

6.7.2 一条线路两端的同一型号微机纵联保护的软件版本应相同。如无特殊要求，同一电网内同型号微机保护装置的软件版本应相同。

6.7.3　运行或即将投入运行的微机继电保护装置的内部逻辑不得随意更改。确有必要对保护装置软件升级时，应由微机继电保护装置制造单位向相应继电保护运行管理部门提供保护软件升级说明，经相应继电保护运行管理部门同意后方可更改。改动后应进行相应的现场检验，并做好记录。未经相应继电保护运行管理部门同意，不应进行微机继电保护装置软件升级工作。

6.7.4　凡涉及微机继电保护功能的软件升级，应通过相应继电保护运行管理部门认可的动模和静模试验后方可投入运行。

6.7.5　每年继电保护部门应向有关运行维护单位和制造厂商发布一次管辖范围内的微机继电保护装置软件版本号。

【依据2】《防止电力生产事故的二十五项重点要求》（国能安全〔2014〕161号文）

18.10.8　微机型继电保护及安全自动装置的软件版本和结构配置文件修改、升级前，应对其书面说明材料及检测报告进行确认，并对原运行软件和结构配置文件进行备份。

2.2.2.5　需定期测试技术参数的保护的测试

本条评价项目（见《评价》）的查评依据如下。

【依据1】《微机继电保护装置运行管理规程》（DL/T 587—2007）

5.15　继电保护复用通信通道。

5.15.1　各级继电保护部门和通信部门应明确继电保护复用通信通道的管辖范围和维护界面，防止因通信专业与保护专业职责不清造成继电保护装置不能正常运行或不正确动作。

5.15.2　各级继电保护部门和通信部门应统一规定管辖范围内的继电保护与通信专业复用通道的名称。

5.15.3　若通信人员在通道设备上工作影响继电保护装置的正常运行，作业前通信人员应填写工作票，经相关调度批准后，通信人员方可进行工作。

5.15.4　通信部门应定期对与微机继电保护装置正常运行密切相关的光电转换接口、接插部件、PCM（或2M）板、光端机、通信电源的通信设备的运行状况进行检查，可结合微机继电保护装置的定期检验同时进行，确保微机继电保护装置通信通道正常。光纤通道要有监视运行通道的手段，并能判定出现的异常是由保护还是由通信设备引起。

5.15.5　继电保护复用的载波机有计数器时，现场运行人员要每天检查一次计数器，发现计数器变化时，应立即向上级调度汇报，并通知继电保护专业人员。

【依据2】《国家电网有限公司十八项电网重大反事故措施（2018年修订版）》（国家电网设备〔2018〕979号）

15.1.6　纵联保护应优先采用光纤通道。分相电流差动保护收发通道应采用同一路由，确保往返延时一致。在回路设计和调试过程中应采取有效措施防止双重化配置的线路保护或双回线的线路保护通道交叉使用。

15.4.9　利用载波作为纵联保护通道时，应建立阻波器、结合滤波器等高频通道加工设备的定期检修制度，定期检查线路高频阻波器、结合滤波器等设备运行状态。对已退役的高频阻波器、结合滤波器和分频滤过器等设备，应及时采取安全隔离措施。

【依据3】《微机继电保护装置运行管理规程》（DL/T 587—2007）

5.2　现场运行人员应定期核对微机继电保护装置的各相交流电流、各相交流电压、零序电流（电压）、差电流、外部开关量变位和时钟，并做好记录，核对周期不应超过一个月。

2.2.2.6　保护、控制及信号回路原理展开图和端子排接线图管理

本条评价项目（见《评价》）的查评依据如下。

【依据1】《微机继电保护装置运行管理规程》（DL/T 587—2007）

6.2　微机继电保护装置投运时，应具备如下的技术文件：

a）竣工原理图、安装图、设计说明、电缆清册等设计资料；

b）制造厂商提供的装置说明书、保护柜（屏）电原理图、装置电原理图、故障检测手册、合格证明和出厂试验报告等技术文件；

c）新安装检验报告和验收报告；

d）微机继电保护装置定值通知单；

e）制造厂商提供的软件逻辑框图和有效软件版本说明；

f）微机继电保护装置的专用检验规程或制造厂商保护装置调试大纲。

6.3 运行资料（如微机继电保护装置的缺陷记录、装置动作及异常时的打印报告、检验报告、软件版本和 6.2 所列的技术文件等）应由专人管理，并保持齐全、准确。

6.4 运行中的装置作改进时，应有书面改进方案，按管辖范围经继电保护主管部门批准后方允许进行。改进后应做相应的试验，及时修改图样资料并做好记录。

9.7 设计单位在提供工程竣工图的同时应提供可供修改的 CAD 文件光盘或 U 盘。

9.8 竣工草图由安装、调试单位提供并经运行单位确认后，由建设单位送交设计单位，作为绘制竣工图的依据。调试和运行单位应对提供的竣工草图与现场实际接线的一致性负责，设计单位应对完成的竣工图与竣工草图的一致性负责。

【依据 2】《国家电网公司保护与控制系统技术监督规定》（国家电网生〔2005〕682 号）

第二十条 新安装保护与控制系统装置竣工后，应进行项目验收。设计单位应在竣工后 3 个月以内提供给生产单位 CAD 竣工图。

【依据 3】《防止变电站全停十六项措施（试行）》（国家电网运检〔2015〕376 号）

15.3.2 应加强 SCD 文件在设计、基建、改造、验收、运行、检修等阶段的全过程管控，确保 SCD 文件的正确，防止因 SCD 文件错误导致变电站保护失效或误动。

2.2.2.7 保护运行工况及保护屏柜管理

本条评价项目（见《评价》）的查评依据如下。

【依据 1】《微机继电保护装置运行管理规程》（DL/T 587—2007）

5.2 现场运行人员应定期核对微机继电保护装置的各相交流电流、各相交流电压、零序电流（电压）、差电流、外部开关量变位和时钟，并做好记录，核对周期不应超过一个月。

5.6 微机继电保护装置出现异常时，当值运行人员应根据该装置的现场运行规程进行处理，并立即向主管调度汇报，及时通知继电保护人员。

5.7 在下列情况下应停用整套微机继电保护装置：

a）微机继电保护装置使用的交流电压、交流电流、开关量输入、开关量输出回路作业；

b）装置内部作业；

c）继电保护人员输入定值影响装置运行时。

【依据 2】《电气装置安装工程盘、柜及二次回路接线施工及验收规范》（GB 50171—2012）

5 盘、柜上的电器安装

5.0.4 盘、柜的正面及背面各电器、端子排等应标明编号、名称、用途及操作位置，且字迹应清晰、工整，且不易脱色。

2.2.2.8 室外端子箱、接线盒

本条评价项目（见《评价》）的查评依据如下。

【依据 1】《电气装置安装工程盘、柜及二次回路结线施工及验收规范》（GB 50171—2012）

2 盘、柜的安装

2.0.5 端子箱安装应牢固，封闭良好，并应能防潮、防尘。安装的位置应便于检查；成列安装时，应排列整齐。

【依据 2】《防止电力生产事故的二十五项重点要求》（国能安全〔2014〕161 号文）

18.7.10 主设备非电量保护应防水、防震、防油渗漏、密封性好。气体继电器至保护柜的电缆应尽量减少中间转接环节。

【依据 3】《防止变电站全停十六项措施（试行）》（国家电网运检〔2015〕376 号）

15.2.2 智能控制柜应具备温度湿度调节功能，柜内最低温度应保持在＋5℃以上，柜内最高温度

不超过柜外环境最高温度或 40℃（当柜外环境最高温度超过 50℃时），湿度应保持在 90%以下。

15.2.3 就地布置的智能电子设备应具备完善的高温、高湿及电磁兼容等防护措施，防止因运行环境恶劣导致电子设备故障。

2.2.3 技术指标

2.2.3.1 继电保护、安全自动装置的配置和选型

本条评价项目（见《评价》）的查评依据如下。

【依据 1】《继电保护和安全自动装置技术规程》（GB 14285—2006）

3 总则

3.1 电力系统继电保护和安全自动装置的功能是在合理的电网结构前提下，保证电力系统和电力设备的安全运行。

3.2 继电保护和安全自动装置应符合可靠性、选择性、灵敏性和速动性的要求。当确定其配置和构成方案时，应综合考虑以下几个方面，并结合具体情况，处理好上述四性的关系：

a. 电力设备和电力网的结构特点和运行特点；

b. 故障出现的概率和可能造成的后果；

c. 电力系统的近期发展规划；

d. 相关专业的技术发展状况；

e. 经济上的合理性；

f. 国内和国外的经验。

3.3 继电保护和安全自动装置是保障电力系统安全、稳定运行不可或缺的重要设备。确定电力网结构、厂站主接线和运行方式时，必须与继电保护和安全自动装置的配置统筹考虑，合理安排。

继电保护和安全自动装置的配置要满足电力网结构和厂站主接线的要求，并考虑电力网和厂站运行方式的灵活性。

对导致继电保护和安全自动装置不能保证电力系统安全运行的电力网结构形式、厂站主接线形式、变压器接线方式和运行方式，应限制使用。

3.4 在确定继电保护和安全自动装置的配置方案时，应优先选用具有成熟运行经验的数字式装置。

3.5 应根据审定的电力系统设计或审定的系统接线图及要求，进行继电保护和安全自动装置的系统设计。在系统设计中，除新建部分外，还应包括对原有系统继电保护和安全自动装置不符合要求部分的改造方案。

为便于运行管理和有利于性能配合，同一电力网或同一厂站内的继电保护和安全自动装置的型式、品种不宜过多。

3.6 电力系统中，各电力设备和线路的原有继电保护和安全自动装置，凡不能满足技术和运行要求的，应逐步进行改造。

3.7 设计安装的继电保护和安全自动装置应与一次系统同步投运。

3.8 继电保护和安全自动装置的新产品，应按国家规定的要求和程序进行检测或鉴定，合格后，方可推广使用。设计、运行单位应积极创造条件支持新产品的试用。

4 继电保护

4.1 一般规定

4.1.1 保护分类

电力系统中的电力设备和线路，应装设短路故障和异常运行的保护装置。电力设备和线路短路故障的保护应有主保护和后备保护，必要时可增设辅助保护。

4.1.1.1 主保护

主保护是满足系统稳定和设备安全要求，能以最快速度有选择地切除被保护设备和线路故障的保护。

4.1.1.2 后备保护

后备保护是主保护或断路器拒动时，用以切除故障的保护。后备保护可分为远后备和近后备两种方式。

a. 远后备是当主保护或断路器拒动时，由相邻电力设备或线路的保护实现后备。

b. 近后备是当主保护拒动时，由该电力设备或线路的另一套保护实现后备的保护；当断路器拒动时，由断路器失灵保护来实现的后备保护。

4.1.1.3 辅助保护

辅助保护是为补充主保护和后备保护的性能或当主保护和后备保护退出运行而增设的简单保护。

4.1.1.4 异常运行保护

异常运行保护是反应被保护电力设备或线路异常运行状态的保护。

4.1.2 对继电保护性能的要求

继电保护装置应满足可靠性、选择性、灵敏性和速动性的要求。

4.1.2.1 可靠性

可靠性是指保护该动作时应动作，不该动作时不动作。

为保证可靠性，宜选用性能满足要求、原理尽可能简单的保护方案，应采用由可靠的硬件和软件构成的装置，并应具有必要的自动检测、闭锁、告警等措施，以及便于整定、调试和运行维护。

4.1.2.2 选择性

选择性是指首先由故障设备或线路本身的保护切除故障，当故障设备或线路本身的保护或断路器拒动时，才允许由相邻设备、线路的保护或断路器失灵保护切除故障。

为保证选择性，对相邻设备和线路有配合要求的保护和同一保护内有配合要求的两元件（如起动与跳闸元件、闭锁与动作元件），其灵敏系数及动作时间应相互配合。

当重合于本线路故障，或在非全相运行期间健全相又发生故障时，相邻元件的保护应保证选择性。在重合闸后加速的时间内以及单相重合闸过程中发生区外故障时，允许被加速的线路保护无选择性。

在某些条件下必须加速切除短路时，可使保护无选择动作，但必须采取补救措施，例如采用自动重合闸或备用电源自动投入来补救。

发电机、变压器保护与系统保护有配合要求时，也应满足选择性要求。

4.1.2.3 灵敏性

灵敏性是指在设备或线路的被保护范围内发生故障时，保护装置具有的正确动作能力的裕度，一般以灵敏系数来描述。灵敏系数应根据不利正常（含正常检修）运行方式和不利故障类型（仅考虑金属性短路和接地故障）计算。

各类短路保护的灵敏系数，不宜低于附录 A 中表 A.1 内所列数值。

附录 A（规范性附录）短路保护的最小灵敏系数。

表 A.1　　　　　　　　　　　　短路保护的最小灵敏系数

保护分类	保护类型	组成元件		灵敏系数	备注
主保护	带方向和不带方向的电流保护或电压保护	电流元件和电压元件		1.3~1.5	200km 以上线路，不小于 1.3；50km~200km 线路，不小于 1.4；50km 以下线路，不小于 1.5
		零序或负序方向元件		1.5	距离保护第三段动作区末端故障，大于 1.5
	距离保护	起动元件	负序和零序增量或负序分量元件、相电流突变量元件	4	
			电流和阻抗元件	1.5	线路末端短路电流应为阻抗元件精确工作电流 1.5 倍以上。200km 以上线路，不小于 1.3；50km~200km 线路，不小于 1.4；50km 以下线路，不小于 1.5
		距离元件		1.3~1.5	

续表

保护分类	保护类型	组成元件	灵敏系数	备注
主保护	平行线路的横联差动方向保护和电流平衡保护	电流和电压起动元件	2.0	线路两侧均未断开前，其中一侧保护按线路中点短路计算
			1.5	线路一侧断开后，另一侧保护按对侧短路计算
		零序方向元件	2.0	线路两侧均未断开前，其中一侧保护按线路中点短路计算
			1.5	线路一侧断开后，另一侧保护按对侧短路计算
	线路纵联保护	跳闸元件	2.0	
		对高阻接地故障的测量元件	1.5	个别情况下，为1.3
	发电机、变压器、电动机纵差保护	差电流元件的启动电流	1.5	
	母线的完全电流差动保护	差电流元件的启动电流	1.5	
	母线的不完全电流差动保护	差电流元件	1.5	
	发电机、变压器、线路和电动机的电流速断保护	电流元件	1.5	按保护安装处短路计算
后备保护	远后备保护	电流、电压和阻抗元件	1.2	按相邻电力设备和线路末端短路计算（短路电流应为阻抗元件精确工作电流1.5倍以上），可考虑相继动作
		零序或负序方向元件	1.5	
	近后备保护	电流、电压和阻抗元件	1.3	按线路末端短路计算
		负序或零序方向元件	2.0	
辅助保护	电流速断保护		1.2	按正常运行方式保护安装处短路计算

注 1. 主保护的灵敏系数除表中注出者外，均按被保护线路（设备）末端短路计算。
2. 保护装置如反应故障时增长的量，其灵敏系数为金属性短路计算值与保护整定值之比；如反应故障时减少的量，则为保护整定值与金属性短路计算值之比。
3. 各种类型的保护中，接于全电流和全电压的方向元件的灵敏系数不作规定。
4. 本表内未包括的其他类型的保护，其灵敏系数另作规定。

4.1.2.4 速动性

速动性是指保护装置应能尽快地切除短路故障，其目的是提高系统稳定性，减轻故障设备和线路的损坏程度，缩小故障波及范围，提高自动重合闸和备用电源或备用设备自动投入的效果等。

4.1.3 制定保护配置方案时，对两种故障同时出现的稀有情况可仅保证切除故障。

4.1.4 在各类保护装置接于电流互感器二次绕组时，应考虑到既要消除保护死区，同时又要尽可能减轻电流互感器本身故障时所产生的影响。

4.1.5 当采用远后备方式时，在短路电流水平低且对电网不致造成影响的情况下（如变压器或电抗器后面发生短路，或电流助增作用很大的相邻线路上发生短路等），如果为了满足相邻线路保护区末端短路时的灵敏性要求，将使保护过分复杂或在技术上难以实现时，可以缩小后备保护作用的范围。必要时，可加设近后备保护。

4.1.6 电力设备或线路的保护装置，除预先规定的以外，都不应因系统振荡引起误动作。

4.1.7 使用于220kV～500kV电网的线路保护，其振荡闭锁应满足如下要求：

a. 系统发生全相或非全相振荡，保护装置不应误动作跳闸；

b. 系统在全相或非全相振荡过程中，被保护线路如发生各种类型的不对称故障，保护装置应有选择性地动作跳闸，纵联保护仍应快速动作；

c. 系统在全相振荡过程中发生三相故障，故障线路的保护装置应可靠动作跳闸，并允许带短延时。

4.1.8 有独立选相跳闸功能的线路保护装置发出的跳闸命令，应能直接传送至相关断路器的分相跳闸执行回路。

4.1.9 使用于单相重合闸线路的保护装置，应具有在单相跳闸后至重合前的两相运行过程中，健全相再故障时快速动作三相跳闸的保护功能。

4.1.10 技术上无特殊要求及无特殊情况时，保护装置中的零序电流方向元件应采用自产零序电压，不应接入电压互感器的开口三角电压。

4.1.11 保护装置在电压互感器二次回路一相、两相或三相同时断线、失压时，应发告警信号，并闭锁可能误动作的保护。

保护装置在电流互感器二次回路不正常或断线时，应发告警信号，除母线保护外，允许跳闸。

4.1.12 数字式保护装置，应满足如下要求：

4.1.12.1 宜将被保护设备或线路的主保护（包括纵、横联保护等）及后备保护综合在一整套装置内，共用直流电源输入回路及交流电压互感器和电流互感器的二次回路。该装置应能反应被保护设备或线路的各种故障及异常状态，并动作于跳闸或给出信号。

对仅配置一套主保护的设备，应采用主保护与后备保护相互独立的装置。

4.1.12.2 保护装置应尽可能根据输入的电流、电压量，自行判别系统运行状态的变化，减少外接相关的输入信号来执行其应完成的功能。

4.1.12.3 对适用于 110kV 及以上电压线路的保护装置，应具有测量故障点距离的功能。

故障测距的精度要求为：对金属性短路误差不大于线路全长的±3%。

4.1.12.4 对适用于 220kV 及以上电压线路的保护装置，应满足：

a. 除具有全线速动的纵联保护功能外，还应至少具有三段式相间、接地距离保护，反时限和/或定时限零序方向电流保护的后备保护功能；

b. 对有监视的保护通道，在系统正常情况下，通道发生故障或出现异常情况时，应发出告警信号；

c. 能适用于弱电源情况；

d. 在交流失压情况下，应具有在失压情况下自动投入的后备保护功能，并允许不保证选择性。

4.1.12.5 保护装置应具有在线自动检测功能，包括保护硬件损坏、功能失效和二次回路异常运行状态的自动检测。

自动检测必须是在线自动检测，不应由外部手段起动；并应实现完善的检测，做到只要不告警，装置就处于正常工作状态，但应防止误告警。

除出口继电器外，装置内的任一元件损坏时，装置不应误动作跳闸，自动检测回路应能发出告警或装置异常信号，并给出有关信息指明损坏元件的所在部位，在最不利情况下应能将故障定位至模块（插件）。

4.1.12.6 保护装置的定值应满足保护功能的要求，应尽可能做到简单、易整定；用于旁路保护或其他定值经常需要改变时，宜设置多套（一般不少于 8 套）可切换的定值。

4.1.12.7 保护装置必须具有故障记录功能，以记录保护的动作过程，为分析保护动作行为提供详细、全面的数据信息，但不要求代替专用的故障录波器。

保护装置故障记录的要求是：

a. 记录内容应为故障时的输入模拟量和开关量、输出开关量、动作元件、动作时间、返回时间、相别。

b. 应能保证发生故障时不丢失故障记录信息。

c. 应能保证在装置直流电源消失时，不丢失已记录信息。

4.1.12.8 保护装置应以时间顺序记录的方式记录正常运行的操作信息，如开关变位、开入量输入变位、压板切换、定值修改、定值区切换等，记录应保证充足的容量。

4.1.12.9 保护装置应能输出装置的自检信息及故障记录，后者应包括时间、动作事件报告、动作采样值数据报告、开入、开出和内部状态信息、定值报告等。装置应具有数字/图形输出功能及通用的输出接口。

4.1.12.10 时钟和时钟同步

a. 保护装置应设硬件时钟电路，装置失去直流电源时，硬件时钟应能正常工作。

b. 保护装置应配置与外部授时源的对时接口。

4.1.12.11　保护装置应配置能与自动化系统相连的通信接口，通信协议符合 DL/T 667 继电保护设备信息接口配套标准。并宜提供必要的功能软件，如通信及维护软件、定值整定辅助软件、故障记录分析软件、调试辅助软件等。

4.1.12.12　保护装置应具有独立的 DC/DC 变换器供内部回路使用的电源。拉、合装置直流电源或直流电压缓慢下降及上升时，装置不应误动作。直流消失时，应有输出触点以起动告警信号。直流电源恢复（包括缓慢恢复）时，变换器应能自起动。

4.1.12.13　保护装置不应要求其交、直流输入回路外接抗干扰元件来满足有关电磁兼容标准的要求。

4.1.12.14　保护装置的软件应设有安全防护措施，防止程序出现不符合要求的更改。

4.1.13　使用于 220kV 及以上电压的电力设备非电量保护应相对独立，并具有独立的跳闸出口回路。

4.1.14　继电器和保护装置的直流工作电压，应保证在外部电源为 80％～115％ 额定电压条件下可靠工作。

4.1.15　对 220kV～500kV 断路器三相不一致，应尽量采用断路器本体的三相不一致保护，而不再另外设置三相不一致保护；如断路器本身无三相不一致保护，则应为该断路器配置三相不一致保护。

4.1.16　跳闸出口应能自保持，直至断路器断开。自保持宜由断路器的操作回路来实现。

4.3　电力变压器保护

4.3.1　对升压、降压、联络变压器的下列故障及异常运行状态，应按本条的规定装设相应的保护装置：

a. 绕组及其引出线的相间短路和中性点直接接地或经小电阻接地侧的接地短路；

b. 绕组的匝间短路；

c. 外部相间短路引起的过电流；

d. 中性点直接接地或经小电阻接地电力网中外部接地短路引起的过电流及中性点过电压；

e. 过负荷；

f. 过励磁；

g. 中性点非有效接地侧的单相接地故障；

h. 油面降低；

i. 变压器油温、绕组温度过高及油箱压力过高和冷却系统故障。

4.3.2　0.4MVA 及以上车间内油浸式变压器和 0.8MVA 及以上油浸式变压器，均应装设瓦斯保护。当壳内故障产生轻微瓦斯或油面下降时，应瞬时动作于信号；当壳内故障产生大量瓦斯时，应瞬时动作于断开变压器各侧断路器。

带负荷调压变压器充油调压开关，亦应装设瓦斯保护。

瓦斯保护应采取措施，防止因瓦斯继电器的引线故障、振动等引起瓦斯保护误动作。

4.3.3　对变压器的内部、套管及引出线的短路故障，按其容量及重要性的不同，应装设下列保护作为主保护，并瞬时动作于断开变压器的各侧断路器：

4.3.3.1　电压在 10kV 及以下、容量在 10MVA 及以下的变压器，采用电流速断保护。

4.3.3.2　电压在 10kV 以上、容量在 10MVA 及以上的变压器，采用纵差保护。对于电压为 10kV 的重要变压器，当电流速断保护灵敏度不符合要求时也可采用纵差保护。

4.3.3.3　电压为 220kV 及以上的变压器装设数字式保护时，除非电量保护外，应采用双重化保护配置。当断路器具有两组跳闸线圈时，两套保护宜分别动作于断路器的一组跳闸线圈。

4.3.4　纵联差动保护应满足下列要求：

a. 应能躲过励磁涌流和外部短路产生的不平衡电流；

b. 在变压器过励磁时不应误动作；

c. 在电流回路断线时应发出断线信号，电流回路断线允许差动保护动作跳闸；

d. 在正常情况下，纵联差动保护的保护范围应包括变压器套管和引出线，如不能包括引出线时，应采取快速切除故障的辅助措施。在设备检修等特殊情况下，允许差动保护短时利用变压器套管电流互感器，此时套管和引线故障由后备保护动作切除；如电网安全稳定运行有要求时，应将纵联差动保护切至旁路断路器的电流互感器。

4.3.5 对外部相间短路引起的变压器过电流，变压器应装设相间短路后备保护。保护带延时跳开相应的断路器。相间短路后备保护宜选用过电流保护、复合电压（负序电压和线间电压）启动的过电流保护或复合电流保护（负序电流和单相式电压启动的过电流保护）。

4.3.5.1 35kV～66kV 及以下中小容量的降压变压器，宜采用过电流保护。保护的整定值要考虑变压器可能出现的过负荷。

4.3.5.2 110kV～500kV 降压变压器、升压变压器和系统联络变压器，相间短路后备保护用过电流保护不能满足灵敏性要求时，宜采用复合电压起动的过电流保护或复合电流保护。

4.3.6 对降压变压器，升压变压器和系统联络变压器，根据各侧接线、连接的系统和电源情况的不同，应配置不同的相间短路后备保护，该保护宜考虑能反映电流互感器与断路器之间的故障。

4.3.6.1 单侧电源双绕组变压器和三绕组变压器，相间短路后备保护宜装于各侧。非电源侧保护带两段或三段时限，用第一时限断开本侧母联或分段断路器，缩小故障影响范围；用第二时限断开本侧断路器；用第三时限断开变压器各侧断路器。电源侧保护带一段时限，断开变压器各侧断路器。

4.3.6.2 两侧或三侧有电源的双绕组变压器和三绕组变压器，各侧相间短路后备保护可带两段或三段时限。为满足选择性的要求或为降低后备保护的动作时间，相间短路后备保护可带方向，方向宜指向各侧母线，但断开变压器各侧断路器的后备保护不带方向。

4.3.6.3 低压侧有分支，并接至分开运行母线段的降压变压器，除在电源侧装设保护外，还应在每个分支装设相间短路后备保护。

4.3.6.4 如变压器低压侧无专用母线保护，变压器高压侧相间短路后备保护，对低压侧母线相间短路灵敏度不够时，为提高切除低压侧母线故障的可靠性，可在变压器低压侧配置两套相间短路后备保护。该两套后备保护接至不同的电流互感器。

4.3.6.5 发电机变压器组，在变压器低压侧不另设相间短路后备保护，而利用装于发电机中性点侧的相间短路后备保护，作为高压侧外部、变压器和分支线相间短路后备保护。

4.3.6.6 相间后备保护对母线故障灵敏度应符合要求。为简化保护，当保护作为相邻线路的远后备时，可适当降低对保护灵敏度的要求。

4.3.7 与 110kV 及以上中性点直接接地电网连接的降压变压器、升压变压器和系统联络变压器，对外部单相接地短路引起的过电流，应装设接地短路后备保护，该保护宜考虑能反映电流互感器与断路器之间的接地故障。

4.3.7.1 在中性点直接接地的电网中，如变压器中性点直接接地运行，对单相接地引起的变压器过电流，应装设零序过电流保护，保护可由两段组成，其动作电流与相关线路零序过电流保护相配合。每段保护可设两个时限，并以较短时限动作于缩小故障影响范围，或动作于本侧断路器，以较长时限动作于断开变压器各侧断路器。

4.3.7.2 对 330kV、500kV 变压器，为降低零序过电流保护的动作时间和简化保护，高压侧零序一段只带一个时限，动作于断开变压器高压侧断路器；零序二段也只带一个时限，动作于断开变压器各侧断路器。

4.3.7.3 对自耦变压器和高、中压侧均直接接地的三绕组变压器，为满足选择性要求，可增设零序方向元件，方向宜指向各侧母线。

4.3.7.4 普通变压器的零序过电流保护，宜接到变压器中性点引出线回路的电流互感器；零序方向过电流保护宜接到高、中压侧三相电流互感器的零序回路；自耦变压器的零序过电流保护应接到高、中压侧三相电流互感器的零序回路。

4.3.7.5　对自耦变压器，为增加切除单相接地短路的可靠性，可在变压器中性点回路增设零序过电流保护。

4.3.7.6　为提高切除自耦变压器内部单相接地短路故障的可靠性，可增设只接入高、中压侧和公共绕组回路电流互感器的星形接线电流分相差动保护或零序差动保护。

4.3.8　在110kV、220kV中性点直接接地的电力网中，当低压侧有电源的变压器中性点可能接地运行或不接地运行时，对外部单相接地短路引起的过电流，以及对因失去接地中性点引起的变压器中性点电压升高，应按下列规定装设后备保护：

4.3.8.1　全绝缘变压器。应按4.3.7.1条规定装设零序过电流保护，满足变压器中性点直接接地运行的要求。此外，应增设零序过电压保护，当变压器所连接的电力网失去接地中性点时，零序过电压保护经0.3s～0.5s时限动作断开变压器各侧断路器。

4.3.8.2　分级绝缘变压器。为限制此类变压器中性点不接地运行时可能出现的中性点过电压，在变压器中性点应装设放电间隙。此时应装设用于中性点直接接地和经放电间隙接地的两套零序过电流保护。此外，还应增设零序过电压保护。用于中性点直接接地运行的变压器按4.3.7.1条的规定装设保护。用于经间隙接地的变压器，装设反应间隙放电的零序电流保护和零序过电压保护。当变压器所接的电力网失去接地中性点，又发生单相接地故障时，此电流电压保护动作，经0.3s～0.5s时限动作断开变压器各侧断路器。

4.3.9　10kV～66kV系统专用接地变压器应按4.3.3.1、4.3.3.2、4.3.5各条的要求配置主保护和相间后备保护。对低电阻接地系统的接地变压器，还应配置零序过电流保护。零序过电流保护宜接于接地变压器中性点回路中的零序电流互感器。当专用接地变压器不经断路器直接接于变压器低压侧时，零序过电流保护宜有三个时限，第一时限断开低压侧母联或分段断路器，第二时限断开主变低压侧断路器，第三时限断开变压器各侧断路器。当专用接地变压器接于低压侧母线上，零序过电流保护宜有两个时限，第一时限断开母联或分段断路器，第二时限断开接地变压器断路器及主变压器各侧断路器。

4.3.10　一次侧接入10kV及以下非有效接地系统，绕组为星形—星形接线，低压侧中性点直接接地的变压器，对低压侧单相接地短路应装设下列保护之一：

a. 在低压侧中性点回路装设零序过电流保护；

b. 灵敏度满足要求时，利用高压侧的相间过电流保护，此时该保护应采用三相式，保护带时限断开变压器各侧。

4.3.11　0.4MVA及以上数台并列运行的变压器和作为其他负荷备用电源的单台运行变压器，根据实际可能出现过负荷情况，应装设过负荷保护。自耦变压器和多绕组变压器，过负荷保护应能反应公共绕组及各侧过负荷的情况。

过负荷保护可为单相式，具有定时限或反时限的动作特性。对经常有人值班的厂、所过负荷保护动作于信号；在无经常值班人员的变电所，过负荷保护可动作跳闸或切除部分负荷。

4.3.12　对于高压侧为330kV及以上的变压器，为防止由于频率降低和/或电压升高引起变压器磁密过高而损坏变压器，应装设过励磁保护。保护应具有定时限或反时限特性并与被保护变压器的过励磁特性相配合。定时限保护由两段组成，低定值动作于信号，高定值动作于跳闸。

4.3.13　对变压器油温、绕组温度及油箱内压力升高超过允许值和冷却系统故障，应装设动作于跳闸或信号的装置。

4.3.14　变压器非电气量保护不应启动失灵保护。

4.4　3kV～10kV线路保护

3kV～10kV中性点非有效接地电力网的线路，对相间短路和单相接地应按本节规定装设相应的保护。

4.4.1　相间短路保护应按下列原则配置：

4.4.1.1　保护装置如由电流继电器构成，应接于两相电流互感器上，并在同一网路的所有线路上，均接于相同两相的电流互感器上。

4.4.1.2　保护应采用远后备方式。

4.4.1.3　如线路短路使发电厂厂用母线或重要用户母线电压低于额定电压的60％以及线路导线截面过小，不允许带时限切除短路时，应快速切除故障。

4.4.1.4　过电流保护的时限不大于0.5s～0.7s，且没有4.4.1.3条所列情况，或没有配合上要求时，可不装设瞬动的电流速断保护。

4.4.2　对相间短路，应按下列规定装设保护：

4.4.2.1　单侧电源线路。可装设两段过电流保护，第一段为不带时限的电流速断保护；第二段为带时限的过电流保护，保护可采用定时限或反时限特性。

带电抗器的线路，如其断路器不能切断电抗器前的短路，则不应装设电流速断保护。此时，应由母线保护或其他保护切除电抗器前的故障。

自发电厂母线引出的不带电抗器的线路，应装设无时限电流速断保护，其保护范围应保证切除所有使该母线残余电压低于额定电压60％的短路。为满足这一要求，必要时，保护可无选择性动作，并以自动重合闸或备用电源自动投入来补救。

保护装置仅装在线路的电源侧。

线路不应多级串联，以一级为宜，不应超过二级。

必要时，可配置光纤电流差动保护作为主保护，带时限的过电流保护为后备保护。

4.4.2.2　双侧电源线路：

a. 可装设带方向或不带方向的电流速断保护和过电流保护。

b. 短线路、电缆线路、并联连接的电缆线路宜采用光纤电流差动保护作为主保护，带方向或不带方向的电流保护作为后备保护。

c. 并列运行的平行线路，尽可能不并列运行，当必须并列运行时，应配以光纤电流差动保护，带方向或不带方向的电流保护作后备保护。

4.4.2.3　环形网络的线路：

3kV～10kV不宜出现环形网络的运行方式，应开环运行。当必须以环形方式运行时，为简化保护，可采用故障时将环网自动解列而后恢复的方法，对于不宜解列的线路，可参照4.4.2.2条的规定。

4.4.2.4　发电厂厂用电源线。发电厂厂用电源线（包括带电抗器的电源线），宜装设纵联差动保护和过电流保护。

4.4.3　对单相接地短路，应按下列规定装设保护：

4.4.3.1　在发电厂和变电所母线上，应装设单相接地监视装置。监视装置反应零序电压，动作于信号。

4.4.3.2　有条件安装零序电流互感器的线路，如电缆线路或经电缆引出的架空线路，当单相接地电流能满足保护的选择性和灵敏性要求时，应装设动作于信号的单相接地保护。如不能安装零序电流互感器，而单相接地保护能够躲过电流回路中的不平衡电流的影响，例如单相接地电流较大，或保护反应接地电流的暂态值等，也可将保护装置接于三相电流互感器构成的零序回路中。

4.4.3.3　在出线回路数不多，或难以装设选择性单相接地保护时，可用依次断开线路的方法，寻找故障线路。

4.4.3.4　根据人身和设备安全的要求，必要时，应装设动作于跳闸的单相接地保护。

4.4.4　对线路单相接地，可利用下列电流，构成有选择性的电流保护或功率方向保护：

a. 网络的自然电容电流；

b. 消弧线圈补偿后的残余电流，例如残余电流的有功分量或高次谐波分量；

c. 人工接地电流，但此电流应尽可能地限制在10A～20A以内；

d. 单相接地故障的暂态电流。

4.4.5　可能时常出现过负荷的电缆线路，应装设过负荷保护。保护宜带时限动作于信号，必要时可动作于跳闸。

4.4.6 3kV～10kV 经低电阻接地单侧电源单回线路。3kV～10kV 经低电阻接地单侧电源单回线路，除配置相间故障保护外，还应配置零序电流保护。

4.4.6.1 零序电流构成方式。可用三相电流互感器组成零序电流滤过器，也可加装独立的零序电流互感器，视接地电阻阻值、接地电流和整定值大小而定。

4.4.6.2 应装设二段零序电流保护，第一段为零序电流速断保护，时限宜与相间速断保护相同，第二段为零序过电流保护，时限宜与相间过电流保护相同。若零序时限速断保护不能保证选择性需要时，也可以配置两套零序过电流保护。

4.5 35kV～66kV 线路保护

35kV～66kV 中性点非有效接地电力网的线路，对相间短路和单相接地，应按本节的规定装设相应的保护。

4.5.1 对相间短路，保护应按下列原则配置：

4.5.1.1 保护装置采用远后备方式。

4.5.1.2 下列情况应快速切除故障：

a. 如线路短路，使发电厂厂用母线电压低于额定电压的 60％时；

b. 如切除线路故障时间长，可能导致线路失去热稳定时；

c. 城市配电网络的直馈线路，为保证供电质量需要时；

d. 与高压电网邻近的线路，如切除故障时间长，可能导致高压电网产生稳定问题时；

4.5.2 对相间短路，应按下列规定装设保护装置：

4.5.2.1 单侧电源线路。可装设一段或两段式电流速断保护和过电流保护，必要时可增设复合电压闭锁元件。

由几段线路串联的单侧电源线路及分支线路，如上述保护不能满足选择性、灵敏性和速动性的要求时，速断保护可无选择地动作，但应以自动重合闸来补救。此时，速断保护应躲开降压变压器低压母线的短路。

4.5.2.2 复杂网络的单回线路：

a. 可装设一段或两段式电流速断保护和过电流保护，必要时，保护可增设复合电压闭锁元件和方向元件。如不满足选择性、灵敏性和速动性的要求或保护构成过于复杂时，宜采用距离保护。

b. 电缆及架空短线路，如采用电流电压保护不能满足选择性、灵敏性和速动性要求时，宜采用光纤电流差动保护作为主保护，以带方向或不带方向的电流电压保护作为后备保护。

c. 环形网络宜开环运行，并辅以重合闸和备用电源自动投入装置来增加供电可靠性。如必须环网运行，为了简化保护，可采用故障时先将网络自动解列而后恢复的方法。

4.5.2.3 平行线路：

平行线路宜分列运行，如必须并列运行时，可根据其电压等级，重要程度和具体情况按下列方式之一装设保护，整定有困难时，允许双回线延时段保护之间的整定配合无选择性：

a. 装设全线速动保护作为主保护，以阶段式距离保护作为后备保护；

b. 装设有相继动作功能的阶段式距离保护作为主保护和后备保护。

4.5.3 中性点经低电阻接地的单侧电源线路装设一段或两段三相式电流保护，作为相间故障的主保护和后备保护；装设一段或两段零序电流保护，作为接地故障的主保护和后备保护。

串联供电的几段线路，在线路故障时，几段线路可以采用前加速的方式同时跳闸，并用顺序重合闸和备用电源自动投入装置来提高供电可靠性。

4.5.4 对中性点不接地或经消弧线圈接地线路的单相接地故障，保护的装设原则及构成方式按本规程第 4.4.3 条和第 4.4.4 条的规定执行。

4.5.5 可能出现过负荷的电缆线路或电缆与架空混合线路，应装设过负荷保护，保护宜带时限动作于信号，必要时可动作于跳闸。

4.6　110kV～220kV 线路保护

110kV～220kV 中性点直接接地电力网的线路，应按本节的规定装设反应相间短路和接地短路的保护。

4.6.1　110kV 线路保护。

4.6.1.1　110kV 双侧电源线路符合下列条件之一时，应装设一套全线速动保护：

a. 根据系统稳定要求有必要时；

b. 线路发生三相短路，如使发电厂厂用母线电压低于允许值（一般为 60% 额定电压），且其他保护不能无时限和有选择地切除短路时；

c. 如电力网的某些线路采用全线速动保护后，不仅改善本线路保护性能，而且能够改善整个电网保护的性能。

4.6.1.2　对多级串联或采用电缆的单侧电源线路，为满足快速性和选择性的要求，可装设全线速动保护作为主保护。

4.6.1.3　110kV 线路的后备保护宜采用远后备方式。

4.6.1.4　单侧电源线路，可装设阶段式相电流和零序电流保护，作为相间和接地故障的保护，如不能满足要求，则装设阶段式相间和接地距离保护，并辅之用于切除经电阻接地故障的一段零序电流保护。

4.6.1.5　双侧电源线路，可装设阶段式相间和接地距离保护，并辅之用于切除经电阻接地故障的一段零序电流保护。

4.6.1.6　对带分支的 110kV 线路，可按 4.6.5 条的规定执行。

4.6.2　220kV 线路保护。

220kV 线路保护应按加强主保护简化后备保护的基本原则配置和整定。

a. 加强主保护是指全线速动保护的双重化配置，同时，要求每一套全线速动保护的功能完整，对全线路内发生的各种类型故障，均能快速动作切除故障。对于要求实现单相重合闸的线路，每套全线速动保护应具有选相功能。当线路在正常运行中发生不大于 100Ω 电阻的单相接地故障时，全线速动保护应有尽可能强的选相能力，并能正确动作跳闸。

b. 简化后备保护是指主保护双重化配置，同时，在每一套全线速动保护的功能完整的条件下，带延时的相间和接地Ⅱ，Ⅲ段保护（包括相间和接地距离保护、零序电流保护），允许与相邻线路和变压器的主保护配合，从而简化动作时间的配合整定。如双重化配置的主保护均有完善的距离后备保护，则可以不使用零序电流Ⅰ，Ⅱ段保护，仅保留用于切除经不大于 100Ω 电阻接地故障的一段定时限和/或反时限零序电流保护。

c. 线路主保护和后备保护的功能及作用。能够快速有选择性地切除线路故障的全线速动保护以及不带时限的线路Ⅰ段保护都是线路的主保护。每一套全线速动保护对全线路内发生的各种类型故障均有完整的保护功能，两套全线速动保护可以互为近后备保护。线路Ⅱ段保护是全线速动保护的近后备保护。通常情况下，在线路保护Ⅰ段范围外发生故障时，如其中一套全线速动保护拒动，应由另一套全线速动保护切除故障，特殊情况下，当两套全线速动保护均拒动时，如果可能，则由线路Ⅱ段保护切除故障，此时，允许相邻线路保护Ⅱ段失去选择性。线路Ⅲ段保护是本线路的延时近后备保护，同时尽可能作为相邻线路的远后备保护。

4.6.2.1　对 220kV 线路，为了有选择性的快速切除故障，防止电网事故扩大，保证电网安全、优质、经济运行，一般情况下，应按下列要求装设两套全线速动保护，在旁路断路器代线路运行时，至少应保留一套全线速动保护运行。

a. 两套全线速动保护的交流电流、电压回路和直流电源彼此独立。对双母线接线，两套保护可合用交流电压回路；

b. 每一套全线速动保护对全线路内发生的各种类型故障，均能快速动作切除故障；

c. 对要求实现单相重合闸的线路，两套全线速动保护应具有选相功能；

d. 两套主保护应分别动作于断路器的一组跳闸线圈；

e. 两套全线速动保护分别使用独立的远方信号传输设备；

f. 具有全线速动保护的线路，其主保护的整组动作时间应为：对近端故障：≤20ms；对远端故障：≤30ms（不包括通道时间）。

4.6.2.2　220kV线路的后备保护宜采用近后备方式。但某些线路，如能实现远后备，则宜采用远后备，或同时采用远、近结合的后备方式。

4.6.2.3　对接地短路，应按下列规定之一装设后备保护。

对220kV线路，当接地电阻不大于100Ω时，保护应能可靠地切除故障。

a. 宜装设阶段式接地距离保护并辅之用于切除经电阻接地故障的一段定时限和/或反时限零序电流保护。

b. 可装设阶段式接地距离保护，阶段式零序电流保护或反时限零序电流保护，根据具体情况使用。

c. 为快速切除中长线路出口短路故障，在保护配置中宜有专门反应近端接地故障的辅助保护功能。

符合第4.6.2.1条规定时，除装设全线速动保护外，还应按本条的规定，装设接地后备保护和辅助保护。

4.6.2.4　对相间短路，应按下列规定装设保护装置：

a. 宜装设阶段式相间距离保护；

b. 为快速切除中长线路出口短路故障，在保护配置中宜有专门反应近端相间故障的辅助保护功能。

符合本规程第4.6.2.1条规定时，除装设全线速动保护外，还应按本条的规定，装设相间短路后备保护和辅助保护。

4.6.3　对需要装设全线速动保护的电缆线路及架空短线路，宜采用光纤电流差动保护作为全线速动主保护。对中长线路，有条件时宜采用光纤电流差动保护作为全线速动主保护。接地和相间短路保护分别按第4.6.2.3条和第4.6.2.4条中的相应规定装设。

4.6.4　并列运行的平行线，宜装设与一般双侧电源线路相同的保护，对电网稳定影响较大的同杆双回线路，按第4.7.5条的规定执行。

4.6.5　不宜在电网的联络线上接入分支线路或分支变压器。对带分支的线路，可装设与不带分支时相同的保护，但应考虑下述特点，并采取必要的措施。

4.6.5.1　当线路有分支时，线路侧保护对线路分支上的故障，应首先满足速动性，对分支变压器故障，允许跳线路侧断路器。

4.6.5.2　如分支变压器低压侧有电源，还应对高压侧线路故障装设保护装置，有解列点的小电源侧按无电源处理，可不装设保护。

4.6.5.3　分支线路上当采用电力载波闭锁式纵联保护时，应按下列规定执行：

a. 不论分支侧有无电源，当纵联保护能躲开分支变压器的低压侧故障，并对线路及其分支上故障有足够灵敏度时，可不在分支侧另设纵联保护，但应装设高频阻波器。当不符合上述要求时，在分支侧可装设变压器低压侧故障启动的高频闭锁发信装置。当分支侧变压器低压侧有电源且须在分支侧快速切除故障时，宜在分支侧也装设纵联保护。

b. 母线差动保护和断路器位置触点，不应停发高频闭锁信号，以免线路对侧跳闸，使分支线与系统解列。

4.6.5.4　对并列运行的平行线上的平行分支，如有两台变压器，宜将变压器分接于每一分支上，且高、低压侧都不允许并列运行。

4.6.6　对各类双断路器接线方式的线路，其保护应按线路为单元装设，重合闸装置及失灵保护等应按断路器为单元装设。

4.6.7　电缆线路或电缆架空混合线路，应装设过负荷保护。保护宜动作于信号，必要时可动作于跳闸。

4.6.8　电气化铁路供电线路：

采用三相电源对电铁负荷供电的线路，可装设与一般线路相同的保护。采用两相电源对电铁负荷供电的线路，可装设两段式距离、两段式电流保护。同时还应考虑下述特点，并采取必要的措施。

4.6.8.1 电气化铁路供电产生的不对称分量和冲击负荷可能会使线路保护装置频繁起动，必要时，可增设保护装置快速复归的回路。

4.6.8.2 电气化铁路供电在电网中造成的谐波分量可能导致线路保护装置误动，必要时，可增设谐波分量闭锁回路。

4.7 330kV～500kV 线路保护

4.7.1 330kV～500kV 线路对继电保护的配置和对装置技术性能的要求，除按 4.6.2 及 4.6.3 条要求外，还应考虑下列问题：

a. 线路输送功率大，稳定问题严重，要求保护动作快，可靠性高及选择性好；

b. 线路采用大截面分裂导线、不完全换位及紧凑型线路所带来的影响；

c. 长线路、重负荷，电流互感器变比大，二次电流小对保护装置的影响；

d. 同杆并架双回线路发生跨线故障对两回线跳闸和重合闸的不同要求；

e. 采用大容量发电机、变压器所带来的影响；

f. 线路分布电容电流明显增大所带来的影响；

g. 系统装设串联电容补偿和并联电抗器等设备所带来的影响；

h. 交直流混合电网所带来的影响；

i. 采用带气隙的电流互感器和电容式电压互感器，对电流、电压传变过程所带来的影响；

j. 高频信号在长线路上传输时，衰耗较大及通道干扰电平较高所带来的影响以及采用光缆、微波迂回通道时所带来的影响。

4.7.2 330kV～500kV 线路，应按下列原则实现主保护双重化：

a. 设置两套完整、独立的全线速动主保护；

b. 两套全线速动保护的交流电流、电压回路，直流电源互相独立（对双母线接线，两套保护可合用交流电压回路）；

c. 每一套全线速动保护对全线路内发生的各种类型故障，均能快速动作切除故障；

d. 对要求实现单相重合闸的线路，两套全线速动保护应有选相功能，线路正常运行中发生接地电阻为 4.7.3 条 c 中规定数值的单相接地故障时，保护应有尽可能强的选相能力，并能正确动作跳闸；

e. 每套全线速动保护应分别动作于断路器的一组跳闸线圈；

f. 每套全线速动保护应分别使用互相独立的远方信号传输设备；

g. 具有全线速动保护的线路，其主保护的整组动作时间应为：

对近端故障：≤20ms。

对远端故障：≤30ms（不包括通道传输时间）。

4.7.3 330kV～500kV 线路，应按下列原则设置后备保护：

a. 采用近后备方式；

b. 后备保护应能反应线路的各种类型故障；

c. 接地后备保护应保证在接地电阻不大于下列数值时，有尽可能强的选相能力，并能正确动作跳闸：

330kV 线路：150Ω。

500kV 线路：300Ω。

d. 为快速切除中长线路出口故障，在保护配置中宜有专门反应近端故障的辅助保护功能。

4.7.4 当 330kV～500kV 线路双重化的每套主保护装置都具有完善的后备保护时，可不再另设后备保护。只要其中一套主保护装置不具有后备保护时，则必须再设一套完整、独立的后备保护。

4.7.5 330kV～500kV 同杆并架线路发生跨线故障时，根据电网的具体情况，当发生跨线异名相瞬时故障允许双回线同时跳闸时，可装设与一般双侧电源线路相同的保护；对电网稳定影响较大的同杆并架线路，宜配置分相电流差动或其他具有跨线故障选相功能的全线速动保护，以减少同杆双回线路同时跳闸的可能性。

4.7.6 根据一次系统过电压要求装设过电压保护，保护的整定值和跳闸方式由一次系统确定。

过电压保护应测量保护安装处的电压，并作用于跳闸。当本侧断路器已断开而线路仍然过电压时，应通过发送远方跳闸信号跳线路对侧断路器。

4.7.7 装有串联补偿电容的 330kV～500kV 线路和相邻线路，应按 4.7.2 条和 4.7.3 条的规定装设线路主保护和后备保护，并应考虑下述特点对保护的影响，采取必要的措施防止不正确动作：

4.7.7.1 由于串联电容的影响可能引起故障电流、电压的反相；

4.7.7.2 故障时串联电容保护间隙的击穿情况；

4.7.7.3 电压互感器装设位置（在电容器的母线侧或线路侧）对保护装置工作的影响。

4.8 母线保护

4.8.1 对 220kV～500kV 母线，应装设快速有选择地切除故障的母线保护：

a. 对一个半断路器接线，每组母线应装设两套母线保护；

b. 对双母线、双母线分段等接线，为防止母线保护因检修退出失去保护，母线发生故障会危及系统稳定和使事故扩大时，宜装设两套母线保护。

4.8.2 对发电厂和变电所的 35kV～110kV 电压的母线，在下列情况下应装设专用的母线保护：

a. 110kV 双母线；

b. 110kV 单母线、重要发电厂或 110kV 以上重要变电所的 35kV～66kV 母线，需要快速切除母线上的故障时；

c. 35kV～66kV 电力网中，主要变电所的 35kV～66kV 双母线或分段单母线需快速而有选择地切除一段或一组母线上的故障，以保证系统安全稳定运行和可靠供电。

4.8.3 对发电厂和主要变电所的 3kV～10kV 分段母线及并列运行的双母线，一般可由发电机和变压器的后备保护实现对母线的保护。在下列情况下，应装设专用母线保护：

a. 需快速而有选择地切除一段或一组母线上的故障，以保证发电厂及电力网安全运行和重要负荷的可靠供电时；

b. 当线路断路器不允许切除线路电抗器前的短路时。

4.8.4 对 3kV～10kV 分段母线宜采用不完全电流差动保护，保护装置仅接入有电源支路的电流。保护装置由两段组成，第一段采用无时限或带时限的电流速断保护，当灵敏系数不符合要求时，可采用电压闭锁电流速断保护；第二段采用过电流保护，当灵敏系数不符合要求时，可将一部分负荷较大的配电线路接入差动回路，以降低保护的起动电流。

4.8.5 专用母线保护应满足以下要求：

a. 保护应能正确反应母线保护区内的各种类型故障，并动作于跳闸；

b. 对各种类型区外故障，母线保护不应由于短路电流中的非周期分量引起电流互感器的暂态饱和而误动作；

c. 对构成环路的各类母线（如一个半断路器接线、双母线分段接线等），保护不应因母线故障时流出母线的短路电流影响而拒动；

d. 母线保护应能适应被保护母线的各种运行方式：

（a）应能在双母线分组或分段运行时，有选择性地切除故障母线；

（b）应能自动适应双母线连接元件运行位置的切换。切换过程中保护不应误动作，不应造成电流互感器的开路；切换过程中，母线发生故障，保护应能正确动作切除故障；切换过程中，区外发生故障，保护不应误动作；

（c）母线充电合闸于有故障的母线时，母线保护应能正确动作切除故障母线。

e. 双母线接线的母线保护，应设有电压闭锁元件。

（a）对数字式母线保护装置，可在起动出口继电器的逻辑中设置电压闭锁回路，而不在跳闸出口接点回路上串接电压闭锁触点；

（b）对非数字式母线保护装置电压闭锁接点应分别与跳闸出口触点串接。母联或分段断路器的跳闸回路可不经电压闭锁触点控制。

f. 双母线的母线保护，应保证：

（a）母联与分段断路器的跳闸出口时间不应大于线路及变压器断路器的跳闸出口时间。

（b）能可靠切除母联或分段断路器与电流互感器之间的故障。

g. 母线保护仅实现三相跳闸出口；且应允许接于本母线的断路器失灵保护共用其跳闸出口回路。

h. 母线保护动作后，除一个半断路器接线外，对不带分支且有纵联保护的线路，应采取措施，使对侧断路器能速动跳闸。

i. 母线保护应允许使用不同变比的电流互感器。

j. 当交流电流回路不正常或断线时应闭锁母线差动保护，并发出告警信号，对一个半断路器接线可以只发告警信号不闭锁母线差动保护。

k. 闭锁元件起动、直流消失、装置异常、保护动作跳闸应发出信号。此外，应具有起动遥信及事件记录触点。

4.8.6 在旁路断路器和兼作旁路的母联断路器或分段断路器上，应装设可代替线路保护的保护装置。

在旁路断路器代替线路断路器期间，如必须保持线路纵联保护运行，可将该线路的一套纵联保护切换到旁路断路器上，或者采取其他措施，使旁路断路器仍有纵联保护在运行。

4.8.7 在母联或分段断路器上，宜配置相电流或零序电流保护，保护应具备可瞬时和延时跳闸的回路，作为母线充电保护，并兼作新线路投运时（母联或分段断路器与线路断路器串接）的辅助保护。

4.8.8 对各类双断路器接线方式，当双断路器所连接的线路或元件退出运行而双断路器之间仍连接运行时，应装设短引线保护以保护双断路器之间的连接线故障。

按照近后备方式，短引线保护应为互相独立的双重化配置。

4.9 断路器失灵保护

4.9.1 在220kV～500kV电力网中，以及110kV电力网的个别重要部分，应按下列原则装设一套断路器失灵保护：

a. 线路或电力设备的后备保护采用近后备方式；

b. 如断路器与电流互感器之间发生故障不能由该回路主保护切除形成保护死区，而其他线路或变压器后备保护切除又扩大停电范围，并引起严重后果时（必要时，可为该保护死区增设保护，以快速切除该故障）；

c. 对220kV～500kV分相操作的断路器，可仅考虑断路器单相拒动的情况。

4.9.2 断路器失灵保护的起动应符合下列要求：

4.9.2.1 为提高动作可靠性，必须同时具备下列条件，断路器失灵保护方可起动：

a. 故障线路或电力设备能瞬时复归的出口继电器动作后不返回（故障切除后，起动失灵的保护出口返回时间应不大于30ms）；

b. 断路器未断开的判别元件动作后不返回。若主设备保护出口继电器返回时间不符合要求时，判别元件应双重化。

4.9.2.2 失灵保护的判别元件一般应为相电流元件；发电机变压器组或变压器断路器失灵保护的判别元件应采用零序电流元件或负序电流元件。判别元件的动作时间和返回时间均不应大于20ms。

4.9.3 失灵保护动作时间应按下述原则整定：

4.9.3.1 一个半断路器接线的失灵保护应瞬时再次动作于本断路器的两组跳闸线圈跳闸，再经一时限动作于断开其他相邻断路器。

4.9.3.2 单、双母线的失灵保护，视系统保护配置的具体情况，可以较短时限动作于断开与拒动断路器相关的母联及分段断路器，再经一时限动作于断开与拒动断路器连接在同一母线上的所有有源支路的断路器；也可仅经一时限动作于断开与拒动断路器连接在同一母线上的所有有源支路的断路器；

变压器断路器的失灵保护还应动作于断开变压器接有电源一侧的断路器。

4.9.4 失灵保护装设闭锁元件的原则是：

4.9.4.1 一个半断路器接线的失灵保护不装设闭锁元件。

4.9.4.2 有专用跳闸出口回路的单母线及双母线断路器失灵保护应装设闭锁元件。

4.9.4.3 与母差保护共用跳闸出口回路的失灵保护不装设独立的闭锁元件，应共用母差保护的闭锁元件，闭锁元件的灵敏度应按失灵保护的要求整定；对数字式保护，闭锁元件的灵敏度宜按母线及线路的不同要求分别整定。

4.9.4.4 设有闭锁元件的，闭锁原则同4.8.5e条。

4.9.4.5 发电机、变压器及高压电抗器断路器的失灵保护，为防止闭锁元件灵敏度不足应采取相应措施或不设闭锁回路。

4.9.5 双母线的失灵保护应能自动适应连接元件运行位置的切换。

4.9.6 失灵保护动作跳闸应满足下列要求：

4.9.6.1 对具有双跳闸线圈的相邻断路器，应同时动作于两组跳闸回路。

4.9.6.2 对远方跳对侧断路器的，宜利用两个传输通道传送跳闸命令。

4.9.6.3 应闭锁重合闸。

4.10 远方跳闸保护

4.10.1 一般情况下220kV～500kV线路，下列故障应传送跳闸命令，使相关线路对侧断路器跳闸切除故障：

    a. 一个半断路器接线的断路器失灵保护动作；

    b. 高压侧无断路器的线路并联电抗器保护动作；

    c. 线路过电压保护动作；

    d. 线路变压器组的变压器保护动作；

    e. 线路串联补偿电容器的保护动作且电容器旁路断路器拒动或电容器平台故障。

4.10.2 对采用近后备方式的，远方跳闸方式应双重化。

4.10.3 传送跳闸命令的通道，可结合工程具体情况选取：

    a. 光缆通道；

    b. 微波通道；

    c. 电力线载波通道；

    d. 控制电缆通道；

    e. 其他混合通道。

一般宜复用线路保护的通道来传送跳闸命令，有条件时，优先选用光缆通道。

4.10.4 为提高远方跳闸的安全性，防止误动作，对采用非数字通道的，执行端应设置故障判别元件。对采用数字通道的，执行端可不设置故障判别元件。

4.10.5 可以作为就地故障判别元件起动量的有：低电流、过电流、负序电流、零序电流、低功率、负序电压、低电压、过电压等。就地故障判别元件应保证对其所保护的相邻线路或电力设备故障有足够灵敏度。

4.10.6 远方跳闸保护的出口跳闸回路应独立于线路保护跳闸回路。

4.10.7 远方跳闸应闭锁重合闸。

4.11 电力电容器组保护

4.11.1 对3kV及以上的并联补偿电容器组的下列故障及异常运行方式，应按本条规定装设相应的保护：

    a. 电容器组和断路器之间连接线短路；

    b. 电容器内部故障及其引出线短路；

    c. 电容器组中，某一故障电容器切除后所引起剩余电容器的过电压；

d. 电容器组的单相接地故障；

e. 电容器组过电压；

f. 所连接的母线失压；

g. 中性点不接地的电容器组，各组对中性点的单相短路。

4.11.2 对电容器组和断路器之间连接线的短路，可装设带有短时限的电流速断和过流保护，动作于跳闸。速断保护的动作电流，按最小运行方式下，电容器端部引线发生两相短路时有足够灵敏系数整定，保护的动作时限应防止在出现电容器充电涌流时误动作。过流保护的动作电流，按电容器组长期允许的最大工作电流整定。

4.11.3 对电容器内部故障及其引出线的短路，宜对每台电容器分别装设专用的保护熔断器，熔丝的额定电流可为电容器额定电流的 1.5～2.0 倍。

4.11.4 当电容器组中的故障电容器被切除到一定数量后，引起剩余电容器端电压超过 110% 额定电压时，保护应将整组电容器断开。为此，可采用下列保护之一：

a. 中性点不接地单星形接线电容器组，可装设中性点电压不平衡保护；

b. 中性点接地单星形接线电容器组，可装设中性点电流不平衡保护；

c. 中性点不接地双星形接线电容器组，可装设中性点间电流或电压不平衡保护；

d. 中性点接地双星形接线电容器组，可装设反应中性点回路电流差的不平衡保护；

e. 电压差动保护；

f. 单星形接线的电容器组，可采用开口三角电压保护。

电容器组台数的选择及其保护配置时，应考虑不平衡保护有足够的灵敏度，当切除部分故障电容器后，引起剩余电容器的过电压小于或等于额定电压的 105% 时，应发出信号；过电压超过额定电压的 110% 时，应动作于跳闸。

不平衡保护动作应带有短延时，防止电容器组合闸、断路器三相合闸不同步、外部故障等情况下误动作，延时可取 0.5s。

4.11.5 对电容器组的单相接地故障，可参照 4.4.3 条的规定装设保护，但安装在绝缘支架上的电容器组，可不再装设单相接地保护。

4.11.6 对电容器组，应装设过电压保护，带时限动作于信号或跳闸。

4.11.7 电容器应设置失压保护，当母线失压时，带时限切除所有接在母线上的电容器。

4.11.8 高压并联电容器宜装设过负荷保护，带时限动作于信号或跳闸。

4.11.9 串联电容补偿装置，应装设反应下列故障及异常情况的保护：

a. 电容器组保护：

——不平衡电流保护；

——过负荷保护；

保护应延时告警、经或不经延时动作于三相永久旁路电容器组。

b. MOV（金属氧化物非线性电阻）保护：

——过温度保护；

——过电流保护；

——能量保护。

保护应动作于触发故障相 GAP（间隙），并根据故障情况，单相或三相暂时旁路电容器组。

c. 旁路断路器保护：

——断路器三相不一致保护，经延时三相永久旁路电容器组；

——断路器失灵保护，经短延时跳开线路两侧断路器。

d. GAP（间隙）保护：

——GAP 自触发保护；

——GAP 延时触发保护；

——GAP 拒触发保护；

——GAP 长时间导通保护。

保护应动作于三相永久旁路电容器组。

e. 平台保护

反应串联补偿电容器对平台短路故障，保护动作于三相永久旁路电容器组。

f. 对可控串联电容补偿装置，还应装设下列保护：

——晶闸管回路过负荷保护；

——可控阀及相控电抗器故障保护；

——晶闸管触发回路和冷却系统故障保护；

保护动作于三相永久旁路电容器组。

4.12 并联电抗器保护

4.12.1 对油浸式并联电抗器的下列故障及异常运行方式，应装设相应的保护：

a. 线圈的单相接地和匝间短路及其引出线的相间短路和单相接地短路；

b. 油面降低；

c. 油温度升高和冷却系统故障；

d. 过负荷。

4.12.2 当并联电抗器油箱内部产生大量瓦斯时，瓦斯保护应动作于跳闸，当产生轻微瓦斯或油面下降时，瓦斯保护应动作于信号。

4.12.3 对油浸式并联电抗器内部及其引出线的相间和单相接地短路，应按下列规定装设相应的保护：

4.12.3.1 66kV 及以下并联电抗器，应装设电流速断保护，瞬时动作于跳闸。

4.12.3.2 220kV～500kV 并联电抗器，除非电量保护，保护应双重化配置。

4.12.3.3 纵联差动保护应瞬时动作于跳闸。

4.12.3.4 作为速断保护和差动保护的后备，应装设过电流保护，保护整定值按躲过最大负荷电流整定，保护带时限动作于跳闸。

4.12.3.5 220kV～500kV 并联电抗器，应装设匝间短路保护，保护宜不带时限动作于跳闸。

4.12.4 对 220kV～500kV 并联电抗器，当电源电压升高并引起并联电抗器过负荷时，应装设过负荷保护，保护带时限动作于信号。

4.12.5 对于并联电抗器油温度升高和冷却系统故障，应装设动作于信号或带时限动作于跳闸的保护装置。

4.12.6 接于并联电抗器中性点的接地电抗器，应装设瓦斯保护。当产生大量瓦斯时，保护应动作于跳闸，当产生轻微瓦斯或油面下降时，保护应动作于信号。

对三相不对称等原因引起的接地电抗器过负荷，宜装设过负荷保护，保护带时限动作于信号。

4.12.7 330kV～500kV 线路并联电抗器的保护在无专用断路器时，其动作除断开线路的本侧断路器外还应起动远方跳闸装置，断开线路对侧断路器。

4.12.8 66kV 及以下干式并联电抗器应装设电流速断保护作电抗器绕组及引线相间短路的主保护；过电流保护作为相间短路的后备保护；零序过电压保护作为单相接地保护，动作于信号。

4.13 异步电动机和同步电动机保护

4.13.1 电压为3kV 及以上的异步电动机和同步电动机，对下列故障及异常运行方式，应装设相应的保护：

a. 定子绕组相间短路；

b. 定子绕组单相接地；

c. 定子绕组过负荷；

d. 定子绕组低电压；

e. 同步电动机失步；

f. 同步电动机失磁；

g. 同步电动机出现非同步冲击电流；

h. 相电流不平衡及断相。

4.13.2 对电动机的定子绕组及其引出线的相间短路故障，应按下列规定装设相应的保护：

4.13.2.1 2MW 以下的电动机，装设电流速断保护，保护宜采用两相式。

4.13.2.2 2MW 及以上的电动机，或 2MW 以下，但电流速断保护灵敏系数不符合要求时，可装设纵联差动保护。纵联差动保护应防止在电动机自起动过程中误动作。

4.13.2.3 上述保护应动作于跳闸，对于有自动灭磁装置的同步电动机保护还应动作于灭磁。

4.13.3 对单相接地，当接地电流大于 5A 时，应装设单相接地保护。

单相接地电流为 10A 及以上时，保护动作于跳闸；单相接地电流为 10A 以下时，保护可动作于跳闸，也可动作于信号。

4.13.4 下列电动机应装设过负荷保护：

a. 运行过程中易发生过负荷的电动机，保护应根据负荷特性，带时限动作于信号或跳闸。

b. 起动或自起动困难，需要防止起动或自起动时间过长的电动机，保护动作于跳闸。

4.13.5 下列电动机应装设低电压保护，保护应动作于跳闸：

a. 当电源电压短时降低或短时中断后又恢复时，为保证重要电动机自起动而需要断开的次要电动机；

b. 当电源电压短时降低或中断后，不允许或不需要自起动的电动机；

c. 需要自起动，但为保证人身和设备安全，在电源电压长时间消失后，须从电力网中自动断开的电动机；

d. 属Ⅰ类负荷并装有自动投入装置的备用机械的电动机。

4.13.6 2MW 及以上电动机，为反应电动机相电流的不平衡，也作为短路故障的主保护的后备保护，可装设负序过流保护，保护动作于信号或跳闸。

4.13.7 对同步电动机失步，应装设失步保护，保护带时限动作，对于重要电动机，动作于再同步控制回路，不能再同步或不需要再同步的电动机，则应动作于跳闸。

4.13.8 对于负荷变动大的同步电动机，当用反应定子过负荷的失步保护时，应增设失磁保护。失磁保护带时限动作于跳闸。

4.13.9 对不允许非同步冲击的同步电动机，应装设防止电源中断再恢复时造成非同步冲击的保护。

保护应确保在电源恢复前动作。重要电动机的保护，宜动作于再同步控制回路。不能再同步或不需要再同步的电动机，保护应动作于跳闸。

4.14 直流输电系统保护

直流输电系统的控制与保护可以是统一构成的，其中保护部分的功能应满足本节的要求。

4.14.1 直流输电系统保护应覆盖的区域或设备包括：

a. 交流滤波器、并联电容器和并联电抗器及交流滤波器组的母线；

b. 换流变压器及其交流引线；

c. 换流阀及其交流连线；

d. 直流极母线；

e. 中性母线；

f. 平波电抗器；

g. 直流滤波器；

h. 切换各种运行方式的转换开关、隔离开关及连接线；

i. 双极的中性母线与接地极引线的连接区域；

j. 接地极引线；

k. 直流线路。

4.14.2　直流输电系统保护应能反应如下故障：

a. 交流滤波器组/并联电容器组母线上的各种短路故障、过电压；

b. 交流滤波器组/并联电容器组的电容器故障，电阻、电感的故障或过载，内部的各种短路，以及元器件参数的改变等；

c. 换流变压器及其引线的各种故障（参考变压器保护的有关章节），直流系统对变压器的影响，如直流偏磁；

d. 换流器（含整流和逆变）的故障，包括交流连线的接地或相间短路故障、换流器桥短路、过应力（如过压、触发角过大、过热）、丢失触发脉冲或误触发、换相失败等；

e. 换流阀故障，包括晶闸管元件、阀均压阻尼回路、触发元件、阀基电子回路等；

f. 极母线及其相关设备的接地故障及直流过电压；

g. 中性母线开路、接地故障、中性母线上的开关故障；

h. 直流输电线的金属性接地、高阻接地故障、开路、与其他直流线路或交流线路碰接的故障；

i. 金属返回线开路、接地故障；

j. 直流滤波器的电容器故障、其他内部元件的故障或过载、滤波器内部接地、以及元器件参数的改变等；

k. 平波电抗器故障；

l. 接地极引线开路、接地故障以及过载；

m. 双极的接地极母线与接地极引线的连接区域的接地故障；

n. 切换各种运行方式的转换开关和隔离开关的故障；

o. 交流系统发生功率振荡或次同步振荡，且直流控制不足以抑制其发展时；

p. 由换流母线或交流系统短路等交流系统故障及直流甩负荷，如，逆变站甩掉全部负荷等扰动引起的直流系统过压；

q. 直流控制系统故障时以及交流系统故障对直流系统产生的扰动，如产生谐波、功率反转等；

r. 并联电抗器的各种故障。

4.14.3　直流输电系统保护设计原则。

4.14.3.1　每一保护区应与相邻保护电路的保护区重叠，不能存在保护死区。

4.14.3.2　每一个设备或保护区应具有两套独立的保护，分别使用不同的测量器件、通道、电源和出口，并宜采用不同的构成原理，互为备用。保护的配置应能检测到所有会对设备和运行产生危害的情况。

4.14.3.3　保护应在最短的时间内将故障设备或故障区切除，使故障设备迅速退出运行，并尽可能对相关系统的影响减至最小。

4.14.3.4　保护应能既适用于整流运行，也能适用于逆变运行。

4.14.3.5　由保护起动的故障控制顺序可以通过换流站间的通信系统来优化故障清除后的恢复过程，使故障持续时间最小和系统恢复时间最短。

当换流站间通信系统中断时，如直流系统发生故障，保护应能将系统的扰动减至最小，使设备免受过应力，保证系统安全。

4.14.3.6　直流两个极的保护应完全独立。直流保护的设计应使双极停运率减至最小。

4.14.3.7　应保证在所有条件和运行方式下，直流控制、直流保护及交流保护之间的正确配合，并使故障清除及故障清除后协调恢复得到最优的处理。

4.14.3.8　直流保护与直流控制的功能和参数应正确地协调配合。保护应首先借助直流控制系统的能力去抑制故障的发展，改善直流系统的暂态性能，减少直流系统的停运。

4.14.3.9　所有的保护应具有完备的自检功能。站内工程师应能在系统运行过程中对未投运的备用系统的任何保护功能进行检测，并能对保护的定值进行修改。

4.14.3.10　保护应在硬件、软件上便于系统运行和进行维护。

4.14.3.11　保护应具有数字通信接口，便于系统联网监视、信息共享及远方调度中心控制、查看及监视。

4.14.3.12　直流保护与直流控制的相互配合较多，其间的联系宜采用可靠的数字通信方式。

4.14.3.13　直流保护系统内部应具有完善的故障录波功能，至少要记录保护所使用测点的原始值（未经运算处理）、保护的输出量。

4.14.3.14　直流保护系统宜配置相对独立的数字通道至对站，两极之间的保护通信通道应独立。

5　安全自动装置

5.1　一般规定

5.1.1　在电力系统中，应按照 DL 755 和 DL/T 723 标准的要求，装设安全自动装置，以防止系统稳定破坏或事故扩大，造成大面积停电，或对重要用户的供电长时间中断。

5.1.2　电力系统安全自动装置，是指在电力网中发生故障或出现异常运行时，为确保电网安全与稳定运行，起控制作用的自动装置。如自动重合闸、备用电源或备用设备自动投入、自动切负荷、低频和低压自动减载、电厂事故减出力、切机、电气制动、水轮发电机自起动和调相改发电、抽水蓄能机组由抽水改发电、自动解列、失步解列及自动调节励磁等。

5.1.3　安全自动装置应满足可靠性、选择性、灵敏性和速动性的要求。

5.1.3.1　可靠性是指装置该动作时应动作，不该动作时不动作。为保证可靠性，装置应简单可靠，具备必要的检测和监视措施，便于运行维护。

5.1.3.2　选择性是指安全自动装置应根据事故的特点，按预期的要求实现其控制作用。

5.1.3.3　灵敏性是指安全自动装置的起动和判别元件，在故障和异常运行时能可靠起动和进行正确判断的功能。

5.1.3.4　速动性是指维持系统稳定的自动装置要尽快动作，限制事故影响，应在保证选择性前提下尽快动作的性能。

5.2　自动重合闸

5.2.1　自动重合闸装置应按下列规定装设：

a. 3kV 及以上的架空线路及电缆与架空混合线路，在具有断路器的条件下，如用电设备允许且无备用电源自动投入时，应装设自动重合闸装置；

b. 旁路断路器与兼作旁路的母线联络断路器，应装设自动重合闸装置；

c. 必要时母线故障可采用母线自动重合闸装置。

5.2.2　自动重合闸装置应符合下列基本要求：

a. 自动重合闸装置可由保护起动和/或断路器控制状态与位置不对应起动；

b. 用控制开关或通过遥控装置将断路器断开，或将断路器投于故障线路上并随即由保护将其断开时，自动重合闸装置均不应动作；

c. 在任何情况下（包括装置本身的元件损坏，以及重合闸输出触点的粘住），自动重合闸装置的动作次数应符合预先的规定（如一次重合闸只应动作一次）；

d. 自动重合闸装置动作后，应能经整定的时间后自动复归；

e. 自动重合闸装置，应能在重合闸后加速继电保护的动作。必要时，可在重合闸前加速继电保护动作；

f. 自动重合闸装置应具有接收外来闭锁信号的功能。

5.2.3　自动重合闸装置的动作时限应符合下列要求：

5.2.3.1　对单侧电源线路上的三相重合闸装置，其时限应大于下列时间：

a. 故障点灭弧时间（计及负荷侧电动机反馈对灭弧时间的影响）及周围介质去游离时间；

b. 断路器及操作机构准备好再次动作的时间。

5.2.3.2　对双侧电源线路上的三相重合闸装置及单相重合闸装置，其动作时限除应考虑 5.2.3.1

条要求外，还应考虑：

　　a. 线路两侧继电保护以不同时限切除故障的可能性；

　　b. 故障点潜供电流对灭弧时间的影响。

　　5.2.3.3　电力系统稳定的要求。

　　5.2.4　110kV 及以下单侧电源线路的自动重合闸装置，按下列规定装设：

　　5.2.4.1　采用三相一次重合闸方式。

　　5.2.4.2　当断路器断流容量允许时，下列线路可采用两次重合闸方式：

　　a. 无经常值班人员变电所引出的无遥控的单回线；

　　b. 给重要负荷供电，且无备用电源的单回线。

　　5.2.4.3　由几段串联线路构成的电力网，为了补救速动保护无选择性动作，可采用带前加速的重合闸或顺序重合闸方式。

　　5.2.5　110kV 及以下双侧电源线路的自动重合闸装置，按下列规定装设：

　　5.2.5.1　并列运行的发电厂或电力系统之间，具有四条以上联系的线路或三条紧密联系的线路，可采用不检查同步的三相自动重合闸方式。

　　5.2.5.2　并列运行的发电厂或电力系统之间，具有两条联系的线路或三条联系不紧密的线路，可采用同步检定和无电压检定的三相重合闸方式；

　　5.2.5.3　双侧电源的单回线路，可采用下列重合闸方式：

　　a. 解列重合闸方式，即将一侧电源解列，另一侧装设线路无电压检定的重合闸方式；

　　b. 当水电厂条件许可时，可采用自同步重合闸方式；

　　c. 为避免非同步重合及两侧电源均重合于故障线路上，可采用一侧无电压检定，另一侧采用同步检定的重合闸方式。

　　5.2.6　220kV～500kV 线路应根据电力网结构和线路的特点采用下列重合闸方式：

　　a. 对 220kV 单侧电源线路，采用不检查同步的三相重合闸方式；

　　b. 对 220kV 线路，当满足本标准 5.2.5.1 条有关采用三相重合闸方式的规定时，可采用不检查同步的三相自动重合闸方式；

　　c. 对 220kV 线路，当满足本标准 5.2.5.2 条有关采用三相重合闸方式的规定，且电力系统稳定要求能满足时，可采用检查同步的三相自动重合闸方式；

　　d. 对不符合上述条件的 220kV 线路，应采用单相重合闸方式；

　　e. 对 330kV～500kV 线路，一般情况下应采用单相重合闸方式；

　　f. 对可能发生跨线故障的 330kV～500kV 同杆并架双回线路，如输送容量较大，且为了提高电力系统安全稳定运行水平，可考虑采用按相自动重合闸方式。

　　注：上述三相重合闸方式也包括仅在单相故障时的三相重合闸。

　　5.2.7　在带有分支的线路上使用单相重合闸装置时，分支侧的自动重合闸装置采用下列方式：

　　5.2.7.1　分支处无电源方式。

　　a. 分支处变压器中性点接地时，装设零序电流起动的低电压选相的单相重合闸装置。重合后，不再跳闸。

　　b. 分支处变压器中性点不接地，但所带负荷较大时，装设零序电压起动的低电压选相的单相重合闸装置。重合后，不再跳闸。当负荷较小时，不装设重合闸装置，也不跳闸。

　　如分支处无高压电压互感器，可在变压器（中性点不接地）中性点处装设一个电压互感器，当线路接地时，由零序电压保护起动，跳开变压器低压侧三相断路器，重合后，不再跳闸。

　　5.2.7.2　分支处有电源方式：

　　a. 如分支处电源不大，可用简单的保护将电源解列后，按 5.2.7.1 条规定处理；

　　b. 如分支处电源较大，则在分支处装设单相重合闸装置。

　　5.2.8　当采用单相重合闸装置时，应考虑下列问题，并采取相应措施：

a. 重合闸过程中出现的非全相运行状态，如引起本线路或其他线路的保护装置误动作时，应采取措施予以防止；

b. 如电力系统不允许长期非全相运行，为防止断路器一相断开后，由于单相重合闸装置拒绝合闸而造成非全相运行，应具有断开三相的措施，并应保证选择性。

5.2.9 当装有同步调相机和大型同步电动机时，线路重合闸方式及动作时限的选择，宜按双侧电源线路的规定执行。

5.2.10 5.6MVA 及以上低压侧不带电源的单组降压变压器，如其电源侧装有断路器和过电流保护，且变压器断开后将使重要用电设备断电，可装设变压器重合闸装置。当变压器内部故障，瓦斯或差动（或电流速断）保护动作应将重合闸闭锁。

5.2.11 当变电所的母线上设有专用的母线保护，必要时，可采用母线重合闸，当重合于永久性故障时，母线保护应能可靠动作切除故障。

5.2.12 重合闸应按断路器配置。

5.2.13 当一组断路器设置有两套重合闸装置（例如线路的两套保护装置均有重合闸功能）且同时投运时，应有措施保证线路故障后仍仅实现一次重合闸。

5.2.14 使用于电厂出口线路的重合闸装置，应有措施防止重合于永久性故障，以减少对发电机可能造成的冲击。

5.3 备用电源自动投入

5.3.1 在下列情况下，应装设备用电源的自动投入装置（以下简称自动投入装置）：

a. 具有备用电源的发电厂厂用电源和变电所所用电源；

b. 由双电源供电，其中一个电源经常断开作为备用的电源；

c. 降压变电所内有备用变压器或有互为备用的电源；

d. 有备用机组的某些重要辅机。

5.3.2 自动投入装置的功能设计应符合下列要求：

a. 除发电厂备用电源快速切换外，应保证在工作电源或设备断开后，才投入备用电源或设备；

b. 工作电源或设备上的电压，不论何种原因消失，除有闭锁信号外，自动投入装置均应动作；

c. 自动投入装置应保证只动作一次。

5.3.3 发电厂用备用电源自动投入装置，除 5.3.2 条的规定外，还应符合下列要求：

5.3.3.1 当一个备用电源同时作为几个工作电源的备用时，如备用电源已代替一个工作电源后，另一工作电源又被断开，必要时，自动投入装置仍能动作。

5.3.3.2 有两个备用电源的情况下，当两个备用电源为两个彼此独立的备用系统时，应装设各自独立的自动投入装置；当任一备用电源能作为全厂各工作电源的备用时，自动投入装置应使任一备用电源能对全厂各工作电源实行自动投入。

5.3.3.3 自动投入装置在条件可能时，宜采用带有检定同步的快速切换方式，并采用带有母线残压闭锁的慢速切换方式及长延时切换方式作为后备；条件不允许时，可仅采用带有母线残压闭锁的慢速切换方式及长延时切换方式。

5.3.3.4 当厂用母线速动保护动作、工作电源分支保护动作或工作电源由手动或分散控制系统（DCS）跳闸时，应闭锁备用电源自动投入。

5.3.4 应校核备用电源或备用设备自动投入时过负荷及电动机自起动的情况，如过负荷超过允许限度或不能保证自起动时，应有自动投入装置动作时自动减负荷的措施。

5.3.5 当自动投入装置动作时，如备用电源或设备投于故障，应有保护加速跳闸。

5.4 暂态稳定控制及失步解列

5.4.1 为保证电力系统在发生故障情况下的稳定运行，应依据 DL 755 及 DL/T 723 标准的规定，在系统中根据电网结构、运行特点及实际条件配置防止暂态稳定破坏的控制装置。

5.4.1.1 设计和配置系统稳定控制装置时，应对电力系统进行必要的安全稳定计算以确定适当的稳定控制方案、控制装置的控制策略或逻辑。控制策略可以由离线计算确定，有条件时，可以由装置在线计算定时更新控制策略。

5.4.1.2 稳定控制装置应根据实际需要进行配置，优先采用就地判据的分散式装置，根据电网需要，也可采用多个厂站稳定控制装置及站间通道组成的分布式区域稳定控制系统，尽量避免采用过分庞大复杂的控制系统；

5.4.1.3 稳定控制系统应采用模块化结构，以便于适应不同的功能需要，并能适应电网发展的扩充要求。

5.4.2 对稳定控制装置的主要技术性能要求：

a. 装置在系统中出现扰动时，如出现不对称分量，线路电流、电压或功率突变等，应能可靠起动；

b. 装置宜由接入的电气量正确判别本厂站线路、主变或机组的运行状态；

c. 装置的动作速度和控制内容应能满足稳定控制的有效性；

d. 装置应有能与厂站自动化系统和/或调度中心相关管理系统通信，能实现就地和远方查询故障和装置信息、修改定值等；

e. 装置应具有自检、整组检查试验、显示、事件记录、数据记录、打印等功能。

5.4.3 为防止暂态稳定破坏，可根据系统具体情况采用以下控制措施：

a. 对功率过剩地区采用发电机快速减出力、切除部分发电机或投入动态电阻制动等；

b. 对功率短缺地区采用切除部分负荷（含抽水运行的蓄能机组）等；

c. 励磁紧急控制，串联及并联电容装置的强行补偿，切除并联电抗器和高压直流输电紧急调制等；

d. 在预定地点将某些局部电网解列以保持主网稳定。

5.4.4 当电力系统稳定破坏出现失步状态时，应根据系统的具体情况采取消除失步振荡的控制措施。

5.4.4.1 为消除失步振荡，应装设失步解列控制装置，在预先安排的输电断面，将系统解列为各自保持同步的区域。

5.4.4.2 对于局部系统，如经验算或试验可能拉入同步、短时失步运行及再同步不会导致严重损失负荷、损坏设备和系统稳定进一步破坏，则可采用再同步控制，使失步的系统恢复同步运行。送端孤立的大型发电厂，在失步时应优先切除部分机组，以利其他机组再同步。

5.5 频率和电压异常紧急控制

5.5.1 电力系统中应设置限制频率降低的控制装置，以便在各种可能的扰动下失去部分电源（如切除发电机，系统解列等）而引起频率降低时，将频率降低限制在短时允许范围内，并使频率在允许时间内恢复至长时间允许值。

5.5.1.1 低频减负荷是限制频率降低的基本措施，电力系统低频减负荷装置的配置及其所断开负荷的容量，应根据系统最不利运行方式下发生事故时，整个系统或其各部分实际可能发生的最大功率缺额来确定。自动低频减负荷装置的类型和性能如下：

a. 快速动作的基本段，应按频率分为若干级，动作延时不宜超过 0.2s。装置的频率整定值应根据系统的具体条件、大型火电机组的安全运行要求、以及由装置本身的特性等因素决定。提高最高一级的动作频率值，有利于抑制频率下降幅度，但一般不宜超过 49.2Hz；

b. 延时较长的后备段，可按时间分为若干级，起动频率不宜低于基本的最高动作频率。装置最小动作时间可为 10s～15s，级差不宜小于 10s。

5.5.1.2 为限制频率降低，有条件时应首先将处于抽水状态的蓄能机组切除或改为发电工况，并启动系统中的备用电源，如旋转备用机组增发功率、调相运行机组改为发电运行方式、自动启动水电机组和燃气轮机组等。切除抽水蓄能机组和启动备用电源的动作频率可为 49.5Hz 左右。

5.5.1.3 当事故扰动引起地区大量失去电源（如 20% 以上），低频减负荷不能有效防止频率严重下降时，应采用集中切除某些负荷的措施，以防止频率过度降低。集中切负荷的判据应反应受电联络线跳闸、大机组跳闸等，并按功率分档联切负荷。

5.5.1.4 为了在系统频率降低时，减轻弱互联系统的相互影响，以及为了保证发电厂厂用电和其他重要用户的供电安全，在系统的适当地点应设置低频解列控制。

5.5.2 由于某种原因（联络线事故跳闸、失步解列等）有可能与主网解列的有功功率过剩的独立系统，特别是以水电为主并带有火电机组的系统，应设置自动限制频率升高的控制装置，保证电力系统：

a. 频率升高不致达到汽轮机危急保安器的动作频率；

b. 频率升高数值及持续时间不应超过汽轮机组（汽轮机叶片）特性允许的范围。

限制频率升高控制装置可采用切除发电机或系统解列，例如将火电厂及与其大致平衡的负荷一起与系统其他部分解列。

5.5.3 为防止电力系统出现扰动后，无功功率欠缺或不平衡，某些节点的电压降到不允许的数值，甚至可能出现电压崩溃，应设置自动限制电压降低的紧急控制装置。

5.5.3.1 限制电压降低控制装置作用于增发无功功率（如发电机、调相机的强励，电容补偿装置强行补偿等）或减少无功功率需求（如切除并联电抗器，切除负荷等）。

5.5.3.2 低电压减负荷控制作为自动限制电压降低和防止电压崩溃的重要措施，应根据无功功率和电压水平的分析结果在系统中妥善配置。低电压减负荷控制装置反应于电压降低及其持续时间，装置可按动作电压及时间分为若干级，装置应在短路、自动重合闸及备用电源自动投入期间可靠不动作。

5.5.3.3 电力系统故障导致主网电压降低，在故障清除后主网电压不能及时恢复时，应闭锁供电变压器的带负荷自动切换抽头装置（OLTC）。

5.5.4 为防止电力系统出现扰动后，某些节点无功功率过剩而引起工频电压升高的数值及持续时间超过允许值，应设置自动防止电压升高的紧急控制。

5.5.4.1 限制电压升高控制装置应根据输电线路工频过电压保护的要求，装设于330kV及以上线路，也可装设于长距离220kV线路上。

5.5.4.2 对于具有大量电缆线路的配电变电站，如突然失去负荷导致不允许的母线电压升高时，宜设置限制电压升高的装置。

5.5.4.3 限制电压升高控制装置的动作时间可分为几段，例如：第1段投入并联电抗器，第2段切除其充电功率引起电压升高的线路。

5.8 故障记录及故障信息管理

5.8.1 为了分析电力系统事故和安全自动装置在事故过程中的动作情况，以及为迅速判定线路故障点的位置，在主要发电厂、220kV及以上变电所和110kV重要变电所应装设专用故障记录装置。单机容量为200MW及以上的发电机或发电机变压器组应装设专用故障记录装置。

5.8.2 故障记录装置的构成，可以是集中式的，也可以是分散式的。

5.8.3 故障记录装置除应满足DL/T 553标准的规定外，还应满足下列技术要求：

5.8.3.1 分散式故障记录装置应由故障录波主站和数字数据采集单元（DAU）组成。DAU应将故障记录传送给故障录波主站。

5.8.3.2 故障记录装置应具备外部起动的接入回路，每一DAU应能将起动信息传送给其他DAU。

5.8.3.3 分散式故障记录装置的录波主站容量应能适应该厂站远期扩建的DAU的接入及故障分析处理。

5.8.3.4 故障记录装置应有必要的信号指示灯及告警信号输出接点。

5.8.3.5 故障记录装置应具有软件分析、输出电流、电压、有功、无功、频率、波形和故障测距的数据。

5.8.3.6 故障记录装置与调度端主站的通信宜采用专用数据网传送。

5.8.3.7 故障记录装置的远传功能除应满足数据传送要求外，还应满足：

a. 能以主动及被动方式、自动及人工方式传送数据。

b. 能实现远方起动录波。

c. 能实现远方修改定值及有关参数。

5.8.3.8 故障记录装置应能接收外部同步时钟信号（如 GPS 的 IRIG-B 时钟同步信号）进行同步的功能，全网故障录波系统的时钟误差应不大于 1ms，装置内部时钟 24 小时误差应不大于±5s。

5.8.3.9 故障记录装置记录的数据输出格式应符合 IEC 60255—24 标准。

5.8.4 为使调度端能全面、准确、实时地了解系统事故过程中继电保护装置的动作行为，应逐步建立继电保护及故障信息管理系统。

5.8.4.1 继电保护及故障信息管理系统功能要求：

a. 系统能自动直接接收直调厂、站的故障录波信息和继电保护运行信息；

b. 能对直调厂、站的保护装置、故障录波装置进行分类查询、管理和报告提取等操作；

c. 能够进行波形分析、相序相量分析、谐波分析、测距、参数修改等；

d. 利用双端测距软件准确判断故障点，给出巡线范围；

e. 利用录波信息分析电网运行状态及继电保护装置动作行为，提出分析报告；

f. 子站端系统主要是完成数据收集和分类检出等工作，以提供调度端对数据分析的原始数据和事件记录量。

5.8.4.2 故障信息传送原则要求：

a. 全网的故障信息，必须在时间上同步。在每一事件报告中应标定事件发生的时间；

b. 传送的所有信息，均应采用标准规约。

【依据2】《国家电网有限公司十八项电网重大反事故措施（2018年修订版）》（国家电网设备〔2018〕979号）

15.1.1 涉及电网安全稳定运行的发、输、变、配及重要用电设备的继电保护装置应纳入电网统一规划、设计、运行和管理。在一次系统规划建设中，应充分考虑继电保护的适应性，避免出现特殊接线方式造成继电保护配置及整定难度的增加，为继电保护安全可靠运行创造良好条件。

15.1.2 继电保护装置的配置和选型，必须满足有关规程规定的要求，并经相关继电保护管理部门同意。保护选型应采用技术成熟、性能可靠、质量优良并经国家电网公司组织的专业检测合格的产品。

15.2.1 继电保护的设计、选型、配置应以继电保护"四性"（可靠性、速动性、选择性、灵敏性）为基本原则，任何技术创新不得以牺牲继电保护的快速性和可靠性为代价。

15.2.2 电力系统重要设备的继电保护应采用双重化配置，两套保护装置的跳闸回路应与断路器的两个跳闸线圈分别一一对应。每一套保护均应能独立反应被保护设备的各种故障及异常状态，并能作用于跳闸或发出信号，当一套保护退出时不应影响另一套保护的运行。双重化配置的继电保护应满足以下基本要求：

15.2.2.1 两套保护装置的交流电流应分别取自电流互感器互相独立的绕组；交流电压应分别取自电压互感器互相独立的绕组。对原设计中电压互感器仅有一组二次绕组，且已经投运的变电站，应积极安排电压互感器的更新改造工作，改造完成前，应在开关场的电压互感器端子箱处，利用具有短路跳闸功能的两组分相空气开关将按双重化配置的两套保护装置交流电压回路分开。

15.2.2.2 两套保护装置的直流电源应取自不同蓄电池组连接的直流母线段。每套保护装置与其相关设备（电子式互感器、合并单元、智能终端、网络设备、操作箱、跳闸线圈等）的直流电源均应取自与同一蓄电池组相连的直流母线，避免因一组站用直流电源异常对两套保护功能同时产生影响而导致的保护拒动。

15.2.2.3 220kV 及以上电压等级断路器的压力闭锁继电器应双重化配置，防止其中一组操作电源失去时，另一套保护和操作箱或智能终端无法跳闸出口。对已投入运行，只有单套压力闭锁继电器的断路器，应结合设备运行评估情况，逐步技术改造。

15.2.2.4 两套保护装置与其他保护、设备配合的回路应遵循相互独立的原则，应保证每一套保护装置与其他相关装置（如通道、失灵保护）联络关系的正确性，防止因交叉停用导致保护功能缺失。

15.2.2.5 220kV 及以上电压等级线路按双重化配置的两套保护装置的通道应遵循相互独立的原则，采用双通道方式的保护装置，其两个通道也应相互独立。保护装置及通信设备电源配置时应注意防止单组直流电源系统异常导致双重化快速保护同时失去作用的问题。

15.2.2.6 为防止装置家族性缺陷可能导致的双重化配置的两套继电保护装置同时拒动的问题，双重化配置的线路、变压器、母线、高压电抗器等保护装置应采用不同生产厂家的产品。

【依据3】《国家电网公司保护与控制系统技术监督规定》（国家电网生〔2005〕682号）

第六条 在电力系统投入运行的继电保护装置、安全自动装置、控制系统，必须经部级及以上有资质的相应质检中心确认其技术性能指标符合有关规定，经电网运行考核证实性能及质量满足有关标准规定的要求，并坚持先行试点取得经验再逐步推广应用的方针。

第七条 继电保护装置、安全自动装置、控制系统新产品，必须经相应电压等级或更高电压等级电网试运行。

第八条 新产品试运行

（一）各级电网应支持、重视新产品试运行工作。新产品试运行应按电网调度管辖范围履行审批手续，并向上一级主管部门备案。

（二）制造单位和接受试运行单位应签订书面协议，明确试运行方案和各方在产品试运行期间的权利义务（包括费用、期限、测试、事故处理等）。

（三）接受试运行单位在决定试运行的具体地点和方案时，应充分考虑保证电力系统安全运行，并取得相应保护与控制系统技术监督部门的认可。

（四）试运行期满后，试运行单位应负责提供正式的试运行报告，报本部门主管领导。

（五）符合审批手续的试运行产品在试运行期间如发生事故，按《国家电网公司电力生产事故调查规程》有关规定统计，视有关具体情况处理。

（六）各电网未履行审批手续，不得擅自接受保护与控制系统新产品试运行。因此而发生事故的，要追究事故责任并严肃处理。

第九条 各级电力调度部门应制定调度管辖范围电力系统电力设备的保护与控制系统配置及选型原则，使本电网保护与控制系统规范化和标准化，以利于加强管理，提高保护与控制系统运行质量。

第十条 500kV 及以上电压等级电网中应用的新产品必须有网、省公司应用的经验总结，并经国调中心复核，方可在电力系统应用。

220kV～330kV 电压等级电网中应用的新产品必须有网、省公司应用的经验总结，并经网调复核，方可在电力系统应用。

110kV 及以下电压等级电网中应用的新产品必须有相应电压等级电网应用经验总结，并经省调复核，方可在电力系统应用。

第十一条 技术监督部门应加强基建和技改工程项目的选型监督，应择优订货。无论国内生产或进口保护与控制系统，凡是专业整顿中不合格的；国家电网公司、网省公司明令停止订货（或停止使用）的；根据运行统计分析及质量评议提出的事故率高且无解决措施的；不满足反事故措施要求的；经质检不合格或拒绝质量监督抽查（检查）的产品，应禁止入网运行。

第十二条 第一次采用的国外装置和系统，必须经部级及以上有资质的质检中心按相应的试验大纲进行动态模拟试验和型式试验，确认其性能、指标等能够满足我国电网对保护与控制系统的要求方可选用，否则不得入网运行。

【依据4】国家能源局关于印发《防止电力生产事故的二十五项重点要求》的通知（国能安全〔2014〕161号文）

18.2 涉及电网安全、稳定运行的发电、输电、配电及重要用电设备的继电保护装置应纳入电网统一规划、设计、运行、管理和技术监督。

18.3 继电保护装置的配置和选型，必须满足有关规程规定的要求，并经相关继电保护管理部门同意。保护选型应采用技术成熟、性能可靠、质量优良的产品。

【依据5】《防止变电站全停十六项措施（试行）》（国家电网运检〔2015〕376号）

15.2.1 合并单元、智能终端、过程层交换机应采用通过国家电网公司组织的专业检测的产品。

2.2.3.2 主设备及线路、母线保护配置

本条评价项目（见《评价》）的查评依据如下。

【依据1】《继电保护和安全自动装置技术规程》（GB 14285—2006）

参见3.2.1.1之【依据1】的4.3、4.6、4.7、4.8、4.9、4.10。

【依据2】《国家电网有限公司十八项电网重大反事故措施（2018年修订版）》（国家电网设备〔2018〕979号）

15.2.3 220kV及以上电压等级的线路保护应满足以下要求：

15.2.3.1 每套保护均应能对全线路内发生的各种类型故障快速动作切除。对于要求实现单相重合闸的线路，在线路发生单相经高阻接地故障时，应能正确选相跳闸。

15.2.3.2 对于远距离、重负荷线路及事故过负荷等情况，继电保护装置应采取有效措施，防止相间、接地距离保护在系统发生较大的潮流转移时误动作。

15.2.3.3 引入两组及以上电流互感器构成合电流的保护装置，各组电流互感器应分别引入保护装置，不应通过装置外部回路形成合电流。对已投入运行采用合电流引入保护装置的，应结合设备运行评估情况，逐步技术改造。

15.2.3.4 应采取措施，防止由于零序功率方向元件的电压死区导致零序功率方向纵联保护拒动，但不应采用过分降低零序动作电压的方法。

15.2.4 断路器失灵保护中用于判断断路器主触头状态的电流判别元件应保证其动作和返回的快速性，动作和返回时间均不宜大于20ms，其返回系数也不宜低于0.9。

15.2.5 当变压器、电抗器的非电量保护采用就地跳闸方式时，应向监控系统发送动作信号。未采用就地跳闸方式的非电量保护应设置独立的电源回路（包括直流空气开关及其直流电源监视回路）和出口跳闸回路，且必须与电气量保护完全分开。220kV及以上电压等级变压器、电抗器的非电量保护应同时作用于断路器的两个跳闸线圈。

15.2.6 变压器的高压侧宜设置长延时的后备保护。在保护不失配的前提下，尽量缩短变压器后备保护的整定时间。

15.2.7 变压器过励磁保护的启动、反时限和定时限元件应根据变压器的过励磁特性曲线分别进行整定，其返回系数不应低于0.96。

15.2.8 为提高切除变压器低压侧母线故障的可靠性，宜在变压器的低压侧设置取自不同电流回路的两套电流保护功能。当短路电流大于变压器热稳定电流时，变压器保护切除故障的时间不宜大于2s。

15.2.9 110（66）kV及以上电压等级的母联、分段断路器应按断路器配置专用的、具备瞬时和延时跳闸功能的过电流保护装置。

15.2.10 220kV及以上电压等级变压器、发变组的断路器失灵保护应满足以下要求：

15.2.10.1 当接线形式为线路—变压器或线路—发变组时，线路和主设备的电气量保护均应启动断路器失灵保护。当本侧断路器无法切除故障时，应采取启动远方跳闸等后备措施加以解决。

15.2.10.2 变压器的电气量保护应启动断路器失灵保护，断路器失灵保护动作除应跳开失灵断路器相邻的全部断路器外，还应跳开本变压器连接其他电源侧的断路器。

15.2.11 防跳继电器动作时间应与断路器动作时间配合，断路器三相位置不一致保护的动作时间应与相关保护、重合闸时间相配合。

【依据3】《微机继电保护装置运行管理规程》（DL/T 587—2007）

6.12 微机保护双重化配置应满足以下要求：

a）双重化配置的线路、变压器和单元制接线方式的发电机—变压器组应使用主、后一体化的保护装置。对非单元制接线或特殊接线方式的发电机—变压器组则应根据主设备的一次接线方式，按双重

化的要求进行保护配置。

b）每套完整、独立的保护装置应能处理可能发生的所有类型的故障。两套保护之间不应有任何电气联系，当一套保护退出时不应影响另一套保护的运行。

c）两套主保护的交流电压回路应分别接入电压互感器的不同二次绕组（对双母线接线，两套保护可合用交流电压回路）、两套主保护的电流回路应分别取自电流互感器互相独立的二次绕组（铁芯），并合理分配电流互感器二次绕组。分配接入保护的电流互感器二次绕组时，还应特别注意避免运行中一套保护退出时可能出现的电流互感器内部故障死区问题。

d）双重化配置保护装置的直流电源应取自不同蓄电池组供电的直流母线段。

e）两套保护的跳闸回路应与断路器的两个跳闸线圈分别一一对应。

f）双重化的线路保护应配置两套独立的通信设备（含复用光纤通道、独立光芯、微波、载波等通道及加工设备等），两套通信设备应分别使用独立的电源。

g）双重化配置保护与其他保护、设备配合的回路（例如断路器和隔离开关的辅助触点、辅助变流器等）应遵循相互独立的原则。

【依据4】《防止变电站全停十六项措施（试行）》（国家电网运检〔2015〕376号）

6.1.2　220kV及以上电压等级线路、变压器、母线、高抗、串补、滤波器等设备应按照双重化要求配置相互独立的保护装置。1000kV、500（330）kV变电站内的110kV母线保护宜按双重化配置。

2.2.3.3　故障录波测距装置配置

本条评价项目（见《评价》）的查评依据如下。

【依据1】国家能源局关于印发《防止电力生产事故的二十五项重点要求》的通知（国能安全〔2014〕161号文）

18.6.11　220kV及以上电气模拟量必须接入故障录波器。所有保护出口信息、通道收发信情况及开关分合位情况等变位信息应全部接入故障录波器。

【依据2】《电力系统动态记录装置通用技术条件》（DL/T 553—2013）

5.1.1　装置应能完成线路、变压器、发电机变压器组各侧断路器、隔离开关及继电保护的开关量和电气量的采集和记录、故障起动判别、信号转换等功能。对于线路，装置还应能记录高频信号量。3/2接线方式下，装置具有信号合并能力，可将边、中开关电流合成线路电流。

5.1.2　装置应具有线路、变压器及发电机—变压器组的异常或故障数据的触发记录功能，当机组或电网发生大扰动时，能自动地对扰动的全过程按要求进行触发记录，并当暂态过程结束后，自动停止触发记录。

5.1.3　装置应具有数据连续记录功能，并能根据内置判据在连续记录数据上标记出扰动特征，以便于扰动数据检索。

5.1.4　装置所记录数据应有足够的真实性，能准确反应非周期分量及谐波分量。

5.1.5　装置内存容量应满足在规定的时间内连续发生规定次数的故障时能不中断地存入全部故障数据的要求。

5.1.6　在线路、变压器或发电机—变压器组故障时，装置应能提供简要的故障信息报告，以便于运行人员的处理。输出信息至少应包括：故障元件、故障类型、故障时刻、起动原因（第一个起动触发记录的判据名称）、保护及断路器动作情况、安全自动装置动作情况等。对线路故障，还应能提供故障测距结果。

5.1.7　装置应具有本地和远方通信接口及与之相关的软件、硬件配置，在就地实现存储记录数据、调试、整定和修改定值、监视信号、复归信号、控制操作、形成故障报告、远程传送等功能，同时还应具备与保护和故障信息管理子站系统的接口，以实现对装置的故障警告、启动、复位和波形的监视、管理等，并具有远传功能将记录信息送往调度端。装置数据通信应符合DL/T 860的相关要求。

5.1.8　装置应具有向外部存储设备导出数据的功能；应具有通过数据网实现远方调取连续记录数据的功能，并可按时段和记录通道实现选择性调用。

5.1.9　装置面板应便于监测和操作。应具有装置运行、起动、故障或异常的报警指示灯等，并应具有记录起动报警、异常报警、故障报警和装置电源消失报警等主要报警的硬接点信号输出。

5.1.10　装置屏柜端子不应与装置弱电系统（指 CPU 的电源系统）有直接电气上的联系。针对不同回路，应分别采用光电耦合、带屏蔽层的变压器磁耦合等隔离措施。

5.1.11　对于数字信号接入的装置应能实现预警功能，当报文或网络异常时，给出预警信号；当发生采样值异常或 GOOSE 异常时应起动记录；装置宜具备原始报文检索和分析功能，可显示原始 SV 报文的波形曲线。

【依据3】《国家电网有限公司十八项电网重大反事故措施（2018 年修订版）》（国家电网设备〔2018〕979 号）

15.4.5　建立和完善二次设备在线监视与分析系统，确保继电保护信息、故障录波等可靠上送。在线监视与分析系统应严格按照国家有关网络安全规定；做好有关安全防护。在改造、扩建工程中，新保护装置必须满足网络安全规定方可接入二次设备在线监视与分析系统。

【依据4】《智能变电站动态记录装置技术规范》（Q/GDW 1976—2013）

5.1　通用功能

5.1.1　装置应能完成线路、变压器、发电机—变压器组各侧断路器、隔离开关及继电保护的开关量和电气量的采集和记录、故障起动判别、信号转换等功能。对于线路，装置还宜能记录高频信号量。

5.1.2　装置应具有线路、变压器及发电机—变压器组的异常或故障数据的触发记录功能，当机组或电网发生大扰动时，能自动地对扰动的全过程按要求进行触发记录，并当暂态过程结束后，自动停止触发记录。

5.1.3　装置应具有连续记录扰动全过程数据的能力，并能根据内置判据在连续记录数据上标记出扰动特征，以便于事件（扰动）提醒和数据检索。

5.1.4　装置记录的数据应有足够的真实性，能准确反应非周期分量及谐波分量。

5.1.5　装置内存容量应满足在规定的时间内连续发生规定次数的故障时能不中断地存入全部故障数据的要求。

5.1.6　在装设装置的线路、变压器或发电机—变压器组故障时，装置应能提供简要的故障信息报告，以便于运行人员的处理。输出信息至少应包括：故障元件、故障类型、故障时刻、起动原因（第一个起动暂态记录的判据名称）、保护及断路器动作情况、安全自动装置动作情况等。对线路故障，还应能提供故障测距结果。

5.1.7　装置应具有本地和远方通信接口及与之相关的软件、硬件配置，在就地实现存储录波数据、调试、整定和修改定值、监视信号、复归信号、控制操作、形成故障报告、远程传送、通信接口等功能，在远方实现修改定值、监视信号、复归信号、控制操作等功能，同时还应具备与保护和故障信息管理子站系统的接口，以实现对装置的故障警告、启动、复归和波形的监视、管理等，并具有远传功能将录波信息送往调度端。装置数据通信应符合 DL/T 860 标准。

5.1.8　装置应具有向其他就地及远方存储设备方便、快速导出数据的功能；也应具有利用数据网方式实现远方调用连续录波数据的功能，并可按时段和记录通道实现选择性调用。

5.1.9　装置面板应便于监测和操作。应具有装置运行、启动、故障或异常的报警指示等，并应有录波起动报警、异常报警、故障报警和电源消失报警等主要报警硬接点信号输出。

5.1.10　装置屏柜端子不应与装置弱电系统（指 CPU 的电源系统）有直接电气上的联系。针对不同回路，应分别采用光电耦合、带屏蔽层的变压器磁耦合等隔离措施。

5.1.11　对于数字信号接入的装置应能实现预警功能，当报文或网络异常时，给出预警信号；当发生采样值异常或 GOOSE 异常时应启动录波；装置宜具备原始报文检索和分析功能，可显示原始 SV 报文的波形曲线。

2.2.4　反措落实

2.2.4.1　反措项目管理

本条评价项目（见《评价》）的查评依据如下。

【依据】《国家电网公司保护与控制系统技术监督规定（试行）》（国家电网生〔2005〕682号）

第三十四条　各级技术监督部门应参加继电保护事故调查、分析和反事故措施的制订工作。

第三十五条　各级保护与控制系统技术监督部门均应建立反事故措施管理档案，收集并整理执行情况。

第三十六条　各单位应依据上级技术监督部门颁布的反事故措施，制定具体的实施计划和方案，并将执行情况反馈上级部门。

第三十七条　各级保护与控制系统技术监督部门按照调度管辖范围划分，向上一级监督部门上报本单位反事故措施计划及执行情况。

第三十八条　保护与控制系统技术监督部门应指导和检查电网运营企业、发电厂制订和执行电网反事故措施。

第三十九条　设计部门应严格执行电网反事故措施，对于未执行反措的设计项目，运行单位有权要求进行更改设计直至满足要求。

第四十条　基建施工单位必须按照反措规定进行施工，否则运行单位可拒绝给予工程验收。

第四十一条　各级保护与控制系统技术监督部门应协助有关生产部门和单位进行反措执行情况的检查和考核，有权责令反措执行不力的单位进行整改。

2.2.4.2　现场反措重点条款

本条评价项目（见《评价》）的查评依据如下。

【依据】《国家电网有限公司十八项电网重大反事故措施（2018年修订版)》（国家电网设备〔2018〕979号）

15.6.2　为提高继电保护装置的抗干扰能力，应采取以下措施：

15.6.2.1　在保护室屏柜下层的电缆室（或电缆沟道）内，沿屏柜布置的方向逐排敷设截面积不小于 $100mm^2$ 的铜排（缆），将铜排（缆）的首端、末端分别连接，形成保护室内的等电位地网。该等电位地网应与变电站主地网一点相连，连接点设置在保护室的电缆沟道入口处。为保证连接可靠，等电位地网与主地网的连接应使用4根及以上，每根截面积不小于 $50mm^2$ 的铜排（缆）。

15.6.2.2　分散布置保护小室（含集装箱式保护小室）的变电站，每个小室均应参照 15.6.2.1 要求设置与主地网一点相连的等电位地网。小室之间若存在相互连接的二次电缆，则小室的等电位地网之间应使用截面积不小于 $100mm^2$ 的铜排（缆）可靠连接，连接点应设在小室等电位地网与变电站主接地网连接处。保护小室等电位地网与控制室、通信室等的地网之间亦应按上述要求进行连接。

15.6.2.3　微机保护和控制装置的屏柜下部应设有截面积不小于 $100mm^2$ 的铜排（不要求与保护屏绝缘），屏柜内所有装置、电缆屏蔽层、屏柜门体的接地端应用截面积不小于 $4mm^2$ 的多股铜线与其相连，铜排应用截面不小于 $50mm^2$ 的铜缆接至保护室内的等电位接地网。

15.6.2.4　直流电源系统绝缘监测装置的平衡桥和检测桥的接地端以及微机型继电保护装置柜屏内的交流供电电源（照明、打印机和调制解调器）的中性线（零线）不应接入保护专用的等电位接地网。

15.6.2.5　微机型继电保护装置之间、保护装置至开关场就地端子箱之间以及保护屏至监控设备之间所有二次回路的电缆均应使用屏蔽电缆，电缆的屏蔽层两端接地，严禁使用电缆内的备用芯线替代屏蔽层接地。

15.6.2.6　为防止地网中的大电流流经电缆屏蔽层，应在开关场二次电缆沟道内沿二次电缆敷设截面积不小于 $100mm^2$ 的专用铜排（缆）；专用铜排（缆）的一端在开关场的每个就地端子箱处与主地网相连，另一端在保护室的电缆沟道入口处与主地网相连，铜排不要求与电缆支架绝缘。

15.6.2.7　接有二次电缆的开关场就地端子箱内（汇控柜、智能控制柜）应设有铜排（不要求与端子箱外壳绝缘），二次电缆屏蔽层、保护装置及辅助装置接地端子、屏柜本体通过铜排接地。铜排截面积应不小于 $100mm^2$，一般设置在端子箱下部，通过截面积不小于 $100mm^2$ 的铜缆与电缆沟内不小于的 $100mm^2$ 的专用铜排（缆）及变电站主地网相连。

15.6.2.8　由一次设备（如变压器、断路器、隔离开关和电流、电压互感器等）直接引出的二次电缆的屏蔽层应使用截面不小于 $4mm^2$ 多股铜质软导线仅在就地端子箱处一点接地，在一次设备的接线盒（箱）处不接地，二次电缆经金属管从一次设备的接线盒（箱）引至电缆沟，并将金属管的上端与一次设备的底座或金属外壳良好焊接，金属管另一端应在距一次设备 $3m\sim5m$ 之外与主接地网焊接。

15.6.2.9　由纵联保护用高频结合滤波器至电缆主沟施放一根截面积不小于 $50mm^2$ 的分支铜导线，该铜导线在电缆沟的一侧焊至沿电缆沟敷设的截面积不小于 $100mm^2$ 专用铜排（缆）上；另一侧在距耦合电容器接地点约 $3m\sim5m$ 处与变电站主地网连通，接地后将延伸至保护用结合滤波器处。

15.6.2.10　结合滤波器中与高频电缆相连的变送器的一、二次线圈间应无直接连线，一次线圈接地端与结合滤波器外壳及主地网直接相连；二次线圈与高频电缆屏蔽层在变送器端子处相连后用不小于 $10mm^2$ 的绝缘导线引出结合滤波器，再与上述与主沟截面积不小于 $100mm^2$ 的专用铜排（缆）焊接的 $50mm^2$ 分支铜导线相连；变送器二次线圈、高频电缆屏蔽层以及 $50mm^2$ 分支铜导线在结合滤波器处不接地。

15.6.2.11　当使用复用载波作为纵联保护通道时，结合滤波器至通信室的高频电缆敷设应按15.6.2.9和15.6.2.10的要求执行。

15.6.2.12　保护室与通信室之间信号优先采用光缆传输。若使用电缆，应采用双绞双屏蔽电缆，其中内屏蔽在信号接收侧单端接地，外屏蔽在电缆两端接地。

15.6.2.13　应沿线路纵联保护光电转换设备至光通信设备光电转换接口装置之间的 2M 同轴电缆敷设截面积不小于 $100mm^2$ 铜电缆。该铜电缆两端分别接至光电转换接口柜和光通信设备（数字配线架）的接地铜排。该接地铜排应与 2M 同轴电缆的屏蔽层可靠相连。为保证光电转换设备和光通信设备（数字配线架）的接地电位的一致性，光电转换接口柜和光通信设备的接地铜排应同点与主地网相连。重点检查 2M 同轴电缆接地是否良好，防止电网故障时由于屏蔽层接触不良影响保护通信信号。

15.6.2.14　为取得必要的抗干扰效果，可在敷设电缆时使用金属电缆托盘（架），将各段电缆托盘（架）与接地网紧密连接，并将不同用途的电缆分类、分层敷设在金属电缆托盘（架）中。

2.3　调度自动化

2.3.1　机制建设

2.3.1.1　运行维护管理制度

本条评价项目（见《评价》）的查评依据如下。

【依据1】《国家电网公司电力调度自动化系统运行管理规定》[国网（调/4）335—2014]

第十九条：自动化管理部门和子站运行维护部门应制订相应的自动化系统运行管理规范，内容应包括：运行值班和交接班、机房管理、设备和功能投运和退役管理、缺陷管理、检修管理、安全管理、新设备移交运行管理等。

【依据2】《电力调度自动化系统运行管理规程》（DL/T 516—2017）

4　运行界面

4.1　调度机构自动化管理部门的职责如下：

a）贯彻执行国家、电力行业和上级颁发的各项规程、标准、导则、规定等；

b）负责本电网自动化系统运行的归口管理和技术指导工作；

c）负责组织本电网自动化专业发展规划的制定，并组织实施；

d）负责制定调度管辖范围内自动化系统运行、检验的规程、规定；

e）负责本调度机构主站系统的建设、技术改造、运行和维护，负责本级调度备调系统的技术管理，以及部署在本调度机构的相关调度机构备调系统的运行维护；

f）参加调度管辖范围内新建和改（扩）建厂站子站设备的设计审查、技术规范审查和验收等工作；

g）监督调度管辖范围内新建和改（扩）建厂站子站设备与厂站一次设备同步投入运行；

h）指导和审核调度管辖范围内自动化系统、设备的技术改造和大修计划；

i）审批调度管辖范围内自动化系统、设备的检修计划和检修申请；

j）负责调度管辖范围内自动化系统运行情况的统计分析；

k）参加本电网自动化系统重大故障的调查和分析；

l）组织本电网和调度管辖厂站自动化系统的技术交流、人员培训等工作；

m）保证向有关调度机构传送信息的实时性、准确性和可靠性；

n）负责下级调度机构和调度管辖厂站电力监控系统安全防护的技术监督；

o）负责对子站运行维护部门和下级调度机构相关业务的考核管理；

p）负责统筹协调与电网运行控制相关的通信业务并实施考核。

4.2 子站运行维护部门职责如下：

a）贯彻执行国家、电力行业和上级颁发的各项规程、标准、导则、规定等；

b）参加运行维护范围内新建和改（扩）建厂站子站设备设计、技术规范审查等工作；

c）负责或参加运行维护范围内新建和改（扩）建厂站子站设备的安装、调试和验收；

d）编制运行维护范围内子站设备的现场运行规程及使用说明；

e）编制运行维护范围内子站设备的检修计划，提出检修申请，并负责实施；

f）编制运行维护范围内子站设备的技术改造和大修计划并负责实施；

g）负责运行维护范围内子站设备的运行维护、缺陷管理、定期检验、台账管理和运行统计分析并按期上报；

h）参加调度机构组织的自动化系统技术培训和交流；

i）保证向有关调度传送信息的实时性、准确性和可靠性；

j）完成有调度管辖权或设备监控权的调度机构布置的有关工作；

4.3 通信运行管理部门职责如下：

a）负责为自动化系统提供冗余可靠、满足数据传输质量和带宽要求的通信通道；

b）负责对影响自动化数据传输的通道异常或故障进行分析和处理，并将处理结果告知相关调度机构或专业；

c）当通信设备检修影响自动化通道时，负责将检修票提交给相关调度机构或专业会签；

4.4 主站主要岗位设置要求如下：

a）应设自动化运行值班人员，负责调度管辖范围内自动化系统的日常运行值班工作；

b）应设系统管理专责或班组，负责主站的系统管理；

c）应设网络管理专责，负责主站系统和调度数据网的网络管理；

d）应设电力监控系统安全防护管理专责，负责电力监控系统安全防护管理及设备运行维护；

e）应设模型及数据管理专责，负责电网模型及数据的管理和维护；

f）应设自动化系统各应用软件的管理专责，负责应用软件的日常运行维护工作；

g）应设厂站自动化管理专责，负责厂站自动化的专业管理；

h）应设配网自动化主站管理专责，负责配网自动化主站的专业管理；

i）各单位在设置 b）~h）类人员时应考虑备用，满足各系统运行维护管理需要；

4.5 厂站岗位设置要求如下：

a）应设自动化专责人员，负责厂站自动化管理；

b）应设自动化运行维护人员（班组），负责子站设备的调试、巡视、检修和故障处理等。

4.6 运行维护、值班人员应经过专业培训及考试，合格后方可上岗；若离岗时间超过三个月，需经过考试合格后方可重新上岗。

5 运行维护

5.1 运行维护制度

自动化管理部门和子站运行维护部门应制订相应的自动化系统运行管理制度，内容应包括运行值班和交接班、机房管理、设备和功能停复役、缺陷处理、系统及设备检修、安全管理、网络安全防护、厂站接入等。

5.2 运行维护通用要求

5.2.1 运行维护和值班人员应严格执行相关的运行管理制度，在处理自动化系统故障、进行重要测试或操作时，不宜进行运行值班人员交接班。

5.2.2 自动化系统的运行维护人员应定期对自动化系统和设备进行巡视、检查、测试和记录，确保系统软硬件正常运行；定期核对自动化基础数据，确保数据准确可靠。发现异常情况应及时处理，做好记录并按有关规定要求进行汇报。

5.2.3 主站在进行系统运行维护时，如可能影响电网调度或设备监控业务，自动化值班人员应提前通知值班调度员或监控员，获得准许后方可进行；如可能影响向相关调度机构传送自动化信息，应提前通知相关调度机构自动化值班人员；如可能影响上级调度自动化信息，须获得上级自动化值班人员准许后方可进行。对于影响较大的工作，应提前办理有关工作申请。

5.2.4 一次系统的变更（如厂站设备的增、减，主接线变更，互感器变比改变等）需修改相应画面和数据库等内容时，应以经过批准的书面通知为准。

5.2.5 子站运行维护部门应保证维护范围内设备的正常运行及信息的完整性和正确性，发现故障或接到设备故障通知后，应立即按相关规定进行处理，并及时向对其有调度管辖权和设备监控权的调度机构自动化值班人员汇报。事后应详细记录故障现象、原因及处理过程，必要时编写分析报告，并报对其有调度管辖权和设备监控权的调度机构自动化管理部门备案。

5.2.6 子站运行维护部门应建立设备的台账（卡）、运行日志和设备缺陷、测试数据等记录。每月做好运行统计和分析，按时向对其有调度管辖权的调度机构自动化管理部门填报运行维护设备的运行月报。

5.2.7 在进行有关工作时，如可能影响到向相关调度机构传送的自动化信息或自动化功能，应按规定进行检修申请，并向相关调度机构自动化值班人员汇报，获得对其有调度管辖权的调度机构的准许后方可进行，自动化值班人员应及时通知值班调度员。

5.2.8 厂站未经对其有调度管辖权的调度机构自动化管理部门的同意，不得在子站设备及其二次回路上工作和操作，但按规定由运行人员操作的开关、按钮、压板及保险器等不在此限。

5.2.9 为保证自动化系统的正常维护，及时排除故障，自动化管理部门和子站运行维护部门应配有必要的交通工具和通信工具，并应视需要配备自动化专用的仪器、仪表、工具、备品、备件等。

5.2.10 凡对运行中的自动化系统作重大修改，均应经过技术论证，提出书面改进方案，经主管领导批准和相关调度机构确认后方可实施。技术改进后的设备和软件应经过3个～6个月的试运行，验收合格后方可正式投入运行，同时应对相关技术人员进行培训。

5.2.11 凡参与AGC、AVC调整的发电机组，在新机组投产前、机组大修后或监控系统改造后，应经过对其有调度管辖权的调度机构组织进行的系统联合测试。测试前发电厂应向调度机构提出进行系统联合测试的申请，并提供机组有关现场试验报告；系统联合测试合格后，由调度机构以书面形式通知发电厂。

5.2.12 凡参与电网AVC调整的变电站，在变电站投运前，应由对其有设备监控权的调度机构组织对站内电压无功设备（包括变压器分联头、并联电容器电抗器、静止无功补偿器）进行联合测试，测试合格后方允许投入AVC控制。

5.2.13 凡参与AGC、AVC调整的单位应保证相关设备的正常投入，除紧急情况外，未经调度许可不得擅自改变其运行状态利和运行参数。

【依据3】《国家电网公司电力调度自动化系统运行管理规定》[国网（调/4）335—2014]

第十九条 自动化管理部门和子站运行维护部门应制订相应的自动化系统运行管理规范，内容应包括：运行值班和交接班、机房管理、设备和功能投运和退役管理、缺陷管理、检修管理、安全管理、新设备移交运行管理等。

2.3.1.2 自动化系统实用化

本条评价项目（见《评价》）的查评依据如下。

【依据】《国家电网公司电力调度自动化系统运行管理规定》[国网（调/4）335—2014]

第十二条 运行维护管理要求如下：

（十）凡对运行中的自动化系统作重大修改，均应经过技术论证，提出书面改进方案，经主管领导批准和相关电力调度机构确认后方可实施。技术改进后的设备和软件应经过 3 个～6 个月的试运行，验收合格后方可正式投入运行，同时应对相关技术人员进行培训。

2.3.1.3　备调自动化

本条评价项目（见《评价》）的查评依据如下。

【依据】《国家电网公司地县级备用调度运行管理工作规定》[国网（调/4）341—2014]

第二十七条　备调技术支持系统要求：

（一）备调技术支持系统应与主调技术支持系统实行同质化管理。

（二）地调运维人员负责进行备调技术支持系统常态化检查、测试及故障消缺等日常维护工作，备调所在单位值班人员负责对备调值班设施及备调技术支持系统日常巡视。

（三）备调技术支持系统计划检修维护应办理检修维护申请，履行审批手续后执行。

（四）厂站设备新投、变动时，调控机构应同时完成主、备调技术支持系统的接入调试，以及备调与主调模型、参数、图形和运行资料的同步更新。

（五）主调应负责备调技术支持系统及通信调度台的运行状态监视，负责开展调度、监控电话测试，数据同步管理。

（六）备调技术支持系统和数据应定期进行备份。

2.3.1.4　信息管理

本条评价项目（见《评价》）的查评依据如下。

【依据 1】《调度控制远方操作自动化管理规定（试行）》（调自〔2014〕81 号）

第十八条　严格按照《调控机构设备监控信息表管理规定》（调监〔2013〕281 号）执行变电站监控信息表编制、审核、发布流程，依据正式发布的信息表分别在主站和变电站侧形成"四遥"信息点表文件。

第十九条　变电站监控信息点表和监控画面等文件应实现版本化管理，每次变更都应进行相应版本号更新，并标注更新原因、更新日期及被替换的版本号。

【依据 2】《国家电网公司防止变电站全停十六项措施（试行）》（国家电网运检〔2015〕376 号）

7.3.2　应严格管控监控信息点表变更，规范监控信息点表管理，确保调度主站端和变电站端监控信息点表准确无误，防止信息错误。

【依据 3】《变电站集中监控验收技术导则》（Q/GDW 11288—2014）

6.1.1　变电站一次设备新（改、扩）建、检修和设备命名变更等情况下，新增或更改接入调控主站监控信息的，在完成监控信息接入后应进行联调验收。

6.1.2　变电站综自系统改造、调控主站系统更换、新上调控主站备用系统等情况下，影响接入调控主站监控信息的，在完成相关改造工作后应进行监控信息联调验收。

6.1.3　变电站端设备或二次回路变更影响接入调控主站监控信息的，应在完成站内监控系统调试并验证正确后进行与调控主站的联调验收；调控主站系统更换或新上备用系统的，在完成出厂验收（FAT）并在运行现场完成安装调试后进行监控信息联调验收工作。

【依据 4】《国家电网公司电力调度自动化系统运行管理规定》[国网（调/4）335—2014]

第三十三条　厂站信息参数管理要求如下：

信息参数主要有：

1. 一次设备名称；

2. 电压和电流互感器的变比；

3. 变送器或交流采样的输入/输出范围、计算出的遥测满度值及量纲；

4. 事故、异常、越限、变位、告知五类监控信号；

5. 遥测扫描周期和阈值；

6. 信号的常开/常闭接点、信号接点抗抖动的滤波时间设定值；

7. 事件顺序记录（SOE）的选择设定；

8. 机组（电厂）AGC/AVC 遥调信号的输出范围、满度值和调节速率限值；

9. 电能量计量装置的时段、读写密码、通信号码；

10. 厂站调度数据网络接入设备和安全设备的 IP 地址和信息传输地址等；

11. 向有关调度传输数据的方式、通信规约、数据序位表等参数。

如果（一）中 1～4 的参数发生变化，子站运行维护部门应提前书面通知相关自动化管理部门；5～11 参数的设置和修改，应根据有调度管辖权的电力调度机构自动化管理部门的要求在现场进行。

2.3.1.5 自动化运行值班

本条评价项目（见《评价》）的查评依据如下。

【**依据 1**】《国家电网公司电力调度自动化系统运行管理规定》[国网（调/4）335—2014]

第十六条 主站主要岗位设置要求如下：

（一）应设自动化运行值班人员，负责调度管辖范围内自动化系统和设备的日常运行工作；

第二十条 运行维护管理要求如下：

（一）运行维护和值班人员应严格执行相关的运行管理制度，保持自动化系统设备机房和周围环境的整齐清洁；在处理自动化系统故障、进行重要测试或操作时，不得进行运行值班人员交接班。

（二）自动化系统的专责人员应对自动化系统和设备进行巡视、检查、测试和记录，确保系统平台和各项应用功能、网络、安全防护设备等正常运行；核对自动化基础数据的准确性和计算结果的正确性，确保数据准确可靠。发现异常情况应及时处理，做好记录并按有关规定要求进行汇报。

（三）主站在进行系统运行维护时，如可能影响到向调度员提供的自动化信息时，自动化值班人员应提前通知值班调度员，获得准许后方可进行；如可能影响到向相关电力调度机构传送的自动化信息时，应提前通知相关电力调度机构自动化值班人员，影响上级调度自动化信息的工作，须获得准许后方可进行。对于影响较大的工作，应办理有关手续。

（四）子站运行维护部门应保证维护范围内设备的正常运行及信息的完整性和正确性，发现故障或接到设备故障通知后，应立即按相关规定进行处理，并及时向对其有调度管辖权和设备监控权的电力调度机构自动化值班人员汇报。事后应详细记录故障现象、原因及处理过程，必要时写出分析报告，并报对其有调度管辖权和设备监控权的电力调度机构自动化管理部门备案。

（五）子站运行维护部门应建立设备的台账（卡）、运行日志和设备缺陷、测试数据等记录。每月做好运行统计和分析，按时向对其有调度管辖权的电力调度机构自动化管理部门填报运行维护设备的运行月报。

（六）厂站在进行有关工作时，如可能影响到向相关电力调度机构传送的自动化信息时，应按规定提前向相关电力调度机构自动化值班人员汇报，并获得对其有调度管辖权和设备监控权的电力调度机构的准许后方可进行，自动化值班人员应及时通知值班调度员和监控员。

【**依据 2**】《电力调度自动化系统运行管理规程》（DL/T 516—2017）

5 运行维护

5.1 运行维护制度

自动化管理部门和子站运行维护部门应制订相应的自动化系统运行管理制度，内容应包括运行值班和交接班、机房管理、设备和功能停复役、缺陷处理、系统及设备检修、安全管理、网络安全防护、厂站接入等。

5.2 运行维护通用要求

5.2.1 运行维护和值班人员应严格执行相关的运行管理制度，在处理自动化系统故障、进行重要测试或操作时，不宜进行运行值班人员交接班。

5.2.2 自动化系统的运行维护人员应定期对自动化系统和设备进行巡视、检查、测试和记录，确保系统软硬件正常运行；定期核对自动化基础数据，确保数据准确可靠。发现异常情况应及时处理，做好记录并按有关规定要求进行汇报。

5.2.3　主站在进行系统运行维护时，如可能影响电网调度或设备监控业务，自动化值班人员应提前通知值班调度员或监控员，获得准许后方可进行；如可能影响向相关调度机构传送自动化信息，应提前通知相关调度机构自动化值班人员；如可能影响上级调度自动化信息，须获得上级自动化值班人员准许后方可进行。对于影响较大的工作，应提前办理有关工作申请。

5.2.4　一次系统的变更（如厂站设备的增、减，主接线变更，互感器变比改变等）需修改相应画面和数据库等内容时，应以经过批准的书面通知为准。

5.2.5　子站运行维护部门应保证维护范围内设备的正常运行及信息的完整性和正确性，发现故障或接到设备故障通知后，应立即按相关规定进行处理，并及时向对其有调度管辖权和设备监控权的调度机构自动化值班人员汇报。事后应详细记录故障现象、原因及处理过程，必要时编写分析报告，并报对其有调度管辖权和设备监控权的调度机构自动化管理部门备案。

5.2.6　子站运行维护部门应建立设备的台账（卡）、运行日志和设备缺陷、测试数据等记录。每月做好运行统计和分析，按时向对其有调度管辖权的调度机构自动化管理部门填报运行维护设备的运行月报。

5.2.7　在进行有关工作时，如可能影响到向相关调度机构传送的自动化信息或自动化功能，应按规定进行检修申请，并向相关调度机构自动化值班人员汇报，获得对其有调度管辖权的调度机构的准许后方可进行，自动化值班人员应及时通知值班调度员。

5.2.8　厂站未经对其有调度管辖权的调度机构自动化管理部门的同意，不得在子站设备及其二次回路上工作和操作，但按规定由运行人员操作的开关、按钮、压板及保险器等不在此限。

5.2.9　为保证自动化系统的正常维护，及时排除故障，自动化管理部门和子站运行维护部门应配有必要的交通工具和通信工具，并应视需要配备自动化专用的仪器、仪表、工具、备品、备件等。

5.2.10　凡对运行中的自动化系统作重大修改，均应经过技术论证，提出书面改进方案，经主管领导批准和相关调度机构确认后方可实施。技术改进后的设备和软件应经过 3 个～6 个月的试运行，验收合格后方可正式投入运行，同时应对相关技术人员进行培训。

5.2.11　凡参与 AGC、AVC 调整的发电机组，在新机组投产前、机组大修后或监控系统改造后，应经过对其有调度管辖权的调度机构组织进行的系统联合测试。测试前发电厂应向调度机构提出进行系统联合测试的申请，并提供机组有关现场试验报告；系统联合测试合格后，由调度机构以书面形式通知发电厂。

5.2.12　凡参与电网 AVC 调整的变电站，在变电站投运前，应由对其有设备监控权的调度机构组织对站内电压无功设备（包括变压器分联头、并联电容器电抗器、静止无功补偿器）进行联合测试，测试合格后方允许投入 AVC 控制。

5.2.13　凡参与 AGC、AVC 调整的单位应保证相关设备的正常投入，除紧急情况外，未经调度许可不得擅自改变其运行状态利和运行参数。

2.3.1.6　自动化设备检修

本条评价项目（见《评价》）的查评依据如下。

【依据 1】《电力调度自动化系统运行管理规程》（DL/T 516—2017）

5.4　系统及设备检修

5.4.1　自动化系统和设备的检修分为计划检修、临时检修和故障抢修。计划检修是指纳入年度计划和月度计划的检修工作；临时检修是指须及时处理的重大设备缺陷和隐患等；故障抢修是指系统和设备发生危急缺陷等须立即进行抢修恢复的工作。

5.4.2　子站设备的年度检修计划应与一次设备的检修计划一同编制和上报，由对其有调度管辖权的调度机构自动化管理部门负责进行审核和批复。主站系统由其自动化管理部门提出，并报本调度机构的领导审核批准。

5.4.3　子站设备的计划检修和临时检修由设备运行维护单位至少在 3 个工作日前提出申请，报对其有调度管辖权的调度机构自动化管理部门批准后方可实施。

5.4.4 子站设备发生故障后，运行维护人员应立即向对其有调度管辖权和设备监控权的调度机构自动化值班人员汇报，报告故障情况、影响范围，并按照现场规定进行故障处理。情况紧急时，可先进行处理，处理完毕后尽快将故障处理情况报以上调度机构自动化管理部门。

5.4.5 设备检修工作开始前，应与对其有调度管辖权的调度机构自动化值班人员联系，得到确认并通知受影响的调度机构自动化值班人员后方可工作。设备恢复运行后，应及时通知以上调度机构的自动化值班人员，并记录和报告设备处理情况，取得认可后方可离开现场。

5.4.6 厂站一次设备退出运行或处于备用、检修状态时，其子站设备（含 AGC、AVC 执行装置）均不得停电或退出运行，有特殊情况确需停电或退出运行时，需提前3个工作日按5.4.3的规定办理设备停运申请。

5.4.7 主站系统的计划检修和临时检修由自动化管理部门至少在3个工作日前提出书面申请，经本单位其他部门会签并办理有关手续后方可进行。如可能影响到向相关调度机构传送的自动化信息，应向上级调度机构提出申请并获得准许后方可进行。

5.4.8 主站系统的故障抢修，由自动化值班人员及时通知本单位相关部门并按现场规定处理，必要时报告主管领导。如影响到向相关调度机构传送的自动化信息，应及时通知相关调度机构自动化值班人员。故障抢修结束后，应及时提供故障分析报告。

【依据2】《国家电网公司电力调度自动化系统运行管理规定》［国网（调/4）335—2014］

第二十二条 检修管理要求如下：

（一）自动化系统和设备的检修分为计划检修、临时检修和故障抢修。计划检修是指纳入年度计划和月度计划的检修工作；临时检修是指须及时处理的重大设备隐患、故障善后工作等；故障抢修是指由于设备健康或其他原因须立即进行抢修恢复的工作。

（二）子站设备的年度检修计划应与一次设备的检修计划一同编制和上报，由对其有调度管辖权的电力调度机构自动化管理部门负责进行审核和批复。主站系统由其自动化管理部门提出，并报本级电力调度机构的领导审核批准。

（三）子站设备的计划检修由设备运维单位至少在3个工作日前提出申请，临时检修应至少在工作前4h提出书面申请，报对其有调度管辖权的电力调度机构自动化管理部门批准后方可实施。

（四）子站设备发生故障后，运行维护人员应立即向对其有调度管辖权和设备监控权的电力调度机构自动化值班人员汇报，报告故障情况、影响范围，并按照现场规定进行故障处理。情况紧急时，可先进行处理，处理完毕后尽快将故障处理情况报以上电力调度机构自动化管理部门。

（五）设备检修工作开始前，应与对其有调度管辖权和设备监控权的电力调度机构自动化值班人员联系，得到确认并通知受影响的调度机构自动化值班人员后方可工作。设备恢复运行后，应及时通知以上电力调度机构的自动化值班人员，并记录和报告设备处理情况，取得认可后方可离开现场。

（六）厂站一次设备退出运行或处于备用、检修状态时，其子站设备（含 AGC 执行装置）均不得停电或退出运行，有特殊情况确需停电或退出运行时，需提前3个工作日按本条（三）规定办理设备停运申请。

（七）主站系统的计划检修由自动化管理部门至少在3个工作日前提出书面申请，临时检修应至少在工作前4h提出书面申请，经本单位其他部门会签并办理有关手续后方可进行。如可能影响到向相关电力调度机构传送的自动化信息时，应向上级电力调度机构提出申请并获得准许后方可进行。

（八）主站系统的故障抢修，由自动化值班人员及时通知本单位相关部门并按现场规定处理，必要时报告主管领导；如影响到向相关调度机构传送的自动化信息时，应及时通知相关电力调度机构自动化值班人员。故障抢修结束后，应及时提供故障分析报告。

（九）通信通道检修影响自动化业务时，通信运行管理部门应将检修票提交相关电力调度机构会签。

2.3.1.7 自动化系统缺陷处置

本条评价项目（见《评价》）的查评依据如下。

【依据1】《电力调度自动化系统运行管理规程》(DL/T 516—2017)

5.1 运行维护制度

自动化管理部门和子站运行维护部门应制订相应的自动化系统运行管理制度,内容应包括运行值班和交接班、机房管理、设备和功能停复役、缺陷处理、系统及设备检修、安全管理、网络安全防护、厂站接入等。

5.2.6 子站运行维护部门应建立设备的台账(卡)、运行日志和设备缺陷、测试数据等记录。每月做好运行统计和分析,按时向对其有调度管辖权的调度机构自动化管理部门填报运行维护设备的运行月报。

5.4.1 自动化系统和设备的检修分为计划检修、临时检修和故障抢修。计划检修是指纳入年度计划和月度计划的检修工作;临时检修是指须及时处理的重大设备缺陷和隐患等;故障抢修是指系统和设备发生危急缺陷等须立即进行抢修恢复的工作。

7.8 正式运行的自动化系统和设备应具备下列图纸资料:

a) 设备的专用检验规程、相关的运行管理规定、办法;

b) 设计单位提供的设计资料;

c) 符合实际情况的现场安装接线图、原理图和现场调试、测试记录;

d) 设备投入试运行和正式运行的书面批准文件;

e) 试制或改进的自动化系统设备应有经批准的试制报告或设备改进报告;

f) 各类设备运行记录(如运行日志、现场检测记录、定检或临检报告等);

g) 设备故障和处理记录(如设备缺陷记录簿);

h) 相关部门间使用的变更通知单和整定通知单;

i) 软件资料,如程序框图、文本及说明书、软件介质及软件维护记录簿等;

j) 安全管理的技术资料、符合实际情况的现场网络连接示意图、系统配置资料,以及安装手册、系统调试、测试记录、维护手册和验收报告等资料。

【依据2】《国家电网公司电力调度自动化系统运行管理规定》[国网(调/4)335—2014]

第二十一条 缺陷管理要求如下:

(一)运行中的调度自动化系统和设备出现异常情况均列为缺陷,根据威胁安全的程度,分为紧急缺陷、重要缺陷和一般缺陷。

(1)紧急缺陷:指已经引发自动化系统、调度管理或变电管理的故障或事故,必须马上处理的缺陷,包括但不限于以下情况,SCADA功能异常、AGC功能异常、AVC功能异常、前置功能异常、同上级调度的计算机通信链路中断、日内发电计划功能异常、监控功能异常等;

(2)重要缺陷:指对自动化系统、调度管理或变电管理的正常运行有一定影响,但短时期内不会引发故障或事故,必须限期处理的缺陷,包括但不限于以下情况,SCADA等重要功能服务器单机运行、网络分析功能异常、综合智能分析与告警功能异常、日前调度计划功能异常、调度管理类应用功能异常、了站装置异常等;

(3)一般缺陷:指对自动化系统、调度管理或变电管理无明显影响,在较长时间内不会引发故障或事故,但应安排处理的缺陷,包括但不限于以下情况,非重要功能服务器单机运行、子站装置单机运行、数据网路由器单节点运行等。

(二)缺陷处理时间要求:紧急缺陷4h内处理;重要缺陷24h内处理;一般缺陷2周内消除。

(三)紧急缺陷、重要缺陷的处理按照故障抢修流程开展,一般缺陷的处理按照计划检修或临时检修流程开展。

(四)缺陷未消除前,运行维护部门应加强检查,监视设备缺陷的发展趋势。紧急缺陷、重要缺陷因故不能按规定期限消缺,应及时向相关调度机构汇报。

(五)缺陷发生和处理过程中,运行维护部门应按照有关管理规定履行汇报职责。缺陷消除后,运行维护部门应做好设备缺陷记录,自动化管理部门应组织相关单位、部门进行消缺验收。

（六）自动化管理部门负责对缺陷处理工作的及时性、正确性进行考核评价。

2.3.1.8 OMS 系统应用

本条评价项目（见《评价》）的查评依据如下。

【依据1】《国家电网公司调度管理应用（OMS）建设运行维护管理规定》[国网（调/4）342—2014]

第十七条 OMS 基础数据的录入、校核和更新工作由系统运行专业负责牵头组织。应依据国调中心发布的 OMS 基础数据维护及数据交换等管理规定，建立统一的基础数据建档维护管理流程，固化数据录入维护模板，规范权限控制，实现录入、变更、审核等操作的痕迹管理。

第十八条 系统运行专业处（科）室每年组织对责任单位、人员维护基础数据的准确性、及时性和完整性进行统计，统计结果纳入考评内容。

【依据2】《国家电网公司省级以上调控机构安全生产保障能力评估办法》[国网（调/4）339—2014]

7.4.1 调度自动化运行管理电子化

调度管理应用（OMS）中实现自动化设备管理（包括各个主站系统、厂站设备台账等应用）、运行管理（运行日志、检修申请单、故障与缺陷处理流程、运行报表与指标统计等应用）、远动基建管理等。

2.3.1.9 运行分析评价

本条评价项目（见《评价》）的查评依据如下。

【依据】《国家电网公司电力调度自动化系统运行管理规定》[国网（调/4）335—2014]

第十三条 各级电力调度机构自动化管理部门的职责如下：

（十）负责调度管辖范围内自动化系统运行情况的统计分析；

（十一）参加本电网自动化系统重大故障的调查和分析；

第十四条 子站运行维护部门职责如下：

（八）负责运行维护范围内子站设备的运行维护、检验和运行统计分析并按期上报；

第二十条 运行维护管理要求如下：

（二）自动化系统的专责人员应对自动化系统和设备进行巡视、检查、测试和记录，确保系统平台和各项应用功能、网络、安全防护设备等正常运行；核对自动化基础数据的准确性和计算结果的正确性，确保数据准确可靠。发现异常情况应及时处理，做好记录并按有关规定要求进行汇报。

（四）子站运行维护部门应保证维护范围内设备的正常运行及信息的完整性和正确性，发现故障或接到设备故障通知后，应立即按相关规定进行处理，并及时向对其有调度管辖权和设备监控权的电力调度机构自动化值班人员汇报。事后应详细记录故障现象、原因及处理过程，必要时写出分析报告，并报对其有调度管辖权和设备监控权的电力调度机构自动化管理部门备案。

（五）子站运行维护部门应建立设备的台账（卡）、运行日志和设备缺陷、测试数据等记录。每月做好运行统计和分析，按时向对其有调度管辖权的电力调度机构自动化管理部门填报运行维护设备的运行月报。

附件：电力调度自动化系统有关运行指标及计算公式

二、地县级电网调度自动化系统有关运行指标

2.1 SCADA

a）数据通信系统月可用率，≥96%；

b）子站设备月可用率，≥98%；

c）专线数据传输通道月可用率，≥97%；

d）数据网络通道月可用率，≥98%；

e）月遥控拒动率，≤2%；

f）事故遥信年动作正确率，≥98%；

g）计算机系统月可用率，≥99.8%。

2.3 网络分析

a）状态估计月可用率，≥95%；

b) 遥测估计合格率，≥98%（遥测估计值误差有功，≤2%，无功，≤3%，电压，≤2%）；

c) 单次状态估计计算时间，≤15s；

d) 调度员潮流月合格率，≥95%；

e) 调度员潮流计算结果误差，≤1.5%；

f) 单次调度员潮流计算时间，≤10s。

2.3.1.10 备品备件

本条评价项目（见《评价》）的查评依据如下。

【依据1】《国家电网公司电力调度自动化系统运行管理规定》[国网（调/4）335—2014]

第二十条 运行维护管理要求如下：

（九）为保证自动化系统的正常维护，及时排除故障，自动化管理部门和子站运行维护部门应配有必要的交通工具和通讯工具，并应视需要配备自动化专用的仪器、仪表、工具、备品、备件等。

【依据2】《地区电网调度自动化设计技术规程》（DL/T 5002—2005）

5.5.2 远动设备应配备相应的调试仪表。其配置标准按远动专用仪器的配置标准执行。

5.5.3 在工程设计中应考虑远动系统必要的备品备件和调度端的接口设备。

【依据3】《电力调度自动化系统运行管理规程》（DL/T 516—2006）

5.2.9 为保证自动化系统的正常维修，及时排除故障，有关自动化管理部门和厂站运行维护部门应配有必要的交通工具和通信工具，厂站运行维护部门应视需要配备自动化专用的仪器、仪表、工具、备品、备件等。

5.2.10 各类电工测量变送器和仪表、交流采样测控装置、电能计量装置须按 DL/T 410 和 DL/T 630 的检验规定进行检定。

2.3.1.11 数据备份及图纸资料

本条评价项目（见《评价》）的查评依据如下。

【依据1】《国家电网有限公司十八项电网重大反事故措施（2018 年修订版)》（国家电网设备〔2018〕979 号）

16.3.3.17 调度交换系统运行数据应每月进行备份，当系统数据变动时，应及时备份。调度录音系统应每周进行检查，确保运行可靠、录音效果良好、录音数据准确无误、存储容量。

16.4.2.12 信息系统上线前应同步制订和落实运维作业指导书、应急预案及故障恢复措施，并在运行过程中滚动修订、定期演练。

【依据2】《电力调度自动化系统运行管理规程》（DL/T 516—2017）

7.1 资料管理

7.1.1 新安装的自动化系统和设备必须具备的技术资料：

a) 设计单位提供已校正的设计资料（竣工原理图、竣工安装图、技术说明书、远动信息参数表、设备和电缆清册等）；

b) 制造厂提供的技术资料（设备和软件的技术说明书、操作手册、软件备份、设备合格证明、质量检测证明、软件使用许可证和出厂试验报告等）；

c) 工程负责单位提供的工程资料（合同中的技术规范书、设计联络和工程协调会议纪要、工厂验收报告、现场施工调试方案、调整试验报告、遥测信息准确度和遥信信息正确性及响应时间测试记录等）。

7.1.2 正式运行的自动化系统和设备应具备下列图纸资料：

a) 设备的专用检验规程，相关的运行管理规定、办法；

b) 设计单位提供的设计资料；

c) 符合实际情况的现场安装接线图、原理图和现场调试、测试记录；

d) 设备投入试运行和正式运行的书面批准文件；

e) 试制或改进的自动化系统设备应有经批准的试制报告或设备改进报告；

f) 各类设备运行记录（如运行日志、现场检测记录、定检或临检报告等）；

g）设备故障和处理记录（如设备缺陷记录簿）；

h）相关部门间使用的变更通知单和整定通知单；

i）软件资料，如程序框图、文本及说明书、软件介质及软件维护记录簿等。

7.1.3 运行资料、光和磁记录介质等应由专人管理，应保持齐全、准确，要建立技术资料目录及借阅制度。

7.2 厂站信息参数管理

7.2.1 信息参数主要有：

a）一次设备编号的信息名称；

b）电压和电流互感器的变比；

c）变送器或交流采样的输入/输出范围、计算出的遥测满度值及量纲；

d）遥测扫描周期和越限值；

e）信号的动合/动断触点、信号触点抗抖动的滤波时间设定值；

f）事件顺序记录（SOE）的选择设定；

g）机组（电厂）AGC遥调信号的输出范围和满度值；

h）电能量计量装置的参数费率、时段、读写密码、通信号码；

i）厂站调度数据网络接入设备和安全设备的IP地址和信息传输地址等；

j）向有关调度传输数据的方式、通信规约、数据序位表等参数。

7.2.2 如果7.2.1中a）～c）的参数发生变化，厂站自动化运行维护部门应提前书面通知相关自动化管理部门；d）～j）参数的设置和修改，应根据有调度管辖权调度机构自动化管理部门的要求在现场进行。

【依据3】《国家电网公司电力调度自动化系统运行管理规定》［国网（调/4）335—2014］

第三十二条 资料管理要求如下：

（一）新安装的自动化系统和设备必须具备的技术资料：

1. 设计单位提供的已校正的工程资料（竣工原理图、竣工安装图、技术说明书、远动信息参数表、设备清册等）；

2. 制造厂提供的技术资料（设备和软件的技术说明书、操作手册、软件备份、设备合格证明、质量检测证明、软件使用许可证和出厂试验报告等）；

3. 工程负责单位提供的工程资料（合同中的技术规范书、设计联络和工程协调会议纪要、工厂验收报告、现场验收报告、现场施工调试方案、调整试验报告、遥测信息准确度和遥信信息正确性及响应时间测试记录、机组AGC/AVC现场试验报告等）。

（二）正式运行的自动化系统和设备应具备下列图纸资料：

1. 设备的专用检验规程、相关的运行管理规定、办法；

2. 设计单位提供的设计资料；

3. 符合实际情况的现场安装接线图、原理图和现场调试、测试记录；

4. 设备投入试运行和正式运行的书面批准文件；

5. 试制或改进的自动化系统设备应有经批准的试制报告或设备改进报告；

6. 各类设备运行记录（如运行日志、现场检测记录、定检或临检报告等）；

7. 设备故障和处理记录（如设备缺陷记录簿）；

8. 相关部门间使用的变更通知单和整定通知单；

9. 软件资料，如程序框图、文本及说明书、软件介质及软件维护记录簿等；

10. 安全管理的技术资料、符合实际情况的现场网络连接示意图、系统配置资料，以及系统调试、测试记录和验收报告等资料。

（三）运行资料应由专人管理，应保持齐全、准确，要建立技术资料目录及借阅制度。

第三十三条 厂站信息参数管理要求如下：

（一）信息参数主要有：

1. 一次设备名称；

2. 电压和电流互感器的变比；

3. 变送器或交流采样的输入/输出范围、计算出的遥测满度值及量纲；

4. 事故、异常、越限、变位、告知五类监控信号；

5. 遥测扫描周期和阈值；

6. 信号的常开/常闭接点、信号接点抗抖动的滤波时间设定值；

7. 事件顺序记录（SOE）的选择设定；

8. 机组（电厂）AGC/AVC 遥调信号的输出范围、满度值和调节速率限值；

9. 电能量计量装置的时段、读写密码、通信号码；

10. 厂站调度数据网络接入设备和安全设备的 IP 地址和信息传输地址等；

11. 向有关调度传输数据的方式、通信规约、数据序位表等参数。

（二）如果（一）中 1～4 的参数发生变化，子站运行维护部门应提前书面通知相关自动化管理部门；5～11 参数的设置和修改，应根据有调度管辖权的电力调度机构自动化管理部门的要求在现场进行。

2.3.1.12 仪器仪表

本条评价项目（见《评价》）的查评依据如下。

【依据1】《电力调度自动化系统运行管理规程》（DL/T 516—2017）

5.2 运行维护要求

5.2.9 为保证自动化系统的正常维修，及时排除故障，有关自动化管理部门和厂站运行维护部门应配有必要的交通工具和通信工具，厂站运行维护部门应视需要配备自动化专用的仪器、仪表、工具、备品、备件等。

5.2.10 各类电工测量变送器和仪表、交流采样测控装置、电能计量装置须按 DL 410—1991 和 DL/T 630—1997 的检验规定进行检定。

【依据2】《国家电网公司电力调度自动化系统运行管理规定》[国网（调/4）335—2014]

第二十条 运行维护管理要求如下：

（九）为保证自动化系统的正常维护，及时排除故障，自动化管理部门和子站运行维护部门应配有必要的交通工具和通信工具，并应视需要配备自动化专用的仪器、仪表、工具、备品、备件等。

2.3.1.13 自动化应急体系建设

本条评价项目（见《评价》）的查评依据如下。

【依据1】《国家电网公司应急预案管理办法》[国网（安监/3）484—2014]

第六条 公司应急预案体系由总体应急预案、专项应急预案和现场处置方案构成。

总体应急预案是应急预案体系的总纲，是公司组织应对各类突发事件的总体制度安排。专项应急预案是针对具体的突发事件、危险源和应急保障制定的方案。现场处置方案是针对特定的场所、设备设施、岗位，针对典型的突发事件，制定的处置措施和主要流程。

第二十条 应急体系建设内容包括：持续完善应急组织体系、应急制度体系、应急预案体系、应急培训演练体系、应急科技支撑体系，不断提高公司应急队伍处置救援能力、综合保障能力、舆情应对能力、恢复重建能力，建设预防预测和监控预警系统、应急信息与指挥系统。

第二十一条 应急预案体系由总体预案、专项预案、现场处置方案构成（见附件1），应满足"横向到边、纵向到底、上下对应、内外衔接"的要求。总部、分部、各省（自治区、直辖市）电力公司原则上设总体预案、专项预案，根据需要设现场处置方案。市级供电公司、县级供电企业设总体预案、专项预案、现场处置方案。各直属单位及所属厂矿企业根据工作实际，参照设置相应预案。

【依据2】《国家电网公司电力调度自动化系统运行管理规定》[国网（调/4）335—2014]

第二十四条 各调度机构的自动化管理部门和负责运行维护部门应针对自动化系统和设备可能出现的故障，制定相应的应急方案和处理流程。

2.3.1.14 应急处置方案

本条评价项目（见《评价》）的查评依据如下。

【依据1】《国家电网公司应急预案管理办法》[国网（安监/3）484—2014]

第六条　公司应急预案体系由总体应急预案、专项应急预案和现场处置方案构成。

总体应急预案是应急预案体系的总纲，是公司组织应对各类突发事件的总体制度安排。专项应急预案是针对具体的突发事件、危险源和应急保障制定的方案。现场处置方案是针对特定的场所、设备设施、岗位，针对典型的突发事件，制定的处置措施和主要流程。

【依据2】《国家电网公司电力调度自动化系统运行管理规定》[国网（调/4）335—2014]

第二十四条　各调度机构的自动化管理部门和负责运行维护部门应针对自动化系统和设备可能出现的故障，制定相应的应急方案和处理流程。

【依据3】《国家电网公司地县级备用调度运行管理工作规定》[国网（调/4）341—2014]

第二十三条　预案编制要求：

（一）主调应针对可能发生的突发事件及危险源制定备调启用专项应急预案，预案应包括组织体系、人员配置、工作程序及后勤保障等内容。

（二）备调应针对可能发生的突发事件及危险源至少制定以下预案（方案）：

1. 备调场所突发事件应急预案；

2. 备调技术支持系统故障处置方案；

3. 备调通信系统故障处置方案。

2.3.1.15 应急演练

本条评价项目（见《评价》）的查评依据如下。

【依据1】《国家电网公司应急预案管理办法》[国网（安监/3）484—2014]

第二十三条　公司总部各部门、各级单位应结合本部门、本单位安全生产和应急管理工作组织应急预案演练，以不断检验和完善应急预案，提高应急管理水平和应急处置能力。

第二十四条　公司总部各部门、各级单位应制定年度应急演练和培训计划，并将其列入本部门、本单位年度培训计划。总体应急预案的培训和演练每两年至少组织一次，各专项应急预案的培训和演练每年至少组织一次，各现场处置方案的培训和演练每半年至少组织一次。

第二十五条　应急预案演练分为综合演练和专项演练，可以采取桌面推演、现场实战演练或其他演练方式。

第二十六条　总体应急预案的演练经本单位主要领导批准后由应急管理归口部门负责组织，专项应急预案的演练经本单位分管领导批准后由相关职能部门负责组织，现场处置方案的演练经相关职能部门批准后由相关部门、车间或班组负责组织。

第二十七条　在开展应急预案演练前，应制定演练方案，明确演练目的、范围、步骤和保障措施和评估要求等。应急预案演练方案经批准后实施。

第二十八条　应急演练组织单位应当对演练进行评估，并针对演练过程中发现的问题，对修订预案、应急准备、应急机制、应急措施提出意见和建议，形成应急演练评估报告。

【依据2】《国家电网公司电力调度自动化系统运行管理规定》[国网（调/4）335—2014]

第二十四条　各级电力调度机构自动化管理部门和子站运行维护部门应制定自动化系统安全管理规定、应急预案和相应的处理流程，并定期进行预演或模拟验证，建立安全通报机制。

2.3.1.16 电力监控系统安全防护管理

本条评价项目（见《评价》）的查评依据如下。

【依据1】《电力监控系统安全防护规定》（国家发展改革委2014年第14号令）

第十四条　电力监控系统安全防护是电力安全生产管理体系的有机组成部分。电力企业应当按照"谁主管谁负责，谁运营谁负责"的原则，建立健全电力监控系统安全防护管理制度，将电力监控系统安全防护工作及其信息报送纳入日常安全生产管理体系，落实分级负责的责任制。

电力调度机构负责直接调度范围内的下一级电力调度机构、变电站、发电厂涉网部分的电力监控系统安全防护的技术监督，发电厂内其他监控系统的安全防护可以由其上级主管单位实施技术监督。

第十五条 电力调度机构、发电厂、变电站等运行单位的电力监控系统安全防护实施方案必须经本企业的上级专业管理部门和信息安全管理部门以及相应电力调度机构的审核，方案实施完成后应当由上述机构验收。接入电力调度数据网络的设备和应用系统，其接入技术方案和安全防护措施必须经直接负责的电力调度机构同意。

【依据2】《电力监控系统安全防护总体方案》（国能安全〔2015〕36号）

4.1 安全分级负责制

国家能源局及其派出机构负责电力监控系统安全防护的监管，组织制定电力监控系统安全防护技术规范并监督实施。国家能源局信息中心负责承担电力监控系统安全防护监管的技术支持。电力企业应当按照"谁主管谁负责，谁运营谁负责"的原则，建立电力监控系统安全管理制度，将电力监控系统安全防护及其信息报送纳入日常安全生产管理体系，各电力企业负责所辖范围内电力监控系统的安全管理。各相关单位应当设置电力生产监控系统的安全防护小组或专职人员。

4.2 相关人员的安全职责

电力企业应当明确电力监控系统安全防护管理部门，由主管安全生产的领导作为电力监控系统安全防护的主要责任人，并指定专人负责管理本单位所辖电力监控系统的公共安全设施，明确各业务系统专责人的安全管理责任。

2.3.1.17 系统信息安全等级保护与安全评估

本条评价项目（见《评价》）的查评依据如下。

【依据1】《电力监控系统安全防护规定》（国家发展改革委2014年第14号令）

第二条 电力监控系统安全防护工作应当落实国家信息安全等级保护制度，按照国家信息安全等级保护的有关要求，坚持"安全分区、网络专用、横向隔离、纵向认证"的原则，保障电力监控系统的安全。

第十六条 建立健全电力监控系统安全防护评估制度，采取以自评估为主、检查评估为辅的方式，将电力监控系统安全防护评估纳入电力系统安全评价体系。

【依据2】《电力监控系统安全防护总体方案》（国能安全〔2015〕36号文）

1.4 电力监控系统安全防护是复杂的系统工程，其总体安全防护水平取决于系统中最薄弱点的安全水平。电力监控系统安全防护过程是长期的动态过程，各单位应当严格落实安全防护的总体原则，建立和完善以安全防护总体原则为中心的安全监测、响应处理、安全措施、审计评估等环节组成的闭环机制。

4.2 相关人员的安全职责

电力企业应当明确电力监控系统安全防护管理部门，由主管安全生产的领导作为电力监控系统安全防护的主要责任人，并指定专人负责管理本单位所辖电力监控系统的公共安全设施，明确各业务系统专责人的安全管理责任。

电力调度机构应当指定专人负责管理本级调度数字证书系统。

5.1 应当依据本方案的要求对电力监控系统的总体安全防护水平进行安全评估。安全防护评估贯穿于电力监控系统的规划、设计、实施、运维和废弃阶段。

5.2 应当建立健全电力监控系统安全防护评估制度，采取以自评估为主、检查评估为辅的方式，将安全防护评估纳入。

【依据3】《电力行业信息安全等级保护管理办法》（国能安全〔2014〕318号）

第四条 电力行业信息安全等级保护坚持自主定级、自主保护的原则。电力信息系统的安全保护等级应当根据信息系统在国家安全、经济建设、社会生活中的重要程序，信息系统遭到破坏后对国家安全、社会秩序、公共利益以及公民、法人和其他组织的合法权益的危害程度等因素确定。

第十二条 电力信息系统建设完成后，运营、使用单位或者其主管部门应当选择符合本办法规定条件的测评机构，依据《信息安全技术信息系统安全等级保护测评过程指南》（GB/T 28449—2012）、《信息安全技术信息系统安全等级保护基本要求》（GB/T 22239—2008）、《信息系统安全等级保护测评要求》（GB/T 28848—2012）、《电力行业信息系统安全等级保护基本要求》等标准或规范要求，定期对电力信息系统安全等级状况开展等级测评。电力监控系统信息安全等级测评工作应当与电力监控系统安全防护评估工作同步进行。

电力信息系统运营、使用单位应当定期对信息系统安全状况、安全保护制度及措施的落实情况进行自查。第二级生产控制类信息系统和重要生产管理类信息系统应当每两年至少进行一次自查，第三级信息系统应当每年至少进行一次自查，第四级信息系统应当每半年至少进行一次自查。

经测评，信息系统安全状况未达到安全保护等级要求的，运营、使用单位应当制定方案进行整改。

承担第三级及以上电力信息系统测评任务的测评机构需对测评报告组织专家评审，并将测评报告报国家能源局备案。

第十三条　已运营（运行）的第二级及以上电力信息系统，应当在安全保护等级确定后 30 日内，由其运营、使用单位到所在地设区的市级以上公安机关办理备案手续。

新建第二级以上电力信息系统，应当在投入运行后 30 日内，由其运营、使用单位到所在地设区的市级以上公安机关办理备案手续。

属于全国电力安全生产委员会成员单位的电力集团公司，其跨省或者全国统一联网运行的电力信息系统，由电力集团公司向公安部办理备案手续。跨省或者全国统一联网运行的信息系统在各地运行、应用的分支系统，应当向当地设区的市级以上公安机关备案。

2.3.1.18　安全防护监督管理

本条评价项目（见《评价》）的查评依据如下。

【依据1】《电力监控系统安全防护规定》（国家发展改革委 2014 年第 14 号令）

第十三条　电力监控系统在设备选型及配置时，应当禁止选用经国家相关管理部门检测认定并经国家能源局通报存在漏洞和风险的系统及设备；对于已经投入运行的系统及设备，应当按照国家能源局及其派出机构的要求及时进行整改，同时应当加强相关系统及设备的运行管理和安全防护。生产控制大区中除安全接入区外，应当禁止选用具有无线通信功能的设备。

第三章　安全管理

第十四条　电力监控系统安全防护是电力安全生产管理体系的有机组成部分。电力企业应当按照"谁主管谁负责，谁运营谁负责"的原则，建立健全电力监控系统安全防护管理制度，将电力监控系统安全防护工作及其信息报送纳入日常安全生产管理体系，落实分级负责的责任制。

电力调度机构负责直接调度范围内的下一级电力调度机构、变电站、发电厂涉网部分的电力监控系统安全防护的技术监督，发电厂内其他监控系统的安全防护可以由其上级主管单位实施技术监督。

第十五条　电力调度机构、发电厂、变电站等运行单位的电力监控系统安全防护实施方案必须经本企业的上级专业管理部门和信息安全管理部门以及相应电力调度机构的审核，方案实施完成后应当由上述机构验收。

接入电力调度数据网络的设备和应用系统，其接入技术方案和安全防护措施必须经直接负责的电力调度机构同意。

【依据2】《电力监控系统安全防护总体方案》（国能安全〔2015〕36 号）

5.3　电力监控系统在上线投运之前、升级改造之后必须进行安全评估；已投入运行的系统应该定期进行安全评估，对于电力生产监控系统应该每年进行一次安全评估。评估方案及结果应当及时向上级主管部门汇报、备案。

2.3.1.19　安全应急措施

本条评价项目（见《评价》）的查评依据如下。

【依据1】《电力监控系统安全防护规定》（国家发展改革委 2014 年第 14 号令）

第十七条　建立健全电力监控系统安全的联合防护和应急机制，制定应急预案。电力调度机构负责统一指挥调度范围内的电力监控系统安全应急处理。

当遭受网络攻击,生产控制大区的电力监控系统出现异常或者故障时,应当立即向其上级电力调度机构以及当地国家能源局派出机构报告,并联合采取紧急防护措施,防止事态扩大,同时应当注意保护现场,以便进行调查取证。

【依据2】《电力监控系统安全防护总体方案》(国能安全〔2015〕36号)

4.7　联合防护和应急处理

建立健全电力监控系统安全的联合防护和应急机制。由国家能源局及其派出机构负责对电力监控系统安全防护的监管,电力调度机构负责统一指挥调度范围内的电力监控系统安全应急处理。各电力企业的电力监控系统必须制定应急处理预案并经过预演或模拟验证。

当电力生产控制大区出现安全事件,尤其是遭到黑客、恶意代码攻击和其他人为破坏时,应当立即向其上级电力调度机构以及当地国家能源局派出机构报告,同时按应急处理预案采取安全应急措施。相应电力调度机构应当立即组织采取紧急联合防护措施,以防止事件扩大。同时注意保护现场,以便进行调查取证和分析。事件发生单位及相应调度机构应当及时将事件情况向相关能源监管部门和信息安全主管部门报告。

5.5　电力监控系统安全防护评估应当严格控制实施风险,确保评估工作不影响电力监控系统的安全稳定运行。评估前制定相应的应急预案,实施过程应当符合电力监控系统的相关管理规定。

2.3.2　专业管理

2.3.2.1　主站系统装备

本条评价项目(见《评价》)的查评依据如下。

【依据1】《国家电网公司电力调度自动化系统运行管理规定》[国网(调/4)335—2014]

第五条　主站系统指国、网、省、地、县(配)各级调度机构主站的自动化系统及其备用系统,主要包括:

(一)电网调度控制系统,通常包括基础平台和实时监控与预警、调度计划及安全校核、调度管理等应用;

(二)配电网调度自动化主站系统;

(三)电力调度数据网络主站设备;

(四)电力二次系统安全防护主站设备;

(五)主站系统相关辅助设备,通常包括调度模拟屏和大屏幕设备、时间同步装置、电网频率采集装置、运行值班报警系统、远动通道检测和配线柜、专用的UPS电源及配电柜、机房专用空调等。

【依据2】《国家电网有限公司十八项电网重大反事故措施(2018年修订版)》(国家电网设备〔2018〕979号)

16.1.1.1　调度自动化主站系统的核心设备(数据采集与交换服务器、监视控制服务器、历史数据库服务器、分析决策服务器等)应采用冗余配置,磁盘阵列宜采用冗余配置。

【依据3】《国调中心关于加强电力系统时间同步运行管理工作的通知》(调自〔2013〕82号)

一、电力时间同步系统建设的基本原则

1.电力系统时间同步应以天基授时为主,地基授时为辅,逐步形成天地互备的时钟同步体系;天基授时应采用以北斗卫星对时为主、全球定位系统(GPS)对时为辅的单向授时方式;地基授时应采用以本地时钟守时为主、通信系统同步网资源为辅的对时方式。

2.调控机构应配置统一的时间同步装置,主时钟采用双机冗余配置,采用NTP方式对各应用业务设备进行授时。

【依据4】国家能源局关于印发《防止电力生产事故的二十五项重点要求》的通知(国能安全〔2014〕161号)

19.1.16　调度端及厂站端应配备全站统一的卫星时钟设备和网络受时设备,对站内各种系统和设备的时钟进行统一校正。主时钟应采用双机冗余配置。时间同步装置应能可靠应对时钟异常跳变及电磁干扰等情况，避免时钟源切换策略不合理等导致输出时间的连续性和准确性受到影响。被授时系统（设备）对接收到的对时信息应作校验。

2.3.2.2 厂站自动化装备

本条评价项目（见《评价》）的查评依据如下。

【依据1】《国家电网公司电力调度自动化系统运行管理规定》［国网（调/4）335—2014］

第六条 子站设备是指变电站、开关站、牵引站、换流站、火电厂、水电厂、核电厂、风电场、光伏电站等各类厂站的自动化系统和设备，主要包括：

（一）厂站监控系统、远动终端设备（RTU）及与远动信息采集有关的变送器、交流采样测控装置、相应的二次回路；

（二）电能量远方终端；

（三）配电网调度自动化系统远方终端；

（四）电力调度数据网络接入设备；

（五）厂站二次系统安全防护设备；

（六）相量测量装置（PMU）；

（七）计划管理终端；

（八）时间同步装置；

（九）自动电压控制（AVC）子站；

（十）向子站自动化系统设备供电的专用电源设备；

（十一）连接线缆、接口设备及其他自动化相关设备。

【依据2】《国家电网有限公司十八项电网重大反事故措施（2018年修订版）》（国家电网设备〔2018〕979号）

16.1.1.4 主网500kV（330kV）及以上厂站、220kV枢纽变电站、大电源、电网薄弱点、通过35kV及以上电压等级线路并网且装机容量40MW及以上的风电场、光伏电站均应部署相量测量装置（PMU），其中新能源发电汇集站、直流换流站及近区厂站的相量测量装置应具备连续录波和次/超同步振荡监测功能。

【依据3】国调中心关于加强电力系统时间同步运行管理工作的通知（调自〔2013〕82号）

一、电力时间同步系统建设的基本原则

1. 电力系统时间同步应以天基授时为主、地基授时为辅，逐步形成天地互备的时钟同步体系；天基授时应采用以北斗卫星对时为主、全球定位系统（GPS）对时为辅的单向授时方式；地基授时应采用以本地时钟守时为主、通信系统同步网资源为辅的对时方式。

3. 变电站应设置全站统一时钟装置，实现对站内各系统和设备的授时；主时钟应采用双机冗余配置，站控层设备宜采用NTP方式对时，间隔层和过程层设备宜采用秒脉冲、IRIG-B方式对时，条件成熟时可采用IEEE 1588方式对时。

2.3.2.3 调度数据网

本条评价项目（见《评价》）的查评依据如下。

【依据1】《国家电网公司电力调度数据网管理规定》［国网（调/4）336—2014］

第二十五条 骨干网和接入网应配备相应的网管系统，调度机构所辖范围内的调度数据网设备应接入相应网管系统。

【依据2】《关于加强实时数据传输网络化的通知》（调自〔2016〕55号）

3. 进一步加强110（66）kV和35kV厂站调度数据网双平面建设和厂站设备改造，尽快全面实现调控主站与厂站间通信网络化。

2.3.2.4 系统运行环境

本条评价项目（见《评价》）的查评依据如下。

【依据1】国家能源局关于印发《防止电力生产事故的二十五项重点要求》的通知（国能安全〔2014〕

161号）

19.1.3 调度自动化主站系统应采用专用的、冗余配置的不间断电源装置（UPS）供电，不应与信息系统、通信系统合用电源。交流供电电源应采用两路来自不同电源点供电。发电厂、变电站远动装置、计算机监控系统及其测控单元、变送器等自动化设备应采用冗余配置的不间断电源（UPS）或站内直流电源供电。具备双电源模块的装置或计算机，两个电源模块应由不同电源供电。相关设备应加装防雷（强）电击装置，相关机柜及柜间电缆屏蔽层应可靠接地。

【依据2】《信息安全技术信息系统安全等级保护基本要求》（GB/T 22239—2015）

7.1.1.2 物理访问控制

a）机房出入口应安排专人值守、控制和鉴别进入的人员；

d）重要区域应配置电子门禁系统，控制、鉴别和记录进入的人员；

【依据3】《电力系统调度自动化设计技术规程》（DL/T 5003—2007）

7 机房及其他

7.0.1 计算机机房的温度、湿度、接地和静电防护应符合 GB 50174（《电子计算机机房设计规范》）的有关规定。

7.0.3 调度端交流供电电源必须可靠，应由两路来自不同电源点的供电线路供电。电源质量符合设备要求，电压波动范围宜小于±10%。

7.0.4 为保证供电的质量和可靠性，调度端计算机系统应采用交流不间断电源供电。外供交流电消失后不间断供电维持时间应不小于 2h。

7.0.5 计算机系统应有良好工作接地。如果同大楼合用接地装置，接地电阻宜小于 0.5Ω，接地引线应独立并同建筑物绝缘。

7.0.6 机房内应有新鲜空气补给设备和防噪声措施。

7.0.8 根据设备的要求还应考虑防静电、防电火花干扰、防雷击、防过电压和防电磁辐射等要求。

7.0.9 机房内应有符合国家有关规定的防水、防火和事故照明设施。其设置要求应符合 GB/T 2887 和 GB 50174 的相关规定。

2.3.2.5 能量管理系统（EMS）

本条评价项目（见《评价》）的查评依据如下。

【依据1】《智能电网调度控制系统》（Q/GDW 1680.41—2015）

6.1 数据处理

数据处理主要功能包括模拟量处理、状态量处理、非实测数据处理、计划值处理、点多源处理、数据质量码、光字牌功能、旁路代替、对端代替、自动平衡计算、计算及统计。

6.2.1 潮流监视

潮流监视实现对电网运行工况的监视，包括有功、无功、电流、电压和频率的越限监视：

a）应能通过地理潮流图、分层分区电网潮流图、厂站一次接线图、曲线、列表等方式显示实时潮流运行情况；

b）应提供饼图、棒图、等高线、柱状图、箭头图等可视化的展现手段；

c）应能对全网发电、受电、用电、联络线总加和网供总加等重要量测，以及相应极值和越限情况进行记录和告警提示。

6.2.2 一次设备监视

应具备以下一次设备监视功能：

a）应能对一次设备运行状态进行监视，监视范围包括：

1）机组停复役、机组越限；

2）线路停运、线路充电、线路过载；

3）变压器投退、变压器充电、变压器过载；

4）母线投退、母线电压越限；

5）无功补偿装置投退；

6）直流设备运行情况。

b）应能为一次设备不同的运行状态配置相应的颜色；

c）应能提供一次设备监视信息列表，可按区域、厂站、设备类型等条件分类显示监视结果；

d）运行状态发生变化时可根据重要程度提供提示、告警等手段。

6.2.7 故障跳闸监视

应具备以下故障跳闸监视功能：

a）应提供故障跳闸判据定义工具；

b）应能正确区分正常操作分闸和故障跳闸；

c）应能判断机组出力突变，提供机组故障跳闸监视功能；

d）应能判断直流功率突变，提供直流故障闭锁监视功能；

e）故障跳闸监视应提供告警，可形成故障跳闸监视结果列表，并能自动推画面及自动触发事故追忆。

6.2.9 拓扑分析和着色

应具备以下功能：

a）应能根据电网实时拓扑确定系统中各种电气设备的带电、停电、接地等状态，并能将结果在人机界面上用不同的颜色表示出来：

1）不带电的元件统一用一种颜色表示；

2）接地元件统一用一种颜色表示；

3）不同电压等级的带电元件分别用不同的颜色表示。

b）电网的运行状态发生改变导致一部分电气设备带电状态变化时，自动启动拓扑着色，实时分析各元件的带电状态；

c）应能基于遥测遥信是否一致、线路两端功率是否平衡、有功/无功/电流是否匹配等规则校验实时数据的正确性，辨识可疑量测。

6.3 数据记录

数据记录主要功能包括事件顺序记录（SOE）和事故追忆。

6.3.1 事件顺序记录

应满足以下功能要求：

a）应以毫秒级精度记录所有电网开断设备、继电保护信号的状态、动作顺序及动作时间，并形成事件顺序表；

b）事件顺序记录应包括记录时间、动作时间、厂站名、事件内容和设备名；

c）应能根据类型、厂站、设备、动作时间等条件对事件顺序记录分类检索和显示；

d）应能选择对某个设备的事件顺序记录进行屏蔽和解除屏蔽。

6.3.2 事故追忆

系统检测到预定义的事故时，应能自动记录事故时刻前后一段时间的所有实时稳态信息，并能事后进行查看、分析和重演。

6.4 责任区与信息分流

应具有完善的责任区和信息分流功能，以满足调度、集控的不同监控需求，并适应各监控席位的责任分工。主要功能包括责任区设置和管理、信息分流：

6.5.1 人工置数

应提供以下人工置数功能：

a）人工输入的数据应包括状态量、模拟量及计算量；

b）人工输入数据应进行有效性检查；

c) 应提供界面修改与电网运行有关的各类限值。

6.5.2　标识牌操作

应提供以下标识牌操作功能：

a) 应提供自定义标识牌功能

b) 应能通过人机界面对一个对象设置标识牌或清除标识牌；

c) 在执行对象的远方控制操作前应先检查该对象的标识牌；

d) 单个对象应能设置多个标识牌；

e) 标识牌操作应保存到标识牌一览表中，包括时间、厂站、设备名、标识牌类型、操作员身份和注释等内容；

f) 所有的标识牌操作应进行存档记录。

6.5.3　闭锁和解锁操作

应提供以下功能：

a) 闭锁功能用于禁止对所选对象进行特定的处理，包括数据更新、告警处理和远方操作等；

b) 闭锁功能和解锁功能应成对提供；

c) 所有的闭锁和解锁操作应进行存档记录。

6.5.4　间隔操作

应在面向单点、单设备的操作基础上提供面向整个间隔对象的操作功能，包括：

a) 间隔信息检索，查询间隔内所有设备及量测信息；

b) 间隔标识牌操作，包括设置、清除、移动和注释等功能；

c) 间隔闭锁，包括远方控制的闭锁/解锁、告警的闭锁/解锁等功能；

d) 间隔光字牌确认；

e) 间隔告警确认；

f) 间隔告警查询。

6.5.5　远方控制与调节

远方控制与调节应包括以下功能：

a) 控制与调节类型应包括：

1) 断路器和隔离开关的分合；

2) 变压器的分接头调节；

3) 投/切和调节无功补偿装置；

4) 投/切远方控制装置（就地或远方模式）；

5) 遥调控制，包括设点控制、给定值条件、脉宽输出；

6) 直流功率调整。

b) 控制种类应包括：

1) 单设备控制：针对单个设备进行控制；

2) 序列控制：应提供界面供操作员预先定义控制条件及控制对象，可将一些典型的序列控制存储在数据库中供操作员快速执行；

3) 群控：与序列控制类似，但群控在控制过程中没有严格的顺序之分，可以同时操作；

4) 程序化操作：通过厂站端监控系统获取程序化控制信息，下发相应的命令，由厂站端监控系统完成具体操作；

5) 检同期控制：提供相应的检同期控制定义及操作界面，下发相应的控制命令，合闸检测则由厂站端完成；

6) 检无压控制：提供相应的检无压控制定义及操作界面，下发相应的控制命令，合闸检测则由厂站端完成。

c) 操作方式应支持：

1）单席操作/双席操作；

2）普通操作/快捷操作。

d）对开断设备实施控制操作宜按三步进行：选点、预置和执行，只有当预置正确时才能进行执行操作，对于特殊设备支持选点和执行两步完成；

e）对于快捷操作，则由操作员选定控制对象后直接下发执行命令，由系统根据配置自动完成预置-执行或者直接执行的控制流程；

f）在进行选点操作时，当遇到如下情况之一时，选点应自动撤销：

1）控制对象设置禁止操作标识牌；

2）校验结果不正确；

3）遥调设点值超过上下限；

4）当另一个控制台正在对该设备进行控制操作时；

5）选点后 30～90s（可调）内未有相应操作。

g）安全措施应包括：

1）操作应在具有控制权限的工作站上才可执行；

2）操作员应有相应的操作权限；

3）双席操作校验时监护员应确认；

4）操作时每一步应有提示，每一步的结果应有相应的响应；

5）操作时应对通道的运行状况进行监视；

6）应提供详细的存档信息，包括操作员姓名、操作对象、操作内容、操作时间和操作结果等。

6.5.6 防误闭锁

操作与控制提供以下防误闭锁功能：

a）应满足以下常规防误闭锁要求：

1）能对每个控制对象预定义遥控操作时的单个或多个闭锁条件；

2）实际操作时应按预定义的闭锁条件进行防误校验，校验不通过禁止操作并提示说明。

b）应满足以下网络拓扑防误闭锁要求：

1）应能通过网络拓扑分析设备运行状态及设备间的连接关系，归纳出断路器、隔离开关和接地刀闸的拓扑防误闭锁规则；

2）应能处理间隔内防误闭锁，并可从全网角度识别站内、站间的防误闭锁关系；

3）应具备断路器操作的防误闭锁功能：包括合环提示、解环提示、负荷失电提示、负荷充电提示、带接地合断路器提示、变压器各侧断路器操作提示、变压器中性点接地刀闸提示和3/2接线断路器操作顺序提示等；

4）应具备隔离开关操作的防误闭锁功能：包括带接地合隔离开关提示、带电拉合隔离开关提示、非等电位拉合隔离开关提示、拉合旁路隔离开关提示、隔离开关操作顺序提示等；

5）应具备接地刀闸操作的防误闭锁功能：包括带电合接地刀闸提示和带接地刀闸合断路器提示等。

【依据2】《地区智能电网调度技术支持系统应用功能规范》（Q/GDW 1461—2014）

4.2.6 自动电压控制（AVC）功能

4.2.6.1 基本要求

自动电压控制功能的基本原则是无功"分层分区、就地平衡"，它基于采集的电网实时运行数据，在确保安全稳定运行的前提下，对无功电压设备进行在线优化闭环控制，保证电网电压质量合格，实现无功分层分区平衡，降低网损。

4.2.6.2 控制参数设置

能够通过支撑平台进行控制参数设置，设置完成后应首先在离线态下进行验证，正确后才能装载到实时控制运行，确保控制参数安全性。控制参数设置包括控制厂站、控制母线、控制变压器、控制电容器/电抗器、控制发电机、控制静止无功补偿装置（SVC）、电压限值、功率因数限值等离线维护及在线修改等功能。

4.2.6.3　实时数据处理

能够周期性读取电网运行实时监控功能或状态估计功能提供的遥测遥信等实时数据，并具备实时数据处理功能，能对错误或无效量测进行过滤或屏蔽并进行告警，以保证控制数据源的准确性。实时数据处理应能实现如下策略：

a) 处理单个量测质量，当下列情况之一出现时，视为无效量测：

1) 电网运行实时监控量测量带有不良质量标志；

2) 量测量超出指定的正常范围；

3) 量测量在指定的时间内不发生任何变化；

4) 调度员指定不能使用。

b) 面向多测点进行网络关联分析，对遥测遥信联合判断，当下列情况之一出现时，应进行告警并提示人工处理：

1) 并列母线电压相差大；

2) 母线无功功率不平衡；

3) 开关刀闸遥信与遥测值不匹配。

c) 面向多次采样进行滤波处理，滤除明显不合理量测，避免量测瞬间波动引起误动或频繁调节；

d) 对关键量测，除主测点外，可指定备用测点，当主测点无效时自动切换到备用测点。

4.2.6.4　在线分区

应根据系统在线运行方式，自动划分电压控制分区，具体要求如下：

a) 以重要厂站高压侧母线为枢纽母线，根据实时拓扑自动对该厂站所带的电网进行分区；

b) 提供周期性动态分区功能，并能根据方式变化（如遥信变位）或事件触发执行，使控制区域与电网实际运行方式自动保持一致。

4.2.6.5　运行监视

应对电网无功电压分布和控制设备运行状态、受控状态等进行集中监视，具体要求如下：

a) 能够监视当前系统设备投退状态以及闭锁信息，包括设备是否在控、导致设备闭锁的告警信号和保护信号等；

b) 提供分区域统计功能，监视静态无功备用，含并联电容器和并联电抗器的无功备用，并按照电容器可投/退和电抗器可投/退分别统计；

c) 能够对各分区的无功备用不足进行告警；

d) 能够监视母线的实时运行信息，包括对电压越限进行告警，当日最高电压及出现时刻，当日最低电压及出现时刻等；

e) 能够监视关口等考核点功率因数和无功潮流实时运行信息，应对功率因数越限进行告警，并统计该考核点当日最高功率因数及出现时刻、当日最低功率因数及出现时刻等；

f) 能够监视变电站无功设备的运行信息，包括：当前无功补偿设备运行状态及变压器挡位等；

g) 能够监视电网控制范围的有功损耗和网损率，可按分区进行统计；

h) 能够监视当前 AVC 各环节的运行情况，包括：当前控制工作状态（开环/闭环），当前数据采集的刷新周期（秒），当前策略计算的周期（秒）等。

4.2.6.6　控制与优化策略计算应具备分区优化控制决策功能，具体要求如下：

a) 分区域进行控制与优化策略计算，在满足电压约束前提下进行无功优化调整，以区域无功电压设备作为整体，考虑厂站间协调控制；

b) 在满足关口功率因数前提下，控制无功实现分层分区平衡，减少线路上无功流动，降低无功传输引起的有功损耗；

c) 按分电压段功率因数考核标准和分时段功率因数考核标准对关口功率因数进行控制；

d) 应实现对电抗器在线控制，同一厂站电抗器和电容器不能同时投入电网运行；

e）具有可控发电机的区域电网，可实现连续电厂调节手段（发电机）和变电站离散调节手段（电容器、电抗器、主变分接头）控制的配合，保持动态无功储备并减少电厂和变电站之间不合理的无功流动；

f）无功不能完全满足就地或分层分区平衡时，在保证区域关口无功不倒流的前提下，区域内各厂站之间无功可以互相支援；

g）应保证变电站现场设备安全，避免投切振荡，应能考虑站内主变并列运行时对分接头的联调要求，实现变电站内无功补偿设备的循环投切；

h）在电网电压出现越限时，应优先进行以调整代价最小的电压校正控制；

i）控制决策应设置最大调整量或合理控制周期，不能由于控制导致电网无功电压波动过大；

j）某个分区的实时数据采集错误或通道故障不影响其他分区的控制决策；

k）在电网出现事故或异常，应能自动闭锁 AVC 控制，并给出报警。

4.2.6.7 控制执行

控制命令应通过电网运行实时监控下发到厂站端执行，具体要求如下：

a）应具有开环控制和闭环控制模式。在开环控制模式下，AVC 控制命令在主站显示作为参考；在闭环控制模式下，AVC 控制命令自动下发到厂站端执行；

b）控制命令可通过电网运行实时监控遥控/遥调下发；

c）控制命令应支持不同厂站的并行下发，即对不同厂站同一时刻可下发多个遥控/遥调命令，保证大规模电网控制实时性；

d）对于控制失败的情况，应给出报警，并闭锁相应设备；

e）应自动闭锁已停运设备；

f）支持对选定的当地设备进行通道测试和控制试验。

4.2.6.8 安全与闭锁策略

应考虑足够的安全与闭锁策略，能准确判断和可靠闭锁，具体要求如下：

a）支持必要时自动闭锁调节功能，防止造成主网电压崩溃；

b）变压器调节拒动、变压器调节滑挡、母线单相接地、电容器开关遥控不成功、电容器开关检修、电容器开关保护动作、电容器、主变及有载调压开关故障、通信故障或、电网运行数据不合理等异常出现时，AVC 应进行自动闭锁相关设备；

c）闭锁设置可分为三个级别：系统级闭锁、厂站级闭锁和设备级闭锁；

d）当处于系统级闭锁状态时，AVC 控制应用应该闭锁，主站不再下发闭环控制指令，全部厂站转入人工控制或者本地控制；

e）当处于厂站级闭锁时，应对单个厂站进行闭锁，不对该厂站下发闭环控制指令，该厂站转入人工控制或者本地控制；

f）当某设备处于设备级闭锁时，应对该设备进行闭锁，闭环控制中不考虑对此设备的调节，不下发对此设备的闭环控制指令；

g）可定义告警类型并自动生成闭锁信号，包括 AVC 系统产生的告警信号和电网运行实时监控传递的保护信号；

h）可定义闭锁信号复归类型，对于自动复归信号，信号消失后设备可自动投入；对于手动复归信号，信号消失后设备应人工投入；

i）所有闭锁信号变位信息应记录在日志中，并保存在数据库中供查询；

j）投入闭环控制的并联电容器/电抗器，其投切开关发生非 AVC 控制的开关遥信由合转分，应自动对该设备进行闭锁。

4.2.6.9 上下级协调控制

应支持与上级电网 AVC 协调控制，保证整个互联电网的电压安全和质量，实现无功的分层分区平衡，降低网损，满足多级互联电网的运行要求，具体的配合策略应遵循以下原则：

a）协调变量的选择与处理，从协调变量的选择上，应能够根据现有的调度职能划分，采用上下级

之间的关口,即枢纽变电站高压侧母线电压、关口无功或关口功率因数作为协调变量,接收上级 AVC 下发协调控制变量设定值;

b) 协调控制策略,应能够跟踪上级 AVC 目标进行控制,具体的协调策略要求如下:

1) 上级 AVC:对地调 AVC 下发变电站高压侧母线电压、界面无功或界面功率因数等目标指令;

2) 地调 AVC:将所辖每个枢纽变电站所属电网可投/切电容器容量上传至上级 AVC;调整地调 AVC 控制主变所带电网的电容器/电抗器和变压器分接头,满足上级 AVC 下发的枢纽变电站高压侧母线电压、关口无功或关口功率因数的目标指令。

c) 控制的监视与反馈,包括遥信、遥测信号两部分:

1) 地调 AVC 根据自身的控制情况向上级 AVC 上传遥信信号,包括远方就地信号和可用状态。远方就地信号表示现在地调 AVC 是否采用上级 AVC 的协调控制策略;可用状态表示现在地调 AVC 功能是否可用;

2) 地调 AVC 根据自身的控制情况向上级 AVC 上传遥测信号,包括可增无功容量和可减无功容量。可增无功容表示目前从某枢纽母线向下可增加的无功总容量;可减无功容量表示目前从某枢纽母线向下可减少的无功总容量。

d) 与上、下级电网 AVC 主站失去联系时,能自动切换至相应的独立控制模式运行。

4.2.6.10 历史记录和统计分析

能提供历史记录和考核统计信息,便于用户对无功电压控制效果进行查询、分析和评价,同时也作为电网无功电压管理的依据,具体要求如下:

a) AVC 主站可用率的统计;

b) 报警、异常信息的记录与统计:包括实时数据报警、电网状态异常、厂站和设备的状态(运行状态和受控状态)变化等;

c) 控制命令的记录与统计:包括控制时间、控制值、控制方式、是否成功等信息,便于查询;

d) 投运率的统计:对 AVC 受控的厂站、设备投运情况进行详细的记录,以提供任一对象的投运历史记录和投运率信息;

e) 电压合格率统计:根据相关管理考核规定,统计电压合格率,包括最大值、最小值等;

f) 功率因数统计:对考核点功率因数合格率进行统计,包括每日 96 点功率因数、最大值、最小值及平均值;

g) 控制电网范围内实时网损和网损率统计,包括最大值、最小值等;

h) 设备动作次数统计:可分类、分时段统计和查询系统、厂站、设备的动作次数、正确动作次数、拒动次数等,并统计控制设备调节成功率;

i) 控制覆盖率统计:对调度监控范围内设备数和受控设备数进行统计,并进一步统计控制覆盖率;

j) AVC 上下级协调控制效果统计:对地调 AVC 与上级 AVC 之间的协调控制指令和控制结果进行记录,便于统计和查询;

k) 可保存至少 10 天秒级历史数据(保存的数据和时间可设置),并可提供查询和曲线展示。

4.2.6.11 界面要求

提供人机界面,便于用户控制和查询系统的运行、计算和控制情况,设置计算参数,并查询历史统计数据,具体要求如下:

a) 控制参数设置画面:包括控制模式设置、计算周期和数据刷新周期设置、设备控制约束设置、数据预处理参数设置等;

b) 运行监视画面:提供与前述运行监视功能相匹配的各种监视画面。

c) 报警画面:包括:实时数据报警、电网状态异常、厂站和设备的状态(运行状态和受控状态)变化、闭锁信号变位等报警;

d) 控制记录查看画面:能查询每次计算前后的各种对比信息,计算形成的控制策略及其执行情况等信息;

e）历史统计数据报表：输出投运率、合格率、控制效果评估等指标的统计报表。

4.3 网络分析应用

4.3.1 基本要求

网络分析应用主要实现智能化的安全分析功能。该应用利用电网运行数据和其它应用软件提供的结果数据来分析和评估电网运行情况。

4.3.2 状态估计功能

4.3.2.1 状态估计基本要求

状态估计功能能够根据电网模型参数、结线连接关系和一组有冗余的遥测量测值和遥信开关状态，求解描述电网稳态运行情况的状态量——母线电压幅值和相角的估计值，并求解出量测的估计值，检测和辨识量测中的不良数据，为其他应用功能提供一套完整、准确的电网实时运行方式数据。

4.3.2.2 网络拓扑分析

可以根据电网结线连接关系和断路器/刀闸的分/合状态，形成状态估计计算中使用的母线——支路计算模型，具体要求如下：

a）进行网络拓扑接线分析，由电网设备的结线连接关系和断路器/刀闸的分/合状态，把连接在一起的带电节点归并到计算母线，形成以计算母线表示的电网拓扑连接关系；

b）分析电网设备的带电状态，并按设备的拓扑连接关系和带电状态划分电气活岛和电气死岛；

c）可以处理各种类型的厂站结线方式，例如：单母线、双母线、旁路母线、环形母线、3/2开关、4/3开关等；

d）支持断路器/刀闸人工设置的运行状态。

4.3.3 调度员潮流功能

4.3.3.1 调度员潮流基本要求

调度员潮流功能主要实现实时方式和各种假想方式下电网运行状态的分析功能。应能够按使用人员的要求在电网模型上设置电网设备的投切状态和运行数据，然后进行潮流计算，供使用人员研究电网潮流的分布变化。

4.3.3.5 潮流计算

根据电网模型参数、拓扑连接关系、给定的PQ节点注入功率及PV节点有功注入和母线电压，求解各母线的电压幅值和相角，并计算出全网各支路上的有功功率和无功功率，具体要求如下：

a）支持实时模式和研究模式，包括：

1）在实时电网模型和实时运行断面数据的基础上进行各种改变运行方式操作后，进行潮流计算；

2）在未来电网模型、历史电网模型的基础上，配合实时、历史等各种运行方式的生成及其修改，进行潮流计算。

b）采用成熟、高效、实用的潮流算法，保证计算的收敛性和实时性；

c）支持多电气岛的潮流计算；

d）支持按分布系数将不平衡功率调整到相关机组，使电网潮流更符合实际情况；

e）潮流计算不收敛时，提供计算迭代信息供用户诊断不收敛原因；

f）根据设备热稳限值、母线电压限值提示越限告警信息；

g）提供多数据断面的潮流计算结果比较功能；

h）计及变压器绕组丫/△连接关系对电压相角的影响。

4.3.3.6 网损计算

网损计算具体要求如下：

a）具备网损计算功能，提供基于潮流的理论网损计算值和网损率；

b）应能够按照系统、地区、设备分别进行网损计算和统计。

4.3.3.7 统计

统计的具体要求如下：

a）按设备类型、厂站、地区统计潮流计算结果误差；

b）计算调度员潮流的实用化运行指标，并将每次潮流计算的运行指标保存到商用数据库中，进行年、月、日运行指标的分析统计。

4.3.3.8　界面要求

应提供友好的人机界面，用于控制调度员潮流的启动，设置计算参数，查看计算结果和统计指标信息，满足以下功能要求：

a）控制操作界面具体要求如下：

1）提供主控画面，用于电网模型和初始运行方式选择，人工启动潮流计算等功能；

2）提供参数设置画面，用于修改控制潮流计算的相关参数，如潮流算法、收敛判据、最大迭代次数、不平衡功率分配方式等；

3）调用 CASE 管理画面，实现当前潮流断面的保存、恢复、删除等操作；

4）可以在单线图上设置机组/负荷的功率值、机端电压、母线的电压值，改变各种设备的运行状态，支持单步调整或调度综合令调整。

b）分析结果显示界面具体要求如下：

1）提供潮流计算结果列表，支持显示两个潮流断面的结果比较；

2）潮流计算结果可直接在单线图上显示；

3）提供树状潮流计算结果的网络拓扑结构画面，由用户指定厂站（或母线），形成由该厂站（或母线）、相连厂站（或母线）、相连设备组成的拓扑连接关系树，母线和设备上显示电压、功率等潮流计算值以及设备的物理参数，方便使用人员分析局部区域的电网潮流分布；

4）提供网损信息和越限信息列表，越限信息可在单线图的越限元件上标示告警信息，方便使用人员定位；

5）提供统计考核信息画面，显示调度员潮流月可用率、调度员潮流计算结果误差等信息。

c）所有画面可根据要求打印输出。

4.3.4　灵敏度计算功能

4.3.4.1　灵敏度计算基本要求

灵敏度计算功能为电网安全经济运行的辅助决策提供灵敏度信息，主要计算包括网损灵敏度、支路功率灵敏度、母线电压灵敏度。

4.3.4.2　电网模型选择

可以基于各种电网模型进行灵敏度计算：

a）实时电网模型：指当前电网模型；

b）未来电网模型：指未来几个月内将要投运的电网模型；

c）历史电网模型：指历史某一时刻的电网模型。

4.3.4.3　初始运行方式选择

可以选择实时运行断面数据、历史运行断面数据作为调度员潮流的基态运行断面，具体要求如下：

a）实时运行断面数据：从状态估计获取电网实时运行断面；

b）历史运行断面数据：从保存的历史数据 CASE 中获取电网历史运行断面数据，其中包括保存的典型断面数据。

4.3.4.4　计算控制

计算控制应提供以下功能：

a）支持实时模式和研究模式，包括：

1）在实时电网模型和实时运行断面数据的基础上进行灵敏度计算；

2）在未来电网模型、历史电网模型的基础上，配合实时、历史等各种运行方式进行灵敏度计算。

b）提供多种灵敏度算法；

c）灵敏度计算中应考虑有功不平衡功率在全网节点上合理分配，使灵敏度计算结果与平衡节点的设置无关；

    d）实时模式下，提供多种灵敏度启动计算方式，支持人工启动、周期启动和事件触发等启动方式。

4.3.4.5　网损灵敏度

应能够计算有功网损对机组有功出力的灵敏度和罚因子。

4.3.4.6　支路功率灵敏度

支路功率灵敏度应提供以下功能：

    a）应能够计算支路有功对机组有功出力的灵敏度；

    b）应能够计算支路有功对负荷有功功率的灵敏度。

4.3.4.7　母线电压灵敏度

母线电压灵敏度应提供以下功能：

    a）应能够计算母线电压对机组无功出力的灵敏度；

    b）应能够计算母线电压对机端电压的灵敏度；

    c）应能够计算母线电压对负荷无功功率的灵敏度；

    d）应能够计算母线电压对无功补偿装置的灵敏度；

    e）应能够计算母线电压对变压器抽头的灵敏度。

4.3.4.8　界面要求

提供的人机界面，用于控制灵敏度计算和查看计算结果，具体要求如下：

    a）提供主控画面，用于电网模型和初始运行方式选择等功能；

    b）提供计算参数设置画面，用于修改灵敏度计算及相关潮流计算的参数，如灵敏度算法、潮流收敛精度、参考节点设置等；

    c）提供参与联合调整的机组或负荷及其参与因子的设置画面；

    d）提供结果显示画面，可根据灵敏度分析的各种门槛值灵活查询各类灵敏度的计算值；

    e）提供运行信息画面，显示灵敏度计算月可用率、灵敏度计算时间等信息。

4.3.5　静态安全分析功能

4.3.5.1　静态安全分析基本要求

静态安全分析功能主要用于判断系统对故障所承受的风险度，提供预想故障下的过负荷支路、电压异常母线等，并给出其越限程度，为保障电力系统稳态运行安全可靠提供分析计算依据。主要包括故障快速扫描和指定故障集详细分析。该功能能够按使用人员的需要，方便地设定和选择故障类型，或者根据调度员要求，自定义各种故障组合，快速判断各种故障对电力系统产生的危害，准确给出故障后的系统运行方式，并直观准确显示各种故障结果，把危害程度大的故障及时提示给调度人员。

静态安全分析既可以作为一个独立的功能模块使用，又可以作为应用服务为调度智能操作票等提供计算服务。

4.3.5.2　电网模型选择

可以基于各种电网模型进行预想故障分析：

    a）实时电网模型：指当前电网模型；

    b）未来电网模型：指未来将要投运的电网模型；

    c）历史电网模型：指历史某一时刻的电网模型。

4.3.5.3　初始运行方式选择

可以选择实时和历史运行断面数据作为静态安全分析的基态运行断面，具体要求如下：

    a）实时运行断面数据：从状态估计获取电网实时运行断面；

    b）历史运行断面数据：从保存的历史数据 CASE 中获取电网历史运行断面数据，其中包括保存的典型断面数据。

以上无论任何一种方式，都应支持在基态潮流断面基础上进行方式调整。在实时和历史运行断面数据基础上改变运行方式都称为研究方式数据调整。研究方式下的电网设备的投切状态和运行数据可以由调度员任意修改。

4.3.5.4 计算控制

计算控制应提供以下功能：

a) 支持实时模式和研究模式，包括：

1) 在实时电网模型和实时运行断面数据的基础上进行各种改变运行方式操作后，进行静态安全分析；

2) 在未来电网模型、历史电网模型的基础上，配合实时和历史等各种运行方式的生成及其修改，进行静态安全分析。

b) 研究模式下，支持多用户功能，各用户可以同时计算而不互相影响；

c) 实时模式和研究模式互不影响；

d) 实时模式下，静态安全分析的启动计算方式支持：在线周期计算、事件触发启动和人工调用三种启动方式；

e) 实时模式下，静态安全分析应着重给出快速的概貌分析结果，研究模式下进行详细的模拟分析，包括备用电源自投装置动作影响等。

4.3.6 短路电流计算功能

4.3.6.1 短路电流计算基本要求

短路电流计算功能用于计算电力网络发生各种短路故障后的故障电流和电压分布。

4.3.6.4 故障设置

故障设置应提供以下功能：

a) 支持实时模式和研究模式，包括

1) 在实时电网模型和实时运行断面数据的基础上进行各种改变运行方式和故障设置操作后，进行短路电流计算；

2) 在未来电网模型、历史电网模型的基础上，配合实时、历史等各种运行方式的生成及其修改，进行短路电流计算。

b) 可以在厂站单线图或故障定义画面上设置故障。提供对已设置故障的统一查看、修改、删除功能，可以修改的故障参数包括故障类型、短路故障时的接地阻抗等；

c) 可以设置的故障元件包括：母线、发电机端、线路任意点、变压器端口；

d) 可以设置的故障类型包括：单相接地短路、两相接地短路、两相相间短路、三相短路等；可设置多重故障。

4.3.6.9 界面要求

用户可以设置运行方式、故障元件和故障类型、计算参数，启动分析计算，查看计算结果。具体要求如下：

a) 可以设置计算控制参数，包括算法控制参数，针对全网扫描断路器容量校核的计算周期、扫描范围、校核限值等参数；

b) 可以查看元件计算参数，包括发电机、负荷、线路、变压器、电容器和电抗器等各种元件的正、负、零序参数；

c) 可以通过厂站单线图和列表画面显示短路电流计算结果，包括故障点电流，以及电网各个节点的三序、三相电压和各个支路的三序、三相电流等；

d) 全网扫描断路器校核结果界面，包括实时运行状态下的遮断容量校核越限和重载（重载率可配置）结果，短路电流超过遮断容量的厂站和断路器数量；

e) 统计遮断容量校验月计算次数等信息。

4.6 调度员培训模拟（DTS）应用

4.6.1 基本要求

调度员培训模拟（DTS）主要包括电力系统仿真、控制中心仿真及教员台控制等功能。在DTS中，建立电力系统设备及元件的数学建模，实现对电力系统运行特性的仿真，并通过对电网控制中心的模拟建立一套与实际控制中心一致的培训环境，从而支持学员进行正常操作、事故处理及系统恢复的培训，用以提高调度员的基本技能和事故应对能力。DTS还可以用于电网研究和分析，并可利用DTS进行系统联合反事故演习。

4.6.2 电力系统仿真功能

4.6.2.1 电力系统模型

应提供与实际管辖范围电网一致的设备模型。包括：发电机、线路、变压器、电抗/电容器、母线、开关、刀闸、负荷、直流输电系统、抽水蓄能机组，继电保护装置、安全自动装置、数据采集系统等。

应考虑外部网络对电网仿真影响，支持接入上级调度全模型或带多级缓冲网的上级调度下发等值模型。

4.6.2.2 电力系统稳态仿真

能够实现基于动态潮流技术对电网中长期特性进行仿真。稳态仿真计算仿真故障和扰动下电力系统的频率变化和潮流分布。

电力系统稳态仿真包括以下功能：

a）应能真实地仿真电网操作及故障时的潮流和频率变化；

b）应能进行以电气岛为单元的动态潮流计算，给出电网频率和潮流计算结果。无事件时周期计算，有事件时立即响应计算；

c）频率计算时应考虑发电机的一次调频、发电机转动惯量及负荷的频率特性效应；

d）应能进行电网解列、并列仿真计算；

e）应支持交直流混合输电系统仿真；

f）应能进行电网拓扑分析，给出计算母线、电气岛等拓扑分析结果；

g）应能进行开关潮流计算，无需建立小阻抗支路或零阻抗支路；

h）应能支持各种调度操作，包括：

1）断路器分、合；

2）隔离刀闸分、合；

3）变压器分接头、中性点接地方式的调整；

4）电容/电抗器投切；

5）发电机有功出力、无功出力、机端电压、计算节点类型的调整；

6）负荷有功、无功调整；

7）支持厂站有功出力/负荷、区域有功出力/负荷调整、系统有功出力/负荷调整；

8）支持调度综合令的模拟与执行。

i）出现潮流不收敛时应提供提示信息，由操作人员进行调整或者继续进行频率计算，待与频率相关的装置动作后，潮流重新收敛，从而使培训继续进行下去。

4.6.2.3 继电保护仿真

能够实现对电力系统继电保护装置的建模和仿真。具体要求如下：

a）应能采用逻辑仿真法进行继电保护模拟；

b）应能够模拟电网中常见的各种保；装置，在电网发生故障时给出正确的保护动作信息和开关动作信息；

c）应能设置保护的投/退运状态和动作延时；

d）应能模拟重合闸动作及其与保护动作的配合；

e）应能模拟保护的误动、拒动；

f）应能模拟开关的误动、拒动；

g）应能通过接线图上的设备点击操作方便地维护、设置和查询继电保护模型。

4.6.4.2 电网运行仿真

能接受数据采集仿真的遥测和遥信，将遥控遥调操作、控制指令发送至电力系统模型，实现对电力系统仿真状态的交互影响。

4.6.4.3 设备监控仿真

能够按照责任区定义实现仿真信息（全遥信、遥信变位、全遥测、变化遥测、厂站工况、越限信息以及各种告警信息）的自动分流，支持间隔的建模与显示，支持集控光字牌的模拟，提供面向间隔的人机操作以及集控所需的各种形式的远方控制与调节功能。

4.6.4.4 AVC仿真

应能利用培训模式下的 AVC 和 DTS 的闭环对 AVC 的调整策略进行校验和验证。

4.6.4.5 网络分析仿真

应能对网络分析应用的各功能进行仿真，根据电力系统仿真的电网模型和运行方式，模拟状态估计、调度员潮流等功能。学员台网络分析功能完全与实时网络分析功能完全相同。

4.6.5 联合反事故演习支持功能

可以支持基于 WEB 交互和 DTS 互联的两种方式实现联合反事故演习，应提供以下功能：

a）利用支撑平台的 WEB 服务，能够实现 DTS 人机系统的 WEB 远程发布。具体要求如下：

1）WEB 中各厂站接线图和潮流图应与 DTS 一致；

2）WEB 中潮流与设备状态应与 DTS 保持同步一致；

3）应能通过用户角色权限配置实现远程教员和远程学员等用户权限管理；

4）应提供远程学员台供参演调度员使用，主要为画面浏览功能；

5）应提供远程教员台供参演远方导演使用，可以进行所辖电网的各种教员操作，包括各种设备操作、故障设置等；

6）导演可以查看各远程用户的登录和退出情况。

b）DTS 向上支持与上级调度 DTS 互联实现上下级联合反事故演习，向下支持与集控中心 DTS、厂站 OTS 互联实现地区内部的联合反事故演习。具体要求如下：

1）应支持各参演单位基于自身 DTS 系统参加联合演习；

2）应支持各 DTS 通过网络接口协调实现多个 DTS 中电力系统模型的相互影响，构建时空一致的分布式仿真环境；

3）当某一 DTS 发生异常时不应对其他系统产生影响。

4.6.6 界面要求

应提供各种人机接口，包括基于单线图画面操作和表格及其他列表操作。用户可以使用这些人机接口实现各种教员和学员应用功能。具体要求如下：

a）DTS 使用与网络分析应用公用的图形，显示培训过程中仿真结果，包括各种遥测和遥信状态；

b）应能选择不同方式启动 DTS；

c）应提供调度操作模拟及方式调整界面，支持单线图点击设备进行操作及电网树状层次结果的列表操作。应支持如下操作，每一操作均可以设置事件发生的事件类型（按绝对时间发生、相对时间发生或是立即发生）：

1）断路器分、合；

2）隔离刀闸拉、合；

3）变压器分接头、中性点接地方式的调整；

4）电容/电抗器投、切；

5）发电机有功出力、无功出力、机端电压、计算节点类型的调整；

6）负荷有功、无功调整；

7）支持厂站有功出力/负荷、区域有功出力/负荷调整、系统有功出力/负荷调整；

8）支持调度综合令的解析，并能模拟与执行。

d）应提供故障设置界面，支持基于单线图点击设备进行操作及电网树状层次结果的列表操作，包括：

1）交流线路故障设置界面；

2）变压器故障设置界面；

3）母线故障设置界面；

4）发电机组故障设置界面；

5）开关故障设置界面；

6）电容、电抗器故障设置界面。

e）应提供动态曲线监视画面，包括：

1）通过界面可以选择监视培训过程中的动态曲线；

2）要求曲线能够随着事件进行自动推进；

3）曲线能够根据显示效果进行显示比例的调整；

4）可以点击单线图设备，直接进行监视状态量的定制。

f）应提供图形化的继电保护及安全自动装置的参数录入界面；

g）应提供继电保护设置界面，包括：

1）应能进行保护的投退、动作延时、动作定值的修改；

2）应能进行保护的拒动和误动设置。

h）应提供自动装置设置界面，包括：

1）应能进行自动装置的投退、定值修改、动作逻辑修改；

2）应能进行自动装置动作压板的投退；

3）应能进行自动装置的复位操作；

4）应能进行自动装置的拒动和误动设置。

i）应提供数据采集系统仿真设置界面；

j）应提供教员台教案初始条件（存储柜）的制作和管理界面，包括：

1）应支持教案初始条件的编辑、保存和删除等功能；

2）教案存储时提供加密界面，进行加密保护，防止误删或泄密。

k）应提供教员台事件表的制作和管理界面，包括：

1）应支持事件表的制作、编辑、保存和删除等功能；

2）教员可以直接进行画面或列表操作进行事件表制作；

3）事件表的事件编辑内容主要为事件发生的时间、事件的操作人员修改。当要修改操作对象时，应该删除事件重新进行制作；

4）事件表存储时提供加密界面，进行加密保护，防止误删或泄密。

l）应提供培训的暂停和恢复界面；

m）用户应能通过菜单返回任意前断面；

n）应提供培训控制快照功能界面，包括：

1）应提供界面进行培训中的周期快照的启动和周期设置；

2）应提供界面进行培训中的手工快照；

3）应提供界面可以选择已有快照，进行断面返回。

o）应提供培训监视界面，包括：

1）应能用列表方式显示培训中已发生或未发生的事件。内容包括发生时间、事件内容、事件发出者、事件执行状态等；

2）应支持未执行事件的立即发送执行；

3）应能用分类列表的方式显示培训过程中的各种越限、继电保护动作信息、开关动作信息、自动装置动作信息以及分厂站、地区和公司的统计信息；

4）应能监视系统的网损及网损率；

5）应能监视系统的电气岛情况及相应的频率。

p）应提供培训评估报表界面，能够将培训过程中的各种事件和重点状态进行记录保存，并形成相应的报表文件，便于培训后的整理等；

q) 应提供评估打分功能界面，包括：

1) 应能设置打分的各判据项的扣分方法。包括误操作扣分、越限扣分、失电扣分、解列扣分、可靠性扣分等；

2) 应能在培训过程中实时给出当前的扣分情况。可以在培训结束后给出总扣分和分项扣分。

r) 应提供联合反事故演习界面，包括：

1) 要求 WEB 系统根据用户权限配置采用和 DTS 系统中一致的画面和操作菜单；

2) 应具备用户权限配置功能，可以限定用户访问的画面、限定操作的设备。

4.6.7 接口要求

4.6.7.1 上下级调度 DTS 互联的交互信息

与上下级调度 DTS 互联的交互，应提供以下功能：

a) 互联 DTS 的电网模型边界接口定义；

b) 互联 DTS 的电网网络模型及设备参数（有必要可进行简化或等值）；

c) 互联 DTS 的电网初始方式（即教案初始条件）；

d) 互联 DTS 培训过程中的交互信息，包括：

1) 仿真潮流信息：设备潮流、电压、相角、频率等信息；

2) 开关/刀闸分合状态、变压器分头挡位等信息；

3) 仿真系统状态信息：培训仿真时钟、系统运行状态（运行/暂停/结束等）；

4) 电网操作事件；

5) 互联控制事件；

6) 即时消息。

4.6.7.2 DTS 与厂站 OTS 互联的交互信息

与厂站 OTS 互联的交互，应提供以下功能：

a) DTS 给厂站 OTS 下发的数据，包括：

1) 潮流数据：设备潮流、电压、相角、频率等信息；

2) 开关/刀闸等分合状态、变压器分头挡位等信息；

3) 初始开关状态信息；

4) 故障设置信息；

5) 互联控制命令。

b) 厂站 OTS 给 DTS 上传的数据，包括：

1) 开关状态变化数据；

2) 变压器挡位变化数据。

2.3.2.6 电能量采集系统

本条评价项目（见《评价》）的查评依据如下。

【依据 1】《国家电网公司电力调度自动化系统运行管理规定》［国网（调/4）335—2014］

第三十三条 厂站信息参数管理要求如下：

信息参数主要有：

1. 一次设备名称；

2. 电压和电流互感器的变比；

3. 变送器或交流采样的输入/输出范围、计算出的遥测满度值及量纲；

4. 事故、异常、越限、变位、告知五类监控信号；

5. 遥测扫描周期和阈值；

6. 信号的常开/常闭接点、信号接点抗抖动的滤波时间设定值；

7. 事件顺序记录（SOE）的选择设定；

8. 机组（电厂）AGC/AVC 遥调信号的输出范围、满度值和调节速率限值；

9. 电能量计量装置的时段、读写密码、通信号码；

10. 厂站调度数据网络接入设备和安全设备的 IP 地址和信息传输地址等；

11. 向有关调度传输数据的方式、通信规约、数据序位表等参数。

如果（一）中1～4的参数发生变化，子站运行维护部门应提前书面通知相关自动化管理部门；5～11参数的设置和修改，应根据有调度管辖权的电力调度机构自动化管理部门的要求在现场进行。

【依据2】《电能量计量系统设计技术规程》（DL/T 5202—2004）

4 计量系统设计基本要求

4.0.1 计量系统应具有计量属性，数据精确、完整、可靠、及时、保密，以保证电能量信息的唯一性和可信度。

4.0.2 计量系统应是系统完整、性能可靠、技术成熟、功能完善、独立的计算机系统。

4.0.3 计量系统应具有分时段电能量自动采集，处理，传输，整理，统计，存储，档案管理，具有声1光报警、旁路替代、保留原始电量数据不被修改等功能。

4.0.4 依据电网的规模、地理分布、产权划分、经营机构设置等因素设置计量系统。

4.0.5 计量系统必须具有可扩展性、开放性、良好的兼容性和易维护性。

4.0.6 计量系统可依据重要性对某些部件采用双设备以提高冗余度。当厂站端配有电能量远方终端时，该终端一般情况下不宜再采用双配置。

2.3.2.7 备调自动化

本条评价项目（见《评价》）的查评依据如下。

【依据】《关于加强地县级电网备用调度建设工作的意见》（国家电网调〔2011〕684号）

一、地县备调基本功能要求

地县备用调度在业务功能层面主要实现实时调度业务的备用，在技术支持系统层面主要实现电网运行监控功能（SCADA）的备用，在数据层面主要实现实时数据采集处理的备用；三个层面都应实现热备用。

要实现上述地县调备用功能，需要建立覆盖相关调度和变电站的电力通信网络和调度数据网络，并选择合适地点作为网络第二汇聚点，需要建立独立于地县主调的简易采集处理系统，需要在省调配置远方浏览终端，具体要求下面分别详细描述。

二、选址和基础设施改造的基本原则

备用调度简易采集监控系统应建立在调度数据网的第二核心节点，此节点选址应充分考虑：通信网络、环境条件、基础设施、运行维护、地理地质等多种因素，其建筑设施应简约实用、坚固牢靠；应充分利用现有生产办公用房，不为备调新建办公楼；此节点应与主调有适当的距离。

2.3.2.8 配调自动化

本条评价项目（见《评价》）的查评依据如下。

【依据】《配电自动化系统技术规范》（DL/T 814—2013）

4 总体要求

4.1 配电自动化系统应以面向配电网调度和生成指挥为应用主体进行建设，实现对配电网的监视和控制，并满足与相关系统的信息交互、共享和综合应用需求。

4.2 配电自动化系统应满足国家、行业的标准及相关技术规范的要求。

4.3 配电自动化系统应按照可靠性、经济性、实用性、先进性原则，充分利用资源，综合考虑多种通信方式并合理选用。

4.4 配电自动化系统设计应满足系统通用性和扩展性要求，减少功能交叉和冗余。

4.5 配电自动化系统满足电力二次系统安全防护规定。

4.6 配电自动化系统应选择模块化、少维护、低功耗的设备。

5.1 配电自动化组成

配电自动化主要由配电主站、配电子站（选配）、配电终端和通信通道组成。配电自动化系统通过与其他相关应用系统（外部系统）互联，实现数据共享和功能扩展。

6.1 基本功能

基本功能保护数据采集、数据处理、事件顺序记录、事故追忆/回放、系统时间同步、控制与操作、防误闭锁、故障定位、配电终端在线管理和配电通信网络工况监视、与上一级电网调度自动化系统（一般指地调 EMS）互联、网络拓扑着色。

2.3.2.9 厂站自动化

本条评价项目（见《评价》）的查评依据如下。

【依据1】《智能变电站一体化监控系统功能规范》（Q/GDW 678—2011）

5 总则

智能变电站一体化监控系统功能的基本原则如下：

a) 通过各应用系统的集成和优化，实现电网运行监视、操作控制、信息综合分析与智能告警、运行管理和辅助应用功能；

b) 遵循 DL/T 860 标准，实现站内信息、模型、设备参数的标准化和全景信息的共享；

c) 遵循 Q/GDW 215、Q/GDW 622、Q/GDW 623、Q/GDW 624，满足调度对站内数据、模型和图形的应用需求；

d) 变电站二次系统安全防护遵循国家电力监管委员会电监安全〔2006〕34 号文。

8.4 防误闭锁

防误闭锁功能应满足如下要求：

a) 防误闭锁分为三个层次，站控层闭锁、间隔层联闭锁和机构电气闭锁；

b) 站控层闭锁宜由监控主机实现，操作应经过防误逻辑检查后方能将控制命令发至间隔层，如发现错误应闭锁该操作；

c) 间隔层联闭锁宜由测控装置实现，间隔间闭锁信息宜通过 GOOSE 方式传输；

d) 机构电气闭锁实现设备本间隔内的防误闭锁，不设置跨间隔电气闭锁回路；

e) 站控层闭锁、间隔层联闭锁和机构电气闭锁属于串联关系，站控层闭锁失效时不影响间隔层联闭锁，站控层和间隔层联闭锁均失效时不影响机构电气闭锁。

【依据2】《变电站计算机监控系统工厂验收管理规程》（Q/GDW 213—2008）

B.12 站内状态量变位分辨率，≤2ms。

B.13 遥测精度：

电流、电压 0.2 级，有功、无功 0.5 级；

遥调输出 0.2 级；

频率 0.01Hz。

2.3.2.10 信息采集控制

本条评价项目（见《评价》）的查评依据如下。

【依据1】《国家电网公司推进变电站无人值守工作方案》（国家电网运检〔2013〕178 号）

第十三条 自动化设备要满足遥信、遥测、遥调、遥控功能。变电站监控信息采集满足《变电站调控数据交互规范（试行）》（调自〔2012〕101 号），按照《调控机构监控信息变更和验收管理规定（试行）》（调监〔2012〕306 号）相关要求，接入调度技术支持系统。

【依据2】《电力系统调度自动化设计技术规程》（DL/T 5003—2017）

5 厂站端部分

5.1 信息采集原则及内容

5.1.1 信息采集应遵循以下原则：

1. 直调（控）厂站的信息采集应按照直调直采、直采直送原则设计，非直调厂站的信息采集可通过直采方式送到相关调度端；

2. 新建厂站宜采用计算机监控系统实现各类信息采集、处理和与调度端通信的功能，特殊情况下，部分信息采集也可通过独立的系统实现；

3. 厂站内计算机监控系统宜通过现行行业标准《变电站通信网络和系统》DL/T 860 系列统一实现各类数据采集。

5.1.2 信息采集内容应满足以下要求：

1. SCADA 数据采集内容应符合本标准附录 B.1 的规定；

2. 相量测量数据采集内容应符合本标准附录 B.2 的规定；

3. 保护装置、安全自动装置及录波装置信号采集内容应符合本标准附录 B.3 的规定；

4. 火电厂综合监测信息包括脱硫脱硝除尘及供热等信息，采集内容应符合本标准附录 B.4 的规定；

5. 水电站综合监测信息包括水文要素如降水、蒸发、流量、水量、水位、冰情、含沙量、水质等信息，采集内容应符合本标准附录 B.5 的规定；

6. 风电场综合监测信息包括风电场实时测风信息、风电场数值天气预报及风电场功率预测等信息，采集内容应符合本标准附录 B.6 的规定；

7. 光伏电站综合监测信息包括光伏电站环境监测、功率预测等信息，采集内容应符合本标准附录 B.7 的规定；

8. 变电站一次设备告警信息包括断路器、互感器异常信号等信息，采集内容应符合本标准附录 B.8 的规定；

9. 变电站一次设备状态监测信息包括变压器、避雷器、GIS 等一次设备的状态信息，采集内容应符合本标准附录 B.9 的规定；

10. 二次设备监测信息包括监控系统、交直流系统、同步对时系统、安防系统等二次设备的监测信息，采集内容应符合本标准附录 B.10 的规定；

11. 发电厂一次调频信息采集内容应符合本标准附录 B.11 的规定；

12. 自动发电控制（AGC）信息采集内容应符合本标准附录 B.12 的规定；

13. 自动电压控制（AVC）信息采集内容应符合本标准附录 B.13 的规定；

5.1.3 电能量信息采集按照现行行业标准《电能量计量系统设计技术规程》DL/T 5202 的相关要求执行。

5.2 厂站端计算机监控系统

5.2.1 系统功能应满足以下要求：

1. 系统应实现调度端所需信息的采集和处理功能，其范围包括厂站内模拟量、开关量、电能量以及来自其他智能装置的数据；

2. 系统宜实现调度端对厂站内设备遥控、遥调功能，支持对全站所有断路器、隔离开关、主变有载调压分接头、无功功率补偿装置及相关设备的控制及参数设定功能；具备远方保护软压板投退、定值区切换、定值修改功能；

3. 系统应具有遥测越死区传送，遥信变位传送、事故信号优先传送的功能；

4. 远动信息应实现直采直送，满足调度端有关信息实时性、可靠性、传送方式、通信规约及接口等方面的要求；

5. 系统应能与多个调度端进行数据通信，具备遥控、遥调功能，但同一时刻某一具体被控设备只允许执行一个调度端的遥控、遥调命令；

6. 系统应有多种通信规约可选，工程中选用的通信规约应与调度端系统一致；

7. 发电厂计算机监控系统其他功能设计应遵循现行行业标准《发电厂电力网络计算机监控系统设计技术规程》DL/T 5226 的相关规定，接人省级及以上调度自动化系统的变电站计算机监控系统其他功能设计应遵循现行行业标准《220～550kV 变电所计算机监控系统设计技术规程》DL/T 5149 的相关规定；

8. 系统可采用智能远动网关实现与调度端通信的功能，厂站内智能远动网关应按照分区配置。智能远动网关应满足现行国家标准《智能远动网关技术规范》GB/T 31994 的相关规定；

9. 系统宜实现保护及故障录波信息管理功能，并具备向调度端传送相关信息的功能；

10. 发电厂内计算机监控系统宜实现机组 AGC、AVC 功能，并接收调度端的调控指令；

5.2.2 设备配置应满足以下要求：

1. 生产控制大区应冗余配置远动网关，控制区远动网关直接采集站内数据，通过专用通道向调度（调控）中心传送实时信息，同时接收调度（调控）中心的操作与控制命令；非控制区远动网关实现数据向调度（调控）中心的传输，具备远方查询和浏览功能；

2. 管理信息大区可单套配置远动网关，实现与其他管理系统的信息传输；

3. 系统应遵循《发电厂监控系统安全防护总体方案》《变电站监控系统安全防护总体方案》和现行国家标准《信息安全技术网络基础安全技术要求》GB/T 20270 的相关要求，按照"安全分区、网络专用、横向隔离、纵向认证"的基本要求，配置二次安全防护设施；

4. 远动网关等关键厂站端设备应配置双电源模块。其他厂站端设备宜配置双电源模块，或采用静态切换装置实现双路供电；

5. 厂站端应配置一套时钟同步系统，应能接收双路时钟源并宜采用北斗系统授时信号。

5.2.3 主要技术指标应符合下列要求：

1. 模拟量越死区传送整定最小值小于 0.1%（额定值），并逐点可调；

2. 遥控正确率为 100%，遥调正确率不应低于 99.9%；

3. 模拟量信息响应时间（从 I/O 输入端至远动网关出口）不大于 2s；

4. 状态量变化响应时间（从 I/O 输入端至远动网关出口）不大于 1s；

5. 交流采样测量值综合误差不应大于 0.5%，直流采样模数转换误差不应大于 0.2%，电网频率测量误差不应大于 0.01Hz；

6. 站控层事件顺序记录（SOE）分辨率不应大于 2ms，间隔层事件顺序记录（SOE）分辨率不应大于 1ms；

7. 厂站计算机监控系统的容量宜按发电厂和变电站的发展需要确定，设计运行年限不宜小于 10y。

5.3 其他信息采集终端

5.3.1 独立配置的保护及故障录波信息子站主机与不同调度端通信的网口应相互独立、互相隔离。保护及故障录波信息上送至调度端系统非控制区。

5.3.2 500kV 及以上厂站、220kV 枢纽变电站、大电源、电网薄弱点、新能源接入汇集点通过 35kV 及以上电压等级线路并网且装机容量 40MW 及以上的风电场均应部署相量测量装置。相量测量装置应满足现行行业标准《电力系统同步相量测量装置通用技术条件》DL/T 280 的要求，可通过厂站内 I 区智能远动网关传送至调度主站端控制区。

5.3.3 省级及以上调度（调控）中心调管的燃煤电厂应配置燃煤电厂机组烟气在线监测装置，宜实现模拟量、开关量信息直接采集，并通过网络方式由非控制区上送至调度端。

5.3.4 省级及以上调度（调控）中心调管的风电场应配置风功率预测系统，功能应满足现行行业标准《风电功率预测系统功能规范》NB/T 31046 的要求。风电功率预测系统信息应上送至调度端系统。

5.3.5 省级及以上调度（调控）中心调管的光伏发电站应配置光功率预测系统，系统应满足现行行业标准《光伏发电站功率预测系统技术要求》NB/T 32011 的要求。光伏发电功率预测信息应上送至调度端系统。

5.3.6 省级及以上调度（调控）中心调管的水力发电厂宜配置水情测报系统，系统应满足现行行业标准《水电工程水情自动测报系统技术规范》NB/T 35003 的要求。水情测报信息宜通过网络方式由非控制区上送至调度端。

【依据 3】《变电站设备监控信息规范》（Q/GDW 11398—2015）

4.1 设备监控信息应全面完整。设备监控信息应涵盖变电站内一次设备、二次设备及辅助设备，采集应完整准确、描述应简明扼要，满足无人值守变电站调控机构远方故障判断、分析处置要求。

4.2 设备监控信息应描述准确。设备编号和信息命名应满足 SD 240、DL/T 1171 的要求，信息描述准确，含义清晰，不引起歧义。

4.3 设备监控信息应稳定可靠。不上送干扰信号、不误发告警信号，不受单个设备故障、失电等因素影响而失去全站监视；上送调控机构监控信息应有合理的校验手段和重传措施，不因通信干扰造成监控信息错误。

4.4 设备监控信息应源端规范。继电保护及安全自动装置、测控装置、合并单元、智能终端等二次设备应优先通过设备自身形成其监控信息，以降低对外部设备依赖，实现监控信息的源端规范。变压器、断路器等一次设备智能化后，应在源端形成其设备监控信息。

4.5 设备监控信息应上下一致。变电站监控系统监控主机应完整包含上送调度控制系统的设备监控信息，且内容、名称、分类保持一致。

4.6 设备监控信息应接入便捷。调度控制系统和变电站设备监控信息传输方式可采用调控直采、告警直传、远程调阅等方式，灵活适应不同类别设备监控信息接入要求，并可根据实际需要调整。

2.3.2.11 信息处理

本条评价项目（见《评价》）的查评依据如下。

【依据1】《地区电网调度自动化设计技术规程》（DL/T 5002—2005）

4.3 技术要求

4.3.6 遥测量指标如下：

1. 遥测综合误差不大于±1.0%（额定值）。

2. 越死区传送整定最小值不小于0.25%（额定值）。

4.3.7 遥信量指标如下：

1. 正确动作率不小于99.9%。

2. 事件顺序记录站间分辨率应小于10ms。

4.3.8 当进行遥控时，调度自动化系统应先确认当前设备的位置信号或状态信号，当设备位置状态发生变化时，遥控命令应予以可靠闭锁。遥控正确率要求达到100%，遥调正确率要求不小于99.9%。

4.3.9 实时性指标：

1. 遥测传送时间不大于4s。

2. 遥信变化传送到主站时间不大于3s。

3. 遥控、遥调命令传送时间不大于4s。

4. 自动发电控制命令发送周期为4s～16s。

5. 经济功率分配计算周期为5min～15min。

6. 画面调用响应时间：85%的画面≤2s，其余画面≤3s。

7. 画面实时数据刷新周期为5s～10s（可调）。

8. 模拟屏数据刷新周期为6s～12s（可调）。

9. 大屏幕投影数据刷新周期为8s～12s（可调）。

10. 双机自动切换到基本监控功能恢复时间不大于20s。

【依据2】《智能变电站一体化监控系统建设技术规范》（Q/GDW 679—2011）

7.4 性能要求

智能变电站一体化监控系统主要性能指标要求：

a）模拟量越死区传送整定最小值，<0.1%（额定值），并逐点可调；

b）事件顺序记录分辨率（SOE）：间隔层测控装置，≤1ms；

c）模拟量信息响应时间（从I/O输入端至数据通信网关机出口），≤2s；

d）状态量变化响应时间（从I/O输入端至数据通信网关机出口），≤1s；

e）站控层平均无故障间隔时间（MTBF），≥20000h；间隔层测控装置平均无故障间隔时间，≥30000h；

f）站控层各工作站和服务器的CPU平均负荷率：正常时（任意30min内），≤30%；电力系统故障时（10s 内），≤50%；

    g）网络平均负荷率：正常时（任意 30min 内），≤20%；电力系统故障时（10s 内），≤40%；

    h）画面整幅调用响应时间：实时画面，≤1s；其他画面，≤2s；

    i）实时数据库容量：模拟量，≥5000 点；状态量，≥10000 点；遥控，≥3000 点；计算量，≥2000 点；

    j）历史数据库存储容量：历史数据存储时间，≥2 年；历史曲线采样间隔 1min～30min（可调）；历史趋势曲线，≥300 条。

2.3.2.12　基础设施物理安全

本条评价项目（见《评价》）的查评依据如下。

【依据】《电力监控系统安全防护总体方案》（国能安全〔2015〕36 号）

    3.1　物理安全

电力监控系统机房所处建筑应当采取有效防水、防潮、防火、防静电、防雷击、防盗窃、防破坏措施，应当配置电子门禁系统以加强物理访问控制，必要时应当安排专人值守，应当对关键区域实施电磁屏蔽。

2.3.2.13　体系结构安全

本条评价项目（见《评价》）的查评依据如下。

【依据 1】《电力监控系统安全防护规定》（国家发展改革委 2014 年第 14 号令）

    第六条　发电企业、电网企业内部基于计算机和网络技术的业务系统，应当划分为生产控制大区和管理信息大区。

    生产控制大区可以分为控制区（安全区Ⅰ）和非控制区（安全区Ⅱ）；管理信息大区内部在不影响生产控制大区安全的前提下，可以根据各企业不同安全要求划分安全区。

    根据应用系统实际情况，在满足总体安全要求的前提下，可以简化安全区的设置，但是应当避免形成不同安全区的纵向交叉连接。

    第七条　电力调度数据网应当在专用通道上使用独立的网络设备组网，在物理层面上实现与电力企业其他数据网及外部公用数据网的安全隔离。

    电力调度数据网划分为逻辑隔离的实时子网和非实时子网，分别连接控制区和非控制区。

    第八条　生产控制大区的业务系统在与其终端的纵向连接中使用无线通信网、电力企业其它数据网（非电力调度数据网）或者外部公用数据网的虚拟专用网络方式（VPN）等进行通信的，应当设立安全接入区。

    第九条　在生产控制大区与管理信息大区之间必须设置经国家指定部门检测认证的电力专用横向单向安全隔离装置。

    生产控制大区内部的安全区之间应当采用具有访问控制功能的设备、防火墙或者相当功能的设施，实现逻辑隔离。

    安全接入区与生产控制大区中其他部分的连接处必须设置经国家指定部门检测认证的电力专用横向单向安全隔离装置。

    第十条　在生产控制大区与广域网的纵向连接处应当设置经过国家指定部门检测认证的电力专用纵向加密认证装置或者加密认证网关及相应设施。

    第十一条　安全区边界应当采取必要的安全防护措施，禁止任何穿越生产控制大区和管理信息大区之间边界的通用网络服务。

    生产控制大区中的业务系统应当具有高安全性和高可靠性，禁止采用安全风险高的通用网络服务功能。

【依据 2】《电力监控系统安全防护总体方案》（国能安全〔2015〕36 号）

    2.1.1　生产控制大区的安全区划分

    （1）控制区（安全区Ⅰ）：

控制区中的业务系统或其功能模块（或子系统）的典型特征为：是电力生产的重要环节，直接实现对电力一次系统的实时监控，纵向使用电力调度数据网络或专用通道，是安全防护的重点与核心。

控制区的传统典型业务系统包括电力数据采集和监控系统、能量管理系统、广域相量测量系统、配网自动化系统、变电站自动化系统、发电厂自动监控系统等，其主要使用者为调度员和运行操作人员，数据传输实时性为毫秒级或秒级，其数据通信使用电力调度数据网的实时子网或专用通道进行传输。该区内还包括有采用专用通道的控制系统，如：继电保护、安全自动控制系统、低频（或低压）自动减负荷系统、负荷控制管理系统等，这类系统对数据传输的实时性要求为毫秒级或秒级，其中负荷控制管理系统为分钟级。

（2）非控制区（安全区Ⅱ）：

非控制区中的业务系统或其功能模块的典型特征为：是电力生产的必要环节，在线运行但不具备控制功能，使用电力调度数据网络，与控制区中的业务系统或其功能模块联系紧密。

非控制区的传统典型业务系统包括调度员培训模拟系统、水库调度自动化系统、故障录波信息管理系统、电能量计量系统、实时和次日电力市场运营系统等，其主要使用者分别为电力调度员、水电调度员、继电保护人员及电力市场交易员等。在厂站端还包括电能量远方终端、故障录波装置及发电厂的报价系统等。非控制区的数据采集频度是分钟级或小时级，其数据通信使用电力调度数据网的非实时子网。此外，如果生产控制大区内个别业务系统或其功能模块（或子系统）需使用公用通信网络、无线通信网络以及处于非可控状态下的网络设备与终端等进行通信，其安全防护水平低于生产控制大区内其他系统时，应设立安全接入区，典型的业务系统或功能模块包括配电网自动化系统的前置采集模块（终端）、负荷控制管理系统、某些分布式电源控制系统等。

2.1.2 管理信息大区的安全区划分

管理信息大区是指生产控制大区以外的电力企业管理业务系统的集合。管理信息大区的传统典型业务系统包括调度生产管理系统、行政电话网管系统、电力企业数据网等。电力企业可以根据具体情况划分安全区，但不应影响生产控制大区的安全。

2.1.7 安全区拓扑结构

电力监控系统安全区连接的拓扑结构有链式、三角和星形结构三种。链式结构中的控制区具有较高的累积安全强度，但总体层次较多；三角结构各区可以直接相连，效率较高，但所用隔离设备较多；星形结构所用设备较少、易于实施，但中心点故障影响范围大。三种模式均能满足电力监控系统安全防护体系的要求，可以根据具体情况选用。负荷控制管理、分布式能源接入等的数据通信优先采用电力专用通信网络，不具备条件的也以可采用公用通信网络（不包括因特网）、无线网络（GPRS、CDMA、230MHz、WLAN等）等通信方式，使用上述通信方式时应当设立安全接入区，并采用安全隔离、访问控制、认证及加密等安全措施。

各层面的数据网络之间应该通过路由限制措施进行安全隔离。当县调或配调内部采用公用通信网时，禁止与调度数据网互联，保证网络故障和安全事件限制在局部区域之内。

企业内部管理信息大区纵向互联采用电力企业数据网或互联网，电力企业数据网为电力企业内联网。

2.3.2.14 系统本体安全

本条评价项目（见《评价》）的查评依据如下。

【依据1】《电力监控系统安全防护规定》（国家发展改革委2014年第14号令）

第十一条 安全区边界应当采取必要的安全防护措施，禁止任何穿越生产控制大区和管理信息大区之间边界的通用网络服务。

生产控制大区中的业务系统应当具有高安全性和高可靠性，禁止采用安全风险高的通用网络服务功能。

第十二条 依照电力调度管理体制建立基于公钥技术的分布式电力调度数字证书及安全标签，生产控制大区中的重要业务系统应当采用认证加密机制。

【依据2】《电力监控系统安全防护总体方案》（国能安全〔2015〕36号）

2.4 纵向认证

2.4.1 纵向加密认证是电力监控系统安全防护体系的纵向防线。采用认证、加密、访问控制等技术措施实现数据的远方安全传输以及纵向边界的安全防护。对于重点防护的调度中心、发电厂、变电站在生产控制大区与广域网的纵向连接处应当设置经过国家指定部门检测认证的电力专用纵向加密认证装置或者加密认证网关及相应设施，实现双向身份认证、数据加密和访问控制。安全接入区内纵向通信应当采用基于非对称密钥技术的单向认证等安全措施，重要业务可以采用双向认证。

2.4.2 纵向加密认证装置及加密认证网关用于生产控制大区的广域网边界防护。纵向加密认证装置为广域网通信提供认证与加密功能，实现数据传输的机密性、完整性保护，同时具有安全过滤功能。加密认证网关除具有加密认证装置的全部功能外，还应实现对电力系统数据通信应用层协议及报文的处理功能。

2.4.4 调度中心和重要厂站两侧均应当配置纵向加密认证装置或纵向加密认证网关；小型厂站侧至少应当实现单向认证、数据加密和安全过滤功能。

2.4.6 具有远方遥控功能的业务（如AGC、AVC、继电保护定值远方修改）应采用加密、身份认证等技术措施进行安全防护。

3.3 恶意代码防范

应当及时更新经测试验证过的特征码，查看查杀记录。禁止生产控制大区与管理信息大区共用一套防恶意代码管理服务器。

3.4 逻辑隔离

控制区与非控制区之间应采用逻辑隔离措施，实现两个区域的逻辑隔离、报文过滤、访问控制等功能，其访问控制规则应当正确有效。生产控制大区应当选用安全可靠硬件防火墙，其功能、性能、电磁兼容性必须经过国家相关部门的检测认证。

3.5 入侵检测

生产控制大区可以统一部署一套网络入侵检测系统，应当合理设置检测规则，及时捕获网络异常行为、分析潜在威胁、进行安全审计。

3.6 主机加固

生产控制大区主机操作系统应当进行安全加固。加固方式包括：安全配置、安全补丁、采用专用软件强化操作系统访问控制能力、以及配置安全的应用程序。关键控制系统软件升级、补丁安装前要请专业技术机构进行安全评估和验证。

3.13 内网安全监视

生产控制大区应当逐步推广内网安全监视功能，实时监测电力监控系统的计算机、网络及安全设备运行状态，及时发现非法外联、外部入侵等安全事件并告警。

【依据3】《国家电网有限公司十八项电网重大反事故措施（2018年修订版）》（国家电网设备〔2018〕979号）

16.2.2.4 电力监控系统工程建设和管理单位（部门）应按照最小化原则，采取白名单方式对安全防护设备的策略进行合理配置。电力监控系统各类主机、网络设备、安防设备、操作系统、应用系统、数据库等应采用强口令，并删除缺省账户。应按照要求对电力监控系统主机及网络设备进行安全加固，关闭空闲的硬件端口，关闭生产控制大区禁用的通用网络服务。

16.2.2.5 电力监控系统在设备选型及配置时，应使用国家指定部门检测认证的安全加固的操作系统和数据库，禁止选用经国家相关管理部门检测认定并通报存在漏洞和风险的系统和设备。生产控制大区中除安全接入区外，应当禁止选用具有无线通信功能的设备。

2.3.3 技术指标

2.3.3.1 主站系统

本条评价项目（见《评价》）的查评依据如下。

【依据1】《国家电网公司电力调度自动化系统运行管理规定》[国网（调/4）335—2014]

第十三条　各级电力调度机构自动化管理部门的职责如下：

（十）负责调度管辖范围内自动化系统运行情况的统计分析；

（十一）参加本电网自动化系统重大故障的调查和分析；

第十四条　子站运行维护部门职责如下：

（八）负责运行维护范围内子站设备的运行维护、检验和运行统计分析并按期上报；

第二十条　运行维护管理要求如下：

（二）自动化系统的专责人员应对自动化系统和设备进行巡视、检查、测试和记录，确保系统平台和各项应用功能、网络、安全防护设备等正常运行；核对自动化基础数据的准确性和计算结果的正确性，确保数据准确可靠。发现异常情况应及时处理，做好记录并按有关规定要求进行汇报。

（四）子站运行维护部门应保证维护范围内设备的正常运行及信息的完整性和正确性，发现故障或接到设备故障通知后，应立即按相关规定进行处理，并及时向对其有调度管辖权和设备监控权的电力调度机构自动化值班人员汇报。事后应详细记录故障现象、原因及处理过程，必要时写出分析报告，并报对其有调度管辖权和设备监控权的电力调度机构自动化管理部门备案。

（五）子站运行维护部门应建立设备的台账（卡）、运行日志和设备缺陷、测试数据等记录。每月做好运行统计和分析，按时向对其有调度管辖权的电力调度机构自动化管理部门填报运行维护设备的运行月报。

附件：电力调度自动化系统有关运行指标及计算公式。

二、地县级电网调度自动化系统有关运行指标

2.1　SCADA

a）数据通信系统月可用率，≥96%；

b）子站设备月可用率，≥98%；

c）专线数据传输通道月可用率，≥97%；

d）数据网络通道月可用率，≥98%；

e）月遥控拒动率，≤2%；

f）事故遥信年动作正确率，≥98%；

g）计算机系统月可用率，≥99.8%。

2.3　网络分析

a）状态估计月可用率，≥95%；

b）遥测估计合格率，≥98%（遥测估计值误差有功，≤2%；无功，≤3%；电压，≤2%）；

c）单次状态估计计算时间，≤15s；

d）调度员潮流月合格率，≥95%；

e）调度员潮流计算结果误差，≤1.5%；

f）单次调度员潮流计算时间，≤10s。

【依据2】《地区电网调度自动化设计技术规程》（DL/T 5002—2005）

4.3　技术要求

4.3.6　遥测量指标如下：

1. 遥测综合误差不大于±1.0%（额定值）。

2. 越死区传送整定最小值不小于0.25%（额定值）。

4.3.7　遥信量指标如下：

1. 正确动作率不小于99.9%。

2. 事件顺序记录站间分辨率应小于10ms。

4.3.8　当进行遥控时，调度自动化系统应先确认当前设备的位置信号或状态信号，当设备位置状态发生变化时，遥控命令应予以可靠闭锁。遥控正确率要求达到100%，遥调正确率要求不小于99.9%。

4.3.9 实时性指标：

1. 遥测传送时间不大于 4s。

2. 遥信变化传送到主站时间不大于 3s。

3. 遥控、遥调命令传送时间不大于 4s。

4. 自动发电控制命令发送周期为 4s～16s。

5. 经济功率分配计算周期为 5min～15min。

6. 画面调用响应时间：85％的画面≤2s，其余画面≤3s。

7. 画面实时数据刷新周期为 5s～10s（可调）。

8. 模拟屏数据刷新周期为 6s～12s（可调）。

9. 大屏幕投影数据刷新周期为 8s～12s（可调）。

10. 双机自动切换到基本监控功能恢复时间不大于 20s。

2.3.3.2 厂站自动化

本条评价项目（见《评价》）的查评依据如下。

【依据】《智能变电站一体化监控系统建设技术规范》（Q/GDW 679—2011）

7.4 性能要求

智能变电站一体化监控系统主要性能指标要求：

a) 模拟量越死区传送整定最小值，<0.1％（额定值），并逐点可调；

b) 事件顺序记录分辨率（SOE）：间隔层测控装置，≤1ms；

c) 模拟量信息响应时间（从 I/O 输入端至数据通信网关机出口），≤2s；

d) 状态量变化响应时间（从 I/O 输入端至数据通信网关机出口），≤1s；

e) 站控层平均无故障间隔时间（MTBF），≥20000h；间隔层测控装置平均无故障间隔时间，≥30000h；

f) 站控层各工作站和服务器的 CPU 平均负荷率：正常时（任意 30min 内），≤30％；电力系统故障时（10s 内），≤50％；

g) 网络平均负荷率：正常时（任意 30min 内），≤20％；电力系统故障时（10s 内），≤40％；

h) 画面整幅调用响应时间：实时画面，≤1s，其他画面，≤2s；

i) 实时数据库容量：模拟量，≥5000 点；状态量，≥10000 点；遥控，≥3000 点；计算量，≥2000 点；

j) 历史数据库存储容量：历史数据存储时间，≥2 年；历史曲线采样间隔 1min～30min（可调）；历史趋势曲线，≥300 条。

2.3.4 反措落实

2.3.4.1 主站系统

本条评价项目（见《评价》）的查评依据如下。

【依据 1】国家能源局关于印发《防止电力生产事故的二十五项重点要求》的通知（国能安全〔2014〕161 号）

19 防止电力调度自动化系统、电力通信网及信息系统事故

19.1 防止电力调度自动化系统事故

19.1.1 调度自动化系统的主要设备应采用冗余配置，互为热备，服务器的存储容量和中央处理器负载应满足相关规定要求。

【依据 2】《国家电网有限公司十八项电网重大反事故措施（2018 年修订版）》（国家电网设备〔2018〕979 号）

16.1.1.2 调度自动化系统应采用专用的、冗余配置的不间断电源装置（UPS）供电。单台 UPS 满负荷容量的负载率应不大于 40％，在交流电消失后，电池不间断供电维持时间应不小于 1h。UPS 应至少具备两路独立的交流供电电源，且每台 UPS 的供电开关应独立。

16.1.1.3 备用调度控制系统及其通信通道应独立配置，宜实现全业务备用。

2.3.4.2 厂站自动化主站系统

本条评价项目（见《评价》）的查评依据如下。

【依据1】《国家电网有限公司十八项电网重大反事故措施（2018年修订版)》（国家电网设备〔2018〕979号）

16.1.1.4 主网500kV（330kV）及以上厂站、220kV枢纽变电站、大电源、电网薄弱点、通过35kV及以上电压等级线路并网且装机容量40MW及以上的风电场、光伏电站均应部署相量测量装置（PMU），其中新能源发电汇集站、直流换流站及近区厂站的相量测量装置应具备连续录波和次/超同步振荡监测功能。

【依据2】国家能源局关于印发《防止电力生产事故的二十五项重点要求》的通知（国能安全〔2014〕161号）

19.1.5 调度范围内的发电厂、110kV及以上电压等级的变电站应采用开放、分层、分布式计算机双网络结构，自动化设备通信模块应冗余配置，优先采用专用装置，无旋转部件，采用专用操作系统；至调度主站（含主调和备调）应具有两路不同路由的通信通道（主/备双通道）。

【依据3】国家能源局关于印发《防止电力生产事故的二十五项重点要求》的通知（国能安全〔2014〕161号）

19.1.3 调度自动化主站系统应采用专用的、冗余配置的不间断电源供电，不应与信息系统、通信系统合用电源，不间断电源涉及的各级低压开关过流保护定值整定应合理。交流供电电源应采用两路来自不同电源点供电。发电厂、变电站远动装置、计算机监控系统及其测控单元、变送器等自动化设备应采用冗余配置的不间断电源或站内直流电源供电。具备双电源模块的装置或计算机，两个电源模块应由不同电源供电。相关设备应加装防雷（强）电击装置，相关机柜及柜间电缆屏蔽层应可靠接地。

2.3.4.3 通信通道

本条评价项目（见《评价》）的查评依据如下。

【依据1】《国家电网公司电力调度自动化系统运行管理规定》［国网（调/4）335—2014］

16.2.1.6 电网调度机构与直调发电厂及重要变电站调度自动化实时业务信息的传输应具有两路不同路由的通信通道（主/备双通道）。

【依据2】《地区电网调度自动化设计技术规程》（DL/T 5002—2005）

5.4 信息传输和通道

5.4.1 调度端与远动系统通信采用网络、专线方式。

1 地调对直接调度管辖的厂站应建立直达通道采集信息；对非直接调度管辖的厂站，如需要信息，可通过转发方式获得。

2 远动通道应在通信设计中统一组织。调度端与厂站端远动系统的通信宜设置2路独立的专线主备远动通道，当数据网络到达时，可采用网络和专线相结合的方式，以网络方式为主、专线方式为辅。

5.4.2 调度数据网络技术要求如下：

1 传送速率为 $n\times2M$。

2 调度数据网宜采用统一的技术制式，全网统一的接口标准。

5.4.3 专线通信道技术要求如下：

1 传送速率可选用600bit/s、1200bit/s，全双工通道，误码率在信噪比为17dB时不大于5～10。

2 数字接口通信速率为2400bit/s～9600bit/s。

3 信噪比测试点为远动信息接收端的入口或通信设备远动信息接收端的出口。

4 统一接口标准。

【依据3】《国调中心关于加强实时数据传输网络化的通知》（调自〔2016〕55号）

1. 对于220kV及以上电压等级厂站，在保证调度数据网双平面可靠运行的前提下，实时数据传输停用专线通信。厂站设备不具备条件的，2017年底前完成技改。

2. 对于110（66）kV和35kV厂站，已实现调度数据网双平面接入的，在保证调度数据网双平面可靠运行的前提下，实时数据传输停用专线通信。厂站设备不具备条件的，2017年底前完成技改；具备调度数据网单平面接入的,实时数据传输以调度数据网为主用通道,专线通信为备用通道;仅具备专线通信的,2017 年底前实现调度数据网接入。

2.3.4.4 电力监控系统安全防护

本条评价项目(见《评价》)的查评依据如下。

【依据 1】《国家电网有限公司十八项电网重大反事故措施(2018 年修订版)》(国家电网设备〔2018〕979 号)

16.2 防止电力监控系统网络安全事故

为防止电力监控系统网络安全事故,应认真贯彻落实《中华人民共和国网络安全法》、《电力监控系统安全防护规定》(国家发改委 2014 年第 14 号令)、《电力监控系统安全防护总体方案》(国家能源局国能安全〔2015〕36 号)、《电力行业信息安全等级保护管理办法》(国能安全 2014 年 318 号)等有关要求,坚持"安全分区、网络专用、横向隔离、纵向认证"基本原则,落实网络安全防护措施与电力监控系统同步规划、同步建设、同步使用要求,提高电力监控系统安全防护水平。

【依据 2】《电力监控系统安全防护规定》(国家发展改革委 2014 年第 14 号令)

第九条 在生产控制大区与管理信息大区之间必须设置经国家指定部门检测认证的电力专用横向单向安全隔离装置。

第十条 在生产控制大区与广域网之间的纵向连接处应当设置经过国家指定部门检测认证的电力专用纵向加密认证装置或者加密认证网关及相应设施。

2.4 设备集中监控

2.4.1 机制建设

2.4.1.1 开关常态化远方操作

本条评价项目(见《评价》)的查评依据如下。

【依据 1】《国家电网公司开关常态化远方操作工作指导意见》(调调〔2014〕72 号)

二、基本原则

(一)安全第一、技术可靠。始终坚持电网安全为底线,严格遵守安全规程,强化安全意识,严控安全风险,不断完善远方操作技术条件,加强防误管理,杜绝远方误操作,确保电网安全稳定运行。

(二)职责明确、管理规范。建立健全相关管理制度,明确各单位(部门)、各岗位的职责分工,规范业务流程,夯实管理基础,保障开关常态化远方操作平稳有序开展。

五、保障措施

(一)夯实开关远方操作管理基础

变电站集中监控范围内开展监控远方操作的开关应通过调控中心和运检部门(单位)共同验收,尚未开展实传试验的开关应尽快完成;加强开关信息报备管理,运维单位应提前对变电站一、二次设备运行情况进行普查,及时消除影响监控远方操作的各类缺陷,向负责监控设备的调控中心报备不具备远方操作条件的开关清单,并由负责监控设备的调控中心向负责调管设备的调控中心进行报备。

(二)完善监控远方操作技术条件

完善开关位置"双确认"信息接入,分相操作机构开关应逐步实现三相遥信和遥测采集;监控远方操作应在监控系统间隔图上进行,间隔图应布局合理,能清晰显示开关遥测和遥信信息;实施主站和变电站开关远方同期操作功能改造,使有同期合闸需求的开关具备监控远方同期合闸操作功能;主站和变电站通信应配置纵向加密装置,并保持密通运行。

(三)严格远方操作防误管理

规范监控信息表管理,严格管控监控信息表变更,确保调度主站端和变电站端监控信息表准确无误;应结合调度数字证书严格调度权限管理,加强用户名和密码管理,应用双机监护功能,确保远方操作监护到位;完善集中监控功能,具备远方操作模拟预演、拓扑防误校核等手段;加强监控系统尤其是变电站端系统运行维护管理,落实调度控制远方操作技术规范要求,确保操作指令传输各环节安全、准确、可靠,严防遥控误操作。

【依据2】《调度控制远方操作自动化技术规范》（调自〔2014〕81号）

5.1 遥控操作功能

5.1.1 遥控基本功能

a）应支持开关和刀闸的分合、变压器分接头的调节、无功补偿装置的投/退和调节、二次设备软压板的投/退、远方控制装置（就地或远方模式）的投/切、保护装置定值区切换等遥控操作；

b）应支持单设备控制、序列控制、群控、程序化操作等遥控种类；

c）应支持按照限定的"选择-返校-执行"步骤进行遥控操作。遥控选择在设定时间内未接收到相应返校信息的，应自动撤销遥控选择操作；返校结果应显示在遥控操作界面上，只有当返校正确时，才能进行"执行"操作；遥控执行在设定时间内未收到遥控执行确认信息，应自动结束遥控流程；

d）应具备间隔图遥控操作功能，且能够闭锁在厂站一次接线图，电网潮流图等非间隔图上直接进行的遥控操作；间隔图应布局合理，能够清晰显示开关遥测和遥信信息，为开关位置的判断提供全面、准确的判据。

5.2 遥控拓扑防误校核

a）应基于平台一体化模型服务实现对设备状态、操作类型、防误规则的建模；

b）应具备电网拓扑分析功能，能够识别电气设备的当前综合工作状态以及可能的目标运行方式，并能够对具体电气设备的局部接线模型识别分析；

c）应能够基于拓扑分析的结果对常见的误操作进行防误，包括带负荷分合隔离开关，误分合断路器、负荷开关、接触器，带电合（接地）刀闸，带接地（线、刀闸）送电等；

d）应能够基于拓扑分析的结果对违规解并列/非同期操作、电磁合环、隐患类操作进行识别、告警；

e）应具备一、二次设备异常信号闭锁遥控操作功能，支持一、二次设备异常典型告警信息与遥控设备的自动、手动关联；

f）应支持防误规则的定义和管理功能，支持防误规则的审核流转；

g）应支持遥控操作和遥控操作票的调用。

2.4.1.2 集中监控许可

本条评价项目（见《评价》）的查评依据如下。

【依据】《国家电网公司变电站集中监控许可管理规定》（国家电网企管〔2016〕649号）

第四条 各级调控机构是本单位变电站集中监控许可管理的归口管理部门，并履行以下职责：

（一）负责接收、审核和批复变电站集中监控许可申请；

（二）负责组织开展变电站监控业务移交准备工作；

（三）负责组织对变电站是否满足集中监控条件进行现场检查和分析评估；

（四）负责做好集中监控职责交接工作；

（五）负责集中监控职责交接后的监控业务。

第五条 运维检修单位配合做好变电站集中监控许可工作，并履行以下职责：

（一）负责提交变电站集中监控许可申请和相关材料；

（二）负责集中监控职责交接前的监控业务；

（三）负责变电站集中监控现场检查前的自查验收；

（四）配合调控机构对变电站是否满足集中监控条件进行现场检查和分析评估；负责对现场检查和分析评估中发现的问题进行整改。

（五）负责做好集中监控职责交接工作。

第六条 安全质量监察、运维检修、信通、电科院等其他部门和单位按职责配合调控机构完成变电站集中监控许可工作，并履行以下职责：

（一）配合调控机构开展监控业务移交准备工作；

（二）参与对变电站是否满足集中监控条件进行现场检查和分析评估。

第十一条 调控机构对运维检修单位提交的变电站集中监控许可申请及相关资料进行审核，并做好监控业务移交准备工作，主要包括修订完善相应调控运行规定和台账记录、监控运行人员培训等。

第十二条 调控机构组织对变电站是否具备集中监控技术条件进行现场检查，对检查发现的问题应及时通知运维检修单位进行整改，并做好检查记录。

第十三条 调控机构根据上送资料、现场检查、业务移交准备工作等情况进行分析评估，并形成集中监控评估报告，作为许可变电站集中监控的依据。评估报告应包括以下内容：

（一）变电站基本情况；

（二）变电站运行情况；

（三）变电站现场检查情况；

（四）遗留问题及缺陷；

（五）调控机构监控业务移交准备工作情况；

（六）需在报告中体现的其他情况；

（七）评估意见（明确是否具备集中监控条件）。

第十四条 存在下列影响正常监控的情况应不予通过评估：

（一）设备存在危急或严重缺陷；

（二）监控信息存在误报、漏报、频发现象；

（三）现场检查的问题尚未整改完成，不满足集中监控技术条件；

（四）其他严重影响正常监控的情况。

2.4.1.3 集中监控缺陷管理

本条评价项目（见《评价》）的查评依据如下。

【依据 1】《调控机构设备监控安全风险辨识防范手册（2013 年版）》（调监〔2013〕216 号）

3.4 缺陷管理

3.4.1 监控缺陷发起：发现缺陷后，及时启动缺陷流程。

3.4.2 监控缺陷处置：督促运维单位及时处理缺陷。

3.4.3 监控缺陷验收：监控人员及时验收缺陷并闭环终结。

【依据 2】《监控值班工作日历》（调监〔2013〕50 号）

一、常规工作

5 缺陷闭环管理

（1）跟踪、了解设备重要缺陷处理情况，并做好相关记录。

（2）缺陷处理完毕后，进行信息确认验收，并做好记录。

（3）对于逾期缺陷，及时通知设备监控管理人员协调处理。

【依据 3】《调控机构集中监控缺陷管理规定（试行）》（调监〔2012〕306 号）

第八条 缺陷管理分为缺陷发起、缺陷处理和消缺验收三个阶段。

第九条 缺陷发起

（一）值班监控员发现监控系统告警信息后，应按《调控机构信息处置管理规定（试行）》进行处置，对告警信息进行初步判断，认定为缺陷的启动缺陷管理程序，报告监控值班负责人，经确认后通知相应设备运维单位处理，并填写缺陷管理记录（格式参考附表）；

（二）若缺陷可能会导致电网设备退出运行或电网运行方式改变时，值班监控员应立即汇报相关值班调度员。

第十条 缺陷处理

（一）值班监控员收到设备运维单位核准的缺陷定性后，应及时更新缺陷管理记录；

（二）值班监控员对设备运维单位提出的消缺工作需求，应予以配合；

（三）值班监控员应及时在调控中心缺陷管理记录中记录缺陷发展以及处理情况。

第十一条 消缺验收

（一）值班监控员接到运维单位缺陷消除的报告后，应与运维单位核对监控信息，确认缺陷信息复归且相关异常情况恢复正常；

（二）值班监控员应及时在缺陷管理记录中填写验收情况并完成归档。

2.4.1.4 监控职责临时移交

本条评价项目（见《评价》）的查评依据如下。

【依据】《调控机构设备集中监视管理规定》（国家电网企管〔2014〕454 号）。

第十三条 出现以下情形，调控中心应将相应的监控职临时移交运维单位：

（一）变电站站端自动化设备异常，监控数据无法正确上送调控中心；

（二）调控中心监控系统异常，无法正常监视变电站运行情况；

（三）变电站与调控中心通信通道异常，监控数据无法上送调控中心；

（四）变电站设备检修或者异常，频发告警信息影响正常监控功能；

（五）变电站内主变、断路器等重要设备发生严重故障，危及电网安全稳定运行；

（六）因电网安全需要，调控中心明确变电站应恢复有人值守的其他情况。

第十四条 监控职责移交

（一）监控职责临时移交时，监控员应以录音电话方式与运维单位明确移交范围、时间、移交前运行方式等内容，并做好相关记录。

（二）监控职责移交完成后，监控员应将移交情况向相关调度进行汇报。

第十五条 监控职责收回

监控员确认监控功能恢复正常后，应及时通过录音电话与运维单位重新核对变电站运行方式、监控信息和监控职责移交期间故障处理等情况，收回监控职责，并做好相关记录。

收回监控职责后，监控员应将移交情况向相关调度进行汇报。

2.4.1.5 集中监控处置

本条评价项目（见《评价》）的查评依据如下。

【依据1】《调控机构设备集中监视管理规定》（国家电网企管〔2014〕454 号）。

第五条 全面监视是指监控员对所有监控变电站进行全面的巡视检查，330kV 及以上变电站每值至少两次，330kV 以下变电站每值至少一次。

第六条 全面监视内容包括：

（一）检查变电站设备运行工况和无功电压；

（二）检查站用电系统运行工况；

（三）检查变电站设备遥测功能情况；

（四）核对监控系统检修置牌情况；

（五）核对监控系统信息封锁情况；

（六）检查监控系统、设备状态在线监测系统和监控辅助系统（视频监控、五防系统等）运行情况；

（七）检查变电站监控系统远程浏览功能情况；

（八）检查监控系统 GPS 时钟运行情况；

（九）核对未复归监控信号及其他异常信号。

【依据2】《监控值班工作日历》（调监〔2013〕50 号）

3. 全面巡视：全面巡视监控变电站的运行工况。

（1）通过监控系统巡视电气设备运行工况、线路潮流、母线电压、站用电系统、告警信号等。

（2）通过输变电设备状态在线监测系统巡视设备状态信息。

（3）通过工业视频系统巡视变电站场景，原则上在白班进行。

（4）巡视完毕后填写巡视记录。

【依据3】《国家电网公司调控机构设备监控信息处置管理规定》（国家电网企管〔2014〕454 号）。

第三章 监控信息分类

第六条 监控信息分为事故、异常、越限、变位、告知五类。

第四章　监控信息处置

第七条　监控信息处置以"分类处置、闭环管理"为原则，分为信息收集、实时处置、分析处理三个阶段。

第九条　事故信息实时处置

（一）监控员收集到事故信息后，按照有关规定及时向相关调度汇报，并通知运维单位检查；

（二）运维单位在接到监控员通知后，应及时组织现场检查，并进行分析、判断，及时向相关调控中心汇报检查结果；

（三）事故信息处置过程中，监控员应按照调度指令进行事故处理，并监视相关变电站运行工况，跟踪了解事故处理情况；

（四）事故信息处置结束后，变电运维人员应检查现场设备运行状态，并与监控员核对设备运行状态与监控系统是否一致，相关信号是否复归。监控员应对事故发生、处理和联系情况进行记录，并按相关规定展开专项分析，形成分析报告。

第十条　异常信息实时处置

（一）监控员收集到异常信息后，应进行初步判断，通知运维单位检查处理，必要时汇报相关调度；

（二）运维单位在接到通知后应及时组织现场检查，并向监控员汇报现场检查结果及异常处理措施。如异常处理涉及电网运行方式改变，运维单位应直接向相关调度汇报，同时告知监控员；

（三）异常信息处置结束后，现场运维人员检查现场设备运行正常，并与监控员确认异常信息已复归，监控员做好异常信息处置的相关记录。

第十一条　越限信息实时处置

（一）监控员收集到输变电设备越限信息后，应汇报相关调度，并根据情况通知运维单位检查处理；

（二）监控员收集到变电站母线电压越限信息后，应根据有关规定，按照相关调度颁布的电压曲线及控制范围，投切电容器、电抗器和调节变压器有载分接开关，如无法将电压调整至控制范围内时，应及时汇报相关调度。

第十二条　变位信息实时处置监控员收集到变位信息后，应确认设备变位情况是否正常。如变位信息异常，应根据情况参照事故信息或异常信息进行处置。

第十三条　告知类监控信息处置

（一）调控中心负责告知类监控信息的定期统计，并向运维单位反馈；

（二）运维单位负责告知类监控信息的分析和处置。

2.4.2　专业管理

2.4.2.1　监控信息规范性、完整性

本条评价项目（见《评价》）的查评依据如下。

【依据】《变电站设备监控信息技术规范》（Q/GDW 11398—2015）

4　总则

4.1　设备监控信息应全面完整。设备监控信息应涵盖变电站内　次设备、二次设备及辅助设备，采集应完整准确、描述应简明扼要，满足无人值守变电站调控机构远方故障判断、分析处置要求。

4.2　设备监控信息应描述准确。设备编号和信息命名应满足 SD 240、DL/T 1171 的要求，信息描述准确，含义清晰，不引起歧义。

附录 A　（规范性附录）典型设备实时监控信息

2.4.2.2　监控信息接入（变更）

本条评价项目（见《评价》）的查评依据如下。

【依据 1】《国家电网公司变电站设备监控信息管理规定》（国家电网企管〔2016〕649 号）

第二章　职责分工

第五条　调控中心是变电站设备监控信息专业管理的归口部门，并履行以下职责：

（一）组织制订变电站设备监控信息技术规范和管理规定，并协调、监督有关部门和单位落实；

（二）参与涉及变电站设备监控信息的设计审查、设备选型和出厂验收；

（三）组织开展变电站设备监控信息接入（变更）及联调验收；

（四）负责变电站集中监控许可管理，对变电站设备监控信息进行现场评估；

（五）实时监视和处置变电站设备监控信息，组织开展监控运行分析；

（六）组织开展变电站设备监控信息考核评价。

第三章 规划设计

第十二条 设计单位应根据所在调控中心技术规范和有关规程、技术标准、设备技术资料按照调控部门提供的标准格式编制监控信息表，监控信息表应随设计图纸一并提交建设管理部门。

第六章 接入验收

第二十二条 调控中心负责审批监控信息接入申请，确认变电站设备监控信息满足联调验收条件后，负责组织监控信息调度端与站端的联合调试，逐一传动验收。

第七章 监控运行

第二十五条 调控中心负责对纳入集中监控的变电站设备监控信息进行实时监视，协调运检管理部门和变电站运维检修单位对监控信息缺陷进行现场处置。

【依据2】《国家电网公司变电站设备监控信息表管理规定》（国家电网企管〔2018〕176号）

第四章 监控信息表编制

第十四条 监控信息表的编制，应依据《变电站设备监控信息规范》（Q/GDW 11398），监控信息表格式参考附件1。

第十五条 新建变电站宜按照整站规模设计监控信息表，监控信息表中的序号应连续编号。新（改、扩）建工程在设计招标和设计委托时，建设管理单位及变电站运维检修单位应明确要求设计单位编制监控信息表设计稿，监控信息表应作为工程图纸设计的一部分。对于改、扩建项目，变动部分应明确标识。

第十六条 设计单位应根据所在调控机构技术规范和有关规程、技术标准、设备技术资料并按照调控部门提供的标准格式编制监控信息表设计稿，监控信息表设计稿应随设计图纸一并提交建设管理单位及变电站运维检修单位。

第十七条 建设管理单位及变电站运维检修单位在组织变电站施工图审查时，监控信息表设计稿应纳入审查范围，调控机构、变电站运维检修单位对监控信息正确性、完整性和规范性进行审查。

第十八条 设计单位应根据变电站现场调试情况，及时对监控信息表设计稿进行变更，安装调试单位应向变电站运维检修单位提交完整的包含监控信息表的竣工资料。

第十九条 变电站运维检修单位负责对接入变电站监控系统的监控信息完整性、正确性进行全面验证，完成监控信息现场验收后编制监控信息表调试稿并向调控机构提交接入（变更）申请。

第六章 监控信息表执行

第二十五条 变电站运维检修单位应依据监控信息表调试稿组织开展工程联调站端相关工作，调控机构负责工程联调调控端相关工作。

第二十六条 工程联调结束后，调控机构和变电站运维检修单位均应在联调报告中填写工作内容、完成情况、缺陷遗留情况、监控信息是否传动正确以及差异性报告等内容，并签署姓名和日期。

第二十七条 调控机构依据监控信息表调试稿实际执行情况，组织修改监控信息表，形成监控信息表正式稿并编号发布。监控信息表的编号原则为：变电站电压等级-变电站名称-编写年份-编号。

第二十八条 设计单位应将监控信息表正式稿在竣工图纸中出版。

第八章 监控信息表变更管理

第三十三条 对于已投产变电站，无论是否纳入集中监控，当监控信息表发生变更时，变电站运维检修单位均应向调控机构提交接入（变更）申请。

第三十四条 调控机构收到接入（变更）申请单后，设备监控专业组织审核、校核，并经相关专业会签后形成监控信息表调试稿。

第三十五条 监控信息表调试稿实际执行中如有变动，应组织修改监控信息表，形成监控信息表正式稿并编号发布。

第三十六条　监控信息表每次变更应进行相应编号更新，并标注更新原因、更新信息、更新日期及被替换的编号。

第三十七条　变电站一、二次设备及辅助设备检修、改造等工作涉及监控信息变更时，变电站运维检修单位应及时向调控机构提交接入（变更）申请并附监控信息表。

第三十八条　变电站一、二次设备及辅助设备检修、改造不涉及监控信息变更，但需主站与站端联调的，变电站运维检修单位应提交联调申请并标注联调范围、联调时间等内容。

第三十九条　监控信息表执行完毕后，应有自动化信息维护专责与现场运维人员的核对记录。

2.4.2.3　集中监控运行分析及业务评价

本条评价项目（见《评价》）的查评依据如下。

【依据1】《调控机构设备监控业务评价管理规定（试行）》（调监〔2012〕306号）、《国调中心关于印发调控机构设备监控业务评价指标的通知》（调监〔2018〕44号）

第九条　调控中心应建立省域内地、县级调控中心监控业务评价指标体系，每季度进行统计、分析和发布，并将评价结果作为地、县级设备监控工作评价考核的参考依据。

【依据2】《国家电网公司关于加强调控机构设备监控管理工作的意见》（国家电网调〔2012〕1744号）

8．深化监控业务评价管理。各级调控机构应按照《调控机构设备监控业务评价管理规定（试行）》相关规定，建立监控业务评价指标体系，定期对监控业务开展量化评价，及时提出改进措施，持续提高监控运行水平。

2.4.2.4　集中监控资料台账

本条评价项目（见《评价》）的查评依据如下。

【依据】《监控值班工作日历》（调监〔2013〕50号）

二、计划工作

5　资料整理整理完善相关技术资料。根据设备变更等情况，将相关技术资料进行整理、归档，主要包括启动方案、一次系统图、最小载流元件、调度范围划分、监控信息表、现场运行规程、典型倒闸操作票、事故预案等。

2.4.2.5　集中监控风险辨识

本条评价项目（见《评价》）的查评依据如下。

【依据】《调控机构设备监控安全风险辨识防范手册（2013年版）》（调监〔2013〕216号）

3　应用说明本手册是对调控机构设备监控生产实践的总结和提炼，可以用于岗位作业人员培训，帮助作业人员学习风险辨识防范知识，掌握作业风险辨识防范方法；也可用于安全监督检查，指导各级调控机构设备监控工作的风险辨识和防范控制，实现安全管理关口前移。

2.4.3　技术指标

2.4.3.1　实时监控与预警

本条评价项目（见《评价》）的查评依据如下。

【依据1】《调度控制远方操作自动化技术规范》（调自〔2014〕81号）

5.1.1　遥控基本功能

a）应支持开关和刀闸的分合、变压器分接头的调节、无功补偿装置的投/退和调节、二次设备软压板的投/退、远方控制装置（就地或远方模式）的投/切、保护装置定值区切换等遥控操作；

b）应支持单设备控制、序列控制、群控、程序化操作等遥控种类；

c）应支持按照限定的"选择-返校-执行"步骤进行遥控操作。遥控选择在设定时间内未接收到相应返校信息的，应自动撤销遥控选择操作；返校结果应显示在遥控操作界面上，只有当返校正确时，才能进行"执行"操作；遥控执行在设定时间内未收到遥控执行确认信息，应自动结束遥控流程；

d）应具备间隔图遥控操作功能，且能够闭锁在厂站一次接线图、电网潮流图等非间隔图上直接进行的遥控操作；间隔图应布局合理，能够清晰显示开关遥测和遥信信息，为开关位置的判断提供全面、准确的判据。

5.1.2 遥控安全要求

a）应具备遥控操作监护功能，实现双人双机监护，并具备单机单人遥控操作闭锁功能，紧急情况下支持具备权限的人员解锁后实现单人操作功能；

b）应支持操作监护过程中站名、间隔名和设备名等多重确认，应支持设备编号人工输入；

c）应支持设备"禁止遥控"挂牌注释功能，闭锁不满足遥控条件设备的遥控功能；

d）宜具备遥控设备选择的遥控操作票校验功能，可通过遥控操作票与遥控设备的自动定位关联，实现对遥控人工选择设备的校验；

e）应具有开关远方遥控闭锁功能。当未进行遥控操作时，除允许自动控制的无功调节设备外，调控主站监控系统中所有设备的遥控功能均应闭锁；应支持遥控操作闭锁原因的告警和记录功能；

f）遥控操作时应进行遥控防误校核，仅当通过遥控防误校核时才短时解除受控设备的

遥控闭锁，操作结束后自动闭锁遥控功能；

g）应具备遥控操作记录保存及定期审计功能，操作记录应包括操作员、监护员姓名，操作对象、操作内容、操作时间、操作结果等。

【依据2】《地区智能电网调度技术支持系统应用功能规范》（Q/GDW 1461—2014）

4.2 实时监控与智能告警应用

4.2.1 实时监控与智能告警基本要求

实时监控与智能告警应用利用电网运行、二次设备状态等信息进行全方位监视，对电网运行过程进行多层次监视，实现电网运行状况监视全景化，并提供在线智能告警功能。

4.2.2.4.5 防误闭锁

应提供多种类型的远方控制的自动防误闭锁功能，包括基于预定义规则的常规防误闭锁和网络拓扑防误闭锁功能，应提供以下功能：

a）常规防误闭锁功能，应满足如下要求：

1）应支持在数据库中针对每个控制对象预定义遥控操作时的闭锁条件，如相关状态量的状态、相关模拟量的量测值等，并支持多种闭锁条件的组合；

2）实际操作时，应按预定义的闭锁条件进行防误校验，校验不通过应禁止操作并提示出错原因。

b）网络拓扑防误闭锁，应满足如下要求：

1）能通过网络拓扑分析设备运行状态及设备间的连接关系，根据五防要求归纳出开关、刀闸和接地刀闸的拓扑防误闭锁规则，不依赖于人工定义；

2）既可以处理间隔内防误闭锁，还应能准确地识别站内、站间的防误闭锁关系，可从全网的角度来处理防误闭锁；

3）可支持对断路器、隔离开关与接地刀闸采用站内或站间网络拓扑防误闭锁；

4）具备断路器操作的防误闭锁功能：包括合环提示、解环提示、负荷失电提示、负荷充电提示、变压器各侧断路器操作顺序提示、3/2接线断路器操作顺序提示，禁止带接地刀闸合断路器等；

5）具备隔离开关操作的防误闭锁功能：包括拉合旁路隔离开关提示、隔离开关操作顺序提示，禁止带接地刀闸合隔离开关提示、禁止带负荷拉合隔离开关、禁止非等电位拉合隔离开关等；

6）具备接地刀闸操作的防误闭锁功能：包括禁止带电合接地刀闸、禁止带接地刀闸合断路器等。

4.2.3 变电站集中监控功能

4.2.3.1 基本要求

变电站集中监控功能能够实现面向无人值班变电站的集中监视与控制的基本功能，主要实现数据处理、责任区与信息分流、间隔建模与显示、光字牌、操作与控制、防误闭锁及操作预演等功能。应符合 Q/GDW 231 的要求。

4.2.6 自动电压控制（AVC）功能

4.2.6.1 基本要求

自动电压控制功能的基本原则是无功"分层分区、就地平衡"，它基于采集的电网实时运行数据，在确保安全稳定运行的前提下，对无功电压设备进行在线优化闭环控制，保证电网电压质量合格，实现无功分层分区平衡，降低网损。

2.4.3.2　辅助监视

本条评价项目（见《评价》）的查评依据如下。

【依据1】《国家电网公司关于印发推进变电站无人值守工作方案的通知》（国家电网运检〔2013〕178号）附件：1. 无人值守变电站技术条件

第九条　故障录波装置信息应能传至调控中心。

第二十七条　一次设备配备的在线监测信息应按照《调控机构设备状态在线监测信息管理规定（试行）》（调监〔2012〕306号）要求将告警信息传至调控中心。

第三十条　变电站应配置视频系统，变电站工业视频系统宜接入同一平台，并传至相应调控机构。应具备远程控制和录像存档查阅功能。逐步具备灯光联动和自动巡视功能。视频系统应能俯瞰变电站全景。

【依据2】《变电站集中监控验收技术导则》（Q/GDW 11288—2014）

5.2　继电保护和安全自动装置

5.2.4　继电保护装置故障录波器信息经变电站Ⅱ区通信网关机以文件方式传送至调控主站，传输方式应遵循Q/GDW 11068—2014和DL/T 1232—2013的相关技术要求。

5.6　输变电设备状态在线监测

5.6.1　变电站应选用成熟的在线监测装置实现对一次设备的状态监测。对于技术成熟、运行稳定的在线监测装置，应能将其采集的在线监测数据及装置运行状况信息传至相应调控中心。具备阈值设置功能的在线监测装置，应能同时上传被监测设备的异常告警信息。

5.7　变电站工业视频系统

5.7.1　变电站应配置工业视频系统，变电站工业视频系统应按照Q/GDW 517—17DW要求接入统一视频监视平台，并能传至相应调控中心。

2.4.3.3　一次设备监控信息完整规范

本条评价项目（见《评价》）的查评依据如下。

【依据】《变电站设备监控信息技术规范》（Q/GDW 11398—2015）。

5.3.2　断路器位置信号应采集常开、常闭节点信息，隔离开关、接地刀闸等位置信号宜采集常开、常闭节点信息，并形成双位置信号上送调度控制系统；双位置信号编码应采用"10B"表示"1"，"01B"表示"0"，"00B""11B"表示不确定状态。

5.3.3　分相操动机构断路器除采集总位置信号外，还应采集断路器的分相位置信号，其中总位置信号应采用分相位置信号串联，由断路器辅助触点直接提供。

7.1　总体要求

设备告警信息主要包括一次设备、二次设备及辅助设备的故障和异常信息。告警信息定义采用正逻辑，告警（肯定所表述内容）为"1"，未告警（否定所表述内容）为"0"。设备告警信息按对设备影响的严重程度至少分为设备故障、设备异常两类。装有在线监测的设备，还应包括在线监测装置的告警信息。

2.4.3.4　一次设备远方操作功能

本条评价项目（见《评价》）的查评依据如下。

【依据1】《国家电网公司关于印发推进变电站无人值守工作方案的通知》（国家电网运检〔2013〕178号）附件：1. 无人值守变电站技术条件

第五条　主变压器采用有载调压开关的应具备远方调节功能。

第六条　断路器应能实现调控中心遥控功能。

【依据2】《国家电网公司开关常态化远方操作工作指导意见》（调调〔2014〕72号）

（二）完善监控远方操作技术条件

完善开关位置"双确认"信息接入，分相操动机构开关应逐步实现三相遥信和遥测采集；监控远方操作应在监控系统间隔图上进行，间隔图应布局合理，能清晰显示开关遥测和遥信信息；实施主站和变电站开关远方同期操作功能改造，使有同期合闸需求的开关具备监控远方同期合闸操作功能；主站和变电站通信应配置纵向加密装置，并保持密通运行。

【依据3】《无人值守变电站及监控中心技术导则》（国家电网科〔2009〕574号）

5.2 一次设备

在保证电网可靠运行的基础上，应适当简化接线方式。所有一次设备必须安全可靠。应选用设计完善、工艺优良、运行业绩优异的产品。同一地区在同一电压等级上宜采用统一的接线方式和设备配置原则。设备的外绝缘配置应以污区分布图为基础，并考虑环境污染变化因素。对需要加强防污措施的，应采用大爬距定型设备。

无人值守变电站变压器在满足电网运行需要的情况下择优选取调压方式。500kV 主变压器宜选用无励磁调压变压器。主变压器和站用变压器采用有载调压开关的应具备远方调节功能。

【依据4】《变电站集中监控验收技术导则》（Q/GDW 11288—2014）

5.1 一次设备监控信息采集要求

5.1.1 变电站所有一次设备应安全可靠，一次设备的位置状态、告警信息应能传至调控中心。

5.1.2 新建及改造变电站应实现开关双位置接点采集；对于分相操动机构开关，应实现遥信和遥测信息的分相采集。

5.1.3 需要在调控中心进行远方操作的开关类设备应具备遥控和就地控制功能，有同期合闸需求的开关应具备调控中心远方同期合闸操作功能。

5.1.4 主变压器采用有载调压开关的应具备远方挡位调节功能。

2.4.3.5 二次设备监控信息完整规范

本条评价项目（见《评价》）的查评依据如下。

【依据1】《变电站设备监控信息技术规范》（Q/GDW 11398—2015）

6.2 设备动作信号

6.2.1 继电保护及安全自动装置应提供动作出口总信号。对于需区分主保护和后备保护的，应提供主保护出口总信号。

7.1 总体要求

设备告警信息主要包括一次设备、二次设备及辅助设备的故障和异常信息。告警信息定义采用正逻辑，告警（肯定所表述内容）为"1"，未告警（否定所表述内容）为"0"。设备告警信息按对设备影响的严重程度至少分为设备故障、设备异常两类。装有在线监测的设备，还应包括在线监测装置的告警信息。

【依据2】《国家电网公司关于印发推进变电站无人值守工作方案的通知》（国家电网运检〔2013〕178号）

第八条 继电保护及安全自动装置信息应能传至调控中心。

第九条 故障录波装置信息应能传至调控中心。

第十二条 纵联保护应具备通道监视功能。对高频保护应具备通道手动、自动测试功能，并向远方发送告警信息。

【依据3】《无人值守变电站及监控中心技术导则》（国家电网科〔2009〕574号）

5.3 继电保护和安全自动装置

纵联保护应具备通道监视功能；对高频保护应具备通道手动、自动测试功能，并向远方发送告警信息。

【依据4】《变电站集中监控验收技术导则》（Q/GDW 11288—2014）

5.2 继电保护和安全自动装置

5.2.10 纵联保护应具备通道监视功能，其通道告警信息应能传至调控中心。闭锁式高频保护具备通道手动、自动测试功能，并能向调控中心发送告警信息。

2.4.3.6 二次设备远方操作功能

本条评价项目（见《评价》）的查评依据如下。

【依据】《变电站集中监控验收技术导则》（Q/GDW 11288—2014）

5.2 继电保护和安全自动装置

5.2.8 35kV及以下重合闸及备自投装置应以软压板方式实现远方投退功能。重合闸及备自投装置软压板投退状态、充电完成状态指示应传至调控中心。

2.4.4 反措落实

2.4.4.1 变电站工业视频接入

本条评价项目（见《评价》）的查评依据如下。

【依据1】《国家电网公司关于切实做好330kV以上无人值守变电站集中监控相关工作的通知》（国家电网调〔2013〕581号）

7. 变电站应配置工业视频系统，并接入统一视频监视平台。系统应具备远程控制和录像存档查阅功能。

【依据2】《国家电网公司关于印发推进变电站无人值守工作方案的通知》（国家电网运检〔2013〕178号）

第三十条 变电站应配置视频系统，变电站工业视频系统宜接入同一平台，并传至相应调控机构。应具备远程控制和录像存档查阅功能。逐步具备灯光联动和自动巡视功能。视频系统应能俯瞰变电站全景。

【依据3】《变电站集中监控验收技术导则》（Q/GDW 11288—2014）

5.7 变电站工业视频系统

5.7.1 变电站应配置工业视频系统，变电站工业视频系统应按照 Q/GDW 517—17DW 要求接入统一视频监视平台，并能传至相应调控中心。

5.7.2 变电站工业视频系统监视范围应满足集中监控安防及设备运行监视要求，应能俯瞰变电站全景。

5.7.3 变电站工业视频系统应具备远程控制和录像存档查阅功能，宜具备灯光联动、自动巡视以及与被监视设备的操作及故障告警信息的联动功能。

2.4.4.2 变电站安防及消防信息接入

本条评价项目（见《评价》）的查评依据如下。

【依据1】《国家电网公司关于切实做好330kV以上无人值守变电站集中监控相关工作的通知》（国家电网调〔2013〕581号）

8. 变电站安防及消防系统稳定可靠，系统总告警信号应传至调控中心。

【依据2】《国家电网公司关于印发推进变电站无人值守工作方案的通知》（国家电网运检〔2013〕178号）

第二十八条 变电站应具有安防系统，可采用高压脉冲电子围栏、周界入侵报警系统、实体防护装置等措施。安防系统的总告警信号应能传至调控中心。

第二十九条 消防系统的总告警信息应能传至调控中心。

【依据3】《无人值守变电站及监控中心技术导则》（国家电网科〔2009〕574号）

5.9 视频和安防

无人值守变电站应配置相应的视频系统和安防系统，应能实现运行情况监视、入侵探测、防盗报警、出入口控制、安全检查等主要功能。视频和安防系统信号应能够传至监控中心，并具备远方控制、远方布防、撤防等功能。防区划分应做到避免盲区和死角，有利于报警时准确定位。视频监视和安防系统宜紧密集成。

视频系统监视范围应满足无人值守的安防及设备运行监视要求，条件许可时可考虑与操作联动。摄像机的安装位置应减少和避免图像出现逆光，并且能够清楚地显示出入监控区域人员面部特征、机动车牌号等。

无人值守变电站的安防系统包括高压脉冲电子围栏、周界入侵报警系统和实体防护装置等方式，各变电站的配置原则参照《国家电网公司变电站安全技术防范配置指导意见（试行）》的规定执行。一、二楼门、窗、通风口等应设置实体防护装置，有条件的可安装电子门窗报警。安防系统的报警信号应能传送到监控中心。

无人值守变电站控制室应安装紧急报警装置，并通过专线或网络与区域报警中心、监控中心（集控站）联网。无人值守变电站可安装门禁系统，并能与安防、视频系统联动。

无人值守变电站视频监视系统应对变电站重要设备和设施进行实时图像监视，监控中心（集控站）人员可以全方位地掌握无人值守变电站的运行、安全防范和消防等情况，使无人值守变电站的安全运行得到有效保证。对特殊大型变电站或重要的变电站可考虑安装红外成像仪。视频监视系统宜与变电站站内照明联动。

【依据4】《变电站集中监控验收技术导则》（Q/GDW 11288—2014）

5.8 安消防系统

5.8.1 变电站应具有安防系统，可采用高压脉冲电子围栏、周界入侵报警系统、实体防护装置等措施。安防系统的总告警信息应能通过变电站计算机监控系统传至调控中心。

5.8.2 应在变电站装设火灾报警装置，消防系统的总告警信息应能通过变电站计算机监控系统传至调控中心。

【依据5】《变电站设备监控信息技术规范》（Q/GDW 11398—2015）

附录A（规范性附录）典型设备实时监控信息

A.13 辅助控制系统信息规范

辅助控制系统包括由图像监视及安全警卫子系统、火灾报警子系统、环境监测子系统，宜采集相关设备故障和总告警信号。变压器等重要区域的消防告警信号应单独采集。

2.4.4.3 输变电设备状态在线监测信息监视

本条评价项目（见《评价》）的查评依据如下。

【依据1】《国家电网公司关于印发推进变电站无人值守工作方案的通知》（国家电网运检〔2013〕178号）

第二十七条 一次设备配备的在线监测信息应按照《调控机构设备状态在线监测信息管理规定（试行）》（调监〔2012〕306号）要求将告警信息传至调控中心。

【依据2】《变电站集中监控验收技术导则》（Q/GDW 11288—2014）

5.6 输变电设备状态在线监测

5.6.1 变电站应选用成熟的在线监测装置实现对一次设备的状态监测。对于技术成熟、运行稳定的在线监测装置，应能将其采集的在线监测数据及装置运行状况信息传至相应调控中心。具备阈值设置功能的在线监测装置，应能同时上传被监测设备的异常告警信息。

5.6.2 新建智能变电站在线监测信息应按照Q/GDW 679—2011要求接入变电站一体化监控系统，通过变电站Ⅱ区数据通信网关机接入调控主站，通信规约采用DL/T 476或DL/T 634.5104，数据上送方式应支持变化传送和周期召唤两种机制，调控主站同时应实现对在线监测信息采集通道运行状况的监视。

5.6.3 输电设备、在运变电站及新建非智能变电站变电设备在线监测装置信息，可通过PMS/输变电设备状态监测系统主站接入调控主站。

5.6.4 输变电设备在线监测装置投运前应经过联调验证。

【依据3】《变电站设备监控信息技术规范》（Q/GDW 11398—2015）

9.3 状态监测告警信息

9.3.1 输电设备在线监测告警信息，主要包括：

a）输电线路环境温度、等值覆冰厚度、微风振动、现场污秽度、导线弧垂告警；

b）杆塔倾斜告警；

c）电缆护层电流告警。

9.3.2 变电设备在线监测告警信息，主要包括：

a）变压器（电抗器）油中溶解气体绝对、相对产气速率告警；

b）变压器（电抗器）油中微水告警；

c）变压器（电抗器）铁芯接地电流告警；

d）变压器（电抗器）套管、电压互感器、电流互感器等介质损耗因数、电容量数值及变化情况告警；

e）断路器（气体绝缘封闭开关，Gas Insulated Switchgear，GIS）SF_6气体压力、水分告警；

f）金属氧化物避雷器阻性电流、全电流告警。

3 电力通信与信息安全

3.1 电力通信

3.1.1 机制建设

3.1.1.1 地区通信网发展规划

本条评价项目（见《评价》）的查评依据如下。

【依据1】《电力系统通信运行管理规程》（DL/T 544—2012）

5.1.2 电网通信机构由总部通信机构，网、省公司通信机构，地（市）、县公司通信机构，各级电网运行维护单位的通信机构组成，下级通信机构接受上级通信机构管理。

5.1.3 总部通信机构是电力通信管理的归口部门，承担相关通信运行管理、维护等工作。

5.1.4 各单位均应按照电力通信运行管理的有关规定和要求，设立通信机构。

【依据2】《电力系统技术导则》（SD 131—1984）

9.3 电网必须具有充分而可靠的通信通道手段。

a. 各级调度中心控制室（有调度操作指挥关系时）和直接调度的主要发电厂与重要变电所之间至少有两个独立的通信通道。

b. 所有新建的发、送、变电工程的计划与设计，必须包括相应的通信通道部分，并与有关工程配套投入运行。通信通道不健全的新建发电厂和变电所不具备投入运行的。

c. 通信网规划建设应综合考虑作为通信、调度自动化、远动、计算机信息、继电保护及安全自动装置的通道。

【依据3】《国家电网有限公司十八项电网重大反事故措施（2018年修订版）》（国家电网设备〔2018〕979号）

16.3.1.1 电力通信网的网络规划、设计和改造计划应与电网发展相适应，并保持适度超前，突出本质安全要求，统筹业务布局和运行方式优化，充分满足各类业务应用需求，避免生产控制类业务过度集中承载，强化通信网薄弱环节的改造力度，力求网络结构合理、运行灵活、坚强可靠和协调发展。

3.1.1.2 传输网网络结构

本条评价项目（见《评价》）的查评依据如下。

【依据1】《国家电网有限公司十八项电网重大反事故措施（2018年修订版）》（国家电网设备〔2018〕979号）

16.3.1.1 电力通信网的网络规划、设计和改造计划应与电网发展相适应，并保持适度超前，突出本质安全要求，统筹业务布局和运行方式优化，充分满足各类业务应用需求，避免生产控制类业务过度集中承载，强化通信网薄弱环节的改造力度，力求网络结构合理、运行灵活、坚强可靠和协调发展。

16.3.2.1 电网一次系统配套通信项目，应随电网一次系统建设同步设计、同步实施、同步投运，以满足电网发展的需要。

【依据2】《输电网安全性评价》（国家电网生〔2003〕404号）

5.1.1.2 电力通信网应建成由数字微波、光纤为主干通道构成的环形网或网状网，并应实现自愈功能。

注：此处的"重要通信枢纽站点"指各级调度机构站点、500kV及以上电压等级变电站和包括三级及以上通信设备的站点。

【依据3】《电力系统光纤通信运行管理规程》(DL/T 547—2010)

5.1 电力光纤通信网的建设应符合电力系统通信网的总体规划，充分利用输电线路的特有资源，优先采用OPGW和ADSS光缆等电力特种光缆。

5.2 电力光纤通信网的网络拓扑应以网形网和环形网或网形网与环形网构成的混合网为主。

5.3 电力光纤通信网的设备应采用先进、实用、成熟、稳定可靠的通信体系。

5.4 光纤通信系统中SDH设备的技术指标应符合DL/T 5404的有关规定。

5.5 光纤通信系统中光缆的技术指标应符合DL/T 5344的有关规定。

5.6 电力特种光缆的运行维护应符合电网一次系统及高压输电线路的相应标准、规程及规范的要求。

5.7 光纤通信工程建设应符合DL/T 544的有关规定。

5.8 光纤通信工程验收应按DL/T 5344的有关规定执行。

5.9 光纤通信电路应根据各类用户业务的接口、带宽、时延、收发路径、保护方式的技术要求，合理安排运行方式。

5.10 光纤通信设备软硬件及网管系统的版本应制定相应管理办法，确保运行设备、新投运设备、备品备件、网管系统之间的兼容性。

6.2.7 光纤通信运行维护应包括以下资料，并可通过信息化手段查询调用：

a) 机房内设备供电原理图及布线图；

b) 与光纤通信有关的通信系统结构图。

3.1.1.3 通信传输网"光缆共享，电路互补"功能实现及优化

本条评价项目（见《评价》）的查评依据如下。

【依据1】《电力通信运行管理规程》(DL/T 544—2012)

7.1 总体要求

7.1.1 通信机构应按照"统一协调、分级负责、优化资源、安全运行"的要求，编制本级通信调度管辖范围内的通信网年度运行方式和日常运行方式。

7.1.2 通信网年度运行方式应与电力通信规划以及电网年度运行方式相结合。

7.1.3 通信机构应根据所辖通信网络运行情况优化运行方式，提高通信网安全运行水平和资源分配的合理性。

7.1.4 通信网运行方式的编制，应综合考虑电网和通信网建设、现有通信网结构变化、通信设备健康。

【依据2】《国家电网公司输变电工程初步设计内容深度规定》(Q/GDW 166.4—2010)

4.2.5 通信方案简述

a) 光缆建设方案。

b) 系统组成和设备配置方案。

c) 设备机房和供电电源方案。

4.3 通信系统部分

4.3.1 光纤通信网络建设方案

4.3.1.1 光缆路由方案

a) 提出本工程光缆建设方案，详述各条光缆依附的输电线路名称、线路电压等级、架设方式、缆路起讫点、中间起落点、站距、线路（光缆）总长度、光缆类型、光纤芯数和规格、与相关光缆连接点位置及引接方式。

b) 存在多个备选方案时，应进行技术经济比较和方案推荐。

4.3.1.2　传输网方案

4.3.1.3　通信站站址方案

【依据3】《电力系统通信系统设计内容深度规定》（DL/T 5447—2012）

1.0.2　本标准规定了电力系统通信系统（或电力专用通信网，以下简称通信系统）所采用的各种通信传输方式及数据网络、交换系统、会议电视系统、数字同步网、网络及资源管理、应急通信等设计的内容及其深度。

1.0.3　通信系统是电力系统的重要组成部分，是电力系统实现调度自动化和管理现代化的基础，是电力工业安全生产和管理现代化的重要技术保证手段。

1.0.4　根据电力建设前期工作不同阶段的要求，通信系统建设的前期工作应包括通信系统规划（简称通信规划）和通信系统设计，它们分别是电力系统规划和电力系统设计的组成部分。通信系统设计应满足电力系统调度、继电保护、安全稳定控制系统、调度自动化及生产管理、电力信息化业务对通道的要求。

3.1.1.4　调度大楼通信路由及变电站间通信路由

本条评价项目（见《评价》）的查评依据如下。

【依据1】《电力系统技术导则》（SD 131—1984）

9.3　电网必须具有充分而可靠的通信通道手段

a. 各级调度中心控制室（有调度操作指挥关系时）和直接调度的主要发电厂于重要变电所至少应有两个独立的通信通道。

b. 所有新建的发、送、变电工程的计划与设计，必须包括相应的通信通道部分，并与相关工程配套投入运行。通信通道不健全的新建发电厂和变电所不具备投入运行的条件。

【依据2】《国家电网有限公司十八项电网重大反事故措施（2018年修订版）》（国家电网设备〔2018〕979号）

16.3.1.4　县公司本部、县级及以上调度大楼、地（市）级及以上电网生产运行单位、220kV及以上电压等级变电站、省级及以上调度管辖范围内的发电厂（含重要新能源厂站）、通信枢纽站应具备两条及以上完全独立的光缆敷设沟道（竖井）。同一方向的多条光缆或同一传输系统不同方向的多条光缆应避免同路由敷设进入通信机房和主控室。

16.3.1.5　国家电网有限公司数据中心、省级及以上调度大楼、部署公司95598呼叫平台的直属单位机房应具备三条及以上全程不同路由的出局光缆接入骨干通信网。省级备用调度、地（市）级调度大楼应具备两条及以上全程不同路由的出局光缆接入骨干通信网。

16.3.1.6　通信光缆或电缆应避免与一次动力电缆同沟（架）布放，并完善防火阻燃和阻火分隔等各项安全措施，绑扎醒目的识别标识；如不具备条件，应采取电缆沟（竖井）内部分隔离等措施进行有效隔离。新建通信站应在设计时与全站电缆沟（架）统一规划，满足以上要求。

16.3.1.7　电网调度机构与直调发电厂及重要变电站调度自动化实时业务信息的传输应具有两条不同路由的通信通道（主/备双通道）。

【依据3】《关于进一步加强变电站内光缆等通信设施安全工作的通知》（国家电网安监二〔2012〕198号）

一、对照公司十八项反措要求，生产运维单位和通信保障部门要组织开展一次通信光缆专项隐患排查治理。核查通信光缆应采用不同路由的电缆沟（竖井）进入通信机房和主控室；避免与一次动力电缆同沟（架）布放，并完善防火阻燃和阻火分割等各项安全措施，对于不具备条件的站点采取电缆沟（竖井）内部分隔离等措施进行有效隔离。要重点检查光缆接续盒的密封、进场光缆引下线封堵以及进场光缆的标识标签、电缆沟内光缆的敷设是否满足要求。

【依据4】《电力系统通信站安装工艺规范》（Q/GDW 759—2012）

5.2　通信管线

5.2.1　引入线缆引入线缆安装工艺要求如下：

a）光、电缆在进入通信站时，应采用沟（管）道方式，经2条及以上不同路由引入。

【注】通信枢纽站指承载有四级网汇聚层及以上等级业务的站点。

3.1.1.5 220kV及以上线路保护、安控通信方式

本条评价项目（见《评价》）的查评依据如下。

【依据1】《国家电网有限公司十八项电网重大反事故措施（2018年修订版）》（国家电网设备〔2018〕979号）

16.3.1.8 同一条220kV及以上电压等级线路的两套继电保护通道、同一系统的有主/备关系的两套安全自动装置通道应采用两条完全独立的路由。均采用复用通道的，应由两套独立的通信传输设备分别提供，且传输设备均应由两套电源（含一体化电源）供电，满足"双路由、双设备、双电源"的要求。

【依据2】《电力通信系统安全检查工作规范》（Q/GDW 756—2012）

8.4 承载220kV及以上电压等级同一线路的两套继电保护、同一系统两套安控装置业务的通道是否具备两条不同的路由，相应通信传输设备是否满足"双路由、双设备、双电源"的配置要求。

【依据3】《电力通信运行管理规程》（DL/T 544—2012）

11.1.1 通信设备与电路运行要求

a）同一条线路的两套继电保护和同一系统的两套安全自动装置应配置两套独立的通信设备，并分别由两套独立的电源供电，两套通信设备和电源在物理上应完全隔离。

【依据4】《电力通信运行方式管理规定》（Q/GDW 760—2012）

6.2 日常运行方式编制应遵循以下原则：

c）涉及220kV及以上线路、厂站的电网继电保护及安全稳定控制装置、调度电话、自动化信息等重要业务电路的运行方式应满足业务"$N-1$"的原则；

3.1.1.6 电力调度数据网专用通道或专用网络通道

本条评价项目（见《评价》）的查评依据如下。

【依据1】《电网和电厂计算机监控系统及调度数据网络安全防护规定》（原国家经贸委〔2002〕第30号令）

第五条 建立和完善电力调度数据网络，应在专用通道上利用专用网络设备组网，采用专线、同步数字序列、准同步数字序列等方式，实现物理层面上与公用信息网络的安全隔离。

【依据2】《国家电网有限公司十八项电网重大反事故措施（2018年修订版）》（国家电网设备〔2018〕979号）

16.3.1.7 电网调度机构与直调发电厂及重要变电站调度自动化实时业务信息的传输具有两条不同路由的通信通道（主/备双通道）。

【依据3】《电力通信运行管理规程》（DL/T 544—2012）

11.1.1 通信设备与电路运行要求

b）电力调度机构与变电站和大（中）型发电厂的调度自动化实时业务信息的传输应同时具备两条不同物理路由的通道。

【依据4】《电力通信运行方式管理规定》（Q/GDW 760—2012）

6.2 日常运行方式编制应遵循以下原则：

c）涉及220kV及以上线路、厂站的电网继电保护及安全稳定控制装置、调度电话、自动化信息等重要业务电路的运行方式应满足业务"$N-1$"的原则；

3.1.1.7 通信安全与应急岗位设置和职责

本条评价项目（见《评价》）的查评依据如下。

【依据1】《电力通信运行管理规程》（DL/T 544—2012）

13 安全管理

13.1 通信机构应执行电监会1号令、电监会2号令和各项安全管理制度等的有关规定，制定本级通信设施安全生产责任制度，建立和健全保密制度。

13.2 通信系统事故责任界定应执行电监会 4 号令、DL 558 有关规定。

13.3 通信机构应配合电网反事故演习和事故调查工作，并建立健全电力应急通信机制。

13.5 通信机构应针对所辖通信网的薄弱环节，组织编制应急预案和反事故演习方案。

【依据 2】《国家电网公司应急工作管理规定》（国家电网安监〔2012〕1821 号）

第十七条 公司各单位应急领导小组下设安全应急办公室和稳定应急办公室。安全应急办公室设在安全监察质量部，稳定应急办公室设在办公室，工作职责同第十条相关规定。

第十九条 公司各单位根据突发事件处置需要，临时成立专项事件应急处置指挥机构，组织、协调、指挥应急处置。专项事件应急处置指挥机构应与上级相关机构保持衔接。

3.1.1.8 安全技术监督组织及职责

本条评价项目（见《评价》）的查评依据如下。

【依据】《国家电网公司技术监督管理规定》

第三章 主要内容

第十四条 技术监督应贯穿规划可研、工程设计、设备采购、设备制造、设备验收、设备安装、设备调试、竣工验收、运维检修、退役报废等全过程，在电能质量、电气设备性能、化学、电测、金属、热工、继电保护及安全自动装置、自动化、信息通信、节能、环境保护、水机、水工、土建等各个专业方面，对电力设备（电网输变配电主要一、二次设备，发电设备，自动化、信息通信设备等）的健康水平和安全、质量、经济运行方面的重要参数、性能和指标，以及生产活动过程进行监督、检查、调整及考核评价。全过程技术监督管理流程见附录 1。全过程技术监督各阶段的工作内容见附录 2，各专业的工作内容见附录 3。

第十五条 技术监督应坚持"公平、公正、公开、独立"的工作原则，按全过程、闭环管理方式开展工作。

第十六条 技术监督工作应以技术标准和预防事故措施为依据，以《全过程技术监督精益化管理实施细则》为抓手，对当年所有新投运工程开展全过程技术监督，选取一定比例对已投运工程开展运维检修阶段的技术监督，对设备质量进行抽检，有重点、有针对性地开展专项技术监督工作，后一阶段应对前一阶段开展闭环监督。抽查和抽检也可委托第三方进行。《全过程技术监督精益化管理实施细则》见附录 4。

第十七条 技术监督工作应建立开放性的长效机制，建立由现场经验丰富、理论知识扎实、责任心强的人员组成的技术监督专家库，为技术监督工作提供技术支撑。

第十八条 技术监督工作应建立动态管理、预警和跟踪、告警和跟踪、报告、例会五项制度。

（一）动态管理制度

技术监督办公室根据科技进步、电网发展以及新技术、新设备应用情况，按年度对技术监督工作的内容、方式、手段进行拓展和完善，提高各专业技术监督工作的水平，做到对各类设备的有效、及时监督。

（二）预警和跟踪制度

技术监督办公室在全过程、全方位开展技术监督工作的基础上，结合对设备的运行指标分析、评估、评价，针对技术监督工作过程中发现的具有趋势性、苗头性、普遍性的问题及时发布技术监督工作预警单，并跟踪整改落实情况。

技术监督工作预警单由各级技术监督执行单位组织专家编制并签字确认，经技术监督办公室审批盖章后，及时向相关单位和部门进行发布。预警单发布后 10 个工作日内，由主管部门组织相关单位向技术监督办公室提交反馈单。预警单和反馈单模板见附录 5、6，发布流程见附录 7。

（三）告警和跟踪制度

技术监督办公室在监督中发现设备存在严重缺陷或隐患、技术标准或反措执行存在重大偏差等严重问题，将对电网安全生产带来较大影响时，应及时发布技术监督工作告警单，并跟踪整改落实情况。

技术监督工作告警单由各级技术监督执行单位组织专家编制并签字确认，经技术监督办公室审批盖章后，及时向相关单位和部门进行发布。告警单发布后 5 个工作日内，由主管部门组织相关单位向技术监督办公室提交反馈单。告警单和反馈单模板见附录5、6，告警单发布流程见附录7。

（四）报告制度

公司实行年报、季报制度。省公司在二、三、四季度首月20日前向公司技术监督办公室、中国电科院上报上季度技术监督季度报告，中国电科院于当月30日前汇总分析后形成公司技术监督季度报告，并上报公司技术监督办公室；省公司于次年首月20日前向公司技术监督办公室、中国电科院上报上年度技术监督年度总结报告，中国电科院于当月30日前汇总分析后上报公司技术监督办公室，报告格式见附录8。

省公司实行月报制度，地市公司在本月5日前向省公司技术监督办公室报送上月技术监督月报，县公司、工区（班组）按照上级单位要求提供相关材料。

专项技术监督工作应形成专项技术监督报告，由工作负责人和执行单位签字盖章，在监督结束后一周内上报技术监督办公室，报告格式见附录9。

（五）例会制度

技术监督办公室每季度组织召开由办公室成员参加的季度例会，听取各相关部门工作开展情况汇报，协调解决工作中的具体问题，提出下阶段工作计划。必要时临时召集相关会议。

第十九条 计划编制与下达公司技术监督办公室结合生产实际和年度重点工作，组织中国电科院制定年度工作计划，经公司领导小组审核批准后，在当年12月底前下达各有关单位和部门执行。公司各相关部门应于当年11月底前向技术监督办公室提交下年度工作计划，年度计划中要明确工作项目、重点监督内容、实施时间以及费用。各省公司技术监督办公室应于1月25日之前将本单位年度技术监督工作计划上报公司技术监督办公室备案。

第二十条 信息保障

公司"全过程技术监督精益管理系统"（以下简称"管理系统"）是技术监督工作的管理平台。相关部门和单位应将所负责的阶段和专业的技术监督工作计划和信息及时录入管理系统，各级电科院（地市检修分公司）负责对相关单位和部门录入管理系统的数据开展核查，技术监督办公室应定期组织人员对全过程技术监督工作质量进行评价。

第二十一条 装备保障

技术监督执行单位应配置开展技术监督所必需的装备，做好新技术、新设备的宣传与推广工作，不断完善技术监督的方法和手段。

3.1.1.9 通信应急体系

本条评价项目（见《评价》）的查评依据如下。

【依据1】《国家电网公司关于加强通信运行工作的意见》（国调〔2007〕305号）

七、加强通信应急管理

17. 按照《国家电网电力通信系统处置突发事件应急管理工作规范》要求，制定通信系统应急预案，加强通信系统应急工作的组织，健全应急组织机构，实现应急工作管理的制度化、规范化、常态化。

18. 组织开展应急预案演练工作，检验应急预案的有效性、实用性，进一步完善通信网应急预案，提高通信人员处置突发事件的能力，做到迅速响应、快速组织、正确处理。

【依据2】《国家电网公司应急预案管理办法》（国家电网安监〔2012〕1820号）

第六条 公司总部、各分部和各单位应按照"横向到边、纵向到底、上下对应、内外衔接"的要求建立应急预案体系。

第七条 公司应急预案体系由总体应急预案、专项应急预案和现场处置方案构成。总体应急预案是突发事件组织管理、指挥协调、应急处置工作的指导原则和程序规范，是应对各类突发事件的综合性文件。专项应急预案是针对具体的突发事件、危险源和应急保障制定的计划或方案。现场处置方案是针对特定的场所、设备设施、岗位，在详细分析现场风险和危险源的基础上，针对典型的突发事件，制定的处置措施和主要流程。

【依据3】《国家电网有限公司十八项电网重大反事故措施（2018年修订版）》（国家电网设备

〔2018〕979号）

16.3.3.19 落实通信专业在电网大面积停电及突发事件发生时的组织机构和技术保障措施。完善各类通信设备和系统的现场处置方案和应急预案。定期开展反事故演习，检验应急预案的有效性，提高通信网预防和应对突发事件的能力。

【依据4】《电力通信系统安全检查工作规范》（Q/GDW 756—2012）

9.6 检查是否有健全的通信应急处置的组织体系、技术保障措施和后勤保障措施。检查通信系统非正常停运及通信关键设备故障应急处理预案。检查运行维护人员对应急预案的掌握情况。检查应急预案的有效性及演练组织情况。

3.1.1.10 机动应急通信系统及装备

本条评价项目（见《评价》）的查评依据如下。

【依据】《国家电网公司机动应急通信系统管理细则（试行）》［国网（信息/4）257—2014］

第十二条 应急通信系统为非经常性使用的应急设施，各级单位应急通信系统的建设应贯彻经济实用的原则，实行"系统审批、终端备案"的集约化管理，实现统一系统规划、统一技术规范、统一调配使用。

第十三条 应急通信系统建设项目由分部、国网信通公司、省公司级单位负责提出，并以正式文件上报公司总部，经国网信通部审核批准后纳入公司预算管理，方可建设。

第十四条 严格控制系统建设规模，未经批准不得新建应急通信系统（含中心站、车载站、便携站、固定站）。

第十五条 新建或改造的应急通信系统应以便携站或越野机动性能较好的车载站为主。

第十六条 申请新建或改造应急通信系统，须符合以下条件：

（一）有充分的建设必要性，符合实际需求；

（二）公司各级单位应急通信系统作为国家电网公司应急通信系统的组成部分，其功能、技术规范应符合国家电网公司关于应急通信系统的总体要求，可实现互连互通，并能与电力专用通信固定网络高度集成；

（三）新建应急通信系统中，甚小口径终端（VSAT）卫星通信系统所使用的卫星资源和卫星通信设备应统一纳入国家电网公司经国家无线电管理机构批准设立的卫星通信网络，不得加入其他单位的VSAT卫星网络，所用设备符合国家关于无线电台设置使用及无线电发射设备管理的相关规定。

第十七条 公司系统内在本细则颁布实施前已建成的其他应急通信系统，应经适当改造纳入国家电网公司应急通信系统，并采取网络与信息安全防护措施。

（一）公司各级单位自建系统与国家电网公司统一组建系统技术体制相一致的，应当尽快纳入国家电网公司统一组建系统的管理；

（二）公司各级单位自建系统与国家电网公司统一组建系统技术体制不一致的，不得再进行系统扩建，应通过系统改造逐步纳入国家电网公司统一组建系统的管理。

第十八条 海事卫星电话终端及多媒体数据终端等应急通信外围设备，公司各级单位可根据需要适当配置。为确保必要时可统一调度和互相支援，实行集中备案登记制度。

第十九条 应急通信系统通常具备高清视频会议、电力系统电话延伸、无线单兵图像采集、集群对讲、北斗或GPS定位、数据网络接入、信息安全加密等功能。

3.1.2 专业管理

3.1.2.1 通信规程、规章制度

本条评价项目（见《评价》）的查评依据如下。

【依据1】《电力通信运行管理规程》（DL/T 544—2012）

10.3 通信机构应符合以下规程、规定的要求

a）DL 408、DL 409。

b）本站有关通信专业运行管理规程。

c）上级主管部门颁发的有关规程、规定。

10.4　通信机构应建立健全以下管理制度

a）岗位责任制。

b）设备责任制。

c）值班制度。

d）交接班制度。

e）技术培训制度。

f）工具、仪表、备品、配件及技术资料管理制度。

g）根据需要制定的其他制度。

13.1　通信机构应执行电监会1号令、电监会2号令和各项安全管理制度等的有关规定，制定本级通信设施安全生产责任制度，建立和健全保密制度。

【依据2】《电力通信系统安全检查工作规范》（Q/GDW 756—2012）

4.2　制度检查

制度检查应根据通信站点类型的不同，检查通信站制度建设是否健全，制度落实是否到位。通信站应具备以下制度：

a）设备专责制度；

b）机房管理制度；

c）有人值班通信站值班制度；

d）有人值班通信站交接班制度；

e）无人值班通信站定期巡检制度；

f）应急管理制度；

g）安全、消防、保密制度；

h）仪器仪表、备品备件、工器具管理制度；

i）现场工作规范。

9.1　检查各级通信管理机构管理规章制度建设情况，包括岗位责任制、设备责任制、安全责任制、技术培训制度以及根据需要制定的其他制度。

3.1.2.2　通信调度监控与值班管理

本条评价项目（见《评价》）的查评依据如下。

【依据1】《电力通信运行管理规程》（DL/T 544—2012）

6.1.4　地（市）级及以上通信机构应设置通信调度，设置通信调度岗位，并实行24h有人值班，负责其所属通信网运行监视、电路调度、故障处理。

6.4.1　值班日志应按规定记录当值期间通信网主要运行事件，包括：设备巡视记录，故障（缺陷）受理及处理记录，通信检修工作执行情况，通信网运行情况等相关信息。

6.4.2　事件记录内容应规范化，内容应包括接报时间、对方单位和姓名、发生时间、故障现象、协调处理过程简述、遗留问题等。

6.4.3　交接班时，交班者应将当值期间通信网运行情况及未处理完毕的事宜交代接班者，如有重大故障未处理完毕，应暂缓进行交接工作，接班人员应密切配合协同处理，待故障恢复或处理告一段落再进行交接班。

6.5.1　下级通信调度应在规定的时段向上级通信调度汇报所辖通信网前24h的运行情况。

【依据2】《国家电网公司关于加强通信运行工作的意见》（调〔2007〕305号）

三、加强通信调度管理

8.通信调度是电力通信网的运行指挥部门，规范各级（含地市级）通信调度的设置，严格执行统一调度，分级管理的原则，健全相应管理制度，明确管理职责，严肃通信调度纪律，规范通信调度行为。

9.各级通信调度按照管理范围，对所辖范围内通信设施实施运行管理，通信设施运行维护单位必须服从相应通信调度的运行指挥，通信设施的异常和故障，应立即向通信调度报告，并在通信调度指挥下，积极进行处理。

10. 涉及电网安全运行的通信调度工作必须服从电网统一调度管理，要建立有效的联系制度，杜绝因沟通补充分、不及时而影响电网或通信网安全事件发生。

六、加强通信信息化管理

16. 按照公司的总体工作安排，根据运行分析、安全分析、二次设备分析等有关制度的内容，研究提出通信运行工作的工作流程，建立以 OMS 和通信综合网管系统为基础的信息化管理系统，切实做好通信运行基础数据库的建设，实现设备、资源、检修、运行方式、运行统计分析管理的信息化平台。

3.1.2.3 通信网监测及管理系统、通信新技术系统的管理与防护

本条评价项目（见《评价》）的查评依据如下。

【依据1】《国家电网有限公司十八项电网重大反事故措施（2018 年修订版）》（国家电网设备〔2018〕979 号）

16.3.3.2 通信站内主要设备及机房动力环境的告警信息应上传至 24h 有人值班的场所。通信电源系统及一体化电源-48V 通信部分的状态及告警信息应纳入实时监控，满足通信运行要求。

【依据2】《电力通信运行管理规程》（DL/T 544—2012）

6.1.5 各级通信调度应建立功能完善的通信网络监控及管理系统，对所辖通信网的通信设备运行状况能实现实时监视。

9.1.5 通信机构应建设和完善通信网运行监测手段。

9.2.1 网管系统设备应采取二次安全防护措施，其他无关设备不应接入网管系统。

9.2.2 通信机构应制定网管系统运行管理规定，内容应包括日常运行管理及巡视、系统软硬件维护、数据备份及恢复、系统管理员职责等。

9.2.4 网管系统应有专人负责管理，并分级设置密码和权限，应严禁无关人员操作网管系统。

9.2.7 网管系统数据应定期备份，在系统有较大改动和升级前应及时做好数据备份。

【依据3】《关于进一步做好信息安全及二次系统安全防护工作的通知》（国家电网信息〔2008〕936 号）
电力二次系统安全防护重点工作要求

8. 加强电力通信网络管理系统的安全防护，按所承载的业务进行安全分区：传输网、同步网的设备网管系统位于控制区（Ⅰ区），通信综合网管位于非控制区（Ⅱ区），通信管理信息系统位于管理信息大区；Ⅰ区与Ⅱ区之间采用逻辑隔离措施，网管系统与管理信息大区之间采用横向隔离装置进行强安全隔离，网管系统纵向边界采用防火墙或纵向加密认证装置等安全措施；调度程控交换网的操控及管理终端，参照生产控制大区设备进行安全管理，不得与外部网络或信息网络相连。

11. 公司应急指挥中心的调度实时信息终端属于控制区，不得与其他系统连接；相关网络设备是调度数据网络的一部分，不得与其他任何网络连接；这些设备应按公司应急要求运行，纳入生产控制大区运行系统的日常维护和安全管理。

12. 继续强化安全应急管理，规范电力二次系统应急保障机制、汇报机制和应急处置机制，切实提高应对二次系统安全突发事件的应急响应、联合防护和协调处置能力。

3.1.2.4 传输设备、交换设备、业务网设备、通信光缆、通信电源运行状态

本条评价项目（见《评价》）的查评依据如下。

【依据1】《电力通信运行管理规程》（DL/T 544—2012）

11.1.1 通信设备与电路运行要求

a) 同一条线路的两套继电保护和同一系统的两套安全自动装置应配置两套独立的通信设备，并分别由两套独立的电源供电，两套通信设备和电源在物理上应完全隔离。

b) 电力调度机构与变电站和大（中）型发电厂的调度自动化实时业务信息的传输应同时具备两条不同物理路由的通道。

11.1.2 通信设备与电路的维护要求

a) 通信设备的运行维护管理应实行专责制，应落实设备维护责任人。

b) 通信设备应有序整齐，标识清晰准确。承载继电保护及安全稳定装置业务的设备及缆线等应有明显区别于其他设备的标识。

c) 通信设备应定期维护，维护内容包括设备风扇滤网清洗、蓄电池充放电、网管数据备份等。

11.1.3 通信设备与电路的测试内容及要求

a) 通信运行维护机构应定期组织人员对通信电路、通信设备进行测试，保证电路、设备、运行状态良好。

b) 通信设备测试内容应包括网管与监视功能测试、设备性能等。

c) 通信电路测试内容应包括误码率、电路保护倒换等。

d) 应对通信设备测试结果进行分析，发现存在的问题，及时进行整改。

11.1.4 通信设备与电路的巡视要求

c) 巡视内容包括机房环境、通信设备运行状况等。

【依据2】《电力通信现场标准化作业规范》（Q/GDW 721—2012）

6 通信设备检查

6.1 通信设备安检工作包括微波、光传输、载波、交换、电视电话会议、数据网、同步、电源设备通用部分检查和根据各设备特点制定的检查项目。

6.2 通用部分

通信设备检查通用要求如下：

a) 检查通信运行设备及相关辅助设备的运行状况，有无影响设备正常运行及监视的告警。设备告警及指示信号功能是否正常。

b) 各种通信设备的电源线、接地线、光缆、光跳纤、同轴电缆、音频电缆连接是否可靠，缆线是否布放整齐、排列有序，光跳纤弯曲半径是否满足要求。

c) 设备及缆线标识是否规范、准确、清晰和牢固。传送继电保护、安控装置等重要业务的设备、接口板卡、缆线和接线端子是否采用与其他设备有明显区分的标识。

d) 设备是否可靠固定，接地是否符合要求，是否配备防静电手镯。

e) 设备具备两路电源输入时，是否分别接入不同的直流电源或不同的分路开关。

f) 检查设备防尘滤网、风扇和风栅有无积尘，是否能保持设备散热良好。

g) 通信设备日常运行维护记录是否完备。

【依据3】《电力系统调度通信交换网设计技术规程》（DL/T 5157—2012）

9 交换设备的要求和容量配置

9.1 交换设备的要求

9.1.1 应采用技术先进、可靠性高、满足调度功能要求的"长市合"型数字程控交换机。

9.1.2 交换网内的交换机及信令方式应满足组网要求。

9.1.3 在交换机具有"分区"功能时，终端站调度交换和行政交换可合用一台交换机；电厂系统调度和生产调度可合用一台交换机。分区之间应有必要的安全措施。

9.1.4 交换机应采用模块化结构，其公用部分应采用冗余配置、热备份方式工作。

9.1.5 交换机与现有通信网内各种传输设备应能有效连接和可靠工作。

9.1.6 交换机的技术要求应符合国家现行标准《数字程控自动电话交换机技术要求》GB/T 15542和《电力系统数字调度交换机》DL/T 795的规定。

9.1.7 交换机应配备功能齐全、操作简便的智能调度台。调度台的技术要求除应符合现行行业标准《电力系统数字调度交换机》DL/T 795的规定外，还应具有以下功能：

1 调度台应同时具备交流220V和直流－48V两种方式供电功能。

2 调度台应具有双机（或多机）同组功能。

3 调度台对象键应具有自动中继线路由选择功能。

9.1.8 交换机应有硬盘加载或 CPU 失电保护配置。

9.1.9 交换机应具有录音功能接口。

9.1.10 交换机应具有应急转换功能。

9.1.11 交换机可配置接入 IP 网络的 IP 网关等接口装置。

9.1.12 对于有视频等多媒体业务要求的节点交换机可通过外挂（或嵌入）P 网关等接口，接入专用 IP 网络或数据通信网络实现。

9.1.13 交换机应具有网同步功能。交换机内部时钟应具备四级及以上时钟精度。

9.1.14 交换机除了常规的维护管理功能外，还应有远方告警和远方维护功能。应具有两个以上用于网路管理的数据接口。其接口宜采用以太网 10/100/1000M 自适应接口或 V.24（RS-232）接口。

9.1.15 交换机耐压和电磁兼容要求应符合国家现行标准《数字程控电话自动交换机技术要求》GB/T 15542 和《电力系统数字调度交换机》DL/T 795 的规定。

9.1.16 交换机的供电电源为直流 -48（$+20\%\sim-15\%$）V。

9.2 其他设备的要求

9.2.1 录音系统应具有同时对多路电话进行录音、监听和查询功能。系统功能应符合下列要求：

1 录音系统应支持录音通道数量 8 路以上。

2 录音系统应具备与标准时间自动同步的功能。

3 录音系统的录音时间应不小于 3000h。录音系统采用双硬盘，支持双硬盘同步录音或自动备份功能。录音设备应配置光刻录装置。可用光盘刻录或活动硬盘等进行备份。

4 录音系统应提供模拟和数字接口，应具有自动录音方式。对于数字接口，话机或调度台是否被录音应由维护终端进行设置，录音的启动与结束应由主机控制。对于模拟接口，录音的启动或结束应同时提供声控与压控两种控制方式，并具备增益调节功能。

5 录音记录应包括始录时间、结束时间、主叫号码、被叫号码、通话时长等信息，以便查询。

6 系统管理人员可对任一在通话的通道进行实时监听。

7. 录音系统具备分类（主叫、被叫、时间、座席、呼叫时长等）查询统计功能。

8. 要求具备以太网接口，可实现网络查听及统计等功能，支持号码、时间及中继局向等多种查询方式。

9. 提供故障告警功能。

9.3 设备配置

9.3.1 交换中心、汇接交换站、终端站的交换机数量及端口容量配置应符合本规程表 9.3.1 的规定。

表 9.3.1 **交换设备的容量配置**

交换节点	交换机数量（台）	交换机端口容量（线）
省调及以上交换中心	2	2048
地调交换中心	1～2	2048
汇接交换站	1	512～2048
终端站	1	256～512

9.3.2 交换中心应配置调度台。有人值守的换流站、集控中心、直调发电厂等交换节点宜配置调度台。无人值守站的交换节点不宜配置调度台。

9.3.3 省级以上交换中心应配置维护管理设备，负责管理各自管辖范围的交换节点。其他交换节点可选配 1 套本地维护终端设备。

9.3.4 各级交换中心应配置录音系统，录音系统应双重化配置，实现对调度台和调度用户的实时录音。其他交换节点可选配 1 套录音系统。

3.1.2.5 通信站管理

本条评价项目（见《评价》）的查评依据如下。

【依据】《电力通信运行管理规程》（DL/T 544—2012）

10.1 通信站总体管理要求

a）通信站运行管理的方式包括属地化管理和委托管理。

b）通信站管理的主要内容包括制度管理、资料管理、设备管理等。

c）通信机房应满足通信设备运行条件，满足通信检修和操作的需要。

d）通信站设备应按各所属单位或部门的有关规定，落实运行巡视责任。

e）通信站资料管理应逐步实现电子化、信息化。

f）地区及以上的通信部门应保证专用交通工具，及时排除故障。

10.2 通信站运行要求

a）设备运行稳定，故障率低，设备电源可靠并能自动投入。

b）防火、防盗、防雷、防洪、防震、防鼠、防虫等安全措施完备。

c）应具备远方监视手段及远方控制部分通信设备的能力。

d）负责该站维护工作的通信机构应具有定期检测、巡视制度，并有相应的技术措施和技术保障。

e）无人站应具备相应的监测手段，监测数据应能够及时传输到所属中心站或有人值班点。

f）通信机房应有环境保护控制设施，防止灰尘和不良气体侵入；室内温度、湿度要求参照 GB 50174 执行。

3.1.2.6 通信运行资料管理

本条评价项目（见《评价》）的查评依据如下。

【依据1】《电力通信运行管理规程》（DL/T 544—2012）

10.5 通信机构应具备以下通信站基本运行资料

a）通信站、设备及相应电路竣工验收资料。

b）站内通信设备图纸、说明书、操作手册。

c）交、直流电源供电示意图。

d）接地系统图。

e）通信电路、光缆路由图。

f）电路分配使用资料。

g）配线资料。

h）设备检测、蓄电池充放电记录。

i）通信事故、缺陷处理记录。

j）仪器仪表、备品备件、工器具保管使用记录。

k）值班日志。

注：指有人值班通信站。

l）定期巡检记录。

注：指无人值班通信站。

m）通信站应急预案。

n）通信站综合监控系统资料。

【依据2】《通信站运行管理规定》（Q/GDW 1804—2012）

8 资料管理

8.1 通信站应具备各种相关资料满足运行需要，定期进行运行资料与现场实际情况的核对工作，及时整理、更新并报上级备案。

8.2 通信站应具备以下资料：

a）有人值班通信站值班日志；

b）定期巡检、巡视记录；

c）交、直流电源系统接线图；

d) 站内通信设备连接图；

e) 通信系统图；

f) 光缆路由图；

g) 电路分配使用资料；

h) 相关重要业务的运行方式资料、通道运行资料；

i) 配线资料；

j) 光缆纤芯测试记录；

k) 设备检测、蓄电池充放电记录；

l) 机房接地系统等过电压防护资料、检测记录；

m) 通信事故、缺陷处理记录；

n) 设备台账；

o) 仪器仪表、备品备件、工器具保管、使用记录；

p) 通信站综合监测系统资料；

q) 通信站、设备及相应电路竣工验收资料；

r) 站内通信设备图纸、说明书、操作手册；

s) 通信现场作业指导书；

t) 通信站应急预案。

8.3 交、直流电源系统接线图、通信站应急预案应有纸质文档存放在现场。其他资料可使用计算机网络管理，异地存放，现场调用。

8.4 传输继电保护、安全控制等重要业务的设备或板卡，应在配线资料、电路分配使用资料等运行资料中特别标记。

3.1.2.7 通信专业仪器仪表

本条评价项目（见《评价》）的查评依据如下。

【依据1】《电力通信运行管理规程》（DL/T 544—2012）

11.1.2 通信设备与电路的维护要求

d) 通信机构应配置相应的仪器、仪表、工具；仪器、仪表应按有关规定定期进行质量检测，保证计量精度。

e) 仪器仪表、备品备件、工器具应管理有序。

【依据2】《电力通信现场标准化作业规范》（Q/GDW 721—2012）

5.2 工器具和仪器仪表要求电力通信现场作业的器具和仪器仪表应满足：

a) 仪器仪表及工器具必须满足作业要求；

b) 仪器仪表应定期检验合格；

c) 安全工器具应定期检验合格。

3.1.2.8 通信设备备品备件

本条评价项目（见《评价》）的查评依据如下。

【依据】《电力通信运行管理规程》（DL/T 544—2012）

11.1.2 通信设备与电路的维护要求

e) 仪器仪表、备品备件、工器具应管理有序。

12 备品备件

12.1 通信系统应配备满足系统故障处理、检修所需的备品备件，并在一定区域范围内建立备品备件库，应能在故障处理时间内送至故障现场。

12.2 备品备件应定期进行检测，确保性能指标满足运行要求。

12.3 光缆线路备品备件应包括光缆、金具、光缆接续盒等。

12.4 通信设备备品备件应按照网络规模、设备构成单元、设备运行状态和业务重要性配置。

12.5 通信机构应根据本单位实际情况配置足够数量的常用运行维护耗材。

3.1.2.9 通信设备资产管理

本条评价项目（见《评价》）的查评依据如下。

【依据1】《国家电网有限公司十八项电网重大反事故措施（2018年修订版）》（国家电网设备〔2018〕979号）

16.3.2.2 在通信设备的安装、调试、入网试验等各个环节，应严格执行电力系统通信运行管理和工程建设、验收等方面的标准、规定。

【依据2】《电力通信运行管理规程》（DL/T 544—2012）

11.3.1 新设备投运要求

a）新建、扩建和改建工程的通信设备及光缆（统称新设备）投运前应满足下列条件：

1）设备验收合格，质量符合安全运行要求，各项指标满足入网要求，资料档案齐全。

2）运行准备就绪，包括人员培训、设备命名、相关规程和制度等已完备。

b）新设备接入现有通信网，应在新设备启动前2个月向有关通信机构移交相关资料，并于15d前提出投运申请。

c）通信机构收到资料后，应核准新设备的技术性能、安全可靠性等是否满足运行要求，应对新设备进行命名编号，并在1个月内通知有关单位。

11.3.2 并入电力通信网的通信设备投运要求

a）拟并网的通信设备的技术体制应与所并入电力通信网所采用的技术体制一致，符合国际、国家及行业的相关技术标准。

b）拟并网方的通信方案应经通信机构核定同意，并通过电网通信机构组织或参加的测试验收，其设备应具有电信主管部门或电力通信主管部门核发的通信设备入网许可证。

c）并入电力通信网的通信设备技术指标和运行条件应符合电力通信网运行要求，并由专人维护。

d）并入电力通信网的通信设备应配备监测系统，并能将设备运行工况、告警监测信号传送至相关通信机构。

e）并入电力通信网的通信设备，即纳入所属电网通信机构的管理范围，应服从电网通信机构的统一调度和管理。

3.1.2.10 通信安全技术培训

本条评价项目（见《评价》）的查评依据如下。

【依据1】《电力通信运行管理规程》（DL/T 544—2012）

13 安全管理

13.1 通信机构应执行电监会1号令、电监会2号令和各项安全管理制度等的有关规定，制定本级通信设施安全生产责任制度，建立和健全保密制度。

13.2 通信系统事故责任界定应执行电监会4号令有关规定。

13.3 通信机构应配合电网反事故演习和事故调查工作，并建立健全电力应急通信机制。

13.4 通信机构应建立通信安全分析会制度，会议纪要应以正式文件形式向上级通信机构报送。

13.5 通信机构应针对所辖通信网的薄弱环节，组织编制应急预案和反事故演习方案。

【依据2】《电力通信系统安全检查工作规范》（Q/GDW 756—2012）

3.1 通信安检工作应按照DL/T 544—2012的要求，实行分级管理，各级通信管理机构负责在春、秋季安全检查及重大保电等活动中组织所辖范围的通信安检工作。

3.2 各级通信运行维护机构应按照本标准的要求，负责通信安检工作的具体实施。

3.3 各级通信机构应以本标准为依据，结合实际情况制定通信安检工作计划，组织人员培训，保证通信安检工作取得实效。

3.4 各级通信机构应严格按照《国家电网公司电力安全工作规程变电部分》、《国家电网公司电力安全工作规程线路部分》的要求，做好安检工作安全防护措施。

3.5 通信安检工作不应中断通信业务。进入检查现场或对通信设备进行操作时，应按照相关规定，办理审批手续。

3.6 通信安检工作分为定期检查和专项检查。定期检查包括春季检查和秋季检查，原则上春检在每年4月底前完成，秋季检查在每年11月底前完成，检查内容应按本标准要求执行。专项检查应根据电网运行、重大活动及通信运行工作的需要进行。检查可采取自查、抽查、互查等多种形式。

3.7 通信安检工作应及时总结检查结果，总结分析报告应报上级通信管理机构备案。通信安检工作中发现的重大安全问题应作为编制大修技改计划的重要依据。

9 通信管理工作检查

9.1 检查各级通信管理机构管理规章制度建设情况，包括岗位责任制、设备责任制、安全责任制、技术培训制度以及根据需要制定的其他制度。

9.2 检查各级通信机构是否按照 DL/T 544—2012 的要求设置通信调度。通信调度的职责是否明确，值班记录及运行资料应规范、齐全、完整。

9.3 检查月度安全生产分析会及落实情况记录，以及三项分析制度的执行情况。

9.4 检查通信系统各类设备检修工作制度完备情况。

9.5 检查各级通信机构是否开展安全培训教育。

9.6 检查是否有健全的通信应急处置的组织体系、技术保障措施和后勤保障措施。检查通信系统非正常停运及通信关键设备故障应急处理预案。检查运行维护人员对应急预案的掌握情况。检查应急预案的有效性及演练组织情况。

【依据3】《国家电网公司信息安全风险评估实施细则》（Q/GDW 1596—2015）

4.1.8 信息安全的宣传与培训：

1）对公司单位相关人员进行信息、通信安全普及性培训工作；

2）制定专业人员的信息、通信安全培训计划、并进行专业的信息、通信安全培训；

3）各单位信息、通信管理、运行等部门负责人、信息安全管理员、系统管理员、数据库管理员、通信网络管理员、信息网络管理员等在上岗前应经过网络与信息安全培训。

3.1.2.11 通信设备、光缆线路及主要辅助设备名称、编号标志标识

本条评价项目（见《评价》）的查评依据如下。

【依据1】《电力通信运行管理规程》（DL/T 544—2012）

11.1.2 通信设备与电路的维护要求

b）通信设备应有序整齐，标识清晰准确。承载继电保护及安全稳定装置业务的设备及缆线等应有明显区别于其他设备的标识。

【依据2】《电力光纤通信工程验收规范》（DL/T 5344—2018）

6.10 机架安装验收

6.10.7 缆线布放及成端检查

（2）各种通信线缆必须加装标识。

6.11 配线架安装验收

6.11.2 数字配线架应根据设备 2M 接口板的 2M 通道数量进行全额配线，2M 接线端子应加装编号标识。

【依据3】《电力系统通信站安装工艺规范》（Q/GDW 759—2012）

7 通信站标识要求

通信站标识应参照国家电网公司相关规定执行：

a）标识内容包括：国家电网公司标识、机柜名称、设备型号、运行维护单位简称、负责人、联系电话、投运时间和制卡时间等相关信息，并预留电子标签位置。

b）各类标签、标识可根据设备和屏体的尺寸、大小进行统一规范。同一种型号设备标识应粘贴或悬挂在设备的同一位置，要求平整、美观，不能遮盖设备出厂标识。对于标识形式，材质、固定形式、颜色、字体的具体要求应根据国家电网公司发布的相关规定进一步细化，并制定相应的实施细则，以保证通信站内通信设施的标识统一性。

c）标签、标识应采用易清洁的材质，符合 UL969 标准、ROHS 指令。背胶宜采用永久性丙烯酸类乳胶，室内使用 10～15a。

d）通信线缆在进出管孔、沟道、房间及拐弯处应加挂标识，直线布放段应根据现场情况适当增加标识。所有涉及保护、安稳及系统业务的专用设备、专用传输设备接口板、线缆、配线端口等标识应采用与其他标识不同的醒目颜色。

3.1.2.12 通信设备检修管理

本条评价项目（见《评价》）的查评依据如下。

【依据1】《电力通信运行管理规程》（DL/T 544—2012）

8.1 总体要求

8.1.1 通信检修工作实行检修票制度，应禁止无票操作。

8.1.2 检修工作按照申请、审核、审批、开（竣）工、延期、终结等流程进行。

8.1.3 通信检修工作应执行逐级上报、逐级审批的管理原则。

8.1.4 影响电网生产调度业务运行的通信检修应经相关专业会签方可执行；影响通信业务的电网一次检修应经通信机构会签后方可执行。

8.1.5 通信检修分为计划检修、非计划检修。计划检修包括年度计划检修和月度计划检修；非计划检修包括临时检修和紧急检修。

8.1.6 检修工作的开工、竣工应经当值通信调度核准。

8.1.7 涉及电网运行的通信计划检修宜与电网检修同步进行。

8.1.8 不影响电网业务、能够在短时间内结束的通信检修工作，可不必退电网业务。

8.1.9 检修工作应提前制定组织方案和技术措施。

【依据2】《国家电网公司关于加强通信运行工作的意见》（国家电网调〔2007〕305 号）

四、加强通信运行检修管理

11. 通信设施检修工作必须服从电网调度运行的统一管理，有关检修工作应纳入调度运行检修工作流程。涉及通信设施运行的电网改造、检修等工作也应纳入通行检修统一管理，制定检修管理制度和流程，加强建设、施工等单位与通信运行管理部门的协调，防止应电网改造、检修等工作对通信网造成影响。

【依据3】《电力通信检修管理规程》（Q/GDW 720—2012）

5.1 通信检修实行统一管理、分级调度、逐级审批、规范操作的原则，实施闭环管理。

5.2 未经批准，任何单位和个人不得对运行中的通信设施（含光、电缆线路）进行操作。

5.3 通信检修划分为计划检修、临时检修、紧急检修。计划检修应按编制的年度、月度检修计划执行。

计划检修、临时检修应提前办理检修申请。紧急检修可先向有关通信调度口头申请，后补相关手续。

5.4 对运行中的通信设施及电网通信业务开展以下检修工作，应履行通信检修申请程序：

a）影响电网通信业务正常运行、改变通信设施的运行状态或引起通信设备故障告警的检修工作；

b）电网一次系统影响光缆和载波等通信设施正常运行的检修、基建和技改等工作。

5.5 各级通信机构应加强通信检修工作管理，制定通信检修计划，做好组织、技术和安全措施，严格按照发起、申请、审批、开工、施工、竣工流程进行。

5.6 通信检修应按电网检修工作标准进行管理。涉及电网的通信检修应纳入电网检修统一管理；涉及通信设施的电网基建、技改、检修等工作应经通信机构会签，并启动通信检修流程。通信机构与调度机构应对检修工作开展协调会商，并制定相应的安全协调机制和管理规定。

5.7 通信检修工作应遵守生产区域现场管理相关规定的各项要求。

5.8 紧急检修应遵循先抢通，后修复；先电网调度通信业务，后其他业务；先上级业务，后下级业务的原则。

3.1.2.13　检修计划管理

本条评价项目（见《评价》）的查评依据如下。

【依据1】《国家电网公司关于加强通信运行工作的意见》（国家电网调〔2007〕305号）

四、加强通信运行检修管理

11. 通信设施检修工作必须服从电网调度运行的统一管理，有关检修工作应纳入调度运行检修工作流程。涉及通信设施运行的电网改造、检修等工作也应纳入通行检修统一管理，制定检修管理制度和流程，加强建设、施工等单位与通信运行管理部门的协调，防止应电网改造、检修等工作对通信网造成影响。

【依据2】《电力通信运行管理规程》（DL/T 544—2012）

8.2　检修计划

8.2.1　各级通信运行维护机构应编制月度检修计划，并逐级上报、审批。

8.2.2　重要保电期不宜安排通信计划检修。

【依据3】《电力通信检修管理规程》（Q/GDW 720—2012）

7　计划

7.1　各级通信机构应根据所辖范围内通信设备运行状况，结合通信专业特点，通信设施的状态评价、风险评估，以及电网检修计划，制定通信检修计划。

7.2　各级通信机构应制定年度计划编制工作时间表，按时完成下年度计划的制定、汇总并逐级上报，于每年11月15日前报送至国信通汇总审核，国网信通部于12月10日前完成年度计划的审核和下达（格式参见附录C）。

7.3　各级通信机构应制定月度计划编制工作时间表，按时完成下月度计划的制定、汇总并逐级上报，于每月25日前报送至国信通汇总审核，国网信通部于每月28日前完成月度计划的审核和下达。

7.4　涉及电网调度通信业务的通信检修，原则上应与电网检修同步实施。不能与电网检修同步实施，且涉及电网通信业务甚至影响电网调度通信业务的通信检修，应避开各级电网负荷高峰时段。"迎峰度夏（冬）"及重要"保电"期间原则上不安排通信检修。

7.5　电网检修、基建和技改等工作涉及通信设施或影响各级电网通信业务时，电网检修单位应至少提前1个月与通信机构会商，由通信机构上报月度检修计划；通信检修需电网配合的，应至少提前1个月与电网检修单位会商。

7.6　各级通信机构及检修申请、施工和配合单位应按照通信检修计划，提前落实组织措施、技术措施、安全措施等各项准备工作（包括备品备件、测试仪表、检修车辆等），确保通信检修按计划完成。

【依据4】《电力通信检修管理规程》（Q/GDW 720—2012）

7　计划

7.1　各级通信机构应根据所辖范围内通信设备运行状况，结合通信专业特点，通信设施的状态评价、风险评估，以及电网检修计划，制定通信检修计划。

7.2　各级通信机构应制定年度计划编制工作时间表，按时完成下年度计划的制定、汇总并逐级上报，于每年11月15日前报送至国信通汇总审核，国网信通部于12月10日前完成年度计划的审核和下达（格式参见附录C）。

7.3　各级通信机构应制定月度计划编制工作时间表，按时完成下月度计划的制定、汇总并逐级上报，于每月25日前报送至国信通汇总审核，国网信通部于每月28日前完成月度计划的审核和下达。

7.4　涉及电网调度通信业务的通信检修，原则上应与电网检修同步实施。不能与电网检修同步实施，且涉及电网通信业务甚至影响电网调度通信业务的通信检修，应避开各级电网负荷高峰时段。"迎峰度夏（冬）"及重要"保电"期间原则上不安排通信检修。

7.5　电网检修、基建和技改等工作涉及通信设施或影响各级电网通信业务时，电网检修单位应至少提前1个月与通信机构会商，由通信机构上报月度检修计划；通信检修需电网配合的，应至少提前1个月与电网检修单位会商。

7.6 各级通信机构及检修申请、施工和配合单位应按照通信检修计划，提前落实组织措施、技术措施、安全措施等各项准备工作（包括备品备件、测试仪表、检修车辆等），确保通信检修按计划完成。

3.1.2.14 申请与审批

本条评价项目（见《评价》）的查评依据如下。

【依据1】《电力通信运行管理规程》（DL/T 544—2012）

8.3 检修申请和批复

8.3.1 通信检修申请由检修责任单位以检修票的方式提出，检修项目、影响范围、技术措施、安全措施等内容应完整、准确，检修票应一事一报。

8.3.2 计划检修、临时检修均应提前提出申请。

8.3.3 当通信检修涉及上级电网通信业务，除应在履行本单位电网设备检修管理规定程序后，还应向上级单位提出检修申请。

8.3.4 当通信检修影响下级电网通信业务时，通信调度应在履行本单位电网设备检修管理规定程序的同时，向下级单位下达检修工作通知单，说明检修工作情况，相关通信调度应提前做好相应安全措施。

8.3.5 各检修责任单位、各级通信调度及通信主管部门应对检修内容、影响范围、安全措施等内容进行。

【依据2】《电力通信检修管理规程》（Q/GDW 720—2012）

8 申请

8.1 检修发起单位应委托通信设备运行维护单位作为检修申请单位提出检修申请。两者可为同一单位；当两者为不同单位时，检修发起单位应将通信检修工作的原因、依据、性质、影响范围、工作内容、时间以及对通信系统的要求等通过通信检修通知单告知检修申请单位。

8.2 线路运维单位发起涉及通信光缆、电缆的检修工作时，线路运维单位应作为检修申请单位或联系同级通信机构作为检修申请单位提交通信检修申请，联系通信机构时应提供工作原因、内容、地点、时间、方案等书面材料。

8.3 电网检修、基建和技改等工作涉及通信设施时，应在电网检修申请单注明对通信设施的影响。

8.4 检修申请单位应针对每件检修工作分别填写通信检修申请票，并向所属通信调度提出检修申请。

通信检修申请票应包括检修原因、时间、工作内容、设备类型、影响范围、申请人等项目，并特别注明继电保护及安全自动装置通道影响情况和此项检修工作的安全要求。

8.5 当检修申请单位与涉及检修的通信机构不同级时，应先进行相关的业务沟通，再填写并提交通信检修申请票。

8.6 大型检修作业应编制三措一案，并作为检修申请票的附件。

8.7 因通信检修工作需中断电网调度通信业务，通信检修申请票应进入相应电力调控中心电网设备检修系统流转，经电力调控中心相关专业会签。通信检修申请票中应明确提出所影响的电网调度通信业务的具体内容和有关措施要求，业务名称应采用调度命名和规范用语。当中断线路单套继电保护或安全自动装置通道时，其会签后的通信检修申请票可作为调度下令装置退出的依据，装置退出时间应以电力调度令为准。影响范围大、影响设备特别重要、工作时间跨度长的重大通信检修应提前与电力调控中心进行检修方案协商和交底。

8.8 涉及通信设施（含光、电缆）的电网检修工作应在电网检修申请单中填写所涉及的通信设施，经通信机构会签，并由相应通信机构办理通信检修申请。本级电网无通信机构的，应将电网检修申请单提交上级电力调控中心，再提交其同级通信机构会签。

8.9 计划检修应提前5个工作日提交通信检修申请票，于工作前2个工作日上午9：00前上报至最终检修审批单位；临时检修应提前2个工作日（节日期间临时检修应提前3个工作日）提交通信检修申请票，于工作前1个工作日上午9：00前上报至最终检修审批单位。重大检修或影响重要调度通信业务时应再提前1个工作日提交上报。影响电网调度通信业务的通信检修申请票至少提前1个工作日提交电力调控中心会签。

8.10 影响下级电网通信业务的通信检修工作，通信调度应通过通信检修通知单告知下级通信机构有关情况，由下级通信机构组织相关业务部门办理会签程序。

8.11 当通信检修需要异地通信机构配合时，上级通信调度应向该通信机构发出通信检修通知单，明确工作内容和要求，由其开展相关工作。

9 审批

9.1 检修审批应按照通信调度管辖范围及下级服从上级的原则进行，以最高级通信调度批复为准。

9.2 通信调度负责受理通信检修申请，审核检修内容、检修时间、影响范围、安全要求等各项内容；通信机构负责审批、签发通信检修申请票（参见附录D）。各级检修审核、审批时间原则上不超过1个工作日，未按规定时间提交上报的通信检修申请票原则上不予受理。

9.3 检修审批单位在受理、审核、审批、签发过程中如发现通信检修申请票的工作内容不符合要求，应退回申请，并重新填报。

9.4 当通信检修影响电网通信业务时，通信检修申请票经相关业务部门知会、核准或会签后由通信机构签发；不影响各级电网通信业务电路时，由通信机构直接签发。

9.5 当通信检修影响信息业务时，检修审批单位应将通信检修申请票提交相应信息专业会签，并根据会签意见和要求开展相关工作。

9.6 当通信检修影响电网调度通信业务时，检修审批单位应将通信检修申请票提交相应电力调控中心相关专业会签，并根据会签意见和要求开展相关工作。

9.7 当通信检修影响上级电网通信业务时，检修审批单位履行本级检修审批程序后，方可向上级通信调度提交，经上级通信机构批复后逐级下达通信检修申请票。

9.8 当通信检修影响下级电网通信业务时，本级通信调度应将批复后的通信检修申请票下达至下级通信机构。

9.9 当通信检修需要同时提交通信检修申请票和电网检修申请票时，两票均获批复后，方可实施通信检修工作。

9.10 各级通信调度应将批复后的通信检修申请票抄送本级相关业务部门。

3.1.2.15 检修开竣工

本条评价项目（见《评价》）的查评依据如下。

【依据1】《电力通信运行管理规程》（DL/T 544—2012）

8.4 检修执行

8.4.1 通信检修应按照检修票批准的时间进行。

8.4.2 如因故未能按时开、竣工，检修责任单位应以电话方式向所属通信调度提出延期申请，经逐级申报批准后，相关通信调度视情况予以批复。检修票只能延期一次。

8.5 开、竣工

8.5.1 当通信检修准备工作或检修工作项目完成并确认具备开、竣工条件后，向通信调度逐级申请开、竣工。

8.5.2 通信调度确认具备开、竣工条件后，下达开、竣工调度命令，各级通信调度及检修责任单位须严格按通信调度令执行。

【依据2】《电力通信检修管理规程》（Q/GDW 720—2012）

10 开工、施工与竣工

10.1 通信检修开、竣工时间以通信检修申请票最终批复时间为准。

10.2 当检修施工单位确认具备开、竣工条件后，以电话方式向所属通信调度申请开、竣工。

10.3 通信调度依据已批复的通信检修申请票，根据电网及通信网运行情况，在满足开、竣工必备条件的情况下，以电话方式逐级下达开、竣工调度命令，各级通信调度及检修施工单位应严格执行上级通信调度命令。

10.4 通信检修开工必备条件：

a) 现场确认相关组织、技术和安全措施到位；

b) 依据通信检修申请票，填写现场工作票，现场开工许可办理完毕（在变电站检修必备）；

c) 相关通信调度确认电网通信业务保障措施已落实；

d) 相关通信调度确认受影响的继电保护及安全自动装置业务已退出；

e) 相关通信调度确认有关用户同意中断受影响的电网通信业务；

f) 相关通信调度确认通信网运行中无其他影响本次检修的情况；

g) 相关通信调度已逐级许可开工；

h) 所属通信调度下达开工令。

10.5 通信检修竣工必备条件：

a) 现场确认检修工作完成，通信设备运行状态正常；

b) 相关通信调度确认检修所涉及电网通信业务恢复正常；

c) 相关通信调度确认受影响的继电保护及安全自动装置业务恢复正常；

d) 相关通信调度已逐级许可竣工；

e) 所属通信调度下达竣工令；

f) 现场工作票结票，办理现场竣工许可手续完毕（在变电站检修必备）。

10.6 变电站进行的通信检修工作，检修施工单位应填写现场工作票（变电站第二种工作票），电网运行维护单位应配合相关生产区域内的通信检修工作。独立通信站或中心机房进行的通信检修工作，检修施工单位应填写通信工作票，并履行审批程序，检修工作完成后应及时结票。

10.7 实施通信检修时，检修施工单位应向所属通信调度汇报工作进度，听从通信调度统一指挥；通信调度应监视通信网络情况，做好事故预想和应对措施，与相关通信调度、业务部门及检修施工单位保持联系。

10.8 通信检修施工过程中，如发现检修影响其他电网通信业务或一次系统运行的，检修施工单位应暂停或终止检修，并立即向所属通信调度上报。经协调、会商后，通信检修工作可按延期或改期处理。

10.9 当各级电网调度或所在生产区域一次系统因安全需要临时终止或暂缓通信检修时，各级通信调度及通信机构、检修施工单位应予以服从，相关检修工作可按延期或改期处理。

10.10 通信检修人员应在得到竣工令及所在生产区域管理人员许可后离开工作现场。

3.1.2.16 "两票"工作要求

本条评价项目（见《评价》）的查评依据如下。

【依据1】《电力通信检修管理规程》（Q/GDW 720—2012）

10.4 通信检修开工必备条件：

a) 现场确认相关组织、技术和安全措施到位；

b) 依据通信检修申请票，填写现场工作票，现场开工许可办理完毕（在变电站检修必备）；

11.4 检修施工单位应严格执行 DL/T 408 的各项要求，填开工作票、操作票，规范执行工作许可制度、工作监护制度，工作间断、转移和终结制度。

【依据2】《电力通信现场标准化作业规范》（Q/GDW 721—2012）

7.4 变电站（线路）工作票

7.4.1 在变电站或电力线路上从事电力通信工作，根据工作性质和内容，应办理相应的工作票。

7.4.2 工作票的使用应符合国家电网安监〔2009〕664 号相关规定。

7.5 通信工作票

7.5.1　在独立通信站（含中心通信站）、通信管道、通信专用杆路等专用设施进行检修作业时，应办理通信工作票。

7.5.2　通信工作票中的工作班成员不包括工作负责人，但工作票总人数中应包括工作负责人在内。

7.5.3　工作负责人、工作票签发人、工作许可人应有一定的现场实践经验，并经书面批准。

7.5.4　以下人员可以担任工作负责人：

a）具有工作负责人资格；

b）有检修工作经验且熟悉所检修的线路、设备。

7.5.5　以下人员可以担任工作票签发人：

a）通信专业具有变电站（线路）第二种工作票签发人资格的；

b）通信运行、工程建设部门负责人；

c）熟悉通信作业现场的专业人员。

7.5.6　以下人员可以担任工作许可人：

a）具有工作许可人资格；

b）需检修设备所在的通信站机房负责人；

c）需检修设备所在的通信站机房值班人员；

d）需检修设备所在通信调度。

7.5.7　一张工作票中，工作票签发人、工作负责人和工作许可人三者不得互相兼任。

7.5.8　通信工作票许可方式可采用当面通知或电话许可方式。电话许可时，工作许可人及工作负责人应记录清楚明确。在现场当面通知许可时，工作许可人和工作负责人应在工作票上记录许可时间，并签字。

7.5.9　外来人员进入独立通信站（含中心通信站）进行工作时，通信站运行管理部门应指定本部门熟悉现场环境的人员担任工作负责人，办理通信工作票，外来人员应作为工作班成员，工作负责人应对工作班成员进行现场安全交底，并进行现场监护。

7.5.10　作业过程中需要变更工作班成员时，应经工作负责人同意，在对新的作业人员进行安全交底手续后，方可进行工作。非特殊情况下，不得变更工作负责人，如确需变更工作负责人应由工作票签发人同意并通知工作许可人，工作许可人将变动情况记录在工作票上，原、现工作负责人应对工作任务和安全措施进行交接。

7.5.11　多日连续工作的一项检修作业可以使用一张通信工作票，直至检修作业结束，每天的开工、完工应汇报许可人，每天开工前，工作负责人应完成以下事项确认后，方可向工作许可人申请开工：

a）确认作业现场不存在影响继续开工的危险因素；

b）通过网管检查，确认所检修通信系统不存在影响继续开工的告警信息；

c）确认其他相关检修不影响继续开工；

d）确认临时突发性的工作不影响继续开工。

7.5.12　作业过程中，需要在原工作票未涉及的设备上进行工作时，在确定不影响网络运行方式和业务中断的情况下，由工作负责人征得工作票签发人和工作许可人同意，可在工作票上增填工作项目。

7.5.13　在批准的检修期内未完成作业，工作负责人应在工期尚未结束前由工作负责人向工作票签发人和工作票许可人提出延期申请，征得同意后，可继续作业，工作票只能延期一次。

7.5.14　执行中的工作票一份由工作负责人收执，另一份由工作许可人收执，按值移交。

7.5.15　工作票填写时应写明此次工作时间区段内通信网络的运行方式状况、可能影响此次工作的相关工作及其他安全注意事项。

7.5.16　通信工作票格式见附录 F。

7.6　通信操作票

7.6.1 在通信检修作业、通道投入/退出作业中，符合以下条件的作业过程必须填写通信操作票：

a) 对网络管理系统现有运行网络数据、网元数据、电路数据进行修改或删除的操作（不包括巡视作业时的网管操作）；

b) 通信设备硬件插拔、连接有严格操作顺序要求，操作不当会引起硬件故障或者设备宕机、重启动的操作；

c) 涉及通信电源设备的试验、切换、充放电，需要顺序操作多个开关、刀闸的。

7.6.2 通信操作票实行拟票、审核、操作、监护的程序，应由操作人根据操作内容填写操作票，工作负责人或操作监护人核对所填写的操作步骤，审核签名。

7.6.3 每张操作票只能填写一个操作任务，可以由若干个连续的、在多个设备上进行操作的步骤组成，不允许多个毫无关联的操作任务共用一张操作票。

7.6.4 操作票最后一个操作项目的下一行应加盖"以下空白"章，操作票票面应清楚整洁，不得任意涂改。

7.6.5 操作时，操作人按照操作票内容逐项操作，操作人在操作前将操作步骤告知监护人，监护人确认正确后，操作人执行。

7.6.6 操作人执行完毕一个步骤后，操作人和监护人确认该步骤正确，检查无误后，操作人在操作票该步骤进行"√"记号确认，进行下一步操作，全部操作完毕后进行复查。

7.6.7 监护人发现操作人操作过程中操作错误后，应及时终止操作，恢复该步骤操作前状态，仔细核对操作票内容和操作步骤，确认内容无误后，可继续进行。

7.6.8 操作步骤有严重错误的操作票，应作废，操作人应重新拟票，重新审核。

7.6.9 在通信故障抢修工作时可以不使用操作票，但操作完毕后应做好记录。

7.6.10 操作票应事先连续编号，计算机生成的操作票应在正式出票前连续编号，操作票按编号连续使用，作废的操作票，应注明"作废"字样，未执行的应注明"未执行"，已操作的应注明"已执行"字样，操作票应保存一年。

【依据3】《国家电网公司电力安全工作规程（电力通信部分）（试行）》（国家电网安质）

3.1 在电力通信系统上工作，保证安全的组织措施。

3.1.1 工作票制度。

3.1.2 工作许可制度。

3.1.3 工作终结制度。

3.2 工作票制度。

3.1.2.17 通信站设备及通信线路巡视管理

本条评价项目（见《评价》）的查评依据如下。

【依据1】《电力通信运行管理规程》（DL/T 544—2012）

11.1.4 通信设备与电路的巡视要求

a) 设备巡视应明确巡检周期、巡检范围、巡检内容，并编制巡检记录表。

b) 设备巡视可通过网管远端巡视和现场巡视结合进行。

c) 巡视内容包括机房环境、通信设备运行状况等。

11.2.2 光缆测试要求

a) 通信运行维护机构应定期组织人员对光缆线路进行测试，保证光缆线路运行状态良好。

b) 光纤线路的运行环境及运行状态发生改变后，应重新组织测试，测试数据应报送相应通信机构。

c) 光缆线路测试内容应包括线路衰减、熔接点损耗、光纤长度等。

d) 应对测试结果进行分析，发现存在的问题，及时进行整改。

11.2.3 光缆巡视要求

a) 通信运行维护机构应落实光缆线路巡视的责任人。

b）电力特种光缆应与一次线路同步巡视，特殊情况下，可增加光缆线路巡视次数。

c）巡视内容应包括光缆线路运行情况、线路接头盒情况等。

【依据2】《电力系统光纤通信运行管理规程》（DL/T 547—2010）

6.4.2 光缆巡视

6.4.2.1 签本要求

光缆巡视应符合以下基本要求：

a）光缆线路路由走廊是否有施工作业的新痕迹，线路走廊是否存在火灾隐患或其他异常情况；

b）光缆安全警示标志和光缆标识应醒目，不应破损、丢失；

c）光缆接续盒应密封、无受损，且应与光缆结合良好，必要时，应对安装光缆接续盒的杆塔登塔检查；

d）电缆沟、电缆室出入处、机房出入处、机柜底座的孔、洞应做好防小动物的封堵措施。

3.1.2.18 通信设备缺陷管理

本条评价项目（见《评价》）的查评依据如下。

【依据1】《电力通信系统安全检查工作规范》（Q/GDW 756—2012）

4.3 资料检查

m）通信事故、缺陷处理记录；

【依据2】《电力通信运行管理规程》（DL/T 544—2012）

6.4.1 值班日志应按规定记录当值期间通信网主要运行事件，包括设备巡视记录、故障（缺陷）受理及处理记录、通信检修工作执行情况、通信网运行情况等相关信息。

6.4.2 事件记录内容应规范化，内容应包括接报时间、对方单位和姓名、发生时间、故障现象、协调处理过程简述、遗留问题等。

10.5 通信机构应具备以下通信站基本运行资料

a）通信站、设备及相应电路竣工验收资料。

b）站内通信设备图纸、说明书、操作手册。

c）交、直流电源供电示意图。

d）接地系统图。

e）通信电路、光缆路由图。

f）电路分配使用资料。

g）配线资料。

h）设备检测、蓄电池充放电记录。

i）通信事故、缺陷处理记录。

j）仪器仪表、备品备件、工器具保管使用记录。

k）值班日志。

注：指有人值守通信站。

l）定期巡检记录。

注：指无人值班通信站。

m）通信站应急预案。

n）通信站综合监控系统资料。

3.1.2.19 通信站和220kV及以上变电站通信机房独立电源供电

本条评价项目（见《评价》）的查评依据如下。

【依据1】《电力通信系统安全检查工作规范》（Q/GDW 756—2012）

6.10 通信电源设备

a）电源系统检查。

1）交直流配电设备、开关电源、蓄电池组配置是否满足国家电网公司十八项电网重大反事故措施

（修订版）相关要求；

　　2）设备使用的熔断器、开关容量及连接电缆线径配置是否合理，线缆绝缘护套有无损伤；

　　3）电源系统接线图是否准确完整，与实际接线是否相符；

　　4）电源系统防雷措施是否满足防雷规程要求；

　　5）电源设备显示屏、表计显示是否正常，监测信息是否送至有人值班处。

　　c）蓄电池组检查。

　　1）定期测试蓄电池单体电压、组电压。是否按蓄电池维护要求进行核对性放电试验和容量放电试验。测试记录是否完整。蓄电池充放电是否具备现场安全操作流程。

　　【依据2】《电力通信运行管理规程》（DL/T 544—2012）

　　10.2　通信站运行要求

　　a）设备运行稳定，故障率低，设备电源可靠并能自动投入。

　　【依据3】《国家电网有限公司十八项电网重大反事故措施（2018年修订版）》（国家电网设备〔2018〕979号）

　　15.2.2.5　220kV及以上电压等级线路按双重化配置的两套保护装置的通道应遵循相互独立的原则，采用双通道方式的保护装置，其两个通道也应相互独立。保护装置及通信设备电源配置时应注意防止单组直流电源系统异常导致双重化快速保护同时失去作用的问题。

　　16.3.2.10　通信设备应采用独立的空气开关、断路器或直流熔断器供电，禁止并接使用。各级开关、断路器或熔断器保护范围应逐级配合，下级不应大于其对应的上级开关、断路器或熔断器的额定容量，避免出现越级跳闸，导致故障范围扩大。

3.1.2.20　蓄电池充放电试验及缺陷管理

本条评价项目（见《评价》）的查评依据如下。

　　【依据1】《电力系统用蓄电池直流电源装置运行和维护技术规程》（DL/T 724—2000）

　　6　蓄电池运行及维护

　　6.1　防酸蓄电池组的运行及维护。

　　6.1.1　防酸蓄电池组的运行方式及监视。

　　a）防酸蓄电池组在正常运行中均以浮充方式运行，浮充电压值一般控制为（2.15～2.17）V×N（N为电池个数）。GFD防酸蓄电池组浮充电压值可控制到2.23V×N。

　　b）防酸蓄电池组在正常运行中主要监视端电压值、每只单体蓄电池的电压值、蓄电池液面的高度、电解液的密度、蓄电池内部的温度、蓄电池室的温度、浮充电流值的大小。

　　6.1.2　防酸蓄电池组的充电方式

　　a）初充电：按制造厂家的使用说明书进行初充电。

　　b）浮充电：防酸蓄电池组完成初充电后，以浮充电的方式投入正常运行，浮充电流的大小，根据具体使用说明书的数据整定，使蓄电池组保持额定容量。

　　c）均衡充电：防酸蓄电池组在长期浮充电运行中，个别蓄电池落后，电解液密度下降，电压偏低，采用均衡充电方法，可使蓄电池消除硫化恢复到良好的运行状态。

　　均衡充电的程序：先用I_{10}电流对蓄电池组进行恒流充电，当蓄电池组端电压上升到（2.30～2.33）V×N，将自动或手动转为恒压充电，当充电电流减小到$0.1I_{10}$时，可认为蓄电池组已被充满容量，并自动或手动转为浮充电方式运行。

　　6.1.3　核对性放电

　　长期浮充电方式运行的防酸蓄电池，极板表面将逐渐生产硫酸铅结晶体（一般称之为"硫化"），堵塞极板的微孔。阻碍电解液的渗透，从而增大了蓄电池的内电阻，降低了极板中活性物质的作用，蓄电池容量大为下降。核对性放电，可使蓄电池得到活化，容量得到恢复，使用寿命延长，确保发电厂和变电站的安全运行。

　　c）防酸蓄电池核对性放电周期：新安装或大修中更换过电解液的防酸蓄电池组，第1a，每6个月进行一次核对性放电；运行 1a 以后的防酸蓄电池组，1~2a 进行一次核对性放电。

6.1.4 运行维护

a）对防酸蓄电池组，值班员每日应进行巡视，主要检查每只蓄电池的液面高度，看有无漏液，若液面低于下线，应补充蒸馏水，调整电解液的密度在合格范围内。

b）防酸蓄电池单体电压和电解液密度的测量，发电厂两周测量一次，变电所每月测量一次，按记录表填好测量记录，并记下环境温度。

c）个别落后的防酸蓄电池，应通过均衡充电方法进行处理，不允许长时间保留在蓄电池组中运行，若处理无效，应更换。

6.1.5 防酸蓄电池故障及处理

a）防酸蓄电池内部极板短路或断路，应更换蓄电池。

b）长期浮充电运行中的防酸蓄电池，极板表面逐渐产生白色的硫酸铅结晶体，通常称之为"硫化"；处理方法：将蓄电池组退出运行，先用 I_{10} 电流进行恒流充电，当单体电压上升为 2.5V 时，停充 0.5h，再用 $0.5I_{10}$ 电流充电至冒大气时，又停 0.5h 后再继续充电、直到电解液沸腾，单体电压上升到 2.7~2.8V 停止充电 1~2h 后，用 I_{10} 电流进行恒流放电，当单体蓄电池电压下降至 1.8V 时，终止放电，并静置 1~2h，再用上述充电程序进行充电和放电，反复几次，极板白斑状的硫酸铅结晶体将消失，蓄电池容量将得到恢复。

c）防酸蓄电池底部沉淀物过多，用吸管清除沉淀物，并补充配制的标准电解液。

d）防酸蓄电池极板弯曲，龟裂或肿胀，若容量达不到 80% 以上，此蓄电池应更换。在运行中防止电解液的温度超过 35℃。

6.2 镉镍蓄电池组的运行及维护

6.2.1 镉镍蓄电池组的运行方式及监视

a）镉蓄电池主要分为两大类：高倍率镉镍蓄电池，瞬间放电电流是蓄电池额定容量的 3~6 倍；中倍率镉镍蓄电池瞬间放电电流是蓄电池额定容量的 1~3 倍。

b）镉镍蓄电池组在正常运行中以浮充方式运行，高倍率镉镍蓄电池浮充电压值宜取（1.36~1.39)V×N、均衡充电压宜取（1.47~1.48)V×N；中倍率镉镍蓄电池浮充电压值宜取（1.42~1.45)V×N、均衡充电压宜取（1.52~1.55)V×N，浮充电流值宜取（2~5)mA×Ah。

c）镉镍蓄电池组在运行中，主要监视端电压值，浮充电流值，每只单体蓄电池的电压值、蓄电池液面高度、是否爬碱、电解液的密度，蓄电池内电解液的温度、运行环境温度等。

6.2.2 镉镍蓄电池组的充电制度

a）正常充电：用 I_5 恒流对镉镍蓄电池进行的充电。（蓄电池电压值逐渐上升到最高而稳定时，可认为蓄电池充满了容量，一般需要 5h~7h）。

b）快速充电：用 $2.5I_5$ 恒流对镉镍蓄电池充电 2h。

c）浮充充电：在长期运行中，按浮充电压值和浮充电流值进行的充电。

d）不管采用何种充电方式，电解液的温度不得超过 35℃。

6.2.3 镉镍蓄电池组的放电制度

a）正常放电：用 I_5 恒流连续放电，当蓄电池组的端电压下降至 1V×N 时（其中一只镉镍蓄电池电压下降到 0.9V 时），停止放电，放电时间若大于 5h，说明该蓄电池组具有额定容量。

b）事故放电：交流电源中断，二次负荷及事故照明负荷全由镉镍蓄电池组供电。若供电时间较长，蓄电池组端电压下降到 1.1V×N 时，应自动或手动切断镉镍蓄电池组的供电。以免因过放使蓄电池组容量亏损过大、对恢复送电造成困难。

6.2.4 镉镍蓄电池组的核对性放电

核对性放电程序（略）。

c）镉镍蓄电池组核对性放电周期：镉镍蓄电池组在长期浮充电运行中，每年必须进行一次全核对性的容量试验。

6.2.5　镉镍蓄电池组的运行维护

a) 镉镍蓄电池液面低：每一个镉镍蓄电池，在侧面都有电解液高度的上下刻线、在浮充电运行中、液面高度应保持在中线，液面偏低的，应注入纯蒸馏水，使整组电池液面保持一致。每 3 年更换一次电解液。

b) 镉镍蓄电池"爬碱"：维护办法是将蓄电池外壳上的正负极柱头的"爬碱"擦干净，或者更换为不会产生爬碱的新型大壳体镉镍蓄电池。

c) 镉镍蓄电池容量下降，放电电压低：维护办法是更换电解液，更换无法修复的电池，用 I_5 电流进行 5h 恒流充电后，将充电电流减到 $0.5I_5$ 电流，继续过充电 3h～4h，停止充电 1h～2h 后，用 I_5 恒流放电至终止电压，再进行上述方法充电和放电，反复 3 次～5 次，电池容量将得到恢复。

6.3　阀控蓄电池组的运行及维护

6.3.1　阀控蓄电池组的运行方式及监视

a) 阀控蓄电池分类：目前主要分贫液式和胶体式两类。

b) 运行方式及监视：阀控蓄电池组在正常运行中以浮充电方式运行，浮充电电压值宜控制为 (2.23～2.28) V×N。均衡充电电压值宜控制为 (2.30～2.35) V×N，在运行中主要监视蓄电池组的端电压值，浮充电流值，每只蓄电池的电压值、蓄电池组及直流母线的对地电阻值和绝缘状态（测量周期可参照防酸蓄电池的规定）。

6.3.2　阀控蓄电池的充放电制度

a) 恒流限压充电：采用 I_{10} 电流进行恒流充电，当蓄电池组端电压上升到 (2.30～2.35) V×N 限压值时，自动或手动转为恒压充电。

b) 恒压充电：在 (2.30～2.35) V×N 的恒压充电下，I_{10} 充电电流逐渐减小，当充电电流减小至 $0.1I_{10}$ 电流时，充电装置的倒计时开始起动，当整定的倒计时结束时，充电装置将自动或手动地转为正常的浮充电运行，浮充电压值宜控制为 (2.23～2.28) V×N。

c) 补充充电：为了弥补运行中因浮充电流调整不当造成了欠充，补偿不了阀控蓄电池自放电和爬电漏电所造成蓄电池容量的亏损，根据需要设定时间（一般为 3 个月）充电装置将自动地或手动进行一次恒流限压充电→恒压充电→浮充电过程，使蓄电池组随时具有满容量，确保运行安全可靠。

6.3.3　阀控蓄电池的核对性放电

长期使用限压限流的浮充电运行方式或只限压不限流的运行方式，无法判断阀控蓄电池的现有容量，内部是否失水或干裂。只有通过核对性放电，才能找出蓄电池存在的问题。

a) 一组阀控蓄电池：发电厂或变电所中只有一组电池，不能退出运行，也不能作全核对性放电、只能用 I_{10} 电流恒流放出额定容量的 50%，在放电过程中，蓄电池组端电压不得低于 2V×N。放电后应立即用 I_{10} 电流进行恒流限压充电→恒压充电→浮充电，反复放充 2～3 次、蓄电池组容量可得到恢复、蓄电池存在的缺陷也能找出和处理。若有备用阀控蓄电池组作临时代用，该组阀控蓄电池可作全核对性放电。

b) 两组蓄电池：发电厂或变电所中若具有两组阀控蓄电池，可先对其中一组阀控蓄电池组进行全核对性放电，用 I_{10} 电流恒流放电，当蓄电池组端电压下降到 1.8V×N 时，停止放电，隔 1～2h 后，再用 I_{10} 电流进行恒流限压充电→恒压充电→浮充电。反复 2～3 次，蓄电池存在的问题也能查出，容量也能得到恢复。若经过 3 次全核对性放充电，蓄电池组容量均达不到额定容量的 80% 以上，可认为此组阀控蓄池使用年限已到，应安排更换。

c) 阀控蓄电池核对性放电周期：新安装或大修后的阀控蓄电池组，应进行全核对性放电试验，以后每隔 2 年～3 年进行一次核对性试验，运行了 6 年以后的阀控蓄电池，应每年做一次核对性放电试验。

6.3.4　阀控蓄电池的运行维护

a) 阀控蓄电池在运行中电压偏差值及放电终止电压应符合表 1 的规定。

阀控式密封铅酸蓄电池		运行中的电压偏差值	开路电压最大最小电压差值	放电终止电压值
标称电压	2	±0.05	0.03	1.80
	6	±0.15	0.04	5.40（1.80×3）
	12	±0.3	0.06	10.80（1.80×6）

b）在巡视中应检查蓄电池的单体电压值，连接片有无松动和腐蚀现象，壳体有无渗漏和变形，极柱与安全阀周围是否有酸雾溢出、绝缘电阻是否下降，蓄电池温度是否过高等。

c）备用搁置的阀控蓄电池，每3个月进行一次补充充电。

d）阀控蓄电池的温度补偿系数受环境温度影响，基准温度为25℃时，每下降1℃，单体2V阀控蓄电池浮充电压值应提高（3～5）mV。

e）根据现场实际情况，应定期对阀控蓄电池组做外壳清洁工作。

【依据2】《国家电网公司一级骨干通信系统通信电源系统运行管理办法》（国网信通运行〔2009〕219号）

第三十二条   运行维护单位应定期对通信电源蓄电池组进行测试和维护，测试和维护方法要符合相关技术要求，及时掌握蓄电池容量及性能，确保供电时间满足相关规程、规定要求，特别是对某些具有"免维护"功能的蓄电池组，仍应对其进行测试和维护。

【依据3】《电力通信系统安全检查工作规范》（Q/GDW 756—2012）

c）蓄电池检查。

1）定期测试蓄电池单体电压、组电压。是否按蓄电池维护要求进行核对性放电试验和容量放电试验。测试记录是否完整。蓄电池充放电是否具备现场安全操作规程。

2）蓄电池极柱、安全阀处有无酸雾逸出；

3）蓄电池连接部件是否牢固，有无锈蚀，外壳体有无变形和渗漏现象。

3.1.2.21 充电装置性能和功能检查

本条评价项目（见《评价》）的查评依据如下。

【依据】《电力系统用蓄电池直流电源装置运行和维护技术规程》（DL/T 724—2000）

7 充电装置的运行及维护

7.1.3 充电装置的精度、纹波因数、效率、噪声和均流不平衡度的运行控制值见表2。

表2   充电装置的精度、纹波因数、效率、噪声和均流不平衡度的运行控制值

充电装置名称	稳流精度（%）	稳压精度（%）	纹波因数（%）	效率（%）	噪声［dB（A）］	均流不平衡度（%）
磁放大型充电装置	≤±5	≤±2	≤2	≥70	≤60	—
相控型充电装置	≤±2	≤±1	≤1	≥80	≤55	—
高频开关电源型充电装置	≤±1	≤±0.5	≤0.5	≥90	≤55	≤±5

7.1.4 限流及短路保护

当直流输出电流超出整定的限流值时，应具有限流功能，限流值整定范围为直流输出额定值的50%～105%。当母线或出线支路上发生短路时，应具有短路保护功能，短路电流整定值为额定电流的115%。

7.1.5 抗干扰能力

高频开关电源型充电装置应具有三级振荡波和一级静电放电抗扰度试验的能力。

7.1.6 谐波要求

充电装置在运行中，返回交流输入端的各次谐波电流含有率，应不大于基波电流的30%。

7.1.7 充电装置的保护及声光报警功能

充电装置应具有过流、过压、欠压、绝缘监察、交流失压、交流缺相等保护及声光报警的功能。

3.1.2.22 通信电源资料管理

本条评价项目（见《评价》）的查评依据如下。

【依据1】《电力通信系统安全检查工作规范》（Q/GDW 756—2012）

4.3 资料检查

资料检查应检查通信站资料是否齐全、准确，更新是否及时，各类资料应有专人保管。其中通信站应急预案应有纸质文档，并存放在现场。其他资料可使用计算机网络管理，异地存放，现场调用。继电保护、安控装置等重要业务应在配线资料和电路分配使用资料等运行资料中特别标记。通信站应具备以下资料：

a) 有人值班通信站值班日志；

b) 定期巡检、巡视记录；

c) 交、直流电源系统接线图；

g) 电路分配使用资料；

k) 设备检测、蓄电池充放电记录；

m) 通信事故、缺陷处理记录；

n) 设备台账；

p) 通信站综合监测系统资料；

r) 站内通信设备图纸、说明书、操作手册；

s) 通信现场作业指导书；

t) 通信站应急预案。

【依据2】《通信站运行管理规定》（Q/GDW 1804—2012）

8 资料管理

8.1 通信站应具备各种相关资料满足运行需要，定期进行运行资料与现场实际情况的核对工作，及时整理、更新并报上级备案。

8.2 通信站应具备以下资料：

8.3 交、直流电源系统接线图、通信站应急预案应有纸质文档存放在现场。其他资料可使用计算机网络管理，异地存放，现场调用。

3.1.2.23 通信机房内所有设备接地管理

本条评价项目（见《评价》）的查评依据如下。

【依据1】《电力系统通信站过电压保护规程》（DL/T 548—2012）

4.1.1 接地电阻值

接地电阻越小过电压值越低，因此在经济合理的前提下应尽可能的降低接地电阻，其要求如下表所示。

接 地 电 阻 要 求

序号	接地网名称	接地电阻（Ω）	
		一般	高土壤电阻率
1	调度通信楼（包括值在变电站控制楼内的通信机房）	<1	<5
2	独立通信站	<5	<10
3	独立避雷针	<10	<30

4.1.3 通信机房内的接地

1）通信机房内应围绕机房敷设环形接地母线，且"接地引入点"应有明显标志。环形接地母线一般应采用截面不小于 $90mm^2$ 的铜排或 $120mm^2$ 镀锌扁钢。在机房外，应围绕机房建筑敷设闭合环形接地网，机房环形接地母线及接地网和房顶闭合均压带间，至少应有 4 条对称布置的连接线（或主钢筋）相连，相邻连接线间的距离不宜超过 18m。

2）机房内走线架，各种线缆的金属外皮，设备的金属外壳和框架、进风道、水管等不带电金属部分，门窗等建筑物金属结构以及保护接地、工作接地等，应以最短距离与环形接地母线相连。采用螺栓连接的部位可用含银环氧树脂导电胶粘合，或采用足以保证可靠电气连接的其他方式。

3）各类设备保护地线宜用多股铜导线，其截面应根据最大故障电流来确定，一般不小于 $16mm^2 \sim 95mm^2$；导线屏蔽层的接地线截面面积，应大于屏蔽层截面面积的 2 倍。接地线的连接应保证电气接触良好，连接点应进行防腐处理。

4）金属管道引入室内前应平直地埋 15m 以上，埋深应大于 0.6m，并在入口处接入接地网，如不能埋入地中，至少应在金属管道室外部分沿长度均匀分布在两处接地，接地电阻应小于 10Ω，在高土壤电阻率地区，每处接地电阻不应大于 30Ω，但应适当增加接地处数。

5）电缆沟道、竖井内的金属支架至少应两点接地，接地点间距离不应大于 30m。

6）其他信息缆线如需穿越通信机房，必须采用屏蔽电缆，屏蔽层两端可靠接地。或布敷在金属管道或金属桥架内，金属管道或金属桥架应与机房内的环形接地母线可靠连接。如与通信缆线合用金属桥架，桥架内应予以分隔。

7）引入机房的电缆空线对，应在引入设备前分别对地加装保安装置，以防引入的雷电在开路导线末端产生反击。

8）通信机房内的其他接地要求见 YD5098。

5.3.1 防雷工程施工单位应按照设计要求精心施工，工程建设管理部门应有专人负责监督，对于隐蔽进工程应行随工验收，重要部位应进行拍照和专项记录。

5.4 运行维护

5.4.1 通信站应建立专门的防雷接地档案，包括通信站防雷系统接地线、接地网、接地电阻及防雷装置安装的原始记录及日常防雷检查记录。

5.4.2 每年雷雨季节前应对通信站接地系统进行检查和维护，主要检查连接处是否紧固、接触是否良好、接地引下线是否锈蚀、接地体附近地面有无异常，必要时应挖开地面抽查地下隐蔽部分的锈蚀情况，如果发现问题应及时处理。

5.4.3 每年雷雨季节前应对运行中的防雷装置进行一次检测，雷雨季节中要加强外观巡视，发现异常应及时处理。

5.4.4 接地网接地电阻的测量每五年不得少于一次，独立通信站宜每年一次。

【依据2】《国家电网有限公司十八项电网重大反事故措施（2018 年修订版）》（国家电网设备〔2018〕979 号）

16.3.1.15 通信机房、通信设备（含电源设备）的防雷和过电压防护能力应满足电力系统通信站防雷和过电压防护相关标准、规定的要求。

16.3.3.12 每年雷雨季节前应对接地系统进行检查和维护。检查连接处是否紧固、接触是否良好、接地引下线有无锈蚀、接地体附近地面有无异常，必要时应开挖地面抽查地下隐蔽部分锈蚀情况。独立通信站、综合大楼接地网的接地电阻应每年进行一次测量，变电站通信接地网应列入变电站接地网测量内容和周期。微波塔上除架设本站必需的通信装置外，不得架设或搭挂可构成雷击威胁的其他装置，如电缆、电线、电视天线等。

3.1.2.24 电缆进入通信机房前的相关措施

本条评价项目（见《评价》）的查评依据如下。

【依据1】《电力系统通信站过电压保护规程》（DL/T 548—2012）

4.1.3 通信机房内的接地

4）金属管道引入室内前应平直地埋 15m 以上，埋深应大于 0.6m，并在入口处接入接地网，如不能埋入地中，至少应在金属管道室外部分沿长度均匀分布在两处接地，接地电阻应小于 10Ω，在高土壤电阻率地区，每处接地电阻不应大于 30Ω，但应适当增加接地处数。

5）电缆沟道、竖井内的金属支架至少应两点接地，接地点间距离不应大于 30m。

6）其他信息缆线如需穿越通信机房，必须采用屏蔽电缆，屏蔽层两端可靠接地。或布敷在金属管道或金属桥架内，金属管道或金属桥架应与机房内的环形接地母线可靠连接。如与通信缆线合用金属桥架，桥架内应予以分隔。

【依据2】《国家电网有限公司十八项电网重大反事故措施（2018 年修订版）》（国家电网设备〔2018〕979 号）

16.3.1.15　通信机房、通信设备（含电源设备）的防雷和过电压防护能力应满足电力系统通信站防雷和过电压防护相关标准、规定的要求。

3.1.2.25　通信机房配电屏或整流器的防雷装置

本条评价项目（见《评价》）的查评依据如下。

【依据1】《电力系统通信站过电压保护规程》（DL/T 548—2012）

5.3.1　防雷工程施工单位应按照设计要求精心施工，工程建设管理部门应有专人负责监督，对于隐蔽进工程应行随工验收，重要部位应进行拍照和专项记录。

5.4　运行维护

5.4.1　通信站应建立专门的防雷接地档案，包括通信站防雷系统接地线、接地网、接地电阻及防雷装置安装的原始记录及日常防雷检查记录。

5.4.2　每年雷雨季节前应对通信站接地系统进行检查和维护，主要检查连接处是否紧固，接触是否良好、接地引下线是否锈蚀、接地体附近地面有无异常，必要时应挖开地面抽查地下隐蔽部分的锈蚀情况，如果发现问题应及时处理。

5.4.3　每年雷雨季节前应对运行中的防雷装置进行一次检测，雷雨季节中要加强外观巡视，发现异常应及时处理。

5.4.4　接地网接地电阻的测量每五年不得少于一次，独立通信站宜每年一次。

【依据2】《国家电网有限公司十八项电网重大反事故措施（2018 年修订版）》（国家电网设备〔2018〕979 号）

16.3.1.15　通信机房、通信设备（含电源设备）的防雷和过电压防护能力应满足电力系统通信站防雷和过电压防护相关标准、规定的要求。

为防止接地网和过电压事故，应认真贯彻《交流电气装置的接地设计规范》（GB 50065—2011）、《1000kV 架空输电线路设计规范》（GB 50665—2011）、《±800kV 直流架空输电线路设计规范》（GB 50790—2013）、《110kV～750kV 架空输电线路设计规范》（GB 50545—2010）、《交流电气装置的过电压保护和绝缘配合设计规范》（GB/T 50064—2014）、《接地装置特性参数测量导则》（DL/T 475—2017）、《电力设备预防性试验规程》（DL/T 596—1996）、《输变电设备状态检修试验规程》（DL/T 393—2010）、《输变电设备状态检修试验规程》（Q/GDW 1168—2013）、《架空输电线路雷电防护导则》（Q/GDW 11452—2015）等标准及相关规程规定。

16.3.3.12　每年雷雨季节前应对接地系统进行检查和维护。检查连接处是否紧固、接触是否良好、接地引下线有无锈蚀、接地体附近地面有无异常，必要时应开挖地面抽查地下隐蔽部分锈蚀情况。独立通信站、综合大楼接地网的接地电阻应每年进行一次测量，变电站通信接地网应列入变电站接地网测量内容和周期。微波塔上除架设本站必需的通信装置外，不得架设或搭挂可构成雷击威胁的其他装置，如电缆、电线、电视天线等。

【依据3】《电力系统通信站过电压保护规程》（DL/T 548—2012）

6）其他信息缆线如需穿越通信机房，必须采用屏蔽电缆，屏蔽层两端可靠接地。或布敷在金属管道或金属桥架内，金属管道或金属桥架应与机房内的环形接地母线可靠连接。如与通信缆线合用金属桥架，桥架内应予以分隔。

7）引入机房的电缆空线对，应在引入设备前分别对地加装保安装置，以防引入的雷电在开路导线末端产生反击。

3.1.2.26　通信站接地设施检查和维护

本条评价项目（见《评价》）的查评依据如下。

【依据1】《电力系统通信站过电压保护规程》（DL/T 548—2012）

5.4   运行维护

5.4.1   通信站应建立专门的防雷接地档案，包括通信站防雷系统接地线、接地网、接地电阻及防雷装置安装的原始记录及日常防雷检查记录。

5.4.2   每年雷雨季节前应对通信站接地系统进行检查和维护，主要检查连接处是否紧固、接触是否良好、接地引下线是否锈蚀、接地体附近地面有无异常，必要时应挖开地面抽查地下隐蔽部分的锈蚀情况，如果发现问题应及时处理。

5.4.3   每年雷雨季节前应对运行中的防雷装置进行一次检测，雷雨季节中要加强外观巡视，发现异常应及时处理。

5.4.4   接地网接地电阻的测量每五年不得少于一次，独立通信站宜每年一次。

【依据2】《国家电网有限公司十八项电网重大反事故措施（2018 年修订版）》（国家电网设备〔2018〕979 号）

16.3.1.15   通信机房、通信设备（含电源设备）的防雷和过电压防护能力应满足电力系统通信站防雷和过电压防护相关标准、规定的要求。

为防止接地网和过电压事故，应认真贯彻《交流电气装置的接地设计规范》（GB 50065—2011）、《1000kV 架空输电线路设计规范》（GB 50665—2011）、《±800kV 直流架空输电线路设计规范》（GB 50790—2013）、《110kV～750kV 架空输电线路设计规范》（GB 50545—2010）、《交流电气装置的过电压保护和绝缘配合设计规范》（GB/T 50064—2014）、《接地装置特性参数测量导则》（DL/T 475—2017）、《电力设备预防性试验规程》（DL/T 596—1996）、《输变电设备状态检修试验规程》（DL/T 393—2010）、《输变电设备状态检修试验规程》（Q/GDW 1168—2013）、《架空输电线路雷电防护导则》（Q/GDW 11452—2015）等标准及相关规程规定。

16.3.3.12   每年雷雨季节前应对接地系统进行检查和维护。检查连接处是否紧固、接触是否良好、接地引下线有无锈蚀、接地体附近地面有无异常，必要时应开挖地面抽查地下隐蔽部分锈蚀情况。独立通信站、综合大楼接地网的接地电阻应每年进行一次测量，变电站通信接地网应列入变电站接地网测量内容和周期。微波塔上除架设本站必需的通信装置外，不得架设或搭挂可构成雷击威胁的其他装置，如电缆、电线、电视天线等。

【依据3】《电力通信系统安全检查工作规范》（Q/GDW 756—2012）

4.5   防雷接地检查

防雷接地检查内容如下：

a）检查机房接地网状况；

b）检查机房接地电阻测试记录，是否满足 DL/T 548—2012 中指标要求；

c）检查机房通信机柜接地情况；

d）检查配线架接地情况；

e）检查通信设备接地；

f）检查电源设备接地；

g）检查防雷器是否良好；

h）检查保安器件。

3.1.2.27   通信站防雷接地网、室内均压网、屏蔽网

本条评价项目（见《评价》）的查评依据如下。

【依据1】《电力系统通信站过电压保护规程》（DL/T 548—2012）

4.1.1   接地电阻值

接地电阻越小过电压值越低，因此在经济合理的前提下应尽可能的降低接地电阻，其要求如下表所示。

接地电阻要求

序号	接地网名称	接地电阻（Ω）	
		一般	高土壤电阻率
1	调度通信楼（包括值在变电站控制楼内的通信机房）	<1	<5
2	独立通信站	<5	<10
3	独立避雷针	<10	<30

4.1.3　通信机房内的接地

1）通信机房内应围绕机房敷设环形接地母线，且"接地引入点"应有明显标志。环形接地母线一般应采用截面不小于 90mm² 的铜排或 120mm² 镀锌扁钢。在机房外，应围绕机房建筑敷设闭合环形接地网，机房环形接地母线及接地网和房顶闭合均压带间，至少应有 4 条对称布置的连接线（或主钢筋）相连，相邻连接线间的距离不宜超过 18m。

2）机房内走线架，各种线缆的金属外皮，设备的金属外壳和框架、进风道、水管等不带电金属部分，门窗等建筑物金属结构以及保护接地、工作接地等，应以最短距离与环形接地母线相连。采用螺栓连接的部位可用含银环氧树脂导电胶粘合，或采用足以保证可靠电气连接的其他方式。

3）各类设备保护地线宜用多股铜导线，其截面应根据最大故障电流来确定，一般不小于 16mm²～95mm²；导线屏蔽层的接地线截面面积，应大于屏蔽层截面面积的 2 倍。接地线的连接应保证电气接触良好，连接点应进行防腐处理。

4）金属管道引入室内前应平直地埋 15m 以上，埋深应大于 0.6m，并在入口处接入接地网，如不能埋入地中，至少应在金属管道室外部分沿长度均匀分布在两处接地，接地电阻应小于 10Ω，在高土壤电阻率地区，每处接地电阻不应大于 30Ω，但应适当增加接地处数。

5）电缆沟道、竖井内的金属支架至少应两点接地，接地点间距离不应大于 30m。

6）其他信息缆线如需穿越通信机房，必须采用屏蔽电缆，屏蔽层两端可靠接地。或布敷在金属管道或金属桥架内，金属管道或金属桥架应与机房内的环形接地母线可靠连接。如与通信缆线合用金属桥架，桥架内应予以分隔。

7）引入机房的电缆空线对，应在引入设备前分别对地加装保安装置，以防引入的雷电在开路导线末端产生反击。

8）通信机房内的其他接地要求见 YD 5098。

5.3.1　防雷工程施工单位应按照设计要求精心施工，工程建设管理部门应有专人负责监督，对于隐蔽进工程应行随工验收，重要部位应进行拍照和专项记录。

【依据2】《国家电网有限公司十八项电网重大反事故措施（2018 年修订版）》（国家电网设备〔2018〕979 号）

16.3.1.15　通信机房、通信设备（含电源设备）的防雷和过电压防护能力应满足电力系统通信站防雷和过电压防护相关标准、规定的要求。

3.1.2.28　通信机房的保护环境控制设施

本条评价项目（见《评价》）的查评依据如下。

【依据1】《国家电网公司 SG186 工程信息系统安全等级保护验收标准（试行）》（信息运安〔2009〕44 号）

6.1.1　物理安全

温湿度控制机房设置温、湿度自动调节设施，机房内有温度计量设施夏季机房温度应控制在 23℃±2℃，冬季应控制在 20℃±2℃；机房湿度应控制在 45%～65%。应设置温、湿度越限报警系统。

【依据2】《电力通信运行管理规程》（DL/T 544—2012）。

f）通信机房应有环境保护控制设施，防止灰尘和不良气体侵入；室内温度、湿度要求参照 GB 50174 执行。

3.1.2.29 通信机房的工作照明和事故照明

本条评价项目（见《评价》）的查评依据如下。

【依据1】《国家电网公司电力安全工作规程（变电部分）》（国家电网安监〔2009〕664号）

13.3.4 工作场所的照明，应该保证足够的亮度。在操作盘、重要表计、主要楼梯、通道、调度室、机房、控制室等地点还应设有事故照明。

【依据2】《电力通信系统安全检查工作规范》（Q/GDW 756—2012）

4.4 机房设施检查

i）通信机房具备符合要求的工作照明和事故照明。

3.1.2.30 通信机房防火、防小动物侵入等安全措施

本条评价项目（见《评价》）的查评依据如下。

【依据1】《电力通信运行管理规程》（DL/T 544—2012）

10.2 通信站运行要求

b）防火、防盗、防雷、防洪、防震、防鼠、防虫等安全措施完备。

【依据2】《电力设备典型消防规程》（DL/T 5027—2015）

11 调度室、控制室、计算机室、通信室、档案室消防

11.0.1 各室应建在远离有害气体源、存放腐蚀及易燃易爆物的场所。

11.0.2 各室的隔墙、顶棚内装饰，应采用难燃或不燃材料。建筑内部装修材料应符合现行国家标准《建筑内部装修设计防火规范》GB 50222 的有关规定，地下变电站宜采用防霉耐潮材料。

11.0.3 控制室、调度室应有不少于两个疏散出口。

11.0.4 各室严禁吸烟，禁止明火取暖。计算机室维修必用的各种溶剂，包括汽油、酒精、丙酮、甲苯等易燃溶剂应采用限量办法，每次带入室内不超过100m。

11.0.5 严禁将带有易燃、易爆、有毒、有害介质的氢压表、油压表等一次仪表装入控制室、调度室、计算机室。

11.0.6 室内使用的测试仪表、电烙铁、吸尘器等用毕后必须及时切断电源，并放到固定的金属架上。

11.0.7 空调系统的防火应符合下列规定：

1. 设备和管道的保冷、保温宜采用不燃材料，当确有困难时，可采用燃烧产物毒性较小且烟密度等级不大于50的难燃材料。防火阀前后各2.0m、电加热器前后各0.8m范围内的管道及其绝热材料均应采用不燃材料。

2. 通风管道装设防火阀应符合现行国家标准《建筑设计防火规范》GB 50016 的相关规定。防火阀既要有手动装置，同时要在关键部位装易熔片或风管式感温、感烟装置。

3. 非生产用空调机在运转时，值班人员不得离开，工作结束时该空调机必须停用。

4. 空调系统应采用闭路联锁装置。

11.0.8 档案室收发档案材料的门洞及窗口应安装防火门窗，其耐火极限不得低于0.75h。

11.0.9 档案室与其他建筑物直接相通的门均应做防火门，其耐火极限应不小于2.0h；内部分隔墙上开设的门也要采取防火措施，耐火极限要求为1.2h。

11.0.10 各室配电线路应采用阻燃措施或防延燃措施，严禁任意拉接临时电线。

11.0.11 各室一旦发生火灾报警，应迅速查明原因，及时消除警情。若已发生火灾，则应切断交流电源，开启直流事故照明，关闭通风管防火阀，采用气体等灭火器进行灭火。

【依据3】《电力光纤通信工程验收规范》（DL/T 5344—2006）

8.2 机房要求

8.2.1 通信机房应具有防火、防尘、防水、防潮、放小动物等措施。

8.2.2 机房内温湿度和事故照明应符合设计要求。

8.2.3 放火重点部位应有明显标志，按规定配置消防器材，电缆竖井防火措施应符合规定。

3.1.2.31 通信（含电源）设备机架防震措施

本条评价项目（见《评价》）的查评依据如下。

【依据1】《电力通信运行管理规程》（DL/T 544—2012）

10.2 通信站运行要求

b）防火、防盗、防雷、防洪、防震、防鼠、防虫等安全措施完备。

【依据2】《电力光纤通信工程验收规范》（DL/T 5344—2006）

6.10 机架安装验收

6.10.1 机架安装位置、子架面板布置应符合施工设计要求。

6.10.2 机架安装端正牢固，垂直偏差应不大于机架高度的0.15%。

6.10.3 同列机架正面应平齐，无明显参差不齐现象，机架间隙应不大于3mm。

6.10.4 机架的固定与抗震措施应符合施工设计要求。

6.10.5 机架上所有固定件必须拧紧，同一类螺丝露出螺帽的长度应基本一致。

6.10.6 子架与机架连接符合设备装配要求，子架安装牢固、排列整齐，接插件安装紧密，接触良好。

6.10.7 缆线布放及成端检查。

1. 机架内所有布放的各种缆线（包括电源线、接地线、通信线缆等）规格及技术指标应符合设计要求。

2. 各种通信线缆必须加装标识。

3. 电源线中间不得有接头。应使用统一的不同颜色的缆线区分直流电源的极性。电源线额定载流量应不小于设备使用电流的1.5倍～2倍。

4. 接地线颜色应统一，应与电源线颜色有明显区别。机架接地线必须通过压接式接线端子与机架接地网的接地桩头连接，连接后接地桩头应采取防锈措施处理。

5. 同轴电缆成端后缆线预留长度应整齐、统一。电缆各层开剥尺寸与电缆头相应部分相匹配。电缆芯线焊接应端正、牢固，焊接适量，焊点光滑、不带尖、不成瘤形。电缆剥头处加装热缩套管时，热缩套管长度应统一适中，热缩均匀。同轴电缆插头的组装配件应齐全、位置正确、装配牢固。

6.11 配线架安装验收

6.11.1 配线架单独机架时，机架安装及架内缆线布放质量标准应按6.10执行。

3.1.2.32 通信安全监理

本条评价项目（见《评价》）的查评依据如下。

【依据】《国家电网公司信息通信安全风险评估实施细则（试行）》

4.1.5 信息通信建设中的安全管理

制定信息通信安全监理管理相关规定；重大系统建设应引入第三方信息通信安全监理机制，确保系统建设过程中各环节的安全性。

3.1.2.33 施工现场安全管控及稽查

本条评价项目（见《评价》）的查评依据如下。

【依据】《电力通信现场标准化作业规范》（Q/GDW 721—2012）

5.3 安全要求

电力通信现场作业的安全要求如下：

a）作业人员必须执行工作票制度、工作许可制度、工作监护制度、工作间断、转移和终结制度；

b）进行危险点分析及预控，工作负责（监护）人应对作业人员详细交代在工作区内的安全注意事项；

c）作业现场安全措施应符合要求，作业人员应熟悉现场安全措施；

d）现场作业应按作业分类和规模大小，按规定编制"三措一案"、作业指导书（卡）、通信设备巡视卡、通信线路巡视卡等标准化作业文本，并履行审批手续。

3.1.2.34　生产厂家或外聘人员安全管理

本条评价项目（见《评价》）的查评依据如下。

【依据1】《国家电网公司信息安全风险评估实施细则（试行）》

4.1.8.　信息安全的宣传与培训：协调政工等部门进行信息安全宣传工作；对外来工作人员进行本单位信息安全政策的宣传和提示。

【依据2】《电力通信系统安全检查工作规范》（Q/GDW 756—2012）

9.5　检查各级通信机构是否开展安全培训教育。

3.1.3　反措落实

3.1.3.1　通信安全隐患分析报告及落实整改措施

本条评价项目（见《评价》）的查评依据如下。

【依据1】《电力通信运行管理规程》（DL/T 544—2012）

13　安全管理

13.1　通信机构应执行电监会1号令、电监会2号令和各项安全管理制度等的有关规定，制定本级通信设施安全生产责任制度，建立和健全保密制度。

13.2　通信系统事故责任界定应执行电监会4号令有关规定。

13.3　通信机构应配合电网反事故演习和事故调查工作，并建立健全电力应急通信机制。

13.4　通信机构应建立通信安全分析会制度，会议纪要应以正式文件形式向上级通信机构报送。

13.5　通信机构应针对所辖通信网的薄弱环节，组织编制应急预案和反事故演习方案。

14　统计分析

14.1　总体要求

14.1.1　通信机构应由专人负责电力通信运行统计和分析工作。

14.3　运行统计分析内容

14.3.1　通信运行统计和分析工作主要包括通信电路、通信设备、光缆线路、业务保障等统计和分析。

14.3.2　通信运行统计和分析工作为月度统计和分析。通信机构应组织本级通信运行统计和分析月报的编制工作，并逐级汇总上报上级通信机构。

14.3.3　应根据运行统计情况，对通信网运行质量等方面进行分析评价。

【依据2】《电力通信系统安全检查工作规范》（Q/GDW 756—2012）

9　通信管理工作检查

9.1　检查各级通信管理机构管理规章制度建设情况，包括岗位责任制、设备责任制、安全责任制、技术培训制度以及根据需要制定的其他制度。

9.2　检查各级通信机构是否按照 DL/T 544—2012 的要求设置通信调度。通信调度的职责是否明确，值班记录及运行资料应规范、齐全、完整。

9.3　检查月度安全生产分析会及落实情况记录，以及三项分析制度的执行情况。

9.4　检查通信系统各类设备检修工作制度完备情况。

3.2　信息安全

3.2.1　机制建设

3.2.1.1　组织体系

本条评价项目（见《评价》）的查评依据如下。

【依据】《国家电网公司网络与信息系统安全管理办法》［国网（信息/2）401—2018］

第七条　将网络安全纳入公司安全生产管理体系，实行统一领导、分级管理，遵循"谁主管谁负责，谁运行谁负责，谁使用谁负责，管业务必须管安全"的原则，严格落实网络安全责任和管理职责。具体职责分工参照《国家电网公司关于印发网络安全管理职责的通知》（国家电网信通〔2017〕482号）

执行。

3.2.1.2 岗位设置

本条评价项目（见《评价》）的查评依据如下。

【依据】《国家电网公司关于设置网络与信息安全岗位的通知》［国家电网人资〔2016〕906号］

（一）公司本部

公司本部安全监察质量部（保卫部）电网安全监察处、运维修部检修三处、营销部（农电工作部）综合技术处、科技信通（智能电网办公室）信息处、电力调度控制中心自动化处设置网络与信息安全管理岗位。

3.2.1.3 责任落实

本条评价项目（见《评价》）的查评依据如下。

【依据】《国家电网公司网络与信息系统安全管理办法》［国网（信息/2）401—2018］

第八条 第二十九条公司各单位应加强本单位网络安全管理，每年与上级单位签订《网络安全责任书》。

（二）严格落实公司网络安全岗位配置要求，对录用的网络安全从业人员的背景进行严格审查，严禁有网络安全违法行为的人员从事网络安全管理、运行维护、隐患发现等重要工作。

（三）每年应组织网络安全岗位人员进行专业培训和认证考查；每年应组织开展全员网络安全知识培训和宣贯，每年应与全员签订《网络安全承诺书》。

3.2.1.4 安全督查

本条评价项目（见《评价》）的查评依据如下。

【依据】《国家电网公司网络与信息系统安全管理办法》［国网（信息/2）401—2018］

第四十条 加强公司网络安全监督检查：

（一）建立网络安全监督检查体系。以公司安全生产工作规程、安全事故调查规程为准则，将网络与信息系统纳入公司安全监督检查范围，将网络安全纳入生产安全范畴。

（二）建立健全网络安全监督检查工作机制，开展年度、专项和日常监督检查工作；加强网络安全监督检查队伍建设和技术支撑，不断提升监督检查工作水平。

第四十一条 针对网络安全事件，开展事件调查、处置和通报等工作。

第四十二条 建立网络安全评价和考核机制，制定网络安全评价标准和评价方法，将网络安全纳入公司安全生产考核，同时纳入企业负责人业绩考核。

3.2.1.5 应急机制

本条评价项目（见《评价》）的查评依据如下。

【依据】《国家电网公司网络安全与信息通信应急管理办法》［国网（信息/3）405—2018］

第二十六条 公司各单位应按照总部统一要求，定期开展的专项应急预案和现场处置方案的培训、考试相结合，有效开展各类专项应急演练，至少应包含以下演练内容：

（一）各专项应急预案的演练每年至少进行一次；

（二）各现场处置方案的演练应制定演练计划，以三年为周期全覆盖。

3.2.1.6 等级保护

本条评价项目（见《评价》）的查评依据如下。

【依据】《国家电网公司网络与信息系统安全管理办法》［国网（信息/2）401—2018］

第十七条 安全测评管理要求如下：

（一）定期组织开展在运网络与信息系统的等级保护测评和整改工作。二级系统每两年至少进行一次等级测评，三级系统和四级系统每年至少进行一次等级测评。

（二）等级保护测评机构应具有国家网络安全等级保护管理机构的推荐资质，从事等级测评的人员应具有等级测评师资质。公司各单位应优先选择电力行业等级保护测评机构开展三级及以上系统测评。

3.2.2 专业管理

3.2.2.1 设备安全

3.2.2.1.1 资产管理

本条评价项目（见《评价》）的查评依据如下。

【依据】《国家电网公司信息设备管理细则》［国网（信通/4）288—2014］

第五章　建设管理

第二十一条　信息设备到货后，应对设备进行到货签收，包括核对供货清单、检查设备数量、核对设备型号。供货方和收货方双方人员核对无误后，办理入库手续，并应在5个工作日内完成设备台账创建工作。

第六章　运行管理

第三十二条　根据信息运维综合监管系统设备管理模块录入规范，做好信息设备运行过程中台账管理工作，建立检修记录、设备故障与缺陷记录、设备变更记录等。在设备属性变更工作完成后5个工作日内，完成台账更新。

3.2.2.1.2 安全准入

本条评价项目（见《评价》）的查评依据如下。

【依据】《国家电网公司网络与信息系统安全管理办法》［国网（信息/2）401—2018］

第十九条　运维安全管理要求如下：

（六）应通过签订合同、协议等方式，要求网络与信息系统承建厂商、服务厂商为其产品、服务持续提供安全维护，在规定或者当事人约定的期限内，不得终止提供安全维护。发现其网络产品、服务存在安全缺陷、漏洞等风险时，应立即采取补救措施，及时告知用户并向网络安全归口管理部门报告。

3.2.2.1.3 安全基线

本条评价项目（见《评价》）的查评依据如下。

【依据】《国家电网公司网络与信息系统安全管理办法》［国网（信息/2）401—2018］

第十八条　接入安全管理要求如下：

（一）应严格按照等级保护、安全基线规范以及公司网络安全总体防护方案要求控制网络、系统、设备、终端的接入。

3.2.2.1.4 冗余配置

本条评价项目（见《评价》）的查评依据如下。

【依据】《国家电网公司管理信息系统安全等级保护验收规范》及编制说明 Q/GDW 595—2011

5.1.2　结构安全

保证关键网络设备的业务处理能力具备冗余空间，满足业务高峰期需要。

3.2.2.2 物理安全

3.2.2.2.1 物理环境

本条评价项目（见《评价》）的查评依据如下。

【依据】《国家电网公司信息机房设计及建设规范》（Q/GDW 1343　2014）

5.1　机房位置选择

5.1.1　机房位置选择应符合下列要求：

a）电力稳定可靠，交通通信方便，自然环境清洁安静，并远离产生粉尘、油烟、有害气体以及生产或贮存具有腐蚀性、易燃、易爆物品的工厂和堆场等。

b）避开强电磁场干扰，并远离强振源和强噪声源；当无法避开强干扰源、强振源或为保障信息系统设备安全运行，可采取有效的防护措施。

c）远离水灾和火灾隐患区域，避免选择低洼、潮湿的地方。

d）远离落雷区、地震多发带。

e）避免设在建筑物的高层或地下室，以及用水设备的下层。

f）机房所在建筑物应满足或超过当地抗震设防烈度的要求。

g）A、B级信息机房所在大楼应具备两条及以上完全独立且不同路由的电缆沟（竖井）。

5.1.2　对于多层或高层建筑物内的信息机房，在确定主机房的位置时，应对设备运输、管线敷设、雷电感应和结构载荷等问题进行综合分析和经济比较；采用机房专用空调的主机房，应具备安装空调室外机的建筑条件。

3.2.2.2.2　机房布线和接地

本条评价项目（见《评价》）的查评依据如下。

【依据】《国家电网公司信息机房设计及建设规范》（Q/GDW 343—2009）

3.6　机房应采用下列四种接地方式：

3.6.1　交流工作接地，接地电阻不大于4Ω；

3.6.2　安全保护接地，接地电阻不大于4Ω。

10　安全接地

10.1　机房接地装置的设置应满足人身安全及网络设备正常运行和系统设备的安全要求。

3.2.2.2.3　机房管理

本条评价项目（见《评价》）的查评依据如下。

【依据】《国家电网公司信息机房设计及建设规范》（Q/GDW 1343—2014）

7.3　国家电网公司C类信息机房评分细则

国家电网公司C类信息机房评分细则见表3。

表3　　　　　　　　　　　　　**国家电网公司C类信息机房评分细则**

序号	考核内容及要求	评分标准	标准分	得分
1.5	机房清洁	—	—	—
1.5.1	设备、机柜表面及通风口无明显灰尘、污渍、锈蚀	每一处扣1分	15分	
1.5.2	地面清洁无杂物、活动地板无损坏	每一处扣2分	5分	
1.5.3	机房内无杂物，设备摆放整齐	未达到要求扣2分	5分	
3.2	运行管理	—	—	—
3.2.1	建有信息网络机房设备专责制度	未达到要求扣2分	20分	
3.2.2	建有信息网络机房设备运行管理制度	未达到要求扣2分	15分	
3.2.3	机房设备及应用系统密码管理严格按照《国家电网公司信息系统密码管理办法》执行。设备及系统管理员密码密封保存	未执行扣2分，每缺一个密码未密封保存扣1分	15分	
3.2.4	认真记录设备运行情况，每月按时上报信息化统计月报和设备运行故障分析报告，三个月进行一次设备运行质量分析会并有详细会议记录	无运行情况记录扣2分	未按时报月报每次扣1分，未按时报分析报告每次扣1分，每缺一次分析会扣1分	

3.2.2.2.4　机房电源

本条评价项目（见《评价》）的查评依据如下。

【依据】《国家电网公司信息机房设计及建设规范》（Q/GDW 1343—2014）

9.1.8　A、B类信息机房输入电源应采用双路自动切换供电方式。

9.1.9　设备负荷应均匀地分配在三相线路上，并原则上应使三相负荷不平衡度小于30%。

9.2　A类主机房应采用不少于两路UPS供电。B类、C类主机房可根据具体情况，采用多台或单台UPS供电，但UPS设备的负荷不得超过额定输出的70%。UPS提供的后备电源时间：A类机房不得少于2h，B类、C类机房不得少于1h。

9.2.1　机房电源进线应采用地下电缆进线，按GB 50057—1994的规定采取防雷措施。A、B类机房电源进线应采用多级防雷措施。

9.2.2　主机房内应分别设置维修和测试用电源插座，两者应有明显区别标志。测试用电源插座可由机房电源系统供电，维修用电源插座应由非专用机房电源供电。

3.2.2.2.5　机房消防环境监控

本条评价项目（见《评价》）的查评依据如下。

【依据1】《国家电网公司信息机房设计及建设规范》（Q/GDW 1343—2014）

12 机房监控与安全防范

12.1 一般规定

12.1.1 信息机房应设置环境和设备监控系统及安全防范系统，各系统的设计应根据机房的等级，按 GB 50348 和 GB/T 50314 以及附录 A 的要求执行。

12.1.2 环境和设备监控系统宜采用集散或分布式网络结构。系统应易于扩展和维护，并应具备显示、记录、控制、报警、分析和提示功能。

12.1.3 环境和设备监控系统、安全防范系统可设置在同一个监控中心内，各系统供电电源应可靠，宜采用独立不间断电源系统电源供电，当采用集中不间断电源系统电源供电时，应单独回路配电。

12.1.4 机房信息设备、视频监控、专用空调、电源设备、配电系统、漏水检测系统、门禁系统、机房内环境温、湿度等应纳入机房集中监控系统。

12.1.5 机房监控系统应具有本地和远程报警功能。

12.2 环境和设备监控系统

12.2.1 环境和设备监控系统宜符合下列要求：

a）监测和控制主机房和辅助区的空气质量，应确保环境满足信息设备的运行要求。

b）主机房和辅助区内有可能发生水患的部位应设置漏水检测和报警装置；强制排水设备的运行状态应纳入监控系统；进入主机房的水管应分别加装电动和手动阀门。

12.2.2 机房专用空调、柴油发电机、不间断电源系统等设备自身应配带监控系统，监控的主要参数宜纳入设备监控系统，通信协议应满足设备监控系统的要求。

12.2.3 A、B级信息机房应配备集中运行监控系统实现对所有服务器、网络设备、安全设备、数据库、中间件、应用系统的集中监控。

12.3 安全防范系统

12.3.1 安全防范系统宜由视频安防监控系统、入侵报警系统和出入口控制系统组成，各系统之间应具备联动控制功能。

12.3.2 紧急情况时，出入口控制系统应能接受相关系统的联动控制而自动释放电子锁。

12.3.3 室外安装的安全防范系统设备应采取防雷电保护措施，电源线、信号线应采用屏蔽电缆，避雷装置和电缆屏蔽层应接地，且接地电阻不应大于1Ω。

14 消防安全

14.2 消防设施

14.2.1 采用管网式洁净气体灭火系统或高压细水雾灭火系统的主机房，应同时设置两种火灾灭火探测器，且火灾报警系统应与灭火系统联动。

14.2.2 灭火系统控制器应在灭火设备动作之前，联动控制关闭机房内的风门、风阀，并应停止空调机和排风机、切断非消防电源等。

14.2.3 机房内应设置警笛，机房门口上方应设置灭火显示灯，灭火系统的控制箱（柜）应设置在机房外便于操作的地方，且应有防止误操作的保护装置。

14.2.4 气体灭火系统的灭火剂及设施应采用经消防检测部门检测合格的产品。

14.2.5 自动喷水灭火系统的喷水强度、作用面积等设计参数应按照 GB 50084 的规定执行。

14.2.6 信息机房的自动喷水灭火系统，应设置单独的报警阀组。

14.2.7 信息机房内，手提灭火器的设置应符合 GB 50140 的规定。灭火剂不应对信息设备造成污渍损害。

【依据2】《国家电网公司信息机房设计及建设规范》（Q/GDW 343—2009）

11.2 消防设施

11.2.3 A、B类信息机房中的主机房和基本工作间应安装消防系统，C类主机房应配置灭火设备。

11.2.4 A、B类机房应视计算机系统的性能、用途等情况酌情设置如下设备：温、湿度越限报警昼夜监视摄像系统，门警系统，漏水报警装置和电源监测系统。

11.2.5 C类机房应设置以下防护设备：烟雾传感器、温、湿度计，漏水传感器（有水源的）；

【依据3】《国家电网公司信息机房设计及建设规范》（Q/GDW 1343—2014）

5.2 机房监控

5.2.1 机房应装有温、湿度、水渍、失火、失电报警系统。

5.2.2 机房应装有烟雾报警系统。

机房应视计算机系统的性能、用途等情况酌情设置。

5.2.3 以下监视、防护设备：昼夜监视摄像系统、门警系统；红外线传感器。

3.2.3 技术指标

3.2.3.1 网络安全

3.2.3.1.1 结构安全

本条评价项目（见《评价》）的查评依据如下。

【依据】《国家电网公司管理信息系统安全等级保护验收规范》（Q/GDW 595—2011）

5.1.2 结构安全

保证关键网络设备的业务处理能力具备冗余空间，满足业务高峰期需要；

保证接入网络和核心网络的带宽满足业务高峰期需要；

绘制与当前运行情况相符的网络拓扑结构图；

提供关键网络设备、通信线路和数据处理系统的硬件冗余；

系统服务器部署于二级系统域中。

3.2.3.1.2 防护措施

3.2.3.1.3 安全措施

本条评价项目（见《评价》）的查评依据如下。

【依据】《国家电网公司管理信息系统安全等级保护验收规范》（Q/GDW 595—2011）

5.1.2 网络安全

安全审计

对网络系统中的网络设备运行状况、网络流量、用户行为等的重要事件进行日志记录；

审计记录包括事件的日期和时间、用户、事件类型、事件是否成功及其他与审计相关的信息；

网络设备、安全设备使用日志服务器或相关安全系统等存储、管理日志记录。

3.2.3.1.4 访问控制

本条评价项目（见《评价》）的查评依据如下。

【依据】《国家电网公司管理信息系统安全等级保护验收规范》（Q/GDW 595—2011）

6.1.2 网络安全-网络设备防护

必须设定较为复杂的Community控制字段，不使用Public、Private等默认字段；

禁止正常网络运行、维护不需要的服务；

启用VTYACL、SNMPACL等访问控制功能；

如果需要使用SNMP网管协议，应采用安全增强的SNMPv3及以上版本（此指标为加分项，分值未计入总分，得分可计入实际得分中）；

具有登录失败处理功能，可采取结束会话、限制非法登录次数和当网络登录连接超时自动退出等措施；

当对网络设备进行远程管理时，采取必要措施防止鉴别信息在网络传输过程中被窃听，采用HT-TPS、SSH等安全远程管理手段。

3.2.3.1.5 互联网出口及第三方专线安全

本条评价项目（见《评价》）的查评依据如下。

【依据】《关于开展信息安全反违章专项行动的通知》（信息运安〔2010〕47号）

互联网出口管理：各区域（省）电力公司和公司直属单位要对其所辖范围内的下属单位互联网出

口进行排查清理并纳入统一管理，地（市）级公司统一设置本级及下属单位的互联网出口，新的出口不再建设。有条件的区域（省）电力公司要统一设置互联网出口。考虑带宽容量和备用问题，每单位统一集中设置的互联网出口原则上不多于 3 个。所有出口必须向公司信息化主管部门进行备案后方可使用。

3.2.3.2 主机安全

3.2.3.2.1 身份鉴别

本条评价项目（见《评价》）的查评依据如下。

【依据】《国家电网公司管理信息系统安全等级保护验收规范》（Q/GDW 595—2011）

5.1.3 主机安全

操作系统安全：对登录操作系统的用户进行身份标识和鉴别口令必须具有一定强度、长度和复杂度并定期更换，长度不得小于 8 位字符串，要求是字母和数字或特殊字符的混合，用户名和口令禁止相同；

启用登录失败处理功能，可采取结束会话、限制非法登录次数和自动退出等措施。限制同一用户连续失败登录次数一般不超过 5 次；

当对服务器进行远程管理时，采取必要措施，防止鉴别信息在网络传输过程中被窃听，可采用 SSH 等安全的远程管理方式。

3.2.3.2.2 资源控制

本条评价项目（见《评价》）的查评依据如下。

【依据】《国家电网公司管理信息系统安全等级保护验收规范》（Q/GDW 595—2011）

5.1.3 主机安全

操作系统安全-资源控制：通过设定终端接入方式、网络地址范围等条件限制终端登录；

根据安全策略设置登录终端的空闲超时断开会话或锁定；

应限制单个用户对系统资源的最大或最小使用限度。采用磁盘限额等方式限制单个用户对系统资源的最大使用限度；

系统磁盘剩余空间足以满足近一段时间的业务需求；

对重要服务器进行监视，包括监视服务器的 CPU、硬盘、内存、网络等资源的使用情况；

能够对系统的服务水平降低到预先规定的最小值进行监测和报警。

3.2.3.2.3 访问控制

本条评价项目（见《评价》）的查评依据如下。

【依据】《国家电网公司管理信息系统安全等级保护验收规范》（Q/GDW 595—2011）

5.1.3 主机安全

操作系统安全-访问控制：启用访问控制功能，依据安全策略控制用户对资源的访问，严格设置重要目录、文件的访问权限；

如果具有数据库系统，实现操作系统和数据库系统特权用户的权限分离；严格限制默认账户的访问权限，重命名系统默认账户，修改这些账户的默认口令；及时删除多余的、过期的账户，避免共享账户的存在。

3.2.3.2.4 服务、端口和协议

本条评价项目（见《评价》）的查评依据如下。

【依据】《国家电网公司信息安全加固实施指南（试行）》（信息运安〔2008〕60 号）

8.2 操作系统

8.2.1 Windows 系统

加固项目	加固内容	加固方法
2. 网络服务加固	关闭系统中不安全的服务，确保操作系统只开启承载业务所必需的网络服务和网络端口	1. 在不影响业务系统正常运行情况下，停止或禁用与承载业务无关的服务 2. 屏蔽承载业务无关的网络端口

3.2.3.2.5 安全加固

本条评价项目（见《评价》）的查评依据如下。

加强补丁的兼容性和安全性测试，确保操作系统、中间件、数据库等基础平台软件补丁升级安全。加强主机服务器病毒防护，安装防病毒软件，及时更新病毒库。

3.2.3.3 数据安全

3.2.3.3.1 数据备份

本条评价项目（见《评价》）的查评依据如下。

制定信息系统、核心网络设备备份策略，开展信息系统应用数据、应用软件、操作系统和核心网络设备配置信息的数据备份。

3.2.3.3.2 数据恢复

本条评价项目（见《评价》）的查评依据如下。

定期开展备份数据恢复测试。

3.2.3.3.3 数据保密

本条评价项目（见《评价》）的查评依据如下。

（1）涉及敏感信息的系统数据库应部署于信息内网，同时加强对重要地理信息、客户信息等的安全存储和安全传输等措施的落实；

（2）信息设备报废时，应由专业部门统一对报废设备的存储介质其进行处理，处理时至少两人在场，并记录在案。

3.2.4 反措落实

3.2.4.1 运维管理

3.2.4.1.1 账号管理

本条评价项目（见《评价》）的查评依据如下。

【依据】《国家电网公司集中部署信息系统运维管理细则》[国网（信息/4）432—2017]

（1）系统投运后，应及时回收建设开发单位所掌握的账号；

（2）各类超级用户账号禁止多人共用，禁止由非主业不可控人员掌握；

（3）临时账号应设定使用时限，员工离职、离岗时，信息系统的访问权限应同步收回；

（4）应定期（半年）对信息系统用户权限进行审核、清理，删除废旧账号、无用账号，及时调整可能导致安全问题的权限分配数据。

3.2.4.1.2 缺陷处理

本条评价项目（见《评价》）的查评依据如下。

【依据】《国家电网公司集中部署信息系统运维管理细则》[国网（信息/4）432—2017]

所有缺陷是否按重要性分类，缺陷处理是否及时，处理过程是否规范、闭环。

3.2.4.1.3 运行维护

本条评价项目（见《评价》）的查评依据如下。

【依据】《国家电网公司集中部署信息系统运维管理细则》[国网（信息/4）432—2017]

（1）严格系统变更、系统重要操作、物理访问和系统接入申报和审批程序；

（2）严格执行工作票和操作票制度，工作票中应对允许访问的区域、系统、设备、信息等内容应进行书面规定；工作票中应包含信息安全技术措施。

3.2.4.1.4 备品备件

本条评价项目（见《评价》）的查评依据如下。

【依据】《国家电网公司信息通信应急管理办法》

第十九条 编制应急预案应当在开展风险评估和应急资源调查的基础上进行。

（二）应急资源调查。全面调查本单位第一时间可调用的应急抢修队伍、应急专家队伍、备品备件等应急资源状况，公司内相关单位及厂商可请求援助的应急资源状况。

第三十五条　公司各级单位要根据本单位应急预案的要求加强应急抢修队伍、应急专家队伍和备品备件等应急资源的准备。

3.2.4.1.5　现场作业安全

本条评价项目（见《评价》）的查评依据如下。

【依据】《国网信通部关于印发网络与信息安全反违章措施-准入规范十八条（试行）、网络与信息安全技防设施实用化深化工作方案的通知》［信通技术〔2016〕6号］

3.运维管理要求

各分部、公司各单位信息通信运维单位/部门需按照防护规范求开放防火墙安全策略和端口，禁止存在策略和端口全开放情况，严禁使用默认端口进行设备运维操作，应使用公司定的非默认协议端口，具体开放端口；在运维安全审系统使用过程中，设备的可运维时间需严格遵照工作票、操作中设定的时间范围进行配置，严禁在设定时间范围外进行运维作业；针对字符型运维操作中涉及的高危运维命令（reboot、rm-rf、poweroff、shutdown、mkfs/dev/sda）严格进行分配，严禁普通账号有高危命令执行权限。

3.2.4.1.6　第三方服务

本条评价项目（见《评价》）的查评依据如下。

【依据】《国家电网公司信息系统测试与版本管理细则》［国网（信息/4）436—2017］

第三条　信息系统测试包含内部测试、第三方确认测试、上线测试、验收测试和运行测试。

第七条　公司各单位信息通信职能管理部门作为本单位信息系统测试和版本工作归口管理部门，主要职责如下：

（一）负责组织开展本单位自建系统的第三方确认测试、上线测试、验收测试、运行测试工作。

（二）负责组织开展统建二级部署系统的上线测试、验收测试及运行测试工作。

（三）负责在本细则的基础上组织编制本单位自建信息系统测试与版本管理的补充条款及技术规范。

（四）结合本单位具体情况，落实公司版本管理的制度和技术标准。

（五）汇总编制本单位信息系统的版本计划，协同业务部门组织实施。

（六）按照公司统一要求，负责本单位自建系统的版本管理工作。

（七）负责本单位信息系统版本变更的监督和控制，提出公司信息系统版本变更方案与版本变更计划的建议。

3.2.4.2　桌面安全

本条评价项目（见《评价》）的查评依据如下。

【依据】《国家电网公司网络与信息系统安全管理办法》［国网（信息/2）401—2014］

第四章　技术措施

第三十条　终端安全技术工作要求如下：

（三）信息内外网办公计算机终端须安装桌面终端管理系统、保密检测系统、防病毒等客户端软件，严格按照公司要求设置基线策略，并及时进行病毒库升级以及补丁更新。严禁未通过本单位信息通信管理部门审核以及中国电科院的信息安全测评认定工作，相关部门和个人在信息内外网擅自安装具有拒绝服务、网络扫描、远程控制和信息搜集等功能的软件（恶意软件），防范引发的安全风险；如确需安装，应履行相关程序。

3.2.4.2.1　涉密信息安全

本条评价项目（见《评价》）的查评依据如下。

【依据1】《国家电网有限公司十八项电网重大反事故措施（2018年修订版）》（国家电网设备〔2018〕979号）

16.5.3　运行阶段应注意的问题

16.5.3.4　严禁将涉及国家秘密的计算机、存储设备与信息内外网和其他公共信息网络连接，严禁在信息内网计算机存储、处理国家秘密信息，严禁在连接互联网的计算机上处理、存储涉及国家秘密和企业秘密信息；严禁内网计算机违规使用无线上网卡、智能手机、平板电脑等上网手段连接互联网的行为，严禁内网笔记本电脑打开无线功能，严禁信息内网和信息外网计算机交叉使用，严禁普通移动存储介质和扫描仪、打印机等计算机外设在信息内网和信息外网上交叉使用。

【依据2】《国家电网公司网络与信息系统安全管理办法》〔国网（信息/2）401—2014〕

第三十条 终端安全技术工作要求如下：

（一）办公计算机严格执行"涉密不上网、上网不涉密"纪律，严禁将涉及国家秘密的计算机、存储设备与信息内外网和其他公共信息网络连接，严禁在信息内网计算机存储、处理国家秘密信息，严禁在连接互联网的计算机上处理、存储涉及国家秘密和企业秘密信息；严禁信息内网和信息外网计算机交叉使用；严禁普通移动存储介质和扫描仪、打印机等计算机外设在信息内网和信息外网上交叉使用。涉密计算机按照公司办公计算机保密管理规定进行管理。

3.2.4.2.2 台账管理

本条评价项目（见《评价》）的查评依据如下。

【依据】《国家电网公司信息设备管理细则》〔国网（信通/4）288—2014〕

（1）桌面终端设备台账统一录入 I6000 系统，应粘贴资产标签标志和国网信息安全备案编码标签；

（2）每个终端明确其责任人，未经管理员授权，个人不得私自拆卸、更换计算机硬件部件。

3.2.4.2.3 口令安全

本条评价项目（见《评价》）的查评依据如下。

【依据】《国家电网公司信息设备管理细则》〔国网（信息/2）401—2014〕

规范账号口令管理，口令必须具备强度、长度和复杂度，长度不得小于 8 位字符串，要求是字母和数字和特殊字符的混合，用户名和口令禁止相同。定期更换口令，重要用户口令更换周期不超过 3 个月，一般用户口令更换周期不超过 6 个月。

3.2.4.2.4 手持终端

本条评价项目（见《评价》）的查评依据如下。

【依据】《国家电网公司信息设备管理细则》〔国网（信通/4）288—2014〕

（1）对于不具备信息内网专线接入条件，通过公司统一安全防护措施接入信息内网的信息采集类、移动作业类终端，需严格执行公司办公终端"严禁内外网机混用"的原则；

（2）接入信息内网终端在遵循公司现有终端安全防护要求的基础上，要安装终端安全专控软件进行安全加固，并通过安全加密卡进行认证，确保其不能连接信息外网和互联网。

3.2.4.2.5 安全管控

本条评价项目（见《评价》）的查评依据如下。

【依据】《国家电网公司网络与信息系统安全管理办法》〔国网（信息/2）401—2014〕

第四章 技术措施

第三十条 终端安全技术工作要求如下：

（三）信息内外网办公计算机终端须安装桌面终端管理系统、保密检测系统、防病毒等客户端软件，严格按照公司要求设置基线策略，并及时进行病毒库升级以及补丁更新。严禁未通过本单位信息通信管理部门审核以及中国电科院的信息安全测评认定工作，相关部门和个人在信息内外网擅自安装具有拒绝服务、网络扫描、远程控制和信息搜集等功能的软件（恶意软件），防范引发的安全风险；如确需安装，应履行相关程序。

3.2.4.2.6 邮件管理

本条评价项目（见《评价》）的查评依据如下。

【依据】《国家电网有限公司十八项电网重大反事故措施（2018 年修订版)》（国家电网设备〔2018〕979 号）

16.5.3.3 加强对邮件系统的统一管理和审计，严禁使用无内容审计的信息内外网邮件系统，系统要禁止弱口令登录，首次登录后要强制修改默认口令，严禁开启自动转发功能。严禁使用社会电子邮箱处理公司办公业务的行为，防止"撞库"风险，及时清理注销废旧邮件账号。严禁随意点击来路不明邮件及其附件，特别是不明链接，严禁在内外网终端安装来源不明的软件，避免人为原因造成病毒感染破坏。

4 变电一次设备

4.1 机制建设

4.1.1 安全风险管理

本条评价项目（见《评价》）的查评依据如下。

【依据】《国家电网公司安全工作规定》[国网（安监/2）406—2014]

第六十一条 公司各级单位应全面实施安全风险管理，对各类安全风险进行超前分析和流程化控制，形成"管理规范、责任落实、闭环动态、持续改进"的安全风险管理长效机制。

第六十二条 公司各级单位应针对电网、设备、管理和生产作业中存在的危及人身、电网、设备安全的隐患、缺陷和问题，有效组织年度方式分析、安全性评价、隐患排查治理、作业风险管控等工作，系统辨识安全风险，落实整改治理措施。

第六十六条 作业安全风险管控。公司各级单位应针对运维、检修、施工等生产作业活动，从计划编制、作业组织、现场实施等关键环节，分析辨识作业安全风险，开展安全承载能力分析，实施作业安全风险预警，制定落实风险管控措施，落实到岗到位要求。

4.1.2 应急管理

本条评价项目（见《评价》）的查评依据如下。

【依据】《国家电网公司安全工作规定》[国网（安监/2）406—2014]

第六十七条 公司各级单位应贯彻国家和公司安全生产应急管理法规制度，坚持"预防为主、预防与处置相结合"的原则，按照"统一指挥、结构合理、功能实用、运转高效、反应灵敏、资源共享、保障有力"的要求，建立系统和完整的应急体系。

第六十八条 公司各级单位应成立应急领导小组，全面领导本单位应急管理工作，应急领导小组组长由本单位主要负责人担任；建立由安全监督管理机构归口管理、各职能部门分工负责的应急管理体系。

第六十九条 公司各级单位应根据突发事件类别和影响程度，成立专项事件应急处置领导机构（临时机构），在应急领导小组的领导下，具体负责指挥突发事件的应急处置工作。

第七十条 公司各级单位应按照"平战结合、一专多能、装备精良、训练有素、快速反应、战斗力强"的原则，建立应急救援基干队伍。加强应急联动机制建设，提高协同应对突发事件的能力。

第七十一条 公司各级单位应按照"实际、实用、实效"的原则，建立横向到边、纵向到底、上下对应、内外衔接的应急预案体系。应急预案由本单位主要负责人签署发布，并向上级有关部门备案。

第七十二条 公司各级单位应定期组织开展应急演练，每两年至少组织一次综合应急演练或社会应急联合演练，每年至少组织一次专项应急演练。

第七十三条 公司各级单位应建立应急资金保障机制，落实应急队伍、应急装备、应急物资所需资金，提高应急保障能力；以 3 年～5 年为周期，开展应急能力评估。

第七十四条 突发事件发生后，事发单位要做好先期处置，并及时向上级和所在地人民政府及有关部门报告。根据突发事件性质、级别，按照分级响应要求，组织开展应急处置与救援。

第七十五条 突发事件应急处置工作结束后，相关单位应对突发事件应急处置情况进行调查评估，提出防范和改进措施。

4.1.3 隐患排查治理

本条评价项目（见《评价》）的查评依据如下。

【**依据**】《国家电网公司安全工作规定》［国网（安监/2）406—2014］

第六十五条　隐患排查治理。公司各级单位应按照"全方位覆盖、全过程闭环"的原则，实施隐患"发现、评估、报告、治理、验收、销号"的闭环管理。按照"预评估、评估、核定"步骤定期评估隐患等级，建立隐患信息库，实现"一患一档"管理，保证隐患治理责任、措施、资金、期限、预案"五落实"。建立隐患排查治理定期通报工作机制。

4.1.4 变电评价管理

本条评价项目（见《评价》）的查评依据如下。

【**依据1**】《国家电网公司变电评价管理规定（试行）》［国网（运检/3）830—2017］

第三条　变电评价管理坚持"全面覆盖、专业评价、精益管理、分级负责、整改闭环"的原则。全面覆盖指应覆盖到变电站内所有设备及运检管理工作，全面查找设备和运检管理薄弱环节。专业评价指评价工作应由经验丰富，技术过硬、工作严谨、认真负责的专业人员开展。精益管理指对设备验收、运维、检测、检修、反措执行等运检管理全过程进行精益评价，持续提升设备健康程度和运检管理水平。分级负责指各级运检单位对管辖范围内变电设备开展精益化自评价和状态评价，上级运检部开展抽查评价和工作质量评定。整改闭环指评价发现问题应逐条落实整改闭环，确保设备安全运行。

第四十条　变电设备评价分为精益化管理评价、年度状态评价、动态评价三大类。

第四十一条　精益化管理评价是对变电设备验收、运维、检测、检修、反措执行及运检管理进行全面检查评价，全方位查找设备和运检管理薄弱环节，不断提升变电精益化管理水平和设备运行可靠性。

第四十二条　年度状态评价是综合专业巡视、带电检测、在线监测、例行试验、诊断性试验等各种技术手段，依据电网设备状态评价导则每年集中组织开展的变电设备状态评价工作。

第四十三条　动态评价是设备重要状态量发生变化后开展的评价，主要类别为新设备首次评价、缺陷评价、经历不良工况后评价、带电检测异常评价和检修后评价。

第四十四条　精益化管理评价目的是强化变电专业管理，以评价促落实，建立设备隐患排查治理常态机制，推动各项制度标准和反事故措施有效落实，为大修、技改项目决策提供依据。

第四十五条　精益化管理评价范围

（一）精益化管理评价范围包括变电设备评价和变电运检管理评价。

（二）变电设备评价范围包括：油浸式变压器（电抗器）、断路器、组合电器、隔离开关、开关柜、电流互感器、电压互感器、避雷器、并联电容器组、干式电抗器、串联补偿装置、母线及绝缘子、穿墙套管、电力电缆、消弧线圈、高频阻波器、耦合电容器、高压熔断器、中性点隔直装置、接地装置、端子箱及检修电源箱、站用变压器、站用交流电源系统、站用直流电源系统、构支架、辅助设施、土建设施、避雷针28类设备。

第四十六条　变电运检管理评价内容是变电运检五项管理规定的落实应用情况，包括组织工作、变电验收、变电运维、变电检测、变电评价和变电检修六部分。

第四十七条　精益化管理评价周期

（一）评价周期为三年，每座变电站三年内开展1次精益化评价。

（二）每年评价变电站数量为管辖范围内变电站总数的1/3。

第六十条　年度状态评价目的是全面掌握设备运行状态，准确评价设备健康状况，科学制定设备检修策略，保证设备安全稳定运行。

第六十一条　年度状态评价范围为：交流变压器（油浸式高压并联电抗器）、SF_6高压断路器、组合电器、隔离开关和接地开关、电流互感器、电压互感器、金属氧化物避雷器、并联电容器装置（集合式电容器装置）、开关柜、干式并联电抗器、交直流穿墙套管、消弧线圈装置、变电站防雷及接地装置、变电站直流系统、所用电系统15类设备。

第六十二条　年度状态评价周期

（一）年度状态评价每年开展 1 次。

（二）本年计划开展精益化评价的变电站，不重复进行年度状态评价，精益化评价结果录入 PMS 状态评价模块。第六十三条年度状态评价内容详见各类变电设备的评价导则。

第六十六条　年度状态评价执行班组、运维单位、评价中心三级评价机制。

第六十七条　班组评价应由状态评价班开展，实行专业化评价。省检修公司应由变电检修中心专业班组开展，县公司应县公司运检班组开展。

第六十八条　状态评价班人员应从本单位运维、检修、检测人员中选拔经验丰富，技术过硬的技术骨干组成，专门负责设备状态评价及检修策略制定，编制状态评价报告。

第六十九条　状态评价班人员应对 110kV、220kV 设备进行现场巡视检查后开展评价；省评价中心应对 500（330）kV 及以上设备进行现场巡视检查后开展评价。

第七十条　运维单位评价应由省检修公司和地市公司成立由变压器类、开关类、四小器类和变电运维等方面专业技术人员组成专家组，编制状态检修综合报告。

第七十一条　国网评价中心和省评价中心应成立由变压器类、开关类、四小器类和变电运维等方面专业技术人员组成专家组，对状态检修综合报告进行复核。

第七十二条　动态评价评价目的是及时掌握设备状态变化情况，动态调整设备检修策略，迅速有效处理设备状态异常。

第七十三条　动态评价范围为重要状态量发生变化的设备。

第七十四条　动态评价内容

（一）新设备首次评价是指基建、技改设备投运后，综合设备出厂试验、安装信息、交接试验信息以及带电检测、在线监测等数据，对设备进行的状态评价。

（二）缺陷评价是指发现设备缺陷后，根据重要状态量的改变，结合带电检测和在线监测等数据对设备进行的状态评价。

（三）不良工况后评价是指设备经受高温、雷电、冰冻、洪涝等自然灾害、外力破坏等环境影响以及超温、过负荷、外部短路等工况后，对发生变化的重要状态量依据评价导则进行的状态评价。

（四）检修后评价是指设备检修试验后，依据设备最新检修及试验相关信息对设备进行的状态评价。

（五）带电检测异常评价是指设备带电检测、在线监测数据发现异常后对设备进行的状态评价。

第七十九条　变电设备缺陷评价

（一）危急缺陷应立即开展动态评价工作，迅速制定检修决策措施，防止出现处理不及时而造成设备事故。

（二）严重缺陷应在 24h 内完成动态评价并制定检修策略，避免出现设备进一步损害和造成事故。

（三）一般缺陷应在 1 周内完成动态评价并制定检修策略。

第八十条　新设备首次评价应在设备投运后 1 个月内组织开 23 展并在 3 个月内完成。

【依据 2】《国家电网公司变电运维检修管理办法（试行）》［国网（运检/2）826—2017］

第五十七条　变电设备评价分为精益化管理评价、年度状态评价、动态评价二类。

（一）精益化管理评价是对变电设备验收、运维、检测、检修、反措执行及运检管理进行全面检查评价，各级运检单位应定期组织专业人员开展自评价及抽查评价工作。

（二）年度状态评价是综合专业巡视、带电检测、在线监测、例行试验、诊断性试验等技术手段，依据状态评价导则每年集中组织开展的变电设备状态评价工作。

（三）动态评价是设备重要状态量发生变化后开展的评价，主要类别为新设备首次评价、缺陷评价、经历不良工况后评价、带电检测异常评价和检修后评价。

第五十八条　精益化管理评价主要内容如下：

（一）精益化管理评价目的是以评价促落实，建立设备隐患排查治理常态机制，推动各项制度标准和反措有效落实，为大修、技改项目决策提供依据。

（二）精益化管理评价周期为 3 年，每座变电站 3 年内开展一次精益化评价。

（三）各级运检单位应制定自评价和抽查评价工作方案，组织专业人员对所辖变电站开展自评价，并由上级运检单位组织专家抽选复评。

（四）针对评价发现的问题，各单位要逐条落实整改措施、责任人和整改期限，变电设备整治型大修技改储备项目应与评价问题相对应。

第五十九条 年度状态评价管理主要内容如下：

（一）年度状态评价目的是准确评价设备健康状况，科学制定设备检修策略，保证设备安全稳定运行。

（二）年度状态评价每年开展1次。当年计划开展精益化评价的变电站，年度状态评价和精益化评价结合进行。

（三）年度状态评价执行班组、运维单位、评价中心三级评价机制。班组评价实行专业化评价，状态评价班应对110kV、220kV设备现场巡视后开展评价，省评价中心应对500（330）kV及以上设备现场巡视检查后开展评价。

（四）评价结果为异常和严重状态的变压器、断路器、GIS等主设备状态评价报告报送上级状态评价中心复核。

第六十条 动态评价管理主要内容如下：

（一）动态评价的目的是及时掌握设备状态变化情况，动态调整设备检修策略，迅速有效处理设备状态异常。

（二）动态评价包括新设备首次评价、缺陷评价、不良工况后评价、检修后评价和带电检测异常评价。

（三）新设备首次评价应在设备投运后1个月内组织开展并在3个月内完成；变电设备缺陷评价应按缺陷紧急程度开展动态评价；检修后评价应在工作结束后2周内完成；不良工况后、带电检测异常评价应在1周内完成。

（四）变电设备重要状态量发生变化时，省检修公司和地市公司运检部应立即组织对所辖设备开展分析评价，并根据评价结果及时采取针对性的处理措施。

第六十一条 设备的检修策略应根据精益化评价、年度状态评价和动态评价的结果，考虑设备运行风险，参考制造厂家要求后制定。

第六十二条 详细要求见变电评价管理规定及评价细则。

4.1.5 "两票三制"管理

本条评价项目（见《评价》）的查评依据如下。

【依据】《国家电网公司变电运维管理规定（试行）》[国网（运检/3）828—2017]

第六十八条 工作票应遵循《安规》中的有关规定，填写应符合规范。

第六十九条 运维班每天应检查当日全部已执行的工作票。每月初汇总分析工作票的执行情况，做好统计分析记录，并报主管单位。

第七十条 工作票应按月装订并及时进行三级审核，保存期为1年。

第七十一条 运维专职安全管理人员每月至少应对已执行工作票的不少于30%进行抽查。对不合格的工作票，提出改进意见，并签名。

第七十二条 变电工作票、事故应急抢修单，一份由运维班保存，另一份由工作负责人交回签发单位保存。

第七十三条 二次工作安全措施票由二次班组自行保存。

（十四）操作票印章使用规定：

1. 操作票印章包括：已执行、未执行、作废、合格、不合格。

2. 操作票作废应在操作任务栏内右下角加盖"作废"章，在作废操作票备注栏内注明作废原因；调控通知作废的任务票应在操作任务栏内右下角加盖"作废"章，并在备注栏内注明作废时间、通知作废的调控人员姓名和受令人姓名。

3. 若作废操作票含有多页，应在各页操作任务栏内右下角均加盖"作废"章，在作废操作票首页备注栏内注明作废原因，自第二张作废页开始可只在备注栏中注明"作废原因同上页"。

4. 操作任务完成后，在操作票最后一步下边一行顶格居左加盖"已执行"章；若最后一步正好位于操作票的最后一行，在该操作步骤右侧加盖"已执行"章。

5. 在操作票执行过程中因故中断操作，应在已操作完的步骤下边一行顶格居左加盖"已执行"章，并在备注栏内注明中断原因。若此操作票还有几页未执行，应在未执行的各页操作任务栏右下角加盖"未执行"章。

6. 经检查票面正确，评议人在操作票备注栏内右下角加盖"合格"评议章并签名；检查为错票，在操作票备注栏内右下角加盖"不合格"评议章并签名，并在操作票备注栏说明原因。

7. 一份操作票超过一页时，评议章盖在最后一页。

第四十四条 交接班

（一）运维人员应按照下列规定进行交接班。未办完交接手续之前，不得擅离职守。

（二）交接班前、后30min内，一般不进行重大操作。在处理事故或倒闸操作时，不得进行工作交接；工作交接时发生事故，应停止交接，由交班人员处理，接班人员在交班负责人指挥下协助工作。

（三）交接班方式

1. 轮班制值班模式：交班负责人按交接班内容向接班人员交待情况，接班人员确认无误后，由交接班双方全体人员签名后，交接班工作方告结束。

2. "2+N"值班模式：交接班由班长（副班长）组织，每日早上班时，夜间值班人员汇报夜间工作情况，班长（副班长）组织全班人员确认无误并签字后，交接班工作结束；每日晚下班时，班长（副班长）向夜间值班人员交代全天工作情况及夜间注意事项，夜间值班人员确认无误并签字后，交接班工作结束。节假日时可由班长指定负责人组织交接班工作。

（四）交接班主要内容

1. 所辖变电站运行方式。

2. 缺陷、异常、故障处理情况。

3. 两票的执行情况，现场保留安全措施及接地线情况。

4. 所辖变电站维护、切换试验、带电检测、检修工作开展情况。

5. 各种记录、资料、图纸的收存保管情况。

6. 现场安全用具、工器具、仪器仪表、钥匙、生产用车及备品备件使用情况。

7. 上级交办的任务及其他事项。

（五）接班后，接班负责人应及时组织召开本班班前会，根据天气、运行方式、工作情况、设备情况等，布置安排本班工作，交待注意事项，做好事故预想。

第六十二条 基本要求

（一）运维班负责所辖变电站的现场设备巡视工作，应结合每月停电检修计划、带电检测、设备消缺维护等工作统筹组织实施，提高运维质量和效率。

（二）巡视人员应注意人身安全，针对运行异常且可能造成人身伤害的设备应开展远方巡视，应尽量缩短在瓷质、充油设备附近的滞留时间。

（三）巡视应执行标准化作业，保证巡视质量。

（四）运维班班长、副班长和专业工程师应每月至少参加1次巡视，监督、考核巡视检查质量。

（五）对于不具备可靠的自动监视和告警系统的设备，应适当增加巡视次数。

（六）巡视设备时运维人员应着工作服，正确佩戴安全帽。雷雨天气必须巡视时应穿绝缘靴、着雨衣，不得靠近避雷器和避雷针，不得触碰设备、架构。

（七）为确保夜间巡视安全，变电站应具备完善的照明。

（八）现场巡视工器具应合格、齐备。

（九）备用设备应按照运行设备的要求进行巡视。

巡视分类变电站的设备巡视检查，分为例行巡视、全面巡视、专业巡视、熄灯巡视和特殊巡视。

第八十二条 设备定期轮换、试验

（一）在有专用收发讯设备运行的变电站，运维人员应按保护专业有关规定进行高频通道的对试工作。

（二）变电站事故照明系统每季度试验检查 1 次。

（三）主变冷却电源自投功能每季度试验 1 次。

（四）直流系统中的备用充电机应半年进行 1 次启动试验。

（五）变电站内的备用站用变（一次侧不带电）每半年应启动试验 1 次，每次带电运行不少于 24h。

（六）站用交流电源系统的备自投装置应每季度切换检查 1 次。

（七）对强油（气）风冷、强油水冷的变压器冷却系统，各组冷却器的工作状态（即工作、辅助、备用状态）应每季进行轮换运行 1 次。

（八）对 GIS 设备操作机构集中供气的工作和备用气泵，应每季轮换运行 1 次。

（九）对通风系统的备用风机与工作风机，应每季轮换运行 1 次。

4.1.6　标准化作业

本条评价项目（见《评价》）的查评依据如下。

【依据 1】《国家电网公司变电运维管理规定（试行）》[国网（运检/3）828—2017]

第一百条　标准作业卡的编制

（一）标准作业卡的编制原则为任务单一、步骤清晰、语句简练，可并行开展的任务或不是由同一小组人员完成的任务不宜编制为一张作业卡，避免标准作业卡繁杂冗长、不易执行。

（二）标准作业卡由工作负责人按模板（见附录 K）编制，班长、副班长（专业工程师）或工作票签发人负责审核。

（三）标准作业卡正文分为基本作业信息、工序要求（含风险辨识与预控措施）两部分。

（四）编制标准作业卡前，应根据作业内容开展现场勘察，确认工作任务是否全面，并根据现场环境开展安全风险辨识、制定预控措施。

（五）当作业工序存在不可逆性时，应在工序序号上标注＊，如＊2。

（六）工艺标准及要求应具体、详细，有数据控制要求的应标明。

（七）标准作业卡编号应在本运维单位内具有唯一性。按照"变电站名称＋工作类别＋年月＋序号"规则进行编号，其中工作类别包括维护、检修、带电检测、停电试验。例：城南变维护201605001。

（八）标准作业卡的编审工作应在开工前完成。

（九）对整站开展的照明系统、排水、通风系统等维护项目，可编制一张标准卡。

第一百零一条　标准作业卡的执行

（一）变电站维护、带电检测、消缺等工作均应按照标准化作业的要求进行。

（二）现场工作开工前，工作负责人应组织全体工作人员对标准作业卡进行学习，重点交代人员分工、关键工序、安全风险辨识和预控措施等。

（三）工作过程中，工作负责人应对安全风险、关键工艺要求及时进行提醒。

（四）工作负责人应及时在标准作业卡上对已完成的工序打勾，并记录有关数据。

（五）全部工作完毕后，全体工作人员应在标准作业卡中签名确认。工作负责人应对现场标准化作业情况进行评价，针对问题提出改进措施。

（六）已执行的标准作业卡至少应保留 1 年。

【依据 2】《国家电网公司变电检修管理规定（试行）》[国网（运检/3）831—2017]

第八十七条　现场检修、抢修、消缺等工作应全面执行标准化作业，使用标准作业卡。

第八十八条　标准作业卡编制要求

（一）标准作业卡的编制原则为任务单一、步骤清晰、语句简练，可并行开展的任务或不是由同一小组人员完成的任务不宜编制为一张作业卡，避免标准作业卡繁杂冗长、不易执行。

（二）标准作业卡由检修工作负责人按模板（见附录 L）编制，班长、副班长（专业工程师）或工作票签发人负责审核。

（三）标准作业卡正文分为基本作业信息、工序要求（含风险辨识与预控措施）两部分。

（四）编制标准作业卡前，应根据作业内容开展现场勘察，确认工作任务是否全面，并根据现场环境开展安全风险辨识、制定预控措施。

（五）作业工序存在不可逆性时，应在工序序号上标注*，如*2。

（六）工艺标准及要求应具体、详细，有数据控制要求的应标明。

（七）标准作业卡编号应在本单位内具有唯一性。按照"变电站名称＋工作类别＋年月＋序号"规则进行编号，其中工作类别包括维护、检修、带电检测、停电试验。例：城南变检修201605001。

（八）标准作业卡的编审工作应在开工前一天完成，突发情况可在当日开工前完成。

第八十九条　标准作业卡执行要求

（一）现场工作开工前，工作负责人应组织全体作业人员学习标准作业卡，重点交代人员分工、关键工序、安全风险辨识和预控措施等。

（二）工作过程中，工作负责人应对安全风险、关键工艺要求及时进行提醒。

（三）工作负责人应及时在标准作业卡上对已完成的工序打勾，并记录有关数据。

（四）全部工作完毕后，全体工作人员应在标准作业卡中签名确认；工作负责人应对现场标准化作业情况进行评价，针对问题提出改进措施。

（五）已执行的标准作业卡至少应保留一个检修周期。

4.1.7　防误操作管理

本条评价项目（见《评价》）的查评依据如下。

【依据】《国家电网公司变电运维管理规定（试行）》［国网（运检/3）828—2017］

第八十六条　管理原则

（一）防误闭锁装置应简单完善、安全可靠，操作和维护方便，能够实现"五防"功能，即：

1. 防止误分、误合断路器；

2. 防止带负载拉、合隔离开关或手车触头；

3. 防止带电挂（合）接地线（接地刀闸）；

4. 防止带接地线（接地刀闸）合断路器（隔离开关）；

5. 防止误入带电间隔。

（二）新、扩建变电工程或主设备经技术改造后，防误闭锁装置应与主设备同时投运。

（三）防误闭锁装置应有符合现场实际并经运维单位审批的五防规则。

（四）每年应定期对变电运维人员进行培训工作，使其熟练掌握防误装置，做到"四懂三会"（懂防误装置的原理、性能、结构和操作程序，会熟练操作、会处缺和会维护）。

（五）每年春季、秋季检修预试前，对防误装置进行普查，保证防误装置正常运行。

（六）防误装置解锁工具应封存管理并固定存放，任何人不准随意解除闭锁装置。

（七）若遇危及人身、电网、设备安全等紧急情况需要解锁操作，可由变电运维班当值负责人下令紧急使用解锁工具，解锁工具使用后应及时填写解锁钥匙使用记录。

（八）防误装置及电气设备出现异常要求解锁操作，应由防误装置专业人员核实防误装置确已故障并出具解锁意见，经防误装置专责人到现场核实无误并签字后，由变电站运维人员报告当值调控人员，方可解锁操作。

（九）电气设备检修需要解锁操作时，应经防误装置专责人现场批准，并在值班负责人监护下由运维人员进行操作，不得使用万能钥匙解锁。

（十）停用防误闭锁装置应经地市公司（省检修公司）、县公司分管生产的行政副职或总工程师批准。

（十一）应设专人负责防误装置的运维检修管理，防误装置管理应纳入现场运行规程。

第八十七条　日常管理要求

（一）现场操作通过电脑钥匙实现，操作完毕后应将电脑钥匙中当前状态信息返回给防误装置主机进行状态更新，以确保防误装置主机与现场设备状态对应。

（二）防误装置日常运行时应保持良好的状态：

1. 运行巡视及缺陷管理应等同主设备管理；

2. 检修维护工作应有明确分工和专人负责，检修项目与主设备检修项目协调配合。

（三）防误闭锁装置应有符合现场实际并经运维单位审批的五防规则。

（四）每年应定期对变电运维人员进行培训工作，使其熟练掌握防误装置，做到"四懂三会"（懂防误装置的原理、性能、结构和操作程序，会熟练操作、会处缺和会维护）。

（五）每年春季、秋季检修预试前，对防误装置进行普查，保证防误装置正常运行。

4.1.8 作业计划管理

本条评价项目（见《评价》）的查评依据如下。

【依据1】《国家电网公司变电运维管理规定（试行）》[国网（运检/3）828—2017]

第四十五条 运维计划

（一）计划制订

1. 运维工作实行计划管理，应根据公司停电计划、设备巡视和维护要求以及班组承载力制订年度计划、月度计划及周计划（见附录B）。

2. 班组运维计划应统筹巡视、操作、带电检测、设备消缺、维护等工作，提高运维质量和效率。

（二）计划内容

1. 变电运维室（分部）、县公司运检部运维计划应包括生产准备、设备验收、技术培训、规程修编、季节性预防措施、倒闸操作、设备带电检测、设备消缺维护、精益化评价等工作内容。

2. 变电运维班运维计划应包括倒闸操作、巡视、定期试验及轮换、设备带电检测及日常维护、设备消缺等工作内容。

（三）计划执行

1. 运维计划中的每项具体工作都应明确具体负责人员和完成时限。

2. 计划中的工作负责人应按计划高质量完成工作。

3. 相关管理人员应按照到岗到位要求监督检查计划的执行。

4. 变电运维室（分部）和班组应每月对计划执行情况进行检查，提高运维工作质量。

【依据2】《国家电网公司变电检修管理规定（试行）》[国网（运检/3）831—2017]

第四十三条 年检修计划管理

（一）县公司运检部每年9月15日前组织编制下年度检修计划，并报送地市公司运检部。

（二）省检修公司、地市公司运检部每年9月30日前组织编制下年度检修计划，并将220kV及以上电压等级设备检修计划报送省公司运检部。

（三）省公司运检部每年12月中旬完成220kV及以上电压等级设备检修计划的审批并发布。一类变电站年度检修计划12月31日前报送国网运检部备案。

（四）省检修公司、地市公司运检部每年12月下旬完成所辖设备检修计划审批并发布。

第四十四条 月检修计划管理

（一）省检修公司、地市公司、县公司运检部依据已下达年度检修计划，每月10日前组织完成下月度检修计划编制并报送各级调控中心。

（二）各级运检部应参加各级调控中心组织的月停电计划平衡会。

（三）各级运检部根据调控中心发布的停电计划对月检修计划修订后组织实施。

第四十五条 周工作计划管理

（一）省检修公司分部（中心）、地市公司业务室（县公司）依据已下达月检修计划，统筹考虑专业巡视、消缺安排、日常维护等工作制定周工作计划。

（二）需设备停电的，提前将停电检修申请提交各级调控中心。

第四十六条 省检修公司、地市公司运检部依据年度检修计划，组织编制大中型检修项目检修计划管控表（见附录A.4），从大修技改项目立项、年度停电计划下达、物资采购及业务外包、前期准备、检修实施、检修总结六个环节全过程管控计划任务。

第四十七条　对于大修技改项目立项已批准的检修任务，应在年度停电计划下达后的1个月之内倒排时间，保证按期高质量完成。

4.1.9　缺陷管理

本条评价项目（见《评价》）的查评依据如下。

【依据】《国家电网公司变电运维管理规定（试行）》［国网（运检/3）828—2017］

第七十四条　缺陷管理包括缺陷的发现、建档、上报、处理、验收等全过程的闭环管理。

第七十五条　缺陷管理的各个环节应分工明确、责任到人。

第七十六条　缺陷分类

（一）危急缺陷设备或建筑物发生了直接威胁安全运行并需立即处理的缺陷，否则，随时可能造成设备损坏、人身伤亡、大面积停电、火灾等事故。

（二）严重缺陷对人身或设备有严重威胁，暂时尚能坚持运行但需尽快处理的缺陷。

（三）一般缺陷上述危急、严重缺陷以外的设备缺陷，指性质一般，情况较轻，对安全运行影响不大的缺陷。

第七十七条　缺陷发现

（一）各类人员应依据有关标准、规程等要求，认真开展设备巡视、操作、检修、试验等工作，及时发现设备缺陷。

（二）检修、试验人员发现的设备缺陷应及时告知运维人员。

第七十八条　缺陷建档及上报

（一）发现缺陷后，运维班负责参照缺陷定性标准进行定性，及时启动缺陷管理流程。

（二）在PMS系统中登记设备缺陷时，应严格按照缺陷标准库和现场设备缺陷实际情况对缺陷主设备、设备部件、部件种类、缺陷部位、缺陷描述以及缺陷分类依据进行选择。

（三）对于缺陷标准库未包含的缺陷，应根据实际情况进行定性，并将缺陷内容记录清楚。

（四）对不能定性的缺陷应由上级单位组织讨论确定。

（五）对可能会改变一、二次设备运行方式或影响集中监控的危急、严重缺陷情况应向相应调控人员汇报。缺陷未消除前，运维人员应加强设备巡视。

第七十九条　缺陷处理

（一）设备缺陷的处理时限：

1. 危急缺陷处理不超过24h；

2. 严重缺陷处理不超过1个月；

3. 需停电处理的一般缺陷不超过1个检修周期，可不停电处理的一般缺陷原则上不超过3个月。

（二）发现危急缺陷后，应立即通知调控人员采取应急处理措施。

（三）缺陷未消除前，根据缺陷情况，运维单位应组织制订预控措施和应急预案。

（四）对于影响遥控操作的缺陷，应尽快安排处理，处理前后均应及时告知调控中心，并做好记录。必要时配合调控中心进行遥控操作试验。

第八十条　消缺验收

（一）缺陷处理后，运维人员应进行现场验收，核对缺陷是否消除。

（二）验收合格后，待检修人员将处理情况录入PMS系统后，运维人员再将验收意见录入PMS系统，完成闭环管理。

4.1.10　定期开展运维、检修分析

本条评价项目（见《评价》）的查评依据如下。

【依据1】《国家电网公司变电运维管理规定（试行）》［国网（运检/3）828—2017］

第一百一十五条　运维分析分为综合分析和专题分析，主要是针对设备运行、操作和异常情况及运维人员规章制度执行情况进行分析，找出薄弱环节，制订防范措施，提高运维工作质量和运维管理水平。

第一百一十六条　综合分析每月开展 1 次，由运维班班长组织全体运维人员参加。综合分析的主要内容包括：

（一）"两票"和规章制度执行情况分析；

（二）事故、异常的发生、发展及处理情况；

（三）发现的缺陷、隐患及处理情况；

（四）继电保护及自动装置动作情况；

（五）季节性预防措施和反事故措施落实情况；

（六）设备巡视检查监督评价及巡视存在问题；

（七）天气、负荷及运行方式发生变化，运维工作注意事项；

（八）本月运维工作完成情况以及下月运维工作安排。

第一百一十七条　专题分析应根据需要有针对性开展。专题分析由班长组织有关人员进行，应根据运维中出现的特定问题，制定对策，及时落实，并向上级汇报。专题分析的主要内容包括：

（一）设备出现的故障及多次出现的同一类异常情况；

（二）设备存在的家族性缺陷、隐患，采取的运行监督控制措施；

（三）其他异常及存在安全隐患的情况及其监督防范措施。

第一百一十八条　分析后要记录活动日期、分析的题目及内容、存在的问题和采取的措施，如有需上级解决的问题及改进意见应及时呈报。

【依据 2】《国家电网公司变电检修管理规定（试行）》［国网（运检/3）831—2017］

第六十七条　大型检修项目应进行检修总结（见附录 G）。对于具有典型性或施工过程中遇到的问题值得总结的中型项目，也应进行检修总结。

第六十八条　检修总结在检修项目竣工后 7 天内完成，对检修计划、检修方案、过程控制、完成情况、检修效果等情况等进行全面、系统、客观的分析和总结。

第六十九条　检修总结按项目规模分别由领导小组、现场指挥部负责组织完成。

4.1.11　现场运行、检修规程

本条评价项目（见《评价》）的查评依据如下。

【依据 1】《国家电网公司安全工作规定》［国网（安监/2）406—2014］

第二十八条　公司所属各级单位应及时修订、复查现场规程，现场规程的补充或修订应严格履行审批程序。

（一）当上级颁发新的规程和反事故技术措施、设备系统变动、本单位事故防范措施需要时，应及时对现场规程进行补充或对有关条文进行修订，书面通知有关人员；

（二）每年应对现场规程进行一次复查、修订，并书面通知有关人员；不需修订的，也应出具经复查人、审核人、批准人签名的"可以继续执行"的书面文件，并通知有关人员；

（三）现场规程宜每 3～5 年进行一次全面修订、审定并印发。

【依据 2】《国家电网公司变电运维管理规定（试行）》［国网（运检/3）828—2017］

第五十九条　规程编制

（一）变电站现场运行规程是变电站运行的依据，每座变电站均应具备变电站现场运行规程。

（二）变电站现场运行规程分为"通用规程"与"专用规程"两部分。"通用规程"主要对变电站运行提出通用和共性的管理和技术要求，适用于本单位管辖范围内各相应电压等级变电站。"专用规程"主要结合变电站现场实际情况提出具体的、差异化的、针对性的管理和技术规定，仅适用于该变电站。

（三）变电站现场运行规程应涵盖变电站一、二次设备及辅助设施的运行、操作注意事项、故障及异常处理等内容。

（四）变电站现场运行通用规程中的智能化设备部分可单独编制成册，但各智能变电站现场运行专用规程须包含站内所有设备内容。

（五）按照"运检部牵头、按专业管理、分层负责"的原则，开展变电站现场运行规程编制、修

订、审核与审批等工作。一类变电站现场运行专用规程报国网运检部备案；二类变电站现场运行专用规程报省公司运检部备案。

（六）新建（改、扩建）变电站投运前一周应具备经审批的变电站现场运行规程，之后每年应进行一次复审、修订，每五年进行一次全面的修订、审核并印发。

（七）变电站现场运行规程应依据国家、行业、公司颁发的规程、制度、反事故措施，运检、安质、调控等部门专业要求，图纸和说明书等，并结合变电站现场实际情况编制。

（八）变电站现场运行规程编制、修订与审批应严格执行管理流程，并填写《变电站现场运行规程编制（修订）24 审批表》（见附录 D）。《变电站现场运行规程编制（修订）审批表》应与现场运行规程一同存放。

（九）变电站现场运行规程审批表的编号原则为：单位名称＋运规审批＋年份＋编号。

（十）变电站现场运行通用规程由省公司组织编制，由各省公司分管领导组织运检、安质、调控等专业部门会审并签发执行。按照变电站电压等级分册，采用"省公司名称＋电压等级＋变电站现场运行通用规程"形式命名。

（十一）变电站现场运行专用规程由省检修公司、地市公司组织编制，由分管领导组织运检、安质、调控等专业会审并签发执行。每座变电站应编制独立的专用规程，采用"单位名称＋电压等级＋名称＋变电站现场运行专用规程"的形式命名。

（十二）变电站现场运行规程应在运维班、变电站及对应的调控中心同时存放。

（十三）变电站现场运行规程格式按照《电力行业标准编写基本规定》（DL/T 600）、《国家电网公司技术标准管理办法》编排。

第六十条 规程修订

（一）当发生下列情况时，应修订通用规程：

1. 当国家、行业、公司发布最新技术政策，通用规程与此冲突时；

2. 当上级专业部门提出新的管理或技术要求，通用规程与此冲突时；

3. 当发生事故教训，提出新的反事故措施后；

4. 当执行过程中发现问题后。

（二）当发生下列情况时，应修订专用规程：

1. 通用规程发生改变，专用规程与此冲突时；

2. 当各级专业部门提出新的管理或技术要求，专用规程与此冲突时；

3. 当变电站设备、环境、系统运行条件等发生变化时；

4. 当发生事故教训，提出新的反事故措施后；

5. 当执行过程中发现问题后。

（三）变电站现场运行规程每年进行一次复审，由各级运检部组织，审查流程参照编制流程执行。不需修订的应在《变电站现场运行规程编制（修订）审批表》中出具"不需修订，可以继续执行"的意见，并经各级分管领导签发执行。

（四）变电站现场运行规程每五年进行一次全面修订，由各级运检部组织，修订流程参照编制流程执行，经全面修订后重新发布，原规程同时作废。

4.1.12 业务外包管理

本条评价项目（见《评价》）的查评依据如下。

【依据】《国家电网公司变电检修管理规定（试行）》［国网（运检/3）831—2017］

第八十四条 检修业务外包一般要求

（一）各级运检部门为检修业务外包工作的管理主体。

（二）检修项目管理单位是外包工作实施的管理主体，应按照合同要求落实安全生产责任和检修质量责任。

（三）承包单位资质应符合国家和公司相关要求。

第八十五条 检修业务外包入场审核要求

（一）项目确定后，承包单位应按照检修业务外包项目发包单位的要求，提供生产业务承包合同和安全协议等书面材料。

（二）承包单位在入场前应向项目现场指挥部提交施工人员概况、相关作业人员资格证书、安全培训记录等资料。

（三）承包单位入场施工所需的主要机具、备件及材料、安全工器具及劳动防护用品等应有齐备的合格证及试验检测合格记录，并在有效期内使用。

（四）承包单位在入场施工前应向项目现场指挥部提交以下文件：

本工程施工安全目标、工程施工技术方案、特种作业安全技术方案、安全文明施工管理制度及其他安全健康与环境管理制度等资料。

第八十六条　检修业务外包现场作业要求

（一）检修业务外包项目发包单位应组织双方有关人员共同进行现场勘察，并认真填写现场勘察记录，双方签字确认。

（二）发包单位项目主管部门应组织召开工前交底会（外包单位参与现场指挥部组织的安全技术交底会），对工程进行图纸交底、技术交底，明确工作范围、带电区域和停送电配合工作，交待有关安全注意事项等。

（三）承包单位应根据现场勘察情况和交底会要求，编制施工组织设计、检修方案及组织措施、技术措施、现场标准作业卡、安全措施和针对特殊作业施工的安全措施等资料，报发包单位项目主管部门审查批准备案。其中电气设备停电相关的安全措施由发包单位负责组织完成。

（四）发包单位项目主管部门根据承包单位确定的检修方案，通知现场指挥部落实设备停电方案、工作票、工作负责人指派等事宜。

（五）对安全风险较大的工作，承包单位应增设现场专责监护人。必要时，发包单位应同时增设现场安全监督人员。

（六）施工中发生紧急事件时，承包单位应立即停止工作，保护好工作现场，并及时汇报发包单位，待查明原因，经发包单位批准同意后，方可重新开始施工。

（七）承包单位对合同范围内的施工质量负总责。

4.2　主变压器和高压并联电抗器

4.2.1　设备整体技术状况

4.2.1.1　油的色谱分析

本条评价项目（见《评价》）的查评依据如下。

【依据1】《电力设备预防性试验规程》（DL/T 596—1996）

表5　　　　　　　　　　　　　　电力变压器及电抗器的试验项目、周期和要求

序号	项目	周期	要求	说明
1	油中溶解气体色谱分析	1）220kV 及以上的所有变压器、容量 120MVA 及以上的发电厂主变压器和 330kV 及以上的电抗器在投运后的 4、10、30 天（500kV 设备还应增加 1 次在投运后 1 天）； 2）运行中：a）330kV 及以上变压器和电抗器为 3 个月；b）220kV 变压器为 6 个月；c）120MVA 及以上的发电厂主变压器为 6 个月；d）其余 8MVA 及以上的变压器为 1 年；e）8MVA 以下的油浸式变压器自行规定； 3）大修后； 4）必要时	1）运行设备的油中 H_2 与烃类气体含量（体积分数）超过下列任何一项值时应引起注意： 总烃含量大于 150×10^{-6} H_2 含量大于 150×10^{-6} C_2H_2 含量大于 5×10^{-6}（500kV 变压器为 1×10^{-6}） 2）烃类气体总的产气速率大于 0.25mL/h（开放式）和 0.5mL/h（密封式），或相对产气速率大于 10%/月则认为设备有异常； 3）对 330kV 及以上的电抗器，当出现痕量（小于 5×10^{-6}）乙炔时也应引起注意；如气体分析虽已出现异常，但判断不至于危及绕组和铁芯安全时，可在超过注意值较大的情况下运行	1）总烃包括：CH_4、C_2H_6、C_2H_4 和 C_2H_2 四种气体； 2）溶解气体组分含量有增长趋势时，可结合产气速率判断，必要时缩短周期进行追踪分析； 3）总烃含量低的设备不宜采用相对产气速率进行判断； 4）新投运的变压器应有投运前的测试数据； 5）测试周期中 1）项的规定适用于大修后的变压器

【依据2】《变压器油中溶解气体分析和判断导则》(GB/T 7252—2001)

5　检测周期

5.1　出厂设备的检测 66kV 及以上的变压器、电抗器、互感器和套管在出厂试验全部完成后要做一次色谱分析。制造过程中的色谱分析由用户和制造厂协商决定。

5.2　投运前的检测按表 2 进行定期检测的新设备及大修后的设备，投运前至少做一次检测。如果在现场进行感应耐压和局部放电试验，则应在试验后停放一段时间再做一次检测。制造厂规定不取样的全密封互感器不做检测。

5.3　投运时的检测按表 2 所规定的新的或大修后的变压器和电抗器至少应在投运后一天（仅对电压 330kV 及以上的变压器和电抗器、或容量在 120MVA 及以上的发电厂升压变），4 天、10 天、30 天各做一次检测，若无异常，可转为定期检测。制造厂规定不取样的全密封互感器不做检测。套管在必要时进行检测。

5.4　运行中的定期检测对运行中设备的定期检测周期按表 2 的规定进行。

5.5　特殊情况下的检测当设备出现异常情况时（如气体继电器动作，受大电流冲击或过励磁等），或对测试结果有怀疑时，应立即取油样进行检测，并根据检测出的气体含量情况，适当缩短检测周期。

表 2　运行中设备的定期检查周期

设备名称	设备电压等级和容量	检测周期
变压器和电抗器	电压 330kV 及以上 容量 240MVA 及以上 所有发电厂升压变压侧	3 个月一次
	电压 220kV 及以上 容量 120MVA 及以上 电压 66kV 及以上 容量 8MVA 及以上	6 个月一次 1 年一次
	电压 66kV 及以下 容量 8MVA 以下	自行规定
互感器	电压 66kV 及以上	1 年~3 年一次
套管		必要时

注　制作厂规定不取样的全密封互感器，一般在保证期内不做检测。在超过保证期后，应在不破坏密封的情况下取样分析。

6.1.2　取油样的容器

应使用密封良好的玻璃注射器取油样。当注射器充有油样时，芯子能按油体积随温度的变化自由滑动，使内外压力平衡。

6.2.2　取气样的容器

应使用密封良好的玻璃注射器取气样。取样前应用设备本体油润湿注射器，以保证注射器润滑和密封。

9.2　出厂和新投运的设备

对新出厂和新投运的变压器和电抗器要求为：出厂试验前后的两次试验结果，以及投运前后的两次分析结果不应有明显的区别。此外，气体含量应符合表 6 的要求。

表 6　对出厂和投运前的设备气体含量的要求　　　　　μL/L

气体	变压器和电抗器	互感器	套管
氢	<30	<50	<150
乙炔	0	0	0
总烃	<20	<10	<10

9.3　运行中设备油中溶解气体的注意值

9.3.1　油中溶解气体组分含量注意值

运行中设备内部油中气体含量超过表 7 和表 8 所列数值时，应引起注意。

表7　　　　　　　　　　变压器、电抗器和套管油中溶解气体含量的注意值　　　　　　　　　　μL/L

设备	气体组分	含量	
		330kV 及以上	220kV 及以下
变压器和电抗器	总烃	150	150
	乙炔	1	5
	氢	150	150
	一氧化碳	（见 10.3）	（见 10.3）
	二氧化碳	（见 10.3）	（见 10.3）
套管	甲烷	100	100
	乙炔	1	2
	氢	500	500

注　1. 该表所列不适用于从气体继电器放气嘴取出的气样（见第 11 章）；
　　　2. 关于 330kV 及以上电抗器的判断方法见第 9.3.1b。

在识别设备是否存在故障时，不仅要考虑油中溶解气体含量的绝对值，还应注意：

a）注意值不是划分设备有无故障的唯一标准。当气体浓度达到注意值时，应进行追踪分析，查明原因。

b）对 330kV 及以上的电抗器，当出现痕量（小于 1μL/L）乙炔时也应引起注意；如气体分析已出现异常，但判断不至于危及绕组和铁芯安全时，可在超过注意值较大的情况下运行。

c）影响电流互感器和电容式套管油中氢气含量的因素较多（见 4.3），有的氢气含量虽低于表中的数值，但有增长趋势，也应引起注意；有的只有氢气含量超过表中数值，若无明显增长趋势，也可判断为正常。

d）注意区别非故障情况下的气体来源，进行综合分析（见 4.3）。

9.3.2　设备中气体增长率注意值

仅仅根据分析结果的绝对值是很难对故障的严重性做出正确判断的。因为故障常常以低能量的潜伏性故障开始，若不及时采取相应措施，可能会发展成较严重的高能量的故障。因此，必须考虑故障的发展趋势，也就是故障点的产气速率。产气速率与故障能量消耗大小、故障部位、故障点的温度等情况有直接关系。

推荐下列两种方式来表示产气速率（未考虑气体损失）。

a）绝对产气速率：即每运行日产生某种气体的平均值，按下式计算：

$$\gamma_a = (C_{i,2} - C_{i,1})/\Delta t \times m/\rho \tag{12}$$

式中　γ_a——绝对产气速率，mL/d；

　　　$C_{i,2}$——第二次取样测得油中某气体浓度，μL/L；

　　　$C_{i,1}$——第一次取样测得油中某气体浓度，μL/L；

　　　Δt——二次取样时间间隔中的实际运行时间，d；

　　　m——设备总油量，t；

　　　ρ——油的密度，t/m³，0.895kg/m³。

变压器和电抗器绝对产气速率的注意值如表 9 所示。

b）相对产气速率，即每运行月（或折算到月）某种气体含量增加原有值的百分数的平均值，按式（13）计算：

$$\gamma_r(\%) = (C_{i,2} - C_{i,1})/C_{i,1} \times 1/\Delta t \times 100 \tag{13}$$

式中　γ_r——相对产气速率，%/月；

　　　$C_{i,2}$——第二次取样测得油中某气体浓度，μL/L；

　　　$C_{i,1}$——第一次取样测得油中某气体浓度，μL/L；

　　　Δt——二次取样时间间隔中的实际运行时间，月。

相对产气速率也可以用来判断充油电气设备内部的状况。总烃的相对产气速率大于 10% 时，应引起注意。对总烃起始含量很低的设备，不宜采用此判据。

产气速率在很大程度上依赖于设备类型、负荷情况、故障类型和所有绝缘材料的体积及老化程度，应综合这些情况进行综合分析。判断设备状况时，还应考虑到呼吸系统对气体的逸散作用。

对怀疑气体含量有缓慢增长趋势的设备，使用在线监测仪随时监视设备的气体增长情况是有益的，以便监视故障发展趋势。

表 9	绝对产气速率的注意值	mL/d

气体组分	开放式	隔膜式
总烃	6	12
乙炔	0.1	0.2
氢	5	10
一氧化碳	50	100
二氧化碳	100	200

注 当产气速率达到注意值时，应缩短检测周期，进行追踪分析。

10 故障类型的判断

10.1 特征气体法

根据第 4 章所述的基本原理和表 1 所列的不同故障类型产生的气体可推断设备的故障类型。

10.2 三比值

10.2.1 在热动力学和实践的基础上，推荐改良的三比值（五种气体的三种比值）作为判断充油电气设备故障类型的主要方法。改良三比值法是三比值以不同的编码表示，编码规则和故障类型判断方法见表 10 和表 11。

表 10	编 码 规 则		
气体比值范围	比值范围的编码		
	C_2H_2/C_2H_4	CH_4/H_2	C_2H_4/C_2H_6
<0.1	0	1	0
≥0.1～<1	1	0	0
≥0.1～<3	1	2	1
≥0.1	2	2	2

利用三比值的另一种判断故障类型的方法，是溶解气体分析解释表和解释简表［见附录 E（提示的附录）］。

10.2.2 三比值法的应用原则：

a）只有根据气体各组分含量的注意值或气体增长率的注意值有理由判断设备可能存在故障时，气体比值才是有效的，并应予计算。对气体含量正常，且无增长趋势的设备，比值没有意义。

b）假如气体的比值与以前的不同，可能有新的故障重叠在老故障和正常老化上。为了得到仅仅相应于新故障的气体比值，要从最后一次的分析结果中减去上一次的分析数据，并重新计算比值（尤其是在 CO 和 CO_2 含量较大的情况下）。在进行比较时，要注意在相同的负荷和温度等情况下和在相同的位置取样。

c）由于溶解其他分析本身存在的误差试验，导致气体比值也存在某些不确定性。利用本导则所述的方法分析油中溶解气体结果的重复性和再现性见 8.6。对气体浓度大于 $10\mu L/L$ 的气体，两次的测试误差不应大于平均值的 10%，而在计算气体比值时，误差提高到 20%。当气体浓度低于 $10\mu L/L$ 时，误差会更大，使比值的精确度迅速降低。因此在使用比值法判断设备故障性质时，应注意各种可能降低精确度的因素。尤其是正常值普遍较低的电压互感器、电流互感器和套管，更要注意这种情况。

表 11   **故障类型判断方法**

编码组合			故障类型判断	故障实例（参考）
C_2H_2/C_2H_4	CH_4/H_2	C_2H_4/C_2H_6		
0	0	1	低温过热（低于150℃）	绝缘导线过热，注意 CO 和 CO_2 的含量以及 CO_2/CO 值分接开关接触不良，引起夹件螺丝松动或接头焊接不良，涡流引起铜过热，铁芯漏磁，局部短路，层间绝缘不良，铁芯多点接地等高湿度；高含气量引起油中低能量密度的局部放电
	2	0	低温过热（150℃～300℃）	
	2	1	中温过热（300℃～700℃）	
	0, 1, 2	2	高温过热（高于700℃）	
	1	0	局部放电	
1	0, 1	0, 1, 2	低能放电	引线对电位未固定的部件之间连续火花放电，分接抽头引线和油隙闪络，不同电位之间的油中火花放电或悬浮电位之间的火花放电
	2	0, 1, 2	低能放电兼过热	
2	0, 1	0, 1, 2	电弧放电	线圈匝间、层间短路，相间闪络、分接头引线间油隙闪络、引起对箱壳放电、线圈熔断、分接开关飞弧、因环路电流引起对其他接地体放电等
	2	0, 1, 2	电弧放电兼过热	

10.3 对一氧化碳和二氧化碳的判断

当故障涉及固体绝缘时，会引起 CO 和 CO_2 含量的明显增长。根据现有的统计资料，固体绝缘的正常老化过程与故障情况下的劣化分解，表现在 CO 和 CO_2 的含量上，一般没有严格的界限，规律也不明显。这主要是由于从空气中吸收的 CO_2、固体绝缘老化及油的长期氧化形成 CO、CO_2 的基值过高造成的。开放式变压器溶解空气的饱和量为10%，舍贝里可以含有来自空气中的 $300\mu L/L$ 的 CO_2。在密封设备里，空气也可能经泄漏而进入设备油中，这样，有油中的 CO_2 浓度将以空气的比率存在。经验证明，当怀疑设备固体绝缘材料老化时，一般 $CO_2/CO>7$。当怀疑故障涉及到固体绝缘材料时（高于200℃），可能 $CO_2/CO<3$，必要时，应从最后一次的测试结果中减去上一次的测试数据，重新计算比值，以确定故障是否涉及固体绝缘。

当怀疑纸或纸板过度老化时，应适当地测试油中糠醛含量，或在可能的情况下测试纸样的聚合度。

10.4 判断故障类型的其他方法

10.4.1 比值 O_2/N_2

一般在油中都溶解有 O_2 和 N_2，这是油在开放式设备的储油罐中与空气作用的结果，或密封设备泄漏的结果。在设备里，考虑到 O_2 和 N_2 的相对溶解度，油中 O_2/N_2 的比值反映空气的组成，接近0.5。运行中由于油的氧化或纸的老化，这个比值可能降低，因为 O_2 的消耗比扩散更迅速。负荷和保护系统也可能影响这个比值。但当 $O_2/N_2<0.3$ 时，一般认为是出现氧被极度消耗的迹象。

10.4.2 比值 C_2H_2/H_2

在电力变压器中，有载调压操作产生的气体与低能量放电的情况相符。假如某些油或气体在有载调压油箱与主油箱之间想通，或各自的储油罐之间想通，这些气体可能污染主油箱的油，并导致误判断。

主油箱中 $C_2H_2/H_2>2$，认为是有载调压污染的迹象。这种情况可利用比较主油箱和储油罐的油中溶解气体浓度来确定。气体比值和乙炔浓度值依赖有载调压的操作次数和产生污染的方式（通过油或气）。

10.4.3 气体比值的图示法

利用气体的三比值，在立体坐标图上建立的立体图示法可方便地直观不同类型故障的发展趋势。利用 CH_4、C_2H_2 和 C_2H_4 的相对含量，在三角形坐标图上判断故障类型的方法也可辅助这种判断。见附录F（提示的附录）。

10.5 判断故障的步骤

10.5.1 出厂前的设备

按9.2的规定进行比较，并注意积累数据。当根据试验结果怀疑有故障时，应结合其他检查性试验进行综合判断。

10.5.2 运行中的设备

将试验结果的几项主要指标（总烃、甲烷、乙炔、氢）与表7和表8列出的油中溶解气体含量注意值作比较，同时注意产气速率，与表9列出的产气速率注意值作比较。短期内各种气体含量迅速增加，但尚未超过表7和表8中的数值，也可判断内部有异常状况；有的设备因某种原因使气体含量基值较高，超过表7和表8的注意值，但增长率低于表9产气速率的注意值，仍可认为是正常设备。

当认为设备内部存在故障时，可用10.1、10.2和10.4所述的方法并参考附录C、附录E和附录F，对故障的类型进行判断。

对一氧化碳和二氧化碳的判断按10.3进行。

在气体继电器内出现气体的情况下，应将继电器内气样的分析结果按第11章所述的方法进行判断。

根据上述结果以及其他检查性试验（如测量绕组直流电阻、空载特性试验、绝缘试验、局部放电试验和测量微量水分等）的结果，并结合该设备的结构、运行、检修等情况进行综合分析，判断故障的性质及部位。根据具体情况对设备采取不同的处理措施（如缩短试验周期、加强监视、限制负荷，近期安排内部检查，立即停止运行等）。

4.2.1.2　油的简化试验及电气试验

本条评价项目（见《评价》）的查评依据如下。

【依据1】《运行中变压器油质量》（GB/T 7595—2017）

3　技术要求

3.1　变压器油的选用应按照 DL/T 1094 进行。

3.2　新变压器油、低温开关油的验收按 GB 2536 的规定进行，新油组成不明的按照 DL/T 929 确定组成。

3.3　运行中矿物变压器油质量标准，见表1。

3.4　运行中断路器用油质量标准，见表2。

3.5　运行中矿物变压器油、断路器用油的维护管理按照 GB/T 14542 的规定执行。

3.6　500kV 1k 以上电压等级变压器油中颗粒度应达到的技术要求、检验周期按照 DL/T 1096 的规定执行。

表1　　　　　　　　　　　　　　　运行中矿物变压器油质量标准

序号	检测项目	设备电压等级/kV	质量指标		检验方法
			投入运行前的油	运行油	
1	外观		透明，无沉淀物和悬浮物		外观目视
2	色度/号		≤2.0		GB/T 6540
3	水溶性酸（pH值）		≥5.4	≥4.2	GB/T 7598
4	酸值[a]（以 KOH 计）/mg/g		≤0.03	≤0.10	GB/T 264
5	闪点（闭口）[b]/℃		≥135		GB/T 261
6	水分[c]/(mg/L)	330～1000	≤10	≤15	GB/T 7600
		220	≤15	≤25	
		≤110 及以下	≤20	≤35	
7	界面张力（25℃）/mN/m		≥35	≥25	GB/T 6541
8	介质损耗因数（90℃）	500～1000	≤0.005	≤0.020	GB/T 5645
		≤330	≤0.010	≤0.040	
9	击穿电压/kV	750～1000	≥70	≥65	GB/T 507
		500	≥65	≥55	
		330	≥55	≥50	
		66～220	≥45	≥40	
		35 及以下	≥40	≥35	
10	体积电阻率[d]（90℃）/(Ω·m)	500～1000	≥6×10^{10}	≥1×10^{10}	DL/T 421
		≤330		≥5×10^{9}	
11	油中含气量[e]（体积分数）/%	750～1000		≤2	DL/T 703
		330～500	≤1	≤3	
		电抗器		≤5	

续表

序号	检测项目	设备电压等级/kV	质量指标		检验方法
			投入运行前的油	运行油	
12	油泥与沉淀物[f]（质量分数）/%		—	≤0.02（以下可忽略不计）	GB/T 8926—2012
13	析气性	≥500	报告		NB/SH/T 0810
14	带电倾向[g]/(pC/mL)		—	报告	DL/T 385
15	腐蚀性硫[h]		非腐蚀性		DL/T 285
16	颗粒污染度/粒[i]	1000	≤1000	≤3000	DL/T 432
		750	≤2000	≤3000	
		500	≤3000		
17	抗氧化添加剂含量（质量分数）/%含抗氧化添加剂油			大于新油原始值的60%	SH/T 0802
18	糠醛含量（质量分数）/(mg/kg)		报告	—	NB/SH/T 0812 DL/T 1355
19	二苄基二硫醚（DBDS）含量（质量分数）/(mg/kg)		检测不出[j]	—	IEC 62697-1

a 测试方法也包括 GB/T 28552，结果有争议时，以 GB/T 264 为仲裁方法。
b 测试方法也包括 GB/T 1354，结果有争议时，以 GB/T 261 为仲裁方法。
c 测试方法也包括 GB/T 7601，结果有争议时，以 GB/T 7600 为仲裁方法。
d 测试方法也包括 GB/T 5654，结果有争议时，以 GB/T 421 为仲裁方法。
e 测试方法也包括 GB/T 423，结果有争议时，以 GB/T 703 为仲裁方法。
f "油泥与沉淀物"按照 GB/T 8926—2012（方法 A）对"正戊烷不溶物"进行检测。
g 测试方法也包括 GB/T 1095，结果有争议时，以 GB/T 385 为仲裁方法。
h DL/T 285 为必做试验，是否还需要采用 GB/T 25961 或 SH/T 0804 方法进行检测可根据具体情况确定。
i 指 100mL 油中大于 5μm 的颗粒数。
j 检测不出指 DBDS 含量小于 5mg/kg。

【依据2】《电力设备预防性试验规程》（DL/T 596—1996）

13.1.3 设备和运行条件的不同，会导致油质老化速度不同，当主要设备用油的 pH 值接近 4.4 或颜色骤然变深，其他指标接近允许值或不合格时，应缩短试验周期，增加试验项目，必要时采取处理措施。

表 36 变压器油的试验项目和要求

序号	项目	要求		说明
		投入运行前的油	运行油	
1	外观	透明、无杂质或悬浮物		将油样注入试管中冷却至 5℃ 在光线充足的地方观察
2	水溶性酸 pH 值	≥5.4	≥4.2	按 GB 7598 进行试验
3	酸值，mg KOH/g	≤0.03	≤0.1	按 GB 264 或 GB 7599 进行试验
4	闪点（闭口），℃	≥140（10 号、25 号油）≥135（45 号油）	1）不应比左栏要求低 5℃；2）不应比次测定值低 5℃	按 GB 261 进行试验
5	水分，mg/L	66～110kV ≤20 220kV ≤15 330550kV ≤10	66kV～110kV ≤35 220kV ≤25 330550kV ≤15	运行中设备，测量时应注意温度的影响，尽量在顶层油温高于 50℃ 时采样，按 GB 7600 或 GB 7601 进行试验
6	击穿电压，kV	15kV 以下 ≥30 15～35kV ≥35 66～220kV ≥40 330kV ≥50 500kV ≥60	15kV 以下 ≥25 15kV～35kV ≥30 66kV～220kV ≥35 330kV ≥45 500kV ≥50	按 GB/T 507 和 DL/T 429.9 方法进行试验

序号	项目	要求		说　明
		投入运行前的油	运行油	
7	界面张力（25℃），mN/m	≥35	≥19	按 GB/T 6541 进行度试验
8	tanδ（90℃），%	330kV ≤1 500kV ≤0.07	330kV ≤4 500kV ≤2	按 GB 5645 进行试验
9	体积电阻率（90℃），Ω·m	≥6×10¹⁰	500kV≥1×10¹⁰ 330kV 及以下≥3×10⁹	按 DL/T 421 或 GB 5654 进行试验
10	油中含气量（体积分数），%	330kV≤1 500kV	一般不大于 3	按 DL/T 423 或 DL/T 450 进行试验
11	油泥与沉淀物（质量分数），%	—	一般不大于 0.02	按 GB/T 511 试验，若只测定油泥含量，试验最后采用乙醇—苯（1：4）将油泥洗于恒重容器中，称重

【依据3】《输变电设备状态检修试验规程》（Q/GDW 1168—2013）

7.1　绝缘油例行试验

油样提取应遵循设备技术文件之规定，特别是少油设备。例行试验项目如表 91 所示。

表 91　　　　　　　　　　　　　　　　绝缘油例行试验项目

例行试验项目	要　求	说明条款
视觉检查	透明，无杂质和悬浮物	见 7.1.1 条
击穿电压	1. ≥60kV（警示值），750kV； 2. ≥50kV（警示值），500kV； 3. ≥45kV（警示值），330kV； 4. ≥40kV（警示值），220kV； 5. ≥35kV（警示值），110（66）kV； 6. ≥30kV（警示值），35kV	见 7.1.2 条
水分	1. ≤15mg/L（注意值），330kV 及以上； 2. ≤25mg/L（注意值），220kV； 3. ≤35mg/L（注意值），110（66）kV	见 7.1.3 条
介质损耗因数（90℃）	1. ≤0.02（注意值），500kV 及以上； 2. ≤0.04（注意值），330kV 及以下	见 7.1.4 条
酸值	≤0.1mg KOH/g（注意值）	见 7.1.5 条
油中含气量（v/v）	1. 变压器：≤3%，500（330）kV≤2%，750kV； 2. 电抗器：≤5%，500（330）kV 及以上	见 7.1.6 条

7.1.1　视觉检查

凭视觉检测油的颜色，粗略判断油的状态。评估方法见表 92。可参考 DL 429.1 和 DL 429.2。

7.1.2　击穿电压

表 92　　　　　　　　　　　　　　　　油质视觉检查及油质初步评估

视觉检测	淡黄色	黄色	深黄色	棕褐色
油质评估	好油	较好油	轻度老化的油	老化的油

击穿电压值达不到规定要求时，应进行处理或更换新油。测量方法参考 GB/T 507。

7.1.3　水分

测量时应注意油温，并尽量在顶层油温高于 60℃ 时取样。测量方法参考 GB/T 7600 或 GB/T 7601。怀疑受潮时，应随时测量油中水分。

7.1.4 介质损耗因数

介质损耗因数测量方法参考 GB/T 5654。

7.1.5 酸值

酸值大于注意值时（参见表93），应进行再生处理或更换新油。油的酸值按 GB/T 264 测定。

表 93 　　　　　　　　　　　　　酸 值 及 油 质 评 估

酸值，mg KOH/g	0.03	0.1	0.2	0.5
油质评估	新油	可继续运行	下次维修时需进行再生处理	油质较差

7.1.6 油中含气量

油中含气量测量方法参考 DL/T 703、DL/T 450 或 DL/T 423。

7.2 绝缘油诊断性试验

新油，或例行试验后怀疑油质有问题时应进行诊断试验，试验结果应符合要求。

表 94 　　　　　　　　　　　　　　绝缘油诊断性试验项目

试验项目	要　　求	说明条款
界面张力（25℃）	≥19（新投运 35）mN/m（注意值）	见 7.2.1 条
抗氧化剂含量检测	≥0.1%（注意值）	见 7.2.2 条
体积电阻率（90℃）	1. ≥1×1010（新投运 6×1010）Ωm（注意值），500kV 及以上； 2. ≥5×109（新投运 6×1010）Ωm（注意值），330kV 及以下	见 7.2.3 条
油泥与沉淀物（m/m）	≤0.02%（注意值）	见 7.2.4 条
颗粒数（个/100mL）	≤3000（330kV 及以上）	见 7.2.5 条
油的相容性试验	见 7.2.6 条	见 7.2.6 条

7.2.1 界面张力

油对水的界面张力测量方法参考 GB/T 6541，低于注意值时宜换新油。

7.2.2 抗氧化剂含量

对于添加了抗氧化剂的油，当油变色或酸值偏高时应测量抗氧化剂含量。抗氧化剂含量减少，应按规定添加新的抗氧化剂；采取上述措施前，应咨询制造商的意见。测量方法参考 GB 7602。

7.2.3 体积电阻率

体积电阻率测量方法参考 GB/T 5654 或 DL/T 421。

7.2.4 油泥与沉淀物

当界面张力小于 25mN/m 时，进行本项目。测量方法参考 GB/T 511。

7.2.5 颗粒数

本项试验可以用来表征油的纯净度。每 10mL 油中大于 $3\sim150\mu m$ 的颗粒数一般不大于 1500 个，大于 1500 个应予注意，大于 5000 个说明油受到了污染。对于变压器，过量的金属颗粒是潜油泵磨损的一个信号，必要时应进行金属成分及含量分析。

7.2.6 油的相容性试验

一般不宜将不同牌号的油混合使用。如混合使用，应进行本项目。测量方法和要求参考 GB/T 14542。

7.2.7 铜金属含量测量

当发现介损和绝缘油发现明显劣化时，进行本项目。测量方法参考 DL/T 263。

4.2.1.3 交接及预防性试验

本条评价项目（见《评价》）的查评依据如下。

【依据1】《电气装置安装工程电气设备交接试验标准》（GB 50150—2016）

8.0.1 电力变压器的试验项目，应包括下列内容：

1 绝缘油试验或 SF$_6$ 气体试验；

2 测量绕组连同套管的直流电阻；

3 检查所有分接的电压比；

4 检查变压器的三相接线组别和单相变压器引出线的极性；

5 测量铁芯及夹件的绝缘电阻；

6 非纯瓷套管的试验；

7 有载调压切换装置的检查和试验；

8 测量绕组连同套管的绝缘电阻、吸收比或极化指数；

9 测量绕组连同套管的介质损耗因数（tanδ）与电容量；

10 变压器绕组变形试验；

11 绕组连同套管的交流耐压试验；

12 绕组连同套管的长时感应耐压试验带局部放电测量；

13 额定电压下的冲击合闸试验；

14 检查相位；

15 测量噪声。

8.0.2 各类变压器试验项目应符合下列规定：

1 容量为 1600kVA 及以下油浸式电力变压器，可按本标准第 8.0.1 条第 1、2、3、4、5、6、7、8、11、13 款和第 14 款进行试验；

2 干式变压器可按本标准第 8.0.1 条第 2、3、4、5、7、8、11、13 款和第 14 款进行试验；

3 变流、整流变压器可按本标准第 8.0.1 条第 1、2、3、4、5、6、7、8、11、13 款和第 14 款进行试验；

4 电炉变压器可按本标准第 8.0.1 条第 1、2、3、4、5、6、7、8、11、13 款和第 14 款进行试验；

5 接地变压器、曲折变压器可按本标准第 8.0.1 条第 2、3、4、5、8、11 款和第 13 款进行试验，对于油浸式变压器还应按本标准第 8.0.1 条第 1 款和第 9 款进行试验；

6 穿心式电流互感器、电容型套管应分别按本标准第 10 章互感器和第 15 章套管的试验项目进行试验；

7 分体运输、现场组装的变压器应由订货方见证所有出厂试验项目，现场试验应按本标准执行；

8 应对气体继电器、油流继电器、压力释放阀和气体密度继电器等附件进行检查。

8.0.3 油浸式变压器中绝缘油及 SF_6 气体绝缘变压器中 SF_6 气体的试验，应符合下列规定：

1 绝缘油的试验类别应符合本标准表 19.0.2 的规定，试验项目及标准应符合本标准表 19.0.1 的规定。

2 油中溶解气体的色谱分析，应符合下列规定：

1）电压等级在 66kV 及以上的变压器，应在注油静置后、耐压和局部放电试验 24h 后、冲击合闸及额定电压下运行 24h 后，各进行一次变压器器身内绝缘油的油中溶解气体的色谱分析。

2）试验应符合现行国家标准《变压器油中溶解气体分析和判断导则》（GB/T 7252）的有关规定。各次测得的氢、乙炔、总经含量，应无明显差别。

3）新装变压器油中总氢含量不应超过 $20\mu L/L$，比含量不应超过 $10\mu L/L$，C_2H_2 含量不应超过 $0.1\mu L/L$。

3 变压器油中水含量的测量，应符合下列规定：

1）电压等级为 110（66）kV 时，油中水含量不应大于 20mg/L；

2）电压等级为 220kV 时，油中水含量不应大于 15mg/L；

3）电压等级为 330kV～750kV 时，油中水含量不应大于 10mg/L。

4 油中含气量的测量，应按规定时间静置后取样测量油中的含气量，电压等级为 330kV～750kV 的变压器，其值不应大于 1%（体积分数）。

5 对 SF_6 气体绝缘的变压器应进行 SF_6 气体含水量检验及检漏。SF_6 气体含水量（20℃ 的体积分数）不宜大于 $250\mu L/L$，变压器应无明显泄漏点。

8.0.4 测量绕组连同套管的直流电阻，应符合下列规定：

1 测量应在各分接的所有位置上进行。

2 1600kVA 及以下三相变压器，各相绕组相互间的差别不应大于4%；无中性点引出的绕组，线间各绕组相互间差别不应大于2%；1600kVA 以上变压器，各相绕组相互间差别不应大于2%；无中性点引出的绕组，线间相互间差别不应大于1%。

3 变压器的直流电阻，与同温下产品出厂实测数值比较，相应变化不应大于2%；不同温度下电阻值应按下式计算：

$$R_2 = R_1(T+t_2)/(T+t_1) \tag{8.0.4}$$

式中 R_1——温度在 t_1（℃）时的电阻值（Ω）；

R_2——温度在 t_2（℃）时的电阻值（Ω）；

T——计算用常数，铜导线取235，铝导线取225。

4 由于变压器结构等原因，差值超过本条第2款时，可只按本条第3款进行比较，但应说明原因。

5 无励磁调压变压器送电前最后一次测量，应在使用的分接锁定后进行。

8.0.5 检查所有分接的电压比，应符合下列规定：

1 所有分接的电压比应符合电压比的规律；

2 与制造厂铭牌数据相比，应符合下列规定：

1）电压等级在35kV以下，电压比小于3的变压器电压比允许偏差应为±1%；

2）其他所有变压器额定分接下电压比允许偏差不应超过±0.5%；

3）其他分接的电压比应在变压器阻抗电压值的1/10以内，且允许偏差应为±1%。

8.0.6 检查变压器的三相接线组别和单相变压器引出线的极性，应符合下列规定：

1 变压器的三相接线组别和单相变压器引出线的极性应符合设计要求；

2 变压器的三相接线组别和单相变压器引出线的极性应与铭牌上的标记和外壳上的符号相符。

8.0.7 测量铁芯及夹件的绝缘电阻，应符合下列规定：

1 应测量铁芯对地绝缘电阻、夹件对地绝缘电阻、铁芯对夹件绝缘电阻。

2 进行器身检查的变压器，应测量可接触到的穿心螺栓、轭铁夹件及绑扎钢带对铁轭、铁芯、油箱及绕组压环的绝缘电阻。当轭铁梁及穿心螺栓一端与铁心连接时，应将连接片断开后进行试验。

3 在变压器所有安装工作结束后应进行铁芯对地、有外引接地线的夹件对地及铁芯对夹件的绝缘电阻测量。

4 对变压器上有专用的铁芯接地线引出套管时，应在注油前后测量其对外壳的绝缘电阻。

5 采用2500V绝缘电阻表测量，持续时间应为1min，应无闪络及击穿现象。

8.0.8 非纯瓷套管的试验，应按本标准第15章的规定进行。

8.0.9 有载调压切换装置的检查和试验，应符合下列规定：

1 有载分接开关绝缘油击穿电压应符合本标准表19.0.1的规定。

2 在变压器无电压下，有载分接开关的手动操作不应少于2个循环、电动操作不应少于5个循环，其中电动操作时电源电压应为额定电压的85%及以上。操作应无卡涩，连动程序、电气和机械限位应正常。

3 循环操作后，进行绕组连同套管在所有分接下直流电阻和电压比测量，试验结果应符合本标准第8.0.4条、第8.0.5条的规定。

4 在变压器带电条件下进行有载调压开关电动操作，动作应正常。操作过程中，各侧电压应在系统电压允许范围内。

8.0.10 测量绕组连同套管的绝缘电阻、吸收比或极化指数，应符合下列规定：

1 绝缘电阻值不应低于产品出厂试验值的70%或不低于10000MΩ（20℃）。

2 当测量温度与产品出厂试验时的温度不符合时，油浸式电力变压器绝缘电阻的温度换算系数可按表8.0.10换算到同一温度时的数值进行比较。

表 8.0.10 油浸式电力变压器绝缘电阻的温度换算系数

温度差 K	5	10	15	20	25	30	35	40	45	50	55	60
换算系数 A	1.2	1.5	1.8	2.3	2.8	3.4	4.1	5.1	6.2	7.5	9.2	11.2

注 1. 表中 K 为实测温度减去 20℃的绝对值。
　　2. 测量温度以上层油温为准。

当测量绝缘电阻的温度差不是表中所列数值时，其换算系数 A 可用线性插入法确定，也可按下述公式计算：

$$A = 1.5^{K/10} \tag{8.0.10-1}$$

校正到 20℃时的绝缘电阻值可用下述公式计算：

当实测温度为 20℃以上时：

$$R_{20} = AR_t \tag{8.0.10-2}$$

当实测温度为 20℃以下时：

$$R_{20} = R_t/A \tag{8.0.10-3}$$

式中　R_{20}——校正到 20℃时的绝缘电阻值，MΩ；

　　　　R_t——在测量温度下的绝缘电阻值，MΩ。

3　变压器电压等级为 35kV 及以上时，应测量吸收比。吸收比与产品出厂值相比应元明显差别，在常温 F 不应小于 1.3；当 R_{60} 大于 3000MΩ（20℃）时，吸收比可不作考核要求。

4　变压器电压等级为 220kV 及以上或容量为 120MVA 及以上时，宜用 5000V 绝缘电阻表测量极化指数。测得值与产品出厂值相比应无明显差别，在常温下不应小于 1.5。当 R_{60} 大于 10000MΩ（20℃）时，极化指数可不作考核要求。

8.0.11　测量绕组连同套管的介质损耗因数（tanδ）及电容量，应符合下列规定：

1　当变压器电压等级为 35kV 及以上且容量在 10000kVA 及以上时，应测量介质损耗因数（tanδ）；

2　被测绕组的 tanδ 值不宜大于产品出厂试验值的 130%，当大于 130%时，可结合其他绝缘试验结果综合分析判断；

3　当测量时的温度与产品出厂试验温度小符合时，可按本标准附录 C 表换算到同一温度时的数值进行比较；

4　变压器本体电容量与出厂值相比允许偏差应为±3%。

8.0.12　变压器绕组变形试验，应符合下列规定：

1　对于 35kV 及以下电压等级变压器，宜采用低电压短路阻抗法；

2　对于 110（66）kV 及以上电压等级变压器，宜采用频率响应法测量绕组特征图谱。

8.0.13　绕组连同套管的交流耐压试验，应符合下列规定：

1　额定电压在 110kV 以下的变压器，线端试验应按本标准附录表 D.0.1 进行交流耐压试验；

2　绕组额定电压为 110（66）kV 及以上的变压器，其中性点应进行交流耐压试验，试验耐受电压标准应符合本标准附录表 D.0.2 的规定，并应符合下列规定：

1）试验电压波形应接近正弦，试验电压值应为测量电压的峰值除以 JZ. 试验时应在高压端监测；

2）外施交流电压试验电压的频率不应低于 40Hz，全电压下耐受时间应为 60s；

3）感应电压试验时，试验电压的频率应大于额定频率。当试验电压频率小于或等于 2 倍额定频率时，全电压下试验时间为 60s；当试验电压频率大于 2 倍额定频率时，全电压下试验时间应按下式计算：

$$t = 120X(f_N/f_s) \tag{8.0.13}$$

式中　f_N——额定频率；

　　　　f_s——试验频率；

　　　　t——全电压下试验时间，不应少于 15s。

8.0.14　绕组连同套管的长时感应电压试验带局部放电测量（ACLD），应符合下列规定：

1　电压等级 220kV 及以上变压器在新安装时，应进行现场局部放电试验。电压等级为 110kV 的变压器，当对绝缘有怀疑时，应进行局部放电试验；

2 局部放电试验方法及判断方法，应按现行国家标准《电力变压器 第3部分：绝缘水平、绝缘试验和外绝缘空隙间隙》（GB 1094.3）中的有关规定执行；

3 750kV变压器现场交接试验时，绕组连同套管的长时感应电压试验带局部放电测量（ACLD）中，激发电压应按出厂交流耐压的80%（720kV）进行。

8.0.15 额定电压下的冲击合闸试验，应符合下列规定：

1 在额定电压下对变压器的冲击合闸试验，应进行5次，每次间隔时间宜为5min，应无异常现象，其中750kV变压器在额定电压下，第一次冲击合闸后的带电运行时间不应少于30min，其后每次合闸后带电运行时间可逐次缩短，但不应少于5min；

2 冲击合闸宜在变压器高压侧进行，对中性点接地的电力系统试验时变压器中性点应接地；

3 发电机变压器组中间连接元操作断开点的变压器，可不进行冲击合闸试验；

4 无电流差动保护的干式变可冲击3次。

8.0.16 检查变压器的相位，应与电网相位一致。

8.0.17 测量噪声，应符合下列规定：

1 电压等级为750kV的变压器的噪声，应在额定电压及额定频率下测量，噪声值声压级不应大于80dB（A）；

2 测量方法和要求应符合现行国家标准《电力变压器 第10部分：声级测定》（GB/T 1094.10）的规定；

3 验收应以出厂验收为准；

4 对于室内变压器可不进行噪声测量试验。

【依据2】《电力设备预防性试验规程》（DL/T 596—1996）

6.1 电力变压器及电抗器的试验项目、周期和要求见表5。

表5　　　　　　　　　　　　电力变压器及电抗器的试验项目、周期和要求

序号	项目	周　期	要　求	说　明
1	油中溶解气体色谱分析	1）220kV及以上的所有变压器、容量120MVA及以上的发电厂主变压器和330kV及以上的电抗器在投运后的4天、10天、30天（500kV设备还应增加1次在投运后1天）； 2）运行中：a）330kV及以上变压器和电抗器为3个月；b）220kV变压器为6个月；c）120MVA及以上的发电厂主变压器为6个月；d）其余8MVA及以上的变压器为1年；e）8MVA以下的油浸式变压器自行规定； 3）大修后； 4）必要时	1）运行设备的油中H_2与烃类气体含量（体积分数）超过下列任何一项值时应引起注意： 　总烃含量大于$150×10^{-6}$ 　H_2含量大于$150×10^{-6}$ 　C_2H_2含量大于$5×10^{-6}$（500kV变压器为$1×10^{-6}$） 2）烃类气体总和的产气速率大于0.25mL/h（开放式）和0.5mL/h（密封式），或相对产气速率大于10%/月则认为设备有异常； 3）对330kV及以上的电抗器，当出现痕量（小于$5×10^{-6}$）乙炔时也应引起注意；如气体分析虽已出现异常，但判断不至于危及绕组和铁芯安全时，可在超过注意值较大的情况下运行	1）总烃包括：CH_4、C_2H_6、C_2H_4和C_2H_2四种气体； 2）溶解气体组分含量有增长趋势时，可结合产气速率判断，必要时缩短周期进行追踪分析； 3）总烃含量低的设备不宜采用相对产气速率进行判断； 4）新投运的变压器应有投运前的测试数据； 5）测试周期中1）项的规定适用于大修后的变压器
2	绕组直流电阻	1）1～3年或自行规定； 2）无励磁调压变压器变换分接位置后； 3）有载调压变压器的分接开关检修后（在所有分接侧）； 4）大修后； 5）必要时	1）1.6MVA以上变压器，各相绕组电阻相互间的差别不应大于三相平均值的2%，无中性点引出的绕组，线间差别不应大于三相平均值的1%； 2）1.6MVA及以下的变压器，相间差别一般不大于三相平均值的4%，线间差别一般不大于三相平均值的2%； 3）与以前相同部位测得值比较，其变化不应大于2%； 4）电抗器参照执行	1）如电阻相间差在出厂时超过规定，制造厂已说明了这种偏差的原因，按要求中3）项执行； 2）不同温度下的电阻值按下式换算 $$R_2=R_1\left(\frac{T+t_2}{T+t_1}\right)$$ 式中，R_1、R_2分别为在温度t_1、t_2时的电阻值；T为计算用常数，铜导线取235，铝导线取225； 3）无励磁调压变压器应在使用的分接锁定后测量

续表

序号	项目	周期	要求	说明
3	绕组绝缘电阻、吸收比或（和）极化指数	1）1年～3年或自行规定； 2）大修后； 3）必要时	1）绝缘电阻换算至同一温度下，与前一次测试结果相比应无明显变化； 2）吸收比（10℃～30℃范围）不低于1.3或极化指数不低于1.5	1）采用2500V或5000V绝缘电阻表； 2）测量前被试绕组应充分放电； 3）测量温度以顶层油温为准，尽量使每次测量温度相近； 4）尽量在油温低于50℃时测量，不同温度下的绝缘电阻值一般可按下式换算 $R_2=R_1\times1.5^{(t_1-t_2)/10}$ 式中，R_1、R_2分别为温度t_1、t_2时的绝缘电阻值； 5）吸收比和极化指数不进行温度换算
4	绕组的$\tan\delta$	1）1年～3年或自行规定； 2）大修后； 3）必要时	1）20℃时$\tan\delta$不大于下列数值： 330kV～500kV 0.6% 66kV～220kV 0.8% 35kV及以下 1.5% 2）$\tan\delta$值与历年的数值比较不应有显著变化（一般不大于30%）； 3）试验电压如下： 绕组电压10kV及以上　10kV 绕组电压10kV以下　U_n 4）用M型试验器时试验电压自行规定	1）非被试绕组应接地或屏蔽； 2）同一变压器各绕组$\tan\delta$的要求值相同； 3）测量温度以顶层油温为准，尽量使每次测量的温度相近； 4）尽量在油温低于50℃时测量，不同温度下的$\tan\delta$值一般可按下式换算 $\tan\delta_2=\tan\delta_1\times1.3^{(t_2-t_1)/10}$ 式中，$\tan\delta_1$、$\tan\delta_2$分别为温度t_1、t_2时的$\tan\delta$值
5	电容型套管的$\tan\delta$和电容值	1）1年～3年或自行规定； 2）大修后； 3）必要时	见第9章	1）用正接法测量； 2）测量时记录环境温度及变压器（电抗器）顶层油温
6	绝缘油试验	1）1年～3年或自行规定； 2）大修后； 3）必要时	见第13章	
7	交流耐压试验	1）1年～5年（10kV及以下）； 2）大修后（66kV及以下）； 3）更换绕组后； 4）必要时	1）油浸变压器（电抗器）试验电压值按表6（定期试验按部分更换绕组电压值）； 2）干式变压器全部更换绕组时，按出厂试验电压值；部分更换绕组和定期试验时，按出厂试验电压值的0.85倍	1）可采用倍频感应或操作波感应法； 2）66kV及以下全绝缘变压器，现场条件不具备时，可只进行外施工频耐压试验； 3）电抗器进行外施工频耐压试验
8	铁芯（有外引接地线的）绝缘电阻	1）1年～3年或自行规定； 2）大修后； 3）必要时	1）与以前测试结果相比无显著差别； 2）运行中铁芯接地电流一般不大于0.1A	1）采用2500V绝缘电阻表（对运行年久的变压器可用1000V绝缘电阻表）； 2）夹件引出接地的可单独对夹件进行测量
9	穿心螺栓、铁轭夹件、绑扎钢带、铁芯、线圈压环及屏蔽等的绝缘电阻	1）大修后； 2）必要时	220kV及以上者绝缘电阻一般不低于500MΩ，其他自行规定	1）采用2500V绝缘电阻表（对运行年久的变压器可用1000V绝缘电阻表）； 2）连接片不能拆开者不进行
10	油中含水量	见第13章		
11	油中含气量	见第13章		
12	绕组泄漏电流	1）1年～3年或自行规定； 2）必要时	1）试验电压一般如下： 绕组额定电压/kV：3 / 6～10 / 20～35 / 66～330 / 500 直流试验电压/kV：5 / 10 / 20 / 40 / 60 2）与前一次测试结果相比应无明显变化	读取1min时的泄漏电流值

续表

序号	项目	周期	要求	说明
13	绕组所有分接的电压比	1）分接开关引线拆装后； 2）更换绕组后； 3）必要时	1）各相应接头的电压比与铭牌值相比，不应有显著差别，且符合规律； 2）电压 35kV 以下，电压比小于 3 的变压器电压比允许偏差为 ±1%；其他所有变压器：额定分接电压比允许偏差为 ±0.5%，其他分接的电压比应在变压器阻抗电压值（%）的 1/10 以内，但不得超过 ±1%	
14	校核三相变压器的组别或单相变压器极性	更换绕组后	必须与变压器铭牌和顶盖上的端子标志相一致	
15	空载电流和空载损耗	1）更换绕组后； 2）必要时	与前次试验值相比，无明显变化	试验电源可用三相或单相；试验电压可用额定电压或较低电压值（如制造厂提供了较低电压下的值，可在相同电压下进行比较）
16	短路阻抗和负载损耗	1）更换绕组后； 2）必要时	与前次试验值相比，无明显变化	试验电源可用三相或单相；试验电流可用额定值或较低电流值（如制造厂提供了较低电流下的测量值，可在相同电流下进行比较）
17	局部放电测量	1）大修后（220kV 及以上）； 2）更换绕组后（220kV 及以上、120MVA 及以上）； 3）必要时	1）在线端电压为 $1.5U_m/\sqrt{3}$ 时，放电量一般不大于 500pC；在线端电压为 $1.3U_m/\sqrt{3}$ 时，放电量一般不大于 300pC； 2）干式变压器按 GB 6450 规定执行	1）试验方法符合 GB 1094.3 的规定； 2）周期中"大修后"系指消缺性大修后，一般性大修后的试验可自行规定； 3）电抗器可进行运行电压下局部放电监测
18	有载调压装置的试验和检查	1）1 年或按制造厂要求； 2）大修后； 3）必要时		
	1）检查动作顺序，动作角度		范围开关、选择开关、切换开关的动作顺序应符合制造厂的技术要求，其动作角度应与出厂试验记录相符	
	2）操作试验：变压器带电时手动操作、电动操作、远方操作各 2 个循环		手动操作应轻松，必要时用力矩表测量，其值不超过制造厂的规定，电动操作应无卡涩，没有连动现象，电气和机械限位动作正常	
	3）检查和切换测试：			有条件时进行
	a）测量过渡电阻的阻值		与出厂值相符	
	b）测量切换时间 c）检查插入触头、动静触头的接触情况，电气回路的连接情况		三相同步的偏差、切换时间的数值及正反向切换时间的偏差均与制造厂的技术要求相符； 动、静触头平整光滑，触头烧损厚度不超过制造厂的规定值，回路连接良好	

序号	项目	周期	要求	说明
18	d）单、双数触头间非线性电阻的试验		按制造厂的技术要求	
	e）检查单、双数触头间放电间隙		无烧伤或变动	
	4）检查操作箱		接触器、电动机、传动齿轮、辅助接点、位置指示器、计数器等工作正常	
	5）切换开关室绝缘油试验		符合制造厂的技术要求，击穿电压一般不低于25kV	
	6）二次回路绝缘试验		绝缘电阻一般不低于1MΩ	采用2500V绝缘电阻表
19	测温装置及其二次回路试验	1）1年～3年；2）大修后；3）必要时	密封良好，指示正确，测温电阻值应和出厂值相符绝缘电阻一般不低于1MΩ	测量绝缘电阻采用2500V绝缘电阻表
20	气体继电器及其二次回路试验	1）1年～3年（二次回路）；2）大修后；3）必要时	整定值符合运行规程要求，动作正确绝缘电阻一般不低于1MΩ	测量绝缘电阻采用2500V绝缘电阻表
21	压力释放器校验	必要时	动作值与铭牌值相差应在±10%范围内或按制造厂规定	
22	整体密封检查	大修后	1）35kV及以下管状和平面油箱变压器采用超过油枕顶部0.6m油柱试验（约5kPa压力），对于波纹油箱和有散热器的油箱采用超过油枕顶部0.3m油柱试验（约2.5kPa压力），试验时间12h无渗漏；2）110kV及以上变压器，在油枕顶部施加0.035MPa压力，试验持续时间24h无渗漏	试验时带冷却器，不带压力释放装置
23	冷却装置及其二次回路检查试验	1）自行规定；2）大修后；3）必要时	1）投运后，流向、温升和声响正常，无渗漏；2）强油水冷装置的检查和试验，按制造厂规定；3）绝缘电阻一般不低于1MΩ	测量绝缘电阻采用2500V绝缘电阻表
24	套管中的电流互感器绝缘试验	1）大修后；2）必要时	绝缘电阻一般不低于1MΩ	采用2500V绝缘电阻表
25	全电压下空载合闸	更换绕组后	1）全部更换绕组，空载合闸5次，每次间隔5min；2）部分更换绕组，空载合闸3次，每次间隔5min	1）在使用分接上进行；2）由变压器高压或中压侧加压；3）110kV及以上的变压器中性点接地；4）发电机-变压器组的中间连接无断开点的变压器，可不进行
26	油中糠醛含量	必要时	1）含量超过下表值时，一般为非正常老化，需跟踪检测： 运行年限/年：1～5 / 5～10 / 10～15 / 15～20 糠醛量mg/L：0.1 / 0.2 / 0.4 / 0.75 2）跟踪检测时，注意增长率；3）测试值大于4mg/L时，认为绝缘老化已比较严重	建议在以下情况进行：1）油中气体总烃超标或CO、CO_2过高；2）500kV变压器和电抗器及150MVA以上升压变压器投运3年～5年后；3）需了解绝缘老化情况

续表

序号	项目	周期	要求	说明
27	绝缘纸（板）聚合度	必要时	当聚合度小于250时，应引起注意	1）试样可取引线上绝缘纸、垫块、绝缘纸板等数克； 2）对运行时间较长的变压器尽量利用吊检的机会取样
28	绝缘纸（板）含水量	必要时	含水量（质量分数）一般不大于下值： 500kV：1% 330kV：2% 220kV：3%	可用所测绕组的 tanδ 值推算或取纸样直接测量。有条件时，可按部颁 DL/T 580—96《用露点法测定变压器绝缘纸中平均含水量的方法》标准进行测量
29	阻抗测量	必要时	与出厂值相差在±5%，与三相或三相组平均值相差在±2%范围内	适用于电抗器，如受试验条件限制可在运行电压下测量
30	振动	必要时	与出厂值比不应有明显差别	
31	噪声	必要时	与出厂值比不应有明显差别	按 GB 7328 要求进行
32	油箱表面温度分布	必要时	局部热点温升不超过80K	

6.2 电力变压器交流试验电压值及操作波试验电压值见表6。

6.3 油浸式电力变压器（1.6MVA 以上）

6.3.1 定期试验项目

见表5中序号 1、2、3、4、5、6、7、8、10、11、12、18、19、20、23，其中 10、11 项适用于 330kV 及以上变压器。

6.3.2 大修试验项目

表6　　　　　　　　电力变压器交流试验电压值及操作波试验电压值

额定电压 kV	最高工作电压 kV	线端交流试验电压值 kV		中性点交流试验电压值 kV		线端操作波试验电压值 kV	
		全部更换绕组	部分更换绕组	全部更换绕组	部分更换绕组	全部更换绕组	部分更换绕组
<1	≤1	3	2.5	3	2.5	—	—
3	3.5	18	15	18	15	35	30
6	6.9	25	21	25	21	50	40
10	11.5	35	30	35	30	60	50
15	17.5	45	38	45	38	90	75
20	23.0	55	47	55	47	105	90
35	40.5	85	72	85	72	170	145
66	72.5	140	120	140	120	270	230
110	126.0	200	170 (195)	95	80	375	319
220	252.0	360 395	306 336	85 (200)	72 (170)	750	638
330	363.0	460 510	391 434	85 (230)	72 (195)	850 950	722 808
500	550.0	630 680	536 578	85 140	72 120	1050 1175	892 999

注　1. 括号内数值适用于不固定接地或经小电抗接地系统。
　　2. 操作波的波形为：波头大于 20μs，90% 以上幅值持续时间大于 200μs，波长大于 500μs；负极性三次。

a）一般性大修见表5中序号 1、2、3、4、5、6、7、8、9、10、11、17、18、19、20、22、23、24，其中 10、11 项适用于 330kV 及以上变压器。

b）更换绕组的大修见表5中序号 1、2、3、4、5、6、7、8、9、10、11、13、14、15、16、17、18、19、20、22、23、24、25，其中 10、11 项适用于 330kV 及以上变压器。

6.4 油浸式电力变压器（1.6MVA 及以下）

6.4.1 定期试验项目见表5中序号 2、3、4、5、6、7、8、19、20，其中 4、5 项适用于 35kV 及

以上变电所用变压器。

6.4.2 大修试验项目见表 5 中序号 2、3、4、5、6、7、8、9、13、14、15、16、19、20、22，其中 13、14、15、16 项适用于更换绕组时，4、5 项适用于 35kV 及以上变电所用变压器。

6.5 油浸式电抗器

6.5.1 定期试验项目见表 5 中序号 1、2、3、4、5、6、8、19、20（10kV 及以下只作 2、3、6、7）。

6.5.2 大修试验项目见表 5 中序号 1、2、3、4、5、6、8、9、10、11、19、20、22、23、24，其中 10、11 项适用于 330kV 及以上电抗器（10kV 及以下只作 2、3、6、7、9、22）。

6.6 消弧线圈

6.6.1 定期试验项目见表 5 中序号 1、2、3、4、6。

6.6.2 大修试验项目见表 5 中序号 1、2、3、4、6、7、9、22，装在消弧线圈内的电压、电流互感器的二次绕组应测绝缘电阻（参照表 5 中序号 24）。

6.7 干式变压器

6.7.1 定期试验项目见表 5 中序号 2、3、7、19。

6.7.2 更换绕组的大修试验项目见表 5 中序号 2、3、7、9、13、14、15、16、17、19，其中 17 项适用于浇注型干式变压器。

6.8 气体绝缘变压器

6.8.1 定期试验项目见表 5 中序号 2、3、7 和表 38 中序号 1。

6.8.2 大修试验项目见表 5 中序号 2、3、7、19，表 38 中序号 1 和参照表 10 中序号 2。

6.9 干式电抗器试验项目

在所连接的系统设备大修时作交流耐压试验见表 5 中序号 7。

6.10 接地变压器

6.10.1 定期试验项目见表 5 中序号 3、6、7。

6.10.2 大修试验项目见表 5 中序号 2、3、6、7、9、15、16、22，其中 15、16 项适用于更换绕组时进行。

6.11 判断故障时可供选用的试验项目

本条主要针对容量为 1.6MVA 以上变压器和 330kV、500kV 电抗器，其他设备可作参考。

a）当油中气体分析判断有异常时可选择下列试验项目：

——绕组直流电阻。

——铁芯绝缘电阻和接地电流。

——空载损耗和空载电流测量或长时间空载（或轻负载下）运行，用油中气体分析及局部放电检测仪监视。

——长时间负载（或用短路法）试验，用油中气体色谱分析监视。

——油泵及水冷却器检查试验。

——有载调压开关油箱渗漏检查试验。

——绝缘特性（绝缘电阻、吸收比、极化指数、$\tan\delta$、泄漏电流）。

——绝缘油的击穿电压、$\tan\delta$。

——绝缘油含水量。

——绝缘油含气量（500kV）。

——局部放电（可在变压器停运或运行中测量）。

——绝缘油中糠醛含量。

——耐压试验。

——油箱表面温度分布和套管端部接头温度。

b）气体继电器报警后，进行变压器油中溶解气体和继电器中的气体分析。

c）变压器出口短路后可进行下列试验：

——油中溶解气体分析。

——绕组直流电阻。

——短路阻抗。

——绕组的频率响应。

——空载电流和损耗。

d）判断绝缘受潮可进行下列试验：

——绝缘特性（绝缘电阻、吸收比、极化指数、tanδ、泄漏电流）。

——绝缘油的击穿电压、tanδ、含水量、含气量（500kV）。

——绝缘纸的含水量。

e）判断绝缘老化可进行下列试验：

——油中溶解气体分析（特别是 CO、CO_2 含量及变化）。

——绝缘油酸值。

——油中糠醛含量。

——油中含水量。

——绝缘纸或纸板的聚合度。

f）振动、噪声异常时可进行下列试验：

——振动测量。

——噪声测量。

——油中溶解气体分析。

——阻抗测量。

9.1 套管的试验项目、周期和要求见表 20。

表 20 套管的试验项目、周期和要求

序号	项目	周期	要求	说明
1	主绝缘及电容型套管末屏对地绝缘电阻	1）1年～3年； 2）大修（包括主设备大修）后； 3）必要时	1）主绝缘的绝缘电阻值不应低于10000MΩ； 2）末屏对地的绝缘电阻不应低于1000MΩ	采用 2500V 绝缘电阻表
2	主绝缘及电容型套管对地末屏 tanδ 与电容量	1）1年～3年； 2）大修（包括主设备大修）后； 3）必要时	1）20℃时的 tanδ（％）值应不大于下表中数值： 大修后／运行中（见下表） 2）当电容型套管末屏对地绝缘电阻小于1000MΩ时，应测量末屏对地 tanδ，其值不大于2％； 3）电容型套管的电容值与出厂值或上一次试验值的差别超出±5％时，应查明原因	1）油纸电容型套管的 tanδ 一般不进行温度换算，当 tanδ 与出厂值或上一次测试值比较有明显增长或接近左表数值时，应综合分析 tanδ 与温度、电压的关系。当 tanδ 随温度增加明显增大或试验电压由 10kV 升到 $U_m/\sqrt{3}$ 时，tanδ 增量超过 ±0.3％，不应继续运行； 2）20kV 以下纯瓷套管及与变压器油连通的油压式套管不测 tanδ； 3）测量变压器套管 tanδ 时，与被试套管相连的所有绕组端子连在一起加压，其余绕组端子均接地，末屏接电桥，正接线测量

表 20 第2项"要求"中 tanδ 值表：

电压等级/kV	20～35	66～110	220～500
大修后 充油型	3.0	1.5	—
大修后 油纸电容型	1.0	1.0	0.8
大修后 充胶型	3.0	2.0	—
大修后 胶纸电容型	2.0	1.5	1.0
大修后 胶纸型	2.5	2.0	—
运行中 充油型	3.5	1.5	—
运行中 油纸电容型	1.0	1.0	0.8
运行中 充胶型	3.5	2.0	—
运行中 胶纸电容型	3.0	1.5	1.0
运行中 胶纸型	3.5	2.0	—

序号	项目	周期	要 求	说 明
3	油中溶解气体色谱分析	1）投运前；2）大修后；3）必要时	油中溶解气体组分含量（体积分数）超过下列任一值时应引起注意： H_2 500×10^{-6} CH_4 100×10^{-6} C_2H_2 2×10^{-6}（110kV 及以下） 1×10^{-6}（220～500kV）	
4	交流耐压试验	1）大修后；2）必要时	试验电压值为出厂值的 85%	35kV 及以下纯瓷穿墙套管可随母线绝缘子一起耐压
5	66kV 及以上电容型套管的局部放电测量	1）大修后；2）必要时	1）变压器及电抗器套管的试验电压为 $1.5U_m/\sqrt{3}$； 2）其他套管的试验电压为 $1.05U_m/\sqrt{3}$	垂直安装的套管水平存放 1 年以上投运前宜进行本项目试验

对于序号5的局部放电测量表格（嵌套）：

在试验电压下局部放电值（pC）不大于：	油纸电容型	胶纸电容型
大修后	10	250 (100)
运行中	20	自行规定

括号内的局部放电值适用于非变压器、电抗器的套管

注 1. 充油套管指以油作为主绝缘的套管；
2. 油纸电容型套管指以油纸电容芯为主绝缘的套管；
3. 充胶套管指以胶为主绝缘的套管；
4. 胶纸电容型套管指以胶纸电容芯为主绝缘的套管；
5. 胶纸型套管指以胶纸为主绝缘与外绝缘的套管（如一般室内无瓷套胶纸套管）。

【依据3】《输变电设备状态检修试验规程》（Q/GDW 1168—2013）

4.3 设备状态量的评价和处置原则

4.3.1 设备状态评价原则

设备状态的评价应该基于巡检及例行试验、诊断性试验、在线监测、带电检测、家族缺陷、不良工况等状态信息，包括其现象强度、量值大小以及发展趋势，结合与同类设备的比较，做出综合判断。

4.3.2 注意值处置原则

有注意值要求的状态量，若当前试验值超过注意值或接近注意值的趋势明显，对于正在运行的设备，应加强跟踪监测；对于停电设备，如怀疑属于严重缺陷，不宜投入运行。

4.3.3 警示值处置原则

有警示值要求的状态量，若当前试验值超过警示值或接近警示值的趋势明显，对于运行设备应尽快安排停电试验；对于停电设备，消除此隐患之前，一般不应投入运行。

4.3.4 状态量的显著性差异分析

在相近的运行和检测条件下，同一家族设备的同一状态量不应有明显差异，否则应进行显著性差异分析，分析方法见附录A。

4.4 基于设备状态的周期调整

4.4.1 周期的调整

本标准给出的基准周期适用于一般情况，在下列情况下作调整：

a）对于停电例行试验，各省公司可依据设备状态、地域环境、电网结构等特点，在本标准所列基准周期的基础上酌情延长或缩短试验周期，调整后的试验周期一般不小于 1 年，也不大于基准周期的 2 倍。

b）对于未开展带电检测设备，试验周期不大于基准周期的 1.4 倍；未开展带电检测老旧设备（大于 20 年运龄），试验周期不大于基准周期。

c）对于巡检及例行带电检测试验项目，试验周期即为本标准所列基准周期。

d）同间隔设备的试验周期宜相同，变压器各侧主进开关及相关设备的试验周期应与该变压器相同。

4.4.2 可延迟试验的条件

符合以下各项条件的设备，停电例行试验可以在 4.4.1 周期调整后的基础上最多延迟 1 个年度：

a) 巡检中未见可能危及该设备安全运行的任何异常；

b) 带电检测（如有）显示设备状态良好；

c) 上次例行试验与其前次例行（或交接）试验结果相比无明显差异；

d) 没有任何可能危及设备安全运行的家族缺陷；

e) 上次例行试验以来，没有经受严重的不良工况。

4.4.3 需提前试验的情形

有下列情形之一的设备，需提前，或尽快安排例行或/和诊断性试验：

a) 巡检中发现有异常，此异常可能是重大质量隐患所致；

b) 带电检测（如有）显示设备状态不良；

c) 以往的例行试验有朝着注意值或警示值方向发展的明显趋势；或者接近注意值或警示值；

d) 存在重大家族缺陷；

e) 经受了较为严重不良工况，不进行试验无法确定其是否对设备状态有实质性损害；

f) 如初步判定设备继续运行有风险，则不论是否到期，都应列入最近的年度试验计划，情况严重时，应尽快退出运行，进行试验。

5.1.1.1 油浸式电力变压器、电抗器巡检及例行试验（见表1、表2）

表 1   油浸式电力变压器和电抗器巡检项目

巡检项目	基准周期	要求	说明条款
外观	1. 330kV 及以上：2 周； 2. 220kV：1 月； 3. 110（66）kV：3 月； 4. 35kV 及以下：1 年	无异常	见 5.1.1.1a）条
油温和绕组温度		符合设备技术文件之要求	见 5.1.1.1b）条
呼吸器干燥剂（硅胶）		1/3 以上处于干燥状态	见 5.1.1.1c）条
冷却系统		无异常	见 5.1.1.1d）条
声响及振动		无异常	见 5.1.1.1e）条

表 2   油浸式电力变压器和电抗器例行试验项目

例行试验项目	基准周期	要求	说明条款
红外热像检测	1. 330kV 及以上：1 月； 2. 220kV：3 月； 3. 110（66）kV：半年； 4. 35kV 及以下：1 年	无异常	见 5.1.1.3
油中溶解气体分析	1. 330kV 及以上：3 月； 2. 220kV：半年； 3. 35kV～110（66）kV：1 年	1. 乙炔≤1μL/L（330kV 及以上）≤5μL/L（其他）（注意值）； 2. 氢气≤150μL/L（注意值）； 3. 总烃≤150μL/L（注意值）； 4. 绝对产气速率：≤12mL/d（隔膜式）（注意值）或≤6mL/d（开放式）（注意值）； 5. 相对产气速率：≤10%/月（注意值）	见 5.1.1.4
绕组电阻	220kV 及以上：3 年	1. 1.6MVA 以上变压器，各相绕组电阻相间的差别不应大于三相平均值的 2%（警示值），无中性点引出的绕组，线间差别不应大于三相平均值的 1%（注意值）；1.6MVA 及以下的变压器，相间差别一般不大于三相平均值的 4%（警示值），线间差别一般不大于三相平均值的 2%（注意值）； 2. 同相初值差不超过±2%（警示值）	见 5.1.1.5
绝缘油例行试验	1. 330kV 及以上：1 年； 2. 220kV 及以下：3 年	见 7.1	见 7.1
套管试验	110（66）kV 及以上：3 年	见 5.7	见 5.7
铁芯接地电流测量（带电）	1. 220kV 及以上：1 年； 2. 110（66）kV 及以下：2 年	≤100mA（注意值）	见 5.1.1.6

例行试验项目	基准周期	要求	说明条款
铁芯绝缘电阻	1. 110 (66) kV 及以上：3 年； 2. 35kV 及以下：4 年	≥100MΩ（新投运 1000MΩ）（注意值）	见 5.1.1.7
绕组绝缘电阻	1. 110 (6) kV 及以上：3 年； 2. 35kV 及以下：4 年	1. 无显著下降； 2. 吸收比≥1.3 或极化指数≥1.5 或绝缘电阻≥10000MΩ（注意值）	见 5.1.1.8
绕组绝缘介质损耗 因数（20℃）	1. 110 (66) kV 及以上：3 年； 2. 35kV 及以下：4 年	1. 330kV 及以上：≤0.005（注意值）； 2. 110 (66) kV～220kV：≤0.008（注意值）； 3. 35kV 及以下：≤0.015（注意值）	见 5.1.1.9
有载分接开关 检查（变压器）	见 5.1.1.10	见 5.1.1.10	见 5.1.1.10
测温装置检查	1. 110 (66) kV 及以上：3 年； 2. 35kV 及以下：4 年	无异常	见 5.1.1.11
气体继电器检查		无异常	见 5.1.1.12
冷却装置检查		无异常	见 5.1.1.13
压力释放装置检查	解体性检修时	无异常	见 5.1.1.14

5.1.1.2 巡检说明

a）外观无异常，油位正常，无油渗漏；

b）记录油温、绕组温度，环境温度、负荷和冷却器开启组数；

c）呼吸器呼吸正常；当 2/3 干燥剂受潮时应予更换；若干燥剂受潮速度异常，应检查密封，并取油样分析油中水分（仅对开放式）；

d）冷却系统的风扇运行正常，出风口和散热器无异物附着或严重积污；潜油泵无异常声响、振动，油流指示器指示正确；

e）变压器声响和振动无异常，必要时按 GB/T 1094.10 测量变压器声级；如振动异常，可定量测量。

5.1.1.3 红外热像检测

检测变压器箱体、储油柜、套管、引线接头及电缆等，红外热像图显示应无异常温升、温差和/或相对温差。检测和分析方法参考 DL/T 664。

5.1.1.4 油中溶解气体分析

除例行试验外，新投运、对核心部件或主体进行解体性检修后重新投运的变压器，在投运后的第 1、4、10、30 天各进行一次本项试验。若有增长趋势，即使小于注意值，也应缩短试验周期。烃类气体含量较高时，应计算总烃的产气速率。取样及测量程序参考 GB/T 7252，同时注意设备技术文件的特别提示（如有）。当怀疑有内部缺陷（如听到异常声响）、气体继电器有信号、经历了过负荷运行以及发生了出口或近区短路故障，应进行额外的取样分析。

5.1.1.5 绕组电阻

有中性点引出线时，应测量各相绕组的电阻；若无中性点引出线，可测量各线端的电阻，然后换算到相绕组，换算方法参见附录 B。测量时铁芯的磁化极性应保持一致。要求在扣除原始差异之后，同一温度下各相绕组电阻的相互差异应在 2% 之内。此外，还要求同一温度下，各相电阻的初值差不超过 ±2%。电阻温度修正按式（1）进行。

$$R_2 = R_1 \left(\frac{T_K + t_2}{T_K + t_1} \right) \qquad \text{式（1）}$$

式中 R_1、R_2——温度为 t_1、t_2 时的电阻；

T_K——常数，铜绕组 T_K 为 235，铝绕组 T_K 为 225。无励磁调压变压器改变分接位置后、有载调压变压器分接开关检修后及更换套管后，也应测量一次。电抗器参照执行。

5.1.1.6 铁芯接地电流测量（带电）

当铁芯接地电流无异常时，可不进行铁芯绝缘电阻测试。

5.1.1.7　铁芯绝缘电阻

绝缘电阻测量采用2500V（老旧变压器1000V）绝缘电阻表。除注意绝缘电阻的大小外，要特别注意绝缘电阻的变化趋势。夹件引出接地的，应分别测量铁芯对夹件及夹件对地绝缘电阻。除例行试验之外，当油中溶解气体分析异常，在诊断时也应进行本项目。

5.1.1.8　绕组绝缘电阻

测量时，铁芯、外壳及非测量绕组应接地，测量绕组应短路，套管表面应清洁、干燥。采用5000V绝缘电阻表测量。测量宜在顶层油温低于50℃时进行，并记录顶层油温。绝缘电阻受温度的影响可按式（2）进行近似修正。绝缘电阻下降显著时，应结合介质损耗因数及油质试验进行综合判断。测试方法参考DL/T 474.1。

$$R_2 = R_1 \times 1.5^{(t_1-t_2)/10} \qquad\qquad 式（2）$$

式中　R_1、R_2——温度为t_1、t_2时的绝缘电阻。

除例行试验之外，当绝缘油例行试验中水分偏高，或者怀疑箱体密封被破坏，也应进行本项试验。

5.1.1.9　绕组绝缘介质损耗因数

测量宜在顶层油温低于50℃且高于零度时进行，测量时记录顶层油温和空气相对湿度，非测量绕组及外壳接地，必要时分别测量被测绕组对地、被测绕组对其他绕组的绝缘介质损耗因数。测量方法可参考DL/T 474.3。测量绕组绝缘介质损耗因数时，应同时测量电容值，若此电容值发生明显变化，应予以注意。分析时应注意温度对介质损耗因数的影响。

5.1.1.10　有载分接开关检查

以下步骤可能会因制造商或型号的不同有所差异，必要时参考设备技术文件。每年检查一次的项目：

a）储油柜、呼吸器和油位指示器，应按其技术文件要求检查。

b）在线滤油器，应按其技术文件要求检查滤芯。

c）打开电动机构箱，检查是否有任何松动、生锈；检查加热器是否正常。

d）记录动作次数。

e）如有可能，通过操作1步再返回的方法，检查电机和计数器的功能。每3年检查一次的项目：

f）在手摇操作正常的情况下，就地电动和远方各进行一个循环的操作，无异常。

g）检查紧急停止功能以及限位装置。

h）在绕组电阻测试之前检查动作特性，测量切换时间；有条件时测量过渡电阻，电阻值的初值差不超过±10%。

i）油质试验：要求油耐受电压不小于30kV；如果装备有在线滤油器，要求油耐受电压不小于40kV。不满足要求时，需要对油进行过滤处理，或者换新油。

5.1.1.11　测温装置检查

每3年检查一次，要求外观良好，运行中温度数据合理，相互比对无异常。

每6年校验一次，可与标准温度计比对，或按制造商推荐方法进行，结果应符合设备技术文件要求。同时采用1000V绝缘电阻表测量二次回路的绝缘电阻，一般不低于1MΩ。

5.1.1.12　气体继电器检查

每3年检查一次气体继电器整定值，应符合运行规程和设备技术文件要求，动作正确。每6年测量一次气体继电器二次回路的绝缘电阻，应不低于1MΩ，采用1000V绝缘电阻表测量。

5.1.1.13　冷却装置检查

运行中，流向、温升和声响正常，无渗漏。强油水冷装置的检查和试验，按设备技术文件要求进行。

5.1.1.14　压力释放装置检查

按设备技术文件要求进行检查，应符合要求。一般要求开启压力与出厂值的标准偏差在±10%之内或符合设备技术文件要求。

5.1.2　油浸式电力变压器和电抗器诊断性试验

表 3　　　　　　　　　　油浸式电力变压器、电抗器诊断性试验项目

诊断性试验项目	要　求	说明条款
空载电流和空载损耗测量	见 5.1.2.1 条	见 5.1.2.1 条
短路阻抗测量	初值差不超过正负 3%（注意值）	见 5.1.2.2 条
感应耐压和局部放电测量	感应耐压：出厂试验值的 80% 局部放电：$1.3U_m/\sqrt{3}$ 下，不大于 300pC	见 5.1.2.3 条
绕组频率响应分析	见 5.1.2.4 条	见 5.1.2.4 条
绕组各分接位置电压比	初值差不超过正负 0.5%，（额定分接头）； 正负 1%（其他档位）警示值	见 5.1.2.6 条
直流偏磁水平检测直流偏磁水平检测（变压器）	见 5.1.2.6 条	见 5.1.2.6 条
电抗器电抗值测量	初值差不超过正负 5%（注意值）	见 5.1.2.7 条
纸绝缘聚合度测量	聚合读大于 250（注意值）	见 5.1.2.8 条
绝缘油诊断性试验	见绝缘油试验	见绝缘油试验
整体密封性能检查	无渗漏油	见 5.1.2.9 条
铁芯接地电流测量铁芯接地电流测量	小于 100mA	见 5.1.2.10 条
声级及振动测定	符合设备技术要求	见 5.1.2.11 条
绕组直流泄漏电流测量	见 5.1.2.12 条	见 5.1.2.12 条
外施耐压试验	出厂试验值的 80%	见 5.1.2.13 条
干式电抗器干式电抗器	见 5.1.2.14 条	见 5.1.2.14 条

5.1.2.1　空载电流和空载损耗测量

诊断铁心结构缺陷、匝间绝缘损坏等可进行本项目。试验电压尽可能接近额定值。试验电压值和接线应与上次试验保持一致。测量结果与上次相比，不应有明显差异。对单相变压器相间或三相变压器两个边相，空载电流差异不应超过 10%。分析时一并注意空载损耗的变化。

5.1.2.2　短路阻抗测量

诊断绕组是否发生变形时进行本项目。应在最大分接位置和相同电流下测量。试验电流可用额定电流，也可低于额定值，但不应小于 5A。

5.1.2.3　感应耐压和局部放电测量

验证绝缘强度，或诊断是否存在局部放电缺陷时进行本项目。感应电压的频率应在 100Hz～400Hz。电压为出厂试验值的 80%，时间按式（3）确定，但应在 15s～60s 之间。试验方法参考 GB/T 1094.3。

$$t = \frac{120 \times 额定频率}{试验频率} \qquad\qquad 式（3）$$

在进行感应耐压试验之前，应先进行低电压下的相关试验以评估感应耐压试验的风。

5.1.2.4　绕组频率响应分析

诊断是否发生绕组变形时进行本项目。当绕组扫频响应曲线与原始记录基本一致时，即绕组频响曲线的各个波峰、波谷点所对应的幅值及频率基本一致时，可以判定被测绕组没有变形。测量和分析方法参考 DL/T 911。

5.1.2.5　绕组各分接位置电压比

对核心部件或主体进行解体性检修之后，或怀疑绕组存在缺陷时，进行本项目。结果应与铭牌标识一致。

5.1.2.6　直流偏磁水平检测

当变压器声响、振动异常时，进行本项目。

5.1.2.7　电抗器电抗值测量

怀疑线圈或铁芯（如有）存在缺陷时进行本项目。测量方法参考 GB 10229。

5.1.2.8　纸绝缘聚合度测量

诊断绝缘老化程度时，进行本项目。测量方法参考 DL/T 984。

5.1.2.9　整体密封性能检查

对核心部件或主体进行解体性检修之后，或重新进行密封处理之后，进行本项目。采用储油柜油面加压法，在 0.03MPa 压力下持续 24h，应无油渗漏。检查前应采取措施防止压力释放装置动作。

5.1.2.10　铁芯接地电流测量

在运行条件下，测量流经接地线的电流，大于 100mA 时应予注意。

5.1.2.11　声级及振动测定

当噪声异常时，可定量测量变压器声级，测量参考 GB/T 1094.10。如果振动异常，可定量测量振动水平，振动波主波峰的高度应不超过规定值，且与同型设备无明显差异。

5.1.2.12　绕组直流泄漏电流测量

怀疑绝缘存在受潮等缺陷时进行本项目，测量绕组短路加压，其他绕组短路接地，施加直流电压值为 40kV（330kV 及以下绕组）、60kV（500kV 及以上绕组），加压 60s 时的泄漏电流与初值比应没有明显增加，与同型设备比没有明显差异。

5.1.2.13　外施耐压试验

仅对中性点和低压绕组进行，耐受电压为出厂试验值的 80%，时间为 60s。

5.1.2.14　干式电抗器

巡检项目包括表 1 所列外观、声响及振动；例行试验包括表 2 所列红外热像检测、绕组电阻、绕组绝缘电阻；诊断性试验包括表 3 中电抗器电抗值测量、声级及振动、空载电流和空载损耗测量。

4.2.1.4　频响特性试验或低压短路阻抗试验、局部放电试验

本条评价项目（见《评价》）的查评依据如下。

【依据1】《电气装置安装工程电气设备交接试验标准》（GB 50150—2016）

8.0.12　变压器绕组变形试验，应符合下列规定：

1　对于 35kV 及以下电压等级变压器，宜采用低电压短路阻抗法；

2　对于 110（66）kV 及以上电压等级变压器，宜采用频率响应法测量绕组特征图谱。

8.0.14　绕组连同套管的长时感应电压试验带局部放电测量（ACLD），应符合下列规定：

1　电压等级 220kV 及以上变压器在新安装时，应进行现场局部放电试验。电压等级为 110kV 的变压器，当对绝缘有怀疑时，应进行局部放电试验；

2　局部放电试验方法及判断方法，应按现行国家标准《电力变压器　第 3 部分：绝缘水平、绝缘试验和外绝缘空隙间隙》（GB 1094.3）中的有关规定执行；

3　750kV 变压器现场交接试验时，绕组连同套管的长时感应电压试验带局部放电测量（ACLD）中，激发电压应按出厂交流耐压的 80%（720kV）进行。

【依据2】《电力变压器绕组变形的电抗法检测判断导则》（DL/T 1093—2008）

6.1　判断原理

a）变压器的每一对绕组的漏电感 L_K 是这两个绕组相对距离（同心圆的两个绕组的半径 R 之差）的增函数，而且 L_K 与这两个绕组的高度的算术平均值近似成反比。即漏电感 L_K 是这对绕组相对位置的函数，$L_K = f(R, H)$。绕组对中任何一个绕组的变形必定会引起 L_K 的变化。

由于绕组对的短路电抗 X_K 和短路阻抗 Z_{Kc}、Z_K 都是 L_K 的函数，因此，该绕组对中任一绕组的变形都会引起 Z_{Kc}、Z_K、X_K 发生相应的变化。

b）在漏磁通回路中油、纸、铜等非铁磁性材料占磁路主要部分。非铁磁性材料的磁阻是线性的。

且磁导率仅为硅钢片的万分之五左右，即磁压的 99.9% 以上降落在线性的非磁性材料上。把漏电感 L_K 看作线性，在本检测中所引起的偏差小于千分之一。L_K 在电流从 0 到短路电流的范围内都可以认为是线性的。因此，测量 L_K 可以用较低的电流、电压而不会影响其复验性（包括与额定电流下的测试结果相比）不大于千分之二的要求。

由于 X_K、Z_{Ke}、Z_K 都未涉及与电压或电流相关的非线性因素，因此均可在不同的电流（电压）下测量上述参数，而不影响其互比性。

上述两点就是低电压电抗法判断绕组有无变形的物理基础。

6.2 判断方法

a）建立包含出厂、交接和现场首次试验值的原始资料数据库。

b）每次检测后，均应分析同一参数的三个单相值的互差（横比）和同一参数值与原始数据和上一次测试数据的相比之差（纵比）。判断差值是否超过了注意值。

首次低电压电抗法检测后，可将测取的短路阻抗 Z_{Ke} 或 Z_K 与铭牌（或出厂试验报告）上的同绕组对、同分接位置的短路阻抗 Z_{Ke} 或 Z_K 相比。

c）分析纵、横比值的变化趋势。

d）分析相关绕组对参数变化与异常绕组对参数变化的对应性。

e）结合测量绕组的直流电阻、绕组对和绕组对地的等值电容、变压器的空载电流、空载损耗、局部放电，进行绕组频率响应的分析、油中气体的色谱分析，可使变压器绕组有无变形及其严重程度的判断更为准确、可靠。

6.3 注意值（仅适用于阻抗电压 U_K＞4％的同心圆绕组对）

6.3.1 纵比：

a）容量 100MVA 及以下且电压 220kV 以下的电力变压器绕组参数的相对变化不应大于±2.0％。

b）容量 100MVA 以上或电压 220kV 及以上的电力变压器绕组参数的相对变化不应大于±1.6％。

6.3.2 横比：

a）容量 100MVA 及以下且电压 220kV 以下的电力变压器绕组三个单相参数的最大相对互差不应大于 2.5％。

b）容量 100MVA 以上或电压 220kV 及以上的电力变压器绕组三个单相参数的最大相对互差不应大于 2.0％。

6.3.3 对某些特殊结构变压器（如幅相分裂变）的判断，本导则规定的注意值仅供参考。

6.4 判断结论

a）对绕组变形的检测判断结论应具体到哪一个或哪几个绕组的哪一相或哪几相。

b）对超过注意值的变压器可结合补充性判断的结果综合分析绕组变形的严重程度而建议器身检查的紧迫程度。

【依据3】《国家电网有限公司十八项电网重大反事故措施（2018 年修订版）》（国家电网设备〔2018〕979 号）

9.1.1 240MVA 及以下容量变压器应选用通过短路承受能力试验验证的产品；500kV 变压器和240MVA 以上容量变压器应优先选用通过短路承受能力试验验证的相似产品。生产厂家应提供同类产品短路承受能力试验报告或短路承受能力计算报告。

9.1.2 在变压器设计阶段，应取得所订购变压器的短路承受能力计算报告，并开展短路承受能力复核工作，220kV 及以上电压等级的变压器还应取得抗震计算报告。

9.1.3 在变压器制造阶段，应进行电磁线、绝缘材料等抽检，并抽样开展变压器短路承受能力试验验证。

9.1.4 220kV 及以下主变压器的 6kV～35kV 中（低）压侧引线、户外母线（不含架空软导线型式）及接线端子应绝缘化；500（330）kV 变压器 35kV 套管至母线的引线应绝缘化；变电站出口 2km 内的 10kV 线路应采用绝缘导线。

9.1.5 变压器中、低压侧至配电装置采用电缆连接时，应采用单芯电缆；运行中的三相统包电缆，应结合全寿命周期及运行情况进行逐步改造。

9.1.6 全电缆线路禁止采用重合闸，对于含电缆的混合线路应根据电缆线路距离出口的位置、电缆线路的比例等实际情况采取停用重合闸等措施，防止变压器连续遭受短路冲击。

9.1.7 定期开展抗短路能力校核工作，根据设备的实际情况有选择性地采取加装中性点小电抗、限流电抗器等措施，对不满足要求的变压器进行改造或更换。

9.1.8 220kV 及以上电压等级变压器受到近区短路冲击未跳闸时，应立即进行油中溶解气体组分分析，并加强跟踪，同时注意油中溶解气体组分数据的变化趋势，若发现异常，应进行局部放电带电检测，必要时安排停电检查。变压器受到近区短路冲击跳闸后，应开展油中溶解气体组分分析、直流电阻、绕组变形及其他诊断性试验，综合判断无异常后方可投入运行。

9.2.1.2 出厂局部放电试验测量电压为 $1.5U_m/\sqrt{3}$ 时，110（66）kV 电压等级变压器高压侧的局部放电量不大于 100pC；220kV～750kV 电压等级变压器高、中压端的局部放电量不大于 100pC；1000kV 电压等级变压器高压端的局部放电量不大于 100pC，中压端的局部放电量不大于 200pC，低压端的局部放电量不大于 300pC。但若有明显的局部放电量，即使小于要求值也应查明原因。330kV 及以上电压等级强迫油循环变压器还应在潜油泵全部开启时（除备用潜油泵）进行局部放电试验，试验电压为 $1.3U_m/\sqrt{3}$，局部放电量应小于以上的规定值。

9.2.2.6 110（66）kV 及以上电压等级变压器在出厂和投产前，应采用频响法和低电压短路阻抗法对绕组进行变形测试，并留存原始记录。

9.2.3.3 220kV 及以上电压等级变压器拆装套管、本体排油暴露绕组或进入内检后，应进行现场局部放电试验。

4.2.1.5 其他缺陷（如绝缘降低、老化等）

本条评价项目（见《评价》）的查评依据如下。

【依据1】《国家电网有限公司十八项电网重大反事故措施（2018 年修订版）》（国家电网设备〔2018〕979 号）

9.2.3.2 对运行超过 20 年的薄绝缘、铝绕组变压器，不再对本体进行改造性大修，也不应进行迁移安装，应加强技术监督工作并安排更换。

9.2.3.4 铁芯、夹件分别引出接地的变压器，应将接地引线引至便于测量的适当位置，以便在运行时监测接地线中是否有环流，当运行中环流异常变化时，应尽快查明原因，严重时应采取措施及时处理。

9.2.3.5 220kV 及以上油浸式变压器（电抗器）和位置特别重要或存在绝缘缺陷的 110（66）kV 油浸式变压器应配置多组分油中溶解气体在线监测装置。

9.3.2.1 户外布置变压器的气体继电器、油流速动继电器、温度计、油位表应加装防雨罩，并加强与其相连的二次电缆结合部的防雨措施，二次电缆应采取防止雨水顺电缆倒灌的措施（如反水弯）。

【依据2】《电力变压器运行规程》（DL/T 572—2010）

4.2.2 正常周期性负载的运行

4.2.2.1 变压器在额定使用条件下，全年可按额定电流运行。

4.2.2.2 变压器允许在平均相对老化率小于或等于 1 的情况下，周期性地超额定电流运行。

4.2.2.3 当变压器有较严重的缺陷（如冷却系统不正常、严重漏油、有局部过热现象、油中溶解气体分析结果异常等）或绝缘有弱点时，不宜超额定电流运行。

4.2.2.4 正常周期性负载运行方式下，超额定电流运行时，允许的负载系数凡和时间，可按 GB/T 1094.7 的计算方法，根据具体变压器的热特性数据和实际负载图计算。

4.2.3 长期急救周期性负载的运行

4.2.3.1 长期急救周期性负载下运行时，将在不同程度上缩短变压器的寿命，应尽量减少出现这种运行方式的机会；必须采用时，应尽量缩短超额定电流运行的时间，降低超额定电流的倍数，有条件时按制造厂规定投入备用冷却器。

4.2.3.2 当变压器有较严重的缺陷（如冷却系统不正常、严重漏油、有局部过热现象、油中溶解气体分析结果异常等）或绝缘有弱点时，不宜超额定电流运行。

4.2.3.3 长期急救周期性负载运行时，平均相对老化率可大于 1 甚至远大于 1。超额定电流负载系数凡和时间，可按 GB/T 1094.7 的计算方法，根据具体变压器的热特性数据和实际负载图计算。

4.2.3.4 在长期急救周期性负载下运行期间，应有负载电流记录，并计算该运行期间的平均相对老化率。

4.2.4 短期急救负载的运行

4.2.4.1 短期急救负载下运行，相对老化率远大于1，绕组热点温度可能达到危险程度。在出现这种情况时，应投入包括备用在内的全部冷却器（制造厂另有规定的除外），并尽量压缩负载、减少时间，一般不超过 0.5h。当变压器有严重缺陷或绝缘有弱点时，不宜超额定电流运行。

5.6 防止变压器短路损坏

5.6.8 随着电网系统容量的增大，有条件时可开展对早期变压器产品抗短路能力的校核工作，根据设备的实际情况有选择性地采取措施，包括对变压器进行改造。

5.6.9 对运行年久、温升过高或长期过载的变压器可进行油中糠醛含量测定，以确定绝缘老化的程度，必要时可取纸样做聚合度测量，进行绝缘老化鉴定。

5.6.10 对早期的薄绝缘、铝线圈变压器，应加强跟踪，变压器本体不宜进行涉及器身的大修。若发现严重缺陷，如绕组严重变形、绝缘严重受损等，应安排更换。

4.2.1.6 8MVA 及以上变压器储油柜、隔膜等技术措施

本条评价项目（见《评价》）的查评依据如下。

【依据1】《电力变压器运行规程》（DL/T 572—2010）

3.1.2 油浸式变压器本体的安全保护装置、冷却装置、油保护装置、温度测量装置和油箱及附件等应符合 GB/T 6451—2008 的要求。

注：GB 6451—2008《变压器技术参数和要求》有关内容如下：

11.2.4.3 变压器储油柜上均应装有带有油封的吸湿器。

11.2.4.4 变压器应采取防油老化措施，以确保变压器油不与大气相接触，如：在储油柜内部加装胶囊、隔膜或采用金属波纹密封式储油柜。

【依据2】《国家电网有限公司十八项电网重大反事故措施（2018 年修订版）》（国家电网设备〔2018〕979 号）

9.2.3.1 结合变压器大修对储油柜的胶囊、隔膜及波纹管进行密封性能试验，如存在缺陷应进行更换。

4.2.1.7 变压器消防装置

本条评价项目（见《评价》）的查评依据如下。

【依据1】《电力设备典型消防规程》（DL 5027—2015）

10.3 油浸式变压器

10.3.1 固定自动灭火系统，应符合下列要求：

1 变电站（换流站）单台容量 125MVA 及以上的油浸式变压器应设置固定自动灭火系统及火灾自动报警系统；变压器排油注氮灭火装置和泡沫喷雾灭火装置的火灾报警系统宜单独设置。

2 火电厂包括燃机电厂单台容量为 90MVA 及以上的油浸式变压器应设置固定自动灭火系统及火灾自动报警系统。

3 火电厂室内油浸式主变压器和单台容量 12.5MVA 以上的厂用变压器应设置固定自动灭火系统及火灾自动报警系统。

4 干式变压器可不设置固定自动灭火系统。

10.3.2 采用水喷雾灭火系统时，水喷雾灭火系统管网应有低点放空措施，存有水喷雾灭火水量的消防水池应有定期放空及换水措施。

10.3.3 采用排油注氮灭火装置应符合下列要求：

1 排油注氮灭火系统应有防误动的措施。

2 排油管路上的检修阀处于关闭状态时，检修阀应能向消防控制柜提供检修状态的信号。消防控制柜接收到的消防启动信号后，应能禁止灭火装置启动实施排油注氮动作。

3 消防控制柜面板应具有如下显示功能的指示灯或按钮：指示灯自检，消音，阀门（包括排油阀、氮气释放阀等）位置（或状态）指示，自动启动信号指示，气瓶压力报警信号指示等。

4 消防控制柜同时接收到火灾探测装置和气体继电器传输的信号后，发出声光报警信号并执行注油排氮动作。

5 火灾探测器布线应独立引线至消防端子箱。

10.3.4 采用泡沫喷雾灭火装置时，应符合现行国家标准《泡沫灭火系统设计规范》（GB 50151）的有关规定。

10.3.5 户外油浸式变压器、户外配电装置之间及与各建（构）筑物的防火间距，户内外含油设备事故排油要求应符合现行国家标准《火力发电厂与变电站设计防火规范》（GB 50229）的有关规定。

10.3.6 户外油浸式变压器之间设置防火墙时应符合下列要求：

1 防火墙的高度应高于变压器储油柜；防火墙的长度不应小于变压器的储油池两侧各1.0m。

2 防火墙与变压器散热器外廓距离不应小于1.0m。

3 防火墙应达到一级耐火等级。

10.3.7 变压器事故排油应符合下列要求：

1 设置有带油水分离措施的总事故油池时，位于地面之上的变压器对应的总事故油池容量应按最大一台变压器油量的60％确定；位于地面之下的变压器对应的总事故油池容量应按最大一台主变压器油量的100％确定。

2 事故油坑设有卵石层时，应定期检查和清理，以不被淤泥、灰渣及积土所堵塞。

10.3.8 高层建筑内的电力变压器等设备，宜设置在高层建筑外的专用房间内。

当受条件限制需与高层建筑贴邻布置时，应设置在耐火等级不低于二级的建筑内，并应采用防火墙与高层建筑隔开，且不应贴邻人员密集场所。

受条件限制需布置在高层建筑内时，不应布置在人员密集场所的上一层、下一层或贴邻。并应符合现行国家标准 GB 50045《高层民用建筑设计防火规范》的相关规定。

10.3.9 油浸式变压器、充有可燃油的高压电容器和多油断路器等用房宜独立建造。当确有困难时可贴邻民用建筑布置，但应采用防火墙隔开，且不应贴邻人员密集场所。

油浸式变压器、充有可燃油的高压电容器和多油断路器等受条件限制必须布置在民用建筑内时，不应布置在人员密集场所的上一层、下一层或贴邻，且应符合现行国家标准 GB 50016《建筑设计防火规范》的相关规定。

10.3.10 变压器防爆筒的出口端应向下，并防止产生阻力，防爆膜宜采用脆性材料。

10.3.11 室内的油浸式变压器，宜设置事故排烟设施。火灾时，通风系统应停用。

10.3.12 室内或洞内变压器的顶部，不宜敷设电缆。室外变电站和有隔离油源设施的室内油浸设备失火时，可用水灭火，无放油管路时，不应用水灭火。发电机变压器组中间无断路器，若失火，在发电机未停止惰走前，严禁人员靠近变压器灭火。

10.3.13 变压器火灾报警探测器两点报警，或一点报警且重瓦斯保护动作，可认为变压器发生火灾，应联动相应灭火设备。

【依据2】《电力变压器运行规程》（DL/T 572—2010）

3.2 有关变压器运行的其他要求

3.2.1 释压装置的安装应保证事故喷油畅通，并且不致喷入电缆沟、母线及其他设备上，必要时应予遮挡。事故放油阀应安装在变压器下部，且放油口朝下。

3.2.2 变压器应有铭牌，并标明运行编号和相位标志。

3.2.3 变压器在运行情况下，应能安全地查看储油柜和套管油位、顶层油温、气体继电器，以及能安全取气样等，必要时应装设固定梯子。

3.2.4 室（洞）内安装的变压器应有足够的通风，避免变压器温度过高。

3.2.5 装有机械通风装置的变压器室，在机械通风停止时，应能发出远方信号。变压器的通风系统一般不应与其他通风系统连通。

3.2.6 变压器室的门应采用阻燃或不燃材料，开门方向应向外侧，门上应标明变压器的名称和运行编号，门外应挂"止步，高压危险"标志牌，并应上锁。

3.2.7 油浸式变压器的场所应按有关设计规程规定设置消防设施和事故储油设施，并保持完好状态。

【依据3】《国家电网有限公司十八项电网重大反事故措施（2018 年修订版）》（国家电网设备〔2018〕979 号）

9.8 防止变压器火灾事故

9.8.1 采用排油注氮保护装置的变压器，应配置具有联动功能的双浮球结构的气体继电器。

9.8.2 排油注氮保护装置应满足以下要求：

（1）排油注氮启动（触发）功率应大于 220V×5A（DC）；

（2）排油及注氮阀动作线圈功率应大于 220V×6A（DC）；

（3）注氮阀与排油阀间应设有机械连锁阀门；

（4）动作逻辑关系应为本体重瓦斯保护、主变压器断路器跳闸、油箱超压开关（火灾探测器）同时动作时才能启动排油充氮保护。

9.8.3 水喷淋动作功率应大于 8W，其动作逻辑关系应满足变压器超温保护与变压器断路器跳闸同时动作。

9.8.4 装有排油注氮装置的变压器本体储油柜与气体继电器间应增设断流阀，以防因储油柜中的油下泄而致使火灾扩大。

9.8.5 现场进行变压器干燥时，应做好防火措施，防止加热系统故障或绕组过热烧损。

9.8.6 应由具有消防资质的单位定期对灭火装置进行维护和检查，以防止误动和拒动。

9.8.7 变压器降噪设施不得影响消防功能，隔声顶盖或屏障设计应能保证灭火时，外部消防水、泡沫等灭火剂可以直接喷向起火变压器。

4.2.2 专业管理

4.2.2.1 上层油温、温度计及远方测温装置运行情况

本条评价项目（见《评价》）的查评依据如下。

【依据1】《电力变压器运行规程》（DL/T 572—2010）

3.1.5 变压器应按下列规定装设温度测量装置：

a）应有测量顶层油温的温度计。

b）1000kVA 及以上的油浸式变压器、800kVA 及以上的油浸式和 630kVA 及以上的干式厂用变压器，应将信号温度计接远方信号。

c）8000kVA 及以上的变压器应装有远方测温装置。

d）强油循环水冷却的变压器应在冷却器进出口分别装设测温装置。

e）测温时，温度计管座内应充有变压器油。

f）干式变压器应按制造厂的规定，装设温度测量装置。

3.1.6 无人值班变电站内 20000kVA 及以上的变压器，应装设远方监视运行电流和顶层油温的装置。无人值班变电站内安装的强油循环冷却的变压器，应保证在冷却系统失去电源时，变压器温度不超过规定值的可靠措施，并列入现场规程。

4.1.3 油浸式变压器顶层油温一般不超过表 1 的规定（制造厂有规定的按制造厂规定）。

当冷却介质温度较低时，顶层油温也相应降低。自然循环冷却变压器的顶层油温一般不宜经常超过 85℃。

表 1 油浸式变压器顶层油温在额定电压下的一般限值

冷却方式	冷却介质最高温度（℃）	最高顶层油温（℃）
自然循环自冷、风冷	40	95
强迫油循环风冷	40	85
强迫油循环水冷	30	70

经改进结构或改变冷却方式的变压器，必要时应通过温升试验确定其负载能力。

5.1.5 各种温度计应在检定周期内，超温信号应正确可靠。

5.3.5 温度计

a）变压器应装设温度保护，当变压器运行温度过高时，应通过上层油温和绕组温度并联的方式分两级（即低值和高值）动作于信号，且两级信号的设计应能让变电站值班员能够清晰辨别。

b）变压器投入运行后现场温度计指示的温度、控制室温度显示装置、监控系统的温度三者基本保持一致，误差一般不超过 5℃。

c）绕组温度计变送器的电流值必须与变压器用来测量绕组温度的套管型电流互感器电流相匹配。由于绕组温度计是间接的测量，在运行中仅作参考。

d）应结合停电，定期校验温度计。

6.1.5 变压器油温升高超过制造厂规定或表 1 规定值时，值班人员应按以下步骤检查处理：

a. 检查变压器的负载和冷却介质的温度，并与在同一负载和冷却介质温度下正常的温度核对；

b. 核对温度测量装置；

c. 检查变压器冷却装置或变压器室的通风情况。

d）若温度升高的原因是由于冷却系统的故障，且在运行中无法修理者，应将变压器停运修理；若不能立即停运修理，则值班人员应按现场规程的规定调整变压器的负载至允许运行温度下的相应容量。

e）在正常负载和冷却条件下，变压器温度不正常并不断上升，应查明原因，必要时应立即将变压器停运。

f）变压器在各种超额定电流方式下运行，若顶层油温超过 105℃时，应立即降低负载。

【依据 2】《油浸式电力变压器技术参数和要求》（GB/T 6451—2015）

10.2.5 油温测量装置

10.2.5.1 变压器应有供温度计用的管座。管座应设在油箱的顶部，并伸入油内 120mm±10mm。

10.2.5.2 变压器须装设户外侧温装置，其接点容量在交流 220V 时，不低于 50V·A，直流有感负载时，不低于 15W。对于强油循环的变压器应装设两个侧温装置。侧温装置的安装位置应便于观察，且其准确度应符合相应标准。

10.2.5.3 变压器应装有远距离测温元件，且应放于油箱长轴的两端，其放置位置应便于检修、更换。

10.2.5.4 当变压器采用集中（两组以上冷却器或三组以上片式散热器）冷却方式时，应在靠油箱进出口总管路处装侧油温用的温度计管座。

【依据 3】《输变电设备状态检修试验规程》（Q/GDW 1168—2013）

5.1.1.11 测温装置检查

要求外观良好，运行中温度数据合理，相互比对无异常。每两个试验周期校验一次，可与标准温度计比对，或按制造商推荐方法进行，结果应符合设备技术文件要求。同时采用 1000V 绝缘电阻表测量二次回路的绝缘电阻，一般不低于 1MΩ。

【依据 4】《电力变压器 第二部分：油浸式变压器温升》（GB 1094.2—2013）

6.2 额定容量下的温升限值

对于分接范围不超过±500，且额定容量不超过 2500kVA（单相 833kVA）的变压器，温升限值适用于与额定电压对应的主分接（见 GB 1094.1）。

对于分接范围超过±5%或额定容量大于 2500kVA 的变压器，在适当的分接容量、分接电压和分接电流下，温升限值对所有分接都适用。

注 1：不同分接下的负载损耗是不同的，且当规定了是变磁通调压时，空载损耗也是不同的。

注 2：对于独立绕组变压器来说，其最大负载损耗的分接一般是具有最大电流的分接。

注 3：对于带分接的自耦变压器来说，具有最大负载损耗的分接取决于分接的布置。

对于多绕组变压器，当一个绕组的额定容量等于其余绕组的额定容量之和时，其温升要求是指所有绕组均同时在各自额定负载下的。如果情况不是这样，则应选定一种或多种特定的负载组合，并相应地规定其温升限值。

在变压器的两个或多个绕组部分是上下排列的情况下，如果它们的尺寸和额定值相同，则绕组温升限值适用于两个绕组测量值的平均值。

表 1 给出的温升限值适用于具有 IEC 60085：2007 规定的绝缘系统温度为 105℃的固体绝缘，且绝缘液体为矿物油或燃点不大于 300℃的合成液体（冷却方式的第一个字母为 O）的变压器。

这些限值是指在额定容量下连续运行，且外部冷却介质年平均温度为 20℃时的稳态条件下的值。

如果制造方与用户间无另行规定，则表 1 给出的温升限值对牛皮纸和改性纸（也参见 GB/T 1094.7）均适用。

表 1   **温 升 限 值**

要　　求	温升限值/K
顶层绝缘液体	60
绕组平均（用电阻法测量） ——ON 及 OF 冷却方式 ——OD 冷却方式	65 70
绕组热点	78

对于铁芯、裸露的电气连接线、电磁屏蔽及邮箱上的结构件，均不规定温升限值，但仍要求其温升不能过高，以免使与其相邻的部件受到热损坏或使绝缘液体过度老化。

4.2.2.2　油箱及其他部件

本条评价项目（见《评价》）的查评依据如下。

【依据 1】《电力变压器运行规程》（DL/T 572—2010）

3.1.2　油浸式变压器本体的安全保护装置、冷却装置、油保护装置、温度测量装置和油箱及附件等应符合 GB/T 6451 的要求。

3.1.3　装有气体继电器的油浸式变压器，无升高坡度者，安装时应使顶盖沿气体继电器油流方向有 1%～1.5%的升高坡度（制造厂家不要求的除外）。

3.2.1　释压装置的安装应保证事故喷油畅通，并且不致喷入电缆沟、母线及其他设备上，必要时应予遮挡。事故放油阀应安装在变压器下部，且放油口朝下。

3.2.2　变压器应有铭牌，并标明运行编号和相位标志。

3.2.3　变压器在运行情况下，应能安全地查看储油柜和套管油位、顶层油温、气体继电器，以及能安全取气样等，必要时应装设固定梯子。

5.3.1　气体继电器

a）变压器运行时气体继电器应有两副接点，彼此间完全电气隔离。一套用于轻瓦斯报警，另一套用于重瓦斯跳闸。有载分接开关的瓦斯保护应接跳闸。当用一台断路器控制两台变压器时，当其中一台转入备用，则应将备用变压器重瓦斯改接信号。

b）变压器在运行中滤油、补油、换潜油泵或更换净油器的吸附剂时，应将其重瓦斯改接信号，此时其他保护装置仍应接跳闸。

c）已运行的气体继电器应每 2 年～3 年开盖一次，进行内部结构和动作可靠性检查。对保护大容量、超高压变压器的气体继电器，更应加强其二次回路维护工作。

d）当油位计的油面异常升高或呼吸系统有异常现象，需要打开放气或放油阀门时，应先将重瓦斯改接信号。

e）在地震预报期间，应根据变压器的具体情况和气体继电器的抗震性能，确定重瓦斯保护的运行方式。地震引起重瓦斯动作停运的变压器，在投运前应对变压器及瓦斯保护进行检查试验，确认无异常后方可投入。

5.3.2　突变压力继电器

a）当变压器内部发生故障，油室内压力突然上升，压力达到动作值时，油室内隔离波纹管受压变形，气室内的压力升高，波纹管位移，微动开关动作，可发出信号并切断电源使变压器退出运行。突变压力继电器动作压力值一般 25（1±20％）kPa。

b）突变压力继电器通过一蝶阀安装在变压器油箱侧壁上，与储油柜中油面的距离为 1m～3m。装有强油循环的变压器，继电器不应装在靠近出油管的区域，以免在启动和停止油泵时，继电器出现误动作。

c）突变压力继电器必须垂直安装，放气塞在上端。继电器正确安装后，将放气塞打开，直到少量油流出，然后将放气塞拧紧。

d）突变压力继电器宜投信号。

5.3.3　压力释放阀

a）变压器的压力释放阀接点宜作用于信号。

b）定期检查压力释放阀的阀芯、阀盖是否有渗漏油等异常现象。

c）定期检查释放阀微动开关的电气性能是否良好，连接是否可靠，避免误发信。

d）采取有效措施防潮防积水。

e）结合变压器大修应做好压力释放阀的校验工作。

f）释放阀的导向装置安装和朝向应正确，确保油的释放通道畅通。

g）运行中的压力释放阀动作后，应将释放阀的机械电气信号手动复位。

【依据 2】《国家电网有限公司十八项电网重大反事故措施（2018 年修订版）》（国家电网设备〔2018〕979 号）

9.3.1.4　气体继电器和压力释放阀在交接和变压器大修时应进行校验。

9.3.2.1　户外布置变压器的气体继电器、油流速动继电器、温度计、油位表应加装防雨罩，并加强与其相连的二次电缆结合部的防雨措施，二次电缆应采取防止雨水顺电缆倒灌的措施（如反水弯）。

9.3.3.1　运行中变压器的冷却器油回路或通向储油柜各阀门由关闭位置旋转至开启位置时，以及当油位计的油面异常升高、降低或呼吸系统有异常现象，需要打开放油、补油或放气阀门时，均应先将变压器重瓦斯保护停用。

9.3.3.2　不宜从运行中的变压器气体继电器取气阀直接取气；未安装气体继电器采气盒的，宜结合变压器停电检修加装采气盒，采气盒应安装在便于取气的位置。

【依据 3】《输变电设备状态检修试验规程》（Q/GDW 1168—2013）

5.1.1.3　红外热像检测

检测变压器箱体、储油柜、套管、引线接头及电缆等，红外热像图显示应无异常温升、温差和/或相对温差。检测和分析方法参考 DL/T 664。

5.1.1.12　气体继电器检查

检查气体继电器整定值，应符合运行规程和设备技术文件要求，动作正确。每两个试验周期测量一次气体继电器二次回路的绝缘电阻，采用 1000V 绝缘电阻表测量，一般不低于 1MΩ。

5.1.1.14　压力释放装置检查

按设备技术文件要求进行检查，应符合要求。一般要求开启压力与出厂值的标准偏差在±10％之内或符合设备技术文件要求。

【依据 4】《油浸式电力变压器技术参数和要求》（GB/T 6451—2015）

10.2.6　变压器油箱及其附件

10.2.6.1 变压器一般不供给小车。如果供给小车，应带小车固定装置。其箱底底座或小车支架焊装位置应符合轨距的要求。轨距：纵向为1435mm，横向为1435mm、200mm（2×2000mm、3×2000mm）。

10.2.6.2 在油箱的上部、中部和下部壁上均应装有油样阀门，下部还应装有放油阀。

10.2.6.3 套管接线端子连接处，在环境空气中对空气的温升应不大于55K（封闭母线除外），在油中对油的温升应不大于15K。

10.2.6.4 变压器油箱应承受住真空度为133Pa和正压力为100kPa的机械强度的能力，不应有损伤和不允许的永久变形。

10.2.6.5 变压器油箱下部应有供千斤顶顶起变压器的装置及水平牵引装置。

10.2.6.6 应在油箱壁上设置适当高度的梯子，以便于取油样及观察气体继电器。

10.2.6.7 套管的安装位置和相互距离应便于接线，而且其带电部分的空气间隙应能满足GB 1094.3的要求。

10.2.6.8 变压器结构应便于拆卸和更换套管。

10.2.6.9 变压器铁芯应单独引出并可靠接地，其他金属构件均应通过油箱可靠接地。变压器抽箱应保证两点接地（分别位于油箱长轴或短轴两侧）。接地处应有明显的接地符号"⏚"或"接地"字样。

10.2.6.10 根据需要，可提供一定数量的套管式电流互感器。

10.2.6.11 变压器上、下部应装有滤油阀接口（成对角线放置）。

10.2.6.12 变压器整体（包括气体继电器等所有充油附件）应能承受133Pa的真空度。

4.2.2.3 套管引线接头

本条评价项目（见《评价》）的查评依据如下。

【依据1】《电力变压器运行规程》（DL/T 572—2010）

3.2.8 安装在地震基本烈度为七度及以上地区的变压器，应考虑下列防震措施：

a）变压器套管与软导线连接时，应适当放松；与硬导线连接时应将过渡软连接适当加长。

5.1.4 变压器日常巡视检查一般包括以下内容：

b）套管油位应正常，套管外部无破损裂纹、无严重油污、无放电痕迹及其他异常现象；套管渗油时，应及时处理，防止内部受潮损坏。

g. 引线接头、电缆、母线应无发热迹象。

5.1.5 应对变压器作定期检查（检查周期由现场规程规定），并增加以下检查内容：

m）电容式套管末屏有无异常声响或其他接地不良现象。

n）变压器红外测温。

5.6.4 加强防污工作，防止相关变电设备外绝缘污闪。对10kV及以上电压等级变电站电瓷设备的外绝缘，可以采用调整爬距、加装硅橡胶辅助伞裙套、涂防污闪涂料、提高外绝缘清扫质量等措施，避免发生污闪，雨闪和冰闪，特别是变压器的低压侧出线套管，应有足够的爬距和外绝缘空气间隙，防止变压器套管端头间闪络造成出口短路。

5.6.5 加强对低压母线及其所连接设备的维护管理，如母线采用绝缘护套包封等；防止小动物进入造成短路和其他意外短路；加强防雷措施；防止误操作；坚持变压器低压侧母线的定期清扫和耐压试验工作。

【依据2】《国家电网有限公司十八项电网重大反事故措施（2018年修订版）》（国家电网设备〔2018〕979号）

9.1.4 220kV及以下主变压器的6kV～35kV中（低）压侧引线、户外母线（不含架空软导线型式）及接线端子应绝缘化；500（330）kV变压器35kV套管至母线的引线应绝缘化；变电站出口2km内的10kV线路应采用绝缘导线。

9.1.5 变压器中、低压侧至配电装置采用电缆连接时，应采用单芯电缆；运行中的三相统包电缆，应结合全寿命周期及运行情况进行逐步改造。

9.5.2 新安装的220kV及以上电压等级变压器，应核算引流线（含金具）对套管接线柱的作用力，确保不大于套管及接线端子弯曲负荷耐受值。

9.5.3 110（66）kV及以上电压等级变压器套管接线端子（抱箍线夹）应采用T2纯铜材质热挤压成型。禁止采用黄铜材质或铸造成型的抱箍线夹。

9.5.4 套管均压环应采用单独的紧固螺栓，禁止紧固螺栓与密封螺栓共用，禁止密封螺栓上、下两道密封共用。

9.5.5 油浸电容型套管事故抢修安装前，如有水平运输、存放情况，安装就位后，带电前必须进行一定时间的静放，其中1000kV应大于72h，750kV套管应大于48h，500（330）kV套管应大于36h，110（66）kV～220kV套管应大于24h。

9.5.6 如套管的伞裙间距低于规定标准，可采取加硅橡胶伞裙套等措施，但应进行套管放电量测试。在严重污秽地区运行的变压器，可考虑在瓷套处涂防污闪涂料等措施。

9.5.7 新采购油纸电容套管在最低环境温度下不应出现负压。生产厂家应明确套管最大取油量，避免因取油样而造成负压。运行巡视应检查并记录套管油位情况，当油位异常时，应进行红外精确测温，确认套管油位。当套管渗漏油时，应立即处理，防止内部受潮损坏。

9.5.8 结合停电检修，对变压器套管上部注油孔的密封状况进行检查，发现异常时应及时处理。

9.5.9 加强套管末屏接地检测、检修和运行维护，每次拆/接末屏后应检查末屏接地状况，在变压器投运时和运行中开展套管末屏的红外检测。对结构不合理的套管末屏接地端子应进行改造。

【依据3】《输变电设备状态检修试验规程》（Q/GDW 1168—2013）

5.1.1.1 油浸式电力变压器和电抗器巡检及例行试验项目见表2。

表2   油浸式电力变压器和电抗器例行试验项目

例行试验项目	基准周期	要求	说明条款
红外热像检测	1. 330kV及以上：1月； 2. 220kV：3月； 3. 110（66）kV：半年； 4. 35kV及以下：1年	无异常	见5.1.1.3

5.1.1.3 红外热像检测

检测变压器箱体、储油柜、套管、引线接头及电缆等，红外热像图显示应无异常温升、温差和/或相对温差。检测和分析方法参考DL/T 664。

【依据4】《带电设备红外诊断技术应用导则》（DL/T 664—2008）

7 红外检测周期

检测周期应根据电气设备在电力系统中的作用及重要性，并参照设备的电压等级、负荷电流、投运时间、设备状况等决定。电气设备红外检测管理及检测原始记录、检测报告可按附录I的要求。

7.1 变（配）电设备的检测

正常运行变（配）电设备的检测应遵循检测和预试前普查，高温高负荷等情况下的特殊巡测相结合的原则。一般220kV及以上交（直）流变电站每年不少于两次，其中一次可在大负荷前，另一次可在停电检修及预试前，以便使查出的缺陷在检修中能够得到及时处理，避免重复停电。

110kV及以下重要变（配）电站每年检测一次。

对于运行环境差、陈旧或有缺陷的设备，大负荷运行期间、系统运行方式改变且设备负荷突然增加的情况下，需对电气设备增加检测次数。

新建、改扩建或大修后的电气设备，应在投运带负荷后不超过1个月内（但至少在24h以后）进行一次检测，并建议对变压器、断路器、套管、避雷器、电压互感器、电流互感器、电缆终端等进行精确检测，对原始数据及图像进行存档。

建议每年对330kV及以上变压器、套管、避雷器、电容式电压互感器、电流互感器、电缆头等电压致热型设备进行一次精确检测，做好记录，必要时将测试数据及图像存入红外数据库，进行动态管理。有条件的单位可开展220kV及以下设备的精确检测并建立图库。

表 A.1　电流致热型设备缺陷诊断判据

设备类别和部位		热像特征	故障特征	缺陷性质			处理建议	备注
				一般缺陷	严重缺陷	危机缺陷		
电气设备与金属部件的连接	接头和线夹	以线夹和接头为中心的热像，热点明显	接触不良	温差不超过 15K，未达到严重缺陷的要求	热点温度＞80℃或 δ≥80%	热点温度＞110℃或 δ≥95%		δ：相对温差，如附录 J 的图 J.7、图 J.8 和图 J.16 所示
金属部件与金属部件的连接	接头和线夹	以线夹和接头为中心的热像，热点明显	接触不良	温差不超过 15K，未达到重要缺陷的要求	热点温度＞90℃或 δ≥80%	热点温度＞130℃或 δ≥95%		如附录 J 的图 J.42 所示
套管	柱头	以套管顶部柱头为最热的热像		温差不超过 10K，未达到严重缺陷的要求	热点温度＞55℃或 δ≥80%	热点温度＞80℃或 δ≥95%		如附录 J 的图 J.31 和图 J.33 所示

4.2.2.4　高压套管及储油柜

本条评价项目（见《评价》）的查评依据如下。

【依据 1】《电力变压器运行规程》（DL/T 572—2010）

3.2.3　变压器在运行情况下，应能安全地查看储油柜和套管油位、顶层油温、气体继电器，以及能安全取气样等，必要时应装设固定梯子。

5.1　变压器的运行监视

5.1.1　安装在发电厂和变电站内的变压器，以及无人值班变电站内有远方监测装置的变压器，应经常监视仪表的指示，及时掌握变压器运行情况。监视仪表的抄表次数由现场规程规定，并定期对现场仪表和远方仪表进行校对。当变压器超过额定电流运行时，应作好记录。

无人值班变电站的变压器应在每次定期检查时记录其电压、电流和顶层油温，以及曾达到的最高顶层油温等。设视频监视系统的无人值班变电站，宜能监视变压器储油柜的油位、套管油位及其他重要部位。

5.1.4　变压器日常巡视检查一般包括以下内容：

b. 套管油位应正常，套管外部无破损裂纹、无严重油污、无放电痕迹及其他异常现象。

6.1.7　当发现变压器的油面较当时油温所应有的油位显著降低时，应查明原因。补油时应遵守5.3 条的规定，禁止从变压器下部补油。

6.1.8　变压器油位因温度上升有可能高出油位指示极限，经查明不是假油位所致时，则应放油，使油位降至与当时油温相对应的高度，以免溢油。

【依据 2】《国家电网有限公司十八项电网重大反事故措施（2018 年修订版）》（国家电网设备〔2018〕979 号）

9.5.7　新采购油纸电容套管在最低环境温度下不应出现负压。生产厂家应明确套管最大取油量，避免因取油样而造成负压。运行巡视应检查并记录套管油位情况，当油位异常时，应进行红外精确测温，确认套管油位。当套管渗漏油时，应立即处理，防止内部受潮损坏。

【依据 3】《油浸式电力变压器技术参数和要求》（GB/T 6451—2015）

9.2.4　油保护装置

9.2.4.1　变压器均应装有储油柜，其结构应偏于清理内部。储油柜的一端应具有油位显示功能，储油柜的容积应保证在最高环境温度与允许的过负载状态下油位不超过上限，在最低环境温度与变压器未投入运行时，应能观察到油位指示。

9.2.4.2　储油柜应有注油、放油和排污油装置。

9.2.4.3　储油柜上一般应装有带有油封的吸湿器。

9.2.4.4 变压器应采取防油老化措施，以确保变压器油不与大气相接触，如在储油柜内部加装胶囊、隔膜或采用金属波纹密封式储油柜。

4.2.2.5 检修项目执行情况

本条评价项目（见《评价》）的查评依据如下。

【依据1】《电力变压器检修导则》（DL/T 573—2010）

7 检修策略和项目

7.1 检修策略

7.1.1 推荐采用计划检修和状态检修相结合的检修策略，变压器检修项目应根据运行情况和状态评价的结果动态调整。

7.1.1.1 运行中的变压器承受出口短路后，经综合诊断分析，可考虑大修。

7.1.1.2 箱沿焊接的变压器或制造厂另有规定者，若经过试验与检查并结合运行情况，判定有内部故障或本体严重渗漏油时，可进行大修。

7.1.1.3 运行中的变压器，当发现异常状况或经试验判明有内部故障时，应进行大修。

7.1.1.4 设计或制造中存在共性缺陷的变压器可进行有针对性大修。

7.1.1.5 变压器大修周期一般应在10年以上。

7.2 检修项目

7.2.1 大修项目：

a) 绕组、引线装置的检修；

b) 铁芯、铁芯紧固件（穿心螺杆、夹件、拉带、绑带等）、压钉、压板及接地片的检修；

c) 油箱、磁（电）屏蔽及升高座的解体检修；套管检修；

d) 冷却系统的解体检修，包括冷却器、油泵、油流继电器、水泵、压差继电器、风扇、阀门及管道等；

e) 安全保护装置的检修及校验，包括压力释放装置、气体继电器、速动油压继电器、控流阀等；

f) 油保护装置的解体检修，包括储油柜、吸湿器、净油器等；

g) 测温装置的校验，包括压力式温度计、电阻温度计（绕组温度计）、棒形温度计等；

h) 操作控制箱的检修和试验；

i) 无励磁分接开关或有载分接开关的检修；

j) 全部阀门和放气塞的检修；

k) 全部密封胶垫的更换；

l) 必要时对器身绝缘进行干燥处理；

m) 变压器油的处理；

n) 清扫油箱并进行喷涂油漆；

o) 检查接地系统；

p) 大修的试验和试运行。

7.2.2 小修项目：

a) 处理已发现的缺陷；

b) 放出储油柜积污器中的污油；

c) 检修油位计，包括调整油位；

d) 检修冷却油泵、风扇，必要时清洗冷却器管束；

e) 检修安全保护装置；

f) 检修油保护装置（净油器、吸湿器）；

g) 检修测温装置；

h) 检修调压装置、测量装置及控制箱，并进行调试；

i) 检修全部阀门和放气塞，检查全部密封状态，处理渗漏油；

j）清扫套管和检查导电接头（包括套管将军帽）；

k）检查接地系统；

l）清扫油箱和附件，必要时进行补漆；

m）按有关规程规定进行测量和试验。

13　检修试验项目与要求

13.1　检修试验可分为状态预知性试验、诊断比试验和大修试验以停电试验为主，带电检测试验和在线监测试验可做参考。部分试验项目的试验方法和标准见附录 B。

13.2　状态预知性试验项目

a）变压器温度监测在线监测或带电检测；

b）变压器铁心、夹件、中性点对地电流在线监测或带电检测；

c）本体和套管中绝缘油试验，包括油简化试验、高温介损或电阻率测定、油中溶解气体色谱分析、油中含水量测定（在线监测或其他）；

d）变压器局部放电试验（在线监测、带电检测或其他）；

e）红外测温试验（带电检测）；

f）测量绕组连同套管的直流电阻（停电）；

g）测量绕组连同套管的绝缘电阻、吸收比或极化指数（停电）；

h）测量绕组连同套管的介质损耗因数与电容量（停电）；

i）测量绕组连同套管的直流泄漏电流（停电）；

j）铁芯、夹件对地及相互之间绝缘电阻测量（停电）；

k）电容套管试验，介质损耗因数与电容量、末屏绝缘电阻测试（停电）；

l）低电压短路阻抗试验与绕组频率响应特性试验（停电）；

m）有载调压开关切换装置的检查和试验（停电）；

n）电源（动力）回路的绝缘试验（停电）；

o）继电保护信号回路的绝缘试验（停电）。

13.3　诊断性试验项目

可以有针对性地选择以下试验：

a）本体和套管的绝缘油试验。包括燃点试验、介质损耗因数试验、耐压试验、杂质外观检查、电阻率测定油中溶解气体色谱分析、油中含水量测定；

b）测量绕组连同套管的直流电阻；

c）测量绕组连同套管的绝缘电阻之吸收比或极化指数；

d）测量绕组连同套管的介质损耗因数与电容量；

e）测量绕组连同套管的直流泄漏电流；

f）测定各绕组的变压比和接线组别；

g）铁芯、夹件对地及相互之间绝缘电阻测量；

h）电容型套管试验，介质损耗因数与电容量、末屏绝缘电阻测试；

i）低电压短路阻抗试验或频响法绕组变形试验；

j）单相空载损耗测量；

k）单相负载损耗和短路阻抗测量；

l）交流耐压试验；

m）感应耐压试验带局部放电量测量；

n）操作波感应耐压试验；

o）有载调压切换装置的检查和试验。

14　大修后的验收

变压器在大修竣工后应及时清理现场，整理记录、资料、图纸，提交竣工、验收报告，并按照验收规定组织现场验收。

14.1 向运行部门移交的资料

a) 变压器大修总结报告（参见附录 A）；

b) 现场干燥、检修记录；

c) 全部试验报告。

14.2 试运行前检查与验收项目

a) 变压器本体及组、部件均安装良好，固定可靠，完整无缺，无渗油；

b) 变压器油箱、铁心和夹件接地可靠；

c) 变压器顶盖上无遗留杂物；

d) 储油柜、冷却装置、净油器等油系统上的阀门均在"开"的位置，储油柜油温标示线清晰可见；

e) 高压套管的末屏接地小套管应接地可靠，套管顶部将军帽应密封良好，与外部引线的连接接触良好；

f) 变压器的储油柜和充油套管的油位正常，隔膜式储油柜的集气盒内应无气体；

g) 有载分接开关的油位需略低于变压器储油柜的油位；

h) 进行各升高座的放气，使其完全充满变压器油，气体继电器内应无残余气体；

i) 吸湿器内的吸附剂数量充足、无变色受潮现象，油封位置合格清晰，能看到正常呼吸作用；

j) 无励磁分接开关的位置应符合运行要求，有载分接开关动作灵活、正确，闭锁装置动作正确，控制盘、操作机构箱和顶盖上三者分接位置的指示应一致；

k) 温度计指示正确，整定值符合要求；

l) 冷却装置试运行正常，水冷装置的油压应大于水压，强油冷却的变压器应启动全部油泵，并测量油泵的负载电流，进行较长时间（一般不少于 60min）的循环后，多次排除残余气体；

m) 进行冷却装置电源的自动投切和冷却装置的故障停运试验；

n) 非电量保护装置应经调试整定，动作正确。

15 大修后试运行

变压器大修后试运行应按 DL/T 572 规定执行，并进行如下检查：

a) 中性点直接接地系统的变压器在进行冲击合闸时，中性点必须接地；

b) 气体继电器的重瓦斯必须投跳闸位置；

c) 额定电压下的冲击合闸应无异常，励磁涌流不致引起保护装置的误动作；

d) 受电后变压器应无异常情况；

e) 检查变压器及冷却装置所有焊缝和接合面，不应有渗油现象，变压器无异常振动或放电声；

f) 跟踪分析比较试运行前后变压器油的色谱数据，应无明显变化；

g) 试运行时间，一般不少于 24h。

16 大修报告

16.1 基本要求

大修报告应由检修单位编写，其格式统一、填写齐全、记录真实、结论明确，并由有关人员签字后存档。

16.2 主要内容

a) 设备基本信息和主要性能参数。如变电站名称、设备运行编号、产品型号、制造厂、出厂时间、投运时间、联结组别、空载损耗、负载损耗、阻抗电压、绝缘水平等。

b) 检修信息和主要工艺。如本次检修地点、检修原因、主要内容、检修时段、增补内容及遗留内容，检修后的设备及质量评价，以及对今后运行所作的限制或应注意事项等。

c) 编写、审核、批准和验收信息。如验收时间及验收意见、报告的编写、审核、批准和验收人员等。

【依据 2】《电力变压器运行规程》（DL/T 572—2010）

7. 变压器的安装、检修、试验和验收

7.2 运行中的变压器是否需要检修和检修项目及要求，应在综合分析下列因素的基础上确定：

a）DL/T 573 推荐的检修周期和项目；

b）结构特点和制造情况；

c）运行中存在的缺陷及其严重程度；

d）负载状况和绝缘老化情况；

e）历次电气试验和绝缘油分析结果；

f）与变压器有关的故障和事故情况；

g）变压器的重要性。

7.3 变压器有载分接开关是否需要检修和检修项目及要求，应在综合分析下列因素的基础上确定：

a）DL/T 574 推荐的检修周期和项目；

b）制造厂有关的规定；

c）动作次数；

d）运行中存在的缺陷及其严重程度；

e）历次电气试验和绝缘油分析结果；

f）变压器的重要性。

7.4 变压器的试验周期、项目和要求，按 DL/T 596 和设备运行状态综合确定。

7.5 新安装变压器的验收应按 GBJ 148—1990 中 2.10 的规定和制造厂的要求。

7.6 变压器检修后的验收按 DL/T 573 和 DL/T 596 的规定。

【依据3】《油浸式变压器（电抗器）状态检修导则》（Q/GDW 170—2008）

4 检修分类

按工作性质内容及工作涉及范围，变压器（电抗器）检修工作分为四类：A类检修、B类检修、C类检修、D类检修。其中 A、B、C 类是停电检修，D 类是不停电检修。

4.1 A类检修

A类检修是指变压器（电抗器）本体的整体性检查、维修、更换和试验。

4.2 B类检修

B类检修是指变压器（电抗器）局部性的检修，部件的解体检查、维修、更换和试验。

4.3 C类检修

C类检修是对常规性检查、维修和试验。

4.4 D类检修

D类检修是对变压器（电抗器）在不停电状态下进行的带电测试、外观检查和维修。

5 检修项目

变压器（电抗器）的检修分类及检修项目见表1。

表1　　　　　　　　油浸式变压器（电抗器）检修分类及检修项目

检修分类	检修项目
A类检修	吊罩、吊芯检查 本体油箱及内部部件的检查、改造、更换、维修 返厂检修 相关试验
B类检修	B.1 油箱外部主要部件更换 套管或升高座 储油柜 调压开关 冷却系统 非电量保护装置 绝缘油 其他

续表

检修分类	检修项目
B类检修	B.2 主要部件处理 套管或升高座 储油柜 调压开关 冷却系统 绝缘油 其他 现场干燥处理 停电时的其他部件或局部缺陷检查、处理、更换工作 相关试验
C类检修	C.1 按Q/GDW《输变电设备状态检修试验规程》规定进行试验 C.2 清扫、检查、维修
D类检修	D.1 带电测试（在线和离线） D.2 维修、保养 D.3 带电水冲洗 D.4 检修人员专业检查巡视 D.5 冷却系统部件更换（可带电进行时） D.6 其他不停电的部件更换处理工作

变压器（电抗器）的状态检修策略

变压器（电抗器）状态检修策略既包括年度检修计划的制定，也包括缺陷处理、试验、不停电的维修和检查等。检修策略应根据设备状态评价的结果动态调整。

年度检修计划每年至少修订一次。根据最近一次设备状态评价结果，考虑设备风险评估因素，并参考厂家的要求确定下一次停电检修时间和检修类别。在安排检修计划时，应协调相关设备检修周期，尽量统一安排，避免重复停电。

对于设备缺陷，根据缺陷性质，按照缺陷管理有关规定处理。同一设备存在多种缺陷，也应尽量安排在一次检修中处理，必要时，可调整检修类别。

C类检修正常周期宜与试验周期一致。

不停电维护和试验根据实际情况安排。

根据设备评价结果，制定相应的检修策略，变压器（电抗器）检修策略见表2。

表2　　　　　　　　　　　　　　　　油浸式变压器（电抗器）检修策略表

设备状态	检 修 策 略			
	正常状态	注意状态	异常状态	严重状态
检修策略	见5.1	见5.2	见5.3	见5.4
推荐周期	正常周期或延长一年	不大于正常周期	适时安排	尽快安排

6.1 "正常状态"检修策略

被评价为"正常状态"的变压器（电抗器），执行C类检修。根据设备实际状况，C类检修可按照正常周期或延长一年执行。在C类检修之前，可以根据实际需要适当安排D类检修。

6.2 "注意状态"检修策略

被评价为"注意状态"的变压器（电抗器），执行C类检修。如果单项状态量扣分导致评价结果为"注意状态"时，应根据实际情况提前安排C类检修。如果仅由多项状态量合计扣分导致评价结果为"注意状态"时，可按正常周期执行，并根据设备的实际状况，增加必要的检修或试验内容。

注意状态的设备应适当加强D类检修。

6.3 "异常状态"检修策略

被评价为"异常状态"的变压器（电抗器），根据评价结果确定检修类型，并适时安排检修。实施停电检修前应加强 D 类检修。

6.4 "严重状态"的检修策略

被评价为"严重状态"的变压器（电抗器），根据评价结果确定检修类型，并尽快安排检修。实施停电检修前应加强 D 类检修。

4.2.2.6 强迫油循环变压器、电抗器冷却装置的投切，冷却装置的电源配置情况

本条评价项目（见《评价》）的查评依据如下。

【依据1】《电力变压器运行规程》（DL/T 572—2010）

3.1.4 变压器的冷却装置应符合以下要求：

a）按制造厂的规定安装全部冷却装置。

b）强油循环的冷却系统必须有两个独立的工作电源并能自动和手动切换。当工作电源发生故障时，应发出音响、灯光等报警信号。

c）强油循环变压器，当切除故障冷却器时应发出音响、灯光等报警信号，并自动（水冷的可手动）投入备用冷却器；对有两组或多组冷却系统的变压器，应具备自动分组延时启停功能。

d）散热器应经蝶阀固定在变压器油箱上或采用独立落地支撑，以便在安装或拆卸时变压器油箱不必放油。

e）风扇、水泵及油泵的附属电动机应有过负荷、短路及断相保护；应有监视油流方向的装置。

h）强油循环冷却的变压器，应能按温度和（或）负载控制冷却器的投切。

i）潜油泵应采用 E 级或 D 级轴承，油泵应选用较低转速油泵（小于 1500r/min）。

3.2.4 室（洞）内安装的变压器应有足够的通风，避免变压器温度过高。

3.2.5 装有机械通风装置的变压器室，在机械通风停止时，应能发出远方信号。变压器的通风系统一般不应与其他通风系统连通。

4.4 强迫冷却变压器的运行条件

强油循环冷却变压器运行时，必须投入冷却器。空载和轻载时不应投入过多的冷却器（空载状态下允许短时不投）。各种负载下投入冷却器的相应台数，应按制造厂的规定。按温度和（或）负载投切冷却器的自动装置应保持正常。

5.1.5 应对变压器作定期检查（检查周期由现场规程规定），并增加以下检查内容：

b）强油循环冷却的变压器应作冷却装置的自动切换试验；

j）室（洞）内变压器通风设备应完好。

5.3.6 冷却器

a）有人值班变电所，强油风冷变压器的冷却装置全停，宜投信号；无人值班变电站，条件具备时宜投跳闸。

b）当冷却系统部分故障时应发信号。

c）对强迫油循环风冷变压器，应装设冷却器全停保护。当冷却系统全停时，按要求整定出自跳闸。

d）定期检查是否存在过热、振动、杂音及严重漏油等异常现象。如负压区渗漏油，必须及时处理，防止空气和水分进入变压器。

e）不允许在带有负荷的情况下将强油冷却器（非片扇）全停，以免产生过大的铜油温差，使线圈绝缘受损伤。

【依据2】《油浸式电力变压器技术参数和要求》（GB/T 6451—2015）

10.2.3 冷却系统及控制箱

10.2.3.1 应根据冷却方式供给全套冷却装置，但若为水冷却方式，则不供给水路装置（如水泵、水箱、管路、阀门及控制箱等）。

10.2.3.2 对于采用散热器散热的变压器，其冷却方式可能存在多种组合方式（如 OFAF 变压器，另外还可产生 ONAN、ONAF、OFAN 三种方式），各种冷却方式下的容量分配及控制程序由用户与制造方协商。

10.2.3.3 对于风冷变压器，应供给吹风装置控制箱。当负载电流达到额定电流的2/3或油面温度达到65℃时，应当投入吹风装置。当负载电流低于额定电流的1/2或油面温度低于50℃时，可切除风扇电动机。

10.2.3.4 对于水冷变压器，若冷却水是循环中间介质，则水的入口温度为最高环境温度加上8℃；若冷却水是最终取之不尽的冷却介质（即水热容量无穷大，如水电厂水库水），则水的入口温度为25℃。

10.2.3.5 对于强油风冷或强油水冷变压器需供给冷却系统及控制箱。

10.2.3.5.1 控制箱的强油循环装置控制线路应满足下列要求：

a) 变压器在运行中，其冷却系统应按负载和温度情况自动投入或切除相应数量的冷却器；

b) 当切除故障冷却器时，作为备用的冷却器应自动投入运行；

c) 当冷却系统的电源发生故障或电压降低时，应自动投入备用电源；

d) 当投入备用电源、备用冷却器或切除冷却器、电动机损坏时，均应发出相应的信号。

10.2.3.5.2 强油风冷及强油水冷冷却器的油泵电动机及风扇电动机应分别有过载、短路和断相保护。

10.2.3.5.3 强油风冷及强油水冷冷却器的动力电源电压应为三相交流380V，控制电源电压为交流220V。

10.2.3.5.4 强油风冷及强油水冷变压器，当冷却系统发生故障切除全部冷却器时，在额定负载下允许运行30min。当油面温度尚未达到75℃时，允许上升到75℃，但切除冷却器后的最长运行时间不得超过1h。

10.2.3.5.5 对于采用强迫油循环冷却方式的变压器，其冷却油流系统中不应出现负压。

【依据3】《国家电网有限公司十八项电网重大反事故措施（2018年修订版）》（国家电网设备〔2018〕979号）

9.7 防止冷却系统损坏事故

9.7.1 设计制造阶段

9.7.1.1 优先选用自然油循环风冷或自冷方式的变压器。

9.7.1.2 新订购强迫油循环变压器的潜油泵应选用转速不大于1500r/min的低速潜油泵，对运行中转速大于1500r/min的潜油泵应进行更换。禁止使用无铭牌、无级别的轴承的潜油泵。

9.7.1.3 新建或扩建变压器一般不宜采用水冷方式。对特殊场合必须采用水冷却系统的，应采用双层铜管冷却系统。

9.7.1.4 变压器冷却系统应配置两个相互独立的电源，并具备自动切换功能；冷却系统电源应有三相电压监测，任一相故障失电时，应保证自动切换至备用电源供电。

9.7.1.5 强迫油循环变压器内部故障跳闸后，潜油泵应同时退出运行。

9.7.3 运行阶段

9.7.3.1 对强迫油循环冷却系统的两个独立电源的自动切换装置，应定期进行切换试验，有关信号装置应齐全可靠。

9.7.3.2 冷却器每年应进行1～2次冲洗，并宜安排在大负荷来临前进行。

9.7.3.3 单铜管水冷却变压器，应始终保持油压大于水压，并加强运行维护工作，同时应采取有效的运行监视方法，及时发现冷却系统泄漏故障。

9.7.3.4 加强对冷却器与本体、气体继电器与储油柜相连的波纹管的检查，老旧变压器应结合技改大修工程对存在缺陷的波纹管进行更换。

4.2.2.7 吸湿器运行及维护情况

本条评价项目（见《评价》）的查评依据如下。

【依据1】《电力变压器运行规程》（DL/T 572—2010）

5.1.4 变压器日常巡视检查一般包括以下内容：

f. 吸湿器完好，吸附剂干燥。

【依据2】《输变电设备状态检修试验规程》（Q/GDW 1168—2013）

5.1.1 油浸式电力变压器、电抗器巡检及例行试验

5.1.1.1 油浸式电力变压器和电抗器巡检及例行试验项目（见表1）。

表1 油浸式电力变压器和电抗器巡检项目

巡检项目	基准周期	要求	说明条款
外观检查	1. 330kV及以上：2周；2. 220kV：1月；3. 110（66）kV：3月；4. 35kV及以下：1年	无异常	见5.1.1.2a)
油温和绕组温度		符合设备技术文件之要求	见5.1.1.2b)
呼吸器干燥剂（硅胶）		1/3以上处于干燥状态	见5.1.1.2c)
冷却系统		无异常	见5.1.1.2d)
声响及振动		无异常	见5.1.1.2e)

5.1.1.2 巡检说明

吸湿器呼吸正常，当2/3干燥剂受潮时应予更换，若干燥剂受潮速度异常，应检查密封，并取油样分析油中水分（仅对开放式）。

【依据3】《国家电网有限公司十八项电网重大反事故措施（2018年修订版）》（国家电网设备〔2018〕979号）

9.3.3.3 吸湿器安装后，应保证呼吸顺畅且油杯内有可见气泡。寒冷地区的冬季，变压器本体及有载分接开关吸湿器硅胶受潮达到2/3时，应及时进行更换，避免因结冰融化导致变压器重瓦斯误动作。

4.2.2.8 铁芯接地、绕组变形情况

本条评价项目（见《评价》）的查评依据如下。

【依据1】《电力变压器运行规程》（DL/T 572—2010）

3.2.11 变压器铁芯接地点必须引至变压器底部，变压器中性点应有两根与主地网不同地点连接的接地引下线，且每根接地线应符合热稳定要求。

6.1.9 铁芯多点接地而接地电流较大时，应安排检修处理。在缺陷消除前，可采取措施将电流限制在300mA左右，并加强监视。

6.2.3 变压器承受短路冲击后，应记录并上报短路电流峰值、短路电流持续时间，必要时应开展绕组变形测试、直流电阻测量、油色谱分析等试验。

【依据2】《国家电网有限公司十八项电网重大反事故措施（2018年修订版）》（国家电网设备〔2018〕979号）

9.1.8 220kV及以上电压等级变压器受到近区短路冲击未跳闸时，应立即进行油中溶解气体组分分析，并加强跟踪，同时注意油中溶解气体组分数据的变化趋势，若发现异常，应进行局部放电带电检测，必要时安排停电检查。变压器受到近区短路冲击跳闸后，应开展油中溶解气体组分分析、直流电阻、绕组变形及其他诊断性试验，综合判断无异常后方可投入运行。

9.2.2.6 110（66）kV及以上电压等级变压器在出厂和投产前，应采用频响法和低电压短路阻抗法对绕组进行变形测试，并留存原始记录。

9.2.3.4 铁芯、夹件分别引出接地的变压器，应将接地引线引至便于测量的适当位置，以便在运行时监测接地线中是否有环流，当运行中环流异常变化时，应尽快查明原因，严重时应采取措施及时处理。

【依据3】《输变电设备状态检修试验规程》（Q/GDW 1168—2013）

5.1.1.1 油浸式电力变压器和电抗器巡检及例行试验项目（见表1、表2）

例行试验项目	基准周期	要求	说明条款
铁芯接地电流测量（带电）	1. 220kV级以上：1年； 2. 110（66）kV及以下：2年	≤1000mA（注意值）	见5.1.1.6
铁芯绝缘电阻	1. 110（66）kV及以上：3年； 2. 35kV及以下：4年	≥100MΩ（新投运1000MΩ） （注意值）	见5.1.1.7
绕组绝缘电阻	1. 110（66）kV及以上：3年； 2. 35kV及以下：4年	1. 无显著下降； 2. 吸收比≥1.3或极化指数≥1.5或绝缘电阻≥10000MΩ（注意值）	见5.1.1.8
绕组绝缘介质损耗因数（20℃）	1. 110（66）kV及以上：3年； 2. 35kV及以下：4年	1. 330kV以及上：≤0.005（注意值）； 2. 110（66）kV～220kV：≤0.008（注意值）； 3. 35kV以及下：≤0.015（注意值）	见5.1.1.9
有载分接开关检查（变压器）	见5.1.1.10	见5.1.1.10	见5.1.1.10
测温装置检查	1. 110（66）kV及以上：3年； 2. 35kV及以下：4年	无异常	见5.1.1.11
气体继电器检查		无异常	见5.1.1.12
冷却装置检查		无异常	见5.1.1.13
压力释放装置检查	解体性检修时	无异常	见5.1.1.14

5.1.1.6 铁芯接地电流测量（带电）当铁心接地电流无异常时，可不进行铁心绝缘电阻测试。

5.1.1.7 铁芯绝缘电阻绝缘电阻测量采用2500V（老旧变压器1000V）绝缘电阻表。除注意绝缘电阻的大小外，要特别注意绝缘电阻的变化趋势。夹件引出接地的，应分别测量铁芯对夹件及夹件对地绝缘电阻。

除例行试验之外，当油中溶解气体分析异常，在诊断时也应进行本项目。

4.2.2.9 有载调压开关

本条评价项目（见《评价》）的查评依据如下。

【依据1】《电力变压器运行规程》（DL/T 572—2010）

4.1.2 无励磁调压变压器在额定电压±5％范围内改换分接位置运行时，其额定容量不变。如为−7.5％和−10％分接时，其容量按制造厂的规定；如无制造厂规定，则容量应相应降低2.5％和5％有载调压变压器各分接位置的容量，按制造厂的规定。

5.2.1 在投运变压器之前，值班人员应仔细检查，确认变压器及其保护装置在良好状态，具备带电运行条件。并注意外部有无异物，临时接地线是否已拆除，分接开关位置是否正确，各阀门开闭是否正确。变压器在低温投运时，应防止呼吸器因结冰被堵。

5.4 变压器分接开关的运行维护

5.4.1 无励磁调压变压器在变换分接时，应作多次转动，以便消除触头上的氧化膜和油污。在确认变换分接正确并锁紧后，测量绕组的直流电阻。分接变换情况应作记录。

5.4.2 变压器有载分接开关的操作，应遵守如下规定：

a）应逐级调压，同时监视分接位置及电压、电流的变化。

b）单相变压器组和三相变压器分相安装的有载分接开关，其调压操作宜同步或轮流逐级进行。

c）有载调压变压器并联运行时，其调压操作应轮流逐级或同步进行。

d）有载调压变压器与无励磁调压变压器并联运行时，其分接电压应尽量靠近无励磁调压变压器分接位置。

e）应核对系统电压与分接额定电压间的差值，使其符合4.1.1的规定。

5.4.3 变压器有载分接开关的维护，应按制造厂的规定进行，无制造厂规定者可参照以下规定：

a）运行6个～12个月或切换2000次～4000次后，应取切换开关箱中的油样作试验。

b）新投入的分接开关，在投运后1年～2年或切换5000次后，应将切换开关吊出检查，此后可按实际情况确定检查周期。

c) 运行中的有载分接开关切换 5000 次～10000 次后或绝缘油的击穿电压低于 25kV 时，应更换切换开关箱的绝缘油。

d) 操动机构应经常保持良好状态。

e) 长期不调和有长期不用的分接位置的有载分接开关，应在有停电机会时，在最高和最低分接间操作几个循环。

5.4.4 为防止分接开关在严重过负载或系统短路时进行切换，宜在有载分接开关自动控制回路中加装电流闭锁装置，其整定值不超过变压器额定电流的 1.5 倍。

【依据 2】《国家电网有限公司十八项电网重大反事故措施（2018 年修订版）》（国家电网设备〔2018〕979 号）

9.9.4 防止分接开关事故

9.9.4.1 新购有载分接开关的选择开关应有机械限位功能，束缚电阻应采用常接方式。新投或检修后的有载分接开关，应对切换程序与时间进行测试。当开关动作次数或运行时间达到生产厂家规定值时，应按照生产厂家的检修规程进行检修。

9.9.4.2 有载调压变压器抽真空注油时，应接通变压器本体与开关油室旁通管，保持开关油室与变压器本体压力相同。真空注油后应及时拆除旁通管或关闭旁通管阀门，保证正常运行时变压器本体与开关油室不导通。

9.9.4.3 无励磁分接开关在改变分接位置后，应测量使用分接的直流电阻和变比；有载分接开关检修后，应测量全分接的直流电阻和变比，合格后方可投运。

9.9.4.4 真空有载分接开关绝缘油检测的周期和项目应与变压器本体保持一致。

9.9.4.5 油浸式真空有载分接开关轻瓦斯报警后应暂停调压操作，并对气体和绝缘油进行色谱分析，根据分析结果确定恢复调压操作或进行检修。

【依据 3】《输变电设备状态检修试验规程》（Q/GDW 1168—2013）

5.1.1.10 有载分接开关检查

以下步骤可能会因制造商或型号的不同有所差异，必要时参考设备技术文件。基准周期为 1 年的检查项目：

a) 储油柜、呼吸器和油位指示器，应按其技术文件要求检查；

b) 在线滤油器，应按其技术文件要求检查滤芯；

c) 打开电动机构箱，检查是否有任何松动、生锈；检查加热器是否正常；

d) 记录动作次数；

e) 如有可能，通过操作 1 步再返回的方法，检查电机和计数器的功能。

110（66）kV 及以上基准周期为 3 年、35kV 及以下基准周期为 4 年的检查项目：

a) 在手摇操作正常的情况下，就地电动和远方各进行一个循环的操作，无异常；

b) 检查紧急停止功能以及限位装置；

c) 在绕组电阻测试之前检查动作特性，测量切换时间；有条件时测量过渡电阻，电阻值的初值差不超过 ±10%；

d) 油质试验：要求油耐受电压不小于 30kV；不满足要求时，需要对油进行过滤处理，或者换新油。

4.2.2.10 套管及本体、散热器、储油柜等部位运行情况

本条评价项目（见《评价》）的查评依据如下。

【依据 1】《电力变压器运行规程》（DL/T 572—2010）

5.1.4 变压器日常巡视检查一般包括以下内容：

a) 变压器的油温和温度计应正常，储油柜的油位应与温度相对应，各部位无渗油、漏油；

b) 套管油位应正常，套管外部无破损裂纹、无严重油污、无放电痕迹及其他异常现象；套管渗油时，应及时处理，防止内部受潮损坏；

c) 变压器声响均匀、正常；

d) 各冷却器手感温度应相近，风扇、油泵、水泵运转正常，油流继电器工作正常，特别注意变压器冷却器潜油泵负压区出现的渗漏油；

e) 水冷却器的油压应大于水压（制造厂另有规定者除外）；

f) 吸湿器完好，吸附剂干燥；

g) 引线接头、电缆、母线应无发热迹象；

h) 压力释放器、安全气道及防爆膜应完好无损；

i) 有载分接开关的分接位置及电源指示应正常；

j) 有载分接开关的在线滤油装置工作位置及电源指示应正常；

k) 气体继电器内应无气体（一般情况）；

l) 各控制箱和二次端子箱、机构箱应关严，无受潮，温控装置工作正常；

m) 干式变压器的外部表面应无积污；

n) 变压器室的门、窗、照明应完好，房屋不漏水，温度正常；

o) 现场规程中根据变压器的结构特点补充检查的其他项目。

5.1.5 应对变压器作定期检查（检查周期由现场规程规定），并增加以下检查内容：

a) 各部位的接地应完好；并定期测量铁心和夹件的接地电流；

b) 强油循环冷却的变压器应作冷却装置的自动切换试验；

c) 外壳及箱沿应无异常发热；

d) 水冷却器从旋塞放水检查应无油迹；

e) 有载调压装置的动作情况应正常；

f) 各种标志应齐全明显；

g) 各种保护装置应齐全、良好；

h) 各种温度计应在检定周期内，超温信号应正确可靠；

i) 消防设施应齐全完好；

j) 室（洞）内变压器通风设备应完好；

k) 储油池和排油设施应保持良好状态；

l) 检查变压器及散热装置无任何渗漏油；

m) 电容式套管末屏有无异常声响或其他接地不良现象；

n) 变压器红外测温。

【依据2】《输变电设备状态检修试验规程》（Q/GDW 1168—2013）

5.1.1.1 油浸式电力变压器和电抗器巡检项目（见表1）

表1   油浸式电力变压器和电抗器巡检项目

巡检项目	基准周期	要求	说明条款
外观检查	1. 330kV 及以上：2 周； 2. 220kV：1 月； 3. 110（66）kV：3 月； 4. 35kV 及以下：1 年	无异常	见 5.1.1.2a)
油温和绕组温度		符合设备技术文件之要求	见 5.1.1.2b)
呼吸器干燥剂（硅胶）		1/3 以上处于干燥状态	见 5.1.1.2c)
冷却系统		无异常	见 5.1.1.2d)
声响及振动		无异常	见 5.1.1.2e)

5.1.1.2 巡检说明

巡检时，具体要求说明如下：

a) 外观无异常，油位正常，无油渗漏；

b) 记录油温、绕组温度，环境温度、负荷和冷却器开启组数；

c) 呼吸器呼吸正常；当2/3干燥剂受潮时应予更换；若干燥剂受潮速度异常，应检查密封，并取油样分析油中水分（仅对开放式）；

d) 冷却系统的风扇运行正常，出风口和散热器无异物附着或严重积污；潜油泵无异常声响、振动，油流指示器指示正确；

e) 变压器声响和振动无异常，必要时按GB/T 1094.10测量变压器声级；如振动异常，可定量测量。

5.2.1.1 SF_6 气体绝缘电力变压器巡检项目（见表4）

表4 **SF_6 气体绝缘电力变压器巡检项目**

巡检项目	基准周期	要求	说明条款
外观及气体压力	1. 220kV及以上：1月； 2. 110（66）kV：3月； 3. 35kV及以下：1年	无异常	见5.1.1.2a)
气体和绕组温度		符合设备技术文件之要求	见5.1.1.2b)
声响及振动		无异常	见5.1.1.2c)

5.2.1.2 巡检说明

巡检时，具体要求说明如下：

a) 外观无异常，气体压力指示值正常。

b) 记录绕组温度、环境温度、负荷和冷却器开启组数，冷却器工作状态正常。

c) 变压器声响无异常；如果振动异常，可定量测量。

5.2.1.3 红外热像检测

检测变压器箱体、套管、引线接头及电缆等，红外热像图显示应无异常温升、温差和/或相对温差。检测及分析方法参考DL/T 664。

4.2.2.11 冷却系统

本条评价项目（见《评价》）的查评依据如下。

【依据1】《电力变压器运行规程》（DL/T 572—2010）

3.1.4 变压器的冷却装置应符合以下要求：

a) 按制造厂的规定安装全部冷却装置。

b) 强油循环的冷却系统必须有两个独立的工作电源并能自动和手动切换。当工作电源发生故障时，应发出音响、灯光等报警信号。

c) 强油循环变压器，当切除故障冷却器时应发出音响、灯光等报警信号，并自动（水冷的可手动）投入备用冷却器；对有两组或多组冷却系统的变压器，应具备自动分组延时启停功能。

d) 散热器应经蝶阀固定在变压器油箱上或采用独立落地支撑，以便在安装或拆卸时变压器油箱不必放油。

e) 风扇、水泵及油泵的附属电动机应有过负荷、短路及断相保护；应有监视油流方向的装置。

h) 强油循环冷却的变压器，应能按温度和（或）负载控制冷却器的投切。

i) 潜油泵应采用E级或D级轴承，油泵应选用较低转速油泵（小于1500r/min）。

4.4 强迫冷却变压器的运行条件

强油循环冷却变压器运行时，必须投入冷却器。空载和轻载时不应投入过多的冷却器（空载状态下允许短时不投）。各种负载下投入冷却器的相应台数，应按制造厂的规定。按温度和（或）负载投切冷却器的自动装置应保持正常。

5.1.4 变压器日常巡视检查一般包括以下内容：

d) 各冷却器手感温度应相近，风扇、油泵、水泵运转正常，油流继电器工作正常，特别注意变压器冷却器潜油泵负压区出现的渗漏油。

5.2.3 变压器投运和停运的操作程序应在现场规程中规定，并须遵守下列各项规定：

a) 强油循环变压器投运时应逐台投入冷却器，并按负载情况控制投入冷却器的台数。

5.3.6 冷却器

a) 有人值班变电所，强油风冷变压器的冷却装置全停，宜投信号；无人值班变电站，条件具备时宜投跳闸。

b) 当冷却系统部分故障时应发信号。

c) 对强迫油循环风冷变压器，应装设冷却器全停保护。当冷却系统全停时，按要求整定出自跳闸。

d) 定期检查是否存在过热、振动、杂声及严重漏油等异常现象。如负压区渗漏油，必须及时处理防止空气和水分进入变压器。

e) 不允许在带有负荷的情况下将强油冷却器（非片扇）全停，以免产生过大的铜油温差，使线圈绝缘受损伤。冷却装置故障时的运行方式见 6.3 条。

6.3 冷却装置故障时的运行方式和处理要求

6.3.1 油浸（自然循环）风冷和干式风冷变压器，风扇停止工作时，允许的负载和运行时间，应按制造厂的规定。油浸风冷变压器当冷却系统部分故障停风扇后，顶层油温不超过 65℃ 时，允许带额定负载运行。

6.3.2 强油循环风冷和强油循环水冷变压器，在运行中，当冷却系统发生故障切除全部冷却器时，变压器在额定负载下允许运行时间不小于 20min。当油面温度尚未达到 75℃ 时，允许上升到 75℃，但冷却器全停的最长运行时间不得超过 1h。对于同时具有多种冷却方式（如 ONAN，ONAF 或 OFAF），变压器应按制造厂规定执行。冷却装置部分故障时，变压器的允许负载和运行时间应参考制造厂规定。

【依据 2】《油浸式电力变压器技术参数和要求》（GB/T 6451—2015）

10.2.3 冷却系统及控制箱

10.2.3.1 应根据冷却方式供给全套冷却装置，但若为水冷却方式，则不供给水路装置（如水泵、水箱、管路、阀门及控制箱等）。

10.2.3.2 对于采用散热器散热的变压器，其冷却方式可能存在多种组合方式（如 OFAF 变压器，另外还可产生 ONAN、ONAF、OFAN 三种方式），各种冷却方式下的容量分配及控制程序由用户与制造方协商。

10.2.3.3 对于风冷变压器，应供给吹风装置控制箱。当负载电流达到额定电流的 2/3 或油面温度达到 65℃ 时，应当投入吹风装置。当负载电流低于额定电流的 1/2 或油面温度低于 50℃ 时，可切除风扇电动机。

10.2.3.4 对于水冷变压器，若冷却水是循环中间介质，则水的入口温度为最高环境温度加上 8℃；若冷却水是最终取之不尽的冷却介质（即水热容量无穷大，如水电厂水库水），则水的入口温度为 25℃。

10.2.3.5 对于强油风冷或强油水冷变压器需供给冷却系统及控制箱。

10.2.3.5.1 控制箱的强油循环装置控制线路应满足下列要求：

a) 变压器在运行中，其冷却系统应按负载和温度情况自动投入或切除相应数量的冷却器；

b) 当切除故障冷却器时，作为备用的冷却器应自动投入运行；

c) 当冷却系统的电源发生故障或电压降低时，应自动投入备用电源；

d) 当投入备用电源、备用冷却器或切除冷却器、电动机损坏时，均应发出相应的信号。

10.2.3.5.2 强油风冷及强油水冷冷却器的油泵电动机及风扇电动机应分别有过载、短路和断相保护。

10.2.3.5.3 强油风冷及强油水冷冷却器的动力电源电压应为三相交流 380V，控制电源电压为交流 220V。

10.2.3.5.4 强油风冷及强油水冷变压器，当冷却系统发生故障切除全部冷却器时，在额定负载下允许运行 30min。当油面温度尚未达到 75℃ 时，允许上升到 75℃，但切除冷却器后的最长运行时间不得超过 1h。

10.2.3.5.5 对于采用强迫油循环冷却方式的变压器，其冷却油流系统中不应出现负压。

【依据 3】《国家电网有限公司十八项电网重大反事故措施（2018 年修订版）》（国家电网设备〔2018〕979 号）

9.7 防止冷却系统损坏事故

9.7.1 设计制造阶段

9.7.1.1 优先选用自然油循环风冷或自冷方式的变压器。

9.7.1.2 新订购强迫油循环变压器的潜油泵应选用转速不大于 1500r/min 的低速潜油泵,对运行中转速大于 1500r/min 的潜油泵应进行更换。禁止使用无铭牌、无级别的轴承的潜油泵。

9.7.1.3 新建或扩建变压器一般不宜采用水冷方式。对特殊场合必须采用水冷却系统的,应采用双层铜管冷却系统。

9.7.1.4 变压器冷却系统应配置两个相互独立的电源,并具备自动切换功能;冷却系统电源应有三相电压监测,任一相故障失电时,应保证自动切换至备用电源供电。

9.7.1.5 强迫油循环变压器内部故障跳闸后,潜油泵应同时退出运行。

9.7.3 运行阶段

9.7.3.1 对强迫油循环冷却系统的两个独立电源的自动切换装置,应定期进行切换试验,有关信号装置应齐全可靠。

9.7.3.2 冷却器每年应进行 1 次～2 次冲洗,并宜安排在大负荷来临前进行。

9.7.3.3 单铜管水冷却变压器,应始终保持油压大于水压,并加强运行维护工作,同时应采取有效的运行监视方法,及时发现冷却系统泄漏故障。

9.7.3.4 加强对冷却器与本体、气体继电器与储油柜相连的波纹管的检查,老旧变压器应结合技改大修工程对存在缺陷的波纹管进行更换。

4.2.2.12 变压器运行分析专业总结报告

本条评价项目(见《评价》)的查评依据如下。

【依据】《关于印发输变电设备运行规范的通知》(国家电网生技〔2005〕172 号)附件二:110 (66)kV～500kV 油浸式变压器(电抗器)

第五十一条 变压器运行状态分析

(一)变压器运行状态分析的目的是为了及时发现缺陷,及时消除缺陷,确保检修工作做到工效高(检修工期短,耗用工时少)、用料省(器材消耗少,修旧利废好)、安全好(不发生重大人身、设备事故及一般事故)。提高变压器健康水平和恢复铭牌出力,使变压器经常处于良好状态,确保安全运行。

(二)根据运行中变压器器身及任何附件存在的绝缘不良的轻重程度或处于不正常运行的不同状态。变压器运行可分三种状态加以评估。即:危急状态、严重状态和一般状态。

(1)危急状态。一般情况下变压器存在以下缺陷可定为危急状态:

1)油中乙炔或总烃含量和增加速率严重超注意值,有放电特征,危急变压器安全,绝缘电阻、介质损耗因数等反映变压器绝缘性能指标的数据大多数超标,且历次数据比较,变化明显的;

2)变压器有异常响声,内部有爆裂声;

3)套管有严重破损和放电现象;

4)变压器严重漏油、喷油、冒烟着火等现象;

5)冷却器故障全停,且在规定时间内无法修复的;

6)轻瓦斯发信号,色谱异常。

注:变压器出现上述危急状态时,应立即停役,安排检修处理。并按设备管辖范围及时报告上级主管部门,要求在 24h 内予以处理。

(2)严重状态。变压器存在以下缺陷可定为严重状态:

1)根据绝缘电阻、吸收比和极化指数、介质损(本体或套管)、泄漏电流等反映变压器绝缘性能指标的数据进行综合判断,有严重缺陷的;

2)强油循环变压器的密封破坏造成负压区、套管严重渗漏油或储油拒胶囊破损;

3)变压器出口短路后,绕组变形测试或色谱分析有异常,但直流电阻测试为正常的;

4)铁芯多点接地,且色谱异常。

（3）一般状态。变压器存在以下缺陷可定为一般状态：

1）变压器本体及附件的渗漏油；

2）备用冷却装置故障；

3）变压器油箱及附件锈蚀；

4）铁芯多点接地，其接地电流大于 100mA。

4.2.2.13　交接、出厂试验报告及有关图纸

本条评价项目（见《评价》）的查评依据如下。

【依据1】《电力变压器运行规程》（DL/T 572—2010）

3.3　技术文件

3.3.1　变压器投入运行前，施工单位需向运行单位移交下列技术文件和图纸。

3.3.1.1　新设备安装竣工后需交：

a. 变压器订货技术合同（或技术条件）、变更设计的技术文件等。

b. 制造厂提供的安装使用说明书、合格证，图纸及出厂试验报告。

c. 本体、冷却装置及各附件（套管、互感器、分接开关、气体继电器、压力释放阀及仪表等）在安装时的交接试验报告。

d. 器身吊检时的检查及处理记录、整体密封试验报告等安装报告。

e. 安装全过程（按 GBJ 148 和制造厂的有关规定）记录。

f. 变压器冷却系统，有载调压装置的控制及保护回路的安装竣工图。

g. 油质化验及色谱分析记录。

h. 备品配件及专用工器具清单。

i. 设备监造报告。

【依据2】《国家电网有限公司十八项电网重大反事故措施（2018 年修订版）》（国家电网设备〔2018〕979 号）

9.1　防止变压器出口短路事故

9.1.1　240MVA 及以下容量变压器应选用通过短路承受能力试验验证的产品；500kV 变压器和 240MVA 以上容量变压器应优先选用通过短路承受能力试验验证的相似产品。生产厂家应提供同类产品短路承受能力试验报告或短路承受能力计算报告。

9.1.2　在变压器设计阶段，应取得所订购变压器的短路承受能力计算报告，并开展短路承受能力复核工作，220kV 及以上电压等级的变压器还应取得抗震计算报告。

9.1.3　在变压器制造阶段，应进行电磁线、绝缘材料等抽检，并抽样开展变压器短路承受能力试验验证。

9.2.2.3　变压器新油应由生产厂家提供新油无腐蚀性硫、结构簇、糠醛及油中颗粒度报告。对 500kV 及以上电压等级的变压器还应提供 T501 等检测报告。

9.2.2.6　110（66）kV 及以上电压等级变压器在出厂和投产前，应采用频响法和低电压短路阻抗法对绕组进行变形测试，并留存原始记录。

【依据3】《变电站管理规范》（国家电网生〔2006〕512 号）

5.1.2　变电站图纸的管理

5.1.2.1　变电站的图纸应有专人或兼职人员管理。

5.1.2.2　变电站竣工图纸，应分别在本站和上级技术档案室存放。

5.1.2.3　图纸必须与实际设备和现场相符合。

5.1.2.4　应按图纸存放要求，在变电站设置（配备）存放图纸的资料室（柜）。

5.1.2.5　图纸管理人员建立本站图纸清册，建立图纸查（借）阅记录，每年对图纸进行一次全面检查，保证图纸齐全完整与现场实际相符。

5.1.3　变电站应具备的技术资料。

5.1.3.1 变电站设备说明书。

5.1.3.2 变电站工程竣工（交接）验收报告。

5.1.3.3 变电站设备修试报告。

5.1.3.4 变电站设备评价报告。

5.1.4 变电站技术资料的管理。

5.1.4.1 变电站技术资料应有专人或兼职人员管理，并建立有关管理制度。

5.1.4.2 变电站应设置（配备）保存技术资料的资料室（柜）。

4.2.2.14 检修、试验记录及大修总结，设备评估报告

本条评价项目（见《评价》）的查评依据如下。

【依据1】《电力变压器运行规程》（DL/T 572—2010）

3.3.1.2 检修竣工后需交：

a. 变压器及附属设备的检修原因及器身检查、整体密封性试验、干燥记录等检修全过程记录。

b. 变压器及附属设备检修前后试验记录。

3.3.1.3 变压器移交外单位时，必须将变压器的技术档案一并移交。

3.3.4 每台变压器应有下述内容的技术档案：

a. 变压器履历卡片。

b. 安装竣工后所移交的全部文件。

c. 检修后移交的文件。

d. 预防性试验记录。

e. 变压器保护和测量装置的校验记录。

f. 油处理及加油记录。

g. 其他试验记录及检查记录。

h. 变压器事故及异常运行（如超温、气体继电器动作、出口短路、严重过电流等）记录。

【依据2】《关于印发输变电设备检修规范的通知》（国家电网生技〔2005〕173号）附件二：110（66）kV～500kV油浸式变压器（电抗器）。

第十章 检修报告的编写

第三十三条 基本要求

检修报告应结论明确。检修施工的组织、技术、安全措施、检修记录表以及修前、修后各类检测报告附后。各责任人及检查、操作人员签字齐全。

第三十四条 主要内容

内容应包括变电站名称，被检变压器的设备运行编号、产品型号、制造厂、出厂时间、投运时间、历次检修经历、本次检修地点、检修原因、主要内容、检修时段、检修工时及费用情况、完成情况综述（包括增补内容及遗留内容，验收人员，验收时间及验收意见，检修后的设备及工程质量评价，以及对今后运行所作的限制或应注意事项等）。最后还应注明报告的编写、审核及批准人员。

【依据3】《输变电设备状态检修试验规程》（Q/GDW 1168—2013）

4.3 设备状态量的评价和处置原则

4.3.1 设备状态评价原则

设备状态的评价应该基于巡检及例行试验、诊断性试验、在线监测、带电检测、家族缺陷、不良工况等状态信息，包括其现象强度、量值大小以及发展趋势，结合与同类设备的比较，做出综合判断。

4.3.2 注意值处置原则

有注意值要求的状态量，若当前试验值超过注意值或接近注意值的趋势明显，对于正在运行的设备，应加强跟踪监测；对于停电设备，如怀疑属于严重缺陷，不宜投入运行。

4.3.3 警示值处置原则

有警示值要求的状态量，若当前试验值超过警示值或接近警示值的趋势明显，对于运行设备应尽快安排停电试验；对于停电设备，消除此隐患之前，一般不应投入运行。

4.3.4 状态量的显著性差异分析

在相近的运行和检测条件下，同一家族设备的同一状态量不应有明显差异，否则应进行显著性差异分析，分析方法见附录 A。

4.2.2.15 现场运行（检修）规程

本条评价项目（见《评价》）的查评依据如下。

【依据1】《变电站管理规范》（国家电网生〔2006〕512 号）

附录 A（资料性附录）变电站现场运行规程编审制度各单位可参照本附录编写本单位的变电站现场运行规程编审制度。

A.5.1 现场运行规程的制定与编写要求

A.5.1.1 现场运行规程的制定与编写应根据上级单位颁发的规程、制度、反事故措施、继电保护自动装置整定书、图纸和设备厂商的说明书，编制变电站各类设备的现场运行规程，经履行审核和批准程序后执行。

A.5.1.2 一次设备规程的编写应包含以下几个方面的内容：本站设备调度范围的划分和运行方式情况、设备的作用及组成部分、设备技术参数、运行巡视检查维护项目、投运和检修的验收项目、正常运行操作注意事项、异常情况及事故处理；一次设备规程中对牵涉到运行人员须操作的特殊部件、元件（例如主变压器的瓦斯、压力释放继电器等）应制定详细的运行注意事项。

A.6.1 现场运行规程的管理要求

A.6.1.1 变电站在投运前必须建立现场运行规程。

A.6.1.2 各变电站负责本站设备现场运行规程的编写，站长及技术负责人校核后报送上级部门审核、批准。

A.6.1.3 变电站内现场设备、系统接线变动后在投运前，站长及技术负责人应负责落实完成新设备规程的制定及相关的修订工作，并报送上级部门审核、批准。

A.6.1.4 当上级颁发新的规程和反事故技术措施或应事故防范措施需要时，由站长及技术负责人负责，组织人员在规定时间内对现场规程的补充或对有关规定修订工作，书面报告上级部门。

A.6.1.5 变电站每年应对现场规程进行一次复查、修订，不需修订的，也应出具经复查人、批准人签名的"可以继续执行"的书面文件。

A.6.1.6 现场运行规程应每 3～5 年进行一次全面的修订、审定并印发。

A.6.1.7 现场运行规程的补充或修订，应严格履行审批程序。

【依据2】《电力变压器运行规程》（DL/T 572—2010）

7 变压器的安装、检修、试验和验收

7.1 变压器的安装项目和要求，应按 GBJ 148—1990 中第 1 章和第 2 章的要求，以及制造厂的特殊要求。

7.2 运行中的变压器是否需要检修和检修项目及要求，应在综合分析下列因素的基础上确定：

a) DL/T 573 推荐的检修周期和项目；

b) 结构特点和制造情况；

c) 运行中存在的缺陷及其严重程度；

d) 负载状况和绝缘老化情况；

e) 历次电气试验和绝缘油分析结果；

f) 与变压器有关的故障和事故情况；

g) 变压器的重要性。

7.3 变压器有载分接开关是否需要检修和检修项目及要求，应在综合分析下列因素的基础上确定：

a) DL/T 574 推荐的检修周期和项目；

b) 制造厂有关的规定；

c）动作次数；

d）运行中存在的缺陷及其严重程度；

e）历次电气试验和绝缘油分析结果；

f）变压器的重要性。

7.4 变压器的试验周期、项目和要求，按 DL/T 596 和设备运行状态综合确定。

7.5 新安装变压器的验收应按 GBJ 148—1990 中 2.10 的规定和制造厂的要求。

7.6 变压器检修后的验收按 DL/T 573 和 DL/T 596 的规定。

4.2.3 反措落实

本条评价项目（见《评价》）的查评依据如下。

【依据1】《国家电网公司安全工作规定》[国网（安监/2）406—2014]

第六章 反事故措施计划与安全技术劳动保护措施计划

第三十二条 省公司级单位、地市公司级单位、县公司级单位及他们所属的检修、运行、发电、煤矿企业（单位）每年应编制年度反事故措施计划和安全技术劳动保护措施计划。

电力施工企业应编制年度安全技术措施计划及项目安全施工措施。

第三十三条 年度反事故措施计划应由分管业务的领导组织，以运维检修部门为主，各有关部门参加制定；安全技术劳动保护措施计划应由分管安全工作的领导组织，以安全监督管理部门为主，各有关部门参加制定。

第三十四条 反事故措施计划应根据上级颁发的反事故技术措施、需要治理的事故隐患、需要消除的重大缺陷、提高设备可靠性的技术改进措施以及本单位事故防范对策进行编制。

反事故措施计划应纳入检修、技改计划。

第三十五条 安全技术劳动保护措施计划、安全技术措施计划应根据国家、行业、公司颁发的标准，从改善作业环境和劳动条件、防止伤亡事故、预防职业病、加强安全监督管理等方面进行编制；项目安全施工措施应根据施工项目的具体情况，从作业方法、施工机具、工业卫生、作业环境等方面进行编制。

第三十六条 安全性评价结果、事故隐患排查结果应作为制定反事故措施计划和安全技术劳动保护措施计划的重要依据。

防汛、抗震、防台风、防雨雪冰冻灾害等应急预案所需项目，可作为制订和修订反事故措施计划的依据。

第三十七条 省公司级单位、地市公司级单位、县公司级单位及他们所属的检修、运行、发电、煤矿企业（单位）主管部门应优先安排反事故措施计划、安全技术劳动保护措施计划所需资金。

电力建设管理有关部门应根据国家、行业、公司的有关规定，优先安排安全技术措施计划所需费用，电力施工企业安全生产费用应优先用于保证工程建设过程达到安全生产标准化要求，所需的支出应按规定规范使用。

第三十八条 安全监督管理机构负责监督反事故措施计划和安全技术劳动保护措施计划的实施，并建立相应的考核机制，对存在的问题应及时向主管领导汇报。

第三十九条 省公司级单位、地市公司级单位、县公司级单位及他们所属的检修、运行、发电、煤矿企业（单位）负责人应定期检查反事故措施计划、安全技术劳动保护措施计划的实施情况，并保证反事故措施计划、安全技术劳动保护措施计划的落实；列入计划的反事故措施和安全技术劳动保护措施若需取消或延期，必须由责任部门提前征得分管领导同意。

【依据2】《变电站管理规范》（国家电网生〔2006〕512号）

4.5 反事故措施管理

4.5.1 变电站应根据上级反事故技术措施的具体要求，定期对本站设备的落实情况进行检查，督促落实。

4.5.1.2 配合主管部门按照反事故措施的要求，分析设备现状，制订落实计划。

4.5.1.3　做好反措执行单位施工过程中的配合和验收工作，对现场反措执行不利的情况应及时向有关部门反映。

4.5.1.4　变电站进行大型作业，应提前制定本站相应的反事故措施，确保不发生各类事故。定期对本站反事故措施的落实情况进行总结、备案，并上报有关部门。

4.3　高压配电装置

4.3.1　短路容量、导体和电器设备动热稳定校验

本条评价项目（见《评价》）的查评依据如下。

【依据1】《城市电力网规划设计导则》（Q/GDW 156—2006）

4.7　短路水平

4.7.1　为了取得合理的经济效益，城网各级电压的短路容量应该从网络设计、电压等级、变压器容量、阻抗选择、运行方式等方面进行控制，使各级电压断路器的开断电流以及设备的动热稳定电流得到配合。在变电站内系统母线的短路水平，一般不超过表4-2中的数值。

表 4-2　　　　　　　　　　　　　各电压等级的短路容量限定值

电压等级/kV	短路容量/kA
500	50、63
330	50、63
220	40、50
110	31.5、40
66	31.5
35	25
20	16、20
10	16、20

建议在220kV及以上变电站的低压侧选取表4-2中较高的数值，110kV及收下变电站的低压侧选取表4-2中较低的数值；一般中压配电线路上的短路容量将沿线路递减，因此沿线挂接的配电设备的短路容量可适当再降低标准；必要时经技术经济论证可超过表4-2中规定的数值。

4.7.2　各级电压网络短路容量控制的原则及采取的措施如下：

（1）城网最高一级电压母线的短路容量在不超过表4-2规定值的基础上，应维持一定的短路容量，以减少受端系统的电源阻抗，即使系统发生振荡，也能维持各级电压不过低，高一级电压不致发生过大的波动。为此，如受端系统缺乏直接接入城网最高一级电压的主力电厂，经技术经济论证后可装设适当容量的大型调相机。

（2）城网其他电压等级的短路容量应在技术经济合理的基础上采取限制措施：

a）网络分片，开环，母线分段运行；

b）适当选择变压器的容量、接线方式（如二次绕组为分裂式）或采用高阻抗变压器；

c）在变压器低压侧加装电抗器或分裂电抗器，或在出线断路器出口侧加装电抗器等。

（3）对于短路容量过小（普遍小于10kA）的薄弱电网，则应采取一定的措施来逐步提高电网的短路容量，以增加电网的抗干扰能力。提高电网短路容量的措施主要有：

a）线路建设尽量组成环网，或采用双回路；

b）必要时采用电磁环网运行，但应进行潮流计算校核，避免故障后出现系统事故扩大；

c）与周边电网联网或增加新的联络点，尽量避免孤立电网运行。

【依据2】《高压配电装置设计技术规程》（DL/T 5352—2006）

7　导体和电气设备的选择

7.1　一般规定

7.1.1 设计选用的导体和电气设备的最高电压不得低于该回路的最高运行电压，其长期允许电流不得小于该回路的可能最大持续工作电流。屋外导体应考虑日照对其载流量的影响。

7.1.2 验算导体和电气设备额定峰值耐受电流、额定短时耐受电流以及电气设备开断电流所用的短路电流，应按本工程的设计规划容量计算，并应考虑电力系统远景发展规划。确定短路电流时，应按可能发生最大短路电流的正常接线方式计算。一般可按三相短路验算，当单相或两相接地短路电流大于三相短路电流时，应按严重情况验算，同时要考虑直流分量的影响。

7.1.3 验算裸导体短路热效应的计算时间，宜采用主保护动作时间加相应的断路器全分闸时间。当主保护有死区时，应采用对该死区起作用的后备保护动作时间，并应采用相应的短路电流值。验算电气设备短路热效应的计算时间，宜采用后备保护动作时间加相应的断路器全分闸时间。

7.1.4 用熔断器保护的导体和电气设备可不验算热稳定；除用具有限流作用的熔断器保护外，导体和电气设备应验算动稳定。用熔断器保护的电压互感器回路，可不验算动、热稳定。

7.1.5 一般裸导体的正常最高工作温度不应大于70℃，在计及日照影响时，钢芯铝绞线及管形导体不宜大于80℃，特种耐热导体的最高工作温度可根据制造厂提供的数据选择使用，但要考虑高温导体对连接设备的影响，并采取防护措施。

7.1.6 验算额定短时耐受电流时，裸导体的最高允许温度，对硬铝及铝合金可取200℃，对硬铜可取300℃，短路前的导体温度应采用额定负荷下的工作温度。

7.1.7 按回路正常工作电流选择裸导体截面时，导体的长期允许载流量，应按所在地区的海拔高度及环境温度进行修正。导体采用多导体结构时，应计及邻近效应和热屏蔽对载流量的影响。

7.1.8 在正常运行和短路时，电气设备引线的最大作用力不应大于电气设备端子允许的荷载。屋外配电装置的导体、套管、绝缘子和金具，应根据当地气象条件和不同受力状态进行力学计算。其安全系数不应小于表7.1.8的规定。

表7.1.8 　　　　　　　　　　　　　　　　**导体和绝缘子的安全系数**

类别	荷载长期作用时	荷载短时作用时
套管、支持绝缘子	2.5	1.67
悬式绝缘子及其金具	4	2.5
软导体	4	2.5
硬导体	2.0	1.67

注　1. 悬式绝缘子的安全系数对应于1h机电试验荷载，而不是破坏荷载。若是后者安全系数则分别应为53和3.3。
　　2. 硬导体的安全系数对应于破坏应力。若对应于屈服点应力，其安全系数应分别改为1.6和1.4。

7.2 导体的选择

7.2.1 220kV及以下电压等级的软导线宜选用钢芯铝绞线；330kV软导线宜选用钢芯铝绞线或扩径空芯导线；500kV软导线宜选用双分裂导线。

7.2.2 在空气中含盐量较大的沿海地区或周围气体对铝有明显腐蚀的场所，宜选用防腐型铝绞线或铜绞线。

7.2.3 硬导体可选用矩形、双槽形和圆管形。20kV及以下电压等级回路中的正常工作电流在4kA及以下时，宜选用矩形导体；在4kA～8kA时，宜选用双槽形导体或管形导体；在8kA以上时宜选用圆管形导体。66kV及以下配电装置硬导体可采用矩形导体，也可采用管形导体。110kV及以上配电装置硬导体宜采用管形导体。

7.2.4 硬导体的设计应考虑不均匀沉陷、温度变化和振动等因素的影响。

7.3 电气设备的选择

7.3.1 35kV及以下电压等级的断路器，宜选用真空断路器或SF₆断路器；66kV及以上电压等级的断路器宜选用SF₆断路器。在高寒地区，SF₆断路器宜选用罐式断路器，并应考虑SF₆气体液化问题。

7.3.2 隔离开关应根据正常运行条件和短路故障条件的要求选择。

7.3.3 单柱垂直开启式隔离开关在分闸状态下，动静触头间的最小电气距离不应小于配电装置的最小安全净距 B_1 值。

7.3.4 布置在高型或半高型配电装置上层的 110kV 及以上电压等级的隔离开关宜采用远方/就地电动操动机构。

7.3.5 3kV～35kV 配电装置的电流互感器，宜选用树脂浇注绝缘结构；66kV 及以上配电装置的电流互感器，根据安装使用条件及产品制造水平，可采用油浸式、SF$_6$ 气体绝缘或光纤式的独立式电流互感器；在有条件时（如回路中有变压器套管、断路器套管或穿墙套管等）宜采用套管式电流互感器。

7.3.6 3kV～35kV 配电装置内宜采用树脂浇注绝缘结构的电磁式电压互感器；66kV 及以上配电装置内宜采用油浸绝缘结构或 SF$_6$ 气体绝缘的电磁式电压互感器或电容式电压互感器。

7.3.7 35kV 及以下采用真空断路器的回路，宜根据被操作的容性或感性负载，选用金属氧化物避雷器或阻容吸收器进行过电压保护。

7.3.8 66kV 及以上配电装置内的过电压保护宜采用金属氧化物避雷器。

7.3.9 装设在屋外的消弧线圈宜选用油浸式；装设在屋内的消弧线圈宜选用干式。

7.3.10 3kV～20kV 屋外支柱绝缘子和穿墙套管当有冰雪时，宜采用提高一级电压的产品；对 3kV～6kV 者可采用提高两级电压的产品。

【依据3】《3kV～110kV 高压配电装置设计规范》（GB 50060—2008）

4.1.3 验算导体和电器动稳定、热稳定以及电器开断电流所用的短路电流，应按系统 10～15 年规划容量计算。

确定短路电流时，应按可能发生最大短路电流的正常接线方式计算。可按三相短路验算，当单相或两相接地短路电流大于三相短路电流时，应按严重情况验算。

4.1.4 验算导体短路电流热效应的计算时间，宜采用主保护动作时间加相应的断路器全分闸时间。当主保护有死区时，应采用对该死区起作用的后备保护动作时间，并应采用相应的短路电流值。验算电器短路热效应的计算时间，宜采用后备保护动作时间加相应的断路器全分闸时间。

4.1.5 采用熔断器保护的导体和电器可不验算热稳定；除采用具有限流作用的熔断器保护外，导体和电器应验算动稳定。采用熔断器保护的电压互感器回路，可不验算动稳定和热稳定。

4.3.2 母线及架构

4.3.2.1 技术指标

4.3.2.1.1 电瓷外绝缘（包括变压器套管、断路器断口及均压电容）的爬距配置

本条评价项目（见《评价》）的查评依据如下。

【依据1】《电力系统污区分级与外绝缘选择标准》（Q/GDW 1152.1—2014）

5.3 现场污秽度等级

从标准化考虑，现场污秽度从非常轻到非常重分为 5 个等级：a 级—非常轻；b 级—轻；c 级—中等；d 级—重；e 级—非常重。

表1 给出了各级污区与相应典型环境污湿特征的描述。当新建工程所在地区没有运行线路和变电站时，可根据表1中例 E1 到例 E7 描述的污湿特征预测现场污秽度。

表1 典型环境污湿特征与相应现场污秽度评估示例

示例	典型环境的描述	现场污秽度分级	污秽类型
E1	很少人类活动，植被覆盖好，且： 距海、沙漠或开阔干地大于 50km； 距上述污染源更短距离内，但污染源不在积污期主导风向上； 位于山地的国家级自然保护区和风景区（除中东部外）	a 非常轻	A A A A

续表

示例	典型环境的描述	现场污秽度分级	污秽类型
E2	人口密度 500 人/km²～1000 人/km² 的农业耕作区，且： 距海、沙漠或开阔干地大于 10km～50km； 距大中城市 15km～50km； 重要交通干线沿线 1km 内； 距上述污染源更短距离内，但污染源不在积污期主导风向上； 工业废气排放强度小于 1000 万标 m³/km²； 积污期干旱少雾少凝露的内陆盐碱（含盐量小于 0.3%）地区； 中东部位于山地的国家级自然保护区和风景区	b 轻	A A A A A A A
E3	人口密度 1000 人/km²～10000 人/km² 的农业耕作区，且： 距海、沙漠或开阔干地大于 3km～10km； 距大中城市 15km～20km； 重要交通干线沿线 0.5km 及一般交通线 0.1km 内； 距上述污染源更短距离内，但污染源不在积污期主导风上； 包括地方工业在内工业废气排放强度不大于 1000 万～3000 万标 m³/km²； 退海轻盐碱和内陆中等盐碱（含盐量 0.3～0.6）地区	c 中	A A A A A A
E4	距上述 E3 污染源更远（距离在"b 级污区"的范围内），但：在长时间（几星期或几月）干旱无雨后，常常发生雾或毛毛雨； 积污期后期可能出现持续大雾及融冰雪的 E3 类地区； 灰密在 5～10 倍的等值盐密以上的地区	c 中	A/B B A
E5	人口密度大于 10000 人/km² 的居民区和交通枢纽； 距海、沙漠或开阔干地 3km 内； 距独立化工及燃煤工业源 0.5km～2km 内； 地方工业密集区及重要交通干线 0.2km； 重盐碱（含盐量 0.6%～1.0%）地区； 采用水冷的燃煤火电厂	d 重	A A/B A/B A/B A
E6	距比 E5 上述污染源更远（与"c 级污区"区对应的距离），但：在长时间（几星期或几月）干旱无雨后，常常发生雾或毛毛雨； 积污期后期可能出现持续大雾及融冰雪的 E5 类地区； 灰密在 5 倍～10 倍的等值盐密以上的地区	d 重	A/B B A
E7	沿海 1km 和含盐量大于 1.0% 的盐土、沙漠地区； 在化工、燃煤工业源区内及距此类独立工业源 0.5km； 距污染源的距离等同于"d"区，且：直接受到海水喷溅或浓盐雾； 同时受到工业排放物如高电导废气、水泥等污染和水汽湿润	e 非常重	A/B A/B B A/B

大风和台风影响可能使 50km 以外的更远距离处测得很高的等值盐密值；在当前大气环境条件下，除草原、山地国家级自然保护区和风景区以及植被覆盖练好的山区外的中东部地区电网不宜设 a 级污秽度；取决于沿海的地形和风力

6 外绝缘选择

6.1 一般规定

各级污区线路绝缘子和变电设备用绝缘子，其外绝缘配置应通过污耐受试验确定并按图 2 利用统一爬电比距法比较其绝缘配置。

6.4 复合化

当配置不满足污区要求时，可使用 RTV 涂料。提高输变电设备防污闪性能；

对于新建工程的户外变电设备，当制造商难以提供更大爬距的绝缘子时，可以采用复合支柱和复合空心绝缘子，也可将未满足污区爬距的绝缘子涂覆 RTV。对于空心绝缘子，切不可因盲目追求大爬距而牺牲伞间距。

中重污区的外绝缘配置宜采用硅橡胶类防污闪产品。

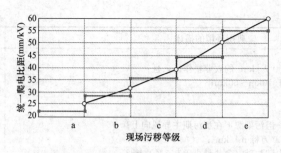

图2　统一爬电比距和现场污秽度的相互关系

表4　　变电站支柱绝缘子/不同直径空心绝缘子的（大小伞结构）爬电比距选择（供参考）

污秽等级	等值盐密（mg/cm²）	统一爬电比距（mm/kV）	
		支柱绝缘子	套管
a	0.025	22	—
b	0.025～0.05	28	31
c	0.05～0.1	35	39
d	0.1～0.25	44	49
e	>0.25	55	61

注　1. 表中数据以人工污秽试验结果为基础，比较现有工程使用数据，加以调整。
　　2. 当e级区等值盐密大于0.35mg/cm²时，应根据现场实际污秽条件重新计算所需爬电比距。
　　3. 表中值以灰密为等值盐密的5倍为计算条件。如大于5，应进行灰密修正。
　　4. 当e级区等值盐密大于0.35mg/cm²时，应根据现场实际污秽条件重新计算绝缘子串绝缘长度。

附录 E（规范性附录）
污秽外绝缘配置的基本原则和方法

E.1　外绝缘配置的基本原则

输变电设备外绝缘的配置要考虑运行中可能遇到的工作电压、内过电压和外部过电压三种电压的作用。通常是根据工作电压选择绝缘配置水平，然后进行操作和雷电冲击放电特性的校验。我国110kV（含66kV）～1000kV电网由于受到大气污染的影响，外绝缘水平一般由工作电压控制，因此输变电设备外绝缘配置主要取决于绝缘子的耐污闪能力。

E.2　污秽外绝缘配置方法

1. 污耐受电压法

耐受电压主要通过人工污秽试验进行，基本步骤简述如下：

——确定所在地区输变电设备绝缘子表面的现场污秽度（等值盐密和灰密值）；

——确定等价于自然污秽等值盐密值的人工污秽试验使用的盐密（有效盐密）；

——在试验盐密和灰密下进行各类设备的人工污秽试验，确定其50%污闪电压，试验尽可能在满足运行电压要求的全尺寸试品上进行；或根据已有同类试品在典型灰密条件下的50%污闪电压特性，进行必要的灰密修正；

——根据所在地区绝缘子上下表面的污秽分布情况，对其50%污闪电压进行修正；

——确定绝缘子的雾中耐受电压，该值通常可取50%污闪电压减去3倍的标准偏差；

——根据绝缘子安装情况进行其耐受电压修正（如线路绝缘子串型、并联串数及区段闪络概率等）；

——由于绝缘设计中的诸多不确定因素及不同试验室人工污秽试验结果的分散性，在最终确定设计爬电比距时应留有适当裕度；裕度可在上述各步骤中综合考虑。

2. 爬电比距法

首先根据所在地区电网的污区分布图（根据现场污秽度、污湿特征和长期运行经验绘制）确定污秽等级，接着按照本标准图2给出的统一爬电比距和现场污秽度的相互关系选择普通盘形绝缘子（参照绝缘子）的爬电比距，然后根据不同形状尺寸绝缘子和普通盘形绝缘子之间的有效爬电比距换算关系确定所用绝缘子的爬电比距，该爬电比距通常不等于其几何爬电比距。

不同形状尺寸绝缘子和普通盘形绝缘子之间的有效爬电比距换算关系，可根据各地区的长期运行经验来确定。根据几何爬电比距确定的外绝缘配置常常导致绝缘水平不足。

【依据2】《国家电网有限公司十八项电网重大反事故措施（2018年修订版）》（国家电网设备〔2018〕979号）

7 防止输变电设备污闪事故

为防止发生输变电设备污闪事故，应严格执行《污秽条件下使用的高压绝缘子的选择和尺寸确定》（GB/T 26218—2010）、《电力系统污区分级与外绝缘选择标准》（Q/GDW 1152—2014）、《电气装置安装工程 电气设备交接试验标准》（GB 50150—2016）、《劣化悬式绝缘子检测规程》（DL/T 626—2015）、《国家电网公司关于印发电网设备技术标准差异条款统一意见的通知》（国家电网科〔2017〕549号），并提出以下重点要求：

7.1 设计和基建阶段

7.1.1 新、改（扩）建输变电设备的外绝缘配置应以最新版污区分布图为基础，综合考虑附近的环境、气象、污秽发展和运行经验等因素确定。线路设计时，交流c级以下污区外绝缘按c级配置；c、d级污区按照上限配置；e级污区可按照实际情况配置，并适当留有裕度。变电站设计时，c级以下污区外绝缘按c级配置；c、d级污区可根据环境情况适当提高配置；e级污区可按照实际情况配置。

7.1.2 对于饱和等值盐密大于0.35mg/cm² 的，应单独校核绝缘配置。特高压交直流工程一般需要开展专项沿线污秽调查以确定外绝缘配置。海拔高度超过1000m时，外绝缘配置应进行海拔修正。

7.1.3 选用合理的绝缘子材质和伞形。中重污区变电站悬垂串宜采用复合绝缘子，支柱绝缘子、组合电器宜采用硅橡胶外绝缘。变电站站址应尽量避让交流e级区，如不能避让，变电站宜采用GIS、HGIS设备或全户内变电站。中重污区输电线路悬垂串、220kV及以下电压等级耐张串宜采用复合绝缘子，330kV及以上电压等级耐张串宜采用瓷或玻璃绝缘子。对于自洁能力差（年平均降雨量小于800mm）、冬春季易发生污闪的地区，若采用足够爬电距离的瓷或玻璃绝缘子仍无法满足安全运行需要时，宜采用工厂化喷涂防污闪涂料。

7.1.4 对易发生覆冰闪络、湿雪闪络或大雨闪络地区的外绝缘设计，宜采取采用V型串、不同盘径绝缘子组合或加装辅助伞裙等的措施。

7.1.5 对粉尘污染严重地区，宜选用自洁能力强的绝缘子，如外伞形绝缘子，变电设备可采取加装辅助伞裙等措施。玻璃绝缘子用于沿海、盐湖、水泥厂和冶炼厂等特殊区域时，应涂覆防污闪涂料。复合外绝缘用于苯、酒精类等化工厂附近时，应提高绝缘配置水平。

7.1.6 安装在非密封户内的设备外绝缘设计应考虑户内场湿度和实际污秽度，与户外设备外绝缘的污秽等级差异不宜大于一级。

7.1.7 加强绝缘子全过程管理，全面规范绝缘子选型、招标、监造、验收及安装等环节，确保使用运行经验成熟、质量稳定的绝缘子。

7.1.8 盘形悬式瓷绝缘子安装前现场应逐个进行零值检测。

7.1.9 瓷或玻璃绝缘子安装前需涂覆防污闪涂料时，宜采用工厂复合化工艺，运输及安装时应注意避免绝缘子涂层擦伤。

7.2 运行阶段

7.2.1 根据"适当均匀、总体照顾"的原则，采用"网格化"方法开展饱和污秽度测试布点，兼顾疏密程度、兼顾未来电网发展。局部重污染区、特殊污秽区、重要输电通道、微气象区、极端气象区等特殊区域应增加布点。根据标准要求开展污秽取样与测试。

7.2.2 应以现场污秽度为主要依据，结合运行经验、污湿特征，考虑连续无降水日的大幅度延长等影响因素开展污区分布图修订。污秽等级变化时，应及时进行外绝缘配置校核。

7.2.3 对外绝缘配置不满足运行要求的输变电设备应进行治理。防污闪措施包括增加绝缘子片数、更换防污绝缘子、涂覆防污闪涂料、更换复合绝缘子、加装辅助伞裙等。

7.2.4 清扫作为辅助性防污闪措施，可用于暂不满足防污闪配置要求的输变电设备及污染特殊严重区域的输变电设备。

7.2.5 出现快速积污、长期干旱或外绝缘配置暂不满足运行要求，且可能发生污闪的情况时，可紧急采取带电水冲洗、带电清扫、直流线路降压运行等措施。

7.2.6 绝缘子上方金属部件严重锈蚀可能造成绝缘子表面污染，或绝缘子表面覆盖藻类、苔藓等，可能造成闪络的，应及时采取措施进行处理。

7.2.7 在大雾、毛毛雨、覆冰（雪）等恶劣天气过程中，宜加强特殊巡视，可采用红外热成像、紫外成像等手段判定设备外绝缘运行状态。

7.2.8 对于水泥厂、有机溶剂类化工厂附近的复合外绝缘设备，应加强憎水性检测。

7.2.9 瓷或玻璃绝缘子需要涂覆防污闪涂料如采用现场涂覆工艺，应加强施工、验收、现场抽检各个环节的管理。

7.2.10 避雷器不宜单独加装辅助伞裙，宜将辅助伞裙与防污闪涂料结合使用。

4.3.2.1.2 水泥架构（含独立避雷针）、钢架构（含构架避雷针）及金具

本条评价项目（见《评价》）的查评依据如下。

【依据1】《架空输电线路运行规程》（DL/T 741—2010）

5 运行标准

5.1 杆塔与基础

5.1.1 基础表面水泥不应脱落，钢筋不应外露，装配式、插入式基础不应出现锈蚀，基础周围保护土层不应流失、塌陷，基础边坡距离应满足 DL/T 5092 要求。

5.1.2 杆塔的倾斜、杆（塔）顶绕度、横担的歪斜程度超过表1的规定。

表1 杆塔倾斜、杆塔顶绕度横担歪斜最大允许值 （％）

类别	钢筋混凝土电杆	钢管杆	角钢塔	钢管塔
直线杆塔倾斜度（包括挠度）	1.5	0.5（倾斜度）	0.5（50M以上）1（50M以下）	0.5
横担歪斜度	1		1	0.5

5.1.3 铁塔主材相邻结点间弯曲度超过 0.2%。

5.1.4 钢筋混凝土杆保护层腐蚀脱落、钢筋外露，普通钢筋混凝土杆有纵向裂纹、横向裂纹，缝隙宽度超过 0.2mm，预应力钢筋混凝土杆有裂缝。

5.4 金具

5.4.1 金具本体不能出现变形、锈蚀、烧伤、裂纹，金具连接处转动不灵活，强度不应低于原值的 80%。

5.4.6 接续金具出现下列任一情况：

a) 外观鼓包、裂纹、烧伤、滑移或出口处断股，弯曲度不符合有关规程要求。

b) 接续金具温度高于导线温度 10℃，跳线联板温度高于导线温度 10℃。

c) 接续金具的电压降比同样长度导线的电压降的比值大于 1.2。

d) 接续金具过热变色或连接螺栓松动。

e) 接续金具探伤发现金具内严重烧伤、断股或压接不实（有抽头或位移）。

【依据2】《国家电网有限公司十八项电网重大反事故措施（2018 年修订版）》（国家电网设备〔2018〕979 号）

5.1.3.5 定期检查避雷针、支柱绝缘子、悬垂绝缘子、耐张绝缘子、设备架构、隔离开关基础、GIS 母线筒位移与沉降情况以及母线绝缘子串锁紧销的连接，对管母线支柱绝缘子进行探伤检测及有无弯曲变形检查。

5.1.3.8 汛期前应检查变电站的周边环境、排水设施（排水沟、排水井等）状况，保证在恶劣天气（特大暴雨、连续强降雨、台风等）的情况下顺利排水。

14.2.2.2 严禁利用避雷针、变电站构架和带避雷线的杆塔作为低压线、通信线、广播线、电视天线的支柱。

14.6.1.2 对于强风地区变电站避雷器应采取差异化设计，避雷器均压环应采取增加固定点、支撑筋数量及支撑筋宽度等加固措施。

14.7.1.2 构架避雷针结构形式应与构架主体结构形式协调统一，通过优化结构形式，有效减小风阻。构架主体结构为钢管人字柱时，宜采用变截面钢管避雷针；构架主体结构采用格构柱时，宜采用变截面格构式避雷针。构架避雷针如采用管型结构，法兰连接处应采用有劲肋板法兰刚性连接。

14.7.1.3 在严寒大风地区的变电站，避雷针设计应考虑风振的影响，结构型式宜选用格构式，以降低结构对风荷载的敏感度；当采用圆管形避雷针时，应严格控制避雷针针身的长细比，法兰连接处应采用有劲肋板刚性连接，螺栓应采用 8.8 级高强度螺栓，双帽双垫，螺栓规格不小于 M20，结合环境条件，避雷针钢材应具有冲击韧性的合格保证。

14.7.2.1 钢管避雷针底部应设置有效排水孔，防止内部积水锈蚀或冬季结冰。

14.7.2.2 在非高土壤电阻率地区，独立避雷针的接地电阻不宜超过 10Ω。当有困难时，该接地装置可与主接地网连接，但避雷针与主接地网的地下连接点至 35kV 及以下电压等级设备与主接地网的地下连接点之间，沿接地体的长度不得小于 15m。

14.7.3.1 以 6 年为基准周期或在接地网结构发生改变后，进行独立避雷针接地装置接地阻抗检测，当测试值大于 10Ω 时应采取降阻措施，必要时进行开挖检查。独立避雷针接地装置与主接地网之间导通电阻应大于 $500m\Omega$。

【依据3】《高压配电装置设计技术规程》（DL/T 5352—2006）

9.2 屋外配电装置架构的荷载条件要求

9.2.1 计算用气象条件应按当地的气象资料确定。

9.2.2 独立架构应按终端架构设计，连续架构可根据实际受力条件分别按终端或中间架构设计。架构设计不考虑断线。

9.2.3 架构设计应考虑正常运行、安装、检修时的各种荷载组合：

正常运行时，应取设计最大风速、最低气温、最厚覆冰三种情况中最严重者；安装紧线时，不考虑导线上人，但应考虑安装引起的附加垂直荷载和横梁上人的 2000N 集中荷载（导线挂线时，应对施工方法提出要求，并限制其过牵引值。使过牵引力不应成为架构结构强度的控制条件）；检修时，对导线跨中有引下线的 110kV 及以上电压的架构，应考虑导线上人，并分别验算单相作业和三相作业的受力状态。此时，导线集中荷载如下所述：

单相作业：330kV 及以下取 1500N；

500kV 及以上取 3500N。

三相作业：330kV 及以下每相取 1000N；

500kV 及以上每相取 2000N。

9.2.4 高型和半高型配电装置的平台、走道，应考虑 $150N/m^2$ 的等效均布活荷载。架构横梁应考虑适当的起吊荷载。

9.2.5 330kV~500kV 配电装置的架构，宜设置上横梁的爬梯。

【依据4】《建筑地基基础设计规范》（GB 50007—2011）

5.3 变形计算

5.3.1 建筑物的地基变形计算值，不应大于地基变形允许值。

5.3.2 地基变形特征可分为沉降量、沉降差、倾斜、局部倾斜。

5.3.3 在计算地基变形时，应符合下列规定：

1 由于建筑地基不均匀、荷载差异很大、体型复杂等因素引起的地基变形，对于砌体承重结构应由局部倾斜值控制；对于框架结构和单层排架结构应由相邻柱基的沉降差控制，对于多层或高层建筑和高耸结构应由倾斜值控制；必要时尚应控制平均沉降量。

2 在必要情况下，需要分别预估建筑物在施工期间和使用期间的地基变形值，以便预留建筑物有关部分之间的净空，选择连接方法和施工顺序。

5.3.4 建筑物的地基变形允许值应按表5.3.4规定采用。对表中未包括的建筑物，其地基变形允许值应根据上部结构对地基变形的适应能力和使用上的要求确定。

表5.3.4 建筑物的地基变形允许值

变形特征		地基土类别	
		中、低压缩性土	高压缩性土
砌体承重结构基础的局部倾斜		0.002	0.003
工业与民用建筑相邻柱基的沉降差	框架结构	0.0021	0.0031
	砌体墙填充的边排柱子	0.00071	0.0011
	当基础不均匀沉降时产生附加应力的结构	0.0051	0.0051
单层排架结构（柱距为6m）住基的沉降量（mm）		(200)	200
桥式吊车轨面的倾斜（按不调整轨道考虑）	纵向	0.004	
	横向	0.003	
多层和高层建筑的整体倾斜	$H_g \leqslant 24$	0.004	
	$24 < H_g \leqslant 60$	0.003	
	$60 < H_g \leqslant 100$	0.0025	
	$H_g > 100$	0.002	
体型简单的高层建筑基础的平均沉降量（mm）		200	
高耸结构基础的倾斜	$H_g \leqslant 20$	0.008	
	$20 < H_g \leqslant 50$	0.006	
	$50 < H_g \leqslant 100$	0.005	
	$100 < H_g \leqslant 150$	0.004	
	$150 < H_g \leqslant 200$	0.003	
	$200 < H_g \leqslant 250$	0.002	
高耸结构基础的沉降量	$H_g \leqslant 100$	400	
	$100 < H_g \leqslant 200$	300	
	$200 < H_g \leqslant 250$	200	

注 1. 本表数值为建筑物地基实际最终变形允许值；
2. 有括号者仅适用于中压缩性土；
3. l 为相邻柱基的中心距离（mm）；H_g 为自室外地面起算的建筑物高度（m）；
4. 倾斜指基础倾斜方向两端点的沉降差与其距离的比值；
5. 局部倾斜指砌体承重结构沿纵向 6m～10m 内基础两点的沉降差与其距离的比值。

4.3.2.2 专业管理

4.3.2.2.1 盐密值监测

本条评价项目（见《评价》）的查评依据如下。

【依据】《电力系统污区分级与外绝缘选择标准》（Q/GDW 1152—2014）

5.1 现场污秽度的测量

现场污秽度按本标准规定的方法，在参照绝缘子经连续 3～5 年积污后测量其表面等值盐密和灰密（现场污秽度趋于饱和），污秽取样时间应选择在年积污期结束时进行。如果测量其他型号绝缘子的现场污秽度，应将现场污秽度作必要的修正。

现场污秽度通常在运行的悬垂带电参照绝缘子上测量，也可在悬挂于运行绝缘子串附近的悬垂不带电绝缘子上测量。带电测量值与不带电测量值之比（即带电系数 K_1）要根据各地实测结果而定。污区图应根据等效带电测量数据结果绘制。

（1）即使等值盐密和灰密不是同时出现，现场污秽度仍取其最大值的组合。

（2）测量期间有降水时，等值盐密和灰密的最大值可以根据以预期降雨频度的对数为函数的积污密度曲线进行估算。

（3）当有足够有效数据时，最大值可以由统计值（如1‰、2‰、5‰）代替。

5.2 现场污秽度评估方法

现场污秽度的评估可以根据置信度值递减按以下顺序进行：

邻近线路和变电站绝缘子的运行经验与污秽测量资料（见附录G）；

现场测量等值盐密和灰密（见图1）；

按气候和环境条件模拟计算污秽水平；

根据典型环境的污湿特征（见表1）预测现场污秽度。

运行经验主要依据已有运行绝缘子的污闪跳闸率和事故记录、地理和气象特点、采用的防污闪措施等情况而定。

现场污秽度测量有测量等值盐密、灰密和等值盐度三种。测量方法的准确性取决于测量的频度，更多次数的测量可提高准确性。

附录 A（规范性附录）
等值附盐密度（ESDD）和灰密（NSDD）的测量方法

A.1 概述

现场污秽度主要通过测量现场或试验站的参照绝缘子（指普通盘形悬式绝缘子）表面的等值盐密和灰密来确定，需要时应对污秽物的化学成分进行分析。其他形状绝缘子表面的等值盐密和灰密应折算到参照绝缘子上。测量分析的目的是为确定绝缘子的配置。本附录介绍了两种测量等值盐密和灰密的方法以及污秽物的化学分析方法。

现场污秽度的标准化测量包括：使用不带电绝缘子串时，一般4片～5片参照绝缘子串上进行测量（见图A.1），参照绝缘子串悬挂高度尽可能与线路或母线绝缘子等高；使用带电绝缘子时，需选择参照绝缘子串，应利用停电检修或带电作业的方式将绝缘子落地进行测量。

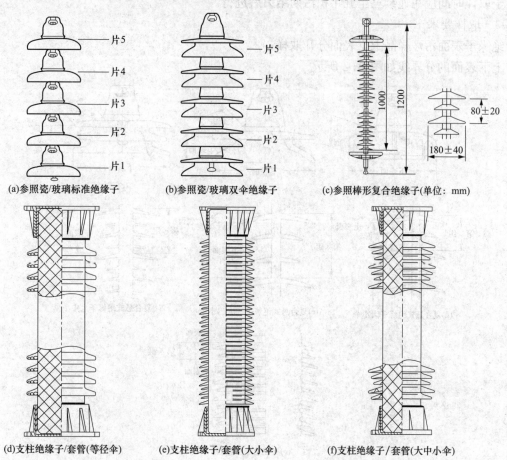

图 A.1 测量绝缘子示意图

如果有条件停电，可直接在实际带电运行的绝缘子上测量污秽度，实际带电运行绝缘子上测得的现场污秽度可信度更高。一般情况下，监测点盘型瓷/玻璃绝缘子可在模拟挂点上获得，复合绝缘子宜从带电运行的复合绝缘子上获得。

A.2 测量方法

A.2.1 取样位置

（1）带电悬式盘型/复合绝缘子：

1）交流110kV线路瓷/玻璃绝缘子串上、中、下部各取1片；对于交流110kV复合绝缘子，上、中、下部各取1组伞裙，共3组伞裙（靠近高压端和低压端第一片绝缘子或第一组伞裙不取）。取3片（组）的平均等值盐密和灰密作为该串的等值盐密和灰密。

2）交流220kV～1000kV线路瓷/玻璃绝缘子串，可在串中上、中、下各取2片（组）共6片（组）绝缘子取样（靠近高压端和低压端第一片绝缘子或第一组伞裙不取）；取6片（组）的平均等值盐密和灰密作为该串的等值盐密和灰密。

（2）带电支柱绝缘子/套管：

1）交流110kV支柱绝缘子/套管，上、中、下部各取1组（靠近高压端和低压端的第一组伞裙不取）。取3组伞的平均等值盐密和灰密作为该串的等值盐密和灰密。

2）交流220kV～1000kV支柱绝缘子/套管，可在中上、中、下各取2组共6组绝缘子取样（靠近高压端和低压端的第一组伞裙不取）；取6组伞的平均等值盐密和灰密作为该串的等值盐密和灰密。

（3）不带电参照绝缘子：取瓷/玻璃绝缘子串2、3、4片（靠近高压端和低压端第一片绝缘子不取）；对于参照复合绝缘子，上、中、下部各取1组伞裙，共3组伞裙（靠近高压端和低压端第一组伞裙不取）。取3片（组）的平均等值盐密和灰密作为该串的等值盐密和灰密。

A.2.2 取样时间

绝缘子取样时间应在连续三至五年积污期结束后进行。

A.2.3 取样要求

（1）绝缘子表面污秽样品上下表面分开取样；

（2）上下表面的分界线如图A.2所示。

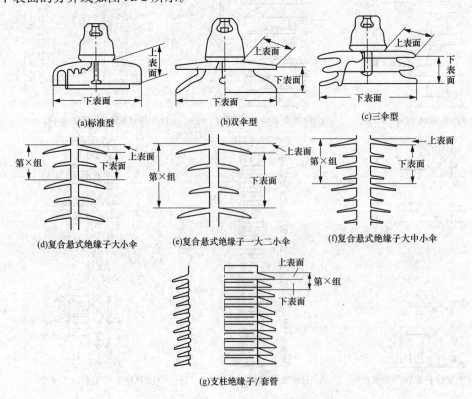

（a）标准型　（b）双伞型　（c）三伞型
（d）复合悬式绝缘子大小伞　（e）复合悬式绝缘子一大二小伞　（f）复合悬式绝缘子大中小伞
（g）支柱绝缘子/套管

图A.2 绝缘子污秽取样上下表面示例

A.2.4 测量污秽度的必要设备

测量等值盐密和灰密的设备包括：

- 蒸馏水或去离子水
- 量筒
- 医用手套
- 胶带
- 带标签的储存污水容器
- 洗涤容器
- 脱脂棉、刷子、海绵

- 电导率仪
- 温度探头
- 滤纸
- 漏斗
- 干燥器或干燥箱
- 天平

A.2.5 测量等值盐密和灰密的污秽收集方法

为避免污秽损失，拆卸和搬运绝缘子时不应接触绝缘子的绝缘表面；表面污秽取样之前，容器、量筒等应清洗干净，确保无任何污秽；取样时，尽可能带清洁的医用手套。

污秽取样采用擦拭法，其程序如下：

单片普通型盘形绝缘子所用蒸馏水水量为 300mL。其他绝缘子与普通盘形绝缘子表面积不同时，可依其表面积按比例适当增减用水量。如面积增大时，建议用水量选择：≤1500cm² 为 300mL，＞1500～2000cm² 为 400mL，＞2000～2500cm² 为 500mL，＞2500～3000cm² 为 600mL，＞3000～4000cm² 为 600mL。上下表面分开擦洗污秽物时，用水量按绝缘子上、下表面面积比例适当分配。

- 将定量蒸馏水倒入有标签的容器中，并将海绵浸入水中（也可用刷子或脱脂棉），浸有海绵的水的电导率应小于 $10\mu S/cm$。
- 分别从绝缘子的上下表面用海绵擦洗下污秽物，见图 A.3。
- 带有污秽物的海绵应放回容器，通过摇摆和挤压使污秽物溶于水中。
- 重复擦洗，直至绝缘子表面无残余污秽物。几经擦洗后仍有残余污秽物，应用刮具将其刮下，并放入污液中。
- 应注意不要损失擦洗用水，即污秽物取样前后，水量无大的变化。

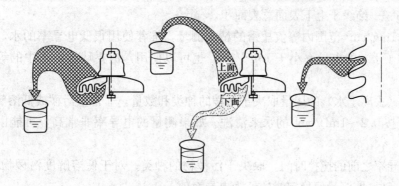

图 A.3 绝缘子的绝缘件表面污秽的擦拭

A.2.6 等值盐密的确定

测量污水的电导率和温度，测量应在充分搅拌污水后进行。对于高溶解度的污秽物，搅拌的时间可短些，如几分钟；对于低溶解度的污秽物，一般需要较长时间的搅拌，如 30min～40min。对于复合绝缘子和涂料表面测污，对清洗下来的污液，应充分搅拌和放置，一般需放置较长时间（如 60min）充分搅拌后完成测量。

按式（A.1）进行电导率的校正：

$$\sigma_{20} = \sigma_{\theta}[1 - b(\theta - 20)] \tag{A.1}$$

式中 θ——溶液温度，℃；

σ_{θ}——在温度 θ℃下的体积电导率，S/m；

σ_{20}——在温度 20℃下的体积电导率，S/m；

b——取决于温度 θ 的因数，可按式（A.2）计算，其关系曲线见图 A.4。

$$b = -3.2 \times 10^{-8}\theta^3 + 1.032 \times 10^{-5}\theta^2 - 8.272 \times 10^{-4}\theta + 3.544 \times 10^{-2} \qquad (A.2)$$

绝缘子表面等值盐密（ESDD）按式（A.3）和式（A.4）计算，σ_{20} 和 S_a 的关系见图 A.5。

$$S_a = (5.7\sigma_{20})^{1.03} \qquad (A.3)$$

$$ESDD = s_a \cdot V/A \qquad (A.4)$$

式中 S_a——在温度 20℃下的体积电导率，S/m；

$ESDD$——等值盐密，mg/cm^2；

V——蒸馏水的体积，cm^2；

A——绝缘子的绝缘体表面面积，cm^3。

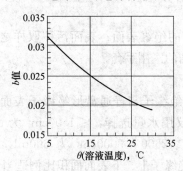 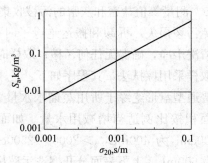

图 A.4　b 值曲线　　　　　图 A.5　σ_{20} 和 S_a 的关系曲线

如果分开测量绝缘子上下表面的等值盐密，其平均值可按式（A.5）计算（也可用于灰密平均值计算）：

$$ESDD_t = (ESDD_t \times A_t + ESDD_b \times A_b)/A \qquad (A.5)$$

式中 $ESDD_t$——绝缘子上表面的 $ESDD$，mg/cm^2；

$ESDD_b$——绝缘子下表面的 $ESDD$，mg/cm^2；

A_t——绝缘子上表面的面积，cm^2；

A_b——绝缘子下表面的面积，cm^2；

A——绝缘子上下表面总表面积，cm^2。

注 1：在 0.001mg/cm^2 范围内等值盐密的精密测量，推荐使用很低电导率的水，如小于 1μS/cm。一般蒸馏水（去离子水）的电导率小于 10μS/cm，也可以使用，但要从含污水中的等值盐量中减去水的等值盐量。

注 2：蒸馏水（去离子水）的用量取决于污秽的种类和数量。非常重污秽或低溶解度污秽推荐加大水量。实际上，可按 0.2～1mL/cm^2 的水来清洗。如果测量的电导率非常高，可能由于水少而使污秽物未充分溶解。

注 3：测量电导率之前的搅拌时间，取决于污秽物的种类；对于低溶解度污秽物，可分几次测量，其间隔时间最长 0.5h，取测量值稳定时的值为电导率值。

A.2.7　灰密的确定

首先对过滤纸（1.6μm 级或更小）烘干后称重，然后对测量了等值盐密后的污水使用漏斗滤纸过滤（如时间过长，可采用真空过滤），再将过滤纸和残渣一起烘干，最后称重，如图 A.6 所示。

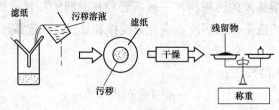

图 A.6　测量 NSDD 的过程

灰密按式（A.6）计算：

$$NSDD = 1000(W_f - W_i)/A \qquad (A.6)$$

式中　$NSDD$——非溶性沉积物密度，mg/cm^2；

　　　　W_f——在干燥条件下含污秽过滤纸的重量，g；

　　　　W_i——在干燥条件下过滤纸自身的重量，g；

　　　　A——绝缘子表面面积，cm^2。

A.2.8　数据分析及处理

取连续 3 年～5 年积污期结束后所测得的上、中、下部平均等值盐密和灰密作为现场的等值盐密和灰密。

A.3　污秽的化学分析

为了了解污秽物的化学成分以确定高溶解度污秽物和低溶解度污秽物的比例，应对污秽物进行定量的化学分析。可溶性盐的化学分析可用等值盐密测量后的溶液，采用离子交换色谱仪（IC）、感应耦合等离子体光发射光谱分析仪等进行。分析结果可给出正离子（如 Na^+、Ca^{2+}、K^+、Mg^{2+}、Fe^{3+}、Al^{3+}、Zn^{2+}、NH_4^+）和负离子（如 Cl^-、SO_4^{2-}、NO_3^-、F^-、CO_3^- 或 HCO_3^-）。为了污染物的来源，同时还可进行污秽物颗粒度及其分布的分析。

4.3.2.2.2　悬式盘形瓷质绝缘子串、母线支持绝缘子（包括隔离开关的支持绝缘子）定期检查

本条评价项目（见《评价》）的查评依据如下。

【依据 1】《电力设备预防性试验规程》（DL/T 596—1996）

10　支柱绝缘子和悬式绝缘子

发电厂和变电所的支柱绝缘子和悬式绝缘子的试验项目。周期和要求见表 21。

表 21　　　　发电厂和变电所的支柱绝缘子和悬式绝缘子的试验项目、周期和要求

序号	项目	周期	要求	说明
1	零值绝缘子检测（66kV 及以上）	1 年～5 年	在运行电压下检测	1）可根据绝缘子的劣化率调整检测周期； 2）对多元件针式绝缘子应检测每一元件
2	绝缘电阻	1）悬式绝缘子 1 年～5 年； 2）针式支柱绝缘子 1 年～5 年	1）针式支柱绝缘子的每一元件和每片悬式绝缘子的绝缘电阻不应低于 300MΩ，500kV 悬式绝缘子不低于 500MΩ； 2）半导体釉绝缘子的绝缘电阻自行规定	1）采用 2500V 及以上绝缘电阻表； 2）棒式支柱绝缘子不进行此项试验
3	交流耐压试验	1）单元件支柱绝缘子 1 年～5 年； 2）悬式绝缘子 1 年～5 年； 3）针式支柱绝缘子 1 年～5 年； 4）随主设备； 5）更换绝缘子时	1）支柱绝缘子的交流耐压试验电压值见附录 B； 2）35kV 针式支柱绝缘于交流耐压试验电压值如下：两个胶合元件者，每元件 50kV；三个胶合元件者，每元件 34kV； 3）机械破坏负荷为 60～300kN 的盘形悬式绝缘子交流耐压试验电压值均取 60kV	1）35kV 针式支柱绝缘子可根据具体情况按左栏要求 1）或 2）进行； 2）棒式绝缘子不进行此项试验
4	绝缘子表面污秽物的等值盐密	1 年	参照附录 C 污秽等级与对应附盐密度值检查所测盐密值与当地污秽等级是否一致。结合运行经验，将测量值作为调整耐污绝缘水平和监督绝缘安全运行的依据。盐密值超过规定时，应根据情况采取调爬、清扫、涂料等措施	应分别在户外能代表当地污染程度的至少一串悬垂绝缘子和一根棒式支柱上取样，测量在当地积污最重的时期进行

注　运行中针式支柱绝缘子和悬式绝缘子的试验项目可在检查零值、绝缘电阻及交流耐压试验中任选一项。玻璃悬式绝缘于不进行序号 1、2、3 项中的试验，运行中自破的绝缘子应及时更换。

附录 B 绝缘子的交流耐压试验电压标准

表 B.1　　　　　　　　　支柱绝缘子的交流耐压试验电压　　　　　　　　　（kV）

额定电压	最高工作电压	交流耐压试验电压			
		纯瓷绝缘		固体有机绝缘	
		出厂	交接及大修	出厂	交接及大修
3	3.5	25	25	25	22
6	6.9	32	32	32	26
10	11.5	42	42	42	38
15	17.5	57	57	57	50
20	23.0	68	68	68	59
35	40.5	100	100	100	90
44	50.6	125			110
60	69.0	165	165	165	150
110	126.0	265	265 (305)	265	240 (280)
154	177.0		330		360
220	252.0	490	490	490	440
330	363.0	630	630		

注　括号中数值适用于小接地短路电流系统。

【依据2】《国家电网有限公司十八项电网重大反事故措施（2018年修订版)》（国家电网设备〔2018〕979号）

5.1.3.5　定期检查避雷针、支柱绝缘子、悬垂绝缘子、耐张绝缘子、设备架构、隔离开关基础、GIS母线筒位移与沉降情况以及母线绝缘子串锁紧销的连接，对管母线支柱绝缘子进行探伤检测及有无弯曲变形检查。

5.1.3.6　变电站带电水冲洗工作必须保证水质要求，母线冲洗时要投入可靠的母差保护。

6.3.2.4　加强瓷绝缘子的检测，及时更换零、低值瓷绝缘子及自爆玻璃绝缘子。加强复合绝缘子护套和端部金具连接部位的检查，端部密封破损及护套严重损坏的复合绝缘子应及时更换。

【依据3】《输变电设备状态检修试验规程》（Q/GDW 1168—2013）

5.20　变电站设备外绝缘及绝缘子

5.20.1　变电站设备外绝缘及绝缘子巡检及例行试验

5.20.1.1　变电站设备外绝缘及绝缘子巡检及例行试验项目（见表59、表60）

表59　　　　　　　　　　变电站设备外绝缘及绝缘子巡检项目

巡检项目	基准周期	要求	说明条款
外观检查	1. 330kV及以上：2周； 2. 220kV：1月； 3. 110（66）kV：3月； 4. 35kV及以下：1年	外观无异常	见5.20.1.2

表60　　　　　　　　　　变电站设备外绝缘及绝缘子例行试验项目

例行试验项目	基准周期	要求	说明条款
红外热像检测	1. 330kV及以上：1月； 2. 220kV：3月； 3. 110（66）kV：半年； 4. 35kV及以下：4年	无异常	见5.20.1.3
例行检查	1. 110（66）kV以上：3年； 2. 35kV及以下：4年	见5.20.1.4	见5.20.1.4
现场污秽度评估	1. 110（66）kV以上：3年； 2. 35kV及以下：4年	见5.20.1.5	见5.20.1.5 见5.18.1.5
站内盘形瓷绝缘子零值检测	1. 110（66）kV以上：3年； 2. 35kV及以下：4年		见5.18.1.5

5.20.1.2 巡检说明

巡检时，具体要求说明如下：

a）支柱绝缘子、悬式绝缘子、复合绝缘子及设备瓷套或复合绝缘护套无裂纹、破损和电蚀；无异物附着；

b）雾、雨等潮湿天气下的设备外绝缘及绝缘子表面无异常放电。

5.20.1.3 红外热像检测

检查设备外绝缘、支柱绝缘子、悬式绝缘子等可见部分，红外热像图显示应无异常温升、温差和/或相对温差。测量和分析方法参考 DL/T 664。

5.20.1.4 例行检查

例行检查时，具体要求说明如下：

a）清扫变电站设备外绝缘及绝缘子（复合绝缘除外）。

b）仔细检查支柱绝缘子及瓷护套的外表面及法兰封装处，若有裂纹应及时处理或更换；必要时进行超声探伤检查。

c）检查法兰及固定螺栓等金属件是否出现锈蚀，必要时进行防腐处理或更换；抽查固定螺栓，必要时按力矩要求进行紧固。

d）检查室温硫化硅橡胶涂层是否存在剥离、破损，必要时进行复涂或补涂；抽查复合绝缘和室温硫化硅橡胶涂层的憎水性，应符合技术要求。

e）检查增爬伞裙，应无塌陷变形，表面无击穿，粘接界面牢固。

f）检查复合绝缘的蚀损情况。

5.20.1.5 现场污秽度评估

现场污秽度测量参见 Q/GDW 152—2006。如果现场污秽度接近变电站内设备外绝缘及绝缘子（串）的最大许可现场污秽度，应采取增加爬电距离或采用复合绝缘等技术措施。每个基准周期内或有下列情形之一进行一次现场污秽度评估：

a）附近 10km 范围内发生了污闪事故；

b）附近 10km 范围内增加了新的污染源（同时也需要关注远方大、中城市的工业污染）；

c）降雨量显著减少的年份；

d）出现大气污染与恶劣天气相互作用所带来的湿沉降（城市和工业区及周边地区尤其要注意）。

5.20.1.6 站内盘形瓷绝缘子零值检测

参照 5.21.1.9 条件不具备时，进行红外热像精确测温，着重温度分布的测量。

5.20.2 变电站设备外绝缘及绝缘子诊断性试验

5.20.2.1 变电站设备外绝缘及绝缘子诊断性试验项目（见表 61）

表 61 变电站外绝缘及绝缘子诊断性试验项目

诊断性试验项目	要求	说明条款
超声波探伤检查	无裂纹和材质缺陷	见 5.20.2.2
复合绝缘子和室温硫化硅橡胶涂层的状态评估	符合相关技术标准	见 5.21.2.2
机械弯曲破坏负荷试验	符合相关技术标准	见 5.20.2.3
孔隙性试验	见 5.20.2.4	见 5.20.2.4

5.20.2.2 超声探伤检查

有下列情形之一，对瓷质支柱绝缘子及瓷护套进行超声探伤检查：

a）若有断裂、材质或机械强度方面的家族缺陷，对该家族瓷件进行一次超声探伤抽查；

b）经历了有明显震感的地震后要对所有瓷件进行超声探伤。

5.20.2.3 机械弯曲破坏负荷试验

有支柱瓷绝缘子应能耐受产品订货技术文件所规定的机械负荷，而不发生破坏。

5.20.2.4 孔隙性试验

瓷件剖面应均质致密，经试验后不应有任何渗透现象。

4. 3. 2. 2. 3　各类引线接头过热情况

本条评价项目（见《评价》）的查评依据如下。

【依据1】《变电站管理规范》（国家电网生〔2006〕512号）

6.5　设备测温管理

6.5.1　类型：计划普测、重点测温。

6.5.2　测温周期

6.5.2.1　计划普测：带电设备每年应安排两次计划普测，一般在预试和检修开始前应安排一次红外检测，以指导预试和检修工作。

6.5.2.2　重点测温：根据运行方式和设备变化安排测温时间，按以下原则掌握：

a. 长期大负荷的设备应增加测温次数。

b. 设备负荷有明显增大时，根据需要安排测温。

c. 设备存在异常情况，需要进一步分析鉴定。

d. 上级有明确要求时，如保电等。

e. 新建、改扩建的电气设备在其带负荷后应进行一次测温，大修或试验后的设备必要时。

f. 遇有较大范围设备停电（如变压器、母线停电等），酌情安排对将要停电设备进行测温。

6.5.3　测温范围

6.5.3.1　只要表面发出的红外辐射不受阻挡都属于红外诊断的有效监测设备。例如：变压器、断路器、刀闸、互感器、电力电容器、避雷器、电力电缆、母线、导线、组合电器、低压电器及二次回路等。

6.5.3.2　对于无法进行红外测温的设备，应采取其他测温手段，如贴示温蜡片等。

【依据2】《带电设备红外诊断应用规范》（DL/T 664—2008）

7　红外检测周期

检测周期应根据电气设备在电力系统中的作用及重要性，并参照设备的电压等级、负荷电流、投运时间、设备状况等决定。电气设备红外检测管理及检测原始记录、检测报告可按附录I的要求。

7.1　变（配）电设备的检测

正常运行变（配）电设备的检测应遵循检修和预试前普查、高温高负荷等情况下的特殊巡测相结合的原则。一般220kV及以上交（直）流变电站每年不少于两次，其中一次可在大负荷前，另一次可在停电检修及预试前，以便使查出的缺陷在检修中能够得到及时处理，避免重复停电。

110kV及以下重要变（配）电站每年检测一次。对于运行环境差、陈旧或有缺陷的设备，大负荷运行期间、系统运行方式改变且设备负荷突然增加等情况下，需对电气设备增加检测次数。

新建、改扩建或大修后的电气设备，应在投运带负荷后不超过1个月内（但至少在24h以后）进行一次检测，并建议对变压器、断路器、套管、避雷器、电压互感器、电流互感器、电缆终端等进行精确检测，对原始数据及图像进行存档。

建议每年对330kV及以上变压器、套管、避雷器、电容式电压互感器、电流互感器、电缆头等电压致热型设备进行一次精确检测，做好记录，必要时将测试数据及图像存入红外数据库，进行动态管理。有条件的单位可开展220kV及以下设备的精确检测并建立图库。

10　缺陷类型的确定及处理方法

红外检测发现的设备过热缺陷应纳入设备缺陷管理制度的范围，按照设备缺陷管理流程进行处理。根据过热缺陷对电气设备运行的影响程度分为以下三类：

一般缺陷：指设备存在过热，有一定温差，温度场有一定梯度，但不会引起事故的缺陷。这类缺陷一般要求记录在案，注意观察其缺陷的发展，利用停电机会检修，有计划地安排试验检修消除缺陷。当发热点温升值小于15K时，不宜采用附录A的规定确定设备缺点的性质。对于负荷率小、温升小但相对温差大的设备，如果负荷有条件或机会改变时，可在增大负荷电流后进行复测，以确定设备缺陷的性质，当无法改变时，可暂定为一般缺陷，加强监视。

严重缺陷：指设备存在过热，程度较重，温度场分布梯度较大，温差较大的缺陷。这类缺陷应尽快安排处理。对电流致热型设备，应采取必要的措施，如加强检测等，必要时降低负荷电流；对电压致热型设备，应加强监测并安排其他测试手段，缺陷性质确认后，立即采取措施消缺。

危急缺陷：指设备最高温度超过 GB/T 11022 规定的最高允许温度的缺陷。这类缺陷应立即安排处理。对电流致热型设备，应立即降低负荷电流或立即消缺；对电压致热型设备，当缺陷明显时，应立即消缺或退出运行，如有必要，可安排其他试验手段，进一步确定缺陷性质。

电压致热型设备的缺陷一般定为严重及以上的缺陷。

附录 A（规范性附录）电流致热型设备缺陷诊断判据

表 A.1　　　　　　　　　　　　　电流致热型设备缺陷诊断判据

设备类别和部位		热像特征	故障特征	缺陷性质			处理建议	备注
				一般缺陷	严重缺陷	危急缺陷		
电气设备与金属部件的连接	接头和线夹	以线夹和接头为中心的热像，热点明显	接触不良	温差不超过 15K，未达到严重缺陷的要求	热点温度大于 80℃ 或 δ≥80%	热点温度大于 110℃ 或 δ≥95%		δ—相对温差，如附录 J 的图 J.7、图 J.8 和图 J.16 所示
金属导线		以导线为中心的热像，热点明显	松股、断股、老化或截面积不够					
金属部件与金属部件的连接	接头和线夹							如附录 J 的图 J.42 所示
输电导线的连接器（耐张线夹、接续管、修补管、并沟线夹、跳线线夹、T 型线夹、设备线夹等）		以线夹和接头为中心的热像，热点明显	接触不良	温差不超过 15K，未达到严重缺陷的要求	热点温度大于 90℃ 或 δ≥80%	热点温度大于 130℃ 或 δ≥95%		如附录 J 的图 J.41 所示
隔离开关	转头	以转头为中心的热像	转头接触不良或断股					如附录 J 的图 J.43 所示
	刀口	以刀口压接弹簧为中心的热像	弹簧压接不良				测量接触电阻	如附录 J 的图 J.45 所示
断路器	动静触头	以顶帽和下法兰为中心的热像，顶帽温度大于下法兰温度	压指压接不良	温差不超过 10K，未达到严重缺陷的要求	热点温度大于 55℃ 或 δ≥80%	热点温度大于 80℃ 或 δ≥95%	测量接触电阻	内外部的温差为 50K～70K，如附录 J 的图 J.46 和图 J.48 所示
	中间触头	以下法兰和顶帽为中心的热像，下法兰温度大于顶帽温度						内外部的温差为 40K～60K，如附录 J 的图 J.47 所示
电流互感器	内连接	以串并联出线头或大螺杆出线夹为最高温度的热像或以顶部铁帽发热为特征	螺杆接触不良	温差不超过 10K，未达到严重缺陷的要求	热点温度大于 55℃ 或 δ≥80%	热点温度大于 80℃ 或 δ≥95%	测量一次回路电阻	内外部的温差为 30K～45K，如附录 J 的图 J.9 所示
套管	柱头	以套管顶部柱头为最热的热像	柱头内部并线压接不良					如附录 J 的图 J.31 和图 J.33 所示
电容器	熔丝	以熔丝中部靠电容侧为最热的热像	熔丝容量不够				检查熔丝	环氧管的遮挡，如附录 J 的图 J.13 所示
	熔丝座	以熔丝座为最热的热像	熔丝与熔丝座之间接触不良				检查熔丝座	如附录 J 的图 J.13 所示

【依据3】《国家电网有限公司十八项电网重大反事故措施（2018年修订版）》（国家电网设备〔2018〕979号）

12.3.1.2　隔离开关主触头镀银层厚度应不小于20μm，硬度不小于120HV，并开展镀层结合力抽检。出厂试验应进行金属镀层检测。导电回路不同金属接触应采取镀银、搪锡等有效过渡措施。

12.3.1.4　上下导电臂之间的中间接头、导电臂与导电底座之间应采用叠片式软导电带连接，叠片式铝制软导电带应有不锈钢片保护。

12.3.2.1　新安装的隔离开关必须进行导电回路电阻测试。交接试验值应不大于出厂试验值的1.2倍。除对隔离开关自身导电回路进行电阻测试外，还应对包含电气连接端子的导电回路电阻进行测试。

12.4.1.11　电缆连接端子距离开关柜底部应不小于700mm。

12.4.1.12　开关柜内母线搭接面、隔离开关触头、手车触头表面应镀银，且镀银层厚度不小于8μm。

12.4.2.3　柜内母线、电缆端子等不应使用单螺栓连接。导体安装时螺栓可靠紧固，力矩符合要求。

4.3.3　高压开关设备

4.3.3.1　技术指标

4.3.3.1.1　断路器的容量和性能（包括限流电抗器）、断路器切投空载线路能力

本条评价项目（见《评价》）的查评依据如下。

【依据1】《城市电力网规划设计导则》（Q/GDW 156—2006）

4.7　短路水平

4.7.1　为了取得合理的经济效益，城网各级电压的短路容量应该从网络设计、电压等级、变压器容量、阻抗选择、运行方式等方面进行控制，使各级电压断路器的开断电流以及设备的动热稳定电流得到配合。在变电站内系统母线的短路水平，一般不超过表4-2中的数值。

表4-2　　　　　　　　　各电压等级的短路容量限定值

电压等级（kV）	短路容量（kA）
500	50、63
330	50、63
220	40、50
110	31.5、40
66	31.5
35	25
20	16、20
10	16、20

建议在220kV及以上变电站的低压侧选取表4-2中较高的数值，110kV及收下变电站的低压侧选取表4-2中较低的数值；一般中压配电线路上的短路容量将沿线路递减，因此沿线挂接的配电设备的短路容量可适当再降低标准；必要时经技术经济论证可超过表4-2中规定的数值。

【依据2】《国家电网公司高压开关设备运行规范》（国家电网生技〔2005〕172号）

第二十三条　运行分析

（一）每年对断路器安装地点的母线短路容量与断路器铭牌标称容量作一次校核。

（二）每年应按相累计断路器的动作次数、短路故障开断次数和每次短路开断电流。

【依据3】《国家电网有限公司十八项电网重大反事故措施（2018年修订版）》（国家电网设备〔2018〕979号）

12.1.1.1　断路器本体内部的绝缘件必须经过局部放电试验方可装配，要求在试验电压下单个绝缘件的局部放电量不大于3pC。

12.1.1.2　断路器出厂试验前应进行不少于200次的机械操作试验（其中每100次操作试验的最后20次应为重合闸操作试验）。投切并联电容器、交流滤波器用断路器型式试验项目必须包含投切电容器组试验，断路器必须选用C2级断路器。真空断路器灭弧室出厂前应逐台进行老炼试验，并提供老炼试验报告；用于投切并联电容器的真空断路器出厂前应整台进行老炼试验，并提供老炼试验报告。断路器动作次数计数器不得带有复归机构。

12.1.2.1 断路器交接试验及例行试验中，应对机构二次回路中的防跳继电器、非全相继电器进行传动。防跳继电器动作时间应小于辅助开关切换时间，并保证在模拟手合于故障时不发生跳跃现象。

12.1.2.2 断路器产品出厂试验、交接试验及例行试验中，应对断路器主触头与合闸电阻触头的时间配合关系进行测试，并测量合闸电阻的阻值。

12.1.3.1 当断路器液压机构突然失压时应申请停电隔离处理。在设备停电前，禁止人为启动油泵，防止断路器慢分。

12.1.3.2 气动机构应加装气水分离装置，并具备自动排污功能。

12.1.3.3 3年内未动作过的72.5kV及以上断路器，应进行分/合闸操作。

12.1.3.4 对投切无功负荷的开关设备应实行差异化运维，缩短巡检和维护周期，每年统计投切次数并评估电气寿命。

4.3.3.1.2 电气预防性试验项目（包括油、SF₆气体等的试验项目）及状态检修情况

本条评价项目（见《评价》）的查评依据如下。

【依据1】《电力设备预防性试验规程》（DL/T 596—1996）

8 开关设备

8.1 SF$_6$断路器和GIS

8.1.1 SF$_6$断路器和GIS的试验项目、周期和要求见表10。

表10　　　　　　　　　　SF$_6$断路器和GIS的试验项目、周期和要求

序号	项目	周期	要求	说明
1	断路器和GIS内SF$_6$气体的湿度以及气体的其他检测项目		见第13章	
2	SF$_6$气体泄漏试验	1）大修后；2）必要时	年漏气率不大于1%或按制造厂要求	1）按GB 11023方法进行；2）对电压等级较高的断路器以及GIS，因体积大可用局部包扎法检漏，每个密封部位包扎后历时5h，测得的SF$_6$气体含量（体积分数）不大于30×10⁻⁶
3	辅助回路和控制回路绝缘电阻	1）1年～3年；2）大修后	绝缘电阻不低于2MΩ	采用500V或1000V绝缘电阻表
4	耐压试验	1）大修后；2）必要时	交流耐压或操作冲击耐压的试验电压为出厂试验电压值的80%	1）试验在SF$_6$气体额定压力下进行；2）对GIS试验时不包括其中的电磁式电压互感器及避雷器，但在投运前应对它们进行，试验电压值为U_m的5min耐压试验；3）罐式断路器的耐压试验方式：合闸对地；分闸状态两端轮流加压，另一端接地。建议在交流耐压试验的同时测量局部放电；4）对瓷柱式定开距型断路器只作断口间耐压
5	辅助回路和控制回路交流耐压试验	大修后	验电压为2kV	耐压试验后的绝缘电阻值不应降低
6	断口间并联电容器的绝缘电阻、电容量和tanδ	1）1年～3年；2）大修后；3）必要时	1）对瓷柱式断路器和断口同时测量，测得的电容值和tanδ与原始值比较，应无明显变化；2）罐式断路器（包括GIS中的SF$_6$断路器）按制造厂规定；3）单节电容器按第12章规定	1）大修时，对瓷柱式断路器应测量电容器和断口并联后整体的电容值和tanδ，作为该设备的原始数据；2）对罐式断路器（包括GIS中的SF$_6$断路器）必要时进行试验，试验方法按制造厂规定

续表

序号	项目	周期	要求	说明
7	合闸电阻值和合闸电阻的投入时间	1）1年~3年（罐式断路器除外）；2）大修后	1）除制造厂另有规定外，阻值变化允许范围不得大于±5％；2）合闸电阻的有效接入时间按制造厂规定校核	罐式断路器的合闸电阻布置在罐体内部，只有解体大修时才能测定
8	断路器的速度特性	大修后	测量方法和测量结果应符合制造厂规定	制造厂无要求时不测
9	断路器的时间参量	1）大修后；2）机构大修后	除制造厂另有规定外，断路器的分、合闸同期性应满足下列要求：相间合闸不同期不大于5ms；相间分闸不同期不大于3ms；同相各断口间合闸不同期不大于3ms；同相各断口间分闸不同期不大于2ms	
10	分、合闸电磁铁的动作电压	1）1年~3年；2）大修后；3）机构大修后	1）操动机构分、合闸电磁铁或合闸接触器端子上的最低动作电压应在操作电压额定值的30％~65％；2）在使用电磁机构时，合闸电磁铁线圈通流时的端电压为操作电压额定值的80％（关合电流峰值等于及大于50kA时为85％）时应可靠动作；3）进口设备按制造厂规定	
11	导电回路电阻	1）1年~3年；2）大修后	1）敞开式断路器的测量值不大于制造厂规定值的120％；2）对GIS中的断路器按制造厂规定	用直流压降法测量，电流不小于100A
12	分、合闸线圈直流电阻	1）大修后；2）机构大修后	应符合制造厂规定	
13	SF$_6$气体密度监视器（包括整定值）检验	1）1年~3年；2）大修后；3）必要时	按制造厂规定	
14	压力表校验（或调整），机构操作压力（气压、液压）整定值校验，机械安全阀校验	1）1年~3年；2）大修后	按制造厂规定	对气动机构应校验各级气压的整定值（减压阀及机械安全阀）
15	操动机构在分闸、合闸、重合闸下的操作压力（气压、液压）下降值	1）大修后；2）机构大修后	应符合制造厂规定	
16	液（气）压操动机构的泄漏试验	1）1年~3年；2）大修后；3）必要时	按制造厂规定	应在分、合闸位置下分别试验
17	油（气）泵补压及零起打压的运转时间	1）1年~3年；2）大修后；3）必要时	应符合制造厂规定	
18	液压机构及采用差压原理的气动机构的防失压慢分试验	1）大修后；2）机构大修时	按制造厂规定	
19	闭锁、防跳跃及防止非全相合闸等辅助控制装置的动作性能	1）大修后；2）必要时	按制造厂规定	
20	GIS中的电流互感器、电压互感器和避雷器	1）大修后；2）必要时	按制造厂规定，或分别按第7章、第14章进行	

8.1.2　各类试验项目：

定期试验项目见表10中序号1、3、6、7、10、11、13、14、16、17。

大修后试验项目见表10中序号1、2、3、4、5、6、7、8、9、10、11、12、13、14、15、16、17、18、19、20。

8.2 多油断路器和少油断路器

8.2.1 多油断路器和少油断路器的试验项目、周期和要求见表11。

表11 **多油断路器和少油断路器的试验项目、周期和要求**

序号	项目	周期	要求					说明
1	绝缘电阻	1) 1年～3年； 2) 大修后	1) 整体绝缘电阻自行规定； 2) 断口和有机物制成的提升杆的绝缘电阻不应低于下表数值（MΩ）。 试验类别 / 额定电压/kV： <24：大修后 1000，运行中 300 24～40.5：大修后 2500，运行中 1000 72.5～252：大修后 5000，运行中 3000 363：大修后 10000，运行中 5000					使用 2500V 绝缘电阻表
2	40.5kV 及以上非纯瓷套管和多油断路器的 tanδ	1) 1年～3年； 2) 大修后	1) 20℃时多油断路器的非纯瓷套管的 tanδ（%）值见表20； 2) 20℃时非纯瓷套管断路器的 tanδ（%）值，可比表20中相应的 tanδ（%）值增加下列数值： 额定电压/kV：≥126，<126，40.5（DW1—35、DW1—35D） tanδ（%）值的增加数：1，2，3					1) 在分闸状态下按每支套管进行测量。测量的 tanδ 超过规定值或有显著增大时，必须落下油箱进行分解试验。对不能落下油箱的断路器，则应将油放出，使套管下部及灭弧室露出油面，然后进行分解试验； 2) 断路器大修而套管不大修时，应按套管运行中规定的相应数值增加； 3) 带并联电阻断路器的整体 tanδ（%）可相应增加 1
3	40.5kV 及以上少油断路器的泄漏电流	1) 1年～3年； 2) 大修后	1) 每一元件的试验电压如下： 额定电压/kV：40.5，72.5～252，≥363 直流试验电压/kV：20，40，60 2) 泄漏电流一般不大于 10μA					252kV 及以上少油断路器提升杆（包括支持瓷套）的泄漏电流大于 5μA 时，应引起注意
4	断路器对地、断口及相间交流耐压试验	1) 1年～3年（12kV 及以下）； 2) 大修后； 3) 必要时（72.5kV 及以上）	断路器在分、合闸状态下分别进行，试验电压值如下： 12kV～40.5kV 断路器对地及相间按 DL/T 593 规定值； 72.5kV 及以上者按 DL/T 593 规定值的 80%					对于三相共箱式的油断路器应作相间耐压，其试验电压值与对地耐压值相同
5	126kV 及以上油断路器提升杆的交流耐压试验	1) 大修后； 2) 必要时	试验电压按 DL/T 593 规定值的 80%					1) 耐压设备不能满足要求时可分段进行，分段数不应超过 6 段（252kV），或 3 段（126kV），加压时间为 5min； 2) 每段试验电压可取整段试验电压值除以分段数所得值的 1.2 倍或自行规定
6	辅助回路和控制回路交流耐压试验	1) 1年～3年； 2) 大修后	试验电压为 2kV					
7	导电回路电阻	1) 1年～3年； 2) 大修后	1) 大修后应符合制造厂规定； 2) 运行中自行规定					用直流压降法测量，电流不小于 100A

续表

序号	项目	周期	要 求	说明
8	灭弧室的并联电阻值，并联电容器的电容量和tanδ	1) 大修后； 2) 必要时	1) 并联电阻值应符合制造厂规定； 2) 并联电容器按第12章规定	
9	断路器的合闸时间和分闸时间	大修后	应符合制造厂规定	在额定操作电压（气压、液压）下进行
10	断路器分闸和合闸的速度	大修后	应符合制造厂规定	在额定操作电压（气压、液压）下进行
11	断路器触头分、合闸的同期性	1) 大修后； 2) 必要时	应符合制造厂规定	
12	操动机构合闸接触器和分、合闸电磁铁的最低动作电压	1) 大修后； 2) 操动机构大修后	1) 操动机构分、合闸电磁铁或合闸接触器端子上的最低动作电压应在操作电压额定值的30%～65%； 2) 在使用电磁机构时，合闸电磁铁线圈通流时的端电压为操作电压额定值的80%（关合电流峰值等于及大于50kA时为85%）时应可靠动作	
13	合闸接触器和分、合闸电磁铁线圈的绝缘电阻和直流电阻，辅助回路和控制回路绝缘电阻	1) 1年～3年； 2) 大修后	1) 绝缘电阻不应小于2MΩ； 2) 直流电阻应符合制造厂规定	采用500V或1000V绝缘电阻表
14	断路器本体和套管中绝缘油试验		见第13章	
15	断路器的电流互感器	1) 大修后； 2) 必要时	见第7章	

8.2.2 各类试验项目：

定期试验项目见表11中序号1、2、3、4、6、7、13、14。

大修后试验项目见表11中序号1、2、3、4、5、6、7、8、9、10、11、12、13、14、15。

8.3 磁吹断路器

8.3.1 磁吹断路器的试验项目、周期、要求见表11中的序号1、4、5、6、8、10、11、12、13。

8.3.2 各类试验项目：

定期试验项目见表11中序号1、4、6、13。

大修后试验项目见表11中序号1、4、5、6、8、10、11、12、13。

8.4 低压断路器和自动灭磁开关

8.4.1 低压断路器和自动灭磁开关的试验项目、周期和要求见表11中序号12和13。

8.4.2 各类试验项目：

定期试验项目见表11中序号13。

大修后试验项目见表11中序号12和13。

8.4.3 对自动灭磁开关尚应作常开、常闭触点分合切换顺序，主触头、灭弧触头表面情况和动作配合情况以及灭弧栅是否完整等检查。对新换的DM型灭磁开关尚应检查灭弧栅片数。

8.5 空气断路器

8.5.1 空气断路器的试验项目、周期和要求见表12。

表 12 　　　　　　　　　　　　　空气断路器的试验项目、周期和要求

序号	项　　目	周期	要　　求	说明
1	40.5kV 及以上的支持瓷套管及提升杆的泄漏电流	1）1 年～3 年； 2）大修后	1）试验电压如下： <table><tr><td>额定电压/kV</td><td>40.5</td><td>72.5～252</td><td>≥363</td></tr><tr><td>直流试验电压/kV</td><td>20</td><td>40</td><td>60</td></tr></table> 2）泄漏电流一般不大于 10μA，252kV 及以上者不大于 5μA	
2	耐压试验	大修后	12kV～40.5kV 断路器对地及相间试验电压值按 DL/T 593 规定值；72.5kV 及以上者按 DL/T 593 规定值的 80%	126kV 及以上有条件时进行
3	辅助回路和控制回路交流耐压试验	1）1 年～3 年； 2）大修后	试验电压为 2kV	
4	导电回路电阻	1）1 年～3 年； 2）大修后	1）大修后应符合制造厂规定； 2）运行中的电阻值允许比制造厂规定值提高 1 倍	用直流压降法测量，电流不小于 100A
5	灭弧室的并联电阻，均压电容器的电容量和 tanδ	大修后	1）并联电阻值符合制造厂规定； 2）均压电容器按第 12 章规定	
6	主、辅触头分、合闸配合时间	大修后	应符合制造厂规定	
7	断路器的分、合闸时间及合分时间	大修后	连续测量 3 次均应符合制造厂规定	
8	同相各断口及三相间的分、合闸同期性	大修后	应符合制造厂规定，制造厂无规定时，则相间合闸不同期不大于 5ms；分闸不同期不大于 3ms；同相断口间合闸不同期不大于 3ms，分闸不同期不大于 2ms	
9	分、合闸电磁铁线圈的最低动作电压	大修后	操动机构分、合闸电磁铁的最低动作电压应在操作电压额定值的 30%～65%	在额定气压下测量
10	分闸和合闸电磁铁线圈的绝缘电阻和直流电阻	大修后	1）绝缘电阻不应小于 2MΩ； 2）直流电阻应符合制造厂规定	采用 1000V 绝缘电阻表
11	分闸、合闸和重合闸的气压降	大修后	应符合制造厂规定	
12	断路器操作时的最低动作气压	大修后	应符合制造厂规定	
13	压缩空气系统、阀门及断路器本体严密性	大修后	应符合制造厂规定	
14	低气压下不能合闸的自卫能力试验	大修后	应符合制造厂规定	

8.5.2　各类试验项目：

定期试验项目见表 12 中序号 1、3、4。

大修后试验项目见表 12 中序号 1、2、3、4、5、6、7、8、9、10、11、12、13、14。

8.6　真空断路器

8.6.1　真空断路器的试验项目、周期和要求见表 13。

表 13 　　　　　　　　　　　　　真空断路器的试验项目、周期、要求

序号	项　　目	周期	要　　求	说明
1	绝缘电阻	1）1 年～3 年； 2）大修后	1）整体绝缘电阻参照制造厂规定或自行规定； 2）断口和用有机物制成的提升杆的绝缘电阻不应低于下表中的数值 MΩ <table><tr><td rowspan="2">试验类别</td><td colspan="3">额定电压/kV</td></tr><tr><td>＜24</td><td>24～40.5</td><td>72.5</td></tr><tr><td>大修后</td><td>1000</td><td>2500</td><td>5000</td></tr><tr><td>运行中</td><td>300</td><td>1000</td><td>3000</td></tr></table>	

序号	项 目	周期	要 求	说明
2	交流耐压试验（断路器主回路对地、相间及断口）	1）1年～3年（12kV及以下）；2）大修后；3）必要时（40.5、72.5kV）	断路器在分、合闸状态下分别进行，试验电压值按DL/T 593规定值	1）更换或干燥后的绝缘提升杆必须进行耐压试验，耐压设备不能满足时可分段进行；2）相间、相对地及断口的耐压值相同
3	辅助回路和控制回路交流耐压试验	1）1年～3年；2）大修后	试验电压为2kV	
4	导电回路电阻	1）1年～3年；2）大修后	1）大修后应符合制造厂规定；2）运行中自行规定，建议不大于1.2倍出厂值	用直流压降法测量，电流不小于100A
5	断路器的合闸时间和分闸时间，分、合闸的同期性，触头开距，合闸时的弹跳过程	大修后	应符合制造厂规定	在额定操作电压下进行
6	操动机构合闸接触器和分、合闸电磁铁的最低动作电压	大修后	1）操动机构分、合闸电磁铁或合闸接触器端子上的最低动作电压应在操作电压额定值的30%～65%；在使用电磁机构时，合闸电磁铁线圈通流时的端电压为操作电压额定值的80%（关合峰值电流等于或大于50kA时为85%）时应可靠动作；2）进口设备按制造厂规定	
7	合闸接触器和分、合闸电磁铁线圈的绝缘电阻和直流电阻	1）1年～3年；2）大修后	1）绝缘电阻不应小于2MΩ；2）直流电阻应符合制造厂规定	采用1000V绝缘电阻表
8	真空灭弧室真空度的测量	大、小修时	自行规定	有条件时进行
9	检查动触头上的软联结夹片有无松动	大修后	应无松动	

8.6.2 各类试验项目：

定期试验项目见表13中序号1、2、3、4、7。

大修时或大修后试验项目见表13中序号1、2、3、4、5、6、7、8、9。

8.9 隔离开关

8.9.1 隔离开关的试验项目、周期和要求见表17。

表17　　　　　　　　　　隔离开关的试验项目、周期和要求

序号	项 目	周期	要 求			说明
1	有机材料支持绝缘子及提升杆的绝缘电阻	1）1年～3年；2）大修后	1）用绝缘电阻表测量胶合元件分层电阻；2）有机材料传动提升杆的绝缘电阻值不得低于下表数值 MΩ			采用2500V绝缘电阻表
			试验类别	额定电压/kV		
				<24	24～40.5	
			大修后	1000	2500	
			运行中	300	1000	
2	二次回路的绝缘电阻	1）1年～3年；2）大修后；3）必要时	绝缘电阻不低于2MΩ			采用1000V绝缘电阻表
3	交流耐压试验	大修后	1）试验电压值按DL/T 593规定；2）用单个或多个元件支柱绝缘子组成的隔离开关进行整体耐压有困难时，可对各胶合元件分别做耐压试验，其试验周期和要求按第10章的规定进行			在交流耐压试验前、后应测量绝缘电阻；耐压后的阻值不得降低

序号	项 目	周期	要 求	说明
4	二次回路交流耐压试验	大修后	试验电压为2kV	
5	电动、气动或液压操动机构线圈的最低动作电压	大修后	最低动作电压一般在操作电源额定电压的30%~80%范围内	气动或液压应在额定压力下进行
6	导电回路电阻测量	大修后	不大于制造厂规定值的1.5倍	用直流压降法测量,电流值不小于100A
7	操动机构的动作情况	大修后	1)电动、气动或液压操动机构在额定的操作电压(气压、液压)下分、合闸5次,动作正常; 2)手动操动机构操作时灵活,无卡涩; 3)闭锁装置应可靠	

8.9.2 各类试验项目:

定期试验项目见表17中序号1、2。

大修后试验项目见表17中1、2、3、4、5、6、7。

8.10 高压开关柜

8.10.1 高压开关柜的试验项目、周期和要求见表18。

表18　　　　　　　　　　　　高压开关柜的试验项目、周期和要求

序号	项目	周期	要求	说明
1	辅助回路和控制回路绝缘电阻	1)1年~3年; 2)大修后	绝缘电阻不应低于2MΩ	采用1000V绝缘电阻表
2	辅助回路和控制回路交流耐压试验	大修后	试验电压为2kV	
3	断路器速度特性	大修后	应符合制造厂规定	如制造厂无规定可不进行
4	断路器的合闸时间、分闸时间和三相分、合闸同期性	大修后	应符合制造厂规定	
5	断路器、隔离开关及隔离插头的导电回路电阻	1)1年~3年; 2)大修后	1)大修后应符合制造厂规定; 2)运行中应不大于制造厂规定值的1.5倍	隔离开关和隔离插头回路电阻的测量在有条件时进行
6	操动机构合闸接触器和分、合闸电磁铁的最低动作电压	1)大修后; 2)机构大修后	参照表11中序号12	
7	合闸接触器和分合闸电磁铁线圈的绝缘电阻和直流电阻	大修后	1)绝缘电阻应大于2MΩ; 2)直流电阻应符合制造厂规定	采用1000V绝缘电阻表
8	绝缘电阻试验	1)1年~3年;(12kV及以上); 2)大修后	应符合制造厂规定	在交流耐压试验前、后分别进行
9	交流耐压试验	1)1年~3年;(12kV及以上); 2)大修后	试验电压值按DL/T 593规定	1)试验电压施加方式:合闸时各相对地及相间,分闸时各相断口; 2)相间、相对地及断口的试验电压值相同
10	检查电压抽取(带电显示)装置	1)1年; 2)大修后	应符合制造厂规定	
11	SF₆气体泄漏试验	1)大修后; 2)必要时	应符合制造厂规定	
12	压力表及密度继电器校验	1年~3年	应符合制造厂规定	
13	五防性能检查	1)1年~3年; 2)大修后	应符合制造厂规定	五防是:①防止误分、误合断路器;②防止带负荷拉、合隔离开关;③防止带电(挂)合接地(线)开关;④防止带接地线(开关)合断路器;⑤防止误入带电间隔

序号	项目	周期	要求	说明
14	对断路器的其他要求	1）大修后； 2）必要时	根据断路器型式，应符合8.1、8.2、8.6条中的有关规定	
15	高压开关柜的电流互感器	1）大修后； 2）必要时	见第7章	

8.10.2　配少油断路器和真空断路器的高压开关柜的各类试验项目。

定期试验项目见表18中序号1、5、8、9、10、13。

大修后试验项目见表18中序号1、2、3、4、5、6、7、8、9、10、13、15。

8.10.3　配SF₆断路器的高压开关柜的各类试验项目：

定期试验项目见表18中序号1、5、8、9、10、12、13。

大修后试验项目见表18中1、2、3、4、5、6、7、8、9、10、11、13、14、15。

8.10.4　其他型式高压开关柜的各类试验项目：

其他型式，如计量柜，电压互感器柜和电容器柜等的试验项目、周期和要求可参照表18中有关序号进行。柜内主要元件（如互感器、电容器、避雷器等）的试验项目按本规程有关章节规定。

【依据2】《输变电设备状态检修试验规程》（Q/GDW 1168—2013）

4.4　基于设备状态的周期调整

4.4.1　周期的调整

本标准给出的基准周期适用于一般情况，在下列情况下做调整：

a）对于停电例行试验，各省公司可依据设备状态、地域环境、电网结构等特点，在本标准所列基准周期的基础上酌情延长或缩短试验周期，调整后的试验周期一般不小于1年，也不大于基准周期的2倍。

b）对于未开展带电检测设备，试验周期不大于基准周期的1.4倍；未开展带电检测老旧设备（大于20年运龄），试验周期不大于基准周期。

c）对于巡检及例行带电检测试验项目，试验周期即为本标准所列基准周期。

d）同间隔设备的试验周期宜相同，变压器各侧主进开关及相关设备的试验周期应与该变压器相同。

4.4.2　可延迟试验的条件

符合以下各项条件的设备，停电例行试验可以在4.4.1周期调整后的基础上最多延迟1个年度：

a）巡检中未见可能危及该设备安全运行的任何异常；

b）带电检测（如有）显示设备状态良好；

c）上次例行试验与其前次例行（或交接）试验结果相比无明显差异；

d）没有任何可能危及设备安全运行的家族缺陷；

e）上次例行试验以来，没有经受严重的不良工况。

4.4.3　需提前试验的情形

有下列情形之一的设备，需提前，或尽快安排例行或/和诊断性试验：

a）巡检中发现有异常，此异常可能是重大质量隐患所致；

b）带电检测（如有）显示设备状态不良；

c）以往的例行试验有朝着注意值或警示值方向发展的明显趋势；或者接近注意值或警示值；

d）存在重大家族缺陷；

e）经受了较为严重不良工况，不进行试验无法确定其是否对设备状态有实质性损害；

f）如初步判定设备继续运行有风险，则不论是否到期，都应列入最近的年度试验计划，情况严重时，应尽快退出运行，进行试验。

4.3.3.1.3　断路器和隔离开关检修项目

4.3.3.1.4　断路器本体及操动机构

本条评价项目（见《评价》）的查评依据如下。

【依据1】《国家电网公司输变电设备检修规范》（国家电网生技〔2005〕173号附件三：交流高压断路器检修规范）

第二章　检修的一般规定

第七条　检修的分类

（一）大修：对设备的关键零部件进行全面解体的检查、修理或更换，使之重新恢复到技术标准要求的正常功能。

（二）小修：对设备不解体进行的检查与修理。

（三）临时性检修：针对设备在运行中突发的故障或缺陷而进行的检查与修理。

第八条　检修的依据

应根据设备的状况、运行时间并参照设备安装使用说明书中推荐的实施检修的条件等因素来决定是否应该对交流高压断路器进行检修。

（一）对于实施状态检修的设备，应根据对设备全面的状态评估结果来决定对断路器设备进行相应规模的检修工作。

（二）对于未实施状态检修的设备，一般应结合设备的预防性试验进行小修，但周期一般不应超过3年；如果满足表2-1中规定的条件之一，则应该对其进行大修。

表 2-1　　　　　　　　　　　　　　　　断路器满足大修的条件

序号	断路器类型	电寿命	机械寿命	运行时间
1	SF$_6$断路器	累计故障开断电流达到设备技术条件中的规定	机械操作次数达到设备技术条件中的规定	12年～15年（推荐）
2	少油断路器	累计故障开断电流达到设备技术条件中的规定	机械操作次数达到设备技术条件中的规定	6年～8年（推荐）
3	真空断路器	累计故障开断电流达到设备技术条件中的规定	机械操作次数达到设备技术条件中的规定	8年～10年（推荐）

（三）临时性检修：针对运行中发现的危急缺陷、严重缺陷及时进行检修。

第五章　检修项目及技术要求

第十八条　高压断路器本体的检修项目及技术标准应满足下列要求：

（一）SF$_6$断路器本体的检修项目及技术要求见表5-1。

表 5-1　　　　　　　　　　　　　　　SF$_6$断路器的检修项目及技术要求

检修部位	检修项目	技术要求
瓷套（柱式断路器）或套管（罐式断路器）检修	1. 均压环； 2. 检查瓷件内外表面； 3. 检查主接线板； 4. 检查法兰密封面； 5. 对柱式断路器并联电容器进行检查	1. 均压环应完好无变形； 2. 瓷套内外无可见裂纹，浇装无脱落，裙边无损坏； 3. 接线板； 4. 密封面沟槽平整无划伤； 5. 电容器应无渗漏油现象，电容量和介损值符合要求
灭弧室的检修	弧触头和喷口的检修检查零部件的磨损和烧损情况	1. 如弧触头烧损大于制造厂规定值，或有明显碎裂，或触头表面有铜析出现象，应更换新弧触头； 2. 喷口和罩的内径大于制造厂规定值或有裂纹、有明显的剥落或清理不干净时，应更换喷口、罩
	绝缘件的检查： 检查绝缘拉杆、绝缘件表面情况	表面无裂痕、划伤，如有损伤，应更换
	合闸电阻的检修： 1. 检查电阻片外观，测量每极合闸电阻阻值； 2. 检查电阻动、静触头的情况	1. 电阻片无裂痕、无烧痕及破损。电阻值应符合制造厂规定； 2. 合闸电阻动、静触头无损伤，如损伤情况严重，应予以更换
	灭弧室内并联电容器的检修（罐式）： 1. 检查并联电容的紧固件是否松动； 2. 进行电容量测试和介损测试	1. 电容器完好、干净，如有裂纹应整体更换； 2. 并联电容值和介损应符合规定
	压气缸检修 检查压气缸等部件内表面	压气缸等部件内表面无划伤，镀银面完好

续表

检修部位	检修项目	技术要求
SF₆气体系统检修	1. SF₆充放气逆止阀的检修；更换逆止阀密封圈，对顶杆和阀芯进行检查； 2. 对管路接头进行检查并进行检漏； 3. 对SF₆密度继电器的整定值进行校验，按检修后现场试验项目标准进行	1. 顶杆和阀芯应无变形，否则应进行更换； 2. SF₆管接头密封面无伤痕； 3. 密度继电器整定值应符合制造厂规定

（二）真空断路器本体的检修项目及技术要求见表5-2。

真空断路器本体主要为真空灭弧室（真空泡），其一般不需要检修，但在其电气或机械寿命接近终了前必须更换。

表5-2   **真空断路器的检修项目及技术要求**

检修部位	检修项目	技术要求
真空灭弧室	1. 测量真空灭弧室的真空度； 2. 测量真空灭弧室的导电回路电阻； 3. 检查真空灭弧室电寿命标志点是否到达； 4. 检查触头的开距及超行程； 5. 对真空灭弧室进行分闸状态下耐压试验	1. 真空度应符合标准要求； 2. 回路电阻符合制造厂技术条件要求； 3. 到达电寿命标志点后立即更换； 4. 开距及超行程应符合制造厂技术条件要求； 5. 应能通过标准规定的耐压水平要求

（三）少油断路器本体的检修项目及技术要求见表5-3。

表5-3   **少油断路器的检修项目及技术要求**

检修部位	检修项目	技术要求
灭弧单元及导电系统	1. 检查排气阀； 2. 检查压油活塞； 3. 检查灭弧片烧损情况； 4. 检查玻璃钢筒壁及螺纹； 5. 检查、清洗动触杆； 6. 中间触头和灭弧单元基座的检修； 7. 铝帽及灭弧瓷套的检查； 8. 灭弧室并联电容器检查	1. 排气阀密封圈应无老化裂纹，弹性良好；呼吸通道应畅通；阀盖关闭严密，开启灵活； 2. 压油活塞杆绝缘完好，装配牢固； 3. 灭弧片烧损严重时应更换，轻微时打磨处理； 4. 玻璃钢筒应无起层掉牙、裂纹和受潮现象； 5. 动触杆接触面良好，镀层无起层、脱落； 6. 中间触指接触面光滑平整，触指隔栅无裂纹； 7. 铝帽密封槽良好，丝扣无滑丝，油位计玻璃片完好，上下通孔畅通，瓷套无损伤； 8. 电容器无渗漏油，电容及介损值符合要求
中间机构箱	1. 检查连板、拐臂及主轴等； 2. 中间机构箱上衬垫的调整	1. 连板、拐臂无变形，轴、孔无严重磨损，轴承完好，无明显的晃动或卡涩； 2. 衬垫的压缩量宜为衬垫厚度的1/3左右
支持瓷套及绝缘拉杆	1. 检查支持瓷套内、外表面及结合面； 2. 检查绝缘拉杆及两端金具	1. 瓷套无损伤，结合面平整； 2. 绝缘拉杆无裂纹，无弯曲变形，与金具连接牢固可靠

第十九条　高压断路器操动机构的检修项目及技术标准应满足下列要求：

（一）液压机构的检修项目及技术要求见表5-4。

表5-4   **液压机构的检修项目及技术要求**

检修部位	检修项目	技术要求
储压筒	1. 检查储压筒内壁及活塞表面	应光滑、无锈蚀、无划痕，否则应更换
	2. 检查活塞杆	1. 表面应无划伤、镀铬层应完整无脱落，杆体无弯曲、变形现象； 2. 杆下端的泄油孔应畅通、无阻塞
	3. 检查逆止阀	钢球与阀口应密封良好
	4. 检查铜压圈、垫圈	应良好、无划痕
	5. 组装及充氮气	1. 各紧固件应连接可靠； 2. 充氮气后，逆止阀应无漏气现象，预充氮气压力符合制造厂要求

检修部位	检修项目	技术要求
阀系统	1. 检修分、合闸电磁铁	1. 阀杆应无弯曲、无变形，不直度符合要求； 2. 阀杆与铁芯结合牢固，不松动； 3. 线圈无卡伤、断线现象，绝缘应良好； 4. 组装后铁芯运动灵活，无卡滞
	2. 检修分、合闸阀	1. 钢球（阀锥）应无锈蚀、无损坏； 2. 钢球（阀锥）与阀口应密封严密，密封线应完整； 3. 阀杆应无变形、无弯曲，复位弹簧应无损坏、无锈蚀，弹性应良好； 4. 组装后各阀杆行程应符合要求
	3. 检修高压放油阀（截流阀）	1. 钢球（阀锥）应无锈蚀、无损坏； 2. 钢球（阀锥）与阀口应密封严密，密封线应完整； 3. 阀杆应无变形、无弯曲、无松动，端头应平整； 4. 复位弹簧应无损坏、无锈蚀，弹性应良好
	4. 检查安全阀	安全阀动作及返回值符合要求
工作缸	1. 检查缸体、活塞及活塞杆	1. 工作缸缸体内表、活塞外表应光滑、无沟痕； 2. 活塞杆应无弯曲，表面无划伤痕迹、无锈蚀
	2. 检查管接头	应无裂纹和滑扣
	3. 组装工作缸	1. 应更换全部密封垫； 2. 组装后，活塞杆运动应灵活，无别动现象
油泵及电机	1. 检修油泵	1. 柱塞间隙配合应良好； 2. 高、低压逆止阀密封应良好； 3. 弹簧无变形，弹性应良好，钢球无裂纹、无锈蚀，球托与弹簧、钢球配合良好； 4. 油封应无渗漏油现象； 5. 各通道应畅通、无阻塞
	2. 检修电动机	1. 轴承应无磨损，转动应灵活； 2. 定子与转子间的间隙应均匀，无摩擦现象； 3. 整流子磨损深度不超过规定值； 4. 电动机的绝缘电阻应符合标准要求
油箱及管路	1. 清洗油箱及滤油器	油箱应无渗漏油现象，油箱及滤油器应清洁、无污物
	2. 清洗、检查及连接管路	1. 管路、管接头、卡套及螺帽应无卡伤、无锈蚀、无变形及开裂现象； 2. 连接后的管路及接头应紧固，无渗漏油现象
加热和温控装置	1. 检查加热装置	应无损坏，接线良好，工作正常。加热器功率消耗偏差在制造厂规定范围以内
	2. 检查温控装置	温度控制动作应准确，加热器接通和切断的温度范围符合制造厂规定
其他部位	1. 检查机构箱	表面无锈蚀，无变形，应无渗漏雨水现象
	2. 检查传动连杆及其他外露零件	无锈蚀，连接紧固
	3. 检查辅助开关	触点接触良好，切换角度合适，接线正确
	4. 检查压力开关	整定值应符合制造厂要求
	5. 检查分合闸指示器	指示位置正确，安装连接牢固
	6. 检查二次接线	接线正确
	7. 校验油压表	油压表指示正确，无渗漏油现象
	8. 检查操作计数器	动作应正确

（二）气动机构的检修项目及技术要求见表5-5。

表5-5　　　　　　　　　　　　气动机构的检修项目及技术要求

检修部位	检修项目	技术要求
储气罐	1. 检查、清洗储气罐； 2. 清理密封面，更换所有密封件	1. 储气罐罐体内外均不得有裂纹等缺陷； 2. 储气罐内部应干燥、无油污、无锈蚀

续表

检修部位	检修项目	技术要求
电磁阀系统	1. 分、合闸电磁铁的检修	1. 线圈安装牢固，无松动、无卡伤、断线现象，直流电阻符合要求，绝缘应良好； 2. 衔铁、掣子、扣板及弹簧等动作灵活，无卡滞； 3. 衔铁与掣子、扣板与掣子间的扣合间隙符合要求
	2. 分闸一、二级阀的检修	1. 阀杆、阀体应无划伤、无变形，密封面无凹陷； 2. 装复后动作灵活，装配紧固
	3. 主阀体的检修	1. 活塞、主阀杆无划伤、无变形； 2. 弹簧无变形，弹性良好； 3. 装配紧固，不漏气
	4. 检查安全阀	安全阀动作及返回值符合要求
工作缸	1. 检查缸体、活塞及活塞杆	1. 工作缸缸体内表、活塞外表应光滑、无沟痕； 2. 活塞杆应无弯曲，表面无划伤痕迹、无锈蚀
	2. 组装工作缸	1. 应更换全部密封垫； 2. 组装后，活塞杆运动应灵活，无别动现象
缓冲器和传动部分	1. 缓冲器的检修	1. 缸体内表、活塞外表应光滑、无沟痕； 2. 缓冲弹簧（若有）应无锈蚀、无变形； 3. 装配后，缓冲器应无渗漏油、连接无松动
	2. 传动部分的检查	1. 传动连杆与转动轴无松动，润滑良好； 2. 拐臂和相邻的轴销无变形、无锈蚀，转动灵活
合闸弹簧	合闸弹簧的检查	1. 弹簧无锈蚀、无变形； 2. 弹簧与传动臂连接无松动
压缩机及电机	1. 压缩机的检修	1. 吸气阀上无积炭和污垢、无划伤，阀弹簧无锈蚀，弹性良好； 2. 一级和二级缸零部件无严重磨损，连杆（滚针轴承）与活塞销的配合间隙符合要求； 3. 空气滤清器、曲轴箱应清洁； 4. 电磁阀和逆止阀应动作正确，无漏气现象； 5. 皮带的松紧度合适，且应成一条直线； 6. 若压缩机补气时间超过制造厂规定，应更换
	2. 气水分离器及自动排污阀的检查	1. 气水分离器应能有效工作； 2. 自动排污阀应动作可靠
	3. 电动机的检修	1. 轴承应无磨损，转动应灵活； 2. 定子与转子间的间隙应均匀，无摩擦现象； 3. 整流子磨损深度不超过规定值； 4. 电动机的绝缘电阻应符合标准要求
压缩空气管路	检查、清洗及连接管路	1. 管路、管接头、密封面、卡套及螺帽应无卡伤、无锈蚀、无变形及开裂现象； 2. 连接后的管路及接头应紧固，无渗漏气现象
加热和温控装置	1. 检查加热装置	应无损坏，接线良好，工作正常。加热器功率消耗偏差在制造厂规定范围以内
	2. 检查温控装置	温度控制动作应准确，加热器接通和切断的温度范围符合制造厂规定
其他部位	1. 检查机构箱	表面无锈蚀，无变形，应无渗漏雨水现象
	2. 检查传动连杆及其他外露零件	无锈蚀，连接紧固
	3. 检查辅助开关	触点接触良好，切换角度合适，接线正确
	4. 检查压力开关	整定值应符合制造厂要求
	5. 检查分合闸指示器	指示位置正确，安装连接牢固
	6. 检查二次接线	接线正确
	7. 校验气压表（空气）	气压表指示正确，无渗漏气现象
	8. 检查操作计数器	动作应正确

（三）弹簧机构的检修项目及技术要求见表5-6。

表 5-6   **弹簧机构的检修项目及技术要求**

检修部位	检修项目	技术要求
操动机构箱	1. 检查机构箱	表面无锈蚀，无变形，应无渗漏雨水现象
	2. 检查清理电磁铁扣板、掣子	1. 分、合闸线圈安装牢固，无松动、无卡伤、断线现象，直流电阻符合要求，绝缘应良好； 2. 衔铁、扣板、掣子无变形，动作灵活
	3. 检查传动连杆及其他外露零件	无锈蚀，连接紧固
	4. 检查辅助开关	触点接触良好，切换角度合适，接线正确
	5. 检查分合闸弹簧	无锈蚀，拉伸长度应符合要求
	6. 检查分合闸缓冲器	测量缓冲曲线符合要求
	7. 检查分合闸指示器	指示位置正确，安装连接牢固
	8. 检查二次接线	接线正确
	9. 储能开关	动作正确
	10. 检查储能电机	电机零储能时间符合要求

（四）电磁机构的检修项目及技术要求见表 5-7。

表 5-7   **电磁机构的检修项目及技术要求**

检修部位	检修项目	技术要求
操动机构箱	1. 检查机构箱	表面无锈蚀，无变形，应无渗漏雨水现象
	2. 检查清理电磁铁	1. 分、合闸线圈安装牢固，无松动、无卡伤、断线现象，直流电阻符合要求，绝缘应良好； 2. 衔铁、扣板、掣子无变形，动作灵活
	3. 检查传动连杆及其他外露零件	无锈蚀，连接紧固
	4. 检查辅助开关	触点接触良好，切换角度合适，接线正确
	5. 检查分闸弹簧	无锈蚀，拉伸长度应符合要求
	6. 检查分合闸指示器	指示位置正确，安装连接牢固
	7. 检查二次接线	接线正确
	8. 合闸接触器	接触可靠、动作正确

【依据 2】《国家电网公司输变电设备检修规范》（国家电网生技〔2005〕173 号）附件四：交流高压隔离开关检修规范

第二章　检修的一般规定

第七条　检修的分类

（一）大修：对设备的关键零部件进行全面解体的检查、修理或更换，使之重新恢复到技术标准要求的正常功能。

（二）小修：对设备不解体进行的检查与修理。

（三）临时性检修：针对设备在运行中突发的故障或缺陷而进行的检查与修理。

第八条　检修的依据

应根据交流高压隔离开关设备的状况、运行时间等因素来决定是否应该对设备进行检修。

小修：一般应结合设备的预防性试验进行，但周期一般不应超过 3 年。

（一）对于实施状态检修的高压隔离开关设备，应根据对设备全面的状态评估结果来决定对隔离开关设备进行相应规模的检修工作。

（二）对于未实施状态检修、且未经过完善化改造、不符合国家电网公司《关于高压隔离开关订货的有关规定》和《交流高压隔离开关技术标准》的隔离开关设备，应该对其进行完善化大修。

（三）对于未实施状态检修、但经过完善化改造、符合国家电网公司《关于高压隔离开关订货的有关规定》和《交流高压隔离开关技术标准》要求的隔离开关设备，推荐每8年～10年对其进行一次大修。

第五章　检修项目及技术要求

第十七条　高压隔离开关的检修工作应按表5-1的项目和技术要求进行。

表 5-1　　　　　　　　　　　　　　隔离开关的检修项目与技术要求

检修部位	检修项目	技术要求
导电部分	1. 主触头的检修； 2. 触头弹簧的检修； 3. 导电臂的检修； 4. 接线座的检修	1. 主触头接触面无过热、烧伤痕迹，镀银层无脱落现象； 2. 触头弹簧无锈蚀、分流现象； 3. 导电臂无锈蚀、起层现象； 4. 接线座无腐蚀，转动灵活，接触可靠； 5. 接线板应无变形、无开裂，镀层应完好
机构和传动部分	1. 轴承座的检修； 2. 轴套、轴销的检修； 3. 传动部件的检修； 4. 机构箱检查； 5. 辅助开关及二次元件检查； 6. 机构输出轴的检查； 7. 主开关和接地开关的联锁的检修	1. 轴承座应采用全密封结构，加优质二硫化钼锂基润滑脂； 2. 轴套应具有自润滑措施，应转动灵活，无锈蚀，新换轴销应采用防腐材料； 3. 传动部件应无变形、无锈蚀、无严重磨损，水平连杆端部应密封，内部无积水，传动轴应采用装配式结构，不应在施工现场进行切焊配装； 4. 机构箱应达到防雨、防潮、防小动物等要求，机构箱门无变形； 5. 二次元件及辅助开关接线无松动，端子排无锈蚀。辅助开关与传动杆的连接可靠； 6. 机构输出轴与传动轴的连接紧密，定位销无松动； 7. 主刀与接地刀的机械联锁可靠，具有足够的机械强度，电气闭锁动作可靠
绝缘子	绝缘子检查	1. 绝缘子完好、清洁，无掉瓷现象，上下节绝缘子同心度良好； 2. 法兰无开裂，无锈蚀，油漆完好。法兰与绝缘子的结合部位应涂防水胶

【依据3】《输变电设备状态检修试验规程》（Q/GDW 1168—2013）

5.8　SF_6 断路器

5.8.1　SF_6 断路器巡检及例行试

5.8.1.1　SF_6 断路器巡检及例行试验项目（见表22、表23）

表 22　　　　　　　　　　　　　　SF_6 断路器巡检项目

巡检项目	基准周期	要求	说明条款
外观检查	1. 500kV 及以上：2 周；	外观无异常	见 5.8.1.2
气密度值检查	2. 220kV～330kV：1 个月； 3. 110（66）kV 及以上：3 月；	密度符合设备技术文件要求	
操动机构状态检查	4. 35kV 及以下：1 年	状态正常	

表 23　　　　　　　　　　　　　　SF_6 断路器例行试验项目

例行试验项	基准周期	要求	说明条款
红外热像检测	500kV 及以上：1 个月	无异常	见 5.8.1.3
	220kV～330KV：3 月		
	110（66）kV：半年		
	35kV 及以下：1 年		
主回路电阻测量	110（66）kV 及以上：3 年	不大于制造商规定值（注意值）	见 5.8.1.4
	35kV 及以下：4 年		
断口间并联电容器的电容量和介质损耗因数	110（66）kV 及以上：3 年	电容量初值差不超过±5%（警示值）	见 5.8.1.5
		介质损耗因数	
		膜纸复合绝缘不大于 0.0025	
		油纸绝缘不大于 0.005（注意值）	
合闸电阻阻值及合闸电阻预接入时间	110（66）kV 及以上：3 年	初值差不超过±5%（注意值）	见 5.8.1.6
		预接入时间符合设备技术文件要求	

例行试验项	基准周期	要求	说明条款
例行检查和测试	110（66）kV 及以上：3 年	见 5.8.1.7	见 5.8.1.7
	35kV 及以下：4 年		
SF$_6$ 气体湿度检测（带电）	110（66）kV 及以上：3 年	≤300μL/L（注意值）	见 8.1
	35kV 及以下：4 年		

5.8.1.2 巡检说明

巡检时，具体要求说明如下：

a）外观无异常；无异常声响；高压引线、接地线连接正常；瓷件无破损、无异物附着；并联电容器无渗漏。

b）气体密度值正常。

c）加热器功能正常（每半年）。

d）操动机构状态正常（液压机构油压正常；气动机构气压正常；弹簧机构弹簧位置正确）。

e）记录开断短路电流值及发生日期，记录开关设备的操作次数。

5.8.1.3 红外热像检测

检测断口及断口并联元件、引线接头、绝缘子等，红外热像图显示应无异常温升、温差和/或相对温差。判断时，应该考虑测量时及前 3h 负荷电流的变化情况，注意与同等运行条件下其他断路器进行比较。测量和分析方法可参考 DL/T 664。

5.8.1.4 主回路电阻测量

在合闸状态下，测量进、出线之间的主回路电阻。测量电流可取 100A 到额定电流之间的任一值，测量方法和要求参考 DL/T 593。

当红外热像显示断口温度异常、相间温差异常，或自上次试验之后又有 100 次以上分、合闸操作，也应进行本项目。

5.8.1.5 断口间并联电容器电容量和介质损耗因数在分闸状态下测量。对于瓷柱式断路器，与断口一起测量；对于罐式断路器（包括 GIS 中的断路器），按设备技术文件规定进行。测试结果不符合要求时，可对电容器独立进行测量。

5.8.1.6 合闸电阻阻值及合闸电阻预接入时间

同等测量条件下，合闸电阻的初值差应满足要求。合闸电阻的预接入时间按设备技术文件规定校核。对于不解体无法测量的情况，只在解体性检修时进行。

5.8.1.7 例行检查和测试

a）例行检查和测试时，具体要求说明如下：

1）轴、销、锁扣和机械传动部件检查，如有变形或损坏应予更换；

2）瓷绝缘件清洁和裂纹检查；

3）操动机构外观检查，如按力矩要求抽查螺栓、螺母是否有松动，检查是否有渗漏等；

4）检查操动机构内、外积污情况，必要时需进行清洁；

5）检查是否存在锈迹，如有需进行防腐处理；

6）按设备技术文件要求对操动机构机械轴承等活动部件进行润滑；

7）分、合闸线圈电阻检测，检测结果应符合设备技术文件要求，没有明确要求时，以线圈电阻初值差不超过±5% 作为判据；

8）储能电动机工作电流及储能时间检测，检测结果应符合设备技术文件要求。储能电动机应能在 85%～110% 的额定电压下可靠工作；

9）检查辅助回路和控制回路电缆、接地线是否完好；用 1000V 绝缘电阻表测量电缆的绝缘电阻，应无显著下降；

10）缓冲器检查，按设备技术文件要求进行；

11）防跳跃装置检查，按设备技术文件要求进行；

12）联锁和闭锁装置检查，按设备技术文件要求进行；

13）并联合闸脱扣器在合闸装置额定电源电压的85%～110%范围内，应可靠动作；并联分闸脱扣器在分闸装置额定电源电压的65%～110%（直流）或85%～110%（交流）范围内，应可靠动作；当电源电压低于额定电压的30%时，脱扣器不应脱扣；

14）在额定操作电压下测试时间特性，要求：合、分指示正确；辅助开关动作正确；合、分闸时间，合、分闸不同期，合、分时间满足技术文件要求且没有明显变化；必要时，测量行程特性曲线做进一步分析。除有特别要求的之外，相间合闸不同期不大于5ms，相间分闸不同期不大于3ms；同相各断口合闸不同期不大于3ms，同相分闸不同期不大于2ms。

b）对于液（气）压操动机构，还应进行下列各项检查或试验，结果均应符合设备技术文件要求：

1）机构压力表、机构操作压力（气压、液压）整定值和机械安全阀校验；

2）分、合闸及重合闸操作时的压力（气压、液压）下降值；

3）在分闸和合闸位置分别进行液（气）压操动机构的泄漏试验；

4）液压机构及气动机构，进行防失压慢分试验和非全相合闸试验。

5.8.2　SF_6断路器诊断性试验

5.8.2.1　SF_6断路器诊断性试验项目（见表24）

表24　SF_6断路器诊断性试验项目

诊断性试验项目	要求	说明条款
气体密封性检测	≤0.5%/年或符合设备技术文件要求（注意值）	见5.4.2.6
气体密度表（继电器）校验	符合设备技术文件要求	见5.4.2.7
交流耐压试验	见5.8.2.2	见5.8.2.2
超声波局部放电检测（带电）	无异常放电	见5.8.2.3
SF_6气体成分分析（带电）	见8.2	见8.2

5.8.2.2　交流耐压试验

对核心部件或主体进行解体性检修之后，或必要时，进行本项试验。包括相对地（合闸状态）和断口间（罐式、瓷柱式定开距断路器，分闸状态）两种方式。试验在额定充气压力下进行，试验电压为出厂试验值的80%，耐压时间为60s，试验方法参考DL/T 593。

5.10　少油断路器

5.10.1　少油断路器的巡检及例行试验

5.10.1.1　少油断路器巡检及例行试验项目（见表28、表29）

表28　少油断路器巡检项目

巡检项目	基准周期	要求	说明条款
外观检查	1. 220kV：1月； 2. 110（66）kV：3月； 3. 35kV及以下：1年	外观无异常	外观无异常见5.10.1.2

表29　少油断路器例行试验项目

例行试验项	基准周期	要求	说明条款
红外热像检测	1. 220kV：3月； 2. 110（66）kV：半年； 3. 35kV及以下：1年	无异常	无异常见5.8.1.3
绝缘电阻测量	1. 110（66）kV及以上：3年； 2. 35kV及以下：4年	≥3000MΩ	见5.10.1.3

例行试验项	基准周期	要求	说明条款
主回路电阻测量	1. 110（66）kV 及以上：3 年； 2. 35kV 及以下：4 年	≤制造商规定值（注意值）	见 5.8.1.4
直流泄漏电流	1. 110（66）kV 及以上：3 年； 2. 35kV 及以下：4 年	≤10μA（66kV～220kV）（注意值）	见 5.10.1.4
断口间并联电容器的电容量和介质损耗因数	1. 110（66）kV 及以上：3 年； 2. 35kV 及以下：4 年	1. 电容量初值差不超过±5%（警示值）； 2. 介质损耗因数： 膜纸复合绝缘不大于 0.0025 油纸绝缘不大于 0.005（注意值）	见 5.10.1.5
例行检查和测试	1. 110（66）kV 及以上：3 年； 2. 35kV 及以下：4 年	见 5.8.1.7	见 5.8.1.7

5.10.1.2 巡检说明

巡检时，具体要求说明如下：

a) 外观无异常；声音无异常；高压引线、接地线连接正常；瓷件无破损、无异物附着；无渗漏油。

b) 操动机构状态正常（液压机构油压正常；气压机构气压正常；弹簧机构弹簧位置正确）。

c) 记录开断短路电流值及发生日期（如有）；记录开关设备的操作次数。

5.10.1.3 绝缘电阻测量

采用 2500V 绝缘电阻表测量，分别在分、合闸状态下进行。要求绝缘电阻大于 3000MΩ 且没有显著下降。测量时，注意外绝缘表面泄漏的影响。

5.10.1.4 直流泄漏电流

110（66）kV 及以上元件的试验电压为 40kV，35kV 元件的试验电压为 20kV。试验时应避免高压引线及连接处电晕的干扰，并注意外绝缘表面泄漏的影响。

5.10.1.5 断口并联电容器的电容量和介质损耗因数在分闸状态下测量。测量结果不符合要求时，可以对电容器独立进行测量。

5.10.2 少油断路器诊断性试验项目

5.10.2.1 少油断路器诊断性试验项目（见表 30）

表 30 少油断路器诊断性试验项目

诊断性试验项	要求	说明条款
交流耐压试验	见 5.10.2.2	见 5.10.2.2

5.10.2.2 交流耐压试验

对核心部件或主体进行解体性检修之后，或必要时，进行本项试验。包括相对地（闸状态）和断口间（分闸状态）两种方式。试验电压为出厂试验值的 80%，耐压时间为 60s，试验方法参考 DL/T 593。

5.11 真空断路器

5.11.1 真空断路器巡检及例行试验

5.11.1.1 真空断路器巡检及例行试验项目（见表 31、表 32）

表 31 真空断路器巡检项目

巡检项目	基准周期	要求	说明条款
外观检查	1. 110（66）kV 及以上：3 月； 2. 35kV 及以下：1 年	外观无异常	见 5.11.1.2

表 32 真空断路器例行试验项目

例行试验项	基准周期	要求	说明条款
红外热像检测	1. 110（66）kV 及以上：半年； 2. 35kV 及以下：1 年	无异常	见 5.8.1.3
绝缘电阻测量	1. 110（66）kV 及以上：3 年； 2. 35kV 及以下：4 年	≥3000MΩ	见 5.10.1.3
主回路电阻测量	1. 110（66）kV 及以上：3 年； 2. 35kV 及以下：4 年	初值差＜30％	见 5.8.1.4
例行检查和测试	1. 110（66）kV 及以上：3 年； 2. 35kV 及以下：4 年	见 5.11.1.3	见 5.11.1.3

5.11.1.2 巡检说明

巡检时，具体要求说明如下：

a）外观无异常；高压引线、接地线连接正常；瓷件无破损、无异物附着。

b）操动机构状态检查正常（液压机构油压正常；气压机构气压正常；弹簧机构弹簧位置正确）。

c）记录开断短路电流值及发生日期；记录开关设备的操作次数。

5.11.1.3 例行检查和测试

检查动触头上的软连接夹片，应无松动；其他项目参见 5.8.1.7。

5.11.2 真空断路器诊断性试验

5.11.2.1 真空断路器诊断性试验项目（见表 33）

表 33 真空断路器的诊断性试验项目

诊断性试验项	要求	说明条款
灭弧室真空度的测量	符合设备技术文件要求	见 5.11.2.2
交流耐压试验	试验电压为出厂试验值的 80％	见 5.11.2.3

5.11.2.2 灭弧室真空度的测量

按设备技术文件要求，或受家族缺陷警示，进行真空灭弧室真空度的测量，测量结果应符合设备技术文件要求。

5.11.2.3 交流耐压试验

对核心部件或主体进行解体性检修之后或必要时进行本项试验。包括相对地（合闸状态）、断口间（分闸状态）和相邻相间三种方式。试验电压为出厂试验值的 80％，耐压时间为 60s，试验方法参考 DL/T 593。

5.12 高压开关柜

5.12.1 高压开关柜巡检及例行试验

5.12.1.1 高压开关柜巡检及例行试验项目（见表 34、表 35）

表 34 高压开关柜巡检项目

巡检项目	基准周期	要求	说明条款
外观检查	1 年	无异常	见 5.121.2

表 35 高压开关柜例行试验项目

例行试验项	基准周期	要求	说明条款
红外热像检测	1 年	无异常	见 5.12.1.3
暂态地电压检测（带电）	1 年	无异常放电	—
辅助回路和控制回路绝缘电阻绝缘电阻测量	4 年	≥2MΩ	见 5.12.1.4
断路器导电回路电阻	4 年	初值差不大于 20％（注意值）	—
带电显示装置检查	4 年	应符合制造厂规定	—

例行试验项	基准周期	要求	说明条款
交流耐压试验	4年	试验电压值按 DL/T 593 规定	见 5.12.1.5
绝缘电阻测量	4年	应符合制造厂规定	见 5.12.1.6
五防性能检查	4年	应符合制造厂规定	见 5.12.1.7
断路器的合闸时间、分闸时间和三相分、合闸同期性	4年	应符合制造厂规定	—
操动机构合闸接触器和分、合闸电磁铁的最低动作电压	4年	见 5.12.1.8	见 5.12.1.8

5.12.1.2 巡检说明

巡检时，具体要求说明如下：

a）外观无异常，柜门未变形，柜体密封良好，螺丝连接紧密；

b）照明、温控装置工作正常，风机运转正常；

c）储能状态指示正常，带电显示、开关分合闸状态指示正确；

d）电流表、电压表指示正确。

5.12.1.3 红外热像检测

检测开关柜及进、出线电气连接处，红外热像图显示应无异常温升、温差和（或）相对温差。对大电流柜酌情考虑。注意与同等运行条件下相同开关柜进行比较。测量时记录环境温度、负荷及其近3h 内的变化情况，以便分析参考。检测和分析方法参考 DL/T 664。

5.12.1.4 辅助回路和控制回路绝缘电阻绝缘电阻测量可采用 1000V 绝缘电阻表测量。

5.12.1.5 交流耐压试验合闸时，试验电压施加于各相对地及相间；分闸时，施加于各相断口。相间、相对地及断口的试验电压值相同。

5.12.1.6 绝缘电阻测量

在交流耐压前、后分别进行测量。

5.12.1.7 五防性能检查

五防性能检查包括以下内容：

a）防止误分、误合断路器；

b）防止带负荷拉、合隔离开关；

c）防止带电（挂）合接地（线）开关；

d）防止带接地线（开关）合断路器；

e）防止误入带电间隔。

5.12.1.8 操动机构合闸接触器和分、合闸电磁铁的最低动作电压操动机构分、合闸电磁铁或合闸接触器端子上的最低动作电压应在操作电压额定值的 30%～65%。

在使用电磁机构时，合闸电磁铁线圈通流时的端电压为操作电压额定值的 80%（关合峰值电流等于或大于 50kA 时为 85%）时应可靠动作。

5.12.2 高压开关柜诊断性试验

5.12.2.1 高压开关柜诊断性试验项目（见表 36）

表 36 高压开关柜诊断性试验项目

诊断性试验项	要求	说明条款
辅助回路和控制回路交流耐压试验	试验电压 2kV	见 5.12.2.2
断路器机械特性	应符合制造厂规定	—
超声波法局部放电检测（带电）	无异常放电	见 5.12.2.3

5.12.2.2 辅助回路和控制回路交流耐压试验

可采用 2500kV 绝缘电阻表测量。

5.12.2.3 超声波法局部放电检测（带电）

一般检测频率在 20kHz～100kHz 之间的信号。若有数值显示，可根据显示的分贝值进行分析；对于以 mV 为单位显示的仪器，可根据仪器生产厂建议值及实际测试经验进行判断。

若检测到异常信号可利用特高频检测法、频谱仪和高速示波器等仪器和手段进行综合判断。异常情况应缩短检测周期。

5.13 隔离开关和接地开关

5.13.1 隔离开关和接地开关巡检及例行试验

5.13.1.1 隔离开关和接地开关巡检及例行试验项目（见表 37、表 38）

表 37　　　　　　　　　　　隔离开关和接地开关巡检项目

巡检项目	基准周期	要求	说明条款
外观检查	1. 500kV 及以上：2 周； 2. 220kV～330kV：1 月； 3. 110（66）kV：3 月； 4. 35kV 及以下：1 年	外观无异常	见 5.13.1.2

表 38　　　　　　　　　　　隔离开关和接地开关例行试验项目

例行试验项目	基准周期	要求	说明条款
红外热像检测	1. 500kV 及以上：1 月； 2. 220kV～330kV：3 月； 3. 110（66）kV：半年； 4. 35kV 及以下：1 年	无异常	见 5.13.1.3
例行检查	1. 110（66）kV 及以上：3 年； 2. 35kV 及以下：4 年	见 5.13.1.4	见 5.13.1.4

5.13.1.2 巡检说明

巡检时，具体要求说明如下：

a）检查是否有影响设备安全运行的异物；

b）检查支柱绝缘子是否有破损、裂纹；

c）检查传动部件、触头、高压引线、接地线等外观是否有异常；

d）检查分、合闸位置及指示是否正确。

5.13.1.3 红外热像检测

检测开关触头等电气连接部位，红外热像图显示应无异常温升、温差和/或相对温差。判断时，应考虑检测前 3h 内的负荷电流及其变化情况。测量和分析方法可参考 DL/T 664。

5.13.1.4 例行检查

例行检查时，具体要求说明如下：

a）就地和远方各进行 2 次操作，检查传动部件是否灵活；

b）接地开关的接地连接良好；

c）检查操动机构内、外积污情况，必要时需进行清洁；

d）抽查螺栓、螺母是否有松动，是否有部件磨损或腐蚀；

e）检查支柱绝缘子表面和胶合面是否有破损、裂纹；

f）检查动、静触头的损伤、烧损和脏污情况，情况严重时应予更换；

g）检查触指弹簧压紧力是否符合技术要求，不符合要求的应予更换；

h）检查联锁装置功能是否正常；

i）检查辅助回路和控制回路电缆、接地线是否完好；用 1000V 绝缘电阻表测量电缆的绝缘电阻，应无显著下降；

j) 检查加热器功能是否正常;

k) 按设备技术文件要求对轴承等活动部件进行润滑。

5.13.2 隔离开关和接地开关诊断性试验

5.13.2.1 隔离开关和接地开关诊断性试验项目（见表 39）

表 39 隔离开关和接地开关诊断性试验项目

诊断性试验项	要求	说明条款
主回路电阻	≤制造商规定值（注意值）	见 5.13.2.2
支柱绝缘子探伤	无缺陷	见 5.13.2.3

5.13.2.2 主回路电阻

下列情形之一，测量主回路电阻：

a) 红外热像检测发现异常；

b) 上一次测量结果偏大或呈明显增长趋势，且又有 2 年未进行测量；

c) 自上次测量之后又进行了 100 次以上分、合闸操作；

d) 对核心部件或主体进行解体性检修之后。测量电流可取 100A 到额定电流之间的任一值，测量方法参考 DL/T 593。

5.13.2.3 支柱绝缘子探伤

下列情形之一，对支柱绝缘子进行超声探伤抽检：

a) 有此类家族缺陷，隐患尚未消除；

b) 经历了有明显震感的地震；

c) 出现基础沉降。

【依据 4】《国家电网有限公司十八项电网重大反事故措施（2018 年修订版）》（国家电网设备〔2018〕979 号）

12.1 防止断路器事故

12.1.1 设计阶段

12.1.1.1 断路器本体内部的绝缘件必须经过局部放电试验方可装配，要求在试验电压下单个绝缘件的局部放电量不大于 3pC。

12.1.1.2 断路器出厂试验前应带原机构进行不少于 200 次的机械操作试验。真空断路器灭弧室出厂前应逐台进行老练试验，并提供老练试验报告。断路器动作次数计数器不得带有复归机构。

12.1.1.3 SF_6 密度继电器与开关设备本体之间的连接方式应满足不拆卸校验密度继电器的要求。

12.1.1.4 断路器分闸回路不应采用 RC 加速设计。

12.1.1.5 汇控箱或机构箱的防护等级不低于 IP45W，箱体应设置可使箱内空气流通的迷宫式通风口，并具有隔热、防腐、防雨、防潮、防尘和防小动物进入的性能。带有智能终端、合并单元的智能控制柜防护等级不低于 IP55。

12.1.1.6 温控器（加热器）、继电器等二次元件应取得 3C 认证（或 3C 认证同等性能试验），外壳绝缘材料阻燃等级应满足 V-0 等级，并提供第三方检测报告。时间继电器不应选用电磁式、气囊式时间继电器。

12.1.1.7 252kV 母联（分段）、主变、高抗断路器应选用三相机械联动设备。

12.1.1.8 双跳闸线圈应分别设置独立衔铁，线圈不应叠装布置。

12.1.1.9 断路器机构控制回路不应采用整流模块设计，回路内不应串接保险或电阻。

12.1.1.10 液压机构应具备失压后机械防慢分功能，防止机构重新打压过程中慢分，并在验收、检修中检查确认。

12.1.1.11 应在断路器出厂、例行检修时检查绝缘子金属法兰与瓷件胶装部位防水密封胶的完好性，必要时重新复涂防水密封胶。

12.1.1.12 频繁投切无功设备的开关应将开断故障电流功能和投切无功负荷功能分开。开断故障电流应选用断路器，投切无功负荷应选用专用开关。

12.1.1.13 投切无功负荷的专用开关应选用适合于频繁投切无功补偿设备的C2级开关。

12.1.1.14 隔离断路器的断路器与接地开关应具备足够强度的机械联锁和可靠的电气联锁。

12.1.2 基建阶段

12.1.2.1 断路器安装后及例行试验应对其二次回路中的防跳继电器、非全相继电器进行传动，防跳继电器动作时间应小于辅助开关切换时间，并保证在模拟手合于故障条件下断路器不会发生跳跃现象。

12.1.2.2 在断路器产品出厂试验、交接试验及例行试验中，应对断路器主触头与合闸电阻触头的时间配合关系进行测试，应测量合闸电阻的阻值。

12.1.2.3 断路器产品出厂试验、交接试验及例行试验中应测试断路器合-分时间，220kV及以上断路器合-分时间应满足电力系统安全稳定要求。

12.1.2.4 新设备到现场应抽真空后方可注入气体。SF_6气体注入设备后应对设备内气体进行SF_6纯度检测分析。对于使用SF_6混合气体的设备，应测量混合气体的比例。

12.1.2.5 SF_6断路器充气至额定压力前禁止储能分合闸操作。

12.1.2.6 断路器交接试验和例行试验应进行机械行程曲线测试，同时应测量分、合闸线圈电流波形。

12.1.3 运行阶段

12.1.3.1 巡视时，应检查断路器缓冲器是否存在渗漏油现象，一经发现按危急缺陷处理。

12.1.3.2 当断路器液压机构突然失压时应申请停电隔离处理。在设备停电前，禁止人为启动油泵，防止断路器慢分。

12.1.3.3 气动机构应加装气水分离装置，并具备自动排污功能。

12.1.3.4 3年内未动作过的110（66）kV及以上断路器，应进行分合闸操作。

12.1.3.5 对投切无功负荷的开关应实行差异化运维措施，缩短巡检和维护周期，应每年统计投切次数并评估电气寿命。

12.3 防止敞开式隔离开关、接地开关事故

12.3.1 设计阶段

12.3.1.1 风沙严重、严寒、重污秽地区，不宜选用配钳夹式触头的单臂伸缩式隔离开关。

12.3.1.2 隔离开关主触头镀银层厚度应不小于$20\mu m$，硬度不小于120HV，并开展镀层结合力抽检。出厂试验应进行金属镀层检测。导电回路不同金属接触应采取镀银、搪锡等有效过渡措施。

12.3.1.3 隔离开关触头弹簧应进行防腐防锈处理，应采用可靠的绝缘措施防止弹簧分流，宜采用外压式或自力式触头。

12.3.1.4 上下导电臂之间的中间接头、导电臂与导电底座之间的连接应采用带不锈钢片保护的叠片式软导电带连接。

12.3.1.5 隔离开关和接地开关所用不锈钢部件不应采用铸造件，铸铝合金传动部件不应采用砂型铸造。隔离开关和接地开关所用不锈钢部件用于传动的空心管材应有疏水通道。

12.3.1.6 隔离开关导电臂应为全密封结构。滑动、转动配合部件应具有可靠的自润滑措施。禁止不同金属材料直接接触。轴承座应采用全密封结构。

12.3.1.7 隔离开关应具备防止自动分闸的结构设计。

12.3.1.8 隔离开关和接地开关应在制造厂内进行整台组装和出厂试验。需拆装发运的产品应按相、按柱做好标记，其连接部位应做好特殊标记。

12.3.1.9 隔离开关、接地开关导电臂及底座等位置应采取能防止鸟类筑巢的结构。

12.3.1.10 瓷绝缘子应采用高强瓷。瓷绝缘子金属附件应采用上砂水泥胶装。瓷绝缘子出厂前，应在绝缘子金属法兰与瓷件的胶装部位涂以性能良好的防水密封胶。瓷绝缘子出厂前应逐只无损探伤。

12.3.1.11 隔离开关与其所配装的接地开关之间应有可靠的机械联锁，机械联锁应有足够的强

度。发生电动或手动误操作时，应能可靠联锁，不得损坏任何元器件。

12.3.1.12 操动机构内应装设一套能可靠切断电动机电源的过载保护装置。电机电源消失时，控制回路应解除自保持。

12.3.2 基建阶段

12.3.2.1 新安装的隔离开关必须进行导电回路电阻测试。交接试验值不应大于出厂试验值的1.2倍。除隔离开关自身导电回路电阻测试外，还应对包含电气连接端子的导电回路电阻进行测试。

12.3.2.2 220kV及以上隔离开关安装后应对绝缘子逐只探伤。

12.3.3 运行阶段

12.3.3.1 对不符合国家电网公司《关于高压隔离开关订货的有关规定（试行）》完善化技术要求的隔离开关、接地开关应进行完善化改造或更换。

12.3.3.2 合闸操作时，应确保合闸到位，并检查驱动拐臂过"死点"。

12.3.3.3 在隔离开关倒闸操作过程中，应严格监视隔离开关动作情况，如发现卡滞应停止操作并进行处理，严禁强行操作。

12.3.3.4 例行试验中，应检查瓷绝缘子胶装部位防水密封胶完好性，必要时重新复涂防水密封胶。

4.3.3.1.5 开关柜绝缘隔板材质、闭锁

本条评价项目（见《评价》）的查评依据如下。

【依据1】《预防12kV~40.5kV交流高压开关柜事故补充措施》（国家电网生〔2010〕811号）

第九条 高压开关柜的机械联锁应有足够的机械强度，以防止联锁失灵。

第十条 高压开关柜内导体采用的绝缘护套材料应为通过型式试验的合格产品，使用寿命应不少于20年。

【依据2】《预防交流高压开关事故措施》（国家电网生〔2004〕641号）

第二十四条 预防高压开关柜事故措施

（一）新建、扩建和改造工程中，应选用加强绝缘型金属封闭式高压开关柜，特别是发电厂和潮湿污秽地区必须选用加强绝缘型且母线室封闭的高压开关柜。

（二）高压开关柜中的绝缘件（如绝缘子、套管、隔板和触头罩等）严禁采用酚醛树脂、聚氯乙烯及聚碳酸酯等有机绝缘材料，应采用阻燃性绝缘材料（如环氧或SMC材料）。

（三）在安装开关柜的配电室内应配置通风防潮设备，防止凝露导致绝缘事故。

（四）为防止开关柜"火烧连营"，开关柜的母线室与本柜及其他柜间、柜内各功能室之间应采取隔离措施。应加强柜内二次线的防护，二次线应由阻燃型软管或金属软管包裹，防止损伤。

（五）手车柜每次推入柜内之前，必须检查验证断路器处于分闸位置，杜绝合闸位置推入手车。手车柜进出柜操作应保持平稳，防止猛烈撞击。

（六）高压开关柜内母线及各支引线宜采用可靠的绝缘材料包封，防止小动物或异物造成母线短路。

（七）应淘汰柜体为网门结构的开关柜。

【依据3】《国家电网有限公司十八项电网重大反事故措施（2018年修订版）》（国家电网设备〔2018〕979号）

12.4 防止开关柜事故

12.4.1 设计制造阶段

12.4.1.1 开关柜应选用LSC2类（具备运行连续性功能）、"五防"功能完备的产品。新投开关柜应装设具有自检功能的带电显示装置，并与接地开关（柜门）实现强制闭锁，带电显示装置应装设在仪表室。

12.4.1.2 空气绝缘开关柜的外绝缘应满足以下条件：

12.4.1.2.1 空气绝缘净距离应满足表1的要求：

表1   开关柜空气绝缘净距离要求

气绝缘净距离（mm） 额定电压（kV）	7.2	12	24	40.5
相间和相对地	≥100	≥125	≥180	≥300
带电体至门	≥130	≥155	≥210	≥330

12.4.1.2.2　最小标称统一爬电比距：$\geqslant \sqrt{3}\times18$mm/kV（对瓷质绝缘），$\geqslant \sqrt{3}\times20$mm/kV（对有机绝缘）。

12.4.1.2.3　新安装开关柜禁止使用绝缘隔板。即使母线加装绝缘护套和热缩绝缘材料，也应满足空气绝缘净距离要求。

12.4.1.3　开关柜及装用的各种元件均应进行凝露试验，开关柜整机应进行污秽试验，生产厂家应提供型式试验报告。

12.4.1.4　开关柜应选用 IAC 级（内部故障级别）产品，生产厂家应提供相应型式试验报告（附试验试品照片）。选用开关柜时应确认其母线室、断路器室、电缆室相互独立，且均通过相应内部燃弧试验；燃弧时间应不小于 0.5s，试验电流为额定短时耐受电流。

12.4.1.5　开关柜各高压隔室均应设有泄压通道或压力释放装置。当开关柜内产生内部故障电弧时，压力释放装置应能可靠打开，压力释放方向应避开巡视通道和其他设备。

12.4.1.6　开关柜内避雷器、电压互感器等设备应经隔离开关（或隔离手车）与母线相连，严禁与母线直接连接。开关柜门模拟显示图必须与其内部接线一致，开关柜可触及隔室、不可触及隔室、活门和机构等关键部位在出厂时应设置明显的安全警示标识，并加以文字说明。柜内隔离活门、静触头盒固定板应采用金属材质并可靠接地，与带电部位满足空气绝缘净距离要求。

12.4.1.7　开关柜中的绝缘件应采用阻燃性绝缘材料，阻燃等级需达到 V-0 级。

12.4.1.8　开关柜间连通部位应采取有效的封堵隔离措施，防止开关柜火灾蔓延。

12.4.1.9　开关柜内所有绝缘件装配前均应进行局部放电试验，单个绝缘件局部放电量不大于 3pC。

12.4.1.10　24kV 及以上开关柜内的穿柜套管、触头盒应采用双屏蔽结构，其等电位连线（均压环）应长度适中，并与母线及部件内壁可靠连接。

12.4.1.11　电缆连接端子距离开关柜底部应不小于 700mm。

12.4.1.12　开关柜内母线搭接面、隔离开关触头、手车触头表面应镀银，且镀银层厚度不小于 8μm。

12.4.1.13　额定电流 1600A 及以上的开关柜应在主导电回路周边采取有效隔磁措施。

12.4.1.14　开关柜的观察窗应使用机械强度与外壳相当、内有接地屏蔽网的钢化玻璃遮板，并通过开关柜内部燃弧试验。玻璃遮板应安装牢固，且满足运行时观察分/合闸位置、储能指示等需要。

12.4.1.15　未经型式试验考核前，不得进行柜体开孔等降低开关柜内部故障防护性能的改造。

12.4.1.16　配电室内环境温度超过 5℃～30℃，应配置空调等有效的调温设施；室内日最大相对湿度超过 95% 或月最大相对湿度超过 75% 时，应配置除湿机或空调。配电室排风机控制开关应在室外。

12.4.1.17　新建变电站的站用变压器、接地变压器不应布置在开关柜内或紧靠开关柜布置，避免其故障时影响开关柜运行。

12.4.1.18　空气绝缘开关柜应选用硅橡胶外套氧化锌避雷器。主变压器中、低压侧进线避雷器不宜布置在进线开关柜内。

12.4.2　基建阶段

12.4.2.1　开关柜柜门模拟显示图、设计图纸应与实际接线一致。

12.4.2.2　开关柜应检查泄压通道或压力释放装置，确保与设计图纸保持一致。对泄压通道的安装方式进行检查，应满足安全运行要求。

12.4.2.3　柜内母线、电缆端子等不应使用单螺栓连接。导体安装时螺栓可靠紧固，力矩符合要求。

12.4.3　运行阶段

12.4.3.1　加强带电显示闭锁装置的运行维护，保证其与接地开关（柜门）间强制闭锁的运行可靠性。防误操作闭锁装置或带电显示装置失灵时应尽快处理。

12.4.3.2　开关柜操作应平稳无卡涩，禁止强行操作。

4.3.4　GIS 设备

4.3.4.1　技术指标

4.3.4.1.1　电气（机械）防误闭锁

本条评价项目（见《评价》）的查评依据如下。

【依据1】《高压开关设备和控制设备标准的公用技术要求》（GB/T 11022—2011）

5.11　联锁装置

为了安全和/或便于操作，设备的不同元件之间可能需要联锁装置（例如开关装置和相关的接地开关之间）。

不正确的操作能造成损害的或用来确保形成隔离断口的开关装置，应提供锁定装置（例如加装挂锁）。

联锁装置是由元件（它可能包括机械部件、电缆、接触器、线圈等）组成的系统。每个元件都应被看作是辅助和控制设备的部件（见 5.4）。

5.12　位置指示

在触头不可见的情况下，应该提供主回路触头位置的清晰而可靠的指示。在就地操作时，应该能容易地校核位置指示器的状态。

在分闸、合闸或接地（如果有的话）位置，位置指示器的颜色应符合 GB/T 4025。

合闸位置应该有标志，最好用字母"I"（按 GB/T 5465.2）。分闸位置应该有标志，最好用字母"O"（按 GB/T 5465.2）。

对多功能的开关装置，作为代替，位置可以用 GB/T 4728 中的图形符号来标志。

【依据2】《额定电压 72.5kV 及以上气体绝缘金属封闭开关设备》（GB 7674—2008）

5.11　联锁装置

GB/T 11022—2011 的 5.11 适用，并作以下补充：

对于用作隔离断口和接地的主回路中安装的电器，下述规定是强制的：

——在维护期间用于保证隔离断口的主回路中的电器，应提供联锁装置以防止合闸；

——接地开关应提供联锁装置以避免分闸。

接地开关应和相应的隔离开关联锁。

负荷开关以及隔离开关应和相应的断路器联锁，以防止相应的断路器未分闸的情况下负荷开关或隔离开关的分闸或合闸。但是，在多母线的变电站，运行中的母线应可以进行转换开合操作。

【依据3】《气体绝缘金属封闭开关设备技术条件》（DL/T 617—2010）

6.18　连锁

为了安全和便于运行，在设备的不同元件之间应设连锁。对主回路必须做到：

a）在维修时用来保证隔离间隙的主回路上的高压开关，应确保不自合。

b）接地开关合上后应确保不自分。

c）隔离开关要与有关的断路器联锁，以防止断路器处于合闸位值时，隔离开关进行分闸或合闸。应按制造厂与用户的协议提供附加的或可供选择的联锁。制造厂应提供了解联锁性能和作用所需的全部资料。

d）隔离开关与接地开关的连锁。

【依据4】《国家电网有限公司十八项电网重大反事故措施（2018 年修订版）》（国家电网设备〔2018〕979 号）

4.2.10　成套 SF₆ 组合电器、成套高压开关柜防误功能应齐全、性能良好；新投开关柜应装设具有自检功能的带电显示装置，并与接地开关及柜门实现强制闭锁；配电装置有倒送电源时，间隔网门应装有带电显示装置的强制闭锁。

4.3.4.1.2　GIS 气室压力监测装置

本条评价项目（见《评价》）的查评依据如下。

【依据1】《额定电压72.5kV及以上气体绝缘金属封闭开关设备》(GB 7674—2008)

5.9 低压力和高压力闭锁和监控装置

每个隔室的其他密度或温度补偿的气体压力应连续监测。监控装置对压力或密度至少应提供两段报警水平（报警和最低功能压力或密度）。

高压设备运行期间，应能够对其他监控装置进行检查。

【依据2】《国家电网有限公司十八项电网重大反事故措施（2018年修订版）》(国家电网设备〔2018〕979号)

12.1.1.3.1 密度继电器与开关设备本体之间的连接方式应满足不拆卸校验密度继电器的要求。

12.1.2.4 充气设备现场安装应先进行抽真空处理，再注入绝缘气体。SF_6 气体注入设备后应对设备内气体进行 SF_6 纯度检测。对于使用 SF_6 混合气体的设备，应测量混合气体的比例。

12.2.1.2 GIS气室应划分合理，并满足以下要求：

12.2.1.2.1 GIS最大气室的气体处理时间不超过8h。252kV及以下设备单个气室长度不超过15m，且单个主母线气室对应间隔不超过3个。

12.2.1.2.2 双母线结构的GIS，同一间隔的不同母线隔离开关应各自设置独立隔室。252kV及以上GIS母线隔离开关禁止采用与母线共隔室的设计结构。

12.2.1.2.3 三相分箱的GIS母线及断路器气室，禁止采用管路连接。独立气室应安装单独的密度继电器，密度继电器表计应朝向巡视通道。

12.2.1.7 同一分段的同侧GIS母线原则上一次建成。如计划扩建母线，宜在扩建接口处预装可拆卸导体的独立隔室；如计划扩建出线间隔，应将母线隔离开关、接地开关与就地工作电源一次上全。预留间隔气室应加装密度继电器并接入监控系统。

12.2.1.16 装配前应检查并确认防爆膜是否受外力损伤，装配时应保证防爆膜泄压方向正确、定位准确，防爆膜泄压挡板的结构和方向应避免在运行中积水、结冰、误碰。防爆膜喷口不应朝向巡视通道。

12.2.1.17 GIS充气口保护封盖的材质应与充气口材质相同，防止电化学腐蚀。

【依据3】《高压配电装置设计技术规程》(DL/T 5352—2006)

5.2.3 GIS配电装置感应电压不应危及人身和设备的安全。外壳和支架上的感应电压，正常运行条件下不应大于24V，故障条件下不应大于100V。

5.2.4 在GIS配电装置间隔内，应设置一条贯穿所有GIS间隔的接地母线或环形接地母线。将GIS配电装置的接地线引至接地母线，由接地母线再与接地网连接。

5.2.5 GIS配电装置宜采用多点接地方式，当选用分相设备时，应设置外壳三相短接线，并在短接线上引出接地线通过接地母线接地。外壳的三相短接线的截面应能承受长期通过的最大感应电流，并应按短路电流校验。当设备为铝外壳时，其短接线宜采用铝排；当设备为钢外壳时，其短接线宜采用铜排。

5.2.6 GIS配电装置每间隔应分为若干个隔室，隔室的分隔应满足正常运行条件和间隔元件设备检修要求。

4.3.4.2 专业管理

4.3.4.2.1 现场汇控柜运行状况

本条评价项目（见《评价》）的查评依据如下。

【依据1】《变电站运行导则》(DL/T 969—2005)

6.7 气体绝缘金属封闭电器

6.7.1 一般规定

6.7.1.4 设备气体管道有符合规定的颜色标示，在现场应配置与实际相符的 SF_6 系统模拟图和操作系统图，应标明气室分隔情况、气室编号，汇控柜上有本间隔的主接线示意图。设备各阀门上应有接通或截止的标示。

6.7.2 巡视检查

6.7.2.1 接地应完好。

6.7.2.2 各类箱门关闭严密，加热器、驱潮器工作正常。

6.7.2.8 现场控制盘上各种信号指示、控制开关的位置正确。

6.7.2.10 通风系统、断路器、隔离开关及接地开关的位置指示正确，并与实际运行工况相符。

【依据2】《国家电网有限公司十八项电网重大反事故措施（2018年修订版）》（国家电网设备〔2018〕979号）

4.1 加强防误操作管理

4.1.1 切实落实防误操作工作责任制，各单位应设专人负责防误装置的运行、维护、检修、管理工作。定期开展防误闭锁装置专项隐患排查，分析防误操作工作存在的问题，及时消除缺陷和隐患，确保其正常运行。

4.1.2 防误闭锁装置应与相应主设备统一管理，做到同时设计、同时安装、同时验收投运，并制订和完善防误装置的运行、检修规程。

4.1.3 加强调控、运维和检修人员的防误操作专业培训，严格执行操作票、工作票（"两票"）制度，并使"两票"制度标准化，管理规范化。

4.1.4 严格执行操作指令。倒闸操作时，应按照操作票顺序逐项执行，严禁跳项、漏项，严禁改变操作顺序。当操作产生疑问时，应立即停止操作并向发令人报告，并禁止单人滞留在操作现场。待发令人确认无误并再行许可后，方可进行操作。严禁擅自更改操作票，严禁随意解除闭锁装置。

4.1.5 应制订完备的解锁工具（钥匙）管理规定，严格执行防误闭锁装置解锁流程，任何人不得随意解除闭锁装置，禁止擅自使用解锁工具（钥匙）。

12.1.1.5 户外汇控箱或机构箱的防护等级应不低于IP45W，箱体应设置可使箱内空气流通的迷宫式通风口，并具有防腐、防雨、防风、防潮、防尘和防小动物进入的性能。带有智能终端、合并单元的智能控制柜防护等级应不低于IP55。非一体化的汇控箱与机构箱应分别设置温度、湿度控制装置。

12.1.1.6.1 温度器（加热器）、继电器等二次元件应取得"3C"认证或通过与"3C"认证同等的性能试验，外壳绝缘材料阻燃等级应满足V-0级，并提供第三方检测报告。时间继电器不应选用气囊式时间继电器。

4.3.4.2.2 GIS中SF_6气体管理

本条评价项目（见《评价》）的查评依据如下。

【依据1】《额定电压72.5kV及以上气体绝缘金属封闭开关设备》（GB 7674—2008）

5.15.101 泄漏

GIS应为封闭压力系统或密封压力系统。

如果是封闭压力系统，在设备运行寿命期间，从GIS任一单个隔室泄漏到大气和隔室间的漏气率不应超过每年0.5%。

【依据2】《气体绝缘金属封闭开关设备运行及维护规程》（DL/T 603—2006）

4.6.2 SF_6气体湿度监测

a）周期：新设备投入运行及分解检修后1年应监测1次；运行1年后若无异常情况，可间隔1~3年检测1次。如湿度符合要求，且无补气记录，可适当延长检测周期。

b）SF_6气体湿度允许标准见表2，或按照制造厂的标准。

表2 SF_6气体湿度允许标准

气室	有电弧分解物的气室（μL/L）	无电弧分解物的气室（μL/L）
交接验收值	≤150	≤250
运行允许值	≤300	≤500（1000）[a]

注 测量时周围空气温度为20℃，大气压力位101325Pa。

a 若采用括号内数值，应得到制造厂认可。

【依据3】《国家电网有限公司十八项电网重大反事故措施（2018年修订版）》（国家电网设备〔2018〕979号）

12.1.2.4 充气设备现场安装应先进行抽真空处理，再注入绝缘气体。SF_6 气体注入设备后应对设备内气体进行 SF_6 纯度检测。对于使用 SF_6 混合气体的设备，应测量混合气体的比例。

【依据4】《输变电设备状态检修试验规程》（Q/GDW 1168—2013）

8.1 SF_6 气体湿度检测

有下列情况之一，开展本项目：

a）新投运测一次，若接近注意值，半年之后应再测一次；

b）新充（补）气48h之后至2周之内应测量一次；

c）气体压力明显下降时，应定期跟踪测量气体湿度。

SF_6 气体可从密度监视器处取样，取样方法参见 DL/T1032，测量方法可参考 DL/T 506、DL/T 914 和 DL/T 915。测量完成之后，按要求恢复密度监视器，注意按力矩要求紧固。测量结果应满足表102之要求。

表 102   **SF_6 气体湿度检测说明**

试验项目		要 求	
		新充气后	运行中
湿度（H_2O）(20℃，0.1013MPa)	有电弧分解物隔室（GIS开关设备）	≤150μL/L	≤300μL/L（注意值）
	无电弧分解物隔室（GIS开关设备、电流互感器、电磁式电压互感器）	≤250μL/L	≤500μL/L（注意值）
	箱体及开关（SF_6 绝缘变压器）	≤125μL/L	≤220μL/L（注意值）
	电缆箱及其他（SF_6 绝缘变压器）	≤220μL/L	≤375μL/L（注意值）

8.2 SF_6 气体成分分析

怀疑 SF_6 气体质量存在问题，或者配合事故分析时，可选择性地进行 SF_6 气体成分分析。项目和要求见表103，参考 GB/T 12022。测量方法参考 DL/T 916、DL/T 917、DL/T 918、DL/T 919、DL/T 920、DL/T 921。

对于运行中的 SF_6 设备，若检出 SO_2 或 H_2S 等杂质组分含量异常，应结合 CO、CF_4 含量及其他检测结果、设备电气特性、运行工况等进行综合分析。

表 103   **SF_6 气体成分分析**

试验项目	要 求
CF_4	增量不大于0.1%（新投运不大于0.05%）（注意值）
空气（O_2+N_2）	≤0.2%（新投运不大于0.05%）（注意值）
可水解氟化物	≤1.0μg/g（注意值）
矿物油	≤10μg/g（注意值）
毒性（生物试验）	无毒（注意值）
密度（20℃，0.1013MPa）	6.17g/L
SF_6 气体纯度（质量分数）	1. ≥99.8%（新气）； 2. ≥97%（运行中）
酸度	≤0.3μg/g（注意值）
杂质组分（SO_2、H_2S、CF_4、CO、CO_2、HF、SF_4、SOF_2、SO_2F_2）	1. SO_2≤1μL/L（注意值）； 2. H_2S≤1μL/L（注意值）

4.3.5 互感器、耦合电容器、避雷器和套管

4.3.5.1 技术指标

4.3.5.1.1 互感器的技术参数

本条评价项目（见《评价》）的查评依据如下。

【依据1】《电流互感器和电压互感器选择及计算规程》（DL/T 866—2015）

3　电流互感器应用的基本要求

3.1　一般规定

3.1.1　电流互感器可按表3.1.1的规定分类。

表3.1.1　　　　　　　　　　　　　　电流互感器分类

安装地点	户内式、广外式
安装方式	独立式、套管式
用途	测量/计量用、继电保护用
结构形式	多匝式、一次贯穿式、母线式、正立式、倒立式
电流变换原理	电磁式、电了式
特性	测量用：一般用途、特殊用途（S类）； 保护用：P级、PR级、PX级和TP级（具有暂态特性型）
主绝缘介质	油纸、固体、气体、其他

3.1.2　电流互感器安装地点的环境温度、海拔高度、振动或地颤应符合现行国家标准《互感器第1部分：通用技术要求》（GB 20840.1）的规定。如互感器实际使用条件与正常使用条件不同，互感器应根据用户要求的特殊使用条件设计。

3.2　一次参数选择原则

3.2.1　电流互感器额定一次电压不应小于回路的额定一次电压。

3.2.2　电流互感器额定一次电流应根据其所属一次设备额定电流或最大工作电流选择，额定一次电流的标准值为：10A、12.5A、15A、20A、25A、30A、40A、50A、60A、75A以及它们的十进位倍数或小数。

3.2.3　电流互感器额定连续热电流、额定短时热电流和额定动稳定电流应能满足所在一次回路最大负荷电流和短路电流的要求，并应考虑系统的发展情况。

3.2.4　变比可选电流互感器可通过改变一次绕组串并联或二次绕组抽头实现不同变比。

3.2.5　电流互感器额定一次电流选择应使得在额定电流比条件下的二次电流满足该回路测量仪表和保护装置准确性要求。

3.2.6　在电流互感器有多个二次绕组时，保护与测量用二次绕组可采用不同变比。

3.2.7　电流互感器额定短时热电流应满足下列规定：

1　电流互感器额定短时热电流短路持续时间标准值为1s，额定短时热电流可从下列数值选取：3.15kA、6.3kA、8kA、10kA、12.5kA、16kA、20kA、25kA、31.5kA、40kA、50kA、63kA、80kA、100kA；

2　不同电压等级的电流互感器短路持续时间宜满足以下规定：550kV及以上为2s、126kV～363kV为3s、3.6kV～72.5kV为4s、1kV及以下为1s；

3　当电流互感器一次绕组可串联、并联切换时，应按其接线状态下的实际额定一次电流和系统短路电流进行额定短时热电流校验；

4　额定短时热电流倍数校验可按下式计算：

$$K_{th} \geq \frac{\sqrt{Q_d/t}}{I_{pr}} \tag{3.2.7}$$

式中　K_{th}——额定短时热电流倍数；

Q_d——短路电流引起的热效应，A^2s；

t——短时热电流计算时间，s。

3.2.8　电流互感器额定动稳定电流应满足下列规定：

1　对带有一次回路导体的电流互感器应进行额定动稳定电流校验；对于一次回路导体从窗口穿过

且无固定板的电流互感器可不进行额定动稳定电流校验；

2 对变比可选电流互感器应按一次绕组串联方式确定互感器短路稳定性能；

3 额定动稳定电流宜为额定短时热电流的 2.5 倍；

4 动稳定电流校验可按下式计算：

$$I_{dyn} \geq i_{ch}$$
(3.2.8-1)

或

$$K_d \geq \frac{i_{ch}}{\sqrt{2}I_{pr}} \times 10^3$$
(3.2.8-2)

式中 K_d——动稳定电流倍数；

i_{ch}——短路冲击电流瞬时值，kA。

3.2.9 电流互感器的温升限值、绝缘要求和机械强度要求应符合现行国家标准《互感器 第1部分：通用技术要求》GB 20840.1 中的有关规定。

3.3 二次参数选择原则

3.3.1 电流互感器额定二次电流宜采用 1A，如有利于互感器制作或扩建工程，以及某些情况下为降低电流互感器二次开路电压，额定二次电流也可采用 5A。

3.3.2 额定输出值选择应符合下列原则：

1 测量级、P级和PR级额定输出值以伏安表示。额定二次电流 1A 时，额定输出标准值宜采用 0.5V·A、1V·A、1.5V·A、2.5V·A、5V·A、7.5V·A、10V·A、15V·A。额定二次电流 5A 时，额定输出标准值宜采用 2.5V·A、5V·A、10V·A、15V·A、20V·A，25V·A，30V·A，40V·A、50V·A；

2 TPX级、TPY级、TPZ级电流互感器额定电阻性负荷值以 n 表示。额定电阻性负荷标准值宜采用 0.5n、in、2n、5n、7.5n、10n；

3 电流互感器额定输出值应根据互感器额定二次电流值和实际负荷需要选择。为满足暂态特性的要求，也可采用更大的额定输出值。

3.4 配置要求

3.4.1 电流互感器类型、二次绕组数量和准确级应满足继电保护、自动装置和测量仪表的要求。

3.4.2 保护用电流互感器配置应避免出现主保护的死区。互感器二次绕组分配应避免当一套保护停用时，出现被保护区内故障的保护动作死区。

3.4.3 当高压配电装置采用 3/2 断路器接线时，独立式电流互感器每串宜配置三组。

3.4.4 对中性点有效接地系统，电流互感器宜按三相配置；对中性点非有效接地系统，根据具体要求可按三相或两相配置。

3.4.5 继电保护和测量仪表宜接到互感器不同的二次绕组，若受条件限制须共用一个二次绕组时，其性能应同时满足测量和继电保护的要求，其接线方式应避免仪表校验时影响继电保护工作。

3.4.6 双重化的两套保护应使用不同二次绕组，每套保护的主保护和后备保护应共用一个二次绕组。

3.4.7 电流互感器二次回路不宜进行切换。当需要时，应采取防止开路的措施。

11 电压互感器选择

11.1 一般规定

11.1.1 电压互感器型式可按下列方式分类：

1 按电压变换原理可分为电磁式电压互感器和电容式电压互感器；

2 按主绝缘结构形式可分为固体绝缘电压互感器、油浸绝缘电压互感器和气体绝缘电压互感器；

3 按相数可分为单相电压互感器和三相电压互感器；

4 按安装地点可分为户内式电压互感器和户外式电压互感器。

11.1.2 电压互感器应符合下列规定：

1 电压互感器应符合现行国家标准《互感器 第 3 部分：电磁式电压互感器的补充要求》（GB 20840.3）和《互感器 第 5 部分：电容式电压互感器的补充要求》（GB/T 20840.5）的相关规定；

2 电压互感器应在满足测量仪表和继电保护基本功能要求下，根据互感器绝缘结构设计原理，在运行时绝缘性能的可靠性，以及互感器安装方式作为选型依据；

3 根据工程实际情况，可提出电压互感器技术规范，包括使用环境条件、额定参数、技术性能、绝缘要求及一般结构要求等。某些特殊性能要求可与生产厂家协商确定。

11.2 型式和接线选择

11.2.1 电压互感器型式选择应符合下列规定：

1 220kV 及以上配电装置宜采用电容式电压互感器。

110kV 配电装置可采用电容式或电磁式电压互感器。

2 当线路装有载波通信时，线路侧电容式电压互感器宜与耦合电容器结合。

3 气体绝缘金属封闭开关设备内宜采用电磁式电压互感器。

4 66kV 户外配电装置宜采用油浸绝缘的电磁式电压互感器。

5 3kV～35kV 户内配电装置宜采用固体绝缘的电磁式电压互感器，35kV 户外配电装置可采用适用户外环境的固体绝缘或油浸绝缘的电磁式电压互感器。

6 1kV 及以下户内配电装置宜采用固体绝缘或塑料壳式的电磁式电压互感器。

11.2.2 电压互感器配置应符合下列规定：

1 电压互感器及其二次绕组数量、准确等级等应满足测量、保护、同期和自动装置要求。电压互感器配置应保证在运行方式改变时，保护装置不失去电压，同期点两侧都能提取到电压。

2 220kV 及以下电压等级双母线接线宜在每组母线三相上装设 1 组电压互感器。当需要监视和检测线路侧有无电压时，可在出线侧一相上装设 1 组电压互感器。对于 220kV 大型发变电工程双母线接线，通过技术经济比较，也可按线路或变压器单元配置三相电压互感器。

3 500kV 及以上电压等级双母线接线宜在每回出线和每组母线的三相上装设 1 组电压互感器。对 3/2 断路器接线，应在每回出线包括主变压器进线回路三相上装设 1 组电压互感器；对每组母线可在一相或三相上装设 1 组电压互感器。

4 发电机出线侧可装设 2 组～3 组电压互感器，供测量、保护和自动电压调整装置使用。当设发电机断路器时，应在主变压器低压侧增设 1 组～2 组电压互感器。

11.2.3 电压互感器的接线及接地方式应符合下列规定：

1 110（66）kV 及以上系统宜采用单相式电压互感器。35kV 及以下系统可采用单相式、三柱或五柱式三相电压互感器。

2 对于系统高压侧为非有效接地系统，可用单相电压互感器接于相间电压或 V-V 接线，供电给接于相间电压的仪表和继电器。

3 三个单相电压互感器可接成星型—星型。当互感器一次侧中性点不接地时，可用于供电给接于相间电压和相电压的仪表及继电器，但不应供电给绝缘检查电压表。当互感器一次侧中性点接地时，可用于供电给接于相间电压的仪表和继电器以及绝缘检查电压表。

4 采用星型接线的三相三柱式电压互感器一次侧中性点不应接地，三相五柱式电压互感器一次侧中性点可接地。

【依据2】《高压配电装置设计技术规程》（DL/T 5352—2006）

7.1 一般规定

7.1.1 设计选用的导体和电气设备的最高电压不得低于该回路的最高运行电压，其长期允许电流不得小于该回路的可能最大持续工作电流。屋外导体应考虑日照对其载流量的影响。

7.1.2 验算导体和电气设备额定峰值耐受电流、额定短时耐受电流以及电气设备开断电流所用的短路电流，应按本工程的设计规划容量计算，并应考虑电力系统远景发展规划。确定短路电流时，应按可能发生最大短路电流的正常接线方式计算。一般可按三相短路验算，当单相或两相接地短路电流大于三相短路电流时，应按严重情况验算，同时要考虑直流分量的影响。

7.3.5 3kV～35kV配电装置的电流互感器，宜选用树脂浇注绝缘结构；66kV及以上配电装置的电流互感器，根据安装使用条件及产品制造水平，可采用油浸式、SF$_6$气体绝缘或光纤式的独立式电流互感器；在有条件时（如回路中有变压器套管、断路器套管或穿墙套管等）宜采用套管式电流互感器。

7.3.6 3kV～35kV配电装置内宜采用树脂浇注绝缘结构的电磁式电压互感器；66kV及以上配电装置内宜采用油浸绝缘结构或SF$_6$气体绝缘的电磁式电压互感器或电容式电压互感器。

【依据3】《国家电网有限公司十八项电网重大反事故措施（2018年修订版）》（国家电网设备〔2018〕979号）

11.1 防止油浸式互感器损坏事故

11.1.1 设计制造阶段

11.1.1.1 油浸式互感器应选用带金属膨胀器微正压结构。

11.1.1.2 油浸式互感器生产厂家应根据设备运行环境最高和最低温度核算膨胀器的容量，并应留有一定裕度。

11.1.1.3 油浸式互感器的膨胀器外罩应标注清晰耐久的最高（max）、最低（min）油位线及20℃的标准油位线，油位观察窗应选用具有耐老化、透明度高的材料进行制造。油位指示器应采用荧光材料。

11.1.1.4 生产厂家应明确倒立式电流互感器的允许最大取油量。

11.1.1.5 所选用电流互感器的动、热稳定性能应满足安装地点系统短路容量的远期要求，一次绕组串联时也应满足安装地点系统短路容量的要求。

11.1.1.6 220kV及以上电压等级电流互感器必须满足卧倒运输的要求。

11.1.1.7 互感器的二次引线端子和末屏引出线端子应有防转动措施。

11.1.1.8 电容式电压互感器中间变压器高压侧对地不应装设氧化锌避雷器。

11.1.1.9 电容式电压互感器应选用速饱和电抗器型阻尼器，并应在出厂时进行铁磁谐振试验。

11.1.1.10 110（66）kV～750kV油浸式电流互感器在出厂试验时，局部放电试验的测量时间延长到5min。

11.1.1.11 电容式电压互感器电磁单元油箱排气孔应高出油箱上平面10mm以上，且密封可靠。

11.1.1.12 电流互感器末屏接地引出线应在二次接线盒内就地接地或引至在线监测装置箱内接地。末屏接地线不应采用编织软铜线，末屏接地线的截面积、强度均应符合相关标准。

11.1.2 基建阶段

11.1.2.1 电磁式电压互感器在交接试验时，应进行空载电流测量。励磁特性的拐点电压应大于$1.5U_m/\sqrt{3}$（中性点有效接地系统）或$1.9U_m/\sqrt{3}$（中性点非有效接地系统）。

11.1.2.2 电流互感器一次端子承受的机械力不应超过生产厂家规定的允许值，端子的等电位连接应牢固可靠且端子之间应保持足够电气距离，并应有足够的接触面积。

11.1.2.3 110（66）kV及以上电压等级的油浸式电流互感器，应逐台进行交流耐压试验。试验前应保证充足的静置时间，其中110（66）kV互感器不少于24h、220kV～330kV互感器不少于48h、500kV互感器不少于72h。试验前后应进行油中溶解气体对比分析。

11.1.2.4 220kV及以上电压等级的电容式电压互感器，其各节电容器安装时应按出厂编号及上下顺序进行安装，禁止互换。

11.1.2.5 互感器安装时，应将运输中膨胀器限位支架等临时保护措施拆除，并检查顶部排气塞密封情况。

11.1.2.6 220kV及以上电压等级电流互感器运输时应在每辆运输车上安装冲击记录仪，设备运抵现场后应检查确认，记录数值超过10g，应返厂检查。110kV及以下电压等级电流互感器应直立安放运输。

11.1.3 运行阶段

11.1.3.1 事故抢修的油浸式互感器，应保证绝缘试验前静置时间，其中 500（330）kV 设备静置时间应大于 36h，110（66）kV～220kV 设备静置时间应大于 24h。

11.1.3.2 新投运的 110（66）kV 及以上电压等级电流互感器，1～2 年内应取油样进行油中溶解气体组分、微水分析，取样后检查油位应符合设备技术文件的要求。对于明确要求不取油样的产品，确需取样或补油时应由生产厂家配合进行。

11.1.3.3 运行中油浸式互感器的膨胀器异常伸长顶起上盖时，应退出运行。

11.1.3.4 倒立式电流互感器、电容式电压互感器出现电容单元渗漏油情况时，应退出运行。

11.1.3.5 电流互感器内部出现异常响声时，应退出运行。

11.1.3.6 应定期校核电流互感器动、热稳定电流是否满足要求。若互感器所在变电站短路电流超过互感器铭牌规定的动、热稳定电流值，应及时改变变比或安排更换。

11.1.3.7 加强电流互感器末屏接地引线检查、检修及运行维护。

11.2 防止气体绝缘互感器损坏事故

11.2.1 设计阶段

11.2.1.4 SF_6 密度继电器与互感器设备本体之间的连接方式应满足不拆卸校验密度继电器的要求，户外安装应加装防雨罩。

11.2.2 基建阶段

11.2.2.2 气体绝缘电流互感器运输时所充气压应严格控制在微正压状态。

11.2.2.3 气体绝缘电流互感器安装后应进行现场老练试验，老练试验后进行耐压试验，试验电压为出厂试验值的 80%。

11.2.3 运行阶段

11.2.3.1 气体绝缘互感器严重漏气导致压力低于报警值时应立即退出运行。运行中的电流互感器气体压力下降到 0.2MPa（相对压力）以下，检修后应进行老练和交流耐压试验。

11.2.3.2 长期微渗的气体绝缘互感器应开展 SF_6 气体微水检测和带电检漏，必要时可缩短检测周期。年漏气率大于 1% 时，应及时处理。

11.3 防止电子式互感器事故

11.3.1 设计阶段

11.3.1.1 电子式电流互感器测量传输模块应有两路独立电源，每路电源均有监视功能。

11.3.1.3 电子式电流互感器本体应至少配置一个热备用的冗余远端模块。

11.3.1.4 电子式电压互感器二次输出电压，在短路消除后恢复（达到准确级限值内）时间应满足继电保护装置的技术要求。

11.3.2 基建阶段

11.3.2.1 电子式互感器传输环节各设备应进行断电试验、光纤进行抽样拔插试验，检验当单套设备故障、失电时，是否导致保护装置误出口。

11.3.2.2 电子式互感器交接时应在合并单元输出端子处进行误差校准试验。

11.3.2.3 电子式互感器现场在投运前应开展隔离开关分、合容性小电流干扰试验。

11.3.3 运行阶段

11.3.3.1 电子式互感器更换器件后，应在合并单元输出端子处进行误差校准试验。

4.3.5.1.2 35kV 及以上避雷器（磁吹避雷器和金属氧化物避雷器）定期带电测试（金属氧化物避雷器应测量全电流、阻性电流峰值或功耗）

本条评价项目（见《评价》）的查评依据如下。

【依据 1】《国家电网有限公司十八项电网重大反事故措施（2018 年修订版）》（国家电网设备〔2018〕979 号）

14.6 防止无间隙金属氧化物避雷器事故

14.6.1 设计制造阶段

14.6.1.1 110（66）kV及以上电压等级避雷器应安装与电压等级相符的交流泄漏电流监测装置。

14.6.1.2 对于强风地区变电站避雷器应采取差异化设计，避雷器均压环应采取增加固定点、支撑筋数量及支撑筋宽度等加固措施。

14.6.2 基建阶段

14.6.2.1 220kV及以上电压等级瓷外套避雷器安装前应检查避雷器上下法兰是否胶装正确，下法兰应设置排水孔。

14.6.3 运行阶段

14.6.3.1 对金属氧化物避雷器，必须坚持在运行中按照规程要求进行带电试验。35kV～500kV电压等级金属氧化物避雷器可用带电测试替代定期停电试验。

14.6.3.2 对运行15年及以上的避雷器应重点跟踪泄漏电流的变化，停运后应重点检查压力释放板是否有锈蚀或破损。

【依据2】《输变电设备状态检修试验规程》（Q/GDW 1168—2013）

5.16.1.1 金属氧化物避雷器巡检及例行试验项目（见表46）

表46　　　　　　　　　　　　　　　　金属氧化物避雷器例行试验项目

例行试验项	基准周期	要求	说明条款
红外热像检测	1. 500kV及以上：1月； 2. 220kV～330kV：3月； 3. 110（66）kV：半年； 4. 35kV及以下：1年	无异常	见5.16.1.3
运行中持续电流检测（带电）	110（66）kV及以上：1年	阻性电流初值差不大于50%，且全电流不大于20%	见5.16.1.4
直流1mA 电压（U_{1mA}）及 在0.75U_{1mA} 下漏电流测量	1. 110（66）kV及以上：3年； 2. 35kV及以下：4年	1. U_{1mA}初值差不超过±5%且不低于GB 11032规定值（注意值）； 2. 0.75U_{1mA}漏电流初值差不大于30%或不大于50μA（注意值）	见5.16.1.5
底座绝缘电阻		≥100MΩ	见5.16.1.6
放电计数器功能检查	见5.16.1.7	功能正常	见5.16.1.7

5.16.1.3 红外热像检测

检测避雷器本体及电气连接部位，红外热像图显示应无异常温升、温差和/或相对温差。测量和分析方法参考DL/T 664。

5.16.1.4 运行中持续电流检测（带电）

具备带电检测条件时，宜在每年雷雨季节前进行本项目。通过与历史数据及同组间其他金属氧化物避雷器的测量结果相比较做出判断，彼此应无显著差异。当阻性电流增加0.5倍时应缩短试验周期并加强监测，增加1倍时应停电检查。

5.16.2.4 高频局部放电检测（带电）

检测从避雷器末端抽取信号。当怀疑有局部放电时，应结合其他检测方法的检测结果进行综合分析。通过与同组间其他避雷器的测量结果相比较做出判断，应无显著差异。本项目宜在每年雷雨季节前进行。

4.3.5.1.3 预防性试验

本条评价项目（见《评价》）的查评依据如下。

【依据1】《电力设备预防性试验规程》（DL/T 596—1996）

7.1 电流互感器

7.1.1 电流互感器的试验项目、周期和要求，见表7。

表 7 电流互感器的试验项目、周期和要求

序号	项目	周期	要求	说明
1	绕组及末屏的绝缘电阻	1）投运前； 2）1年～3年； 3）大修后； 4）必要时	1）绕组绝缘电阻与初始值及历次数据比较，不应有显著变化； 2）电容型电流互感器末屏对地绝缘电阻一般不低于 1000MΩ	采用 2500V 绝缘电阻表
2	tanδ 及电容量	1）投运前； 2）1年～3年； 3）大修后； 4）必要时	1）主绝缘 tanδ（％）不应大于下表中的数值，且与历年数据比较，不应有显著变化： 见下表 2）电容型电流互感器主绝缘电容量与初始值或出厂值差别超出±5％范围时应查明原因； 3）当电容型电流互感器末屏对地绝缘电阻小于 1000MΩ 时，应测量末屏对地 tanδ，其值不大于 2％	1）主绝缘 tanδ 试验电压为 10kV，末屏对地 tanδ 试验电压为 2kV； 2）油纸电容型 tanδ 一般不进行温度换算，当 tanδ 值与出厂值或上一次试验值比较有明显增长时，应综合分析 tanδ 与温度、电压的关系，当 tanδ 随温度明显变化或试验电压由 10kV 升到 $U_m/\sqrt{3}$ 时，tanδ 增量超过±0.3％，不应继续运行； 3）固体绝缘互感器可不进行 tanδ 测量

	电压等级/kV	20～35	66～110	220	330～500
大修后	油纸电容型	—	1.0	0.7	0.6
	充油型	3.0	2.0	—	—
	胶纸电容型	2.5	2.0	—	—
运行中	油纸电容型	—	1.0	0.8	0.7
	充油型	3.5	2.5	—	—
	胶纸电容型	3.0	2.5	—	—

序号	项目	周期	要求	说明
3	油中溶解气体色谱分析	1）投运前； 2）1年～3年（66kV 及以上）； 3）大修后； 4）必要时	油中溶解气体组分含量（体积分数）超过下列任一值时应引起注意： 总烃　　100×10⁻⁶ H_2　　150×10⁻⁶ C_2H_2　2×10⁻⁶（110kV 及以下） 　　　　1×10⁻⁶（220kV～500kV）	1）新投运互感器的油中不应含有 C_2H_2； 2）全密封互感器按制造厂要求（如果有）进行
4	交流耐压试验	1）1年～3年（20kV 及以下）； 2）大修后； 3）必要时	1）一次绕组按出厂值的 85％ 进行。出厂值不明的按下列电压进行试验： 见下表 2）二次绕组之间及末屏对地为 2kV； 3）全部更换绕组绝缘后，应按出厂值进行	
5	局部放电测量	1）1年～3年（20kV～35kV 固体绝缘互感器）； 2）大修后； 3）必要时	1）固体绝缘互感器在电压为 $1.1U_m/\sqrt{3}$ 时，放电量不大于 100pC，在电压为 $1.1U_m$ 时（必要时），放电量不大于 500pC； 2）110kV 及以上油浸式互感器在电压为 $1.1U_m/\sqrt{3}$ 时，放电量不大于 20pC	试验按 GB 5583 进行
6	极性检查	1）大修后； 2）必要时	与铭牌标志相符	
7	各分接头的变比检查	1）大修后； 2）必要时	与铭牌标志相符	更换绕组后应测量比值差和相位差
8	校核励磁特性曲线	必要时	与同类型互感器特性曲线或制造厂提供的特性曲线相比较，应无明显差别	继电保护有要求时进行
9	密封检查	1）大修后； 2）必要时	应无渗漏油现象	试验方法按制造厂规定
10	一次绕组直流电阻测量	1）大修后； 2）必要时	与初始值或出厂值比较，应无明显差别	
11	绝缘油击穿电压	1）大修后； 2）必要时	见第 13 章	

电压等级/kV	3	6	10	15	20	35	66
试验电压/kV	15	21	30	38	47	72	120

注 投运前是指交接后长时间未投运而准备投运之前，及库存的新设备投运之前。

7.1.2 各类试验项目

定期试验项目见表7中序号1、2、3、4、5。

大修后试验项目见表7中序号1、2、3、4、5、6、7、9、10、11（不更换绕组，可不进行6、7、8项）。

7.2 电压互感器

7.2.1 电磁式和电容式电压互感器的试验项目、周期和要求分别见表8和表9。

表8   电磁式电压互感器的试验项目、周期和要求

序号	项目	周期	要求	说明
1	绝缘电阻	1）1年～3年； 2）大修后； 3）必要时	自行规定	一次绕组用2500V绝缘电阻表，二次绕组用1000V或2500V绝缘电阻表
2	tanδ（20kV及以上）	1）绕组绝缘： a）1年～3年； b）大修后； c）必要时 2）66kV～220kV串级式电压互感器支架： a）投运前； b）大修后； c）必要时	1）绕组绝缘 tanδ（％）不应大于下表中数值： 温度/℃：5 / 10 / 20 / 30 / 40 35kV及以下 大修后：1.5 / 2.5 / 3.0 / 5.0 / 7.0 35kV及以下 运行中：2.0 / 2.5 / 3.5 / 5.5 / 8.0 35kV以上 大修后：1.0 / 1.5 / 2.0 / 3.5 / 5.0 35kV以上 运行中：1.5 / 2.0 / 2.5 / 4.0 / 5.5 2）支架绝缘 tanδ 一般不大于6％	串级式电压互感器的 tanδ 试验方法建议采用末端屏蔽法，其他试验方法与要求自行规定
3	油中溶解气体的色谱分析	1）投运前； 2）1年～3年（66kV及以上）； 3）大修后； 4）必要时	油中溶解气体组分含量（体积分数）超过下列任一值时应引起注意： 总烃 100×10^{-6} H_2 150×10^{-6} C_2H_2 2×10^{-6}	1）新投运互感器的油中不应含有 C_2H_2； 2）全密封互感器按制造厂要求（如果有）进行
4	交流耐压试验	1）3年（20kV及以下）； 2）大修后； 3）必要时	1）一次绕组按出厂值的85%进行，出厂值不明的，按下列电压进行试验： 电压等级/kV：3 / 6 / 10 / 15 / 20 / 35 / 66 试验电压/kV：15 / 21 / 30 / 38 / 47 / 72 / 120 2）二次绕组之间及末屏对地为2kV； 3）全部更换绕组绝缘后按出厂值进行	1）串级式或分级绝缘式的互感器用倍频感应耐压试验； 2）进行倍频感应耐压试验时应考虑互感器的容升电压； 3）倍频耐压试验前后，应检查有否绝缘损伤
5	局部放电测量	1）投运前； 2）1年～3年（20kV～35kV固体绝缘互感器）； 3）大修后； 4）必要时	1）固体绝缘相对地电压互感器在电压为 $1.1U_m/\sqrt{3}$ 时，放电量不大于100pC，在电压为 $1.1U_m$ 时（必要时），放电量不大于500pC。固体绝缘相对相电压互感器，在电压为 $1.1U_m$ 时，放电量不大于100pC 2）110kV及以上油浸式电压互感器在电压为 $1.1U_m/\sqrt{3}$ 时，放电量不大于20pC	1）试验按GB 5583进行； 2）出厂时有试验报告者投运前可不进行试验或只进行抽查试验
6	空载电流测量	1）大修后； 2）必要时	1）在额定电压下，空载电流与出厂数值比较无明显差别； 2）在下列试验电压下，空载电流不应大于最大允许电流中性点非有效接地系统 $1.9U_n/\sqrt{3}$ 中性点接地系统 $1.5U_n/\sqrt{3}$	
7	密封检查	1）大修后； 2）必要时	应无渗漏油现象	试验方法按制造厂规定
8	铁芯夹紧螺栓（可接触到的）绝缘电阻	大修时	自行规定	采用2500V绝缘电阻表
9	联接组别和极性	1）更换绕组后； 2）接线变动后	与铭牌和端子标志相符	

序号	项目	周期	要求	说明
10	电压比	1) 更换绕组后； 2) 接线变动后	与铭牌标志相符	更换绕组后应测量比值差和相位差
11	绝缘油击穿电压	1) 大修后； 2) 必要时	见第13章	

注　投运前指交接后长时间未投运而准备投运之前，及库存的新设备投运之前。

表9　　　　　　　　　**电容式电压互感器的试验项目、周期和要求**

序号	项目	周期	要求	说明
1	电压比	1) 大修后； 2) 必要时	与铭牌标志相符	
2	中间变压器的绝缘电阻	1) 大修后； 2) 必要时	自行规定	采用2500V绝缘电阻表
3	中间变压器的 $\tan\delta$	1) 大修后； 2) 必要时	与初始值相比不应有显著变化	

注　电容式电压互感器的电容分压器部分的试验项目、周期和要求见第12章。

7.2.2　各类试验项目：

定期试验项目见表8中序号1、2、3、4、5。

大修时或大修后试验项目见表8中序号1、2、3、4、5、6、7、8、9、10、11（不更换绕组可不进行9、10项）和表9中序号1、2、3。

9.1　套管的试验项目、周期和要求见表20。

表20　　　　　　　　　**套管的试验项目、周期和要求**

序号	项目	周期	要求	说明
1	主绝缘及电容型套管末屏对地绝缘电阻	1) 1年～3年； 2) 大修（包括主设备大修）后； 3) 必要时	1) 主绝缘的绝缘电阻值不应低于10000MΩ； 2) 末屏对地的绝缘电阻不应低于1000MΩ	采用2500V绝缘电阻表
2	主绝缘及电容型套管对地末屏 $\tan\delta$ 与电容量	1) 1年～3年； 2) 大修（包括主设备大修）后； 3) 必要时	1) 20℃时的 $\tan\delta$（%）值应不大于下表中数值：（见下表） 2) 当电容型套管末屏对地绝缘电阻小于1000MΩ时，应测量末屏对地 $\tan\delta$，其值不大于2%； 3) 电容型套管的电容值与出厂值或上一次试验值的差别超出±5%时，应查明原因	1) 油纸电容型套管的 $\tan\delta$ 一般不进行温度换算，当 $\tan\delta$ 与出厂值或上一次测试值比较有明显增长或接近左表数值时，应综合分析 $\tan\delta$ 与温度、电压的关系。当 $\tan\delta$ 随温度增加明显增大或试验电压由10kV升到 $U_m/\sqrt{3}$ 时，$\tan\delta$ 增量超过±0.3%，不应继续运行； 2) 20kV以下纯瓷套管及与变压器油连通的油压式套管不测 $\tan\delta$； 3) 测量变压器套管 $\tan\delta$ 时，与被试套管相连的所有绕组端子连在一起加压，其余绕组端子均接地，末屏接电桥，正接线测量
3	油中溶解气体色谱分析	1) 投运前； 2) 大修后； 3) 必要时	油中溶解气体组分含量（体积分数）超过下列任一值时应引起注意： H_2　　500×10⁻⁶ CH_4　　100×10⁻⁶ C_2H_2　2×10⁻⁶（110kV及以下） 　　　　1×10⁻⁶（220kV～500kV）	

表20 序号2 要求中 $\tan\delta$（%）值表：

电压等级/kV		20～35	66～110	220～500
大修后	充油型	3.0	1.5	—
	油纸电容型	1.0	1.0	0.8
	充胶型	3.0	2.0	—
	胶纸电容型	2.0	1.5	1.0
	胶纸型	2.5	2.0	—
运行中	充油型	3.5	1.5	—
	油纸电容型	1.0	1.0	0.8
	充胶型	3.5	2.0	—
	胶纸电容型	3.0	1.5	1.0
	胶纸型	3.5	2.0	—

续表

序号	项目	周期	要求	说明
4	交流耐压试验	1) 大修后； 2) 必要时	试验电压值为出厂值的85％	35kV及以下纯瓷穿墙套管可随母线绝缘子一起耐压
5	66kV及以上电容型套管的局部放电测量	1) 大修后； 2) 必要时	1) 变压器及电抗器套管的试验电压为 $1.5U_m\sqrt{3}$； 2) 其他套管的试验电压为 $1.05U_m\sqrt{3}$	垂直安装的套管水平放1年以上投运前宜进行本项目试验

66kV及以上电容型套管的局部放电测量 | 1) 大修后；2) 必要时 — 3) 在试验电压下局部放电值（pC）不大于：

	油纸电容型	胶纸电容型
大修后	10	250（100）
运行中	20	自行规定

括号内的局部放电值适用于非变压器、电抗器的套管

注　1. 充油套管指以油作为主绝缘的套管；
　　2. 油纸电容型套管指以油纸电容芯为主绝缘的套管；
　　3. 充胶套管指以胶为主绝缘的套管；
　　4. 胶纸电容型套管指以胶纸电容芯为主绝缘的套管；
　　5. 胶纸型套管指以胶纸为主绝缘与外绝缘的套管（如一般室内无瓷套胶纸套管）。

12.2　耦合电容器和电容式电压互感器的电容分压器

12.2.1　耦合电容器和电容式电压互感器的电容分压器的试验项目、周期和要求见表30。

表30　耦合电容器和电容式电压互感器的电容分压器的试验项目、周期和要求

序号	项目	周期	要求	说明
1	极间绝缘电阻	1) 投运后1年内； 2) 1年～3年	一般不低于5000MΩ	用2500V绝缘电阻表
2	电容值	1) 投运后1年内； 2) 1年～3年	1) 每节电容值偏差不超出额定值的－5％～＋10％范围； 2) 电容值大于出厂的102％时应缩短试验周期； 3) 一相中任两节实测电容值相差不超过5％	用电桥法
3	tanδ	1) 投运后1年内； 2) 1年～3年	10kV下的tanδ值不大于下列数值： 油纸绝缘，0.005 膜纸复合绝缘，0.002	1) 当tanδ值不符合要求时，可在额定电压下复测，复测值如符合10kV下的要求，可继续投运； 2) 电容式电压互感器低压电容的试验电压值自定
4	渗漏油检查	6个月	漏油时停止使用	用观察法
5	低压端对地绝缘电阻	1年～3年	一般不低于100MΩ	采用1000V绝缘电阻表
6	局部放电试验	必要时	预加电压 $0.8×1.3U_m$，持续时间不小于10s，然后在测量电压 $1.1U_m/\sqrt{3}$ 下保持1min，局部放电量一般不大于10pC	如受试验设备限制预加电压可以适当降低
7	交流耐压试验	必要时	试验电压为出厂试验电压的75％	

12.2.2　定期试验项目见表30中序号1、2、3、4、5。

12.2.3　电容式电压互感器的电容分压器的电容值与出厂值相差超出±2％范围时，或电容分压比与出厂试验实测分压比相差超过2％时，准确度0.5级及0.2级的互感器应进行准确度试验。

12.2.4　局部放电试验仅在其他试验项目判断电容器绝缘有疑问时进行。放电量超过规定时，应综合判断。局部放电量无明显增长时一般仍可用，但应加强监视。

12.2.5　带电测量耦合电容器的电容值能够判断设备的绝缘状况，可以在运行中随时进行测量。

12.2.5.1　测量方法：

在运行电压下，用电流表或电流变换器测量流过耦合电容器接地线上的工作电流，并同时记录运行电压，然后计算其电容值。

12.2.5.2　判断方法：

a）计算得到的电容值的偏差超出额定值的−5％～+10％范围时，应停电进行试验。

b）与上次测量相比，电容值变化超过±10％时，应停电进行试验。

c）电容值与出厂试验值相差超出±5％时，应增加带电测量次数，若测量数据基本稳定，可以继续运行。

12.2.5.3 对每台由两节组成的耦合电容器，仅对整台进行测量，判断方法中的偏差限值均除以2。本方法不适用于每台由三节及四节组成的耦合电容器。

14 避雷器

14.1 阀式避雷器的试验项目、周期和要求见表39。

表39 阀式避雷器的试验项目、周期和要求

序号	项目	周期	要求	说明
1	绝缘电阻	1) 发电厂、变电所避雷器每年雷雨季前； 2) 线路上避雷器1年～3年； 3) 大修后； 4) 必要时	1) FZ（PBC.LD）、FCZ和FCD型避雷器的绝缘电阻自行规定，但与前一次或同类型的测量数据进行比较，不应有显著变化； 2) FS型避雷器绝缘电阻应不低于2500MΩ	1) 采用2500V及以上绝缘电阻表； 2) FZ、FCZ和FCD型主要检查并联电阻通断和接触情况
2	电导电流及串联组合元件的非线性因数差值	1) 每年雷雨季前； 2) 大修后； 3) 必要时	1) FZ、FCZ、FCD型避雷器的电导电流参考值见附录F或制造厂规定值，还应与历年数据比较，不应有显著变化； 2) 同一相内串联组合元件的非线性因数差值，不应大于0.05；电导电流相差值（％）不应大于30％； 3) 试验电压如下： 元件额定电压/kV：3 6 10 15 20 30 试验电压 U_{1kV}：— — — 8 10 12 试验电压 U_{2kV}：4 6 10 16 20 24	1) 整流回路中应加滤波电容器，其电容值一般为0.01μF～0.1μF，并应在高压侧测量电流； 2) 由两个及以上元件组成的避雷器应对每个元件进行试验； 3) 非线性因数差值及电导电流相差值计算见附录F； 4) 可用带电测量方法进行测量，如对测量结果有疑问时，应根据停电测量的结果作出判断； 5) 如FZ型避雷器的非线性因数差值大于0.05，但电导电流合格，允许作换节处理，换节后的非线性因数差值不应大于0.05； 6) 运行中PBC型避雷器的电导电流一般应在300μA～400μA范围内
3	工频放电电压	1) 1年～3年； 2) 大修后； 3) 必要时	1) FS型避雷器的工频放电电压在下列范围内： 额定电压/kV：3 6 10 放电电压/kV 大修后：9～11 16～19 26～31 放电电压/kV 运行中：8～12 15～21 23～33 2) FZ、FCZ和FCD型避雷器的电导电流值及FZ、FCZ型避雷器的工频放电电压参考值见附录F	带有非线性并联电阻的阀型避雷器只在解体大修后进行
4	底座绝缘电阻	1) 发电厂、变电所避雷器每年雷雨季前； 2) 线路上避雷器1年～3年； 3) 大修后； 4) 必要时	自行规定	采用2500V及以上的绝缘电阻表
5	检查放电计数器的动作情况	1) 发电厂、变电所内避雷器每年雷雨季前； 2) 线路上避雷器1年～3年； 3) 大修后； 4) 必要时	测试3次～5次，均应正常动作，测试后计数器指示应调到"0"	
6	检查密封情况	1) 大修后； 2) 必要时	避雷器内腔抽真空至（300～400）×133Pa后，在5min内其内部气压的增加不应超过100Pa	

14.2 金属氧化物避雷器的试验项目、周期和要求见表40。

表 40   金属氧化物避雷器的试验项目、周期和要求

序号	项目	周期	要求	说明
1	绝缘电阻	1) 发电厂、变电所避雷器每年雷雨季节前； 2) 必要时	1) 35kV 以上，不低于 2500MΩ； 2) 35kV 及以下，不低于 1000MΩ	采用 2500V 及以上绝缘电阻表
2	直流 1mA 电压（U_{1mA}）及 $0.75U_{1mA}$ 下的泄漏电流	1) 发电厂、变电所避雷器每年雷雨季前； 2) 必要时	1) 不得低于 GB 11032 规定值； 2) U_{1mA} 实测值与初始值或制造厂规定值比较，变化不应大于 ±5%； 3) $0.75U_{1mA}$ 下的泄漏电流不应大于 50μA	1) 要记录试验时的环境温度和相对湿度； 2) 测量电流的导线应使用屏蔽线； 3) 初始值系指交接试验或投产试验时的测量值
3	运行电压下的交流泄漏电流	1) 新投运的 110kV 及以上者投运 3 个月后测量 1 次；以后每半年 1 次；运行 1 年后，每年雷雨季节前 1 次； 2) 必要时	测量运行电压下的全电流、阻性电流或功率损耗，测量值与初始值比较，有明显变化时应加强监测，当阻性电流增加 1 倍时，应停电检查	应记录测量时的环境温度、相对湿度和运行电压。测量宜在瓷套表面干燥时进行。应注意相间干扰的影响
4	工频参考电流下的工频参考电压	必要时	应符合 GB 11032 或制造厂规定	1) 测量环境温度 20±15℃； 2) 测量应每节单独进行，整相避雷器有一节不合格，应更换该节避雷器（或整相更换），使该相避雷器为合格
5	底座绝缘电阻	1) 发电厂、变电所避雷器每年雷雨季前； 2) 必要时	自行规定	采用 2500V 及以上绝缘电阻表
6	检查放电计数器动作情况	1) 发电厂、变电所避雷器每年雷雨季前； 2) 必要时	测试 3 次～5 次，均应正常动作，测试后计数器指示应调到"0"	

14.3   GIS 用金属氧化物避雷器的试验项目、周期和要求：

a) 避雷器大修时，其 SF$_6$ 气体按表 38 的规定；

b) 避雷器运行中的密封检查按表 10 的规定；

c) 其他有关项目按表 40 中序号 3、4、6 规定。

【依据2】《输变电设备状态检修试验规程》（Q/GDW 1168—2013）

5.4   电流互感器

5.4.1   电流互感器巡检及例行试验

5.4.1.1   电流互感器巡检及例行试验项目（见表 10、表 11）

表 10   电流互感器巡检项目

巡检项目	基准周期	要求	说明条款
外观检查	330kV 及以上：2 周； 220kV：1 月； 110（66）kV：3 月； 35kV 及以下：1 年	外观无异常	见 5.4.1.2

表 11   电流互感器例行试验项目

巡检项目	基准周期	要求	说明条款
红外热像检测	1. 330kV 及以上：1 月； 2. 220kV：3 月； 3. 110kV：半年； 4. 35kV 及以下：1 年	无异常	见 5.4.1.3

巡检项目	基准周期	要求	说明条款
油中溶解气体分析 （油纸绝缘）	110（66）kV及以上： 正立式：≤3年； 倒置式：≤6年	1. 乙炔不大于 $2\mu L/L$ ［110（66）kV］≤$1\mu L/L$（220kV及以上）（注意值）； 2. 氢气不大于 $150\mu L/L$ ［110（66）kV及以上］（注意值）； 3. 总烃不大于 $100\mu L/L$ ［110（66）kV及以上］（注意值）	见 5.4.1.4
绝缘电阻	110（66）kV及以上：3年	1. 一次绕组：一次绕组的绝缘电阻应大于 $3000M\Omega$，或与上次测量值相比无显著变化； 2. 末屏对地（电容型）：>$1000M\Omega$（注意值）	见 5.4.1.5
电容量和介质损耗因数 （固体绝缘或油纸绝缘）	110（66）kV及以上：3年	1. 电容量初值差不超过±5%（警示值）； 2. 介质损耗因数 $\tan\delta$ 满足下表要求（注意值）： 聚四氟乙烯缠绕绝缘：≤0.005 超过注意值时，参考 5.4.1.6 原则判断	见 5.4.1.6
SF₆ 气体湿度检测 （SF₆ 绝缘）（带电）	110（66）kV及以上：3年	≤$500\mu L/L$（注意值）	见 8.1
相对介质损耗因数（带电） （固体绝缘或油纸绝缘）	1. 220kV及以上：1年； 2. 110（66）kV：2年	相对介质损耗因数变化量不大于 0.003（注意值）	见 5.4.1.7
相对电容量比值（带电） （固体绝缘或油纸绝缘）	1. 220kV及以上：1年； 2. 110（66）kV：2年	相对电容量比值初值差不大于 5%（警示值）	见 5.4.1.8

电容量和介质损耗因数要求中的表格：

U_k （kV）	126/72.5	252/363	≥550
$\tan\delta$	≤0.01	≤0.008	≤0.007

5.4.2 电流互感器诊断性试验

5.4.2.1 电流互感器诊断性试验项目（见表 12）

表 12　　　　　　　　　　　电流互感器诊断性试验项目

诊断性试验项目	要求	说明条款
绝缘油试验（油纸绝缘）	见 7.1	见 7.1
交流耐压试验	1. 一次绕组：试验电压为出厂试验值的 80%； 2. 二次绕组之间及末屏对地：2kV	见 5.4.2.2
局部放电测量	$1.2U_{m/3}$下，≤20pC（气体）； ≤20pC（油纸绝缘及聚四氟乙烯缠绕绝缘）； ≤50pC（固体）（注意值）	见 5.4.2.3
电流比校核	符合设备技术文件要求	见 5.4.2.4
绕组电阻测量	与初值比较，应无明显差别	见 5.4.2.5
气体密封性检测（SF₆ 绝缘）	≤0.5%/年或符合设备技术文件要求（注意值）	见 5.4.2.6
气体密度表（继电器）校验（SF₆ 绝缘）	见 5.4.2.7	见 5.4.2.7
高频局部放电检测（带电）	无异常放电	见 5.4.2.8
SF₆ 气体纯度分析（带电）	纯度≥97%	见 8.2

5.5 电磁式电压互感器

5.5.1 电磁式电压互感器巡检及例行试验

5.5.1.1 电磁式电压互感器巡检及例行试验项目（见表 13、表 14）

表 13　　　　　　　　　　　电磁式电压互感器巡检项目

巡检项目	基准周期	要求	说明条款
外观检查	1. 330kV及以上：2周； 2. 220kV：1月； 3. 110（66）kV：3月； 4. 35kV及以下：1年	外观无异常	见 5.5.1.2

表14　　　　　　　　　　　　　　　电磁式电压互感器例行试验项目

巡检项目	基准周期	要求	说明条款
红外热像检测	1. 330kV 及以上：1 月； 2. 220kV：3 月； 3. 110（66）kV：半年； 4. 35kV 及以下：1 年	无异常	见 5.5.1.3
绕组绝缘电阻	110（66）kV 及以上：3 年	1. 一次绕组：初值差不超过－50%（注意值）； 2. 二次绕组：≥10MΩ（注意值）	见 5.5.1.4
绕组绝缘介质损耗因数	（20℃）110（66）kV 及以上：3 年	1. ≤0.02（串级式）（注意值）； 2. ≤0.005（非串级式）（注意值）	见 5.5.1.5
油中溶解气体分析（油纸绝缘）	110（66）kV 及以上：3 年	1. 乙炔，≤2μL/L（注意值）； 2. 氢气，≤150μL/L（注意值）； 3. 总烃，≤100μL/L（注意值）	见 5.5.1.6
SF_6 气体湿度检测（SF_6 绝缘）（带电）	110（66）kV 及以上：3 年	≤500μL/L（注意值）	见 8.1

5.5.2　电磁式电压互感器诊断性试验

5.5.2.1　电磁式电压互感器诊断性试验项目（见表15）

表15　　　　　　　　　　　　　　电磁式电压互感器诊断性试验项目

诊断性试验项目	要求	说明条款
交流耐压试验	一次绕组耐受 80% 出厂试验电压； 二次绕组之间及一次绕组末端对地 2kV	见 5.5.2.2
局部放电测量	$1.2U_m/3$ 下： ≤20pC（气体）； ≤20pC（液体浸渍）； ≤50pC（固体）（注意值）	见 5.5.2.3
绝缘油试验（油纸绝缘）	见 7.1	见 7.1
SF_6 气体成分分析（SF_6 绝缘）	见 8.2	见 8.2
支架介质损耗测量	支架介质损耗≤0.05-电压比校核符合设备技术文件要求	见 5.5.2.4
励磁特性测量	见 5.5.2.5	见 5.5.2.5
气体密封性检测	（SF_6 绝缘）≤0.5%/年或符合设备技术文件要求（注意值）	见 5.4.2.6
气体密度表（继电器）校验	（SF_6 绝缘）符合设备技术文件要求	见 5.4.2.7
高频局部放电检测	（带电）无异常放电	见 5.5.2.6

5.6　电容式电压互感器

5.6.1　电容式电压互感器巡检及例行试验

5.6.1.1　电容式电压互感器巡检及例行试验项目（见表16、表17）

表16　　　　　　　　　　　　　　　电容式电压互感器巡检项目

巡检项目	基准周期	要求	说明条款
外观检查	1. 330kV 及以上：2 周； 2. 220kV：1 月； 3. 110（66）kV：3 月； 4. 35kV 及以下：1 年	外观无异常	见 5.6.1.2

表17　　　　　　　　　　　　　　　电容式电压互感器例行试验项目

例行试验项目	基准周期	要求	说明条款
红外热像检测	1. 330kV 及以上：1 月； 2. 220kV：3 月； 3. 110（66）kV：半年； 4. 35kV 及以下：1 年	无异常	见 5.6.1.3

例行试验项目	基准周期	要求	说明条款
分压电容器试验	110 (66) kV 及以上: 3 年	1. 极间绝缘电阻不小于 5000MΩ (注意值); 2. 电容量初值差不超过±2% (警示值); 3. 介质损耗因数: ≤0.005 (油纸绝缘) (注意值) ≤0.0025 (膜纸复合) (注意值)	见 5.6.1.4
二次绕组绝缘电阻	110 (66) kV 及以上: 3 年	≥10MΩ (注意值)	见 5.6.1.5

5.6.2 电容式电压互感器诊断性试验

5.6.2.1 电容式电压互感器诊断性试验项目 (见表 18)

表 18 电容式电压互感器诊断性试验项目

诊断性试验项目	要求	说明条款
局部放电测量	$1.2U_{m/3}$ 下: ≤10pC	见 5.6.2.2
电磁单元感应耐压试验	试验电压为出厂试验值的 80% 或按设备技术文件要求	见 5.6.2.3
电磁单元绝缘油击穿电压和水分测量	见 7.1	见 5.6.2.4
阻尼装置检查	符合设备技术文件要求	—
相对介质损耗因数 (带电)	相对介质损耗因数变化量: ≤0.003 (注意值)	见 5.6.2.5
相对电容量比值 (带电)	相对电容量比值初值差: ≤5% (警示值)	见 5.6.2.6

5.7.1 高压套管巡检及例行试验

5.7.1.1 高压套管巡检及例行试验项目 (见表 19、表 20)

表 19 高压套管巡检项目

例行试验项目	基准周期	要求	说明条款
外观检查	1. 330kV 及以上: 2 周; 2. 220kV: 1 月; 3. 110 (66) kV: 3 月; 4. 35kV 及以下: 1 年	无异常	见 5.7.1.2
油位及渗漏检查 (充油)		无异常	
气体密度值检查 (充气)		符合设备技术文件要求	

表 20 高压套管例行试验项目

例行试验项目	基准周期	要求	说明条款
红外热像检测	1. 330kV 及以上: 1 月; 2. 220kV: 3 月; 3. 110 (66) kV: 半年; 4. 35kV 及以下: 1 年	无异常	见 5.7.1.3
绝缘电阻	110 (66) kV 及以上: 3 年	1. 主绝缘: ≥10000MΩ (注意值); 2. 末屏对地: ≥1000MΩ (注意值)	见 5.7.1.4

5.7.2 高压套管诊断性试验

5.7.2.1 高压套管诊断性试验项目 (见表 21)

表 21 高压套管诊断性试验项目

诊断性试验项目	要求	说明条款
油中溶解气体分析 (充油)	1. 乙炔, ≤1μL/L (220kV 及以上) ≤2μL/L (其他) (注意值); 2. 氢气, ≤140μL/L (注意值); 3. 甲烷, ≤40μL/L (注意值), 同时应根据气体含量有效比值进一步分析	见 5.7.2.2
末屏 (如有) 介质损耗因数	≤0.015 (注意值)	见 5.7.2.3
交流耐压和局部放电测量	1. 交流耐压: 出厂试验值的 80%; 2. 局部放电 (1.05/3) (注意值): mU 油浸纸、复合绝缘、树脂浸渍、充气: ≤10pC; 树脂粘纸 (胶纸绝缘): ≤100pC	见 5.7.2.4

续表

诊断性试验项目	要求	说明条款
气体密封性检测（充气）	≤0.5%/年或符合设备技术文件要求（注意值）	见5.4.2.6
气体密度表（继电器）校验（充气）	符合设备技术文件要求	见5.4.2.7
SF_6气体成分分析（充气）	见8.2	见8.2
高频局部放电检测（带电）	无异常放电	见5.7.2.5

11.2.1.1　具有电容屏结构的气体绝缘电流互感器，其电容屏连接筒应具备足够的机械强度，以免因材质偏软导致电容屏。

电容量和介质损耗因数（20℃）（电容型）	110（66）kV及以上：3年	1. 电容量初值差不超过±5%（警示值） 2. 介质损耗因数 $\tan\delta$ 满足下表要求（注意值） 聚四氟乙烯缠绕绝缘：≤0.005 超过注意值时，参考5.7.1.5原则判断 U_m（kV）126/72.5252/363≥550$\tan\delta$≤0.01≤008≤0.007	见5.7.1.5
SF_6气体湿度检测（充气）（带电）	110（66）kV及以上：3年	符合设备技术文件要求	见8.1
相对介质损耗因数（带电）	110（66）kV及以上：1年	相对介质损耗因数变化量≤0.003（注意值）	见5.7.1.6
相对电容量比值（带电）	110（66）kV及以上：1年	相对电容量比值初值差≤5%（警示值）	见5.7.1.7

4.3.5.2　专业管理

4.3.5.2.1　互感器、耦合电容器、SF_6绝缘互感器和套管运行情况

本条评价项目（见《评价》）的查评依据如下。

【依据1】《国家电网有限公司十八项电网重大反事故措施（2018年修订版）》（国家电网设备〔2018〕979号）

11.1　防止油浸式互感器损坏事故

11.1.1　设计制造阶段

11.1.1.1　油浸式互感器应选用带金属膨胀器微正压结构。

11.1.1.2　油浸式互感器生产厂家应根据设备运行环境最高和最低温度核算膨胀器的容量，并应留有一定裕度。

11.1.1.3　油浸式互感器的膨胀器外罩应标注清晰耐久的最高（max）、最低（min）油位线及20℃的标准油位线，油位观察窗应选用具有耐老化、透明度高的材料进行制造。油位指示器应采用荧光材料。

11.1.1.4　生产厂家应明确倒立式电流互感器的允许最大取油量。

11.1.1.5　所选用电流互感器的动、热稳定性能应满足安装地点系统短路容量的远期要求，一次绕组串联时也应满足安装地点系统短路容量的要求。

11.1.1.6　220kV及以上电压等级电流互感器必须满足卧倒运输的要求。

11.1.1.7　互感器的二次引线端子和末屏引出线端子应有防转动措施。

11.1.1.8　电容式电压互感器中间变压器高压侧对地不应装设氧化锌避雷器。

11.1.1.9　电容式电压互感器应选用速饱和电抗器型阻尼器，并应在出厂时进行铁磁谐振试验。

11.1.1.10　110（66）～750kV油浸式电流互感器在出厂试验时，局部放电试验的测量时间延长到5min。

11.1.1.11　电容式电压互感器电磁单元油箱排气孔应高出油箱上平面10mm以上，且密封可靠。

11.1.1.12　电流互感器末屏接地引出线应在二次接线盒内就地接地或引至在线监测装置箱内接地。末屏接地线不应采用编织软铜线，末屏接地线的截面积、强度均应符合相关标准。

11.1.2　基建阶段

11.1.2.1　电磁式电压互感器在交接试验时，应进行空载电流测量。励磁特性的拐点电压应大于$1.5U_m/\sqrt{3}$（中性点有效接地系统）或$1.9U_m/\sqrt{3}$（中性点非有效接地系统）。

11.1.2.2 电流互感器一次端子承受的机械力不应超过生产厂家规定的允许值，端子的等电位连接应牢固可靠且端子之间应保持足够电气距离，并应有足够的接触面积。

11.1.2.3 110（66）kV 及以上电压等级的油浸式电流互感器，应逐台进行交流耐压试验。试验前应保证充足的静置时间，其中 110（66）kV 互感器不少于 24h，220kV～330kV 互感器不少于 48h、500kV 互感器不少于 72h。试验前后应进行油中溶解气体对比分析。

11.1.2.4 220kV 及以上电压等级的电容式电压互感器，其各节电容器安装时应按出厂编号及上下顺序进行安装，禁止互换。

11.1.2.5 互感器安装时，应将运输中膨胀器限位支架等临时保护措施拆除，并检查顶部排气塞密封情况。

11.1.2.6 220kV 及以上电压等级电流互感器运输时应在每辆运输车上安装冲击记录仪，设备运抵现场后应检查确认，记录数值超过 10g，应返厂检查。110kV 及以下电压等级电流互感器应直立安放运输。

11.1.3 运行阶段

11.1.3.1 事故抢修的油浸式互感器，应保证绝缘试验前静置时间，其中 500（330）kV 设备静置时间应大于 36h，110（66）kV～220kV 设备静置时间应大于 24h。

11.1.3.2 新投运的 110（66）kV 及以上电压等级电流互感器，1～2 年内应取油样进行油中溶解气体组分、微水分析，取样后检查油位应符合设备技术文件的要求。对于明确要求不取油样的产品，确需取样或补油时应由生产厂家配合进行。

11.1.3.3 运行中油浸式互感器的膨胀器异常伸长顶起上盖时，应退出运行。

11.1.3.4 倒立式电流互感器、电容式电压互感器出现电容单元渗漏油情况时，应退出运行。

11.1.3.5 电流互感器内部出现异常响声时，应退出运行。

11.1.3.6 应定期校核电流互感器动、热稳定电流是否满足要求。若互感器所在变电站短路电流超过互感器铭牌规定的动、热稳定电流值，应及时改变变比或安排更换。

11.1.3.7 加强电流互感器末屏接地引线检查、检修及运行维护。

11.2 防止气体绝缘互感器损坏事故

11.2.1 设计制造阶段

11.2.1.3 气体绝缘互感器的防爆装置应采用防止积水、冻胀的结构，防爆膜应采用抗老化、耐锈蚀的材料。

11.2.1.4 SF_6 密度继电器与互感器设备本体之间的连接方式应满足不拆卸校验密度继电器的要求，户外安装应加装防雨罩。

11.2.1.5 气体绝缘互感器应设置安装时的专用吊点并有明显标识。

11.2.2 基建阶段

11.2.2.2 气体绝缘电流互感器运输时所充气压应严格控制在微正压状态。

11.2.2.3 气体绝缘电流互感器安装后应进行现场老练试验，老练试验后进行耐压试验，试验电压为出厂试验值的 80%。

11.2.3 运行阶段

11.2.3.1 气体绝缘互感器严重漏气导致压力低于报警值时应立即退出运行。运行中的电流互感器气体压力下降到 0.2MPa（相对压力）以下，检修后应进行老练和交流耐压试验。

11.2.3.2 长期微渗的气体绝缘互感器应开展 SF_6 气体微水检测和带电检漏，必要时可缩短检测周期。年漏气率大于 1% 时，应及时处理。

11.3 防止电子式互感器损坏事故

11.3.1 设计制造阶段

11.3.1.1 电子式电流互感器测量传输模块应有两路独立电源，每路电源均有监视功能。

11.3.1.2 电子式电流互感器传输回路应选用可靠的光纤耦合器，户外采集卡接线盒应满足 IP67

防尘防水等级，采集卡应满足安装地点最高、最低运行温度要求。

11.3.1.3 电子式互感器的采集器应具备良好的环境适应性和抗电磁干扰能力。

11.3.1.4 电子式电压互感器二次输出电压，在短路消除后恢复（达到准确级限值内）时间应满足继电保护装置的技术要求。

11.3.1.5 集成光纤后的光纤绝缘子，应提供水扩散设计试验报告。

11.3.2 基建阶段

11.3.2.1 电子式互感器传输环节各设备应进行断电试验、光纤进行抽样拔插试验，检验当单套设备故障、失电时，是否导致保护装置误出口。

11.3.2.2 电子式互感器交接时应在合并单元输出端子处进行误差校准试验。

11.3.2.3 电子式互感器现场在投运前应开展隔离开关分/合容性小电流干扰试验。

11.3.3 运行阶段

11.3.3.1 电子式互感器更换器件后，应在合并单元输出端子处进行误差校准试验。

11.3.3.2 电子式互感器应加强在线监测装置光功率显示值及告警信息的监视。

11.4 防止干式互感器事故

11.4.1 设计阶段

11.4.1.1 变电站户外不宜选用环氧树脂浇注干式电流互感器。

11.4.2 基建阶段

11.4.2.1 10（6）kV及以上干式互感器出厂时应逐台进行局部放电试验，交接时应抽样进行局部放电试验。

11.4.3 运行阶段

11.4.3.1 运行中的环氧浇注干式互感器外绝缘如有裂纹、沿面放电、局部变色、变形，应立即更换。

11.4.3.2 运行中的35kV及以下电压等级电磁式电压互感器，如发生高压熔断器两相及以上同时熔断或单相多次熔断，应进行检查及试验。

【依据2】《关于印发输变电设备运行规范的通知》（国家电网生技〔2005〕172号）附件四：110（66）kV～500kV互感器运行规范

第十条 互感器的日常维护

（一）一般要求

1. 互感器应有标明基本技术参数的铭牌标志，互感器技术参数必须满足装设地点运行工况的要求。

2. 电压互感器的各个二次绕组（包括备用）均必须有可靠的护接地，且只允许有一个接地点。电流互感器备有的二次绕组应短路接地。接地点的布置应满足有关二次回路设计的规定。

3. 互感器应有明显的接地符号标志，接地端子应与设备底座可靠连接，并从底座接地螺栓用两根接地引下线与地网不同点可靠连接。接地螺栓直径应不小于12mm，引下线截面应满足安装地点短路电流的要求。

4. 互感器二次绕组所接负荷应在准确等级所规定的负荷范围内。

5. 互感器的引线安装，应保证运行中一次端子承受的机械负载不超过制造厂规定的允许值。

6. 互感器安装位置应在变电站（所）直击雷保护范围之内。

7. 停运半年及以上的互感器应按有关规定试验检查合格后方可投运。

8. 电压互感器二次侧严禁短路。

9. 电压互感器允许在1.2倍额定电压下连续运行，中性点有效接地系统中的互感器，允许在1.5倍额定电压下运行30s，中性点非有效接地系统中的电压互感器，在系统无自动切除对地故障保护时，允许在1.9倍额定电压下运行8h。

10. 电磁式电压互感器一次绕组N（X）端必须可靠接地，电容式电压互感器的电容分压器低压端子（N、J）必须通过载波回路线圈接地或直接接地。

11. 中性点非有效接地系统中，作单相接地监视用的电压互感器，一次中性点应接地，为防止谐振过电压，应在一次中性点或二次回路装设消谐装置。

12. 电压互感器二次回路，除剩余电压绕组和另有专门规定者外，应装设快速开关或熔断器；主回路熔断电流一般为最大负荷电流的 1.5 倍，各级熔断器熔断电流应逐级配合，自动开关应经整定试验合格方可投入运行。

13. 电容式电压互感器的电容分压器单元、电磁装置、阻尼器等在出厂时，均经过调整误差后配套使用，安装时不得互换，运行中如发生电容分压器单元损坏，更换时应注意重新调整互感器误差；互感器的外接阻尼器必须接入，否则不得投入运行。

14. 电流互感器二次侧严禁开路，备用的二次绕组也应短接接地。

15. 电流互感器允许在设备最高电流下和额定连续热电流下长期运行。

16. 电容型电流互感器一次绕组的末（地）屏必须可靠接地。

17. 倒立式电流互感器二次绕组屏蔽罩的接地端子必须可靠接地。

18. 三相电流互感器一相在运行中损坏，更换时要选用电流等级、电流比、二次绕组、二次额定输出、准确级、准确限值系数等技术参数相同，保护绕组伏安特性无明显差别的互感器，并进行试验合格，以满足运行要求。

19. 66kV 及以上电磁式油浸互感器应装设膨胀器或隔膜密封，应有便于观察的油位或油温压力指示器，并有最低和最高限值标志。运行中全密封互感器应保持微正压，充氮密封互感器的压力应正常。互感器应标明绝缘油牌号。

（二）SF$_6$ 互感器：

1. 运行中应巡视检查气体密度表工况，产品年漏气率应小于 1%。

2. 若压力表偏出绿色正常压力区（表压小于 0.35MPa）时，应引起注意，并及时按制造厂要求停电补充合格的 SF$_6$ 新气，控制补气速度约为 0.1MPa/h。一般应停电补气，个别特殊情况需带电补气时，应在厂家指导下进行。

3. 要特别注意充气管路的除潮干燥，以防充气 24h 后检测到的气体含水量超标。

4. 如气体压力接近闭锁压力，则应停止运行，着重检查防爆片有否微裂泄漏，并通知制造厂及时处理。

5. 补气较多时（表压力小于 0.2MPa），应进行工频耐压试验（试验电压为出厂试验值的 80%～90%）。

6. 运行中应监测 SF$_6$ 气体含水量不超过 300μL/L，若超标时应尽快退出，并通知厂家处理。充分发挥 SF$_6$ 气体质量监督管理中心的作用，应做好新气管理、运行及设备的气体监测和异常情况分析，监测应包括 SF$_6$ 压力表和密度继电器的定期校验。

（三）树脂浇注互感器

外绝缘应有满足使用环境条件的爬电距离，并通过凝露试验。

4.3.5.2.2　技术资料

本条评价项目（见《评价》）的查评依据如下。

【依据1】《输变电设备运行规范》（国家电网生技〔2005〕172 号）附件四：110（66）kV～500kV 互感器运行规范

第八章　设备技术管理

第三十三条　设备档案管理

（一）原始档案应包括以下内容：

1. 产品合格证明书。

2. 说明书。

3. 出厂试验报告。

4. 安装、调试记录。

5. 安装试验记录。

6. 绝缘油化验或试验报告（充油设备）。

7. 交接试验报告。

（二）运行档案应包括以下内容：

1. 设备铭牌参数。

2. 设备修试、定检周期表。

3. 设备大修改造报告。

4. 高压试验报告。

5. 油化验报告。

6. 继电保护检验、调整记录。

7. 缺陷记录（每年将 I 类缺陷摘录、整理）。

8. 设备变更、改造情况说明。

【依据 2】《电气装置安装工程高压电气施工及验收规范》（GB 50147—2010）

4.4 工程交接验收

4.4.2 条 在验收时应提交下列资料和文件：

一、变更设计的证明文件。

二、制造厂提供的产品说明书、装箱单、试验记录、合格证明文件及安装图纸等技术文件。

三、检验及质量验收资料。

四、试验报告。

五、备品、备件、专用工具及测试仪棉清单。

4.3.6 阻波器技术指标

本条评价项目（见《评价》）的查评依据如下。

【依据 1】《电气装置安装工程高压电气施工及验收规范》（GB 50147—2010）

10 干式电抗器和阻波器

10.0.12 阻波器安装前，应进行频带特性及内部避雷相应的试验。

10.0.13 悬式阻波器主线圈吊装时，其轴线宜对地垂直。

10.0.14 设备接线端子与母线的连接，应符合《电气装置安装工程母线装置施工及验收规范》（GB 50149）的有关规定。当其额定电流为 1500A 及以上时，应采用非磁性金属材料制成的螺栓。

10.0.15 干式空心电抗器和阻波器主线圈的支柱绝缘子的接地，应符合下列要求：

1 上、下重叠安装时，底层的所有支柱绝缘子均应接地，其余的支柱绝缘子不接地；

2 每相单独安装时，每相支柱绝缘子均应接地；

3 支柱绝缘子的接地线不应构成闭合环路。

10.0.16 在验收时，应进行下列检查：

1 支柱应完整、无裂纹，线圈应无变形；

2 线圈外部的绝缘漆应完好；

3 支柱绝缘子的接地应良好；

4 各部油漆成完整；

7 交接试验应合格；

8 阻波器内部的电容部和避雷器外观应完整，连接应良好、固定可靠。

【依据 2】《交流电力系统线路阻波器》（GB/T 7330—2008）

4.1 工作条件

4.1.1 标准条件

标准条件应为户外运行。阻波器在日照、雨、雾、霜、雪及结冰等情况下应能实现所要求的功能。盐雾、工业污秽等恶劣的大气条件应在制造厂与用户间的具体协议中规定。

4.1.2 海拔

除非与制造厂有特殊协议并采取保证其适用性的措施，阻波器不应在海拔1000m以上地区使用。

4.1.3 环境温度

除非与制造厂有特殊协议并采取保证其适用性的措施，阻波器工作环境的空气温度范围不应超过−40℃～+40℃。

4.1.4 工业频率

本标准适用于工业频率为50Hz或60Hz的交流电力系统。

4.1.5 波形

应用本标准时可以认为阻波器所连接的电力系统的工频电流、电压的波形接近正弦波。

4.2 一般要求

4.2.1 主线圈

主线圈的额定电感应从6.1的推荐值中选择，且不低于规定值的90%。如对互换性有要求，制造厂应与用户协商确定适当的偏差。计算阻塞电阻或以阻塞电阻为基准的带宽时，应采用额定电感的下偏差。

主线圈的端子的位置和形式可由制造厂和用户协商确定。该端子应具有足够的接触面积和机械强度，并设计得在主线圈通过额定持续电流、额定短时电流、紧急过载电流时不因电动力而损坏。应注意GB/T 5273对端子尺寸的详细规定。

4.5 连续工作要求

当海拔不超过1000m，环境空气温度在4.1.3规定的范围以内时，在通过额定持续电流的情况下，阻波器任何部分的温升不应超过表1列出的限值。

表1   **温 升 限 值**   ℃

耐热等级及参考温度	最高温升		耐热等级及参考温度	最高温升	
	直测法测得的热点温升	电阻法测得的平均温升		直测法测得的热点温升	电阻法测得的平均温升
A 105	75	65	F 155	135	115
E 120	100	85	H 180	155	140
B 130	110	90	220 220	200	160

注 对于上述等级以外的一些绝缘材料，通过制造厂和用户协商，可以采用此表以外的温升限值。

热点的温升应直接测定，平均温升按5.2规定的电阻法测算得出。

如阻波器需要在环境空气温度超过4.1.3规定的最大值10℃以内的情况下运行，则阻波器允许的最高温升应降低：

−5℃（如超过的温度不大于5℃）；

−10℃（如超过的温度大于5℃但小于或等于10℃）。

对于空气温度超过4.1.3规定的上限值10″（2种以上的情况），允许温升由制造厂与用户协商确定。

当阻波器需要在海拔1000m以上地区运行，而试验在低海拔地区进行时，海拔1000m以上每增加500m，温升限值下降2.5%。

对于阻波器的某些部件，根据其位置可能需要另外规定要求。裸露的金属部件或绕组，温升不应超过相邻绝缘材料的使用上限。对于端子尺寸，在参照GB/T 5273时注意到主线圈磁场产生的涡流会使端子工作于较高的温度。

4.6 承受短时电流的能力

4.6.1 机械强度

阻波器承受额定短时电流的非对称峰值 k 后，短时电流所产生的电动力不应使阻波器出现机械结构以及电气特性的改变。按5.5规定的方法验证。

4.10 悬挂系统抗拉强度

阻波器悬挂系统的抗拉强度至少应达到阻波器质量（kg）的 2 倍，乘以 9.18 换算为 N，再加 5000N。

4.11 配件

4.11.1 防鸟栅

防鸟栅不是必备配件。如配备，应采用非金属材料，并使直径 16mm 以上的球体不能进入阻波器。

4.1.12 防晕环

阻波器如配备防晕环，其设计应使主线圈在通过额定持续电流、额定短时电流、紧急过载电流时不因承受电动力而损坏或局部过热，也不因防晕环的存在使阻波器的阻塞性能发生显著变化。

4.3.7 防误操作技术措施

4.3.7.1 技术指标

4.3.7.1.1 防误闭锁装置"五防"功能

本条评价项目（见《评价》）的查评依据如下。

【依据1】《防止电气误操作安全管理规定》（国家电网安监〔2018〕1119号）

3.4 防误装置管理原则

3.4.1 防误装置选用原则

3.4.1.1 防误装置应简单、可靠，操作和维护方便。

3.4.1.2 防误装置应实现"五防"功能：

1）防止误分、误合断路器；

2）防止带负荷拉、合隔离开关或手车触头；

3）防止带电挂（合）接地线（接地刀闸）；

4）防止带接地线（接地刀闸）合断路器（隔离开关）；

5）防止误入带电间隔。

3.4.1.3 "五防"功能除"防止误分、误合断路器"现阶段因技术原因可采取提示性措施外，其余四防功能必须采取强制性防止电气误操作措施。

强制性防止电气误操作措施指：在设备的电动操作控制回路中串联以闭锁回路控制的接点或锁具，在设备的手动操控部件上加装受闭锁回路控制的锁具，同时尽可能按技术条件的要求防止走空程操作。

3.4.1.4 防误装置应选用符合产品标准，并经国家电网公司、区域电网公司、省（自治区、直辖市）电力公司和国家电网公司直属公司鉴定的产品。通过鉴定的防误装置，必须经试运行考核后方可推广使用。新型防误装置的试运行应经国家电网公司、区域电网公司、省（自治区、直辖市）电力公司和国家电网公司直属公司同意。

3.4.1.5 变、配电装置改造加装防误装置时，应优先采用微机防误装置或电气闭锁方式。

3.4.1.6 新建变电站、发电厂（110kV 及以上电气设备）防误装置优先采用单元电气闭锁回路加微机"五防"的方案；无人值班变电站采用在集控站配置中央监控防误闭锁系统时，应实现对受控站远方操作的强制性闭锁。

3.4.1.7 高压电气设备应安装完善的防止电气误操作闭锁装置，装置的性能、质量、检修周期和维护等应符合防误装置技术标准规定。

3.4.1.8 成套高压开关设备应具有机械联锁或电气闭锁；电气设备的电动或手动操作闸刀必须具有强制防止电气误操作闭锁功能。

【依据2】《防止电气误操作装置管理规定》（国家电网生〔2003〕243号）

第二十二条 选用防误装置的原则：

1. 防误装置的结构应简单、可靠，操作维护方便，尽可能不增加正常操作和事故处理的复杂性。

2. 电磁锁应采用间隙式原理，锁栓能自动复位。

3. 成套高压开关设备，应具有机械联锁或电气闭锁。

4. 防误装置应有专用的解锁工具（钥匙）。

5. 防误装置应满足所配设备的操作要求，并与所配用设备的操作位置相对应。

6. 防误装置应不影响开关、隔离刀闸等设备的主要技术性能（如合闸时间、分闸时间、速度、操作传动方向角度等）。

7. 防误装置所用的直流电源应与继电保护、控制回路的电源分开，使用的交流电源应是不间断供电系统。

8. 防误装置应做到防尘、防蚀、不卡涩、防干扰、防异物开启。户外的防误装置还应防水、耐低温。

9. "五防"功能中除防止误分、误合开关可采用提示性方式，其余"四防"必须采用强制性方式。

10. 变、配电装置改造加装防误装置时，应优先采用电气闭锁方式或微机"五防"。

11. 对使用常规闭锁技术无法满足防误要求的设备（或场合），宜加装带电显示装置达到防误要求。

12. 采用计算机监控系统时，远方、就地操作均应具备电气"五防"闭锁功能。若具有前置机操作功能的，亦应具备上述闭锁功能。

13. 开关和隔离刀闸电气闭锁回路严禁用重动继电器，应直接用开关和隔离刀闸的辅助接点。

14. 防误装置应选用符合产品标准、并经国家电网公司或区域、省（区、市）电网公司鉴定的产品。已通过鉴定的防误装置，必须经运行考核，取得运行经验后方可推广使用。

【依据3】《国家电网有限公司十八项电网重大反事故措施（2018年修订版）》（国家电网设备〔2018〕979号）

4.2 完善防误操作技术措施

4.2.1 高压电气设备应安装完善的防误闭锁装置，装置的性能、质量、检修周期和维护等应符合防误装置技术标准规定。

4.2.2 调控中心、运维中心、变电站各层级操作都应具备完善的防误闭锁功能，并确保操作权的唯一性。

4.2.3 利用计算机监控系统实现防误闭锁功能时，应有符合现场实际并经运维管理单位审批的防误规则，防误规则判别依据可包含断路器、隔离开关、接地开关、网门、压板、接地线及就地锁具等一、二次设备状态信息，以及电压、电流等模拟量信息。若防误规则通过拓扑生成，则应加强校核。

4.2.4 新投运的防误装置主机应具有实时对位功能，通过对受控站电气设备位置信号采集，实现与现场设备状态一致。

4.2.5 防误装置（系统）应满足国家或行业关于电力监控系统安全防护规定的要求，严禁与外部网络互联，并严格限制移动存储介质等外部设备的使用。

4.2.6 防误装置使用的直流电源应与继电保护、控制回路的电源分开；防误主机的交流电源应是不间断供电电源。

4.2.7 断路器、隔离开关和接地开关电气闭锁回路应直接使用断路器、隔离开关、接地开关的辅助触点，严禁使用重动继电器；操作断路器、隔离开关等设备时，应确保待操作设备及其状态正确，并以现场状态为准。

4.2.8 防误装置因缺陷不能及时消除，防误功能暂时不能恢复时，执行审批手续后，可以通过加挂机械锁作为临时措施，此时机械锁的钥匙也应纳入解锁工具（钥匙）管理，禁止随意取用。

4.2.9 高压开关柜内手车开关拉出后，隔离带电部位的挡板应可靠封闭，禁止开启。

4.2.10 成套SF_6组合电器、成套高压开关柜防误功能应齐全、性能良好；新投开关柜应装设具有自检功能的带电显示装置，并与接地开关及柜门实现强制闭锁；配电装置有倒送电源时，间隔网门应装有带电显示装置的强制闭锁。

4.2.11 固定接地桩应预设，接地线的挂、拆状态宜实时采集监控，并实施强制性闭锁。

4.2.12 顺控操作（程序化操作）应具备完善的防误闭锁功能，模拟预演和指令执行过程中应采用监控主机内置防误逻辑和独立智能防误主机双校核机制，且两套系统宜采用不同厂家配置。顺控操作因故停止，转常规倒闸操作时，仍应有完善的防误闭锁功能。

12.4 防止开关柜事故

12.4.1 设计阶段

12.4.1.1 开关柜应选用 LSC2 类（具备运行连续性功能）、"五防"功能完备的产品。新投开关柜应装设具有自检功能的带电显示装置，并与接地开关（柜门）实现强制闭锁，带电显示装置应装设在仪表室。

【依据4】《变电站监控系统防止电气误操作技术规范》（DL/T 1404—2015）

5 总体要求

实现防误功能的变电站监控系统应满足如下要求：

a）满足 GB 26860 和能源安保（1990）1110 号文的要求；

b）具有防止误分、误合断路器，防止带负荷分、合隔离开关或手车触头，防止带接地线（接地开关）送电，防止带电合接地开关（接地线），防止误入带电间隔的功能；

c）站内顺序控制、设备的遥控操作、就地电动操作、就地手动操作均具有防误闭锁功能；

d）具有完善的全站防误闭锁功能，除判别本间隔的闭锁条件外，还必须对跨间隔的相关闭锁条件进行判别；

e）参与防误判别的断路器、隔离开关及接地开关等一次设备位直信号宜采用双位置接入校验；

f）监控主机、测控装置等设备中的防误规则应一致，宜实现防误规则的全站统一配置，防误规则描述采用标准化格式；

g）变电站监控系统防误功能的实现应不影响变电站监控系统、继电保护、自动装置、通信等系统和设备的正常功能和性能，不影响相关电气设备的正常操作和运行。

6 功能要求

6.1 功能架构

实现防误功能的变电站监控系统功能架构应满足如下要求：

a）变电站监控系统防误由站控层防误、间隔层防误和设备层防误三层防误闭锁功能组成，为变电站操作提供多级的、综合的防误闭锁；

b）站控层防误应由监控主机和/或数据通信网关机实现，面向全变电站进行全站性和全面性的防误操作控制；

c）站控层防误将变电站防误操作的相关功能模块嵌入到站控层计算机监控系统中，防误范围包括全站的断路器、隔离开关、接地开关、网门和接地线等设备；

d）站控层防误具备完善的人机操作界面，以监控系统图形与实时数据库为基础，利用内嵌的防误功能模块，对设备操作进行可靠的防误闭锁检查、操作票预演和顺序执行；

e）间隔层防误应由间隔层测控装置或其他间隔层控制装置实现，装置存储本间隔被控设备的防误闭锁逻辑，采集设备状态信号、动作信号等状态量信号，采集电压、电流等电气量信号，通过网络向系统其他设备发送，同时通过网络接收其他间隔装置发来的相关间隔的信号，进行被控设备的防误闭锁逻辑判断；

f）测控装置防误闭锁逻辑包含本间隔的闭锁条件和跨向隔的相关闭锁条件，根据判断结果对设备的控制操作进行防误闭锁；

g）测控装置能够输出防误闭锁接点，闭锁设备的遥控和手动操作；

h）变电站测控装置通过通信方式控制过程层设备进行出口控制时，防误闭锁接点由过程层智能设备提供，测控装置通过 GOOSE 报文控制防误闭锁接点的输出；

i）设备层防误应由设备的单元电气防误闭锁、机械防误闭锁以及智能终端、防误锁具等实现；

j）设备的单元电气闭锁或机械闭锁主要实现间隔内设备操作的防误闭锁，变电站手动操作设备、网门、临时接地线等设备的防误闭锁可由防误锁具、防误开关等实现；

k) 站控层防误、间隔层防误和设备层防误应互相独立，站控层防误失效时不影响间隔层防误，站控层和间隔层防误均失效时不影响设备层防误。

6.2 站控层防误

6.2.1 一般要求

变电站站控层设备采集间隔层设备上送的信息，其实现防止电气误操作的一般要求如下：

a) 变电站当地监控后台操作的防误由监控主机实现，站控层操作的控制命令应经过防误逻辑检查后方能将控制命令发至间隔层设备，如操作不满足防误条件，监控机应闭锁该项操作并报警，输出提示信息；

b) 监控主机应能实时显示测控装置的防误闭锁接点的输出状态，若状态异常或无法正常控制，系统应及时告警提示；

c) 图形符号应符合 GB/T 5465.2 的规定；

d) 日常维护操作应记录维护用户名及具体时间；

e) 正确模拟、生成、执行和管理操作票，变电站监控系统的操作票应全站统一配置，并支持标准化格式的输出；

f) 误操作应闭锁并报警，报警应明确提示闭锁的对象和未满足的防误规则；

g) 监控主机应具备独立的防误权限管理功能，操作权限应可根据运行需求灵活配置，防误功能退出、操作票编辑和防误规则编辑等功能应设置独立的权限；

h) 禁止退出监控主机全站防误功能，需退出时仅能按间隔或装置设置，并设置权限管理，已退出闭锁的间隔在人机界面上应有明显标识。

6.2.2 防误规则要求

防误规则要求如下：

a) 监控主机应对全站采集的一次设备状态、二次设备状态、保护事件、保护投/退、就地/远方切换、装置异常及自检信号等开关量和电气量测量进行可靠的逻辑判断，并能跨间隔进行闭锁条件判别，实现变电站站级操作防误；

b) 以实时采集的遥信作为防误规则闭锁条件时，应能正确判断双位置遥信；

c) 在信号不能有效获取（如装直通信中断等）、具有无效品质和处于不确定状态（包括置检修状态）时，应判定校验不通过，禁止操作并告警；

d) 防误规则宜由监控系统根据通用规则或网络拓扑自动生成，应支持导入和导出规则文本，方便核对并能修改；

e) 宜支持将站控层防误规则直接下装到测控装置中作为间隔层防误规则，并具备从测控装置召唤防误规则与站控层防误规则进行自动校核的功能。

6.2.3 操作票生成

操作票生成功能满足以下要求：

a) 应能根据现场运行需求增加或删除各种一次设备操作、二次设备操作以及提示性操作的操作步骤；

b) 应支持方便地生成接地桩、网门、控制电源空气开关和二次设备软压板等各种操作步骤；

c) 应能设置开票时是否自动对"合/分"操作进行"检合/检分"操作；

d) 应支持对防误功能数据预置，以满足操作票生成的防误闭锁条件。

6.2.4 操作票预演及执行

操作票预演和执行功能满足以下要求：

a) 操作票转为可执行操作票前必须进行预演，应支持手动预演和自动预演两种方式；

b) 预演界面与正式操作界面应有明显的视觉区分；

c) 操作票预演时应具备防误规则校验功能，如未通过校验，则停止预演并告警操作对象的所有防误闭锁逻辑条件（包括符合与不符合的条件）；

d) 监控主机应根据操作票执行步骤依次开放每一步电气操作，操作正确后自动闭锁该设备，并自动开放符合操作条件的下一步操作；

e）操作票执行过程中如果发生保护动作、非当前操作对象的状态改变等情况，造成不满足操作要求时，监控主机应实时闭锁，自动中止余下未操作步骤并告警；

f）操作票执行中止后，开放的电气操作应能及时闭锁。

6.2.5　操作票管理

操作票管理功能满足以下要求：

a）操作票应能按预开、作废和已执行等分类保存及显示；

b）操作票应具备打印功能，标题、单位标志和操作内容等应能灵活设置，符合现场运行要求；

c）操作票查询应支持按条件显示已归档操作票和模板票的任务列表和内容；

d）操作票统计表应包括操作票日报表、月报表、季度报表和年报表等常用表格，并能根据时间、人员、操作对象等指定条件定制。

6.2.6　运行记录

运行记录功能满足如下要求：

a）应能记录站控层防误功能启动、运行、退出时间；

b）应能记录用户操作情况，如用户开票、预演、执行、维护等操作记录；

c）应能记录操作票执行每步操作的具体时间；

d）日常维护操作应记录维护用户名及具体时间。

6.3　间隔层防误

6.3.1　一般要求

间隔层防误应由间隔层测控装置或其他间隔层装置实现，测控装置等具有间隔层防误功能的装置（简称测控装置）应实现本间隔闭锁和跨间隔联合闭锁，一般要求如下：

a）应存储本装置操作对象对应的防误规则，该规则应与站控层防误规则一致；

b）应能够采集与本装直防误功能相关的设备状态信号、动作信号等状态量信号以及电气测量值，能够通过站控层网络或硬接线接收其他设备发出的防误闭锁条件信号，综合进行防误闭锁逻辑判断；

c）应能够向站控层网络发送本装置采集的信号，便于其他设备实现防误闭锁功能；

d）正常工作状态下，测控装置进行的所有操作应满足防误闭锁条件，并显示和上送防误判断结果；

e）当相关间隔的信息不能有效获取（如由于网络中断等原因）、信号具有无效品质和信号处于不确定状态（包括直检修状态）时，应判断校验不通过。

6.4　设备层防误

设备层防误闭锁功能应满足如下要求：

a）隔离开关、接地开关等一次设备应配置机械防误闭锁或电气防误闭锁；

b）当间隔层设备和过程层设备采用网络方式通信时，过程层的智能设备（如智能终端）应能够输出防误闭锁接点，能够接收间隔层设备通过 GOOSE 协议输出的防误闭锁控制信号，控制防误闭锁接点的分和合，并能够以 GOOSE 上送各控制对象的防误逻辑状态和防误闭锁接点的状态；

c）应使用防误锁具、防误开关等闭锁设备闭锁变电站手动操作设备、网门、临时接地线等设备的操作，防误锁具、防误开关宜实现远方控制功能，监控系统通过防误闭锁接点控制防误锁具、防误开关等设备的操作，防误锁具、防误开关闭锁的设备（临时接地线、网门等）的位置信号应输入至监控系统；

d）变电站常用临时接地线的接地点，应设置专用接地装置；

e）上述的防误锁具、防误开关、专用接地装置应根据监控系统的测控装置或智能终端等设备内防误闭锁接点分、合状态实现闭锁或开锁，应输出反映锁具闭锁设备（临时接地线、网门等）状态的辅助接点位置，应具有指示是否允许开锁操作的状态指示器和紧急开锁机构。

上述的防误锁具、防误开关、专用接地装置闭锁的设备（临时接地线、网门等）的位置接点应接入对应测控装置，并参与防误闭锁逻辑判别。

4.3.7.1.2 防误闭锁装置电源

本条评价项目（见《评价》）的查评依据如下。

【依据1】《防止电气误操作安全管理规定》（国家电网安监〔2018〕1119号）

4. 技术措施

4.1.4 防误装置使用的直流电源应与继电保护、控制回路的电源分开，交流电源应是不间断供电电源。

【依据2】《国家电网有限公司十八项电网重大反事故措施（2018年修订版）》（国家电网设备〔2018〕979号）

4.2.6 防误装置使用的直流电源应与继电保护、控制回路的电源分开；防误主机的交流电源应是不间断供电电源。

4.3.7.1.3 计算机后台操作的防误闭锁逻辑

本条评价项目（见《评价》）的查评依据如下。

【依据1】《防止电气误操作装置管理规定》（国家电网生〔2003〕243号）

第二十四条 新建的变电站、发电厂（110kV及以上电气设备）防误装置应优先采用单元电气闭锁回路加微机"五防"的方案；变电站、发电厂采用计算机监控系统时，计算机监控系统中应具有防误闭锁功能；无人值班变电站采用在集控站配置中央监控防误闭锁系统时，应实现对受控站的远方防误操作。对上述三种防误闭锁设施，应做到：

1. 对防误装置主机中一次电气设备的有关信息做好备份。当信息变更时，要及时更新备份，信息备份应存储在磁带、磁盘或光盘等外介质上，满足当防误装置主机发生故障时的恢复要求。

2. 制定防误装置主机数据库、口令权限管理办法。

3. 防误装置主机不能和办公自动化系统合用，严禁与因特网互联，网络安全要求等同于电网二次系统实时控制系统。

4. 对微机防误闭锁装置：现场操作通过电脑钥匙实现，操作完毕后，要将电脑钥匙中当前状态信息返回给防误装置主机进行状态更新，以确保防误装置主机与现场设备状态的一致性。

5. 对计算机监控系统的防误闭锁功能：应具有所有设备的防误操作规则，并充分应用监控系统中电气设备的闭锁功能实现防误闭锁。

6. 对中央监控防误闭锁系统：要实现对受控站电气设备位置信号、电控锁的锁销位置信号以及其他辅助接点信号的实时采集，实现防误装置主机与现场设备状态的一致性，当这些信号故障时应发出告警信息，中央监控防误闭锁系统能实现远程解锁功能。

【依据2】《国家电网有限公司十八项电网重大反事故措施（2018年修订版）》（国家电网设备〔2018〕979号）

4.1.8 对继电保护、安全自动装置等二次设备操作，应制订正确操作方法和防误操作措施。智能变电站保护装置投退应严格遵循规定的投退顺序。

4.1.9 继电保护、安全自动装置（包括直流控制保护软件）的定值或全站系统配置文件（SCD）等其他设定值的修改应按规定流程办理，不得擅自修改。定值调整后检修、运维人员双方应核对确认签字，并做好记录。

4.2.4 新投运的防误装置主机应具有实时对位功能，通过对受控站电气设备位置信号采集，实现与现场设备状态一致。

4.3.7.2 专业管理

4.3.7.2.1 防误闭锁装置运行情况

本条评价项目（见《评价》）的查评依据如下。

【依据1】《防止电气误操作安全管理规定》（国家电网安监〔2018〕1119号）

3.4.4 防误装置日常管理要求

3.4.4.1 防误装置日常运行时应保持良好的状态；运行巡视及缺陷管理应同主设备一样对待；检修维护工作应有明确分工和专门单位负责；检修项目与主设备检修项目协调配合。

3.4.4.2 防误装置整体停用应经供电公司（局）、超高压公司（局）或发电厂主管生产的行政副职或总工程师批准后方可进行，同时报有关主管部门备案。

涉及防止电气误操作逻辑闭锁软件的更新升级（修改）时，应首先经运行管理部门审核，结合该间隔断路器停运或做好遥控出口隔离措施，报相关供电公司（局）或超高压公司（局）批准后方可进行。升级后应验证闭锁逻辑的正确恢复，并做好详细记录及备份。

3.4.4.3 运行人员（或操作人员）及检修维护人员应熟悉防误装置的管理规定和实施细则，做到"三懂二会"（懂防误装置的原理、性能、结构；会操作、维护）。新上岗的运行人员应进行使用防误装置的培训。

3.4.4.4 防误装置管理应纳入厂站现场规程。防误装置投运前，应制定现场运行规程及检修维护制度，明确技术要求、定期检查、维护和巡视内容等。运行和检修单位（部门）应做好防误装置的基础管理工作，建立健全防误装置的基础资料、台账和图纸。

3.4.4.5 防误装置应与主设备同时设计、同时安装、同时验收投运，对于未安装防误装置或防误装置验收不合格的设备，运行单位或有关部门有权拒绝该设备投入运行。

3.7 工作接地线的管理

3.7.1 在变、配电站内工作，外部人员不得将任何形式的接地线带入站内。工作中需要加挂工作接地线，应使用变、配电站内提供的工作接地线。运行人员应对本站内装拆的工作接地线的地点和数量正确性负责。

【依据2】《防止电气误操作装置管理规定》（国家电网生〔2003〕243号）

第二条 防误装置是防止工作人员发生电气误操作的有效技术措施。本规定所指的防误装置包括：微机防误、电气闭锁、电磁闭锁、机械联锁、机械程序锁、机械锁、带电显示装置。

第十二条 防误装置正常情况下严禁解锁或退出运行。防误装置的解锁工具（钥匙）或备用解锁工具（钥匙）必须有专门的保管和使用制度。

第十三条 电气操作时防误装置发生异常，应立即停止操作，及时报告运行值班负责人，在确认操作无误，经变电站负责人或发电厂当班值长同意后，方可进行解锁操作，并做好记录。

第十四条 当防误装置确因故障处理和检修工作需要，必须使用解锁工具（钥匙）时，需经变电站负责人或发电厂当班值长同意，做好相应的安全措施，在专人监护下使用，并做好记录。

第十五条 在危及人身、电网、设备安全且确需解锁的紧急情况下，经变电站负责人或发电厂当班值长同意后，可以对断路器进行解锁操作。

第十六条 防误装置整体停用应经本单位总工程师批准，才能退出，并报有关主管部门备案。同时，要采取相应的防止电气误操作的有效措施，并加强操作监护。

第十七条 运行值班人员（或操作人员）及检修维护人员应熟悉防误装置的管理规定和实施细则，做到"三懂二会"（懂防误装置的原理、性能、结构；会操作、维护）。新上岗的运行人员应进行使用防误装置的培训。

第十八条 防误装置的管理应纳入厂站的现场规程，明确技术要求、运行巡视内容等，并定期维护。

第十九条 防误装置的检修工作应与主设备的检修项目协调配合，定期检查防误装置的运行情况，并做好检查记录。

第二十条 防误装置的缺陷定性应与主设备的缺陷管理相同。

【依据3】《国家电网有限公司十八项电网重大反事故措施（2018年修订版）》（国家电网设备〔2018〕979号）

4.1 加强防误操作管理

4.1.1 切实落实防误操作工作责任制，各单位应设专人负责防误装置的运行、维护、检修、管理工作。定期开展防误闭锁装置专项隐患排查，分析防误操作工作存在的问题，及时消除缺陷和隐患，确保其正常运行。

4.1.2 防误闭锁装置应与相应主设备统一管理，做到同时设计、同时安装、同时验收投运，并制订和完善防误装置的运行、检修规程。

4.1.3 加强调控、运维和检修人员的防误操作专业培训，严格执行操作票、工作票（"两票"）制度，并使"两票"制度标准化，管理规范化。

4.1.4 严格执行操作指令。倒闸操作时，应按照操作票顺序逐项执行，严禁跳项、漏项，严禁改变操作顺序。当操作产生疑问时，应立即停止操作并向发令人报告，并禁止单人滞留在操作现场。待发令人确认无误并再行许可后，方可进行操作。严禁擅自更改操作票，严禁随意解除闭锁装置。

4.1.5 应制订完备的解锁工具（钥匙）管理规定，严格执行防误闭锁装置解锁流程，任何人不得随意解除闭锁装置，禁止擅自使用解锁工具（钥匙）。

4.1.6 防误闭锁装置不得随意退出运行。停用防误闭锁装置应经设备运维管理单位批准；短时间退出防误闭锁装置应经变电运维班（站）长或发电厂当班值长批准，并应按程序尽快投入运行。

4.1.7 禁止擅自开启直接封闭带电部分的高压配电设备柜门、箱盖、封板等。

4.1.8 对继电保护、安全自动装置等二次设备操作，应制订正确操作方法和防误操作措施。智能变电站保护装置投退应严格遵循规定的投退顺序。

4.1.9 继电保护、安全自动装置（包括直流控制保护软件）的定值或全站系统配置文件（SCD）等其他设定值的修改应按规定流程办理，不得擅自修改。定值调整后检修、运维人员双方应核对确认签字，并做好记录。

4.1.10 应定期组织防误装置技术培训，使相关人员按其职责熟练掌握防误装置，做到"四懂三会"（懂防误装置的原理、性能、结构和操作程序；会熟练操作、会处缺和会维护）。

4.1.11 防误装置应选用符合产品标准，并经国家电网公司授权机构或行业内权威机构检测、鉴定的产品。新型防误装置须经试运行考核后方可推广使用，试运行应经国家电网公司、省（自治区、直辖市）电力公司或国家电网公司直属单位同意。

12.4.3.1 加强带电显示闭锁装置的运行维护，保证其与接地开关（柜门）间强制闭锁的运行可靠性。防误操作闭锁装置或带电显示装置失灵时应尽快处理。

4.3.7.2.2 防误闭锁装置的维修职责

本条评价项目（见《评价》）的查评依据如下。

【依据1】《国家电网公司变电站管理规范》（国家电网生〔2006〕512号）

3.4 防误闭锁装置管理

3.4.1 严格执行国家电网公司、网（省）公司防误工作的有关规定。

3.4.2 防误闭锁装置应保持良好的运行状态，变电站现场运行规程中对防误装置的使用应有明确规定，电气闭锁装置应有符合实际的图纸；运行巡视同主设备一样对待，发现问题应记人设备缺陷记录簿并及时上报；防误闭锁装置的检修维护工作，应有明确分工和专门单位负责。

【依据2】《国家电网有限公司十八项电网重大反事故措施（2018年修订版）》（国家电网设备〔2018〕979号）

4.1 加强防误操作管理

4.1.1 切实落实防误操作工作责任制，各单位应设专人负责防误装置的运行、维护、检修、管理工作。定期开展防误闭锁装置专项隐患排查，分析防误操作工作存在的问题，及时消除缺陷和隐患，确保其正常运行。

4.1.2 防误闭锁装置应与相应主设备统一管理，做到同时设计、同时安装、同时验收投运，并制订和完善防误装置的运行、检修规程。

4.1.3 加强调控、运维和检修人员的防误操作专业培训，严格执行操作票、工作票（"两票"）制度，并使"两票"制度标准化，管理规范化。

4.1.4 严格执行操作指令。倒闸操作时，应按照操作票顺序逐项执行，严禁跳项、漏项，严禁改变操作顺序。当操作产生疑问时，应立即停止操作并向发令人报告，并禁止单人滞留在操作现场。待发令人确认无误并再行许可后，方可进行操作。严禁擅自更改操作票，严禁随意解除闭锁装置。

4.1.5 应制订完备的解锁工具（钥匙）管理规定，严格执行防误闭锁装置解锁流程，任何人不得随意解除闭锁装置，禁止擅自使用解锁工具（钥匙）。

4.1.6 防误闭锁装置不得随意退出运行。停用防误闭锁装置应经设备运维管理单位批准；短时间退出防误闭锁装置应经变电运维班（站）长或发电厂当班值长批准，并应按程序尽快投入运行。

4.1.7 禁止擅自开启直接封闭带电部分的高压配电设备柜门、箱盖、封板等。

4.1.8 对继电保护、安全自动装置等二次设备操作，应制订正确操作方法和防误操作措施。智能变电站保护装置投退应严格遵循规定的投退顺序。

4.1.9 继电保护、安全自动装置（包括直流控制保护软件）的定值或全站系统配置文件（SCD）等其他设定值的修改应按规定流程办理，不得擅自修改。定值调整后检修、运维人员双方应核对确认签字，并做好记录。

4.1.10 应定期组织防误装置技术培训，使相关人员按其职责熟练掌握防误装置，做到"四懂三会"（懂防误装置的原理、性能、结构和操作程序；会熟练操作、会处缺和会维护）。

4.1.11 防误装置应选用符合产品标准，并经国家电网公司授权机构或行业内权威机构检测、鉴定的产品。新型防误装置须经试运行考核后方可推广使用，试运行应经国家电网公司、省（自治区、直辖市）电力公司或国家电网公司直属单位同意。

4.2.1 高压电气设备应安装完善的防误闭锁装置，装置的性能、质量、检修周期和维护等应符合防误装置技术标准规定。

4.2.2 调控中心、运维中心、变电站各层级操作都应具备完善的防误闭锁功能，并确保操作权的唯一性。

4.2.3 利用计算机监控系统实现防误闭锁功能时，应有符合现场实际并经运维管理单位审批的防误规则，防误规则判别依据可包含断路器、隔离开关、接地开关、网门、压板、接地线及就地锁具等一、二次设备状态信息，以及电压、电流等模拟量信息。若防误规则通过拓扑生成，则应加强校核。

【依据3】《国家电网公司防止电气误操作安全管理规定》（国家电网安监〔2006〕904号）

3.4.4.3 运行人员（或操作人员）及检修维护人员应熟悉防误装置的管理规定和实施细则，做到"三懂二会"（懂防误装置的原理、性能和结构；会操作和维护）。新上岗的运行人员应进行使用防误装置的培训。

3.4.4.4 防误装置管理应纳入厂站现场规程。防误装置投运前，应制定现场运行规程及检修维护制度，明确技术要求、定期检查、维护和巡视内容等。运行和检修单位（部门）应做好防误装置的基础管理工作，建立健全防误装置的基础资料、台账和图纸。

3.5 设备检修中的操作规定

设备检修过程中需要进行的操作，不得改变运行系统接线方式和安全措施，并且一般应采用常规操作方法在安全措施范围内进行。若采用非常规操作方法，应经现场当值运行人员许可并在监护下进行。

3.6 接地

3.6.1 接地的定义

3.6.1.1 操作接地是指改变电气设备状态的接地。操作接地由操作人员负责实施。

3.6.1.2 工作接地是指在操作接地实施后，在停电范围内的工作地点，对可能来电（含感应电）的设备端进行的保护性接地。

3.6.2 操作接地线的使用和管理，执行《国家电网公司电力安全工作规程（试行）》有关规定。

变、配电站内操作接地线的挂设点应事先明确设定，并实现强制性闭锁。

3.7 工作接地线的管理

3.7.1 在变、配电站内工作，外部人员不得将任何形式的接地线带入站内。工作中需要加挂工作接地线，应使用变、配电站内提供的工作接地线。运行人员应对本站内装拆的工作接地线的地点和数量正确性负责。

3.7.2 在线路上工作，工作负责人应对本作业班组装拆的工作接地线的地点和数量正确性负责。

4.3.7.2.3 一次模拟图板（或电子模拟图）与模拟操作功能或步骤

本条评价项目（见《评价》）的查评依据如下。

【依据】《国家电网公司防止电气误操作安全管理规定》（国家电网安监〔2006〕904号）

4. 技术措施

4.2 计算机监控系统防止电气误操作要求

4.2.1 中央计算机监控系统防误闭锁功能应实现对受控站电气设备位置信号的实时采集，实现防误装置主机与现场设备状态的一致性。当这些功能故障时应发出告警信息。

4.2.2 采用计算机监控系统时，电气设备的远方和就地操作应具备完善的电气闭锁功能，或间隔内的电气闭锁加覆盖全站的可实现遥控闭锁的微机"五防"功能。若具有前置机操作功能的，也应具备上述闭锁功能。

4.2.3 操作控制功能可按远方操作、站控层、间隔层、设备级的分层操作原则考虑。无论设备处在哪一层操作控制，设备的运行状态和选择切换开关的状态都应具备防误闭锁功能。

4.2.4 计算机监控系统应具有操作监护功能，以允许监护人员在操作员工作站上对操作实施监护。

4.2.5 当进行RTU校验、保护校验、断路器检修等工作时，应能利用"检修挂牌"禁止计算机监控系统对此断路器进行遥控操作。当一次设备运行而自动化装置需要进行维护、校验或修改程序时，应能利用"闭锁挂牌"闭锁计算机监控系统对所有设备进行遥控操作。

4.2.6 运行人员在设备现场挂、拆接地线时，应在"一次系统接线图"上对应设置、拆除模拟接地线，以保持两者状态一致。在设备上挂拆接地线，若设有联闭锁软件，则该接地线挂拆应参与闭锁判断。所有设置、拆除模拟接地线，均应通过口令校验后方可执行。

4.3.7.2.4 解锁钥匙管理制度

本条评价项目（见《评价》）的查评依据如下。

【依据1】《国家电网公司变电站管理规范》（国家电网生〔2003〕387号）

3.4 防误闭锁装置管理

3.4.3 解锁钥匙应封存保管。解锁钥匙的使用应实行分级管理，严格履行审批程序。

3.4.4 解锁钥匙只能在符合下列情况并按权限批准后方可开封使用：

3.4.4.1 确认防误闭锁装置失灵、操作无误。

3.4.4.2 紧急事故处理时（如人身触电、火灾、不可抗拒自然灾害）使用，事后立即回报。

3.4.4.3 变电站已全部停电，确无误操作的可能。

3.4.5 每次使用后，应立即将解锁钥匙封存，并填写记录。

3.4.6 在倒闸操作中防误闭锁装置出现异常时，必须停止操作，应重新核对操作步骤及设备编号的正确性，查明原因，确系装置故障且无法处理时，履行审批手续后方可解锁操作。

3.4.7 电气设备的固定遮栏门、单一电气设备及无电压鉴定装置线路侧接地刀闸，可使用普通挂锁作为弥补措施。

【依据2】《国家电网公司防止电气误操作安全管理规定》（国家电网安监〔2006〕904号）

3.4.3 防误装置解锁管理要求

3.4.3.1 以任何形式部分或全部解除防误装置功能的电气操作，均视作解锁。

3.4.3.2 防误装置的解锁工具（钥匙）或备用解锁工具（钥匙）必须有专门的保管和使用制度，内容包括：倒闸操作、检修工作、事故处理、特殊操作和装置异常等情况下的解锁申请、批准、解锁监护、解锁使用记录等解锁规定；微机防误装置授权密码和解锁钥匙应同时封存。

3.4.3.3 正常情况下，防误装置严禁解锁或退出运行。

3.4.3.4 特殊情况下，防误装置解锁执行下列规定：

1）防误装置及电气设备出现异常要求解锁操作，应由设备所属单位的运行管理部门防误装置专责人到现场核实无误，确认需要解锁操作，经专责人同意并签字后，由变电站或发电厂值班员报告当值调度员，方可解锁操作。

2）若遇危及人身、电网和设备安全等紧急情况需要解锁操作，可由变电站当值负责人或发电厂当值值长下令紧急使用解锁工具（钥匙），并由变电站或发电厂值班员报告当值调度员，记录使用原因、日期、时间、使用者、批准人姓名。

3）电气设备检修时需要对检修设备解锁操作，应经变电站站长或发电厂当值值长批准，并在变电站或发电厂值班员监护下进行。

【依据3】《国家电网有限公司十八项电网重大反事故措施（2018年修订版）》（国家电网设备〔2018〕979.号）

4.1.5 应制订完备的解锁工具（钥匙）管理规定，严格执行防误闭锁装置解锁流程，任何人不得随意解除闭锁装置，禁止擅自使用解锁工具（钥匙）。

4.1.6 防误闭锁装置不得随意退出运行。停用防误闭锁装置应经设备运维管理单位批准；短时间退出防误闭锁装置应经变电运维班（站）长或发电厂当班值长批准，并应按程序尽快投入运行。

4.3.7.2.5 现场控制屏、汇控柜、操动机构箱控制按钮应有防误碰措施

本条评价项目（见《评价》）的查评依据如下。

【依据】《国家电网公司防止电气误操作安全管理规定》（国家电网安监〔2006〕904号）

3.4.1.3 "五防"功能除"防止误分、误合断路器"现阶段因技术原因可采取提示性措施外，其余四防功能必须采取强制性防止电气误操作措施。

强制性防止电气误操作措施指：在设备的电动操作控制回路中串联以闭锁回路控制的接点或锁具，在设备的手动操控部件上加装受闭锁回路控制的锁具，同时尽可能按技术条件的要求防止走空程操作。

5 二次设备防止电气误操作管理原则要求

5.1 对压板操作、电流端子操作、切换开关操作、插拔操作、二次开关操作、按钮操作、定值更改等继电保护操作，应制定正确操作要求和防止电气误操作措施。

5.1.1 保护出口的二次压板投入前，应检查无出口跳闸电压、装置无异常、无掉牌信号。二次压板应有醒目和位置正确的标牌（标签）。

5.1.2 涉及二次运行方式的切换开关，如母差固定联接方式切换开关、备用电源自投切换开关、电压互感器二次联络切换开关等在操作后，应检查相应的指示灯或光字牌，以确认方式正确。

5.1.3 二次设备的重要按钮在正常运行中，应做好防误碰的安全措施，并在按钮旁贴有醒目标签加以说明。

5.1.4 应对不同类型保护制定二次设备定值更改的安全操作规定，如微机保护改变定值区后应打印或确认定值表，调整时间继电器定值时应停用相关的出口压板，时间定值调整后应检查装置无异常后再投入出口压板等。

4.3.8 安全设施及设备编号、标示

4.3.8.1 技术指标

4.3.8.1.1 装有 SF_6 断路器、组合电器的室内的安全防护措施

本条评价项目（见《评价》）的查评依据如下。

【依据1】《国家电网公司安全工作规程 变电部分》（Q/GDW 1799.1—2013）

8 在六氟化硫（SF_6）电气设备上的工作

8.1 装有 SF_6 设备的配电装置室和 SF_6 气体实验室，应装设强力通风装置，风口应设置在室内底部，排风口不应朝向居民住宅或行人。

8.2 在室内，设备充装 SF_6 气体时，周围环境相对湿度应不大于80％，同时应开启通风系统，并避免 SF_6 气体漏泄到工作区。工作区空气中 SF_6 气体含量不得超过 $1000\mu L/L$（即 1000ppm）。

8.3 主控室与 SF_6 配电装置室间要采取气密性隔离措施。SF_6 配电装置室与其下方电缆层、电缆隧道相通的孔洞都应封堵。SF_6 配电装置室及下方电缆层隧道的门上，应设置"注意通风"的标志。

8.4 SF_6 配电装置室、电缆层（隧道）的排风机电源开关应设置在门外。

8.5 在 SF_6 配电装置室低位区应安装能报警的氧量仪和 SF_6 气体泄漏警报仪，在工作人员入口处应装设显示器。上述仪器应定期试验，保证完好。

8.6 工作人员进入 SF_6 配电装置室，入口处若无 SF_6 气体含量显示器，应先通风 15min，并用检漏仪测量 SF_6 气体含量合格。尽量避免一人进入 SF_6 配电装置室进行巡视，不准一人进入从事检修工作。

8.7 工作人员不准在 SF_6 设备防爆膜附近停留。若在巡视中发现异常情况，应立即报告，查明原因，采取有效措施进行处理。

8.8 进入 SF_6 配电装置低位区或电缆沟进行工作应先检测含氧量（不低于 18％）和 SF_6 气体含量是否合格。

8.9 在打开的 SF_6 电气设备上工作的人员，应经专门的安全技术知识培训。配置和使用必要的安全防护用具。

8.10 设备解体检修前，应对 SF_6 气体进行检验。根据有毒气体的含量，采取安全防护措施。检修人员需穿着防护服并根据需要佩戴防毒面具或正压式空气呼吸器。打开设备封盖后，现场所有人员应暂离现场 30min。取出吸附剂和清除粉尘时，检修人员应戴防毒面具或正压式空气呼吸器和防护手套。

8.11 设备内的 SF_6 气体不得向大气排放，应采用净化装置回收，经处理合格后方准使用。回收时作业人员应站在上风侧。设备抽真空后，用高纯氮气冲洗 3 次。将清出的吸附剂、金属粉末等废物放入 20％氢氧化钠水溶液中浸泡 12h 后深埋。

8.12 从 SF_6 气体钢瓶引出气体时，必须使用减压阀降压。

8.13 SF_6 配电装置发生大量泄漏等紧急情况时，人员应迅速撤出现场，开启所有排风机进行排风。未佩戴防毒面具或正压式空气呼吸器人员禁止入内。只有经过充分的自然排风或恢复排风后，人员才准进入。发生设备防爆膜破裂时，应停电处理，并用汽油或丙酮擦拭干净。

8.14 进行气体采样和处理一般渗漏时，要戴防毒面具或正压式空气呼吸器并进行通风。

8.15 SF_6 断路器（开关）进行操作时，禁止检修人员在其外壳上进行工作。

8.16 检修结束后，检修人员应洗澡，把用过的工器具、防护用具清洗干净。

8.17 SF_6 气瓶应放置在阴凉干燥、通风良好、敞开的专门场所，直立保存，并应远离热源和油污的地方，防潮、防阳光曝晒，并不得有水分或油污粘在阀门上。搬运时，应轻装轻卸。

【依据2】《气体绝缘金属封闭开关设备运行及维护规程》（DL/T 603—2006）

4.1 GIS 室的安全防护

a）GIS 室内空气中的氧气含量应大于 18％或 SF_6 气体的浓度不应超过 1000gL/L（或 $6g/m^3$）。

b）GIS 室内应安装空气含氧量或 SF_6 气体浓度自动检测报警装置。

c）GIS 室进出处应备有防毒面具、防护服、塑料手套等防护器具。

d）GIS 室应按消防有关规定设置专用消防设施。

e）GIS 室内所有进出线孔洞应采用防火材料封堵。

f）GIS 室内应装有足够的通风排气装置。

g）根据需要可考虑配置 GIS 内部放电故障诊断在线监测装置。

4.3.8.1.2 带电部分的固定遮栏

本条评价项目（见《评价》）的查评依据如下。

【依据1】《国家电网公司安全设施标准》（国家电网科〔2010〕362 号）

4.3 安全设施设置要求

4.3.1 安全设施应清晰醒目、规范统一、安装可靠、便于维护，适应使用环境要求。

4.3.2 安全设施所用的颜色应符合 GB 2893—2008《安全色》的规定。

4.3.3 变电设备（设施）本体或附近醒目位置应装设设备标志牌，涂刷相色标志或装设相位标志牌。

4.3.4 变电站设备区与其他功能区、运行设备区与改（扩）建施工区之间应装设区域隔离遮栏。不同电压等级设备区宜装设区域隔离遮栏。

4.3.5 生产场所安装的固定遮栏应牢固，工作人员出入的门等活动部分应加锁。

4.3.6 变电站入口应设置减速线，变电站内适当位置应设置限高、限速标志。设置标志应易于观察。

4.3.7 变电站内地面应标注设备巡视路线和通道边缘警戒线。

4.3.8 安全设施设置后，不应构成对人身伤害、设备安全的潜在风险或妨碍正常工作。

9.5	 固定防护遮栏	（1）固定防护遮栏适用于落地安装的高压设备周围及生产现场平台，人行通道、升降口、大小坑洞、楼梯等有坠落危险的场所。 （2）用于设备周围的遮栏高度不低于1700mm，设置供工作人员出入的门并不上镜；防坠落遮栏高度不低于1050mm，并装设不低于100mm高的护板。 （3）固定遮栏上应悬挂安全标志、位置根据实际情况而定。 （4）固定遮栏及防护栏杆，斜梯应符合GB 4053.2—2009《固定式钢梯及平台安全要求 第2部分：钢斜梯》、GB 4053.3—2009《固定式钢梯及平台安全要求 第3部分：工业防护栏杆及钢平台》的规定，其强度和间隙满足防护要求。 （5）检修期间需将栏杆拆除时，应装设临时遮栏，并在检修工作结束后将栏杆立即恢复。

【依据2】《3kV～110kV 高压配电装置设计规范》（GB 50060—2008）

5.1 配电装置内安全净距

5.1.1 屋外配电装置的安全净距不应小于表5.1.1所列数值。

电气设备外绝缘体最低部位距地小于2500mm时，应装设固定遮栏。

表 5.1.1　　　　　　　　　　　　　　屋外配电装置的安全净距　　　　　　　　　　　　　　（mm）

符号	适应范围	系统标称电压（kV）					
		3～10	15～20	35	66	110J	110
A_1	带电部分至接地部分之间网状遮栏向上延伸线距地2.5m处与遮栏上方带电部分之间	200	300	400	650	900	1000
A_2	不同相的带电部分之间断路器和隔离开关的断口引线带电部分之间	200	300	400	650	1000	1100
B_1	设备运输时，其外廓至无遮栏带电部分之间交叉的不同时停电检修的无遮栏带电部分之间栅栏遮栏至绝缘体和带电部分之间带电作业时的带电部分至接地部分之间［注3］	950	1050	1150	1400	1650	1750
B_2	网状遮栏至带电部分之间	300	400	500	750	1000	1100
C	无遮栏裸导体至地面之间 无遮栏裸导体至建筑物、构筑物顶部之间	2700	2800	2900	3100	3400	3500
D	平行的不同时停电检修的无遮栏带电部分之间 带电部分与建筑物、构筑物的边沿部分之间	2200	2300	2400	2600	2900	3000

注 1. 110J 指中性点有效接地系统。

　　2. 海拔超过1000m时，A 值应进行修正。

　　3. 本表所列各值不适用于制造广的成套配电装置。

　　4. 带电作业时，不同相或交叉的不同回路带电部分之间，其 B 值可在 A_2 值上加750mm。

5.1.2 屋外配电装置的安全净距，应按图5.1.2-1～图5.1.2-3校验。

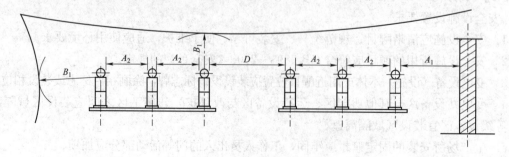

图 5.1.2-1

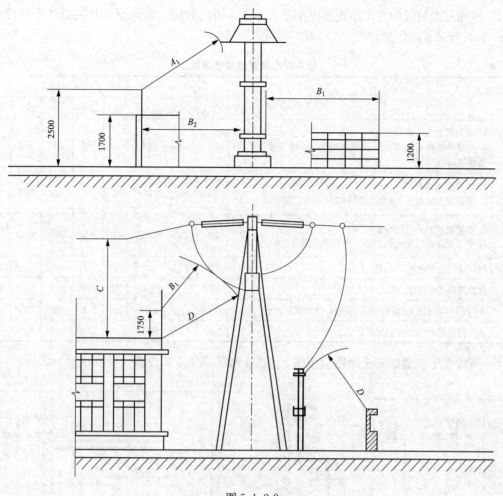

图 5.1.2-2

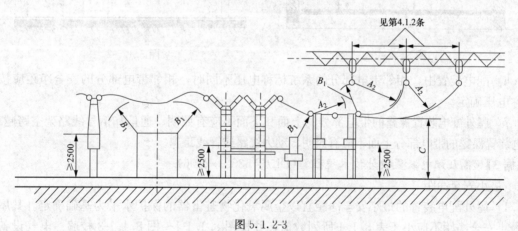

图 5.1.2-3

5.1.3 屋外配电装置使用软导线时,在不同条件下,带电部分至接地部分和不同相带电部分之间的最小安全净距.应根据表5.1.3进行校验,并应采用最大值。

表 5.1.3　　　　　　　带电部分至接地部分和不同相带电部分之间的最小安全净距

条件	校验条件	计算风速 (m/s)	A 值	额定电压 (kV)			
				35	60	110J	110
雷击过电压	雷击过电压和风偏	10*	A_1	400	650	900	1000
			A_2	400	650	1000	1100
工频过电压	工频过电压和风偏	10 或最大设计风速	A_1	150	300	300	450
			A_2	150	300	500	500

* 在最大设计风速为 35m/s 及以上,以及雷暴时风速较大的地区应采用 15m/s。

5.1.4 屋内配电装置的安全净距不应小于表5.1.4所列数值。电气设备外绝缘体最低部位距地小于2300mm时，应装设固定遮栏。

表5.1.4 屋内配电装置的安全净距

符号	适应范围	系统标称电压（kV）								
		3	6	10	15	20	35	66	110J	110
A_1	1. 带电部分至接地部分之间 2. 网状和板状遮栏向上延伸线距地 2.3m 处与遮栏上方带电部分之间	75	100	125	150	180	300	550	850	950
A_2	1. 不同相的带电部分之间 2. 断路器和隔离开关的断口两侧带电部分之间	75	100	125	150	180	300	550	900	1000
B_1	1. 栅栏遮栏至带电部分之间 2. 交叉的不同时停电检修的无遮栏带电部分之间	825	850	875	900	930	1050	1300	1600	1700
B_2	网状遮栏至带电部分之间	175	200	225	250	280	400	650	950	1050
C	无遮栏裸导体至地（楼）面之间	2500	2500	2500	2500	2500	2600	2850	3150	3250
D	平行的不同时停电检修的无遮栏裸导体之间	1875	1900	1925	1950	1980	2100	2350	2650	2750
E	通向屋外的出线套管至屋外通道的路面	4000	4000	4000	4000	4000	4000	4500	5000	5000

5.1.5 屋外配电装置的安全净距应按图5.1.5-1和图5.1.5-2校验。

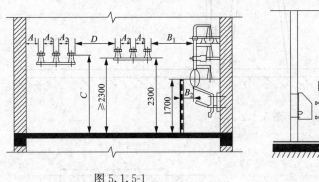

图 5.1.5-1　　　　　　　　　　　图 5.1.5-2

5.1.6 配电装置中，相邻带电部分的系统标称电压不同时，相邻带电部分的安全净距应按较高的系统标称电压确定。

5.1.7 屋外配电装置裸露的带电部分的上面和下面不应有照明、通信和信号线路架空跨越或穿过；屋内配电装置裸露的带电部分上面不应有照明、动力线路或管线跨越。

【依据3】《高压配电装置设计技术规程》(DL/T 5352—2006)

8.1 最小安全净距

8.1.1 屋外配电装置的最小安全净距宜以金属氧化物避雷器的保护水平为基础确定。其屋外配电装置的最小安全净距不应小于表8.1.1所列数值，并按图8.1.1-1～图8.1.1-3校验。电气设备外绝缘体最低部位距地小于2500mm时，应装设固定遮栏。

8.1.2 屋外配电装置使用软导线时，在不同条件下，带电部分至接地部分和不同相带电部分之间的最小安全净距，应根据表8.1.2进行校验，并采用其中最大数值。

8.1.3 屋内配电装置的安全净距不应小于表8.1.3所列数值，并按图8.1.3-1和图8.1.3-2校验。电气设备外绝缘体最低部位距地小于2300mm时，应装设固定遮栏。

8.1.4 配电装置中，相邻带电部分的额定电压不同时，应按较高的额定电压确定其最小安全净距。

8.1.5 屋外配电装置带电部分的上面或下面，不应有照明、通信和信号线路架空跨越或穿过；屋内配电装置的带电部分上面不应有明敷的照明、动力线路或管线跨越。

4.3.8.2 专业管理

4.3.8.2.1 配电室门窗（孔洞）、电缆进入配电室孔洞封堵；防小动物措施

本条评价项目（见《评价》）的查评依据如下。

【依据1】《高压配电装置设计技术规程》（DL 5352—2006）

9.1 屋内配电装置的建筑要求

9.1.3 屋内装配式配电装置的母线分段处，宜设置有门洞的隔墙。

9.1.4 充油电气设备间的门若开向不属配电装置范围的建筑物内时，其门应为非燃烧体或难燃烧体的实体门。

9.1.5 配电装置室的门应为向外开的防火门，应装弹簧锁，严禁用门闩，相邻配电装置室之间如有门时，应能向两个方向开启。

9.1.6 配电装置室可开固定窗采光，但应采取防止雨、雪、小动物、风沙及污秽尘埃进入的措施。

9.1.7 配电装置室的顶棚和内墙应作耐火处理，耐火等级不应低于二级。地（楼）面应采用耐磨、防滑、高硬度地面。

9.1.8 配电装置室有楼层时，其楼面应有防渗水措施。

9.1.9 配电装置室应按事故排烟要求，装设足够的事故通风装置。

9.1.10 配电装置室内通道应保证畅通无阻，不得设立门槛，并不应有与配电装置无关的管道通过。

9.1.11 布置在屋外配电装置区域内的继电器小室，宜考虑防尘、防潮、防强电磁干扰和静电干扰的措施。

【依据2】《电力工程电缆设计规范》（GB 50217—2007）

7.0.2 阻火分隔方式的选择，应符合下列规定：

1 电缆构筑物中电缆引至电气柜、盘或控制屏、台的开孔部位，电缆贯穿隔墙、楼板的孔洞处，工作井中电缆管孔等均应实施阻火封堵。

2 在隧道或重要回路的电缆沟中的下列部位，宜设置阻火墙（防火墙）。

4.3.8.2.2 高压开关设备编号、色标

本条评价项目（见《评价》）的查评依据如下。

【依据】《国家电网公司安全设施标准》（国家电网科〔2010〕362号）

6 设备标志

6.1 一般规定

6.1.1 变电站设备（含设施，下同）应配置醒目的标志。配置标志后不应构成对人身伤害的潜在风险。

6.1.2 设备标志由设备名称和设备编号组成。

6.1.3 设备标志应定义清晰，具有唯一性。

6.1.4 功能、用途完全相同的设备，其设备名称应统一。

6.1.5 设备标志牌应配置在设备本体或附件醒目位置。

6.1.6 两台及以上集中排列安装的电气盘应在每台盘上分别配置各自的设备标志牌。两台及以上集中排列安装的前后开门电气盘前、后均应配置设备标志牌，且同一盘柜前、后设备标志牌一致。

6.1.7 GIS设备的隔离开关和接地开关标志牌根据现场实际情况装设，母线的标志牌按照实际相序位置排列，安装于母线筒端部；隔室标志安装于靠近本隔室取气阀门旁醒目位置，各隔室之间通气隔板周围涂红色，非通气隔板周围涂绿色，宽度根据现场实际确定。

6.1.8 电缆两端应悬挂标明电缆编号名称、起点、终点、型号的标志牌，电力电缆还应标注电压等级、长度。

6.1.9 各设备间及其他功能室入口处醒目位置均应配置房间标志牌，标明其功能及编号，室内醒目位置应设置逃生路线图、定置图（表）。

6.1.10 电气设备标志文字内容应与调度机构下达的编号相符，其他电气设备的标志内容可参照调度编号及设计名称。一次设备为分相设备时应逐相标注，直流设备应逐极标注。

6.1.11 设备标志牌基本形式为矩形，衬底色为白色，边框、编号文字为红色（接地设备标志牌的边框、文字为黑色），采用反光黑体字。字号根据标志牌尺寸、字数适当调整。根据现场安装位置不同，可采用竖排。制作标准见附录A，标志牌尺寸可根据现场实际适当调整。

4.3.8.2.3 常设警示牌

本条评价项目（见《评价》）的查评依据如下。

【依据1】《国家电网公司安全工作规程　变电部分》（Q/GDW 1799.1—2013）

4.5　悬挂标示牌和装设遮栏（围栏）。

4.5.1　在一经合闸即可送电到工作地点的断路器（开关）和隔离开关（刀闸）的操作把手上，均应悬挂"禁止合闸，有人工作！"的标示牌（见附录1）。

如果线路上有人工作，应在线路断路器（开关）和隔离开关（刀闸）操作把手上悬挂"禁止合闸，线路有人工作！"的标示牌。

对于由于设备原因，接地刀闸与检修设备之间连有断路器（开关）和隔离开关（刀闸）操作把手上，应悬挂"禁止分闸"的标示牌。

在显示屏上进行操作的断路器（开关）和隔离开关（刀闸）的操作处均应相应设置"禁止合闸，有人工作！"或"禁止合闸，线路有人工作！"以及"禁止分闸！"的标记。

4.5.2　部分停电的工作，安全距离小于表2-1规定距离以内的未停电设备，应装设临时遮栏，临时遮栏与带电部分的距离不得小于表4-1的规定数值，临时遮栏可用干燥木材、橡胶或其他坚韧绝缘材料制成，装设应牢固，并悬挂"止步，高压危险！"的标示牌。

4.5.3　在室内高压设备上工作，应在工作地点两旁及对面运行设备间隔的遮栏（围栏）上和禁止通行的过道遮栏（围栏）上悬挂"止步，高压危险！"的标示牌。

4.5.4　高压开关柜内车手开关拉出后，隔离带电部位的挡板封闭后禁止开启，并设置"止步，高压危险！"的标示牌。

4.5.5　在室外高压设备上工作，应在工作地点四周装设围栏，其出入口要围至临近道路旁边，并设有"从此进出！"的标示牌。工作地点四周围栏上悬挂适当数量的"止步，高压危险！"标示牌，标示牌应朝向围栏里面。若室外配电装置的大部分设备停电，只有个别地点保留有带电设备而其他设备无触及带电导体的可能时，可以在带电设备四周装设全封闭围栏，围栏上悬挂适当数量的"止步，高压危险！"标示牌，标示牌应朝向围栏外面。禁止越过围栏。

4.5.6　在工作地点设置"在此工作！"的标示牌。

4.5.7　在室外构架上工作，则应在工作地点邻近带电部分的横梁上，悬挂"止步，高压危险！"标示牌。在工作人员上下铁架或梯子上，应悬挂"从此上下！"的标示牌。在邻近其他可能误登的带电构架上，应悬挂"禁止攀登，高压危险！"的标示牌。

4.5.8　禁止工作人员擅自移动或拆除遮栏（围栏）、标示牌。因工作原因必须短时移动或拆除遮栏（围栏）、标示牌，应征得工作许可人同意，并在工作负责人的监护下进行，完毕后应立即恢复。

【依据2】《国家电网公司安全设施标准》（国家电网科〔2010〕362号）

5　安全标志

5.1　一般规定

5.1.1　变电站设置的安全标志包括禁止标志、警告标志、指令标志、提示标志四种基本类型和消防安全标志、道路交通标志等特定类型。

5.1.2　安全标志一般使用相应的通用图形标志和文字辅助标志的组合标志。

5.1.3　安全标志一般采用标志牌的形式，宜使用衬边，以使安全标志与周围环境之间形成较为强烈的对比。

5.1.4　安全标志所用的颜色、图形符号、几何形状、文字，标志牌的材质、表面质量、衬边及型号选用、设置高度、使用要求应符合GB 2894—2008《安全标志及其使用导则》的规定。

5.1.5　安全标志牌应设在与安全有关场所的醒目位置，便于进入变电站的人们看到，并有足够的时间来注意它所表达的内容。环境信息标志宜设在有关场所的入口处和醒目处；局部环境信息应设在所涉及的相应危险地点或设备（部件）的醒目处。

5.1.6 安全标志牌不宜设在可移动的物体上，以免标志牌随母体物体相应移动，影响认读。标志牌前不得放置妨碍认读的障碍物。

5.1.7 多个标志在一起设置时，应按照警告、禁止、指令、提示类型的顺序，先左后右、先上后下地排列，且应避免出现相互矛盾、重复的现象。也可以根据实际，使用多重标志。

5.1.8 安全标志牌的固定方式分附着式、悬挂式和柱式。附着式和悬挂式的固定应稳固不倾斜，柱式的标志牌和支架应联接牢固。临时标志牌应采取防止脱落、移位措施。

5.1.9 安全标志牌应设置在明亮的环境中。

5.1.10 安全标志牌设置的高度尽量与人眼的视线高度相一致，悬挂式和柱式的环境信息标志牌的下缘距地面的高度不宜小于 2m，局部信息标志的设置高度应视具体情况确定。

5.1.11 安全标志牌的平面与视线夹角应接近 90°。

5.1.12 安全标志牌应定期检查，如发现破损、变形、褪色等不符合要求时，应及时修整或更换。修整或更换时，应有临时的标志替换，以避免发生意外伤害。

5.1.13 变电站入口，应根据站内通道、设备、电压等级等具体情况，在醒目位置按配置规范设置相应的安全标志牌。如"当心触电""未经许可 不得入内""禁止吸烟""必须戴安全帽"等，并应设立限速的标识（装置）。

5.1.14 设备区入口，应根据通道、设备、电压等级等具体情况，在醒目位置按配置规范设置相应的安全标志牌。如"当心触电""未经许可 不得入内""禁止吸烟""必须戴安全帽"及安全距离等，并应设立限速、限高的标识（装置）。

5.1.15 各设备间入口，应根据内部设备、电压等级等具体情况，在醒目位置按配置规范设置相应的安全标志牌。如主控制室、继电器室、通信室、自动装置室应配置"未经许可不得入内""禁止烟火"；继电器室、自动装置室应配置"禁止使用无线通信"；高压配电装置室应配置"未经许可 不得入内""禁止烟火"；GIS组合电器室、SF_6 设备室、电缆夹层应配置"禁止烟火""注意通风""必须戴安全帽"等。

5.2 禁止标志及设置规范

5.2.1 禁止标志牌的基本型式是一长方形衬底牌，上方是禁止标志（带斜杠的圆边框），下方是文字辅助标志（矩形边框）。图形上、中、下间隙，左、右间隙相等。

5.2.2 禁止标志牌长方形衬底色为白色，带斜杠的圆边框为红色，标志符号为黑色，辅助标志为红底白字、黑体字，字号根据标志牌尺寸、字数调整。

5.2.3 常用禁止标志及设置规范：

1 禁止吸烟室的设备区入口、主控制室、继电器室、通信室等。

2 禁止烟火的自动装置室、变压器室、配电装置室、电缆夹层、危险品存放点等处。

3 禁止用水灭火的变压器室、配电装置室等处（有隔离油源设施的室内油浸设备除外）。

4 禁止跨越的深坑（沟）等危险场所、安全遮栏等处。

5 禁止攀登的危险地点，如有坍塌危险的建筑物、构筑物等处。

6 禁止停留有直接危害的场所，如高处作业现场、吊装作业现场等处。

7 未经许可不得入内处，如高压设备室入口、消防泵室、雨淋阀室等处。

8 禁止通行有危险的作业区域，如起重、爆破现场，道路施工工地的入口等处。

9 禁止堆放消防器材存放处、消防通道、逃生通道及变电站主通道、安全通道等处。

10 禁止穿化纤服装的设备区入口、电气检修试验、焊接及有易燃易爆物质的场所等处。

11 禁止使用无线通信继电器室、自动装置室等处。

12 禁止合闸，如一经合闸即可送电到施工设备的断路器有人工（开关）和隔离开关（刀闸）操作把手上等处。

13 禁止合闸、线路有人工作，如有人工作的线路断路器和隔离开关操作把手上。

14 禁止分闸的接地刀闸与检修设备之间的断路器（开关）操作把手上。

15 禁止攀登的高压配电装置构架的爬梯上，变压器、电高压危险抗器等设备的爬梯上。

5.3 警告标志及设置规范

5.3.1 警告标志牌的基本型式是一长方形衬底牌，上方是警告标志（正三角形边框），下方是文字辅助标志（矩形边框）。图形上、中、下间隙，左、右间隙相等。

5.3.2 警告标志牌长方形衬底色为白色，正三角形边框底色为黄色，边框及标志符号为黑色，辅助标志为白底黑字、黑体字，字号根据标志牌尺寸、字数调整。

5.3.3 常用警告标志及设置规范：

1 注意安全易造成人员伤害的场所及设备等处。

2 注意通风 SF_6 装置室、蓄电池室、电缆夹层、电缆隧道入口等处。

3 当心火灾易发生火灾的危险场所，如电气检修试验、焊接及有易燃易爆物质的场所。

4 当心爆炸易发生爆炸危险的场所，如易燃易爆物质的使用或受压容器等地点。

5 当心中毒配电装置室入口，生产、储运、使用剧毒品及有毒物质的场所。

6 当心触电有可能发生触电危险的电气设备和线路，如配电装置室、开关等处。

7 当心电缆暴露的电缆或地面下有电缆处施工的地点。

8 当心机械伤人易发生机械卷入、轧压、碾压、剪切等机械伤害的作业地点。

9 当心伤手易造成手部伤害的作业地点，如机械加工工作场所等处。

10 当心扎脚易造成脚部伤害的作业地点，如施工工地及有尖角散料等处。

11 当心吊物有吊装设备作业的场所，如施工工地等处。

12 当心坠落架、高处平台、地面的深沟（池、槽）等处。

13 当心落物易发生落物危险的地点，如高处作业、立体交叉作业的下方等处。

14 当心腐蚀蓄电池室内墙壁等处。

15 当心坑洞生产现场和通道临时开启或挖掘的孔洞四周的围栏等处。

16 当心弧光易发生由于弧光造成眼部伤害的焊接作业场所等处。

17 当心塌方有塌方危险的区域，如堤坝及土方作业的深坑、深槽等处。

18 当心车辆道路的拐角处、平交路口，车辆出入较多的生产场所出入口处。

19 当心滑跌地面有易造成伤害的滑跌地点，如地面有油、冰、水等物质及滑坡处。

20 高压危险禁止通行的过道上，工作地点高压危险临近室外带电设备的安全围栏上，工作地点临近带电设备的横梁上等处。

5.4 指令标志及设置规范

5.4.1 指令标志牌的基本型式是一长方形衬底牌，上方是指令标志（圆形边框），下方是文字辅助标志（矩形边框）。图形上、中、下间隙，左、右间隙相等。

5.4.2 指令标志牌长方形衬底色为白色，圆形边框底色为蓝色，标志符号为白色，辅助标志为蓝底白字、黑体字，字号根据标志牌尺寸、字数调整。

5.4.3 常用指令标志及设置规范：

1 必须戴防护眼镜对眼睛有伤害的作业场所。如机械加工、各种焊接等处。

2 烟尘等作业场所。如有毒物散发的地必须戴防毒面具点或处理有毒物造成的事故现场等处。

3 必须戴安全帽生产现场（办公室、主控制室、值班室和检修班组室除外）。

4 必须戴防护手套蚀、污染、灼烫、冰冻及触电危险的作业等处。

5 必须穿防护鞋蚀、灼烫、触电、砸（刺）伤等危险的作业地点。

6 必须系安全带易发生坠落危险的作业场所，如高处建筑、检修、安装等处。

7 必须穿防护服具有放射、微波、高温及其他需穿防护服的作业场所。

5.5 提示标志及设置规范

5.5.1 提示标志牌的基本型式是一正方形衬底牌和相应文字，四周间隙相等。

5.5.2 提示标志牌衬底色为绿色，标志符号为白色，文字为黑色（白色）黑体字，字号根据标志牌尺寸、字数调整。

5.5.3 常用提示标志及设置规范：

1 在此工作。工作地点或检修设备上。

2 从此上下。工作人员可以上下的铁（构）架、爬梯上。

3 从此进出。工作地点遮栏的出入口处。

4 紧急洗眼水。悬挂在从事酸、碱工作的蓄电池室、化验室等洗眼水喷头旁。

5 安全距离。设备不停电时的安全距离。设置在设备区入口。

其他提示标志根据实际需要挂设。

4.3.8.2.4 控制、仪表盘上的控制开关

本条评价项目（见《评价》）的查评依据如下。

【依据1】《变电站管理规范》（国家电网生〔2003〕387号）

8.8 设备标识管理

8.8.1 变电站设备标识牌设置规范参照《国家电网公司安全设施标准》执行。

8.8.2 变电站设备应配置醒目的标识，设备标识应定义清晰，具有唯一性。

8.8.3 变电站设备应统一标识、统一管理。

8.8.4 变电站现场一、二次设备要有明显标志，包括设备命名、编号、铭牌、操作转动方向、切换位置的指示以及区别电气相色的标色。

8.8.5 变电站现场一、二次设备名称编号牌应正确齐全，清晰美观，名称编号原则应符合调度命名文件及有关规定要求，标注双重名称和编号。

8.8.6 设备标识牌应配置在设备本体或附件醒目位置。

【依据2】《国家电网公司防止电气误操作安全管理规定》（国家电网安监〔2006〕904号）

3.4.1.3 "五防"功能除"防止误分、误合断路器"现阶段因技术原因可采取提示性措施外，其余四防功能必须采取强制性防止电气误操作措施。

强制性防止电气误操作措施指：在设备的电动操作控制回路中串联以闭锁回路控制的接点或锁具，在设备的手动操控部件上加装受闭锁回路控制的锁具，同时尽可能按技术条件的要求防止走空程操作。

5 二次设备防止电气误操作管理原则要求

5.1 对压板操作、电流端子操作、切换开关操作、插拔操作、二次开关操作、按钮操作、定值更改等继电保护操作，应制定正确操作要求和防止电气误操作措施。

5.1.1 保护出口的二次压板投入前，应检查无出口跳闸电压、装置无异常、无掉牌信号。二次压板应有醒目和位置正确的标牌（标签）。

5.1.2 涉及二次运行方式的切换开关，如母差固定联接方式切换开关、备用电源自投切换开关、电压互感器二次联络切换开关等在操作后，应检查相应的指示灯或光字牌，以确认方式正确。

5.1.3 二次设备的重要按钮在正常运行中，应做好防误碰的安全措施，并在按钮旁贴有醒目标签加以说明。

5.1.4 应对不同类型保护制定二次设备定值更改的安全操作规定，如微机保护改变定值区后应打印或确认定值表，调整时间继电器定值时应停用相关的出口压板，时间定值调整后应检查装置无异常后再投入出口压板等。

4.3.9 过电压保护及接地装置

4.3.9.1 技术指标

4.3.9.1.1 直击雷保护

本条评价项目（见《评价》）的查评依据如下。

【依据1】《交流电气装置的过电压保护和绝缘配合设计规范》（GB/T 50064—2014）

5.4 发电厂和变电站的雷电过电压保护

5.4.1 发电厂和变电站的直击雷过电压保护可采用避雷针或避雷线，其保护范围可按本规范第5.2节确定。下列设施应设直击雷保护装置：

1 屋外配电装置，包括组合导线和母线廊道；

2 火力发电厂的烟囱、冷却塔和输煤系统的高建筑物（地面转运站、输煤栈桥和输煤筒仓）；

3 油处理室、燃油泵房、露天油罐及其架空管道、装卸油台、易燃材料仓库；

4 乙炔发生站、制氢站、露天氢气罐、氢气罐储存室、天然气调压站、天然气架空管道及其露天储罐；

5 多雷区的牵引站。

5.4.2 发电厂的主厂房、主控制室、变电站控制室和配电装置室的直击雷过电压保护应符合下列要求：

1 发电厂的主厂房、主控制室和配电装置室可不装设直击雷保护装置为保护其他设备而装设的避雷针不宜装在独立的主控制室和35kV及以下变电站的屋顶上。采用钢结构或钢筋混凝土结构有屏蔽作用的建筑物的车间变电站可装设直击雷保护装置。

2 强雷区的主厂房、主控制室、变电站控制室和配电装置室宜有直击雷保护。

3 主厂房装设避直击雷保护装置或为保护其他设备而在主厂房上装设避雷针时，应采取加强分流、设备的接地点远离避雷针接地引下线的人地点、避雷针接地引下线远离电气设备的防止反击措施，并宜在靠近避雷针的发电机出口处装设一组旋转电机用MOA。

4 主控制室、配电装置室和35kV及以下变电站的屋顶上装设直击雷保护装置时，应将屋顶金属部分接地；钢筋混凝土结构屋顶，应将其焊接成网接地；非导电结构的屋顶，应采用避雷带保护，该避雷带的网格应为8m～10m，每隔10m～20m应设接地引下线，该接地引下线应与主接地网连接，并应在连接处加装集中接地装置。

5 峡谷地区的发电厂和变电站宜用避雷线保护。

6 已在相邻建筑物保护范围内的建筑物或设备，可不装设直击雷保护装置。

7 屋顶上的设备金属外壳、电缆金属外皮和建筑物金属构件均应接地。

5.4.3 露天布置的GIS的外壳可不装设直击雷保护装置，外壳应接地。

5.4.4 发电厂和变电站有爆炸危险且爆炸后会波及发电厂和变电站内主设备或严重影响发供电的建（构）筑物，应用独立避雷针保护，采取防止雷电感应的措施，并应符合下列要求：

1 避雷针与易燃油储罐和氢气天然气罐体及其呼吸阀之间的空气中距离，避雷针及其接地装置与罐体、罐体的接地装置和地下管道的地中距离应符合本规范第5.4.11条第1款及第2款的要求。避雷针与呼吸阀的水平距离不应小于3m，避雷针尖高出呼吸阀不应小于3m避雷针的保护范围边缘高出呼吸阀顶部不应小于2m。避雷针的接地电阻不宜超过10Ω。在高土壤电阻率地区，接地电阻难以降到10Ω。且空气中距离和地中距离符合本规范第5.4.11条第1款的要求时，可采用较高的电阻值。避雷针与5000m³以上储罐呼吸阀的水平距离不应小于5m，避雷针尖高出呼吸阀不应小于5m。

2 露天储罐周围应设闭合环形接地体，接地电阻不应超过30Ω，无独立避雷车＋保护的露天储罐不应超过10Ω，接地点不应少于2处，接地点间距不应大于30m架空管道每隔20m～25m应接地1次，接地电阻不应超过30Ω。易燃油储罐的呼吸阀、易燃油和天然气储罐的热工测量装置应与储罐的接地体用金属线相连的方式进行重复接地不能保持良好电气接触的阀门、法兰、弯头的管道连接处应跨接。

5.4.5 发电厂和变电站的直击雷保护装置包括兼做接闪器的设备金属外壳、电缆金属外皮、建筑物金属构件，其接地可利用发电厂或变电站的主接地网，应在直击雷保护装置附近装设集中接地装置。

5.4.6 独立避雷针的接地装置应符合下列要求：

1 独立避雷针宜设独立的接地装置。

2 在非高土壤电阻率地区，接地电阻不宜超过10Ω。

3 该接地装置可与主接地网连接，避雷针与主接地网的地下连接点至35kV及以下设备与主接地网的地下连接点之间，地极的长度不得小于15m。

4 独立避雷针不应设在人经常通行的地方，避雷针及其接地装置与道路或出入口的距离不宜小于3m，否则应采取均压措施或铺设砾石或沥青地面。

5.4.7 架构或房顶上安装避雷针应符合下列要求：

1 110kV及以上的配电装置，可将避雷针装在配电装置的架构或房顶上，在土壤电阻率大于1000Ω·m的地区，宜装设独立避雷针。装设非独立避雷针时，应通过验算，采取降低接地电阻或加强绝缘的措施。

2 66kV的配电装置，可将避雷针装在配电装置的架构或房顶上，在土壤电阻率大于500Ω·m的地区，宜装设独立避雷针。

3 35kV及以下高压配电装置架构或房顶不宜装避雷针。

4 装在架构上的避雷针应与接地网连接，并应在其附近装设集中接地装置。装有避雷针的架构上，接地部分与带电部分间的空气中距离不得小于绝缘子串的长度或非污秽区标准绝缘子串的长度。

5 除大坝与厂房紧邻的水力发电厂外，装设在除变压器门型架构外的架构上的避雷针与主接地网的地下连接点至变压器外壳接地线与主接地网的地下连接点之间，埋入地中的接地极的长度不得小于15m。

5.4.8 变压器门型架构上安装避雷针或避雷线应符合下列要求：

1 除大坝与厂房紧邻的水力发电厂外，当土壤电阻率大于350Ω·m时，在变压器门型架构上和在离变压器主接地线小于15m的配电装置的架构上，不得装设避雷针、避雷线；

2 当土壤电阻率不大于350Ω·m时，应根据方案比较确有经济效益，经过计算采取相应的防止反击措施后，可在变压器门型架构上装设避雷针、避雷线；

3 装在变压器门型架构上的避雷针应与接地网连接，并应沿不同方向引出3根～4根放射形水平接地体，在每根水平接地体上离避雷针架构3m～5m处应装设1根垂直接地体；

4 6kV～35kV变压器应在所有绕组出线上或在离变压器电气距离不大5m条件下装设MOA；

5 高压侧电压35kV变电站，在变压器门型架构上装设避雷针时，变电站接地电阻不应超过4Ω。

5.4.9 线路的避雷线引接到发电厂或变电站应符合下列要求：

1 110kV及以上配电装置，可将线路的避雷线引接到出线门型架构上，在土壤电阻率大于1000Ω·m的地区，还应装设集中接地装置；

2 35kV和66kV配电装置，在土壤电阻率不大于500Ω·m的地区，可将线路的避雷线引接到出线门型架构上，应装设集中接地装置；

3 35kV和66kV配电装置，在土壤电阻率大于500Ω·m的地区，避雷线应架设到线路终端杆塔为止。从线路终端杆塔到配电装置的一档线路的保护，可采用独立避雷针也可在线路终端杆塔上装设避雷针。

【依据2】《交流电气装置的过电压保护和绝缘配合》(DL/T 620—1997)

7.1 发电厂和变电所的直击雷过电压保护

7.1.1 发电厂和变电所的直击雷过电压保护可采用避雷针或避雷线。下列设施应装设直击雷保护装置：

a) 屋外配电装置，包括组合导线和母线廊道；

b) 火力发电厂的烟囱、冷却塔和输煤系统的高建筑物；

c) 油处理室、燃油泵房、露天油罐及其架空管道、装卸油台、易燃材料仓库等建筑物；

d) 乙炔发生站、制氢站、露天氢气罐、氢气罐储存室、天然气调压站、天然气架空管道及其露天贮罐；

e) 多雷区的列车电站。

7.1.2 发电厂的主厂房、主控制室和配电装置室一般不装设直击雷保护装置。为保护其他设备而装设的避雷针，不宜装在独立的主控制室和35kV及以下变电所的屋顶上。但采用钢结构或钢筋混凝土结构等有屏蔽作用的建筑物的车间变电所可不受此限制。

雷电活动特殊强烈地区的主厂房、主控制室和配电装置室宜设直击雷保护装置。

主厂房如装设避直击雷保护装置或为保护其他设备而在主厂房上装设避雷针，应采取加强分流、装设集中接地装置、设备的接地点尽量远离避雷针接地引下线的入地点、避雷针接地引下线尽量远离电气设备等防止反击的措施，并宜在靠近避雷针的发电机出口处装设一组旋转电机阀式避雷器。

主控制室、配电装置室和35kV及以下变电所的屋顶上如装设直击雷保护装置时，若为金属屋顶或屋顶上有金属结构，则将金属部分接地；若屋顶为钢筋混凝土结构，则将其焊接成网接地；若结构为非导电的屋顶时，则采用避雷带保护，该避雷带的网格为8m～10m，每隔10m～20m设引下线接地。

上述接地引下线应与主接地网连接，并在连接处加装集中接地装置。

峡谷地区的发电厂和变电所宜用避雷线保护。

已在相邻高建筑物保护范围内的建筑物或设备，可不装设直击雷保护装置。

屋顶上的设备金属外壳、电缆金属外皮和建筑物金属构件均应接地。

7.1.3 露天布置的GIS的外壳不需装设直击雷保护装置，但应接地。

7.1.4 发电厂和变电所有爆炸危险且爆炸后可能波及发电厂和变电所内主设备或严重影响发供电的建构筑物（如制氢站、露天氢气贮罐、氢气罐储存室、易燃油泵房、露天易燃油贮罐、厂区内的架空易燃油管道、装卸油台和天然气管道以及露天天然气贮罐等），应用独立避雷针保护，并应采取防止雷电感应的措施。

7.1.5 7.1.1中所述设施上的直击雷保护装置包括兼做接闪器的设备金属外壳、电缆金属外皮、建筑物金属构件等，其接地可利用发电厂或变电所的主接地网，但应在直击雷保护装置附近装设集中接地装置。

7.1.6 独立避雷针（线）宜设独立的接地装置。在非高土壤电阻率地区，其接地电阻不宜超过10Ω。当有困难时，该接地装置可与主接地网连接，但避雷针与主接地网的地下连接点至35kV及以下设备与主接地网的地下连接点之间，沿接地体的长度不得小于15m。

独立避雷针不应设在人经常通行的地方，避雷针及其接地装置与道路或出入口等的距离不宜小于3m，否则应采取均压措施，或铺设砾石或沥青地面，也可铺设混凝土地面。

7.1.7 110k及以上的配电装置，一般将避雷针装在配电装置的架构或房顶上，但在土壤电阻率大于1000Ω·m的地区，宜装设独立避雷针。否则，应通过验算，采取降低接地电阻或加强绝缘等措施。

66kV的配电装置，允许将避雷针装在配电装置的架构或房顶上，但在土壤电阻率大于500Ω·m的地区宜装设独立避雷针。

35kV及以下高压配电装置架构或房顶不宜装避雷针。

装在架构上的避雷针应与接地网连接，并应在其附近装设集中接地装置。装有避雷针的架构上，接地部分与带电部分间的空气中距离不得小于绝缘子串的长度；但在空气污秽地区，如有困难，空气中距离可按非污秽区标准绝缘子串的长度确定。

除水力发电厂外，装设在架构（不包括变压器门型架构）上的避雷针与主接地网的地下连接点至变压器接地线与主接地网的地下连接点之间，沿接地体的长度不得小于15m。

7.1.8 除水力发电厂外，在变压器门型架构上和在离变压器主接地线小于15m的配电装置的架构上，当土壤电阻率大于350Ω·m时，不允许装设避雷针、避雷线，如不大于350Ω·m则应根据方案比较确有经济效益，经过计算采取相应的防止反击措施，并至少遵守下列规定，方可在变压器门型架构上装设避雷针、避雷线。

a）装在变压器门型架构上的避雷针应与接地网连接，并应沿不同方向引出3根～4根放射形水平接地体，在每根水平接地体上离避雷针架构3m～5m处装设一根垂直接地体。

b）直接在3kV～35kV变压器的所有绕组出线上或在离变压器电气距离不大于5m条件下装设阀式避雷器。

高压侧电压35kV变电所，在变压器门型架构上装设避雷针时，变电所接地电阻不应超过4SZ（不包括架构基础的接地电阻）。

7.1.9 110kV 及以上配电装置，可将线路的避雷线引接到出线门型架构上，土壤电阻大于 1000Ω·m 的地区，应装设集中接地装置。

35kV、66kV 配电装置，在土壤电阻率不大于 500Ω·m 的地区，允许将线路的避雷线引接到出线门型架构上，但应装设集中接地装置。在土壤电阻率大于 500Ω·m 的地区，避雷线应架设到线路终端杆塔为止。从线路终端杆塔到配电装置的一档线路的保护，可采用独立避雷针，也可在线路终端杆塔上装设避雷针。

严禁在装有避雷针、避雷线的构筑上架设未采取保护措施的通信线、广播线和低压线。

【依据 3】《国家电网有限公司十八项电网重大反事故措施（2018 年修订版）》（国家电网设备〔2018〕979 号）

14.2.2.2 严禁利用避雷针、变电站构架和带避雷线的杆塔作为低压线、通信线、广播线、电视天线的支柱。

14.7 防止避雷针事故

14.7.1 设计阶段

14.7.1.1 构架避雷针设计时应统筹考虑站址环境条件、配电装置构架结构形式等，采用格构式避雷针或圆管形避雷针等结构形式。

14.7.1.2 构架避雷针结构形式应与构架主体结构形式协调统一，通过优化结构形式，有效减小风阻。构架主体结构为钢管人字柱时，宜采用变截面钢管避雷针；构架主体结构采用格构柱时，宜采用变截面格构式避雷针。构架避雷针如采用管型结构，法兰连接处应采用有劲肋板法兰刚性连接。

14.7.1.3 在严寒大风地区的变电站，避雷针设计应考虑风振的影响，结构型式宜选用格构式，以降低结构对风荷载的敏感度；当采用圆管形避雷针时，应严格控制避雷针针身的长细比，法兰连接处应采用有劲肋板刚性连接，螺栓应采用 8.8 级高强度螺栓，双帽双垫，螺栓规格不小于 M20，结合环境条件，避雷针钢材应具有冲击韧性的合格保证。

14.7.2 基建阶段

14.7.2.1 钢管避雷针底部应设置有效排水孔，防止内部积水锈蚀或冬季结冰。

14.7.2.2 在非高土壤电阻率地区，独立避雷针的接地电阻不宜超过 10Ω。当有困难时，该接地装置可与主接地网连接，但避雷针与主接地网的地下连接点至 35kV 及以下电压等级设备与主接地网的地下连接点之间，沿接地体的长度不得小于 15m。

14.7.3 运行阶段

14.7.3.1 以 6 年为基准周期或在接地网结构发生改变后，进行独立避雷针接地装置接地阻抗检测，当测试值大于 10Ω 时应采取降阻措施，必要时进行开挖检查。独立避雷针接地装置与主接地网之间导通电阻应大于 500mΩ。

4.3.9.1.2 侵入波保护

本条评价项目（见《评价》）的查评依据如下。

【依据 1】《交流电气装置的过电压保护和绝缘配合设计规范》（GB/T 50064 2014）

5.4.12 范围Ⅱ发电厂和变电站高压配电装置的雷电侵入波过电压保护应符合下列要求：

1 2km 架空进线保护段范围内的杆塔耐雷水平应符合本规范表 5.3.1-1 的要求应采取措施减少近区雷击闪络。

2 发电厂和变电站高压配电装置的雷电侵入波过电压保护用 MOA 的设置和保护方案，宜通过仿真计算确定。雷电侵入波过电压保护用 MOA 的基本要求可按照本规范第 4.4.1 条至第 4.4.3 条。

3 发电厂和变电站的雷电安全运行年，不宜低于表 5.4.12 所列数值。

表 5.4.12   发电厂和变电站的雷电安全运行年

统标称电压（kV）	330	500	750
安全运行年（a）	600	800	100

4 变压器和高压并联电抗器的中性点经接地电抗器接地时，中性点上应装设 MOA 保护。

5.4.13 范围Ⅰ发电厂和变电站高压配电装置的雷电侵入波过电压保护应符合下列要求：

1 发电厂和变电站应采取措施防止或减少近区雷击闪络。未沿全线架设地线的 35kV～110kV 架空输电线路，应在变电站 1km～2km 的进线段架设地线 220kV 架空输电线路 2km 进线保护段范围内以及 35kV～110kV 线路 1km～2km 进线保护段范围内的杆塔耐雷水平，应该符合表 5.3.1-1 的要求。

2 未沿全线架设地线的 35kV～110kV 线路，其变电站的进线段应采用图 5.4.13-1 所示的保护接线。在雷季，如变电站 35kV～110kV 进线的隔离开关或断路器可能经常断路运行，同时线路侧又带电，必须在靠近隔离开关或断路器处装设一组 MOA。

3 全线架设地线的 66kV～220kV 变电站，其进线的隔离开关或断路器与上述情况相同时，宜在靠近隔离开关或断路器处装设一组 MOA。

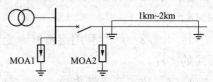

图 5.4.13-1　35kV～110kV 变电站的进线保护接线

4 多雷区 66kV～220kV 敞开式变电站和电压范围Ⅱ变电站的 66kV～220kV 侧，经常闭路的线路断路器的线路侧宜安装一组 MOA，以防止雷击线路断路器跳闸后待重合时间内重复雷击引起变电站电气设备的损坏。虽非多雷区但运行中已出现过此类事故的地区也同此。

5 发电厂、变电站的 35kV 及以上电缆进线段，电缆与架空线的连接处应装设 MOA，其接地端应与电缆金属外皮连接。对三芯电缆，末端的金属外皮应直接接地 [图 5.4.13-2（a）]；对单芯电缆，应经金属氧化物电缆护层保护器（CP）接地 [图 5.4.13-2（b）]。如电缆长度不超过 50m 或虽超过 50m，但经校验装一组 MOA 即能符合保护要求，图 5.4.13-2 中可只装 MOA1 或 MOA2。如电缆长度超过 50m，且断路器在雷季可能经常断路运行，应在电缆末端装设 MOA。连接电缆段的 1km 架空线路应架设地线。全线电缆—变压器组接线的变电站内是否需装设 MOA，应视电缆另一端有无雷电过电压波侵入的可能，经校验确定。

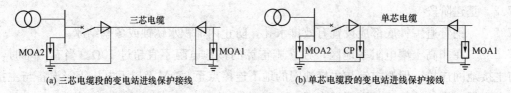

(a) 三芯电缆段的变电站进线保护接线　　(b) 单芯电缆段的变电站进线保护接线

图 5.4.13-2　具有 35kV 及以上电缆段的变电站进线保护接线

6 具有架空进线的 35kV 及以上发电厂和变电站敞开式高压配电装置中 MOA 的配置应符合下列要求：

1）35kV 及以上装有标准绝缘水平的设备和标准特性金属氧化物避雷器且高压配电装置采用单母线、双母线或分段的电气主接线时，MOA 可仅安装于母线上。MOA 与主变压器间的最大电气距离可参照表 5.4.13-1 确定。对其他电器的最大距离可相应增加 35%。MOA 与主变压器及其他被保护设备的电气距离超过表 5.4.13-1 的规定值时，可在主变压器附近增设一组 MOA。变电站内所有 MOA 应以最短的接地线与配电装置的主接地网连接，同时应在其附近装设集中接地装置。

2）在本规范第 5.4.13 条第 4 款的情况下，如线路入口 MOA 与变压器及其他被保护设备的电气距离不超表 5.4.13-1 的规定值时，可不必在母线上安装 MOA。

表 5.4.13-1　　　　　　　　　　　　　MOA 至变压器间的最大电气距离

系统标称电压（kV）	进线长度（km）	进线路数			
		1	2	3	≥4
35	1	25	40	50	55
	1.5	40	55	65	75
	2	50	75	90	105

系统标称电压（kV）	进线长度（km）	进线路数			
		1	2	3	≥4
66	1	45	65	80	90
	1.5	60	85	105	115
	2	80	105	130	145
110	1	55	85	105	115
	1.5	90	120	145	165
	2	125	170	205	230
220	2	125（90）	195（140）	235（170）	265（190）

注 1. 全线有地线进线长度取 2km，进线长度在 1km～2km 间时的距离按补插法确定；

2. 标准绝缘水平指 35kV、66kV、110kV 及 220kV 变压器、电压互感器标准雷电冲击全波耐受电压分别为 200kV、325kV、480kV 及 950kV。括号内的数值对应的雷电冲击全波耐受电压为 850kV。

3）架空进线采用双回路杆塔，有同时遭到雷击的可能，确定 MOA 与变压器最大电气距离时，应按一路考虑，且在雷季中宜避免将其中一路断开。

7 对于 35kV 及以上具有架空或电缆进线、主接线特殊的敞开式或 GIS 电站，应通过仿真计算确定保护方式。

8 有效接地系统中的中性点不接地的变压器，如中性点采用分级绝缘且未装设保护间隙，应在中性点装设中性点 MOA。如中性点采用全绝缘，但变电站为单进线且为单台变压器运行，也应在中性点装设 MOA。不接地、谐振接地和高电阻接地系统中的变压器（含接地变压器）中性点，一般不装设保护装置，但多雷区单进线变电站且变压器中性点引出时，宜装设 MOA。

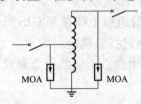

图 5.4.13-3 自耦变压器的典型保护接线

9 自耦变压器必须在其两个自耦合的绕组出线上装设金属氧化物避雷器，该 MOA 应装在自耦变压器和断路器之间，并采用图 5.4.13-3 的保护接线。

10 35kV～220kV 开关站，应根据其重要性和进线路数等条件，在进线上装设 MOA。

11 与架空线路连接的三绕组自耦变压器、变压器（包括一台变压器与两台电机相连的三绕组变压器）的低压绕组如有开路运行的可能和发电厂双绕组变压器当发电机断开由高压侧倒送厂用电以及具有平衡绕组的双 Y 型变压器应在变压器低压（平衡）绕组三相上装设 MOA，以防来自高压绕组的雷电波的感应电压危及低压绕组绝缘。

12 变电站的 6kV 和 10kV 配电装置（包括电力变压器）雷电侵入波过电压的保护应符合以下要求：

1）变电站的 6kV 和 10kV 配电装置（包括电力变压器），应在每组母线和架空进线上装设 MOA（分别采用电站和配电 MOA），并应采用图 5.4.13-4 所示的保护接线。母线上 MOA 与主变压器的电气距离不宜大于表 5.4.13-2 所列数值。

2）架空进线全部在厂区内，且受到其他建筑物屏蔽时，可只在母线上装设 MOA。

3）有电缆段的架空线路，MOA 应装设在电缆头附近，其接地端应和电缆金属外皮相连。如各架空进线均有电缆段，则金属氧化物避雷器与主变压器的最大电气距离不受限制。

13 小于 3150kV·A 供非常重要负荷的 35kV 分支变电站，根据雷电活动的强弱，可采用 5.4.15-3 的保护接线。

14 简易保护接线的变电站 35kV 侧，MOA 与主变压器或电压互感器间的最大电气距离不宜超过 10m。

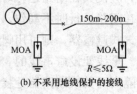

图 5.4.15-3 小于 3150kV·A 变电站的简易保护

【依据 2】《交流电气装置的过电压保护和绝缘配合》（DL/T 620—1997）

7.2 范围Ⅱ发电厂和变电所高压配电装置的雷电侵入波过电压保护

7.2.1 2km 架空进线保护段范围内的杆塔耐雷水平应该符合表 7 的要求。应采取措施防止或减少近区雷击闪络。

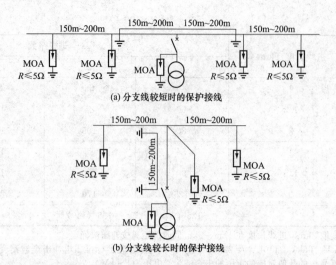

(a) 分支线较短时的保护接线

(b) 分支线较长时的保护接线

图 5.4.15-4　小于 3150kV·A 分支变电站的简易保护

7.2.2　具有架空进线电气设备采用标准绝缘水平的 330kV 发电厂和变电所敞开式高压配电装置中，金属氧化物避雷器至主变压器的距离，对于单、双、三和四回进线的情况，分别为 90m、140m、170m 和 190m。对其他电器的最大距离可相应增加 35%。

7.2.3　敞开式发电厂和变电所采用 $1\frac{1}{2}$ 断路器主接线时，金属氧化物避雷器宜装设在每回线路的入口和每一主变压器回路上，母线较长时是否需装设避雷器可通过校验确定。

7.2.4　采用 GIS、主接线为 $1\frac{1}{2}$ 断路器的发电厂和变电所，金属氧化物避雷器宜安装于每回线路的入口，每组母线上是否安装需经校验确定。当升压变压器经较长的气体绝缘管道或电缆接至 GIS 母线时（如水力发电厂）以及接线复杂的 GIS 发电厂和变电所的避雷器的配置可通过校验确定。

7.2.5　范围Ⅱ的变压器和高压并联电抗器的中性点经接地电抗器接地时，中性点上应装设金属氧化物避雷器保护。

7.3　范围Ⅰ发电厂和变电所高压配电装置的雷电侵入波过电压保护

7.3.1　发电厂和变电所应采取措施防止或减少近区雷击闪络。未沿全线架设避雷线的 35kV～110kV 架空送电线路，应在变电所 1km～2km 的进线段架设避雷线。

220kV 架空送电线路，在 2km 进线保护段范围内以及 35kV～110kV 线路在 1km～2km 进线保护段范围内的杆塔耐雷水平应该符合表 7 的要求。

进线保护段上的避雷线保护角宜不超过 20°，最大不应超过 30°。

7.3.2　未沿全线架设避雷线的 35kV～110kV 线路，其变电所的进线段应采用图 10 所示的保护接线。

在雷季，如变电所 35kV～110kV 进线的隔离开关或断路器可能经常断路运行，同时线路侧又带电，必须在靠近隔离开关或断路器处装设一组排气式避雷器 FE。FE 外间隙距离的整定，应使其在断路运行时，能可靠地保护隔离开关或断路器，而在闭路运行时不动作。如 FE 整定有困难，或无适当参数的排气式避雷器，则可用阀式避雷器代替。

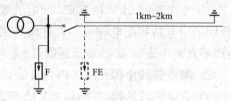

图 10　35kV～110kV 变电所的进线保护接线

全线架设避雷线的 35kV～220kV 变电所，其进线的隔离开关或断路器与上述情况相同时，宜在靠近隔离开关或断路器处装设一组保护间隙或阀式避雷器。

7.3.3　发电厂、变电所的 35kV 及以上电缆进线段，在电缆与架空线的连接处应装设阀式避雷器，其接地端应与电缆金属外皮连接。对三芯电缆，末端的金属外皮应直接接地［图 11（a）］；对单芯电缆，应经金属氧化物电缆护层保护器（FC）或保护间隙（FG）接地［图 11（b）］。

如电缆长度不超过 50m 或虽超过 50m，但经校验，装一组阀式避雷器即能符合保护要求，图 11 中可只装 F1 或 F2。

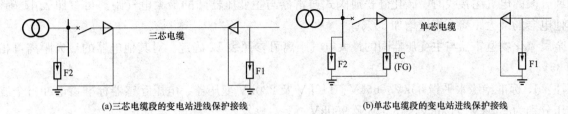

(a)三芯电缆段的变电站进线保护接线   (b)单芯电缆段的变电站进线保护接线

图 11   具有 35kV 及以上电缆段的变电所进线保护接线

如电缆长度超过 50m，且断路器在雷季可能经常断路运行，应在电缆末端装设排气式避雷器或阀式避雷器。

连接电缆段的 1km 架空线路应架设避雷线。

全线电缆—变压器组接线的变电所内是否需装设阀式避雷器，应视电缆另一端有无雷电过电压波侵入的可能，经校验确定。

7.3.4   具有架空进线的 35kV 及以上发电厂和变电所敞开式高压配电装置中阀式避雷器的配置。

a）每组母线上应装设阀式避雷器。阀式避雷器与主变压器及其他被保护设备的电气距离超过表 11 或表 12 的参考值时，可在主变压器附近增设一组阀式避雷器。

表 11   普通阀式避雷器至主变压器间的最大电气距离   m

系统标称电压/kV	进线长度/km	进线路数			
		1	2	3	≥4
35	1	25	40	50	55
	1.5	40	55	65	75
	2	50	75	90	105
66	1	45	65	80	90
	1.5	60	85	105	115
	2	80	105	130	145
110	1	45	70	80	90
	1.5	70	95	115	130
	2	100	135	160	180
220	2	105	165	195	220

注　1. 全线有避雷线进线长度取 2km，进线长度在 1km～2km 间时的距离按补插法确定，表 12 同此。
　　2. 35kV 也适用于有串联间隙金属氧化物避雷器的情况。

表 12   金属氧化物避雷器至主变压器间的最大电气距离   m

系统标称电压/kV	进线长度/km	进线路数			
		1	2	3	≥4
110	1	55	85	105	115
	1.5	90	120	145	165
	2	125	170	205	230
220	2	125	195	235	265
		(90)	(140)	(170)	(190)

注　1. 本表也适用于电站碳化硅磁吹避雷器（FM）的情况。
　　2. 表 12 括号内距离对应的雷电冲击全波耐受电压为 850kV。

变电所内所有阀式避雷器应以最短的接地线与配电装置的主接地网连接，同时应在其附近装设集中接地装置。

b）35kV 及以上装有标准绝缘水平的设备和标准特性阀式避雷器且高压配电装置采用单母线、双母线或分段的电气主接线时，碳化硅普通阀式避雷器与主变压器间的最大电气距离可参照表11确定。对其他电器的最大距离可相应增加35%。

金属氧化物避雷器与主变压器间的最大电气距离可参照表12确定。对其他电器的最大距离可相应增加35%。

注：1. 标准绝缘水平指 35kV、66kV、110kV 及 220kV 变压器、电压互感器标准雷电冲击全波耐受电压分别为 200kV、325kV、480kV 及 950kV。

2. 110kV 及 220kV 金属氧化物避雷器在标称放电电流下的残压分别为 260kV 及 520kV。

c）架空进线采用双回路杆塔，有同时遭到雷击的可能，确定阀式避雷器与变压器最大电气距离时，应按一路考虑，且在雷季中宜避免将其中一路断开。

d）对电气接线比较特殊的情况，可用计算方法或通过模拟试验确定最大电气距离。

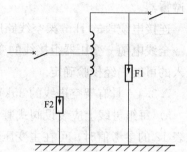

7.3.5 有效接地系统中的中性点不接地的变压器，如中性点采用分级绝缘且未装设保护间隙，应在中性点装设雷电过电压保护装置，且宜选变压器中性点金属氧化物避雷器。如中性点采用全绝缘，但变电所为单进线且为单台变压器运行，也应在中性点装设雷电过电压保护装置。

图12 自耦变压器的典型保护接线

不接地、消弧线圈接地和高电阻接地系统中的变压器中性点，一般不装设保护装置，但多雷区单进线变电所且变压器中性点引出时，宜装设保护装置；中性点接有消弧线圈的变压器，如有单进线运行可能，也应在中性点装设保护装置。该保护装置可任选金属氧化物避雷器或碳化硅普通阀式避雷器。

7.3.6 自耦变压器必须在其两个自耦合的绕组出线上装设阀式避雷器，该阀式避雷器应装在自耦变压器和断路器之间，并采用图12的保护接线。

7.3.7 35kV～220kV 开关站，应根据其重要性和进线路数等条件，在母线上或进线上装设阀式避雷器。

7.3.8 与架空线路连接的三绕组自耦变压器、变压器（包括一台变压器与两台电机相连的三绕组变压器）的低压绕组如有开路运行的可能和发电厂双绕组变压器当发电机断开由高压侧倒送厂用电时，应在变压器低压绕组三相出线上装设阀式避雷器，以防来自高压绕组的雷电波的感应电压危及低压绕组绝缘；但如该绕组连有 25m 及以上金属外皮电缆段，则可不必装设避雷器。

7.3.9 变电所的 3kV～10kV 配电装置（包括电力变压器），应在每组母线和架空进线上装设阀式避雷器（分别采用电站和配电阀式避雷器），并应采用图13所示的保护接线。母线上阀式避雷器与主变压器的电气距离不宜大于表13所列数值。

架空进线全部在厂区内，且受到其他建筑物屏蔽时，可只在母线上装设阀式避雷器。

有电缆段的架空线路，阀式避雷器应装设在电缆头附近，其接地端应和电缆金属外皮相连。如各架空进线均有电缆段，则阀式避雷器与主变压器的最大电气距离不受限制。

阀式避雷器应以最短的接地线与变电所、配电所的主接地网连接（包括通过电缆金属外皮连接）。阀式避雷器附近应装设集中接地装置。

3kV～10kV 配电所，当无所用变压器时，可仅在每路架空进线上装设阀式避雷器。

注：配电所指所内仅有起开闭和分配电能作用的配电装置，而母线上无主变压器。

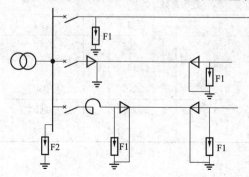

图13 3kV～10kV 配电装置雷电侵入波的保护接线

表 13 阀式避雷器至 3kV～10kV 主变压器的最大电气距离

雷季经常运行的进线路数	1	2	3	≥4
最大电气距离/m	15	20	25	30

7.4 气体绝缘全封闭组合电器（GIS）变电所的雷电侵入波过电压保护

7.4.1 66kV 及以上进线无电缆段的 GIS 变电所，在 GIS 管道与架空线路的连接处，应装设金属氧化物避雷器（FMO1），其接地端应与管道金属外壳连接，如图 14 所示。

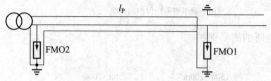

图 14 无电缆段进线的 GIS 变电所保护接线

如变压器或 GIS 一次回路的任何电气部分至 FMO1 间的最大电气距离不超过下列参考值或虽超过，但经校验，装一组避雷器即能符合保护要求，则图 14 中可只装设 FMO1：

66kV，50m；

110kV 及 220kV，130m。

连接 GIS 管道的架空线路进线保护段的长度应不小于 2km，且应符合 7.2.1 或 7.2.2 的要求。

7.4.2 66kV 及以上进线有电缆段的 GIS 变电所，在电缆段与架空线路的连接处应装设金属氧化物避雷器（FMO1），其接地端应与电缆的金属外皮连接。对三芯电缆，末端的金属外皮应与 GIS 管道金属外壳连接接地 [图 15（a）]；对单芯电缆，应经金属氧化物电缆护层保护器（FC）接地 [图 15（b）]。

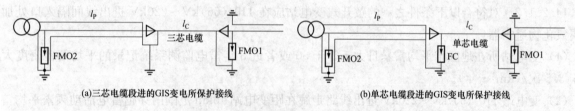

(a)三芯电缆段进的GIS变电所保护接线　　　　　(b)单芯电缆段进线的GIS变电所保护接线

图 15 有电缆段进线的 GIS 变电所保护接线

电缆末端至变压器或 GIS 一次回路的任何电气部分间的最大电气距离不超过 7.4.1 中的参考值或虽超过，但经校验，装一组避雷器即能符合保护要求，图 15 中可不装设 FMO2。

对连接电缆段的 2km 架空线路应架设避雷线。

7.4.3 进线全长为电缆的 GIS 变电所内是否需装设金属氧化物避雷器，应视电缆另一端有无雷电过电压波侵入的可能，经校验确定。

7.5 小容量变电所雷电侵入波过电压的简易保护

7.5.1 3150kVA～5000kVA 的变电所 35kV 侧，可根据负荷的重要性及雷电活动的强弱等条件适当简化保护接线，变电所进线段的避雷线长度可减少到 500m～600m，但其首端排气式避雷器或保护间隙的接地电阻不应超过 5Ω（见图 16）。

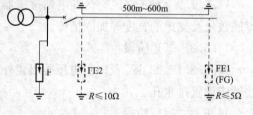

图 16 3150kVA～5000kVA、35kV 变电所的简易保护接线

7.5.2 小于 3150kVA 供非重要负荷的变电所 35kV 侧，根据雷电活动的强弱，可采用图 17（a）的保护接线；容量为 1000kVA 及以下的变电所，可采用图 17（b）的保护接线。

7.5.3 小于 3150kVA 供非重要负荷的 35kV 分支变电所，根据雷电活动的强弱，可采用图 18 的保护接线。

7.5.4 简易保护接线的变电所 35kV 侧，阀式避雷器与主变压器或电压互感器间的最大电气距离不宜超过 10m。

【依据3】《国家电网有限公司十八项电网重大反事故措施（2018 年修订版）》（国家电网设备

〔2018〕979号）

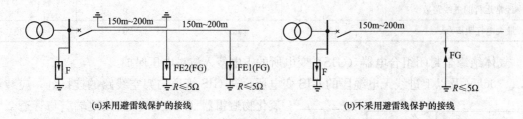

图 17　小于 3150kVA 变电所的简易保护

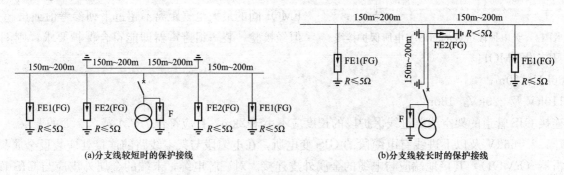

图 18　小于 3150kVA 分支变电所的简易保护

14.2　防止雷电过电压事故

14.2.1.2　对符合以下条件之一的敞开式变电站应在 110（66）kV～220kV 进出线间隔入口处加装金属氧化物避雷器：

（1）变电站所在地区年平均雷暴日大于等于 50 或者近 3 年雷电监测系统记录的平均落雷密度大于等于 3.5 次/(km²·年)。

（2）变电站 110（66）kV～220kV 进出线路走廊在距变电站 15km 范围内穿越雷电活动频繁平均雷暴日数大于等于 40 日或近 3 年雷电监测系统记录的平均落雷密度大于等于 2.8 次/(km²·年) 的丘陵或山区。

（3）变电站已发生过雷电波侵入造成断路器等设备损坏。

（4）经常处于热备用运行的线路。

14.6　防止无间隙金属氧化物避雷器事故

14.6.1　设计制造阶段

14.6.1.1　110（66）kV 及以上电压等级避雷器应安装与电压等级相符的交流泄漏电流监测装置。

14.6.1.2　对于强风地区变电站避雷器应采取差异化设计，避雷器均压环应采取增加固定点、支撑筋数量及支撑筋宽度等加固措施。

14.6.2　基建阶段

14.6.2.1　220kV 及以上电压等级瓷外套避雷器安装前应检查避雷器上下法兰是否胶装正确，下法兰应设置排水孔。

14.6.3　运行阶段

14.6.3.1　对金属氧化物避雷器，必须坚持在运行中按照规程要求进行带电试验。35kV～500kV 电压等级金属氧化物避雷器可用带电测试替代定期停电试验。

14.6.3.2　对运行 15 年及以上的避雷器应重点跟踪泄漏电流的变化，停运后应重点检查压力释放板是否有锈蚀或破损。

4.3.9.1.3　内过电压保护

本条评价项目（见《评价》）的查评依据如下。

【依据 1】《交流电气装置的过电压保护和绝缘配合》（DL/T 620—1997）

4　暂时过电压、操作过电压及保护

4.1 暂时过电压（工频过电压、谐振过电压）及保护

4.1.1 工频过电压、谐振过电压与系统结构、容量、参数、运行方式以及各种安全自动装置的特性有关。工频过电压、谐振过电压除增大绝缘承受电压外，还对选择过电压保护装置有重要影响。

a）系统中的工频过电压一般由线路空载、接地故障和甩负荷等引起。对范围Ⅱ的工频过电压，在设计时应结合实际条件加以预测。根据这类系统的特点，有时需综合考虑这几种因素的影响。

通常可取正常送电状态下甩负荷和在线路受端有单相接地故障情况下甩负荷作为确定系统工频过电压的条件。

对工频过电压应采取措施加以降低。一般主要采用在线路上安装并联电抗器的措施限制工频过电压。在线路上架设良导体避雷线降低工频过电压时，宜通过技术经济比较加以确定。系统的工频过电压水平一般不宜超过下列数值：

线路断路器的变电所侧，1.3p.u.；

线路断路器的线路侧，1.4p.u.。

b）对范围Ⅰ中的110kV及220kV系统，工频过电压一般不超过1.3p.u.；3kV～10kV和35kV～66kV系统，一般分别不超过$\sqrt{3}$p.u.和$\sqrt{3}$p.u.。

应避免在110kV及220kV有效接地系统中偶然形成局部不接地系统，并产生较高的工频过电压。对可能形成这种局部系统、低压侧有电源的110kV及220kV变压器不接地的中性点应装设间隙。因接地故障形成局部不接地系统时该间隙应动作；系统以有效接地方式运行发生单相接地故障时间隙不应动作。间隙距离的选择除应满足这两项要求外，还应兼顾雷电过电压下保护变压器中性点标准分级绝缘的要求（参见7.3.5）。

4.1.2 谐振过电压包括线性谐振和非线性（铁磁）谐振过电压，一般因操作或故障引起系统元件参数出现不利组合而产生。应采取防止措施，避免出现谐振过电压的条件；或用保护装置限制其幅值和持续时间。

a）为防止发电机电感参数周期性变化引起的发电机自励磁（参数谐振）过电压，一般可采取下列防止措施：

1）使发电机的容量大于被投入空载线路的充电功率；

2）避免发电机带空载线路启动或避免以全电压向空载线路合闸；

3）快速励磁自动调节器可限制发电机同步自励过电压。发电机异步自励过电压，仅能用速动过电压继电保护切机以限制其作用时间。

b）应该采用转子上装设阻尼绕组的水轮发电机，以限制水轮发电机不对称短路或负荷严重不平衡时产生的谐振过电压。

4.1.3 范围Ⅱ的系统当空载线路上接有并联电抗器，且其零序电抗小于线路零序容抗时，如发生非全相运行状态（分相操动的断路器故障或采用单相重合闸时），由于线间电容的影响，断开相上可能发生谐振过电压。

上述条件下由于并联电抗器铁芯的磁饱和特性，有时在断路器操作产生的过渡过程激发下，可能发生以工频基波为主的铁磁谐振过电压。

在并联电抗器的中性点与大地之间串接一接地电抗器，一般可有效地防止这种过电压。该接地电抗器的电抗值宜按补偿并联电抗器所接线路的相间电容选择，同时应考虑以下因素：

a）并联电抗器、接地电抗器的电抗及线路容抗的实际值与设计值的变异范围；

b）限制潜供电流的要求；

c）连接接地电抗器的并联电抗器中性点绝缘水平。

【依据2】《国家电网有限公司十八项电网重大反事故措施（2018年修订版）》（国家电网设备〔2018〕979号）

14.4 防止谐振过电压事故

14.4.1 为防止中性点非直接接地系统发生由于电磁式电压互感器饱和产生的铁磁谐振过电压，可采取以下措施：

14.4.1.1 选用励磁特性饱和点较高的，在 $1.9U_m/\sqrt{3}$ 电压下，铁心磁通不饱和的电压互感器。

14.4.1.2 在电压互感器（包括系统中的用户站）一次绕组中性点对地间串接线性或非线性消谐电阻、加零序电压互感器或在开口三角绕组加阻尼或其他专门消除此类谐振的装置。

4.3.9.1.4 110kV 及以上主变压器中性点过电压保护

本条评价项目（见《评价》）的查评依据如下。

【依据1】《交流电气装置的过电压保护和绝缘配合设计规范》（GB/T 50064—2014）

5.4.13 范围Ⅰ发电厂和变电站高压配电装置的雷电侵入波过电压保护应符合下列要求：

8 有效接地系统中的中性点不接地的变压器，中性点采用分级绝缘且未装设保护间隙时，应在中性点装设中性点 MOA。中性点采用全绝缘，变电站为单进线且为单台变压器运行时，也应在中性点装设 MOA 不接地、谐振接地和高电阻接地系统中的变压器中性点，可不装设保护装置，多雷区单进线变电站且变压器中性点引出时，宜装设 MOA。

9 自耦变压器应在其两个自耦合的绕组出线上装设 MOA，该 MOA 应装在自耦变压器和断路器之间，并采用图 5.4.13-3 的 MOA 保护接。

10 35kV～220kV 开关站，应根据其重要性和进线路数，在进线上装设 MOA。

11 应在与架空线路连接的三绕组变压器的第三开路绕组或第三平衡绕组以及发电厂双绕组升压变压器当发电机断开由高压侧倒送厂用电时的二次绕组的 3 相上各安装一支 MOA，以防止由变压器绕组雷电波电磁感应传递的过电压对其他应绕组的损坏。

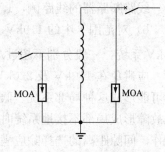

图 5.4.13-3 自耦变压器的 MOA 保护接线

【依据2】《国家电网有限公司十八项电网重大反事故措施（2018 年修订版）》（国家电网设备〔2018〕979 号）

14.3 防止变压器过电压事故

14.3.1 切/合 110kV 及以上有效接地系统中性点不接地的空载变压器时，应先将该变压器中性点临时接地。

14.3.2 为防止在有效接地系统中出现孤立不接地系统并产生较高工频过电压的异常运行工况，110kV～220kV 不接地变压器的中性点过电压保护应采用水平布置的棒间隙保护方式。对于 110kV 变压器，当中性点绝缘的冲击耐受电压不大于 185kV 时，还应在间隙旁并联金属氧化物避雷器，避雷器为主保护，间隙为避雷器的后备保护，间隙距离及避雷器参数配合应进行校核。间隙动作后，应检查间隙的烧损情况并校核间隙距离。

14.3.3 对低压侧有空载运行或者带短母线运行可能的变压器，应在变压器低压侧装设避雷器进行保护。对中压侧有空载运行可能的变压器，中性点有引出的可将中性点临时接地，中性点无引出的应在中压侧装设避雷器。

14.4 防止谐振过电压事故

14.4.1 为防止中性点非直接接地系统发生由于电磁式电压互感器饱和产生的铁磁谐振过电压，可采取以下措施：

14.4.1.1 选用励磁特性饱和点较高的，在 $1.9U_m/\sqrt{3}$ 电压下，铁芯磁通不饱和的电压互感器。

14.4.1.2 在电压互感器（包括系统中的用户站）一次绕组中性点对地间串接线性或非线性消谐电阻、加零序电压互感器或在开口三角绕组加阻尼或其他专门消除此类谐振的装置。

4.3.9.1.5 系统中性点消弧线圈或接地电阻

本条评价项目（见《评价》）的查评依据如下。

【依据1】《交流电气装置的过电压保护和绝缘配合》（DL/T 620—1997）

3.1 系统接地方式

3.1.1 110kV～500kV 系统应该采用有效接地方式。

110kV 及 220kV 系统中变压器中性点直接或经低阻抗接地，部分变压器中性点也可不接地。

330kV 及 500kV 系统中不允许变压器中性点不接地运行。

3.1.2　3kV～10kV 不直接连接发电机的系统和 35kV、66kV 系统,当单相接地故障电流不超过下列数值时,应采取不接地方式;当超过下列数值又需在接地故障条件下运行,应采取经消弧线圈接地方式:

a) 3kV～10kV 钢筋混凝土或金属杆塔的架空线路构成的系统和所有 35kV、66kV 系统,10A。

b) 3kV～10kV 非钢筋混凝土或非金属杆塔的架空线路构成的系统,当电压为:

1) 3kV 和 6kV 时,30A;

2) 10kV 时,20A。

c) 3kV～10kV 电缆线路构成的系统,30A。

3.1.4　6kV～35kV 主要由电缆线路构成的送、配电系统,单相接地故障电容电流较大时,可采用低电阻接地方式,但应考虑供电可靠性要求、故障时瞬态电压、瞬态电流对电气设备的影响、对通信的影响和继电保护技术要求以及本地的运行经验等。

3.1.6　消弧线圈的应用:

a) 消弧线圈接地系统,在正常运行情况下,中性点的长时间电压位移不应超过系统标称相电压的 15%。

b)　消弧线圈接地系统故障点残余电流不宜超过 10A,必要时可将系统分区运行。消弧线圈采用过补偿运行方式。

c) 消弧线圈的容量应根据电力网 5 年左右发展规划确定,并应按下式计算:

$$W = 1.35 I_C U_\phi / \sqrt{3} \tag{21}$$

式中　W——消弧线圈的容量,kVA;

　　　I_C——接地电容电流,A;

　　　U_ϕ——电力网的额定电压,kV。

d) 系统中消弧线圈装设的地点应符合下列要求:

1) 应保证电力网在任何运行方式下,断开一、两回线路时,大部分不致失去补偿。

2) 不宜将多台消弧线圈集中安装在系统中的一处。

3) 消弧线圈宜接于 YN,d 或 YN,yn,d 的变压器中性点上。也可接在 ZN,yn 接线的变压器中性点上。

接于 YN,d 接丝的双绕组或 YN,yn,d 接线的三绕组变压器中性点上的消弧线圈容量,不应超过变压器三相总容量的 50%,并不得大于三绕组变压器的任一绕组的容量。

如需将消弧线圈接于星形——星形接线的变压器中性点,消弧线圈的容量不应超过变压器三相总容量的 20%。但不应将消弧圈接于零序磁通经铁芯闭路的星形—星形接线的变压器,如外铁型变压器或三台单相变压器组成的变压器组。

4) 如变压器无中性点或中性点未引出,应装设专用接地变压器,其容量应与消弧线圈的容量相配合。

【依据 2】《国家电网有限公司十八项电网重大反事故措施(2018 年修订版)》(国家电网设备〔2018〕979 号)

14.5　防止弧光接地过电压事故

14.5.1　对于中性点不接地或谐振接地的 6kV～66kV 系统,应根据电网发展每 1 年～3 年进行一次电容电流测试。当单相接地电容电流超过相关规定时,应及时装设消弧线圈;单相接地电容电流虽未达到规定值,也可根据运行经验装设消弧线圈,消弧线圈的容量应能满足过补偿的运行要求。在消弧线圈布置上,应避免由于运行方式改变而出现部分系统无消弧线圈补偿的情况。对于已经安装消弧线圈,单相接地电容电流依然超标的,应当采取消弧线圈增容或者采取分散补偿方式。如果系统电容电流大于 150A 及以上,也可以根据系统实际情况改变中性点接地方式或者采用分散补偿。

14.5.2　对于装设手动消弧线圈的 6kV～66kV 非有效接地系统,应根据电网发展每 3 年～5 年进行一次调谐试验,使手动消弧线圈运行在过补偿状态,合理整定脱谐度,保证电网不对称度不大于相电压的 1.5%,中性点位移电压不大于额定相电压的 15%。

14.5.3　对于自动调谐消弧线圈,在招标采购阶段应要求生产厂家提供系统电容电流测量及跟踪功能试验报告。自动调谐消弧线圈投入运行后，应定期（时间间隔不大于 3 年）根据实际测量的系统电容电流对其自动调谐功能的准确性进行校核。

14.5.4　在不接地和谐振接地系统中，发生单相接地故障时，应按照就近、快速隔离故障的原则尽快切除故障线路或区段。尤其对于与 66kV 及以上电压等级电缆同隧道、同电缆沟、同桥梁敷设的纯电缆线路，应全面采取有效防火隔离措施并开展安全性与可靠性评估，当发生单相接地故障时，应尽量缩短切除故障线路时间，降低发生弧光接地过电压的风险。

4.3.9.2　专业管理

4.3.9.2.1　接地电阻测量

本条评价项目（见《评价》）的查评依据如下。

【依据】《电力设备预防性试验规程》（DL/T 596—1996）

19　接地装置

19.1　接地装置的试验项目、周期和要求见表 46。

表 46　　　　　　　　　　　接地装置的试验项目、周期和要求

序号	项目	周期	要求	说明
1	有效接地系统的电力设备的接地电阻	1）不超过 6 年；2）可以根据该接地网挖开检查的结果斟酌延长或缩短周期	$R \leqslant 2000/I$ 或 $R \leqslant 0.5\Omega$，（当 $I > 4000A$ 时）式中　I——经接地网流入地中的短路电流，A；R——考虑到季节变化的最大接地电阻，Ω	1）测量接地电阻时，如在必需的最小布极范围内土壤电阻率基本均匀，可采用各种补偿法，否则，应采用远离法；2）在高土壤电阻率地区，接地电阻如按规定值要求，在技术经济上极不合理时，允许有较大的数值。但必须采取措施以保证发生接地短路时，在该接地网上：a）接触电压和跨步电压均不超过允许的数值；b）不发生高电位引外和低电位引内；c）3kV～10kV 阀式避雷器不动作；3）在预防性试验前或每 3 年以及必要时验算一次 I 值，并校验设备接地引下线的热稳定
2	非有效接地系统的电力设备的接地电阻	1）不超过 6 年；2）可以根据该接地网挖开检查的结果斟酌延长或缩短周期	1）当接地网与 1kV 及以下设备共用接地时，接地电阻 $R \leqslant 120/I$；2）当接地网仅用于 1kV 以上设备时，接地电阻；$R \leqslant 250/I$；3）在上述任一情况下，接地电阻一般不得大于 10Ω。式中　I——经接地网流入地中的短路电流，A；R——考虑到季节变化最大接地电阻，Ω	
3	利用大地作导体的电力设备的接地电阻	1 年	1）长久利用时，接地电阻为 $R \leqslant \dfrac{50}{I}$；2）临时利用时，接地电阻为 $R \leqslant \dfrac{100}{I}$；式中　I——接地装置流入地中的电流，A；R——考虑到季节变化的最大接地电阻，Ω	
4	1kV 以下电力设备的接地电阻	不超过 6 年	使用同一接地装置的所有这类电力设备，当总容量达到或超过 100kVA 时，其接地电阻不宜大于 4Ω。如总容量小于 100kVA 时，则接地电阻允许大于 4Ω，但不超过 10Ω	对于在电源处接地的低压电力网（包括孤立运行的低压电力网）中的用电设备，只进行接零，不作接地。所用零线的接地电阻就是电源设备的接地电阻，其要求按序号 2 确定，但不得大于相同容量的低压设备的接地电阻
5	独立微波站的接地电阻	不超过 6 年	不宜大于 5Ω	

序号	项目	周期	要求	说明
6	独立的燃油、易爆气体贮罐及其管道的接地电阻	不超过 6 年	不宜大于 30Ω	
7	露天配电装置避雷针的集中接地装置的接地电阻	不超过 6 年	不宜大于 10Ω	与接地网连在一起的可不测量，但按表47序号1的要求检查与接地网的连接情况
8	发电厂烟囱附近的吸风机及引风机处装设的集中接地装置的接地电阻	不超过 6 年	不宜大于 10Ω	与接地网连在一起的可不测量，但按表47序号1的要求检查与接地网的连接情况
9	独立避雷针（线）的接地电阻	不超过 6 年	不宜大于 10Ω	在高土壤电阻率地区难以将接地电阻降到10Ω时，允许有较大的数值，但应符合防止避雷针（线）对罐体及管、阀等反击的要求
10	与架空线直接连接的旋转电机进线段上排气式和阀式避雷器的接地电阻	与所在进线段上杆塔接地电阻的测量周期相同	排气式和阀式避雷器的接地电阻，分别不大于 5Ω 和 3Ω，但对于 300kV～1500kW 的小型直配电机，如不采用 SDJ7《电力设备过电压保护设计技术规程》中相应接线时，此值可酌情放宽	
11	有架空地线的线路杆塔的接地电阻	1）发电厂或变电所进出线 1km～2km 内的杆塔 1 年～2 年；2）其他线路杆塔不超过 5 年	当杆塔高度在 40m 以下时，按下列要求，如杆塔高度达到或超过 40m 时，则取下表值的 50%，但当土壤电阻率大于 2000Ω·m，接地电阻难以达到 15Ω 时可增加至 20Ω 土壤电阻率/(Ω·m) / 接地电阻/Ω：100 及以下 / 10；100～500 / 15；500～1000 / 20；1000～2000 / 25；2000 以上 / 30	对于高度在 40m 以下的杆塔，如土壤电阻率很高，接地电阻难以降到 30Ω 时，可采用 6 根～8 根总长不超过 500m 的放射形接地体或连续伸长接地体，其接地电阻可不受限制。但对于高度达到或超过 40m 的杆塔，其接地电阻也不宜超过 20Ω
12	无架空地线的线路杆塔接地电阻	1）发电厂或变电所进出线 1km～2km 内的杆塔 1 年～2 年；2）其他线路杆塔不超过 5 年	种类 / 接地电阻/Ω：非有效接地系统的钢筋混凝土杆、金属杆 / 30；中性点不接地的低压电力网的线路钢筋混凝土杆、金属杆 / 50；低压进户线绝缘子铁脚 / 30	

注 进行序号 1、2 项试验时，应断开线路的架空地线。

19.2 接地装置的检查项目、周期和要求见表 47。

表 47　　　　　　　　　　　接地装置的检查项目、周期和要求

序号	项目	周期	要求	说明
1	检查有效接地系统的电力设备接地引下线与接地网的连接情况	不超过 3 年	不得有开断、松脱或严重腐蚀等现象	如采用测量接地引下线与接地网（或与相邻设备）之间的电阻值来检查其连接情况，可将所测的数据与历次数据比较和相互比较，通过分析决定是否进行挖开检查
2	抽样开挖检查发电厂、变电所地中接地网的腐蚀情况	1）本项目只限于已经运行10年以上（包括改造后重新运行达到这个年限）的接地网；2）以后的检查年限可根据前次开挖检查的结果自行决定	不得有开断、松脱或严重腐蚀等现象	可根据电气设备的重要性和施工的安全性，选择 5 个～8 个点沿接地引下线进行开挖检查，如有疑问还应扩大开挖的范围

4.3.9.2.2 接地装置及接地线

本条评价项目（见《评价》）的查评依据如下。

【依据1】《交流电气装置的过电压保护和绝缘配合》（DL/T 620—1997）

8.4 接地装置

8.4.1 保护接地的接地装置的设计应符合本标准7.1的规定。当过电流保护装置用于电击保护时，应将保护线与带电导线紧密布置。

8.4.2 功能接地的接地装置的设置应保证设备的正确运行。其具体做法应符合该电气装置对功能接地的接地装置的要求。

8.4.3 保护接地和功能接地共用接地装置时，应满足保护接地的各项要求。保护中性线应符合下列要求：

a）TN系统中，固定装置中铜芯截面不小于10mm² 的或铝芯截面不小于16mm² 的电缆，当所供电的那部分装置不由残余电流动作器保护时，其中的单根芯线可兼作保护线和中性线。

b）保护中线性应采取防止杂散电流的绝缘措施。成套开关设备和控制设备内部的保护中性线无需绝缘。

c）当从装置的任何一点起，中性线及保护线由各自的导线提供时，从该点起不应将两导线连接。在分开点，应分别设置保护线及中性线用端子或母线。保护中性线应接至供保护线用的端子或母线。

8.5 等电位联结接线

8.5.1 等电位联结主母线的最小截面应不小于装置最大保护线截面的一半，并不应小于6mm²。当采用铜线时，其截面不宜大于25mm²。当采用其他金属时，则其截面应承载与之相当的载流量。

8.5.2 连接两个外露导电部分的辅助等电位联结线，其截面不应小于接至该两个外露导电部分的较小保护线的截面。连接外露导电部分与装置外导电部分的辅助等电位联结线，其截面不应小于相应保护线截面的一半。

8.5.3 当建筑物的水管被用作接地线或保护线时，水表必须跨接联结，其联结线的截面应根据其被用作保护线、等电位联结线或功能接地接地线的要求而采用适当的截面。

【依据2】《电力设备预防性试验规程》（DL/T 596—1996）

19.2 接地装置的检查项目、周期和要求见表47。

表47　　　　　　　　　　　　　　　接地装置的检查项目、周期和要求

序号	项目	周期	要求	说明
1	检查有效接地系统的电力设备接地引下线与接地网的连接情况	不超过3年	不得有开断、松脱或严重腐蚀等现象	如采用测量接地引下线与接地网（或与相邻设备）之间的电阻值来检查其连接情况，可将所测的数据与历次数据比较和相互比较，通过分析决定是否进行挖开检查
2	抽样开挖检查发电厂、变电所地中接地网的腐蚀情况	1) 本项目只限于已经运行10年以上（包括改造后重新运行达到这个年限）的接地网； 2) 以后的检查年限可根据前次开挖检查的结果自行决定	不得有开断、松脱或严重腐蚀等现象	可根据电气设备的重要性和施工的安全性，选择5个～8个点沿接地引下线进行开挖检查，如有疑问还应扩大开挖的范围

【依据3】《输变电设备状态检修试验规程》（Q/GDW 1168—2013）

5.18 接地装置

5.18.1 接地装置巡检及例行试验

5.18.1.1 接地装置巡检及例行试验项目（见表53、表54）。

表53　　　　　　　　　　　　　　　接 地 装 置 巡 检 项 目

巡检项目	基准周期	要求	说明条款
接地引下线检查	1月	无异常	见5.18.1.2

例行试验项目	基准周期	要　求	说明条款
设备接地引下线导通检查	1. 220kV 及以上：1 年； 2. 110（66）kV：3 年； 3. 35kV 及以下：4 年	1. 变压器、避雷器、避雷针等：≤200mΩ 且导通电阻初值差≤50%（注意值）； 2. 一般设备：导通情况良好	见 5.18.1.3
接地网接地阻抗测量	6 年	符合运行要求，且不大于初值的 1.3 倍	见 5.18.1.4

表 54　接地装置例行试验项目

5.18.1.2　巡检说明

变电站设备接地引下线连接正常，无松脱、位移、断裂及严重腐蚀等情况。

5.18.1.3　接地引下线导通检查

检查设备接地线之间的导通情况，要求导通良好；变压器及避雷器、避雷针等设备应测量接引下线导通电阻。测量条件应与上次相同。测量方法参考 DL/T 475。

5.18.1.4　变电站接地网接地阻抗测量

按 DL/T 475 推荐方法测量，测量结果应符合设计要求。应注意与上次的测量方式保持一致。当接地网结构发生改变时也应进行本项目。

5.18.2　接地装置诊断性试验

5.18.2.1　接地装置诊断性试验项目（见表 55）

表 55　接地电阻诊断性试验项目

诊断性试验项目	要　求	说明条款
接触电压、跨步电压测量	符合设计要求	见 5.18.2.2
开挖检查		见 5.18.2.3

5.18.2.2　接触电压和跨步电压测量

接地阻抗明显增加，或者接地网开挖检查或/和修复之后，进行本项目，测量方法参见 DL/T 475。

5.18.2.3　开挖检查

若接地网接地阻抗或接触电压和跨步电压测量不符合设计要求，怀疑接地网被严重腐蚀时，应进行开挖检查。修复或恢复之后，应进行接地阻抗、接触电压和跨步电压测量，测量结果应符合设计要求。

【依据 4】《国家电网有限公司十八项电网重大反事故措施（2018 年修订版）》（国家电网设备〔2018〕979 号）

14.1　防止接地网事故

14.1.1　设计和基建阶段

14.1.1.1　在新建变电站工程设计中，应掌握工程地点的地形地貌、土壤的种类和分层状况，并提高土壤电阻率的测试深度，当采用四极法时，测试电极极间距离一般不小于拟建接地装置的最大对角线，测试条件不满足时至少应达到最大对角线的 2/3。

14.1.1.2　对于 110（66）kV 及以上电压等级新建、改建变电站，在中性或酸性土壤地区，接地装置选用热镀锌钢为宜，在强碱性土壤地区或者其站址土壤和地下水条件会引起钢质材料严重腐蚀的中性土壤地区，宜采用铜质、铜覆钢（铜层厚度不小于 0.25mm）或者其他具有防腐性能材质的接地网。对于室内变电站及地下变电站应采用铜质材料的接地网。

14.1.1.3　在新建工程设计中，校验接地引下线热稳定所用电流应不小于远期可能出现的最大值，有条件地区可按照断路器额定开断电流校核；接地装置接地体的截面不小于连接至该接地装置接地引下线截面的 75%，并提供接地装置的热稳定容量计算报告。

14.1.1.4　变压器中性点应有两根与地网主网格的不同边连接的接地引下线，并且每根接地引下线均应符合热稳定校核的要求。主设备及设备架构等应有两根与主地网不同干线连接的接地引下线，并且每根接地引下线均应符合热稳定校核的要求。连接引线应便于定期进行检查测试。

14.1.1.5　在接地网设计时，应考虑分流系数的影响，计算确定流过设备外壳接地导体（线）和经接地网入地的最大接地故障不对称电流有效值。

14.1.1.6　6kV～66kV 不接地、谐振接地和高电阻接地的系统，改造为低电阻接地方式时，应重新核算杆塔和接地网接地阻抗值和热稳定性。

14.1.1.7　变电站内接地装置宜采用同一种材料。当采用不同材料进行混连时，地下部分应采用同一种材料连接。

14.1.1.8　接地装置的焊接质量必须符合有关规定要求，各设备与主地网的连接必须可靠，扩建地网与原地网间应为多点连接。接地线与主接地网的连接应用焊接，接地线与电气设备的连接可用螺栓或者焊接，用螺栓连接时应设防松螺帽或防松垫片。

14.1.1.9　对于高土壤电阻率地区的接地网，在接地阻抗难以满足要求时，应采取有效的均压及隔离措施，防止人身及设备事故，方可投入运行。对弱电设备应采取有效的隔离或限压措施，防止接地故障时地电位的升高造成设备损坏。

14.1.1.10　变电站控制室及保护小室应独立敷设与主接地网单点连接的二次等电位接地网，二次等电位接地点应有明显标志。

14.1.1.11　接地阻抗测试宜在架空地线（普通避雷线、OPGW 光纤地线）与变电站出线构架连接之前、双端接地的电缆外护套与主地网连接之前完成，若在上述连接完成之后且无法全部断开时测量，应采用分流向量法进行接地阻抗的测试，对不满足设计要求的接地网应及时进行降阻改造。

14.1.2　运行阶段

14.1.2.1　对于已投运的接地装置，应每年根据变电站短路容量的变化，校核接地装置（包括设备接地引下线）的热稳定容量，并结合短路容量变化情况和接地装置的腐蚀程度有针对性地对接地装置进行改造。对于变电站中的不接地、经消弧线圈接地、经低阻或高阻接地系统，必须按异点两相接地故障校核接地装置的热稳定容量。

14.1.2.2　投运 10 年及以上的非地下变电站接地网，应定期开挖（间隔不大于 5 年），抽检接地网的腐蚀情况，每站抽检 5 个～8 个点。铜质材料接地体地网整体情况评估合格的不必定期开挖检查。

4.4　变电站内电缆及电缆用构（筑）物

4.4.1　技术指标

4.4.1.1　预防性试验

本条评价项目（见《评价》）的查评依据如下。

【依据1】《电力设备预防性试验规程》（DL/T 596—1996）

11　电力电缆线路

11.1　一般规定

11.1.1　对电缆的主绝缘作直流耐压试验或测量绝缘电阻时，应分别在每一相上进行。对一相进行试验或测量时，其他两相导体、金属屏蔽或金属套和铠装层一起接地。

11.1.2　新敷设的电缆线路投入运行 3 个～12 个月，一般应作 1 次直流耐压试验，以后再按正常周期试验。

11.1.3　试验结果异常，但根据综合判断允许在监视条件下继续运行的电缆线路，其试验周期应缩短，如在不少于 6 个月时间内，经连续 3 次以上试验，试验结果不变坏，则以后可以按正常周期试验。

11.1.4　对金属屏蔽或金属套一端接地，另一端装有护层过电压保护器的单芯电缆主绝缘作直流耐压试验时，必须将护层过电压保护器短接，使这一端的电缆金属屏蔽或金属套临时接地。

11.1.5　耐压试验后，使导体放电时，必须通过每千伏约 80kΩ 的限流电阻反复几次放电直至无火花后，才允许直接接地放电。

11.1.6　除自容式充油电缆线路外，其他电缆线路在停电后投运之前，必须确认电缆的绝缘状况良好。凡停电超过一星期但不满一个月的电缆线路，应用绝缘电阻表测量该电缆导体对地绝缘电阻。如有疑问时，必须用低于常规直流耐压试验电压的直流电压进行试验，加压时间 1min；停电超过一个月但不满一年的电缆线路，必须作 50% 规定试验电压值的直流耐压试验，加压时间 1min；停电超过一年的电缆线路必须作常规的直流耐压试验。

11.1.7 对额定电压为 0.6/1kV 的电缆线路可用 1000V 或 2500V 绝缘电阻表测量导体对地绝缘电阻代替直流耐压试验。

11.1.8 直流耐压试验时，应在试验电压升至规定值后 1min 以及加压时间达到规定时测量泄漏电流。泄漏电流值和不平衡系数（最大值与最小值之比）只作为判断绝缘状况的参考，不作为是否能投入运行的判据。但如发现泄漏电流与上次试验值相比有很大变化，或泄漏电流不稳定，随试验电压的升高或加压时间的增加而急剧上升时，应查明原因。如系终端头表面泄漏电流或对地杂散电流等因素的影响，则应加以消除；如怀疑电缆线路绝缘不良，则可提高试验电压（以不超过产品标准规定的出厂试验直流电压为宜）或延长试验时间，确定能否继续运行。

11.1.9 运行部门根据电缆线路的运行情况、以往的经验和试验成绩，可以适当延长试验周期。

11.2 纸绝缘电力电缆线路

本条规定适用于黏性油纸绝缘电力电缆和不滴流油纸绝缘电力电缆线路。纸绝缘电力电缆线路的试验项目、周期和要求见表 22。

表 22 纸绝缘电力电缆线路的试验项目、周期和要求

序号	项目	周期	要求	说明
1	绝缘电阻	在直流耐压试验之前进行	自行规定	额定电压 0.6/1kV 电缆用 1000V 绝缘电阻表；0.6/1kV 以上电缆用 2500V 绝缘电阻表（6/6kV 及以上电缆也可用 5000V 绝缘电阻表）
2	直流耐压试验	1) 1～3 年； 2) 新作终端或接头后进行	1) 试验电压值按表 23 规定，加压时间 5min，不击穿； 2) 耐压 5min 时的泄漏电流值不应大于耐压 1min 时的泄漏电流值； 3) 三相之间的泄漏电流不平衡系数不应大于 2	6/6kV 及以下电缆的泄漏电流小于 10μA，8.7/10kV 电缆的泄漏电流小于 20μA 时，对不平衡系数不做规定

表 23 纸绝缘电力电缆的直流耐压试验电压   kV

电缆额定电压 U_0/U	直流试验电压	电缆额定电压 U_0/U	直流试验电压
1.0/3	12	6/10	40
3.6/6	17	8.7/10	47
3.6/6	24	21/35	105
6/6	30	26/35	130

11.3 橡塑绝缘电力电缆线路

橡塑绝缘电力电缆是指聚氯乙烯绝缘、交联聚乙烯绝缘和乙丙橡皮绝缘电力电缆。

11.3.1 橡塑绝缘电力电缆线路的试验项目、周期和要求见表 24。

表 24 橡塑绝缘电力电缆线路的试验项目、周期和要求

序号	项目	周期	要求	说明

1	电缆主绝缘绝缘电阻	1) 重要电缆：1 年。
		2) 一般电缆。
		  a) 3.6/6kV 及以上 3 年；
		  b) 3.6/6kV 以下 5 年
			自行规定	0.6/1kV 电缆用 1000V 绝缘电阻表；0.6/1kV 以上电缆用 2500V 绝缘电阻表（6/6kV 及以上电缆也可用 5000V 绝缘电阻表）

2	电缆外护套绝缘电阻	1) 重要电缆：1 年。
		2) 一般电缆。
		  a) 3.6/6kV 及以上 3 年；
		  b) 3.6/6kV 以下 5 年
			每千米绝缘电阻值不应低于 0.5MΩ	采用 500V 绝缘电阻表。当每千米的绝缘电阻低于 0.5MΩ 时采用附录 D 中叙述的方法判断外护套是否进水；
				本项试验只适用于三芯电缆的外护套，单芯电缆外护套试验按本表第 6 项

续表

序号	项目	周期	要求	说明
3	电缆内衬层绝缘电阻	1）重要电缆：1年。 2）一般电缆。 a）3.6/6kV 及以上 3年； b）3.6/6kV 以下 5年	每千米绝缘电阻值不应低于 0.5MΩ	采用 500V 绝缘电阻表。当每千米的绝缘电阻低于 0.5MΩ 时应采用附录 D 中叙述的方法判断内衬层是否进水
4	铜屏蔽层电阻和导体电阻比	1）投运前； 2）重作终端或接头后； 3）内衬层破损进水后	对照投运前测量数据自行规定	试验方法见 11.3.2 条
5	电缆主绝缘直流耐压试验	新作终端或接头后	1）试验电压值按表 25 规定，加压时间 5min，不击穿； 2）耐压 5min 时的泄漏电流不应大于耐压 1min 时的泄漏电流	
6	交叉互联系统	2年～3年	见 11.4.4 条	

注 为了实现序号 2、3 和 4 项的测量，必须对橡塑电缆附件安装工艺中金属层的传统接地方法按附录 E 加以改变。

表 25   **橡塑绝缘电力电缆的直流耐压试验电压**   kV

电缆额定电压 U_0/U	直流试验电压	电缆额定电压 U_0/U	直流试验电压
1.8/3	11	21/35	63
3.6/6	18	26/35	78
6/6	25	48/66	144
6/10	25	64/110	192
8.7/10	37	127/220	305

11.3.2 铜屏蔽层电阻和导体电阻比的试验方法：

a）用双臂电桥测量在相同温度下的铜屏蔽层和导体的直流电阻。

b）当前者与后者之比与投运前相比增加时，表明铜屏蔽层的直流电阻增大，铜屏蔽层有可能被腐蚀；当该比值与投运前相比减少时，表明附件中的导体连接点的接触电阻有增大的可能。

11.4 自容式充油电缆线路

11.4.1 自容式充油电缆线路的试验项目、周期和要求见表 26。

表 26   **自容式充油电缆线路的试验项目、周期和要求**

序号	项目	周期	要求	说明
1	电缆主绝缘直流耐压试验	1）电缆失去油压并导致受潮或进气经修复后； 2）新作终端或接头后	试验电压值按表 27 规定，加压时间 5min，不击穿	
2	电缆外护套和接头外护套的直流耐压试验	2年～3年	试验电压 6kV，试验时间 1min，不击穿	1）根据以往的试验成绩，积累经验后，可以用测量绝缘电阻代替，有疑问时再作直流耐压试验； 2）本试验可与交叉互联系统中绝缘接头外护套的直流耐压试验结合在一起进行
3	压力箱 a）供油特性； b）电缆油击穿电压； c）电缆油的 $\tan\delta$	与其直接连接的终端或塞止接头产生故障后	见 11.4.2 条； 不低于 50kV； 不大于 0.005（100℃时）	见 11.4.2 条； 见 11.4.5.1 条； 见 11.4.5.2 条
4	油压示警系统： a）信号指示； b）控制电缆线芯对地绝缘	6个月； 1年～2年	能正确发出相应的示警信号； 每千米绝缘电阻不小于 1MΩ	见 11.4.3 条， 采用 100V 或 250V 绝缘电阻表测量

序号	项目	周期	要求	说明
5	交叉互联系统	2～3年	见11.4.4条	
6	电缆及附件内的电缆油： a）击穿电压； b）tanδ； c）油中溶解气体	2～3年； 2～3年； 怀疑电缆绝缘过热老化或终端或塞止接头存在严重局部放电时	不低于45kV； 见11.4.5.2条； 见表28	

表27　　　　　　　　　　自容式充油电缆主绝缘直流耐压试验电压　　　　　　　　　　kV

电缆额定电压U_0/U	GB311.1规定的雷电冲击耐受电压	直流试验电压
48/66	325 350	163 175
64/110	450 550	225 275
127/220	850 950 1050	425 475 510
190/330	1050 1175 1300	525 590 650
290/500	1425 1550 1675	715 775 840

11.4.2　压力箱供油特性的试验方法和要求：

试验按GB 9326.5中6.3进行。压力箱的供油量不应小于压力箱供油特性曲线所代表的标称供油量的90%。

11.4.3　油压示警系统信号指示的试验方法和要求：

合上示警信号装置的试验开关应能正确发出相应的声、光示警信号。

11.4.4　交叉互联系统试验方法和要求：

交叉互联系统除进行下列定期试验外，如在交叉互联大段内发生故障，则也应对该大段进行试验。如交叉互联系统内直接接地的接头发生故障时，则与该接头连接的相邻两个大段都应进行试验。

11.4.4.1　电缆外护套、绝缘接头外护套与绝缘夹板的直流耐压试验：试验时必须将护层过电压保护器断开。在互联箱中将另一侧的三段电缆金属套都接地，使绝缘接头的绝缘夹板也能结合在一起试验，然后在每段电缆金属屏蔽或金属套与地之间施加直流电压5kV，加压时间1min，不应击穿。

11.4.4.2　非线性电阻型护层过电压保护器。

a）碳化硅电阻片：将连接线拆开后，分别对三组电阻片施加产品标准规定的直流电压后测量流过电阻片的电流值。这三组电阻片的直流电流值应在产品标准规定的最小和最大值之间。如试验时的温度不是20℃，则被测电流值应乘以修正系数（120-t）/100（t为电阻片的温度，℃）。

b）氧化锌电阻片：对电阻片施加直流参考电流后测量其压降，即直流参考电压，其值应在产品标准规定的范围之内。

c）非线性电阻片及其引线的对地绝缘电阻：将非线性电阻片的全部引线并联在一起与接地的外壳绝缘后，用1000V绝缘电阻计测量引线与外壳之间的绝缘电阻，其值不应小于10MΩ。

11.4.4.3　互联箱。

a）接触电阻：本试验在作完护层过电压保护器的上述试验后进行。将闸刀（或连接片）恢复到正常工作位置后，用双臂电桥测量闸刀（或连接片）的接触电阻，其值不应大于20μΩ。

b）闸刀（或连接片）连接位置：本试验在以上交叉互联系统的试验合格后密封互联箱之前进行。连接位置应正确。如发现连接错误而重新连接后，则必须重测闸刀（或连接片）的接触电阻。

11.4.5 电缆及附件内的电缆油的试验方法和要求。

11.4.5.1 击穿电压：试验按GB/T 507规定进行。在室温下测量油的击穿电压。

11.4.5.2 $\tan\delta$：采用电桥以及带有加热套能自动控温的专用油杯进行测量。电桥的灵敏度不得低于1×10^{-5}，准确度不得低于1.5%，油杯的固有$\tan\delta$不得大于5×10^{-5}，在100℃及以下的电容变化率不得大于2%。加热套控温的控温灵敏度为0.5℃或更小，升温至试验温度100℃的时间不得超过1h。

电缆油在温度100℃±1℃和场强1MV/m下的$\tan\delta$不应大于下列数值：

53/66kV～127/220kV　　　　0.03

190/330kV　　　　0.01

11.4.6 油中溶解气体分析的试验方法和要求按GB 7252规定。电缆油中溶解的各气体组分含量的注意值见表28，但注意值不是判断充油电缆有无故障的唯一指标，当气体含量达到注意值时，应进行追踪分析，查明原因，试验和判断方法参照GB 7252进行。

表28　电缆油中溶解气体组分含量的注意值

电缆油中溶解气体的组分	注意值$\times10^{-6}$（体积分数）	电缆油中溶解气体的组分	注意值$\times10^{-6}$（体积分数）
可燃气体总量	1500	CO_2	1000
H_2	500	CH_4	200
C_2H_2	痕量	C_2H_6	200
CO	100	C_2H_4	200

【**依据2**】《输变电设备状态检修试验规程》（Q/GDW 168—2008）

5.17 电力电缆

5.17.1 电力电缆巡检及例行试验

5.17.1.1 电力电缆巡检及例行试验项目（见表48、表49、表50）

表48　电力电缆巡检项目

巡检项目	基准周期	要求	说明条款
外观检查	1. 330kV及以上：2周。 2. 220kV：1月。 3. 110（66）kV：3月。 4. 35kV及以下：1年。	电缆终端及可见部分外观无异常	见5.17.1.2

表49　橡塑绝缘电缆例行试验项目

例行试验项目	基准周期	要求	说明条款
红外热像检测	1. 330kV及以上：1月。 2. 220kV：3月。 3. 110（66）kV：半年。 4. 35kV及以下：1年	1. 对于外部金属连接部位，相间温差超过6K应加强监测，超过10K应申请停电检查； 2. 终端本体相间超过2K应加强监测，超过4K应停电检查	见5.17.1.3
外护层接地电流（带电）	1. 330kV及以上：2周。 2. 220kV：1月。 3. 110（66）kV：3月。 4. 35kV及以下：1年	接地电流，且接地电流与负荷比值%（注意值）	见5.17.1.4
运行检查	220kV及以上：1年。 110（66）kV及以下：3年	见5.17.1.5	见5.17.1.5
主绝缘绝缘电阻	1. 110（66）kV及以上：3年。 2. 35kV及以下：4年	无显著变化（注意值）	见5.17.1.6

例行试验项目	基准周期	要求	说明条款
外护套及内衬层绝缘电阻	1. 110（66）kV 及以上：3 年。 2. 35kV 及以下：4 年	见 5.17.1.7	见 5.17.1.7
交叉互联系统	3 年	应符合相关技术要求	见 5.17.1.8

表 50 　　　　　　　　　　　　　充油电缆例行试验项目

例行试验项目	基准周期	要求	说明条款
红外热像检测	1. 220kV～330kV：3 月。 2. 110（66）kV 及以下：半年	电缆终端及其接头无异常（若可测）	见 5.17.1.3
运行检查	1. 220kV～330kV：1 年。 2. 110（66）kV 及以下：3 年	见 5.17.1.5	见 5.17.1.5
交叉互联系统	3 年	见 5.17.1.8	见 5.17.1.8
油压示警系统	3 年	见 5.17.1.9	见 5.17.1.9
压力箱	3 年	见 5.17.1.10	见 5.17.1.10

5.17.1.4　外护层接地电流（带电）

本项目适用于单相电缆。

在每年大负荷来临之前、大负荷过后或者度夏高峰前后，应加强接地电流的检测。对于运行环境差、陈旧或者缺陷的设备，应增加接地电流的检测次数。

对接地电流数据的分析，要结合电缆线路的负荷情况，并综合分析接地电流异常的发展变化趋势进行判断。

5.17.1.6　主绝缘绝缘电阻

用 5000V 绝缘电阻表测量。绝缘电阻与上次相比不应有显著下降，否则应做进一步分析，必要时进行诊断性试验。

5.17.1.7　外护套及内衬层绝缘电阻

采用 1000V 绝缘电阻表测量。当外护套或内衬层的绝缘电阻（MΩ）与被测电缆长度（km）的乘积值小于 0.5 时，应判断其是否已破损进水。用万用表测量绝缘电阻，然后调换表笔重复测量，如果调换前后的绝缘电阻差异明显，可初步判断已破损进水。对于 110（66）kV 及以上电缆，测量外护套绝缘电阻。

5.17.1.8　交叉互联系统

例行试验时，具体要求说明如下：

a）电缆外护套、绝缘接头外护套、绝缘夹板对地直流耐压试验。试验时应将护层过电压保护器断开，在互联箱中将另一侧的所有电缆金属套都接地，然后每段电缆金属屏蔽或金属护套与地之间加 5kV 直流电压，加压时间为 60s，不应击穿。

b）护层过电压保护器检测。护层过电压保护器的直流参考电压应符合设备技术要求；护层过电压保护器及其引线对地的绝缘电阻用 1000V 绝缘电阻表测量，应大于 10MΩ。

c）检查互联箱闸刀（或连接片）连接位置，应正确无误；在密封互联箱之前测量闸刀（或连接片）的接触电阻，要求不大于 20μΩ，或符合设备技术文件要求。

d）除例行试验外，如在互联系统大段内发生故障，应对该大段进行试验；如果互联系统内直接接地的接头发生故障，与该接头连接的相邻两个大段都应进行试验。试验方法参考 GB 50150。

5.17.1.9　油压示警系统

每半年检查一次油压示警系统信号，每 3 年测量一次控制电缆线芯对地长度（km）的乘积值应不小于 1。

5.17.1.10　压力箱

例行试验时，具体要求说明如下：

a) 供油特性：压力箱的供油量不应小于供油特性曲线所代表的标称供油量的 90%。

b) 电缆油击穿电压：≥50kV，测量方法参考 GB/T 507。

c) 电缆油介质损耗因数：<0.005，在油温（100±1）℃和场强 1MV/m 的测试条件下测量，测量方法参考 GB/T 5654。

5.17.2 电力电缆诊断性试验

5.17.2.1 电力电缆诊断性试验项目（见表 51、表 52）

表 51 橡塑绝缘电缆诊断性试验项目

诊断性试验项目	要求	说明条款
铜屏蔽层电阻和导体电阻比	见 5.17.2.2	见 5.17.2.2
介质损耗因数测量	见 5.17.2.3	见 5.17.2.3
电缆主绝缘交流耐压试验	1. 220kV 及以上：电压为 $1.36U_0$，时间为 5min。 2. 110（66）kV：电压为 $1.6U_0$，时间为 5min。 3. 10kV～35kV：电压为 $2.0U_0$，时间为 5min	见 5.17.2.4
高频局部放电检测（带电）	无异常放电	见 5.17.2.5
特高频局部放电检测（带电）	无异常放电	
超声波局部放电检测（带电）	无异常放电	

表 52 自容式充油电缆诊断性试验项目

诊断性试验项目	要求			说明条款
电缆及附件内的电缆油	见 5.17.2.6			见 5.17.2.6
主绝缘直流耐压试验	直流试验电压 电缆 U_0/kV	雷电冲击耐受电压/kV	直流试验电压/kV	见 5.17.2.7
	48	325	165	
		350	175	
	64	450	225	
		550	275	
	127	850	425	
		950	475	
		1050	510	
	190	1050	525	
		1175	585	
		1300	650	

5.17.2.2 铜屏蔽层电阻和导体电阻比

需要判断屏蔽层是否出现腐蚀时，或者重做终端或接头后进行本项目。在相同温度下，测量铜屏蔽层和导体的电阻，屏蔽层电阻和导体电阻之比应无明显改变。比值增大，可能是屏蔽层出现腐蚀；比值减少，可能是附件中的导体连接点的电阻增大。

5.17.2.3 介质损耗因数测量

未老化的交联聚乙烯电缆（XLPE），其介质损耗因数通常不大于 0.001。介质损耗因数可以在工频电压下测量，也可以在 0.1Hz 低频电压下测量，测量电压为 U_0。同等测量条件下，如介质损耗因数较初值有增加明显，或者大于 0.002 时（XLPE），需进一步试验。

5.17.2.4 电缆主绝缘交流耐压试验

采用谐振电路，谐振频率应在 300Hz 以下。220kV 及以上，试验电压为 $1.36U_0$；110（66）kV，

试验电压为 $1.6U_0$；$10kV\sim35kV$，试验电压为 $2U_0$。试验时间为 5min。如果试验条件许可，宜同时测量介质损耗因数和局部放电。

新做终端、接头或受其他试验项目警示，需要检验主绝缘强度时，也应进行本项目。

5.17.2.5 局部放电检测（带电）

适用于电缆终端及中间接头。

5.17.2.6 电缆及附件内的电缆油

诊断性试验时，具体要求说明如下：

a) 击穿电压：$\geqslant45kV$。

b) 介质损耗因数：在油温（100 ± 1）℃和场强 1MV/m 的测试条件下，对于 $U_0=190kV$ 的电缆，应不大于 0.01，对于 $U_0\leqslant127kV$ 的电缆，应不大于 0.03。

c) 油中溶解气体分析：各气体含量满足下列注意值要求（$\mu L/L$），可燃气体总量 <1500；$H_2<500$；C_2H_2 痕量；$CO<100$；$CO_2<1000$；$CH_4<200$；$C_2H_4<200$；$C_2H_6<200$。试验方法按 GB 7252。

5.17.2.7 主绝缘直流耐压试验

失去油压导致受潮、进气修复后或新做终端、接头后进行本项目。直流试验电压值根据电缆电压并结合其雷电冲击耐受电压值选取，耐压时间为 5min。

【依据3】《电力电缆及通道检修规程》（Q/GDW 11262—2014）

4.2 检修项目

按工作内容及工作涉及范围，将电缆及通道检修工作分为四类：A 类检修、B 类检修、C 类检修、D 类检修。其中 A、B、C 类是停电检修，D 类是不停电检修。电缆及通道的检修分类和检修项目见表 1。

表1　　　　　　　　　　　　　电缆及通道的检修分类和检修项目

检修分类	检修项目
A 类检修	A.1 电缆整条更换 A.2 电缆附件整批更换
B 类检修	B.1 主要部件更换及加装 B.1.1 电缆少量更换 B.1.2 电缆附件部分更换 B.2 主要部件处理 B.2.1 更换或修复电缆线路附属设备 B.2.2 修复电缆线路附属设施 B.3 其他部件批量更换及加装 B.3.1 接地箱修复或更换 B.3.2 交叉互联箱修复或更换 B.3.3 接地电缆修复 B.4 诊断性试验
C 类检修	C.1 外观检查 C.2 周期性维护 C.3 例行试验 C.4 其他需要线路停电配合的检修项目
D 类检修	D.1 专业巡检 D.2 不需要停电的电缆缺陷处理 D.3 通道缺陷处理 D.4 在线监测装置、综合监控装置检查维修 D.5 带电检测 D.6 其他不需要线路停电配合的检修项目

4.3 检修策略

4.3.1 一般要求

检修策略的一般要求如下：

a) 电缆线路的状态检修策略既包括年度检修计划的制订，也包括缺陷处理、试验、不停电的维修和检查等。检修策略应根据设备状态评价的结果动态调整。

b) 年度检修计划每年至少修订一次。根据最近一次设备的状态评价结果，考虑设备风险评估因素，并参考制造厂家的要求确定下一次停电检修时间和检修类别。在安排检修计划时，应协调相关设备检修周期，统一安排、综合检修，避免重复停电。

c) 对于设备缺陷，根据缺陷性质按照缺陷管理相关规定处理。同一设备存在多种缺陷，也应尽量安排在一次检修中处理，必要时，可调整检修类别。电缆常见缺陷判别及处理方法见附录O。

d) C类检修正常周期宜与试验周期一致。不停电维护和试验根据实际情况安排。

4.3.2 "正常状态"检修策略

被评价为"正常状态"的设备，检修周期按基准周期延迟1个年度执行。超过2个基准周期未执行C类检修的设备，应结合停电执行C类检修。

4.3.3 "注意状态"检修策略

被评价为"注意状态"的电缆线路，如果单项状态量扣分导致评价结果为"注意状态"时，应根据实际情况缩短状态检测和状态评价周期，提前安排C类或D类检修。如果由多项状态量合计扣分导致评价结果为"注意状态"时，应根据设备的实际情况，增加必要的检修和试验内容。

4.3.4 "异常状态"检修策略

被评价为"异常状态"的电缆线路，根据评价结果确定检修类型，并适时安排C类或B类检修。

4.3.5 "严重状态"检修策略

被评价为"严重状态"的电缆线路应立即安排B类或A类检修。

4.4.1.2 夹层、沟道、竖井

本条评价项目（见《评价》）的查评依据如下。

【依据1】《电气装置安装工程电缆线路施工及验收规范》（GB 50168—2006）

4.2.3 电缆支架应安装牢固，横平竖直；托架支吊架的固定方式应按设计要求进行。各支架的同层横档应在同一水平面上，其高低偏差不应大于5mm。托架支吊架沿桥架走向左右的偏差不应大于10mm。

在有坡度的电缆沟内或建筑物上安装的电缆支架，应有与电缆沟或建筑物相同的坡度。

电缆支架最上层及最下层至沟顶、楼板或沟底、地面的距离，当设计无规定时，不宜小于表4.2.3的数值。

表4.2.3　　　　　电缆支架最上层及最下层至沟顶、楼板或沟底、地面的距离　　　　（mm）

敷设方式	电缆隧道及夹层	电缆沟	吊架	桥架
最上层至沟顶或楼板	300～350	150～200	150～200	350～450
最下层至沟底或地面	100～150	50～100	—	100～150

4.2.4 组装后的钢结构竖井，其垂直偏差不应大于其长度的2‰；支架横撑的水平误差不应大于其宽度的2‰；竖井对角线的偏差不应大于其对角线长度的5‰。

【依据2】《电力工程电缆设计规范》（GB 50217—2007）

5.1.1 电缆的路径选择，应符合下列规定：

1 应避免电缆遭受机械性外力、过热、腐蚀等危害。

2 满足安全要求条件下，应保证电缆路径最短。

3 应便于敷设、维护。

4 宜避开将要挖掘施工的地方。

5 充油电缆线路通过起伏地形时，应保证供油装置合理配置。

5.1.2 电缆在任何敷设方式及其全部路径条件的上下左右改变部位，均应满足电缆允许弯曲半径要求。

电缆的允许弯曲半径，应符合电缆绝缘及其构造特性要求。对自容式铅包充油电缆，其允许弯曲

半径可按电缆外径的 20 倍计算。

5.1.3 同一通道内电缆数量较多时，若在同一侧的多层支架上敷设，应符合下列规定：

1 应按电压等级由高至低的电力电缆、强电至弱电的控制和信号电缆、通信电缆"由上而下"的顺序排列。

当水平通道中含有 35kV 以上高压电缆，或为满足引入柜盘的电缆符合允许弯曲半径要求时，宜按"由下而上"的顺序排列。

在同一工程中或电缆通道延伸于不同工程的情况，均应按相同的上下排列顺序配置。

2 支架层数受通道空间限制时，35kV 及以下的相邻电压级电力电缆，可排列于同一层支架上，1kV 及以下电力电缆也可与强电控制和信号电缆配置在同一层支架上。

3 同一重要回路的工作与备用电缆实行耐火分隔时，应配置在不同层的支架上。

5.1.4 同一层支架上电缆排列的配置，宜符合下列规定：

1 控制和信号电缆可紧靠或多层叠置。

除交流系统用单芯电力电缆的同一回路可采取品字形（三叶形）配置外，对重要的同一回路多根电力电缆，不宜叠置。

3 除交流系统用单芯电缆情况外，电力电缆相互间宜有 1 倍电缆外径的空隙。

5.1.5 交流系统用单芯电力电缆的相序配置及其相间距离，应同时满足电缆金属护层的正常感应电压不超过允许值，并宜保证按持续工作电流选择电缆截面小的原则确定。

未呈"品"字形配置的单芯电力电缆，有两回线及以上配置在同一通路时，应计入相互影响。

5.1.6 交流系统用单芯电力电缆与公用通信线路相距较近时，宜维持技术经济上有利的电缆路径，必要时可采取下列抑制感应电势的措施：

1 使电缆支架形成电气通路，且计入其他并行电缆抑制因素的影响。

2 对电缆隧道的钢筋混凝土结构实行钢筋网焊接连通。

3 沿电缆线路适当附加并行的金属屏蔽线或罩盒等。

5.1.7 明敷的电缆不宜平行敷设在热力管道的上部。电缆与管道之间无隔板防护时的允许距离，除城市公共场所应按现行国家标准《城市工程管线综合规划规范》GB 50289 执行外，尚应符合表5.1.7 的规定。

表 5.1.7　　　　　　　　　　　电缆与管道之间无隔板防护时的允许距离　　　　　　　　　（mm）

电缆与管道之间走向		电力电缆	控制和信号电缆
热力管道	平行	1000	500
	交叉	500	250
其他管道	平行	150	100

5.1.8 抑制电气干扰强度的弱电回路控制和信号电缆，除应符合本规范第 3.6.6 条～第 3.6.9 条的规定外，当需要时可采取下列措施：

1 与电力电缆并行敷设时相互间距，在可能范围内宜远离；对电压高、电流大的电力电缆间距宜更远。

2 敷设于配电装置内的控制和信号电缆，与耦合电容器或电容式电压互感、避雷器或避雷针接地处的距离，宜在可能范围内远离。

3 沿控制和信号电缆可平行敷设屏蔽线，也可将电缆敷设于钢制管或盒中。

5.1.9 在隧道、沟、浅槽、竖井、夹层等封闭式电缆通道中，不得布置热力管道，严禁有易燃气体或易燃液体的管道穿越。

5.1.10 爆炸性气体危险场所敷设电缆，应符合下列规定：

1 在可能范围应保证电缆距爆炸释放源较远，敷设在爆炸危险较小的场所。并应符合下列规定：

1）易燃气体比空气重时，电缆应埋地或在较高处架空敷设，且对非铠装电缆采取穿管或置于托盘、槽盒中等机械性保护。

2）易燃气体比空气轻时，电缆应敷设在较低处的管、沟内，沟内非铠装电缆应埋砂。

2　电缆在空气中沿输送易燃气体的管道敷设时，应配置在危险程度较低的管道一侧，并应符合下列规定：

1）易燃气体比空气重时，电缆宜配置在管道上方。

2）易燃气体比空气轻时，电缆宜配置在管道下方。

3　电缆及其管、沟穿过不同区域之间的墙、板孔洞处，应采用非燃性材料严密堵塞。

4　电缆线路中不应有接头；如采用接头时，必须具有防爆性。

5.1.11　用于下列场所、部位的非铠装电缆，应采用具有机械强度的管或罩加以保护：

1　非电气人员经常活动场所的地坪以上 2m 内、地中引出的地坪以下 0.3m 深电缆区段。

2　可能有载重设备移经电缆上面的区段。

5.1.12　除架空绝缘型电缆外的非户外型电缆，户外使用时，宜采取罩、盖等遮阳措施。

5.1.13　电缆敷设在有周期性振动的场所，应采取下列措施：

1　在支持电缆部位设置由橡胶等弹性材料制成的衬垫。

2　使电缆敷设成波浪状且留有伸缩节。

5.1.14　在有行人通过的地坪、堤坝、桥面、地下商业设施的路面，以及通行的隧洞中，电缆不得敞露敷设于地坪或楼梯走道上。

5.1.15　在工厂的风道、建筑物的风道、煤矿里机械提升的除运输机通行的斜井通风巷道或木支架的竖井井筒中，严禁敷设敞露式电缆。

5.1.16　1kV 以上电源直接接地且配置独立分开的中性线和保护地线构成的系统，采用独立于相芯线和中性线以外的电缆作保护地线时，同一回路的该两部分电缆敷设方式，应符合下列规定：

1　在爆炸性气体环境中，应敷设在同一路径的同一结构管、沟或盒中。

2　除上述情况外，宜敷设在同一路径的同一构筑物中。

5.1.17　电缆的计算长度，应包括实际路径长度与附加长度。附加长度宜计入下列因素：

1　电缆敷设路径地形等高差变化、伸缩节或迂回备用裕量。

2　35kV 及以上电缆蛇形敷设时的弯曲状影响增加量。

3　终端或接头制作所需剥截电缆的预留段、电缆引至设备或装置所需的长度。35kV 及以下电缆敷设度量时的附加长度，应符合本规范附录 G 的规定。

5.1.18　电缆的订货长度，应符合下列规定：

1　长距离的电缆线路，宜采取计算长度作为订货长度。

对 35kV 以上单芯电缆，应按相计算；线路采取交叉互联等分段连接方式时，应按段开列。

2　对 35kV 及以下电缆用于非长距离时，宜计及整盘电缆中截取后不能利用其剩余段的因素，按计算长度计入 5%～10%的裕量，作为同型号规格电缆的订货长度。

3　水下敷设电缆的每盘长度，不宜小于水下段的敷设长度。有困难时，可含有工厂制的软接头。

5.2　敷设方式选择

5.2.1　电缆敷设方式的选择，应视工程条件、环境特点和电缆类型、数量等因素，以及满足运行可靠、便于维护和技术经济合理的原则来选择。

5.2.2　电缆直埋敷设方式的选择，应符合下列规定：

1　同一通路少于 6 根的 35kV 及以下电力电缆，在厂区通往远距离辅助设施或城郊等不易有经常性开挖的地段，宜采用直埋；在城镇人行道下较易翻修情况或道路边缘，也可采用直埋。

2　厂区内地下管网较多的地段，可能有熔化金属、高温液体溢出的场所，待开发将有较频繁开挖的地方，不宜用直埋。

3　在化学腐蚀或杂散电流腐蚀的土壤范围内，不得采用直埋。

5.2.3　电缆穿管敷设方式的选择，应符合下列规定：

1 在有爆炸危险场所明敷的电缆，露出地坪上需加以保护的电缆，以及地下电缆与公路、铁道交叉时，应采用穿管。

2 地下电缆通过房屋、广场的区段，以及电缆敷设在规划中将作为道路的地段，宜采用穿管。

3 在地下管网较密的工厂区、城市道路狭窄且交通繁忙或道路挖掘困难的通道等电缆数量较多时，可采用穿管。

5.2.4 下列场所宜采用浅槽敷设方式：

1 地下水位较高的地方。

2 通道中电力电缆数量较少，且在不经常有载重车通过的户外配电装置等场所。

5.2.5 电缆沟敷设方式的选择应符合下列规定：

1 在化学腐蚀液体或高温熔化金属溢流的场所，或在载重车辆频繁经过的地段，不得采用电缆沟。

2 经常有工业水溢流、可燃粉尘弥漫的厂房内，不宜采用电缆沟。

在厂区、建筑物内地下电缆数量较多但不需要采用隧道，城镇人行道开挖不便且电缆需分期敷设，同时不属于上述情况时，宜采用电缆沟。

4 有防爆、防火要求的明敷电缆，应采用埋砂敷设的电缆沟。

5.2.6 电缆隧道敷设方式的选择，应符合下列规定：

1 同一通道的地下电缆数量多，电缆沟不足以容纳时应采用隧道。

2 同一通道的地下电缆数量较多，且位于有腐蚀性液体或经常有地面水流溢的场所，或含有35kV 以上高压电缆以及穿越公路、铁道等地段，宜采用隧道。

3 受城镇地下通道条件限制或交通流量较大的道路下，与较多电缆沿同一路径有非高温的水、气和通信电缆管线共同配置时，可在公用性隧道中敷设电缆。

5.2.7 垂直走向的电缆，宜沿墙、柱敷设；当数量较多，或含有 35kV 以上高压电缆时，应采用竖井。

5.2.8 电缆数量较多的控制室、继电保护室等处，宜在其下部设置电缆夹层。电缆数量较少时，也可采用有活动盖板的电缆层。

5.2.9 在地下水位较高的地方、化学腐蚀液体溢流的场所，厂房内应采用支持式架空敷设。建筑物或厂区不宜地下敷设时，可采用架空敷设。

5.2.10 明敷且不宜采用支持式架空敷设的地方，可采用悬挂式架空敷设。

5.2.11 通过河流、水库的电缆，无条件利用桥梁、堤坝敷设时，可采取水下敷设。

5.2.12 厂房内架空桥架敷设方式不宜设置检修通道，城市电缆线路架空桥架敷设方式可设置检修通道。

5.3 地下直埋敷设

5.3.1 直埋敷设电缆的路径选择，宜符合下列规定：

1 应避开含有酸、碱强腐蚀或杂散电流电化学腐蚀严重影响的地段。

2 无防护措施时，宜避开白蚁危害地带、热源影响和易遭外力损伤的区段。

5.3.2 直埋敷设电缆方式，应符合下列规定：

1 电缆应敷设于壕沟里，并应沿电缆全长的上、下紧邻侧铺以厚度不少于100mm 的软土或砂层。

2 沿电缆全长应覆盖宽度不小于电缆两侧各 50mm 的保护板，保护板宜采用混凝土。

3 城镇电缆直埋敷设时，宜在保护板上层铺设醒目标志带。

4 位于城郊或空旷地带，沿电缆路径的直线间隔100m、转弯处或接头部位，应竖立明显的方位标志或标桩。

5 当采用电缆穿波纹管敷设于壕沟时，应沿波纹管顶全长浇注厚度不小于100mm 的素混凝土，宽度不应小于管外侧 50mm，电缆可不含铠装。

5.3.3 直埋敷设于非冻土地区时，电缆埋置深度应符合下列规定：

1 电缆外皮至地下构筑物基础，不得小于 0.3m。

2 电缆外皮至地面深度，不得小于 0.7m；当位于行车道或耕地下时，应适当加深，且不宜小于 1.0m。

5.3.4 直埋敷设于冻土地区时，宜埋入冻土层以下，当无法深埋时可埋设在土壤排水性好的干燥冻土层或回填土中，也可采取其他防止电缆受到损伤的措施。

5.3.5 直埋敷设的电缆，严禁位于地下管道的正上方或正下方。

电缆与电缆、管道、道路、构筑物等之间的容许最小距离，应符合表 5.3.5 的规定。

表 5.3.5　　　　　　电缆与电缆、管道、道路、构筑物等之间的容许最小距离　　　　　　（m）

电缆直埋敷设时的配置情况		平行	交叉
控制电缆之间		—	0.5①
电力电缆之间或与控制电缆之间	10kV 及以下电力电缆	0.1	0.5①
	10kV 以上电力电缆	0.25②	0.5①
不同部门使用的电缆		0.5②	0.5①
电缆与地下管沟	热力管沟	2③	0.5①
	油管或易（可）烟气管道	1	0.5①
	其他管道	0.5	0.5①
电缆与铁路	非直流电气化铁路路轨	3	1.0
	直流电气化铁路路轨	10	1.0
电缆与建筑物基础		0.6③	—
电缆与公路边		1.0③	—
电缆与排水沟		1.0③	—
电缆与树木的主干		0.7	—
电缆与 1kV 以下架空线电杆		1.0③	—
电缆与 1kV 以上架空线杆塔基础		4.0③	—

① 用隔板分隔或电缆穿管时不得小于 0.25m；
② 用隔板分隔或电缆穿管时不得小于 0.1m；
③ 特殊情况时，减小值不得大于 50%。

5.3.6 直埋敷设的电缆与铁路、公路或街道交叉时，应穿于保护管，保护范围应超出路基、街道路面两边以及排水沟边 0.5m 以上。

5.3.7 直埋敷设的电缆引入构筑物，在贯穿墙孔处应设置保护管，管口应实施阻水堵塞。

5.3.8 直埋敷设电缆的接头配置，应符合下列规定：

1 接头与邻近电缆的净距，不得小于 0.25m。

2 并列电缆的接头位置宜相互错开，且净距不宜小于 0.5m。

3 斜坡地形处的接头安置，应呈水平状。

4 重要回路的电缆接头，宜在其两侧约 1.0m 开始的局部段，按留有备用量方式敷设电缆。

5.3.9 直埋敷设电缆采取特殊换土回填时，回填土的土质应对电缆外护层无腐蚀性。

5.5 电缆构筑物敷设

5.5.1 电缆构筑物的尺寸应按容纳的全部电缆确定，电缆的配置应无碍安全运行，满足敷设施工作业与维护巡视活动所需空间，并应符合下列规定：

1 隧道内通道净高不宜小于 1900mm；在较短的隧道中与其他沟道交叉的局部段，净高可降低，但不应小于 1400mm。

2 封闭式工作井的净高不宜小于 1900mm。

3 电缆夹层室的净高不得小于 2000mm，但不宜大于 3000mm。民用建筑的电缆夹层净高可稍降低，但在电缆配置上供人员活动的短距离空间不得小于 1400mm。

4 电缆沟、隧道或工作井内通道的净宽，不宜小于表 5.5.1 所列值。

表 5.5.1 电缆沟、隧道或工作井内通道的净宽 （mm）

电缆支架配置方式	具有下列沟深的电缆沟			开挖式隧道或封闭式工作井	非开挖式隧道
	<600	600~1000	>1000		
两侧	300*	500	700	1000	800
单侧	300*	400	600	900	800

* 浅沟内可不设置支架，勿需有通道。

5.5.2 电缆支架、梯架或托盘的层间距离，应满足能方便地敷设电缆及其固定、安置接头的要求，且在多根电缆同置于一层的情况下，可更换或增设任一根电缆及其接头。

在采用电缆截面或接头外径尚非很大的情况下，符合上述要求的电缆支架、梯架或托盘的层间距离的最小值，可取表 5.5.2 所列数值。

表 5.5.2 电缆支架、梯架或托盘的层间距离的最小值 （mm）

电缆电压级和类型、敷设特征		普通支架、吊架	桥架
控制电缆明敷		120	200
电力电缆明敷	6kV 以下	150	250
	6kV~10kV 交联聚乙烯	200	300
	35kV 单芯	250	
	35kV 三芯	300	350
	110kV~220kV、每层 1 根以上		
	330kV、500kV	350	400
电缆数设于槽盒中		$h+80$	$h+100$

注 h 为槽盒外壳高度。

5.5.3 水平敷设时电缆支架的最上层、最下层布置尺寸，应符合下列规定：

1 最上层支架距构筑物顶板或梁底的净距允许最小值，应满足电缆引接至上侧柜盘时的允许弯曲半径要求，且不宜小于表 5.5.2 所列数再加 80mm~150mm 的和值。

2 最上层支架距其他设备的净距，不应小于 300mm；当无法满足时应设置防护板。

3 最下层支架距地坪、沟道底部的最小净距，不宜小于表 5.5.3 所列值。

表 5.5.3 最下层支架距地坪、沟道底部的最小净距 （mm）

电缆敷设场所及其特征		垂直净距
电缆沟		50
隧道		100
电缆夹层	非通道处	200
	至少在一侧不小于 800mm 宽通道处	1400
公共廊道中电缆支架无围栏防护		1500
厂房内		2000
厂房外	无车辆通过	2500
	有车辆通过	4500

5.5.4 电缆构筑物应满足防止外部进水、渗水的要求，且应符合下列规定：

1 对电缆沟或隧道底部低于地下水位、电缆沟与工业水管沟并行邻近、隧道与工业水管沟交叉时，宜加强电缆构筑物防水处理。

2 电缆沟与工业水管沟交叉时，电缆沟宜位于工业水管沟的上方。

3 在不影响厂区排水情况下，厂区户外电缆沟的沟壁宜稍高出地坪。

5.5.5 电缆构筑物应实现排水畅通，且符合下列规定：

1 电缆沟、隧道的纵向排水坡度，不得小于0.5％。

2 沿排水方向适当距离宜设置集水井及其泄水系统，必要时应实施机械排水。

3 隧道底部沿纵向宜设置泄水边沟。

5.5.6 电缆沟沟壁、盖板及其材质构成应满足承受荷载和适合环境耐久的要求。

可开启的沟盖板的单块重量，不宜超过50kg。

5.5.7 电缆隧道、封闭式工作井应设置安全孔，安全孔的设置应符合下列规定：

1 沿隧道纵长不应少于2个。在工业性厂区或变电所内隧道的安全孔间距不宜大于75m。在城镇公共区域开挖式隧道的安全孔间距不宜大于200m，非开挖式隧道的安全孔间距可适当增大，且宜根据隧道埋深和结合电缆敷设、通风、消防等综合确定。

隧道首末端无安全门时，宜在不大于5m处设置安全孔。

2 对封闭式工作井，应在顶盖板处设置2个安全孔。位于公共区域的工作井，安全孔井盖的设置宜使非专业人员难以启动。

3 安全孔至少应有一处适合安装机具和安置设备的搬运，供人出入的安全孔直径不得小于700mm。

4 安全孔内应设置爬梯，通向安全门应设置步道或楼梯等设施。

5 在公共区域露出地面的安全孔设置部位，宜避开公路、轻轨，其外观宜与周围环境景观相协调。

5.5.8 高落差地段的电缆隧道中，通道不宜呈阶梯状，且纵向坡度不宜大于15°，电缆接头不宜设置在倾斜位置上。

5.5.9 电缆隧道宜采取自然通风。当有较多电缆导体工作温度持续达到70℃以上或其他影响环境温度显著升高时，可装设机械通风，但机械通风装置应在一旦出现火灾时能可靠地自动关闭。

长距离的隧道，宜适当分区段实行相互独立的通风。

5.5.10 非拆卸式电缆竖井中，应有人员活动的空间，且宜符合下列规定：

1 未超过5m高时，可设置爬梯，且活动空间不宜小于800mm×800mm。

2 超过5m高时，宜设置楼梯，且每隔3m宜设置楼梯平台。

3 超过20m高且电缆数量多或重要性要求较高时，可设置简易式电梯。

6.2 电缆支架和桥架

6.2.1 电缆支架和桥架，应符合下列规定：

1 表面应光滑无毛刺。

2 应适应使用环境的耐久稳固。

3 应满足所需的承载能力。

4 应符合工程防火要求。

6.2.2 电缆支架除支持工作电流大于1500A的交流系统单芯电缆外，宜选用钢制。在强腐蚀环境，选用其他材料电缆支架、桥架，应符合下列规定：

1 电缆沟中普通支架（臂式支架），可选用耐腐蚀的刚性材料制。

2 电缆桥架组成的梯架、托盘，可选用满足工程条件阻燃性的玻璃钢制。

3 技术经济综合较优时，可选用铝合金制电缆桥架。

6.2.3 金属制的电缆支架应有防腐蚀处理，且应符合下列规定：

1 大容量发电厂等密集配置场所或重要回路的钢制电缆桥架，应从一次性防腐处理具有的耐久性，按工程环境和耐久要求，选用合适的防腐处理方式。在强腐蚀环境，宜采用热浸锌等耐久性较高的防腐处理。

2 型钢制臂式支架，轻腐蚀环境或非重要性回路的电缆桥架，可用涂漆处理。

6.2.4 电缆支架的强度，应满足电缆及其附件荷重和安装维护的受力要求，且应符合下列规定：

1 有可能短暂上人时，计入 900N 的附加集中荷载。

2 机械化施工时，计入纵向拉力、横向推力和滑轮重量等影响。

3 在户外时，计入可能有覆冰、雪和大风的附加荷载。

6.2.5 电缆桥架的组成结构应满足强度、刚度及稳定性要求，且应符合下列规定：

1 桥架的承载能力，不得超过使桥架最初产生永久变形时的最大荷载除以安全系数为 1.5 的数值。

2 梯架、托盘在允许均布承载作用下的相对挠度值，钢制不宜大于 1/200；铝合金制不宜大于 1/300。

3 钢制托臂在允许承载下的偏斜与臂长比值，不宜大于 1/100。

6.2.6 电缆支架型式的选择，应符合下列规定：

1 明敷的全塑电缆数量较多，或电缆跨越距离较大、高压电缆蛇形安置方式时，宜选用电缆桥架。

2 除上述情况外，可选用普通支架、吊架。

6.2.7 电缆桥架型式的选择，应符合下列规定：

1 需屏蔽外部的电气干扰时，应选用无孔金属托盘回实体盖板。

2 在有易燃粉尘场所，宜选用梯架，最上一层桥架应设置实体盖板。

3 高温、腐蚀性液体或油的溅落等需防护场所，宜选用托盘，最上一层桥架应设置实体盖板。

4 需因地制宜组装时，可选用组装式托盘。

5 除上述情况外，宜选用梯架。

6.2.8 梯架、托盘的直线段超过下列长度时，应留有不少于 20mm 的伸缩缝：

1 钢制 30m。

2 铝合金或玻璃钢制 15m。

6.2.9 金属制桥架系统应设置可靠的电气连接并接地。采用玻璃钢桥架时，应沿桥架全长另敷设专用接地线。

6.2.10 振动场所的桥架系统包括接地部位的螺栓连接处，应装置弹簧垫圈。

6.2.11 要求防火的金属桥架，除应符合本规范第 7 章的规定外，尚应对金属构件外表面施加防火涂层，其防火涂层应符合《电缆防火涂料通用技术条件》GA 181 的有关规定。

【依据3】《国家电网有限公司十八项电网重大反事故措施（2018 年修订版）》（国家电网设备〔2018〕979 号）

13.2.1.7 隧道、竖井、变电站电缆层应采取防火墙、防火隔板及封堵等防火措施。防火墙、阻火隔板和阻火封堵应满足耐火极限不低于 1h 的耐火完整性、隔热性要求。建筑内的电缆井在每层楼板处采用不低于楼板耐火极限的不燃材料或防火封堵材料封堵。

13.2.1.8 变电站夹层宜安装温度监视报警器、烟气监视报警器，重要的电缆隧道应安装火灾探测报警装置，并应定期检测。

13.2.2.2 运维部门应保持电缆通道、夹层整洁、畅通，消除各类火灾隐患，通道沿线及其内部、隧道通风口（亭）外部不得积存易燃、易爆物。

13.2.2.3 电缆通道临近易燃、易爆或腐蚀性介质的存储容器、输送管道时，应加强监视并采取有效措施，防止其渗漏进入电缆通道，进而损害电缆或导致火灾。

13.2.2.4 在电缆通道、夹层内使用的临时电源应满足绝缘、防火、防潮要求，并配置漏电保护器。工作人员撤离时应立即断开电源。

13.2.2.5 在电缆通道、夹层内动火作业应办理动火工作票，并采取可靠的防火措施。

4.4.1.3 电缆沟道

本条评价项目（见《评价》）的查评依据如下。

【依据1】《电力工程电缆设计规范》（GB 50217—2007）

5.5.4 电缆构筑物应满足防止外部进水、渗水的要求，且应符合下列规定：

1 对电缆沟或隧道底部低于地下水位、电缆沟与工业水沟并行邻近、隧道与工业水管沟交叉时，宜加强电缆构筑物防水处理。

2 电缆沟与工业水管沟交叉时，电缆沟宜位于工业水管沟的上方。

3 在不影响厂区排水的情况下，厂区户外电缆沟的沟壁宜高于地坪。

5.5.5 电缆构筑物应实现排水通畅，且应符合下列规定：

1 电缆沟、隧道的纵向排水坡度不得小于0.5%。

2 沿排水方向适当距离宜设置集水井及泄水系统，必要时应设置机械排水。

3 隧道底部沿纵向宜设置泄水边沟。

5.5.6 电缆沟沟壁、盖板及其材质构成应满足承受载荷和适合环境耐久的要求。

可开启的沟盖板的单块重量不宜超过50kg。

【依据2】《配电网运维规程》（Q/GDW 1519—2014）

5.5.2.1 电缆通道的地面巡视

a）路径周边有无挖掘、打桩、拉管、顶管等施工迹象，检查路径沿线各种标识标志是否齐全；

b）电缆通道上方有无违章建筑物，是否堆置可燃物、杂物、重物、腐蚀物等；

c）地面是否存在沉降、埋深不够等缺陷；

d）井盖是否丢失、破损、被掩埋；

e）电缆沟盖板是否齐全完整并排列紧密；

f）隧道进出口设施是否完好，巡检通道是否畅通，沿线通风口是否完好。

6.3 电力电缆线路的巡视

6.3.1 通道巡视的主要内容：

a）路径周边是否有管道穿越、开挖、打桩、钻探等施工，检查路径沿线各种标识标示是否齐全；

b）通道内是否存在土壤流失，造成排管包封、工作井等局部点暴露或者导致工作井、沟体下沉、盖板倾斜；

c）通道上方是否修建（构）筑物，是否堆置可燃物、杂物、重物、腐蚀物等；

d）通道内是否有热力管道或易燃易爆管道泄漏现象；

e）盖板是否齐全完整、排列紧密，有无破损；

f）盖板是否压在电缆本体、接头或者配套辅助设施上；

g）盖板是否影响行人、过往车辆安全；

h）隧道进出口设施是否完好，巡视和检修通道是否畅通，沿线通风口是否完好；

i）电缆桥架是否存在损坏、锈蚀现象，是否出现倾斜、基础下沉、覆土流失等现象，桥架与过渡工作井之间是否产生裂缝和错位现象；

j）水底电缆管道保护区内是否有挖砂、钻探、打桩、抛锚、拖锚、底拖捕捞、张网、养殖或者其他可能破坏海底电缆管道安全的水上作业；

k）临近河（海）岸两侧是否有受潮水冲刷的现象，电缆盖板是否露出水面或移位，河岸两端的警告标示是否完好。

6.3.2 电缆管沟、隧道内部巡视的主要内容：

a）结构本体有无形变，支架、爬梯、楼梯等附属设施及标识标示是否完好；

b）结构内部是否存在火灾、坍塌、盗窃、积水等隐患；

c）结构内部是否存在温度超标、通风不良、杂物堆积等缺陷，缆线孔洞的封堵是否完好；

d）电缆固定金具是否齐全，隧道内接地箱、交叉互联箱的固定、外观情况是否良好；

e）机械通风、照明、排水、消防、通信、监控、测温等系统或设备是否运行正常，是否存在隐患和缺陷；

f）测量并记录氧气和可燃、有害气体的成分和含量；

g）保护区内是否存在未经批准的穿管施工。

【依据3】《国家电网有限公司十八项电网重大反事故措施（2018年修订版）》（国家电网设备〔2018〕979号）

13.1.2.3 在电缆运输过程中，应防止电缆受到碰撞、挤压等导致的机械损伤。电缆敷设过程中应严格控制牵引力、侧压力和弯曲半径。

13.1.2.4 电缆通道、夹层及管孔等应满足电缆弯曲半径的要求，110（66）kV及以上电缆的支架应满足电缆蛇形敷设的要求。电缆应严格按照设计要求进行敷设、固定。

13.1.2.9 电缆支架、固定金具、排管的机械强度和耐久性应符合设计和长期安全运行的要求，且无尖锐棱角。

4.4.1.4 夹层、隧道照明

本条评价项目（见《评价》）的查评依据如下。

【依据】《发电厂和变电站照明设计技术规定》（DL/T 5390—2014）

8.1.3 下列场所应采用24V及以下的低压照明：

1 供一般检修用携带式作业灯，其电压为24V；

2 供锅炉本体、金属容器检修用携带式作业灯，其电压为12V；

3 电缆隧道照明电压宜采用24V。

8.1.4 当电缆隧道照明电压采用220V电压时，应有防止触电的安全措施，并应敷设专用接地线。

8.1.5 特别潮湿的场所、高温场所、具有导电灰尘的场所、具有导电地面的场所的照明灯具，当其安装高度在2.2m及以下时，应有防止触电的安全措施或采用24V及以下电压。

8.4 照明供电线路

8.4.1 照明主干线路应符合下列要求

1 正常照明主干线路宜采用TN系统；

2 应急照明主干线路，当经交直流切换装置供电时应采用单相，当只由保安电源供电时应采用TN系统。

3 照明主干线路上连接的照明配电箱数量不宜超过5个。

8.4.2 照明分支线路宜采用单相，对距离较长的道路照明与连接照明器数量较多的场所，也可采用三相。

8.4.3 距离较远的24V及以下的低压照明线路宜采用单相，也可采用380V/220V线路，经降压变压器以24V及以下电压分段供电。

8.4.4 厂、站区道路照明供电线路应与室外照明线路分开。建筑物入口门灯可由建筑物内的照明分支线路供电，但应加装单独的开关。

8.4.5 每一照明单相分支回路的电流不宜超过16A，所接光源数或发光二极管灯具数不宜超过25个。

8.4.6 对高强气体放电灯的照明回路，每一单相分支回路电流不宜超过25A，并应按启动及再启动特性校验保护电器并检验线路的电压损失值。

8.4.7 应急照明网络中不应装设插座。

8.4.8 插座回路宜与照明回路分开，每回路额定电流不宜小于16A，且应设置剩余电流保护装置。

8.4.9 在气体放电灯的频闪效应对视觉作业有影响的场所应采用以下措施之一：

1 采用高频电子镇流器。

2 相邻灯具分接在不同相序。

9 照明质量。

9.0.1 室内照明的不舒服炫光应采用统一炫光值评价，并应按《建筑照明设计标准》GB 50034中的附录A进行计算，其最大允许值符合本规定第6章的规定。

附录A

场所名称		环境特征	火灾危险性类别	爆炸危险类别	推荐灯具形式	光源	导线型号及敷设方式	控制方式	备注
汽机房	底层	有蒸汽泄漏、潮湿、设备及管道错综复杂	丁	一	配照灯、荧光灯、宽配光的块板灯	ZJD、TLD	BV穿管敷设	集中	氢冷机组、在泄漏处装防爆灯
	运转层	有行车、空间高大、有蒸汽			窄配光的板块灯	ZJD			
	循环水泵坑循环水泵间	特别潮湿	戊		防水防尘灯、深照型块板灯				
	加热器	高温、有蒸汽泄漏、空间较低	丁		块板灯、荧光灯	ZJD、NG			
	除氧器和管道层	高温、管道多、有蒸汽			配照灯、块板灯				
	汽机本体	高温、振动大、视看目标小	丙		24V局部照明灯，由厂家成套供货	CFG、TLD、PZ		就地	只就地操作的机组装局部灯
	凝汽器及高、低压加热器	高温、有蒸汽泄漏、视看对象位置低	丁		24V局部照明或专用水位计照明灯	ZJD、NG	BV穿管敷设		
	发电机出线小室	有裸露高压母线，平时定期检查巡视	丙		墙壁灯座、安全灯	CFG、TLD			有漏氢处装防爆灯
	就地热工仪表盘	根据所在场所而定			荧光灯	TLD、CFG			灯具、开关插座厂家配
锅炉房	底层	多灰尘、潮湿	丁		防水防尘灯、配照灯、块板灯	ZJD、NG、TLD		集中	
	运转层	多灰尘、高温、有遮光现象							
	锅炉本体	多灰尘、高温、扶梯平台多，行走不便、露天及半露天							环温在0℃以下的锅炉本体用荧光灯
	磨煤机油坑	有火灾危险、潮湿	戊		安全灯	TLD、CFG		就地	
	水力除尘机械处	特别潮湿且多灰尘			防水防尘灯、配照灯	ZJD、NG、TLD	BV穿管敷设	集中	
	运煤皮带层（煤仓间）、给煤机层及煤斗间	多灰尘、皮带运转快、易伤人	丁	一		ZJD、NG			
	旋风分离器	室外、多尘、较高温			广照灯、投光灯			就地	本体一般不装灯
	热工仪表小室	正常环境			荧光灯	TLD、CFG			
	引风机室	多灰尘、噪声大			防水防尘灯、配照灯	ZJD、NG			
	单元控制或集中控制室	正常环境			阻燃型栅格发光带、发光天棚或成套荧光栅格灯具	TLD、CFG、TLD	BV穿管暗敷	集中	
	脱硫装置	多灰尘、露天环境			三防灯	CFG、PZ	BV穿管敷设	就地	
电气车间	控制室	正常环境	戊	一	格栅荧光灯、间接照明灯	TLD、CFG、TED	BV穿管暗敷	集中	
	电子计算机室								
	继电保护盘室、电子设备间				格栅荧光灯				
	不停电电源室				荧光灯			就地	
	蓄电池室、调酸室套间、端电池室、风机室	有腐蚀性酸气、有爆炸性混合物	乙	ⅡC	防爆灯（ⅡCT1级）、防腐蚀灯	TLD、CFG	BV穿管敷设	集中	开关装门外

场所名称		环境特征	火灾危险性类别	爆炸危险类别	推荐灯具形式	光源	导线型号及敷设方式	控制方式	备注
电气车间	通信室	正常环境	丁	一	荧光灯	TLD、CFG	BV 穿管暗敷	就地	
	电缆半层	正常环境、层高低					BV 穿管敷设		
	电缆隧道	潮湿、有触电危险	丁	一	荧光灯	TLD、CFG			
	柴油机房	有燃油、有可能产生火灾危险	ⅡA		防爆灯（ⅡCT3级）	ZJD、LED		就地	
	变压器、电抗器、开关设备、出线小室		丙				BV 穿管敷设		
	维护走廊、操作走廊、母线层	正常环境	丁	一	荧光灯、块板灯	TLD、CFG			
	高、低压厂用配电室、直流配电装置室				荧光灯			集中	
	室内高压配电装置		丙		荧光灯、块板灯				
	换流站阀厅		丁		块板灯	ZJD			

4.4.2 专业管理

4.4.2.1 电缆孔洞、电缆竖井封堵

4.4.2.2 夹层、沟道及架空电缆的阻燃措施

本条评价项目（见《评价》）的查评依据如下。

【依据1】《10（6）kV～500kV 电缆线路技术标准》（Q/GDW 371—2009）

防火阻燃设施安装一般应符合以下技术要求：

1）防火阻燃材料必须符合产品技术标准要求，并具备有资质的检测机构出具的检测报告、出厂质量检验报告和产品合格证。

2）应按照产品工艺要求进行防火阻燃涂料、包带、防火槽的施工。

3）电缆孔洞封堵应严实可靠，不应有明显的裂缝和可见的孔隙。阻火墙上的防火门应严密、无缝隙。

【依据2】《国家电网有限公司十八项电网重大反事故措施（2018 年修订版）》（国家电网设备〔2018〕979 号）

13.2 防止电缆火灾

13.2.1 设计和基建阶段

13.2.1.1 电缆线路的防火设施必须与主体工程同时设计、同时施工、同时验收，防火设施未验收合格的电缆线路不得投入运行。

13.2.1.2 变电站内同一电源的 110（66）kV 及以上电压等级电缆线路同通道敷设时应两侧布置。同一通道内不同电压等级的电缆，应按照电压等级的高低从下向上排列，分层敷设在电缆支架上。

13.2.1.3 110（66）kV 及以上电压等级电缆在隧道、电缆沟、变电站内、桥梁内应选用阻燃电缆，其成束阻燃性能应不低于 C 级。与电力电缆同通道敷设的低压电缆、通信光缆等应穿入阻燃管，或采取其他防火隔离措施。应开展阻燃电缆阻燃性能到货抽检试验，以及阻燃防火材料（防火槽盒、防火隔板、阻燃管）防火性能到货抽检试验，并向运维单位提供抽检报告。

13.2.1.4 中性点非有效接地方式且允许带故障运行的电力电缆线路不应与110kV 及以上电压等

级电缆线路共用隧道、电缆沟、综合管廊电力舱。

13.2.1.5 非直埋电缆接头的外护层及接地线应包覆阻燃材料，充油电缆接头及敷设密集的10kV～35kV电缆的接头应用耐火防爆槽盒封闭。密集区域（4回及以上）的110（66）kV及以上电压等级电缆接头应选用防火槽盒、防火隔板、防火毯、防爆壳等防火防爆隔离措施。

13.2.1.6 在电缆通道内敷设电缆需经运行部门许可。施工过程中产生的电缆孔洞应加装防火封堵，受损的防火设施应及时恢复，并由运维部门验收。

13.2.1.7 隧道、竖井、变电站电缆层应采取防火墙、防火隔板及封堵等防火措施。防火墙、阻火隔板和阻火封堵应满足耐火极限不低于1h的耐火完整性、隔热性要求。建筑内的电缆井在每层楼板处采用不低于楼板耐火极限的不燃材料或防火封堵材料封堵。

13.2.1.8 变电站夹层宜安装温度、烟气监视报警器，重要的电缆隧道应安装火灾探测报警装置，并应定期检测。

13.2.2 运行阶段

13.2.2.1 电缆密集区域的在役接头应加装防火槽盒或采取其他防火隔离措施。输配电电缆同通道敷设应采取可靠的防火隔离措施。变电站夹层内在役接头应逐步移出，电力电缆切改或故障抢修时，应将接头布置在站外的电缆通道内。

13.2.2.2 运维部门应保持电缆通道、夹层整洁、畅通，消除各类火灾隐患，通道沿线及其内部、隧道通风口（亭）外部不得积存易燃、易爆物。

13.2.2.3 电缆通道临近易燃、易爆或腐蚀性介质的存储容器、输送管道时，应加强监视并采取有效措施，防止其渗漏进入电缆通道，进而损害电缆或导致火灾。

13.2.2.4 在电缆通道、夹层内使用的临时电源应满足绝缘、防火、防潮要求，并配置漏电保护器。工作人员撤离时应立即断开电源。

13.2.2.5 在电缆通道、夹层内动火作业应办理动火工作票，并采取可靠的防火措施。

13.2.2.6 严格按照运行规程规定对通道进行巡检，并检测电缆和接头运行温度。

13.2.2.7 与110（66）kV及以上电压等级电缆线路共用隧道、电缆沟、综合管廊电力舱的中性点非有效接地方式的电力电缆线路，应开展中性点接地方式改造，或做好防火隔离措施并在发生接地故障时立即拉开故障线路。

【依据3】《电力工程电缆设计规范》（GB 50217—2007）

5.1.9 在隧道、沟、浅槽、竖井、加层等封闭式电缆通道中，不得布置热力管道，严禁有易燃气体或易燃液体的管道穿越。

7. 电缆防火与阻止延燃

7.0.1 对电缆可能着火蔓延导致严重事故的回路、易受外部影响波及火灾的电缆密集场所，应有适当的阻火分隔，并按工程重要性、火灾概率及其特点和经济合理等因素，确定采取下列安全措施：

（1）实施阻燃防护或阻止延燃。

（2）选用具有难燃性的电缆。

（3）实施耐火防护或选用具有耐火性的电缆。

（4）实施防火构造。

（5）增设自动报警与专用消防装置。

7.0.2 阻火分隔方式的选择，应符合下列规定：

7.0.2.1 电缆构筑物中电缆引至电气柜、盘或控制屏、台的开孔部位，电缆贯穿隔墙、楼板的孔洞处，均应实施阻火封堵。

7.0.2.2 在隧道或重要回路的电缆沟中下列部位，宜设置阻火墙（防火墙）。

（1）公用主沟道的分支处。

（2）多段配电装置对应的沟道适当分段处。

（3）长距离沟道中相隔约200m或通风区段处。

（4）至控制室或配电装置的沟道入口、厂区围墙处。

7.0.2.3　在竖井中，宜每隔约 7m 设置阻火隔层。

7.0.3　实施阻火分隔的技术特性，应符合下列规定：

（1）阻火封堵、阻火隔层的设置，可采用防火堵料、填料或阻火包、耐火隔板等。在楼板竖井孔处，应能承受巡视人员的荷载。

（2）阻火墙的构成，宜采用阻火包、矿棉块等软质材料或防火堵料、耐火隔板等便于增添或更换电缆时不致损伤其他电缆的方式，且在可能经受积水浸泡或鼠害作用下具有稳固性。

（3）除通向主控室、厂区围墙或长距离隧道中按通风区段分隔的阻火墙部位应设防火门外，其他情况下，有防止窜燃措施时可不设防火门。防窜燃方式可在阻火墙紧靠两侧不少于 1m 区段所有电缆上施加防火涂料、包带，或设置挡火板等。

（4）阻火墙、阻火隔层和封堵的构成方式，均应满足按等效工程条件下标准试验的耐火极限不低于 1h。

7.0.4　非阻燃型电缆用于明敷情况，增强防火安全时，应符合下列规定：

（1）在易受外因波及着火的场所，宜对相关范围电缆实施阻燃防护；对重要电缆回路，可在适当部位设置阻火段以实施阻止延燃。阻燃防护或阻火段，可采取在电缆上施加防火涂料、包带或当电缆数量较多时采用难燃、耐火槽盒或阻火包等。

（2）在接头两侧电缆各约 3m 区段和该范围并列邻近的其他电缆上，宜用防火包带实施阻止延燃。

7.0.5　在火灾几率较高、灾害影响较大的场所，明敷方式下电缆选择，应符合下列规定：

（1）火力发电厂主厂房和燃煤系统、燃油系统以及其他易燃、易爆场所，宜采用阻燃电缆。

（2）地下的客运或商业设施等人流密集环境中需增强防火安全的回路，宜采用具有低烟、低毒的阻燃电缆。

（3）其他重要的工业与公共设施供配电回路，当需要增强防火安全性时，也可采用具有阻燃性或低烟、低毒阻燃电缆。

7.0.6　阻燃电缆的选用，应符合下列规定：

（1）电缆多根密集配置时的阻燃性，应符合《电线电缆燃烧试验方法》的规定。多根密集配置时电缆的难燃性，应按该标准第 3 部分"成束电线电缆燃烧试验方法"GB/T 18380.3 有关规定，并根据电缆配置情况、所需防止灾难性事故和经济合理的原则，选择适合的阻燃性等级和类别。

（2）当确定该等级类难燃电缆能满足工程条件下有效阻止延燃性时，可减少本规范第 7.0.4 条的要求。

（3）同一通道中，不宜把非阻燃电缆与阻燃电缆并列配置。

7.0.7　在外部火势作用一定时间内需维持通电的下列场所或回路，明敷的电缆应实施耐火防护或选用具有耐火性的电缆。

（1）消防、报警、应急照明、遮断器操作直流电源和发电机组紧急停机的保全电源等重要回路。

（2）计算机监控、双重化继电保护、保安电源等双回路合用同一通道未相互隔离时其中　个回路。

（3）油罐区、钢铁厂中可能有熔化金属溅落等易燃场所。

（4）其他重要公共建筑设施等需有耐火要求的回路。

7.0.8　明敷电缆实施耐火防护方式，应符合下列规定：

（1）电缆数量较少时，可用防火涂料、包带加于电缆上或把电缆穿于耐火管。

（2）同一通道中电缆较多时，宜敷设于耐火槽盒内，且对电力电缆宜用透气型式，在无易燃粉尘的环境可用半封闭式，敷设在桥架上的电缆防护区段不长时，也可采用阻火包。

7.0.9　耐火电缆用于发电厂等明敷有多根电缆配置中，或位于油管、熔化金属溅落等可能波及场所时，其耐火性应符合《电线电缆燃烧试验方法　第 1 部分：总则》GB 12666.1 中的 A 类耐火电缆。除上述情况外且为少量电缆配置时，可采用《电线电缆燃烧试验方法　第 1 部分：总则》GB 12666.1 中的 B 类耐火电缆。

7.0.10　在油罐区、重要木结构公共建筑、高温场所等其他耐火要求高且敷设安装和经济性能接受的情况，可采用矿物绝缘电缆。

7.0.11　自容式充油电缆明敷在公用廊道、客运隧洞、桥梁等要求实施防火处理的情况，可采取埋砂敷设。

7.0.12　靠近高压电流、电压互感器等含油设备的电缆沟，宜使该区段沟盖板密封。

7.0.13　在安全性要求较高的电缆密集场所或封闭通道中，应配备适于环境可靠动作的火灾自动探测报警装置。明敷充油电缆的供油系统，应设有能反映喷油状态的火灾自动报警和闭锁装置。

7.0.14　在地下公共设施的电缆密集部位，多回充油电缆的终端设置处等安全性要求较高的场所，可装设水喷雾灭火等专用消防设施。

7.0.15　电缆用防火阻燃材料产品的选用，应符合下列规定：

（1）阻燃性材料应符合 GA 161—1997《防火封堵材料的性能要求和试验方法》的有关规定。

（2）防火涂料、阻燃包带应分别符合 GA 181—1998《电缆防火涂料通用技术条件》和 GA 478—2004《电缆用阻燃包带》的有关规定。

（3）用于阻止延燃的材料产品，除本条（2）项外，应按等效工程使用条件的燃烧试验满足有效自熄性。

（4）用于耐火防护的材料产品，应按等效工程使用条件的燃烧试验满足耐火极限不低于 1h 的要求，且耐火温度不宜低于 1000℃。

（5）用于电力电缆的阻燃、耐火槽盒，应确定电缆载流能力或有关参数。

（6）采用的材料产品应适于工程环境，具有耐久可靠性。

4.4.2.3　电缆终端和接头运行情况

本条评价项目（见《评价》）的查评依据如下。

【依据1】《电气装置安装工程电缆线路施工及验收规范》（GB 50168—2006）

5.1.17　电力电缆接头的布置应符合下列要求：

1　并列敷设的电缆，其接头的位置宜相互错开；

2　电缆明敷时的接头，应用托板托置固定；

3　直埋电缆接头应有防止机械损伤的保护结构或外设保护盒。位于冻土层内的保护盒，盒内宜注入沥青。

【依据2】《输变电设备状态检修试验规程》（Q/GDW 168—2008）

5.17.1.2　巡检说明

巡检时，具体要求说明如下：

a）检查电缆终端外绝缘是否有破损和异物，是否有明显的放电痕迹；是否有异味和异常声响。

b）充油电缆油压正常，油压表完好。

c）引入室内的电缆入口应该封堵完好，电缆支架牢固，接地良好。

5.17.1.3　红外热像检测

检测电缆终端、中间接头、电缆分支处及接地线（可测），红外热像图显示应无异常温升、温差和/或相对温差。测量和分析方法参考 DL/T 664—2016。

检测时，应注意对电缆线路各处分别进行测量，避免遗漏测量部位；电缆带电运行时间应该在 24h 以上，最好在设备负荷高峰状态下进行；尽量移开或避开电缆与测温仪之间的遮挡物，记录环境温度、负荷及其近 3h 内的变化情况，以便分析参考。

当电缆线路负荷较重（超过50％）时，应适当缩短红外热像检测周期。

【依据3】《国家电网有限公司十八项电网重大反事故措施（2018 年修订版）》（国家电网设备〔2018〕979 号）

13.1.1　设计阶段

13.1.1.1　应按照全寿命周期管理的要求，根据线路输送容量、系统运行条件、电缆路径、敷设方式和环境等合理选择电缆和附件结构型式。

13.1.1.2 应加强电力电缆和电缆附件选型、订货、验收及投运的全过程管理。应优先选择具有良好运行业绩和成熟制造经验的生产厂家。

13.1.1.9 合理安排电缆段长，尽量减少电缆接头的数量，严禁在变电站电缆夹层、出站沟道、竖井和50m及以下桥架等区域布置电力电缆接头。110（66）kV电缆非开挖定向钻拖拉管两端工作井不宜布置电力电缆接头。

13.1.2 基建阶段

13.1.2.6 电缆金属护层接地电阻、接地箱（互联箱）端子接触电阻，必须满足设计要求和相关技术规范要求。

13.1.2.7 金属护层采取交叉互联方式时，应逐相进行导通测试，确保连接方式正确。金属护层对地绝缘电阻应试验合格，过电压限制元件在安装前应检测合格。

13.1.3 运行阶段

13.1.3.1 运行部门应加强电缆线路负荷和温度的检（监）测，防止过负荷运行，多条并联的电缆应分别进行测量。巡视过程中应检测电缆附件、接地系统等关键接点的温度。

13.1.3.2 严禁金属护层不接地运行。应严格按照试验规程对电缆金属护层的接地系统开展运行状态检测、试验。

13.1.3.3 运行部门应开展电缆线路状态评价，对异常状态和严重状态的电缆线路应及时检修。

13.1.3.4 应监视重载和重要电缆线路因运行温度变化产生的伸缩位移，出现异常应及时处理。

13.1.3.5 电缆线路发生运行故障后，应检查全线接地系统是否受损，发现问题应及时修复。

13.1.3.6 人员密集区域或有防爆要求场所的瓷套终端应更换为复合套管终端。

【依据4】《电力工程电缆设计规范》（GB 50217—2007）

4.1 一般规定

4.1.1 电缆终端的装置类型的选择，应符合下列规定：

1 电缆与SF₆全封闭电气直接连接时，应采用封闭式GIS终端。

2 电缆与高压变压器直接相连接时，应采用象鼻式终端。

3 电缆与电器相连接且具有整体式插接功能时，应采用可分离式（插接式）终端。

4 除上述情况外，电缆与其他电器或导体连接时，应采用敞开式终端。

4.1.2 电缆终端构造类型的选择，应满足工程所需可靠性、安装与维护简便和经济合理等因素综合确定，并符合下列规定：

1 与充油电缆相连的终端，应耐受可能的最高工作油压。

2 与六氟化硫全封闭电器相连的GIS终端，其借口应相互配合；GIS终端应具有与六氟化硫气体完全隔离的密封结构。

3 在易燃、易爆等不允许有火种场所的电缆终端，应选用无明火作业的构造类型。

4 220kV及以上XLPE电缆选用的终端型式，应通过该型终端与电缆连成整体的标准性资格试验考核。

5 在多雨且污秽或盐雾较重地区的电缆终端，宜具有硅橡胶或复合式套管。

6 66kV～110kV XLPE电缆户外终端宜选用全干式预制型。

4.1.3 电缆终端绝缘特性的选择，应符合下列规定：

1 终端的额定电压及其绝缘水平，不得低于所连接电缆额定电压及其要求的绝缘水平。

2 终端的外绝缘，应符合安置处海拔高程、污秽环境条件所需泄漏比距的要求。

4.1.4 电缆终端的机械强度，应满足安置处引线拉力、风力和地震力作用的要求。

4.1.5 电缆接头的装置类型的选择，应符合下列规定：

1 自容式充油电缆线路高差超过本规范第3.5.2条的规定，且需分隔油路时，应采用塞止接头。

2 电缆线路距离超过电缆制造长度，且除本条第3款情况外，应采用直通接头。

3 单芯电缆线路较长以交叉互联接地的隔断金属层连接部位，除可在金属层上实施有效隔断及其绝缘处理的方式外，其他应采用绝缘接头。

4 电缆线路分支接出部位，除带分支主干电缆或在电缆网络中应设置有分支箱、环网柜等情况外，其他应采用 T 型接头。

5 三芯与单芯电缆直接相连的部位，应采用转换接头。

6 挤塑绝缘电缆与自容式充油电缆相连的部位，应采用过渡接头。

4.1.6 电缆接头的构造类型的选择，应按满足工程所需可靠性、安装与维护简便和经济合理等因素综合确定，并应符合下列规定：

1 海底等水下电缆的接头，应维持钢铠层纵向连续且有足够的机械强度，宜选用软性连接。

2 在可能有水浸泡的设置场所，6kV 及以上 XLPE 电缆接头应具有外包防水层。

3 在不允许有火种场所的电缆接头，不得选用热缩型。

4 220kV 及以上 XLPE 电缆选用的接头，应由该型接头与电缆连成整体的标准性试验确认。

5 66kV～110kV XLPE 电缆线路可靠性要求较高时，不宜选用包带型接头。

4.1.7 电缆接头的绝缘特性应符合下列规定：

1 接头的额定电压及其绝缘水平，不得低于所连接电缆额定电压及其要求的绝缘水平。

2 绝缘接头的绝缘环两侧耐受电压不得低于所连接电缆护层绝缘水平的 2 倍。

4.1.8 电缆终端、接头的布置，应满足安装维修所需的间距，并应符合电缆允许弯曲半径的伸缩节配置的要求，同时应符合下列规定：

1 终端支架构成方式，应利于电缆及其组件的安装；大于 1500A 的工作电流时，支架构造宜具有防止横向磁路闭合等附加发热措施。

2 邻近电气化交通线路等对电缆金属层有侵蚀影响的地段，接头设置方式宜便于监察维护。

4.1.9 电力电缆金属层必须直接接地。交流系统中三芯电缆的金属层，应在电缆线路两终端和接头等部位实施接地。

4.4.3 反措落实

本条评价项目（见《评价》）的查评依据如下。

【依据1】《国家电网公司安全工作规定》[国网（安监/2）406—2014]

第六章 反事故措施计划与安全技术劳动保护措施计划

第三十二条 省公司级单位、地市公司级单位、县公司级单位及他们所属的检修、运行、发电、煤矿企业（单位）每年应编制年度反事故措施计划和安全技术劳动保护措施计划。

电力施工企业应编制年度安全技术措施计划及项目安全施工措施。

第三十三条 年度反事故措施计划应由分管业务的领导组织，以运维检修部门为主，各有关部门参加制定；安全技术劳动保护措施计划应由分管安全工作的领导组织，以安全监督管理部门为主，各有关部门参加制定。

第三十四条 反事故措施计划应根据上级颁发的反事故技术措施、需要治理的事故隐患、需要消除的重大缺陷、提高设备可靠性的技术改进措施以及本单位事故防范对策进行编制。

反事故措施计划应纳入检修、技改计划。

第三十五条 安全技术劳动保护措施计划、安全技术措施计划应根据国家、行业、公司颁发的标准，从改善作业环境和劳动条件、防止伤亡事故、预防职业病、加强安全监督管理等方面进行编制；项目安全施工措施应根据施工项目的具体情况，从作业方法、施工机具、工业卫生、作业环境等方面进行编制。

第三十六条 安全性评价结果、事故隐患排查结果应作为制订反事故措施计划和安全技术劳动保护措施计划的重要依据。

防汛、抗震、防台风、防雨雪冰冻灾害等应急预案所需项目，可作为制订和修订反事故措施计划的依据。

第三十七　省公司级单位、地市公司级单位、县公司级单位及他们所属的检修、运行、发电、煤矿企业（单位）主管部门应优先安排反事故措施计划、安全技术劳动保护措施计划所需资金。

电力建设管理有关部门应根据国家、行业、公司的有关规定，优先安排安全技术措施计划所需费用，电力施工企业安全生产费用应优先用于保证工程建设过程达到安全生产标准化要求，所需的支出应按规定规范使用。

第三十八条　安全监督管理机构负责监督反事故措施计划和安全技术劳动保护措施计划的实施，并建立相应的考核机制，对存在的问题应及时向主管领导汇报。

第三十九条　省公司级单位、地市公司级单位、县公司级单位及他们所属的检修、运行、发电、煤矿企业（单位）负责人应定期检查反事故措施计划、安全技术劳动保护措施计划的实施情况，并保证反事故措施计划、安全技术劳动保护措施计划的落实；列入计划的反事故措施和安全技术劳动保护措施若需取消或延期，必须由责任部门提前征得分管领导同意。

【依据2】《变电站管理规范》（国家电网生〔2006〕512号）

4.5　反事故措施管理

4.5.1　变电站应根据上级反事故技术措施的具体要求，定期对本站设备的落实情况进行检查，督促落实。

4.5.1.2　配合主管部门按照反事故措施的要求，分析设备现状，制订落实计划。

4.5.1.3　做好反措执行单位施工过程中的配合和验收工作，对现场反措执行不利的情况应及时向有关部门反映。

4.5.1.4　变电站进行大型作业，应提前制定本站相应的反事故措施，确保不发生各类事故。定期对本站反事故措施的落实情况进行总结、备案，并上报有关部门。

4.5　变电站用电系统

4.5.1　技术指标

4.5.1.1　站用变电站配置情况

本条评价项目（见《评价》）的查评依据如下。

【依据1】《220kV～500kV变电站站用电设计技术规程》（DL/T 5155—2016）

3.1　站用电源

3.1.1　220kV变电站站用电源宜从不同主变压器低压侧分别引接2回容量相同，可互为备用的工作电源。当初期只有一台主变压器时，除从其引接1回电源外，还应从站外引接1回可靠的电源。

3.1.2　330kV～750kV变电站站用电源应从不同主变压器低压侧分别引接2回容量相同，可互为备用的工作电源，并从站外引接1回可靠站用备用电源。当初期只有一台（组）主变压器时，除从其引接1回电源外，还应从站外引接1回可靠的电源。

3.3　供电方式

3.3.1　站用电负荷宜由站用配电屏直配供电，对重要负荷应采用分别接在两段母线上的双回路供电方式。

3.3.2　主变压器、高压并联电抗器的强迫冷却装置、有载调压装置及其带电滤油装置，宜按下列方式设置互为备用的双电源，并只在冷却装置控制箱内实现自动相互切换。

1　采用三相设备时，宜按台分别设置双电源；

2　采用成组单相设备时，宜按组分别设置双电源，各相变压器的用电负荷接在经切换后的进线上。

3.4　站用电接线

3.4.2　站用电低压系统额定电压采用220V/380V。站用电母线采用按工作变压器划分的单母线接线，相邻两段工作母线同时供电分列运行。两段工作母线间不应装设自动投入装置。当任一台工作变压器失电退出时，备用变压器应能自动快速切换至失电的工作母线段继续供电。

5　站用变压器的选择

5.0.1　站用变压器容量应大于全站用电最大计算容量。

5.0.2　站用变压器应选用低损耗节能型标准系列产品。变压器型式宜采用油浸式，当防火和布置条件有特殊要求时，可采用干式变压器。

5.0.3　站用变压器宜采用 Dyn11 联结组，站用变压器联结组别的选择，宜使各站用工作变压器及站用备用变压器输出电压的相位一致。站用电低压系统应采取防止变压器并列运行的措施。

5.0.4　站用变压器的阻抗应按低压电器对短路电流的承受能力确定，宜采用标准阻抗系列的变压器。

5.0.5　站用变压器高压侧的额定电压，应按其接入点的实际运行电压确定，宜取接入点主变压器相应的额定电压。

5.0.6　当高压电源电压波动较大，经常使站用电母线电压偏差超过±5％时，应采用有载调压站用变压器。站用电电压调整计算应符合本标准附录 B 的规定。

6.2　站用电高压配电装置

6.2.1　站用变压器高压侧宜采用高压断路器作为保护电器。当站用变压器容量小于 400kV·A 时也可采用熔断器保护。保护器开断电流不能满足要求时，宜采用装设限流电抗器的限流措施。

6.2.3　站用电高压电器和导体的设计，应按现行电力行业标准《导体和电器选择设计技术规定》DL/T 5222 的有关规定执行。

【依据2】《35kV～110kV 变电所设计规程》（GB 50059—2011）

3.6　站用电系统

3.6.1　有二台及以上主变压器的变电站中，宜装设两台容量相同、可互为备用的站用变压器。每台站用变压器容量应按全站计算负荷选择。两台站用变压器可接自主变压器最低电压等级不同段母线。能从变电站外引入一个可靠的低压备用电源时，也可装设一台站用变压器。

当 35kV 变电所只有一回电源进线及一台主变压器时，可在电源进线断路器前装设一台站用变压器。

3.6.2　按照规划需装设消弧线圈补偿装置的变电站，采用接地变压器引出中心点时，接地变压器可作为站用变压器使用。接地变压器容量应满足消弧线圈和站用电的容量的要求。

3.6.3　站用变接线及供电方式宜符合下列要求：

1　站用电低压配电宜采用中心先直接接地 TN 系统，宜采用动力和照明公用的供电方式，额定电压宜为 380V/220V。

2　站用电低压母线宜采用单母线分段接线，每台站用变压器宜各接一段母线，也可需要单母线接线，两台站用变压器宜经过切换接一段母线。

3　站用电重要负荷宜采用装回路供电方式。

3.6.4　变电站宜设置固定的检修电源，并应设置漏电保护装置。

【依据3】《国家电网有限公司十八项电网重大反事故措施（2018 年修订版)》（国家电网设备〔2018〕979 号）

5.2.1　设计阶段

5.2.1.3　110（66）kV 及以上电压等级变电站应至少配置两路站用电源。装有两台及以上主变压器的 330kV 及以上变电站和地下 220kV 变电站，应配置三路站用电源。站外电源应独立可靠，不应取自本站作为唯一供电电源的变电站。

5.2.1.4　当任意一台站用变压器退出时，备用站用变压器应能自动切换至失电的工作母线段，继续供电。

5.2.1.5　站用低压工作母线间装设备自投装置时，应具备低压母线故障闭锁备自投功能。

4.5.1.2　站（所）用电容量，电缆截面

本条评价项目（见《评价》）的查评依据如下。

【依据1】《220kV～1000kV 变电站站用电设计技术规程》（DL/T 5155—2016）

4.1　负荷计算原则：

1 连续运行及经常短时运行的设备应予计算；

2 不经常短时及不经常断续运行的设备不予计算。

变电站主要站用电负荷特性参见附录 A。

4.1.2 站用负荷按下式计算：

$$S \geqslant K_1 \cdot P_1 + P_2 + P_3 \qquad (5.1.2)$$

式中 S——站用变压器容量，kVA；

K_1——站用动力负荷换算系数，一般取 $K_1=0.85$；

P_1——站用动力负荷之和，kW；

P_2——站用电热负荷之和，kW；

P_3——站用照明负荷之和，kW。

6.1 短路电流计算

6.1.2 所用电低压系统的短路电流计算应符合下列原则：

1 应按单台所用变压器进行计算；

2 应计及电阻；

3 系统阻抗宜按高压侧保护电器的开断容量或高压侧的短路容量确定；

4 短路电流计算时，可不考虑异步电动机的反馈电流；

5 馈线回路短路时，应计及馈线电缆的阻抗；

6 不考虑短路电流周期分量的衰减。

6.3 站用低压电器

6.3.1 低压电器应根据所处环境，按满足工作电压、工作电流、分断能力、动稳定、热稳定要求选择，并应符合《低压配电设计规范》GB 50054、《通用用电设备配电设计规范》GB 50055、《低压开关设备和控制设备》GB 14048 有关规定。对于配电箱柜内电器的额定电流选择，还应考虑不利散热的影响。供电回路持续工作电流计算应符合本标准附录 D 的规定。

6.4 站用导体选择

6.4.3 站用电缆的选择，应按《电力工程电缆设计规范》GB 50217 的有关规定执行。

【依据2】《电力工程电缆设计标准》（GB 50217—2018）

3.7 电力电缆截面

3.7.1 电力电缆缆芯截面选择，应符合下列规定：

1 最大工作电流作用下的电缆导体温度，不得超过电缆使用寿命的允许值。持续工作回路的电缆导体工作温度，应符合本规范附录 A 的规定。

2 最大短路电流和短路时间作用下的电缆导体温度，应符合本规范附录 A 的规定。

3 最大工作电流作用下连接回路的电压降，不得超过该回路允许值。

4 10kV 及以下电力电缆截面除应符合上述 1～3 款的要求外，尚宜按电缆的初始投资与使用寿命期间的运行费用综合经济的原则选择。符合上述条款时，宜选择经济截面，可按"年费用支出最小"原则。10kV 及以下电力电缆经济电流截面选用方法符合本规范附录 B 的规定。

5 多芯电力电缆导体最小截面，铜导体不宜小于 $4mm^2$。

6 敷设于水下电缆的电缆，当需要导体承受拉力且较合理时，可按抗拉要求选用截面。

3.7.2 10kV 及以下常用电缆按 100％持续工作电流确定电缆导体允许最小缆芯截面，宜符合本规范附录 C 和附录 D 的规定，其载流量按照下列使用条件差异影响计入校正系数所确定后的实际允许值应大于回路的工作电流。

（1）环境温度差异。

（2）直埋敷设时土壤热阻系数差异。

（3）电缆多根并列的影响。

（4）户外架空敷设无遮阳时的日照影响。

3.7.3 除本规范第 3.7.2 条规定的情况外，电缆按 100％持续工作电流确定允许最小缆芯截面时，应经计算或测试验证，计算内容或参数选择应符合下列规定：

（1）含有高次谐波负荷的供电回路使用的非同轴电缆，应计入集肤效应和邻近效应增大等附加发热的影响。

（2）交叉互联接地的单芯高压电缆，单元系统中三个区段不等长时，应计入金属护层的附加损耗发热影响。

（3）敷设于保护管中的电缆，应计入热阻影响；排管中不同孔位的电缆还应分别计入互热因素的影响。

（4）敷设于封闭、半封闭或透气式耐火槽盒中的电缆，应计入包含该型材质及其盒体厚度、尺寸等因素对热阻增大的影响。

（5）施加在电缆上的防火涂料、包带等覆盖层厚度大于 1.50mm 时，应计入其热阻影响。

（6）沟内电缆埋砂且无经常性水分补充时，应按砂质情况选取大于 2.0K·m/W 的热阻系数计入对电缆热阻增大的影响。

3.7.4 电缆导体工作温度大于 70℃的电缆，计算持续允许载流量时，尚应符合下列规定：

（1）数量较多的该类电缆敷设于未装机械通风的隧道、竖井时，应计入对环境温升的影响。

（2）电缆直埋敷设在干燥或潮湿土壤中，除实施换土处理等能避免水分迁移的情况外，土壤热阻系数宜选取不小于 2.0K·m/W。

3.7.5 确定持续允许载流量的环境温度，应按使用地区的气象温度多年平均值确定，并符合表 3.7.5 的规定。

表 3.7.5　　　　　　　　　　　　　电缆持续允许载流量的环境温度确定　　　　　　　　　　　　　（℃）

电缆敷设场所	有无机械通风	选取的环境温度
土中直埋		埋深处的最热月平均地温
水下		最热月的日最高水温平均值
户外空气中、电缆沟		最热月的日最高温度平均值
有热源设备的厂房	有	通风设计温度
	无	最热月的日最高温度平均值另加 5℃
一般性厂房、室内	有	通风设计温度
	无	最热月的日最高温度平均值
户内电缆沟	无	最热月的日最高温度平均值另加 5℃ *
隧道		
隧道	有	通风设计温度

* 属于本规范第 3.7.4 条（1）项的情况时，不能直接采取仅加 5℃。

3.7.6 通过不同散热条件区段时的缆芯截面选择，应符合下列规定：

1 回路总长未超过电缆制造长度时，应符合下列规定：

（1）重要回路，全长宜按其中散热较差区段条件选择同一截面。

（2）水下电缆敷设有机械强度要求需增大截面时，回路全长可选择同一截面。

（3）非重要回路，可对大于 10m 区段散热条件按段选择截面，但每回路不宜多于 3 种规格。

2 回路总长超过电缆制造长度时，宜按区段选择相应合适的缆芯截面。

3.7.7 对非熔断器保护回路，按满足短路热稳定条件确定电缆导体允许最小截面，并应按附录 E 的规定计算。

3.7.8 选择短路计算条件，应符合下列规定：

（1）计算用系统接线，应采取正常运行方式，且宜按工程建成后 5～10 年发展规划。

（2）短路点应选取在通过电缆回路最大短路电流可能发生处。

(3) 宜按三相短路计算。

(4) 短路电流作用时间，应取保护切除时间与断路器开断时间之和。对电动机等直馈线，应采取主保护时间；其他情况，宜按后备保护计。

3.7.9 1kV 以下电源中性点直接接地时，三相四线制系统的电缆中性线截面，不得小于按线路最大不平衡电流持续工作所需最小截面；对有谐波电流影响的回路，尚宜符合下列规定：

(1) 气体放电灯为主要负荷的回路，中性线截面不宜小于相芯线截面。

(2) 除上述情况外，中性线截面可不小于 50% 的相芯线截面。

3.7.10 1kV 以下电源中性点直接接地时，配置保护接地线、中性线或保护接地中性线系统的电缆芯线截面选择，应符合下列规定：

1 中性线、保护接地中性线的截面应符合本规范第 3.7.9 条的规定；配电干线采用单芯电缆作保护接地中性线时，截面应符合下列规定：

(1) 铜芯，不小于 $10mm^2$。

(2) 铝芯，不小于 $16mm^2$。

2 保护地线的截面，应满足回路保护电器可靠动作的要求，且应符合表 3.7.10 的规定。

表 3.7.10　　　　　　　　　　　按热稳定要求的保护地线允许最小截面　　　　　　　　　　　（mm^2）

电缆相芯线截面 S	保护地线允许最小截面
$S \leqslant 16$	S
$16 < S \leqslant 35$	16
$35 < S \leqslant 400$	$S/2$
$400 < S \leqslant 800$	200
$S > 800$	$S/4$

3 采用多芯电缆的干线，其中性线和保护地线合一的导体，截面不应小于 $4mm^2$。

3.7.11 交流供电回路由多根电缆并联组成时，各电缆宜等长，并采用相同材质、相同截面的导体；具有金属套的电缆，金属材料和构造截面也应相同。

3.7.12 电力电缆金属屏蔽层的有效截面，应满足在可能的短路电流作用下温升值不超过绝缘与外护层的短路允许最高温度平均值。

4.5.1.3　检修电源及生活用电剩余电流动作保护器

本条评价项目（见《评价》）的查评依据如下。

【依据 1】《220kV～1000kV 变电站站用电设计技术规程》（DL/T 5155—2016）

8　检修电源的配置

8.0.1　主变压器、高压并联电抗器、串联无功补偿装置附近、屋内及屋外配电装置内，应设置固定的检修电源。检修电源的供电半径不宜大于 50m。

8.0.2　专用检修电源箱宜符合下列要求：

1　配电装置内的电源箱至少设置三相馈线二路，单相馈线二路。回路容量宜满足电焊等工作的需要。

2　主变压器、高压并联电抗器附近电源箱的回路及容量宜满足滤注油的需要。

8.0.3　安装在屋外的检修电源箱应有防潮和防止小动物侵入的措施。落地安装时，底部应高出地坪 0.2m 以上。

【依据 2】《变电站管理规范》（国家电网生〔2006〕512 号）

3　安全管理

3.10　低压剩余电流动作保护器的安装与使用

3.10.1　变电站内所有检修工作的电源应有专用电源箱（盘），变电站使用的各种与人体直接接触的低压电器，均应安装剩余电流动作保护器；每个熔断保险，只能带出一个负荷。

3.10.2　携带型的低压电器，剩余电流动作保护器应安装在移动的低压电源板上。

3.10.3 使用中的低压剩余电流动作保护器应定期试验，对不起作用的剩余电流动作保护器及时更换。

【依据3】《剩余电流动作保护装置安装和运行》（GB 13955—2017）

4.4 应安装 RCD 的设备和场所

4.4.1 末端保护

下列设备和场所应安装末端保护 RCD：

a) 属于Ⅰ类的移动式电气设备及手持式电动工具（注释：参照 GB/T 17045，电气产品分为四类。其中Ⅰ类产品的防电击保护不仅依靠设备的基本绝缘，而且还应包含一个附加的安全预防措施，该措施是将可能触及的可导电的零件与已安装的固定线路中的保护线或 TT 系统的独立接地装置联接起来，以使可触及的可导电的零件在基本绝缘损坏的事故中不带有危险电压）；

b) 工业生产用的电气设备；

c) 施工工地的电气机械设备；

d) 安装在户外的电气装置；

e) 临时用电的电气设备；

f) 机关、学校、宾馆、饭店、企事业单位和住宅等除壁挂式空调电源插座外的其他电源插座或插座回路；

g) 游泳池、喷水池、浴室、浴池的电气设备（注释：指相关规定属于应安装保护装置区域内的电气设备）；

h) 安装在水中的供电线路和设备；

i) 医院中可能直接接触人体的医用电气设备（注释：指 GB/T 9706.1—2007 中 H 类医用设备）；

j) 农业生产用的电气设备；

k) 水产品加工用电；

l) 其他需要安装 RCD 的场所。

4.4.2 线路保护

低压配电线路根据具体情况采用二级或三级保护时，在电源端、负荷群首端或线路末端（农业生产设备的电源配电箱）安装 RCD。

4.5 可不装 RCD 的情况

具备下列条件的电气设备和场所，可不装 RCD：

a) 使用安全电压供电的电气设备；

b) 一般环境条件下使用的具有加强绝缘（双重绝缘）的电气设备（如Ⅱ类和Ⅲ类电器等）；

c) 使用隔离变压器且二次侧为不接地系统供电的电气设备；

d) 具有非导电条件场所的电气设备；

e) 在没有间接接触电击危险场所的电气设备。

5.3 按电气设备的供电方式选用 RCD

按电气设备的供电方式，选用相应的 RCD：

a) 单相 220V 电源供电的电气设备，应选用二极二线式 RCD；

b) 三相三线式 380V 电源供电的电气设备，应选用三极三线式 RCD；

c) 三相四线式 220V 电源供电的电气设备，三相设备与单相设备共用的电路应选用三极四线或四极四线式 RCD。

4.5.2 专业管理

4.5.2.1 站用电系统图及低压空气开关、熔丝配置级差配合情况

本条评价项目（见《评价》）的查评依据如下。

【依据1】《变电站管理规范》（国家电网生〔2006〕512号）

5 资料管理变电站图纸资料管理

5.1 变电站应具备的图纸

5.2 一次主接线图

5.3 站用电主接线图

5.4 直流系统图

5.5 正常和事故照明接线图

5.6 变电所各类熔丝清册

【依据2】《220kV～1000kV 变电站站用电设计技术规程》(DL/T 5155—2016)

6.4.2 当发生短路故障时，各级保护电器应满足选择性动作的要求。所用变压器低压总断路器宜带延时动作，馈线断路器宜先于总断路器动作。上下级熔件应保持一定级差，决定级差时应计及上下级熔件熔断时间的误差。

【依据3】《国家电网有限公司十八项电网重大反事故措施（2018 年修订版）》（国家电网设备〔2018〕979 号）

5.2 防止站用交流系统失电

5.2.1 设计阶段

5.2.1.2 设计资料中应提供全站交流系统上下级差配置图和各级断路器（熔断器）级差配合参数。

5.2.2 基建阶段

5.2.2.1 新建变电站交流系统在投运前，应完成断路器上下级级差配合试验，核对熔断器级差参数，合格后方可投运。

5.2.3 运行阶段

5.2.3.1 两套分列运行的站用交流电源系统，电源环路中应设置明显断开点，禁止合环运行。

5.2.3.2 站用交流电源系统的进线断路器、分段断路器、备自投装置及脱扣装置应纳入定值管理。

5.2.3.3 正常运行中，禁止两台不具备并联运行功能的站用交流不间断电源装置并列运行。

4.5.2.2 全部主电源回路的电缆防火

本条评价项目（见《评价》）的查评依据如下。

【依据1】《35kV～110kV 变电站设计规范》(GB 50059—2011)

3.15 电缆敷设

3.15.1 变电站电缆选择与敷设的设计，应符合《电力工程电缆设计规范》GB 50217 的有关规定。

3.15.2 站用电源回路的电缆不宜在同一条通道（沟、隧道、竖井）中敷设，无法避免时，应采取有效的防火隔离措施。

3.15.3 10kV 及以上高压电缆与控制电缆，宜分通道（沟、隧道、竖井）敷设或采取其他有效防火隔离措施。

3.15.4 变电站不宜采用电缆中间接头。

【依据2】《电力工程电缆设计标准》(GB 50217 2018)

7 电缆防火与阻止延燃

7.0.1 对电缆可能着火蔓延导致严重事故的回路、易受外部影响波及火灾的电缆密集场所，应有适当的阻火分隔，并按工程重要性、火灾几率及其特点和经济合理等因素，确定采取下列安全措施。

（1）实施阻燃防护或阻止延燃；

（2）选用具有难燃性的电缆；

（3）实施耐火防护或选用具有耐火性的电缆；

（4）实施防火构造；

（5）增设自动报警与专用消防装置。

7.0.2 阻火分隔方式的选择，应符合下列规定：

7.0.2.1 电缆构筑物中电缆引至电气柜、盘或控制屏、台的开孔部位，电缆贯穿隔墙、楼板的孔洞处，均应实施阻火封堵。

7.0.2.2 在隧道或重要回路的电缆沟中下列部位，宜设置阻火墙（防火墙）。

（1）公用主沟道的分支处；

（2）多段配电装置对应的沟道适当分段处；

（3）长距离沟道中相隔约200m或通风区段处；

（4）至控制室或配电装置的沟道入口、厂区围墙处。

7.0.2.3 在竖井中，宜每隔约7m设置阻火隔层。

7.0.3 实施阻火分隔的技术特性，应符合下列规定：

（1）阻火封堵、阻火隔层的设置，可采用防火堵料、填料或阻火包、耐火隔板等。在楼板竖井孔处，应能承受巡视人员的荷载。

（2）阻火墙的构成，宜采用阻火包、矿棉块等软质材料或防火堵料、耐火隔板等便于增添或更换电缆时不致损伤其他电缆的方式，且在可能经受积水浸泡或鼠害作用下具有稳固性。

（3）除通向主控室、厂区围墙或长距离隧道中按通风区段分隔的阻火墙部位应设防火门外，其他情况下，有防止窜燃措施时可不设防火门。防窜燃方式，可在阻火墙紧靠两侧不少于1m区段所有电缆上施加防火涂料、包带，或设置挡火板等。

（4）阻火墙、阻火隔层和封堵的构成方式均应满足按等效工程条件下标准试验的耐火极限不低于1h。

7.0.4 非阻燃型电缆用于明敷情况，增强防火安全时，应符合下列规定：

（1）在易受外因波及着火的场所，宜对相关范围电缆实施阻燃防护；对重要电缆回路，可在适当部位设置阻火段以实施阻止延燃。阻燃防护或阻火段，可采取在电缆上施加防火涂料、包带或当电缆数量较多时采用难燃、耐火槽盒或阻火包等。

（2）在接头两侧电缆各约3m区段和该范围并列邻近的其他电缆上，宜用防火包带实施阻止延燃。

7.0.5 在火灾几率较高、灾害影响较大的场所，明敷方式下电缆的选择，应符合下列规定：

（1）火力发电厂主厂房和燃煤系统、燃油系统以及其他易燃、易爆场所，宜采用阻燃电缆。

（2）地下的客运或商业设施等人流密集环境中需增强防火安全的回路，宜采用具有低烟、低毒的阻燃电缆。

（3）其他重要的工业与公共设施供配电回路，当需要增强防火安全性时，也可采用具有阻燃性或低烟、低毒阻燃电缆。

7.0.6 阻燃电缆的选用，应符合下列规定：

（1）电缆多根密集配置时的阻燃性，应符合现行国家标准《电线电缆燃烧试验方法》的规定。多根密集配置时电缆的难燃性，应按该标准第3部分"成束电线电缆燃烧试验方法"GB 18380.3有关规定，并根据电缆配置情况、所需防止灾难性事故和经济合理的原则，选择适合的阻燃性等级和类别。

（2）当确定该等级类难燃电缆能满足工程条件下有效阻止延燃性时，可减少本规范第7.0.4条的要求。

（3）同一通道中，不宜把非阻燃电缆与阻燃电缆并列配置。

7.0.7 在外部火势作用一定时间内需维持通电的下列场所或回路，明敷的电缆应实施耐火防护或选用具有耐火性的电缆。

（1）消防、报警、应急照明、遮断器操作直流电源和发电机组紧急停机的保全电源等重要回路。

（2）计算机监控、双重化继电保护、保安电源等双回路合用同一通道未相互隔离时其中一个回路。

（3）油罐区、钢铁厂中可能有熔化金属溅落等易燃场所。

（4）其他重要公共建筑设施等需有耐火要求的回路。

7.0.8 明敷电缆实施耐火防护方式，应符合下列规定：

（1）电缆数量较少时，可用防火涂料、包带加于电缆上或把电缆穿入耐火管。

（2）同一通道中电缆较多时，宜敷设于耐火槽盒内，且对电力电缆宜用透气型式，在无易燃粉尘的环境可用半封闭式，敷设在桥架上的电缆防护区段不长时，也可采用阻火包。

7.0.9 耐火电缆用于发电厂等明敷有多根电缆配置中，或位于油管、熔化金属溅落等可能波及场所时，其耐火性应符合《电线电缆燃烧试验方法 第 1 部分：总则》GB 12666.1 中的 A 类耐火电缆。除上述情况外且为少量电缆配置时，可采用《电线电缆燃烧试验方法 第 1 部分：总则》GB 12666.1 中的 B 类耐火电缆。

7.0.10 在油罐区、重要木结构公共建筑、高温场所等其他耐火要求高且敷设安装和经济性能接受的情况，可采用矿物绝缘电缆。

7.0.11 自容式充油电缆明敷在公用廊道、客运隧洞、桥梁等要求实施防火处理的情况，可采取埋砂敷设。

7.0.12 靠近高压电流、电压互感器等含油设备的电缆沟，宜使该区段沟盖板密封。

7.0.13 在安全性要求较高的电缆密集场所或封闭通道中，应配备适于环境可靠动作的火灾自动探测报警装置。明敷充油电缆的供油系统，应设有能反映喷油状态的火灾自动报警和闭锁装置。

7.0.14 在地下公共设施的电缆密集部位，多回充油电缆的终端设置处等安全性要求较高的场所，可装设水喷雾灭火等专用消防设施。

7.0.15 电缆用防火阻燃材料产品的选用，应符合下列规定：

（1）阻燃性材料应符合现行国家标准《防火封堵材料的性能要求和试验方法》的有关规定。

（2）防火涂料、阻燃包带应分别符合现行国家标准《电缆防火涂料通用技术条件》和《电缆用阻燃包带》的有关规定。

（3）用于阻止延燃的材料产品，除本条（2）项外，应按等效工程使用条件的燃烧试验满足有效自熄性。

（4）用于耐火防护的材料产品，应按等效工程使用条件的燃烧试验满足耐火极限不低于 1h 的要求，且耐火温度不宜低于 1000℃。

（5）用于电力电缆的阻燃、耐火槽盒，应确定电缆载流能力或有关参数。

（6）采用的材料产品应适于工程环境，具有耐久可靠性。

【依据3】《220kV～750kV 变电站设计技术规程》（DL/T 5218—2012）

9.0.9 电缆从室外进入室内的入口处、电缆竖井的出入口处、主控制室与电缆层之间以及其他类似的情况，设计中应考虑防止电缆火灾蔓延的阻燃及分隔措施。

【依据4】《国家电网有限公司十八项电网重大反事故措施（2018 年修订版）》（国家电网设备〔2018〕979 号）

13.2 防止电缆火灾

13.2.1 设计和基建阶段

13.2.1.1 电缆线路的防火设施必须与主体工程同时设计、同时施工、同时验收，防火设施未验收合格的电缆线路不得投入运行。

13.2.1.2 变电站内同一电源的 110（66）kV 及以上电压等级电缆线路同通道敷设时应两侧布置。同一通道内不同电压等级的电缆，应按照电压等级的高低从下向上排列，分层敷设在电缆支架上。

13.2.1.3 110（66）kV 及以上电压等级电缆在隧道、电缆沟、变电站内、桥梁内应选用阻燃电缆，其成束阻燃性能应不低于 C 级。与电力电缆同通道敷设的低压电缆、通信光缆等应穿入阻燃管，或采取其他防火隔离措施。应开展阻燃电缆阻燃性能到货抽检试验，以及阻燃防火材料（防火槽盒、防火隔板、阻燃管）防火性能到货抽检试验，并向运维单位提供抽检报告。

13.2.1.4 中性点非有效接地方式且允许带故障运行的电力电缆线路不应与 110kV 及以上电压等级电缆线路共用隧道、电缆沟、综合管廊电力舱。

13.2.1.5 非直埋电缆接头的外护层及接地线应包覆阻燃材料，充油电缆接头及敷设密集的 10kV～35kV 电缆的接头应用耐火防爆槽盒封闭。密集区域（4 回及以上）的 110（66）kV 及以上电压等级电缆接头应选用防火槽盒、防火隔板、防火毯、防爆壳等防火防爆隔离措施。

13.2.1.6 在电缆通道内敷设电缆需经运行部门许可。施工过程中产生的电缆孔洞应加装防火封堵，受损的防火设施应及时恢复，并由运维部门验收。

13.2.1.7 隧道、竖井、变电站电缆层应采取防火墙、防火隔板及封堵等防火措施。防火墙、阻火隔板和阻火封堵应满足耐火极限不低于1h的耐火完整性、隔热性要求。建筑内的电缆井在每层楼板处采用不低于楼板耐火极限的不燃材料或防火封堵材料封堵。

13.2.1.8 变电站夹层宜安装温度、烟气监视报警器，重要的电缆隧道应安装火灾探测报警装置，并应定期检测。

13.2.2 运行阶段

13.2.2.1 电缆密集区域的在役接头应加装防火槽盒或采取其他防火隔离措施。输配电电缆同通道敷设应采取可靠的防火隔离措施。变电站夹层内在役接头应逐步移出，电力电缆切改或故障抢修时，应将接头布置在站外的电缆通道内。

13.2.2.2 运维部门应保持电缆通道、夹层整洁、畅通，消除各类火灾隐患，通道沿线及其内部、隧道通风口（亭）外部不得积存易燃、易爆物。

13.2.2.3 电缆通道临近易燃、易爆或腐蚀性介质的存储容器、输送管道时，应加强监视并采取有效措施，防止其渗漏进入电缆通道，进而损害电缆或导致火灾。

13.2.2.4 在电缆通道、夹层内使用的临时电源应满足绝缘、防火、防潮要求，并配置漏电保护器。工作人员撤离时应立即断开电源。

13.2.2.5 在电缆通道、夹层内动火作业应办理动火工作票，并采取可靠的防火措施。

13.2.2.6 严格按照运行规程规定对通道进行巡检，并检测电缆和接头运行温度。

13.2.2.7 与110（66）kV及以上电压等级电缆线路共用隧道、电缆沟、综合管廊电力舱的中性点非有效接地方式的电力电缆线路，应开展中性点接地方式改造，或做好防火隔离措施并在发生接地故障时立即拉开故障线路。

4.5.3 反措落实

本条评价项目（见《评价》）的查评依据如下。

【依据1】《国家电网公司安全工作规定》［国网（安监/2）406—2014］

第六章 反事故措施计划与安全技术劳动保护措施计划

第三十二条 省公司级单位、地市公司级单位、县公司级单位及他们所属的检修、运行、发电、煤矿企业（单位）每年应编制年度反事故措施计划和安全技术劳动保护措施计划。

电力施工企业应编制年度安全技术措施计划及项目安全施工措施。

第三十三条 年度反事故措施计划应由分管业务的领导组织，以运维检修部门为主，各有关部门参加制订；安全技术劳动保护措施计划应由分管安全工作的领导组织，以安全监督管理部门为主，各有关部门参加制订。

第三十四条 反事故措施计划应根据上级颁发的反事故技术措施、需要治理的事故隐患、需要消除的重大缺陷、提高设备可靠性的技术改进措施以及本单位事故防范对策进行编制。

反事故措施计划应纳入检修、技改计划。

第三十五条 安全技术劳动保护措施计划、安全技术措施计划应根据国家、行业、公司颁发的标准，从改善作业环境和劳动条件、防止伤亡事故、预防职业病、加强安全监督管理等方面进行编制；项目安全施工措施应根据施工项目的具体情况，从作业方法、施工机具、工业卫生、作业环境等方面进行编制。

第三十六条 安全性评价结果、事故隐患排查结果应作为制订反事故措施计划和安全技术劳动保护措施计划的重要依据。

防汛、抗震、防台风、防雨雪冰冻灾害等应急预案所需项目，可作为制订和修订反事故措施计划的依据。

第三十七条 省公司级单位、地市公司级单位、县公司级单位及他们所属的检修、运行、发电、煤矿企业（单位）主管部门应优先安排反事故措施计划、安全技术劳动保护措施计划所需资金。

电力建设管理有关部门应根据国家、行业、公司的有关规定，优先安排安全技术措施计划所需费用，电力施工企业安全生产费用应优先用于保证工程建设过程达到安全生产标准化要求，所需的支出应按规定规范使用。

第三十八条 安全监督管理机构负责监督反事故措施计划和安全技术劳动保护措施计划的实施，并建立相应的考核机制，对存在的问题应及时向主管领导汇报。

第三十九条 省公司级单位、地市公司级单位、县公司级单位及他们所属的检修、运行、发电、煤矿企业（单位）负责人应定期检查反事故措施计划、安全技术劳动保护措施计划的实施情况，并保证反事故措施计划、安全技术劳动保护措施计划的落实；列入计划的反事故措施和安全技术劳动保护措施若需取消或延期，必须由责任部门提前征得分管领导同意。

【依据2】《变电站管理规范》（国家电网生〔2006〕512号）

4.5 反事故措施管理

4.5.1 变电站应根据上级反事故技术措施的具体要求，定期对本站设备的落实情况进行检查，督促落实。

4.5.1.2 配合主管部门按照反事故措施的要求，分析设备现状，制订落实计划。

4.5.1.3 做好反措执行单位施工过程中的配合和验收工作，对现场反措执行不利的情况应及时向有关部门反映。

4.5.1.4 变电站进行大型作业，应提前制定本站相应的反事故措施，确保不发生各类事故。定期对本站反事故措施的落实情况进行总结、备案，并上报有关部门。

4.6 无功补偿设备

4.6.1 无功补偿设备的容量配置

本条评价项目（见《评价》）的查评依据如下。

【依据】《电力系统无功补偿配置技术原则》（Q/GDW 212—2008）

4 无功补偿配置的基本原则

4.1 电力系统配置的无功补偿装置应在系统有功负荷高峰和负荷低谷运行方式下，保证分（电压）层和分（供电）区的无功平衡。无功补偿配置应根据电网情况，从整体上考虑无功补偿装置在各电压等级变电站、10kV及以下配电网和用户侧配置比例的协调关系，实施分散就地补偿与变电站集中补偿相结合，电网补偿与用户补偿相结合，高压补偿与低压补偿相结合，满足电网安全、经济运行的需要。

4.2 各级电网应避免通过输电线路远距离输送无功电力。330kV及以上电压等级系统与下一级系统之间不应有较大的无功电力交换。330kV及以上电压等级输电线路的充电功率应按照就地补偿的原则采用高、低压并联电抗器基本予以补偿。

4.3 受端系统应有足够的无功电力备用。当受端系统存在电压不稳定问题时，应通过技术经济比较，考虑在受端系统的枢纽变电站配置动态无功补偿装置。

4.4 各电压等级的变电站应结合电网规划和电源建设，经过计算分析，配置适当规模、类型的无功补偿装置；配置的无功补偿装置应不引起系统谐波明显放大，并应避免大量的无功电力穿越变压器。35kV～220kV变电站，所配置的无功补偿装置，在主变压器最大负荷时其高压侧功率因数应不低于0.95，在低谷负荷时功率因数不高于0.95，不低于0.92。

4.5 各电压等级变电站无功补偿装置的分组容量选择，应根据计算确定，最大单组无功补偿装置投切引起所在母线电压变化不宜超过电压额定值的2.5%。

4.6 对于大量采用10kV～220kV电缆线路的城市电网，在新建110kV及以上电压等级的变电站时，应根据电缆进、出线情况在相关变电站分散配置适当容量的感性无功补偿装置。

4.7 无功补偿装置宜采用自动控制方式。

4.8 各电压等级变电站、发电厂内应配备相应的双向有功功率和无功功率（或功率因数）、双向有功电能和无功电能、无功补偿装置运行状态及有载调压变压器分接位置等量值的采集与计量装置。

4.9 为了保证系统具有足够的事故备用无功容量和调压能力，并入电网的发电机组应具备满负荷时功率因数在0.85（滞相）～0.97（进相）运行的能力，新建机组应满足进相0.95运行的能力。发电机自带厂用电时，进相能力应不低于0.97。

4.10 接入220kV～750kV电压等级的发电厂，为平衡送出线路的充电功率，在电厂侧可以考虑安装一定容量的并联电抗器。

4.11 风电场应配置足够的无功补偿装置，以满足接入电网点处无功平衡及电能质量的相关技术标准要求，必要时应配置动态无功补偿装置。

4.12 电力用户应根据其负荷性质采用适当的无功补偿方式和容量，在任何情况下，不应向电网倒送无功电力，保证在电网负荷高峰时不从电网吸收大量无功电力，同时保证电能质量满足相关技术标准要求。

4.13 无功补偿装置的额定电压应与变压器对应侧的额定电压相匹配。选择电容器的额定电压时应考虑串联电抗率的影响。

4.14 因特高压工程引起部分无功潮流变化较大的线路，应装设动态无功补偿装置。

5 330kV及以上电压等级变电站的无功补偿

5.1 330kV及以上电压等级变电站容性无功补偿的主要作用是补偿主变压器无功损耗以及输电线路输送容量较大时电网的无功缺额。容性无功补偿容量应按照主变压器容量的10％～20％配置，或经过计算后确定。

5.2 330kV及以上电压等级变电站内配置的电容器单组容量最大值，在满足4.5条要求的情况下，按表1确定。

表1　　　　　　　　330kV及以上电压等级变电站内配置电容器单组容量最大值　　　　　　Mvar

主变高压侧电压等级/kV	补偿侧电压等级		
	0kV	35kV	66kV
330	10	28	—
500	—	60	60/80
750	—	—	120

5.3 330kV及以上电压等级高压并联电抗器（包括中性点小电抗）的主要作用是限制工频过电压和降低潜供电流、恢复电压以及平衡超高压输电线路的充电功率，高压并联电抗器的容量应根据上述要求确定。主变压器低压侧并联电抗器组的作用主要是补偿超高压输电线路的剩余充电功率，其容量应根据电网结构和运行的需要而确定。

5.4 局部地区330kV及以上电压等级短线路较多时，应根据无功就地平衡原则和电网结构特点，经计算分析，在适当地点装设母线高压并联电抗器，进行无功补偿。以无功补偿为主的母线高压并联电抗器应装设断路器。

5.5 330kV及以上电压等级变电站安装有两台及以上变压器时，每台变压器配置的无功补偿容量宜基本一致。

6 220kV变电站的无功补偿

6.1 220kV变电站的容性无功补偿以补偿主变压器无功损耗为主，适当补偿部分线路及兼顾负荷侧的无功损耗。容性无功补偿容量应按下列情况选取，并满足在主变压器最大负荷时，其高压侧功率因数不低于0.95。

6.1.1 满足下列条件之一时，容性无功补偿装置应按主变压器容量的15％～25％配置。

6.1.1.1 220kV枢纽站。

6.1.1.2 中压侧或低压侧出线带有电力用户负荷的220kV变电站。

6.1.1.3 变比为 220/66（35）kV 的双绕组变压器。

6.1.1.4 220kV 高阻抗变压器。

6.1.2 满足下列条件之一时，容性无功补偿装置应按主变压器容量的 10%～15% 配置。

6.1.2.1 低压侧出线不带电力用户负荷的 220kV 终端站。

6.1.2.2 统调发电厂并网点的 220kV 变电站。

6.1.2.3 220kV 电压等级进出线以电缆为主的 220kV 变电站。

6.1.2.4 当 6.1.1、6.1.2 中的情况同时出现时，以 6.1.1 为准。

6.2 对进、出线以电缆为主的 220kV 变电站，可根据电缆长度配置相应的感性无功补偿装置。每一台变压器的感性无功补偿装置容量不宜大于主变压器容量的 20%，或经过技术经济比较后确定。

6.3 220kV 变电站容性无功补偿装置的单组容量，在满足 4.5 条要求的情况下，接于 66kV 电压等级时不宜大于 20Mvar，接于 35kV 电压等级时不宜大于 12Mvar，接于 10kV 电压等级时不宜大于 8Mvar。

6.4 220kV 变电站安装有两台及以上变压器时，每台变压器配置的无功补偿容量宜基本一致。

6.5 220kV 三绕组降压变压器三侧额定电压可按如下比例选取。

6.5.1 一般情况下，高、中、低压侧的额定电压比宜选 1/1.05/1.05。

6.5.2 当供电距离长、供电负荷重时，高、中、低压侧的额定电压比可选 1/1.05/1.1。

6.5.3 当低压侧不带负荷或仅带有站用变等轻载负荷时，高、中、低压侧的额定电压比可选 1/1.05/1。

7 35kV～110kV 变电站的无功补偿

7.1 35kV～110kV 变电站的容性无功补偿装置以补偿变压器无功损耗为主，适当兼顾负荷侧的无功补偿。容性无功补偿容量应按下列情况选取，并满足 35kV～110kV 主变压器最大负荷时，其高压侧功率因数不低于 0.95。

7.1.1 当 35kV～110kV 变电站内配置了滤波电容器时，按主变压器容量的 20%～30% 配置。

7.1.2 当 35kV～110kV 变电站为电源接入点时，按主变压器容量的 15%～20% 配置。

7.1.3 其他情况下，按主变压器容量的 15%～30% 配置。

7.2 110（66）kV 变电站的单台主变压器容量为 40MVA 及以上时，每台主变压器配置不少于两组的容性无功补偿装置。当在主变压器的同一电压等级侧配置两组容性无功补偿装置时，其容量宜按无功容量的 1/3 和 2/3 进行配置；当主变压器中、低压侧均配有容性无功补偿装置时，每组容性无功补偿装置的容量宜一致。

7.3 在满足 4.5 条要求的情况下，110（66）kV 变电站容性无功补偿装置的单组容量不应大于 6Mvar，35kV 变电站容性无功补偿装置的单组容量不应大于 3Mvar。单组容量的选择还应考虑变电站负荷较小时无功补偿的需要。

4.6.2 并联电容器

4.6.2.1 技术指标

4.6.2.1.1 交接及预防性试验

本条评价项目（见《评价》）的查评依据如下。

【依据 1】《电气装置安装工程 电气设备交接试验标准》（GB 50150—2016）

19.0.1 电容器的试验项目，应包括下列内容：

1 测量绝缘电阻；

2 测量耦合电容器、断路器电容器的介质损耗角正切值 $\tan\delta$ 及电容值；

3 耦合电容器的局部放电试验；

4 并联电容器交流耐压试验；

5 冲击合闸试验。

19.0.2　测量耦合电容器、断路器电容器的绝缘电阻应在二极间进行，并联电容器应在电极对外壳之间进行，并采用1000V绝缘电阻表测量小套管对地绝缘电阻。

19.0.3　测量耦合电容器、断路器电容器的介质损耗角正切值tanδ及电容值，应符合下列规定：

1　测得的介质损耗角正切值tanδ应符合产品技术条件的规定；

2　耦合电容器电容值的偏差应在额定电容值的＋10％～－5％范围内，电容器叠柱中任何两单元的实测电容比值与这两单元的额定电压比值的倒数之差不应大于5％；断路器电容器电容值的偏差应在额定电容值的±5％范围内。对电容器组，还应测量总的电容值。

19.0.4　耦合电容器的局部放电试验，应符合下列规定：

1　对500kV的耦合电容器，当对其绝缘性能或密封有怀疑而又有试验设备时，可进行局部放电试验。多节组合的耦合电容器可分节试验。

2　局部放电试验的预加电压值为$0.8 \times 1.3 U_m$，停留时间大于10s；降至测量电压值为$1.1 U_m/\sqrt{3}$，维持1min后，测量局部放电量，放电量不宜大于10pC。

19.0.5　并联电容器的交流耐压试验，应符合下列规定：

1　并联电容器电极对外壳交流耐压试验电压值应符合表18.0.5的规定；

2　当产品出厂试验电压值不符合表19.0.5的规定时，交接试验电压应按产品出厂试验电压值的75％进行。

表19.0.5　　　　　　　　　　并联电容器交流耐压试验电压标准　　　　　　　　　　　　　（kV）

额定电压	<1	1	3	6	10	15	20	35
出厂试验电压	3	6	18/25	23/30	35	40/55	50/65	80/95
交接试验电压	2.25	4.5	18.76	22.5	31.5	41.25	48.75	71.25

注　斜线下的数据为外绝缘的干耐受电压。

19.0.6　在电网额定电压下，对电力电容器组的冲击合闸试验应进行3次，熔断器不应熔断；电容器组各相电容的最大值和最小值之比，不应超过1.08。

【依据2】《电力设备预防性试验规程》（DL/T 596—1996）

12　电容器

12.1　高压并联电容器、串联电容器和交流滤波电容器。

12.1.1　高压并联电容器、串联电容器和交流滤波电容器的试验项目、周期和要求见表29。

表29　　　　　高压并联电容器、串联电容器和交流滤波电容器的试验项目、周期和要求

序号	项目	周期	要求	说明
1	极对壳绝缘电阻	1）投运后1年内； 2）1年～5年	不低于2000MΩ	1）串联电容器用1000V绝缘电阻表，其他用2500V绝缘电阻表； 2）单套管电容器不测
2	电容值	1）投运后1年内； 2）1年～5年	1）电容值偏差不超出额定值的－5％～＋10％范围； 2）电容值不应小于出厂值的95％	用电桥法或电流电压法测量
3	并联电阻值测量	1）投运后1年内； 2）1年～5年	电阻值与出厂值的偏差应在±10％范围内	用自放电法测量
4	渗漏油检查	6个月	漏油时停止使用	观察法

12.1.2　定期试验项目见表29中全部项目。

12.1.3　交流滤波电容器组的总电容值应满足交流滤波器调谐的要求。

12.4　集合式电容器

集合式电容器的试验项目、周期和要求见表32。

表 32 集合式电容器的试验项目、周期和要求

序号	项目	周期	要求	说明
1	相间和极对壳绝缘电阻	1）1年～5年； 2）吊芯修理后	自行规定	1）采用2500V绝缘电阻表； 2）仅对有6个套管的三相电容器测量相间绝缘电阻
2	电容值	1）投运后1年内； 2）1年～5年； 3）吊芯修理后	1）每相电容值偏差应在额定值的−5%～96%的范围内，且电容值不小于出厂值的96%。 2）三相中每两线路端子间测得的电容值的最大值与最小值之比不大于1.06。 3）每相用3个套管引出的电容器组，应测量每2个套管之间的电容量，其值与出厂值相差在±5%范围内	
3	相间和极对壳交流耐压试验	1）必要时交接时； 2）吊芯修理后	试验电压为出厂试验值的75%	仅对有6个套管的三相电容器进行相间耐压
4	绝缘油击穿电压	1）1年～5年； 2）吊芯修理后	参照表36中序号6	
5	渗漏油检查	1年	漏油应修复	观察法

12.5 高压并联电容器装置

装置中的开关、并联电容器、电压互感器、电流互感器、母线支架、避雷器及二次回路按本规程的有关规定。

12.5.1 单台保护用熔断器。

单台保护用熔断器的试验项目、周期和要求见表33。

表 33 单台保护用熔断器的试验项目、周期和要求

序号	项目	周期	要求	说明
1	直流电阻	交接时	与出厂值相差不大于20%	
2	检查外壳及弹簧情况	1）交接时； 2）1年	无明显锈蚀现象，弹簧拉力无明显变化，工作位置正确，指示装置无卡死等现象	

12.5.2 串联电抗器。

12.5.2.1 串联电抗器的试验项目、周期和要求见表34。

表 34 串联电抗器的试验项目、周期和要求

序号	项目	周期	要求	说明
1	绕组绝缘电阻	1）1年～5年； 2）大修后	一般不低于1000MΩ（20℃）	采用2500V绝缘电阻表
2	绕组直流电阻	1）必要时； 2）大修后	1）三相绕组间的差别不应大于三相平均值的4%； 2）与上次测量值相差不大于2%	
3	电抗（或电感）值	1）1年～5年； 2）大修后	自行规定	
4	绝缘油击穿电压	1）1年～5年； 2）大修后	参照表36中序号6	
5	绕组 $\tan\delta$	1）大修后； 2）必要时	20℃下的 $\tan\delta$ 值不大于：35kV及以下3.5%，66kV 2.5%	仅对800kvar以上的油浸铁芯电抗器进行
6	绕组对铁芯和外壳交流耐压及相间交流耐压	1）大修后； 2）必要时	1）油浸铁芯电抗器，试验电压为出厂试验电压的85%； 2）干式空心电抗器只需对绝缘支架进行试验，试验电压同支柱绝缘子	
7	轭铁梁和穿芯螺栓（可接触到）的绝缘电阻	大修时	自行规定	

12.5.2.2　各类试验项目：

交接试验项目见表 34 中序号 1～5。

大修时或大修后试验项目见表 34 中序号 1～7。

定期试验项目见表 34 中序号 1、3、4。

12.5.3　放电线圈

12.5.3.1　放电线圈的试验项目、周期和要求见表 35。

表 35　　　　　　　　　　　　　放电线圈的试验项目、周期和要求

序号	项目	周期	要求	说明
1	绝缘电阻	1) 1 年～5 年； 2) 大修后	不低于 1000MΩ	一次绕组用 2500V 绝缘电阻表，二次绕组用 1000V 绝缘电阻表
2	绕组的 tanδ	1) 大修后； 2) 必要时	参照表 8 中序号 2	
3	交流耐压试验	1) 大修后； 2) 必要时	试验电压为出厂试验电压的 85%	用感应耐压法
4	绝缘油击穿电压	1) 大修后； 2) 必要时	参照表 36 中序号 6	
5	一次绕组直流电阻	1) 大修后； 2) 必要时	与上交测量值相比无明显差异	
6	电压比	必要时	符合制造厂规定	

12.5.3.2　各类试验项目：

交接试验项目见表 35 中序号 1、3、4、5。

大修后试验项目见表 35 中序号 1、2、3、4、5。

定期试验项目见表 35 中序号 1。

【依据3】《输变电设备状态检修试验规程》（国家电网公司 Q/GDW 1168—2013）

5.15　高压并联电容器和集合式电容器

5.15.1　高压并联电容器和集合式电容器巡检及例行试验项

5.15.1.1　高压并联电容器和集合式电容器巡检及例行试验项目（见表 43、表 44）

表 43　　　　　　　　　　　高压并联电容器和集合式电容器巡检项目

巡检项目	基准周期	要求	条款说明
外观检查	1 年或自定	无渗油现象	见 5.15.1.2 条

表 44　　　　　　　　　　　高压并联电容器和集合式电容器例行试验项目

例行试验项目	基准周期	要求	条款说明
红外热像检测	1 年或自定	无异常	见 5.15.1.3 条
绝缘电阻	自定（≤6 年）；新投运 1 年内	≥2000MΩ	见 5.15.1.4 条
电容量测量	自定（≤6 年）；新投运 1 年内	见 5.13.1.4 条	见 5.15.1.5 条

5.13.1.2　巡检说明

电容器无油渗漏、无鼓起；高压引线、接地线连接正常。

5.13.1.3　红外热像检测

检测电容器及其所有电气连接部位，红外热像图显示应无异常温升、温差和/或相对温差。测量和分析方法参考 DL/T 664。

5.13.1.4　绝缘电阻

a) 高压并联电容器极对壳绝缘电阻；

b) 集合式电容器极对壳绝缘电阻；有 6 支套管的三相集合式电容器，应同时测量其相间绝缘电阻。采用 2500V 绝缘电阻表测量。

5.13.1.5 电容量测量

电容器组的电容量与额定值的标准偏差应符合下列要求：

a) 3Mvar 以下电容器组：$-5\%\sim10\%$；

b) 从 3Mvar 到 30Mvar 电容器组：$0\%\sim10\%$；

c) 30Mvar 以上电容器组：$0\%\sim5\%$。

且任意两线端的最大电容量与最小电容量之比值，应不超过 1.05。当测量结果不满足上述要求时，应逐台测量。单台电容器电容量与额定值的标准偏差应在 $-5\%\sim10\%$，且初值差小于 $\pm5\%$。

5.16 金属氧化物避雷器

5.16.1 金属氧化物避雷器巡检及例行试验

5.16.1.1 金属氧化物避雷器巡检及例行试验项目（见表 45、表 46）

表 45 　　　　　　　　　　　　　　　金属氧化物避雷器巡检项目

巡检项目	基准周期	要求	条款说明
外观检查	1. 500kV 及以上：2 周； 2. 220kV～330kV：1 月； 3. 110（66）kV：3 月； 4. 35kV 及以下：1 年	外观无异常	见 5.16.1.2

表 46 　　　　　　　　　　　　　　　金属氧化物避雷器例行试验项目

例行试验项目	基准周期	要求	条款说明
红外热像检测	1. 500kV 及以上：1 月； 2. 220kV～330kV：3 月； 3. 110（66）kV：半年； 4. 35kV 及以下：1 年	无异常	见 5.16.1.3
运行中持续电流测量	110（66）kV 及以上：1 年	阻性电流初值差≤50%，且全电流≤20%	见 5.16.1.4
直流 1mA 电压 U_{1mA} 及 $0.75U_{1mA}$ 下泄漏电流测量	1. 110（66）kV 及以上：3 年； 2. 35kV 及以下：4 年	1. U_{1mA} 初值差不超过 $\pm5\%$ 且不低于 GB 11032 规定值（注意值）； 2. $0.75U_{1mA}$ 漏电流初值差≤30μA 或 ≤50μA（注意值）	见 5.16.1.5
底座绝缘电阻		≥100MΩ	见 5.16.1.6
放电计数器功能检查	见 5.16.1.7	功能正常	见 5.16.1.7

5.16.1.2 巡检说明

a) 瓷套无裂纹，复合外套无电蚀痕迹，无异物附着，均压环无错位，高压引线、接地线连接正常；

b) 若计数器装有电流表，应记录当前电流值，并与同等运行条件下其他避雷器的电流值进行比较，要求无明显差异；

c) 记录计数器的指示数，阀厅内的金属氧化物避雷器巡检结合阀检查进行。

5.16.1.3 红外热像检测

用红外热像仪检测避雷器本体及电气连接部位，红外热像图显示应无异常温升、温差和/或相对温差。测量和分析方法参考 DL/T 664。

5.16.1.4 运行中持续电流测量宜在每年雷雨季节前进行。

5.16.1.5 直流 1mA 电压 U_m 及 $0.75U_m$ 下泄漏电流测量，除例行试验外，有下列情况应进行本项目：

1. 红外热像仪检测，温度同比异常；

2. 运行电压下持续电流偏大；

3. 有电阻片老化或内部受潮家族性缺陷未消除。

5.16.1.6 底座绝缘测量用 2500V 绝缘电阻表测量。

5.16.2 金属氧化物避雷器诊断性试验

5.16.2.1 金属氧化物避雷器诊断性试验项目（见表47）

表 47　　　　　　　　　　　　　金属氧化物避雷器诊断性试验

诊断性试验项目	要求	说明条款
工频参考电流下的工频参考电压	应符合 GB 11032 或制造商规定	见 5.16.2.2
均压电容的电容量	电容量初值差不超过±5%或满足制造商的技术要求	见 5.16.2.3
高频局部放电检测（带电）	无异常放电	见 5.16.2.4

5.16.2.2 工频参考电流下的工频参考电压

诊断内部电阻片是否存在老化、检查均压电容等缺陷时进行本项目，对于单相多节串联结构，应逐节进行。方法和要求参考 GB 11032。

5.16.2.3 均压电容的电容量

如果金属氧化物避雷器装备有均压电容，为诊断其缺陷，可进行本项目。对于单相多节串联结构，应逐节进行。

5.16.2.4 高频局部放电检测（带电）

检测从避雷器末端抽取信号。当怀疑有局部放电时，应结合其他检测方法的检测结果进行综合分析。通过与同组间其他避雷器的测量结果相比较做出判断，应无显著差异。本项目宜在每年雷雨季节前进行。

5.17.1.7 放电计数器功能检查，结合停电机会检查。若装电流表，应同时校验。

【依据 4】《国家电网有限公司十八项电网重大反事故措施（2018 年修订版）》（国家电网设备〔2018〕979 号）

10.2.1.3 同一型号产品必须提供耐久性试验报告。对每一批次产品，生产厂家需提供能覆盖此批次产品的耐久性试验报告。

10.2.2.1 并联电容器装置正式投运时，应进行冲击合闸试验，投切次数为 3 次，每次合闸时间间隔不少于 5min。

10.2.3.1 电容器例行停电试验时应逐台进行单台电容器电容量的测量，应使用不拆连接线的测量方法，避免因拆、装连接线条件下，导致套管受力而发生套管漏油的故障。

10.2.3.2 对于内熔丝电容器，当电容量减少超过铭牌标注电容量的 3%时，应退出运行，避免因电容器带故障运行而发展成扩大性故障。对于无内熔丝的电容器，一旦发现电容量增大超过一个串段击穿所引起的电容量增大时，应立即退出运行，避免因电容器带故障运行而发展成扩大性故障。

10.2.3.3 采用 AVC 等自动投切系统控制的多组电容器投切策略应保持各组投切次数均衡，避免反复投切同一组，而其他组长时间闲置。电容器组半年内未投切或近 1 个年度内投切次数达到 1000 次时，自动投切系统应闭锁投切。对投切次数达到 1000 次的电容器组连同其断路器均应及时进行例行检查及试验，确认设备状态完好后应及时解锁。

4.6.2.1.2 电容器组的一次主接线

本条评价项目（见《评价》）的查评依据如下。

【依据 1】《并联电容器装置设计规范》（GB 50227—2017）

4.1 接线方式

4.1.1 并联电容器装置的各分组回路可采用直接接入母线，并经总回路接入变压器的接线方式（图 4.1.1-1 和图 4.1.1-2）。当同级电压母线上有供电线路，经技术经济比较合理时，也可采用设置电容器专用母线的接线方式（图 4.1.1-3）。

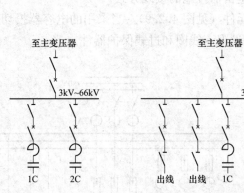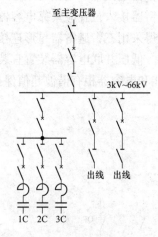

图 4.1.1-1　同级电压母线　　图 4.1.1-2　同级电压母线　　图 4.1.1-3　设置电容器专用
上无供电线路时的接线方式　　上有供电线路时的接线方式　　母线的接线方式—电容器专用母线

4.1.2　并联电容器组的接线方式应符合下列规定：

1　并联电容器组应采用星形接线。在中性点非直接接地的电网中，星形接线电容器组的中性点不应接地。

2　并联电容器组的每相或每个桥臂，由多台电容器串并联组合连接时，宜采用先并联后串联的连接方式。

3　每个串联段的电容器并联总容量不应超过 3900kvar。

4.1.3　低压并联电容器装置可与低压供电柜同接一条母线。低压电容器或电容器组，可采用三角形接线或星形接线方式。

4.2　配套设备及其连接

4.2.1　并联电容器装置应装设下列配套设备（见图 4.2.1）。

1　隔离开关、断路器；

2　串联电抗器（含阻尼式限流器）；

3　操作过电压保护用避雷器；

4　接地开关；

5　放电器件；

6　继电保护、控制、信号和电测量用一次及二次设备；

7　单台电容器保护用外熔断器，应根据保护需要和单台电容器容量配置。

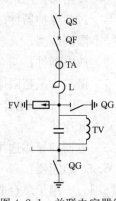

4.2.2　并联电容器装置分组回路投切开关应装设于电容器组的电源侧。　图 4.2.1　并联电容器组
开关型式应根据具体工程通过经济技术性比较后确定。　　　　　　　　　与配套设备连接方式

4.2.3　并联电容器装置的串联电抗器宜装设于电容器的电源侧，并应校验其耐受短路电流的能力。当铁芯电抗器的耐受短路电流的能力不能满足装设于电源侧要求时，应装设于中性点侧。

4.2.4　电容器配置外熔断器时，每台电容器应配置一个专用熔断器。

4.2.5　电容器的外壳直接接地时，外熔断器应串接在电容器的电源侧。电容器装设于绝缘框（台）架上且串联段数为 2 段及以上时，至少应有一个串联段的外熔断器串接于电容器的电源侧。

4.2.6　并联电容器装置的放电线圈接线应符合以下规定：

1　放电线圈与电容器宜采用直接并联接线。

2　放电线圈一次绕组中性点不应接地。

4.2.7　并联电容器装置宜在其电源侧和中性点侧设置检修接地开关，当中性点侧装设接地开关有困难时，也可采用其他检修接地措施。

4.2.8　并联电容器装置应装设抑制操作过电压的避雷器，避雷器连接方式应符合下列规定：

1　避雷器连接应采用相对地方式（见图4.2.8）。

2　避雷器接入位置应紧靠电容器组的电源侧。

3　不得采用三台避雷器星形连接后经第四台避雷器接地的接线方式。

4.2.9　低压并联电容器装置宜装设下列配套元件（见图4.2.9），当采用的电容器投切器件具有限制涌流功能和电容器柜有谐波超值保护时，可不装设限流线圈和过载保护器件。

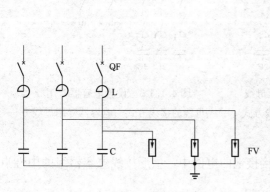

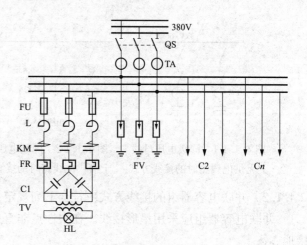

图4.2.8　相对地避雷器接线　　　　图4.2.9　低压并联电容器装置元件配置接线

注：回路元件配置周围左侧。

1　总回路刀开关和分回路投切器件；

2　操作过电压保护用避雷器；

3　短路保护用熔断器；

4　过载保护器件；

5　限流线圈；

6　放电器件；

7　谐波含量超限保护、自动投切控制器、保护元件、信号和测量表计等配套器件。

4.2.10　低压电容器装设的外部放电器件，可采用三角形接线或星形接线。并应直接与电容器（组）并联连接。

5　电器和导体选择

5.4　熔断器

5.4.1　用于单台电容器的保护的外熔断器，应采用电容器专用熔断器。

5.4.2　用于单台电容器保护的外熔断器的熔丝额定电流，可按电容器额定电流的1.37～1.50倍选择。

5.4.3　用于单台电容器保护的外熔断器的额定电压、耐受电压、开断性能、熔断性能、耐爆能量、抗涌流能力、机械强度和电气寿命等，应符合国家现行有关标准的规定。

5.6　放电线圈

5.6.1　放电线圈选型时，应采用电容器组专用的油浸式或干式放电线圈产品。油浸式放电线圈应为全密封结构，产品内部压力应满足使用环境温度变化的要求，在最低环境温度下不得出现负压。

5.6.2　放电线圈的额定一次电压应与所并联的电容器组的额定电压一致。

5.6.3　放电线圈的额定绝缘水平应符合下列要求：

1　安装在地面上的放电线圈，额定绝缘水平不应低于同电压等级电气设备的额定绝缘水平；

2　安装在绝缘框（台）架上的放电线圈，其额定绝缘水平应与安装在同一绝缘框（台）上的电容器的额定绝缘水平一致。

5.6.4　放电线圈的最大配套电容器容量（放电容量），不应小于与其并联的电容器组容量；放电线圈的放电性能应能满足电容器组脱开电源后，在 5s 内将电容器组的剩余电压降至 50V 及以下。

5.6.5　放电线圈带有二次线圈时，其额定输出、准确级，应满足保护和测量的要求。

5.6.6　低压并联电容器装置的放电器件应满足电容器断电后，在 3min 内将电容器的剩余电压降至 50V 及以下；当电容器再次投入时，电容器端子上的剩余电压不应超过额定电压的 0.1 倍。

5.6.7　同一装置中的放电线圈的励磁特性应一致。

5.7　避雷器

5.7.1　用于并联电容器装置操作过电压保护的避雷器，应采用无间隙金属氧化物避雷器。

5.7.2　用于并联电容器操作过电压保护的避雷器参数选择，应根据电容器组参数和避雷器接线方式确定。

【依据 2】《国家电网有限公司十八项电网重大反事故措施（2018 年修订版）》（国家电网设备〔2018〕979 号）

10.2.1.5　电容器端子间或端子与汇流母线间的连接应采用带绝缘护套的软铜线。

10.2.1.6　新安装电容器的汇流母线应采用铜排。

10.2.1.7　放电线圈应采用全密封结构，放电线圈首、末端必须与电容器首、末端相连接。

10.2.1.8　电容器组过电压保护用金属氧化物避雷器接线方式应采用星形接线、中性点直接接地方式。

10.2.1.9　电容器组过电压保护用金属氧化物避雷器应安装在紧靠电容器高压侧入口处的位置。

10.2.2.2　应逐个对电容器接头用力矩扳手进行紧固，确保接头和连接导线有足够的接触面积且接触完好。

【依据 3】《高压并联电容器装置的通用技术要求》（GB/T 30841—2014）

5.3.3.7　避雷器

装置中电容器操作过电压保护，应采用无间隙金属氧化物避雷器（MOA），或选用过电压保护器。

避雷器的参数应根据电容器组参数和避雷器接线方式确定。接于线—地之间避雷器可用来抑制断路器单相重击穿过电压。

对于 10kV 等级、容量在 4000kvar 及以下的电容器组所配用的避雷器，其 2ms 方波通流能力应不小于 300A，电容器组容量每增加 2000kvar，避雷器 2ms 方波通流能力增加值为 100A。

对于 35kV 等级、容量在 24000kvar 及以下的电容器组所配用的避雷器，其 2ms 方波通流能力应不小于 600A，电容器组容量每增加 20000kvar，避雷器 2ms 方波通流能力增加值为 300A。

对于 66kV 等级、容量在 24000kvar 及以下的电容器组所配用的避雷器，其 2ms 方波通流能力应不小于 600A，电容器组容量每增加 20000kvar，避雷器 2ms 方波通流能力增加值为 200A。

对于 110kV 等级、容量在 120000kvar 及以下的电容器组所配用的避雷器，其 2ms 方波通流能力应不小于 1400A，电容器组容量每增加 40000kvar，避雷器 2ms 方波通流能力增加值为 200A。

4.6.2.1.3　电容器组的继电保护配置

本条评价项目（见《评价》）的查评依据如下。

【依据 1】《并联电容器装置设计规范》（GB 50227—2017）

6.1　保护装置

6.1.1　单台电容器内部故障保护方式（内熔丝、外熔断器和继电保护），应在满足并联电容器组安全运行的条件下，根据各地的实践经验配置。

6.1.2　并联电容器组（内熔丝、外熔断器和无熔丝）均应设置不平衡保护。不平衡保护应满足可靠性和灵敏度要求，保护方式可根据电容器组接线在下列方式中选取：

1　单星形电容器组，可采用开口三角电压保护（见图 6.1.2-1）。

2　单星形电容器组，串联段数为两段及以上时，可采用相电压差动保护（见图 6.1.2-2）。

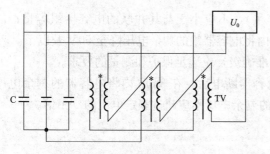

图 6.1.2-1　单星形电容器组
开口三角电压保护原理接线

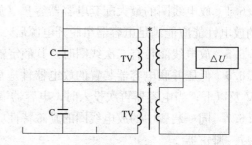

图 6.1.2-2　单星形电容器组
相电压差动保护原理接线

3　单星形电容器组，每相能接成四个桥臂时，可采用桥式差电流保护（见图 6.1.2-3）。对于 110kV 及以上的大容量电容器组，宜采用串联双桥差电流保护。

4　双星形电容器组，可采用中性点不平衡电流保护（见图 6.1.2-4）。

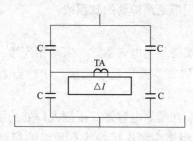

图 6.1.2-3　单星形电容器组
桥式差电流保护原理接线

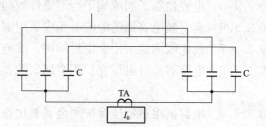

图 6.1.2-4　双量形电容器组
中性点不平衡电流保护原理接线

5　不平衡保护的整定值应按电容器组运行的安全性、保护动作的可靠性和灵敏性，并根据不同保护方式进行计算确定。

6.1.3　并联电容器装置应设置速断保护，保护应动作于跳闸。速断保护的动作电流值，按最小运行方式下，在电容器组端部引线发生两相短路时，保护的灵敏系数应符合继电保护要求；速断保护的动作时限，应大于电容器组的合闸涌流时间。

6.1.4　并联电容器装置应装设过电流保护，保护应动作于跳闸。过流保护的动作电流值，应按大于电容器组的长期允许段大过电流整定。

6.1.5　并联电容器装置应装设母线过电压保护，保护应带时限动作于信号或跳闸。

6.1.6　并联电容器装置应装设母线失压保护，保护应带时限动作于跳闸。

6.1.7　并联电容器装置的油浸式串联电抗器，其容量为 0.18MV·A 及以上时，宜装设瓦斯保护。当油箱内故障产生轻微瓦斯或油面下降时，应瞬时动作于信号；当油箱内故障产生大量瓦斯时，应瞬时动作于断路器跳闸；干式串联电抗器宜根据具体条件设置保护。

6.1.8　电容器组的电容器外壳直接接地时，宜装设电容器组接地保护。

6.1.9　集合式电容器应装设压力释放和温控保护，压力释放动作于跳闸，温控动作于信号。

6.1.10　低压并联电容器装置，应有短路保护、过电流保护、过电压保护和失压保护，并宜装设谐波超值保护。

【依据 2】《国家电网有限公司十八项电网重大反事故措施（2018 年修订版）》（国家电网设备〔2018〕979 号）

10.2.5　电容器组保护部分

10.2.1.11　电容器成套装置生产厂家应提供电容器组保护计算方法和保护整定值。

【依据 3】《高压并联电容器装置的通用技术要求》（GB/T 30841—2014）

5.5.2.2　不平衡保护整定值应以确保电容器组运行安全性为目标，按电容器内部故障保护顺序、保护动作可靠性和灵敏度，根据不同保护方式进行计算确定。

保护配合的整定原则：采用外熔断器保护的电容器组，其不平衡保护应按电容器单元过电压允许值整定；采用内熔丝保护和无熔丝保护的电容器组，其不平衡保护应按电容器内部元件过电压允许值整定；当有两种及以上保护方案并存时，整定值取较小值。

4.6.2.1.4　电容器组用串联电抗器电抗值的选择

本条评价项目（见《评价》）的查评依据如下。

【依据1】《并联电容器装置设计规范》（GB 50277—2017）

5.5.2　串联电抗器电抗率选择，应根据电网条件与电容器参数经相关计算分析确定，电抗率取值范围应符合下列规定：

1　仅用于限制涌流时，电抗率宜取 0.1%～1.0%。

2　用于抑制谐波时，电抗率应根据并联电容器装置接入电网处的背景谐波含量的测量值选择。当谐波为 5 次及以上时，电抗率宜取 5%；当谐波为 3 次及以上时，电抗率宜取 12%，也可采用 5% 与 12% 两种电抗率混装方式。

5.5.3　并联电容器装置的合闸涌流限值，宜取电容器组额定电流的 20 倍；当超过时，应采用装设串联电抗器予以限制。电容器组投入电网时的涌流计算，应符合本规范附录 A 的规定。

5.5.4　串联电抗器的额定电压和绝缘水平，应符合接入处的电网电压要求。

5.5.5　串联电抗器的额定电流应等于所连接的并联电容器组的额定电流，其允许过电流不应小于并联电容器组的最大过电流值。

5.5.6　并联电容器装置总回路装设有限流电抗器时，应计入其对电容器分组回路电抗率和母线电压的影响。

【依据2】《国家电网有限公司十八项电网重大反事故措施（2018 年修订版）》（国家电网设备〔2018〕979 号）

10.3　防止干式电抗器损坏事故

10.3.1　设计阶段

10.3.1.1　并联电容器用串联电抗器用于抑制谐波时，电抗率应根据并联电容器装置接入电网处的背景谐波含量的测量值选择，避免同谐波发生谐振或谐波过度放大。

10.3.1.2　35kV 及以下户内串联电抗器应选用干式铁芯或油浸式电抗器。户外串联电抗器应优先选用干式空心电抗器，当户外现场安装环境受限而无法采用干式空心电抗器时，应选用油浸式电抗器。

10.3.1.3　新安装的干式空心并联电抗器、35kV 及以上干式空心串联电抗器不应采用叠装结构，10kV 干式空心串联电抗器应采取有效措施防止电抗器单相事故发展为相间事故。

10.3.1.4　干式空心串联电抗器应安装在电容器组首端，在系统短路电流大的安装点，设计时应校核其动、热稳定性。

10.3.1.5　户外装设的干式空心电抗器，包封外表面应有防污和防紫外线措施。电抗器外露金属部位应有良好的防腐蚀涂层。

10.3.1.6　新安装的 35kV 及以上干式空心并联电抗器，产品结构应具有防鸟、防雨功能。

10.3.2　基建阶段

10.3.2.1　干式空心电抗器下方接地线不应构成闭合回路，围栏采用金属材料时，金属围栏禁止连接成闭合回路，应有明显的隔离断开段，并不应通过接地线构成闭合回路。

10.3.2.2　干式铁芯电抗器户内安装时，应做好防振动措施。

10.3.2.3　干式空心电抗器出厂应进行匝间耐压试验，出厂试验报告应含有匝间耐压试验项目。330kV 及以上变电站新安装的干式空心电抗器交接时，具备试验条件时应进行匝间耐压试验。

10.3.3　运行阶段

10.3.3.1　已配置抑制谐波用串联电抗器的电容器组，禁止减少电容器运行。

10.3.3.2　采用 AVC 等自动投切系统控制的多组干式并联电抗器，投切策略应保持各组投切次数均衡，避免反复投切同一组。

4.6.2.1.5 电容器组使用的断路器的选择

本条评价项目（见《评价》）的查评依据如下。

【依据1】《并联电容器装置设计规范》（GB 50277—2008）

5.3 断路器

5.3.1 用于并联电容器装置的断路器选型，应采用真空断路器或 SF₆ 断路器等适合于电容器组投切的设备，其技术性能应符合断路器共用技术要求，尚应满足下列特殊要求：

1 应具备频繁操作的性能。

2 合、分时触头弹跳不应大于限定值，开断时不应出现重击穿。

3 应能承受电容器组的关合涌流和工频短路电流以及电容器高频涌流的联合作用。

5.3.2 并联电容器装置总回路中的断路器，应具有切除所连接的全部电容器组和开断总回路短路电流的性能。分组回路断路器可采用不承担开断短路电流的开关设备。

5.3.3 低压并联电容器装置中的投切开关宜采用具有选项功能和功耗较小的开关器件。当采用普通开关时，其接通、分断能力和短路强度等技术性能，应符合设备装设点的电网条件；切除电容器时，开关不应发生重击穿，投切开关应具有频繁操作的性能。

【依据2】《国家电网有限公司十八项电网重大反事故措施（2018 年修订版）》（国家电网设备〔2018〕979 号）

10.2.3.3 采用 AVC 等自动投切系统控制的多组电容器投切策略应保持各组投切次数均衡，避免反复投切同一组，而其他组长时间闲置。电容器组半年内未投切或近 1 个年度内投切次数达到 1000 次时，自动投切系统应闭锁投切。对投切次数达到 1000 次的电容器组连同其断路器均应及时进行例行检查及试验，确认设备状态完好后应及时解锁。

12.1.1.2 断路器出厂试验前应进行不少于 200 次的机械操作试验（其中每 100 次操作试验的最后 20 次应为重合闸操作试验）。投切并联电容器、交流滤波器用断路器型式试验项目必须包含投切电容器组试验，断路器必须选用 C2 级断路器。真空断路器灭弧室出厂前应逐台进行老炼试验，并提供老炼试验报告；用于投切并联电容器的真空断路器出厂前应整台进行老炼试验，并提供老炼试验报告。断路器动作次数计数器不得带有复归机构。

12.1.3.4 对投切无功负荷的开关设备应实行差异化运维，缩短巡检和维护周期，每年统计投切次数并评估电气寿命。

4.6.2.1.6 电容器、串联电抗器、放电线圈外绝缘

本条评价项目（见《评价》）的查评依据如下。

【依据1】《并联电容器装置设计规范》（GB 50277—2017）

5.2.1.3 安装在严寒、高海拔、湿热带等地区和污秽、易燃、易爆等环境中的电容器，应满足环境条件的特殊要求。

5.8.5 用于并联电容器装置的支柱绝缘子，应按电压等级、泄漏距离、机械荷载等技术条件，以及运行中可能承受的最高电压选择和校验。

8.1.2 并联电容器装置的布置形式应根据安装地点的环境条件、设备性能和当地实践经验选择。一般地区宜采用屋外布置，严寒、湿热、风沙等特殊地区和污秽、易燃、易爆等特殊环境宜采用屋内布置。

屋内布置的并联电容器装置，应采取防止凝露引起污闪事故的安全措施。

8.3.1 油浸式铁芯串联电抗器的安装布置，应符合下列要求：

1 宜布置在屋外，当污秽较重的工矿企业采用普通电抗器时，应布置在屋内。

2 屋内安装的油浸式铁芯串联电抗器，其油量超过 100kg 时，应单独设置防爆间隔和储油设施。

【依据2】 见 **4.1.2.2（1）**评价依据

4.6.2.2 专业管理

4.6.2.2.1 电容器组（包括电抗器）在运行情况

本条评价项目（见《评价》）的查评依据如下。

【依据1】《关于印发输变电设备运行规范的通知》（国家电网生技〔2005〕172号附件9并联电容器装置运行规范）

第三章 设备验收

第七条 电容器在安装投运前及检修后，应进行以下检查：

（一）套管导电杆应无弯曲或螺纹损坏；

（二）引出线端连接用的螺母、垫圈应齐全；

（三）外壳应无明显变形，外表无锈蚀，所有接缝不应有裂缝或渗油。

第八条 成组安装的电力电容器，应符合下列要求：

（一）三相电容量的差值宜调配到最小，电容器组容许的电容偏差为0%~5%；三相电容器组的任何两线路端子之间，其电容的最大值与最小值之比应不超过1.02；电容器组各串联段的最大与最小电容之比应不超过1.02。设计有要求时，应符合设计的规定。

（二）电容器构架应保持在水平及垂直位置，固定应牢靠，油漆应完整。

（三）电容器的安装应使其铭牌面向通道一侧，并有顺序编号。

（四）电容器端子的连接线应符合设计要求，接线应对称一致，整齐美观，母线及分支线应标以相色。

（五）凡不与地绝缘的每个电容器的外壳及电容器的构架均应接地；凡与地绝缘的电容器的外壳均应接到固定的电位上。

第九条 电容器的布置和安装：

（一）电容器装置的构架设计应便于维护和更换设备，分层布置不宜超过三层，每层不应超过两排，四周及层间不应设置隔板，以利通风散热；

（二）构架式安装的电容器装置的安装尺寸不应小于下表数值：

名称	电容器		电容器底部距地面		装置顶部至屋顶净距
	间距	排间距离	屋内	屋外	
最小尺寸（mm）	100	200	200	300	1000

（三）电容器装置应设维护通道，其宽度（净距）不应小于1200mm，维护通道与电容器之间应设置网状遮栏。电容器构架与墙或构架之间设置检修通道时，其宽度不应小于1000mm。

（四）单台电容器套管与母线应使用软导体连接，不得利用电容器套管支承母线。单套管电容器组的接壳导线，应由接线端子的连接线引出。

第十条 在电容器装置验收时，应进行以下检查：

（一）电容器组的布置与接线应正确，电容器组的保护回路应完整、传动试验正确；

（二）外壳应无凹凸或渗油现象，引出端子连接牢固，垫圈、螺母齐全；

（三）熔断器熔体的额定电流应符合设计规定；

（四）电容器外壳及构架的接地应可靠，其外部油漆应完整；

（五）电容器室内的通风装置应良好；

（六）电容器及其串联电抗器、放电线圈、电缆经试验合格、容量符合设计要求。闭锁装置完好。

第十一条 电容器组串联电抗器应进行下列外观检查：支柱及线圈绝缘等应无严重损伤和裂纹；线圈应无变形；支柱绝缘子及其附件齐全。在运到现场后，应按其用途放在户内、外平整、无积水的场地保管。运输或吊装过程中，支柱或线圈不应遭受损伤和变形。电抗器外露的金属部分应有良好的防腐蚀层，并符合户外防腐电工产品的涂漆标准，并符合相应技术文件的要求。油浸铁芯电抗器无渗漏油及附属装置齐全完整。

第十二条 串联电抗器应按其编号进行安装，并应符合下列要求：

（一）三相垂直排列时，中间一相线圈的绕向应与上下两相相反。

（二）垂直安装时各相中心线应一致。

（三）设备接线端子与母线的连接，在额定电流为1500A及以上时，应采用非磁性金属材料制成的螺栓。而且所有磁性材料的部件应可靠固定。

第十三条 串联电抗器在验收时，还应进行下列检查：

（一）支柱应完整、无裂纹，线圈应无变形；

（二）线圈外部的绝缘漆应完好；

（三）油浸铁芯电抗器的密封性能应足以保证最高运行温度下不出现渗漏；

（四）电抗器的风道应清洁无杂物。

第十四条 电容器装置验收时，应提交下列资料和文件：

（一）设计的资料及文件，变更设计的证明文件；

（二）制造厂提供的产品说明书、试验记录、合格证件及安装图纸等技术文件；

（三）调整试验记录；

（四）备品、备件清单。

第四章 设备运行维护项目、手段及要求

第十六条 电容器装置必须按照有关消防规定设置消防设施，并设有总的消防通道。

第十七条 电容器室不宜设置采光玻璃，门应向外开启。相邻两电容器的门应能向两个方向开启。

第十八条 电容器室的进、排风口应有防止风雨和小动物进入的措施。

第十九条 运行中的电抗器室温度不应超过35℃，当室温超过35℃时，干式三相重叠安装的电抗器线圈表面温度不应超过85℃，单独安装不应超过75℃。

第二十条 运行中的电抗器室不应堆放铁件、杂物，且通风口也不应堵塞，门窗应严密。

第二十一条 电容器组电抗器支持绝缘子接地要求：

（一）重叠安装时，底层每只绝缘子应单独接地，且不应形成闭合回路，其余绝缘子不接地；

（二）三相单独安装时，底层每只绝缘子应独立接地；

（三）支柱绝缘子的接地线不应形成闭合环路。

第二十二条 电容器组电缆投运前应定相，应检查电缆头接地良好，并有相色标志。两根以上电缆两端应有明显的编号标志，带负荷后应测量负荷分配是否适当。在运行中需加强监视，一般可用红外线测温仪测量温度，在检修时，应检查各接触面的表面情况。停电超过一个星期不满一个月的电缆，在重新投入运行前，应用摇表测量绝缘电阻。

第二十三条 电力电容器允许在额定电压±5％波动范围内长期运行。电力电容器过电压倍数及运行持续时间按如下表规定执行，尽量避免在低于额定电压下运行。

过电压倍数（U_g/U_n）	持续时间	说明
1.05	连续	
1.10	每24h中8h	
1.15	每24h中30min	系统电压调整与波动
1.20	5min	轻荷载时电压升高
1.30	1min	

第二十四条 电力电容器允许在不超过额定电流的30％运况下长期运行。三相不平衡电流不应超过±5％。

第二十五条 电力电容器运行室温度最高不允许超过40℃，外壳温度不允许超过50℃。

第二十六条 电力电容器组必须有可靠的放电装置，并且正常投入运行。高压电容器断电后在5s内应将剩余电压降到50V以下。

第二十七条 安装于室内电容器必须有良好的通风，进入电容器室应先开启通风装置。

第二十八条 电力电容器组新装投运前，除各项试验合格并按一般巡视项目检查外，还应检查放电回路，保护回路、通风装置应完好。构架式电容器装置每只电容器应编号，在上部1/3处贴45℃～50℃试温蜡片。在额定电压下合闸冲击三次，每次合闸间隔时间5min，应将电容器残留电压放完时方可进行下次合闸。

第二十九条 装设自动投切装置的电容器组，应有防止保护跳闸时误投入电容器装置的闭锁回路，并应设置操作解除控制开关。

第三十条　电容器熔断器熔丝的额定电流不小于电容器额定电流的 1.43 倍选择。

第三十一条　投切电容器组时应满足下列要求：

（一）分组电容器投切时，不得发生谐振（尽量在轻载荷时切出）；对采用混装电抗器的电容器组应先投电抗值大的，后投电抗值小的，切时与之相反。

（二）投切一组电容器引起母线电压变动不宜超过 2.5%。

第三十二条　在出现保护跳闸或因环境温度长时间超过允许温度，及电容器大量渗油时禁止合闸；电容器温度低于下限温度时，避免投入操作。

第三十三条　正常运行时，运行人员应进行的不停电维护项目：

（一）电容器外观、绝缘子、台架及外熔断器检查及更换；

（二）电容器不平衡电流的计算及测量；

（三）每季定期检查电容器组设备所有的接触点和连接点一次；

（四）在电容器运行后，每年测量一次谐波。

第三十四条　电容器正常运行时，应保证每季度进行一次红外成像测温，运行人员每周进行一次测温，以便于及时发现设备存在的隐患，保证设备安全、可靠运行。

第三十五条　对于接入谐波源用户的变电站电容器组，每年应安排一次谐波测试，谐波超标时应采取相应的消谐措施。

【依据 2】《国家电网有限公司十八项电网重大反事故措施（2018 年修订版)》（国家电网设备〔2018〕979 号）

10.2.1.12　框架式并联电容器组户内安装时，应按照生产厂家提供的余热功率对电容器室（柜）进行通风设计。

10.2.1.13　电容器室进风口和出风口应对侧对角布置。

4.6.2.2.2　设备台账、技术资料

本条评价项目（见《评价》）的查评依据如下。

【依据】《关于印发输变电设备运行规范的通知》［（国家电网生技〔2005〕172 号）附件 9 高压并联电容器装置运行规范］

第九章　技术管理

第五十四条　设备档案

电容器设备档案应包括以下内容：

（一）设备招标的技术规范文件、鉴定证书、型式试验报告、定期试验报告、总装图、基础图、出厂合格证书、安装使用说明书等；

（二）出厂试验报告、交接试验报告、预防性试验报告等；

（三）运行巡视记录、异常及缺陷记录、缺陷处理及缺陷消除记录等；

（四）设备运行评估分析报告；

（五）安全评估报告。

4.6.2.2.3　电容器套管及引线，串联电抗器引线

本条评价项目（见《评价》）的查评依据如下。

【依据】《并联电容器装置设计规范》（GB 50277—2017）

5.8.1　单台电容器至母线或熔断器的连接线应采用软导线，其长期允许电流不宜小于单台电容器额定电流的 1.5 倍。

5.8.2　并联电容器装置的分组回路，回路导体截面应按电容器组额定电流的 1.3 倍选择，并联电容器组的汇流母线均压线导线截面与分组回路导体截面相同。

5.8.3　双星形电容器组的中性点连接线和桥形接线电容器组的桥连接线，其长期允许电流不应小于电容器组额定电流。

5.8.4 并联电容器装置的所有连接导体应满足长期允许电流的要求，并应满足动稳定和热稳定要求。

8.2.6 并联电容器安装连接线应符合下列规定：

1 电容器套管相互之间连接线以及电容器套管至母线和熔断器的连接线，应有一定的松弛度。

2 单套管电容器组的连接壳体的导线应采用软导线由壳体端子上引接。

3 并联电容器安装连线严禁直接利用电容器套管连接或支承硬母线。

8.2.9 并联电容器组的汇流母线应满足机械强度的要求。

4.6.3 静态补偿装置

4.6.3.1 技术指标

4.6.3.1.1 整体装置的响应时间、容性及感性输出功率

本条评价项目（见《评价》）的查评依据如下。

【依据1】《高压静止无功补偿装置 第1部分：系统设计》（DL/T 1010.1—2006）

3.14 响应时间

当输入阶跃控制信号后，SVC输出达到要求输出值的90%所用的时间，且期间没有产生过冲（见图2）。

注：由于电压变化范围较小，难以获得清晰的变化曲线，一般可以用无功电流变化曲线来说明响应时间。

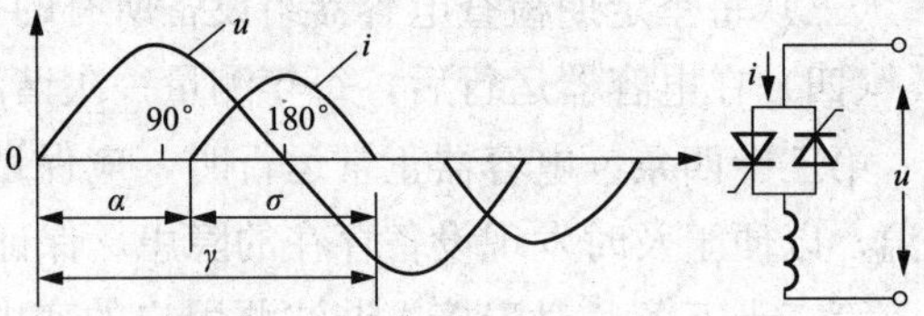

【依据2】《静止无功补偿装置（SVC）功能特性》（GB/T 20298—2006）

图2 响应时间和镇定时间定义

6.1 SVC额定值及其性能要求应明确给出SVC相应的下述电气参数。

6.1.1 额定电气参数及其指标要求

a）连接点母线标称电压（kV）；

b）参考电压（kV）；

c）连续可调的无功范围或母线电压变化范围（标幺值，参见GB/T 12325）；

d）抑制电压波动和闪变、谐波、三相不平衡度的指标（工业及配电用SVC，参见GB 12326，GB/T 14549，GB/T 15543或依据附录I对闪变评定）；

e）提高功率因数的指标（工业及配电用SVC）；

f）抑制工频过电压或阻尼功率振荡的指标（输电用SVC）。

6.1.2 额定容性、感性调节范围

附录A 图A.1为SVC U/1特性曲线的示意图，以连接点母线标称电压及100MVA为基准，对应曲线A点为SVC的容性额定容量（标幺值），对应曲线B点为SVC的感性额定容量（标幺值），应明确给出A，B两点的数值（标幺值）。

6.1.3 U/I特性曲线斜率的调节范围

附录A 图A.2为SVC U/1特性曲线的详示图（放大了一定比例），在设定的某一基准功率（MVA）下，SVC特性曲线的斜率应可调，应明确其调整范围（%）及其最大调节步长。

6.1.4 系统短时最低运行线电压下SVC的极端运行限定在本标准5 e）规定的系统短时最低运行线电压（kV）及其最大持续时间（s）条件下（对应附录A 图A.1C点），SVC应能够持续发出无功功率；如果这种低电压现象持续时间超过设计约定的时间（s），SVC应退出运行。

6.1.5 系统短时最高运行线电压下SVC的极端运行限定。

在本标准5 d）规定的系统短时最高运行线电压（kV）及其最大持续时间（s）条件下（对应附录A 图A.1D点），SVC应能够持续吸收无功功率；如果这种过电压现象持续时间超过设计约定的时间（s），SVC应退出运行。

6.1.6 短时容性无功输出（根据SVC的实际用途，可选）。

应明确当母线电压处于某一设定值（并非最低电压）条件下，SVC短时应达到的最大容性无功输出（MVA），并明确此运行过程的最大持续时间（s）。

6.1.7 最大可控感性无功输出（根据 SVC 的实际用途，可选）

应明确规定当母线电压上升到某一设定值（标幺值）条件下，SVC 连续可控导通的最大持续时间（s）。

6.2.1 SVC 的基本功能

a）在系统稳态运行或故障后情况下，将三相平均电压或基波正序电压控制在一定的范围内〔应明 U/I 特性曲线斜率的变化范围（%）〕；

b）分相调节，实现电压的分相控制，改善电网三相电压不平衡度；

c）通过无功功率控制，实现母线电压的控制；

d）通过电压控制，抑制系统振荡，提高功率传输能力；

e）通过无功功率调节，实现功率因数的控制；

f）抑制电压波动和闪变水平；

g）抑制电网谐波电压畸变和注入电网的谐波电流水平。

6.2.2 响应特性

a）SVC 系统响应时间；

SVC 响应特性曲线示图如附录 B 图 B.1 所示。

从控制信号（参考电压）输入开始，直到系统电压达到预期电压水平的 90% 所需的时间称为 SVC 响应时间（ms）。此时应明确所要求的最大过调量（%），同时规定在达到预设最终变化范围（%）以前的整定时间（ms）。

需要说明的是，上述响应特性的要求是在第 5 章给出的最小三相短路容量的条件下给出的。

一般来说，SVC 系统响应时间为 30ms～50ms。

注：由于电压变化范围较小，难以获得清晰的变化曲线，一般可以用无功功率电流变化曲线来说明响应时间。

b）控制系统响应时间。

控制系统响应时间是从控制信号输入开始，SVC 控制器完成控制信号的采样、分析、计算，直至控制器发出触发信号所经历的时间。

应明确控制系统的响应时间（ms）。

一般来说，SVC 控制系统的响应时间不大于 15ms。

4.6.3.1.2 继电保护、自动及远动装置配置

本条评价项目（见《评价》）的查评依据如下。

【依据】《静止无功补偿装置（SVC）功能特性》（GB/T 20298—2006）

7.3 控制设备及其操作界面

7.3.1 控制设备

a）控制系统应实现 6.2 要求的控制目标；

b）阀及其控制系统的设计应避免在一对反并联晶闸管上出现串扰现象；

c）若包括对 TSC 进行投切控制时，为了获取 SVC 输出变化的平滑调节，供应商应详细阐明 TCR 与 TSC 投入、切除之间的控制方式。

7.3.2 操作界面

a）根据需要，控制接口可提供远方和就地操作两种方式。任何时候的操作仅能用一种方式进行。在这两种操作方式下应能够观察到设备状况、控制参数的设定和运行参数。

b）当有远方和就地两种操作方式时，仅要求在设备维护或调试运行情况下，在就地执行下述控制功能：

1）按顺序启动、停止；

2）改变参考电压及 U/I 特性曲线斜率；

3）报警复位。

c）就地及远方控制室可提供下述显示内容（可选）：

1）启停操作顺序；

2）参考电压及 U/I 特性曲线斜率的设定值；

3）控制点的选择；

4）其他参量设定位，例如辅助稳定信号；

5）SVC "运行"标识；

6）SVC "停运"标识；

7）主变压器原边三相线电流；

8）补偿装置发出的总无功或吸收的总无功以及各相电流；

9）一次侧相电压；

10）二次侧相电压；

11）SVC 支路的运行或退出；

12）报警及状态信息（可列表说明）。

d）通信规约按照用户要求执行。

7.4.2 系统保护

SVC 正常运行期间所有保护设备和供电系统应做到充分配合，以避免出现拒动或误动。保护设备信号取自电压互感器（TV）、电流互感器（TA）等。TV、TA 一般使用普遍用于保护级的即可。SVC 保护应与供电系统保护相配合。

7.4.3 元件保护

a）专用变压器保护（若有），包括：

1）过电流或差动；

2）温度过高；

3）接地故障；

4）瓦斯。

b）主电抗器的过电流保护。

c）电容器组（或滤波器）保护，包括：

1）过电流；

2）不平衡；

3）过电压；

4）低电压；

5）低周（可选）。

d）母线保护，包括：

1）过电流或电流差动；

2）接地故障。

e）晶闸管阀保护，包括：

1）过电流；

2）过电压；

3）超温保护。

f）主控制器保护，包括：

1）控制电源失电；

2）同步信号消失。

4.6.3.1.3 SVC 设备电源

本条评价项目（见《评价》）的查评依据如下。

【依据】《静止无功补偿装置（SVC）功能特性》（GB/T 20298—2006）

7.9 辅助电源

a）SVC 设备所需要的各种操作均要求有可靠的电源，包括降压（所用）变压器、交流配电盘、电池、充电器等；

  b）所有泵、风机、阀及其控制系统、室内空调系统等均需要可靠的电源供应。

4.6.3.1.4 电容器、电抗器的交接及预试及 SVC 功能特性试验

本条评价项目（见《评价》）的查评依据如下。

【依据1】《电气装置安装工程 电气设备交接试验标准》（GB 50150—2006）

  8.0.2 测量绕组连同套管的直流电阻，应符合下列规定：

  一、测量应在各分接头的所有位置上进行；

  二、实测值与出厂值的变化规律应一致；

  三、三相电抗器绕组直流电阻值相间差值不应大于三相平均值的 2%；

  四、电抗器和消弧线圈的直流电阻，与同温下产品出厂值比较相应变化不应大于 2%。

  8.0.3 测量绕组连同套管的绝缘电阻、吸收比或极化指数，应符合本标准第 6.0.5 条的规定。

  8.0.4 测量绕组连同套管的介质损耗角正切值 $\tan\delta$，应符合本标准第 6.0.6 条的规定。

  8.0.5 测量绕组连同套管的直流泄漏电流，应符合本标准第 6.0.7 条的规定。

  8.0.6 绕组连同套管的交流耐压试验，应符合下列规定：

  1. 额定电压在 110kV 以下的消弧线圈、干式或油浸式电抗器均应进行交流耐压试验，试验电压应符合本标准附录一的规定；

  2. 对分级绝缘的耐压试验电压标准，应按接地端或其末端绝缘的电压等级来进行。

  8.0.7 测量与铁芯绝缘的各紧固件的绝缘电阻，应符合本标准第 6.0.10 条的规定。

  8.0.8 绝缘油的试验，应符合本标准第 6.0.12 条的规定。

  8.0.9 非纯瓷套管的试验，应符合本标准第十五章"套管"的规定。

  8.0.10 在额定电压下，对变电所及线路的并联电抗器连同线路的冲击合闸试验，应进行 5 次，每次间隔时间为 5min，应无异常现象。

  8.0.11 测量噪声应符合本标准第 6.0.16 条的规定。

  8.0.12 电压等级为 500kV 的电抗器，在额定工况下测得的箱壳振动振幅双峰值不应大于 100μm。

  8.0.13 电压等级为 330kV～500kV 的电抗器，应测量箱壳表面的温度分布，温升不应大于 65℃。

  9.0.1 电抗器及消弧线圈的试验项目，应包括下列内容：

  1 测量绕组连同套管的直流电阻；

  2 测量绕组连同套管的绝缘电阻、吸收比或极化指数；

  3 测量绕组连同套管的介质损耗角正切值 $\tan\delta$；

  4 测量绕组连同套管的直流泄漏电流；

  5 绕组连同套管的交流耐压试验；

  6 测量与铁芯绝缘的各紧固件的绝缘电阻；

  7 绝缘油的试验；

  8 非纯瓷套管的试验；

  9 额定电压下冲击合闸试验；

  10 测量噪声；

  11 测量箱壳的振动；

  12 测量箱壳表面的温度分布。

注：

1. 干式电抗器的试验项目可按本条第 1、2、5、9 款规定进行。

2. 消弧线圈的试验项目可按本条第 1、2、5、6 款规定进行；对 35kV 及以上油浸式消弧线圈应增加第 3、7、8 款。

3. 油浸式电抗器的试验项目可按本条第 1、2、5、6、7、9 款规定进行；对 35kV 及以上电抗器应增加第 3、4、8、10、11、12 款。

18.0.1　电容器的试验项目，应包括下列内容：

1　测量绝缘电阻；

2　测量耦合电容器、断路器电容器的介质损耗角正切值 tanδ 及电容值；

3　耦合电容器的局部放电试验；

4　并联电容器交流耐压试验；

5　冲击合闸试验。

18.0.2　测量耦合电容器、断路器电容器的绝缘电阻应在二极间进行，并联电容器应在电极对外壳之间进行，并采用 1000V 绝缘电阻表测量小套管对地绝缘电阻。

18.0.3　测量耦合电容器、断路器电容器的介质损耗角正切值 tanδ 及电容值，应符合下列规定：

1　测得的介质损耗角正切值 tanδ 应符合产品技术条件的规定；

2　耦合电容器电容值的偏差应在额定电容值的＋10％～－5％范围内，电容器叠柱中任何两单元的实测电容之比值与这两单元的额定电压之比值的倒数之差不应大于 5％；断路器电容器电容值的偏差应在额定电容值的±5％范围内。对电容器组，还应测量总的电容值。

18.0.4　耦合电容器的局部放电试验，应符合下列规定：

1　对 500kV 的耦合电容器，当对其绝缘性能或密封有怀疑而又有试验设备时，可进行局部放电试验。多节组合的耦合电容器可分节试验。

2　局部放电试验的预加电压值为 $0.8 \times 1.3 U_m$，停留时间大于 10s；降至测量电压值为 $1.1 U_m/\sqrt{3}$，维持 1min 后，测量局部放电量，放电量不宜大于 10pC。

18.0.5　并联电容器的交流耐压试验，应符合下列规定：

1　并联电容器电极对外壳交流耐压试验电压值应符合表 18.0.5 的规定；

2　当产品出厂试验电压值不符合表 18.0.5 的规定时，交接试验电压应按产品出厂试验电压值的 75％进行。

表 18.0.5　　　　　　　　　　　并联电容器交流耐压试验电压标准

额定电压/kV	<1	1	3	6	10	15	20	35
出厂试验电压/kV	3	6	18/25	23/30	35	40/55	50/65	80/95
交接试验电压/kV	2.25	4.5	18.76	22.5	31.5	41.25	48.75	71.25

注　斜线下的数据为外绝缘的干耐受电压。

第 18.0.6 条　在电网额定电压下，对电力电容器组的冲击合闸试验应进行 3 次，熔断器不应熔断；电容器组各相电容的最大值和最小值之比不应超过 1.08。

【依据2】《电力设备预防性试验规程》（DL/T 596—1996）

12　电容器

12.1　高压并联电容器、串联电容器和交流滤波电容器

12.1.1　高压并联电容器、串联电容器和交流滤波电容器的试验项目、周期和要求见表 29。

表 29　　　　　　　高压并联电容器、串联电容器和交流滤波电容器的试验项目、周期和要求

序号	项目	周期	要求	说明
1	极对壳绝缘电阻	1）投运后 1 年内； 2）1 年～5 年	不低于 2000MΩ	1）串联电容器用 1000V 绝缘电阻表，其他用 2500V 绝缘电阻表； 2）单套管电容器不测
2	电容值	1）投运后 1 年内； 2）1 年～5 年	1）电容值偏差不超出额定值的－5％～＋10％范围； 2）电容值不应小于出厂值的 95％	用电桥法或电流电压法测量
3	并联电阻值测量	1）投运后 1 年内； 2）1 年～5 年	电阻值与出厂值的偏差应在±10％范围内	用自放电法测量
4	渗漏油检查	6 个月	漏油时停止使用	观察法

12.1.2 定期试验项目见表 29 中全部项目。

12.1.3 交流滤波电容器组的总电容值应满足交流滤波器调谐的要求。

12.4 集合式电容器

集合式电容器的试验项目、周期和要求见表 32。

表 32   集合式电容器的试验项目、周期和要求

序号	项目	周期	要求	说明
1	相间和极对壳绝缘电阻	1）1 年～5 年； 2）吊芯修理后	自行规定	1）采用 2500V 绝缘电阻表； 2）仅对有 6 个套管的三相电容器测量相间绝缘电阻
2	电容值	1）投运后 1 年内； 2）1 年～5 年； 3）吊芯修理后	1）每相电容值偏差应在额定值的 -5％～+96％的范围内，且电容值不小于出厂值的 96％。 2）三相中每两条线路端子间测得的电容值的最大值与最小值之比不大于 1.06。 3）每相用三个套管引出的电容器组，应测量每 2 个套管之间的电容量，其值与出厂值相差在 ±5％范围内	
3	相间和极对壳交流耐压试验	1）必要时交接时； 2）吊芯修理后	试验电压为出厂试验值的 75％	仅对有 6 个套管的三相电容器进行相间耐压
4	绝缘油击穿电压	1）1 年～5 年； 2）吊芯修理后	参照表 36 中序号 6	
5	渗漏油检查	1 年	漏油应修复	观察法

12.5 高压并联电容器装置

装置中的开关、并联电容器、电压互感器、电流互感器、母线支架、避雷器及二次回路按本规程的有关规定。

12.5.1 单台保护用熔断器。

单台保护用熔断器的试验项目、周期和要求见表 33。

表 33   单台保护用熔断器的试验项目、周期和要求

序号	项目	周期	要求	说明
1	直流电阻	交接时	与出厂值相差不大于 20％	
2	检查外壳及弹簧情况	1）交接时； 2）1 年	无明显锈蚀现象，弹簧拉力无明显变化，工作位置正确，指示装置无卡死等现象	

12.5.2 串联电抗器。

12.5.2.1 串联电抗器的试验项目、周期和要求见表 34。

表 34   串联电抗器的试验项目、周期和要求

序号	项目	周期	要求	说明
1	绕组绝缘电阻	1）1 年～5 年； 2）大修后	一般不低于 1000MΩ（20℃）	采用 2500V 绝缘电阻表
2	绕组直流电	1）必要时； 2）大修后	1）三相绕组间的差别不应大于三相平均值的 4％。 2）与上次测量值相差不大于 2％	
3	电抗（或电感）值	1）1 年～5 年； 2）大修后	自行规定	
4	绝缘油击穿电压	1）1 年～5 年； 2）大修后	参照表 36 中序号 6	
5	绕组 tanδ	1）大修后； 2）必要时	20℃下的 tanδ 值不大于：35kV 及以下 3.5％，66kV 2.5％	仅对 800kvar 以上的油浸铁芯电抗器进行

序号	项目	周期	要求	说明
6	绕组对铁芯和外壳交流耐压及相间交流耐压	1）大修后；2）必要时	1）油浸铁芯电抗器，试验电压为出厂试验电压的85％；2）干式空心电抗器只需对绝缘支架进行试验，试验电压同支柱绝缘子	
7	轭铁梁和穿芯螺栓（可接触到）的绝缘电阻	大修时	自行规定	

12.5.2.2 各类试验项目：

交接试验项目见表34中序号1～5。

大修时或大修后试验项目见表34中序号1～7。

定期试验项目见表34中序号1、3、4。

12.5.3 放电线圈。

12.5.3.1 放电线圈的试验项目、周期和要求见表35。

表35 放电线圈的试验项目、周期和要求

序号	项目	周期	要求	说明
1	绝缘电阻	1）1年～5年；2）大修后	不低于1000MΩ	一次绕组用2500V绝缘电阻表，二次绕组用1000V绝缘电阻表
2	绕组的 $\tan\delta$	1）大修后；2）必要时	参照表8中序号2	
3	交流耐压试验	1）大修后；2）必要时	试验电压为出厂试验电压的85％	用感应耐压法
4	绝缘油击穿电压	1）大修后；2）必要时	参照表36中序号6	
5	一次绕组直流电阻	1）大修后；2）必要时	与上交测量值相比无明显差异	
6	电压比	必要时	符合制造厂规定	

12.5.3.2 各类试验项目：

交接试验项目见表35中序号1、3、4、5。

大修后试验项目见表35中序号1、2、3、4、5。

定期试验项目见表35中序号1。

【依据3】《静止无功补偿装置（SVC）现场试验》（GB/T 20297—2006）

5 现场试验程序的执行

现场试验分成以下几步：

a）设备试验；

b）子系统试验；

c）交接试验；

d）验收试验。

所有试验程序应依次完成。

5.1 设备试验

设备试验包括下列内容：

a）设备到达现场后的检查；

b）安装检查（包括固定是否牢固，连接及接地是否正确以及绝缘件是否清洁无损等）；

c）机械试验及调整；

d）电气试验。

5.2　子系统试验

5.2.1　概述

子系统试验涉及交/直流控制电路通电、接口、操作和功能试验，这些均需在设备试验通过后才能进行．由于子系统是相互联系的，会有不少试验重叠存在。

子系统试验是在5.1叙述过的所有单个设备试验和安装检查已完成的情况下进行的。

5.2.2　晶闸管阀系统

子系统包括：与整个阀结构连在一起的户内母线、穿墙套管、互感器、冷却管路、触发及监视信号传输系统和触发脉冲变换器（TPC）或阀基电子单元（VBE）和阀电子单元（VE），应利用有关文件（图纸、手册、试验计划、检验单、软件一览表、功能框图等）进行试验。

5.2.2.1　接口试验

根据相关图纸逐步地检验所有设备端子间相互连接的正确性。

5.2.2.2　阀和触发电路的配合

用于把控制信号变换成能送到晶闸管阀上去的信号的TPC或VBE单元，应被装到每一个三相阀单元附近。

a）开通脉冲相位的相关性检验。

本试验应包含完成控制和保护设备子系统（包括TPC或VBE）的试验（见5.2.4）。

本试验的目的是确保对每相发出正确导通信号。试验范围应覆盖阀设备试验和控制子系统试验（应按此选择周围信号测里点）。可用下列基本方法：送到晶闸管的触发脉冲对所有相和电流极性应当使用一台示波器去与其相关的控制信号做比较。利用晶闸管阀端交流电压信号作控制，试验能扩展到包括控制系统。宜使用光—电变换器。

b）监测脉冲试验。

该试验主要是检验每一个晶闸管和晶闸管电子单元状态监视电路的完整性和相关性（直至晶闸管上可能没有电压）。

5.2.3　阀冷却子系统试验

阀冷却子系统包括阀体外的全部冷却回路（管道、泵、热交换器；过滤器、净化器、控制器、盘表、阀门、风机及指示表、热管散热器）。阀冷却系统主要有下列几种不同形式：

a）单回路或双回路水冷，采用干式或蒸发式水/风热交换器或水/水热交换器；

b）闭环或开环空气冷却，采用或不采用中间的水回路；

c）热管散热器冷却，采用自然空气冷却或强迫风冷。晶闸管阀冷却子系统的试验计划取决于系统的类型，该试验计划主要根据供应商提供的文件与说明书。这里只规定总的原则。

5.2.3.2　冷却系统试验

在完成所有检验之后，根据供应商的说明书，启动阀冷却系统。如采用液体冷却系统，则开启泵运转几个小时，以除去管路、散热器、电阻器等中的残留空气，对于空气冷却的系统，方法类同。对于液体冷却系统和风冷却系统应提供风机、导管、挡板、热交换器及相关部件进行运转试验的记录。根据ITP应测量和记录电流、辅助电能消耗、冷却剂流量和压力、电导率、温度、噪声以及其他重要参数，模拟所有可能的故障以便试验有关的传感器、报警和跳闸。用这种方法检验报警、跳闸及控制和保护系统的反应是否正确。对于液体冷却系统，需要彻底检查其漏水，并应反复进行。在这些试验期间，因为阀还没有通电，所以不是热运行试验。在后续交接试验或验收试验期间应保留所完成的热运行试验记录。对于液体冷却系统和风冷却系统应进行冷却系统的备用装置的切换试验（从一个电源转到另一个电源，从一个泵转到另一个泵，从一个冷却器转到另一个冷却器，从一个风机转到另一个风机，从一个控制器转到另一个控制器），在转到备用电源或切换失败时应能分别产生报警或使装置跳闸。

5.2.4　控制系统试验

本标准中的5VC控制设备包括开环和闭环控制。控制设备的现场试验将着重进行接口检查及定值试验，以核实运输对其性能的影响。该试验包括以下内容：

5.2.4.1　接收试验

a）控制设备的外观检查；

b）电源检查（接上电源并检测各单元工作电压是否正常）；

c）定值试验（对电流和电压整定值在控制器端子上进行试验）。

5.2.4.2　互感器接口试验

所有互感器（与 SVC 控制相关的）应检验变比和相位。

5.2.4.3　系统控制接口试验

对 SVC 控制部分和变电站控制部分，通过输入并测试信号来检验相关接口的输入输出信号是否正常。此方法应包括 SVC 控制部分与变电站部件（断路器和开关）的信号连接。

5.2.4.4　TPC 或 VBE 和 VE 接口试验

应试验所有触发信号通道，尽可能包括对单个晶闸管位置的触发试验。

该试验的一些内容已包括在 5.2.2 中。同步触发脉冲应由控制系统发出，也可由辅助试验设备产生。

5.2.5　电容器/滤波器组试验

谐波滤波器有两种基本型式：

a）单调谐滤波器；

b）高通滤波器。

每一种型式滤波器都由电容器、电抗器及某些情况下加电阻器所组成。除了滤波器调谐要求之外，一般检验滤波器的方法是相同的。通常检验保护和报警功能的方法是在一次侧或二次侧实施通电试验。如果滤波器是调谐型的，则应：

a）测量每相元件的电容、电感和电阻；

b）画出阻抗、频率特性；

c）用一台频率发生器和示波器或数字万用表（DMM）检查调谐，找出谐振点；

d）可将滤波器调谐值做适当调整。

对高通滤波器，工厂检验的电容器、电抗器和电阻器数据，可以用于确定滤波器的调谐值。

5.3　系统交接试验

系统交接试验可分为：

a）通电试验；

b）运行（操作）和性能试验；

c）试运行。

5.3.1　通电试验

通电试验的主要项目包括：

a）通电前检验；

b）低压通电试验（可选的）；

c）第一次通电试验；

d）运行启动试验。

5.3.1.4　运行启动试验

在运行启动试验前应首先进行紧急停止功能的试验，以便验证运行的正确性。应在 SVC 每一支路中进行自动和手动起动、关停的顺序试验。这将显示出每一支路晶闸管阀的可控性和解除闭锁及闭锁能力。

5.3.2　运行和性能试验

5.3.2.1　SVC 连续运行范围

SVC 的连续运行试验范围从最大容性无功功率（Mvar）到最大感性无功功率（Mvar）。

5.3.2.2　SVC 斜率特性的验证

SVC 的斜率特性应该用测量和计算验证。在电压控制运行模式下，SVC 的无功功率输出应采用改变参考电压来调节。

5.3.2.3 负载特性的检验

SVC 应在其全部工作范围内进行调整，特别是对 TSC 或 TSR 的分支作投切时，用系统运行电压、SVC（变压器一次）的电流以及无功功率（Mvar）的控制信号，检验 SVC 的输出（包括分支投切），SVC 的输出应在规定范围之内。

5.3.2.4 系统动态响应试验

用基准值的阶跃来做 SVC 的响应试验，以检验 SVC 系统的动态特性。对于用于电压控制的 SVC 装置，应采用阶跃变化的参考电压（V）来做 SVC 的响应试验。如果可能，应保留系统最小短路容量时 SVC 的响应记录。特别是在最小短路容盘时 SVC 不应失去稳定，而在最大短路容量时保持良好的响应。

5.4 验收试验

验收试验可能包括下列类别：

a) 静态（稳态）试验；

b) 动态试验；

c) 特殊控制功能试验；

d) 分阶段的故障试验；

e) 电能质量及功率因数测试。

【依据 4】《静止无功补偿装置（SVC）功能特性》（GB/T 20298—2006）

9 试验

SVC 系统现场试验依据 GB/T 20297—2006《静止无功补偿装置（SVC）现场试验》要求进行。

9.1 晶闸管阀的型式试验

依据 IEC 61954《输配电系统静止无功补偿器用晶闸管阀的试验》进行。

9.2 产品检验

a) 连接检查。检查所有载流主回路连接是否正确。

b) 均压回路检查。检查均压电路参数，以确保串联连接的晶闸管级电压分配均匀。

c) 耐受电压检查。检查阀各元件是否能够承受规定的最大电压。

d) 辅助设施检查。检查每个晶闸管级的辅助设备（监控、保护电路）、整个阀体（或某阀组件）的公共辅助设施的功能是否正常。

e) 触发检查。检查每一个晶闸管级对触发信号是否有正确的响应。

f) 压力检查。检查是否有液体泄漏现象（仅对液体冷却的阀）。

g) 单个阀元件试验。所有阀元件需进行严格的试验、检查和质量评估。

9.3 控制系统的工厂检验

SVC 控制系统的功能检验应包括下列内容：

a) 每种控制功能检验；

b) 控制的线性度检验；

c) 冗余控制检验（若需要）；

d) 监视系统检验；

e) 保护系统检验；

f) 在大小扰动下控制系统总体性能检验；

g) 谐波对控制系统的影响检验；

h) SVC 系统与其他控制系统的并行运行及其控制稳定性检验（若需要）；

i) 控制设备受辅助电源电压（交流、直流）及其频率变化（根据需要）的影响试验；

j) 控制室的环境温度、湿度在一定范围内变化时控制设备性能检验；如果在规定条件下气候试验证书有效，可不做此试验；

k) 抗扰度试验。试验需依据 GB/T 17626.2、GB/T 17626.3、GB/T 17626.4、GB/T 17626.5、GB/T 17626.11 标准进行，或提交以前根据上述标准进行的试验证据；

l) 进行控制系统带载（包括老化）试验。

应对所有的控制功能、每一种保护功能进行例行产品试验，以确保产品质量。

4.6.3.2 专业管理

4.6.3.2.1 投切元件（晶闸管）运行状况

本条评价项目（见《评价》）的查评依据如下。

【依据1】《静止无功补偿装置（SVC）功能特性》（GB/T 20298—2006）

7.1 晶闸管阀

7.1.1 性能要求

晶闸管阀的设计应考虑 SVC 总体性能要求，确保安全可靠运行。

7.1.2 阀体维护通道

阀体的结构设计、布局应留有合理的通道，以便于运行人员视察、日常维护、元件更换。有关要求参见 DL/T 5014—2010。

7.1.3 阀的耐受性设计

晶闸管阀各元件及其他器件的设计应考虑如下要求，并留有适当裕度：

a) 晶闸管阀应能承受系统故障和开关操作过程中的过电压、过电流冲击。TCR、TSR 阀应做到在第 5 章所描述的系统最高持续运行线电压（kV）范围内可控；TSC 阀应能够在第 5 章所描述的系统短时最高运行线电压（kV）下可靠关断。

b) 考虑到分布电容和元件参数的分散性，晶闸管阀的设计应考虑合适的裕度，以经受阀体各电压级由于电压分布不均而发生损坏。

c) SVC 的设计应考虑防止误触发，即阀体任一元件在某一错误时刻触发，或没有触发命令而被误触发。

d) 一般至少当一个元件发生损坏后，阀体其他各元件应运行在其额定值范围内。供应商应给出 SVC 能够维持运行的最大可损坏元件的数目，该数目的确定需考虑 SVC 的可用率指标要求。

7.1.4 维护

晶闸管阀组的监控、维护要求如下：

a) 监控的目的在于及时鉴别出任意一个已经发生故障、损坏的元件；

b) 晶闸管阀组的设计应便于元件更换。

7.1.5 阀的保护

供应商应说明阀的过电压保护措施、保护动作时的电压水平。要求如下：

a) TCR、TSR 阀应配置强制触发系统进行过电压保护；

b) 在过电压发生时 TSC 阀不应被触发，并应采取闭锁及互锁措施避免误触发。

【依据2】《国家电网有限公司十八项电网重大反事故措施（2018 年版修订版）》（国家电网设备〔2018〕979 号）

10.4 防止动态无功补偿装置损坏事故

10.4.1 设计阶段

10.4.1.1 生产厂家在进行 SVC 晶闸管阀组设计时，应保证晶闸管电压和电流的裕度大于等于额定运行参数的 2.2 倍。

10.4.1.2 生产厂家在进行 SVC 晶闸管阀组设计时，增加晶闸管串联个数的冗余度应大于等于 10%。

10.4.1.3 生产厂家在进行晶闸管阀组设计时应考虑运行环境的影响，包括海拔修正、污秽等级等要求。

4.6.3.2.2 电容器、电抗器运行情况

本条评价项目（见《评价》）的查评依据如下。

【依据1】《静止无功补偿装置（SVC）功能特性》（GB/T 20298—2006）

7.5 电抗器

a）室外用电抗器优先选择干式、空心电抗器；

b）应考虑电抗器磁场对人体及设备的影响；

c）所有金属性围栏、构件，包括地基，应尽可能避免形成金属环路和并联回路以防止产生感应电流（涡流）。其他要求见 GB/T 102290。

7.6 电容器组

a）电容器组中各单台电容器及其保护熔丝应进行合理的选配；

b）各电容器组应设置不平衡保护以反映可能出现的电容器元件损坏。其他要求见 GB/T 11024.1。

【依据2】《关于印发输变电设备运行规范的通知》（国家电网生技〔2005〕172号）

附件九 高压并联电容器装置运行规范

第三章 设备验收

第七条 电容器在安装投运前及检修后，应进行以下检查：

（一）套管导电杆应无弯曲或螺纹损坏；

（二）引出线端连接用的螺母、垫圈应齐全；

（三）外壳应无明显变形，外表无锈蚀，所有接缝不应有裂缝或渗油。

第八条 成组安装的电力电容器，应符合下列要求

（一）三相电容量的差值宜调配到最小，电容器组容许的电容偏差为0%～5%；三相电容器组的任何两线路端子之间，其电容的最大值与最小值之比应不超过1.02；电容器组各串联段的最大与最小电容之比应不超过1.02。设计有要求时，应符合设计的规定。

（二）电容器构架应保持在水平及垂直位置，固定应牢靠，油漆应完整。

（三）电容器的安装应使其铭牌面向通道一侧，并有顺序编号。

（四）电容器端子的连接线应符合设计要求，接线应对称一致，整齐美观，母线及分支线应标以相色。

（五）凡不与地绝缘的每个电容器的外壳及电容器的构架均应接地；凡与地绝缘的电容器的外壳均应接到固定的电位上。

第九条 电容器的布置和安装

（一）电容器装置的构架设计应便于维护和更换设备，分层布置不宜超过三层，每层不应超过两排，四周及层间不应设置隔板，以利通风散热。

（二）构架式安装的电容器装置的安装尺寸不应小于下表数值：

名称	电容器		电容器底部距地面		装置顶部至屋顶净距
	间距	排间距离	屋内	屋外	
最小尺寸/mm	100	200	200	300	1000

（三）电容器装置应设维护通道，其宽度（净距）不应小于1200mm，维护通道与电容器之间应设置网状遮栏。电容器构架与墙或构架之间设置检修通道时，其宽度不应小于1000mm。

（四）单台电容器套管与母线应使用软导体连接，不得利用电容器套管支承母线。单套管电容器组的接壳导线，应由接线端子的连接线引出。

第十条 在电容器装置验收时，应进行以下检查：

（一）电容器组的布置与接线应正确，电容器组的保护回路应完整、传动试验正确；

（二）外壳应无凹凸或渗油现象，引出端子连接牢固，垫圈、螺母齐全；

（三）熔断器熔体的额定电流应符合设计规定；

（四）电容器外壳及构架的接地应可靠，其外部油漆应完整；

（五）电容器室内的通风装置应良好；

（六）电容器及其串联电抗器、放电线圈、电缆经试验合格、容量符合设计要求。闭锁装置完好。

第十一条　电容器组串联电抗器应进行下列外观检查：支柱及线圈绝缘等应无严重损伤和裂纹；线圈应无变形；支柱绝缘子及其附件齐全。运到现场后，应按其用途放在户内、外平整、无积水的场地保管。运输或吊装过程中，支柱或线圈不应遭受损伤和变形。电抗器外露的金属部分应有良好的防腐蚀层，并符合户外防腐电工产品的涂漆标准，并符合相应技术文件的要求。油浸铁芯电抗器无渗漏油及附属装置齐全完整。

第十二条　串联电抗器应按其编号进行安装，并应符合下列要求：

（一）三相垂直排列时，中间一相线圈的绕向应与上下两相相反；

（二）垂直安装时各相中心线应一致；

（三）设备接线端子与母线的连接，在额定电流为1500A及以上时，应采用非磁性金属材料制成的螺栓。而且所有磁性材料的部件应可靠固定。

第十三条　串联电抗器在验收时，还应进行下列检查：

（一）支柱应完整、无裂纹，线圈应无变形；

（二）线圈外部的绝缘漆应完好；

（三）油浸铁芯电抗器的密封性能应足以保证最高运行温度下不出现渗漏；

（四）电抗器的风道应清洁无杂物。

第四章　设备运行维护项目、手段及要求

第十六条　电容器装置必须按照有关消防规定设置消防设施，并设有总的消防通道。

第十七条　电容器室不宜设置采光玻璃，门应向外开启。相邻两电容器的门应能向两个方向开启。

第十八条　电容器室的进、排风口应有防止风雨和小动物进入的措施。

第十九条　运行中的电抗器室温度不应超过35℃，当室温超过35℃时，干式三相重叠安装的电抗器线圈表面温度不应超过85℃，单独安装不应超过75℃。

第二十条　运行中的电抗器室不应堆放铁件、杂物，且通风口也不应堵塞，门窗应严密。

第二十一条　电容器组电抗器支持绝缘子接地要求：

（一）重叠安装时，底层每只绝缘子应单独接地，且不应形成闭合回路，其余绝缘子不接地；

（二）三相单独安装时，底层每只绝缘子应独立接地；

（三）支柱绝缘子的接地线不应形成闭合环路。

第二十二条　电容器组电缆投运前应定相，应检查电缆头接地良好，并有相色标志。两根以上电缆两端应有明显的编号标志，带负荷后应测量负荷分配是否适当。在运行中需加强监视，一般可用红外线测温仪测量温度，在检修时，应检查各接触面的表面情况。停电超过一个星期不满一个月的电缆，在重新投入运行前，应用摇表测量绝缘电阻。

第二十三条　电力电容器允许在额定电压±5%波动范围内长期运行。电力电容器过电压倍数及运行持续时间按如下表规定执行，尽量避免在低于额定电压下运行。

过电压倍数 U_g/U_n	持续时间	说明
1.05	连续	
1.10	每24h中8h	
1.15	每24h中30min	系统电压调整与波动
1.20	5min	轻荷载时电压升高
1.30	1min	

第二十四条　电力电容器允许在不超过额定电流的30%运况下长期运行。三相不平衡电流不应超过±5%。

第二十五条　电力电容器运行室温度最高不允许超过40℃，外壳温度不允许超过50℃。

第二十六条　电力电容器组必须有可靠的放电装置，并且正常投入运行。高压电容器断电后在5s内应将剩余电压降到50V以下。

第二十七条　安装于室内电容器必须有良好的通风，进入电容器室应先开启通风装置。

第二十八条　电力电容器组新装投运前，除各项试验合格并按一般巡视项目检查外，还应检查放电回路，保护回路、通风装置应完好。构架式电容器装置每只电容器应编号，在上部 1/3 处贴 45℃～50℃试温蜡片。在额定电压下合闸冲击三次，每次合闸间隔时间 5min，应将电容器残留电压放完方可进行下次合闸。

第二十九条　装设自动投切装置的电容器组，应有防止保护跳闸时误投入电容器装置的闭锁回路，并应设置操作解除控制开关。

第三十条　电容器熔断器熔丝的额定电流不小于电容器额定电流的 1.43 倍选择。

第三十一条　投切电容器组时应满足下列要求：

（一）分组电容器投切时，不得发生谐振（尽量在轻载荷时切出）；对采用混装电抗器的电容器组应先投电抗值大的，后投电抗值小的，切时与之相反。

（二）投切一组电容器引起母线电压变动不宜超过 2.5%。

第三十二条　在出现保护跳闸或因环境温度长时间超过允许温度，及电容器大量渗油时禁止合闸；电容器温度低于下限温度时，避免投入操作。

第三十三条　正常运行时，运行人员应进行的不停电维护项目：

（一）电容器外观、绝缘子、台架及外熔断器检查及更换；

（二）电容器不平衡电流的计算及测量；

（三）每季定期检查电容器组设备所有的接触点和连接点一次；

（四）在电容器运行后，每年测量一次谐波。

第三十四条　电容器正常运行时，应保证每季度进行一次红外成像测温，运行人员每周进行一次测温，以便于及时发现设备存在的隐患，保证设备安全、可靠运行。

第三十五条　对于接入谐波源用户的变电站电容器组，每年应安排一次谐波测试，谐波超标时应采取相应的消谐措施。

第三十八条　正常巡视项目及标准

序号	巡视内容及标准
1	检查瓷绝缘有无破损裂纹，放电痕迹，表面是否清洁
2	母线及引线是否过紧过松，设备连接处有无松动、过热
3	设备外表涂漆是否变色，变形，外壳无鼓肚、膨胀变形，接缝无开裂、渗漏油现象，内部无异声。外壳温度不超过 50℃
4	电容器编号正确，各接头无发热现象
5	熔断器、放电回路是否完好，接地装置、放电回路是否完好，接地引线有无严重锈蚀、断股。熔断器、放电回路及指示灯是否完好
6	电容器室干净整洁，照明通风良好，室温不超过 40℃或低于－25℃。门窗关闭严密
7	电抗器附近无磁性杂物存在；油漆无脱落、线圈无变形；无放电及焦味；油电抗器应无渗漏油
8	电缆挂牌是否齐全完整，内容正确，字迹清楚。电缆外皮有无损伤，支撑是否牢固，电缆和电缆头有无渗油漏胶，发热放电，有无火花放电等现象

4.6.3.2.3　设备台账、技术资料

本条评价项目（见《评价》）的查评依据如下。

【依据】《关于印发输变电设备运行规范的通知》［（国家电网生技〔2005〕172 号）附件 9 高压并联电容器装置运行规范］

第九章　技术管理

第五十四条　设备档案

电容器设备档案应包括以下内容：

（一）设备招标的技术规范文件、鉴定证书、型式试验报告、定期试验报告、总装图、基础图、出厂合格证书、安装使用说明书等；

（二）出厂试验报告、交接试验报告、预防性试验报告等；

（三）运行巡视记录、异常及缺陷记录、缺陷处理及缺陷消除记录等；

（四）设备运行评估分析报告；

（五）安全评估报告。

4.6.3.2.4 设备发生的故障、事故记录和分析报告

本条评价项目（见《评价》）的查评依据如下。

【依据】《关于印发输变电设备运行规范的通知》（国家电网生技〔2005〕172号附件9高压并联电容器装置运行规范）

第五十四条 设备档案

电容器设备档案应包括以下内容：

（一）设备招标的技术规范文件、鉴定证书、型式试验报告、定期试验报告、总装图、基础图、出厂合格证书、安装使用说明书等；

（二）出厂试验报告、交接试验报告、预防性试验报告等；

（三）运行巡视记录、异常及缺陷记录、缺陷处理及缺陷消除记录等；

（四）设备运行评估分析报告；

（五）安全评估报告。

第五十五条 评估分析

（一）按国网公司颁发的《电力生产设备评估管理办法》，运行单位应根据运行巡视、停运检查及预防性试验结果对电容器设备的运行状况和安全状况进行评估分析。

（二）电容器运行状态分析的目的是为了及时发现缺陷，及时消除缺陷，提高电容器健康运行水平，使电容器经常处于良好状态，确保安全运行。

（三）电容设备评估是指对电容器设备的运行、维护、试验、检修、技术监督等方面进行综合评估后确定的设备质量状态水平。

（四）各级生产管理部门是电容器设备管理的归口部门，在设备评估中对于发现带有全局性和基层单位难以解决的技术问题应及时研究并向上级单位的生产部门反映。

4.6.4 反措落实

4.7 直流电源系统

4.7.1 技术指标

4.7.1.1 直流电源系统配置及运行方式

本条评价项目（见《评价》）的查评依据如下。

【依据1】《电力工程直流电源系统设计技术规程》（DL/T 5044—2014）

3.1 直流电源

3.1.1 发电厂、变电站、串补站和换流站内应设置向控制负荷和动力负荷等供电的直流电源。

3.1.2 220V和110V直流电源应采用蓄电池组。48V及以下的直流电源可采用由220V或110V蓄电池组供电的电力用DC/DC变换装置。

3.1.3 正常运行方式下，每组蓄电池的直流网络应独立运行，不应与其他蓄电池组有任何直接电气连接。

3.1.4 当发电厂升压站设有电力网络计算机监控系统时，应设置独立的发电厂升压站直流电源系统。

3.1.5 当单机容量为300MW级及以上，发电厂辅助车间需要直流电源时，应设置独立的直流电源系统。当供电距离较远时，其他发电厂的辅助车间宜设置独立的直流电源系统。

3.1.6 当供电距离较远时，变电站的串补或可控高抗设备区宜设置独立的直流电源系统。

3.1.7 蓄电池组正常应以浮充电方式运行。

3.1.8 铅酸蓄电池组不应设置端电池；锡镍碱性蓄电池组设置端电池时，宜减少端电池个数。

3.3 蓄电池组

3.3.1 蓄电池型式选择应符合下列要求：

1 直流电源宜采用阀控式密封铅酸蓄电池，也可采用固定型排气式铅酸蓄电池；

2 小型发电厂、110kV 及以下变电站可采用镉镍碱性蓄电池；

3 核电厂常规岛宜采用固定型排气式铅酸蓄电池。

3.3.2 铅酸蓄电池应采用单体为 2V 的蓄电池，直流电源成套装置组柜安装的铅酸蓄电池宜采用单体为 2V 的蓄电池，也可采用 6V 或 12V 组合电池。

3.3.3 蓄电池组数配置应符合下列要求：

1 单机容量为 125MW 级以下机组的火力发电厂，当机组台数为 2 台及以上时，全厂宜装设 2 组控制负荷和动力负荷合并供电的蓄电池。对机炉不匹配的发电厂，可根据机炉数量和电气系统情况，为每套独立的电气系统设置单独的蓄电池组。其他情况下可装设 1 组蓄电池。

2 单机容量为 200MW 级及以下机组的火力发电厂，当控制系统按单元机组设置时，每台机组宜装设 2 组控制负荷和动力负荷合并供电的蓄电池。

3 单机容量为 300MW 级机组的火力发电厂，每台机组宜装设 3 组蓄电池，其中 2 组对控制负荷供电，1 组对动力负荷供电，也可装设 2 组控制负荷和动力负荷合并供电的蓄电池。

4 单机容量为 600MW 级及以上机组的火力发电厂，每台机组应装设 3 组蓄电池，其中 2 组对控制负荷供电，1 组对动力负荷供电。

5 对于燃气—蒸汽联合循环发电厂，可根据燃机形式、接线方式、机组容量和直流负荷大小，按套或按机组装设蓄电池组，蓄电池组数应符合本标准第 3.3.3 条第 1 款～第 3 款的规定。

6 发电厂升压站设有电力网络计算机监控系统时，220kV 及以上的配电装置应独立设置 2 组控制负荷和动力负荷合并供电的蓄电池组。当高压配电装置设有多个网络继电器室时，也可按继电器室分散装设蓄电池组，110kV 配电装置根据规模可设置 2 组或 1 组蓄电池。

7 110kV 及以下变电站宜装设 1 组蓄电池，对于重要的 110kV 变电站也可装设 2 组蓄电池；

8 220kV～750kV 变电站应装设 2 组蓄电池。

9 1000kV 变电站宜按直流负荷相对集中配置 2 套直流电源系统，每套直流电源系统装设 2 组蓄电池。

10 当串补站毗邻相关变电站布置且技术经济合理时，宜与毗邻变电站共用蓄电池组。当串补站独立设置时，可装设 2 组蓄电池。

11 直流换流站宜按极或阀组和公用设备分别设置直流电源系统，每套直流电源系统应装设 2 组蓄电池。站公用设备用蓄电池组可分散或集中设置。背靠背换流站宜按背靠背换流单元和公用设备分别设置直流电源系统，每套直流电源系统应装设 2 组蓄电池。

3.4 充电装置

3.4.1 充电装置型式宜选用高频开关电源模块型充电装置，也可选用相控式充电装置。

3.4.2 1 组蓄电池时，充电装置的配置应符合下列规定：

1 采用相控式充电装置时，宜配置 2 套充电装置；

2 采用高频开关电源模块型充电装置时，宜配置 1 套充电装置，也可配置 2 套充电装置。

3.4.3 2 组蓄电池时，充电装置的配置应符合下列规定：

1 采用相控式充电装置时，宜配置 3 套充电装置；

2 采用高频开关电源模块型充电装置时，宜配置 2 套充电装置，也可配置 3 套充电装置。

【依据 2】《国家电网有限公司十八项电网重大反事故措施（2018 年版修订版）》（国家电网设备〔2018〕979 号）

5.3 防止站用直流系统失电

5.3.1 设计阶段

5.3.1.1 设计资料中应提供全站直流系统上下级差配置图和各级断路器（熔断器）级差配合参数。

5.3.1.2 两组蓄电池的直流电源系统，其接线方式应满足切换操作时直流母线始终连接蓄电池运行的要求。

5.3.1.6 一组蓄电池配一套充电装置或两组蓄电池配两套充电装置的直流电源系统，每套充电装置应采用两路交流电源输入，且具备自动投切功能。

5.3.1.8 330kV及以上电压等级变电站及重要的220kV变电站，应采用三套充电装置、两组蓄电池组的供电方式。

5.3.1.11 试验电源屏交流电源与直流电源应分层布置。

5.3.1.12 220kV及以上电压等级的新建变电站通信电源应双重化配置，满足"双设备、双路由、双电源"的要求。

5.3.2 基建阶段

5.3.2.1 新建变电站投运前，应完成直流电源系统断路器上下级级差配合试验，核对熔断器级差参数，合格后方可投运。

5.3.2.2 安装完毕投运前，应对蓄电池组进行全容量核对性充放电试验，经3次充放电仍达不到100％额定容量的应整组更换。

5.3.3 运行阶段

5.3.3.5 站用直流电源系统运行时，禁止蓄电池组脱离直流母线。

【依据3】《预防直流电源系统事故措施》（国家电网生〔2004〕641号）

第四章 运行维护

第八条 （一）发电厂、220kV及以上变电站应满足两组蓄电池、两台高频开关电源或三台相控充电装置的配置要求。

（二）110kV变电站应满足一组蓄电池、一台高频开关电源或两台相控充电装置的配置要求。部分重要110kV变电站可配置两组蓄电池、两台高频开关电源或三台相控充电装置。

（三）35kV及以下电压等级的变电站原则上应采用蓄电池组供电；

第九条 220kV及以上变电站直流电源装置除由本站电源的站用变供电外，还应具有可靠的外来独立电源站用变供电，同时应满足两台及以上站用变的配置要求。

220kV及以上变电站直流母线应采用分段运行的方式，并在两段直流母线之间设置联络断路器或隔离开关，正常运行时断路器或隔离开关处于断开位置。每段母线应分别采用独立的蓄电池组供电，每组蓄电池和充电装置应分别接于一段母线上。当装有第三台充电装置时，其可在两段母线之间切换，任何一台充电装置退出运行时，投入第三台充电装置。

4.7.1.2 直流电源系统的接线方式和直流网络供电方式

本条评价项目（见《评价》）的查评依据如下。

【依据1】《电力工程直流电源系统设计技术规程》（DL/T 5044—2014）

3.5 接线方式

3.5.1 1组蓄电池的直流电源系统接线方式应符合下列要求：

1 1组蓄电池配置1套充电装置时，宜采用单母线接线；

2 1组蓄电池配置2套充电装置时，宜采用单母线分段接线，2套充电装置应接入不同母线段，蓄电池组应跨接在两段母线上；

3 1组蓄电池的直流电源系统，宜经直流断路器与另一组相同电压等级的直流电源系统相连。正常运行时，该断路器应处于断开状态。

3.5.2 2组蓄电池的直流电源系统接线方式应符合下列要求：

1 直流电源系统应采用两段单母线接线，两段直流母线之间应设联络电器。正常运行时，两段直流母线应分别独立运行。

2 2组蓄电池配置2套充电装置时，每组蓄电池及其充电装置应分别接入相应母线段。

3 2组蓄电池配置3套充电装置时，每组蓄电池及其充电装置应分别接入相应母线段。第3套充电装置应经切换电器对2组蓄电池进行充电；

4 2组蓄电池的直流电源系统应满足在正常运行中两段母线切换时不中断供电的要求在切换过程中，2组蓄电池应满足标称电压相同，电压差小于规定值，且直流电源系统均处于正常运行状态，允许短时并联运行。

3.5.3 蓄电池组和充电装置应经隔离和保护电器接入直流电源系统。

3.5.4 铅酸蓄电池组不宜设降压装置，有端电池的福镍碱性蓄电池组应设有降压装置。

3.5.5 每组蓄电池应设有专用的试验放电回路。试验放电设备宜经隔离和保护电器直接与蓄电池组出口回路并接放电装置宜采用移动式设备。

3.5.6 220V和110V直流电源系统应采用不接地方式。

3.6 网络设计

3.6.1 直流网络宜采用集中辐射形供电方式或分层辐射形供电方式。

3.6.2 下列回路应采用集中辐射形供电：

1 直流应急照明、直流油泵电动机、交流不间断电源；

2 DC/DC变换器；

3 热工总电源柜和直流分电柜电源。

3.6.3 下列回路宜采用集中辐射形供电：

1 发电厂系统远动、系统保护等；

2 发电厂主要电气设备的控制、信号、保护和自动装置等；

3 发电厂热控控制负荷。

3.6.4 分层辐射形供电网络应根据用电负荷和设备布置情况，合理设置直流分电柜

3.6.5 直流分电柜接线应符合下列要求：

1 直流分电柜每段母线宜由来自同一蓄电池组的2回直流电源供电。电源进线应经隔离电器接至直流分电柜母线；

2 对于要求双电源供电的负荷应设置两段母线，两段母线宜分别由不同蓄电池组供电，每段母线宜由来自同一蓄电池组的2回直流电源供电，母线之间不宜设联络电器。

3 公用系统直流分电柜每段母线应由不同蓄电池组的2回直流电源供电，宜采用手动断电切换方式。

3.6.6 当采用环形网络供电时，环形网络应由2回直流电源供电，直流电源应经隔离电器接入，正常时为开环运行。当2回电源由不同蓄电池组供电时，宜采用手动断电切换方式。

【依据2】《国家电网有限公司十八项电网重大反事故措施（2018年版修订版）》（国家电网设备〔2018〕979号）

5.3 防止站用直流系统失电

5.3.1 设计阶段

5.3.1.2 两组蓄电池的直流电源系统，其接线方式应满足切换操作时直流母线始终连接蓄电池运行的要求。

5.3.1.9 直流电源系统馈出网络应采用集中辐射或分层辐射供电方式，分层辐射供电方式应按电压等级设置分电屏，严禁采用环状供电方式。断路器储能电源、隔离开关电机电源、35（10）kV开关柜顶可采用每段母线辐射供电方式。

4.7.1.3 直流柜和直流电源成套装置

本条评价项目（见《评价》）的查评依据如下。

【依据】《电力工程直流电源系统设计技术规程》（DL/T 5044—2014）

6.9   直流柜

6.9.1   直流柜宜采用加强型结构，防护等级不宜低于 IP20。布置在交流配电间内的直流柜防护等级应与交流开关柜一致。

6.9.2   直流柜外形尺寸的宽×深×高宜为 80mm×60mm×2200mm。

6.9.3   直流柜正面操作设备的布置高度不应超过 1800mm，距地高度不应低于 40mm。

6.9.4   直流柜内采用微型断路器的直流馈线应经端子排出线。

6.9.5   直流柜内的母线宜采用阻燃绝缘铜母线，应按事故停电时间的蓄电池放电率电流选择截面，并应进行额定短时耐受电流校验和按短时最大负荷电流校验，其温度不应超过绝缘体的允许事故过负荷温度。蓄电池回路设备及直流柜主母线的选择应满足本标准附录 F 的要求。

6.9.6   直流柜内的母线及其相应回路应能满足直流母线出口短路时额定短时耐受电流的要求。当厂家未提供阀控铅酸蓄电池短路电流时，直流柜内元件应符合下列要求：

1   阀控铅酸蓄电池容量为 800Ah 以下的直流电源系统，可按 10kA 短路电流考虑；

2   阀控铅酸蓄电池容量为 800Ah～1400Ah 的直流电源系统，可按 20kA 短路电流考虑；

3   阀控铅酸蓄电池容量为 1500Ah～1800Ah 的直流电源系统，可按 25kA 短路电流考虑；

4   阀控铅酸蓄电池容量为 2000Ah 的直流电源系统，可按 30kA 短路电流考虑；

5   阀控铅酸蓄电池容量为 2000Ah 以上时，应进行短路电流计算。蓄电池短路电流计算应符合本标准附录 G 的规定。

6.9.7   直流柜体应设有保护接地，接地处应有防锈措施和明显标志。直流柜底部应设置接地铜排，截面面积不应小于 100m²。

6.9.8   蓄电池柜内的隔架距地最低不宜小于 150mm，距地最高不宜超过 1700mm。

6.9.9   直流柜及柜内元件应符合《电力工程直流电源设备通用技术条件及安全要求》GB/T 19826 的有关规定。

6.10   直流电源成套装置

6.10.1   直流电源成套装置包括蓄电池组、充电装置和直流馈线。

根据设备体积大小，可合并组柜或分别设柜，其相关技术要求应符合本标准的有关规定。

6.10.2   直流电源成套装置宜采用阀控式密封铅酸蓄电池、高倍率锡镍碱性蓄电池或中倍率福镍碱性蓄电池。蓄电池组容量应符合下列规定：

1   阀控式密封铅酸蓄电池容量应为 300Ah 以下；

2   高倍率锅镍碱性蓄电池容量应为 40Ah 及以下；

3   中倍率锡镍碱性蓄电池容量应为 100Ah 及以下。

4.7.1.4   直流系统电压的确定与直流母线电压范围

本条评价项目（见《评价》）的查评依据如下。

【依据】《电力工程直流电源系统设计技术规程》（DL/T 5044—2014）

3.2   系统电压

3.2.1   发电厂、变电站、串补站和换流站直流电源系统电压应根据用电设备类型、额定容量、供电距离和安装地点等确定合适的系统电压。直流电源系统标称电压应满足下列要求：

1   专供控制负荷的直流电源系统电压宜采用 110V，也可采用用 220V；

2   专供动力负荷的直流电源系统电压宜采用 220V；

3   控制负荷和动力负荷合并供电的直流电源系统电压可采用 220V 或 110V；

4   全厂（站）直流控制电压应采用相同电压，扩建和改建工程宜与已有厂（站）直流电压一致。

3.2.2   在正常运行情况下，直流母线电压应为直流电源系统标称电压的 105％。

3.2.3   在均衡充电运行情况下，直流母线电压应满足下列要求：

1   专供控制负荷的直流电源系统，不应高于直流电源系统标称电压的 110％；

2   专供动力负荷的直流电源系统，不应高于直流电源系统标称电压的 112.5％；

3 对控制负荷和动力负荷合并供电的直流电源系统，不应高于直流电源系统标称电压的110%。

3.2.4 在事故放电末期，蓄电池组出口端电压不应低于直流电源系统标称电压的87.5%。

4.7.1.5 充电装置的性能

本条评价项目（见《评价》）的查评依据如下。

【依据1】《电力系统用蓄电池直流电源装置运行与维护技术规程》（DL/T 724—2000）

7.1.3 充电装置的精度、纹波因素、效率、噪声和均流不平衡度、运行控制值见表2。

表2 充电装置的精度、纹波系数、效率、噪声和均流不平衡度、运行控制值

充电装置名称	稳流精度 %	稳压精度 %	纹波系数 %	效率 %	噪声 dB（A）	均流不平衡度 %
磁放大型充电装置	≤±5	≤±2	≤2	≥70	≤60	—
相控型充电装置	≤±2	≤±1	≤1	≥80	≤55	—
高频开关电源型充电装置	≤±1	≤±0.5	≤0.5	≥90	≤55	≤±5

7.1.4 限流及短路保护

当直流输出电流超出整定的限流值时，应具有限流功能，限流值整定范围为直流输出额定值的50%～105%。当母线或出线支路上发生短路时，应具有短路保护功能，短路电流整定值为额定电流的115%。

7.1.5 抗干扰能力

高频开关电源型充电装置应具有三级振荡波和一级静电放电抗扰度试验的能力。

7.1.6 谐波要求

充电装置在运行中，返回交流输入端的各次谐波电流含有率，应不大于基波电流的30%。

7.1.7 充电装置的保护及声光报警功能

充电装置应具有过流、过压、欠压、绝缘监察、交流失压、交流缺相等保护及声光报警的功能。继电保护整定值见表3。

表3 继电保护整定值

名称	整定值	
	额定电流电压110V系统	额定直流电压220V系统
过电压继电器	121V	242V
欠电压继电器	99V	198V
直流绝缘监察继电器	7kΩ	kΩ

7.1.8 充电装置各元件极限温升值见表4。

表4 充电装置各元件极限温升值

部件或器件	极限温升值
整流管外壳	70
晶闸管外壳	55
降压硅外壳	85
电阻发热元件	25（距外表30mm处）
半导体器件的连接处	55
半导体器件连接处的塑料绝缘处	25
整流变压器、电抗器的B级绝缘绕组	80
铁芯表面温升	不损伤相接触的绝缘零件
铜与铜接头	50
铜搪锡与铜搪锡接头	60

7.2 充电装置的运行监视及维护

7.2.1 充电装置的运行监视

a. 运行参数监视。运行人员及专职维护人员每天应对充电装置进行如下检查：三相交流输入电压是否平衡或缺相，运行噪声有无异常，各保护信号是否正常，交流输入电压值、直流输出电压值、直

流输出电流值等各表计显示是否正确，正对地和负对地的绝缘状态是否良好。

b. 运行操作。交流电源中断，蓄电池组将不间断地供出直流负荷，若无自动调压装置，应进行手动调压，确保母线电压的稳定，交流电源恢复送电，应立即手动启动或自动启动充电装置，对蓄电池组进行恒流限压充电→恒压充电→浮充电（正常运行）。若充电装置内故障跳闸，应及时起动备用充电装置代替故障充电装置，并及时调整好运行参数。

c. 维护检修运行维护人员每月应对充电装置作一次清洁除尘工作。大修做绝缘试验前，应将电子元件的控制板及硅整流元件断开或短接后，才能作绝缘和耐压试验。若控制板工作不正常，应停机取下，换上备用板，启动充电装置，调整好运行参数，投入正常运行。

8　直流电源装置中微机监控器的功能及运行维护

8.1　微机监控器的功能

8.1.1　监视功能

a. 监视三相交流输入电压值和是否缺相；

b. 监视直流母线的电压值是否正常；

c. 蓄电池进线、充电进线和浮充电的电流是否正常。

8.1.2　自诊断和显示功能

a. 微机监控器能诊断内部的电路故障和不正常的运行状态，并能发出声光报警。

b. 微机监控器能控制显示器，显示各种参数，通过整定输入键，可以整定或修改各种运行参数。

8.1.3　控制功能

a. 自动充电功能。微机监控器能控制充电装置自动进行恒流限压充电—恒压充电—浮充电—进入正常运行状态。

b. 定期充电功能。根据整定时间，微机监控器将控制充电装置定期自动地对蓄电池组进行均衡充电，确保蓄电池组随时具有额定的容量。

c. "三遥"功能。远方调度中心通过"三遥"接口，能控制直流电源装置的运行方式。

d. 抗干扰功能。微机监控器具有 7.1.5 的抗干扰能力。

8.2　微机监控器的运行及维护

8.2.1　运行中的操作和监视

微机监控器是根据直流电源装置中蓄电池组的端电压值，充电装置的交流输入电压值，直流输出电流值和电压值等数据来进行控制的。运行人员可通过微机的键盘或按钮来整定和修改运行参数。在运行现场的直流柜上有微机监控器的液晶显示板或荧光屏，一切运行中的参数都能监视和进行控制，远方调度中心，通过"三遥"接口，在显示屏上同样能监视，通过键盘操作同样能控制直流电源装置的运行方式。

8.2.2　运行及维护

a. 微机监控器直流电源装置一旦投入运行，只有通过显示按钮来检查各项参数，若均正常，就不能随意改动整定参数。

b. 微机监控器若在运行中控制不灵，可重新修改程序和重新整定，若都达不到需要的运行方式，就启动手动操作，调整到需要的运行方式，并将微机监控器退出运行，交专业人员检查修复后再投入运行。

【依据2】《电力工程直流电源系统设计技术规程》（DL/T 5044—2014）

6.2　充电装置

6.2.1　充电装置的技术特性应符合下列要求：

1　满足蓄电池组的充电和浮充电要求。

2　为长期连续工作制。

3　具有稳压、稳流及限压、限流特性和软启动特性。

4　有自动和手动浮充电、均衡充电及自动转换功能。

5　充电装置交流电源输入宜为三相输入，额定频率为 50Hz。

6　1组蓄电池配置1套充电装置的直流电源系统时，充电装置宜设置2路交流电源。1组蓄电池配置 2 套充电装置或 2 组蓄电池配置 3 套充电装置时，每个充电装置宜配置 1 路交流电源。

7 充电装置的主要技术参数应符合表 6.2.1 的规定。

表 6.2.1 　　　　　　　　　　**充电装置的主要技术参数表** 　　　　　　　　　　 ％

项目 ＼ 型式	相控型	高频开关电源模块型
稳压精度	≤±1	≤±0.5
稳流精度	≤±2	≤±1
纹波系数	≤1	≤0.5

8 高频开关电源模块的基本性能应符合下列要求：

1）在多个模块并联工作状态下运行时，各模块承受的电流应能做到自动均分负载实现均流；在 2 个及以上模块并联运行时，其输出的直流电流为额定值时，均流不平衡度不应大于额定电流值的 ±5％。

2）功率因数不应小于 0.90。

3）在模块输入端施加的交流电源符合标称电压和额定频率要求时，在交流输入端产生的各高次谐波电流含有率不应大于 30％。

4）电磁兼容应符合现行国家标准《电力工程直流电源设备通用技术条件及安全要求》GB/T 19826 的有关规定。

6.2.2 充电装置额定电流的选择应符合下列规定：

1 满足浮充电要求，其浮充电输出电流应按蓄电池自放电电流与经常负荷电流之和计算。

2 满足蓄电池均衡充电要求，其充电输出电流应按下列条件选择：

1）蓄电池脱开直流母线充电时，铅酸蓄电池应按 $1.0\,I_{10} \sim 1.25\,I_{10}$。选择；锅镍碱性蓄电池应按 $1.0\,I_5 \sim 1.25\,I_5$ 选择。

2）蓄电池充电同时还向经常负荷供电时，铅酸蓄电池应按 $1.0\,I_{10} \sim 1.25\,I_{10}$。并叠加经常负荷电流选择；镉镍碱性蓄电池应按 $1.0\,I_5 \sim 1.25\,I_5$。并叠加经常负荷电流选择。

6.2.3 高频开关电源模块选择配置原则应符合下列规定：

1 1 组蓄电池配置 1 套充电装置时，应按额定电流选择高频开关电源基本模块。当基本模块数量为 6 个及以下时，可设置 1 个备用模块；当基本模块数量为 7 个及以上时，可设置 2 个备用模块。

2 1 组蓄电池配置 2 套充电装置或 2 组蓄电池配置 3 套充电装置时，应按额定电流选择高频开关电源基本模块，不宜设备用模块；

3 高频开关电源模块数量宜根据充电装置额定电流和单个模块额定电流选择，模块数量宜控制在 3 个 ~8 个。

6.2.4 充电装置及整流模块选择的计算应符合本标准附录 D 的规定。

6.2.5 充电装置的输出电压调节范围应满足蓄电池放电末期和充电末期电压的要求，并符合表 6.2.5 的规定。

表 6.2.5 　　　　　　　　　　**充电装置的输入输出电压和电流调节范围**

交流输入		相数		三相
		额定频率/Hz		$50 \times (1 \pm 2\%)$
		额定电压/V		$380 \times (85\% \sim 120\%)$
直流输出	额定值	电压/V		220 或 110
		电流/A		10、20、30、40、50、60、80、100、160、200、250、315、400、500
	恒流充电	电压调节范围	阀控式铅酸蓄电池	$(90\% \sim 120\%)U_n$
			固定型排气式铅酸蓄电池	$(90\% \sim 135\%)U_n$
			镉镍碱性蓄电池	$(90\% \sim 135\%)U_n$
		电流调节范围		$(20\% \sim 100\%)U_n$

续表

直流输出	浮充电	电压调节范围	阀控式铅酸蓄电池	$(95\%\sim115\%)U_n$
			固定型排气式铅酸蓄电池	$(95\%\sim115\%)U_n$
			镉镍碱性蓄电池	$(95\%\sim115\%)U_n$
	均衡充电	电流调节范围		$(0\%\sim100\%)I_n$
		电压调节范围	阀控式铅酸蓄电池	$(105\%\sim120\%)U_n$
			固定型排气式铅酸蓄电池	$(105\%\sim135\%)U_n$
			镉镍碱性蓄电池	$(105\%\sim135\%)U_n$
		电流调节范围		$(0\%\sim100\%)I_n$

注　U_n 为直流电源系统标称电压，I_n 为充电装置直流额定电流。

4.7.1.6　直流系统绝缘监测装置

本条评价项目（见《评价》）的查评依据如下。

【依据1】《电力工程直流电源系统设计技术规程》（DL/T 5044—2014）

5.2.4　直流电源系统应按每组蓄电池装设 1 套绝缘监测装置，装置测量准确度不应低于 1.5 级。绝缘监测装置测量精度不应受母线运行方式的影响。绝缘监测装置应具备下列功能：

1　实时监测和显示直流电源系统母线电压、母线对地电压和母线对地绝缘电阻；

2　具有监测各种类型接地故障的功能，实现对各支路的绝缘检测功能；

3　具有自检和故障报警功能；

4　具有对两组直流电源合环故障报警功能；

5　具有交流窜电故障及时报警并选出互窜或窜入支路的功能。

6　具有对外通信功能。

【依据2】《直流电源系统绝缘监测装置技术条件》（DL/T 1392—2014）

5.3　一般要求

5.3.1　直流系统绝缘检测装置应具有较高的绝缘故障检测灵敏度和绝缘阻值测量精度，应能连续长期运行，必须具有防止直流系统一点接地引起保护误动的功能。

5.3.2　直流系统绝缘检测装置应采用直流电压检测法原理，直流系统支路绝缘检测装置宜采用直流漏电流检测法原理，也可采用低频信号注入法原理。

5.3.3　直流系统绝缘检测装置主机应安装在直流馈线屏（柜）内，应具有系统绝缘及馈线屏（柜）馈出支路绝缘检测功能，并配置平衡桥、检测桥及相应的电流传感器。

5.3.4　直流系统绝缘检测装置分机应在直流分电屏（柜）内，应具有分电屏（柜）支路绝缘检测功能，并配置相应电流传感器，但不配置平衡桥及检测桥。

5.3.6　直流系统绝缘检测装置主机和分机均应具有信息显示功能。

5.3.7　直流系统绝缘检测装置在检测系统绝缘电阻的过程中，在系统突发一点接地时，不得造成继电保护出口继电器的误动。

5.4　显示及检测功能

5.4.1　直流系统绝缘检测装置应能实时检测并显示直流系统母线电压、正负母线对地直流电压、正负母线对地交流电压、正负母线对地绝缘电阻及支路对地绝缘电阻等数据，且符合表 2 和表 3 的规定。

表 2　　　　　　　　　　　　　电压检测范围及测量精度

显示项目	电压检测范围	测量精度
母线电压 U_b	$80\%U_n\leqslant U_b\leqslant130\%U_n$	$\pm1.0\%$
正负母线对地直流电压 U_d	$U_d<10\%U_n$	应显示具体数值
	$10\%U_n\leqslant U_d\leqslant130\%U_n$	$\pm1.0\%$
正负母线对地交流电压 U_a	$U_a<10\%U_n$	应显示具体数值
	$10\%U_n\leqslant U_a\leqslant242\%U_n$	$\pm5.0\%$

注　U_n 为系统直流标称电压。

表3   对地绝缘电阻检测范围及测量精度

显示项目	对地绝缘电阻 R_i 检测范围/kΩ	测量精度
正负母线对地绝缘电阻	$R_i<10$	应显示具体数值
	$10\leqslant R_i\leqslant60$	±5.0%
	$60<R_i\leqslant200$	±10.0%
	$R_i>200$	应显示具体数值
正负母线对地交流电压	$R_i<10$	应显示具体数值
	$10\leqslant R_i\leqslant50$	±15.0%
	$50<R_i\leqslant100$	±25.0%
	$R_i>100$	应显示具体数值

5.5 报警功能

5.5.1 绝缘报警

5.5.1.1 基本功能

当直流系统发生下列故障时，产品应能迅速、准确、可靠动作，发出绝缘故障报警信息：

a）单极一点接地及绝缘降低；

b）单极多点接地及绝缘降低；

c）两极同支路同阻值接地及绝缘降低；

d）两极同支路不同阻值接地及绝缘降低；

e）两极不同支路同阻值接地及绝缘降低；

f）两极不同支路不同阻值接地及绝缘降低。

5.5.1.2 系统绝缘降低报警

系统绝缘降低报警功能应满足下列要求：

a）直流系统对地绝缘电阻报警值可在10kΩ～60kΩ范围内设定；

b）直流系统中任何一极的对地绝缘电阻降低到表4中的整定值时，应发出告警信息；

c）直流系统对地绝缘故障报警响应时间应不大于100s；

d）直流系统对地绝缘故障报警准确率应为100%；

e）直流系统对地绝缘电阻小于等于报警值时，产品应自行启动支路选线功能。

表4   绝缘电阻预警整定值

直流系统标称电压/V	绝缘电阻预警整定值/kΩ
220	25
110	15

5.5.1.3 支路绝缘降低报警

系统支路绝缘降低报警功能应满足下列要求：

a）支路任何一极的对地绝缘电阻低于50kΩ时，应发出报警信息；

b）支路选线响应时间应不大于180s；

c）支路绝缘监测宜采用传感器，选线支路数宜为32路、64路、128路；

d）支路接地选线准确率应为100%。

5.5.2 绝缘预警

5.5.2.1 直流绝缘监测装置应具备绝缘降低预警功能，设备绝缘预警值为报警值的2倍。

5.5.2.2 直流系统中任何一极对地绝缘电阻降低到表5中的整定值时，应发出预警信息。

表5   绝缘电阻预警整定值

直流系统标称电压/V	绝缘电阻预警整定值/kΩ
220	50
110	30

5.5.2.3 直流系统对地绝缘电阻小于等于预警值时，产品应自行启动支路选线功能。

5.5.2.4 支路任何一极的对地绝缘电阻低于 $100k\Omega$ 时，应发出预警信息。

5.5.3 母线电压异常告警

5.5.3.1 当直流系统母线电压大于等于标称电压的 110% 时，产品应发出母线过压告警信息。

5.5.3.2 当直流系统母线电压小于等于标称电压的 90% 时，产品应发出母线欠压告警信息。

5.5.4 母线对地电压偏差告警

5.5.4.1 在绝缘检测过程中，因投切检测桥必然引起系统正负母线对地电压的波动，系统负极母线对地电压应小于系统额定电压的 55%，当负极对地电压大于表6整定值时，产品应发出告警信息。

表6   直流系统波动电压的整定   V

直流系统额定电压 U_N	波动整定值
230	$U \leqslant 55\% U_N$
115	$U \leqslant 55\% U_N$

【依据3】《直流电源系统运行规范》（国家电网生技〔2005〕174号）

第七条 交接验收

当直流电源系统设备安装调试完毕后，应进行投运前的交接验收试验。所有试项目应达到技术要求后才能投入试运行。试运行正常后，运行单位方可签字接收。交接验收试验及要求如下：

（一）绝缘监测及信号报警试验

1. 直流电源装置在空载运行时，其额定电压为 220V 的系统，用 $25k\Omega$ 电阻；额定电压为 110V 的系统，用 $7k\Omega$ 电阻；额定电压为 48V 的系统，用 $1.7k\Omega$ 电阻。分别使直流母线正极或负极接地，应正确发出声光报警。

2. 直流母线电压低于或高于整定值时，应发出低压或过压信号及声光报警。

3. 充电装置的输出电流为额定电流的 105%～110% 时，应具有限流保护功能。

4. 装有微机型绝缘监测装置的直流电源系统，应能监测和显示其支路的绝缘状态，各支路发生接地时，应能正确显示和报警。

【依据4】《电力系统用蓄电池直流电源装置运行与维护技术规程》（DL/T 724—2000）

5.3 交接验收

直流电源装置，当安装完毕后，应作投运前的交接验收试验，运行接收单位应派人参加试验，所试项目应达到技术要求后才能投入试运行，在 72h 试运行中若一切正常，接收单位方可签字接收。交接验收试验及要求如下。

5.3.1 绝缘监察及信号报警试验

a) 直流电源装置在空载运行时，额定电压为 220V，用 $25k\Omega$ 电阻；额定电压为 110V，用 $7k\Omega$ 电阻；额定电压为 48V，用 $1.7k\Omega$ 电阻。分别使直流母线接地，应发出声光报警。

b) 直流母线电压低于或高于整定值时，应发出低压或过压信号及声光报警。

c) 充电装置的输出电流为额定电流的 105%～110% 时，应具有限流保护功能。

d) 若装有微机型绝缘监察仪的直流电源装置，任何一支路的绝缘状态或接地都能监测、显示和报警。

e) 远方信号的显示、监测及报警应正常。

5.4 运行监视

5.4.1 绝缘状态监视

运行中的直流母线对地绝缘电阻值应不小于 $10M\Omega$。值班员每天应检查正母线和负母线对地的绝缘值。若有接地现象，应立即寻找和处理。

5.4.2 电压及电流监视

值班员对运行中的直流电源装置，主要监视交流输入电压值、充电装置输出的电压值和电流值，蓄电池组电压值、直流母线电压值、浮充电流值及绝缘电压值等是否正常。

【依据5】《国家电网有限公司十八项电网重大反事故措施（2018 年修订版）》（国家电网设备〔2018〕979 号）

5.3.2.3　交直流回路不得共用一根电缆，控制电缆不应与动力电缆并排铺设。对不满足要求的运行变电站，应采取加装防火隔离措施。

5.3.2.4　直流电源系统应采用阻燃电缆。两组及以上蓄电池组电缆，应分别铺设在各自独立的通道内，并尽量沿最短路径敷设。在穿越电缆竖井时，两组蓄电池电缆应分别加穿金属套管。对不满足要求的运行变电站，应采取防火隔离措施。

4.7.1.7　直流系统对地绝缘

本条评价项目（见《评价》）的查评依据如下。

【依据】《电力系统用蓄电池直流电源装置运行与维护技术规程》（DL/T 724—2000）

4.17　蓄电池组的绝缘电阻：

a. 电压为 220V 的蓄电池组不小于 200kΩ；

b. 电压为 110V 的蓄电池组不小于 100kΩ；

c. 电压为 48V 的蓄电池组不小于 50kΩ；

5.4　运行监视

5.4.1　绝缘状况监视

运行中的直流母线对地绝缘电阻值不应小于 10MΩ。值班员每天应检查正母线和负母线对地的绝缘值。若有接地现象，应立即寻找和处理。

4.7.1.8　蓄电池型式、配置和端电压测量

本条评价项目（见《评价》）的查评依据如下。

【依据1】《电力工程直流电源系统设计技术规程》（DL/T 5044—2014）

3.3.1　蓄电池型式选择应符合下列要求：

1　直流电源宜采用阀控式密封铅酸蓄电池，也可采用固定型排气式铅酸蓄电池；

2　小型发电厂、110kV 及以下变电站可采用镉镍碱性蓄电池；

3　核电厂常规岛宜采用固定型排气式铅酸蓄电池。

3.3.2　铅酸蓄电池应采用单体为 2V 的蓄电池，直流电源成套装置组柜安装的铅酸蓄电池宜采用单体为 2V 的蓄电池，也可采用 6V 或 12V 组合电池。

3.3.3　蓄电池组数配置应符合下列要求。

7　110kV 及以下变电站宜装设 1 组蓄电池，对于重要的 110kV 变电站也可装设 2 组蓄电池；

8　220kV～750kV 变电站应装设 2 组蓄电池；

9　1000kV 变电站宜按直流负荷相对集中配置 2 套直流电源系统，每套直流电源系统装设 2 组蓄电池。

【依据2】《电力系统用蓄电池直流电源装置运行与维护技术规程》（DL/T 724—2000）

4.15　防酸蓄电池的维护，宜备有下列仪表、用具、备品和资料：

a) 仪表：

测量电解液密度用的密度计；

测量电解液温度用的温度计；

测量蓄电池电压用的 4 数字万用表，室外用温度计。

测量直流电源中的自动装置、控制板等用的示波器、录波器、真空毫伏表等。测量表计应定期校验、保证完好合格。

d) 资料：

蓄电池直流电源装置运行日志；

该蓄电池组制造厂家的技术资料、型式试验报告；

充电装置的说明书和电气原理图；

自动装置、微机监控装置的使用说明书；

投运前三次充放电循环，蓄电池组端电压、单体电池电压的记录；运行中定期均衡充电、定期核对性放电的记录。运行、维修记录内容应包括：蓄电池组浮充电压及浮充电流记录，单体蓄电池电压、密度测试记录，补充充电、均衡充电记录，定期充放电记录，维护、检修记录。以上记录可合分，但应有固定格式。

6.1.4 防酸蓄电池组运行维护

a）对防酸蓄电池组，值班员应每日进行巡视，主要检查每只蓄电池的液面高度，看有无漏液，若液面低于下线，应补充蒸馏水，调整电解液的密度在合格范围内。

b）防酸蓄电池单体电压和电解液密度的测量，发电厂两周测量一次，变电站每月测量一次，按记录表填好测量记录，并记下环境温度。

c）个别落后的防酸蓄电池，应通过均衡充电方法进行处理，不允许长时间保留在蓄电池组中运行，若处理无效，应更换。

6.2.5 镉镍蓄电池组的运行维护

a）镉镍蓄电池液面低。每一个镉镍蓄电池，在侧面都有电解液高度的上下刻线，在浮充电运行中、液面高度应保持在中线，液面偏低的，应注入纯蒸馏水，使整组电池液面保持一致。每三年更换一次电解液。

b）镉镍蓄电池"爬碱"。维护办法是将蓄电池外壳上的正负极柱头的"爬碱"擦干净，或者更换为不会产生爬碱的新型大壳体镉镍蓄电池。

c）镉镍蓄电池容量下降，放电电压低。维护办法是更换电解液，更换无法修复的电池，用 I_5 电流进行 5h 恒流充电后，将充电电流减到 $0.5I_5$ 电流，继续过充电（3～4）h，停止充电（1～2）h 后，用 I_5 恒流放电至终止电压，再进行上述方法充电和放电，反复 3 次～5 次，电池容量将得到恢复。

6.3.4 阀控蓄电池的运行维护

a）阀控蓄电池在运行中电压偏差值及放电终止电压值应符合表1的规定。

表1　　　　　　阀控蓄电池在运行中电压偏差值及放电终止电压值的规定　　　　　　（V）

阀控式密封铅酸蓄电池	标称电压		
	2	6	12
运行中的电压偏差值	±0.05	±0.15	±0.3
开路电压最大最小值差值	0.03	0.04	0.06
放电终止电压值	1.80	5.4(1.80×3)	10.80(1.80×6)

b）巡视中应检查蓄电池的单体电压值，连接片有无松动和腐蚀现象，壳体有无渗漏和变形，极柱与安全阀周围是否有酸雾溢出，绝缘电阻是否下降，蓄电池温度是否过高等。

c）备用搁置的阀控蓄电池，每 3 个月进行一次补充充电。

d）阀控蓄电池的温度补偿系数受环境温度影响，基准温度为 25℃时，每下降 1℃，单体 2V 阀控蓄电池浮充电压值应提高（3～5）mV。

e）根据现场实际情况，应定期对阀控蓄电池组作外壳清洁工作。

4.7.1.9 蓄电池组的布置

本条评价项目（见《评价》）的查评依据如下。

【依据1】《电力系统用蓄电池直流电源装置运行与维护技术规程》（DL/724—2000）

4.5 防酸蓄电池室的门应向外开，套间内有自来水、下水道和水池。

4.6 防酸蓄电池室附近应有存放硫酸、配件及调制电解液的专用工具的专用房间。若入口处套间较大，也可利用此房间。

4.7 防酸蓄电池室的墙壁、天花板、门、窗框、通风罩、通风管道内外侧、金属结构、支架及其他部分均应涂上防酸漆，蓄电池室的地面应铺设耐酸砖。

4.8 防酸蓄电池室的窗户应安装遮光玻璃或者涂有带色油漆的玻璃，以免阳光直射在蓄电池上。

4.9 防酸蓄电池室的照明，应使用防爆灯并至少有一个接在事故照明母线上，开关、插座、熔断器应安装在蓄电池室外。室内照明线应采用耐酸绝缘导线。

4.10 防酸蓄电池室应安装抽风机，抽风量的大小与充电电流和电池个数成正比，由以下公式决定：

$$V = 0.07 \times I_{ch} \times N$$

式中 V——排风量，m^3/h；

I_{ch}——最大充电电流，A；

N——蓄电池组的电池个数，个。

除了设置抽风系统外，蓄电池室还应设置自然通风气道。通风气道应是独立管道，不可将通风气道引入烟道或建筑物的总通风系统中。

4.11 防酸蓄电池室若安装暖风设备，应设在蓄电池室外、经风道向室内送风。在室内只允许安装无接缝的或焊接无汽水门的暖气设备。取暖设备与蓄电池的距离应大于 0.75m。蓄电池室应有下水道，地面要有 0.5% 的排水坡度，并应有泄水孔，污水应进行中和或稀释后排放。

4.12 蓄电池室的温度应经常保持在 5℃～35℃ 之间，并保持良好的通风和照明。

4.13 抗震设防烈度大于或等于 7 度的地区，蓄电池组应有抗震加固措施。

4.14 不同类型的蓄电池，不宜放在一个蓄电池室内。

【依据2】《电力工程直流电源系统设计技术规程》（DL/T 5044—2014）

7.1 直流设备布置。

7.1.1 对单机容量为 200MW 级及以上的机组，直流柜宜布置在专用直流配电间内，直流配电间宜按单元机组设置。对于单机容量为 125MW 级及以下的机组、变电站、串补站和换流站，直流柜可布置在电气继电器室或直流配电间内。

7.1.2 包含蓄电池的直流电源成套装置柜可布置在继电器室或配电间内，室内应保持良好通风。

7.1.3 直流分电柜宜布置在该直流负荷中心附近。

7.1.4 直流柜前后应留有运行和检修通道，通道宽度应符合现行行业标准《火力发电厂、变电站二次接线设计技术规程》DL/T 5136 的有关规定。

7.1.5 直流配电间环境温度宜为 15℃～30℃，室内相对湿度宜为 30%～80%，不得凝露，温度变化率应小于 10℃/h。

7.1.6 发电厂单元机组蓄电池室应按机组分别设置。全厂（站）公用的 2 组蓄电池宜布置在不同的蓄电池室。

7.1.7 蓄电池室内应设有运行和检修通道。通道一侧装设蓄电池时，通道宽度不应小于 80mm；两侧均装设蓄电池时，通道宽度不应小于 1000mm。

7.2 阀控式密封铅酸蓄电池组布置。

7.2.1 阀控式密封铅酸蓄电池容量在 300Ah 及以上时，应设专用的蓄电池室。专用蓄电池室宜布置在 0m 层。

7.2.2 胶体式阀控式密封铅酸蓄电池宜采用立式安装，贫液吸附式的阀控式密封铅酸蓄电池可采用卧式或立式安装。

7.2.3 蓄电池安装宜采用钢架组合结构，可多层叠放，应便于安装、维护和更换。蓄电池台架的底层距地面为 150mm～300mm，整体高度不宜超过 1700mm。

7.2.4 同一层或同一台上的蓄电池间宜采用有绝缘的或有护套的连接条连接，不同一层或不同一台上的蓄电池间宜采用电缆连接。

7.3 固定型排气式铅酸蓄电池组和镉镍碱性蓄电池组布置。

7.3.1 固定型排气式铅酸蓄电池组和容量为 100Ah 以上的中倍率 A 镍碱性蓄电池组应设置专用蓄电池室。专用蓄电池室宜布置在 0m 层。

7.3.2 蓄电池应采用立式安装，宜安装在瓷砖台或水泥台上，台高为 250mm～300mm。台与台之间应设运行和检修通道，通道宽度不得小于 800mm。蓄电池与大地之间应有绝缘措施。

7.3.3　中倍率镉镍碱性蓄电池组的端电池宜靠墙布置。

7.3.4　蓄电池有液面指示计和密度计的一面应朝向运行和检修通道。

7.3.5　在同一台上的蓄电池间宜采用有绝缘的或有护套的连接条连接，不在同一台上的电池间宜采用电缆连接。

7.3.6　蓄电池裸露导电部分之间的距离应符合下列规定：

1　非充电时，当两部分之间的正常电压超过 65V 但不大于 250V 时，不应小于 800mm；

2　当电压超过 250V 时，不应小于 1000mm；

3　导线与建筑物或其他接地体之间的距离不应小于 50mm，母线支持点间的距离不应大于 2000mm。

8.1　专用蓄电池室的通用要求。

8.1.1　蓄电池室的位置应选择在无高温、无潮湿、无振动、少灰尘、避免阳光直射的场所，宜靠近直流配电间或布置有直流柜的电气继电器室。

8.1.2　蓄电池室内的窗玻璃应采用毛玻璃或涂以半透明油漆的玻璃，阳光不应直射室内。

8.1.3　蓄电池室应采用非燃性建筑材料，顶棚宜做成平顶，不应吊天棚，也不宜采用折板或槽形天花板。

8.1.4　蓄电池室内的照明灯具应为防爆型，且应布置在通道的上方，室内不应装设开关和插座。蓄电池室内的地面照度和照明线路敷设应符合现行行业标准《发电厂和变电站照明设计技术规定》DL/T 5390 的有关规定。

8.1.5　基本地震烈度为 7 度及以上的地区，蓄电池组应有抗震加固措施，并应符合现行国家标准《电力设施抗震设计规范》GB 50260 的有关规定。

8.1.6　蓄电池室走廊墙面不宜开设通风百叶窗或玻璃采光窗，采暖和降温设施与蓄电池间的距离不应小于 750mm。蓄电池室内采暖散热器应为焊接的钢制采暖散热器，室内不允许有法兰、丝扣接头和阀门等。

8.1.7　蓄电池室内应有良好的通风设施。蓄电池室的采暖通风和空气调节应符合现行行业标准《火力发电厂采暖通风与空气调节设计技术规程》DL/T5035 的有关规定。通风电动机应为防爆式。

8.1.8　蓄电池室的门应向外开启，应采用非燃烧体或难燃烧体的实体门，门的尺寸宽义高不应小于 750mm×1960mm。

8.1.9　蓄电池室不应有与蓄电池无关的设备和通道。与蓄电池室相邻的直流配电间、电气配电间、电气继电器室的隔墙不应留有门窗及孔洞。

8.1.10　蓄电池组的电缆引出线应采用穿管敷设，且穿管引出端应靠近蓄电池的引出端。穿金属管外围应涂防酸（碱）油漆，封口处应用防酸（碱）材料封堵。电缆弯曲半径应符合电缆敷设要求，电缆穿管露出地面的高度可低于蓄电池的引出端子 200mm～300mm。

8.1.11　包含蓄电池的直流电源成套装置柜布置的房间，宜装设对外机械通风装置。

8.2　阀控式密封铅酸蓄电池组专用蓄电池室的特殊要求。

8.2.1　蓄电池室内温度宜为 150C～300C。

8.2.2　当蓄电池组采用多层叠装且安装在楼板上时，楼板强度应满足荷重要求。

8.3　固定型排气式铅酸蓄电池组和镉镍碱性蓄电池组专用蓄电池室的特殊要求。

8.3.1　蓄电池室应为防酸（碱）、防火、防爆的建筑，入口宜经过套间或储藏室，应设有储藏硫酸（碱）液、蒸馏水及配制电解液器具的场所，还应便于蓄电池的气体、酸（碱）液和水的排放。

8.3.2　蓄电池室内的门、窗、地面、墙壁、天花板、台架均应进行耐酸（碱）处理，地面应采用易于清洗的面层材料。

8.3.3　蓄电池室内温度宜为 5℃～35℃。

8.3.4　蓄电池室的套间内应砌水池，水池内外及水龙头应做耐酸（碱）处理，管道宜暗敷，管材应采用耐腐蚀材料。

8.3.5 蓄电池室内的地面应有约 0.5％的排水坡度，并应有泄水孔。蓄电池室内的污水应进行酸碱中和或稀释，并达到环保要求后排放。

【依据3】《国家电网有限公司十八项电网重大反事故措施（修订版）》（国家电网设备〔2018〕979号）

5.3.1.3 新建变电站 300Ah 及以上的阀控式蓄电池组应安装在各自独立的专用蓄电池室内或在蓄电池组间设置防爆隔火墙。

5.3.1.4 蓄电池组正极和负极引出电缆不应共用一根电缆，并采用单根多股铜芯阻燃电缆。

5.3.1.5 酸性蓄电池室（不含阀控式密封铅酸蓄电池室）照明、采暖通风和空气调节设施均应为防爆型，开关和插座等应装在蓄电池室的门外。

5.3.2.3 交直流回路不得共用一根电缆，控制电缆不应与动力电缆并排铺设。对不满足要求的运行变电站，应采取加装防火隔离措施。

5.3.2.4 直流电源系统应采用阻燃电缆。两组及以上蓄电池组电缆，应分别铺设在各自独立的通道内，并尽量沿最短路径敷设。在穿越电缆竖井时，两组蓄电池电缆应分别加穿金属套管。对不满足要求的运行变电站，应采取防火隔离措施。

4.7.1.10 耐火阻燃电缆的采用及电缆铺设

本条评价项目（见《评价》）的查评依据如下。

【依据1】《国家电网有限公司十八项电网重大反事故措施（2018年修订版）》（国家电网设备〔2018〕979号）

5.3.2.4 直流电源系统应采用阻燃电缆。两组及以上蓄电池组电缆，应分别铺设在各自独立的通道内，并尽量沿最短路径敷设。在穿越电缆竖井时，两组蓄电池电缆应分别加穿金属套管。对不满足要求的运行变电站，应采取防火隔离措施。

13.2.1.3 110（66）kV 及以上电压等级电缆在隧道、电缆沟、变电站内、桥梁内应选用阻燃电缆，其成束阻燃性能应不低于 C 级。与电力电缆同通道敷设的低压电缆、通信光缆等应穿入阻燃管，或采取其他防火隔离措施。应开展阻燃电缆阻燃性能到货抽检试验，以及阻燃防火材料（防火槽盒、防火隔板、阻燃管）防火性能到货抽检试验，并向运维单位提供抽检报告。

【依据2】《电力工程电缆设计规范》（GB 50217—2018）

7.0.6 阻燃性电缆的选用，应符合下列规定：

1 电缆多根密集配置时的阻燃性，应符合现行国家标准《电缆在火焰条件下的燃烧试验 第 3 部分：成束电线或电缆的燃烧试验方法》GB/T 18380.3 的有关规定，并应根据电缆配置情况、所需防止灾难性事故和经济合理的原则，选择适合的阻燃性等级和类别。

2 当确定该等级类阻燃电缆能满足工作条件下有效阻止延燃性时，可减少本规范 7.0.4 条的要求。

3 在同一通道中，不宜把阻燃电缆与非阻燃电缆并列配置。

【依据3】《电力工程直流电源系统设计技术规程》（DL/T 5044—2014）

6.3 电缆

6.3.1 直流电缆的选择和敷设应符合现行国家标准《电力工程电缆设计规范》GB 50217 的有关规定。直流电源系统明敷电缆应选用耐火电缆或采取了规定的耐火防护措施的阻燃电缆控制和保护回路直流电缆应选用屏蔽电缆。

6.3.2 蓄电池组引出线为电缆时，电缆宜采用单芯电力电缆，当选用多芯电缆时，其允许载流量可按同截面单芯电缆数值计算。蓄电池电缆的正极和负极不应共用一根电缆，该电缆宜采用独立通道，沿最短路径敷设。

6.3.3 蓄电池组与直流柜之间连接电缆截面的选择应符合下列规定：

1 蓄电池组与直流柜之间连接电缆长期允许载流量的计算电流应大于事故停电时间的蓄电池放电率电流；

2 电缆允许电压降宜取直流电源系统标称电压的 0.5％～1％，其计算电流应取事故停电时间的蓄电池放电率电流或事故放电初期（1min）冲击负荷放电电流二者中的较大值。

6.3.4 高压断路器合闸回路电缆截面的选择应符合下列规定：

1 当蓄电池浮充运行时，应保证最远一台高压断路器可靠合闸所需的电压，其允许电压降可取直流电源系统标称电压的 10％～15％；

2 当事故放电直流母线电压在最低电压值时，应保证恢复供电的高压断路器能可靠合闸所需的电压，其允许电压降应按直流母线最低电压值和高压断路器允许最低合闸电压值之差选取，不宜大于直流电源系统标称电压的 6.5％。

6.3.5 采用集中辐射形供电方式时，直流柜与直流负荷之间的电缆截面选择应符合下列规定：

1 电缆长期允许载流量的计算电流应大于回路最大工作电流；

2 电缆允许电压降应按蓄电池组出口端最低计算电压值和负荷本身允许最低运行电压值之差选取，宜取直流电源系统标称电压的 3％～6.5％。

6.3.6 采用分层辐射形供电方式时，直流电源系统电缆截面的选择应符合下列规定：

1 根据直流柜与直流分电柜之间的距离确定电缆允许的电压降，宜取直流电源系统标称电压的 3％～5％，其回路计算电流应按分电柜最大负荷电流选择；

2 当直流分电柜布置在负荷中心时，与直流终端断路器之间的允许电压降宜取直流电源系统标称电压的 1％～1.5％；

3 根据直流分电柜布置地点，可适当调整直流分电柜与直流柜、直流终端断路器之间的允许电压降，但应保证直流柜与直流终端断路器之间允许总电压降不大于标称电压的 6.5％。

6.3.7 直流柜与直流电动机之间的电缆截面的选择应符合下列规定：

1 电缆长期允许载流量的计算电流应大于电动机额定电流。

2 电缆允许电压降不宜大于直流电源系统标称电压的 5％，其计算电流应按 2 倍电动机额定电流选取。

6.3.8 2 台机组之间 220V 直流电源系统应急联络断路器之间采用电缆连接时，互联电缆电压降不宜大于直流电源系统标称电压的 5％，其计算电流可按负荷统计表中 1.0h 放电电流的 50％选取。

6.3.9 直流电源系统电缆截面的选择计算应符合本标准附录 E 的规定。

4.7.2 专业管理

4.7.2.1 直流屏（柜）上的测量表计准确性

本条评价项目（见《评价》）的查评依据如下。

【依据1】《电测量指示仪表检定规程》（DL/T 1473—2016）

17 检定周期：

a. 准确度等级小于或等于 0.5 级的电压表、电流表和功率表，检定周期一般为 1 年，其他等级的电压表、电流表和功率表检定周期一般为 1 年。控制盘和配电盘仪表的检定时间应与该仪表所连接的主要设备的大修日期一致。

【依据2】《电力工程直流电源系统设计技术规程》（DL/T 5044—2014）

5.2 测量、信号和监控要求

5.2.1 直流电源系统宜装设下列常测表计：

1 直流电压表宜装设在直流柜母线、直流分电柜母线、蓄电池回路和充电装置输出回路上；

2 直流电流表宜装设在蓄电池回路和充电装置输出回路上。

5.2.2 直流电源系统测量表计宜采用 $4\frac{1}{2}$ 合位精度数字式表计，准确度不应低于 1.0 级。

【依据3】《电力直流电源设备》（DL/T 459—2017）

5.3.2.3 设备面板配置的测量表计，其量程应在测量范围内，测量最大值应在满量程 85％以上。指针式仪表精度应不低于 1.5 级，数字表应采用四位半表。

【依据4】《关于印发输变电设备运行规范的通知》（国家电网生技〔2005〕172 号）

附件七：直流电源系统运行规范

第二十四条 正常巡视检查项目

（七）充电装置交流输入电压、直流输出电压、电流正常，表计指示正确，保护的声、光信号正常，运行声音无异常。

（八）直流控制母线、动力母线电压值在规定范围内，浮充电流值符合规定。

4.7.2.2 直流电源系统运行规范和直流熔断器、空气断路器配置

本条评价项目（见《评价》）的查评依据如下。

【依据1】《关于印发输变电设备运行规范的通知》（国家电网生技〔2005〕172号）

附件七 直流电源系统运行规范

第四章 设备运行维护管理

第十二条 运行管理

（七）具备两组蓄电池的直流系统应采用母线分段运行方式，每段母线应分别采用独立的蓄电池组供电，并在两段直流母线之间设联络开关或隔离开关，正常运行时联络开关或刀闸应处于断开位置。

（八）直流熔断器和空气断路器应采用质量合格的产品，其熔断体或定值应按有关规定分级配置和整定，并定期进行核对，防止因其不正确动作而扩大事故。

（九）直流电源系统同一条支路中熔断器与空气断路器不应混用，尤其不应在空气断路器的上级使用熔断器。防止在回路故障时失去动作选择性。严禁直流回路使用交流空气断路器。

【依据2】《电力工程直流电源系统设计技术规程》（DL/T 5044—2014）

5.1 保护

5.1.1 蓄电池出口回路、充电装置直流侧出口回路、直流馈线回路和蓄电池试验放电回路等应装设保护电器。

5.1.2 保护电器选择应符合下列规定：

1 蓄电池出口回路宜采用熔断器，也可采用具有选择性保护的直流断路器；

2 充电装置直流侧出口回路、直流馈线回路和蓄电池试验放电回路宜采用直流断路器，当直流断路器有极性要求时，对充电装置回路应采用反极性接线；

3 直流断路器的下级不应使用熔断器。

5.1.3 直流电源系统保护电器的选择性配合原则应符合下列要求：

1 熔断器装设在直流断路器上一级时，熔断器额定电流应为直流断路器额定电流的2倍及以上。

2 各级直流馈线断路器宜选用具有瞬时保护和反时限过电流保护的直流断路器。当不能满足上、下级保护配合要求时，可选用带短路短延时保护特性的直流断路器。

3 充电装置直流侧出口宜按直流馈线选用直流断路器，以便实现与蓄电池出口保护电器的选择性配合。

4 2台机组之间220V直流电源系统应急联断路器应与相应的蓄电池组出口保护电器实现选择性配合。

5 采用分层辐射形供电时，直流柜至分电柜的馈线断路器宜选用具有短路短延时特性的直流塑壳断路器分电柜直流馈线断路器宜选用直流微型断路器。

6.5 直流断路器

6.5.1 直流断路器应具有瞬时电流速断和反时限过电流保护，当不满足选择性保护配合时，可增加短延时电流速断保护。

6.5.2 直流断路器的选择应符合下列规定：

1 额定电压应大于或等于回路的最高工作电压。

2 额定电流应大于回路的最大工作电流，各回路额定电流应按下列条件选择：

1）蓄电池出口回路应按事故停电时间的蓄电池放电率选择，应按事故放电初期（1min）冲击负荷放电电流校验保护动作的安全性，且应与直流馈线回路保护电器相配合；

2）高压断路器电磁操动机构的合闸回路可按 0.3 倍的额定合闸电流选择，但直流断路器过载脱扣时间应大于断路器固有合闸时间；

3）直流电动机回路可按电动机的额定电流选择；

4）直流断路器宜带有辅助触点和报警触点。

3 断流能力应满足安装地点直流电源系统最大预期短路电流的要求。

4 直流电源系统应急联络断路器额定电流不应大于蓄电池出口熔断器额定电流的 50%。

5 当采用短路短延时保护时，直流断路器额定短时耐受电流应大于装设地点最大短路电流。

6 各级断路器的保护动作电流和动作时间应满足上、下级选择性配合要求，且应有足够的灵敏系数。

6.5.3 直流断路器的选择应符合本标准附录 A 的规定。

6.6 熔断器

6.6.1 直流回路采用熔断器作为保护电器时，应装设隔离电器。

6.6.2 蓄电池出口回路熔断器应带有报警触点，其他回路熔断器也可带有报警触点。

6.6.3 熔断器的选择应符合下列规定：

1 额定电压应大于或等于回路的最高工作电压。

2 额定电流应大于回路的最大工作电流，最大工作电流的选择应符合下列要求：

1）蓄电池出口回路熔断器应按事故停电时间的蓄电池放电率电流和直流母线上最大馈线直流断路器额定电流的 2 倍选择，两者取较大值；

2）高压断路器电磁操动机构的合闸回路可按 0.2 倍 0.3 倍的额定合闸电流选择，但熔断器的熔断时间应大于断路器固有合闸时间。

3 断流能力应满足安装地点直流电源系统最大预期短路电流的要求。

【依据3】《国家电网有限公司十八项电网重大反事故措施（2018 年修订版）》（国家电网设备〔2018〕979 号）

5.3 防止站用直流系统失电

5.3.1 设计阶段

5.3.1.1 设计资料中应提供全站直流系统上下级差配置图和各级断路器（熔断器）级差配合参数。

5.3.1.13 直流断路器不能满足上、下级保护配合要求时，应选用带短路短延时保护特性的直流断路器。

5.3.2 基建阶段

5.3.2.1 新建变电站投运前，应完成直流电源系统断路器上下级级差配合试验，核对熔断器级差参数，合格后方可投运。

5.3.2.5 直流电源系统除蓄电池组出口保护电器外，应使用直流专用断路器。蓄电池组出口回路宜采用熔断器，也可采用具有选择性保护的直流断路器。

5.3.2.6 直流回路隔离电器应装有辅助触点，蓄电池组总出口熔断器应装有报警触点，信号应可靠上传至调控部门。直流电源系统重要故障信号应硬接点输出至监控系统。

4.7.2.3 蓄电池组的检查维护和缺陷管理

本条评价项目（见《评价》）的查评依据如下。

【依据1】《电力系统用蓄电池直流电源装置运行与维护技术规程》（DL/T 724—2000）

6.1.5 防酸蓄电池故障及处理

a）防酸蓄电池内部极板短路或断路，应更换蓄电池。

b）长期浮充电运行中的防酸蓄电池，极板表面逐渐产生白色的硫酸铅结晶体，通常称为"硫化"处理方法：将蓄电池组退出运行，先用 I_{10} 电流进行恒流充电，当单体电压上升为 2.5V 时，停充 0.5h，再用 $0.5I_{10}$。电流充电至冒大气时后，又停 0.5h 后再继续充电，直到电解液沸腾，单体电压上升到（2.7～2.8）V 停止充电（1～2）h 后，用 I_{10}。电流进行恒流放电，当单体蓄电池电压下降至 1.8V 时，终止放电，并静置（1～2）h，再用上述充电程序进行充电和放电，反复几次，极板白斑状的硫酸铅结晶体将消失，蓄电池容量将得到恢复。

c) 防酸蓄电池底部沉淀物过多时，可用吸管清除沉淀物，并补充配制的标准电解液。

d) 防酸蓄电池极板弯曲，龟裂或肿胀时，若容量达不到80%以上，此蓄电池应更换。在运行中防止电解液的温度超过35℃。

e) 防酸蓄电池绝缘降低，当绝缘电阻值低于现场规定值时，将会发出接地信号，正对地或负对地均能测到泄漏电流。处理方法：对蓄电池外壳和支架采用酒精清擦，改善蓄电池室外的通风条件，降低湿度，绝缘将会提高。

f) 防酸蓄电池容量下降，更换电解液，用反复充电法，可使蓄电池的容量得到恢复。若进行了三次充电放电，其容量还不到额定容量的80%以上，此组蓄电池应更换。

g) 防酸蓄电池的日常维护还应做到以下各点：蓄电池必须保持经常清洁，定期擦除蓄电池外部的硫酸痕迹和灰尘，注意电解液面高度，不能让极板和隔板露出液面，导线的连接必须安全可靠，长期备用搁置的蓄电池，应每月进行一次补充电。

6.2.5 镉镍蓄电池组的运行维护

a) 镉镍蓄电池液面低。每一个镉镍蓄电池的侧面都有电解液高度的上下刻线，在浮充电运行中液面高度应保持在中线，液面偏低的，应注入纯蒸馏水，使整组电池液面保持一致。每三年更换一次电解液。

b) 镉镍蓄电池"爬碱"。维护办法是将蓄电池外壳上的正负极柱头的"爬碱"擦干净，或者更换为不会产生爬碱的新型大本镉镍蓄电池。

c) 镉镍蓄电池容量下降，放电电压低。维护办法是更换电解液，更换无法修复的电池，用I_5电流进行5h恒流充电后，将充电电流减到$0.5I_5$电流，继续过充电（3~4）h，停止充电（1~2）h后，用I_5恒流放电至终止电压，再进行上述方法充电和放电，反复3~5次，电池容量将得到恢复。

浮充运行的蓄电池组浮充电压、电流的调节

6.3.5 阀控蓄电池的故障及处理

a) 阀控蓄电池壳体异常。造成的原因有：充电电流过大，充电电压超过了$2.4V \times N$，内部有短路局部放电、温升超标、阀控失灵。处理方法：减小充电电流以降低充电电压，检查安全阀体是否被堵死。

b) 运行中浮充电压正常，但一放电，电压很快下降到终止电压值，原因是蓄电池内部失水干涸、电解物质变质。处理方法是更换蓄电池。

【依据2】《关于印发输变电设备运行规范的通知》（国家电网生技〔2005〕172号）

第五章 蓄电池的运行及维护

第十三条 防酸蓄电池组的运行及维护

（一）防酸蓄电池组正常应以浮充电方式运行，使蓄电池组处于额定容量状态。浮充电流的大小应根据所使用蓄电池的说明书确定。浮充电压值一般应控制为（2.15~2.17）$V \times N$（N为电池个数）。GFD防酸蓄电池组浮充电压值应控制在$2.23V \times N$。

（二）防酸蓄电池组在正常运行中主要监视端电压值、单体蓄电池电压值、电解液液面高度、电解液密度、电解液温度、蓄电池室温度、浮充电流值等。防酸蓄电池组的初充电按制造厂规定或在制造厂技术人员指导下进行。

（三）防酸蓄电池组长期浮充电运行中，会使少数蓄电池落后，电解液密度下降，电压偏低。采取均衡充电的方法可使蓄电池消除硫化，恢复到良好运行状态。

（五）对防酸蓄电池组，值班员应定期进行巡视，主要检查每只蓄电池的液面高度、温度，有无漏液，接点是否接触良好，桩头有无生盐，极板有无弯曲和有效物是否有脱落等。若液面低于下限，应补充蒸馏水，电解液的密度应调整在合格范围内。

（六）防酸蓄电池组典型蓄电池密度和电压的测量，发电厂宜每天一次，有人值班变电站每周至少一次，无人值班变电站每月至少一次；防酸蓄电池组单体电压和电解液密度的测量，发电厂两周最少一次，变电站每月最少一次，测量应填写记录，并记下环境温度。

（七）防酸蓄电池组运行中电解液的液面高度应保持在高位线和低位线之间，当液面低于低位线时，应及时补充蒸馏水。调整电解液密度时，应在蓄电池组完全充电后进行。

第十四条　镉镍蓄电池的运行及维护

第十四条　镉镍蓄电池的运行及维护

（一）镉镍蓄电池组正常应以浮充电方式运行，高倍率镉镍蓄电池浮充电压值宜取 $(1.36\sim1.39)V\times N$，均衡充电宜取 $(1.47\sim1.48)V\times N$；中倍率镉镍蓄电池浮充电压值宜取 $(1.42\sim1.45)V\times N$，均衡充电宜取 $(1.52\sim1.55)V\times N$，浮充电流值宜取 $(2\sim5)mA\times Ah$。

（二）镉镍蓄电池组在运行中，主要监视蓄电池组端电压值、浮充电流值，每只单体蓄电池的电压值、电解液液面的高度、电解液的密度、电解液的温度、壳体是否有爬碱、运行环境温度是否超过允许范围等。无论在何种运行方式下，电解液的温度都不得超过 35℃。

第十五条　阀控蓄电池的运行及维护

（一）阀控蓄电池组正常应以浮充电方式运行，浮充电压值应控制为 $(2.23\sim2.28)V\times N$，一般宜控制在 $2.25V\times N$（25℃时）；均衡充电电压宜控制为 $(2.30\sim2.35)V\times N$。

（二）运行中的阀控蓄电池组主要监视蓄电池组的端电压值、浮充电流值、每只单体蓄电池的电压值、运行环境温度、蓄电池组及直流母线的对地电阻值和绝缘状态等。

（三）阀控蓄电池在运行中电压偏差值及放电终止电压值应符合表1规定。

（四）在巡视中应检查蓄电池的单体电压值，连接片有无松动和腐蚀现象，壳体有无渗漏和变形，极柱与安全阀周围是否有酸雾溢出，绝缘电阻是否下降，蓄电池通风散热是否良好，温度是否过高等。

表1	阀控蓄电池在运行中电压偏差值及放电终止电压值的规定		V
阀控密封铅酸蓄电池	标称电压		
	2	6	12
运行中的电压偏差值	±0.05	±0.15	±0.3
开路电压最大最小电压差值	0.03	0.04	0.06
放电终止电压值	1.80	5.40 (1.80×3)	10.80 (1.80×6)

4.7.2.4　浮充运行的蓄电池组控制

本条评价项目（见《评价》）的查评依据如下。

【依据】《电力系统用蓄电池直流电源装置运行与维护技术规程》(DL/T 724—2000)

6.1.1　防酸蓄电池组的运行方式及监视

a）防酸蓄电池组在正常运行中均以浮充方式运行，浮充电压值一般控制为 $(2.15\sim2.17)V\times N$（N 为电池个数）。GFD 防酸蓄电池组浮充电压值可控制到 $2.23V\times N$。

b）防酸蓄电池组在正常运行中主要监视端电压值、每只单体蓄电池的电压值、蓄电池液面的高度、电解液的密度、蓄电池内部的温度、蓄电池室的温度、浮充电流值的大小。

6.1.2　防酸蓄电池组的充电方式

a）初充电。

按制造厂家的使用说明书进行初充电。

b）浮充电。

防酸蓄电池组完成初充电后，以浮充电的方式投入正常运行，浮充电流的大小，根据具体使用说明书的数据整定，使蓄电池组保持额定容量。

6.2.1　镉镍蓄电池组的运行方式及监视

b）镉镍蓄电池组在正常运行中以浮充方式运行，高倍率镉镍蓄电池浮充电压值宜取 $(1.36\sim1.39)V\times N$、均衡充电宜取 $(1.47\sim1.48)V\times N$；中倍率镉镍蓄电池浮充电压值宜取 $(1.42\sim1.45)V\times N$、均衡充电压宜取 $(1.52\sim1.55)V\times N$，浮充电流值宜取 $(2\sim5)mA\times Ah$。

c）镉镍蓄电池组在运行中，主要监视端电压值，浮充电流值，每只单体蓄电池的电压值勤、蓄池液面高度、是否爬碱、电解液的密度，蓄电池内电解液的温度、运行环境温度等。

6.2.2 镉镍蓄电池组的充电制度

a）正常充电。

用 I_5 恒流对镉镍蓄电池进行的充电。蓄电池电压值逐渐上升到最高而稳定时，可认为蓄电池充满了容量，一般需要（5~7）h。

b）快速充电。

用 $2.5I_5$ 恒流对镉镍蓄电池充电 2h。

c）浮充充电。

在长期运行中，按浮充电压值进行的充电。

d）不管采用何种充电方式，电解液的温度不得超过 35℃。

6.3.1 阀控蓄电池组的运行方式及监视

b）运行方式及监视。

阀控蓄电池组在正常运行中以浮充电方式运行，浮充电压值控制为（2.23~2.28）V×N、均衡充电电压值宜控制为（2.30~2.35)V×N，在运行中主要监视蓄电池组的端电压值、浮充电流值，每只蓄电池的电压值、蓄电池及直流母线的对地电阻值和绝缘状态。

4.7.2.5 核对性放电或全容量放电试验

本条评价项目（见《评价》）的查评依据如下。

【依据1】《电力系统蓄电池直流电源装置运行与维护技术规程》（DL/T 724—2000）

6.1 防酸蓄电池组的运行及维护

6.1.3 核对性放电

长期浮充电方式运行的防酸蓄电池，极板表面将逐渐产生硫酸铅结晶体（一般称为"硫化"），堵塞极板的微孔，阻碍电解液的渗透，从而增大了蓄电池的内电阻，降低了极板中活性物质的作用，蓄电池容量大力下降。核对性放电可使蓄电池得到活化，容量得到恢复，使用寿命延长，确保发电厂和变电站的安全运行。核对性放电程序如下：

a）一组防酸蓄电池

发电厂或变电所只有一组蓄电池组，不能退出运行，也不能作全核对性放电，只允许用 I_{10} 电流放出其额定容量的 50%，在放电过程中，单体蓄电池电压不能低于 1.9V。放电后，应立即用 I_{10} 电流进行恒流充电，当蓄电池组电压达到（2.30~2.33)V×N 时转为恒压充电，当充电电流下降到 $0.1I_{10}$ 电流时，应转为浮充电运行，反复几次上述放电充电方式后，可认为蓄电池组得到了活化，容量得到了恢复。

b）两组防酸蓄电池

若发电厂和变电所具有两组蓄电池，则一组运行，另一组断开负荷，进行全核对放电。放电电流为 I_{10} 恒流。当单体电压为终止电压 1.8V 时，停止放电。放电过程中，记下蓄电池组的端电压，每个蓄电池端电压，电解液密度。若蓄电池组第一次核对性放电，就放出了额定容量，不再放电，那么充满容量后便可投入运行。若放充三次均达不到额定容量的 80%，则可判此组蓄电池使用年限已到，需安排更换。

c）防酸蓄电池核对性放电周期

新安装或大修中更换过电解液的防酸蓄电池组，第 1 年，每 6 个月进行一次核对放电。运行 1 年以后的防酸蓄电池组，1~2 年进行一次核对性放电。

6.2.4 镉镍蓄电池组的核对性放电

核对性放电程序：

a）一组镉镍蓄电池。

当发电厂或变电所中只有一组镉镍蓄电池时，不能退出运行，不能作全核对性放电，只允许用 I_5 电流放出额定容量的 50%，在放电过程中，每隔 0.5h 记录蓄电池组端电压值。若蓄电池组端电压值下

降到 $1.17V \times N$，应停止放电，并及时用 I5 电流充电。反复 2～3 次，蓄电池组额定容量可以得到恢复。若有备用蓄电池组作为临时借用，则此组镉镍蓄电池就可作全核对性放电。

b）两组镉镍蓄电池。

若发电厂或变电所中有两组镉镍蓄电池，可先对其中一组蓄电池进行全核对性放电。用 I_5 恒流放电，终止电压为 $1V \times N$。在放电过程中每隔 0.5h 记录蓄电组端电压值，每隔 1h 时，测一下每个镉镍蓄电池的电压值。若放充三次均达不到蓄电额定容量的 80% 以上，可认为此组蓄电池使用年限已到，需安排更换。

c）镉镍蓄电组核对性放电周期。

镉镍蓄电池组以长期浮充电运行中，每年必须进行一次全核对性的容量试验。

6.3.3 阀控蓄电池的核对性放电

长期使用限压限流的浮充电运行方式或只限压不限流的运行方式，无法判断阀控蓄电池的现有容量，内部是否失水或干裂。只有通过核对性放电，才能找出蓄电池存在的问题。

a）一组阀控蓄电池。

发电厂或变电所中只有一组电池，不能退出运行，也不能作全核对性放电，只能用 I_{10} 电流以恒流放出额定容量的 50%，在放电过程中，蓄电池组端电压不得低于 $2V \times N$。放电后应立即用 I_{10} 电流进行恒流限压充电→恒压充电→浮充电，反复放充 2 次～3 次，蓄电池组容量可得到恢复，蓄电池存在的缺陷也能找出和处理。若有备用阀控蓄电池组作临时代用，该组阀控蓄电池可作全核对性放电。

b）两组蓄电池。

发电厂或变电所中若具有两组阀控蓄电池，可先对其中一组阀控蓄电池组进行全核对性放电。用 I_{10} 电流恒流放电。当蓄电池组端电压下降到 $1.8V \times N$ 时，停止放电，隔（1～2）h 后，再用 I_{10} 电流进行恒流限压充电→恒压充电→浮充电。反复 2～3 次，蓄电池组存在的问题也能查出，容量也能得到恢复。若经过 3 次全核对性放充电，蓄电池组容量均达不到额定容量的 80% 以上，可认为此组阀控蓄电池使用年限已到，应安排更换。

c）阀控蓄电池核对性放电周期。

新安装或大修后的阀控蓄电池组，应进行全核对性放电试验，以后每隔 2 年～3 年进行一次核对性试验。运行了 6 年以后的阀控蓄电池，应每年做一次核对性放电试验。

【依据2】《国家电网有限公司十八项电网重大反事故措施（2018 年版修订版）》（国家电网设备〔2018〕979 号）

5.3 防止站用直流系统失电

5.3.2 基建阶段

5.3.2.2 安装完毕投运前，应对蓄电池组进行全容量核对性充放电试验，经 3 次充放电仍达不到 100% 额定容量的应整组更换。

5.3.3 运行阶段

5.3.3.4 新安装阀控密封蓄电池组，投运后每 2 年应进行一次核对性充放电试验，投运 4 年后应每年进行一次核对性充放电试验。

【依据3】《关于印发输变电设备运行规范的通知》（国家电网生技〔2005〕172 号）

第五章 蓄电池的运行及维护

（四）长期处于浮充电运行状态的防酸蓄电池会使内阻增加，容量降低。进行核对性放电，可使蓄电池极板有效物质得到活化，容量得到恢复，使用寿命得到延长。

1. 一组防酸蓄电池组的核对性放电

全站（厂）仅有一组蓄电池时，不应退出运行，也不应进行全核对性放电，只允许用 I_{10} 电流放出其额定容量的 50%。当任一单体蓄电池电压下降到 1.9V 时，应停止放电。放电后，应立即用 I_{10} 电流进行恒流充电。当蓄电池电压达到 $(2.3～2.33)V \times N$ 时转为恒压充电。当充电电流下降到 $0.1I_{10}$ 电流时，应转为浮充电运行。重复几次上述充放电过程后，蓄电池组极板得到了活化，容量可以得到恢复。

若有备用蓄电池组替换时，该组蓄电池可进行全核对性放电。

2. 两组防酸蓄电池组的核对性放电

全站（厂）若具有两组蓄电池时，则一组运行，另一组退出运行进行全核对性放电。放电用 I_{10} 恒流，当单体蓄电池电压下降到 1.8V 终止放电电压时，停止放电。放电过程中，记录蓄电池的端电压、每个单体蓄电池电压、电解液密度等参数。若蓄电池组第一次核对性放电就放出了额定容量，则不再放电，充满容量后便可投入运行；若放充三次均达不到蓄电池额定容量的 80% 以上，则应安排更换。

3. 防酸蓄电池组的核对性放电周期

新安装或检修中更换电解液的防酸蓄电池组，运行第一年，宜每 6 个月进行一次核对性放电；运行一年后的防酸蓄电池组，（1～2）年进行一次核对性放电。

第十四条　镉镍蓄电池的运行及维护

（三）镉镍蓄电池组的充电

3. 核对性放电

（1）一组镉镍蓄电池组的放电。

全站（厂）仅有一组蓄电池时，不能退出运行，也不能进行全核对性放电，只允许用 I_5 电流放出其额定容量的 50%。在放电过程中，每隔 0.5h 记录一次蓄电池端电压值。若蓄电池组端电压下降到 $1.17V \times N$ 时，应停止放电，并及时用 I_5 电流充电。反复 2 次～3 次，蓄电池组的容量可以得到恢复。

若有备用蓄电池组替换时，此组镉镍蓄电池可进行全核对性放电。

（2）两组镉镍蓄电池组的核对性放电。

若全站（厂）具有两组蓄电池时，则一组运行，另一组断开负荷进行全核对性放电。放电用 I_5 恒流，终止端电压为 $1.1V \times N$。在放电过程中，每隔 0.5h 记录一次蓄电池组端电压值。每隔 1h 测量一次每个蓄电池的电压值。若放充三次均达不到蓄电池额定容量的 80% 以上，则应安排更换。

（3）镉镍蓄电池组的核对性放电周期

运行中的镉镍蓄电池组，每年宜进行一次全核对性放电。

（五）镉镍蓄电池的液面高度应保持在中线，当液面偏低时，应注入纯蒸馏水，使整组蓄电池液面保持一致。应每三年应更换一次电解液。

（六）当镉镍蓄电池"爬碱"时，应及时将蓄电池壳体上的"爬碱"擦干净，或者更换为不会产生爬碱的新型大壳体镉镍蓄电池。

第十五条　阀控蓄电池的运行及维护

4. 阀控蓄电池的核对性放电

长期处于限压限流的浮充电运行方式或只限压不限流的运行方式，无法判断蓄电池的现有容量、内部是否失水或干枯。通过核对性放电，可以发现蓄电池容量缺陷。

（1）一组阀控蓄电池组的核对性放电。

全站（厂）仅有一组蓄电池时，不应退出运行，也不应进行全核对性放电，只允许用 I_{10} 电流放出其额定容量的 50%。在放电过程中，蓄电池组的端电压不应低于 $2V \times N$。放电后，应立即用 I_{10} 电流进行限压充电—恒压充电—浮充电。反复放充（2～3）次，蓄电池容量可以得到恢复。

若有备用蓄电池组替换时，该组蓄电池可进行全核对性放电。

（2）两组阀控蓄电池组的核对性放电。

若全站（厂）具有两组蓄电池时，则一组运行，另一组退出运行进行全核对性放电。放电用 I_{10} 恒流，当蓄电池组电压下降到 $1.8V \times N$ 时，停止放电。隔（1～2）h 后，再用 I_{10} 电流进行恒流限压充电—恒压充电—浮充电。反复放充（2～3）次，蓄电池容量可以得到恢复。若经过三次全核对性放充电，蓄电池组容量均达不到其额定容量的 80% 以上，则应安排更换。

（3）阀控蓄电池组的核对性放电周期。

新安装的阀控蓄电池在验收时应进行核对性充放电，以后每 2 年～3 年应进行一次核对性充放电，运行了 6 年以后的阀控蓄电池，宜每年进行一次核对性充放电。

（4）备用搁置的阀控蓄电池，每3个月进行一次补充充电。

4.7.2.6 直流系统各级熔断器和直流断路器的配置选择

本条评价项目（见《评价》）的查评依据如下。

【依据1】《国家电网有限公司十八项电网重大反事故措施（2018年版修订版）》（国家电网设备〔2018〕979号）

5.3 防止站用直流系统失电

5.3.1 设计阶段

5.3.1.1 设计资料中应提供全站直流系统上下级差配置图和各级断路器（熔断器）级差配合参数。

5.3.1.13 直流断路器不能满足上、下级保护配合要求时，应选用带短路短延时保护特性的直流断路器。

5.3.2 基建阶段

5.3.2.1 新建变电站投运前，应完成直流电源系统断路器上下级级差配合试验，核对熔断器级差参数，合格后方可投运。

5.3.2.5 直流电源系统除蓄电池组出口保护电器外，应使用直流专用断路器。蓄电池组出口回路宜采用熔断器，也可采用具有选择性保护的直流断路器。

5.3.2.6 直流回路隔离电器应装有辅助触点，蓄电池组总出口熔断器应装有报警触点，信号应可靠上传至调控部门。直流电源系统重要故障信号应硬接点输出至监控系统。

【依据2】《直流电源系统运行规范》（国家电网生技〔2005〕174号）

第十二条 运行管理

（八）直流熔断器和空气断路器应采用质量合格的产品，其熔断体或定值应按有关规定分级配置和整定，并定期进行核对，防止因其不正确动作而扩大事故。

（九）直流电源系统同一条支路中熔断器与空气断路器不应混用，尤其不应在空气断路器的上级使用熔断器。防止在回路故障时失去动作选择性。严禁直流回路使用交流空气断路器。

【依据3】《直流电源系统技术监督规定》（国家电网生技〔2005〕174号）

第二十七条 应加强直流系统熔断器的管理，熔断器应按有关规定分级配置。一个厂、站的直流熔断器或自动空气断路器，原则上应选用同一厂家系列产品。自动空气断路器使用前应进行特性和动作电流抽查。同一条支路上直流熔断器或自动空气断路器不应混合使用，尤其不能在自动空气断路器之前再使用熔断器。

【依据4】《电力工程直流电源系统设计技术规程》（DL/T 5044—2014）

5.1 保护

5.1.1 蓄电池出口回路、充电装置直流侧出口回路、直流馈线回路和蓄电池试验放电回路等应装设保护电器。

5.1.2 保护电器选择应符合下列规定：

1 蓄电池出口回路宜采用熔断器，也可采用具有选择性保护的直流断路器；

2 充电装置直流侧出口回路、直流馈线回路和蓄电池试验放电回路宜采用直流断路器，当直流断路器有极性要求时，对充电装置回路应采用反极性接线；

3 直流断路器的下级不应使用熔断器。

5.1.3 直流电源系统保护电器的选择性配合原则应符合下列要求：

1 熔断器装设在直流断路器上一级时，熔断器额定电流应为直流断路器额定电流的2倍及以上。

2 各级直流馈线断路器宜选用具有瞬时保护和反时限过电流保护的直流断路器。当不能满足上、下级保护配合要求时，可选用带短路短延时保护特性的直流断路器。

3 充电装置直流侧出口宜按直流馈线选用直流断路器，以便实现与蓄电池出口保护电器的选择性配合。

4 2台机组之间220V直流电源系统应急联络断路器应与相应的蓄电池组出口保护电器实现选择性配合。

5　采用分层辐射形供电时，直流柜至分电柜的馈线断路器宜选用具有短路短延时特性的直流塑壳断路器分电柜，直流馈线断路器宜选用直流微型断路器。

6　各级直流断路器配合采用电流比表述，宜符合本标准附录 A 表 A.5-1～表 A.5-5 的规定。

5.1.4　各级保护电器的配置应根据直流电源系统短路电流计算结果，保证具有可靠性、选择性、灵敏性和速动性。

4.7.2.7　直流系统屏（柜）元件的命名标志

本条评价项目（见《评价》）的查评依据如下。

【依据1】《继电保护和安全自动装置技术规程》（GB/T 14285—2006）

6　对相关回路及设备的要求

6.1　二次回路

6.1.1　本节适用于与继电保护和安全自动装置有关的二次回路。

6.1.8　控制电缆宜采用多芯电缆，应尽可能减少电缆根数。

在同一根电缆中不宜有不同安装单位的电缆芯。

对双重化保护的电流回路、电压回路、直流电源回路、双跳闸绕组的控制回路等，两套系统不应合用一根多芯电缆。

保护和控制设备的直流电源、交流电流、电压及信号引入回路应采用屏蔽电缆。

6.1.9　屏、柜和屏、柜上设备的前面和后面，应有必要的标志，标明其所属安装单位及用途。屏、柜上的设备，在布置上应使各安装单位分开，不应互相交叉。

【依据2】《国家电网有限公司防止电气误操作安全管理规定》（国家电网安监〔2018〕1119号）

3.1.2.2　操作设备应有明显标志，包括命名、编号、分合指示、旋转方向、切换位置的指示和区别电气相别的色标。

4.7.2.8　熔断器熔件备件的存放及标示

本条评价项目（见《评价》）的查评依据如下。

【依据】《直流电源系统运行管理规范》（国家电网生技〔2005〕174号）

第三十七条　备品备件管理

（一）应根据 DL/T 724 有关规定，并结合所使用设备的种类和运行情况，准备必要的备品备件。

（二）各种规格的熔断器应标明名称、型号、规格、数量等。

（三）不同规格的熔断器不得混放。

（四）当备品备件被使用后，应及时进行补充。

4.7.2.9　事故照明及自动切换装置

本条评价项目（见《评价》）的查评依据如下。

【依据1】《发电厂和变电站照明设计技术规定》（DL/T 5390—2014）

8.3.5　单机容量为 200MW 以下的火力发电厂的正常/应急直流照明应由直流系统供电，应急照明与正常照明可同时点亮，正常时由低压 380/220V 厂用电供电，事故时自动切换到蓄电池直流母线供电。

发电厂主控制室与集中控制室的应急照明，除长明灯外，也可为正常时由低压 380/220V 厂用电供电，事故时自动切换到蓄电池直流母线供电。

变电站应急照明宜采用交流照明灯由直流系统逆变供电或采用自带蓄电池的应急照明灯具。

应急照明切换装置应布置在方便操作的地方。

远离主厂房的重要辅助车间应急照明宜采用应急灯。

【依据2】《变电站管理规范》（国家电网生〔2006〕512号）

附录 E　（资料性附录）变电站设备定期试验轮换制度

E.2.4　变电站事故照明系统每月试验检查一次。

4.7.2.10　直流系统接线图和熔断器、直流断路器（空气断路器）定值一览表

本条评价项目（见《评价》）的查评依据如下。

【依据1】《直流电源系统技术监督规定》（国家电网生技〔2005〕174号）

第五十二条　运行班站和专业班组应按直流电源系统技术标准及有关管理规定，建立和健全运行和检修技术档案资料。直流电源系统设备或回路发生变更时，应及时修改图纸、填写记录，做到图实相符。技术资料档案应包括：

（一）直流电源系统设备台账；

（二）充电装置使用说明书、原理接线图、直流网络图、自动空气断路器和熔断器保护级差配置图；

（三）微机监控装置、自动装置、微机接地选线装置使用说明书；

（四）蓄电池组使用说明书、型式和出厂试验报告、充放电曲线；

（五）蓄电池投运前的完整充放电记录；

（六）蓄电池测量记录；

（七）产品出厂合格证明、材质检验报告、型式试验报告、出厂试验报告等文件和资料；

（八）设计图纸、设计变更证明文件、订货相关文件、监造报告、备品备件移交清单、安装调试记录、验收报告和记录等资料。

【依据2】《关于印发输变电设备运行规范的通知》（国家电网生技〔2005〕172号）

第三十四条　技术档案

（一）安装使用调试说明书。

（二）安装手册。

（三）厂家设备、装置性能测试记录，容量测试记录，图纸资料。

（四）产品合格证。

（五）直流系统接线图。

（六）直流空气断路器、熔断器配置一览表。

（七）交接试验记录。

（八）蓄电池充放电曲线。

（九）蓄电池定期充放电记录。

（十）蓄电池运行测试记录。

（十一）缺陷记录。

4.7.2.11　直流系统检修试验规程和现场运行规程

本条评价项目（见《评价》）的查评依据如下。

【依据1】《直流电源系统运行管理规范》（国家电网生技〔2005〕174号）

第十二条　运行管理

（二）运行主管单位每年应对所辖运行直流电源系统进行检查评价，落实直流系统电源设备缺陷，综合分析直流电源系统存在问题，正确做出设备状态评估，提出技术改造和检修意见。

（三）现场运行规程中应有直流电源系统运行维护和事故处理等有关内容，并应符合本厂、站直流电源系统实际。

（四）运行单位应有直流系统维护管理制度。

（五）对直流系统进行定期维护工作应纳入年度、月度工作计划。

（六）运行人员对发现的直流系统缺陷，应按维护管理职责和权限及时处理或上报。

第二十四条　发电厂、变电站的直流电源系统运行方式、日常维护、定期检测、故障处理等内容应纳入现场运行规程，并严格执行。

第三十二条　按有关规章制度要求定期开展直流电源系统的技术分析和设备状态评估。对频发性故障和缺陷要制定预防措施和检修方案，尚未消除的直流电源系统缺陷，应纳入月度或季度检修计划，落实责任，限期消缺。

第三十三条　直流电源设备的检修工作应按照《直流电源系统设备检修规范》制订检修安全技术措施，加强检修前的设备和回路检查以及检修过程中工艺、质量的控制。特别防止检修工作造成运行设备的直流电源消失，直流电压值等指标超出允许范围，直流回路短路、接地等故障发生而影响安全运行。

【依据2】《变电站管理规范》（国家电网生〔2006〕512号）

A.4.2 现场运行规程的管理要求

A.4.2.1 变电站在投运前必须建立现场运行规程。

A.4.2.2 各变电站负责本站设备现场运行规程的编写，站长及技术负责人校核后报送上级部门审核、批准。

A.4.2.3 站内现场设备、系统接线变动后在投运前，站长及技术负责人应负责落实完成新设备规程的制定及相关的修订工作，并报送上级部门审核、批准。

A.4.2.4 当上级颁发新的规程和反事故技术措施或应事故防范措施需要时，由站长及技术负责人负责，组织人员在规定时间内对现场规程的补充或对有关规定修订工作，书面报告上级部门。

A.4.2.5 变电站每年应对现场规程进行一次复查、修订，不需修订的，也应出具经复查人、批准人签名的"可以继续执行"的书面文件。

A.4.2.6 现场运行规程应每3年～5年进行一次全面的修订、审定并印发。

A.4.2.7 现场运行规程的补充或修订，应严格履行审批程序。

附录E （资料性附录）变电站设备定期试验轮换制度

E.2.3 蓄电池定期测试规定

E.2.3.1 铅酸蓄电池每月普测一次单体蓄电池的电压、密度，每周测一次代表电池的电压、密度。

E.2.3.2 碱性蓄电池每月测一次单体蓄电池的电压，每周测一次代表蓄电池的电压。

E.2.3.3 变电站的阀控密封铅酸蓄电池，每月普测一次电池的电压，每周测一次代表电池的电压。

E.2.3.4 代表电池应不少于整组电池个数的十分之一，选测的代表电池应相对固定，便于比较。

E.2.3.5 蓄电池测量值应保留小数点后两位，每次测完电池应审查测试结果。当电池电压或密度超限时，应在该电池电压或密度下边用红色横线标注，并应分析原因及时采取措施，设法使其恢复正常值，将检查处理结果写入蓄电池记录。对站内解决不了的问题，及时上报，由专业人员处理。

E.2.3.6 变电站应参照蓄电池厂家说明书及相关规程，写出符合实际的蓄电池测试规范及要求，并贴在蓄电池记录本中，以便测量人员核对。

E.2.3.7 变电站站长应及时审核蓄电池记录，并在每次测完的蓄电池记录（右下角）签字。

附录G （规范性附录）变电站应配备的国家法规、行业颁发的法规、规程

G.1.7 电力系统用蓄电池直流电源装置运行与维护技术规程

G.4.5 蓄电池记录

4.7.3 反措落实

本条评价项目（见《评价》）的查评依据如下。

【依据1】《直流电源系统技术监督规定》（国家电网生技〔2005〕174号）

第二十五条 运行单位应加强直流电源系统的运行监督管理，定期开展运行分析、事故预想、反事故演习、设备评估等活动，制订预防事故措施，防止直流电源系统原因造成或扩大事故。

第二十六 应加强对直流电源系统缺陷的分析和管理，运行中发现的缺陷要按规定及时上报，并应及时安排消缺。

第三十二条 按有关规章制度要求定期开展直流电源系统的技术分析和设备状态评估。对频发性故障和缺陷要制定预防措施和检修方案，尚未消除的直流电源系统缺陷，应纳入月度或季度检修计划，落实责任限期消缺。

【依据2】《变电站管理规范》（国家电网生〔2006〕512号）

4.5 反事故措施管理

4.5.1 变电站应根据上级反事故技术措施和安全性评价提出的整改意见的具体要求，定期对本站

设备的落实情况进行检查，督促落实。

4.5.2 配合主管部门按照反事故措施的要求和安全性评价提出的整改意见，分析设备现状，制订落实计划。

4.5.3 做好反措执行单位施工过程中的配合和验收工作，对现场反措执行不利的情况应及时向有关主管部门反映。

4.5.4 变电站进行大型作业时，应提前制定本站相应的反事故措施，以确保不发生各类事故。

4.5.5 定期对本站反事故措施的落实情况进行总结、备案，并上报有关部门。

【依据3】《国家电网有限公司十八项电网重大反事故措施（2018年版修订版）》（国家电网设备〔2018〕979号）

5.3 防止站用直流系统失电

5.3.1 设计阶段

5.3.1.3 新建变电站300Ah及以上的阀控式蓄电池组应安装在各自独立的专用蓄电池室内或在蓄电池组间设置防爆隔火墙。

5.3.1.4 蓄电池组正极和负极引出电缆不应共用一根电缆，并采用单根多股铜芯阻燃电缆。

5.3.1.5 酸性蓄电池室（不含阀控式密封铅酸蓄电池室）照明、采暖通风和空气调节设施均应为防爆型，开关和插座等应装在蓄电池室的门外。

5.3.2 基建阶段

5.3.2.3 交直流回路不得共用一根电缆，控制电缆不应与动力电缆并排铺设。对不满足要求的运行变电站，应采取加装防火隔离措施。

5.3.2.4 直流电源系统应采用阻燃电缆。两组及以上蓄电池组电缆，应分别铺设在各自独立的通道内，并尽量沿最短路径敷设。在穿越电缆竖井时，两组蓄电池电缆应分别加穿金属套管。对不满足要求的运行变电站，应采取防火隔离措施。

5 输配电设备

5.1 输电设备

5.1.1 35kV及以上架空输电线路

5.1.1.1 机制建设

5.1.1.1.1 运行分析会

本条评价项目（见《评价》）的查评依据如下。

【依据1】《架空输电线路运行规程》（DL/T 741—2010）

4.4 运行维护单位必须建立健全岗位责任制，运行、管理人员应掌握设备状况和维修技术，熟知有关规程制度，经常分析线路运行情况，提出并实施预防事故、提高安全运行水平的措施，如发生事故，应按电业生产事故调查有关规定进行。

【依据2】《架空输电线路运维管理规定》［国网（运检/4）305—2014］

第十一条 （市）公司运检部和检修分公司履行以下职责：

（三）组织开展线路月度、季度、年度运行分析，配合开展线路事故调查和典型故障分析。

第六十二条 省公司运检部每季度应组织1次运行分析会，省检修（分）公司、地（市）公司、县公司运检部每月组织1次运行分析会，输电运维班每月开展1次运行分析。线路运行水平主要参考指标见附件。

第六十三条 各级运检部门应及时组织开展故障分析工作，各级评价中心做好技术支撑。省检修（分）公司、地（市）公司运检部应在故障点确认后2日内组织完成故障分析，形成故障分析报告并报送省公司运检部。跨区线路故障分析报告应于故障点确认后3日内按要求完成，并报国网运检部。各级运检部门应适时组织召开典型故障分析会，总结故障经验，提出改进措施。

5.1.1.1.2 巡视管理

本条评价项目（见《评价》）的查评依据如下。

【依据1】《架空输电线路运行规程》（DL/T 741—2010）

6 巡视

线路巡视是为了掌握线路的运行状况，及时发现线路本体、附属设施以及线路保护区出现的缺陷或隐患，近距离对线路进行观测、检查、记录的工作，并为线路检修、维护及状态评价（评估）等提供依据。

6.1 线路运行单位对所管辖的每条输电线路，均应设专责巡线员，同时明确其巡视的范围、周期以及线路保护（包括宣传、组织群众护线）等责任。

6.2 地面巡线员应为身体健康、具有线路运行的基本知识和专业技能，熟悉有关规程并经安全技术考试合格的输电线路运检人员。地面巡视应配以必要的检修及安全工器具。

空中巡视人员应为身体健康、具有大专及以上文化、有较丰富的线路运行、检修经验，熟悉飞行基本规则、熟悉线路及周边环境，经理论及实际考试合格并被批准的输电线路运检人员。

6.3 根据不同的需要（或目的）以及采用的巡视方法，线路巡视分为以下五种：定期巡视、故障巡视、特殊巡视、监察性巡视、状态巡视及检测。

6.3.1 定期巡视（也称正常巡视）是专责巡线员按基本固定的周期对线路所进行的巡视，一般为每月1次。但为了及时发现和掌握线路的变化情况，可根据线路的具体情况，如季节变换、负荷变化或满足特殊需要等进行适当调整。巡视范围为全线或责任区段。

6.3.2 故障巡视是运行单位为查明线路故障点，故障原因及故障情况等所组织的线路巡视。故障巡视应在线路发生故障后及时进行，巡视人员由运行单位根据需要确定（不只是专责巡线员），巡视范围为发生故障的区段或全线。

6.3.3 特殊巡视是在特殊情况下或根据特殊需要、采用特殊巡视方法所进行的线路巡视，特殊巡视包括夜间巡视、交叉巡视、登杆塔检查、防外力破坏巡视以及直升机（或利用其他飞行器）空中巡视等。特殊巡视通常应根据线路运行状态、气候变化、路径特点或遭遇自然灾害、外力破坏等组织线路巡视，没有固定周期。特殊巡视的人员不局限于专责巡线员，巡视的范围视情况可为全线、特定区段或个别组件。

6.3.4 监察性巡视是各级生产管理人员，为检查运行单位以及专责巡视员的工作质量，为考核、调研等目的所进行的线路巡视。监察性巡视，线路运行单位生产管理人员至少每年2次；其上级单位（或部门）生产管理人员至少每年1次。巡视的范围不固定，可为1条或多条线路，也可选择个别区段。

6.3.5 状态巡视是对实行状态检修的线路，为掌握其运行状态所进行的巡视、检查和测量工作。其巡视周期是动态的，巡视范围为全线或责任区段。

6.4 线路巡视基本要求如下。

6.4.1 定期巡视应沿线路逐基逐档进行并实行立体式巡视，不得出现漏点（段），巡视对象包括线路本体、附属设施及线路保护区。

6.4.2 当地面巡视无法查清位于高空处的情况时，应采取其他的巡检方式加以补查，例如登杆塔检查、500kV及以上线路走线检查、利用飞行器进行空中检查等。

6.4.3 空中巡视属快速、高效的巡视方式，500kV及以上线路或地面难以到达地区的线路可推广采用，但不得以此取代地面巡视。

6.4.4 空中巡视，不论采用何种飞行器（有人或无人），均应经有关空管部门批准后方能实施，并应在飞行中严格遵守国家有关法律法规。

6.4.5 线路发生故障时，不论开关重合是否成功，均应及时组织故障巡视。巡视中巡视人员应将所分担的巡视区段全部巡完，不得中断或漏巡。发现故障点后应及时报告，遇有重大事故应设法保护现场。对引发事故的证物证件应妥为保管，设法取回，并对事故现场进行记录、拍摄，以便为事故分析提供证据或参考。

6.4.6 线路巡视中，如发现危急缺陷或线路遭到外力破坏等情况，应立即采取措施并向上级或有关部门报告，以便尽快予以处理。

对巡视中发现的可疑情况或无法认定的缺陷，应及时上报以便组织复查、处理。例如，巡线员发现导线弧垂有变化，并可能危及线路或周边安全，而现场又无法进行准确测量，此时就应即时上报。

6.5 研究、推广先进巡检技术

（1）稳步采用和推广实用先进技术，如GPS智能巡检系统、雷电定位系统、输电线路远程可视监控系统、导线温度监测系统、绝缘子污秽监测系统、导线覆冰在线监测系统、激光测距仪、红外热像仪等。

（2）进一步开展直升机巡线，并完善其管理制度。

（3）研究输电线路巡视新方法、新技术，如机器人巡线等。

6.6 巡视检查的内容可参照表5执行。

表5 架空输电线路巡视检查主要内容

巡视对象		检查线路本体、附属设施及保护区有无以下缺陷、变化或情况
一、线路本体	地基与基面	回填土下沉或缺土、水淹、冻胀、堆积杂物等
	杆塔基础	破损、酥松、裂纹、露筋、基础下沉、保护帽破损、边坡保护不够等

巡视对象		检查线路本体、附属设施及保护区有无以下缺陷、变化或情况
一、线路本体	杆塔	杆塔倾斜、主材弯曲、地线支架变形、塔材、螺栓丢失、严重锈蚀、脚钉缺失、爬梯变形、土埋塔脚等，混凝土杆未封杆顶、破损、裂纹等
	接地装置	断裂、严重锈蚀、螺栓松脱、接地带丢失、接地带外露、接地带连接部位有雷电烧痕等
	拉线及基础	拉线金具等被拆卸、拉线棒严重锈蚀或蚀损、拉线松弛、断股、严重锈蚀、基础回填土下沉或缺土等
	绝缘子	伞裙破损、严重污秽、有放电痕迹、弹簧销缺损、钢帽裂纹、断裂、钢脚严重锈蚀或蚀损、绝缘子串倾斜大于5°或200mm
	导线、地线、引流线、屏蔽线、OPGW	散股、断股、损伤、断线、放电烧伤、导线接头部位过热、悬挂漂浮物、弧垂过大或过小、严重锈蚀、有电晕现象、导线缠绕（混线）、覆冰、舞动、风偏过大、对交叉跨越物距离不够等
	线路金具	线夹断裂、裂纹、磨损、销钉脱落或严重锈蚀；均压环、屏蔽环烧伤、螺栓松动；防振锤跑位、脱落、严重锈蚀、阻尼线变形、烧伤；间隔棒松脱、变形或离位；各种连板、联接环、调整板损伤、裂纹等
二、附属设施	防雷装置	避雷器动作异常、计数器失效、破损、变形、引线松脱；放电间隙变化、烧伤等
	防鸟装置	固定式：破损、变形、螺栓松脱等。活动式：动作失灵、褪色、破损等。电子、光波、声响式：供电装置失效或功能失效、损坏等
	各种监测装置	缺失、损坏、功能失效等
	警告、防护、指示、相位等标志	缺失、损坏、字迹或颜色不清、严重锈蚀等
	航空警示器材	高塔警示灯、跨江线彩球等缺失、损坏、失灵
	防舞防冰装置	缺失、损坏等
	ADSS光缆	损坏、断裂、弛度变化等
三、线路保护区（外部环境）	建（构）筑物	有否违章建筑、导线与之安全距离不足等
	树木（竹林）	有否新栽树（竹）、导线与之安全距离不足等
	施工作业	线路下方或附近是否有打井、植树、砍伐树木或吊装、运输、铲（推）土等危及线路安全的作业等
	火灾、钓鱼	线路附近有人烧荒、先人祭祖现象；线路跨越鱼塘边无警示牌、山区巡线道上野猪夹、马蜂窝等
	交叉跨越变化	线路下方或邻近铁路、道路加高；出现新建或改建电力、通信线路、索道、管道等
	防洪、排水、基础保护设施	坍塌、淤堵、破损等
	自然灾害	山洪、泥石流、山体滑坡、江河泛滥以及冰、雪、风灾害等
	道路、桥梁	巡线道、桥梁损坏等
	污染源及变化	出现化工、水泥厂、冶炼厂等或污染加重
	采动影响区	有否出现新的采动影响区、对线路影响情况等
	其他	如线路附近有人放风筝、采石（开矿）、射击打靶、往线路上挂标语，有易燃、易爆物，藤蔓类植物攀附杆塔等

【依据2】《国家电网公司架空输电线路运维管理规定》［国网（运检/4）305—2014］

第二十九条　线路运检单位应建立健全线路巡视岗位责任制，按线路区段明确责任人。

第三十条　根据巡视不同的需要（或目的），线路巡视分为正常巡视、故障巡视和特殊巡视，并根据实际需要，组织开展直升机和无人机巡视工作。巡视内容见附件，巡视检查标准严格执行《架空输电线路运行规程》（DL/T 741）。

第三十一条　线路正常巡视采用状态巡视方式。状态巡视是指根据线路设备和通道环境特点，结合状态评价和运行经验确定线路区段的巡视周期并动态调整的巡视方式。

（一）输电运维班应逐线收集状态信息，主要包括：

1. 线路台账及状态评价信息。

2. 线路故障、缺陷、检测、在线监测、检修、家族缺陷等信息。

3. 线路通道及周边环境，主要包括跨越铁路、公路、河流、电力线、管道设施、建筑物等交跨信息，以及地质灾害、采动影响、树竹生长、施工作业等外部隐患信息。

4. 雷害、污闪、鸟害、舞动、覆冰、风害、山火、外破等易发区段信息。

5. 对电网安全和可靠供电有重要影响的线路信息。

6. 重要保电及电网特殊运行方式等特殊时段信息。

（二）线路状态信息应准确、完整地反映线路运行状况及通道环境状况，并及时补充完善。

（三）输电运维班应根据线路状态信息划分特殊区段，包括外破易发区、树竹速长区、偷盗多发区、采动影响区、山火高发区、地质灾害区、鸟害多发区、多雷区、风害区、微风振动区、重污区、重冰区、易舞区、季冻区、水淹（冲刷）区、垂钓区、无人区、重要跨越和大跨越等。线路特殊区段的主要特征见附件。

第三十二条　输电运维班应及时掌握通道内树竹生长、建筑物、地理环境、特殊气候特点及跨越铁路、公路、河流、电力线等详细分布状况，对重要线路或特殊区段应逐档绘制线路通道状态图，并根据通道状态变化动态修订。

第三十三条　线路状态巡视周期一般划分为3类，分类标准及相应的巡视周期按以下原则确定，并依据设备状况及外部环境变化进行动态调整。

（一）Ⅰ类线路巡视周期一般为1个月。主要包括：

1. 特高压交直流线路。

2. 状态评价结果为"注意""异常""严重"状态的线路区段。

3. 外破易发区、偷盗多发区、采动影响区、水淹（冲刷）区、垂钓区、重要跨越、大跨越等特殊区段。

4. 城市（城镇）及近郊区域的线路区段。

（二）Ⅱ类线路巡视周期一般为2个月。主要包括：

1. 远郊、平原、山地丘陵等一般区域的线路区段。

2. 状态评价为"正常"状态的线路区段。

（三）Ⅲ类线路巡视周期一般为3至6个月。主要包括：

1. 高山大岭、沿海滩涂地区一般为3个月。在大雪封山等特殊情况下，可适当延长周期，但不应超过6个月。

2. 无人区一般为3个月，在每年空中巡视1次的基础上可延长为6个月。

第三十四条　退运线路应纳入正常运维范围，巡视周期一般为3个月。发现丢失塔材等缺陷应及时进行处理，确保线路完好、稳固。

第三十五条　特殊时段的状态巡视基本周期按以下执行，视现场情况可适当调整。

（一）树竹速长区在春、夏季巡视周期一般为半个月。

（二）地质灾害区在雨季、洪涝多发期，巡视周期一般为半个月。

（三）山火高发区在山火高发时段巡视周期一般为10天。

（四）鸟害多发区、多雷区、风害区、微风振动区、重污区、重冰区、易舞区、季冻区等特殊区段在相应季节巡视周期一般为1个月。

（五）对线路通道内固定施工作业点，每月应至少巡视2次，必要时应安排人员现场值守或进行远程视频监视。

（六）重大保电、电网特殊方式等特殊时段，应制定专项运维保障方案，依据方案开展线路巡视。

第三十六条　跨区线路、重要电源送出线路、单电源线路、重要联络线路、电铁牵引站供电线路、重要负荷供电线路巡视周期不应超过1个月。

第三十七条　新、改建线路或区段在投运后3个月内，应每月进行1次全面巡视。

第三十八条　输电运维班对多雷区、微风振动区、重污区、重冰区、易舞区、大跨越等区段应适当开展带电登杆（塔）检查，重点抽查导线、地线（含 OPGW）、金具、绝缘子、防雷设施、在线监测装置等设备的运行情况，原则上 1 年不少于 1 次。对已开展直升机、无人机巡视的线路或区段，可不进行带电登杆（塔）检查。

第三十九条　线路运检单位组织输电运维班于每年 11 月 30 日前逐线逐段编报次年度巡视计划，经本单位运检部审核并经主管领导批准后下发执行。500（330）kV 及以上交直流线路的年度巡视计划应报省公司运检部备案。

第四十条　每月 28 日前，线路运检单位编制下发状态巡视月度实施计划。输电运维班应根据月度实施计划编制周计划并执行。

第四十一条　输电运维班在巡视中发现线路新增隐患及特殊区段范围发生变化时，应于每月 25 日汇总上报线路运检单位。线路运检单位应根据设备状况、季节和天气影响以及电网运行要求等，对巡视计划及巡视周期进行调整，并在本单位运检部备案。

第四十二条　输电运维班巡视中发现的缺陷、隐患应及时录入运检管理系统，最长不超过 3 日。

第四十三条　线路发生故障后，不论开关重合是否成功，线路运检单位均应根据气象环境、故障录波、行波测距、雷电定位系统、在线监测、现场巡视情况等信息初步判断故障类型，组织故障巡视。对故障现场应进行详细记录（包括通道环境、杆塔本体、基础等图像或视频资料），引发故障的物证应取回，必要时保护故障现场组织初步分析，并报上级运检部认定。线路故障信息应及时录入运检管理系统。

第四十四条　线路运检单位应在气候剧烈变化、自然灾害、外力影响、异常运行和对电网安全稳定运行有特殊要求时组织开展特殊巡视。巡视的范围视情况可为全线、特定区段或个别组件。

第四十五条　线路运检单位应积极采用直升机、无人机等巡检技术开展线路巡视工作，对跨区线路或重要线路应有计划地安排直升机、无人机巡检。

第四十六条　在线路巡视周期内，已开展直升机或无人机巡视的线路或区段，人工巡视周期可适当调整，巡视内容以通道环境和塔头以下部件为主。

【依据 3】《架空输电线路状态巡视规范（试行）》（运检二〔2013〕259 号）

第十五条　线路特殊区段的主要特征：

1. 外破易发区：存在施工作业，杆塔、拉线基础周围取土、挖沙、堆土，漂浮物集中，以及线路通道附近放风筝、钓鱼、射击、爆破采石等现象，可能造成线路故障或受损的区段。

2. 树竹速长区：跨越树木或竹林，且处于树竹快速生长期，当季自然生长高度可能不满足交跨距离的区段。

3. 偷盗多发区：社会治安环境较差，经常性发生盗窃、破坏线路本体及附属设施的区域。

4. 采动影响区：因地下开采作业引起或可能引起地表移动变形的区域。

5. 山火高发区：线路通道或周边树木、茅草等易燃性植被茂盛，且存在不安全用火、燃烧秸秆、防火烧荒、上坟祭祀等火灾隐患，易引发大面积火灾的区域。

6. 地质灾害区：存在崩塌、滑坡、泥石流、地面塌陷、地裂缝或地面沉降等地质灾害风险的区域。

7. 鸟害多发区：处于草原、候鸟迁徙通道，邻近河流、湖泊、大型水库、湿地等水域的鸟类活动明显的区域，以及杆塔上鸟窝较多或发生过多次鸟害故障的区域。

8. 多雷区：根据地闪密度分布图，雷电活动强度处于 C1 级及以上的区域。

9. 风害区：依据风区分布图，对应风速标准超过线路基本设计风速的区域，以及历史发生过强风天气造成线路倒塔、杆塔倾斜等故障的区域。

10. 微风振动区：在风载荷作用下，造成导线高频微幅振动较强的区域。

11. 重污区：根据污区分布图，污区等级在 d 级及以上的区域。

12. 重冰区：设计覆冰厚度为 20mm 及以上区段或根据运行经验出现超过 20mm 覆冰的区段。

13. 易舞区：根据舞动分布图，舞动等级在 2 级及以上的区域。

14. 季冻区：存在季节性土层结冻及融化，对杆塔基础造成影响的区域。

15. 水淹区：存在杆塔基础在水中被浸泡，冰挤，可能影响基础安全的区域。

16. 无人区：车辆、作业机械难以到达、常年无人居住、补给困难的区域，主要集中在高原、沙漠、戈壁滩等地区。

17. 重要跨越：跨越高速公路、电气化铁路和高铁的线路耐张段。

18. 大跨越：线路跨越通航江河、湖泊或海峡等，因挡距较大（在 1000m 以上）或杆塔较高（100m 以上），导线选型或杆塔设计需特殊考虑，且发生故障时严重影响航运或修复特别困难的耐张段。

【依据4】《架空输电线路状态评价导则》（Q/GDW 1173—2014）

3　术语及定义

3.6　正常状态

指线路（单元）各状态量处于稳定且在规程规定的警示值、注意值（以下简称标准限值）以内，可以正常运行。

3.7　注意状态

表示线路（单元）有部分状态量变化趋势朝接近标准限值方向发展，但未超过标准限值，仍可以继续运行，应加强运行中的监视或根据实际情况安排检修。

3.8　异常状态

表示线路（单元）已经有部分重要状态量接近或略微超过标准限值，应监视运行，并适时安排检修。

3.9　严重状态

表示线路（单元）已经有部分重要状态量严重超过标准限值，需要尽快安排检修。

【依据5】《国家电网公司电网设备缺陷管理规定》[国网（运检/3）297—2014]

第十七条　县公司运检部［检修（建设）工区］职责

（一）贯彻执行上级部门颁布的设备缺陷管理相关制度标准及其他规范性文件。

（二）监督、指导、评价考核所辖设备缺陷管理工作。

（三）组织下属班组及时、准确、完整地收集设备缺陷信息并录入生产管理信息系统，确保缺陷填报完整性、准确性、规范性和及时性；负责疑似家族缺陷信息收集、初步分析及上报，落实家族缺陷排查治理工作。

（四）准确定性所辖设备缺陷，制订消缺计划和方案，协调所辖设备缺陷处理，组织检修力量，调配检修物资。

（五）定期开展缺陷统计、分析和上报工作；审核批准所辖设备缺陷并及时上报。

（六）开展岗位技能培训，提高运检班组成员缺陷诊断分析和处理技能水平。

（七）组织运检班组开展所辖设备巡检、例行试验和诊断性试验，及时发现、汇报、跟踪和处理设备缺陷。

（八）缺陷消除前，采取必要预控措施，防止缺陷进一步扩大。

（九）组织消缺验收，形成验收意见和缺陷分析，完成缺陷闭环管理。

（十）疑似家族缺陷信息收集、初步分析及上报，落实家族缺陷排查治理工作。

第二十三条　缺陷登记时限：缺陷发现后72小时内必须录入到生产管理信息系统中。

第三十条　设备缺陷的处理时限。危急缺陷处理时限不超过 24 小时；严重缺陷处理时限不超过一个月；需停电处理的一般缺陷处理时限不超过一个例行试验检修周期，可不停电处理的一般缺陷处理时限原则上不超过三个月。

第三十三条　新建投产一年内发生的缺陷处理，由运检部门会同建设单位（或部门）进行消缺。若建设单位（或部门）难以组织在规定时限内完成缺陷处理，也应确定消缺方案，明确消缺时限，报本单位主管领导审核批准；若在本单位内部不能解决时，应报上一级主管部门审核批准。

5.1.1.2 专业管理

5.1.1.2.1 基础管理

5.1.1.2.1（1）现场运行规程（含大跨越段运行规程）、检修工艺规程、作业指导书和缺陷管理制度

本条评价项目（见《评价》）的查评依据如下。

【依据1】《国家电网公司安全工作规定》（国家电网企管〔2014〕1117号）

第二十七条　公司各级单位应建立健全保障安全的各项规程制度：

（一）根据上级颁发的制度标准及其他规范性文件和设备厂商的说明书，编制企业各类设备的现场运行规程和补充制度，经专业分管领导批准后按公司有关规定执行；

（二）在公司通用制度范围以外，根据上级颁发的检修规程、技术原则，制定本单位的检修管理补充规程；根据典型技术规程和设备制造说明，编制主、辅设备的检修工艺规程和质量标准，经专业分管领导批准后执行；

（三）根据国务院颁发的《电网调度管理条例》和国家颁发的有关规定以及上级的调控规程或细则，编制本系统的调控规程或细则，经专业分管领导批准后执行；

（四）根据上级颁发的施工管理规定，编制工程项目的施工组织设计和安全施工措施，按规定审批后执行。

第二十八条　公司所属各级单位应及时修订、复查现场规程，现场规程的补充或修订应严格履行审批程序。

（一）当上级颁发新的规程和反事故技术措施、设备系统变动、本单位事故防范措施需要时，应及时对现场规程进行补充或对有关条文进行修订，书面通知有关人员；

（二）每年应对现场规程进行一次复查、修订，并书面通知有关人员；不需修订的，也应出具经复查人、审核人、批准人签名的"可以继续执行"的书面文件，并通知有关人员；

（三）现场规程宜每3～5年进行一次全面修订、审定并印发。

第二十九条　省公司级单位应定期公布现行有效的规程制度清单；地市公司级单位、县公司级单位应每年至少一次对安全法律法规、标准规范、规章制度、操作规程的执行情况进行检查评估，公布一次本单位现行有效的现场规程制度清单，并按清单配齐各岗位有关的规程制度。

第三十条　公司所属各单位应按规定严格执行"两票（工作票、操作票）三制（交接班制、巡回检查制、设备定期试验轮换制）"和班前会、班后会制度，检修、施工作业应严格执行现场勘察制度。

第三十一条　公司所属各单位应严格执行各项技术监督规程、标准，充分发挥技术监督作用。

【依据2】《国家电网公司架空输电线路运维管理规定》［国网（运检/4）305—2014］

第二十八条　线路运检单位应编制500（330）千伏及以上交直流线路现场运行规程，其他线路宜编制现场运行规程。现场运行规程主要体现线路差异化运维要求，模板详见附件。

【依据3】《国家电网公司电网设备状态检修管理规定》［国网（运检/3）298—2014］

第五十九条　开工前工作负责人应做好技术交底和安全措施交底，按照现场标准化作业指导书（卡）要求，组织实施检修作业，做好现场安全、质量和工期控制。

第六十三条　检修实施时限要求：

（一）A、B、E类检修的施工方案、现场安全技术组织措施、标准化作业指导书（卡）等应在施工开始前一周批准。

（二）C、D类检修工作的标准化作业指导书（卡）等应在施工开始前一个工作日批准。

5.1.1.2.1（2）技术资料

本条评价项目（见《评价》）的查评依据如下。

【依据1】《国家电网公司架空输电线路运维管理规定》［国网（运检/4）305—2014］

第三十一条　线路正常巡视采用状态巡视方式。状态巡视是指根据线路设备和通道环境特点，结合状态评价和运行经验确定线路区段的巡视周期并动态调整的巡视方式。

（一）输电运维班应逐线收集状态信息，主要包括：

1. 线路台账及状态评价信息。

2. 线路故障、缺陷、检测、在线监测、检修、家族缺陷等信息。

3. 线路通道及周边环境主要包括跨越铁路、公路、河流、电力线、管道设施、建筑物等交跨信息，以及地质灾害、采动影响、树竹生长、施工作业等外部隐患信息。

4. 雷害、污闪、鸟害、舞动、覆冰、风害、山火、外破等易发区段信息。

5. 对电网安全和可靠供电有重要影响的线路信息。

6. 重要保电及电网特殊运行方式等特殊时段信息。

（二）线路状态信息应准确、完整地反映线路运行状况及通道环境状况，并及时补充完善。

（三）输电运维班应根据线路状态信息划分特殊区段，包括外破易发区、树竹速长区、偷盗多发区、采动影响区、山火高发区、地质灾害区、鸟害多发区、多雷区、风害区、微风振动区、重污区、重冰区、易舞区、季冻区、水淹（冲刷）区、垂钓区、无人区、重要跨越和大跨越等。线路特殊区段的主要特征见附件。

第一百零一条　线路运检单位应建立健全线路台账和运维管理技术档案。

第一百零二条　线路台账包括线路基本信息、杆塔基本信息、拉线信息、绝缘子信息、金具信息、杆塔附属设施、导线信息、地线信息、设备图纸资料、线路交叉跨越管理信息、防污监测点台账，详见附件。

第一百零三条　线路运检单位应存有但不限于以下资料：

（一）法律、法规、规程、规范及制度

1.《中华人民共和国电力法》；

2.《电力设施保护条例》；

3.《电力设施保护条例实施细则》；

4.《生产安全事故报告和调查处理条例》；

5.《电力安全事故应急处置和调查处理条例》；

6. GB 50665《1000kV 架空输电线路设计规范》；

7. GB 50545《110kV～750kV 架空输电线路设计规范》；

8. GB 50061《66 千伏及以下架空电力线路设计规范》；

9. GB 50233《架空送电线路施工及验收规范》；

10. GB/T 26218.1《污秽条件下使用的高压绝缘子的选择和尺寸确定 第一部分：定义、信息和一般原则》；

11. GB/T 50064《交流电气装置的过电压保护及绝缘配合设计规范》；

12. GB/T 50065《交流电气装置的接地设计规范》；

13. DL/T 626《劣化盘形绝缘子检测规程》；

14. DL/T 741《架空输电线路运行规程》；

15. DL/T 887《杆塔工频接地电阻测量》；

16. DL/T 966《送电线路带电作业技术导则》；

17.《国家电网公司电力安全工作规程（线路部分）》；

18.《国家电网公司十八项电网重大反事故措施（2018 年修订版）》；

19. 跨区输电线路重大反事故措施（试行）。

（二）图表

1. 地区电力系统接线图；

2. 污区分布图；

3. 雷区分布图；

4. 冰区分布图；

5. 舞动区分布图；

6. 风区分布图；

7. 事故跳闸统计表；

8. 反事故措施计划表；

9. 年度技改、大修计划表；

10. 人员培训计划。

（三）业主、设计和施工方移交的基础资料

1. 工程建设依据性文件及资料

1.1 国有土地使用证、规划许可证、施工许可证、建设用地许可证、用地批准等；

1.2 同规划、土地、林业、环保、建设、通信、军事、民航等单位的来往合同、协议；

1.3 可研报告和审批文件。

2. 线路设计文件及资料

2.1 工程初步设计资料及审查批复文件；

2.2 工程施工图设计资料及施工图会审意见。

3. 施工、供货文件及资料

3.1 工程质量文件及各种施工原始记录、数据；

3.2 隐蔽工程检查验收记录及签证书；

3.3 工程试验报告或记录；

3.4 质量监督报告；

3.5 工程竣工验收报告；

3.6 工程交接资料；

3.7 设备材料的供货资料。

（四）工作总结及分析报告

1. 线路年度工作计划、总结；

2. 线路月度、季度运行分析报告；

3. 故障、异常情况分析报告；

4. 专项技术分析报告；

5. 线路状态评价报告。

第一百零四条 输电运维班应存有但不限于以下资料：

（一）法律、法规、规程、制度

1.《中华人民共和国电力法》；

2.《电力设施保护条例》；

3.《电力设施保护条例实施细则》；

4.《生产安全事故报告和调查处理条例》；

5.《电力安全事故应急处置和调查处理条例》；

6. GB 50665《1000kV 架空输电线路设计规范》；

7. GB 50545《110kV～750kV 架空输电线路设计规范》；

8. GB 50061《66kV 及以下架空电力线路设计规范》；

9. GB 50233《架空送电线路施工及验收规范》；

10. GB/T 26218.1《污秽条件下使用的高压绝缘子的选择和尺寸确定 第一部分：定义、信息和一般原则》；

11. GB/T 50064《交流电气装置的过电压保护及绝缘配合设计规范》；

12. GB/T 50065《交流电气装置的接地设计规范》；

13. DL/T 626《劣化盘形绝缘子检测规程》；

14. DL/T 741《架空输电线路运行规程》；

15. DL/T 887《杆塔工频接地电阻测量》；

16. DL/T 966《送电线路带电作业技术导则》；

17.《国家电网公司电力安全工作规程（线路部分)》。

第一百零五条　输电运维班应及时搜集新建、技改大修、迁改线路的全部资料，并录入运检管理系统。

第一百零六条　运检管理系统信息录入管理要求：

（一）各级运检部门应组织开展运检管理系统信息运行维护工作，线路基础数据信息由输电运维班进行维护，并对信息及时性、完整性和准确性负责。

（二）输电运维班应在设备投运前，依照施工图完成新投运线路设备台账基础信息的录入工作。投运当天及时修改线路状态，7天内确保设备台账基础信息完善到位。

（三）输电运维班应在施工单位移交竣工资料后7天内完成设备变更（异动）的台账基础信息维护。

【依据2】《架空输电线路运行规程》（DL/T 741—2010)

12　技术管理

运行单位应采用先进科学的方式，从验收、运行到维护实行标准化、规范化的技术管理，提高输电线路设备的健康水平。

12.1　运行单位应建立和完善输电线路生产管理系统，并在此基础上开展有效的技术管理。

12.2　运行单位必须存有的有关资料，至少应包括下列基本的法律、法规、规程、制度。

g）电业生产人员培训制度；

j）安全工器具管理规定（试行）；

l）高压架空线路和发电厂、变电所环境污区分级及外绝缘选择标准；

12.3　运行单位至少应有下列图表。

b）设备一览表；

c）设备评级图表；

12.4　业主、设计和施工方移交的基础资料。

c）与沿线有关单位、政府、个人签订的合同、协议（包括青苗、林木等赔偿协议，交叉跨越、房屋拆迁协议、各种安全协议等）；

9）未完工程及需改进工程清单。

12.5　运行单位应结合实际需要，具备下列记录。

b）运行维护管理记录。

7）设备评级记录。

12.6　运行单位应结合实际需要，开展以下专项技术工作并形成专项技术管理记录：

a）设备台账

b）防雷管理；

c）防污闪管理；

d）防覆冰舞动管理；

e）线路特殊区段的管理；

f）保护区管理。

12.7　线路运行维护工作分析总结资料：

a）输电线路年度工作总结；

b）事故、异常情况分析；

c）专项技术分析报告；

d）线路设备运行状态评价报告。

【依据3】《110kV～750kV架空输电线路施工及验收规范》（GB 50233—2014)

10.3.1　工程竣工后应移交下列资料：

1　工程施工质量验收记录；

2 修改后的竣工图；

3 设计变更通知单及工程联系单；

4 原材料和器材出厂质量合格证明和试验报告；

5 代用材料清单；

6 工程试验报告和记录；

7 未按设计施工的各项明细表及附图；

8 施工缺陷处理明细表及附图；

9 相关协议书。

10.3.2 竣工资料的建档、整理、移交，应符合《科学技术档案案卷构成的一般要求》GB/T 11822 的规定及《建设工程文件归档整理规范》GB 50238 的规定。

10.3.3 竣工移交应完成各项验收、试验、资料移交，且试运行成功、施工、监理、设计、建设及运行各方应签署竣工验收签证书。

5.1.1.2.1（3）分界管理规定

本条评价项目（见《评价》）的查评依据如下。

【依据1】《架空输电线路运行规程》（DL/T 741—2010）

4.6 每条线路应有明确的维修管理界限，应与发电厂、变电所和相邻的运行管理单位明确划分分界点，不应出现空白点。

【依据2】国家电网公司架空输电线路运维管理规定［国网（运检/4）305—2014］

第二十七条 各级运检部门应明确所辖线路的运维管理界限，不得出现空白点。不同运维单位共同维护的线路，其分界点原则上按行政区域划分，由上级运检部门审核批准。

5.1.1.2.1（4）电力设施保护

本条评价项目（见《评价》）的查评依据如下。

【依据1】《架空输电线路运行规程》（DL/T 741—2010）

4.8 应开展电力设施保护宣传教育工作，建立和完善电力设施保护工作机制和责任制，加强线路保护区管理，防止外力破坏。

4.10 对易发生外力破坏、鸟害的地区和处于洪水冲刷区等区域内的输电线路，应加强巡视，并采取针对性技术措施。

10 线路保护区的运行要求

10.1 架空输电线路保护区内不得有建筑物、厂矿、树木（高跨设计除外）及其他生产活动。一般地区各级电压导线的边线保护区范围如表 10 所示。

表 10 　　　　　　　　　　一般地区各级电压导线的边线保护区范围

电压等级/kV	边线外距离/m
66～110	10
220～330	15
500	20
750	25

在厂矿、城镇等人口密集地区，架空输电线路保护区的区域可略小于上述规定。但各级电压导线边线延伸的距离，不应小于导线在最大计算弧垂及最大计算风偏后的水平距离和风偏后距建筑物的安全距离之和。

10.2 巡视人员应及时发现保护区隐患，并记录隐患的详细信息。

10.3 运行维护单位应联系隐患所属单位（个人），告知电力设施保护的有关规定，争及时隐患消除。

10.4 运行维护单位对无法消除的隐患，应及时上报，并做好现场监控工作。

10.5 运行维护单位应建立隐患台账，并及时更新。台账的内容包括：发现时间、地点、情况、所属单位（个人）、联系方式、处理情况及结果等。

10.6 运行维护单位应向保护区内有固定场地的施工单位宣讲《中华人民共和国电力法》和《电力设施保护条例》等有关规定，并与之签订安全责任书，同时加强线路巡视，必要时应进行现场监护。

10.7 运行维护单位对保护区内有可能危及线路安全运行的作业（如使用吊车等大型施工机械），应及时予以制止或令其采取安全措施，必要时应进行现场监护。

10.8 在易发生外部隐患的线路杆塔上或线路附近，应设置醒目的警示、警告类标识。

10.9 线路遭受破坏或线路组（配）件被盗，应及时报告当地公安部门并配合侦查。

10.10 宜采用先进的技防措施，对隐患进行预防或监控。

【依据2】《国家电网公司电力设施保护管理规定》［国网（运检/2）294—2014］

第十二条 各单位应建立层次清晰、分工明确的电力设施保护组织体系。成立由主管领导任组长、相关部门负责人为成员的电力设施保护领导小组，下设由归口管理部门负责人任组长、其他相关部门相关人员为成员的工作组，设施管理单位应将电力设施保护职责落实到班组一线人员。

第十三条 各单位应建立政府职能部门、供电企业、社会群众联防合作和部门联动、专业管理、属地保护相结合的工作机制，切实落实电力设施保护工作责任。

第十四条 各单位应划分电力设施保护责任区段，落实责任人，开展电力设施保护巡视检查、隐患排查治理和监督检查。

第十五条 充分发挥属地公司地域优势，积极推行电力设施通道防护属地化管理。

第十六条 各单位应建立防止外力破坏电力设施的预警机制，通过研究和分析，总结电力设施保护工作规律，做到防范关口前移，提高防范工作的预见性。

第十七条 各单位应建立电力设施外力破坏处置流程，加强事故抢修人员培训和备品备件管理。

第十八条 各单位应制定并不断完善外力破坏的人防、技防、物防措施。

第十九条 各单位应严密治安防控，确保重大节日、重大活动期间和特殊时期重要电力设施运行安全。加强对重要输变电设备的巡视和监控，必要时专人值守。

第二十条 各单位应加强输电线路及随输电线路敷设的通信线缆状态管理和通道隐患排查治理，及时发现和掌握输电线路和通信线缆通道的动态变化情况，根据输电线路和通信线缆重要程度和通道环境状况，合理划定可能发生外力破坏、盗窃等特殊区段，按区域、区段设定设备主人和群众护线人员，明确责任，确保防控措施落实到位。

第二十四条 当电力设施与其他设施相互妨碍时，设施管理单位应当按照相关法律、法规与相关部门协商处理，维护自身的合法权益，消除电力设施安全隐患，必要时应汇报当地政府相关行政管理部门协调解决。

第二十六条 各单位应制定并不断完善本专业电力设施保护的技术措施，设施管理单位应根据实际情况采取相应的防范措施。输、变、配电专业技术措施见附件。

第三十条 设施管理单位应明确电力设施的运维人员，运维人员作为本单位电力设施保护工作组成员参与电力设施保护隐患治理工作，建立隐患档案，并及时更新。

第三十一条 设施管理单位应积极与地方政府相关部门联系，建立沟通机制，强化信息沟通，预先了解各类市政、绿化、道路建设等工程的规划和建设情况，及早采取预防措施。

第三十三条 设施管理单位发现可能危及电力设施安全的行为，应立即加以制止，并向当事单位（人）发送安全隐患告知书（见附件）限期整改，同时抄送本单位营销部、安全监察质量部。营销部应配合设施管理单位与用户沟通，督促用户整改隐患。针对拒不整改的安全隐患，安全监察质量部应报备政府相关部门。

第三十四条 设施管理单位应积极配合政府相关部门严格执行可能危及电力设施安全的建设项目、施工作业的审批制度，预防施工外力损坏电力设施事故的发生。

第三十五条 在用电申请阶段，受理用电的单位应组织各有关单位和部门，对用户拟建建筑物、构筑物或拟用施工机具与电力设施的安全距离是否符合要求等进行联合现场勘察，必要时可在送电前与用户签订电力设施保护安全协议（见附件），作为供用电合同的附件。安全协议应规定双方在保护电力设施安全方面的责任和义务，以及中断供电条件，包括保护范围、防护措施、应尽义务、违约责任、事故赔偿标准等内容。

第三十七条 属地供电企业应担负其所在地相应的护线责任，组织群众护线人员开展隐患排查，及时发现、报告并协助处理电力设施保护区内的外破隐患。

第三十八条 属地供电企业每年应定期开展电力线路、电缆通道和通信线缆附近施工外力、异物挂线、树竹障碍等隐患排查治理专项活动，对排查出的隐患要及时治理，必要时报请政府相关部门依法督促隐患整改。

第三十九条 设施管理单位和属地供电企业应组织建立吊车、水泥罐车等特种工程车辆车主、驾驶员及大型工程项目经理、施工员、安全员等相关人员数据库（台账资料），开展电力安全知识培训，定期发送安全提醒短信，充分利用公益广告、媒体宣传等方式推动培训宣传工作常态化。

第四十条 对施工外力隐患（大型施工项目），设施管理单位应事先与施工单位（含建设单位、外包单位）沟通，根据签订的《电力设施保护安全协议》，指导施工单位制订详细的《电力设施防护方案》。

第四十二条 设施管理单位应要求施工单位在每个可能危及电力设施安全运行的施工工序开始前，通知设施管理单位派人前往现场监护。如遇复杂施工项目，设施管理单位应派人24小时看守监护。

第四十五条 各单位应严格按照财政部、公安部、国家税务总局关于石油天然气和"三电"基础设施安全保护费用管理和公司电网检修运维和运营管理成本标准的要求，为电力设施保护工作提供经费保障。

第四十六条 电力设施保护经费纳入预算管理，各级单位应编制年度电力设施保护费用预算，逐级审定纳入公司整体预算方案，并由归口管理部门组织检查执行情况。

第四十七条 对发生损毁的电力设施，设施管理单位应做好现场取证，根据设施的损坏程度及供电影响，按照相关法律法规和规章规定，履行索赔手续或对责任单位（人）进行索赔。

第四十八条 各单位应积极开展电力设施保护工作经验交流和人员培训。省公司级单位每年至少组织1次电力设施保护专业经验交流与培训；设施管理单位每年至少组织2次电力设施保护专业经验交流与培训，必要时组织吊车等特种机械、车辆操作人员电力设施保护培训。

第四十九条 各单位应加大电力设施保护宣传和教育力度，充分利用广播电视、手机短信、网络媒体等手段进行宣传。设施管理单位每年至少开展1次电力设施保护宣传月（周）活动。

第五十条 各单位应建立健全电力设施保护档案，统一保管，并实施动态管理。档案应翔实、完整，符合实际，全面反映电力设施的基本情况和护电管理情况。

5.1.1.2.1（5）线路设备状态评价

本条评价项目（见《评价》）的查评依据如下。

【依据1】《国家电网公司架空输电线路运维管理规定》[国网（运检/4）305—2014]

第六十四条 省公司运检部组织，设备状态评价中心负责，省检修（分）公司、地（市）公司、县公司运检部根据《架空输电线路状态评价导则》对线路设备的整体状况开展评价工作：

（一）状态评价工作应纳入日常生产管理，定期进行。对评价为异常、严重状态的线路应制定相应的检修策略并结合技改大修进行处理。

（二）评价结果应形成报告并按时报上级运检部。

第六十六条 新投运线路投运后1个月内，线路运检单位应组织输电运维班开展1次全面检测，并进行首次状态评价工作。

【依据2】《国家电网公司电网设备状态检修管理规定》[国网（运检/3）298—2014]

第三十三条 状态评价是状态检修的核心内容。状态评价应通过持续开展设备状态跟踪监视和趋势分析，综合专业巡视、带电检测、在线监测、例行试验、诊断性试验等各种技术手段，依据电网设备状态评价导则进行评价，准确掌握设备运行状态。

第三十四条 设备状态评价分为定期评价和动态评价。

（一）定期评价指每年为制订下年度设备状态检修计划，集中组织开展的电网设备状态评价工作。输变电设备定期评价每年不少于一次，特别重要配电设备定期评价1年一次，重要配电设备2年一次，一般配电设备3年一次。

（二）动态评价指除定期评价以外适时开展的电网设备状态评价工作。主要类别包括：

1. 新设备首次评价：基建、技改设备投运后，综合设备出厂试验、安装信息、交接试验信息以及带电检测、在线监测等数据，对设备进行的状态评价。

2. 缺陷评价：指发现设备缺陷后，根据设备相关状态量的改变，结合带电检测和在线监测等数据对设备进行的状态评价。

3. 经历不良工况后评价：设备经受高温、雷电、冰冻、洪涝等自然灾害、外力破坏等环境影响以及超温、过负荷、外部短路等工况后，对设备进行的状态评价。

4. 检修评价：设备检修试验前后，根据设备最新检修及试验相关信息对设备进行的状态评价。

5. 家族缺陷评价：指上级发布家族缺陷信息后，对运维范围内可能存在家族缺陷的设备进行的状态评价。

6. 特殊时期专项评价：各种重大保电活动、电网迎峰度夏、迎峰度冬前对设备进行的状态评价。

第三十五条 设备定期评价根据设备电压等级不同，逐级开展评价。

第三十六条 设备动态评价根据评价类别分别开展。新设备首次评价、经历不良工况后评价由运维人员开展。检修评价与检修试验报告流程同步进行。缺陷评价与缺陷处理流程同步进行。家族缺陷评价、特殊时期专项评价由运检部及状态评价班组织相关人员开展。省设备状态评价中心直接参与500（330）千伏及以上输变电设备动态评价。

【依据3】《架空输电线路状态评价导则》（Q/GDW 1173—2014）

5 线路的状态评价

5.1 总则

线路的状态评价分为线路单元状态评价和线路总体状态评价两部分。线路状态评价后应利用线路整体评分修正评价结果。

5.2 线路单元状态评价

5.2.1 线路单元的划分

根据线路的特点，将线路分为基础、杆塔、导地线、绝缘子串、金具、接地装置、附属设施和通道环境等八个线路单元。

5.2.2 线路单元状态量扣分原则

在确定线路单元状态量扣分时，应对该条线路所有同类设备的状态进行评价。某一状态量在线路不同地方出现多处扣分时，不得将多处扣分进行累加，应取其中最严重的扣分作为该状态的扣分。线路单元状态量的评价标准见附录A。

5.2.3 线路单元状态评价方法：

a）线路单元状态分为正常状态、注意状态、异常状态和严重状态。

b）线路单元的评价应同时考虑单项状态量的扣分和该单元所有状态量的合计扣分情况，线路单元状态评价标准见表2。

c）当任一状态量单项扣分和单元所有状态量合计扣分同时符合表2中正常状态扣分规定时，应视为正常状态。

d）当任一状态量单项扣分或单元所有状态量合计扣分符合表2中注意状态扣分规定时，应视为注意状态。

e）当任一状态量单项扣分符合表2中异常状态或严重状态扣分规定时，应视为异常状态或严重状态。

5.2.4 线路单元状态评价报告

线路单元状态评价报告格式见附录B。

5.1.1.2.1（6）线路杆塔标志

本条评价项目（见《评价》）的查评依据如下。

【依据1】《110kV～750kV及以下架空输电线路设计规范》（GB 50545—2010）

16.0.2 杆塔上的固定标志应符合下列规定：

1 所有杆塔均应标明线路的名称、代号和杆塔号。

2 所有耐张型杆塔、分支杆塔和换位杆塔前后各一基杆塔上，均应有明显的相位标志。

3 在多因路杆塔上或在同一走廊内的平行线路的杆塔均应标明每一线路的名称和代号。

4 高杆塔应按航空部门的规定装设航空障碍标志。

5 杆塔上固定标志的尺寸、颜色和内容还应符合运行部门的要求。

【依据2】《架空输电线路运行规程》（DL/T 741—2010）

4.11 线路的杆塔上必须有线路名称、杆塔编号、相位以及必要的安全、保护等标志，同塔双回、多回线路应有醒目的标识。

4.12 运行中应加强对防鸟装置、标志牌、警示牌及有关监测装置等附属设施的维护，确保其完好无损。

【依据3】《国家电网公司安全设施标准 第2部分：电力线路》（Q/GDW 434.2—2010）

6.2 架空线路标志

6.2.1 线路每基杆塔均应配置标志牌或涂刷标志，标明线路的名称、电压等级和杆塔号。新建线路杆塔号应与杆塔数量一致。若线路改建，改建线路段的杆塔号可采用"n+1"或"n-1"（n为改建前的杆塔编号）形式。

6.2.2 耐张型杆塔、分支杆塔和换位杆塔前后各一基杆塔上，应有明显的相位标志。相位标志牌基本形式为圆形，标准颜色为黄色、绿色、红色。

6.2.3 在杆塔适当位置宜喷涂线路名称和杆塔号，以在标志牌丢失情况下仍能正确辨识杆塔。

6.2.4 杆塔标志牌的基本形式一般为矩形，白底，红色黑体字，安装在杆塔的小号侧。特殊地形的杆塔，标志牌可悬挂在其他的醒目方位上。

6.2.5 同杆塔架设的双（多）回线路应在横担上设置鲜明的异色标志加以区分。各回路标志牌底色应与本回路色标一致，白色黑体字（黄底时为黑色黑体字）。色标颜色按照红黄绿蓝白紫排列使用。

6.2.6 同杆架设的双（多）回路标志牌应在每回路对应的小号侧安装，特殊情况可在回路对应的杆塔两侧面安装。

6.2.7 110kV及以上电压等级线路悬挂高度距地面5～12m、涂刷高度距地面3m；110kV及以下电压等级线路悬挂高度距地面3～5m、涂刷高度距地面3m。

5.1.1.2.2 巡视和维护

5.1.1.2.2（1）登杆塔检查或采用其他巡视方式

本条评价项目（见《评价》）的查评依据如下。

【依据】《架空输电线路运行规程》（DL/T 741—2010）

详见5.1.1.1.2。

5.1.1.2.2（2）在线监测装置

本条评价项目（见《评价》）的查评依据如下。

【依据】《国家电网公司架空输电线路运维管理规定》[国网（运检/4）305—2014]

第五十二条 线路运检单位应加强线路在线监测装置的运维工作，及时更换失效的在线监测装置。

第六十九条 防治冰害

（一）各级运检部门应加强沿线气象环境资料的调研收集，建设观冰站（点）、自动气象站，安装气象在线监测装置，并按照气象监测工作要求，组织开展气象观测工作，掌握特殊地形、特殊气候区域的资料，每3年统一修订舞动区分布图、冰区分布图。

第七十六条 气象监测站（点）包括观冰站（含气象监测）、观冰点、自动气象站、微气象在线监测装置。

第八十六条 在线监测装置数据通过自动采集形式上传至输变电设备状态监测系统。

5.1.1.2.2（3）导线接续金具及导、地线

本条评价项目（见《评价》）的查评依据如下。

【依据1】《架空输电线路运行规程》（DL/T 741—2010）

7 检测

7.1 线路检测是发现设备隐患、开展设备状态评估、为状态检修提供科学依据的重要手段。

7.2 所采用的检测技术应成熟，方法应正确可靠，测试数据应准确。

7.3 应做好检测结果的记录和统计分析，并做好检测资料的存档保管。

7.4 检测项目与周期规定见表7。

表7   检 测 项 目 与 周 期

项　目		周期/年	备　注
杆塔	钢筋混凝土杆裂缝与缺陷检查	必要时	根据巡视发现的问题
	钢筋混凝土杆受冻情况检查 （1）杆内积水； （2）冻土上拔； （3）水泥杆放水孔检查	1 1 1	根据巡视发现的问题 在结冻前进行 在结冻和解冻后进行 在结冻前进行
	杆塔、铁件锈蚀情况检查	3	对新建线路投运5年后，进行一次全面检查，以后结合巡线情况而定；对杆塔进行防腐处理后应做现场检验
	杆塔倾斜、挠度	必要时	根据实际情况选点测量
	钢管塔	必要时	应满足DL/T 5130的要求
	钢管杆	必要时	对新建线路投运1年后，进行一次全面检查，应满足DL/T 5130的要求
	表面锈蚀情况	1	对新建线路投运2年内，每年测量1次，以后根据巡线情况
	挠度测量	必要时	
绝缘子	盘形绝缘子绝缘测试	3	投运第一年开始，根据绝缘子劣化速度可适当延长或缩短周期。但要求检测时应全线检测，以掌握其劣化率和绝缘子运行情况
	盘形瓷绝缘子污秽度测量	1	根据实际情况定点测量，或根据巡视情况选点测量
	绝缘子金属附件检查	2	投运后第5年开始抽查
	瓷绝缘子裂纹、纲帽裂纹、浇装水泥及伞裙与钢帽位移	必要时	每次清扫时
	玻璃绝缘子钢帽裂纹、闪络灼伤	必要时	每次清扫
	复合绝缘子伞裙、护套、粘接剂老化、破损、裂纹；金具及附件锈蚀	2～3	根据运行需要
	复合绝缘子电气机械抽样检测试验	5	投运5～8年后开始抽查，以后至少每5年抽查
导线地线 （OPGW） （铝包钢）	导线、地线磨损、断股、破股、严重锈蚀、闪络烧伤、松动等	每次检修时	抽查导线、地线线夹必须及时打开检查
	大跨越导线、地线振动测量	2～5	对一般线路应选择有代表性挡距进行现场振动测量，测量点应包括悬垂线夹、防振锤及间隔棒线夹处，根据振动情况选点测量
	导线、地线舞动观测		在舞动发生时应及时观测
	导线弧垂、对地距离、交叉跨越距离测量	必要时	线路投入运行1年后测量1次，以后根据巡视结果决定
金具	导流金具的测试： （1）直线接续金具； （2）不同金属接续金具； （3）并沟线夹、跳线连接板、压接式耐张线夹	必要时 必要时 每次检修	接续管采用望远镜，观察接续管口导线有否断股、灯笼泡或最大张力后导线拔出移位现象；每次线路检修测试连接金具螺栓扭矩值符合标准；红外测试应在线路负荷较大时抽测，根据测试结果确定是否进行测试
	金具锈蚀、磨损、裂纹、变形检查	每次检修时	外观难以看到的部位，要打开螺栓、垫圈检查或用仪器检查。如果开展线路远红外测温工作，则每年进行一次测温，根据测温结果确定是否进行测试
	间隔棒（器）检查	每次检修时	投运1年后紧固1次，以后进行抽查

项 目		周期/年	备 注
防雷设施及接地装置	杆塔接地电阻测量	5	根据运行情况可调整时间，每次故障后的杆塔测试
	线路避雷器检测	5	根据运行情况或设备的要求可调整时间
	地线间隙检查	必要时	根据巡视发现的问题进行
	防雷间隙检查	1	
基础	铁塔、钢管杆（塔）基础（金属基础、预制基础、现场浇制基础、灌注桩基础）	5	抽查，挖开地面1m以下，检查金属件锈蚀、混凝土裂纹、酥松、损伤等变化情况
	拉线（拉棒）装置、接地装置	5	拉线直径测量；接地电阻测试必要时开挖
	基础沉降测量	必要时	根据实际情况选点测量
其他	气象测量	必要时	选点进行
	无线电干扰测量	必要时	根据实际情况选点测量
	感应场强测量	必要时	根据实际情况选点测量

注 1. 检测周期可根据本地区实际情况进行适当调整，但应经本单位总工程师批准。
2. 检测项目的数量及线段可由运行单位根据实际情况选定。
3. 大跨越或易舞区宜选择具有代表性地段杆塔装设在线监测装置。

【依据2】《带电设备红外诊断应用规范》（DL/T 664—2016）

7 红外线检测周期

7.1 一般要求

检测周期原则上应根据电气设备在电力系统中的作用及重要性、被测设备的电压等级、负载容量、负荷率、投运时间和设备状态等综合确定。

因热像检测出缺陷而做了检修的设备，应进行红外线复测。

7.3 输电线路的检测周期要求

输电线路的检测周期应满足以下要求：

a）正常运行的500kV及以上架空输电线路和重要的220（330）kV架空输电线路的接续金具，每年宜进行一次检测；110（66）kV输电线路，不宜超过两年进行一次检测。

b）配电线路根据需要，如重要供电用户、重负荷线路和认为必时，宜每年进行一次检测，其他不宜超过三年进行一次检测。

c）新投产和大修改造后的线路，可在投运带负荷后不超过1个月（至少24h以后）进行一次检测。

d）对于线路上的瓷绝缘子和合成绝缘子，建议有条件的（包括检测设备、检测技能、检测要求以及检测环境允许条件等）也可进行周期检测。

e）对电力电缆主要检测电缆终端和中间接头，对于大直径隧道施放的电缆宜全线检测，110kV及以上每年检测不少于两次，35kV及以下每年检测一次。

f）串联电抗器，线路阻波器的检测周期与其所在线路检测周期一致。

g）对重负荷线路，运行环境较差时应适当缩短检测周期；重大事件、节日、重要负荷以及设备负荷陡增等特殊情况应增加检测次数。

5.1.1.2.2（4）振动测量

本条评价项目（见《评价》）的查评依据如下。

【依据】《架空输电线路运行规程》（DL/T 741—2010）

详见5.1.1.2.2（3）。

5.1.1.2.2（5）杆塔、铁件及杆塔地下部分（金属基础、拉线装置、接地装置）锈蚀情况

本条评价项目（见《评价》）的查评依据如下。

【依据1】《架空输电线路运行规程》（DL/T 741—2010）

详见5.1.1.2.2（3）。

【依据2】《国家电网有限公司十八项电网重大反事故措施（2018年修订版）》国家电网设备〔2018〕979号

14.1.1.2 对于110（66）kV及以上电压等级新建、改建变电站，在中性或酸性土壤地区，接地装置选用热镀锌钢为宜，在强碱性土壤地区或者其站址土壤和地下水条件会引起钢质材料严重腐蚀的

中性土壤地区，宜采用铜质、铜覆钢（铜层厚度不小于0.25mm）或者其他具有防腐性能材质的接地网。对于室内变电站及地下变电站应采用铜质材料的接地网。

14.1.2.1　对于已投运的接地装置，应每年根据变电站短路容量的变化，校核接地装置（包括设备接地引下线）的热稳定容量，并结合短路容量变化情况和接地装置的腐蚀程度有针对性地对接地装置进行改造。对于变电站中的不接地、经消弧线圈接地、经低阻或高阻接地系统，必须按异点两相接地故障校核接地装置的热稳定容量。

14.1.2.2　投运10年及以上的非地下变电站接地网，应定期开挖（间隔不大于5年），抽检接地网的腐蚀情况，每站抽检5～8个点。铜质材料接地体地网整体情况评估合格的不必定期开挖检查。

5.1.1.2.2（6）线路本体技术性能及附属设施

本条评价项目（见《评价》）的查评依据如下。

【依据1】《架空输电线路运行规程》（DL/T 741—2010）

5　运行标准

5.1　杆塔与基础

5.1.1　基础表面水泥不应脱落，钢筋不应外露，装配式、插入式基础不应出现锈蚀，基础周围保护土层不应流失、塌陷；基础边坡保护距离应满足DL/T 5092的要求。

5.1.2　杆塔的倾斜、杆（塔）顶挠度、横担的歪斜程度不应超过表1的规定。

表1　　　　杆塔倾斜、杆（塔）顶挠度、横担歪斜最大允许值　　　　　（%）

类　　别	钢筋混凝土电杆	钢管杆	角钢塔	钢管塔
直线杆塔倾斜度（包括挠度）	1.5%	0.5%（倾斜度）	0.5%（50m及以上高度铁塔）1.0%（50m以下高度铁塔）	0.5%
直线转角杆最大挠度	0.7%			
转角和终端杆66kV及以下最大挠度	1.5%			
转角和终端杆110kV～220kV最大挠度	2%			
杆塔横担歪斜度	1.0%		1.0%	0.5%

5.1.3　铁塔主材相邻结点间弯曲度不应超过0.2%。

5.1.4　钢筋混凝土杆保护层不应腐蚀脱落、钢筋外露，普通钢筋混凝土杆不应有纵向裂纹和横向裂纹。

缝隙宽度不应超过0.2mm，预应力钢筋混凝土杆不应有裂纹。

5.1.5　拉线拉棒锈蚀后直径减少值不应超过2mm。

5.1.6　拉线基础层厚度、宽度不应减少。

5.1.7　拉线镀锌钢绞线不应断股，镀锌层不应锈蚀、脱落。

5.1.8　接线张力应均匀、不应严重松弛。

5.2　导线与地线

5.2.1　导线、地线由于断股、损伤造成强度损失或减少截面的处理标准按表2的规定。

表2　　　　　导线、地线断股、损伤造成强度损失或减少截面的处理标准

线别	处理方法			
	金属单丝、预绞式补修条补修	预绞式护线条、普通补修管补修	加长型补修管、预绞式接续条	接续管、预绞丝接续条、接续管补强接续条
钢芯铝绞线钢芯铝合金绞线	导线在同一处损伤导致强度损失未超过总拉断力的5%且截面积损伤未超过总导电部分截面积的7%	导线在同一处损伤导致强度损失在总拉断力的5%～17%，且截面积损伤在总导电部分截面积的7%～25%	导线损伤范围导致强度损失在总拉断力的17%～50%，且截面积损伤在总导电部分截面积的25%～60%	导线损伤范围导致强度损失在总拉断力的50%以上，且截面积损伤在总导电部分截面积的60%及以上
铝绞线铝合金绞线	断损伤截面积不超过总面积7%	断股损伤面积占总面积7%～25%	断股损伤面积占总面积25%～60%	断股损伤截面积超过总面积60%及以上

线别	处理方法			
	金属单丝、预绞式补修条补修	预绞式护线条、普通补修管补修	加长型补修管、预绞式接续条	接续管、预绞丝接续条、接续管补强接续条
镀锌钢绞线	19股断1股	7股断1股 19股断2股	7股断2股 19股断3股	7股断2股以上 19股断3股以上
OPGW	断损伤截面积不超过总面积7%（光纤单元未损伤）	断股损伤截面积占面积7%～17%，光纤单元未损伤（修补管不适用）		

注 1. 钢芯铝绞线导线应未伤及钢芯，计算强度损失或总铝截面损伤时，按铝股的总拉断力和铝总截面积作基数进行计算。
　　2. 铝绞线、铝合金绞线导线计算损伤截面时，按导线的总截面积作基数进行计算。
　　3. 良导体架空地线按钢芯铝绞线计算强度损失和铝截面损失。

5.2.2　导线、地线腐蚀、外层脱落或疲劳状态，强度试验值小于原破坏值的80%。

5.2.3　导线、地线弧垂超过设计允许偏差：110kV及以下线路为＋6.0%、－2.5%，220kV及以上线路为＋3.0%、－2.5%。

5.2.4　导线相间相对弧垂值超过：110kV及以下线路为200mm，220kV及以上线路为300mm。

5.2.5　相分裂导线同相子导线相对弧垂值不应超过以下值：垂直排列双分裂导线100mm，其他排列形式分裂导线220kV为80mm，330kV及以上线路50mm。

5.2.6　OPGW接地引线松动或对地放电。

5.2.7　导线对地线距离及交叉距离不符合附录A的要求。

5.3　绝缘子

5.3.1　瓷质绝缘子伞裙破损，瓷质有裂纹，瓷釉烧坏。

5.3.2　玻璃绝缘子自爆或表面有裂纹。

5.3.3　棒形及盘形复合绝缘子伞裙、护套不应出现破损或龟裂，端头密封开裂、老化。

5.3.4　钢帽、绝缘件、钢脚不在同一轴线上，钢脚、钢帽、浇装水泥不应有裂纹、歪斜、变形或严重锈蚀，钢脚与钢帽槽口间隙超标。钢脚锈蚀判据标准见附录B。

5.3.5　盘型绝缘子绝缘电阻330kV及以下线路小于300MΩ，500kV及以上线路小于500MΩ。

5.3.6　盘型绝缘子分布电压为零或低值。

5.3.7　锁紧销不应脱落变形。

5.3.8　绝缘横担有严重结垢、裂纹，不应出现瓷釉烧坏、瓷质损坏、伞裙破损。

5.3.9　直线杆塔绝缘子串顺线路方向偏斜角（除设计要求的预偏外）不应大于7.5°，或偏移值不应大于300mm，绝缘横担端部偏移不应大于100mm。

5.3.10　地线绝缘子、地线间隙不应出现非雷击放电或烧伤。

5.4　金具

5.4.1　金具木休不应出现变形、锈蚀、烧伤、裂纹，连接处转动应灵活，强度低于原值的80%；

5.4.2　防振锤、防振阻尼线、间隔棒等金具不应发生位移、变形、疲劳；

5.4.3　屏蔽环、均压环不应出现松动、变形，均压环不得反装；

5.4.4　OPGW余缆固定金具不应脱落，接续盒不应松动、漏水；

5.4.5　OPGW预绞丝线夹不应出现疲劳断脱或滑移；

5.4.6　接续金具不应出现下列任一情况；

a）外观鼓包、裂纹、烧伤、滑移或出口处断股，弯曲度不符合有关规程要求；

b）温度高于相邻导线温度10℃，跳线联板温度高于相邻导线温度10℃；

c）过热变色或连接螺栓松动；

d）金具内部严重烧伤、断股或压接不实（有抽头或位移）。

e）并沟线夹、跳线引流板螺栓扭矩值未达到相应规格螺栓拧紧力矩（见表3）。

表3			螺栓型金具钢制热镀锌螺栓拧紧力矩值				
螺栓直径/mm	8	10	12	14	16	18	20
拧紧力矩/(N·m)	9～11	18～23	32～40	50	80～100	115～140	105

5.5 接地装置

5.5.1 检测的工频接地电阻值（已按季节系数换算）不应大于设计规定值（见表4）。

5.5.2 多根接地引下线接地电阻值不应出现明显差别；

5.5.3 接地引下线不应断开或与接地体接触不良；

5.5.4 接地装置不应出现外露或腐蚀严重，被腐蚀后其导体截面不应低于原值的80%。

表4	水平接地体的季节系数
接地射线埋深/m	季节系数
0.5	1.4～1.8
0.8～1.0	1.25～1.45

注 检测接地装置工频接地电阻时，如土壤较干燥，季节系数取较小值；土壤较潮湿时，季节系数取较大值。

【依据2】《架空输电线路运行规程》（DL/T 741—2010）

4.12 运行中应加强对防鸟装置、标志牌、警示牌及有关监测装置等附属设施的维护，确保其完好无损。

5.1.1.2.2（7）防冻、防覆冰、防洪汛、防水、防火、防风沙、防外破、防鸟设施检查

本条评价项目（见《评价》）的查评依据如下。

【依据1】《架空输电线路运行规程》（DL/T 741—2010）

详见5.1.1.2（4）。

【依据2】《架空输电线路运维管理规定》[国网（运检/4）305—2014]

第六十九条 防治冰害

（一）各级运检部门应加强沿线气象环境资料的调研收集，建设观冰站（点）、自动气象站，安装气象在线监测装置，并按照气象监测工作要求，组织开展气象观测工作，掌握特殊地形、特殊气候区域的资料，每3年统一修订舞动区分布图、冰区分布图。

（二）各级运检部门应利用公司覆冰预测预警系统开展线路覆冰气候、形势、厚度自动化预报和冰情监测，及时掌握线路覆冰情况，发布预警信息。各线路运检单位应按照冰情预报、预警信息做好抗冰、融冰准备工作。

（三）各级运检部门应组织开展覆冰舞动故障分析工作，掌握覆冰舞动规律和故障特点。线路运检单位根据舞动区分布图开展差异化防舞动治理。输电运维班应加强防舞效果的观测和防舞装置的维护。

（四）输电运维班应在覆冰季节前对线路做全面检查，落实除冰、融冰和防舞动措施。线路覆冰后，对线路覆冰、舞动重点区段的导地线线夹出口处、绝缘子锁紧销及相关金具进行检查和消缺，及时校核和调整导地线弧垂。

（五）各线路运检单位应根据覆冰厚度和天气情况，对导地线采取融冰、除冰等措施以减少导地线覆冰。

（六）各级运检部门应结合冰区分布图，对设计冰厚取值偏低、抗冰能力弱而又未采取防冰措施的线路进行改造。

第七十条 防治风偏

（一）各级运检部门应加强线路防风偏管理，组织开展风偏故障统计分析工作，掌握沿线气象环境资料，每3年统一修订风区分布图。

（二）各级运检部门组织开展风偏校核，加强山区线路大挡距的边坡及新增交叉跨越的排查，对影响线路安全运行的隐患及时治理。

（三）输电运维班应在线路风偏故障后检查导线、金具、铁塔等受损情况并及时处理。更换不同型式的悬垂绝缘子串后，应重新校核杆塔间隙是否满足要求。

（四）对处于强风区、飑线风多发的局部微气象区段杆塔，应根据故障时风速调查情况重新核算设计条件。

第七十一条 防治外力破坏

（一）省公司应充分发挥地（市）、县公司地域优势，建立线路通道属地化管理及考核机制；地（市）、县公司实行线路通道属地化管理，做好督促、检查落实工作；乡镇供电所开展35千伏及以上线路的通道维护、清障和防外破等具体工作。

（二）各级运检部门应不断完善线路通道安全联防、联控机制。线路运检单位应组织开展群众护线工作，加强联防护线员的业务培训，落实异常情况汇报制度。

（三）各级运检部门应建立防外破内部联控、外部联防机制，加强防外破过程工作检查和重大事件的协调；线路运检单位开展外力破坏故障分析工作，掌握故障特点，划分易发区域，建立隐患档案，及时跟踪处理，实现闭环管理；输电运维班应对外部隐患进行排查治理。

（四）线路运检单位应建立吊车、水泥泵车等特种工程车辆车主、驾驶员及大型工程项目经理、施工员、安全员等相关人员数据库，开展电力安全知识培训，定期发送安全提醒短信，利用公益广告、媒体等方式开展防外力破坏宣传。

（五）线路运检单位应主动服务，与线路保护区内的施工单位签订安全协议，必要时参加其组织的工程协调会，分析确定阶段施工中的高危作业，提前预警，指导其采取保证线路安全的防护措施。对每个可能危及线路安全运行的施工工序，应现场监护，重点危险区段应24小时值守。

（六）线路运检单位发现可能危及线路安全的行为，应立即加以制止，并向当事人发送安全隐患告知书，限期整改。

（七）输电运维班应在线路保护区的区界、山火易发区、盗窃易发区、人员密集区、施工作业区、跨越重要公路和航道的区段，设立明显警示标识并安装防护装置，必要时安装视频监视系统。

（八）各级运检部门应利用公司线路山火监测预警系统实时监测线路周边的火点位置和范围，分析火险火情对线路可能产生的影响，发布线路山火预警信息。各线路运检单位应根据预警信息做好处置准备工作。

（九）输电运维班应定期开展防山火宣传，在山火易发时段及清明节前后等特殊时期，应加强线路巡视和线路走廊内的杂草、树木、易燃易爆物品等清理，并对重点防火地段派人值守，必要时可加装视频监控等设施。

（十）线路发生外力破坏事件时，应向上级运检部门说清楚事件经过、发生原因及责任处理，并尽快落实防范措施。各级运检部门应结合电力设施保护检查，对措施落实情况进行核查。

第七十二条 防治鸟害

（一）各级运检部门应组织开展鸟害故障分析工作，掌握鸟类活动规律和鸟害故障特点，划分鸟害易发区域，制定鸟害防范措施。

（二）输电运维班应在鸟害多发区线路采取安装防鸟装置等措施，并加强检查和维护，及时更换失效防鸟装置。

（三）输电运维班应及时拆除线路绝缘子挂点正上方的鸟巢，并及时清扫鸟粪污染的绝缘子。

【依据3】《国家电网公司架空输电线路防冰工作规范化指导意见》（运检二〔2014〕115号）

第十二条 运维单位履行以下职责：

（一）贯彻执行线路防冰工作的有关标准、规程、制度、规定。

（三）组织线路隐患排查，落实线路防冰技术措施。

（四）编制线路防冰工作方案、现场处置方案，开展防冰培训与处置演练。

（五）负责防冰装备的日常维护。

（六）收集上报线路覆冰基础信息、观冰信息。

（七）开展线路融冰、除冰。

（八）开展线路现场处置，配合线路大型应急抢修。

（九）负责线路恢复申请及线路设备检查。

第十九条　每年覆冰期结束后，运维单位组织对覆冰线路进行集中巡视和隐患排查，全面评估设备运行状态和冰害对线路的影响。

第二十条　运维单位根据冰区分布图、故障情况、运行经验及评估结果，对经校核抗冰能力达不到要求的线路进行抗冰技术改造。

第二十一条　运维单位根据舞动区域分布图、故障情况、运行经验及评估结果，按反事故措施要求，进行舞动区域线路技术改造。

【依据4】《国家电网公司架空输电线路防山火工作规范化指导意见》（运检二〔2014〕115号）

第十二条　运维单位履行以下职责：

（一）贯彻执行防山火工作的有关标准、规程、制度、规定。

（二）建立防山火监测预警工作网络，组织开展相关工作。

（三）落实线路防山火技术措施。

（四）编制线路防山火工作方案、现场处置方案，参加防山火培训与演练。

（五）负责防山火装备的日常维护。

（六）收集上报线路相关基础信息、火点验证及处置信息。

（七）组织开展线路防山火巡视与蹲守。

（八）确定线路山火预警等级并进行相应的山火处置。

（九）负责线路防山火工作分析与总结。

第十八条　运维单位应结合运行经验，开展线路隐患排查，对导线近地隐患点等防山火达不到要求的线路区段，宜采取硬化、降基、杆塔升高及改道等措施进行技术改造。

第十九条　对于经过速生林区的线路区段，运维单位应协商当地林业部门或户主，采取林地转租、植被置换等措施，在线路通道外侧种植防火树种，形成生物防火隔离带，必要时修筑隔离墙或与林业部门同步砍伐防山火隔离带。在线路保护区内将易燃、速生物置换成低矮非易燃经济物。

第二十条　加强山火易发区段通道清理。

（一）运检部门应根据线路地形、植被种类及相关技术要求，按照线路重要性制定差异化通道清理标准，落实资金投入。

（二）运维单位应开展通道隐患排查，建立防山火重点区段及防控措施档案。

（三）运维单位应严格落实通道清理标准，及时将通道内的灌木茅草清理干净，特殊晴热时段适当增加防山火清理次数。

第二十三条　运行单位根据线路通道可燃物和火源情况，划分防山火重点区段。防山火区段分级参照以下标准。

Ⅰ级防火区段：存在火源隐患跨越成片浓密茅草、蒿草以及茅蒿草与松树林混合植被，且最小净空距离小于20m的线路区段。

Ⅱ级防火区段：存在火源隐患，跨越成片灌木、乔木，且最小净空距离小于20的线路区段；线路下方植被为成片树木的线路区段。

第二十四条　运维单位根据当地习俗及气候特点划分防山火重点时段，主要包括春节、春耕、上坟祭祖（清明、中元、冬至等）、秸秆焚烧（夏收、秋收）、其他特殊（易发山火节日庆典、连续晴热干燥天气等）等时段。

第二十五条　运维单位根据防山火重点区段和重点时段，编制现场工作方案，制订巡视计划，明确蹲守布点及巡视频次要求，落实检查考核安排。

第二十六条　运维单位提前编制防山火工作方案和现场处置方案，开展防山火现场处置演练。

第二十七条　运维单每年更新填报线路山火危险点信息，并归档存储职责范围内的线路山火危险点信息。

第四十一条　防山火重点时段，开展防山火巡视与蹲守。

（一）Ⅰ级防山火区段，通道巡视每日应不少于 2 次，护线员应每日开展不间断巡视。对于跨区电网线路，还应安排专人 24 小时蹲守。

（二）Ⅱ级防山火区段，通道巡视每日应不少于 1 次，护线员应每日巡视不少于 2 次。对于跨区电网线路，通道巡视每日应不少于 2 次。

第四十二条　运维班组开展防山火巡视，应拍摄巡视照片，记录巡视内容、缺陷，加强与地方山火防护员联系，发现山火及时主动求援。

5.1.1.2.3　外绝缘配置及防污闪工作

5.1.1.2.3　（1）污区图资料

本条评价项目（见《评价》）的查评依据如下。

【依据 1】《架空输电线路运行规程》（DL/T 741—2010）

4.9　线路外绝缘的配置应在长期监测的基础上，结合运行经验，综合考虑防污、防雷、防风偏、防覆冰等因素。

【依据 2】《电力系统污区分级与外绝缘选择标准》（Q/GDW 152.1—2014）

附录 G

（资料性附录）

运行经验

G.1　污闪率是检验设备运行成功与否的主要标准，运行经验表明：设备外绝缘配置与现场污秽度相适时，污闪跳闸率就会根低；不相适应时，污闪跳闸率就会增高，甚至造成电网大面积污闪事故。我国地域广阔，气候多样，大气污染相对比较严重，中、东部经济较发达地区尤其如此，西部地区（经济不发达地区）也有加重趋势。因此，仍可能发生污闪，通常电压等级越高，对线路与变电站运行的可靠性要求也越高，对电网主网架、大电厂和枢纽变电站及其送出线要尽可能止污闪的发生。

不同电压等级的轴电线路应挑计污闪（不含冰闪、雨闪、覆雪闪络）跳闸率，积累运行经验。

【依据 3】《国家电网有限公司十八项电网重大反事故措施（2018 年修订版）》国家电网设备〔2018〕979 号

7　防止输变电设备污闪事故

为防止发生输变电设备污闪事故，应严格执行《污秽条件下使用的高压绝缘子的选择和尺寸确定》（GB/T 26218—2010）、《电力系统污区分级与外绝缘选择标准》（Q/GDW 1152—2014）、《电气装置安装工程电气设备交接试验标准》（GB 50150—2016）、《劣化悬式绝缘子检测规程》（DL/T 626—2015）、《国家电网公司关于印发电网设备技术标准差异条款统一意见的通知》（国家电网科〔2017〕549 号），并提出以下重点要求：

7.1　设计和基建阶段

7.1.1　新、改（扩）建输变电设备的外绝缘配置应以最新版污区分布图为基础，综合考虑附近的环境、气象、污秽发展和运行经验等因素确定。线路设计时，交流 c 级以下污区外绝缘按 c 级配置；c、d 级污区按照上限配置；e 级污区可按照实际情况配置，并适当留有裕度。变电站设计时，c 级以下污区外绝缘按 c 级配置；c、d 级污区可根据环境情况适当提高配置；e 级污区可按照实际情况配置。

7.1.2　对于饱和等值盐密大于 $0.35 mg/cm^2$ 的，应单独校核绝缘配置。特高压交直流工程一般需要开展专项沿线污秽调查以确定外绝缘配置。海拔高度超过 1000m 时，外绝缘配置应进行海拔修正。

7.1.3　选用合理的绝缘子材质和伞形。中重污区变电站悬垂串宜采用复合绝缘子，支柱绝缘子、组合电器宜采用硅橡胶外绝缘。变电站站址应尽量避让交流 e 级区，如不能避让，变电站宜采用 GIS、HGIS 设备或全户内变电站。中重污区输电线路悬垂串、220kV 及以下电压等级耐张串宜采用复合绝缘子，330kV 及以上电压等级耐张串宜采用瓷或玻璃绝缘子。对于自洁能力差（年平均降雨量小于800mm）、冬春季易发生污闪的地区，若采用足够爬电距离的瓷或玻璃绝缘子仍无法满足安全运行需要时，宜采用工厂化喷涂防污闪涂料。

7.1.4　对易发生覆冰闪络、湿雪闪络或大雨闪络地区的外绝缘设计，宜采取 V 形串、不同盘径绝缘子组合或加装辅助伞裙等的措施。

7.1.5　对粉尘污染严重地区，宜选用自洁能力强的绝缘子，如外伞形绝缘子，变电设备可采取加装辅助伞裙等措施。玻璃绝缘子用于沿海、盐湖、水泥厂和冶炼厂等特殊区域时，应涂覆防污闪涂料。复合外绝缘用于苯、酒精类等化工厂附近时，应提高绝缘配置水平。

7.1.6　安装在非密封户内的设备外绝缘设计应考虑户内场湿度和实际污秽度，与户外设备外绝缘的污秽等级差异不宜大于一级。

7.1.7　加强绝缘子全过程管理，全面规范绝缘子选型、招标、监造、验收及安装等环节，确保使用运行经验成熟、质量稳定的绝缘子。

7.1.8　盘形悬式瓷绝缘子安装前，现场应逐个进行零值检测。

7.1.9　瓷或玻璃绝缘子安装前需涂覆防污闪涂料时，宜采用工厂复合化工艺，运输及安装时应注意避免绝缘子涂层擦伤。

7.2　运行阶段

7.2.1　根据"适当均匀、总体照顾"的原则，采用"网格化"方法开展饱和污秽度测试布点，兼顾疏密程度、兼顾未来电网发展。局部重污染区、特殊污秽区、重要输电通道、微气象区、极端气象区等特殊区域应增加布点。根据标准要求开展污秽取样与测试。

7.2.2　应以现场污秽度为主要依据，结合运行经验、污湿特征，考虑连续无降水日的大幅度延长等影响因素开展污区分布图修订。污秽等级变化时，应及时进行外绝缘配置校核。

7.2.3　对外绝缘配置不满足运行要求的输变电设备应进行治理。防污闪措施包括增加绝缘子片数、更换防污绝缘子、涂覆防污闪涂料、更换复合绝缘子、加装辅助伞裙等。

7.2.4　清扫作为辅助性防污闪措施，可用于暂不满足防污闪配置要求的输变电设备及污染特殊严重区域的输变电设备。

7.2.5　出现快速积污、长期干旱或外绝缘配置暂不满足运行要求，且可能发生污闪的情况时，可紧急采取带电水冲洗、带电清扫、直流线路降压运行等措施。

7.2.6　绝缘子上方金属部件严重锈蚀可能造成绝缘子表面污染，或绝缘子表面覆盖藻类、苔藓等，可能造成闪络的，应及时采取措施进行处理。

7.2.7　在大雾、毛毛雨、覆冰（雪）等恶劣天气过程中，宜加强特殊巡视，可采用红外热成像、紫外成像等手段判定设备外绝缘运行状态。

7.2.8　对于水泥厂、有机溶剂类化工厂附近的复合外绝缘设备，应加强憎水性检测。

7.2.9　瓷或玻璃绝缘子需要涂覆防污闪涂料，如采用现场涂覆工艺，应加强施工、验收、现场抽检各个环节的管理。

7.2.10　避雷器不宜单独加装辅助伞裙，宜将辅助伞裙与防污闪涂料结合使用。

【依据4】《国家电网公司架空输电线路运维管理规定》[国网（运检/4）305—2014]

第六十八条　防治污闪

（一）防治线路污闪工作目标：不发生大面积电网污闪停电事件和 500（330）千伏及以上线路污闪跳闸。

（二）省检修（分）公司、地（市）公司、县公司运检部应根据新建线路情况及污源变化等及时调整污秽监测点。

（三）输电运维班应每年进行污秽监测点绝缘子的污秽测量，线路运检单位汇总上报。省设备状态评价中心应结合沿线污源变化和污秽测量数据，每 3 年统一修订污区分布图；线路运检单位依据修订的污区分布图及时开展外绝缘校核，并报省设备状态评价中心复核。

（四）线路的外绝缘配置应不低于所处地区污秽等级所对应的爬电比距上限值，对不满足要求的应采取喷涂防污闪涂料、更换复合绝缘子、调爬等措施进行改造。

（五）省设备状态评价中心应定期开展复合绝缘子电气、机械抽样检测试验。输电运维班应加强零值、低值瓷绝缘子的检测，及时更换自爆玻璃绝缘子及零、低值瓷绝缘子。未喷涂防污闪涂料的瓷、玻璃绝缘子应结合停电检修做好清扫；必要时对已喷涂防污闪涂料的瓷、玻璃绝缘子开展憎水性检查。

5.1.1.2.3（2）盐密监测

本条评价项目（见《评价》）的查评依据如下。

【依据1】《国家电网公司架空输电线路运维管理规定》[国网（运检/4）305—2014]

详见5.1.1.3（1）。

【依据2】《电力系统污区分级与外绝缘选择标准》（Q/GDW 1152.1—2014）

附录 A

（规范性附录）

等值附盐密度（ESDD）和灰密（MSDD）的测量方法

A.1 概述

现场污秽度主要通过测量现场或试验站的参照绝缘子（指普通盘形悬式绝缘子）表面的等值盐密和灰密来确定，需要时应对污秽物的化学成分进行分析。其他形状绝缘子表面的等值盐密和灰密应折算到参照绝缘子上。测量分析的目的是确定绝缘子的配置。本附录介绍了两种测量等值盐密和灰密的方法以及污秽物的化学分析方法。

现场污秽度的标准化测量包括：使用不带电绝缘子串时，一般4～5片参照绝缘子串上进行测量（见图A.1），参照绝缘子串悬挂高度尽可能与线路或母线绝缘子等高；使用带电绝缘子时，需选择参照绝缘子串，应利用停电检修或带电作业的方式将绝缘子落地进行测量。如果有条件停电，可直接在实际带电运行的绝缘子上测量污秽度，实际带电运行绝缘子上测得的现场污秽度可信度更高。

一段情况下，监测点型瓷玻璃绝缘子可在在模拟挂点上获得，复合绝缘子宜从带电运行的复合绝缘子上获得。

5.1.1.2.3（3）线路盘型绝缘子清扫

本条评价项目（见《评价》）的查评依据如下。

【依据1】《架空输电线路运行规程》（DL/T 741—2010）

8 维修

8.1 维修项目应按照设备状况、巡视、检测的结果和反事故措施确定，其主要项目及周期见表8和表9。

表8 线路维修的主要项目及周期

序号	项 目	周期年	维修要求
1	杆塔紧固螺栓	必要时	新线投运需紧固1次
2	混凝土杆内排水，修补防冻装置	必要时	根据季节和巡视结果在结冻前进行
3	绝缘子清扫	1～3	根据污秽情况、盐密灰密测量、运行经验调整周期
4	防振器和防舞动装置维修调整	必要时	根据测振仪监测结果调整周期进行
5	砍修剪树、竹	必要时	根据巡视结果确定，发现危急情况随时进行
6	修补防汛设施	必要时	根据巡视结果随时进行
7	修补巡线道、桥	必要时	根据现场需要随时进行
8	修补防鸟设施和拆巢	必要时	根据需要随时进行
9	各种在线监测设备维修调整	必要时	根据监测设备监测结果进行
10	瓷绝缘子涂RTV长效涂料	必要时	根据涂刷RTV长效涂料后瓷瓶的憎水性确定

表9 根据巡视结果及实际情况需维修的项目

序号	项 目	备 注
1	更换或补装杆塔构件	根据巡视结果进行
2	杆塔铁件防腐	根据铁件表面锈蚀情况决定
3	杆塔倾斜扶正	根据测量、巡视结果进行
4	金属基础、拉线防腐	根据检查结果进行
5	调整、更新拉线及金具	根据巡视、测试结果进行

序号	项　　目	备　　注
6	混凝土杆及混凝土构件修补	根据巡视结果进行
7	更换绝缘子	根据巡视、测试结果进行
8	更换导线、地线及金具	根据巡视、测试结果进行
9	导线、地线损伤补修	根据巡视结果进行
10	调整导线、地线弧垂	根据巡视、测量结果进行
11	处理不合格交叉跨越	根据测量结果进行
12	并沟线夹、跳线连板检修紧固	根据巡视、测试结果进行
13	间隔棒更换、检修	根据检查、巡视结果进行
14	接地装置和防雷设施维修	根据检查、巡视结果进行
15	补齐线路名称、杆号、相位等各种标志及警告指示、防护标志、色标	根据巡视结果进行

9.4　重污区的运行要求

9.4.1　重污区线路外绝缘应配置足够的爬电比距，并为运行留有裕度；特殊地区可以在上级主管部门批准后，在配置足够的爬电比距后，在瓷质绝缘子上喷涂长效防污闪涂料。

9.4.2　应选点定期测量盐密、灰密，要求检测点较一般地区多，必要时建立污秽实验站，以掌握污秽程度、污秽性质、绝缘子表面积污速率及气象变化规律。

9.4.3　污闪季节前，应逐级确定污秽等级、检查防污闪措施的落实情况，污秽等级与爬电比距不相适应时应及时调整绝缘子串的爬电比距、调整绝缘子类型或采取其他有效的防污闪措施，线路上的零（低）值绝缘子应及时更换。

9.4.4　防污清扫工作应根据污秽度、积污速度、气象变化规律等因素确定周期及时安排清扫、保证清扫质量。

9.4.5　建立特殊巡视责任制，在恶劣天气时进行现场特巡，发现异常及时分析并采取措施。

9.4.6　做好测试分析，掌握规律，总结经验，针对不同性质的污秽物选择相应有效的防污闪措施，临时采取的补救措施要及时改造为长期防御措施。

【依据2】《国家电网有限公司十八项电网重大反事故措施（2018年修订版）》国家电网设备〔2018〕979号

7.2.4　清扫作为辅助性防污闪措施，可用于暂不满足防污闪配置要求的输变电设备及污染特殊严重区域的输变电设备。

【依据3】《架空输电线路运维管理规定》（国网〔运检/4〕305—2014）

详见5.1.1.2.3（1）。

5.1.1.2.3（4）绝缘子绝缘检测

本条评价项目（见《评价》）的查评依据如下。

【依据1】《架空输电线路运行规程》（DL/T 741—2010）

详见5.1.1.2.2（3）。

【依据2】《劣化悬式绝缘子检测规程》（DL/T 626—2015）

6　检测方法、要求、判定标准和检测周期

6.1　瓷绝缘子

瓷绝缘子投运后3年内应普测一次，并可根据所测劣化率和运行经验适当延长检测周期，但最长不能超过10年。瓷绝缘子检测方法、要求和判定标准如表1所示，检测周期如表2所示。

表1　　　　　　　　　　　　　　　瓷绝缘子检测方法、要求和判定标准

序号	检测项目	判断标准
1	测量绝缘电阻	（1）电压等级500kV及以上：绝缘子绝缘电阻低于500MΩ，判为劣化绝缘子。 （2）电压等级500kV以上：绝缘子绝缘电阻低于300MΩ，判为劣化绝缘子。
2	干工频耐受电压试验	对额定机电破坏负荷为70kN～550kN的瓷绝缘子，施加60kV干工频电压耐受1min；对大盘径防污型绝缘子，施加对应普通型绝缘子干工频闪络电压值，未耐受者判为劣化绝缘子

续表

序号	检测项目	判断标准
3	外观检查	瓷件出现裂纹、破损，轴面缺损或灼伤严重，水泥胶合剂严重脱落，铁帽、钢脚严重锈蚀等判为劣化绝缘子
4	机电破坏负荷试验	当机电破坏负荷低于85%额定机械负荷时，则判该只绝缘子为劣化绝缘子
5	5 测量电压分布（或火花间隙）	（1）被测绝缘子电压值低于50%标准规定值（详见附录A），判为劣化绝缘子； （2）被测绝缘子电压值高于50%的标准规定值，同时明显低于相邻两侧合格绝缘子的电压值，判为劣化绝缘子； （3）在规定火花间隙距离和放电电压下未放电，判为劣化绝缘子

表2 瓷绝缘子检测周期

年均劣化率/%	<0.005	0.005~0.01	>0.01
检测周期/年	5~6	4~5	3

注　1. 当在第7年或引8年，所测量瓷绝缘子的年均劣化率低于0.001%时，可将检测周期延长至10年。
　　2. 机电破坏负荷试验每5年一次。

6.2 玻璃绝缘子

玻璃绝缘子的检测方法可参照表1中相关项目进行，并应跟踪统计玻璃绝缘子的自爆率。

6.3 复合绝缘子

6.3.1 抽检周期

运行时间达10年的复合绝缘子应按批进行一次抽检试验，并结合积污特性和运行状态做好记录分析。第一次抽检6年后，应进行第二次抽样。

对于重污区、重冰区、大风区、高寒、高湿、强紫外线等特殊环境地区，应结合运行经验，缩短抽检周期，具备条件开展状态检修的单位，可根据绝缘子运行状况确定检测周期。

6.3.2 抽样数量

抽样试验使用两种样本，E1和E2，此两种样本的大小见表3，若被检验绝缘子多于10000支，则应将它们分成几批，每批的数量为2000支~10000支。试验结果应分别对每批做出评定。

纯缘子的批次可按运行年限、污秽等级、电压等级、制造单位、运行环境等，并由各地结合运行实际确定。抽样过程中应注意本地区运行复合绝缘子出现问题较多的年份。抽样数量按表3规定进行。

表3 抽样试验样本数量

批量 N	样本大小/支	
	E1	E2
N≤300	2	1
300<N≤2000	4	3
2000<N≤5000	8	4
5000<N≤10000	12	6

6.3.3 抽检项目

运行绝缘子抽检项目见表4。

表4 抽检试验项目

序号	试验项目名称	试品数量	试验方法
1	憎水性试验	E1+E2	DL/T 1474
2	带护套芯棒水扩散试验	E2	GB/T 15519
3	水煮后的陡波前冲击耐受电压试验	E2	GB/T 19519
4	密封性能试验	E1 中取得支	GB/T 19519
5	机械破坏负街试验	E1	GB/T 19519

6.3.4 检验评定准则

如果仅有1支试品不符合表4中第2和第3项中的任一项或第4项B时，则在同批产品中加倍抽样进行重复试验。若第一次试验时有超过1支试品不合格或在重复试验中仍有1支试品不合格，则该批次复合绝缘子应退出运行。

当机械强度低于67%额定机拉伸负荷（SML）时，应加倍抽样试验，若仍低于67%额定机械拉伸负荷（SML），则该批绝缘子应退出运行。

6.3.5 憎水性检验周期及判定准则

运行绝缘子憎水性检验周期及判定准则见表5。

表5 **憎水性试验周期及判定准则**

憎水性等级 HC	检测周期/年	判定准则
HC1～HC2	6	继续运行
HC3～HC4	3	继续运行
HC5	1	继续运行，须跟踪检测
HC6	—	退出运行

6.4 整串更换要求

运行瓷、玻璃同联绝缘子的劣化片数累计达到表6规定值时须立即整串更换。

表6 **运行绝缘子串中累计劣化片数**

电压等级/kV	绝缘子串片数/片	累计劣化绝缘子片数/片
110	7	3
	8	3
220	≥13	3
330	19～20	4
	21～22	5
500	25～26	6
	27～28	7
	≥29	8
750	37	9
	40	10
	44	11
1000	50	12
	54	13
	59	14
	64	15

6.5 正常年均劣化率的规定

对于投运3年内年均劣化率大于0.04%，2年后检测周期内年均劣化率大于0.02%，或年劣化率大于0.1%，或者机电（械）性能明显下降的绝缘子，应分析原因，并采取相应的措施。

5.1.1.2.3（5）复合绝缘子进行外观检查和性能抽检

本条评价项目（见《评价》）的查评依据如下。

【依据】《标称电压高于1000V 交流架空线路用复合绝缘子使用导则》（DL/T 864—2004）

10 运行与维护

10.1 建档

运行单位应建立绝缘子档案。档案包括绝缘子制造单位、生产日期、规格、型号、主要技术参数、挂网运行时间、线路名称、塔号、相别、运行环境、巡视情况、定期检查、试验情况、事故处理、劣化等内容。

10.2 巡视

绝缘子巡视周期与瓷、玻璃绝缘子相同。结合线路检修，每2年～3年选点登杆检查一次，检查时禁止踩踏绝缘子伞套。在污染严重的地段（如磷酸盐、水泥、纸浆、石灰、化工炼油等工厂附近）应加强巡视。

巡视时宜进行如下情况和现象的观察或检查：

a）在雨、雾、露、雪等气象条件下绝缘子表面的局部放电情况及憎水性能是否减弱或消失；

b）硅橡胶伞套表面有否蚀损、漏电起痕，树枝状放电或电弧烧伤痕迹；

c）是否出现硬化、脆化、粉化、开裂等现象；

d）伞裙有否变形，伞裙之间粘接部位有否脱胶等现象；

e）端部金具连接部位有否明显的滑移，检查密封有否破坏；

f）钢脚或钢帽锈蚀，钢脚弯曲，电弧烧损，锁紧销缺少。

观察或检查结果应记录存档。

10.3 维护

10.3.1 一般要求

对清洁区和一般污秽地区的绝缘子，当其表面憎水性尚未永久消失时，可以免清扫；当憎水性永久消失后，应采取相应的维护措施。对较严重的工业和盐碱污染地区绝缘子，当表面憎水性丧失时，建议予以更换。

绝缘子运行中伞裙受到外力或射击破坏，若发现在绝缘子护套上嵌入有异物或护套受损危及芯棒时，应尽快更换。若仅个别伞裙上发现微小破损，且对绝缘子的电气性能没有影响，则可不更换。

10.3.2 更换

若出现以下情况之一，则可判定该绝缘子失效，应予更换。

a）伞套脆化、粉化或破裂；

b）伞套出现漏电起痕与蚀损，且累计长度大于绝缘子爬电距离的10%或蚀损深度大于所处位置材料厚度的30%；

c）绝缘子各联接部位密封失效、出现裂缝和滑移；

d）闪络后伞裙表面被电弧灼伤的绝缘子。

10.4 其他

杆塔涂刷防锈漆时，应对绝缘子加以遮护，避免油漆滴落到绝缘子表面。

早期外楔式连接结构的绝缘子在运行中发现机械强度有所下降，建议对该类绝缘子加强定期监测。

11 运行性能检验

11.1 检验项目

运行复合绝缘子性能检验项目宜按表1进行。

表1 运行复合绝缘子性能检验

项号	试验名称	试验依据	抽样数量	样本大小				备注
				$N\leqslant300$	$300\leqslant N\leqslant2000$	$2000\leqslant N\leqslant5000$	$5000\leqslant N\leqslant10000$	
			E1	协商	4	8	12	
			E2		3	4	6	
1	憎水性试验	附录A		E1＋E2				附录A
2	湿工频耐受电压试验	附录B		E1中取3				附录B
3	水煮试验	IEC 61109		E2				IEC 61109
4	陡坡冲击耐受电压试验	IEC 61109		E2				IEC 61109
5	密封性能试验[1]	IEC 61109		1				IEC 61109
6	机械破坏负荷试验[2]	附录B		E1				附录B

注 1. 试验时，规定施加的机械拉伸负荷为0.65SML。

2. 机械破坏负荷低于0.65%SML时，则判不合格。

11.2 检验周期

运行绝缘子的性能检验周期暂定 3 年～5 年一次，憎水性检测周期如表 2 所示，机械特性检测周期如表 3 所示。

表 2 运行复合绝缘子憎水性检验周期

绝缘子憎水性级别 HC	检测周期/年	判定标准
HC1～HC2	3～5	继续运行
HC3～HC4	2～3	继续运行
HC5	1	继续运行，须跟踪检测
HC6	—	退出运行

表 3 机械特性检测周期

机械破坏负荷值/kN	检测周期/年	试品数量/只	判定标准
0.85SML	3～5	E1	继续运行
(0.75～0.85)SML	1～3	E1	继续运行
(0.65～0.75)SML	1	E1	继续运行，须跟踪检测
0.65SML	—	—	退出运行

11.3 检验评定准则

如果仅有一只试品不符合表 1 条中第 2 项至第 5 项中的任一项时，则应在同批产品中加倍抽样进行重复试验。若第一次试验时有超过一只试品不合格或在重复试验中仍有一只试品不合格，则该批复合绝缘子判为不合格。

11.4 检测要求

11.4.1 憎水性

憎水性检测结果的判定不以一次检测结果为依据，应综合多次测量结果进行判定。

运行绝缘子的憎水性 HC 级规定为伞裙上表面测量值。若绝缘子伞裙下表面等值附盐密度大于 0.6mg/cm²时，应进行清扫、水冲。清扫、水冲后放置 96h 重新测量，若恢复至 HC5 级以上分级水平可继续运行，否则应退出运行。

11.4.2 机械特性

在表 3 不同检测周期内，对每批次绝缘子应按表 3 中要求的试品数量随机抽样，进行机械拉伸破坏负荷试验。

投运 8 年～10 年内的每批次绝缘子应随机抽样 3 只试品进行机械拉伸破坏负荷试验。

5.1.1.2.4 过电压保护和接地

5.1.1.2.4（1）防雷设施

本条评价项目（见《评价》）的查评依据如下。

【依据 1】《交流电气装置的过电压保护和绝缘配合》(DL/T 620—1997)

6 高压架空线路的雷电过电压保护

6.1 一般线路的保护

6.1.1 送电线路的雷电过电压保护方式，应根据线路的电压等级、负荷性质、系统运行方式、当地原有线路的运行经验、雷电活动的强弱、地形地貌的特点和土壤电阻率的高低等条件，通过技术经济比较确定。

各级电压的送、配电线路，应尽量装设自动重合闸装置。35kV 及以下的厂区内的短线路，可按需要确定。

6.1.2 各级电压的线路，一般采用下列保护方式：

a）330kV 和 500kV 线路应沿全线架设双避雷线，但少雷区除外。

b）220kV 线路宜沿全线架设双避雷线，少雷区宜架设单避雷线。

c）110kV 线路一般沿全线架设避雷线，在山区和雷电活动特殊强烈的地区，宜架设双避雷线。在少雷区可不沿全线架设避雷线，但应装设自动重合闸装置。

d) 66kV 线路，负荷重要且所经地区平均年雷暴日数为 30 以上的地区，宜沿全线架设避雷线。

e) 35kV 及以下线路，一般不沿全线架设避雷线。

f) 除少雷区外，3kV～10kV 钢筋混凝土杆配电线路，宜采用瓷或其他绝缘材料的横担；如果用铁横担，对供电可靠性要求高的线路宜采用高一电压等级的绝缘子，并应尽量以较短的时间切除故障，以减少雷击跳闸和断线事故。

6.1.3 有避雷线的线路，在一般土壤电阻率地区，其耐雷水平不宜低于表 7 所列数值。

表 7　有避雷线线路的耐雷水平

标称电压/kV		35	66	110	220	330	500
耐雷水平/kA	一般线路大跨越档中央和发电厂、变电所进线保护段	20～30 30	30～60 60	40～75 75	75～110 110	100～150 150	125～175 175

6.1.4 有避雷线的线路，每基杆塔不连避雷线的工频接地电阻，在雷季干燥时，不宜超过表 8 所列数值。

表 8　有避雷线的线路杆塔的工频接地电阻

土壤电阻率/(Ω·m)	≤100	>100～500	>500～1000	>1000～2000	>2000
接地电阻/Ω	10	15	20	25	30

注　如土壤电阻率超过 2000Ωm，接地电阻很难降低到 30Ω 时，可采用 6 根～8 根总长不超过 500m 的放射形接地体，或采用连续伸长接地体，接地电阻不受限制。

雷电活动强烈的地方和经常发生雷击故障的杆塔和线段，应改善接地装置、架设避雷线，适当加强绝缘或架设耦合地线。

6.1.5 杆塔上避雷线对边导线的保护角，一般采用 20°～30°。220kV～300kV 双避雷线线路，一般采用 20°左右，500kV 一般不大于 15°，山区宜采用较小的保护角。杆塔上两根避雷线间的距离不应超过导线与避雷线间垂直距离的 5 倍。

6.1.6 有避雷线的线路应防止雷击挡距中央反击导线。15℃无风时，挡距中央导线和避雷线间的距离宜符合式（14）要求：

$$S_1 \geqslant 0.012l + 1$$

式中　S_1——导线与避雷线间的距离，m；

l——挡距长度，m。

当挡距长度较大，按式（14）计算出的 S1，大于表 10 的数值时，可按后者的要求。

6.1.7 中雷区及以上地区 35kV 及 66kV 无避雷线线路宜采取措施，减少雷击引起的多相短路和两相异点接地引起的断线事故，钢筋混凝土杆和铁塔宜接地，接地电阻不受限制，但多雷区不宜超过 30Ω。钢筋混凝土杆和铁塔应充分利用其自然接地作用，在土壤电阻率不超过 100Ω·m 或有运行经验的地区，可不另设人工接地装置。

6.1.8 钢筋混凝土杆铁横担和钢筋混凝土横担线路的避雷线支架、导线横担与绝缘子固定部分或瓷横担固定部分之间，宜有可靠的电气连接并与接地引下线相连。主杆非预应力钢筋如上下已用绑扎或焊接连成电气通路，则可兼作接地引下线。

利用钢筋兼作接地引下线的钢筋混凝土电杆，其钢筋与接地螺母、铁横担间应有可靠的电气连接。

6.1.9 与架空线路相连接的长度超过 50m 的电缆，应在其两端装设阀式避雷器或保护间隙；长度不超过 50m 的电缆，只在任何一端装设即可。

6.1.10 绝缘避雷线的放电间隙，其间隙应根据避雷线上感应电压的续流熄弧条件和继电保护的动作条件确定，一般采用 10mm～40mm。在海拔 1000m 以上的地区，间隙应相应加大。

6.2　线路交叉部分的保护

6.2.1 线路交叉档两端的绝缘不应低于其邻档的绝缘。交叉点应尽量靠近上下方线路的杆塔，以减少导线因初伸长、覆冰、过载温升、短路电流过热而增大弧垂的影响，以及降低雷击交叉档时交叉点上的过电压。

6.2.2 同级电压线路相互交叉或与较低电压线路、通信线路交叉时，两交叉线路导线间或上方线路导线与下方线路避雷线间的垂直距离，当导线温度为40℃时，不得小于表9所列数值。对按允许载流量计算导线截面的线路，还应校验当导线为最高允许温度时的交叉距离，此距离应大于表9所列操作过电压间隙距离，且不得小于0.8m。

表9　　　　　　　　**同级电压线路相互交叉或与较低电压线路通信线路交叉时的交叉距离**

系统标称电压/kV	3～10	20～110	220	330	500
交叉距离/m	2	3	4	5	6

6.2.3 3kV及以上的同级电压线路相互交叉或与较低电压线路、通信线路交叉时，交叉挡一般采取下列保护措施：

a) 交叉挡两端的钢筋混凝土杆或塔（上、下方线路共4基），无论有无避雷线，均应接地。

b) 3kV及以上线路交叉挡两端为木杆或木横担钢筋混凝土杆且无避雷线时，应装设排气式避雷器或保护间隙。

c) 与3kV及以上电力线路交叉的低压线路和通信线路，当交叉挡两端为木杆时，应装设保护间隙。

门型木杆上的保护间隙，可由横担与主杆固定外沿杆身敷设接地引下线构成。单木杆针式绝缘子的保护间隙，可在距绝缘子固定点750mm处绑扎接地引下线构成。通信线的保护间隙，可由杆顶沿杆身敷设接地引下线构成。

如交叉距离比表9所列数值大2n及以上，则交叉挡可不采取保护措施。

6.2.4 如交叉点至最近杆塔的距离不超过40m，可不在此线路交叉挡的另一杆塔上装设交叉保护用的接地装置、排气式避雷器或保护间隙。

6.3 大跨越挡的雷电过电压保护

6.3.1 大跨越挡的绝缘水平不应低于同一线路的其他杆塔。全高超过40m有避雷线的杆塔，每增高10m，应增加一个绝缘子，避雷线对边导线的保护角对66kV及以下和110kV及以上线路分别不宜大于20℃和15℃。接地电阻不应超过表8所列数值的50％；当土壤电阻率大于2000Ω·m时，也不宜超过20Ω。全高超过100m的杆塔，绝缘子数量应结合运行经验，通过雷电过电压的计算确定。

6.3.2 未沿全线架设避雷线的35kV及以上新建线路中的大跨越段，宜架设避雷线。对新建无避雷线的大跨越挡，应装设排气式避雷器或保护间隙，新建线路并应比表15要求增加一个绝缘子。

6.3.3 根据雷击挡距中央避雷线时防止反击的条件，大跨越挡导线与避雷线间的距离不得小于表10的要求。

表10　　　　　　　　**防止反击要求的大跨越挡导线与避雷线间的距离**

系统标称电压/kV	35	66	110	220	330	500
距离/m	3.0	6.0	7.5	11.0	15.0	17.5

【依据2】《电力设备预防性试验规程》（DL/T 596—1996）

11	有架空地线的线路杆塔的接地电阻	1) 发电厂或变电所进出线1km～2km内的杆塔1年～2年 2) 其他线路杆塔不超过5年	当杆塔高度在40m以下时，按下列要求，如杆塔高度达到或超过40m时，则取下表值的50％，但当土壤低电阻率大于2000Ω·m，接地电阻难以达到目的15Ω时可增加至20Ω 土壤电阻率/Ω·m / 接地电阻/Ω 100及以下 / 10 100～500 / 15 500～1000 / 20 1000～2000 / 25 2000以上 / 30	对于高度在40m以下的杆塔，如土壤电阻率很高，接地电阻难以降到30Ω时，可采用6根～8根总长不超过500m的放射形接地体或连续伸长接地体，其接地电阻可不受限制，但对于高度达到或超过40m的杆塔，其接地电阻也不宜超过20Ω

【依据3】《110kV～750kV及以下架空输电线路设计规范》(GB 50545—2010)

7.0.12　输电线路的防雷设计，应根据线路电压、负荷性质和系统运行方式，结合当地已有线路的运行经验，地区雷电活动的强弱、地形地貌特点及土壤电阻率高低等情况，在计算耐雷水平后，通过技术经济比较，采用合理的防雷方式。

5.1.1.2.4（2）综合防雷治理

本条评价项目（见《评价》）的查评依据如下。

【依据1】《架空输电线路运行规程》(DL/T 741—2010)

9.3　多雷区的运行要求

9.3.1　多雷区的线路应做好综合防雷措施，降低杆塔接地电阻值，适当缩短检测周期。

9.3.2　雷季前，应做好防雷设施的检测和维修，落实各项防雷措施，同时做好雷电定位观测设备的检测、维护、调试工作，确保雷电定位系统正常运行。

9.3.3　雷雨季期间，应加强对防雷设施各部件连接状况、防雷设备和观测装置动作情况的检测，并做雷电活动观测记录。

9.3.4　做好被雷击线路的检查，对损坏的设备应及时更换、修补，对发生闪络的绝缘子串的导线、地线线夹必须打开检查，必要时还须检查相邻挡线夹及接地装置。

9.3.5　结合雷电定位系统的数据，组织好对雷击事故的调查分所，总结现有防雷设施效果，研究更有效的防雷措施，并加以实施。

【依据2】《国家电网公司架空输电线路运维管理规定》[国网（运检/4）305—2014]

第六十七条　防治雷害

（一）各级运检部门应加强线路防雷运行管理，组织开展雷电监测系统数据分析和雷击故障统计分析工作，掌握雷电活动时空分布规律和雷击故障特点，每3年统一修订雷区分布图。公司线路雷击跳闸参考指标见附件。

（二）各级运检部门按照线路在电网中的重要程度、线路走廊雷电活动强度、地形地貌及线路结构的不同，组织开展雷害风险评估，采取综合防雷措施（包括降低杆塔接地电阻、改善接地网的敷设方式、适当加强绝缘、增设耦合地线、安装并联间隙、使用线路避雷器等手段），进行差异化防雷治理。

（三）各级运检部门应开展防雷治理改造后评估工作。每年雷雨季节后应对防雷治理改造项目的实际效果进行评估，分析防雷改造效果，评价改造方案的有效性，指导后续线路防雷工作。

（四）输电运维班应加强地线、接地装置及防雷设施的运行维护工作。定期开展接地电阻测量、接地网抽样开挖、接地引下线与杆塔连接情况及防雷设施完整性的检查。

【依据3】《国家电网有限公司十八项电网重大反事故措施（修订版）》(国家电网设备〔2018〕979号)

14.2　防止雷电过电压事故

14.2.1　设计阶段

14.2.1.1　架空输电线路的防雷措施应按照输电线路在电网中的重要程度、线路走廊雷电活动强度、地形地貌及线路结构的不同进行差异化配置，重点加强重要线路以及多雷区、强雷区内杆塔和线路的防雷保护。新建和运行的重要线路，应综合采取减小地线保护角、改善接地装置、适当加强绝缘等措施降低线路雷害风险。针对雷害风险较高的杆塔和线段可采用线路避雷器保护或预留加装避雷器的条件。

14.2.1.2　对符合以下条件之一的敞开式变电站应在110（66)kV～220kV进出线间隔入口处加装金属氧化物避雷器。

（1）变电站所在地区年平均雷暴日大于等于50或者近3年雷电监测系统记录的平均落雷密度大于等于3.5次/(km²·年)。

（2）变电站110（66)kV～220kV进出线路走廊在距变电站15km范围内穿越雷电活动频繁，平均雷暴日数大于等于40日或近3年雷电监测系统记录的平均落雷密度大于等于2.8次/(km²·年)的丘陵或山区。

（3）变电站已发生过雷电波侵入，造成断路器等设备损坏。

（4）经常处于热备用运行的线路。

14.2.1.4 设计阶段500kV交流线路处于C2及以上雷区的线路区段保护角设计值减小5°。其他电压等级线路地线保护角参考相应设计规范执行。

14.2.1.5 设计阶段杆塔接地电阻设计值应参考相关标准执行，对220kV及以下电压等级线路，若杆塔处土壤电阻率大于1000Ω·m，且地闪密度处于C1及以上，则接地电阻较设计规范宜降低5Ω。

14.2.13 500kV及以上电压等级线路，设计阶段应计算线路雷击跳闸率，若大于控制参考值〔折算至地闪密度2.78次/（km²·年）〕则应对雷害特别高的500kV杆塔以及750kV及以上电压等级特高压线路按段进行雷害风险评估，对高雷害风险等级（Ⅲ、Ⅳ级）的杆塔采取防雷优化措施。500kV以下电压等级线路可参照执行。

【依据4】《国家电网公司架空输电线路差异化防雷工作指导意见》（国家电网生〔2011〕500号）

四、重点工作

（三）积极推进新建线路差异化防雷设计

1. 新建输电线路应按照公司发布的雷区分布图，逐步采用雷害评估技术取代传统雷电日和雷击跳闸率经验计算公式，并按照线路在电网中的位置、作用和沿线雷区分布，区别重要线路和一般线路进行差异化防雷设计。

2. 线路防雷设计应按照沿线雷区分布，合理确定线路绝缘水平、绝缘子型式、地线保护角、杆塔接地电阻。重要线路防雷设计时，应进行线路、杆塔的反击、绕击跳闸率校核，优化防雷措施，满足线路安全运行要求。

（四）加强在运行线路差异化防雷改造

1. 各网省公司应在雷区分布图和输电线路雷害风险评估工作基础上，按照技术先进、经济合理、突出重点、分步实施的原则，制订输电线路防雷治理改造规划和滚动计划，优先安排重要线路防雷治理改造。

2. 各网省公司每年应结合大修、技改项目计划的制订，提出差异化防雷治理专项计划，经评审后上报国家电网公司。根据公司审定的计划组织项目实施，重要线路应在当年雷雨季节前完成改造任务。

3. 输电线路防雷治理改造方案应提出量化的防雷治理目标（如雷击跳闸率、雷击事故率等）和具体的治理措施，通过深入的技术经济比较，选择最优方案。

4. 开展防雷治理改造后评估工作。每年雷雨季节后应对防雷治理改造项目的实际效果进行评估分析，分析防雷改造效果，评价改造方案的有效性，并指导后续线路防雷工作。

【依据5】《国家电网公司110（66）kV及以上输电线路差异化防雷改造指导原则（暂行）》〔运检二（2012）385号〕

二、技术要求

1. 绝缘配置

1）330kV及以上同塔多回线路宜采用平衡高绝缘措施进行雷电防护。

2）220kV及以下同塔多回线路宜采用不平衡高绝缘措施降低线路的多回同时跳闸率。对于220kV及以下同塔双回路较高绝缘水平的一回宜比另一回高出15%。

3. 线路避雷器

1）应优先选择雷害风险评估结果中风险等级最高或雷区等级最高的杆塔安装线路避雷器。

2）雷区等级处于C2级以上的山区线路，宜在大挡距（600m以上）杆塔、耐张转角塔及其前后直线塔安装线路避雷器。

3）重要线路雷区等级处于C1级以上且坡度25°以上的杆塔、一般线路雷区等级处于C2级以上且坡度30°以上的杆塔，其外边坡侧边相宜安装线路避雷器。

4）雷区等级处于C1级以上的山区重要线路、雷区等级处于C2级以上的山区一般线路，若杆塔接地电阻在20Ω到100Ω之间且改善接地电阻困难也不经济的，杆塔宜安装线路避雷器。

5）线路避雷器安装方式一般为：

——330kV～750kV 单回线路优先在外边坡侧边相绝缘子串旁安装，必要时可在两边相绝缘子串旁安装；

——220kV 单回线路必要时宜在三相绝缘子串旁安装；

——110kV 单回线路在三相绝缘子串旁安装；

——330kV 及以上同塔双回线路宜优先在中相绝缘子串旁安装；

——220kV 及以下同塔双回线路宜在一回路线路绝三相缘子串旁安装。

5.1.1.2.4（3）接地电阻测量

本条评价项目（见《评价》）的查评依据如下。

【依据1】《接地装置特性参数测量导则》（DL/T 475—2017）

7 输电线路杆塔接地装置的接地阻抗测试

7.1 一般要求

输电线路杆塔接地装置的接地阻抗测试的一般要求如下：

a）杆塔接地阻抗测试宜采用三极法，也可采用回路阻抗法。当对测试结果有疑义时应采用三极法验证。

b）运行输电线路通常存在工频干扰，采用三极法时测试电流宜大于 100mA，采用回路阻抗法时测试电流宜大于 300mA，以保证测试的有效性和准确性。

c）杆塔接地装置的接地阻抗及测试回路存在一定的感性分量，测试仪器的输出电流宜为 40Hz～60Hz 的标准正弦波。

d）测试应遵守现场安全规定，雷云在杆塔上方活动时应停止测试，并撤离测试现场。

7.2 三极法测试

7.2.1 测试方法

三极法测试输电线路杆塔接地装置接地阻抗的方法和原理与变电站接地装置的基本相同，见图 7。杆塔接地装置的最大对角线长度为 D，当被测杆塔接地装置有射线时，D 取射线长度 L。由于杆塔接地测试现场通常没有交流电源，且地网较小，所以测试一般采用便携式的接地测试仪。

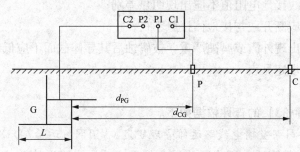

G—被试杆塔接地装置；C—电流极；P—电位极；L—杆塔接地装置的最大射线长度；
d_{CG}—电流极与杆塔接地装置的距离；d_{PG}—电位极与杆塔接地装置的距离。

图7 输电线路杆塔接地装置的接地阻抗测试示意图

【依据2】《国家电网公司架空输电线路运维管理规定》［国网（运检/4）305—2014］

第六十七条 防治雷害

（四）输电运维班应加强地线、接地装置及防雷设施的运行维护工作。定期开展接地电阻测量、接地网抽样开挖、接地引下线与杆塔连接情况及防雷设施完整性的检查。

第四十九条 特殊区段检测管理

每年雷雨季节前应对强雷区杆塔进行 1 次接地装置检查和接地电阻检测，对地下水位较高、强酸强碱等腐蚀严重区域应按 30% 比例开挖检查。

【依据3】《国家电网公司110（66）kV 及以上输电线路差异化防雷改造指导原则（暂行)》（运检二〔2012〕385 号）

二、技术要求

2. 接地电阻

1）对雷害风险评估结果中反击闪络风险较高的杆塔或雷区等级处于 C1 级以上的重要线路杆塔，雷区等级处于 C2 级以上的一般线路杆塔进行接地电阻改造后，每基杆塔不连地线的工频接地电阻，在雷季干燥时不宜超过下表所列数值。

土壤电阻率/(Ω·m)	≤100	>100~500	>500
接地电阻/Ω	7	10	15

其他杆塔接地改造后，其不连地线的工频电阻接地，在雷季干燥时不宜超过下表所列数值。

土壤电阻率/(Ω·m)	≤100	>100~500	>500~1000	>1000~2000	>2000
接地电阻/Ω	10	15	20	25	30

注 如土壤电阻率超过 2000Ω·m，接地电阻很难降低到 30Ω 时，可采用 6 根~8 根总长不超过 500m 的放射形接地体或采用连续伸长接地体，其接地电阻不受限制。

2）重要同塔多回线路杆塔工频接地电阻宜降到 10Ω 以下，一般同塔多回线路杆塔宜降到 12Ω 以下。

3）严禁使用化学降阻剂或含化学成分的接地模块进行接地改造。

【依据 4】《架空输电线路运行规程》（DL/T 741—2010）

5.5 接地装置

5.5.1 检测的工频接地电阻值（已按季节系数换算）不应大于设计规定值（见表 4）。

表 4 水平接地体的季节系数

接地射线埋深/m	季节系数
0.5	1.4~1.8
0.8~1.0	1.25~1.45

注 检测接地装置工频接地电阻时，如土壤较干燥，季节系数取较小值；土壤较潮湿时，季节系数取较大值。

5.5.2 多根接地引下线接地电阻值不应出现明显差别；

5.5.3 接地引下线不应断开或与接地体接触不良；

5.5.4 接地装置不应出现外露或腐蚀严重，被腐蚀后其导体截面不应低于原值的 80%。

7.4 检测项目与周期规定见表 7，详见 5.1.1.2（4）。

5.1.1.2.4（4）雷电定位

本条评价项目（见《评价》）的查评依据如下。

【依据 1】《国家电网公司架空输电线路运维管理规定》［国网（运检/4）305—2014］

第四十三条 线路发生故障后，不论开关重合是否成功，线路运检单位均应根据气象环境、故障录波、行波测距、雷电定位系统、在线监测、现场巡视情况等信息初步判断故障类型，组织故障巡视。对故障现场应进行详细记录（包括通道环境、杆塔本体、基础等图像或视频资料），引发故障的物证应取回，必要时保护故障现场组织初步分析，并报上级运检部认定。线路故障信息应及时录入运检管理系统。

【依据 2】《架空输电线路运行规程》（DL/T 741—2010）

9.3 多雷区的运行要求

9.3.1 多雷区的线路应做好综合防雷措施，降低杆塔接地电阻值，适当缩短检测周期。

9.3.2 雷季前，应做好防雷设施的检测和维修，落实各项防雷措施，同时做好雷电定位观测设备的检测、维护、调试工作，确保雷电定位系统正常运行。

9.3.3 雷雨季期间，应加强对防雷设施各部件连接状况、防雷设备和观测装置动作情况的检测，并做好雷电活动观测记录。

9.3.4 做好被雷击线路的检查，对损坏的设备应及时更换、修补，对发生闪络的绝缘子串的导线、地线线夹必须打开检查，必要时还须检查相邻档线夹及接地装置。

9.3.5 结合雷电定位系统的数据，组织好对雷击事故的调查分析，总结现有防雷设施效果，研究更有效的防雷措施，并加以实施。

5.1.1.3 技术指标

5.1.1.3.1 线路跳闸率〔单位：次/(百千米·年)〕

5.1.1.3.2 重要输电通道线路故障停运次数

5.1.1.3.3 年度"三跨"治理技改项目完成率

5.1.1.4 反措落实

5.1.1.4.1 防止倒塔事故

本条评价项目（见《评价》）的查评依据如下。

【依据1】《国家电网有限公司十八项电网重大反事故措施（修订版）》国家电网设备〔2018〕979号

6.1 防止倒塔事故

6.1.1 规划设计阶段

6.1.1.1 在特殊地形、极端恶劣气象环境条件下重要输电线路宜采取差异化设计，适当提高抗风、抗冰、抗洪等设防水平。

6.1.1.2 线路设计时应避让可能引起杆塔倾斜和沉降的崩塌、滑坡、泥石流、岩溶塌陷、地裂缝等不良地质灾害区。

6.1.1.3 线路设计时宜避让采动影响区，无法避让时，应进行稳定性评价，合理选择架设方案及基础形式，宜采用单回路或单极架设，必要时加装在线监测装置。

6.1.1.4 对于易发生水土流失、山洪冲刷等地段的杆塔，应采取加固基础、修筑挡土墙（桩）、截（排）水沟、改造上下边坡等措施，必要时改迁路径。

6.1.1.5 分洪区等受洪水冲刷影响的基础，应考虑洪水冲刷作用及漂浮物的撞击影响，并采取相应防护措施。

6.1.1.6 高寒地区线路设计时应采用合理的基础形式和必要的地基防护措施，避免基础冻胀位移、永冻层融化下沉。

6.1.1.7 对于需要采取防风固沙措施的移动或半移动沙丘等区域的杆塔，应考虑主导风向等因素，并采取有效的防风固沙措施，如围栏种草、草方格、碎石压沙等措施。

6.1.1.8 规划阶段，应对特高压密集通道开展多回同跳风险评估，必要时差异化设计。当特高压线路在滑坡等地质不良地区同走廊架设时，宜满足倒塔距离要求。

6.1.2 基建阶段

6.1.2.1 隐蔽工程应留有影像资料，并经监理单位质量验收合格后方可隐蔽；竣工验收时运行单位应检查隐蔽工程影像资料的完整性，并进行必要的抽检。

6.1.2.2 铁塔现场组立前应对紧固件螺栓、螺母及铁附件进行抽样检测，经确认合格后方可使用。地脚螺栓直径级差宜控制在6mm及以上，螺杆顶面、螺母顶面或侧面加盖规格钢印标记，安装前应对螺杆、螺母型号进行匹配。架线前、后应对地脚螺栓紧固情况进行检查，严禁在地脚螺母紧固不到位时进行保护帽施工。

6.1.2.3 对山区线路，设计单位应提出余土处理方案，施工单位应严格执行余土处理方案。

6.1.3 运行阶段

6.1.3.1 运维单位应结合本单位实际按照分级储备、集中使用的原则，储备一定数量的事故抢修塔。

6.1.3.2 遭遇恶劣天气后，应开展线路特巡，当线路导地线发生覆冰或舞动时应做好观测记录和影像资料的收集，并进行杆塔螺栓松动、金具磨损等专项检查及处理。

6.1.3.3 加强铁塔基础的检查和维护，对取土、挖沙、采石等可能危及杆塔基础安全的行为，应及时制止并采取相应防范措施。

6.1.3.4 应采用可靠、有效的在线监测设备加强特殊区段的运行监测。

6.1.3.5 加强拉线塔的保护和维修。拉线下部应采取可靠的防盗、防割措施；应及时更换锈蚀严重的拉线和拉棒；对易受撞击的杆塔和拉线，应采取防撞措施。对机械化耕种区的拉线塔，宜改造为自立式铁塔。

【依据2】《国家电网公司预防110（66）kV～500kV架空输电线路事故措施》（国家电网生〔2004〕641号）

第三章 预防倒杆塔事故

第六条 防止架空输电线路（以下简称线路）倒杆塔事故，是线路运行管理中的一项重要工作，必须严格执行GBJ 233—1990、GB 50061—1997、DL/T 5092—1999和《110（66）kV～500kV架空输电线路运行管理规范》等标准和相关文件的规定。

第七条 线路设计应充分考虑地形和气象条件的影响，路径选择应尽量避开重冰区、导地线易舞动区、采矿塌陷区等特殊区域，合理选取杆塔型式，确保杆塔强度满足使用条件的要求。对处于地形复杂、自然条件恶劣、交通困难地段的杆塔，应适当提高设计标准。新建220kV及以上电压等级的线路不宜采用拉线塔，在人口密集区和重要交叉跨越处不采用拉线塔。靠近道路的杆塔，在其周围应采取可靠的保护措施。

第八条 220kV及以上电压等级线路拉V塔或拉猫塔连续基数不宜超过3基、拉门塔连续基数不宜超过5基，运行中不满足要求的应进行改造。

加强对拉线塔的保护和维护，拉线塔本体和拉线下部金具应采取可靠的防盗、防外力破坏措施。在有拉线塔的线路附近还应设立警示标志。

第九条 对可能遭受洪水、冰凌、暴雨冲刷（冲撞）的杆塔应采取可靠的防冲刷（冲撞）措施，杆塔基础的防护设施应牢固，基础周围排水沟应能够可靠排水。

第十条 严格按设计及有关施工验收规范进行线路施工和验收，隐蔽工程应经监理人员或质检人员验收合格后方可隐蔽，否则不得转序进行杆塔组立和放线。

第十一条 加强对线路杆塔的检查巡视，发现问题及时消除。线路遭受恶劣天气危害时应组织人员进行特巡，当线路导地线发生覆冰、舞动时应做好观测记录（录像、拍照等），并对杆塔进行检查。

第十二条 线路铁塔主材连接螺栓、地面以上6m段（至少）所有螺栓以及盗窃多发区铁塔横担以下各部螺栓均应采取防盗措施。

第十三条 在风口地带或季风较强地区，新建线路杆塔除按第十二条要求采用防盗螺栓外，其余螺栓应采取防松措施。对运行中的杆塔也应按此要求进行改造和完善，并做好日常巡视及检查，必要时可增加防风拉线。

第十四条 在严寒地区，线路设计时应充分考虑基础冻胀问题，并不宜采用金属基础。灌注桩基础施工应严格按设计和工艺标准进行，避免出现断桩和法向冻胀等质量事故。对运行中的杆塔，若基础已发生冻胀，应采取换土等有效措施进行处理。

第十五条 对锈蚀严重的铁塔、拉线以及水泥杆钢圈等应及时进行防腐处理或更换。

第十六条 按《110（66）kV～500kV架空输电线路运行管理规范》的要求制定倒杆塔事故抢修预案，并在材料储备和人员组织各方面加以落实，运行单位应储备一定数量的事故抢修杆塔。

5.1.1.4.2 防止断线事故

本条评价项目（见《评价》）的查评依据如下。

【依据1】《国家电网有限公司十八项电网重大反事故措施（修订版）》国家电网设备〔2018〕979号

6.2 防止断线事故

6.2.1 设计和基建阶段

6.2.1.1 应采取有效的保护措施，防止导地线放线、紧线、连接及安装附件时受到损伤。

6.2.1.2 架空地线复合光缆（OPGW）外层线股110kV及以下线路应选取单丝直径2.8mm及以上的铝包钢线；220kV及以上线路应选取单丝直径3.0mm及以上的铝包钢线，并严格控制施工工艺。

6.2.2 运行阶段

6.2.2.1 加强对大跨越段线路的运行管理，按期进行导地线测振，发现动弯应变值超标时应及时分析、处理。

6.2.2.2 在腐蚀严重地区，应根据导地线运行情况进行鉴定性试验；出现多处严重锈蚀、散股、断股、表面严重氧化时，宜换线。

6.2.2.3 运行线路的重要跨越［不包括"三跨"（跨高速铁路、跨高速公路、跨重要输电通道）］挡内接头应采用预绞式金具加固。

【依据2】《预防110（66）kV～500kV架空输电线路事故措施》（国家电网生〔2004〕641号）

第四章 预防断线和掉线事故

第十七条 线路设计应充分考虑预防导地线断线和掉线的措施，导地线、金具以及绝缘子选用时均应提出明确要求（结构形式、安全系数等方面）。在风振严重地区，导地线线夹宜选用耐磨型线夹。

第十八条 架空地线的选择，除应满足设计规程的一般规定外，尚应通过短路热稳定校验，确保架空地线具有足够的通流能力，且温升不超过允许值。

第十九条 导地线接续金具及绝缘子金具组合中各种部件的选用，应符合相关标准和设计的要求，应加强连接金具、接续金具及耐张线夹的检查和维护工作，发现问题及时更换。

第二十条 新建线路遇有重要交叉跨越，如跨越铁路、高速公路或高等级公路、66kV及以上电压等级线路、通航河道以及人口密集地区等，应采用具有独立挂点的双串绝缘子和双线夹悬挂导线，挡内导地线不允许有接头。运行中的线路，凡不符合上述要求的应进行改造。

第二十一条 积极应用红外测温技术，监测接续金具、引流连接金具、耐张线夹等的发热情况，发现问题及时处理。加强运行巡视，发现导地线断股应及时处理或更换；另外应特别关注架空地线复合光缆（OPGW）的外层线股断股问题。

第二十二条 加强对大跨越段线路的运行管理，按期进行导地线测振工作，发现动弯应变值超标应及时进行分析，查找原因并妥善处理。

第二十三条 加强对导地线悬垂线夹承重轴磨损情况的检查，磨损断面超过1/4以上的应予以更换。

第二十四条 在春检、秋检及日常巡视工作中，应认真检查锁紧销的运行状况，对锈蚀严重及失去弹性的应及时进行更换。

第二十五条 加强零值、低值或破损瓷绝缘子的检出工作，防止在线路故障情况下因钢帽炸裂导致掉线事故。

第二十六条 加强复合绝缘子的送检工作，特别是机械强度和端部密封情况的检查。复合绝缘子作耐张应根据实际情况酌情使用。严禁在安装和检修作业时沿复合绝缘子上下导线。

第二十七条 对重冰区和导地线易舞动区的线路应加强巡视和监测，具体防范措施参见第九章。

第二十八条 在腐蚀严重地区，应采用耐腐蚀导地线。

5.1.1.4.3 防止绝缘子和金具断裂事故

本条评价项目（见《评价》）的查评依据如下。

【依据1】《国家电网有限公司十八项电网重大反事故措施（修订版）》国家电网设备〔2018〕979号

6.3 防止绝缘子和金具断裂事故

6.3.1 设计和基建阶段

6.3.1.1 大风频发区域的连接金具应选用耐磨型金具，重冰区应考虑脱冰跳跃对金具的影响，舞动区应考虑舞动对金具的影响。

6.3.1.2 作业时应避免损坏复合绝缘子伞裙、护套及端部密封，不应脚踏复合绝缘子；安装时不应反装均压环或安装于护套上。

6.3.1.3 500（330）kV和750kV线路的悬垂复合绝缘子串应采用双联（含单V串）及以上设计，且单联应满足断联工况荷载的要求。

6.3.1.4 跨越 110kV（66kV）及以上线路、铁路和等级公路、通航河流及居民区等，直线塔悬垂串应采用双联结构，宜采用双挂点，且单联应满足断联工况荷载的要求。

6.3.1.5 500kV 及以上线路用棒形复合绝缘子应按批次抽取 1 支进行芯棒耐应力腐蚀试验。

6.3.1.6 耐张绝缘子串倒挂时，耐张线夹应采用填充电力脂等防冻胀措施，并在线夹尾部打渗水孔。

6.3.2 运行阶段

6.3.2.1 高温大负荷期间应开展红外测温，重点检测接续管、耐张线夹、引流板、并沟线夹等金具的发热情况，发现缺陷及时处理。

6.3.2.2 加强导地线悬垂线夹承重轴磨损情况检查，导地线振动严重区段应按 2 年周期打开检查，磨损严重的应予更换。

6.3.2.3 应认真检查锁紧销的运行状况，锈蚀严重及失去弹性的应及时更换；特别应加强 V 串复合绝缘子锁紧销的检查，防止因锁紧销受压变形失效而导致掉线事故。

6.3.2.4 加强瓷绝缘子的检测，及时更换零、低值瓷绝缘子及自爆玻璃绝缘子。加强复合绝缘子护套和端部金具连接部位的检查，端部密封破损及护套严重损坏的复合绝缘子应及时更换。

6.3.2.5 复合绝缘子应按照《标称电压高于 1000V 架空线路用绝缘子使用导则 第 3 部分：交流系统用棒型悬式复合绝缘子》（DL/T 1000.3）及《标称电压高于 1000V 架空线路用绝缘子使用导则第 4 部分：直流系统用棒型悬式复合绝缘子》（DL/T 1000.4）规定的项目及周期开展抽检试验，且增加芯棒耐应力腐蚀试验。

【依据 2】《预防 110（66）kV～500kV 架空输电线路事故措施》（国家电网生〔2004〕641 号）

详见 5.1.1.4.2。

5.1.1.4.4 防止风偏闪络事故

本条评价项目（见《评价》）的查评依据如下。

【依据】《国家电网有限公司十八项电网重大反事故措施（修订版）》国家电网设备〔2018〕979 号

6.4 防止风偏闪络事故

6.4.1 设计和基建阶段

6.4.1.1 新建线路设计时应结合线路周边气象台站资料及风区分布图，并参考已有的运行经验确定设计风速，对山谷、垭口等微地形、微气象区加强防风偏校核，必要时采取进一步的防风偏措施。

6.4.1.2 330～750kV 架空线路 40°以上转角塔的外角侧跳线串应使用双串绝缘子，并加装重锤等防风偏措施；15°以内的转角内外侧均应加装跳线绝缘子串（包括重锤）。

6.4.1.3 沿海台风地区，跳线风偏应按设计风压的 1.2 倍校核；110～220kV 架空线路大于 40°转角塔的外侧跳线应采用绝缘子串（包括重锤）；小于 20°转角塔，两侧均应加挂单串跳线串（包括重锤）。

6.4.2 运行阶段

6.4.2.1 运行单位应加强通道周边新增构筑物、各类交叉跨越距离及山区线路大挡距侧边坡的排查，对影响线路安全运行的隐患及时治理。

6.4.2.2 线路风偏故障后，应检查导线、金具、铁塔等受损情况并及时处理。

6.4.2.3 更换不同形式的悬垂绝缘子串后，应对导线风偏角及导线弧垂重新校核。

5.1.1.4.5 防止覆冰、舞动事故

本条评价项目（见《评价》）的查评依据如下。

【依据】《国家电网有限公司十八项电网重大反事故措施（修订版）》国家电网设备〔2018〕979 号

6.5 防止覆冰、舞动事故

6.5.1 设计和基建阶段

6.5.1.1 线路路径选择应以冰区分布图、舞动区域分布图为依据，宜避开重冰区及易发生导线舞动的区域；2 级及以上舞动区不应采用紧凑型线路设计，并采取全塔双帽防松措施。

6.5.1.2 新建架空输电线路无法避开重冰区或易发生导线舞动的区段，宜避免大挡距、大高差和杆塔两侧挡距相差悬殊等情况。

6.5.1.3 重冰区和易舞动区内线路的瓷绝缘子串或玻璃绝缘子串的联间距宜适当增加，必要时可采用联间支撑间隔棒。

6.5.2 运行阶段

6.5.2.1 加强导地线覆冰、舞动的观测，对覆冰及易舞动区，安装在线监测装置及设立观冰站（点），加强沿线气象环境资料的调研收集，及时修订冰区分布图和舞动区域分布图。

6.5.2.2 对设计冰厚取值偏低，且未采取必要防冰害措施的中、重冰区线路，应采取增加直线塔、缩短耐张段长度、合理补强杆塔等措施。

6.5.2.3 防舞治理应综合考虑线路防微风振动性能，避免因采取防舞动措施而造成导地线微风振动时动弯应变超标，从而导致疲劳损伤；同时应加强防舞效果的观测和防舞装置的维护。

6.5.2.4 覆冰季节前应对线路做全面检查，落实除冰、融冰和防舞动措施。

6.5.2.5 具备融冰条件的线路覆冰后，应根据覆冰厚度和天气情况，对导地线及时采取融冰措施以减少导地线覆冰。冰雪消融后，对已发生倾斜的杆塔应加强监测，可根据需要在直线杆塔上设立临时拉线以加强杆塔的抗纵向不平衡张力能力。

6.5.2.6 线路发生覆冰、舞动后，应根据实际情况安排停电检修，对线路覆冰、舞动重点区段的杆塔螺栓松动、导地线线夹出口处、绝缘子锁紧销及相关金具进行检查和消缺；及时校核和调整因覆冰、舞动造成的导地线滑移引起的弧垂变化缺陷。

5.1.1.4.6 防止鸟害闪络事故

本条评价项目（见《评价》）的查评依据如下。

【依据1】《国家电网有限公司十八项电网重大反事故措施（修订版）》国家电网设备〔2018〕979号

6.6 防止鸟害闪络事故

6.6.1 设计和基建阶段

6.6.1.1 66～500kV新建线路设计时应结合涉鸟故障风险分布图，对于鸟害多发区应采取有效的防鸟措施，如安装防鸟刺、防鸟挡板、防鸟针板，增加绝缘子串结构高度等。110（66）、220、330、500kV悬垂绝缘子的鸟粪闪络基本防护范围为以绝缘子悬挂点为圆心，半径分别为0.25、0.55、0.85、1.2m的圆。

6.6.2 运行阶段

6.6.2.1 鸟害多发区线路应及时安装防鸟装置，如防鸟刺、防鸟挡板、悬垂串第一片绝缘子采用大盘径绝缘子、复合绝缘子横担侧采用防鸟型均压环等。对已安装的防鸟装置应加强检查和维护，及时更换失效防鸟装置。

6.6.2.2 及时拆除绝缘子、导线上方等可能危及线路运行的鸟巢，并及时清扫鸟粪污染的绝缘子。

【依据2】《国家电网公司预防110（66）kV～500kV架空输电线路事故措施》（国家电网生〔2004〕641号）

第三十八条 在鸟害多发地段，新建线路设计时应考虑采取防鸟措施。对运行线路的直线杆塔悬垂串和耐张杆塔跳线串第一片绝缘子，宜采用大盘径空气动力型绝缘子或在绝缘子表面粘贴大直径增爬裙，也可在横担上方增设防鸟装置或采取其他有效的防范措施。

5.1.1.4.7 防止外力破坏事故

本条评价项目（见《评价》）的查评依据如下。

【依据1】《国家电网有限公司十八项电网重大反事故措施（修订版）》国家电网设备〔2018〕979号

6.7 防止外力破坏事故

6.7.1 设计和基建阶段

6.7.1.1 新建线路设计时应采取必要的防盗、防撞等防外力破坏措施，验收时应检查防外力破坏措施是否落实到位。

6.7.1.2　架空线路跨越森林、防风林、固沙林、河流坝堤的防护林、高等级公路绿化带、经济园林等，当采用高跨设计时，应满足对主要树种的自然生长高度距离要求。

6.7.1.3　新建线路宜避开山火易发区，无法避让时，宜采用高跨设计，并适当提高安全裕度；无法采用高跨设计时，重要输电线路应按照相关标准开展通道清理。

6.7.2　运行阶段

6.7.2.1　应建立完善的通道属地化制度，积极配合当地公安机关及司法部门，严厉打击破坏、盗窃、收购线路器材的违法犯罪活动。

6.7.2.2　加强巡视和宣传，及时制止线路附近的烧荒、烧秸秆、放风筝、开山炸石、爆破作业、大型机械施工、非法采沙等可能危及线路安全运行的行为。

6.7.2.3　应在线路保护区或附近的公路、铁路、水利、市政施工现场等可能引起误碰线的区段设立限高警示牌或采取其他有效措施，防止吊车等施工机械碰线。

6.7.2.4　及时清理线路通道内的树障、堆积物等，严防因树木、堆积物与电力线路距离不够引起放电事故；及时清理或加固线路通道内彩钢瓦、大棚薄膜、遮阳网等易漂浮物。

6.7.2.5　对易遭外力碰撞的线路杆塔，应设置防撞墩（墙）并涂刷醒目标志漆。

【依据2】《预防110（66）kV～500kV架空输电线路事故措施》（国家电网生〔2004〕641号）

第七章　预防外力破坏

四十九条　认真贯彻执行和宣传《中华人民共和国电力法》《电力设施保护条例》和《电力设施保护条例实施细则》，做好线路保护工作。发现有危害线路安全运行的单位和个人，及时递交《影响路安全运行整改通知书》并敦促其整改。积极配合当地公安机关及司法部门严厉打击破坏线路器材的犯罪活动。

第五十条　积极取得当地政府部门的支持，加强对线路保护区的整治工作，严禁在保护区内植树采矿、建造构筑物等，保证线路通道满足安全运行要求。

第五十一条　依靠群众搞好护线工作，建立并完善群众护线制度，落实群众护线员的保线护线责任。

第五十二条　在线路保护区或附近的公路铁路、水利、市政等施工现场应设置警示标志，并做好保线、护线的宣传工作，防止吊车等施工机具剐碰导线引起的跳闸或断线事故。

第五十三条　严禁在线路附近烧荒、烧秸秆等，在烧荒季节加强巡视和宣传，一旦发现立即制止

第五十四条　严禁在距线路周围500m范围内（指水平距离）进行爆破作业。因工作需要必须进行爆破作业时应按国家有关法律法规，采取可靠的安全防范措施确保线路安全，并征得线路产权单位或管理部门的书面同意，报经政府有关管理部门批准。另外在规定范围外进行的爆破作业也必须确保线路的安全。

5.1.1.4.8　"三跨"管理

本条评价项目（见《评价》）的查评依据如下。

【依据1】《国家电网公司关于印发架空输电线路"三跨"重大反事故措施（试行）的通知》（国家电网运检〔2016〕413号）

2.2　"三跨"应采用独立耐张段，杆塔除防盗措施外，还应采用全塔防松措施。

3.3　"三跨"每年至少开展一次导、地线外观检查和弧垂测量，在高温高负荷前及风振发生后应开展耐张线夹红外测温工作。

7.2　正常巡视周期应不超过1个月，在恶劣天气或地质灾害发生后应及时进行特殊巡视。

【依据2】《国家电网有限公司十八项电网重大反事故措施（修订版）》国家电网设备〔2018〕979号

6.8　防止"三跨"事故

6.8.1　设计和基建阶段

6.8.1.1　线路路径选择时，宜减少"三跨"数量，且不宜连续跨越；跨越重要输电通道时，不宜在一挡中跨越3条及以上输电线路，且不宜在杆塔顶部跨越。

6.8.1.2　"三跨"线路与高铁交叉角不宜小于45°，困难情况下不应小于30°，且不应在铁路车站

出站信号机以内跨越；与高速公路交叉角一般不应小于45°；与重要输电通道交叉角不宜小于30°。线路改造路径受限时，可按原路径设计。

6.8.1.3 "三跨"应尽量避免出现大挡距和大高差的情况，跨越塔两侧挡距之比不宜超过2∶1。

6.8.1.4 "三跨"线路跨越点宜避开2级及3级舞动区，无法避开时以舞动区域分布图为依据，结合附近舞动发展情况，宜适当提高防舞设防水平。

6.8.1.5 "三跨"应采用独立耐张段跨越，杆塔结构重要性系数应不低于1.1，杆塔除防盗措施外，还应采用全塔防松措施；当跨越重要输电通道时，跨越线路设计标准应不低于被跨越线路。

6.8.1.6 "三跨"线路跨越点宜避开重冰区。对15mm及以上冰区的特高压"三跨"和5mm及以上冰区的其他电压等级"三跨"，导线最大设计验算覆冰厚度应比同区域常规线路增加10mm，地线设计验算覆冰厚度增加15mm；对历史上曾出现过超设计覆冰的地区，还应按稀有覆冰条件进行验算。

6.8.1.7 易舞动区防舞装置（不含线夹回转式间隔棒）安装位置应避开被跨越物。

6.8.1.8 500kV及以下"三跨"线路的悬垂绝缘子串应采用独立双串设计，对于山区高差大、连续上下山的线路可采用单挂点双联，耐张绝缘子应采用双联及以上结构形式，单联强度应满足正常运行状态下受力要求。"三跨"地线悬垂应采用独立双串设计，耐张串连接金具应提高一个强度等级。

6.8.1.9 "三跨"区段宜选用预绞式防振锤。风振严重区、易舞动区"三跨"的导地线应选用耐磨型连接金具。

6.8.1.10 跨越高铁时应安装分布式故障诊断装置和视频监控装置；跨越高速公路和重要输电通道时应安装图像或视频监控装置。

6.8.1.11 "三跨"地线宜采用铝包钢绞线，光缆宜选用全铝包钢结构的OPGW光缆。

6.8.1.12 对特高压线路"三跨"，跨越档内导地线不应有接头；对其他电压等级"三跨"，耐张段内导地线不应有接头。

6.8.1.13 750kV及以下电压等级输电线路"三跨"金具应按照施工验收规定逐一检查压接质量，并按照"三跨"段内耐张线夹总数量10%的比例开展X射线无损检测。

6.8.2 运行阶段

6.8.2.1 在运"三跨"应满足独立耐张段跨越要求，不满足时应进行改造。

6.8.2.2 在运线路跨越高铁时，杆塔应满足结构重要性系数不低于1.1的要求，不满足时应进行改造。

6.8.2.3 对采用独立耐张段跨越的在运跨高铁输电线路，按《110kV～750kV架空输电线路设计规范》（GB 50545—2010）及6.8.1.6的要求开展校核，不满足时应进行改造。

6.8.2.4 在运"三跨"应满足6.8.1.7～6.8.1.12条相关要求，不满足时应进行改造。

6.8.2.5 在运"三跨"，应结合停电检修开展耐张线夹X光透视等无损探伤检查，根据检测结果及时处理。

6.8.2.6 在运"三跨"红外测温周期应不超过3个月，当环境温度达到35℃或输送功率超过额定功率的80%时，应开展红外测温和弧垂测量。

6.8.2.7 报废线路的"三跨"应予以拆除，退运线路的"三跨"应纳入正常运维范围。

【依据3】《架空输电线路三跨运维管理补充规定》国家电网〔2016〕777号

第五章 反措排查及治理

第十六条 各级运检部门要对照《国家电网公司关于印发架空输电线路"三跨"重大反事故措施（试行）的通知》（国家电网运检〔2016〕413号），深入开展反措落实情况检查，对不满足反措要求的应列入治理计划。此外，还应满足以下要求：

（一）"三跨"单导线耐张线夹应加附引流线；"三跨"地线应采用双挂点；

（二）220kV"三跨"区段双分裂导线应加装子导线间隔棒；

（三）"三跨"区段绝缘子"单串改双串"应采用双挂点。

第十七条　按照以下原则开展"三跨"治理：

（一）耐张线夹X光检测发现安全隐患的应优先治理；

（二）"三跨"非独立耐张段应优先治理；

（三）依据被跨越物重要程度，应按照跨高铁、跨高速、跨重要输电通道顺序安排治理；

（四）跨高铁、高速公路的线路，依据不同电压等级输电线路可靠性程度，应按照110（66）kV、220kV、500（330）kV、750kV及以上线路顺序安排治理，直流接地极线路治理原则参照110kV线路执行；

（五）特高压线路跨越特高压线路应优先安排治理；

（六）同等条件下，状态评价结果较差的线路应优先安排治理；

第十八条　各级运检部门要依据"三跨"反措，开展新（改、扩）建线路"三跨"区段验收，在规划、设计、建设、验收、运行等各环节严格落实反措要求，全面提升设备本质安全水平。

【依据4】《国家电网公司架空输电线路运维管理规定》[国网（运检/4）305—2014]

附件12：国家电网公司标准化输电线路建设检查考核内容及评分标准（试行）

8	保护区及线路通道	
8.1	交叉跨越	1. 交叉跨越道路、铁路、索道、管道、电力线、通信线等应满足规范要求的交叉跨越距离。 2. 对于直线型重要交叉跨越塔，包括跨越110kV及以上线路、铁路和高速公路、一级公路、一、二级通航河流等，应采用双悬垂绝缘子串结构，且宜采用双独立挂点；无法设置双挂点的窄横担杆塔可采用单挂点双联绝缘子串结构。 3. 跨区线路跨越主干铁路、高速公路等重要交叉跨越物宜采用独立耐张段

5.1.2　电力电缆线路

5.1.2.1　机制建设

5.1.2.1.1　运行分析会

本条评价项目（见《评价》）的查评依据如下。

【依据1】《电力电缆及通道运维规程》（Q/GDW 1512—2014）

9.3　缺陷管理

9.3.1　运维单位应制定缺陷管理流程，对缺陷的上报、定性、处理和验收等环节实行闭环管理。

9.3.2　根据对运行安全的影响程度和处理方式进行分类并记入生产管理系统。

9.3.3　危机缺陷消除时间不得超过24小时，严重缺陷应在30天内消除，一般缺陷可结合检修计划尽早消除，但应处于可控状态。

9.3.4　电缆及通道带缺陷运行期间，运维单位应加强监视，必要时制定相应应急措施。

9.3.5　运维单位应定期开展缺陷统计分析工作，及时掌握缺陷消除情况和缺陷产生的原因，采取有针对性的措施。

9.4　隐患排查

9.4.1　电缆隐患排查治理应纳入日常运维工作中，按照"发现（排查）—评估—报告—治理（控制）—验收—销号"的流程形成闭环管理。

9.4.2　运维单位应定期开展隐患的统计、分析和报送工作，及时掌握隐患消除情况和产生原因，采取针对性措施。

【依据2】国家电网有限公司《电缆及通道运维管理规定》（国网〔运检/4〕307—2014）

第八十五条　电缆运行分析包括设备规模、非计划停运分析、缺陷分析、带电检测、停电试验、在线监测工作开展情况及典型故障分析等内容。

第八十六条　各级运检部门应定期组织开展电缆运行分析，省公司运检部每月28日前向国家电网公司运检部报送电缆运行分析月报，每年1月20日前报送年度电缆专业总结报告。

第八十八条　运行分析结果应作为电网规划设计、建设改造、设备选型、电网运行和反事故措施的重要依据。

5.1.2.1.2 巡视管理

本条评价项目（见《评价》）的查评依据如下。

【依据1】《电力电缆及通道运维规程》（Q/GDW 1512—2014）

7 巡视检查

7.1 一般要求

7.1.1 运维单位对所管辖电缆及通道，均应指定专人巡视，同时明确其巡视的范围、内容和安全责任，并做好电力设施保护工作。

7.1.2 运维单位应编制巡视检查工作计划，计划编制应结合电缆及通道所处环境、巡视检查历史记录以及状态评价结果。电缆及通道巡视记录表参见附录G。

7.1.3 运维单位对巡视检查中发现的缺陷和隐患进行分析，及时安排处理并上报上级生产管理部门。

7.1.4 运维单位应将预留通道和通道的预留部分视作运行设备，使用和占用应履行审批手续。

7.1.5 巡视检查分为定期巡视、故障巡视、特殊巡视三类。

7.1.6 定期巡视包括对电缆及通道的检查，可以按全线或区段进行。巡视周期相对固定，并可动态调整。电缆和通道的巡视可按不同的周期分别进行。

7.1.7 故障巡视应在电缆发生故障后立即进行，巡视范围为发生故障的区段或全线。对引发事故的证物证件应妥为保管设法取回，并对事故现场应进行记录、拍摄，以便为事故分析提供证据和参考。具有交叉互联的电缆跳闸后，应同时对电缆上的交叉互联箱、接地箱进行巡视，还应对给同一用户供电的其他电缆开展巡视工作以保证用户供电安全。

7.1.8 特殊巡视应在气候剧烈变化、自然灾害、外力影响、异常运行和对电网安全稳定运行有特殊要求时进行，巡视的范围视情况可分为全线、特定区域和个别组件。对电缆及通道周边的施工行为应加强巡视，已开挖暴露的电缆线路，应缩短巡视周期，必要时安装移动视频监控装置进行实时监控或安排人员看护。

7.2 巡视周期的确定原则

7.2.1 运维单位应根据电缆及通道特点划分区域，结合状态评价和运行经验确定电缆及通道的巡视周期。同时依据电缆及通道区段和时间段的变化，及时对巡视周期进行必要的调整。

7.2.2 定期巡视周期：

a）110（66）kV及以上电缆通道外部及户外终端巡视：每半个月巡视一次；

b）35kV及以下电缆通道外部及户外终端巡视：每一个月巡视一次；

c）发电厂、变电站内电缆通道外部及户外终端巡视：每三个月巡视一次；

d）电缆通道内部巡视：每三个月巡视一次；

e）电缆巡视：每三个月巡视一次；

f）35kV及以下开关柜、分支箱、环网柜内的电缆终端结合停电巡视检查一次；

g）单电源、重要电源、重要负荷、网间联络等电缆及通道的巡视周期不应超过半个月；

h）对通道环境恶劣的区域，如易受外力破坏区、偷盗多发区、采动影响区、易塌方区等应在相应时段加强巡视，巡视周期一般为半个月；

i）水底电缆及通道应每年至少巡视一次；

j）对于城市排水系统泵站供电电源电缆，在每年汛期前进行巡视；

k）电缆及通道巡视应结合状态评价结果，适当调整巡视周期。

7.3 电缆巡视检查要求及内容

7.3.1 电缆巡视应沿电缆逐个接头、终端建档进行并实行立体式巡视，不得出现漏点（段）。

7.3.2 电缆巡视检查的要求及内容按照表7执行，并按照附录I中规定的缺陷分类及判断依据上报缺陷。

表 7　　　　　　　　　　　　　　　　　　电缆巡视检查要求及内容

巡视对象	部件	要求及内容
电缆本体	本体	a) 是否变形。b) 表面温度是否过高
	外护套	a) 是否存在破损情况和龟裂现象
附件	电缆终端	a) 套管外绝缘是否出现破损、裂纹，是否有明显放电痕迹、异味及异常响声；套管密封是否存在漏油现象；瓷套表面不应严重结垢。 b) 套管外绝缘爬距是否满足要求。 c) 电缆终端、设备线夹、与导线连接部位是否出现发热或温度异常现象。 d) 固定件是否出现松动、锈蚀、支撑绝缘子外套开裂、底座倾斜等现象。 e) 电缆终端及附近是否有不满足安全距离的异物。 f) 支撑绝缘子是否存在破损情况和龟裂现象。 g) 法兰盘尾管是否存在渗油现象。 h) 电缆终端是否有倾斜现象，引流线不应过紧。 i) 有补油装置的交联电缆终端应检查油位是否在规定的范围之间，检查 GIS 筒内有无放电声响，必要时测量局部放电
	电缆接头	a) 是否浸水。 b) 外部是否有明显损伤及变形，环氧外壳密封，是否存在内部密封胶向外渗漏现象。 c) 底座支架是否存在锈蚀和损坏情况，支架应稳固，是否存在偏移情况。 d) 是否有防火阻燃措施。 e) 是否有铠装或其他防外力破坏的措施
	避雷器	a) 避雷器是否存在连接松动、破损、连接引线断股、脱落、螺栓缺失等现象。 b) 避雷器动作指示器是否存在图文不清、进水和表面破损、误指示等现象。 c) 避雷器均压环是否存在缺失、脱落、移位现象。 d) 避雷器底座金属表面是否出现锈蚀或油漆脱落现象。 e) 避雷器是否有倾斜现象，引流线是否过紧。 f) 避雷器连接部位是否出现发热或温度异常现象
	供油装置	a) 供油装置是否存在渗、漏油情况。 b) 压力表计是否损坏。 c) 油压报警系统是否运行正常，油压是否在规定范围之内
	接地装置	a) 接地箱箱体（含门、锁）是否缺失、损坏，基础是否牢固可靠。 b) 交叉互联换位是否正确，母排与接地箱外壳是否绝缘。 c) 主接地引线是否接地良好，焊接部位是否做防腐处理。 d) 接地类设备与接地箱接地母排及接地网是否连接可靠，是否松动、断开。 e) 同轴电缆、接地单芯引线或回流线是否缺失、受损
附属设施	在线监测装置	a) 在线监测硬件装置是否完好。 b) 在线监测装置数据传输是否正常。 c) 在线监测系统运行是否正常
	电缆支架	a) 电缆支架应稳固，是否存在缺件、锈蚀、破损现象。 b) 电缆支架接地是否良好
	标识标牌	a) 电缆线路铭牌、接地箱（交叉互联箱）铭牌、警告牌、相位标识牌是否缺失、清晰、正确。 b) 路径指示牌（桩、砖）是否缺失、倾斜
	防火设施	a) 防火槽盒、防火涂料、防火阻燃带是否存在脱落。 b) 变电所或电缆隧道出入口是否按设计要求进行防火封堵措施

7.4　通道巡视检查要求及内容

7.4.1　通道巡视应对通道周边环境、施工作业等情况进行检查，及时发现和掌握通道环境的动态变化情况。

7.4.2　在确保对电缆巡视到位的基础上宜适当增加通道巡视次数，对通道上的各类隐患或危险点安排定点检查。

7.4.3　对电缆及通道靠近热力管或其他热源、电缆排列密集处，应进行电缆环境温度、土壤温度和电缆表面温度监视测量，以防环境温度或电缆过热对电缆产生不利影响。

7.4.4　通道巡视检查要求及内容按照表8执行，并按照附录Ⅰ中规定的缺陷分类及判断依据上报缺陷。

表 8 通道巡视检查要求及内容

巡视对象		要求及内容
通道	直埋	a) 电缆相互之间，电缆与其他管线、构筑物基础等最小允许间距是否满足要求。 b) 电缆周围是否有石块或其他硬质杂物以及酸、碱强腐蚀物等
	电缆沟	a) 电缆沟墙体是否有裂缝、附属设施是否故障或缺失。 b) 竖井盖板是否缺失、爬梯是否锈蚀、损坏。 c) 电缆沟接地网接地电阻是否符合要求
	隧道	a) 隧道出入口是否有障碍物。 b) 隧道出入口门锁是否锈蚀、损坏。 c) 隧道内是否有易燃、易爆或腐蚀性物品，是否有引起温度持续升高的设施。 d) 隧道内地坪是否倾斜、变形及渗水。 e) 隧道墙体是否有裂缝、附属设施是否有故障或缺失。 f) 隧道通风亭是否有裂缝、破损。 g) 隧道内支架是否锈蚀、破损。 h) 隧道接地网接地电阻是否符合要求。 i) 隧道内电缆位置正常，无扭曲，外护层无损伤，电缆运行标识清晰齐全；防火墙、防火涂料、防火包带应完好无缺，防火门开启正常。 j) 隧道内电缆接头有无变形，防水密封良好；接地箱有无锈蚀，密封、固定良好
	隧道	a) 隧道内同轴电缆、保护电缆、接地电缆外皮无损伤，密封良好，接触牢固。 b) 隧道内接地引线无断裂，紧固螺丝无锈蚀，接地可靠。 c) 隧道内电缆固定夹具构件、支架应无缺损、无锈蚀，应牢固无松动。 d) 现场检查有无白蚁、老鼠咬伤电缆。 e) 隧道投料口、线缆孔洞封堵是否完好。 f) 隧道内其他管线有无异常状况。 g) 隧道通风、照明、排水、消防、通信、监控、测温等系统或设备是否运行正常，是否存在隐患和缺陷
	工作井	a) 接头工作井内是否长期存在积水现象，地下水位较高、工作井内易积水的区域敷设的电缆是否采用阻水结构。 b) 工作井是否出现基础下沉、墙体坍塌、破损现象。 c) 盖板是否存在缺失、破损、不平整现象。 d) 盖板是否压在电缆本体、接头或者配套辅助设施上。 e) 盖板是否影响行人、过往车辆安全
	排管	a) 排管包封是否破损、变形。 b) 排管包封混凝土层厚度是否符合设计要求，钢筋层结构是否裸露。 c) 预留管孔是否采取封堵措施
	电缆桥架	a) 电缆桥架电缆保护管、沟槽是否脱开或锈蚀，盖板是否有缺损。 b) 电缆桥架是否出现倾斜、基础下沉、覆土流失等现象，桥架与过渡工作井之间是否产生裂缝和错位现象。 c) 电缆桥架主材是否存在损坏、锈蚀现象
	水底电缆	a) 水底电缆管道保护区内是否有挖砂、钻探、打桩、抛锚、拖锚、底拖捕捞、张网、养殖或者其他可能破坏海底电缆管道安全的水上作业。 b) 水底电缆管道保护区内是否发生违反航行规定的事件。 c) 临近河（海）岸两侧是否有受潮水冲刷的现象，电缆盖板是否露出水面或移位，河岸两端的警告牌是否完好
	其他	a) 电缆通道保护区内是否存在土壤流失，造成排管包封、工作井等局部点暴露或者导致工作井、沟体下沉、盖板倾斜。 b) 电缆通道保护区内是否修建建（构）筑。 c) 电缆通道保护区内是否有管道穿越、开挖、打桩、钻探等施工。 d) 电缆通道保护区内是否被填埋。 e) 电缆通道保护区内是否倾倒化学腐蚀物品。 f) 电缆通道保护区内是否有热力管道或易燃易爆管道泄漏现象。 g) 终端站、终端塔（杆、T接平台）周围有无影响电缆安全运行的树木、爬藤、堆物及违章建筑等

【依据2】《国家电网公司电缆及通道运维管理规定》[国网（运检/4）307—2014]

第二十四条　电缆及通道巡视对象主要包括电缆本体、附件、附属设备（含油路系统、交叉互联箱、接地箱、在线监测装置等）及附属设施（含直埋、排管、电缆沟、电缆隧道、桥梁及桥架等）等。

第二十五条　运维单位应按照《电力电缆线路运行规程》（Q/GDW 512—2010）和《电缆通道管理规范》（国家电网生〔2010〕637号）要求，明确巡视检查与防护内容和范围，编制巡视计划，对所辖电缆及通道进行巡视与检查，全面准确掌握运行状况。

第二十六条　电缆及通道巡视分为定期巡视和非定期巡视，其中非定期巡视包括故障巡视、特殊巡视等。

第二十七条　电缆及通道巡视应结合运行状态评价结果，适当调整巡视周期。

第二十八条　定期巡视周期。

电缆通道路面及户外终端巡视：66kV及以上电缆线路每半个月巡视1次，35kV及以下电缆线路每月巡视1次，发电厂、变电站内电缆线路每三个月巡视1次。

35kV及以下开关柜、分支箱、环网柜内的电缆终端2年~3年结合停电巡视检查1次。

对于城市排水系统泵站电缆线路，在每年汛期前进行巡视。

水底电缆应每年至少巡视1次。

第二十九条　定期巡视应结合电缆及通道所处环境，巡视检查历史记录以及状态评价结果，适当调整巡视周期。

第三十条　电缆发生故障后应立即进行故障巡视，具有交叉互联的电缆跳闸后，还应对交叉互联箱、接地箱进行巡视，并对向同一用户供电的其他电缆开展巡视工作以保证用户供电安全。

第三十一条　遇有下列情况，应开展特殊巡视：

（一）设备重载或负荷有显著增加。

（二）设备检修或改变运行方式后，重新投入系统运行或新安装设备的投运。

（三）根据检修或试验情况，有薄弱环节或可能造成缺陷。

（四）设备存在严重缺陷或缺陷有所发展时。

（五）存在外力破坏或在恶劣气象条件下可能影响安全运行的情况。

（六）重要保供电任务期间。

（七）其他电网安全稳定有特殊运行要求时。

第三十二条　巡视检查要求：

（一）敷设于地下的电缆，应查看路面是否正常，有无开挖痕迹，沟盖、井盖有无缺损，线路标识是否完整无缺等；查看电缆及通道上是否堆置瓦砾、矿渣、建筑材料、笨重物件、酸碱性排泄物或砌石灰坑、建房等。

（二）敷设于桥梁上的电缆，应检查桥梁电缆保护管、沟槽有无脱开或锈蚀，检查盖板有无缺损。

（三）检查电缆终端表面有无放电、污秽现象，终端密封是否完好，终端绝缘管材有无开裂，套管及支撑绝缘子有无损伤。

（四）电气连接点固定件有无松动、锈蚀，引出线连接点有无发热现象；终端应力锥部位是否发热，应对连接点和应力锥部位采用红外测温仪测量温度。

（五）有补油装置的交联电缆终端应检查油位是否在规定的范围之间；检查GIS筒内有无放电声响，必要时测量局部放电。

（六）接地线是否良好，连接处是否紧固可靠，有无发热或放电现象；必要时测量连接处温度和单芯电缆金属护层接地线电流，有较大突变时应停电进行接地系统检查，查找接地电流突变原因。

（七）电缆铭牌是否完好，相色标志是否齐全、清晰，电缆固定、保护设施是否完好等。

（八）检查电缆终端杆塔周围有无影响电缆安全运行的树木、爬藤、堆物及违章建筑等。

（九）对电缆终端处的避雷器，应检查套管是否完好，表面有无放电痕迹，检查泄漏电流监测仪数值是否正常，并按规定记录放电计数器动作次数。

（十）通过短路电流后应检查护层过电压限制器有无烧熔现象，交叉互联箱、接地箱内连接排接触是否良好。

（十一）检查工井、隧道、电缆沟、竖井、电缆夹层、桥梁内电缆外护套与支架或金属构件处有无磨损或放电迹象，衬垫是否失落，电缆及接头位置是否固定正常，电缆及接头上的防火涂料或防火带是否完好；检查金属构件如支架、接地扁铁是否锈蚀。

（十二）检查电缆隧道、竖井、电缆夹层、电缆沟内孔洞是否封堵完好，通风、排水及照明设施是否完整，防火装置是否完好；监控系统是否运行正常。

（十三）水底电缆应经常检查临近河（海）岸两侧是否有受潮水冲刷的现象，电缆盖板是否露出水面或移位，同时检查河岸两端的警告牌是否完好。

（十四）充油电缆应检查油压报警系统是否运行正常，油压是否在规定范围之内。

（十五）多条并联运行的电缆要检测电流分配和电缆表面温度，防止电缆过负荷。

（十六）对电缆及通道靠近热力管或其他热源、电缆排列密集处，应进行土壤温度和电缆表面温度监视测量，以防电缆过热。

【依据3】《国家电网公司电网设备缺陷管理规定》［国网（运检/3）297—2014］

第十七条　县公司运检部［检修（建设）工区］职责

（一）贯彻执行上级部门颁布的设备缺陷管理相关制度标准及其他规范性文件；

（二）监督、指导、评价考核所辖设备缺陷管理工作。

（三）组织下属班组及时、准确、完整地收集设备缺陷信息并录入生产管理信息系统，确保缺陷填报完整性、准确性、规范性和及时性；负责疑似家族缺陷信息收集、初步分析及上报，落实家族缺陷排查治理工作。

（四）准确定性所辖设备缺陷，制订消缺计划和方案，协调所辖设备缺陷处理，组织检修力量，调配检修物资。

（五）定期开展缺陷统计、分析和上报工作；审核批准所辖设备缺陷并及时上报。

（六）开展岗位技能培训，提高运检班组成员缺陷诊断分析和处理技能水平。

（七）组织运检班组开展所辖设备巡检、例行试验和诊断性试验，及时发现、汇报、跟踪和处理设备缺陷。

（八）缺陷消除前，采取必要预控措施，防止缺陷进一步扩大。

（九）组织消缺验收，形成验收意见和缺陷分析，完成缺陷闭环管理。

（十）疑似家族缺陷信息收集、初步分析及上报，落实家族缺陷排查治理工作。

第二十三条　缺陷登记时限：缺陷发现后72小时内必须录入到生产管理信息系统中。

第三十条　设备缺陷的处理时限。危急缺陷处理时限不超过24小时，严重缺陷处理时限不超过一个月，需停电处理的一般缺陷处理时限不超过一个例行试验检修周期，可不停电处理的一般缺陷处理时限原则上不超过三个月。

第三十三条　新建投产一年内发生的缺陷处理，由运检部门会同建设单位（或部门）进行消缺。若建设单位（或部门）难以组织在规定时限内完成缺陷处理，也应确定消缺方案，明确消缺时限，报本单位主管领导审核批准。若在本单位内部不能解决时，应报上一级主管部门审核批准。

5.1.2.2　专业管理

5.1.2.2.1　基础管理

5.1.2.2.1（1）电缆线路现场运行规程、检修工艺规程、作业指导书和缺陷管理制度

本条评价项目（见《评价》）的查评依据如下。

【依据1】《国家电网公司安全工作规定》（国家电网企管〔2014〕1117号）

第二十七条　公司各级单位应建立健全保障安全的各项规程制度

（一）根据上级颁发的制度标准及其他规范性文件和设备厂商的说明书，编制企业各类设备的现场运行规程和补充制度，经专业分管领导批准后按公司有关规定执行；

（二）在公司通用制度范围以外，根据上级颁发的检修规程、技术原则，制定本单位的检修管理补充规程，根据典型技术规程和设备制造说明，编制主、辅设备的检修工艺规程和质量标准，经专业分管领导批准后执行；

（三）根据国务院颁发的《电网调度管理条例》和国家颁发的有关规定以及上级的调控规程或细则，编制本系统的调控规程或细则，经专业分管领导批准后执行；

（四）根据上级颁发的施工管理规定，编制工程项目的施工组织设计和安全施工措施，按规定审批后执行。

第二十八条　公司所属各级单位应及时修订、复查现场规程，现场规程的补充或修订应严格履行审批程序。

（一）当上级颁发新的规程和反事故技术措施、设备系统变动、本单位事故防范措施需要时，应及时对现场规程进行补充或对有关条文进行修订，书面通知有关人员；

（二）每年应对现场规程进行一次复查、修订，并书面通知有关人员；不需修订的，也应出具经复查人、审核人、批准人签名的"可以继续执行"的书面文件，并通知有关人员；

（三）现场规程宜每3年～5年进行一次全面修订、审定并印发。

第二十九条　省公司级单位应定期公布现行有效的规程制度清单；地市公司级单位、县公司级单位应每年至少一次对安全法律法规、标准规范、规章制度、操作规程的执行情况进行检查评估，公布一次本单位现行有效的现场规程制度清单，并按清单配齐各岗位有关的规程制度。

【依据2】《电力电缆及通道运维规程》（Q/GDW 1512—2014）

4.10　运行单位应建立电力电缆及通道资产台账，定期清查核对，保证账物相符。对于公用电网直接连接的且签订代维协议的用户电缆应建立台账。

5.1.2.2.1（2）技术资料

本条评价项目（见《评价》）的查评依据如下。

【依据1】《国家电网公司电缆及通道运维管理规定》［国网（运检/4）307—2014］

第二十一条　电缆及通道验收时应做好下列资料的验收和归档。

（一）电缆走廊以及城市规划部门批准文件。包括建设规划许可证、规划部门对于电缆及通道路径的批复文件、施工许可证等。

（二）完整的设计资料，包括初步设计、施工图及设计变更文件、设计审查文件等。

（三）电缆及通道沿线施工与有关单位签署的各种协议文件。

（四）工程施工监理文件、质量文件及各种施工原始记录。

（五）隐蔽工程中间验收记录及签证书。

（六）施工缺陷处理记录及附图。

（七）电缆及通道竣工图纸和路径图，比例尺一般为1：500，地下管线密集地段为1：100，管线稀少地段为1：1000。在房屋内及变电所附近的路径用1：50的比例尺绘制。平行敷设的电缆必须标明各条线路相对位置，并标明地下管线剖面。电缆及通道如采用特殊设计，应有相应的图纸和说明。

（八）电缆敷设施工记录应包括电缆敷设日期、天气状况、电缆检查记录、电缆生产厂家、电缆盘号、电缆敷设总长度及分段长度、施工单位、施工负责人等。

（九）电缆附件安装工艺说明书、装配总图和安装记录。

（十）电缆及通道原始记录应包括长度、截面积、电压、型号、安装日期、电缆及附件生产厂家、设备参数，中间接头及终端头的型号、编号、各种合格证书、出厂试验报告等。

（十一）电缆交接试验记录。

（十二）单芯电缆接地系统安装记录、安装位置图及接线图。

（十三）有油压的电缆应有供油系统压力分布图和油压整定值等资料，并有警示信号接线图。

（十四）电缆设备开箱进库验收单及附件装箱单。

（十五）一次系统接线图和电缆地理信息图。

第九十二条　档案资料管理包括文件材料的收集、整理、完善、录入、归档、保管、备份、借用、销毁等工作。

第九十三条　各级单位档案部门负责对本单位运维检修项目档案工作进行监督检查指导，确保运维检修项目档案的齐全完整、系统规范，并根据需要做好运维检修档案的接收、保管和利用工作。

第九十四条　项目档案资料管理坚持"谁主管、谁负责，谁形成、谁整理"的原则，在项目验收时，项目实施单位应按照《国家电网公司电网建设项目档案管理办法（试行）》（国家电网办〔2010〕250号）要求，同步做好检修项目文件材料的收集、整理和归档，并在项目验收合格后3个月内完成向本单位档案部门移交。

第九十五条　资料和图纸应根据现场变动情况及时做出相应的修改和补充，与现场情况保持一致，并将资料信息及时录入运检管理系统和GIS等信息系统。

第九十六条　文件材料归档范围包含本规定第二十一条所列内容及电缆试验报告，应确保归档文件材料的齐全完整、真实准确、系统规范。

【依据2】《电气装置安装工程电缆线路施工及验收规范》（GB 50168—2018）

9.0.4　在电缆线路工程验收时，应提交下列资料和技术文件：

1. 电缆线路路径的协议文件。

2. 设计变更的证明文件和竣工图资料。

3. 直埋电缆线路的敷设位置图比例宜为1∶500。地下管线密集的地段不应小于1∶100，在管线稀少、地形简单的地段可为1∶1000。平行敷设的电缆线路宜合用一张图纸，图上必须标明各线路的相对位置，并有标明地下管线的剖面图。及其相对最小距离，提交相关管线资料，明确安全距离。

4. 制造厂提供的产品说明书、试验记录、合格证件及安装图纸等技术文件。

5. 电缆线路的原始记录应包括以下内容：

1）电缆的型号、规格及其实际敷设总长度及分段长度，电缆终端和接头的型式及安装日期；

2）电缆终端和接头中填充的绝缘材料名称、型号。

6. 电缆线路的施工记录应包括以下内容：

1）隐蔽工程隐蔽前检查记录或签证；

2）电缆敷设记录；

3）66kV及以上电缆终端和接头安装关键工艺工序记录；

4）质量检验及评定记录。

7. 试验记录。

8. 在线监控系统的出厂试验报告、现场调试报告和现场验收报告。

【依据3】《电力电缆及通道运维规程》（Q/GDW 1512—2014）

6. 验收

6.1　一般规定

电缆及通道验收除遵循本文件相关规定外，还应按照GB 50168、DL/T 5161等标准进行验收。验收分为到货验收、中间验收和竣工验收。

6.2　到货验收

6.2.1　设备到货后，运维单位应参与对现场物资的验收。

6.2.2　检查设备外观、设备参数是否符合技术标准和现场运行条件。

6.2.3　检查设备合格证、试验报告、专用工器具、设备安装与操作说明书、设备运行检修手册等是否齐全。

6.2.4　每批次电缆应提供抽样试验报告。

6.3　验收前工作准备

6.3.1　建设单位提供相应的设计图、工程竣工完工报告和竣工图等书面资料，包括验收申请、施工总结、路径图、管位剖面图、具体结构图、设计变更联系单等。

6.3.2 监理单位应提供相应的工程监理报告。

6.3.3 建设单位应做好有限空间内的作业准备工作，做好通风、杂物和积水清理，提前开井，确保验收工作顺利进行。

6.4 中间验收

6.4.1 运维单位根据施工计划参与隐蔽工程（如电缆、管沟、土建等工程）和关键环节的中间验收。

6.4.2 运维单位根据验收意见，督促相关单位对验收中发现的问题进行整改并参与复验。

6.5 竣工验收

6.5.1 竣工验收包括资料验收、现场验收及试验。

6.5.2 电缆及通道验收时应做好下列资料的验收和归档。

a）电缆及通道走廊以及城市规划部门批准文件，包括建设规划许可证、规划部门对于电缆及通道路径的批复文件、施工许可证等。

b）完整的设计资料，包括初步设计、施工图及设计变更文件、设计审查文件等。

c）电缆及通道沿线施工与有关单位签署的各种协议文件。

d）工程施工监理文件、质量文件及各种施工原始记录；

e）隐蔽工程中间验收记录及签证书。

f）施工缺陷处理记录及附图。

g）电缆及通道竣工图纸应提供电子版，三维坐标测量成果。

h）电缆及通道竣工图纸和路径图，比例尺一般为1∶500，地下管线密集地段为1∶100，管线稀少地段为1∶1000。在房屋内及变电所附近的路径用1∶50的比例尺绘制。平行敷设的电缆，应标明各条线路相对位置，并标明地下管线剖面图。电缆如采用特殊设计，应有相应的图纸和说明。

i）电缆敷设施工记录，应包括电缆敷设日期、天气状况、电缆检查记录、电缆生产厂家、电缆盘号、电缆敷设总长度及分段长度、施工单位、施工负责人等。

j）电缆附件安装工艺说明书、装配总图和安装记录。

k）电缆原始记录：长度、截面积、电压、型号、安装日期、电缆及附件生产厂家、设备参数，电缆及电缆附件的型号、编号、各种合格证书、出厂试验报告、结构尺寸、图纸等。

l）电缆交接试验记录。

m）单芯电缆接地系统安装记录、安装位置图及接线图。

n）有油压的电缆应有供油系统压力分布图和油压整定值等资料，并有警示信号接线图。

o）电缆设备开箱进库验收单及附件装箱单。

p）一次系统接线图和电缆及通道地理信息图。

q）非开挖定向钻拖拉管竣工图应提供三维坐标测量图，包括两端工作井的绝对标高、断面图、定向孔数量、平面位置、走向、埋深、高程、规格、材质和管束范围等信息。

6.5.3 现场验收包括电缆本体、附件、附属设备、附属设施和通道验收，依据本标准运维技术要求执行。

6.5.4 对投入运行前的电缆除按照附录F的规定进行交接试验外，还应包括下列试验项目：

a）充油电缆油压报警系统试验。

b）线路参数试验，包括测量电缆的正序阻抗、负序阻抗、零序阻抗、电容量和导体直流电阻等。

c）接地电阻测量。

11 资料

11.1 一般要求

11.1.1 电缆及通道资料应有专人管理，建立图纸、资料清册，做到目录齐全、分类清晰、一线一挡、检索方便。

11.1.2 根据电缆及通道的变动情况，及时动态更新相关技术资料，确保与线路实际情况相符。

11.2 资料内容

资料应包括：

a) 相关法律法规、规程、制度和标准；

b) 竣工资料；

c) 设备台账：

1) 电缆设备台账，应包括电缆的起讫点、电缆型号规格、附件型式、生产厂家、长度、敷设方式、投运日期等信息；

2) 电缆通道台账，应包括电缆通道地理位置、长度、断面图等信息；

3) 备品备件清册。

d) 实物档案：

1) 特殊型号电缆的截面图和实物样本。截面图应注明详细的结构和尺寸，实物样本应标明线路名称、规格型号、生产厂家、出厂日期等。

4) 电缆及附件典型故障样本，应注明线路名称、故障性质、故障日期等。

e) 生产管理资料：

1) 年度技术改造、大修计划及完成情况统计表；

5) 状态检修、试验计划及完成情况统计表；

6) 反事故措施计划；

7) 状态评价资料；

8) 运行维护设备分界点协议；

9) 故障统计报表、分析报告；

10) 年度运行工作总结。

f) 运行资料：

1) 巡视检查记录；

11) 外力破坏防护记录；

12) 隐患排查治理及缺陷处理记录；

13) 温度测量（电缆本体、附件、连接点等）记录；

14) 相关带电检测记录；

15) 电缆通道可燃、有害气体监测记录；

16) 单芯电缆金属护层接地电流监测记录；

17) 土壤温度测量记录。

附录 F

（规范性附录）

电缆交接试验项目和方法

F.1 电缆的交接试验项目

F.1.1 橡塑绝缘电缆的交接试验项目包括下列内容：

a) 测量主绝缘及外护套电阻；

b) 交流耐压试验；

c) 测量金属屏蔽层电阻和导体电阻比；

d) 检查电缆线路两端的相位；

e) 交叉互联系统试验；

f) 电缆系统的局部放电测量。

F.1.2 自容式充油电缆的交接试验项目包括下列内容：

a) 测量绝缘电阻；

b) 直流耐压试验及泄漏电流测量；

c）检查电缆线路两端的相位。

F.1.3 纸绝缘电缆的交接试验项目包括下列内容：

a）测量绝缘电阻；

b）直流耐压试验及泄漏电流测量；

c）检查电缆线路两端的相位。

F.2 电缆的试验

F.2.1 对电缆系统进行耐压试验或测量绝缘电阻时，应分别在每一相上进行。对一相进行试验或测量时，其他两相导体、金属屏蔽或金属套和铠装层一起接地。

F.2.2 对金属屏蔽或金属套一端接地，另一端装有护层电压限制器的单芯电缆主绝缘做耐压试验时，应将护层电压限制器短接，使这一端的电缆金属屏蔽或金属套临时接地。

F.3 测量绝缘电阻

F.3.1 主绝缘可用 2500V 或 5000V 绝缘电阻表测量。耐压试验前后绝缘电阻测量应无明显变化。

F.3.2 橡塑电缆外护套的绝缘电阻用 500V 绝缘电阻表测量，不低于 $0.5\text{M}\Omega \cdot \text{km}$。

F.4 直流耐压试验及泄漏电流测量

F.4.1 充油电缆，应符合表 F.1 的规定。

F.4.2 纸绝缘电缆，对于统包绝缘（带绝缘）：$U_t = 5(U_0 + U)/2$；对于分相屏蔽绝缘：$U_t = 5U_0$，纸绝缘电缆直流耐压试验电压标准应符合表 F.2 的规定。

F.4.3 交流单芯电缆的护层绝缘，可依据 F.9 条规定。

F.4.4 试验电压可分 4～6 阶段均匀升压，每阶段停留 1min，并读取泄漏电流值。试验电压升至规定值后维持 15min，其间读取 1min 和 15min 时泄漏电流。测量时应消除杂散电流的影响。

F.4.5 电缆泄漏电流的三相不平衡系数（最大值与最小值之比）不应大于 2。当泄漏电流小于 $20\mu\text{A}$ 时，其不平衡系数不作规定。泄漏电流值和不平衡系数只作为判断绝缘状况的参考，不作为是否能投入运行的判据。

F.4.6 电缆的泄漏电流具有下列情况之一者，电缆绝缘可能有缺陷，应查找原因并予以处理：

a）泄漏电流很不稳定；

b）泄漏电流随试验电压升高急剧上升；

c）泄漏电流随试验时间延长有上升现象。

表 F.1 充油绝缘电缆直流耐压试验电压标准 （kV）

电缆额定电压 U_0/U	雷电冲击耐受电压	直流试验电压
48/66	325	165
	350	175
64/110	450	225
	550	275
127/220	850	425
	950	475
	1050	510
190/330	1175	585
	1300	650
290/500	1425	710
	1550	775
	1675	835

注 当现场条件只允许采用交流耐压方法时，应采用的交流电压（有效值）为上列直流试验电压值的 50%。

表 F.2 纸绝缘电缆直流耐压试验电压标准 （kV）

电缆额定电压 U_0/U	1.8/3	2.6/3	3.6/6	6/6	6/10	8.7/10	21/35	26/35
直流试验电压（统包）	12	17	24	30	40	47	105	130
直流试验电压（分相）	9	13	18	30	30	43.5	105	130

F.5 橡塑电缆的交流耐压试验

橡塑电缆采用20Hz～300Hz交流耐压试验，试验电压值及时间见表F.3。

表F.3　　　　　　　　　　　　橡塑电缆20Hz～300Hz交流耐压电压值和时间

额定电压 U_0/U(kV)	试验电压	时间/min
18/30及以下	$2.0U_0$	60
	$2.5U_0$	5
21/35～64/110	$2U_0$	60
127/220	$1.7U_0$ 或 $1.4U_0$	60
190/330	$1.7U_0$ 或 $1.3U_0$	60
290/500	$1.7U_0$ 或 $1.1U_0$	60

注　对于已经运行的电缆线路，可采用较低的试验电压和（或）较短的试验时间。在考虑电缆线路的运行时间、环境条件、击穿历史和试验的目的后，协商确定试验的电压和时间。

F.6 电缆系统的局部放电测量

电缆系统安装完成后，应结合交流耐压试验进行整个电缆系统的局部放电检测，放电幅值应正常。

F.7 其他测量

可能时（结合其他连接设备一起），测量在相同温度下的回路金属屏蔽层和导体的直流电阻，求取金属屏蔽层电阻和导体电阻比，作为今后监测基础数据。

F.8 核相

检查电缆线路的两端相位应一致，并与电网相位相符合。

F.9 充油电缆使用的绝缘油试验项目和标准充油电缆的绝缘油试验应符合表F.4的规定。

表F.4　　　　　　　　　　　　充油电缆使用的绝缘油试验项目和标准

项目		要求	试验方法
击穿电压	电缆及附件内	对于（48/66～190/330）kV，不低于50kV，对于290/500kV，不低于60kV	按《绝缘油击穿电压测定法》（GB/T 507）中的有关要求进行试验
	压力箱中	不低于50kV	
介质损耗因数	电缆及附件内	对于（48/66～127/220）kV的不大于0.005，对于190/330kV及以上的不大于0.002	按《电力设备预防性试验规程》（DL/T 596）中的有关要求进行试验

F.10 交叉互联系统试验

F.10.1 交叉互联系统对地绝缘的直流耐压试验。试验时应事先将护层电压限制器断开，并在互联箱中将另一侧的三段电缆金属套全部接地，使绝缘接头的绝缘环部分也同时进行试验。在每段电缆金属屏蔽或金属套与地之间施加直流电压10kV，加压时间1min，交叉互联系统对地绝缘部分不应击穿。

F.10.2 非线性电阻型护层电压限制器。

a）氧化锌电阻片：对电阻片施加直流参考电流后测量其压降，即直流参考电压，其值应在产品标准规定的范围之内。

b）非线性电阻片及其引线的对地绝缘电阻：将非线性电阻片的全部引线并联在一起与接地的外壳绝缘后，用1000V测量引线与外壳之间的绝缘电阻，其值不应小于10MΩ。

F.10.3 交叉互联系统导通试验。

a）检查一个交叉互联段内的两个交叉互联箱，交叉互联箱内的连接片安装方式应相同；

b）假设交叉互联方式如图F.1所示，同轴电缆的内导体连接1号直接接地箱侧电缆金属护层，外导体连接4号直接接地箱侧电缆金属护层，则测试方法如下：将一个交叉互联段内的所有交叉互联箱的连接片拆除，使用万用表或绝缘摇表进行检测，1号直接接地箱内A、B、C相接地电缆应分别与2号交叉互联箱内A、B、C相同轴电缆的内导体导通，2号交叉互联箱内A、B、C相同轴电缆的外导体应分别与3号交叉互联箱内A、B、C相同轴电缆的内导体导通，3号交叉互联箱内A、B、C相同轴电缆的外导体应分别与 4 号直接接地箱内的 A、B、C 相接地电缆导通。将 2 号交叉互联箱、3 号交叉互联箱内的连接片恢复安装，使用万用表或绝缘摇表进行检测，1 号直接接地箱内的 A、B、C 相接地电缆应分别与 4 号直接接地箱内的 C、A、B 相接地电缆导通。

5.1.2.2.1（3）电缆线路分界管理规定

本条评价项目（见《评价》）的查评依据如下。

【依据】《电力电缆及通道运维规程》（Q/GDW 1512—2014）

4　运维基本要求

4.6　运维单位应建立岗位责任制，分工明确，做到每回电缆及通道有专人负责。每回电缆及通道应有明确的运维管理界限，应与发电厂、变电所、架空线路、开闭所和临近的运维单位（包括用户）明确划分分界点，不应出现空白点。

5.1.2.2.1（4）防止电缆线路机械损伤措施

本条评价项目（见《评价》）的查评依据如下。

【依据1】《国家电网公司电缆及通道运维管理规定》［国网（运检/4）307—2014］

第六十七条　运维单位应加强与政府规划、市政等有关部门的沟通，及时掌握电缆及通道沿线施工动态，对外力破坏危险点重点看护。

第六十八条　运维单位应加大电缆及通道防护宣传，提高公民保护电缆及通道重要性的认识，督促施工单位切实执行有关保护地下管线的规定。

第六十九条　对未经允许在电缆及通道保护范围内进行的施工行为，运维单位应对施工现场进行拍照记录，并立即进行制止。

第七十条　对临近电缆线路的施工，运维人员应对施工方进行交底，制定可靠的安全防护措施，与施工单位签订保护协议书，明确双方职责。

第七十一条　当电缆及通道发生外力破坏时，应保护现场，留取原始资料，及时向有关管理部门汇报。

第七十二条　运维单位应及时评估老旧通道主体结构的承载能力，发现地面沉降、地下水冲蚀、承重过大等情况时，应检测通道周围土层的稳定性，发现异常及时加固，必要时对通道进行改造或迁移。

【依据2】《国家电网有限公司十八项电网重大反事故措施（修订版）》国家电网设备〔2018〕979 号

13.1.2.3　在电缆运输过程中，应防止电缆受到碰撞、挤压等导致的机械损伤。电缆敷设过程中应严格控制牵引力、侧压力和弯曲半径。

13.1.2.5　施工期间应做好电缆和电缆附件的防潮、防尘、防外力损伤措施。在现场安装 110（66）kV 及以上电缆附件之前，其组装部件应试装配。安装现场的温度、湿度和清洁度应符合安装工艺要求，严禁在雨、雾、风沙等有严重污染的环境中安装电缆附件。

13.1.2.9　电缆支架、固定金具、排管的机械强度和耐久性应符合设计和长期安全运行的要求，且无尖锐棱角。

13.3　防止外力破坏和设施被盗

13.3.1　设计和基建阶段

13.3.1.1　电缆线路路径、附属设备及设施（地上接地箱、出入口、通风亭等）的设置应通过规划部门审批。应避免电缆通道邻近热力管线、易燃易爆管线（输油、燃气）和腐蚀性介质的管道。

13.3.1.2　综合管廊中 110（66）kV 及以上电缆应采用独立舱体建设。电力舱不宜与天然气管道舱、热力管道舱紧邻布置。

13.3.1.3　电缆通道及直埋电缆线路工程应严格按照相关标准和设计要求施工，并同步进行竣工测绘，非开挖工艺的电缆通道应进行三维测绘。应在投运前向运维部门提交竣工资料和图纸。

13.3.1.4　直埋通道两侧应对称设置标识标牌，每块标识标牌设置间距一般不大于 50m。此外电缆接头处、转弯处、进入建筑物处应设置明显方向桩或标桩。

13.3.2 运行阶段

13.3.2.1 电缆路径上应设立明显的警示标志，对可能发生外力破坏的区段应加强监视，并采取可靠的防护措施。

13.3.2.2 工井正下方的电缆，应采取防止坠落物体打击的保护措施。

13.3.2.3 应监视电缆通道结构、周围土层和邻近建筑物等的稳定性，发现异常应及时采取防护措施。

【依据3】《电力电缆及通道运维规程》（Q/GDW 1512—2014）

8.4 外力破坏防护

8.4.1 在电缆及通道保护区范围内的违章施工、搭建、开挖等违反《电力设施保护条例》和其他可能威胁电网安全运行的行为，应及时进行劝阻和制止，必要时向有关单位和个人送达隐患通知书。对于造成事故或设施损坏者，应视情节与后果移交相关执法部门依法处理。

8.4.2 允许在电缆及通道保护范围内施工的，运维单位必应严格审查施工方案，制定安全防护措施，并与施工单位签订保护协议书，明确双方职责。施工期间，安排运维人员到现场进行监护，确保施工单位不得擅自更改施工范围。

8.4.3 对临近电缆及通道的施工，运维人员应对施工方进行交底，包括路径走向、埋设深度、保护设施等。并按不同电压等级要求，提出相应的保护措施。

8.4.4 对临近电缆通道的易燃、易爆等设施应采取有效隔离措施，防止易燃、易爆物渗入，最小净距按照附录D执行。

8.4.5 临近电缆通道的基坑开挖工程，要求建设单位做好电力设施专项保护方案，防止土方松动、坍塌引起沟体损伤，且原则上不应涉及电缆保护区。若为开挖深度超过5m的深基坑工程，应在基坑围护方案中根据电力部门提出的相关要求增加相应的电缆专项保护方案，并组织专家论证会讨论通过。

8.4.6 市政管线、道路施工涉及非开挖电力管线时，要求建设单位邀请具备资质的探测单位做好管线探测工作，且召开专题会议讨论确定实施方案。

8.4.7 因施工应挖掘而暴露的电缆，应由运维人员在场监护，并告知施工人员有关施工注意事项和保护措施。对于被挖掘而露出的电缆应加装保护罩，需要悬吊时，悬吊间距应不大于1.5m。工程结束覆土前，运维人员应检查电缆及相关设施是否完好，安放位置是否正确，待恢复原状后，方可离开现场。

8.4.8 禁止在电缆沟和隧道内同时埋设其他管道。管道交叉通过时最小净距应满足附录D要求，有关单位应当协商采取安全措施达成协议后方可施工。

8.4.9 电缆路径上应设立明显的警示标志，对可能发生外力破坏的区段应加强监视，并采取可靠的防护措施。对处于施工区域的电缆线路，应设置警告标志牌，标明保护范围。

8.4.10 应监视电缆通道结构、周围土层和邻近建筑物等的稳定性，发现异常应及时采取防护措施。

8.4.11 敷设于公用通道中的电缆应制定专项管理措施。

8.4.12 当电缆线路发生外力破坏时，应保护现场，留取原始资料，及时向有关管理部门汇报。运维单位应定期对外力破坏防护工作进行总结分析，制定相应防范措施。

8.4.13 电缆与热管道（沟）及热力设备平行、交叉时，应采取隔热措施。电缆与电缆或管道、道路、构筑物等相互间容许最小净距应按照附录D执行。

8.4.14 水底电缆线路应按水域管理部门的航行规定，划定一定宽度的防护区域，禁止船只抛锚，并按船只往来频繁情况，必要时设置瞭望岗哨或安装监控装置，配置能引起船只注意的设施。

8.4.15 如果在水底电缆线路防护区域内，发生违反航行规定的事件，应通知水域管辖的有关部门，尽可能采取有效措施，避免损坏水底电缆事故的发生。

8.4.16 海底电缆管道所有者应当在海底电缆管道铺设竣工后90日内，将海底电缆管道的路线图、位置表等注册登记资料报送县级以上人民政府海洋行政主管部门备案，并同时抄报海事管理机构。

8.4.17 海缆运行管理单位应建立与渔政、海事等单位的联动及应急响应机制，完善海缆突发事件处理预案。

8.4.18 海缆运行管理单位在海中对海缆实施路由复测、潜海检查和其他保护措施时，应取得海洋行政主管部门批准。

8.4.19 海缆运行管理单位在对海缆实施维修、改造、拆除、废弃等施工作业时，应通过媒体向社会发布公告。

8.4.20 禁止任何单位和个人在海缆保护区内从事挖砂、钻探、打桩、抛锚、拖锚、捕捞、张网、养殖或者其他可能危害海缆安全的海上作业。

8.4.21 海缆登陆点应设置禁锚警示标志，禁锚警示标志应醒目，并具有稳定可靠的夜间照明，夜间照明宜采用 LED 冷光源并应用同步闪烁装置。

8.4.22 无可靠远程监视、监控的重要海缆应设置有人值守的海缆瞭望台。

8.4.23 海缆防船舶锚损宜采用 AIS（船舶自动识别系统）监控、视频监控、雷达监控等综合在线监控技术。

附录 D
（规范性附录）

电缆与电缆或管道、道路、构筑物等相互间容许最小净距见表 D.1。

表 D.1　　　　　电缆与电缆或管道、道路、构筑物等相互间容许最小净距　　　　　（m）

电缆直埋敷设时的配置情况		平行	交叉
控制电缆间		—	0.5[a]
电力电缆之间或与控制电缆之间	10kV 及以下	0.1	0.5[a]
	10kV 以上	0.25[b]	0.5[a]
不同部门使用的电缆间		0.5[b]	0.5[a]
电缆与地下管沟及设备	热力管沟	2.0[b]	0.5[a]
	油管及易燃气管道	1.0	0.5[a]
	其他管道	0.5	0.5[a]
电缆与铁路	非直流电气化铁路路轨	3.0	1.0
	直流电气化铁路路轨	10.0	1.0
电缆建筑物基础		0.6[c]	—
电缆与公路边		1.0[c]	—
电缆与排水沟		1.0[c]	—
电缆与树木的主干		0.7	
电缆与 1kV 以下架空线电杆		1.0[c]	—
电缆与 1kV 以上架空线杆塔基础		4.0[c]	—

a 用隔板分隔或电缆穿管时可为 0.25m；
b 用隔板分隔或电缆穿管时可为 0.1m；
c 特殊情况可酌减且最多减少一半值。

5.1.2.2.1（5）电缆故障分析

本条评价项目（见《评价》）的查评依据如下。

【依据1】《电力电缆及通道运维规程》（Q/GDW 1512—2014）

详见 5.1.2.1.1。

【依据2】《国家电网公司电缆及通道运维管理规定》[国网（运检/4）307—2014]

第八十七条　220kV 及以上电缆故障情况应上报国网运检部；35kV～110（66）kV 电缆故障情况，省检修公司运检部、地市公司运检部、县公司运检部应上报省公司运检部（详见附件）；20kV 及以下电缆故障情况在电缆运行分析月报中报送。

附件3：电缆故障信息报送及专题分析要求

电缆故障信息报送及分析专题要求

	短信	故障情况简报	故障分析报告	报送范围
省检修公司运检部、地市公司运检部、县公司运检部报省公司运检部	1 小时	10 小时	2 个工作日	35kV 及以上电缆故障
省公司运检部报国网运检部	2 小时	12 小时	3 个工作日	220kV 及以上电缆故障

短信报送电缆故障信息模板

××公司××区域，×日×时××kV电缆线路××部位发生故障导致停电，停电用户××户，涉及××、××等×个重要用户，目前已恢复××用户数。

电缆故障情况简报

一、故障基本情况

包括时间、区域、故障电缆线路名称、故障部位、影响范围及用户数、舆情发展情况等。

二、故障原因初步分析

三、故障抢修和恢复情况

包括抢修工作安排、已恢复及未恢复用户数等。

35kV～500kV电缆本体故障分析报告

一、故障情况

1. 描述故障段线路简况，包括线路名称、线路全长、电缆与其他设备接线方式、线路的终端和接头型式与数量、线路接地方式、电缆及附件的制造厂家、型号规格。

2. 描述电缆的敷设方式、敷设时间、安装单位。敷设安装后的试验情况，以及至故障时的运行情况。

3. 描述故障情况，故障时间、相别、位置，故障特征，故障时的负荷电流，天气情况。

二、试验情况

1. 描述电缆样品情况。

2. 描述试验项目及检测结果。

3. 描述电缆施工记录、试验记录、运行记录情况，故障现场情况，电缆原材料情况等。

三、故障原因分析

1. 电缆本体质量原因。

2. 施工不良原因。

3. 运行原因。

4. 外力破坏原因。

四、结论

五、故障暴露的问题

六、整改防范措施

35kV～500kV附件故障分析报告

一、故障情况

1. 描述故障段线路简况，包括线路名称（编号）、线路全长、电缆与其他设备接线方式、线路的终端和接头型式与数量、线路接地方式、电缆及附件的制造厂家、型号规格、电缆始末端设备名称编号、接头的安装时间、投运时间。（线路应附示意图，图中应标明故障位置）

2. 描述电缆的敷设方式、敷设时间、安装单位。敷设安装后的试验情况，以及至故障时的运行情况。

3. 描述故障情况，故障时间、相别、位置，故障特征，故障时的负荷电流，天气情况。

二、解剖和测量

1. 对故障之后的附件按安装工艺的反向次序对附件进行解剖，描述电缆附件解剖过程中发现的附件损伤情况；

2. 描述附件安装过程中的重要安装尺寸测量结果；

3. 描述安装环境，调用安装记录；

4. 对比厂家提供的安装尺寸和实际测量的安装尺寸。

三、故障原因分析

1. 电缆附件质量原因。

2. 施工不良原因。

3. 运行原因。

4. 外力破坏原因。

四、结论

五、故障暴露的问题

六、整改防范措施

5.1.2.2.1（6）电缆设备评价

本条评价项目（见《评价》）的查评依据如下。

【依据1】《电力电缆及通道运维规程》（Q/GDW 1512—2014）

9.2 评价办法

9.2.1 设备状态评价应按照 Q/GDW 456 等技术标准，通过停电试验、带电检测、在线监测等技术手段，收集设备状态信息，应用状态检修辅助决策系统，开展设备状态评价。

9.2.2 运维单位应开展定期评价和动态评价：

a）定期评价 35kV 及以上电缆 1 年 1 次，20kV 及以下特别重要电缆 1 年 1 次，重要电缆 2 年 1 次，一般电缆 3 年 1 次；

b）新设备投运后首次状态评价应在 1 个月内组织开展，并在 3 个月内完成；

c）故障修复后设备状态评价应在 2 周内完成；

d）缺陷评价随缺陷处理流程完成，家族缺陷评价在上级家族缺陷发布后 2 周内完成；

e）不良工况评价在设备经受不良工况后 1 周内完成；

f）特殊时期专项评价在应在开始前 1 至 2 个月内完成。

9.2.3 电缆线路评价状态分为"正常状态""注意状态""异常状态"和"严重状态"。扣分值与评价状态的关系见表9。

表9　　　　　　　　　　　　　　　电缆线路评价标准

评价标准 设备	正常状态		注意状态		异常状态	严重状态
	合计扣分	单项扣分	合计扣分	单项扣分	单项扣分	单项扣分
电缆本体	≤30	≤10	>30	12～20	>20～24	≥30
线路终端	≤30	≤10	>30	12～20	>20～24	≥30
过电压限制器	≤30	≤10	>30	12～20	>20～24	≥30
线路通道	≤30	≤10	>30	12～20	>20～24	≥30

9.2.4 电缆线路状态评价以部件和整体进行评价。当电缆线路的所有部件评价为正常状态时，则该条线路状态评价为正常状态。当电缆任一部件状态评价为注意状态、异常状态或严重状态时，电缆线路状态评价为其中最严重的状态。

【依据2】《国家电网公司电缆及通道运维管理规定》［国网（运检/4）307—2014］

第十条　地市公司运检部（检修分公司）履行以下职责：

（二）负责所辖电缆及通道的巡视、状态检测、状态评价、缺陷管理、隐患排查、故障处理以及相关安防与防汛设备运维工作。

第十一条　县公司运检部和检修（建设）工区履行以下职责：

（二）开展电缆及通道状态检测、状态评价、技术监督、缺陷管理、隐患排查治理以及相关安防与防汛设备运维工作。

第十二条　运维班组和乡（镇）供电所（以下简称"乡镇供电所"）履行以下职责：

（二）承担所辖电缆及通道设备运行维护、缺陷隐患排查治理、状态检测、状态评价、重要活动保电、验收及生产准备等工作。

第四十一条 设备状态评价应严格按照《电缆线路状态评价导则》（Q/GDW 456—2010）、《配网设备状态评价导则》（Q/GDW 645—2011）等标准，通过停电试验、带电检测、在线监测等技术手段，收集设备状态信息，应用状态检修辅助决策系统开展设备状态评价。

第四十二条 设备信息收集包括投运前信息、运行信息、检修试验信息、家族缺陷信息。

（一）投运前信息主要包括设备台账、招标技术规范、出厂试验报告、交接试验报告、安装验收记录、新（扩）建工程有关图纸等纸质和电子版资料。

（二）运行信息主要包括设备巡视、维护、单相接地、故障跳闸、缺陷记录，在线监测和带电检测数据，以及不良工况信息等。

（三）检修试验信息主要包括例行试验报告、诊断性试验报告、专业化巡检记录、缺陷消除记录及检修报告等。

（四）家族缺陷信息指经公司或各省（区、市）公司认定的同厂家、同型号、同批次设备（含主要元器件）由于设计、材质、工艺等共性因素导致缺陷的信息。

第四十三条 设备信息收集时限

（一）设备投运前台账信息、主接线图、系统接线图等信息在设备投运前录入运检管理系统。其他投运前信息应在设备投运后1周内移交运维单位，并于1个月内录入运检管理系统。

（二）运行信息应在1周内录入运检管理系统。

（三）检修试验信息应在检修试验工作结束后1周内录入运检管理系统。

（四）家族缺陷信息在公开发布1周内，应完成运检管理系统中相关设备状态信息的变更和维护。

第四十四条 运维单位应开展定期评价和动态评价，定期评价，35kV及以上电缆1年1次，20kV及以下特别重要电缆1年1次，重要电缆2年1次，一般电缆3年1次。根据评价结果调整检修策略、计划，为技改大修项目立项提供科学依据。

第四十五条 设备定期评价

（一）每年4月20日前，运维单位完成设备状态评价报告、状态检修综合报告报地市公司运检部、省检修公司运检部审批，完成家族缺陷状态评价报告报地市公司运检部、省检修公司运检部复核。

（二）每年5月31日前，地市公司运检部、省检修公司运检部完成家族缺陷评价报告复核，并按规定格式编制家族缺陷状态评价报告上报省公司运检部备案。

（三）每年6月30日前，省公司运检部汇总家族缺陷评价报告，并按规定格式报国网运检部备案。

第四十六条 设备动态评价

（一）新设备投运后首次状态评价应在1个月内组织开展，并在3个月内完成。

（二）停电修复后设备状态评价应在2周内完成。

（三）缺陷评价随缺陷处理流程完成。

（四）家族缺陷评价在上级家族缺陷发布后2周内完成。

（五）不良工况评价在设备经受不良工况后1周内完成。

（六）特殊时期专项评价应在开始前1至2个月内完成。

5.1.2.2.1（7）电缆的地面标志

本条评价项目（见《评价》）的查评依据如下。

【**依据1**】《电气装置安装工程电缆线路施工及验收规范》（GB 50168—2018）

6.1.18 电缆敷设时应排列整齐，不宜交叉，加以固定，并及时装设标志牌。

6.1.19 标志牌的装设应符合下列要求：

1 生产厂房及变电站内应在电缆终端头、电缆接头处装设电缆标志牌；

2 电网电缆线路应在下列部位装设电缆标志牌：

1）电缆终端及电缆接头处；

2）电缆管两端，人孔及工作井处；

3）电缆隧道内转弯处、电缆分支处、直线段每隔50～100m；

3 标识牌上应注明线路编，且宜写明电缆型号、规格、起讫地点；并联使用的电缆应有顺序号，单芯电缆应有相序或极性标识；标志牌的字迹应清晰不易脱落。

4 标志牌规格宜统一。标志牌应能防腐，挂装应牢固。

【依据2】《国家电网公司安全设施标准 第2部分：电力线路》（Q/GDW 434.2—2010）

6.3 电缆线路标志

6.3.1 电缆线路均应配置标志牌，标明线路的名称、电压等级、型号、长度、起止变电站名称。

6.3.2 电缆标志牌的基本形式是矩形，白底，红色黑体字。

6.3.3 电缆两端及隧道内应悬挂标志牌。隧道内标志牌间距约为100m，电缆转角处也应悬挂。与架空线路相连的电缆，其标志牌固定于连接处附近的本电缆上。

6.3.4 电缆接头盒应悬挂标明电缆编号、始点、终点及接头盒编号的标志牌。

6.3.5 电缆为单相时，应注明相位标志。

6.3.6 电缆应设置路径、宽度标志牌（桩）。城区直埋电缆可采用地砖等形式，以满足城市道路交通安全要求。

6.4 设备标志及设置规范见表7。

【依据3】《电力电缆及通道运维规程》（Q/GDW 1512—2014）

5.5.3 标识和警示牌技术要求：

a）在电缆终端头、电缆接头、拐弯处、夹层内、隧道及竖井的两端、工作井内等地方，应装设标识牌，标识牌上应注明线路编号。当无编号时，应写明电缆型号、规格及起讫地点，双回路电缆应详细区分。

b）标识和警示牌规格宜统一，字迹清晰，防腐不易脱落，挂装应牢固。

c）标识和警示牌宜选用复合材料等不可回收的非金属材质。

d）在电缆终端塔（杆、T接平台）、围栏、电缆通道等地方应装设警示牌。

e）电缆通道的警示牌应在通道两侧对称设置，警示牌型式应根据周边环境按需设置，沿线每块警示牌设置间距一般不大于50m，在转弯工作井、定向钻进拖拉管两侧工作井、接头工作井等电缆路经转弯处两侧宜增加埋设。

f）在水底电缆敷设后，应设立永久性标识和警示牌。

g）接地箱标识牌宜选用防腐、防晒、防水性能好、使用寿命长、黏性强的粘胶带材料制作，包含电压等级、线路名称、接地箱编号、接地类型等信息。

h）在各类终端塔围栏、钢架桥、钢拱桥两侧围栏正面侧均需正确安装包含"高压危险，禁止攀登"等标志的警示牌。警示牌应悬挂安装在终端站、塔的围墙和围栏开门侧及对向两侧中间位置；对于各类钢架桥、钢拱桥两侧"U"型围栏应在面向通道方向相向两侧进行悬挂安装。警示牌底边距地面距离高度在1.5m～3.0m之间。围墙和围栏设施警示牌宜选用防腐、防晒、防水等抗老化性能好、使用寿命长、不可回收的非金属材质。

i）电缆隧道内应设置出入口标示牌。

j）电缆隧道内通风、照明、排水和综合监控等设备应挂设铭牌，铭牌内容包括设备名称、投运日期、生产厂家等基本信息。

8.4 外力破坏防护

8.4.9 电缆路径上应设立明显的警示标志，对可能发生外力破坏的区段应加强巡视，并采取可靠的防护措施。对处于施工区域的电缆线路，应设置警告标示牌，标明保护范围。

8.4.21 海缆登陆点应设置禁锚警示标志，禁锚警示标志应醒目，并具有稳定可靠的夜间照明。夜间照明宜采用LED冷光源并应用同步闪烁装置。

8.4.22 无可靠远程监控，监控的重要海缆应设置有人值守的海缆瞭望台。

8.4.23 海缆防船舶锚损宜采用AIS（船舶自动识别系统）监控、视频监控、雷达监控等综合性监控技术。

10.2 通道维护内容

10.2.9 更换缺失、褪色和损坏的标桩、警示牌和标识牌，及时校正倾斜的标柱、警示牌和标识牌。

【依据4】《国家电网公司电缆及通道运维管理规定》[国网（运检/4）307—2014]

第十七条 电缆及通道应具有正确齐全的设备标识，设备标识规范应按照《安全设施标准第二部分：电力线路》（Q/GDW 434.2—2010）要求执行，同一调度权限范围内，设备名称及编号应唯一。

第十八条 电缆及通道的现场标识牌、警示牌应完好、齐全、清晰、规范，装设位置明显、直观。新建和改造的电缆及通道应在投运前配齐相关的标志标识。

5.1.2.2.1（8）电缆交接试验、带电检测和诊断性检测

本条评价项目（见《评价》）的查评依据如下。

【依据1】《电气装置安装工程电气设备交接试验标准》（GB 50150—2016）

17.0.1 电力电缆线路的试验项目，应包括下列内容：

1 主绝缘及外护层绝缘电阻测量；

2 主绝缘直流耐压试验及泄漏电流测量；

3 主绝缘交流耐压试验；

4 外护套直流耐压试验；

5 检查电缆线路两端的相位；

6 充油电缆的绝缘油试验；

7 交叉互联系统试验；

8 电力电缆线路局部放电测量。

17.0.2 电力电缆线路交接试验，应符合下列规定：

1 橡塑绝缘电力电缆可按本标准第17.0.1条第1、3、5和款进行试验，其中交流单芯电缆应增加本标准第17.0.1条第4、7款试验项目。额定电压 U_0/U 为18/30kV及以下电缆，当不具备条件时允许用有效值为 $3U_n$ 的0.1Hz电压施加15min或直流耐压试验及泄漏电流测量代替本标准第17.0.5条规定的交流耐压。

2 纸绝缘电缆可按本标准第17.0.1条第1、2和5款进行试验。

3 自容式充油电缆可按本标准第17.0.1条第1、2、4、5、6、7和8款进行试验。

4 应对电缆的每一相测量其主绝缘的绝缘电阻和进行耐压试验。对具有统包绝缘的三芯电缆，应分别对每一相进行，其他两相导体、金属屏蔽或金属套和铠装层应一起接地；对分相屏蔽的芯电缆和单芯电缆，可一相或多相同时进行，非被试相导体、金属屏蔽或金属套和铠装层应一起接地。

5 对金属屏蔽或金属套一端接地，另一端装有护层过电压保护器的单芯电缆主绝缘做耐压试验时，应将护层过电压保护器短接，使这一端的电缆金属屏蔽或金属套临时接地。

6 额定电压为0.6/1kV的电缆线路应用2500V绝缘电阻表测导体对地绝缘电阻代替耐压试验，试验时间应为1min。

7 对交流单芯电缆外护套应进行直流耐压试验。

17.0.3 绝缘电阻测量，应符合下列规定：

1 耐压试验前后，绝缘电阻测量应无明显变化；

2 橡塑电缆外护套、内衬层的绝缘电阻不应低于0.5MΩ/km；

3 测量绝缘电阻用绝缘电阻表的额定电压等级应符合下列规定：

1）电缆绝缘测量宜采用2500V绝缘电阻表，6/6kV及以上电缆也可用5000V绝缘电阻表；

2）橡塑电缆外护套、内衬层的测量宜采用500V绝缘电阻表。

17.0.4 直流耐压试验及泄漏电流测量，应符合下列规定

直流耐压试验电压应符合下列规定：

1）纸绝缘电缆直流耐压试验电压 U 可按下列公式计算：

对于统包绝缘（带绝缘）：

$$U_1 = 5 \times \frac{U_0 + U}{2} \tag{17.0.4-1}$$

对于分相屏蔽绝缘：

$$U_1 = 5 \times U_0 \tag{17.0.4-2}$$

式中 U_0——电缆导体对地或对金属屏蔽层间的额定电压。

电缆额定线电压。

2）试验电压应符合表 17.0.4-1 的规定。

表 17.0.4-1　　　　　　　**纸绝缘电缆直流耐压试验电压**　　　　　　　　　　（kV）

电缆额定电压 U_0/U	1.8/3	3/3	3.6/6	6/6	6/10	8.7/10	21/35	25/35
直流试验电压	12	14	24	30	40	47	105	130

3）18/30kV 及以下电压等级的橡塑绝缘电缆直流耐压试；

验电压，应按下式计算

$$U_1 = 4 \times U_0 \tag{17.0.4-3}$$

4）充油绝缘电缆直流耐压试验电压，应符合表 17.0.4-2 的规定。

表 17.0.4-2　　　　　　　**充油绝缘电缆直流耐压试验电压**　　　　　　　　　（kV）

电缆额定电压 U_0/U	48/66	64/110	127/220	190/330	290/500
直流试验电压	162	275	510	650	840

5）现场条件只允许采用交流耐压方法，当额定电压为 U_0/U 为 190/330kV 及以下时，应采用的交流电压的有效值为上列直流试验电压值的 42%，当额定电压 U_0/U 为 290/500kV 时，应采用的交流电压的有效值为上列直流试验电压值的 50%。

6）交流单芯电缆的外护套绝缘直流耐压试验，可按本标准第 17.0.8 条规定执行。

2　试验时，试验电压可分 4～6 阶段均匀升压，每阶段应停留 1min，并应读取泄漏电流值。试验电压升至规定值后应维持 15min，期间应读取 1min 和 15min 时泄漏电流。测量时应消除杂散电流的影响。

3　纸绝缘电缆各相泄漏电流的不平衡系数（最大值与最小值之比）不应大于 2；当 6/10kV 及以上电缆的泄漏电流小于 20A 和 6kV 及以下电缆泄漏电流小于 10HA 时，其不平衡系数可不规定。

4　电缆的泄漏电流具有下列情况之一者，电缆绝缘可能有缺陷，应找出缺陷部位，并予以处理。

1）泄漏电流很不稳定；

2）泄漏电流随试验电压升高急剧上升；

3）泄漏电流随试验时间延长有上升现象。

17.0.5　交流耐压试验，应符合下列规定：

1　橡塑电缆应优先采用 20Hz～300Hz 交流耐压试验，试验电压和时间应符合表 17.0.5 的规定。

表 17.0.5　　　　　　**橡塑电缆 20Hz～300Hz 交流耐压试验电压和时间**

额定电压 U_a/U	试验电压	时间（min）
18/30kV 及以下	$2U_a$	15（或 60）
21/35kV～64/110kV	$2U_a$	60
127/220kV	$1.7U_a$（或 $1.4U_a$）	60
190/330kV	$1.7U_a$（或 $1.3U_a$）	60
90/500kV	$1.7U_a$（或 $1.1U_a$）	60

2　不具备上述试验条件或有特殊规定时，可采用施加正常系统对地电压 24h 方法代替交流耐压。

17.0.6　检查电缆线路的两端相位，应与电网的相位一致。

17.0.7 充油电缆的绝缘油试验项目和要求应符合表 17.0.7 的规定

表 17.0.7 充油电缆的绝缘油试验项目和要求

项目		要 求	试验方法
击穿电压	电缆及附件内	对于（64/110～190/330）kV，不低于 50kV 对于 290/500kV，不低于 60kV	按现行国家标准《绝缘油击穿 电压测定法》GB/T 507
	压力箱中	不低于 50kV	
介质损耗因数	缆及附件内	对于（64/110～127/220）kV 的不大于 0.005 对于（190/330～290/500）kV 的不大于 0.003	按《电力设备预防性试验规程》 DL/T 596 中第 11.4.5.2 条
	压力箱中	不大于 0.003	

17.0.8 交叉互联系统试验，应符合本标准附录 G 的规定。

17.0.9 66kV 及以上橡塑绝缘电力电缆线路安装完成后，结合交流耐压试验可进行局部放电测量。

【依据 2】《电力电缆及通道运维规程》（Q/GDW 1512—2014）

9.5 带电检测

9.5.1 带电检测过程过电压保护和绝缘配合中应采取必要的防护措施，确保人身安全。

9.5.2 运维单位应按照 DL/T 393 和 Q/GDW 643 的要求，定期开展电缆及通道的检测工作。

9.5.3 充分应用红外热像，金属护层接地电流，超声波、高频、超高频局放等带电检测技术手段，准确掌握设备运行状态和健康水平。

9.5.4 带电检测的周期

a）测温检测：新设备投运及 A、B 类检修后应在 1 个月内完成检测，在运橡塑绝缘电缆 330kV 及以上每 1 个月检测 1 次、220kV 每 3 个月检测 1 次、110（66）kV 及以下每 6 个月检测 1 次，在运充油电缆 220kV/330kV 每 3 个月检测 1 次、110（66）kV 及以下每 6 个月检测 1 次。

b）金属护层接地电流检测：新设备投运、解体检修后应在 1 个月内完成检测，在运设备 330kV 及以上每 1 个月检测 1 次、220kV 每 3 个月检测 1 次、110（66）kV 及以下每 6 个月检测 1 次。

c）超声波、高频、超高频局部放电检测：新设备投运、解体检修 1 周内完成检测，在运设备每 6 年检测 1 次。

9.5.5 带电检测内容及要求：

a）红外测温重点检测电缆终端、电缆接头、电缆分支处及接地线，应无异常温升、温差和/或相对温差。测量和分析方法参考 DL/T 664。必要时，当电缆线路负荷较重（超过 50%）时，应适当缩短检测周期，检测宜在设备负荷高峰状态下进行，一般不低于 30% 额定负荷；

b）金属护层接地电流测量重点检测电缆终端、电缆接头、交叉互联线及接地线等部位。应对沿线各直接接地箱及其他屏蔽层直接接地装置进行分相测量，在每年大负荷来临之前以及大负荷过后，或者用电高峰前后，应加强对金属护层接地电流的检测；

c）超声波、高频、超高频局部放电重点检测电缆终端及电缆接头处。异常情况应缩短检测周期，当放电幅值持续恶化或陡增时，应尽快安排停运。

9.5.6 带电检测设备要求：

a）红外热像设备应图像清晰、稳定，工作可靠。具备超设定值报警以及必要的图像分析功能，热像储存、数据传输功能；具备单点或多点温度显示功能；显示空间分辨率应能满足绝热缺陷测温要求或具备按照检测模式进行选择能力。

b）红外热像设备的检测方法、判断依据及绝热效果评价应按 DL/T 907 执行。

c）红外热像设备校验周期为每年一次，设备检测报告参见附录 H。

d）金属护层接地电流检测设备应具备对交流电流进行测量和显示的功能。

e）金属护层接地电流检测设备的技术要求应按 JJF 1075 执行，设备检测报告参见附录 H。

f）高频、超高频局部放电检测设备应能检测电缆终端及电缆接头接地端高频脉冲信号，并通过软件绘制脉冲信号相量图谱；可由电脑直接显示检测结果，各种传感器安装方便、操作简便且不影响电缆正常运行以及操作人员安全。

g）高频、超高频局部放电检测设备检测周期为每2年1次，设备检测报告参见附录H。

h）超声波局部放电检测设备应具有相位同步20Hz～600Hz局放相位同步功能，应具有外同步和内电源和内时钟多种硬件同步功能；应具有连续测量模式，脉冲测量模式和相位同步时域测量模式等；宜具备外接示波器察看原始信号功能。

i）超声波局部放电检测设备检测周期为每2年1次，设备检测报告参见附录H。

j）带电检测设备检测周期不低于表10的要求。

表10　　　　　　　　　　　带电检测设备周期表

项目	红外热像设备	金属护层接地电流检测设备	高频、超高频局部放电检测	超声波局部放电
检测周期（年/次）	1	2	2	2

9.6　在线监测

9.6.1　运维单位宜对重要电缆、电缆附件等设备进行温度、局部放电、金属护层接地电流监测。

9.6.2　运维单位宜对重要电缆隧道进行监测，监测内容为变形、沉降以及隧道内水位、气体、温湿度等信息。

9.6.3　根据在线监控平台、子站和装置运行情况，运维单位应及时进行软件升级和硬件改造。

9.6.4　在线监测装置维护周期为每年1次。

9.6.5　在线监测装置具体维护内容如下：

a）装置除尘。针对在线监测设备的除尘、清理，扫净监控设备显露的尘土，对光伏组件、在线监测主机等部件进行除尘工作。

b）各连接件状态检查。接口检查保护装置各部分连接接口连接紧密，触点连接正常。

c）装置防水防潮状况。主要检查装置内部是否存在进水或积水情况，元器件表面是否存在露水情况。

d）装置心跳状态核查。设备供电系统有无异常，装置心跳数据是否正常。

【依据3】国家电网公司《电缆及通道运维管理规定》（国网〔运检/4〕307—2014）

第四十七条　运维单位应按照《电力电缆线路运行规程》（国家电网科〔2010〕134号）、《输变电设备状态检修试验规程》（Q/GDW 168—2008）和《配网设备状态检修试验规程》（Q/GDW 643—2011）要求，定期开展电缆及通道的检测工作。

第四十八条　充分应用带电检测（红外热像、接地电流检测，超声波局放检测、高频局放检测、超高频局放检测等）、在线监测（温度、水位、气体、局部放电、接地电流等）技术手段，准确掌握设备运行状态和健康水平。

第四十九条　红外热像重点检测电缆终端、中间接头、电缆分支处及接地线，红外热像图应显示无异常温升、温差和/或相对温差。测量和分析方法参考《带电设备红外诊断应用规范》（DL/T 664—2016）。新设备投运及大修后应在1个月内完成检测，330kV及以上在运橡塑绝缘电缆每1个月检测1次、220kV每3个月检测1次、110kV/66kV每6个月检测1次，在运充油电缆220kV/330kV每3个月检测1次、110kV/66kV每6个月检测1次。

第五十条　接地电流测量重点检测电缆终端、电缆中间接头、交叉互联线及接地线等部位，新设备投运、大修后应在1个月内完成检测，在运设备每3个月检测1次。

第五十一条　超声波局部放电重点检测电缆终端及中间接头处，新设备投运、大修后1个月内完成检测；投运3年内至少每年检测1次，3年后根据线路的实际情况，每3年～5年检测1次，20年后根据电缆状态评估结果每1年～3年检测1次。

第五十二条　高频局部放电重点检测电缆终端及中间接头处，新设备投运、大修后1个月内完成检测；投运3年内至少每年检测1次，3年后根据线路的实际情况，每3年～5年检测1次，20年后根据电缆状态评估结果每1年～3年检测1次。

第五十三条　超高频局部放电重点检测电缆终端及中间接头处，新设备投运、大修后1个月内完成检测；投运3年内至少每年检测1次，3年后根据线路的实际情况，每3年～5年检测1次，20年后根据电缆状态评估结果每1年～3年检测1次。

第五十四条 在线监测重点应根据电缆运行情况，对电缆本体、电缆终端、中间接头、接地箱等设备进行温度、局部放电、接地电流监测；根据通道运行情况，对沟道、隧道等设施进行视频、水位、气体、温湿度监测。

第五十五条 运维班组落实带电检测和在线监测工作，及时提交检测报告；运维单位汇总分析检测、监测数据，持续完善典型案例和图谱库，提高缺陷发现和分析判断水平，为技改大修项目立项提供科学依据。

5.1.2.2.2 运行和维护

5.1.2.2.2（1）电缆终端头和中间接头运行情况

本条评价项目（见《评价》）的查评依据如下。

【依据】《电力电缆及通道运维规程》（Q/GDW 1512—2014）

详见5.1.2.1.2。

5.1.2.2.2（2）电缆最大负荷电流

本条评价项目（见《评价》）的查评依据如下。

【依据1】《电力电缆及通道运维规程》（Q/GDW 1512—2014）

5.2.3 电缆载流量和工作温度符合下列要求：

a）电缆线路正常运行时导体允许的长期最高运行温度和短路时电缆导体允许的最高工作温度应按照附录A的规定；

b）电缆线路的载流量应根据电缆导体的允许工作温度，电缆各部分的损耗和热阻，敷设方式，并列回路数，环境温度以及散热条件等计算确定；

c）电缆线路不应过负荷运行。

附录A

（规范性附录）

电缆导体最高允许温度

电缆导体最高允许温度见表A.1。

表A.1　　　　　　　　　电缆导体最高允许温度

电缆类型	电压/kV	最高运行温度/℃	
		额定负荷时	短路时
聚氯乙烯	≤6	70	160
黏性浸渍纸绝缘	10	70	250[a]
	35	60	175
不滴流纸绝缘	10	70	250[a]
	35	65	175
自容式充油电缆（普通牛皮纸）	≤500	80	160
自容式充油电缆（半合成纸）	≤500	85	160
交联聚乙烯	≤500	90	250[a]

[a] 铝芯电缆短路允许最高温度为200℃。

【依据2】《电力工程电缆设计标准》（GB 50217—2018）

3.6.4 电缆导体工作温度大于70℃的电缆，持续允许载流量计算应符合下列规定：

1 数量较多的该类电缆敷设于未装机械通风的隧道、竖井时，应计入对环境温升的影响。

2 电缆直埋敷设在干燥或潮湿土壤中，除实施换土处理能避免水分迁移的情况外，土壤热阻系数取值不宜小于2.0K·m/W。

3.6.5 电缆持续允许载流量的环境温度，应按使用地区的气象温度多年平均值确定，并应符合表3.6.5的规定。

表 3.6.5　　　　　　　　　电缆持续允许载流量的环境温度　　　　　　　　　　（℃）

电缆敷设场所	有无机械通风	选取的环境温度
土中直埋		埋深处的最热月平均地温
水下		最热月的日最高水温平均值
电缆敷设场所	有无机械通风	选取的环境温度
户外空气中、电缆沟		最热月的日最高温度平均值
有热源设备的厂房	有	通风设计温度
	无	最热月的日最高温度平均值另加 5℃
一般性厂房、室内	有	通风设计温度
	无	最热月的日最高温度平均值
户内电缆沟	无	最热月的日最高温度平均值另加 5℃ *
隧道		
隧道	有	通风设计温度

* 属于本规范第 3.7.4 条第 1 款的情况时，不能直接采取仅加 5℃。

3.6.6　通过不同散热条件区段的电缆导体截面的选择，应符合下列规定：

1　回路总长未超过电缆制造长度时，宜符合下列规定：

1）重要回路，全长宜按其中散热最差区段条件选择同一截面。

2）非重要回路，可对大于 10m 区段散热条件按段选择截面，但每回路不宜多于 3 种规格。

3）水下电缆敷设有机械强度要求需增大截面时，回路全长可选同一截面。

2　回路总长超过电缆制造长度时，宜按区段选择电缆导体截面。

3.6.7　对非熔断器保护回路，应按满足短路热稳定条件确定电缆导体允许最小截面，并应按照本标准附录 E 的规定计算。对熔断器保护的下列低压回路，可不校验电缆最小热稳定截面：

1　用限流熔断器或额定电流为 60A 以下的熔断器保护回路；

2　熔断体的额定电流不大于电缆额定载流量的 205 倍，且回路末端最小短路电流大于熔断体的额定电流的 5 倍时。

3.6.8　选择短路电流计算条件应符合下列规定：

1　计算用系统接线应采用正常运行方式，且宜按工程建成后 5～10 年发展规划。

2　短路点应选取在通过电缆回路最大短路电流可能发生处。对单电源回路，短路点选取宜符合下列规定：

1）对无电缆中间接头的回路，宜取在电缆末端，当电缆长度未超过 200m 时，也可取在电缆首端；

2）当电缆线路较长且有中间接头时，宜取在电缆线路第一个接着处。

3　宜按三相短路和单相接地短路计算，取其最大值。

4　当 1kV 及以下供电回路装有限流作用的保护电器时，该回路宜按限流后最大短路电流值校验。

5　短路电流作用时间应取保护动作时间与断路器开断时间之和。对电动机、低压变压器等直馈线，保护动作时间应取主保护时间；对其他情况，宜取后备保护时间。

3.6.9　1kV 以下电源中性点直接接地时，三相四线制系统的电缆中性导体或保护接地中性导体截面不得小于按线路最大不平衡电流持续工作所需最小截面；有谐波电流影响的回路，应符合下列规定：

1　气体放电灯为主要负荷的回路，中性导体截面不宜小于相导体截面。

2　存在高次谐波电流时，计算中性导体的电流应计入谐被电流的效应。当中性导体电流大于相导体电流时，电缆相导体截面应按中性导体电流选择。当三相平衡系统中存在谐波电流，4 芯或 5 芯电缆内中性导体与相导体材料相同和截面相等时，电缆载流量的降低系数应按表 3.6.9 的规定确定。

表3.6.9 电缆载流量的降低系数

相电流中3次谐波分量 （%）	降低系数	
	按相电流选择截面	按中性导体电流选择截面
0～15	1.0	—
＞15，且≤33	0.86	—
＞33，且≤45	—	0.86
＞45	—	1.0

注 1. 当预计有显著（大于10%）的9次、12次等高次谐波存在时，可用一个较少的降低系数；
2. 当在相与相之间存在大于50%的不平衡电流时，可用更小的降低系数；
3. 除本条第1款、第2款规定的情况外，中性导体截面不宜小于50%的相导体截面。

3.6.10　1kV及以下电源中性点直接接地时，配置中性导体、保护接地中性导体或保护导体系统的电缆导体截面选择，应符合下列规定：

1　中性导体、保护接地中性导体截面应符合本标准第3.6.9条的规定。配电干线采用单芯电缆作保护接地中性导体时，导体截面应符合下列规定：

1）铜导体，不应小于10mm²；

2）铝导体，不应小于16mm²。

2　采用多芯电缆的干线，其中性导体和保护导体合一的铜导体截面不应小于2.5mm²。

3　保护导体截面应满足回路保护电器可靠动作的要求，并应符合表3.6.10-1的规定。

表3.6.10-1 按热稳定要求的保护导体允许最小截面 （mm²）

电缆相芯线截面	保护地线允许最小截面
S≤16	S
16＜S≤35	16
35＜S≤400	$S/2$
400＜S≤800	200
S＞800	$S/4$

注　S为电缆相导体截面。

4　电缆外的保护导体或不与电缆相导体共处于同一外护物的保护导体最小截面应符合表3.6.10-2的规定。

表3.6.10-2 保护导体允许最小截面 （mm²）

保护导体材质	机械操作防护	
	有	无
铜	2.5	4
铝	16	16

3.6.11　交流供电回路由多根电缆并联组成时，各电缆宜等长，敷设方式宜一致，并应采用相同材质、相同截面的导体；具有金属套的电缆，金属材质和构造截面也应相同。

3.6.12　电力电缆金属屏蔽层的有效截面应满足在可能的短路电流作用下最高温度不超过外护层的短路最高允许温度。

3.6.13　敷设于水下的高压交联聚乙烯绝缘电缆应具有纵向阻水构造。

3.7　电力电缆截面

3.7.1　电力电缆导体截面的选择，应符合下列规定：

1　最大工作电流作用下的电缆导体温度，不得超过电缆使用寿命的允许值。持续工作回路的电缆导体工作温度，应符合本规范附录A的规定。

2　最大短路电流和短路时间作用下的电缆导体温度，应符合本规范附录A的规定。

3　最大工作电流作用下连接回路的电压降，不得超过该回路允许值。

4　10kV及以下电力电缆截面除应符合上述1～3款的要求外，尚宜按电缆的初始投资与使用寿命期间的运行费用综合经济的原则选择。10kV及以下电力电缆经济电流截面选用方法宜符合本规范附录B的规定。

5 多芯电力电缆导体最小截面，铜导体不宜小于 2.5mm²，铝导体不宜小于 4mm²。

6 敷设于水下的电缆，当需要导体承受拉力且较合理时，可按抗拉要求选择截面。

3.7.2 10kV 及以下常用电缆按 100% 持续工作电流确定电缆导体允许最小截面，宜符合本规范附录 C 和附录 D 的规定，其载流量按照下列使用条件差异影响计入校正系数后的实际允许值应大于回路的工作电流。

1 环境温度差异。

2 直埋敷设时土壤热阻系数差异。

3 电缆多根并列的影响。

4 户外架空敷设无遮阳时的日照影响。

3.7.3 除本规范第 3.7.2 条规定的情况外，电缆按 100% 持续工作电流确定电缆导体允许最小截面时，应经计算或测试验证，计算内容或参数选择应符合下列规定：

1 含有高次谐波负荷的供电回路电缆或中频负荷回路使用的非同轴电缆，应计入集肤效应和邻近效应增大等附加发热的影响。

2 交叉互联接地的单芯高压电缆，单元系统中三个区段不等长时，应计入金属层的附加损耗发热的影响。

3 敷设于保护管中的电缆，应计入热阻影响；排管中不同孔位的电缆还应分别计入互热因素的影响。

4 敷设于封闭、半封闭或透气式耐火槽盒中的电缆，应计入包含该型材质及其盒体厚度、尺寸等因素对热阻增大的影响。

5 施加在电缆上的防火涂料、包带等覆盖层厚度大于 1.5mm 时，应计入其热阻影响。

6 沟内电缆埋砂且无经常性水分补充时，应按砂质情况选取大于 2.0K·m/W 的热阻系数计入对电缆热阻增大的影响。

7 35kV 及以上电缆载流量宜根据电缆使用环境条件，按现行行业标准《电缆载流量计算》JB/T 10181 的规定计算。

附录 A 常用电力电缆导体的最高允许温度

常用电力电缆导体的最高允许温度见表 A。

表 A 　　　　　　　　　　　　常用电力电缆导体的最高允许温度

电缆			最高允许温度（℃）	
绝缘类别	型式特征	电压（kV）	持续工作	短路暂态
聚氯乙烯	普通	≤6	70	160
交联聚乙烯	普通	≤500	90	250
自容式充油	普通牛皮纸	≤500	80	160
	半合成纸	≤500	85	160

附录 B 10kV 及以下电力电缆经济电流截面选用方法

B.0.1 电缆总成本计算式如下：

电缆线路损耗引起的总成本由线路损耗的能源费用和提供线路损耗的额外供电容量费用两部分组成。考虑负荷增长率 a 和能源成本增长率 b，电缆总成本计算式如下：

$$C_T = C_1 + I_{max}^2 \cdot R \cdot L \cdot F \tag{B.0.1-1}$$

$$F = N_P \cdot N_C \cdot (\tau \cdot P + D)\Phi/(1 + i/100) \tag{B.0.1-2}$$

$$\Phi = \sum_{n=1}^{N} (r^{n-1}) = (1 - r^N)/(1 - r) \tag{B.0.1-3}$$

$$r = (1 + a/100)^2 (1 + b/100)/(1 + i/100) \tag{B.0.1-4}$$

式中 C_T——电缆总成本（元）；

$\quad\quad C_1$——电缆本体及安装成本（元）由电缆材料费用和安装费用两部分组成；

$\quad\quad I_{max}$——第一年导体最大负荷电流（A）；

$\quad\quad R$——单位长度的视在交流电阻（Ω）；

L——电缆长度（m）；

F——由计算式（B.0.1-2）定义的辅助量（元/kW）；

N_P——每回路相线数目，取3；

N_C——传输同样型号和负荷值的回路数，取1；

τ——最大负荷损耗时间（h），即相当于负荷始终保持为最大值，经过τ小时后，线路中的电能损耗与实际负荷在线路中引起的损耗相等。可使用最大负荷利用时间（T）近似求τ值，$T=0.85\tau$；

P——电价[元/(kW·h)]，对最终用户取现行电价，对发电厂企业取发电成本，对供电企业取供电成本；

D——由于线路损耗额外的供电容量的成本[元/(kW·年)]，可取252元/(kW·年)；

Φ——由计算式（B.0.1-3）定义的辅助量；

i——贴现率（%），可取全国现行的银行贷款利率；

N——经济寿命（年），采用电缆的使用寿命，即电缆从投入使用一直到使用寿命结束整个时间年限；

r——由计算式（B.0.1-4）定义的辅助量；

a——负荷增长率（%），在选择导体截面时所使用的负荷电流是在该导体截面允许的发热电流之内的，当负荷增长时，有可能会超过该截面允许的发热电流。a的波动对经济电流密度的影响很小，可忽略不计，取0。

b——能源成本增长率（%），取2%。

B.0.2 电缆经济电流截面计算式如下：

1 每相邻截面的A_1值计算式：

$$A_1=(S_{1总投资}-S_{2总投资})/(S_1-S_2)[元/(m·mm^2)] \tag{B.0.2-1}$$

式中 $S_{1总投资}$——电缆截面为S_1的初始费用，包括单位长度电缆价格和单位长度敷设费用总和（元/m）；

$S_{2总投资}$——电缆截面为S_2的初始费用，包括单位长度电缆价格和单位长度敷设费用总和（元/m）；

同一种型号电缆的A值平均值计算式：

$$A=\sum_{n=1}^{n}A_n/n[元/(m·mm^2)] \tag{B.0.2-2}$$

式中 n——同一种型号电缆标称截面档次数，截面范围可取25mm²～300mm²。

2 电缆经济电流截面计算式：

1）经济电流密度计算式：

$$J=\sqrt{\frac{A}{F\times\rho_{20}\times B\times[1+\alpha_{20}(\theta_m-20)]\times1000}} \tag{B.0.2-3}$$

2）电缆经济电流截面计算式：

$$S_j=I_{max}/J \tag{B.0.2-4}$$

式中 J——经济电流密度（A/mm²）；

S_j——经济电缆截面（mm²）；

ρ_{20}——20℃时电缆导体的电阻率（Ω·mm²/m），铜芯为18.4×10^{-9}、铝芯为31×10^{-9}，计算时可分别取18.4和31；

α_{20}——20℃时电缆导体的电阻温度系数（1/℃），铜芯为0.00393、铝芯为0.00403。

$B=(1+Y_p+Y_s)(1+\lambda_1+\lambda_2)$，可取平均值1.0014；

B.0.3 10kV及以下电力电缆按经济电流截面选择，宜符合下列要求：

1 按照工程条件、电价、电缆成本、贴现率等计算拟选用的10kV及以下铜芯或铝芯的聚氯乙烯、交联聚乙烯绝缘等电缆的经济电流密度值。

2 对备用回路的电缆，如备用的电动机回路等，宜按正常使用运行小时数的一半选择电缆截面。

对一些长期不使用的回路，不宜按经济电流密度选择截面。

3 当电缆经济电流截面比按热稳定、容许电压降或持续载流量要求的截面小时，则应按热稳定、容许电压降或持续载流量较大要求截面选择。当电缆经济电流截面介于电缆标称截面档次之间，可视其接近程度，选择较接近一档截面，且宜偏小选取。

附录C 10kV 及以下常用电力电缆允许 100% 持续载流量。

C.0.1 1kV～3kV 常用电力电缆允许持续载流量见表 C.0.1-1～表 C.0.1-4。

表 C.0.1-10　　　　　**1kV～3kV 油纸、聚氯乙烯绝缘电缆空气中敷设时允许载流量**　　　（A）

绝缘类型	不滴流纸			聚氯乙烯		
护套	有钢铠护套			无钢铠护套		
电缆导体最高工作温度（℃）	80			70		
电缆芯数	单芯	二芯	三芯或四芯	单芯	二芯	三芯或四芯
电缆导体截面（mm²） 2.5					18	15
4		30	26		24	21
6		40	35		31	27
10		52	44		44	38
16		69	59		60	52
25	116	93	79	95	79	69
35	142	111	98	115	95	82
50	174	138	116	147	121	104
70	218	174	151	179	147	129
95	267	214	182	221	181	155
120	312	245	214	257	211	181
150	356	280	250	294	242	211
185	414		285	340		246
240	495		338	410		294
300	570		383	473		328
环境温度（℃）	40					

注 1. 适用于铝芯电缆；铜芯电缆的允许持续载流量值可乘以 1.29。
　2. 单芯只适用于直流。

表 C.0.1-2　　　　　**1kV～3kV 油纸、聚氯乙烯绝缘电缆直埋敷设时允许载流量**　　　（A）

绝缘类型	不滴流纸			聚氯乙烯					
护套	有钢铠护套			无钢铠护套			有钢铠护套		
电缆导体最高工作温度（℃）	80			70					
电缆芯数	单芯	二芯	三芯或四芯	单芯	二芯	三芯或四芯	单芯	二芯	三芯或四芯
电缆导体截面（mm²） 4		34	29	47	36	31		34	30
6		45	38	58	45	38		43	37
10		58	50	81	62	53	77	59	50
16		76	66	110	83	70	105	79	68
25	143	105	88	138	105	90	134	100	87
35	172	126	105	172	136	110	162	131	105
50	198	146	126	203	157	134	194	152	129
70	247	182	154	244	184	157	235	180	152
95	300	219	186	295	226	189	281	217	180
120	344	251	211	332	254	212	319	249	207
150	389	284	240	374	287	242	365	273	237
185	441		275	424		273	410		264
240	512		320	502		319	483		310
300	584		356	561		347	543		347
400	676			639			625		
500	776			729			715		
630	904			846			819		
800	1032			981			963		
土壤热阻系数（K·m/W）	1.5			1.2					
环境温度（℃）	25								

注 1. 适用于铝芯电缆；铜芯电缆的允许持续载流量值可乘以 1.29。
　2. 单芯只适用于直流。

表 C.0.1-3　　　　　　1kV～3kV 交联聚乙烯绝缘电缆空气中敷设时允许载流量　　　　　　(A)

电缆芯数	三芯		单芯							
单芯电缆排列方式			品字形				水平形			
金属层接地点			单侧		双侧		单侧		双侧	
电缆导体材质	铝	铜	铝	铜	铝	铜	铝	铜	铝	铜
电缆导体截面（mm²）25	91	118	100	132	100	132	114	150	114	150
35	114	150	127	164	127	164	146	182	141	178
50	146	182	155	196	155	196	173	228	168	209
70	178	228	196	255	196	251	228	292	214	264
95	214	273	241	310	241	305	278	356	260	310
120	246	314	283	360	278	351	319	410	292	351
150	278	360	328	419	319	401	365	479	337	392
185	319	410	372	479	365	461	424	546	369	438
240	378	483	442	565	424	546	502	643	424	502
300	419	552	506	643	493	611	588	738	479	552
400			611	771	579	716	707	908	546	625
500			712	885	661	803	830	1026	611	693
630			826	1008	734	894	963	1177	680	757
环境温度（℃）	40									
电缆导体最高工作温度（℃）	90									

注　1. 允许载流量的确定，还应符合本规范第 3.7.4 条的规定。
　　2. 水平形排列电缆相互间中心距为电缆外径的 2 倍。

表 C.0.1-4　　　　　　1kV～3kV 交联聚乙烯绝缘电缆直埋敷设时允许载流量　　　　　　(A)

电缆芯数	三芯		单芯			
单芯电缆排列方式			品字形		水平形	
金属层接地点			单侧		单侧	
电缆导体材质	铝	铜	铝	铜	铝	铜
电缆导体截面（mm²）25	91	117	104	130	113	143
35	113	143	117	169	134	169
50	134	169	139	187	160	200
70	165	208	174	226	195	247
95	195	247	208	269	230	295
120	221	282	239	300	261	334
150	247	321	269	339	295	374
185	278	356	300	382	330	426
240	321	408	348	435	378	478
300	365	469	391	495	430	543
400			456	574	500	635
500			517	635	565	713
630			582	704	635	796
温度（℃）	90					
土壤热阻系数（K·m/W）	2.0					
环境温度（℃）	25					

注　水平形排列电缆相互间中心距为电缆外径的 2 倍。

C.0.2　6kV 常用电缆允许持续载流量见表 C.0.2-1 和表 C.0.2-2。

表 C. 0. 2-1　　　　　　　　　**6kV 三芯电力电缆空气中敷设时允许载流量**　　　　　　　　（A）

绝缘类型	不滴流纸	聚氯乙烯		交联聚乙烯	
钢铠护套	有	无	有	无	有
电缆导体最高工作温度（℃）	80	70		90	
电缆导体截面（mm²） 10		40			
16	58	54			
25	79	71			
35	92	85		114	
50	116	108		141	
70	147	129		173	
95	183	160		209	
120	213	185		246	
150	245	212		277	
185	280	246		323	
240	334	293		378	
300	374	323		432	
400				505	
500				584	
环境温度（℃）	40				

注　1. 适用于铝芯电缆，铜芯电缆的允许持续载流量值可乘以 1.29。
　　2. 电缆导体工作温度大于 70℃时，允许载流量还应符合本规范第 3.7.4 条的规定。

表 C. 0. 2-2　　　　　　　　　**6kV 三芯电力电缆直埋敷设时允许载流量**　　　　　　　　（A）

绝缘类型	不滴流纸	聚氯乙烯		交联聚乙烯	
钢铠护套	有	无	有	无	有
电缆导体最高工作温度（℃）	80	70		90	
电缆导体截面（mm²） 10		51	50		
16	63	67	65		
25	84	86	83	87	87
35	101	105	100	105	102
50	119	126	126	123	118
70	148	149	149	148	148
95	180	181	177	178	178
120	209	209	205	200	200
150	232	232	228	232	222
185	264	264	255	262	252
240	308	309	300	300	295
300	344	346	332	343	333
400				380	370
500				432	422
土壤热阻系数（K·m/W）	1.5	1.2		2.0	
环境温度（℃）	25				

注　适用于铝芯电缆，铜芯电缆的允许持续载流量值可乘以 1.29。

C. 0. 3　10kV 常用电力电缆允许持续载流量见表 C. 0. 3。

表 C.0.3   10kV 三芯电力电缆允许载流量   (A)

绝缘类型		不滴流纸		交联聚乙烯			
钢铠护套				无		有	
电缆导体最高工作温度（℃）		65		90			
敷设方式		空气中	直埋	空气中	直埋	空气中	直埋
电缆导体截面（mm²）	16	47	59				
	25	63	79	100	90	100	90
	35	77	95	123	110	123	105
	50	92	111	146	125	141	120
	70	118	138	178	152	173	152
	95	143	169	219	182	214	182
	120	168	196	251	205	246	205
	150	189	220	283	223	278	219
	185	218	246	324	252	320	247
	240	261	290	378	292	373	292
	300	295	325	433	332	428	328
	400			506	378	501	374
	500			579	428	574	424
环境温度（℃）		40	25	40	25	40	25
土壤热阻系数（K·m/W）			1.2		2.0		2.0

注 1. 适用于铝芯电缆，铜芯电缆的允许持续载流量值可乘以 1.29。
    2. 电缆导体工作温度大于 70℃ 时，允许载流量还应符合本规范第 3.7.4 条的要求。

附录 D   敷设条件不同时电缆允许持续载流量的校正系数

D.0.1   35kV 及以下电缆在不同环境温度时的载流量校正系数见表 D.0.1。

表 D.0.1   35kV 及以下电缆在不同环境温度时的载流量校正系数

敷设位置		空气中				土壤中			
环境温度（℃）		30	35	40	45	20	25	30	35
电缆导体最高工作温度（℃）	60	1.22	1.11	1.0	0.86	1.07	1.0	0.93	0.85
	65	1.18	1.09	1.0	0.89	1.06	1.0	0.94	0.87
	70	1.15	1.08	1.0	0.91	1.05	1.0	0.94	0.88
	80	1.11	1.06	1.0	0.93	1.04	1.0	0.95	0.90
	90	1.09	1.05	1.0	0.94	1.04	1.0	0.96	0.92

D.0.2   除表 D.0.1 以外的其他环境温度下载流量的校正系数 K 可按式 D.0.2 计算：

$$K = \sqrt{\frac{\theta_m - \theta_2}{\theta_m - \theta_1}}$$
                (D.0.2)

式中 θ_m——电缆导体最高工作温度（℃）；

        θ_1——对应于额定载流量的基准环境温度（℃）；

        θ_2——实际环境温度（℃）。

D.0.3   不同土壤热阻系数时电缆载流量的校正系数见表 D.0.3。

表 D.0.3   不同土壤热阻系数时电缆载流量的校正系数

土壤热阻系数（K·m/W）	分类特征（土壤特性和雨量）	校正系数
0.8	土壤很潮湿，经常下雨。如湿度大于 9% 的沙土；湿度大于 10% 的沙一泥土等	1.05
1.2	土壤潮湿，规律性下雨。如湿度大于 7% 但小于 9% 的沙土；湿度为 12%～14% 的沙一泥土等	1.0
1.5	土壤较干燥，雨量不大。如湿度为 8%～12% 的沙一泥土等	0.93
2.0	土壤干燥，少雨。如湿度大于 4% 但小于 7% 的沙土；湿度为 4%～8% 的沙一泥土等	0.87
3.0	多石地层，非常干燥。如湿度小于 4% 的沙土等	0.75

注 1. 适用于缺乏实测土壤热阻系数时的粗略分类，对于 110kV 及以上电缆线路工程，宜以实测方式确定土壤热阻系数。
    2. 校正系数适于附录 C 各表中采取土壤热阻系数为 1.2K·m/W 的情况，不适用于三相交流系统的高压单芯电缆。

D.0.4 土中直埋多根并行敷设时电缆载流量的校正系数见表 D.0.4。

表 D.0.4 土中直埋多根并行敷设时电缆载流量的校正系数

并列根数		1	2	3	4	5	6
电缆之间净距（mm）	100	1	0.9	0.85	0.80	0.78	0.75
	200	1	0.92	0.87	0.84	0.82	0.81
	300	1	0.93	0.90	0.97	0.86	0.85

注 不适用于三相交流系统单芯电缆。

D.0.5 空气中单层多根并行敷设时电缆载流量的校正系数见表 D.0.5。

表 D.0.5 空气中单层多根并行敷设时电缆载流量的校正系数

并列根数		1	2	3	4	5	6
电缆中心距	$s=d$	1.00	0.90	0.85	0.82	0.81	0.80
	$s=2d$	1.00	1.00	0.98	0.95	0.93	0.90
	$s=3d$	1.00	1.00	1.00	0.98	0.97	0.96

注 1. s 为电缆中心间距，d 为电缆外径。
　　2. 按全部电缆具有相同外径条件制订，当并列敷设的电缆外径不同时，d 值可近似地取电缆外径的平均值。
　　3. 不适用于交流系统中使用的单芯电力电缆。

D.0.6 电缆桥架上无间距配置多层并列电缆载流量的校正系数见表 D.0.6。

表 D.0.6 电缆桥架上无间隔配置多层并列电缆载流量的校正系数

叠置电缆层数		一	二	三	四
桥架类别	梯架	0.8	0.65	0.55	0.5
	托盘	0.7	0.55	0.5	0.45

注 呈水平状并列电缆数不少于7根。

D.0.7 1kV~6kV 电缆户外明敷无遮阳时载流量的校正系数见表 D.0.7。

表 D.0.7 1kV~6kV 电缆户外明敷无遮阳时载流量的校正系数

电缆截面（mm²）				35	50	70	95	120	150	185	240
电压（kV）	1	芯数	三				0.90	0.98	0.97	0.96	0.94
	6		三	0.96	0.95	0.94	0.93	0.92	0.91	0.90	0.88
			单				0.99	0.99	0.99	0.99	0.98

注 运用本表系数校正对应的载流量基础值，是采取户外环境温度的户内空气中电缆载流量。

附录 E 按短路热稳定条件计算电缆导体允许最小截面的方法

E.1 固体绝缘电缆导体允许最小截面

E.1.1 电缆导体允许最小截面，由下列公式确定：

$$S \geqslant \frac{\sqrt{Q}}{C} \times 10^2 \tag{E.1.1-1}$$

$$C = \frac{1}{\eta} \sqrt{\frac{Jq}{\alpha k \rho} \ln \frac{1 + \alpha(\theta_m - 20)}{1 + \alpha(\theta_P - 20)}} \tag{E.1.1-2}$$

$$\theta_P = \theta_0 + (\theta_H - \theta_0) \left(\frac{I_P}{I_H}\right)^2 \tag{E.1.1-3}$$

式中 　S——电缆导体截面（mm²）；

　　　J——热功当量系数，取 1.0；

　　　q——电缆导体的单位体积热容量 [J/(cm³·℃)]，铝芯取 2.48，铜芯取 3.4；

θ_m——短路作用时间内电缆导体允许最高温度（℃）；

θ_P——短路发生前的电缆导体最高工作温度（℃）；

θ_H——电缆额定负荷的电缆导体允许最高工作温度（℃）；

θ_0——电缆所处的环境温度最高值（℃）；

I_H——电缆的额定负荷电流（A）；

I_P——电缆实际最大工作电流（A）；

α——20℃时电缆导体的电阻温度系数（1/℃），铜芯为0.00393、铝芯为0.00403；

ρ——20℃时电缆导体的电阻系数（Ωcm²/cm），铜芯为0.0148×10⁻⁴、铝芯为0.031×10⁻⁴；

η——计入包含电缆导体充填物热容影响的校正系数，对3~10kV电动机馈电回路，宜取 $\eta=0.93$，其他情况可按 $\eta=1$；

k——缆芯导体的交流电阻与直流电阻之比值，可由表E.1.3-2选取。

E.1.2 除电动机馈线回路外，均可取 $\theta_P = \theta_H$。

E.1.3 Q值确定方式，应符合下列规定：

1 对火电厂3kV~10kV厂用电动机馈线回路，当机组容量为100MW及以下时：

$$Q = I^2(t + T_b) \tag{E.1.3-1}$$

2 对火电厂3kV~10kV厂用电动机馈线回路，当机组容量大于100MW时，Q的表达式见表E.1.3-1。

表E.1.3-1 机组容量大于100MW时火电厂电动机馈电回路Q值表达式

T (s)	T_b(s)	T_d(s)	Q值（A²·s）
0.15	0.045	0.062	$196I^2 + 0.22II_d + 0.09I_d^2$
	0.06		$0.21I^2 + 0.23II_d + 0.09I_d^2$
0.2	0.045	0.062	$0.245I^2 + 0.22II_d + 0.09I_d^2$
	0.06		$0.26I^2 + 0.24II_d + 0.09I_d^2$

注 1. 对于电抗器或 $U_d\%$ 小于10.5的双绕组变压器，取 $T_b = 0.045$，其他情况取 $T_b = 0.06$。
　　2. 对中速断路器，t 取0.15s，对慢速断路器，t 取0.2s。
　　3. 除火电厂3kV~10kV厂用电动机馈线外的情况：

$$Q = I^2 \cdot t \tag{E.1.3-2}$$

表E.1.3-2 K值选择用表

电缆类型	6kV~35kV挤塑					自容式充油		
导体截面（mm²）	95	120	150	185	240	240	400	600
芯数 单芯	1.002	1.003	1.004	1.006	1.010	1.003	1.011	1.029
多芯	1.003	1.006	1.008	1.009	1.021			

5.1.2.2.2（3）电缆最大短路电流

本条评价项目（见《评价》）的查评依据如下。

【依据】《电力工程电缆设计标准》（GB 50217—2018）和《电力电缆及通道运维规程》（Q/GDW 1512—2014）

详见5.1.2.2.2（2）。

5.1.2.2.2（4）电缆敷设

本条评价项目（见《评价》）的查评依据如下。

【依据1】《电力工程电缆设计标准》（GB 50217—2018）

5 电缆敷设

5.1 一般规定

5.1.1 电缆的路径选择应符合下列规定：

1 应避免电缆遭受机械性外力、过热、腐蚀等危害；

2 满足安全要求条件下，应保证电缆路径最短；

3 应便于敷设、维护；

4 宜避开将要挖掘施工的地方；

5 充油电缆线路通过起伏地形时，应保证供油装置合理配置。

5.1.2 电缆在任何敷设方式及其全部路径条件的上下左右改变部位，均应满足电缆允许弯曲半径要求，并应符合电缆绝缘及其构造特性的要求。对自容式铅包充油电缆，其允许弯曲半径可按电缆外径的 20 倍计算。

5.1.3 同一通道内电缆数量较多时，若在同一侧的多层支架上敷设，应符合下列规定：

1 宜按电压等级由高至低的电力电缆、强电至弱电的控制和信号电缆、通信电缆"由上而下"的顺序排列；当水平通道中含有 35kV 以上高压电缆，或为满足引人柜盘的电缆符合允许弯曲半径要求时今，宜按"由下而上"的顺序排列；在同一工程中或电缆通道延伸于不同工程的情况，均应按相同的上下排列顺序配置；

2 支架层数受通道空间限制时，35kV 及以下的相邻电压级电力电缆可排列于同一层支架；少量 1kV 及以下电力电缆在采取。

防火分隔和有效抗干扰措施后，也可与强电控制、信号电缆配置在同一层支架上；

3 同一重要回路的工作与备用电缆应配置在不同层或不同侧的支架上，并应实行防火分隔。

5.1.4 同一层支架上电缆排列的配置宜符合下列规定：

1 控制和信号电缆可紧靠或多层叠置；

2 除交流系统用单芯电力电缆的同一回路可采取品字形（三叶形）配置外，对重要的同一回路多根电力电缆，不宜叠置；

3 除交流系统用单芯电缆情况外，电力电缆的相互间宜有 1 倍电缆外径的空隙。

5.1.5 交流系统用单芯电力电缆的相序配置及其相间距离应符合下列规定：

1 应满足电缆金属套的正常感应电压不超过允许值；

2 宜使按持续工作电流选择的电缆截面最小；

3 未呈品字形配置的单芯电力电缆，有两回线及以上配置在同一通路时，应计入相互影响；

4 当距离较长时，高压交流系统三相单芯电力电缆宜在适当位置进行换位，保持三相电抗相均等。

5.1.6 交流系统用单芯电力电缆与公用通信线路相距较近时，宜维持技术经济上有利的电缆路径，必要时可采取下列抑制感应电势的措施：

1 使电缆支架形成电气通路，且计入其他并行电缆抑制因素的影响；

2 对电缆隧道的钢筋混凝土结构实行钢筋网焊接连通；

3 沿电缆线路适当附加并行的金属屏蔽线或罩盒等。

5.1.7 明敷的电缆不宜平行敷设在热力管道的上部。电缆与管道之间无隔板防护时的允许最小净距，除城市公共场所应按现行国家标准《城市工程管线综合规划规范》GB 50289 执行外，尚应符合表 5.1.7 的规定。

表 5.1.7　　　　　　　　　电缆与管道之间无隔板防护时的允许最小净距　　　　　　　　　　（mm）

电缆与管道之间走向		电力电缆	控制和信号电缆
热力管道	平行	1000	500
	交叉	500	250
其他管道	平行	150	100

注　1. 计及最小净距时，应从热力管道保温层外表面算起；
　　2. 表中与热力管道之间的数值为无隔热措施时的最小净距。

5.1.8 抑制对弱电回路控制和信号电缆电气干扰强度措施，除应符合本标准第 3.7.6 条～第 3.7.8 条的规定外，还可采取下列措施：

1 与电力电缆并行敷设时，相互间距在可能范围内宜远离；对电压高、电流大的电力电缆，间距宜更远；

2 敷设于配电装置内的控制和信号电缆，与调合电容器或电容式电压互感、避雷器或避雷针接地处的距离，宜在可能范围内远离；

3 沿控制和信号电缆可平行敷设屏蔽线，也可将电缆敷设于钢制管或盒中。

5.1.9 在隧道、沟、浅槽、竖井、夹层等封闭式电缆通道中，不得布置热力管道，严禁有可燃气体或可燃液体的管道穿越。

5.1.10 爆炸性气体环境敷设电缆应符合下列规定：

1 在可能范围宜保证电缆距爆炸释放源较远，敷设在爆炸危险较小的场所，并应符合下列规定：

1）可燃气体比空气重时，电缆宜埋地或在较高处架空敷设，且对非铠装电缆采取穿管或置于托盘、槽盒中等机械性保护；

2）可燃气体比空气轻时，电缆宜敷设在较低处的管、沟内；

3）采用电缆沟敷设时，电缆沟内应充砂。

2 电缆在空气中沿输送可燃气体的管道敷设时，直配置在危险程度较低的管道一侧，并应符合下列规定：

1）可燃气体比空气重时，电缆宜配置在管道上方；

2）可燃气体比空气轻时，电缆宜配置在管道下方。

3 电缆及其管、沟穿过不同区域之间的墙、板孔洞处，应采用防火封堵材料严密堵塞。

4 电缆线路中不应有接头。

5 除本条第 1 款～第 4 款规定外，还应符合现行国家标准《爆炸危险环境电力装置设计规范》GB 50058 的有关规定。

5.1.11 用于下列场所、部位的非铠装电缆，应采用具有机械强度的管或罩加以保护：

1 非电气人员经常活动场所的地坪以上 2m 内、地中引出的地坪以下 0.3m 深电缆区段；

2 可能有载重设备移经电缆上面的区段。

5.1.12 除架空绝缘型电缆外的非户外型电缆，户外使用时，宜采取罩、盖等遮阳措施。

5.1.13 电缆敷设在有周期性振动的场所时，应采取下列措施：

1 在支持电缆部位设置由橡胶等弹性材料制成的衬垫；

2 电缆蛇形敷设不满足伸缩缝变形要求时，应设置伸缩装置。

5.1.14 在有行人通过的地坪、堤坝、桥面、地下商业设施的路面，以及通行的隧洞中，电缆不得敞露敷设于地坪或楼梯走道上。

5.1.15 在工厂和建筑物的风道中，严禁电缆敞露式敷设。

5.1.16 1kV 及以下电源、中性点直接接地且配置独立分开的中性导体和保护导体构成的 TN-S 系统，采用独立于相导体和中性导体以外的电缆作保护导体时，同一回路的该两部分电缆敷设方式应符合下列规定：

1 在爆炸性气体环境中，应敷设在同一路径的同一结构管、沟或盒中；

2 除本条第 1 款规定的情况外，宜敷设在同一路径的同一构筑物中。

5.1.17 电缆的计算长度应包括实际路径长度与附加长度。附加长度宜计入下列因素：

1 电缆敷设路径地形等高差变化、伸缩节或迂回备用裕量；

2 35kV 以上电缆蛇形敷设时的弯曲状影响增加量；

3 终端或接头制作所需剥截电缆的预留段、电缆引至设备或装置所需的长度。35kV 及以下电缆敷设度量时的附加长度应符合本标准附录 G 的规定。

5.1.18 电缆的订货长度应符合下列规定：

1 长距离的电缆线路宜采用计算长度作为订货长度；对 35kV 以上单芯电缆，应按相计算；线路采取交叉互联等分段连接方式时，应按段开列；

2 对35kV及以下电缆用于非长距离时，宜计及整盘电缆中截取后不能利用其剩余段的因素，按计算长度计入5%~10%的裕量，作为同型号规格电缆的订货长度；

3 水下敷设电缆的每盘长度不宜小于水下段的敷设长度，有困难时可含有工厂制作的软接头。

5.1.19 核电厂安全级电路和相关电路与非安全级电路电缆通道应满足实体隔离的要求。

5.2 敷设方式选择

5.2.1 电缆敷设方式选择应视工程条件、环境特点和电缆类型、数量等因素，以及满足运行可靠、便于维护和技术经济合理的要求选择。

5.2.2 电缆直埋敷设方式选择应符合下列规定：

1 同一通路少于6根的35kV及以下电力电缆，在厂区通往远距离辅助设施或城郊等不易经常性开挖的地段，宜采用直埋；在城镇人行道下较易翻修情况或道路边缘，也可采用直埋；

2 厂区内地下管网较多的地段，可能有熔化金属、高温液体溢出的场所，待开发有较频繁开挖的地方，不宜采用直埋；

3 在化学腐蚀或杂散电流腐蚀的土壤范围内，不得采用直埋。

5.2.3 电缆穿管敷设方式选择应符合下列规定：

1 在有爆炸性环境明敷的电缆、露出地坪上需加以保护的电缆、地下电缆与道路及铁路交叉时，应采用穿管；

2 地下电缆通过房屋、广场的区段，以及电缆敷设在规划中将作为道路的地段时，宜采用穿管；

3 在地下管网较密的工厂区、城市道路狭窄且交通繁忙或道路挖掘困难的通道等电缆数量较多时，可采用穿管；

4 同一通道采用穿管敷设的电缆数量较多时，宜采用排管。

5.2.4 下列场所直采用浅槽敷设方式：

1 地下水位较高的地方；

2 通道中电力电缆数量较少，且在不经常有载重车通过的户外配电装置等场所。

5.2.5 电缆沟敷设方式选择应符合下列规定：

1 在化学腐蚀被体或高温熔化金属溢流的场所，或在载重车辆频繁经过的地段，不得采用电缆沟；

2 经常有工业水溢流、可燃粉尘弥漫的厂房内，不宜采用电缆沟；

3 在厂区、建筑物内地下电缆数量较多但不需要采用隧道，城镇人行道开挖不便且电缆需分期敷设，同时不属于本条第1款、第2款规定的情况时，宜采用电缆沟；

4 处于爆炸、火灾环境中的电缆沟应充砂。

5.2.6 电缆隧道敷设方式选择应符合下列规定：

1 同一通道的地下电缆数量多，电缆沟不足以容纳时，应采用隧道；

2 同一通道的地下电缆数量较多，且位于有腐蚀性液体或经常有地面水溢流的场所，或含有35kV以上高压电缆以及穿越道路、铁路等地段，宜采用隧道；

3 受城镇地下通道条件限制或交通流量较大的道路下，与较多电缆沿同一路径有非高温的水、气和通信电缆管线共同配置时，可在公用性隧道中敷设电缆。

5.2.7 垂直走向的电缆宜沿墙、柱敷设，当数量较多，或含有35kV以上高压电缆时，应采用竖井。

5.2.8 电缆数量较多的控制室、继电保护室等处，宜在其下部设置电缆夹层。电缆数量较少时，也可采用有活动盖板的电缆层。

5.2.9 在地下水位较高的地方，化学腐蚀被体溢流的场所，厂房内应采用支持式架空敷设。建筑物或厂区不宜地下敷设时，可采用架空敷设。

5.2.10 明敷且不宜采用支持式架空敷设的地方，可采用悬挂式架空敷设。

5.2.11 通过河流、水库的电缆，元条件利用桥梁、堤坝敷设时，可采用水下敷设。

5.2.12　厂房内架空桥架敷设方式不宜设置检修通道，城市电缆线路架空桥架敷设方式可设置检修通道。

5.3　电缆直埋敷设

5.3.1　电缆直埋敷设的路径选择宜符合下列规定：

1　应避开含有酸、碱强腐蚀或杂散电流电化学腐蚀严重影响的地段；

2　无防护措施时，宜避开白蚁危害地带、热源影响和易遭外力损伤的区段。

5.3.2　电缆直埋敷设方式应符合下列规定：

1　电缆应敷设于壕沟里，并应沿电缆全长的上、下紧邻侧铺以厚度不小于100mm的软土或砂层；

2　沿电缆全长应覆盖宽度不小于电缆两侧各50mm的保护板，保护板宜采用混凝土；

3　城镇电缆直埋敷设时，宜在保护板上层铺设醒目标志带；

4　位于城郊或空旷地带，沿电缆路径的直线间隔100m、转弯处和接头部位，应竖立明显的方位标志或标桩；

5　当采用电缆穿波纹管敷设于壕沟时，应沿波纹管顶全长浇注厚度不小于100mm的混凝土，宽度不应小于管外侧50mm，电缆可不含铠装。

5.3.3　电缆直埋敷设于非冻土地区时，埋置深度应符合下列规定：

1　电缆外皮至地下构筑物基础，不得小于0.3m；

2　电缆外皮至地面深度，不得小于0.7m；当敷设于耕地下时，应适当加深，且不宜小于1m。

5.3.4　电缆直埋敷设于冻土地区时，应埋入冻土层以下，当受条件限制时，应采取防止电缆受到损伤的措施。

5.3.5　直埋敷设的电缆不得平行敷设于地下管道的正上方或正下方。电缆与电缆、管道、道路、构筑物等之间允许最小距离应符合表5.3.5的规定。

表5.3.5　　　　　电缆与电缆、管道、道路、构筑物等之间的容许最小距离　　　　　（m）

电缆直埋敷设时的配置情况		平行	交叉
控制电缆之间		—	0.5①
电力电缆之间或与控制电缆之间	10kV及以下电力电缆	0.1	0.5①
	10kV及以上电力电缆	0.25②	0.5①
不同部门使用的电缆		0.5②	0.5①
电缆与地下管沟	热力管沟	2③	0.5①
	油管或易（可）燃气管道	1	0.5①
	其他管道	0.5	0.5①
电缆与铁路	非直流电气化铁路路轨	3	1.0
	直流电气化铁路路轨	10	1.0
电缆与建筑物基础		0.6③	—
电缆与公路边		1.0③	
电缆与排水沟		1.0③	
电缆与树木的主干		0.7	
电缆与1kV以下架空线电杆		1.0③	
电缆与1kV以上架空线杆塔基础		4.0③	

① 用隔板分隔或电缆穿管时不得小于0.25m；
② 用隔板分隔或电缆穿管时不得小于0.1m；
③ 特殊情况时，减小值不得小于50%。

5.3.6　直埋敷设的电缆与铁路、公路或街道交叉时，应穿于保护管，保护范围应超出路基、街道路面两边以及排水沟边0.5m以上。

5.3.7　直埋敷设的电缆引入构筑物，在贯穿墙孔处应设置保护管，管口应实施阻水堵塞。

5.3.8　直埋敷设电缆的接头配置，应符合下列规定：

1　接头与邻近电缆的净距，不得小于0.25m。

2　并列电缆的接头位置宜相互错开，且净距不宜小于0.5m。

3　斜坡地形处的接头安置，应呈水平状。

4　重要回路的电缆接头，宜在其两侧约1.0m开始的局部段，按留有备用量方式敷设电缆。

5.3.9　直埋敷设电缆采取特殊换土回填时，回填土的土质应对电缆外护层无腐蚀性。

5.4　保护管敷设

5.4.1　电缆保护管内壁应光滑无毛刺。其选择，应满足使用条件所需的机械强度和耐久性，且应符合下列规定：

1　需采用穿管抑制对控制电缆的电气干扰时，应采用钢管。

2　交流单芯电缆以单根穿管时，不得采用未分隔磁路的钢管。

5.4.2　部分或全部露出在空气中的电缆保护管的选择，应符合下列规定：

1　防火或机械性要求高的场所，宜采用钢质管。并应采取涂漆或镀锌包塑等适合环境耐久要求的防腐处理。

2　满足工程条件自熄性要求时，可采用阻燃型塑料管。部分埋入混凝土中等有耐冲击的使用场所，塑料管应具备相应承压能力，且宜采用可挠性的塑料管。

5.4.3　地中埋设的保护管，应满足埋深下的抗压要求和耐环境腐蚀性的要求。管枕配置跨距，宜按管路底部未均匀夯实时满足抗弯矩条件确定；在通过不均匀沉降的回填土地段或地震活动频发地区，管路纵向连接应采用可挠式管接头。

同一通道的电缆数量较多时，宜采用排管。

5.4.4　保护管管径与穿过电缆数量的选择，应符合下列规定：

1　每管宜只穿1根电缆。除发电厂、变电所等重要性场所外，对一台电动机所有回路或同一设备的低压电机所有回路，可在每管合穿不多于3根电力电缆或多根控制电缆。

2　管的内径，不宜小于电缆外径或多根电缆包络外径的1.5倍。排管的管孔内径，不宜小于75mm。

5.4.5　单根保护管使用时，宜符合下列规定：

1　每根电缆保护管的弯头不宜超过3个，直角弯不宜超过2个。

2　地中埋管距地面深度不宜小于0.5m；与铁路交叉处距路基不宜小于1.0m；距排水沟底不宜小于0.3m。

3　并列管相互间宜留有不小于20mm的空隙。

5.4.6　使用排管时，应符合下列规定：

1　管孔数宜按发展预留适当备用。

2　导体工作温度相差大的电缆，宜分别配置于适当间距的不同排管组。

3　管路顶部土壤覆盖厚度不宜小于0.5m。

4　管路应置于经整平夯实土层且有足以保持连续平直的垫块上；纵向排水坡度不宜小于0.2%。

5　管路纵向连接处的弯曲度，应符合牵引电缆时不致损伤的要求。

6　管孔端口应采取防止损伤电缆的处理措施。

5.4.7　较长电缆管路中的下列部位，应设置工作井：

1　电缆牵引张力限制的间距处。电缆穿管敷设时容许最大管长的计算方法，宜符合本规范附录H的规定。

2　电缆分支、接头处。

3　管路方向较大改变或电缆从排管转入直埋处。

4　管路坡度较大且需防止电缆滑落的必要加强固定处。

5.5　电缆构筑物敷设

5.5.1　电缆构筑物的尺寸应按容纳的全部电缆确定，电缆的配置应无碍安全运行，满足敷设施工作业与维护巡视活动所需空间，并应符合下列规定：

1 隧道内通道净高不宜小于 1900mm；在较短的隧道中与其他沟道交叉的局部段，净高可降低，但不应小于 1400mm。

2 封闭式工作井的净高不宜小于 1900mm。

3 电缆夹层室的净高不得小于 2000mm，但不宜大于 3000mm。民用建筑的电缆夹层净高可稍降低，但在电缆配置上供人员活动的短距离空间不得小于 1400mm。

4 电缆沟、隧道或工作井内通道的净宽，不宜小于表 5.5.1 所列值。

表 5.5.1　　　　　　　　电缆沟、隧道或工作井内通道的净宽　　　　　　　　　（mm）

电缆支架配置方式	具有下列沟深的电缆沟			开挖式隧道或封闭式工作井	非开挖式隧道
	<600	600～1000	>1000		
两侧	300*	500	700	1000	800
单侧	300*	450	600	900	800

* 浅沟内可不设置支架，无需有通道。

5.5.2　电缆支架、梯架或托盘的层间距离应满足能方便地敷设电缆及其固定、安置接头的要求，且在多根电缆同置于一层的情况下，可更换或增设任一根电缆及其接头。电缆支架、梯架或托盘的层间距离最小值可按表 5.5.2 确定。

表 5.5.2　　　　　　　　电缆支架、梯架或托盘的层间距离的最小值　　　　　　　（mm）

电缆电压级和类型、敷设特征		普通支架、吊架	桥架
控制电缆明敷		120	200
电力电缆明敷	6kV 及以下	150	250
	6kV～10kV 交联聚乙烯	200	300
	35kV 单芯	250	300
	35kV 三芯	300	350
	110kV～220kV，每层 1 根以上		
	330kV、500kV	350	400
电缆敷设于槽盒中		$h+80$	$h+100$

注　h 为槽盒外壳高度。

5.5.3　电缆支架、梯架或托盘的最上层、最下层布置尺寸应符合下列规定：

1 最上层支架距盖板的净距允许最小值应满足电缆引接至上侧柜盘时的允许弯曲半径要求，且不宜小于本标准表 5.5.2 的规定；采用梯架或托盘时，不直小于本标准表 5.5.2 的规定再加 80mm～150mm；

2 最下层支架、梯架或托盘距沟底垂直净距不宜小于 100mm。

5.5.4　电缆沟应满足防止外部进水、渗水的要求，且应符合下列规定：

1 电缆沟底部低于地下水位、电缆沟与工业水管沟并行邻近时，宜加强电缆沟防水处理以及电缆穿隔密封的防水构造措施；

2 电缆沟与工业水管沟交叉时，电缆沟直位于工业水管沟的上方；

3 室内电缆沟盖板宜与地坪齐平，室外电缆沟的沟壁宜高出地坪 100mm。考虑排水时，可在电缆沟上分区段设置现浇钢筋混凝土渡水槽，也可采取电缆沟盖板低于地坪 300mm，上面铺以细土或砂。

5.5.5　电缆沟应实现排水畅通，且应符合下列规定：

1 电缆沟的纵向排水坡度不应小于 0.5%；

2 沿排水方向适当距离宜设置集水井及其世水系统，必要时应实施机械排水。

5.5.6　电缆沟沟壁、盖板及其材质构成应满足承受荷载和适合环境耐久的要求。厂、站内可开启的沟盖板，单块重量不宜超过 50kg。

5.5.7　靠近带油设备附近的电缆沟盖板应密封。

5.6　电缆隧道戴设

5.6.1 电缆隧道、工作井的尺寸应按满足全部容纳电缆的允许最小弯曲半径、施工作业与维护空间要求确定，电缆的配置应无碍安全运行，并应符合下列规定：

1 电缆隧道内通道的净高不宜小于1.9m；与其他管沟交叉的局部段，净高可降低，但不应小于1.4m；

2 工作井可采用封闭式或可开启式；封闭式工作井的净高不宜小于1.9m；井底部应低于最底层电缆保护管管底200mm，顶面应加盖板，且应至少高出地坪100mm；设置在绿化带时，井口应高于绿化带地面300mm，底板应设有集水坑，向集水坑油水坡度不应小于0.3%；

3 电缆隧道、封闭式工作井内通道的净宽尺寸不宜小于表5.6.1的规定。

表5.6.1　　　　　　　电缆隧道、封闭式工作井内通道的净宽尺寸　　　　　　　　　　（mm）

电缆支架配置方式	开挖式隧道	非开挖式隧道	封闭式工作井
两侧	1000	800	1000
单侧	900	800	900

5.6.2 电缆支架、梯架或托盘的层间距离及敷设要求应符合本标准第5.5.2条的规定。

5.6.3 电缆支架、梯架或托盘的最上层、最下层布置尺寸应符合下列规定。

1 最上层支架距隧道、封闭式工作井顶部的净距允许最小值应满足电缆引接至上侧柜盘时的允许弯曲半径要求，且不宜小于本标准表5.5.2的规定，采用棉架或托盘时，不宜小于本标准表5.5.2的规定再加80mm～150mm；

2 最下层支架、梯架或托盘距隧道、工作井底部净距不宜小于100mm。

5.6.4 电缆隧道、封闭式工作井应满足防止外部进水、渗水的要求，对电缆隧道、封闭式工作井底部低于地下水位以及电缆隧道和工业水管沟交叉时，宜加强电缆隧道、封闭式工作井的防水处理以及电缆穿隔密封的防水构造措施。

5.6.5 电缆隧道应实现排水畅通，且应符合下列规定：

1 电缆隧道的纵向排水坡度不应小于0.5%；

2 沿排水方向适当距离宜设置集水井及其泄水系统，必要时应实施机械排水；

3 电缆隧道底部沿纵向宜设置泄水边沟。

5.6.6 电缆隧道、封闭式工作井应设置安全孔，安全孔的设置应符合下列规定：

1 沿隧道纵长不应少于2个；在工业性厂区或变电站内隧道的安全孔间距不应大于75m；在城镇公共区域开挖式隧道的安全孔间距不宜大于200m，非开挖式隧道的安全孔间距可适当增大，且宜根据隧道埋深和结合电缆敷设、通风、消防等综合确定；隧道首末端元安全门时，宜在不大于5m处设置安全孔；

2 对封闭式工作井，应在顶盖板处设置2个安全孔；位于公共区域的工作井，安全孔井盖的设置宜使非专业人员难以启开；

3 安全孔至少应有一处适合安装机具和安置设备的搬运，供人员出入的安全孔直径不得小于700mm；

4 安全孔内应设置爬梯，通向安全门应设置步道或楼梯等设施；

5 在公共区域露出地面的安全孔设置部位，宜避开道路、轻轨，其外观宜与周围环境景观相协调。

5.6.7 高落差地段的电缆隧道中，通道不宜呈阶梯状，且纵向坡度不宜大于150，电缆接头不宜设置在倾斜位置上。

5.6.8 电缆隧道宜采取自然通风。当有较多电缆导体工作温度持续达到700C以上或其他影响环境温度显著升高时，可装设机械通风，但风机的控制应与火灾自动报警系统联锁，一旦发生火灾时应可靠切断风机电源。长距离的隧道宜分区段实行相互独立的通风。

5.6.9 城市电力电缆隧道的监测与控制设计等应符合现行行业标准《电力电缆隧道设计规程》DL/T 5484的规定。

5.6.10 城市综合管廊中电缆舱室的环境与设备监控系统设置、检修通道净宽尺寸、逃生口设置等应符合现行国家标准《城市综合管廊工程技术规范》GB 50838 的规定。

5.7 电缆夹层敷设

5.7.1 电缆夹层的净高不宜小于2m。民用建筑的电缆夹层净高可稍降低，但在电缆配置上供人员活动的短距离空间不得小于1.4m。

5.7.2 电缆支架、梯架或托盘的层间距离及敷设要求应符合本标准第5.5.2条的规定。

5.7.3 电缆支架、梯架或托盘的最上层、最下层布置尺寸应符合下列规定：

1 最上层支架距顶板或梁底的净距允许最小值应满足电缆引接至上侧柜盘时的允许弯曲半径要求，且不宜小于本标准表5.5.2的规定，采用梯架或托盘时，不宜小于本标准表5.5.2的规定再加80mm～150mm；

2 最下层支架、梯架或托盘距地坪、楼板的最小净距，不宜小于表5.7.3的规定。

表 5.7.3 最下层支架、梯架或托盘距地坪、楼饭的最小净距 (mm)

电缆敷设场所及其特征		垂直净距
电缆夹层	非通道处	200
	至少在一侧不小于 800mm 宽通道处	1400

5.7.4 采用机械通风系统的电缆夹层，风机的控制应与火灾自动报警系统联锁，一旦发生火灾时应可靠切断风机电源。

5.7.5 电缆夹层的安全出口不应少于2个，其中1个安全出口可通往疏散通道。

5.8 电缆竖井敷设

5.8.1 非拆卸式电缆竖井中，应设有人员活动的空间，且宜符合下列规定：

1 未超过5m高时，可设置爬梯，且活动空间不宜小于800mm×800mm；

2 超过5m高时，宜设置楼梯，且宜每隔3m设置楼梯平台；

3 超过20m高且电缆数量多或重要性要求较高时，可设置电梯。

5.8.2 钢制电缆竖井内应设置电缆支架，且应符合下列规定：

1 应沿电缆竖井两侧设置可拆卸的检修孔，检修孔之间中心间距不应大于1.5m，检修孔尺寸宜与竖井的断面尺寸相配合，但不宜小于400mm×400mm；

2 电缆竖井宜利用建构筑物的柱、梁、地面、楼板预留埋件进行固定。

5.8.3 办公楼及其他非生产性建筑物内，电缆垂直主通道应采用专用电缆竖井，不应与其他管线共用。

5.8.4 在电缆竖井内敷设带皱纹金属套的电缆应具有防止导体与金属套之间发生相对位移的措施。

5.8.5 电缆支架、梯架或托盘的层间距离及敷设要求应符合本标准第5.5.2条的规定。

5.9 其他公用设施中敷设

5.9.1 通过木质结构的桥梁、码头、横道等公用构筑物，用于重要的木质建筑设施的非矿物绝缘电缆时，应敷设在不燃材料的保护管或槽盒中。

5.9.2 交通桥梁上、隧洞中或地下商场等公共设施的电缆应具有防止电缆着火危害、避免外力损伤的可靠措施，并应符合下列规定：

1 电缆不得明敷在通行的路面上；

2 自容式充油电缆在沟槽内敷设时应充砂，在保护管内敷设时，保护管应采用非导磁的不燃材料的刚性保护管；

3 非矿物绝缘电缆用在元封闭式通道时，宜敷设在不燃材料的保护管或槽盒中。

5.9.3 道路、铁路桥梁上的电缆应采取防止振动、热伸缩以及风力影响下金属套因长期应力疲劳导致断裂的措施，并应符合下列规定：

1 桥墩两端和伸缩缝处电缆应充分松弛；当桥梁中有挠角部位时，宜设置电缆伸缩弧；

2 35kV以上大截面电缆宜采用蛇形敷设；

3 经常受到振动的直线敷设电缆，应设置橡皮、砂袋等弹性衬垫。

5.9.4 在公共廊道中无围栏防护时，最下层支架、梯架或托盘距地坪或楼板底部的最小净距不宜小于1.5m。

5.9.5 在厂房内电缆支架、梯架或托盘最上层、最下层布置尺寸应符合下列规定：

1 最上层支架距构筑物顶板或梁底的净距允许最小值应满足电缆引接至上侧柜盘时的允许弯曲半径要求，且不宜小于本标准表5.5.2的规定，采用梯架或托盘时，不宜小于本标准表5.5.2的规定再加80mm～150mm；

2 最上层支架、梯架或托盘距其他设备的净距不应小于300mm，当无法满足时应设置防护板；

3 最下层支架、梯架或托盘距地坪或楼板底部的最小净距不宜小于2m。

5.9.6 在厂区内电缆梯架或托盘的最下层布置尺寸应符合下列规定：

1 落地布置时，最下层梯架或托盘距地坪的最小净距不宜小于0.3m；

2 有行人通过时，最下层梯架或托盘距地坪的最小净距不宜小于2.5m；

3 有车辆通过时，最下层梯架或托盘距道路路面最小净距应满足消防车辆和大件运输车辆无碍通过，且不宜小于4.5m。

5.10 水下敷设

5.10.1 水下电缆路径选择应满足电缆不易受机械性损伤、能实施可靠防护、敷设作业方便、经济合理等要求，且应符合下列规定：

1 电缆宜敷设在河床稳定、流速较缓、岸边不易被冲刷、海底无石山或沉船等障碍、少有沉锚和拖网渔船活动的水域；

2 电缆不宜敷设在码头、渡口、水工构筑物附近，且不宜敷设在疏浚挖泥区和规划筑港地带。

5.10.2 水下电缆不得悬空子水中，应埋置于水底。在通航水道等需防范外部机械力损伤的水域，应根据海底风险程度、海床地质条件和施工难易程度等条件综合分析比较后采用掩埋保护、加盖保护或套管保护等措施；浅水区的埋深不宜小于0.5m，深水航道的埋深不宜小于2m。

5.10.3 水下电缆严禁交叉、重叠。相邻电缆应保持足够的安全间距，且应符合下列规定：

1 主航道内电缆间距不宜小于平均最大水深的1.2倍，引至岸边时间距可适当缩小；

2 在非通航的流速未超过1m/s的小河中，同回路单芯电缆间距不得小于0.5m，不同回路电缆间距不得小于5m；

3 除本条第1款、第2款规定的情况外，电缆间距还应按水的流速和电缆埋深等因素确定。

5.10.4 水下电缆与工业管道之间的水平距离不宜小于50m；受条件限制时，采取措施后仍不得小于15m。

5.10.5 水下电缆引至岸上的区段应采取适合敷设条件的防护措施，且应符合下列规定：

1 岸边稳定时，应采用保护管、沟槽敷设电缆，必要时可设置工作井连接，管沟下端宜置于最低水位下不小于1m处；

2 岸边不稳定时，宜采取迂回形式敷设电缆。

5.10.6 水下电缆的两岸，在电缆线路保护区外侧，应设置醒目的禁锚警告标志。

5.10.7 除应符合本标准第5.10.1条～第5.10.6条规定外，500kV交流海底电缆敷设设计还应符合现行行业标准《500kV交流海底电缆线路设计技术规程》DL/T 5490的规定。

【依据2】《电力电缆及通道运维规程》（Q/GDW 1512—2014）

5.6 电缆通道

5.6.1 一般规定：

a) 电缆通道在道路下方的规划位置，宜布置在人行道、非机动车道及绿化带下方。设置在绿化带内时，工作井出口处高度应高于绿化带地面不小于300mm。

b) 穿越河道的电缆通道应选择河床稳定的河段，埋设深度应满足河道冲刷和远期规划要求。

c) 新建电缆通道应与现状电缆通道连通，连通建设不应降低原设施建设标准。

d) 根据规划需求，应在规划路口、线路交叉地段合理设置三通井、四通井等构筑物进行接口预留、线路交叉。

e) 直埋、排管敷设的电缆上方沿线土层内应铺设带有电力标识的警示带。

f) 直埋电缆不得采用无防护措施的直埋方式。

g) 电缆相互之间、电缆通道与其他管线、构筑物基础等最小允许间距应按照附录 D 的规定。严禁将电缆平行敷设于地下管道的正上方或正下方。

h) 电缆通道与煤气（或天然气）管道临近平行时，应采取有效措施及时发现煤气（或天然气）泄漏进入通道的现象并及时处理。

i) 110（66）kV 变电站及以上主网电缆进出线口以及进出线电缆沟宜与 10kV 配网电缆出线口分开设置。

j) 电缆通道采用钢筋混凝土型式时，其伸缩（变形）缝应满足密封、防水、适应变形、施工方便、检修容易等要求，施工缝、穿墙管、预留孔等细部结构应采取相应的止水、防水措施。

k) 电缆通道所有管孔（含已敷设电缆）和电缆通道与变、配电站（室）连接处均应采用阻水法兰等措施进行防水封堵。

5.6.2　直埋技术要求：

a) 直埋电缆的埋设深度一般由地面至电缆外护套顶部的距离不小于 0.7m，穿越农田或在车行道下时不小于 1m。在引入建筑物、与地下建筑物交叉及绕过建筑物时可浅埋，但应采取保护措施。

b) 敷设于冻土地区时，宜埋入冻土层以下。当无法深埋时可埋设在土壤排水性好的干燥冻土层或回填土中，也可采取其他防止电缆受损的措施。

c) 电缆周围不应有石块或其他硬质杂物以及酸、碱强腐蚀物等，沿电缆全线上下各铺设 100mm 厚的细土或沙层，并在上面加盖保护板，保护板覆盖宽度应超过电缆两侧各 50mm。

d) 直埋电缆在直线段每隔 30m～50m 处、电缆接头处、转弯处、进入建筑物等处，应设置明显的路径标志或标桩。

5.6.3　电缆沟技术要求：

a) 电缆沟净宽不宜小于附录 E 的规定。

b) 电缆沟应有不小于 0.5％的纵向排水坡度，并沿排水方向适当距离设置集水井。

c) 电缆沟应合理设置接地装置，接地电阻应小于 5Ω。

d) 在不增加电缆导体截面且满足输送容量要求的前提下，电缆沟内可回填细砂。

e) 电缆沟盖板为钢筋混凝土预制件，其尺寸应严格配合电缆沟尺寸。盖板表面应平整，四周应设置预埋件的护口件，有电力警示标识。盖板的上表面应设置一定数量的供搬运、安装用的拉环。

5.6.4　隧道技术要求：

a) 隧道应按照重要电力设施标准建设，应采用钢筋混凝土结构；主体结构设计使用年限不应低于 100 年；防水等级不应低于二级。

b) 隧道的净宽不宜小于附录 E 的规定。

c) 隧道应有不小于 0.5％的纵向排水坡度，底部应有流水沟，必要时设置排水泵，排水泵应有自动启闭装置。

d) 隧道结构应符合设计要求，坚实牢固，无开裂或漏水痕迹。

e) 隧道出入通行方便，安全门开启正常，安全出口应畅通。在公共区域露出地面的出入口、安全门、通风亭位置应安全合理，其外观应与周围环境景观相协调。

f) 隧道内应无积水，无严重渗、漏水，隧道内可燃、有害气体的成分和含量不应超标。

g) 隧道配套各类监控系统安装到位，调试、运行正常。

h) 隧道工作井人孔内径应不小于 800mm，在隧道交叉处设置的人孔不应垂直设在交叉处的正上方，应错开布置。

i）隧道三通井、四通井应满足最高电压等级电缆的弯曲半径要求，井室顶板内表面应高于隧道内顶 0.5m，并应预埋电缆吊架，在最大容量电缆敷设后各个方向通行高度不低于 1.5m。

j）隧道宜在变电站、电缆终端站以及路径上方每 2km 适当位置设置出入口，出入口下方应设置方便运行人员上下的楼梯。

k）隧道内应建设低压电源系统，并具备漏电保护功能，电源线应选用阻燃电缆。

l）隧道宜加装通信系统，满足隧道内外语音通话功能要求。

m）隧道上电力井盖可加装电子锁以及集中监控设备，实现隧道井盖的集中控制、远程开启、非法开启报警等功能，井盖集中监控主机应安装在与隧道相连的变电站自动化室内。

5.6.5 工作井技术要求：

a）工作井应无倾斜、变形及塌陷现象。井壁立面应平整光滑，无突出铁钉、蜂窝等现象。工作井井底平整干净，无杂物。

b）工作井内连接管孔位置应布置合理，上管孔与盖板间距宜在 20cm 以上。

c）工作井盖板应有防止侧移措施。

d）工作井内应无其他产权单位管道穿越，对工作井（沟体）施工涉及电缆保护区范围内平行或交叉的其他管道应采取妥善的安全措施。

e）工作井尺寸应考虑电缆弯曲半径和满足接头安装的需要，工作井高度应使工作人员能站立操作，工作井底应有集水坑，向集水坑泄水坡度不应小于 0.5%。

f）工作井井室中应设置安全警示标识标牌。露面盖板应有电力标志、联系电话等；不露面盖板应根据周边环境条件按需设置标志标识。

g）井盖应设置二层子盖，并符合 GB/T 23858 的要求，尺寸标准化，具有防水、防盗、防噪音、防滑、防位移、防坠落等功能。

h）井盖标高与人行道、慢车道、快车道等周边标高一致。

i）除绿化带外不应使用复合材料井盖。

j）工作井应设独立的接地装置，接地电阻不应大于 10Ω。

k）工作井高度超过 5.0m 时应设置多层平台，且每层设固定式或移动式爬梯。

l）工作井顶盖板处应设置 2 个安全孔。位于公共区域的工作井，安全孔井盖的设置宜使非专业人员难以开启，人孔内径应不小于 800mm。

m）工作井应采用钢筋混凝土结构，设计使用年限不应低于 50 年；防水等级不应低于二级，隧道工作井按隧道建设标准执行。

5.6.6 排管技术要求：

a）排管在选择路径时，应尽可能取直线，在转弯和折角处，应增设工作井。在直线部分，两工作井之间的距离不宜大于 150m，排管连接处应设立管枕；

b）排管要求管孔无杂物，疏通检查无明显拖拉障碍；

c）排管管道径向段应无明显沉降、开裂等迹象；

d）排管的内径不宜小于电缆外径或多根电缆包络外径的 1.5 倍，一般不宜小于 150mm；

e）排管在 10% 以上的斜坡中，应在标高较高一端的工作井内设置防止电缆因热伸缩而滑落的构件；

f）35kV～220kV 排管和 18 孔及以上的 6kV～20kV 排管方式应采取（钢筋）混凝土全包封防护；

g）排管端头宜设工作井，无法设置时，应在埋管端头地面上方设置标识；

h）排管上方沿线土层内应铺设带有电力标识警示带，宽度不小于排管；

i）用于敷设单芯电缆的管材应选用非铁磁性材料；

j）管材内部应光滑无毛刺，管口应无毛刺和尖锐棱角，管材动摩擦系数应符合 GB 50217 规定。

5.6.7 非开挖定向钻拖拉管技术要求：

a）220kV 及以上电压等级不应采用非开挖定向钻进拖拉管；

b）非开挖定向钻拖拉管出入口角度不应大于 15°；

c）非开挖定向钻拖拉管长度不应超过 150m，应预留不少于 1 个抢修备用孔；

d）非开挖定向钻拖拉管两侧工作井内管口应与井壁齐平；

e）非开挖定向钻拖拉管两侧工作井内管口应预留牵引绳，并进行对应编号挂牌；

f）对非开挖定向钻拖拉管两相邻井进行随机抽查，要求管孔无杂物，疏通检查无明显拖拉障碍；

g）非开挖定向钻拖拉管出入口 2m 范围，应有配筋混凝土包封保护措施；

h）非开挖定向钻拖拉管两侧工作井处应设置安装标志标识。工作井应根据周边环境设置标志标识，轨迹走向宜设置路面标识。

5.6.8　电缆桥架技术要求：

a）电缆桥架钢材应平直，无明显扭曲、变形，并进行防腐处理，连接螺栓应采用防盗型螺栓；

b）电缆桥架两侧围栏应安装到位，宜选用不可回收的材质，并在两侧悬挂"高压危险禁止攀登"的警告牌；

c）电缆桥架两侧基础保护帽应混凝土浇筑到位；

d）当直线段钢制电缆桥架超过 30m、铝合金或玻璃钢制电缆桥架超过 15m 时，应有伸缩缝、其连接宜采用伸缩连接板，电缆桥架跨越建筑物伸缩缝处应设置伸缩缝；

e）电缆桥架全线均应有良好的接地；

f）电缆桥架转弯处的转弯半径，不应小于该桥架上的电缆最小允许弯曲半径的最大者；

g）悬吊架设的电缆与桥梁架构之间的净距不应小于 0.5m。

5.6.9　桥梁技术要求：

a）敷设在桥梁上的电缆应加垫弹性材料制成的衬垫（如沙枕、弹性橡胶等）。桥墩两端和伸缩缝处应设置伸缩节，以防电缆由于桥梁结构胀缩而受到损伤；

b）敷设于木桥上的电缆应置于耐火材料制成的保护管或槽盒中，管的拱度不应过大，以免安装或检修管内电缆时拉伤电缆；

c）露天敷设时应尽量避免太阳直接照射，必要时加装遮阳罩；

d）桥梁敷设电缆不宜选用铅包或铅护套电缆。

5.6.10　综合管廊电缆舱技术要求：

a）电缆舱应按公司的电缆通道型式选择及建设原则，满足国家及行业标准中电力电缆与其他管线的间距要求，综合考虑各电压等级电缆敷设、运行、检修的技术条件进行建设；

b）电缆舱内不得有热力、燃气等其他管道；

c）通信等线缆与高压电缆应分开设置，并采取有效防火隔离措施；

d）电缆舱具有排水、防积水和防污水倒灌等措施；

e）除按国标设有火灾、水位、有害气体等监测预警设施并提供监测数据接口外，还需预留电缆本体在线监测系统的通信通道。

5.6.11　水底电缆技术要求：

a）水底电缆应是整根电缆。当整根电缆超过制造厂制造能力时，可采用软接头连接。如水底电缆经受较大拉力时，应尽可能采用绞向相反的双层钢丝铠装电缆。

b）通过河流的电缆应敷设于河床稳定及河岸很少受到冲损的地方。应尽量避开在码头、锚地、港湾、渡口及有船停泊处。

c）水底电缆敷设应平放水底，不得悬空。条件允许时，应尽可能埋设在河床下，浅水区的埋深不宜小于 0.5m，深水航道的埋深不宜小于 2m。不能深埋时，应有防止外力破坏措施。

d）水底电缆平行敷设时的间距不宜小于最高水位水深的 2 倍，埋入河床（海底）以下时，其间距按埋设方式或埋设机的工作活动能力确定。

e）水底电缆引到岸上的部分应采取穿管或加保护盖板等保护措施，其保护范围，下端应为最低水位时船只搁浅及撑篙达不到之处，上端应直接进入护岸或河堤 1m 以上。

附录 E
（规范性附录）

电缆沟、隧道中通道净宽允许最小值见表 E.1。

表 E.1 电缆沟、隧道中通道净宽允许最小值 （mm）

电缆支架配置及通道特征	电缆沟深 H		电缆隧道
	H＜1000	1900＞H≥1000	
两侧支架间净通道	500	700	1000
单列支架与壁间通道	500	600	900

【依据3】《城市电力电缆线路设计技术规定》（DL/T 5221—2016）

4.3 直埋敷设

4.3.1 电缆的埋设深度应符合下列规定

1 电缆表面距地面不应小于 0.7m，当位于行车道或耕地下时，应适当加深，且不宜小于 1.0m；在引入建筑物、与地下建筑物交叉及绕过建筑物时可浅埋，但应采取保护措施。

2 敷设于冻土地区时，电缆宜埋在冻土层下，当条件受限制时，应采取防止电缆受到损坏的措施。

4.3.2 直埋敷设的电缆应沿其上、下紧邻侧全线铺以厚度不小于 100mm 的细砂或土，并在其上覆盖宽度超出电缆两侧各 50mm 的保护板。电缆敷设于预制钢筋混凝土槽盒时，应先在槽盒内垫厚度不小于 100mm 的细砂或土，敷设电缆后，用细砂或土填满槽盒，并盖上槽盒盖。

4.3.3 直埋敷设时，电缆标识应符合下列规定：

1 在保护板或槽盒盖上层应全线铺设醒目的警示带；

2 5 在电缆转弯、接头、进入建筑物等处及直线段每隔一定间距应设置明显的方位标志或标桩，间距不宜大于 50m。

4.3.4 直埋敷设电缆穿越城市交通道路和铁路路轨时，应采取保护措施。

4.4 保护管敷设

4.4.1 保护管设计应符合下列规定：

1 保护管所需孔数除满足电网远景规划外，还需有适当留有备用孔。

2 供敷设单芯电缆用的保护管管材，应选用非导磁并符合环保要求的管材。供敷设三芯电缆用的保护管管材，还可使用内壁光滑的钢筋混凝土管或镀锌钢管。

3 保护管顶部土壤覆盖深度不宜小于 0.5m；保护管中电缆与电缆、管道（沟）及其他构筑物的交叉距离应满足现行国家标准 GB 50217—2007《电力工程电缆设计规范》表 5.3.5 的规定。

4 保护管内径不宜小于电缆外径或多根电缆包络外径的 1.5 倍。

5 保护管宜做成直线，如需避让障碍物时可做成圆弧状，但圆弧半径不得小于 12m，如使用硬质管，则在两管镶接处的折角不得大于 2.5°；

6 保护管需承受地面动荷载处可在管子镶接位置用钢筋混凝土或支座作局部加固。

4.4.2 保护管中的工井应符合下列规定

1 在保护管中设置工井的间距必须按敷设在同一道保护管中重量最重，允许牵引力和允许侧压力最小的一根电缆计算决定，其最大间距可按本标准附录 B 计算确定。

2 工井长度应根据敷设在同一工井内最长的电缆接头以及能吸收来自保护管内电缆的热伸缩量所需的伸缩弧尺寸决定，且伸缩弧的尺寸应满足电缆在寿命周期内电缆金属套不出现疲劳现象；工井长度计算可按本标准附录 B 进行。

3 工井净宽应根据安装在同一工井内直径最大的电缆接头和接头数量以及施工机具安置所需空间设计；工井净高应根据接头数量和接头之间净距离不小于 100mm 设计，且封闭式工井净高不宜小于

1.9m。

  4 每座封闭式工井的顶板应设置直径不小于700mm人孔两个。

  5 每座工井的底板应设有集水坑、拉环坑，向集水坑泄水坡度不应小于0.5。

  6 每座工井内的两侧除需预埋供安装立柱支架等铁件外，在顶板和底板以及于保护管接口部位还需预埋供吊装电缆用的吊环以及供电缆敷设施工所需的拉环。

  7 安装在工井内的金属构件皆应用镀锌扁钢与接地装置连接。每座工井应设接地装置，接地电阻不应大于10Ω。

  4.4.3 在工井内的接头和单芯电缆必须使用非导磁材料或经隔磁处理的夹具固定。

  4.4.4 工井两端的保护管孔口应封堵。

  4.4.5 在10％以上的斜坡保护管中，应在标高较高一端的工井内设置防止电缆因热伸缩而滑落的构件。

  4.6 电缆沟敷设

  4.6.1 电缆沟尺寸应根据远景规划敷设电缆根数、电缆布置方式、运行维护要求等因素确定。

  4.6.2 净深小于0.6m的电缆沟，可把电缆敷设在沟底板上，不设支架和施工通道。

  4.6.3 在不增加电缆导体截面且满足输送容量要求的前提下，电缆沟内可回填细砂或土。

  4.6.4 在不回填的电缆沟内，电缆固定和热伸缩对策方法应符合本标准第4.5.5条和第4.5.6条的规定。

  4.6.5 电缆沟应能实现排水通畅且符合下列规定：

  1 电缆沟的纵向排水坡度不应小于0.5％。

  2 沿排水方向在标高最低部位宜设集水坑及其泄水系统，必要时应实施机械排水。

  4.6.6 盖板下沉式的电缆沟宜沿线每隔一定距离设1处检修人孔。

  4.7 桥梁敷设

  4.7.1 利用交通桥梁敷设电缆应符合下列规定：

  1 在桥梁上敷设的电缆和附件等重量应在桥梁设计允许承载值之内；

  2 电缆敷设和附件安装，不得有损于桥梁结构的稳定性；

  3 电缆不得明敷在通行的路面上；

  4 在桥梁上敷设的电缆和附件，不得低于桥底距水面高度。

  4.7.2 在短跨距的桥梁人行道下敷设的电缆除应符合本标准第4.7.1条的规定外，还应符合下列规定：

  1 把电缆穿入内壁光滑、耐燃性良好的管子内或放入耐燃性能良好的槽盒内，以防外界火源危及电缆；在外来人员不可能接触到之处可裸露敷设，但应采取避免太阳直接照射的措施。

  2 在桥墩二端或在桥梁伸缩间隙处，应设电缆伸缩弧用以吸收来自桥梁或电缆本身热伸缩量。

  4.7.3 在长跨距的桥桁内或桥梁人行道下敷设电缆，除应符合本标准第4.7.1条规定外，还应符合下列规定：

  1 在电缆上采取适当的防火措施，以防外界火源危及电缆；

  2 在桥梁上敷设的电缆应考虑桥梁因受风力和车辆行驶时的振动而导致电缆金属套出现疲劳的保护措施；

  3 在桥梁上敷设的66kV及以上的大截面电缆，宜作蛇形敷设，用以吸收电缆本身的热伸缩量；

  4 在桥梁的伸缩间隙部位的一端，应按桥桁最大伸缩长度设置电缆伸缩弧，用以吸收桥桁的热伸缩；

  5 在桥梁伸缩间隙的上方，宜把电缆放入能垂直、水平方向转动的万向铰链架内，用以吸收桥梁的挠角。

  4.8 水下敷设

  4.8.1 水下电缆敷设路径的选择，应满足电缆不易受机械性损伤、能实施可靠防护敷设作业方便、经济合理等要求，且符合下列规定：

1 流速较缓，水深较浅，河床平坦起伏角应不大于 20°，水底无岩礁和沉船等障碍物，少有拖网渔船和投锚设网捕鱼作业的水域，且电缆登陆的岸边稳定性好；

2 水下电缆不宜敷设在码头、渡口、疏浚挖泥、规划筑港地带和水工建筑物、工厂排污口、取水口近旁。

4.8.2 水下电缆不得悬空于水中，应埋置于水底。在通航水道等需防范外部机械力损伤的水域，电缆应敷设于水底适当深度的沟槽中，并应加以稳固覆盖保护；深水段埋深不宜小于 2m，浅水段埋深不宜小于 0.5m。

4.8.3 水下电缆平行敷设时相互间严禁交叉、重叠。相邻电缆间距应符合下列规定：

1 航道内电缆相互间距按施工机具、水流流速以及施工技术决定且不宜小于最大水深的 1.2 倍，引至岸边可适当缩小。

2 在非航道的流速未超过 1m/s 的河流中，同回路单芯电缆相互间距不得小于 0.5m，不同回路电缆间距不得小于 5m。

4.8.4 水下电缆与工业管道之间水平距离不宜小于 50m，受条件限制时，不得小于 15m。

4.8.5 水下电缆引至岸上的区段，宜采取迂回形式敷设以预留适当备用长度，并在岸边装设锚定装置。在浅水段宜把电缆放入保护盒、沟槽内加以保护。

4.8.6 水下电缆穿越防汛堤穿越点的标高，不应小于当地的最高洪水位的标高。

4.8.7 水下电缆的两岸，应按航标规范设置警告标志。

4.9 垂直敷设

4.9.1 垂直敷设电缆，需按电缆重量以及由电缆的热伸缩而产生的轴向力来选择敷设方式和固定方式。

4.9.2 敷设方式和固定方式宜按下列情况选择：

1 高落差不大、电缆重量较轻时，宜采用直线敷设、顶部设夹具固定方式；电缆的热伸缩由底部弯曲处吸收。

2 电缆重量较大，由电缆的热伸缩所产生的轴向力不大的情况下，宜采用直线敷设、多点固定方式；固定间距需按电缆重量和由电缆热伸缩而产生的轴向力计算，夹具数量和安装位置计算可按附录 C.4。

3 电缆重量大，由电缆的热伸缩所产生的轴向力较大的情况下，宜采用蛇形敷设，并在蛇形弧顶部设置能横向滑动的夹具。

8.0.1 电缆支架及其立柱应符合下列规定：

1 机械强度应满足电缆及其附件荷重以及施工作业时附加荷重的要求；

2 金属制的电缆支架及其立柱应采取防腐措施，并可靠接地；

3 表面光滑，无尖角和毛刺；

4 禁止采用易燃材料制作。

11.0.1 电缆支架及其立柱应符合下列规定：

1 机械强度应能满足电缆及其附件荷重以及施工作业时附加荷重（一般按 1kN 考虑）的要求，并留有足够的裕度。

2 金属制的电缆支架应采取防腐措施。

3 表面光滑，无尖角和毛刺。

4 禁止采用易燃材料制作。

【依据4】《电气装置安装工程电缆线路施工及验收规范》（GB 50168—2018）

6.1.6 电缆各支点间的距离应符合设计要求。当设计无要求时，不应大于表 6.1.6 的规定。

表 6.1.6   **电缆各支持点间的距离**   （mm）

电缆种类		敷设方式	
		水平	垂直
电力电缆	全塑形	400	1000
	除全塑形外的中低压电缆	800	1500
	35kV 及以上高压电缆	1500	3000
控制电缆		800	1000

注 全塑型电力电缆水平敷设沿支架能把电缆固定时，支持点间的距离允许为 800mm。

6.1.19 电缆固定应符合下列规定：

1 下列部位的电缆应固定牢固：

1）垂直敷设或超过 30°倾斜敷设的电缆在每个支架上应固定牢固；

2）水平敷设的电缆，在电缆首末两端及转弯、电缆接头的两端处应固定牢固；当对电缆间距有要求时，每隔 5m～10m 处应固定牢固。

2 单芯电缆的固定应符合设计要求。

3 交流系统的单芯电缆或三芯电缆分相后，固定夹具不得构成闭合磁路，宜采用非铁磁性材料。

5.1.2.2.2（5）电缆固定

本条评价项目（见《评价》）的查评依据如下。

【依据 1】《电力工程电缆设计规范》（GB 50217—2018）

6 电缆的支持与固定

6.1 一盘规定

6.1.1 电缆明敷时应全长采用电缆支架、桥架、挂钩或吊绳等支持与固定。最大跨距应符合下列规定：

1 应满足支架件的承能力和无损电缆的外护层及其导体的要求。

2 应保证电缆配置整齐

3 应适应工程条件下的布置要求

6.1.2 直接支持电缆的普通支架（臂式支架）、吊架的允许跨距宜符合表 6.1.2 的规定。

表 6.1.2   **普通支架（臂式支架）、吊架的允许跨距**   （mm）

电缆特征	敷设方式	
	水平	垂直
未含金属套、铠装的全塑小截面电缆	400*	1000
除上述情况外的中、低压电缆	800	1500
35kv 以上高压电缆	1500	3000

* 维持电缆较平直时，该值可增加 1 倍。

6.1.3 35kV 及以下电缆明敷时，应设置适当的固定部位，并应符合下列规定：

1 水平敷设，应设置在电缆线路首、末端和转弯处以及接头的两侧，且宜在直线段每隔不少于 100m 处；

2 垂直敷设，应设置在上、下端和中间适当数量位置处；

3 斜坡敷设，应遵照本条第 1 款、第 2 款因地制宜设置；

4 当电缆间需保持一定间隙时，宜设置在每隔约 10m 处；

5 交流单芯电力电缆还应满足按短路电动力确定所需予以固定的间距。

6.1.4 35kV 以上高压电缆明敷时，加设的固定部位除应符合本标准第 6.1.3 条的规定外，尚应符合下列规定：

1 在终端、接头或转弯处紧邻部位的电缆上，应设置不少于 1 处的刚性固定；

2 在垂直或斜坡的高位侧，宜设置不少于 2 处的刚性同定；采用钢丝铠装电缆时，还宜使铠装钢丝能夹持住并承受电缆自重引起的拉力；

3 电缆蛇形敷设的每一节距部位宜采取挠性固定。蛇形转换成直线敷设的过渡部位宜采取刚性固定。

6.1.5 在 35kV 以上高压电缆的终端、接头与电缆连接部位宜设置伸缩节。伸缩节应大于电缆允许弯曲半径，并应满足金属套的应变不超出允许值。未设置伸缩节的接头两侧应采取刚性固定或在适当长度内电缆实施蛇形敷设。

6.1.6 电缆蛇形敷设的参数选择，应保证电缆因温度变化产生的轴向热应力无损电缆的绝缘，不致对电缆金属套长期使用产生应变疲劳断裂，且宜按允许拘束力条件确定。

6.1.7 35kV 以上高压铅包电缆在水平或斜坡支架上的层次位置变化端、接头两端等受力部位，宜采用能适应方位变化且避免棱角的支持方式，可在支架上设置支托件等。

6.1.8 固定电缆用的夹具、扎带、捆绳或支托件等部件，应表面平滑、便于安装、具有足够的机械强度和适合使用环境的耐久性。

6.1.9 电缆固定用部件选择应符合下列规定：

1 除交流单芯电力电缆外，可采用经防腐处理的扁钢制夹具、尼龙扎带或镀塑金属扎带；强腐蚀环境应采用尼龙扎带或镀塑金属扎带；

2 交流单芯电力电缆的刚性固定宜采用铝合金等不构成磁性闭合回路的夹具，其他固定方式可采用尼龙扎带或绳索；

3 不得采用铁丝直接捆扎电缆。

6.1.10 交流单芯电力电缆固定部件的机械强度，应验算短路电动力条件。并宜满足下列公式：

$$F \geqslant \frac{2.05i^2Lk}{D} \times 10^{-7} \tag{6.1.10-1}$$

对于矩形断面夹具：

$$F = b \cdot h \cdot \sigma \tag{6.1.10-2}$$

式中　F——夹具、扎带等固定部件的抗张强度（N）；

　　　i——通过电缆回路的最大短路电流峰值（A）；

　　　D——电缆相间中心距离（m）；

　　　L——在电缆上安置夹具、扎带等的相邻跨距（m）；

　　　k——安全系数，取大于 2；

　　　b——夹具厚度（mm）；

　　　h——夹具宽度（mm）；

　　　σ——夹具材料允许拉力（Pa），对铝合金夹具，σ 取 80×10^6 Pa。

6.1.11 电缆敷设于直流牵引的电气化铁道附近时，电缆与金属支持物之间宜设置绝缘衬垫。

【依据2】《城市电力电缆线路设计技术规定》（DL/T 5221—2016）

8.0.1 电缆支架及其立柱应符合下列规定：

1 机械强度应满足电缆及其附件荷重以及施工作业时附加荷重的要求；

2 金属制的电缆支架及其立柱应采取防腐措施，并可靠接地；

3 表面光滑，无尖角和毛刺；

4 禁止采用易燃材料制作。

8.0.2 单芯电缆用的夹具，不得形成磁闭合回路，与电缆接触面应无毛刺且应符合下列规定：

1 在终端、接头或转弯处紧邻部位的电缆上，应有不少于一处的刚性固定；

2 在垂直或斜坡上的高位侧，宜有不少于 2 处的刚性固定；

8.0.3 电缆各支持点之间的距离（除垂直蛇形敷设外），不宜大于表 8.0.3 的规定。

表 8.0.3 　　　　　　　　　　　　电 缆 支 架 间 的 距 离 　　　　　　　　　　　　　　（mm）

电缆特征	敷设方式	
	水平	垂直
未含金属套、铠装的全塑小截面电缆	400*	1000
除上述情况外的中、低压电缆	800	1500
35kV 以上高压电缆	1500	3000

* 维持电缆较平直时，该值可增加 1 倍。

5.1.2.2.2（6）电缆预防性试验

本条评价项目（见《评价》）的查评依据如下。

【**依据 1**】《输变电设备状态检修试验规程》（Q/GDW 1168—2013）

5.17.1.1　电力电缆巡检及例行试验项目（见表 48～表 50）

表 48　　　　　　　　　　电 力 电 缆 巡 检 项 目

巡检项目	基准周期	要求	说明条款
外观检查	1. 330kV 及以上：2 周。 2. 220kV：1 月。 3. 110kV/66kV：3 月。 4. 35kV 及以下：1 年	电缆终端及可见部分外观无异常	见 5.17.1.2

表 49　　　　　　　　　橡塑绝缘电缆例行试验项目

例行试验项目	基准周期	要求	说明条款
红外热像检测	1. 330kV 及以上：1 月。 2. 220kV：3 月。 3. 110kV/66kV：半年。 4. 35kV 及以下：1 年	1. 对于外部金属连接部位，相间温差超过 6K 应加强监测，超过 10K 应申请停电检查； 2. 终端本体相间超过 2K 应加强监测，超过 4K 应停电检查	见 5.17.1.3
外护层接地电流（带电）	1. 330kV 及以上：2 周。 2. 220kV：1 月。 3. 110（66）kV：3 月。 4. 35kV 及以下：1 年	接地电流<100A，且接地电流与负荷比值<20%（注意值）	见 5.17.1.4
运行检查	220kV 及以上：1 年。 110（66）kV 及以下：3 年	见 5.17.1.5	见 5.17.1.5
主绝缘绝缘电阻	1. 110（66）kV 及以上：3 年。 2. 35kV 及以下：4 年	无显著变化（注意值）	见 5.17.1.6
外护套及内衬层绝缘电阻	1. 110（66）kV 及以上：3 年。 2. 35kV 及以下：4 年	见 5.17.1.7	见 5.17.1.7
交叉互联系统	3 年	应符合相关技术要求	见 5.17.1.8

表 50　　　　　　　　　充油电缆例行试验项目

例行试验项目	基准周期	要求	说明条款
红外热像检测	1. 220kV～330kV：3 月。 2. 110（66）kV 及以下：半年	电缆终端及其接头无异常（若可测）	见 5.17.1.3
运行检查	220kV/330kV：1 年。 110kV/66kV：3 年	见 5.17.1.5	见 5.17.1.5
交叉互联系统	3 年	见 5.17.1.8	见 5.17.1.8
油压示警系统	3 年	见 5.17.1.9	见 5.17.1.9
压力箱	3 年	见 5.17.1.10	见 5.17.1.10

5.17.1.2　巡检说明

巡检时，具体要求说明如下：

a）检查电缆终端外绝缘是否有破损和异物，是否有明显的放电痕迹；是否有异味和异常声响。

b）充油电缆油压正常，油压表完好。

c）引入室内的电缆入口应该封堵完好，电缆支架牢固，接地良好。

5.17.1.3　红外热像检测

检测电缆终端、中间接头、电缆分支处及接地线（如可测），红外热像图显示应无异常温升、温差和/或相对温差。测量和分析方法参考 DL/T 664。

检测时，应注意对电缆线路各处分别进行测量，避免遗漏测量部位；电缆带电运行时间应该在 24h 以上，最好在设备负荷高峰状态下进行；尽量移开或避开电缆与测温仪之间的遮挡物，记录环境温度、负荷及其近 3h 内的变化情况，以便分析参考。

当电缆线路负荷较重（超过 50%）时，应适当缩短红外热像检测周期。

5.17.1.4　外护层接地电流（带电）

本项目适用于单相电缆。

在每年大负荷来临之前、大负荷过后或者度夏高峰前后，应加强接地电流的检测；对于运行环境差、陈旧或者缺陷的设备，应增加接地电流的检测次数。

对接地电流数据的分析，要结合电缆线路的负荷情况，并综合分析接地电流异常的发展变化趋势进行判断。

5.17.1.5　运行检查

通过人孔或者类似入口，检查电缆是否存在过度弯曲、过度拉伸、外部损伤、敷设路径塌陷、雨水浸泡、接地连接不良、终端（含中间接头）电器连接松动、金属附件腐蚀等危及电缆安全运行的现象。特别注意电缆各支撑点绝缘是否出现磨损。

5.17.1.6　主绝缘绝缘电阻

用 5000V 绝缘电阻表测量。绝缘电阻与上次相比不应有显著下降，否则应做进一步分析，必要时进行诊断性试验。

5.17.1.7　外护套及内衬层绝缘电阻

采用 1000V 绝缘电阻表测量。当外护套或内衬层的绝缘电阻（MΩ）与被测电缆长度（km）的乘积值小于 0.5 时，应判断其是否已破损进水。用万用表测量绝缘电阻，然后调换表笔重复测量，如果调换前后的绝缘电阻差异明显，可初步判断已破损进水。对于 110（66）kV 及以上电缆，测量外护套绝缘电阻。

5.17.1.8　交叉互联系统

例行试验时，具体要求说明如下：

a）电缆外护套、绝缘接头外护套、绝缘夹板对地直流耐压试验。试验时应将护层过电压保护器断开，在互联箱中将另一侧的所有电缆金属套都接地，然后每段电缆金属屏蔽或金属护套与地之间加 5kV 直流电压，加压时间为 60s，不应击穿。

b）护层过电压保护器检测。护层过电压保护器的直流参考电压应符合设备技术要求；护层过电压保护器及其引线对地的绝缘电阻用 1000V 绝缘电阻表测量，应大于 10MΩ。

c）检查互联箱隔离开关（或连接片）连接位置，应正确无误；在密封互联箱之前测量隔离开关（或连接片）的接触电阻，要求不大于 20μΩ，或符合设备技术文件要求。

d）除例行试验外，如在互联系统大段内发生故障，应对该大段进行试验；如互联系统内直接接地的接头发生故障，与该接头连接的相邻两个大段都应进行试验。试验方法参考 GB 50150。

5.17.1.9　油压示警系统

每半年检查一次油压示警系统信号装置，合上试验开关时，应能正确发出相应的示警信号。每 3 年测量一次控制电缆线芯对地绝缘电阻，采用 250V 绝缘电阻表，绝缘电阻（MΩ）与被测电缆长度（km）的乘积值应不小于 1。

5.17.1.10　压力箱

例行试验时，具体要求说明如下：

a）供油特性：压力箱的供油量不应小于供油特性曲线所代表的标称供油量的 90%。

b）电缆油击穿电压：≥50kV，测量方法参考 GB/T 507。

c）电缆油介质损耗因数：<0.005，在油温（100±1）℃和场强 1MV/m 的测试条件下测量，测量方法参考 GB/T 5654。

【依据2】《电力设备预防性试验规程》(DL/T 596—1996)

11 电力电缆线路

11.1 一般规定

11.1.1 对电缆的主绝缘作直流耐压试验或测量绝缘电阻时,应分别在每一相上进行。对一相进行试验或测量时,其他两相导体、金属屏蔽或金属套和铠装层一起接地。

11.1.2 新敷设的电缆线路投入运行3个~12个月,一般应作1次直流耐压试验,以后再按正常周期试验。

11.1.3 试验结果异常,但根据综合判断允许在监视条件下继续运行的电缆线路,其试验周期应缩短,如在不少于6个月时间内,经连续3次以上试验,试验结果不变坏,则以后可以按正常周期试验。

11.1.4 对金属屏蔽或金属套一端接地,另一端装有护层过电压保护器的单芯电缆主绝缘作直流耐压试验时,必须将护层过电压保护器短接,使这一端的电缆金属屏蔽或金属套临时接地。

11.1.5 耐压试验后,使导体放电时,必须通过每千伏约 $80k\Omega$ 的限流电阻反复几次放电直至无火花后,才允许直接接地放电。

11.1.6 除自容式充油电缆线路外,其他电缆线路在停电后投运之前,必须确认电缆的绝缘状况良好。凡停电超过一星期但不满一个月的电缆线路,应用绝缘电阻表测量该电缆导体对地绝缘电阻,如有疑问时,必须用低于常规直流耐压试验电压的直流电压进行试验,加压时间1min;停电超过一个月但不满一年的电缆线路,必须作50%规定试验电压值的直流耐压试验,加压时间1min;停电超过一年的电缆线路必须作常规的直流耐压试验。

11.1.7 对额定电压为 0.6/1kV 的电缆线路可用1000V或2500V绝缘电阻表测量导体对地绝缘电阻代替直流耐压试验。

11.1.8 直流耐压试验时,应在试验电压升至规定值后1min以及加压时间达到规定时测量泄漏电流。泄漏电流值和不平衡系数(最大值与最小值之比)只作为判断绝缘状况的参考,不作为是否能投入运行的判据。但如发现泄漏电流与上次试验值相比有很大变化,或泄漏电流不稳定,随试验电压的升高或加压时间的增加而急剧上升时,应查明原因。如系终端头表面泄漏电流或对地杂散电流等因素的影响,则应消除;如怀疑电缆线路绝缘不良,则可提高试验电压(以不超过产品标准规定的出厂试验直流电压为宜)或延长试验时间,确定能否继续运行。

11.1.9 运行部门根据电缆线路的运行情况、以往的经验和试验成绩,可以适当延长试验周期。

11.2 纸绝缘电力电缆线路

本条规定适用于黏性油纸绝缘电力电缆和不滴流油纸绝缘电力电缆线路。纸绝缘电力电缆线路的试验项目、周期和要求见表22。

表22　　　　纸绝缘电力电缆线路的试验项目、周期和要求

序号	项目	周期	要求	说明
1	绝缘电阻	在直流耐压试验之前进行	自行规定	额定电压 0.6/1kV 电缆用 1000V 绝缘电阻表;0.6/1kV 以上电缆用 2500V 绝缘电阻表(6/6kV 及以上电缆也可用 5000V 绝缘电阻表)
2	直流耐压试验	1)1年~3年。 2)新作终端或接头后进行	1)试验电压值按表23规定,加压时间5min,不击穿。 2)耐压5min时的泄漏电流值不应大于耐压1min时的泄漏电流值。 3)三相之间的泄漏电流不平衡系数不应大于2	6/6kV 及以下电缆的泄漏电流小于 $10\mu A$,8.7/10kV 电缆的泄漏电流小于 $20\mu A$ 时,对不平衡系数不作规定

表23　　　　纸绝缘电力电缆的直流耐压试验电压　　　　(kV)

电缆额定电压 U_0/U	直流试验电压	电缆额定电压 U_0/U	直流试验电压
1.0/3	12	6/10	40
3.6/6	17	8.7/10	47
3.6/6	24	21/35	105
6/6	30	26/35	130

11.3 橡塑绝缘电力电缆线路

橡塑绝缘电力电缆是指聚氯乙烯绝缘、交联聚乙烯绝缘和乙丙橡皮绝缘电力电缆。

11.3.1 橡塑绝缘电力电缆线路的试验项目、周期和要求见表24。

表 24   **橡塑绝缘电力电缆线路的试验项目、周期和要求**

序号	项目	周期	要求	说明
1	电缆主绝缘绝缘电阻	1) 重要电缆：1 年。 2) 一般电缆： a) 3.6/6kV 及以上 3 年。 b) 3.6/6kV 以下 5 年	自行规定	0.6/1kV 电缆用 1000V 绝缘电阻表；0.6/1kV 以上电缆用 2500V 绝缘电阻表（6/6kV 及以上电缆也可用 5000V 绝缘电阻表）
2	电缆外护套绝缘电阻	1) 重要电缆：1 年。 2) 一般电缆： a) 3.6/6kV 及以上 3 年。 b) 3.6/6kV 以下 5 年	每千米绝缘电阻值不应低于 0.5MΩ	采用 500V 绝缘电阻表。当每千米的绝缘电阻低于 0.5MΩ 时应采用附录 D 中叙述的方法判断外护套是否进水 本项试验只适用于三芯电缆的外护套，单芯电缆外护套试验按本表第 6 项
3	电缆内衬层绝缘电阻	1) 重要电缆：1 年。 2) 一般电缆： a) 3.6/6kV 及以上 3 年。 b) 3.6/6kV 以下 5 年	每千米绝缘电阻值不应低于 0.5MΩ	采用 500V 绝缘电阻表。当每千米的绝缘电阻低于 0.5MΩ 时应采用附录 D 中叙述的方法判断内衬层是否进水
4	铜屏蔽层电阻和导体电阻比	1) 投运前。 2) 重作终端或接头后。 3) 内衬层破损进水后	对照投运前测量数据自行规定	试验方法见 11.3.2 条
5	电缆主绝缘直流耐压试验	新作终端或接头后	1) 试验电压值按表 25 规定，加压时间 5min，不击穿。 2) 耐压 5min 时的泄漏电流不应大于耐压 1min 时的泄漏电流	
6	交叉互联系统	2～3 年	见 11.4.4 条	

注   为了实现序号 2、3 和 4 项的测量，必须对橡塑电缆附件安装工艺中金属层的传统接地方法按附录 E 加以改变。

表 25   **橡塑绝缘电力电缆的直流耐压试验电压**   （kV）

电缆额定电压 U_0/U	直流试验电压	电缆额定电压 U_0/U	直流试验电压
1.8/3	11	21/35	63
3.6/6	18	26/35	78
6/6	25	48/66	144
6/10	25	64/110	192
8.7/10	37	127/220	305

11.3.2 铜屏蔽层电阻和导体电阻比的试验方法：

a）用双臂电桥测量在相同温度下的铜屏蔽层和导体的直流电阻。

b）当前者与后者之比与投运前相比增加时，表明铜屏蔽层的直流电阻增大，铜屏蔽层有可能被腐蚀；当该比值与投运前相比减少时，表明附件中的导体连接点的接触电阻有增大的可能。

11.4 自容式充油电缆线路

11.4.1 自容式充油电缆线路的试验项目、周期和要求见表26。

表 26   **自容式充油电缆线路的试验项目、周期和要求**

序号	项目	周期	要求	说明
1	电缆主绝缘直流耐压试验	1) 电缆失去油压并导致受潮或进气经修复后。 2) 新作终端或接头后	试验电压值按表 27 规定，加压时间 5min，不击穿	

序号	项目	周期	要求	说明
2	电缆外护套和接头外护套的直流耐压试验	2年~3年	试验电压6kV，试验时间1min，不击穿	1）根据以往的试验成绩，积累经验后，可以用测量绝缘电阻代替，有疑问时再作直流耐压试验。 2）本试验可与交叉互联系统中绝缘接头外护套的直流耐压试验结合在一起进行
3	压力箱 a) 供油特性 b) 电缆油击穿电压 c) 电缆油的tgδ	与其直接连接的终端或塞止接头发生故障后	见11.4.2条 不低于50kV 不大于0.005（100℃时）	见11.4.2条 见11.4.5.1条 见11.4.5.2条
4	油压示警系统 a) 信号指示 b) 控制电缆线芯对地绝缘	6个月。 1年~2年。	能正确发出相应的示警信号 每千米绝缘电阻不小于1MΩ	见11.4.3条 采用100V或250V绝缘电阻表测量
5	交叉互联系统	2年~3年	见11.4.4条	
6	电缆及附件内的电缆油 a) 击穿电压 b) tgδ c) 油中溶解气体	2年~3年。 2年~3年。 怀疑电缆绝缘过热老化或终端或塞止接头存在严重局部放电时	不低于45kV 见11.4.5.2条 见表28	

表27 　　　　自容式充油电缆主绝缘直流耐压试验电压　　　　(kV)

电缆额定电压 U_0/U	GB 311.1规定的雷电冲击耐受电压	直流试验电压
48/66	325	163
	350	175
64/110	450	225
	550	275
127/220	850	425
	950	475
	1050	510
190/330	1050	525
	1175	590
	1300	650
290/500	1425	715
	1550	775
	1675	840

11.4.2　压力箱供油特性的试验方法和要求：

试验按GB 9326.5中6.3进行。压力箱的供油量不应小于压力箱供油特性曲线所代表的标称供油量的90%。

11.4.3　油压示警系统信号指示的试验方法和要求：

合上示警信号装置的试验开关应能正确发出相应的声、光示警信号。

11.4.4　交叉互联系统试验方法和要求：

交叉互联系统除进行下列定期试验外，如在交叉互联大段内发生故障，则也应对该大段进行试验。如交叉互联系统内直接接地的接头发生故障时，则与该接头连接的相邻两个大段都应进行试验。

11.4.4.1　电缆外护套、绝缘接头外护套与绝缘夹板的直流耐压试验：试验时必须将护层过电压保护器断开。在互联箱中将另一侧的三段电缆金属套都接地，使绝缘接头的绝缘夹板也能结合在一起试验，然后在每段电缆金属屏蔽或金属套与地之间施加直流电压5kV，加压时间1min，不应击穿。

11.4.4.2　非线性电阻型护层过电压保护器。

a) 碳化硅电阻片：将连接线拆开后，分别对三组电阻片施加产品标准规定的直流电压后测量流过电阻片的电流值。这三组电阻片的直流电流值应在产品标准规定的最小和最大值之间。如试验时的温度不是20℃，则被测电流值应乘以修正系数（120−t）/100（t 为电阻片的温度，℃）。

b) 氧化锌电阻片：对电阻片施加直流参考电流后测量其压降，即直流参考电压，其值应在产品标准规定的范围之内。

c) 非线性电阻片及其引线的对地绝缘电阻：将非线性电阻片的全部引线并联在一起与接地的外壳绝缘后，用1000V兆欧计测量引线与外壳之间的绝缘电阻，其值不应小于10MΩ。

11.4.4.3　互联箱。

a) 接触电阻：本试验在作完护层过电压保护器的上述试验后进行。将隔离开关（或连接片）恢复到正常工作位置后，用双臂电桥测量隔离开关（或连接片）的接触电阻，其值不应大于20$\mu\Omega$。

b) 闸刀（或连接片）连接位置：本试验在以上交叉互联系统的试验合格后密封互联箱之前进行。连接位置应正确。如发现连接错误而重新连接后，则必须重测隔离开关（或连接片）的接触电阻。

11.4.5　电缆及附件内的电缆油的试验方法和要求。

11.4.5.1　击穿电压：试验按GB/T 507规定进行。在室温下测量油的击穿电压。

11.4.5.2　tanδ：采用电桥以及带有加热套能自动控温的专用油杯进行测量。电桥的灵敏度不得低于1×10^{-5}，准确度不得低于1.5%，油杯的固有tanδ不得大于5×10^{-5}，在100℃及以下的电容变化率不得大于2%。加热套控温的控温灵敏度为0.5℃或更小，升温至试验温度100℃的时间不得超过1h。

电缆油在温度100±1℃和场强1MV/m下的tanδ不应大于下列数值：

53/66kV～127/220kV	0.03
190/330kV	0.01

11.4.6　油中溶解气体分析的试验方法和要求按GB 7252规定。电缆油中溶解的各气体组分含量的注意值见表28，但注意值不是判断充油电缆有无故障的唯一指标，当气体含量达到注意值时，应进行追踪分析查明原因，试验和判断方法参照GB 7252进行。

表28　　　　　　　　　　　　电缆油中溶解气体组分含量的注意值

电缆油中溶解气体的组分	注意值×10^{-6}（体积分数）	电缆油中溶解气体的组分	注意值×10^{-6}（体积分数）
可燃气体总量	1500	CO_2	1000
H_2	500	CH_4	200
C_2H_2	痕量	C_2H_6	200
CO	100	C_2H_4	200

5.1.2.2.3　防火与阻燃

5.1.2.2.3（1）电缆防火与阻燃措施

本条评价项目（见《评价》）的查评依据如下。

【依据1】《电力工程电缆设计标准》（GB 50217—2018）

7　电缆防火与阻止延燃

7.0.1　对电缆可能着火蔓延导致严重事故的回路、易受外部影响波及火灾的电缆密集场所，应设置适当的防火分隔，并应按工程重要性、火灾概率及其特点和经济合理等因素，采取下列安全措施：

1　实施防火分隔；

2　采用阻燃电缆；

3　采用耐火电缆；

4　增设自动报警和/或专用消防装置。

7.0.2　防火分隔方式选择应符合下列规定：

1　电缆构筑物中电缆引至电气柜、盘或控制屏、台的开孔部位，电缆贯穿隔墙、楼板的孔洞处，工作井中电缆管孔等均应实施防火封堵。

2　在电缆沟、隧道及架空桥架中的下列部位，直设置防火墙或阻火段：

1）公用电缆沟、隧道及架空桥架主通道的分支处；

2）多段配电装置对应的电缆沟、隧道分段处；

3）长距离电缆沟、隧道及架空桥架相隔约 100m 处，或隧道通风区段处，厂、站外相隔约 200m 处；

4）电缆沟、隧道及架空桥架至控制室或配电装置的入口、厂区围墙处。

3 与电力电缆同通道敷设的控制电缆、非阻燃通信光缆，应采取穿入阻燃管或耐火电缆槽盒，或采取在电力电缆和控制电缆之间设置防火封堵板材。

4 在同一电缆通道中敷设多回路 110kV 及以上电压等级电缆时，宜分别布置在通道的两侧。

5 在电缆竖井中，宜按每隔 7m 或建（构）筑物楼层设置防火封堵。

7.0.3 实施防火分隔的技术特性应符合下列规定：

1 防火封堵的构成，应按电缆贯穿孔洞状况和条件，采用相适合的防火封堵材料或防火封堵组件；用于电力电缆时，宜对载流量影响较小；用在楼板孔、电缆竖井时，其结构支撑应能承受检修、巡视人员的荷载；

2 防火墙、阻火段的构成，应采用适合电缆敷设环境条件的防火封堵材料，且应在可能经受积水浸泡或鼠害作用下具有稳固性；

3 除通向主控室、厂区围墙或长距离隧道中按通风区段分隔的防火墙部位应设置防火门外，其他情况下，有防止窜燃措施时可不设防火门；防窜燃方式，可在防火墙紧靠两侧不少于 1m 区段的所有电缆上施加防火涂料、阻火包带或设置挡火板等；

4 防火封堵、防火墙和阻火段等防火封堵组件的耐火极限不应低于贯穿部位构件（如建筑物墙、楼板等）的耐火极限，且不应低于 1h，其燃烧性能、理化性能和耐火性能应符合现行国家标准《防火封堵材料》GB 23864 的规定，测试工况应与实际使用工况一致。

7.0.4 非阻燃电缆用于明敷时，应符合下列规定：

1 在易受外因波及而着火的场所，宜对该范围内的电缆实施防火分隔；对重要电缆回路，可在适当部位设置阻火段实施阻止延燃；防火分隔或阻火段可采取在电缆上施加防火涂料、阻火包带；当电缆数量较多时，也可采用耐火电缆槽盒或阻火包等；

2 在接头两侧电缆各约 3m 区段和该范围内邻近并行敷设的其他电缆上，宜采用防火涂料或阻火包带实施阻止延燃。

7.0.5 在火灾概率较高、灾害影响较大的场所，明敷方式下电缆的选择应符合下列规定：

1 火力发电厂主厂房、输煤系统、燃油系统及其他易燃易爆场所，宜选用阻燃电缆；

2 地下变电站、地下客运或商业设施等人流密集环境中的回路，应选用低烟、无卤阻燃电缆；

3 其他重要的工业与公共设施供配电回路，宜选用阻燃电缆或低烟、无卤阻燃电缆。

7.0.6 阻燃电缆的选用应符合下列规定：

1 电缆多根密集配置时的阻燃电缆，应采用符合现行行业标准《阻燃及耐火电缆塑料绝缘阻燃及耐火电缆分级及要求 第 1 部分：阻燃电缆》GA 306.1 规定的阻燃电缆，并应根据电缆配置情况、所需防止灾难性事故和经济合理的原则，选择适合的阻燃等级和类别；

2 当确定该等级和类别阻燃电缆能满足工作条件下有效阻止延燃性时，可减少本标准第 7.0.4 条的要求；

3 在同一通道中，不宜将非阻燃电缆与阻燃电缆并列配置。

7.0.7 在外部火势作用一定时间内需维持通电的下列场所或回路，明敷的电缆应实施防火分隔或采用耐火电缆：

1 消防、报警、应急照明、断路器操作直流电源和发电机组紧急停机的保安电源等重要回路；

2 计算机监控、双重化继电保护、保安电源、或应急电源等双回路合用同一电缆通道又未相互隔离时的其中一个回路；

3 火力发电厂水泵房、化学水处理、输煤系统、油泵房等重要电源的双回供电回路合用同一电缆通道又未相互隔离时的其中一个回路；

4 油罐区、钢铁厂中可能有熔化金属溅落等易燃场所；

5 其他重要公共建筑设施等需有耐火要求的回路。

7.0.8 对同一通道中数量较多的明敷电缆实施防火分隔方式，宜敷设于耐火电缆槽盒内，也可敷设于同一侧支架的不同层或同一通道的两侧，但层间和两侧间应设置防火封堵板材，其耐火极限不应低于1h。

7.0.9 耐火电缆用于发电厂等明敷有多根电缆配置中，或位于油管、有熔化金属溅落等可能波及场所时，应采用符合现行行业标准《阻燃及耐火电缆塑料绝缘阻燃及耐火电缆分级及要求 第2部分：耐火电缆》GA 306.2规定的A类耐火电缆（ⅠA级～ⅣA级）。除上述情况外且为少量电缆配置时，可采用符合现行行业标准《阻燃及耐火电缆塑料绝缘阻燃及耐火电缆分级及要求 第2部分：耐火电缆》GA 306.2规定的耐火电缆（Ⅰ级～Ⅳ级）。

7.0.10 在油罐区、重要木结构公共建筑、高温场所等其他耐火要求高且敷设安装和经济合理时，可采用矿物绝缘电缆。

7.0.11 自容式充油电缆明敷在要求实施防火处理的公用廊道、客运隧洞、桥梁等处时，可采取埋砂敷设。

7.0.12 在安全性要求较高的电缆密集场所或封闭通道中，应配备适用于环境的可靠动作的火灾自动探测报警装置。明敷充油电缆的供油系统直置设反映喷油状态的火灾自动报警和闭锁装置。

7.0.13 在地下公共设施的电缆密集部位，多回充油电缆的终端设置处等安全性要求较高的场所，可装设水喷雾灭火等专用消防设施。

7.0.14 用于防火分隔的材料产品应符合下列规定：

1 防火封堵材料不得对电缆有腐蚀和损害，且应符合现行国家标准《防火封堵材料》GH 23864的规定；

2 防火涂料应符合现行国家标准《电缆防火涂料》GB 28374的规定；

3 用于电力电缆的耐火电缆槽盒直采用透气型，且应符合现行国家标准《耐火电缆槽盒》GB 29415的规定；

4 采用的材料产品应适用于工程环境，并应具有耐久可靠性。

7.0.15 核电厂常规岛及其附属设施的电缆防火还应符合现行国家标准《核电厂常规岛设计防火规范》GB 50745的规定。

【依据2】《电气装置安装工程 电缆线路施工及验收规范》（GB 50168—2018）

8 电缆线路防火阻燃设施施工

8.0.1 对爆炸和火灾危险环境、电缆密集场所或可能着火蔓延而酿成严重事故的电缆线路，防火阻燃措施必须符合设计要求。

8.0.2 应在下列孔洞处采用防火封堵材料密实封堵：

1 在电缆贯穿墙壁、楼板的孔洞处；

2 在电缆进入盘、柜、箱、盒的孔洞处；

3 在电缆进出电缆竖井的出入口处；

4 在电缆桥架穿过墙壁、楼板的孔洞处；

5 在电缆导管进入电缆桥架、电缆竖井、电缆沟和电缆隧道的端口处。

8.0.3 防火墙施工应符合下列规定：

1 防火墙设置应符合设计要求；

2 电缆沟内的防火墙底部应留有排水孔洞，防火墙上部的盖板表面宜做明显且不易褪色的标记；

3 防火墙上的防火门应严密，防火墙两侧长度不小于2m内的电缆应涂刷防火涂料或缠绕防火包带。

8.0.4 电缆线路防火阻燃应符合下列规定：

1 耐火或阻燃型电缆应符合设计要求；

2 报警和灭火装置设置应符合设计要求；

3 已投入运行的电缆孔洞、防火墙，临时拆除后应及时恢复封堵；

4 防火重点部位的出入口，防火门或防火卷帘设置应符合设计要求；

5 电力电缆中间接头宜采用电缆用阻燃包带或电缆中间接头保护盒封堵，接头两侧及相邻电缆长度不小千 2m 内的电缆应涂刷防火涂料或缠绕防火包带；

6 防火封堵部位应便于增补或更换电缆，紧贴电缆部位宜采用柔性防火材料。

8.0.5 防火阻燃材料应具备下列质量证明文件：

1 具有资质的第三方检测机构出具的检验报告；

2 出厂质量检验报告；

3 产品合格证。

8.0.6 防火阻燃材料施工措施应按设计要求和材料使用工艺确定，材料质量与外观应符合下列规定：

1 有机堵料不应氧化、冒油，软硬应适度，应具备一定的柔韧性；

2 无机堵料应无结块、杂质；

3 防火隔板应平整、厚薄均匀；

4 防火包遇水或受潮后不应结块；

5 防火涂料应无结块、能搅拌均匀；

6 阻火网网孔尺寸应均匀，经纬线粗细应均匀，附着防火复合膨胀料厚度应一致。网弯曲时不应变形、脱落，并应易于曲面固定。

8.0.7 缠绕防火包带或涂刷防火涂料施工应符合产品技术文件要求。

8.0.8 电缆孔洞封堵应严实可靠，不应有明显的裂缝和可见的孔隙，堵体表面平整，孔洞较大者应加耐火衬板后再进行封堵。有机防火堵料封堵不应有透光、漏风、龟裂、脱落、硬化现象；无机防火堵料封堵不应有粉化、开裂等缺陷。防火包的堆砌应密实牢固，外观应整齐，不应透光。

8.0.9 电缆线路防火阻燃设施应保证必要的强度，封堵部位应能长期使用，不应发生破损、散落、坍塌等现象。

【依据3】《国家电网有限公司十八项电网重大反事故措施（修订版）》国家电网设备〔2018〕979 号

详见 5.1.2.4.2。

【依据4】《电力电缆及通道运维规程》（Q/GDW 1512—2014）

8.3 防火与阻燃

8.3.1 电缆的防火阻燃应采取下列措施：

a) 按设计采用耐火或阻燃型电缆；

b) 按设计设置报警和灭火装置；

c) 防火重点部位的出入口，应按设计要求设置防火门或防火卷帘；

d) 改、扩建工程施工中，对于贯穿已运行的电缆孔洞、阻火墙，应及时恢复封堵。

8.3.2 明敷充油电缆的供油系统应装设自动报警和闭锁装置，多回路充油电缆的终端设置处应装设专用消防设施，有定期检验记录。

8.3.3 电缆接头应加装防火槽盒或采取其他防火隔离措施。变电站夹层内不应布置电缆接头。

8.3.4 运维部门应保持电缆通道、夹层整洁、畅通，消除各类火灾隐患，通道沿线及其内部不得积存易燃、易爆物。

8.3.5 电缆通道临近易燃或腐蚀性介质的存储容器、输送管道时，应加强监视，及时发现渗漏情况，防止受电缆损害或导致火灾。

8.3.6 电缆通道接近加油站类构筑物时，通道（含工作井）与加油站地下直埋式油罐的安全距离应满足 GB 50156 的要求，且加油站建筑红线内不应设工作井。

8.3.7 在电缆通道、夹层内使用的临时电源应满足绝缘、防火、防潮要求。工作人员撤离时应立即断开电源。

8.3.8 在电缆通道、夹层内动火作业应办理动火工作票，并采取可靠的防火措施。

8.3.9 变电站夹层宜安装温度、烟气监视报警器，重要的电缆隧道应安装温度在线监测装置，并应定期传动、检测，确保动作可靠、信号准确。

8.3.10 严格按照运行规程规定对电缆夹层、通道进行巡检，并检测电缆和接头运行温度。

5.1.2.2.3（2）难燃电缆选用和敷设

本条评价项目（见《评价》）的查评依据如下。

【依据1】《电力工程电缆设计标准》（GB 50217—2018）

7.0.4 非阻燃电缆用于明敷时，应符合下列规定：

1 在易受外因波及而着火的场所，宜对该范围内的电缆实施防火分隔；对重要电缆回路，可在适当部位设置阻火段实施阻止延燃；防火分隔或阻火段可采取在电缆上施加防火涂料、阻火包带；当电缆数量较多时，也可采用耐火电缆槽盒或阻火包等。

2 在接头两侧电缆各约 3m 区段和该范围内邻近并行敷设的其他电缆上，宜采用防火涂料或阻火包带实施阻止延燃。

7.0.6 阻燃电缆的选用应符合下列规定：

1 电缆多根密集配置时的阻燃电缆，应采用符合现行行业标准《阻燃及耐火电缆塑料绝缘阻燃及耐火电缆分级及要求 第1部分：阻燃电缆》GA 306.1 规定的阻燃电缆，并应根据电缆配置情况、所需防止灾难性事故和经济合理的原则，选择适合的阻燃等级和类别；

2 当确定该等级和类别阻燃电缆能满足工作条件下有效阻止延燃性时，可减少本标准第 7.0.4 条的要求；

3 在同一通道中，不宜将非阻燃电缆与阻燃电缆并列配置。

【依据2】《城市电力电缆线路设计技术规定》（DL/T 5221—2016）

9.2 阻燃电缆选用

9.2.1 敷设在电缆防火重要部位的电力电缆应选用阻燃电缆。

9.2.2 敷设在变、配电站及发电厂电缆通道或电缆夹层内，自终端起到站外第一只接头的一段电缆，宜选用阻燃电缆。

5.1.2.2.3（3）电缆沟洞消防、报警设施配置

本条评价项目（见《评价》）的查评依据如下。

【依据1】《电力工程电缆设计标准》（GB 50217—2018）

7.0.13 在地下公共设施的电缆密集部位，多回充油电缆的终端设置处等安全性要求较高的场所，可装设水喷雾灭火等专用消防设施。

7.0.14 用于防火分隔的材料产品应符合下列规定：

1 防火封堵材料不得对电缆有腐蚀和损害，且应符合现行国家标准《防火封堵材料》GH 23864 的规定；

2 防火涂料应符合现行国家标准《电缆防火涂料》GB 28374 的规定；

3 用于电力电缆的耐火电缆槽盒直采用透气型，且应符合现行国家标准《耐火电缆槽盒》GB 29415 的规定；

4 采用的材料产品应适用于工程环境，并应具有耐久可靠性。

【依据2】《电力设备典型消防规程》（DL 5027—2015）

10.5 电缆

10.5.1 防止电缆火灾延燃的措施应包括封、堵、涂、隔、包、水喷雾、悬挂式干粉等措施。

10.5.2 涂料、堵料应符合现行国家标准《防火封堵材料》GB 23864 的有关规定，且取得型式检验认可证书，耐火极限不低于设计要求。防火涂料在涂刷时要注意稀释液的防火。

10.5.3 凡穿越墙壁、楼板和电缆沟道而进入控制室、电缆夹层、控制柜及仪表盘、保护盘等处的电缆孔、洞、竖井和进入油区的电缆入口处必须用防火堵料严密封堵。发电厂的电缆沿一定长度可涂以耐火涂料或其他阻燃物质。靠近充油设备的电缆沟，应设有防火延燃措施，盖板应封堵。防火封堵应符合现行行业标准《建筑防火封堵应用技术规程》CECS 154 的有关规定。

10.5.4 在已完成电缆防火措施的电缆孔洞等处新辐射或拆除电缆，必须及时重新做好相应的防火封堵措施。

10.5.5 严禁将电缆直接搁置在蒸汽管道上，架空敷设电缆时，电力电缆与蒸汽管净距应不少于1.0m，控制电缆与蒸汽管净距应不小于 0.5m，与油管道的净距应尽可能增大。

10.5.6 电缆夹层、隧（廊）道、竖井、电缆沟内应保持整洁，不得堆放杂物，电缆沟洞严禁积油。

10.5.7 汽轮机机头附近、锅炉灰渣孔、防爆门以及磨煤机冷风梦的泄压喷口，不得正对着电缆，否则必须采取罩盖、封闭式槽盒等防火措施。

10.5.8 在电缆夹层、隧（廊）道、沟洞内灌注电缆盒的绝缘剂时，熔化绝缘剂工作应在外面进行。

10.5.9 在多个电缆头并排安装的场合中，应在电缆头之间加隔板或填充阻燃材料。

10.5.10 进行扑灭隧（廊）道、通风不良场所的电缆头着火时，应使用正压式消防空气呼吸器及绝缘手套，并穿上绝缘鞋。

10.5.11 电力电缆中间接头盒的两侧及其临近区域，应增加防火包带等阻燃措施。

10.5.12 施工中动力电缆与控制电缆不应混放、分布不均及堆积乱放。在动力电缆与控制电缆之间，应设置层间耐火隔板。

10.5.13 火力发电厂汽轮机，锅炉房、输煤系统宜使用铠甲电缆或阻燃电缆，不适用普通塑料电缆，并应符合下列要求：

1 新建或扩建的 300MW 及以上机组应采用满足现行国家标准《电线电缆燃烧试验方法》GB 12666.5 中 A 类成束燃烧试验条件的阻燃型电缆。

2 对于重要回路（如直流油泵、消防水泵及蓄电池直流电源线路等），应采用满足现行国家标准《电线电缆燃烧实验方法》GB 12666.6 中 A 类耐火强度试验条件的耐火型电缆。

10.5.14 电缆隧道的下列部位宜设置防火分隔，采用在防火墙上设置防火门的形式：

1 电缆进出隧道的出入口及隧道分支处。

2 电缆隧道位于电厂、变电站内时，间隔不大于 100m 处。

3 电缆隧道位于电厂、变电站外时，间隔不大于 200m 处。

4 长距离电缆隧道通风区段处，且间隔不大于 500m。

5 电缆交叉、密集部位，间隔不大于 60m。

防火墙耐火极限不宜低于 3.0h，防火门应采用甲级防火门（耐火极限不宜低于 1.2h）且防火门的设置应符合现行国家标准《建筑设计防火规范》GB 50016 的有关规定。

10.5.15 发电厂电缆竖井中，宜每隔 7.0m 设置阻火隔层。

10.5.16 电缆隧道内电缆的阻燃防护和防止延燃措施应符合现行国家标准《电力工程电缆设计规程》GB 50217 的有关规定。

5.1.2.2.3 （4）电缆隧道

本条评价项目（见《评价》）的查评依据如下。

【依据1】《国家电网公司电缆及通道运维管理规定》［国网（运检/4）307—2014］

第七十三条 变电站电缆夹层、电缆竖井、电缆隧道、电缆沟等空气中敷设的电缆，应选用阻燃电缆。已经运行的非阻燃电缆，应包绕防火包带或涂防火涂料。电缆穿越建筑物孔洞处，应用防火封堵材料堵塞。

第七十四条 隧道中应设置防火墙或防火隔断；电缆竖井中应分层设置防火隔板；电缆沟每隔一定的距离应采取防火隔离措施。电缆通道与变电站和重要用户的接合处应设置防火隔断。

第七十五条 运维单位应消除电缆通道各类火灾隐患，及时清除电缆通道沿线及内部的各类易燃物，保持通道整洁、畅通。

第七十六条 运维单位应加强通道内明火作业审批手续的管理，落实各项消防安全保障措施，重要通道及重点部位应配备火灾自动报警和自动灭火设施。

第七十七条　电缆夹层、电缆隧道宜设置火情监测报警系统和排烟通风设施，并配备相应的消防设施。

第七十八条　对防火防爆有特殊要求的电缆接头宜采用填沙、加装防火防爆盒等措施。

第七十九条　运维单位应加强电缆通道防水管理。按隧道结构防水等级不低于二级标准严格把控隧道验收质量，防范新隧道质量不良渗漏水。

第八十条　隧道内应对各种孔洞进行有效防水封堵并配置排水系统。排水系统应满足隧道最高扬程要求，上端应设逆止阀以防止回水，积水应排入市政排水系统。

第八十一条　电缆通道与变配电站房连通处应做好防水封堵，防止管道中积水流入变配电站房内。重点变电站的出线管口、重点线路的易积水段定期组织排水或加装水位监控和自动排水装置。

【依据2】《电力电缆线路运行规程》（Q/GDW 512—2010）

5.6.2.4　电缆沟和隧道应有不小于0.5%的纵向排水坡度。电缆沟沿排水方向适当距离设置集水井，电缆隧道底部应有流水沟，必要时设置排水泵，排水泵应有自动启闭装置。

5.6.2.5　电缆隧道应有良好通风、照明、通信和防火设施，必要时应设置安全出口。

5.6.6.1　变电站电缆夹层、电缆竖井、电缆隧道、电缆沟等空气中敷设的电缆，应选用阻燃电缆。

5.6.6.2　在上述场所中已经运行的非阻燃电缆，应包绕防火包带或涂防火涂料。电缆穿越建筑物孔洞处，必须用防火封堵材料堵塞。

5.6.6.3　隧道中应设置防火墙或防火隔断；电缆竖井中应分层设置防火隔板；电缆沟每隔一定的距离应采取防火隔离措施。电缆通道与变电站和重要用户的接合处应设置防火隔断。

5.6.6.4　电缆夹层、电缆隧道宜设置火情监测报警系统和排烟通风设施，并按消防规定，设置沙桶、灭火器等常规消防设施。

5.6.6.5　对防火防爆有特殊要求的，电缆接头宜采用填沙、加装防火防爆盒等措施。

5.1.2.2.4　过电压防护和外绝缘

5.1.2.2.4（1）防污闪管理

本条评价项目（见《评价》）的查评依据如下。

【依据1】《电力电缆及通道运维规程》（Q/GDW 1512—2014）

5.3.3　电缆终端外绝缘爬距应满足所在地区污秽等级要求。在高速公路、铁路等局部污秽严重的区域，应对电缆终端套管涂上防污涂料，或者适当增加套管的绝缘等级。

【依据2】《国家电网有限公司十八项电网重大反事故措施（修订版）》国家电网设备〔2018〕979号，详见5.1.1.2.3（1）

5.1.2.2.4（2）电缆终端头的过电压防护

本条评价项目（见《评价》）的查评依据如下。

【依据1】《电力工程电缆设计标准》（GB 50217—2018）

4.1.3　电缆终端绝缘特性选择应符合下列规定：

1　终端的额定电压及其绝缘水平不得低于所连接电缆额定电压及其要求的绝缘水平；

2　终端的外绝缘应符合安置处海拔高程、污秽环境条件所需爬电距离和空气间隙的要求。

【依据2】《城市电力电缆线路设计技术规定》（DL/T 5221—2016）

6.5　过电压保护

6.5.1　为防止电缆和附件的主绝缘遭受过电压损坏，应采取以下保护措施：

1　露天变电站的电缆终端，必须在站内的避雷针或避雷线保护范围以内，以防止直击雷。

2　电缆线路与架空线相连的一端应装设避雷器。

3　电缆线路在下列情况下，应在两端分别装设避雷器：

1）电缆线路一端与架空线相连，而线路长度小于其冲击特性长度；

2）电缆线路两端均与架空线相连。

4　电缆金属套、铠装和电缆终端支架必须可靠接地。

6.5.2 保护电缆线路的避雷器的主要特性参数应符合下列规定：

1 冲击放电电压应低于被保护的电缆线路的绝缘水平，并留有一定裕度。

2 冲击电流通过避雷器时，两端子间的残压值应小于电缆线路的绝缘水平。

3 当雷电过电压侵袭电缆时，电缆上承受的电压为冲击放电电压和残压，两者之间数值较大者称为保护水平 U_p；电缆线路的 $BIL=(120\sim130)\%U_p$。

4 避雷器的额定电压，对于 66kV 及以上中性点直接接地系统，额定电压取系统最大工作电压的 80%；对于 66kV 及以下中性点不接地或经消弧线圈接地的系统，应分别取最大工作线电压的 110% 和 100%。

6.5.3 实行单端接地和交叉互联接地的单芯电缆线路，电缆护层的过电压保护应按本标准第 7.0.1 条规定安装金属套或屏蔽层电压限制器。

5.1.2.2.4（3）电缆护层保护

本条评价项目（见《评价》）的查评依据如下。

【依据】《电力工程电缆设计标准》（GB 50217—2018）

3.4.1 电力电缆护层选择应符合下列规定：

1 交流系统单芯电力电缆，当需要增强电缆抗外力时，应选用非磁性金属铠装层，不得选用未经非磁性有效处理的钢制铠装；

2 在潮盟、含化学腐蚀环境或易受水浸泡的电缆，其金属套、加强层、铠装上应有聚乙烯外护层，水中电缆的粗钢丝铠装应有挤塑外护层；

3 在人员密集场所或有低毒性要求的场所，应选用聚乙烯或乙丙橡皮等无卤外护层，不应选用聚氯乙烯外护层；

4 核电厂用电缆应选用聚烯烃类低烟、无卤外护层；

5 除年最低温度在-15℃以下低温环境或药用化学蔽体浸泡场所，以及有低毒性要求的电缆挤塑外护层宜选用聚乙烯等低烟、无卤材料外，其他可选用聚氯乙烯外护层；

6 用在有水或化学液体浸泡场所的 3kV～35kV 重要回路或 35kV 以上的交联聚乙烯绝缘电缆，应具有符合使用要求的金属塑料复合阻水层、金属套等径向防水构造；海底电缆宜选用铅护套，也可选用铜护套作为径向防水措施；

7 外护套材料应与电缆最高允许工作温度相适应；

8 应符合电缆耐火与阻燃的要求。

3.4.2 自容式充油电缆加强层类型，当线路未设置塞止式接头时，最高与最低点之间高差应符合下列规定：

1 仅有铜带等径向加强层时，允许高差应为 40m；当用于重要回路时，宜为 30m；

2 径向和纵向均有铜带等加强层时，允许高差应为 80m；当用于重要回路时，宜为 60m。

3.4.3 直埋敷设时，电缆护层选择应符合下列规定：

1 电缆承受较大压力或有机械损伤危险时，应具有加强层或钢带铠装；

2 在流砂层、回填土地带等可能出现位移的土壤中，电缆应具有钢丝铠装；

3 白蚁严重危害地区用的挤塑电缆，应选用较高硬度的外护层，也可在普通外护层上挤包较高硬度的薄外护层，其材质可采用尼龙或特种聚烯烃共聚物等，也可采用金属套或钢带铠装；

4 除本条第 1 款～第 3 款规定的情况外，可选用不含铠装的外护层；

5 地下水位较高的地区，应选用聚乙烯外护层；

6 35kV 以上高压交联聚乙烯绝缘电缆应具有防水结构。

3.4.4 空气中固定敷设时，电缆护层选择应符合下列规定：

1 在地下客运、商业设施等安全性要求高且鼠害严重的场所，塑料绝缘电缆应具有金属包带或钢带铠装；

2 电缆位于高落差的受力条件时，多芯电缆宜具有钢丝铠装，交流单芯电缆应符合本标准第

3.4.1 条第 1 款的规定；

3　敷设在桥架等支承较密集的电缆可不需要铠装；

4　当环境保护有要求时，不得采用聚氯乙烯外护层；

5　除应按本标准第 3.4.1 条第 3 款～第 5 款和本条第 4 款的规定，以及 60℃ 以上高温场所应选用聚乙烯等耐热外护层的电缆外，其他宜选用聚氯乙烯外护层。

3.4.5　移动式电气设备等经常弯曲移动或有较高柔软性要求回路的电缆，应选用橡皮外护层。

3.4.6　放射线作用场所的电缆应具有适合耐受放射线辐照强度的聚氯乙烯、氯丁橡皮、氯磺化聚乙烯等外护层。

3.4.7　保护管中敷设的电缆应具有挤塑外护层。

3.4.8　水下敷设时，电缆护层选择应符合下列规定：

1　在沟渠、不通航小河等不需铠装层承受拉力的电缆可选用钢带铠装；

2　在江河、湖海中敷设的电缆，选用的钢丝铠装型式应满足受力条件；当敷设条件有机械损伤等防护要求时，可选用符合防护、耐蚀性增强要求的外护层；

3　海底电缆宜采用耐腐蚀性好的镀饵、钢丝、不锈钢丝或铜铠装，不宜采用铝铠装。

3.4.9　路径通过不同敷设条件时，电缆护层选择宜符合下列规定：

1　线路总长度未超过电缆制造长度时，宜选用满足全线条件的同一种或差别小的一种以上型式；

2　线路总长度超过电缆制造长度时，可按相应区段分别选用不同型式。

3.4.10　敷设在核电厂常规岛及与生产有关的附属设施内的核安全级（lE 级）电缆外护层，应符合现行国家标准 GB/T 22577《核电站用 lE 级电缆通用要求》的有关规定。

3.4.11　核电厂 1kV 以上电力电缆屏蔽设置要求应符合现行行业标准《核电厂电缆系统设计及安装准则》EJ/T 649 的有关规定。

5.1.2.2.4（4）电缆保护用避雷器、接地装置的维护

本条评价项目（见《评价》）的查评依据如下。

【依据 1】《电力工程电缆设计标准》（GB 50217—2018）

4　电缆附件及附属设备的选择与配置

4.1　一般规定

4.1.1　电缆终端的装置类型选择应符合下列规定：

1　电缆与六氟化硫全封闭电器直接相连时，应采用封闭式 GIS 终端；

2　电缆与高压变压器直接相连时，宜采用封闭式 GIS 终端，也可采用油浸终端；

3　电缆与电器相连且具有整体式插接功能时，应采用插拔式终端，66kV 及以上电压等级电缆的 GIS 终端和油浸终端宜采用插拔式；

4　除本条第 1 款～第 3 款规定的情况外，电缆与其他电器或导体相连时，应采用敞开式终端。

4.1.2　电缆终端构造类型选择应按满足工程所需可靠性、安装与维护方便和经济合理等因素确定，并应符合下列规定：

1　与充油电缆相连的终端应耐受可能的最高工作油压；

2　与 SF₆ 全封闭电器相连的 GIS 终端，其接口应相互配合；GIS 终端应具有与 SF₆ 气体完全隔离的密封结构；

3　在易燃、易爆等不允许有火种场所的电缆终端应采用无明火作业的构造类型；

4　在人员密集场所、多雨且污秽或盐雾较重地区的电缆终端宜具有硅橡胶或复合式套管；

5　66kV～110kV 交联聚乙醛绝缘电缆户外终端宜采用全干式预制型。

4.1.3　电缆终端绝缘特性选择应符合下列规定：

1　终端的额定电压及其绝缘水平不得低于所连接电缆额定电压及其要求的绝缘水平；

2　终端的外绝缘应符合安置处海拔高程、污秽环境条件所需爬电距离和空气间隙的要求。

4.1.4 电缆终端的机械强度应满足安置处引线拉力、风力和地震力作用的要求。

4.1.5 电缆接头的装置类型选择应符合下列规定：

1 自容式充油电缆线路高差超过本标准第3.4.2条的规定，且需分隔油路时，应采用塞止接头；

2 单芯电缆线路较长以交叉互联接地的隔断金属套连接部位，除可在金属套上实施有效隔断及绝缘处理的方式外，应采用绝缘接头；

3 电缆线路距离超过电缆制造长度，且除本条第2款情况外，应采用直通接头；

4 电缆线路分支接出的部位，除带分支主干电缆或在电缆网络中应设置有分支箱、环网柜等情况外，应采用Y形接头；

5 三芯与单芯电缆直接相连的部位应采用转换接头；

6 挤塑绝缘电缆与自容式充油电缆相连的部位应采用过渡接头。

4.1.6 电缆接头构造类型选择应根据工程可靠性、安装与维护方便和经济合理等因素确定，并应符合下列规定：

1 海底等水下电缆宜采用无接头的整根电缆；条件不允许时宜采用工厂接头；用于抢修的接头应恢复铠装层纵向连续且有足够的机械强度；

2 在可能有水浸泡的设置场所，3kV及以上交联聚乙烯绝缘电缆接头应具有外包防水层；

3 在不允许有火种的场所，电缆接头不得采用热缩型；

4 66kV～110kV交联聚乙烯绝缘电缆线路可靠性要求较高时，不宜采用包带型接头。

4.1.7 电缆接头的绝缘特性应符合下列规定：

1 接头的额定电压及其绝缘水平不得低于所连接电缆额定电压及其要求的绝缘水平；

2 绝缘接头的绝缘环两侧耐受电压不得低于所连接电缆护层绝缘水平的2倍。

4.1.8 电缆终端、接头布置应满足安装维修所需间距，并应符合电缆允许弯曲半径的伸缩节配置的要求，同时应符合下列规定：

1 终端支架构成方式应利于电缆及其组件的安装；大于1500A的工作电流时，支架构造宜具有防止横向磁路闭合等附加发热措施；

2 邻近电气化交通线路等对电缆金属套有侵蚀影响的地段，接头设置方式宜便于监察维护。

4.1.9 220kV及以上交联聚乙烯绝缘电缆采用的终端和接头应由该型终端和接头与电缆连成整体的预鉴定试验确认。

4.1.10 电力电缆金属套应直接接地。交流系统中3芯电缆的金属套应在电缆线路两终端和接头等部位实施直接接地。

4.1.11 交流单芯电力电缆金属套上应至少在一端直接接地，在任一非直接接地端的正常感应电势最大值应符合下列规定：

1 未采取能有效防止人员任意接触金属套的安全措施时，不得大于50V；

2 除本条第1款规定的情况外，不得大于300V；

3 交流系统单芯电缆金属套的正常感应电势宜按照本标准附录F的公式计算。

4.1.12 交流系统单芯电力电缆金属套接地方式选择应符合下列规定：

1 线路不长，且能满足本标准第4.1.11条要求时，应采取在线路一端或中央部位单点直接接地（图4.1.12-1）；

2 线路较长，单点直接接地方式无法满足本标准第4.1.11条的要求时，水下电缆、35kV及以下电缆或输送容量较小的35kV以上电缆，可采取在线路两端直接接地（图4.1.12-2）；

3 除本条第1款、第2款外的长线路，宜划分适当的单元，且在每个单元内按3个长度尽可能均等区段，应设置绝缘接头或实施电缆金属套的绝缘分隔，以交叉互联接地（图4.1.12-3）。

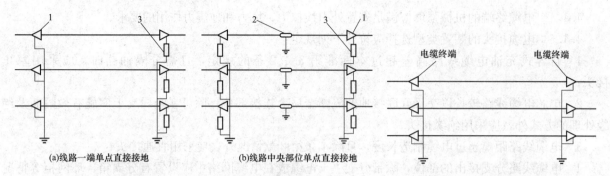

(a)线路一端单点直接接地　　　　(b)线路中央部位单点直接接地

图 4.1.12-1　线路一端或中央部位单点直接接地　　　　图 4.1.12-2　线路两端直接接地

1—电缆终端；2—中间接头；3—护层电压限制器

注：设置护层电压限制器合适 35kV 以上电缆，35kV 以下电缆需要时可设置。

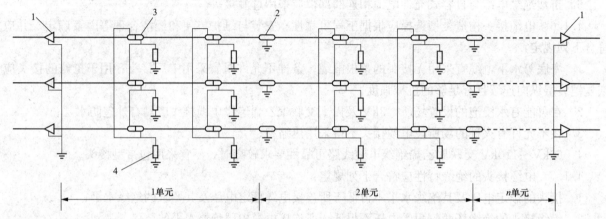

图 4.1.12-3　交叉互联接地

1—电缆终端；2—中间接头；3—绝缘接头；4—护层电压限制器

注：图中护层电压限制器配置示例按 Y0 接线。

4.1.13　交流系统单芯电力电缆及其附件的外护层绝缘等部位应设置过电压保护，并应符合下列规定：

1　35kV 以上单芯电力电缆的外护层、电缆直连式 GIS 终端的绝缘筒，以及绝缘接头的金属套绝缘分隔部位，当其耐压水平低于可能的暂态过电压时，应添加保护措施，且宜符合下列规定：

1）单点直接接地的电缆线路，在其金属套电气通路的末端，应设置护层电压限制器；

2）交叉互联接地的电缆线路，每个绝缘接头应设置护层电压限制器。线路终端非直接接地时，该终端部位应设置护层电压限制器；

3）GIS 终端的绝缘筒上，宜跨接护层电压限制器或电容器。

2　35kV 及以下单芯电力电缆金属套单点直接接地，且有增强护层绝缘保护需要时，可在线路未接地的终端设置护层电压限制器。

3　电缆护层电压限制器持续电压应符合现行国家标准《交流金属氧化物避雷器的选择和使用导则》GB/T 28547 的有关规定。

4.1.14　护层电压限制器参数选择应符合下列规定：

1　可能最大冲击电流作用下护层电压限制器的残压不得大于电缆护层的冲击耐压被 1.4 所除数值；

2　系统短路时产生的最大工频感应过电压作用下，在可能长的切除故障时间内，护层电压限制器应能耐受。切除故障时间应按 2s 计算；

3　可能最大冲击电流累积作用 20 次后，护层电压限制器不得损坏。

4.1.15　护层电压限制器的配置连接应符合下列规定：

1　护层电压限制器配置方式应按暂态过电压抑制效果、满足工频感应过电压下参数匹配、便于监察维护等因素综合确定，并应符合下列规定：

1）交叉互联线路中绝缘接头处护层电压限制器的配置及其连接，可选取桥形非接地△、Y0 或桥形接地等三相接线方式；

2）交叉互联线路未接地的电缆终端、单点直接接地的电缆线路，宜采取 Yo 接线配置护层电压限制器。

2 护层电压限制器连接回路应符合下列规定：

1）连接线应尽量短，其截面应满足系统最大暂态、电流通过时的热稳定要求；

2）连接回路的绝缘导线、隔离刀闸等装置的绝缘性能不得低于电缆外护层绝缘水平；

3）护层电压限制器接地箱的材质及其防护等级应满足其使用环境的要求。

4.1.16　交流系统 110kV 及以上单芯电缆金属套单点直接接地时，下列任一情况下，应沿电缆邻近设置平行回流线。

1 系统短路时电缆金属套产生的工频感应电压超过电缆护层绝缘耐受强度或护层电压限制器的工频耐压；

2 需抑制电缆对邻近弱电线路的电气干扰强度。

4.1.17　回流线的选择与设置应符合下列规定：

1 回流线的阻抗及其两端接地电阻应达到抑制电缆金属套工频感应过电压，并应使其截面满足最大暂态电流作用下的热稳定要求；

2 回流线的排列配置方式应保证电缆运行时在回流线上产生的损耗最小；

3 电缆线路任一终端设置在发电厂、变电站时，回流线应与电源中性导体接地的接地网连通。

4.1.18　110kV 及以上高压电缆线路可设置在线温度监测装置。

4.1.19　采用金属套单点直接接地或交叉互联接地的 110kV 及以上高压交流电力电缆线路可设置护层环流在线监测装置。

4.1.20　高压交流电力电缆线路在线监测装置技术要求应符合现行行业标准《高压交流电缆在线监测系统通用技术规范》DL/T 1506 的有关规定。

【依据 2】《交流电气装置的过电压保护和绝缘配合》（DL/T 620—1997）

7.3.3　发电厂、变电所的 35kV 及以上电缆进线段，在电缆与架空线的连接处应装设阀式避雷器，其接地端应与电缆金属外皮连接。对三芯电缆，末端的金属外皮应直接接地［图 11（a）］；对单芯电缆，应经金属氧化物电缆护层保护器（FC）或保护间隙（FG）接地［图 11（b）］。如电缆长度不超过 50m 或虽超过 50m，但经校验，装一组阀式避雷器即能符合保护要求，图 11 中可只装 F1 或 F2。如电缆长度超过 50m，且断路器在雷季可能经常断路运行，应在电缆末端装设排气式避雷器或阀式避雷器。连接电缆段的 1km 架空线路应架设避雷线。

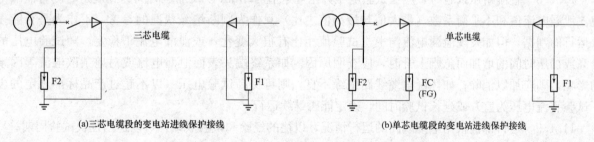

(a)三芯电缆段的变电站进线保护接线　　　　　　(b)单芯电缆段的变电站进线保护接线

图 11　具有 35kV 及以上电缆段的变电所进线保护接线

全线电缆—变压器组接线的变电所内是否需装设阀式避雷器，应视电缆另一端有无雷电过电压波侵入的可能，经校验确定。

7.4.2　66kV 及以上进线有电缆段的 GIS 变电所，在电缆段与架空线路的连接处应装设金属氧化物避雷器（FMO1），其接地端应与电缆的金属外皮连接。对三芯电缆，末端的金属外皮应与 GIS 管道金属外壳连接接地［图 15（a）］；对单芯电缆，应经金属氧化物电缆护层保护器（FC）接地［图 15（b）］。

电缆末端至变压器或 GIS 一次回路的任何电气部分间的最大电气距离不超过 7.4.1 中的参数值或虽超过，但经校验，装一组避雷器即能符合保护要求，图 15 中可不装设 FMO2。

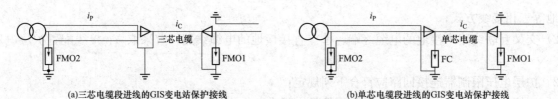

(a)三芯电缆段进线的GIS变电站保护接线   (b)单芯电缆段进线的GIS变电站保护接线

图15　有电缆段进线的GIS变电所保护线

对连接电缆段的 2km 架空线路应架设避雷线。

7.4.3　进线全长为电缆的 GIS 变电所内是否需装设金属氧化避雷器，应视电缆另一端有无雷电过电压波侵入的可能，经校验确定。

【依据3】《电力设备预防性试验规程》（DL/T 596—1996）

11　电力电缆线路

11.1　一般规定

11.1.1　对电缆的主绝缘作直流耐压试验或测量绝缘电阻时，应分别在每一相上进行。对一相进行试验或测量时，其他两相导体、金属屏蔽或金属套和铠装层一起接地。

11.1.2　新敷设的电缆线路投入运行 3 个～12 个月，一般应作 1 次直流耐压试验，以后再按正常周期试验。

11.1.3　试验结果异常，但根据综合判断允许在监视条件下继续运行的电缆线路，其试验周期应缩短，如在不少于 6 个月时间内，经连续 3 次以上试验，试验结果不变坏，则以后可以按正常周期试验。

11.1.4　对金属屏蔽或金属套一端接地，另一端装有护层过电压保护器的单芯电缆主绝缘作直流耐压试验时，必须将护层过电压保护器短接，使这一端的电缆金属屏蔽或金属套临时接地。

11.1.5　耐压试验后，使导体放电时，必须通过每千伏约 80kΩ 的限流电阻反复几次放电直至无火花后，才允许直接接地放电。

11.1.6　除自容式充油电缆线路外，其他电缆线路在停电后投运之前，必须确认电缆的绝缘状况良好。凡停电超过一星期但不满一个月的电缆线路，应用绝缘电阻表测量该电缆导体对地绝缘电阻，如有疑问时，必须用低于常规直流耐压试验电压的直流电压进行试验，加压时间 1min；停电超过一个月但不满一年的电缆线路，必须作 50% 规定试验电压值的直流耐压试验，加压时间 1min；停电超过一年的电缆线路必须作常规的直流耐压试验。

11.1.7　对额定电压为 0.6/1kV 的电缆线路可用 1000V 或 2500V 绝缘电阻表测量导体对地绝缘电阻代替直流耐压试验。

11.1.8　直流耐压试验时，应在试验电压升至规定值后 1min 以及加压时间达到规定时测量泄漏电流。泄漏电流值和不平衡系数（最大值与最小值之比）只作为判断绝缘状况的参考，不作为是否能投入运行的判据。但如发现泄漏电流与上次试验值相比有很大变化，或泄漏电流不稳定，随试验电压的升高或加压时间的增加而急剧上升时，应查明原因。如系终端头表面泄漏电流或对地杂散电流等因素的影响，则应加以消除；如怀疑电缆线路绝缘不良，则可提高试验电压（以不超过产品标准规定的出厂试验直流电压为宜）或延长试验时间，确定能否继续运行。

11.1.9　运行部门根据电缆线路的运行情况、以往的经验和试验成绩，可以适当延长试验周期。

11.2　纸绝缘电力电缆线路

本条规定适用于黏性油纸绝缘电力电缆和不滴流油纸绝缘电力电缆线路。纸绝缘电力电缆线路的试验项目、周期和要求见表22。

表 22　　　　　　　　　　　　纸绝缘电力电缆线路的试验项目、周期和要求

序号	项目	周期	要求	说明
1	绝缘电阻	在直流耐压试验之前进行	自行规定	额定电压 0.6/1kV 电缆用 1000V 绝缘电阻表；0.6/1kV 以上电缆用 2500V 绝缘电阻表（6/6kV 及以上电缆也可用 5000V 绝缘电阻表）

序号	项目	周期	要求	说明
2	直流耐压试验	1) 1年～3年 2) 新作终端或接头后进行	1) 试验电压值按表23规定，加压时间5min，不击穿。 2) 耐压5min时的泄漏电流值不应大于耐压1min时的泄漏电流值。 3) 三相之间的泄漏电流不平衡系数不应大于2	6/6kV及以下电缆的泄漏电流小于10μA，8.7/10kV电缆的泄漏电流小于20μA时，对不平衡系数不做规定

表23 纸绝缘电力电缆的直流耐压试验电压 kV

电缆额定电压U_0/U	直流试验电压	电缆额定电压U_0/U	直流试验电压
1.0/3	12	6/10	40
3.6/6	17	8.7/10	47
3.6/6	24	21/35	105
6/6	30	26/35	130

11.3 橡塑绝缘电力电缆线路

橡塑绝缘电力电缆是指聚氯乙烯绝缘、交联聚乙烯绝缘和乙丙橡皮绝缘电力电缆。

11.3.1 橡塑绝缘电力电缆线路的试验项目、周期和要求见表24。

表24 橡塑绝缘电力电缆线路的试验项目、周期和要求

序号	项目	周期	要求	说明
1	电缆主绝缘绝缘电阻	1) 重要电缆：1年。 2) 一般电缆： a) 3.6/6kV及以上3年。 b) 3.6/6kV以下5年	自行规定	0.6/1kV电缆用1000V绝缘电阻表；0.6/1kV以上电缆用2500V绝缘电阻表（6/6kV及以上电缆也可用5000V绝缘电阻表）
2	电缆外护套绝缘电阻	1) 重要电缆：1年。 2) 一般电缆： a) 3.6/6kV及以上3年。 b) 3.6/6kV以下5年	每千米绝缘电阻值不应低于0.5MΩ	采用500V绝缘电阻表。当每千米的绝缘电阻低于0.5MΩ时应采用附录D中叙述的方法判断外护套是否进水。 本项试验只适用于三芯电缆的外护套，单芯电缆外护套试验按本表第6项
3	电缆内衬层绝缘电阻	1) 重要电缆：1年。 2) 一般电缆： a) 3.6/6kV及以上3年。 b) 3.6/6kV以下5年	每千米绝缘电阻值不应低于0.5MΩ	采用500V绝缘电阻表。当每千米的绝缘电阻低于0.5MΩ时应采用附录D中叙述的方法判断内衬层是否进水
4	铜屏蔽层电阻和导体电阻比	1) 投运前。 2) 重作终端或接头后。 3) 内衬层破损进水后	对照投运前测量数据 自行规定	试验方法见11.3.2条
5	电缆主绝缘直流耐压试验	新作终端或接头后	1) 试验电压值按表25规定，加压时间5min，不击穿。 2) 耐压5min时的泄漏电流不应大于耐压1min时的泄漏电流	
6	交叉互联系统	2～3年	见11.4.4条	

注 为了实现序号2、3和4项的测量，必须对橡塑电缆附件安装工艺中金属层的传统接地方法按附录E加以改变。

表25 橡塑绝缘电力电缆的直流耐压试验电压 kV

电缆额定电压U_0/U	直流试验电压	电缆额定电压U_0/U	直流试验电压
1.8/3	11	21/35	63
3.6/6	18	26/35	78

续表

电缆额定电压 U_0/U	直流试验电压	电缆额定电压 U_0/U	直流试验电压
6/6	25	48/66	144
6/10	25	64/110	192
8.7/10	37	127/220	305

11.3.2 铜屏蔽层电阻和导体电阻比的试验方法：

a）用双臂电桥测量在相同温度下的铜屏蔽层和导体的直流电阻。

b）当前者与后者之比与投运前相比增加时，表明铜屏蔽层的直流电阻增大，铜屏蔽层有可能被腐蚀；当该比值与投运前相比减少时，表明附件中的导体连接点的接触电阻有增大的可能。

11.4 自容式充油电缆线路

11.4.1 自容式充油电缆线路的试验项目、周期和要求见表26。

表 26　　　　　　　　　**自容式充油电缆线路的试验项目、周期和要求**

序号	项目	周期	要求	说明
1	电缆主绝缘直流耐压试验	1）电缆失去油压并导致受潮或进气经修复后。2）新作终端或接头后	试验电压值按表27规定，加压时间5min，不击穿	
2	电缆外护套和接头外护套的直流耐压试验	2～3年	试验电压6kV，试验时间1min，不击穿	1）根据以往的试验成绩，积累经验后，可以用测量绝缘电阻代替，有疑问时再作直流耐压试验。2）本试验可与交叉互联系统中绝缘接头外护套的直流耐压试验结合在一起进行
3	压力箱 a）供油特性 b）电缆油击穿电压 c）电缆油的 tgδ	与其直接连接的终端或塞止接头发生故障后	见11.4.2条不低于50kV 不大于0.005（100℃时）	见11.4.2条 见11.4.5.1条 见11.4.5.2条
4	油压示警系统 a）信号指示 b）控制电缆线芯对地绝缘	6个月 1～2年	能正确发出相应的示警信号 每千米绝缘电阻不小于1MΩ	见11.4.3条 采用100V或250V绝缘电阻表测量
5	交叉互联系统	2～3年	见11.4.4条	
6	电缆及附件内的电缆油 a）击穿电压 b）tgδ c）油中溶解气体	2～3年 2～3年怀疑电缆绝缘过热老化或终端或塞止接头存在严重局部放电时	不低于45kV 见11.4.5.2条见表28	

表 27　　　　　　　**自容式充油电缆主绝缘直流耐压试验电压**　　　　　　　　kV

电缆额定电压 U_0/U	GB 311.1 规定的雷电冲击耐受电压	直流试验电压
48/66	325	163
	350	175
64/110	450	225
	550	275
127/220	850	425
	950	475
	1050	510
190/330	1050	525
	1175	590
	1300	650
290/500	1425	715
	1550	775
	1675	840

11.4.2　压力箱供油特性的试验方法和要求：

试验按 GB 9326.5 中 6.3 进行。压力箱的供油量不应小于压力箱供油特性曲线所代表的标称供油量的 90%。

11.4.3　油压示警系统信号指示的试验方法和要求：

合上示警信号装置的试验开关应能正确发出相应的声、光示警信号。

11.4.4　交叉互联系统试验方法和要求：

交叉互联系统除进行下列定期试验外，如在交叉互联大段内发生故障，则也应对该大段进行试验。如交叉互联系统内直接接地的接头发生故障时，则与该接头连接的相邻两个大段都应进行试验。

11.4.4.1　电缆外护套、绝缘接头外护套与绝缘夹板的直流耐压试验：试验时必须将护层过电压保护器断开。在互联箱中将另一侧的三段电缆金属套都接地，使绝缘接头的绝缘夹板也能结合在一起试验，然后在每段电缆金属屏蔽或金属套与地之间施加直流电压 5kV，加压时间 1min，不应击穿。

11.4.4.2　非线性电阻型护层过电压保护器。

a）碳化硅电阻片：将连接线拆开后，分别对三组电阻片施加产品标准规定的直流电压后测量流过电阻片的电流值。这三组电阻片的直流电流值应在产品标准规定的最小和最大值之间。如试验时的温度不是 20℃，则被测电流值应乘以修正系数 $(120-t)/100$（t 为电阻片的温度，℃）。

b）氧化锌电阻片：对电阻片施加直流参考电流后测量其压降，即直流参考电压，其值应在产品标准规定的范围之内。

c）非线性电阻片及其引线的对地绝缘电阻：将非线性电阻片的全部引线并联在一起与接地的外壳绝缘后，用 1000V 兆欧计测量引线与外壳之间的绝缘电阻，其值不应小于 10MΩ。

11.4.4.3　互联箱。

a）接触电阻：本试验在作完护层过电压保护器的上述试验后进行。将闸刀（或连接片）恢复到正常工作位置后，用双臂电桥测量闸刀（或连接片）的接触电阻，其值不应大于 20μΩ。

b）闸刀（或连接片）连接位置：本试验在以上交叉互联系统的试验合格后密封互联箱之前进行。连接位置应正确。如发现连接错误而重新连接后，则必须重测闸刀（或连接片）的接触电阻。

11.4.5　电缆及附件内的电缆油的试验方法和要求。

11.4.5.1　击穿电压：试验按 GB/T 507 规定进行。在室温下测量油的击穿电压。

11.4.5.2　tanδ：采用电桥以及带有加热套能自动控温的专用油杯进行测量。电桥的灵敏度不得低于 $1×10^{-5}$，准确度不得低于 1.5%，油杯的固有 tanδ 不得大于 $5×10^{-5}$，在 100℃ 及以下的电容变化率不得大于 2%。加热套控温的控温灵敏度为 0.5℃ 或更小，升温至试验温度 100℃ 的时间不得超过 1h。

电缆油在温度 100±1℃ 和场强 1MV/m 下的 tanδ 不应大于下列数值：

　　　　　53/66kV～127/220kV　　　　0.03
　　　　　190/330kV　　　　　　　　　0.01

11.4.6　油中溶解气体分析的试验方法和要求按 GB 7252 规定。电缆油中溶解的各气体组分含量的注意值见表 28，但注意值不是判断充油电缆有无故障的唯一指标，当气体含量达到注意值时，应进行追踪分析查明原因，试验和判断方法参照 GB 7252 进行。

表 28　电缆油中溶解气体组分含量的注意值

电缆油中溶解气体的组分	注意值×10^{-6}（体积分数）	电缆油中溶解气体的组分	注意值×10^{-6}（体积分数）
可燃气体总量	1500	CO_2	1000
H_2	500	CH_4	200
C_2H_2	痕量	C_2H_6	200
CO	100	C_2H_4	200

14　避雷器

14.1　阀式避雷器的试验项目、周期和要求见表 39。

表39　　　　　　　　　　　　　阀式避雷器的试验项目、周期和要求

序号	项目	周期	要求	说明
1	绝缘电阻	1) 发电厂、变电所避雷器每年雷雨季前。 2) 线路上避雷器1～3年。 3) 大修后。 4) 必要时	1) FZ（PBC、LD）、FCZ和FCD型避雷器的绝缘电阻自行规定，但与前一次或同类型的测量数据进行比较，不应有显著变化。 2) FS型避雷器绝缘电阻应不低于2500MΩ	1) 采用2500V及以上绝缘电阻表。 2) FZ、FCZ和FCD型主要检查并联电阻通断和接触情况
2	电导电流及串联组合元件的非线性因数差值	1) 每年雷雨季前。 2) 大修后。 3) 必要时	1) FZ、FCZ、FCD型避雷器的电导电流参考值见附录F或制造厂规定值，还应与历年数据比较，不应有显著变化 2) 同一相内串联组合元件的非线性因数差值，不应大于0.05；电导电流相差值（%）不应大于30% 3) 试验电压如下： 元件额定电压 kV：3、6、10、15、20、30 试验电压 U_1 kV：—、—、—、8、10、12 试验电压 U_2 kV：4、6、10、16、20、24	1) 整流回路中应加滤波电容器，其电容值一般为0.01～0.1μF，并应在高压侧测量电流。 2) 由两个及以上元件组成的避雷器应对每个元件进行试验。 3) 非线性因数差值及电导电流相差值计算见附录F。 4) 可用带电测量方法进行测量，如对测量结果有疑问时，应根据停电测量的结果作出判断。 5) 如FZ型避雷器的非线性因数差值大于0.05，但电导电流合格，允许作换节处理，换节后的非线性因数差值不应大于0.05。 6) 运行中PBC型避雷器的电导电流一般应在300～400μA范围内
3	工频放电电压	1) 1～3年。 2) 大修后。 3) 必要时	1) FS型避雷器的工频放电电压在下列范围内： 额定电压 kV：3、6、10 放电电压 kV 大修后：9～11、16～19、26～31 放电电压 kV 运行中：8～12、15～21、23～33 2) FZ、FCZ和FCD型避雷器的电导电流值及FZ、FCZ型避雷器的工频放电电压参考值见附录F	带有非线性并联电阻的阀型避雷器只在解体大修后进行
4	底座绝缘电阻	1) 发电厂、变电所避雷器每年雷雨季前。 2) 线路上避雷器1～3年。 3) 大修后。 4) 必要时	自行规定	采用2500V及以上的绝缘电阻表
5	检查放电计数器的动作情况	1) 发电厂、变电所内避雷器每年雷雨季前。 2) 线路上避雷器1～3年。 3) 大修后。 4) 必要时	测试3～5次，均应正常动作，测试后计数器指示应调到"0"	
6	检查密封情况	1) 大修后。 2) 必要时	避雷器内腔抽真空至（300～400）×133Pa后，在5min内其内部气压的增加不应超过100Pa	

14.2　金属氧化物避雷器的试验项目、周期和要求见表40。

表40　　　　　　　　　　　　　金属氧化物避雷器的试验项目、周期和要求

序号	项目	周期	要求	说明
1	绝缘电阻	1) 发电厂、变电所避雷器每年雷雨季节前。 2) 必要时	1) 35kV以上，不低于2500MΩ。 2) 35kV及以下，不低于1000MΩ	采用2500V及以上绝缘电阻表

序号	项目	周期	要求	说明
2	直流 1mA 电压（U_{1mA}）及 $0.75U_{1mA}$ 下的泄漏电流	1）发电厂、变电所避雷器每年雷雨季前。 2）必要时	1）不得低于 GB 11032 规定值。 2）U_{1mA} 实测值与初始值或制造厂规定值比较，变化不应大于±5%。 3）$0.75U_{1mA}$ 下的泄漏电流不应大于 $50\mu A$	1）要记录试验时的环境温度和相对湿度。 2）测量电流的导线应使用屏蔽线。 3）初始值系指交接试验或投产试验时的测量值
3	运行电压下的交流泄漏电流	1）新投运的 110kV 及以上者投运 3 个月后测量 1 次；以后每半年 1 次，运行 1 年后，每年雷雨季节前 1 次。 2）必要时	测量运行电压下的全电流、阻性电流或功率损耗，测量值与初始值比较，有明显变化时应加强监测，当阻性电流增加 1 倍时，应停电检查	应记录测量时的环境温度、相对湿度和运行电压。测量宜在瓷套表面干燥时进行。应注意相间干扰的影响
4	工频参考电流下的工频参考电压	必要时	应符合 GB 11032 或制造厂规定	1）测量环境温度 20±15℃。 2）测量应每节单独进行，整相避雷器有一节不合格，应更换该节避雷器（或整相更换），使该相避雷器为合格
5	底座绝缘电阻	1）发电厂、变电所避雷器每年雷雨季前。 2）必要时	自行规定	采用 2500V 及以上绝缘电阻表
6	检查放电计数器动作情况	1）发电厂、变电所避雷器每年雷雨季前。 2）必要时	测试 3～5 次，均应正常动作，测试后计数器指示应调到"0"	

14.3　GIS 用金属氧化物避雷器的试验项目、周期和要求：

a）避雷器大修时，其 SF$_6$ 气体按表 38 的规定；

b）避雷器运行中的密封检查按表 10 的规定；

c）其他有关项目按表 40 中序号 3、4、6 规定。

19　接地装置

19.1　接地装置的试验项目、周期和要求见表 46。

表 46　　　　　　　　　　接地装置的试验项目、周期和要求

序号	项目	周期	要求	说明
1	有效接地系统的电力设备的接地电阻	1）不超过 6 年。 2）可以根据该接地网挖开检查的结果斟酌延长或缩短周期	$R\leqslant 2000/I$ 或 $R\leqslant 0.5\Omega$，（当 $I>4000A$ 时） 式中 I—经接地网流入地中的短路电流，A； R—考虑到季节变化的最大接地电阻，Ω	1）测量接地电阻时，如在必需的最小布极范围内土壤电阻率基本均匀，可采用各种补偿法，否则，应采用远离法。 2）在高土壤电阻率地区，接地电阻如按规定值要求，在技术经济上极不合理时，允许有较大的数值。但必须采取措施以保证发生接地短路时，在该接地网上。 a）接触电压和跨步电压均不超过允许的数值。 b）不发生高电位引外和低电位引内。 c）3kV～10kV 阀式避雷器不动作。 3）在预防性试验前或每 3 年以及必要时验算一次 I 值，并校验设备接地引下线的热稳定

续表

序号	项目	周期	要求	说明
2	非有效接地系统的电力设备的接地电阻	1) 不超过 6 年 2) 可以根据该接地网挖开检查的结果斟酌延长或缩短周期	1) 当接地网与 1kV 及以下设备共用接地时，接地电阻 $$R \leqslant 120/I$$ 2) 当接地网仅用于 1kV 以上设备时，接地电阻 $$R \leqslant 250/I$$ 3) 在上述任一情况下，接地电阻一般不得大于 10Ω 式中　I—经接地网流入地中的短路电流，A； 　　　R—考虑到季节变化最大接地电阻，Ω	
3	利用大地作导体的电力设备的接地电阻	1 年	1) 长久利用时，接地电阻为 $$R \leqslant \frac{50}{I}$$ 2) 临时利用时，接地电阻为 $$R \leqslant \frac{100}{I}$$ 式中　I—接地装置流入地中的电流，A； 　　　R—考虑到季节变化的最大接地电阻，Ω	
4	1kV 以下电力设备的接地电阻	不超过 6 年	使用同一接地装置的所有这类电力设备，当总容量达到或超过 100kVA 时，其接地电阻不宜大于 4Ω。如总容量小于 100kVA 时，则接地电阻允许大于 4Ω，但不超过 10Ω	对于在电源处接地的低压电力网（包括孤立运行的低压电力网）中的用电设备，只进行接零，不做接地。所用零线的接地电阻就是电源设备的接地电阻，其要求按序号 2 确定，但不得大于相同容量的低压设备的接地电阻
5	独立微波站的接地电阻	不超过 6 年	不宜大于 5Ω	
6	独立的燃油、易爆气体贮罐及其管道的接地电阻	不超过 6 年	不宜大于 30Ω	
7	露天配电装置避雷针的集中接地装置的接地电阻	不超过 6 年	不宜大于 10Ω	与接地网连在一起的可不测量，但按表 47 序号 1 的要求检查与接地网的连接情况
8	发电厂烟囱附近的吸风机及引风机处装设的集中接地装置的接地电阻	不超过 6 年	不宜大于 10Ω	与接地网连在一起的可不测量，但按表 47 序号 1 的要求检查与接地网的连接情况
9	独立避雷针（线）的接地电阻	不超过 6 年	不宜大于 10Ω	在高土壤电阻率地区难以将接地电阻降到 10Ω 时，允许有较大的数值，但应符合防止避雷针（线）对罐体及管、阀等反击的要求
10	与架空线直接连接的旋转电机进线段上排气式和阀式避雷器的接地电阻	与所在进线段上杆塔接地电阻的测量周期相同	排气式和阀式避雷器的接地电阻，分别不大于 5Ω 和 3Ω，但对于 300kW~1500kW 的小型直配电机，如不采用 SDJ7《电力设备过电压保护设计技术规程》中相应接线时，此值可酌情放宽	

序号	项目	周期	要求	说明
11	有架空地线的线路杆塔的接地电阻	1）发电厂或变电所进出线1km～2km内的杆塔1～2年。 2）其他线路杆塔不超过5年	当杆塔高度在40m以下时，按下列要求，如杆塔高度达到或超过40m时，则取下表值的50%，但当土壤电阻率大于2000Ω·m，接地电阻难以达到15Ω时可增加至20Ω 土壤电阻率/Ω·m ・ 接地电阻/Ω 100及以下 ・ 10 100～500 ・ 15 500～1000 ・ 20 1000～2000 ・ 25 2000以上 ・ 30	对于高度在40m以下的杆塔，如土壤电阻率很高，接地电阻难以降到30Ω时，可采用6～8根总长不超过500m的放射形接地体或连续伸长接地体，其接地电阻可不受限制。但对于高度达到或超过40m的杆塔，其接地电阻也不宜超过20Ω
12	无架空地线的线路杆塔接地电阻	1）发电厂或变电所进出线1km～2km内的杆塔1～2年。 2）其他线路杆塔不超过5年	种类 ・ 接地电阻Ω 非有效接地系统的钢筋混凝土杆、金属杆 ・ 30 中性点不接地的低压电力网的线路钢筋混凝土杆、金属杆 ・ 50 低压进户线绝缘子铁脚 ・ 30	

注 进行序号1、2项试验时，应断开线路的架空地线。

19.2 接地装置的检查项目、周期和要求见表47。

表 47　　　　　　　　　接地装置的检查项目、周期和要求

序号	项目	周期	要求	说明
1	检查有效接地系统的电力设备接地引下线与接地网的连接情况	不超过3年	不得有开断、松脱或严重腐蚀等现象	如采用测量接地引下线与接地网（或与相邻设备）之间的电阻值来检查其连接情况，可将所测的数据与历次数据比较和相互比较，通过分析决定是否进行挖开检查
2	抽样开挖检查发电厂、变电所地中接地网的腐蚀情况	1）本项目只限于已经运行10年以上（包括改造后重新运行达到这个年限）的接地网。 2）以后的检查年限可根据前次开挖检查的结果自行决定	不得有开断、松脱或严重腐蚀等现象	可根据电气设备的重要性和施工的安全性，选择5～8个点沿接地引下线进行开挖检查，如有疑问还应扩大开挖的范围

【依据4】《输变电设备状态检修试验规程》（Q/GDW 1168—2013），详见5.1.2.2.2（6）

【依据5】《国家电网有限公司十八项电网重大反事故措施（修订版）》国家电网设备〔2018〕979号，详见5.1.1.2.3

5.1.2.3　技术指标

5.1.2.3.1　线路跳闸率

5.1.2.3.2　110（66）～220kV电缆精益化管理指数

5.1.2.4　反措落实

5.1.2.4.1　防止电缆绝缘击穿事故

本条评价项目（见《评价》）的查评依据如下。

【依据】《国家电网有限公司十八项电网重大反事故措施（修订版）》国家电网设备〔2018〕979号

13.1 防止绝缘击穿

13.1.1 设计阶段

13.1.1.1 应按照全寿命周期管理的要求，根据线路输送容量、系统运行条件、电缆路径、敷设方式和环境等合理选择电缆和附件结构型式。

13.1.1.2 应加强电力电缆和电缆附件选型、订货、验收及投运的全过程管理。应优先选择具有良好运行业绩和成熟制造经验的生产厂家。

13.1.1.3 110（66）kV及以上电压等级同一受电端的双回或多回电缆线路应选用不同生产厂家的电缆、附件。110（66）kV及以上电压等级电缆的GIS终端和油浸终端宜选择插拔式，人员密集区域或有防爆要求场所的应选择复合套管终端。110kV及以上电压等级电缆线路不应选择户外干式柔性终端。

13.1.1.4 设计阶段应充分考虑耐压试验作业空间、安全距离，在GIS电缆终端与线路隔离开关之间宜配置试验专用隔离开关，并根据需求配置GIS试验套管。

13.1.1.5 110kV及以上电力电缆站外户外终端应有检修平台，并满足高度和安全距离要求。

13.1.1.6 10kV及以上电压等级电力电缆应采用干法化学交联的生产工艺，110（66）kV及以上电压等级电力电缆应采用悬链式或立塔式三层共挤工艺。

13.1.1.7 运行在潮湿或浸水环境中的110（66）kV及以上电压等级的电缆应有纵向阻水功能，电缆附件应密封防潮；35kV及以下电压等级电缆附件的密封防潮性能应能满足长期运行需要。

13.1.1.8 电缆主绝缘、单芯电缆的金属屏蔽层、金属护层应有可靠的过电压保护措施。统包型电缆的金属屏蔽层、金属护层应两端直接接地。

13.1.1.9 合理安排电缆段长，尽量减少电缆接头的数量，严禁在变电站电缆夹层、出站沟道、竖井和50m及以下桥架等区域布置电力电缆接头。110（66）kV电缆非开挖定向钻拖拉管两端工作井不宜布置电力电缆接头。

13.1.2 基建阶段

13.1.2.1 对220kV及以上电压等级电缆、110（66）kV及以下电压等级重要线路的电缆，应进行监造和工厂验收。

13.1.2.2 应严格进行到货验收，并开展工厂抽检、到货检测。检测报告作为新建线路投运资料移交运维单位。

13.1.2.3 在电缆运输过程中，应防止电缆受到碰撞、挤压等导致的机械损伤。电缆敷设过程中应严格控制牵引力、侧压力和弯曲半径。

13.1.2.4 电缆通道、夹层及管孔等应满足电缆弯曲半径的要求，110（66）kV及以上电缆的支架应满足电缆蛇形敷设的要求。电缆应严格按照设计要求进行敷设、固定。

13.1.2.5 施工期间应做好电缆和电缆附件的防潮、防尘、防外力损伤措施。在现场安装110（66）kV及以上电缆附件之前，其组装部件应试装配。安装现场的温度、湿度和清洁度应符合安装工艺要求，严禁在雨、雾、风沙等有严重污染的环境中安装电缆附件。

13.1.2.6 电缆金属护层接地电阻、接地箱（互联箱）端子接触电阻，必须满足设计要求和相关技术规范要求。

13.1.2.7 金属护层采取交叉互联方式时，应逐相进行导通测试，确保连接方式正确。金属护层对地绝缘电阻应试验合格，过电压限制元件在安装前应检测合格。

13.1.2.8 110（66）kV及以上电缆主绝缘应开展交流耐压试验，并应同时开展局部放电测量。试验结果作为投运资料移交运维单位。

13.1.2.9 电缆支架、固定金具、排管的机械强度和耐久性应符合设计和长期安全运行的要求，且无尖锐棱角。

13.1.2.10 电缆终端尾管应采用封铅方式，并加装铜编织线连接尾管和金属护套。110（66）kV及上电压等级电缆接头两侧端部、终端下部应采用刚性固定。

13.1.3 运行阶段

13.1.3.1 运行部门应加强电缆线路负荷和温度的检（监）测，防止过负荷运行，多条并联的电缆应分别进行测量。巡视过程中应检测电缆附件、接地系统等关键接点的温度。

13.1.3.2 严禁金属护层不接地运行。应严格按照试验规程对电缆金属护层的接地系统开展运行状态检测、试验。

13.1.3.3 运行部门应开展电缆线路状态评价，对异常状态和严重状态的电缆线路应及时检修。

13.1.3.4 应监视重载和重要电缆线路因运行温度变化产生的伸缩位移，出现异常应及时处理。

13.1.3.5 电缆线路发生运行故障后，应检查全线接地系统是否受损，发现问题应及时修复。

13.1.3.6 人员密集区域或有防爆要求场所的瓷套终端应更换为复合套管终端。

5.1.2.4.2 防止电缆火灾

本条评价项目（见《评价》）的查评依据如下。

【依据】《国家电网有限公司十八项电网重大反事故措施（修订版）》国家电网设备〔2018〕979号

13.2 防止电缆火灾

13.2.1 设计和基建阶段

13.2.1.1 电缆线路的防火设施必须与主体工程同时设计、同时施工、同时验收，防火设施未验收合格的电缆线路不得投入运行。

13.2.1.2 变电站内同一电源的110（66）kV及以上电压等级电缆线路同通道敷设时应两侧布置。同一通道内不同电压等级的电缆，应按照电压等级的高低从下向上排列，分层敷设在电缆支架上。

13.2.1.3 110（66）kV及以上电压等级电缆在隧道、电缆沟、变电站内、桥梁内应选用阻燃电缆，其成束阻燃性能应不低于C级。与电力电缆同通道敷设的低压电缆、通信光缆等应穿入阻燃管，或采取其他防火隔离措施。应开展阻燃电缆阻燃性能到货抽检试验，以及阻燃防火材料（防火槽盒、防火隔板、阻燃管）防火性能到货抽检试验，并向运维单位提供抽检报告。

13.2.1.4 中性点非有效接地方式且允许带故障运行的电力电缆线路不应与110kV及以上电压等级电缆线路共用隧道、电缆沟、综合管廊电力舱。

13.2.1.5 非直埋电缆接头的外护层及接地线应包覆阻燃材料，充油电缆接头及敷设密集的10kV～35kV电缆的接头应用耐火防爆槽盒封闭。密集区域（4回及以上）的110（66）kV及以上电压等级电缆接头应选用防火槽盒、防火隔板、防火毯、防爆壳等防火防爆隔离措施。

13.2.1.6 在电缆通道内敷设电缆需经运行部门许可。施工过程中产生的电缆孔洞应加装防火封堵，受损的防火设施应及时恢复，并由运维部门验收。

13.2.1.7 隧道、竖井、变电站电缆层应采取防火墙、防火隔板及封堵等防火措施。防火墙、阻火隔板和阻火封堵应满足耐火极限不低于1h的耐火完整性、隔热性要求。建筑内的电缆井在每层楼板处采用不低于楼板耐火极限的不燃材料或防火封堵材料封堵。

13.2.1.8 变电站夹层宜安装温度、烟气监视报警器，重要的电缆隧道应安装火灾探测报警装置，并应定期检测。

13.2.2 运行阶段

13.2.2.1 电缆密集区域的在役接头应加装防火槽盒或采取其他防火隔离措施。输配电电缆同通道敷设应采取可靠的防火隔离措施。变电站夹层内在役接头应逐步移出，电力电缆切改或故障抢修时，应将接头布置在站外的电缆通道内。

13.2.2.2 运维部门应保持电缆通道、夹层整洁、畅通，消除各类火灾隐患，通道沿线及其内部、隧道通风口（亭）外部不得积存易燃、易爆物。

13.2.2.3 电缆通道临近易燃、易爆或腐蚀性介质的存储容器、输送管道时，应加强监视并采取有效措施，防止其渗漏进入电缆通道，进而损害电缆或导致火灾。

13.2.2.4 在电缆通道、夹层内使用的临时电源应满足绝缘、防火、防潮要求，并配置漏电保护器。工作人员撤离时应立即断开电源。

13.2.2.5 在电缆通道、夹层内动火作业应办理动火工作票，并采取可靠的防火措施。

13.2.2.6 严格按照运行规程规定对通道进行巡检，并检测电缆和接头运行温度。

13.2.2.7 与110（66）kV及以上电压等级电缆线路共用隧道、电缆沟、综合管廊电力舱的中性点非有效接地方式的电力电缆线路，应开展中性点接地方式改造，或做好防火隔离措施并在发生接地故障时立即拉开故障线路。

5.1.2.4.3 防止外力破坏和设施被盗

本条评价项目（见《评价》）的查评依据如下。

【依据】《国家电网有限公司十八项电网重大反事故措施（修订版）》（国家电网设备〔2018〕979号）

13.3 防止外力破坏和设施被盗

13.3.1 设计和基建阶段

13.3.1.1 电缆线路路径、附属设备及设施（地上接地箱、出入口、通风亭等）的设置应通过规划部门审批。应避免电缆通道邻近热力管线、易燃易爆管线（输油、燃气）和腐蚀性介质的管道。

13.3.1.2 综合管廊中110（66）kV及以上电缆应采用独立舱体建设。电力舱不宜与天然气管道舱、热力管道舱紧邻布置。

13.3.1.3 电缆通道及直埋电缆线路工程应严格按照相关标准和设计要求施工，并同步进行竣工测绘，非开挖工艺的电缆通道应进行三维测绘。应在投运前向运维部门提交竣工资料和图纸。

13.3.1.4 直埋通道两侧应对称设置标识标牌，每块标识标牌设置间距一般不大于50m。此外电缆接头处、转弯处、进入建筑物处应设置明显方向桩或标桩。

13.3.1.5 电缆终端场站、隧道出入口、重要区域的工井井盖应有安防措施，并宜加装在线监控装置。户外金属电缆支架、电缆固定金具等应使用防盗螺栓。

13.3.2 运行阶段

13.3.2.1 电缆路径上应设立明显的警示标志，对可能发生外力破坏的区段应加强监视，并采取可靠的防护措施。

13.3.2.2 工井正下方的电缆，应采取防止坠落物体打击的保护措施。

13.3.2.3 应监视电缆通道结构、周围土层和临近建筑物等的稳定性，发现异常应及时采取防护措施。

13.3.2.4 敷设于公用通道中的电缆应制定专项管理和技术措施，并加强巡视检测。通道内所有电力电缆及光缆应明确设备归属及运维职责。

13.3.2.5 对盗窃易发地区的电缆设施应加强巡视，接地箱（互联箱）、工井盖等应采取相应的技防措施。退运报废电缆应随同配套工程同步清理。

5.2 20kV及以下配电网设备

5.2.1 机制建设

5.2.1.1 设备巡回检查机制

本条评价项目（见《评价》）的查评依据如下。

【依据1】《配电网运维规程》（Q/GDW 1519—2014）

6 配电网巡视

6.1 一般要求

6.1.1 运维单位应结合配电网设备、设施运行状况和气候、环境变化情况以及上级运维管理部门的要求，编制计划、合理安排，开展标准化巡视工作。

6.1.2 巡视分类

a）定期巡视：由配电网运维人员进行，以掌握配电网设备、设施的运行状况、运行环境变化情况为目的，及时发现缺陷和威胁配电网安全运行情况的巡视。

b）特殊巡视：在有外力破坏可能、恶劣气象条件（如大风、暴雨、覆冰、高温等）、重要保电任务、设备带缺陷运行或其他特殊情况下由运维单位组织对设备进行的全部或部分巡视。

c) 夜间巡视：在负荷高峰或雾天的夜间由运维单位组织进行，主要检查连接点有无过热、打火现象，绝缘子表面有无闪络等的巡视。

d) 故障巡视：由运维单位组织进行，以查明线路发生故障的地点和原因为目的的巡视。

e) 监察巡视：由管理人员组织进行的巡视工作，了解线路及设备状况，检查、指导巡视人员的工作。

6.1.3 巡视周期

a) 定期巡视的周期见表1。根据设备状态评价结果，对该设备的定期巡视周期可动态调整，最多可延长一个定期巡视周期，架空线路通道与电缆线路通道的定期巡视周期不得延长；

b) 重负荷和三级污秽及以上地区线路应每年至少进行一次夜间巡视，其余视情况确定（线路污秽分级标准按当地电网污区图确定，污区图无明确认定的，按照附录B进行分级）；

c) 重要线路和故障多发线路应每年至少进行一次监察巡视。

定期巡视周期见表1。

表1　　　　　　　　　　　　　　　定 期 巡 视 周 期

序号	巡视对象	周期	
1	架空线路通道	市区：一个月	
		郊区及农村：一个季度	
2	电缆线路通道	一个月	
3	架空线路、柱上开关设备 柱上变压器、柱上电容器	市区：一个月	
		郊区及农村：一个季度	
4	电力电缆线路	一个季度	
5	中压开关站、环网单元	一个季度	
6	配电室、箱式变电站	一个季度	
7	防雷与接地装置	与主设备相同	
8	配电终端、直流电源	与主设备相同	

6.1.4 巡视人员应随身携带相关资料及常用工具、备件和个人防护用品。

6.1.5 巡视人员在巡视线路、设备时，应同时核对命名、编号、标识标示等。

6.1.6 巡视人员应认真填写巡视记录。巡视记录应包括气象条件、巡视人、巡视日期、巡视范围、线路设备名称及发现的缺陷情况、缺陷类别，沿线危及线路设备安全的树（竹）、建（构）筑物和施工情况、存在外力破坏可能的情况、交叉跨越的变动情况以及初步处理意见和情况等。

6.1.7 巡视人员在发现危急缺陷时应立即向班长汇报，并协助做好消缺工作；发现影响安全的施工作业情况，应立即开展调查，做好现场宣传、劝阻工作，并书面通知施工单位；巡视发现的问题应及时进行记录、分析、汇总，重大问题应及时向有关部门汇报。

6.1.8 运维单位应进一步加强对于外力破坏、恶劣气象条件情况下的特殊巡视工作，确保配电网安全可靠运行。

6.1.9 定期巡视的主要范围：

a) 架空线路、电缆通道及相关设施；

b) 架空线路、电缆及其附属电气设备；

c) 柱上变压器、柱上开关设备、柱上电容器、中压开关站、环网单元、配电室、箱式变电站等电气设备；

d) 中压开关站、环网单元、配电室的建（构）筑物和相关辅助设施；

e) 防雷与接地装置、配电自动化终端、直流电源等设备；

f) 各类相关的标识标示及相关设施。

6.1.10 特殊巡视的主要范围：

a) 过温、过负荷或负荷有显著增加的线路及设备；

b）检修或改变运行方式后，重新投入系统运行或新投运的线路及设备；

c）根据检修或试验情况，有薄弱环节或可能造成缺陷的线路及设备；

d）存在严重缺陷或缺陷有所发展以及运行中有异常现象的线路及设备；

e）存在外力破坏可能或在恶劣气象条件下影响安全运行的线路及设备；

f）重要保电任务期间的线路及设备；

g）其他电网安全稳定有特殊运行要求的线路及设备。

6.2 架空线路的巡视

6.2.1 通道巡视的主要内容：

a）线路保护区内有无易燃、易爆物品和腐蚀性液（气）体；

b）导线对地，对道路、公路、铁路、索道、河流、建（构）筑物等的距离是否符合附录 C 的相关规定，有无可能触及导线的铁烟囱、天线、路灯等；

c）有无可能被风刮起危及线路安全的物体（如金属薄膜、广告牌、风筝等）；

d）线路附近的爆破工程有无爆破手续，其安全措施是否妥当；

e）护区内栽植的树（竹）情况及导线与树（竹）的距离是否符合规定，有无蔓藤类植物附生威胁安全；

f）是否存在对线路安全构成威胁的工程设施（施工机械、脚手架、拉线、开挖、地下采掘、打桩等）；

g）是否存在电力设施被擅自移作他用的现象；

h）线路附近是否出现高大机械、揽风索及可移动设施等；

i）线路附近有无污染源；

j）线路附近河道、冲沟、山坡有无变化，巡视、检修时使用的道路、桥梁是否损坏，是否存在江河泛滥及山洪、泥石流对线路的影响；

k）线路附近有无修建的道路、码头、货物等；

l）线路附近有无射击、放风筝、抛扔杂物、飘洒金属和在杆塔、拉线上拴牲畜等；

m）有无在建、已建违反《电力设施保护条例》及《电力设施保护条例实施细则》的建（构）筑物；

n）通道内有无未经批准擅自搭挂的弱电线路；

o）有无其他可能影响线路安全的情况。

6.2.2 杆塔和基础巡视的主要内容：

a）杆塔是否倾斜、位移，是否符合 SD 292—88 相关规定，杆塔偏离线路中心不应大于 0.1m，混凝土杆倾斜不应大于 15/1000，铁塔倾斜度不应大于 0.5%（适用于 50m 及以上高度铁塔）或 1.0%（适用于 50m 以下高度铁塔），转角杆不应向内角倾斜，终端杆不应向导线侧倾斜，向拉线侧倾斜应小于 0.2m；

b）混凝土杆不应有严重裂纹、铁锈水，保护层不应脱落、疏松、钢筋外露，混凝土杆不宜有纵向裂纹，横向裂纹不宜超过 1/3 周长，且裂纹宽度不宜大于 0.5mm；焊接杆焊接处应无裂纹，无严重锈蚀；铁塔（钢杆）不应严重锈蚀，主材弯曲度不应超过 5/1000，混凝土基础不应有裂纹、疏松、露筋；

c）基础有无损坏、下沉、上拔，周围土壤有无挖掘或沉陷，杆塔埋深是否符合要求；

d）基础保护帽上部塔材有无被埋入土或废弃物堆中，塔材有无锈蚀、缺失；

e）各部螺丝应紧固，杆塔部件的固定处是否缺螺栓或螺母，螺栓是否松动等；

f）杆塔有无被水淹、水冲的可能，防洪设施有无损坏、坍塌；

g）杆塔位置是否合适、有无被车撞的可能，保护设施是否完好，安全标示是否清晰；

h）各类标识（杆号牌、相位牌、3m 线标记等）是否齐全、清晰明显、规范统一、位置合适、安装牢固；

i）杆塔周围有无蔓藤类植物和其他附着物，有无危及安全的鸟巢、风筝及杂物；

j）杆搭上有无未经批准的搭挂设施或非同一电源的低压配电线路。

6.2.3 导线巡视的主要内容：

a) 导线有无断股、损伤、烧伤、腐蚀的痕迹，绑扎线有无脱落、开裂，连接线夹螺栓是否紧固、有无跑线现象，7 股导线中任一股损伤深度不应超过该股导线直径的 1/2，19 股及以上导线任一处的损伤不应超过 3 股；

b) 三相弛度是否平衡，有无过紧、过松现象，三相导线弛度误差不应超过设计值的-5％或＋10％，一般挡距内弛度相差不宜超过 50mm；

c) 导线连接部位是否良好，有无过热变色和严重腐蚀，连接线夹是否缺失；

d) 跳（挡）线、引线有无损伤、断股、弯扭；

e) 导线的线间距离，过引线、引下线与邻相的过引线、引下线、导线之间的净空距离以及导线与拉线、杆塔或构件的距离是否符合 DL/T 601、DL/T 5220 相关规定，具体参照附录 C；

f) 导线上有无抛扔物；

g) 架空绝缘导线有无过热、变形、起泡现象；

h) 过引线有无损伤、断股、松股、歪扭，与杆塔、构件及其他引线间距离是否符合规定。

6.2.4 铁件、金具、绝缘子、附件巡视的主要内容：

a) 铁横担与金具有无严重锈蚀、变形、磨损、起皮或出现严重麻点，锈蚀表面积不应超过 1/2，特别应注意检查金具经常活动、转动的部位和绝缘子串悬挂点的金具；

b) 横担上下倾斜、左右偏斜不应大于横担长度的 2％；

c) 螺栓是否松动，有无缺螺帽、销子，开口销及弹簧销有无锈蚀、断裂、脱落；

d) 线夹、连接器上有无锈蚀或过热现象（如接头变色、熔化痕迹等），连接线夹弹簧垫是否齐全、紧固；

e) 瓷质绝缘子有无损伤、裂纹和闪络痕迹，釉面剥落面积不应大于 100mm^2，合成绝缘子的绝缘介质是否龟裂、破损、脱落；

f) 铁脚、铁帽有无锈蚀、松动、弯曲偏斜；

g) 瓷横担、瓷顶担是否偏斜；

h) 绝缘子钢脚有无弯曲，铁件有无严重锈蚀，针式绝缘子是否歪斜；

i) 在同一绝缘等级内，绝缘子装设是否保持一致；

j) 支持绝缘子绑扎线有无松弛和开断现象；与绝缘导线直接接触的金具绝缘罩是否齐全，有无开裂、发热变色变形，接地环设置是否满足要求；

k) 铝包带、预绞丝有无滑动、断股或烧伤，防振锤有无移位、脱落、偏斜；

l) 驱鸟装置、故障指示器工作是否正常。

6.2.5 拉线巡视的主要内容：

a) 拉线有无断股、松弛、严重锈蚀和张力分配不匀等现象，拉线的受力角度是否适当，当一基电杆上装设多条拉线时，各条拉线的受力应一致；

b) 跨越道路的水平拉线，对地距离符合 DL/T 5220 相关规定要求，对路边缘的垂直距离不应小于 6m，跨越电车行车线的水平拉线，对路面的垂直距离不应小于 9m；

c) 拉线棒有无严重锈蚀、变形、损伤及上拔现象，必要时应作局部开挖检查；

d) 拉线基础是否牢固，周围土壤有无突起、沉陷、缺土等现象；

e) 拉线绝缘子是否破损或缺少，对地距离是否符合要求；

f) 拉线不应设在妨碍交通（行人、车辆）或易被车撞的地方，无法避免时应设有明显警示标示或采取其他保护措施，穿越带电导线的拉线应加设拉线绝缘子；

g) 拉线杆是否损坏、开裂、起弓、拉直；

h) 拉线的抱箍、拉线棒、UT 形线夹、楔形线夹等金具铁件有无变形、锈蚀、松动或丢失现象；

i) 顶（撑）杆、拉线桩、保护桩（墩）等有无损坏、开裂等现象；

j) 拉线的 UT 形线夹有无被埋入土或废弃物堆中。

6.3　电力电缆线路的巡视

6.3.1　通道巡视的主要内容：

a）路径周边是否有管道穿越、开挖、打桩、钻探等施工，检查路径沿线各种标识标示是否齐全；

b）通道内是否存在土壤流失，造成排管包封、工作井等局部点暴露或者导致工作井、沟体下沉、盖板倾斜；

c）通道上方是否修建（构）筑物，是否堆置可燃物、杂物、重物、腐蚀物等；

d）通道内是否有热力管道或易燃易爆管道泄漏现象；

e）盖板是否齐全完整、排列紧密，有无破损；

f）盖板是否压在电缆本体、接头或者配套辅助设施上；

g）盖板是否影响行人、过往车辆安全；

h）隧道进出口设施是否完好，巡视和检修通道是否畅通，沿线通风口是否完好；

i）电缆桥架是否存在损坏、锈蚀现象，是否出现倾斜、基础下沉、覆土流失等现象，桥架与过渡工作井之间是否产生裂缝和错位现象；

j）水底电缆管道保护区内是否有挖砂、钻探、打桩、抛锚、拖锚、底拖捕捞、张网、养殖或者其他可能破坏海底电缆管道安全的水上作业；

k）临近河（海）岸两侧是否有受潮水冲刷的现象，电缆盖板是否露出水面或移位，河岸两端的警告标示是否完好。

6.3.2　电缆管沟、隧道内部巡视的主要内容：

a）结构本体有无形变，支架、爬梯、楼梯等附属设施及标识标示是否完好；

b）结构内部是否存在火灾、坍塌、盗窃、积水等隐患；

c）结构内部是否存在温度超标、通风不良、杂物堆积等缺陷，缆线孔洞的封堵是否完好；

d）电缆固定金具是否齐全，隧道内接地箱、交叉互联箱的固定、外观情况是否良好；

e）机械通风、照明、排水、消防、通信、监控、测温等系统或设备是否运行正常，是否存在隐患和缺陷；

f）测量并记录氧气和可燃、有害气体的成分和含量；

g）保护区内是否存在未经批准的穿管施工。

6.3.3　电缆本体巡视的主要内容：

a）电缆是否变形，表面温度是否过高；

b）电缆线路的标识标示是否齐全、清晰；

c）电缆线路排列是否整齐规范，是否按电压等级的高低从下向上分层排列；通信光缆与电力电缆同沟时是否采取有效的隔离措施；

d）电缆线路防火措施是否完备。

6.3.4　电缆终端头巡视的主要内容：

a）连接部位是否良好，有无过热现象，相间及对地距离是否符合要求；

b）电缆终端头和支持绝缘子的瓷件或硅橡胶伞裙套有无脏污、损伤、裂纹和闪络痕迹；

c）电缆终端头和避雷器固定是否出现松动、锈蚀等现象；

d）电缆上杆部分保护管及其封口是否完整；

e）电缆终端有无放电现象；

f）电缆终端是否完整，有无渗漏油，有无开裂、积灰、电蚀或放电痕迹；

g）电缆终端是否有不满足安全距离的异物，是否有倾斜现象，引流线不应过紧；

h）标识标示是否清晰齐全；

i）接地是否良好；

6.3.5　电缆中间接头巡视的主要内容：

a）外部是否有明显损伤及变形；

b) 密封是否良好;

c) 有无过热变色、变形等现象;

d) 底座支架是否锈蚀、损坏,支架是否存在偏移情况;

e) 防火阻燃措施是否完好;

f) 铠装或其他防外力破坏的措施是否完好;

g) 电缆井是否有积水、杂物现象;

h) 标识标示是否清晰齐全。

6.3.6 电缆分支箱巡视的主要内容:

a) 基础有无损坏、下沉,周围土壤有无挖掘或沉陷,电缆有无外露,螺栓是否松动;

b) 箱内有无进水,有无小动物、杂物、灰尘;

c) 电缆洞封口是否严密,箱内底部填沙与基座是否齐平;

d) 壳体是否锈蚀、损坏,外壳油漆是否剥落,内装式铰链门开合是否灵活;

e) 电缆搭头接触是否良好,有无发热、氧化、变色等现象,电缆搭头相间和对壳体、地面距离是否符合要求;

f) 箱体内电缆进出线标识是否齐全,与对侧端标识是否对应;

g) 有无异常声音或气味;

h) 箱体内其他设备运行是否良好;

i) 标识标示、一次接线图等是否清晰、正确。

6.3.7 电缆温度的检测:

a) 多条并联运行的电缆以及电缆线路靠近热力管或其他热源、电缆排列密集处,应进行土壤温度和电缆表面温度监视测量,以防电缆过热;

b) 测量电缆的温度,应在夏季或电缆最大负荷时进行;

c) 测量直埋电缆温度时,应测量同地段的土壤温度,测量土壤温度的热偶温度计的装置点与电缆间的距离应不小于3m,离土壤测量点3m半径范围内应无其他热源;

d) 电缆同地下热力管交叉或接近敷设时,电缆周围的土壤温度在任何时候不应超过本地段其他地方同样深度的土壤温度10℃以上。

6.4 柱上开关设备的巡视

6.4.1 断路器和负荷开关巡视的主要内容:

a) 外壳有无渗、漏油和锈蚀现象;

b) 套管有无破损、裂纹和严重污染或放电闪络的痕迹;

c) 开关的固定是否牢固、是否下倾,支架是否歪斜、松动,引线接点和接地是否良好,线间和对地距离是否满足要求;

d) 各个电气连接点连接是否可靠,铜铝过渡是否可靠,有无锈蚀、过热和烧损现象;

e) 气体绝缘开关的压力指示是否在允许范围内,绝缘开关油位是否正常;

f) 开关标识标示,分、合和储能位置指示是否完好、正确、清晰。

6.4.2 隔离负荷开关、隔离开关(刀闸)、跌落式熔断器巡视的主要内容:

a) 绝缘件有无裂纹、闪络、破损及严重污秽;

b) 熔丝管有无弯曲、变形;

c) 触头间接触是否良好,有无过热、烧损、熔化现象;

d) 各部件的组装是否良好,有无松动、脱落;

e) 引下线接点是否良好,与各部件间距是否合适;

f) 安装是否牢固,相间距离、倾角是否符合规定;

g) 操作机构有无锈蚀现象;

h) 隔离负荷开关的灭弧装置是否完好。

6.5　柱上电容器的巡视

6.5.1　巡视的主要内容：

a）绝缘件有无闪络、裂纹、破损和严重脏污；

b）有无渗、漏油；

c）外壳有无膨胀、锈蚀；

d）接地是否良好；

e）放电回路及各引线接线是否良好；

f）带电导体与各部的间距是否合适；

g）熔丝是否熔断。

6.5.2　柱上电容器运行中的最高温度不得超过制造厂规定值。

6.6　开关柜、配电柜的巡视

巡视的主要内容：

a）开关分、合闸位置是否正确，与实际运行方式是否相符，控制把手与指示灯位置是否对应，SF_6 开关气体压力是否正常；

b）开关防误闭锁是否完好，柜门关闭是否正常，油漆有无剥落；

c）设备的各部件连接点接触是否良好，有无放电声，有无过热变色、烧熔现象，示温片是否熔化脱落；

d）设备有无凝露，加热器、除湿装置是否处于良好状态；

e）接地装置是否良好，有无严重锈蚀、损坏；

f）母线排有无变色变形现象，绝缘件有无裂纹、损伤、放电痕迹；

g）各种仪表、保护装置、信号装置是否正常；

h）铭牌及标识标示是否齐全、清晰；

i）模拟图板或一次接线图与现场是否一致。

6.7　配电变压器的巡视

巡视的主要内容：

a）变压器各部件接点接触是否良好，有无过热变色、烧熔现象，示温片是否熔化脱落；

b）变压器套管是否清洁，有无裂纹、击穿、烧损和严重污秽，瓷套裙边损伤面积不应超过 $100mm^2$；

c）变压器油温、油色、油面是否正常，有无异声、异味，在正常情况下，上层油温不应超过 $85°$，最高不应超过 $95°$；

d）各部位密封圈（垫）有无老化、开裂，缝隙有无渗、漏油现象，配电变压器外壳有无脱漆、锈蚀，焊口有无裂纹、渗油；

e）有载调压配电变压器分接开关指示位置是否正确；

f）呼吸器是否正常、有无堵塞，硅胶有无变色现象，绝缘罩是否齐全完好，全密封变压器的压力释放装置是否完好；

g）变压器有无异常声音，是否存在重载、超载现象；

h）标识标示是否齐全、清晰，铭牌和编号等是否完好；

i）变压器台架高度是否符合规定，有无锈蚀、倾斜、下沉，木构件有无腐朽，砖、石结构台架有无裂缝和倒塌可能；

j）地面安装变压器的围栏是否完好，平台坡度不应大于1/100；

k）引线是否松弛，绝缘是否良好，相间或对构件的距离是否符合规定；

l）温度控制器显示是否异常，巡视中应对温控装置进行自动和手动切换，观察风扇启停是否正常等。

6.8　防雷和接地装置的巡视

巡视的主要内容：

a）避雷器本体及绝缘罩外观有无破损、开裂，有无闪络痕迹，表面是否脏污；

b）避雷器上、下引线连接是否良好，引线与构架、导线的距离是否符合规定；

c) 避雷器支架是否歪斜，铁件有无锈蚀，固定是否牢固；

d) 带脱离装置的避雷器是否已动作；

e) 防雷金具等保护间隙有无烧损，锈蚀或被外物短接，间隙距离是否符合规定；

f) 接地线和接地体的连接是否可靠，接地线绝缘护套是否破损，接地体有无外露、严重锈蚀，在埋设范围内有无土方工程；

g) 设备接地电阻应满足表 2 要求；

h) 有避雷线的配电线路，其杆塔接地电阻应满足表 3 要求。

表 2　　　　　　　　　　　　　　　配电网设备接地电阻

配电网设备	接地电阻（Ω）
柱上开关	10
避雷器	10
柱上电容器	10
柱上高压计量箱	10
总容量 100kVA 及以上的变压器	4
总容量为 100kVA 以下的变压器	10
开关柜	4
电缆	10
电缆分支箱	10
配电室	4

表 3　　　　　　　　　　　　　　　电 杆 的 接 地 电 阻

土壤电阻率（Ωm）	工频接地电阻（Ω）
100 及以下	10
100 以上～500	15
500 以上～1000	20
1000 以上～2000	25
2000 以上	30

6.9　站房类建（构）筑物的巡视

巡视的主要内容：

a) 建（构）筑物周围有无杂物，有无可能威胁配电网设备安全运行的杂草、蔓藤类植物等；

b) 建（构）筑物的门、窗、钢网有无损坏，房屋、设备基础有无下沉、开裂，屋顶有无漏水、积水，沿沟有无堵塞；

c) 户外环网单元、箱式变电站等设备的箱体有无锈蚀、变形；

d) 建（构）筑物、户外箱体的门锁是否完好；

e) 电缆盖板有无破损、缺失，进出管沟封堵是否良好，防小动物设施是否完好；

f) 室内是否清洁，周围有无威胁安全的堆积物，大门口是否畅通，是否影响检修车辆通行；

g) 室内温度是否正常，有无异声、异味；

h) 室内消防、照明设备、常用工器具是否完好齐备、摆放整齐，除湿、通风、排水设施是否完好。

6.10　配电自动化设备的巡视

6.10.1　配电终端设备（馈线终端、站所终端等）巡视的主要内容：

a) 设备表面是否清洁，有无裂纹和缺损；

b) 二次端子排接线是否松动，二次接线标识是否清晰正确；

c) 交直流电源是否正常；

d) 柜门关闭是否良好，有无锈蚀、积灰，电缆进出孔封堵是否完好；

e) 终端设备运行工况是否正常，各指示灯信号是否正常；

f) 通信是否正常，报文收发是否正常；

g) 遥测数据是否正常，遥信位置是否正确；

h) 设备接地是否牢固可靠；

i) 应对终端装置参数定值等进行核实及时钟校对，做好数据常态备份；

j) 二次安全防护设备运行是否正常；

k) 遥测、遥信等信息是否异常。

6.10.2　直流电源设备巡视的主要内容：

a) 蓄电池是否渗液、老化；

b) 箱体有无锈蚀及渗漏；

c) 蓄电池电压、浮充电流是否正常；

d) 直流电源箱、直流屏指示灯信号是否正常，开关位置是否正确，液晶屏显示是否正常。

附录 C

（规范性附录）

线路间及与其他问题之间的距离

架空配电线路与铁路、道路、通航河流、管道、索道及各种架空线路交叉或接近的基本要求见表 C.1；架空线路导线间的最小允许距离见表 C.2；架空线路与其他设施的安全距离限制见表 C.3；架空线路其他安全距离限制见表 C.4；电缆与电缆或管道、道路、构筑物等相互间容许最小净距见表 C.5；公路等级见表 C.6；弱电线路等级见表 C.7。

表 C.1　架空配电线路与铁路、道路、通航河流、管道、索道及各种架空线路交叉或接近的基本要求

项目	铁路		公路		电车道	河流		弱电线路		电力线路/kV						特殊管道	一般管道、索道	人行天桥
	标准轨距	窄轨 电气化铁路	高速公路、一级公路	二、三、四级公路	有轨及无轨	通航	不通航	一二级	三级	1以下	1～10	35～110	154～220	330	500	—	—	—
导线最小截面	铝线及铝合金线 50mm²，铜线为 16mm²																	
导线在跨越档内的接头	不应接头	—	不应接头	—	不应接头	不应接头	—	不应接头	—	交叉不应接头	交叉不应接头	—	—	—	—	不应接头		—
导线支持方式	双固定	—	双固定	单固定	双固定	双固定		单固定		双固定	单固定	单固定	双固定			双固定		—
最小垂直距离 m	线路电压	至轨顶	接触线或承力索	至路面	至承力索或接触线 至路面	至常年高水位 至路面	至最高航行水位的最高船樯顶	至最高洪水位	冬季至冰面	至被跨越线	—					电力线在下面 电力线在下面至电力线上的保护设施		电力线路在下面

续表

项目	线路电压																		
最小垂直距离 m	1kV～10kV	7.5	6.0	平原地区配电线路入地	7.0	3.0/9.0	6	1.5	3.0	5.0	2.0	2	2	3	4	5	8.5	3.0	2.0/2.0	5(4)
	1kV以下	7.5	6.0	平原地区配电线路入地	6.0	3.0/9.0	6	1.0	3.0	5.0	1.0	1	2	3	4	5	8.5	1.5/1.5	4(3)

最小水平距离 m	线路电压	电杆外缘至轨道中心	电杆中心至路面边缘／电杆外缘至轨道中心	电杆中心至路面边缘	与拉纤小路平等的线路，边导线至斜坡上缘	在路径受限制地区，两线路边导线间	在路径受限制地区，两线路边导线间	在线路受限制地区，至管道、索道任何部分	导线边缘线至人行天桥边缘
	1kV～10kV	交叉：5.0 平行：杆高+3.0	平行杆高+3.0	0.5/3.0	最高电杆高度	2.0	2.5 2.5 5.0 7.0 9.0 13.0	2.0	4.0
	1kV以下			0.5/3.0		1.0		1.5	2.0

备注：山区入地困难时，应协商，并签订协议；公路分级见附录D，城市道路的分级，参照公路的规定；最高洪水位时，有抗洪抢险船只航行的河流，垂直距离应协商确定；①两平行线路在开阔地区的水平距离不应小于电杆高度；②弱电线路分级见附录C；两平行线路地开阔区平行时水平距离不应小于电杆高度；①特殊管道指架设在地面上的输送易燃、易爆物的管道；②交叉点不应选在管道检查井（孔）处，与管道、索道平行、交叉时，管道、索道应接地

注 1. 1kV以下配电线路与二、三级弱电线路，与公路交叉时，导线支持方式不限制。
2. 架空配电线路与弱电线路交叉时，交叉挡弱电线路的木质电杆应有防雷措施。
3. 1kV～10kV电力接户线与工业企业内自用的同电压等级的架空线路交叉时，接户线宜架设在上方。
4. 不能通航河流指不能通航也不能浮运的河流。
5. 对路径受限制地区的最小水平距离的要求，应计及架空电力线路导线的最大风偏。
6. 公路等级应符合JTJ001的规定。
7. （）内数值为绝缘导线线路。

623

表 C.2　　　　　　　　　　　　　　　　　　　　架空线路导线间的最小允许距离　　　　　　　　　　　　　　　　　　　　　　m

挡距	40 及以下	50	60	70	80	90	100
裸导线	0.6	0.65	0.7	0.75	0.85	0.9	1.0
绝缘导线	0.4	0.55	0.6	0.65	0.75	0.9	1.0

注　考虑登杆需要，接近电杆的两导线间水平距离不宜小于 0.5m。

表 C.3　　　　　　　　　　　　　　　　　　　　架空线路与其他设施的安全距离　　　　　　　　　　　　　　　　　　　　　　m

项目		10kV		20kV	
		最小垂直距离	最小水平距离	最小垂直距离	最小水平距离
对地距离	居民区	6.5	—	7.0	—
	非居民区	5.5	—	6.0	—
	交通困难区	4.5 (3)	—	5.0	—
与建筑物		3.0 (2.5)	1.5 (0.75)	3.5	2.0
与行道树		1.5 (0.8)	2.0 (1.0)	2.0	2.5
与果树、经济作物、城市绿化、灌木		1.5 (1.0)		2.0	—
甲类火险区		不允许	杆高 1.5 倍	不允许	杆高 1.5 倍

注　1. 垂直（交叉）距离应为最大计算弧垂情况下，水平距离应为最大风偏情况下。
　　　2. （　）内为绝缘导线的最小距离。

表 C.4　　　　　　　　　　　　　　　　　　　　架空线路其他安全距离限制　　　　　　　　　　　　　　　　　　　　　　m

项目	10kV	20kV
导线与电杆、构件、拉线的净距	0.2	0.35
每相的过引线、引下线与相邻的过引线、导线之间的净空距离	0.3	0.4

表 C.5　　　　　　　　　　　　　　　　　　电缆与电缆或管道、道路、构筑物等相互间允许最小净距　　　　　　　　　　　　　　　　m

电缆直埋敷设时的配置情况		平行	交叉
控制电缆间			0.5*
电力电缆之间与控制电缆之间	10kV 及以下	0.1	0.5*
	10 kV 以上	0.25**	0.5*
不同部门使用的电缆间		0.5**	0.5*
电缆与地下管沟及设备	热力管沟	2.0**	0.5*
	油管及易燃气管道	1.0	0.5*
	其他管道	0.5	0.5*
电缆与铁路	非直流电气化铁路路轨	3.0	1.0
	直流电气化铁路路轨	10.0	1.0
电缆建筑物基础		0.6***	
电缆与公路边		1.0***	
电缆与排水沟		1.0***	
电缆与树木的主干		0.7	
电缆与 1kV 以下架空线电杆		1.0***	
电缆与 1kV 以上架空线杆塔基础		4.0***	

*　用隔板分隔或电缆穿管时可为 0.25m；** 用隔板分隔或电缆穿管时可为 0.1m；*** 特殊情况可酌减且最多减少一半值。

表 C.6　　　　　　　　　　　　　　　　　　　　　　　　　公 路 等 级

高速公路为专供汽车分向、分车道行驶并全部控制出入的干线公路	四车道高速公路一般能适应按各种汽车折合成小客车的远景设计年限年平均昼夜交通量为 25000～55000 辆； 　六车道高速公路一般能适应按各种汽车折合成小客车的远景设计年限年平均昼夜交通量为 45000～80000 辆； 　八车道高速公路一般能适应按各种汽车折合成小客车的远景设计年限年平均昼夜交通量为 60000～100000 辆
一级公路为供汽车分向、分车道行驶的公路	一般能适应按各种汽车折合成小客车的远景设计年限年平均昼夜交通量为 15000～30000 辆。为连接重要政治、经济中心，通往重点工矿区、港口、机场，专供汽车分道行驶并部分控制出入的公路

二级公路	一般能适应按各种车辆折合成中型载重汽车的远景设计年限年平均昼夜交通量为3000～15000辆，为连接重要政治、经济中心，通往重点工矿、港口、机场等的公路
三级公路	一般能适应按各种车辆折合成中型载重汽车的远景设计年限年平均昼夜交通量为1000～4000辆，为沟通县以上城市的公路
四级公路	一般能适应按各种车辆折合成中型载重汽车的远景设计年限年平均昼夜交通量为：双车道1500辆以下；单车道200辆以下，为沟通县、乡（镇）、村等的公路

表 C.7 弱 电 线 路 等 级

一级线路	首都与各省（直辖市）、自治区所在地及其相互联系的主要线路；首都至各重要工矿城市、海港的线路以及由首都通达国外的国际线路；由邮电部门指定的其他国际线路和国防线路；铁道部与各铁路局之间联系用的线路，以及铁路信号自动闭塞装置专用线路
二级线路	各省（直辖市）、自治区所在地（市）、县及其相互间的通信线路；相邻两省（自治区）各地（市）、县相互间的通信线路；一般市内电话线路；铁路局与各站、段相互间的线路，以及铁路信号闭塞装置的线路
三级线路	县至区、乡的县内线路和两对以下的城郊线路；铁路的地区线路及有线广播线路

【依据2】《配电变压器运行规程》（DL/T 1102—2009）

5.1.3 在下列情况下应对变压器进行特殊巡视检查，增加巡视检查次数：

a）新设备或经过检修、改造的变压器在投运72h内。

b）有严重缺陷时。

c）气象突变（如大风、大雾、大雪、冰雹、寒潮等）时。

d）雷雨季节特别是雷雨后。

e）高温季节、高峰负载期间。

f）节假日、重大活动期间。

g）变压器急救负载运行时。

5.1.4 变压器巡视检查一般应包括以下内容：

a）变压器的油温和温度计应正常，变压器油位、油色应正常，各部位无渗油、漏油。

b）套管外部无破损裂纹、无严重油污、无放电痕迹及其他异常现象。

c）变压器音响正常，外壳及箱沿应无异常过热。

d）气体继电器内应无气体、吸湿器完好，吸附剂干燥无变色。

e）引线接头、电缆、母线应无过热迹象。

f）压力释放器或安全气道及防爆膜应完好无损。

g）有载分接开关的分接位置及电源指示应正常。

h）各控制箱和二次端子箱应关严，无受潮；各种保护装置应齐全、良好。

i）变压器外壳接地良好。

j）各种标志应齐全明显，消防设施应齐全完好。

k）室（洞）内变压器通风设备应完好，贮油池和排油设施应保持良好状态。

l）变压器室的门、窗、照明应完好，房屋不漏水，温度正常。

m）干式变压器的外部表面应无积污、裂纹及放电现象。

n）现场规程中根据变压器的结构特点补充检查的其他项目。

5.2.1.2 故障处理机制

本条评价项目（见《评价》）的查评依据如下。

【依据1】《配电网运维规程》（Q/GDW 1519—2014）

12 故障处理

12.1 一般要求

12.1.1 故障处理应遵循保人身、保电网、保设备的原则，尽快查明故障地点和原因，消除故障根源，防止故障的扩大，及时恢复用户供电。

12.1.2 故障处理前，应采取措施防止行人接近故障线路和设备，避免发生人身伤亡事故。

12.1.3 故障处理时，应尽量缩小故障停电范围和减少故障损失。

12.1.4 多处故障时处理顺序是先主干线后分支线，先公用变压器后专用变压器。

12.1.5 对故障停电用户恢复供电顺序为，先重要用户后一般用户，优先恢复带一、二级负荷的用户供电。

12.1.6 对于配置故障指示器的线路，宜应用故障指示器，从电源侧开始逐步定位故障区段进行故障查找和处理；对于配置馈线自动化的线路，可根据配电自动化系统信息，直接在故障区段进行故障查找和处理。

12.2 故障处理方法

12.2.1 中性点小电流接地系统发生永久性接地故障时，应利用各种技术手段，快速判断并切除故障线路或故障段，在无法短时间查找到故障点的情况下，宜停电查找故障点，必要时可用柱上开关或其他设备，从首端至末端、先主线后分支，采取逐段逐级拉合的方式进行排查。

12.2.2 线路上的熔断器熔断或柱上断路器跳闸后，不得盲目试送，应详细检查线路和有关设备，确无问题后方可恢复送电。

12.2.3 线路故障跳闸但重合闸成功，运维单位应尽快查明原因。

12.2.4 已发现的短路故障修复后，应检查故障点电源侧所有连接点（跳挡，搭头线），确无问题方可恢复供电。

12.2.5 电力电缆线路发生故障，根据线路跳闸、故障测距和故障寻址器动作等信息，对故障点位置进行初步判断，故障电缆段查出后，应将其与其他带电设备隔离，并做好满足故障点测寻及处理的安全措施，故障点经初步测定后，在精确定位前应与电缆路径图仔细核对，必要时应用电缆路径仪探测确定其准确路径。

12.2.6 锯断故障电缆前应与电缆走向图进行核对，必要时使用专用仪器进行确认，在保证电缆导体可靠接地后，方可工作。

12.2.7 电力电缆线路发生故障，在未修复前应对故障点进行适当的保护，避免因雨水、潮气等影响使电缆绝缘受损。故障电缆修复前应检查电缆受潮情况，如有进水或受潮，应采取去潮措施或切除受潮线段。在确认电缆未受潮、分段绝缘合格后，方可进行故障部位修复。

12.2.8 电力电缆线路故障处理前后都应进行相关试验，以保证故障点全部排除及处理完好。

12.2.9 配电变压器一次熔丝一相熔断时，应详细检查一次侧设备及变压器，无问题后方可送电；一次熔丝两相或三相熔断、断路器跳闸时，应详细检查一次侧设备、变压器和低压设备，必要时还应测试变压器绝缘电阻并符合 DL/T 596 规定，确认无故障后才能送电。

12.2.10 配电变压器、断路器等发生冒油、冒烟或外壳过热现象时，应断开电源，待冷却后处理。

12.2.11 中压开关站、环网单元母线电压互感器或避雷器发生异常情况（如冒烟、内部放电等），应先用开关切断该电压互感器所在母线的电源，然后隔离故障电压互感器。不得直接拉开该电压互感器的电源侧刀闸，其二次侧不得与正常运行的电压互感器二次侧并列。

12.2.12 操作开关柜开关前应检查气压表，在发现 SF$_6$ 气压表指示红色区域时，应停止操作、迅速撤离现场并立即汇报，等候处理。无气压表的 SF$_6$ 开关柜应停电后方可操作。

12.2.13 电气设备发生火灾、水灾时，运维人员应首先设法切断电源，然后再进行处理。

12.2.14 导线、电缆断落地面或悬挂空中时，应按照 Q/GDW 1799 进行故障处理。

12.3 故障统计与分析

12.3.1 故障发生后，运维单位应及时从责任、技术等方面分析故障原因，制订防范措施，并按规定完成分析报告与分类统计上报工作。

12.3.2 故障分析报告主要内容：

a) 故障情况，包括系统运行方式、故障及修复过程、相关保护动作信息、负荷损失情况等；

b) 故障基本信息，包括线路或设备名称、投运时间、制造厂家、规格型号、施工单位等；

c) 原因分析，包括故障部位、故障性质、故障原因等；

d) 暴露出的问题，采取的应对措施等。

12.3.3 运维单位应制定事故应急预案，配备足够的抢修工器具，储备合理数量的备品备件，事故抢修后，应做好备品备件使用记录并及时补充。

【依据2】《电力电缆及通道运维规程》（Q/GDW 1512—2014）

12.3 故障统计与分析

12.3.1 故障发生后，运维单位应及时从责任、技术等方面分析故障原因，制订防范措施，并按规定完成分析报告与分类统计上报工作。

12.3.2 故障分析报告主要内容：

a) 故障情况，包括系统运行方式、故障及修复过程、相关保护动作信息、负荷损失情况等；

b) 故障基本信息，包括线路或设备名称、投运时间、制造厂家、规格型号、施工单位等；

c) 原因分析，包括故障部位、故障性质、故障原因等；

d) 暴露出的问题，采取的应对措施等。

12.3.3 运维单位应制定事故应急预案，配备足够的抢修工器具，储备合理数量的备品备件，事故抢修后，应做好备品备件使用记录并及时补充。

5.2.1.3 设备缺陷管理和隐患排查治理工作机制

本条评价项目（见《评价》）的查评依据如下。

【依据】《配电网运维规程》（Q/GDW 1519—2014）

11 缺陷与隐患处理

11.1 一般要求

11.1.1 设备缺陷是指配电网设备本身及周边环境出现的影响配电网安全、经济和优质运行的情况。超出消缺周期仍未消除的设备危急缺陷和严重缺陷，即为安全隐患。

11.1.2 设备缺陷与隐患的消除应优先采取不停电作业方式。

11.1.3 设备缺陷按其对人身、设备、电网的危害或影响程度，划分为一般、严重和危急三个等级：

a) 一般缺陷：设备本身及周围环境出现不正常情况，一般不威胁设备的安全运行，可列入年、季检修计划或日常维护工作中处理的缺陷。

b) 严重缺陷：设备处于异常状态，可能发展为事故，但仍可在一定时间内继续运行，须加强监视并进行检修处理的缺陷。

c) 危急缺陷：严重威胁设备的安全运行，不及时处理，随时有可能导致事故的发生，应尽快消除或采取必要的安全技术措施进行处理的缺陷。

11.2 缺陷与隐患处理方法

11.2.1 缺陷与隐患在发现与处理过程中，应进行统一记录，内容包括缺陷与隐患的地点、部位、发现时间、缺陷描述、缺陷设备的厂家和型号、等级、计划处理时间、检修时间、处理情况、验收意见等。

11.2.2 缺陷发现后，应按照 Q/GDW 745 严格进行分类和分级，并按照 Q/GDW 645 进行状态评价，按照 Q/GDW 644 确定检修策略，开展消缺工作。

11.2.3 危急缺陷消除时间不得超过 24h，严重缺陷应在 30d 内消除，一般缺陷可结合检修计划尽早消除，但应处于可控状态。

11.2.4 缺陷处理过程应实行闭环管理，主要流程包括：运行发现—上报管理部门—安排检修计划—检修消缺—运行验收，采用信息化系统管理的，也应按该流程在系统内流转。

11.2.5 被判定为安全隐患的设备缺陷，应继续按照设备缺陷管理规定进行处理，同时纳入安全隐患管理流程闭环督办。

11.2.6 设备带缺陷或隐患运行期间，运维单位应加强监视，必要时制定相应应急措施。

11.2.7 定期开展缺陷与隐患的统计、分析和报送工作，及时掌握缺陷与隐患的产生原因和消除情况，有针对性地制定应对措施。

5.2.1.4　设备状态评价和运行分析机制

本条评价项目（见《评价》）的查评依据如下。

【依据】《配电网运维规程》（Q/GDW 1519—2014）

10　状态评价

10.1　一般要求

10.1.1　运维单位应以现有配电网设备数据为基础，采用各类信息化管理手段（如配电自动化系统、用电信息采集系统等），以及各类带电检（监）测（如红外检测、开关柜局放检测等）、停电试验手段，利用配电网设备状态检修辅助决策系统开展设备状态评价，掌握设备发生故障之前的异常征兆与劣化信息，事前采取针对性措施控制，防止故障发生，减少故障停运时间与停运损失，提高设备利用率，并进一步指导优化配电网运维、检修工作。

10.1.2　运维单位应积极开展配电网设备状态评价工作，配备必要的仪器设备，实行专人负责。

10.1.3　设备应自投入运行之日起纳入状态评价工作。

10.2　状态信息收集

10.2.1　状态信息收集应坚持准确性、全面性与时效性的原则，各相关专业部门应根据运维单位需要及时提供信息资料。

10.2.2　信息收集应通过内部、外部多种渠道获得，如通过现场巡视、现场检测（试验）、业扩报装、信息系统、95598、市政规划建设等获取配电网设备的运行情况与外部运行环境等信息。

10.2.3　运维单位应制订定期收集配电网运行信息的方法，对于收集的信息，运维单位应进行初步的分类、分析判断与处理，为开展状态评价提供正确依据。

10.2.4　设备投运前状态信息收集：

a）出厂资料（包括型式试验报告、出厂试验报告、性能指标等）；

b）交接验收资料。

10.2.5　设备运行中状态信息收集：

a）运行环境和污区划分资料；

b）巡视记录；

c）修试记录；

d）故障（异常）记录；

e）缺陷与隐患记录；

f）状态检测记录；

g）越限运行记录；

h）其他相关配电网运行资料。

10.2.6　同类型设备应参考家族性缺陷信息。

10.3　状态评价内容

10.3.1　状态评价范围应包括架空线路、电力电缆线路、电缆分支箱、柱上设备、开关柜、配电柜、配电变压器、建（构）筑物及外壳等设备、设施。

10.3.2　评价周期：

a）状态评价包括定期评价和动态评价。定期评价特别重要设备1年1次，重要设备2年1次，一般设备3年1次。定期评价每年6月底前完成；设备动态评价应根据设备状况、运行工况、环境条件等因素适时开展。

b）利用配电网设备状态检修辅助决策系统，在设备状态量可实现自动采集的情况下，设备状态评价可实时进行，即每个状态量变化时，系统自动完成设备状态的更新。

10.3.3　状态评价资料、评价原则、单元评价方法、整体评价方法及处理原则按照 Q/GWD 645执行。

10.3.4 设备状态评价结果分为以下四个状态：

a）正常状态：设备运行数据稳定，所有状态量符合标准。

b）注意状态：设备的几个状态量不符合标准，但不影响设备运行。

c）异常状态：设备的几个状态量明显异常，已影响设备的性能指标或可能发展成严重状态，设备仍能继续运行。

d）严重状态：设备状态量严重超出标准或严重异常，设备只能短期运行或需要立即停役。

10.4 评价结果应用

10.4.1 对于正常、注意状态设备，可适当简化巡视内容、延长巡视周期；对于架空线路通道、电缆线路通道的巡视周期不得延长。

10.4.2 对于异常状态设备，应进行全面仔细地巡视，并缩短巡视周期，确保设备运行状态的可控、在控。

10.4.3 对于严重状态设备，应进行有效监控。

10.4.4 根据评价结果，按照 Q/GDW 644 制定检修策略。

13 运行分析

13.1 一般要求

13.1.1 根据配电网管理工作、运行情况、巡视结果、状态评价等信息，对配电网的运行情况进行分析、归纳、提炼和总结，并根据分析结果，制定解决措施，提高运行管理水平。

13.1.2 运维单位应根据运行分析结果，对配电网建设、检修和运行等提出建设性意见，并结合本单位实际，制定应对措施，必要时应将意见和建议向上级反馈。

13.1.3 配电网运行分析周期为地市公司每季度一次、运维单位每月一次。

13.2 运行分析内容

13.2.1 运行分析内容应包括但不限于：运行管理、配电网概况及运行指标、巡视维护、试验（测试）、缺陷与隐患、故障处理、电压与无功、负荷等。

13.2.2 运行管理分析，应对管理制度是否落实到位、管理是否存在薄弱环节、管理方式是否合理等问题进行分析。

13.2.3 配电网概况及运行指标分析，应对当前配电网基础数据和配电网主要指标进行分析，如供电可靠性、电压合格率、线路负荷情况、缺陷处理指数、故障停运率、超过载配变比率等。

13.2.4 巡视维护分析，应对配电网巡视维护工作进行分析，包括计划执行情况、发现处理的问题等。

13.2.5 试验（测试）分析，应对通过配电自动化监测、智能配电变压器监测、红外测温、开关柜局放试验、电缆振荡波试验等手段收集的设备信息进行分析。

13.2.6 缺陷与隐患分析，应对缺陷与隐患管理存在的问题和已发现缺陷与隐患的处理情况进行统计和分析，及时掌握缺陷与隐患的处理情况和产生原因。

13.2.7 故障处理分析，应从责任原因、技术原因两个角度对故障及处理情况进行汇总和分析，并根据分析结果，制定相应措施。

13.2.8 电压与无功分析，应对电压与无功管理工作情况、电压合格率、配电变压器功率因数等进行分析。

13.2.9 负荷分析，应对区域负荷预测、线路与配电变压器负荷情况、重载线路与配电变压器处理情况等进行分析。

13.3 电压与无功管理

13.3.1 10（20）kV 及以下三相供电电压允许偏差为额定电压的±7%，220V 单相供电电压允许偏差为额定电压的+7%～−10%。

13.3.2 电压监测点的设置应符合《供电监管办法》（电监会 27 号令）规定，监测点电压每月抄录或采集一次。电压监测点宜按出线首末成对设置。

13.3.3 对于有以下情况的，应及时测量电压：

a) 更换或新装配电变压器；

b) 配电变压器分接头调整后；

c) 投入较大负荷；

d) 三相电压不平衡，烧坏用电设备；

e) 用户反映电压不正常。

13.3.4 用户电压超过规定范围应采取措施进行调整，调节电压可以采用以下措施：

a) 合理选择配电变压器分接头；

b) 在低压侧母线上装设无功补偿装置；

c) 缩短线路供电半径及平衡三相负荷，必要时在中压线路上加装调压器。

13.3.5 配电变压器（含配电室、箱式变电站、柱上变压器）安装无功自动补偿装置时，应符合下列规定：

a) 在低压侧母线上装设，容量按配电变压器容量的 20%～40% 考虑；

b) 以电压为约束条件，根据无功需量进行分组分相自动投切；

c) 合理选择配电变压器分接头，避免电压过高电容器无法投入运行。

13.3.6 在供电距离远、功率因数低的架空线路上可适当安装具备自动投切功能的并联补偿电容器，其容量（包括用户）一般按线路上配电变压器总量的 7%～10% 配置（或经计算确定），但不应在负荷低谷时向系统倒送无功；柱上电容器保护熔丝可按电容器额定电流的 1.2 倍～1.3 倍进行整定。

13.3.7 运维单位每年应安排进行一次无功实测。

13.4 负荷分析

13.4.1 配电线路、设备不得长期超载运行，导线、电缆的长期允许载流量参见附录E，线路、设备重载（按线路、设备限额电流值的 70% 考虑）时，应加强运行监督，及时分流。

13.4.2 运维单位应通过各种手段定期收集配电线路、设备的实际负荷情况，为配电网运行分析提供依据，重负荷时期应缩短收集周期。

13.4.3 配电变压器运行应经济，年最大负载率不宜低于 50%，季节性用电的变压器，应在无负荷季节停止运行；两台并（分）列运行的变压器，在低负荷季节里，当一台变压器能够满足负荷需求时，应将另一台退出运行。

13.4.4 配电变压器的三相负荷应力求平衡，不平衡度宜按：（最大电流－最小电流）/最大电流×100% 的方式计算。各种绕组接线方式变压器的中性线电流限制水平应符合 DL/T 572 相关规定。配电变压器的不平衡度应符合：Yyn0 接线不大于 15%，零线电流不大于变压器额定电流 25%；Dyn11 接线不大于 25%，零线电流不大于变压器额定电流 40%；不符合上述规定时，应及时调整负荷。

13.4.5 单相配电变压器布点均应遵循三相平衡的原则，按各相间轮流分布，尽可能消除中压三相系统不平衡。

13.5 运维资料管理

13.5.1 运维资料是运行分析的基础，运维单位应积极应用各类信息化手段，确保资料的及时性、准确性、完整性、唯一性，减轻维护工作量。

13.5.2 运维资料主要分为投运前信息、运行信息、检修试验信息等。运维管理部门应结合生产管理系统逐步统一各类资料的格式与管理流程，实现规范化与标准化。除档案管理有特别要求外，各类资料的保存力求无纸化。

13.5.3 投运前信息主要包括设备出厂、交接、预试记录、设计资料图纸、变更设计的证明文件和竣工图、竣工（中间）验收记录和设备技术资料等，以及由此整理形成的一次接线图、地理接线图、系统图、配置图、定制定位图、线路设备参数台账、同杆不同电源记录、电缆管孔使用记录等。设备技术类资料，应保存厂方提供的原始文本。

13.5.4 运行信息主要是在开展运行管理、巡视维护、试验（测试）、缺陷与隐患处理、故障处理等工作中，形成的记录性资料，主要包括运维工作日志、巡视记录、测温记录、交叉跨越测量记录、接地电阻测量记录、缺陷处理记录、故障处理记录、电压监测记录、负荷监测记录等。

13.5.5 检修试验信息主要包括例行试验报告、诊断性试验报告、专业化巡检记录、缺陷消除记录及检修报告等。

5.2.1.5 设备状态监测机制

本条评价项目（见《评价》）的查评依据如下。

【依据1】《配电网运维规程》（Q/GDW 1519—2014）

4.2 配电网运维工作应积极推广应用带电检测、在线监测等手段，及时、动态地了解和掌握各类配电网设备的运行状态，并结合配电网设备在电网中的重要程度以及不同区域、季节、环境特点，采用定期与非定期巡视检查（以下简称巡视）相结合的方法，确保工作有序、高效。

【依据2】《配电网技术改造选型和配置原则》（Q/GDW 741—2012）

6.1.4 环网单元、配电室、箱式变电站及电缆分支箱应配置电缆故障指示器，根据电网中性点接地方式具有相间及接地故障指示功，防护等级应不低于IP67，可具有故障信号远传功能。

【依据3】《配电网技术导则》（Q/GDW 10370—2016）

5.14 运行维护及故障处理

5.14.1 配电网运维、检修工作应执行 Q/GDW 1519 的相关规定。

5.14.2 运用先进成熟的巡检、检测技术和装置及时分析发现并诊断设备缺陷，宜采用方法如下：

a) 运用红外成像测温，高频、暂态地电波、超声波局部放电检测等带电检测技术，对配电网设备进行带电检测。根据需要可对重要的配电设备或在特定时段进行温度和局部放电的在线监测；

b) 推广应用OWTS（振荡波）等局部放电检测技术，在交接验收及保供电等工作中，对中压电缆开展局部放电检测。宜采用超低频介质损耗测量技术，在交接验收、状态检修以及保供电工作中，对中低压电缆开展绝缘状态评价工作；

c) 针对设备运行故障、缺陷等状况，对同类型、同批次的设备进行抽检，分析其健康状况，判断是否存在家族性缺陷；

d) 利用移动作业终端等装置采集上传配电设备运检信息，通过实时访问生产管理系统数据，辅助分析设备状态。

5.14.3 根据地区特点，完善配电网故障、缺陷信息数据项，逐步建立红外成像、局部放电等检测结果图谱库，综合运行环境和设备负荷等关联信息，进行历史数据比对分析，辅助诊断各类故障及缺陷原因，采取针对性运维措施，防止同类故障重复发生和缺陷恶化。

5.14.4 充分利用各种设备基础数据和状态检测信息，分析挖掘典型负荷日及极端天气时的样本数据，进行风险评估，梳理配电网薄弱环节，优化检修策略，指导配电网检修计划和储备项目编排。

5.14.5 运用成熟技术进行电缆线路故障点定位和架空线路单相接地故障区段的诊断、隔离以及故障点定位。

5.14.6 利用配电自动化、用电信息采集等数据，实时、全面掌握配电网的运行状况，对线路及设备重过载、电压异常、三相不平衡等电能质量和故障前兆异常工况实现综合分析、自动预警和以辅助主动抢修。

5.14.7 开关站、配电室、箱式变压器、环网箱（室）、低压综合配电箱等设备设施柜门锁具应具备防误闭锁功能，对存量锁具应逐步进行改造。

5.2.1.6 新投设备生产准备和竣工验收机制

本条评价项目（见《评价》）的查评依据如下。

【依据】《配电网运维规程》（Q/GDW 1519—2014）

5 生产准备及验收

5.1 一般要求

5.1.1 运维单位应根据工程施工进度，按实际需要完成生产装备、工器具等运维物资的配置，收集新投设备各类信息、基础数据与相关资料，建立设备基础台账，完成标识标示及辅助设施的制作安装，做好工器具与备品备件的接收。

5.1.2 各类配电网新（扩）建、改造、检修、用户接入工程及用户设备移交应进行验收，主要包括设备到货验收、中间验收和竣工验收。

5.1.3 验收内容包括架空线路工程类验收、电力电缆工程类验收、站房工程类验收、配电自动化工程验收等。涉及移交的用户设备，在验收合格并签订移交协议后统一管理。

5.1.4 运维单位应根据本规程及相关规定，结合验收工作具体内容，按计划做好验收工作，确保配电网设备、设施零缺陷移交运行。

5.2 生产准备

5.2.1 运维单位应参与配电网项目可研报告、初步设计的技术审查。

5.2.2 可研报告的主要审查内容：

a) 应符合 DL/T 599、Q/GDW 370、Q/GDW 382 等技术标准要求；

b) 应符合电网现状（变电站地理位置分布、现状情况及建设进度、供区负荷情况、变压器容量、无功补偿配置、出线能力等）；

c) 应采用合理的线路网架优化方案（配电网目标网架的合理优化、供电可靠性、线损率、电压质量、容载比、供电半径、负荷增长与割接等）；

d) 应采用合理的建设方案（主设备的技术参数、数量、长度等）。

5.2.3 初步设计的主要审查内容：

a) 应符合项目可研批复；

b) 线路路径应取得市政规划部门或土地权属单位盖章的书面确认；

c) 应符合 GB 50052、GB 50053、GB 50217、DL/T 601、DL/T 5220 等标准及国网典型设计要求；

d) 设备、材料及措施应符合环保、气象、环境条件、负荷情况、安措反措等要求。

5.2.4 运维单位应提前介入工程施工，掌握工程进度，参与工程验收。

5.2.5 配电网工程投运前应具备以下条件：

a) 规划、建设等有关文件，与相关单位签订的协议书；

b) 设计文件、设计变更（联系）单，重大设计变更应具备原设计审批部门批准的文件及正式修改的图纸资料；

c) 工程施工记录，主要设备的安装记录；

d) 隐蔽工程的中间验收记录；

e) 设备技术资料（技术图纸、设备合格证、使用说明书等）；

f) 设备试验（测试）、调试报告；

g) 设备变更（联系）单；

h) 电气系统图、土建图、电缆路径图（含坐标）和敷设断面图（含坐标）等电子及纸质竣工图；

i) 工程完工报告、验收申请、施工总结、工程监理报告、竣工验收记录；

j) 现场一次接线模拟图；

k) 各类标识标示；

l) 必备的各种备品备件、专用工具和仪器仪表等；

m) 安全工器具及消防器材；

n) 新设备运维培训。

5.3 设备到货验收

设备到货后，运维单位应参与对现场物资的验收。主要内容包括：

a) 设备外观、设备参数应符合技术标准和现场运行条件；

b) 设备合格证、试验报告、专用工器具、一次接线图、安装基础图、设备安装与操作说明书、设备运行检修手册等应齐全。

5.4 中间验收

5.4.1 运维单位应根据工程进度，参与隐蔽工程（杆塔基础、电缆通道、站房等土建工程等）及关键环节的中间验收。主要内容包括：

a) 材料合格证、材料检测报告、混凝土和砂浆的强度等级评定记录等验收资料应正确、完备；

b) 回填土前，基础结构及设备架构的施工工艺及质量应符合要求；

c) 杆塔组立前，基础应符合规定；

d) 接地极埋设覆土前，接地体连接处的焊接和防腐处理质量应符合要求；

e) 埋设的导管、接地引下线的品种、规格、位置、标高、弯度应符合要求；

f) 电力电缆及通道施工质量应符合要求；

g) 回填土夯实应符合要求。

5.4.2 运维单位应督促相关单位对验收中发现的问题进行整改并参与复验。

5.5 竣工验收

5.5.1 运维单位应审核提交的竣工资料和验收申请，参与竣工验收。

5.5.2 竣工资料验收的主要内容包括：

a) 竣工图（电气、土建）应与审定批复的设计施工图、设计变更（联系）单一致；

b) 施工记录与工艺流程应按照有关规程、规范执行；

c) 有关批准文件、设计文件、设计变更（联系）单、试验（测试）报告、调试报告、设备技术资料（技术图纸、设备合格证、使用说明书等）、设备到货验收记录、中间验收记录、监理报告等资料应正确、完备。

5.5.3 架空线路工程类验收主要包括架空线路（通道、杆塔、基础、导线、铁件、金具、绝缘子、拉线等）、柱上开关设备（含跌落式熔断器）、柱上变压器、柱上电容器、防雷和接地装置等验收。主要内容包括：

a) 型号、规格、安装工艺应符合 GB 50173、DL/T 602 等相关标准；

b) 线路通道沿线不应有影响线路安全运行的障碍物；

c) 杆塔组立的各项误差不应超出允许范围；

d) 导线弧垂、相间距离、对地距离、交叉跨越距离及对建（构）筑物接近距离应符合规定，相位应正确；

e) 拉线制作、安装应符合规定；

f) 设备安装应牢固，电气连接应良好；

g) 接地装置应符合规定，接地电阻应合格；

h) 各类标识（线路杆塔名称、杆号牌、电压等级、相位标识、开关设备标识、变压器标识、杆塔埋深标识等）应齐全，设置应规范；

i) 各类标示（"双电源""高低压不同电源""止步、高压危险！""禁止攀登高压危险"、拉线警示标示、杆塔防撞警示标示、其他跨越鱼塘或风筝放飞点等外力易破坏处禁止或警告类标示牌、宣传告示等）应齐全，设置应规范。

5.5.4 电力电缆工程类验收主要包括通道、电缆本体、电缆附件、附属设备、附属设施、电缆分支箱等验收。主要内容包括：

a) 型号、规格、安装工艺应符合 GB 50168、GB 50217 等标准要求，敷设应符合批准的位置；

b) 通道、附属设施应符合规定；

c) 防火、防水应符合设计要求，孔洞封堵应完好；

d) 电缆应无机械损伤，排列应整齐；

e) 电缆的固定、弯曲半径、保护管安装等应符合规定；

f) 电气连接应良好，相位应正确；

g）电缆分支箱安装工艺应符合标准，箱内接线图应正确、完备；

h）接地装置应符合规定，接地电阻应合格；

i）各类标识（电缆标志牌、相位标识、路径标志牌、标桩等）应齐全，设置应规范；

j）各类标示应齐全，设置应规范。

5.5.5 站房工程类验收主要包括中压开关站、环网单元、配电室、箱式变电站及所属的柜体、母线、开关、刀闸、变压器、电压互感器、电流互感器、无功补偿设备、防雷与接地、继电保护装置、建（构）筑物等验收。主要内容包括：

a）型号、规格、安装工艺应符合 GB 50169、GB 50150 等标准要求；

b）设备安装应牢固、电气连接应良好；

c）电气接线应正确，设备命名应正确；

d）开关柜前后通道应满足运维要求；

e）开关柜操作机构应灵活；

f）开关柜仪器仪表指示、机械和电气指示应良好；

g）闭锁装置应可靠、满足"五防"规定；

h）接地装置应符合规定，接地电阻应合格；

i）防小动物、防火、防水、通风措施应完好；

j）建（构）筑物土建应满足设计要求；

k）中压开关站、环网单元、配电室内外环境应整洁；

l）各类标识（站房标志牌、母线标识、开关设备标志牌、变压器标志牌、电容器标志牌、接地标识等）应齐全，设置应规范；

m）各类标示应齐全，设置应规范。

5.5.6 配电自动化工程验收主要包括配电自动化终端（馈线终端、站所终端等）及其附属设备等验收。主要内容包括：

a）型号、规格、安装工艺应符合 GB 50150、Q/GDW 382 等标准要求；

b）联调报告内容应完整、正确；

c）终端设备传动测试（各指示灯信号、遥信位置、遥测数据、遥控操作、通信等）应正常；

d）终端装置的参数定值应核实正确；

e）二次端子排接线应牢固，二次接线标识应清晰正确；

f）交直流电源、蓄电池电压、浮充电流应正常，蓄电池应无渗液、老化；

g）机箱应无锈蚀、缺损；

h）接地装置应符合规定，接地电阻应合格；

i）防小动物、防火、防水、通风措施应完好；

j）各类标识（终端设备标志牌、附属设备标志牌、控制箱和端子箱标志牌、低压电源箱标志牌等）应齐全，设置应规范；

k）各类标示应齐全，设置应规范。

5.5.7 竣工验收不合格的工程不得投入运行。

5.2.2 专业管理

5.2.2.1 电力电缆线路专业管理

5.2.2.1.1 电缆线路运行状况

本条评价项目（见《评价》）的查评依据如下。

【依据】《电力电缆及通道运维规程》（Q/GDW 1512—2014）

5.1 一般要求

5.1.1 电缆及通道运行性能设计应符合 GB 50217、DL/T 5221 的要求，并充分考虑电缆及通道的预期使用功能。

5.1.2 所选用的电缆、附件及附属设备的性能应符合 GB/T 12706.1 和 Q/GDW 371 的要求。

5.1.3 进出电缆通道内部作业除按本标准相关要求外，还应按照有限空间作业相关要求执行。

5.2.2.1.2 摆放和固定

本条评价项目（见《评价》）的查评依据如下。

【依据1】《城市电力电缆线路设计技术规定》（DL/T 5221—2016）

4.1.1 任何方式敷设的电缆的弯曲半径不宜小于表4.1.1所规定的弯曲半径。

表 4.1.1 电缆敷设和运行时的最小弯曲半径

项目	35kV 及以下的电缆				66kV 及以上的电缆
	单芯电缆		三芯电缆		
	无铠装	有铠装	无铠装	有铠装	
敷设时	20D	15D	15D	12D	20D
运行时	15D	12D	12D	10D	15D

注 "D" 成品电缆标称外径。

4.1.2 电缆支架的层间垂直距离应满足电缆能方便地敷设和固定，在多根电缆同层支架敷设时，有更换或增设任意电缆的可能，电缆支架之间最小净距不宜小于表4.1.2规定。

表 4.1.2 电缆支架的层间允许最小净距（mm）

电缆类型及敷设特征		支架层间最小净距
控制电缆		120
电力电缆	电力电缆每层一根	D+50
	电力电缆每层多于一根	2D+50
	电力电缆三根品字形布置	2D+50
	电力电缆三根品字型布置多于一回	3D+50
	电缆敷设于槽盒内	H+80

注 H 表示槽盒外壳高度。D 表示电缆最大外径。

4.1.3 在电缆沟、隧道或电缆夹层内安装的电缆支架离底板和顶板的净距不宜小于表4.1.3规定。

表 4.1.3 电缆支架离底板和顶板最小净距（mm）

敷设特征	最下层垂直净距	最上层垂直净距
电缆沟	10	150
隧道或电缆夹层	10	150

注 当电缆采用垂直蛇形敷设时最下层垂直净距应满足蛇形敷设的要求。

4.1.4 电缆沟、隧道或工井内通道净宽不宜小于表4.1.4规定。

表 4.1.4 电缆沟、隧道或工井内通道净宽允许最小值（mm）

电缆支架配置方式	电缆沟深			开挖式隧道或封闭式工井	非开挖式隧道
	≤600	600～1000	≥1000		
两侧	300*	500	700	1000	800
单侧	300*	450	600	900	800

* 浅沟内可不设置支架，勿需有通道。

4.1.5 电缆线路的设计分段长度，除应满足电缆护层感应电压的允许值外，还应结合制造能力、运输条件、施工条件等因素确定。

4.1.6 施工过程中，电缆敷设牵引力和侧压力不应超过附录A的允许值。

4.1.7 在隧道、电缆沟、工井、夹层等封闭式电缆通道中，不得布置热力管道，严禁有易燃气体或易燃液体的管道穿越。

【依据2】《电气装置安装工程电缆线路施工及验收规范》（GB 50168—2018）第 6.1.6 条、第 6.1.19 条。

6.1.6 电缆各支点间的距离应符合设计要求。当设计无要求时，不应大于表 6.1.6 的规定。

表 6.1.6 　　　　　　　　　　　　　　电缆各支持点间的距离 　　　　　　　　　　　　　　　　mm

电缆种类		敷设方式	
		水平	垂直
电力电缆	全塑形	400	1000
	除全塑形外的中低压电缆	800	1500
	35kV 及以上高压电缆	1500	3000
控制电缆		800	1000

注 全塑型电力电缆水平敷设沿支架能把电缆固定时，支持点间的距离允许为 800mm。

6.1.19 电缆固定应符合下列规定：

1 下列部位的电缆应固定牢固：

1）垂直敷设或超过 30°倾斜敷设的电缆在每个支架上应固定牢固；

2）水平敷设的电缆，在电缆首末两端及转弯、电缆接头的两端处应固定牢固；当对电缆间距有要求时，每隔 5m～10m 处应固定牢固。

2 单芯电缆的固定应符合设计要求。

3 交流系统的单芯电缆或三芯电缆分相后，固定夹具不得构成闭合磁路，宜采用非铁磁性材料。

5.2.2.1.3 敷设方式

本条评价项目（见《评价》）的查评依据如下。

【依据1】《城市电力电缆线路设计技术规定》（DL/T 5221—2016）

4.3 直埋敷设

4.3.1 电缆的埋设深度应符合下列要求：

1 电缆表面距地面不应小于 0.7m，当位于行车道或耕地下时，应适当加深，且不宜小于 1m；在引入建筑物、与地下建筑物交叉及绕过建筑物时可浅埋，但应采取保护措施。

2 敷设于冻土地区时，电缆应埋在冻土层下，当条件受限制时，应采取防止电缆受到损坏的措施。

4.3.2 直埋敷设的电缆应沿其上、下紧邻侧全线铺以厚度不小于 100mm 的细砂或土，并在其上覆盖宽度超出电缆两侧各 50mm 的保护板。电缆敷设于预制钢筋混凝土槽盒时，应先在槽盒内垫厚度不小于 100mm 的细砂或土，敷设电缆后，用细砂或土填满槽盒，并盖上槽盒盖。

4.3.3 直埋敷设时，电缆标识应符合下列规定：

1 在保护板或槽盒盖上层应全线铺设醒目的警示带；

2 在电缆转弯、接头、进入建筑物等处及直线段每隔一定间距应设置明显的方位标志或标桩，最大间距不宜大于 50m。

4.3.4 直埋敷设电缆穿越城市交通道路和铁路路轨时，应采取保护措施。

4.4 保护管敷设

4.4.1 保护管设计应符合下列规定

1 保护管所需孔数除按电网远景规划外，还需有适当留有备用孔；

2 供敷设单芯电缆用的保护管管材，应选用非导磁性并符合环保要求的管材；供敷设三芯电缆用的保护管管材，还可使用内壁光滑的钢筋混凝土管或镀锌钢管。

3 保护管顶部土壤覆盖深度不宜小于 0.5m；保护管中电缆与电缆、管道（沟）及其他构筑物的交叉距离应满足现行国家标准《电力工程电缆设计标准》GB 50217—2018 表 5.3.5 的规定；

4 保护管内径不宜汪于电缆外径或多根电缆包络外径的 1.5 倍；

5 保护管宜做成直线，如需避让障碍物时可做成圆弧状但圆弧半径不得小于 12m，如使用两管镶接处的折角不得大于 2.5°；

6 保护管需承受地面动荷载处可在管子镶接位置用钢筋混凝土或支座作局部加固。

4.4.2 保护管中的工井应符合下列规定

1 在保护管中设置工井的间距必须按敷设在同一道保护管中重量最重，允许牵引力和允许侧压力最小的一根电缆计算决定，其最大间距可按本标准附录 B 计算确定；

2 工井长度应根据敷设在同一工井内最长的电缆接头以及能吸收来自保护管内电缆的热伸缩量所需的伸缩弧尺寸决定，且伸缩弧的尺寸应满足电缆在寿命周期内电缆金属套不出现疲劳现象；工井长度计算可按本标准附录 B 进行。

3 工井净宽应根据安装在同一工井内直径最大的电缆接头和接头数量以及施工机具安置所需空间设计；工井净高应根据接头数量和接头之间净距离不小于 100mm 设计，且封闭式工井净高不宜小于 1.9m；

4 每座封闭式工井的顶板应设置直径不小于 700mm 人孔两个；

5 每座工井的底板应设有集水坑、拉环坑，向集水坑泄水坡度不应小于 0.5%；

6 每座工井内的两侧除需预埋供安装立柱支架等铁件外，在顶板和底板以及于保护管接口部位还需预埋供吊装电缆用的吊环以及供电缆敷设施工所需的拉环；

7 安装在工井内的金属构件皆应用镀锌扁钢与接地装置连接。每座工井应设接地装置，接地电阻不应大于 10Ω。

4.4.3 在工井内的接头和单芯电缆必须使用非导磁材料或经隔磁处理的夹具固定。

4.4.4 工井两端的保护管孔口应封堵。

4.4.5 在 10% 以上的斜坡保护管中，应在标高较高一端的工井内设置防止电缆因热伸缩而滑落的构件。

4.5 隧道敷设

4.5.1 电缆隧道与相邻建（构）筑物及管线最小间距应符合国家现行有关规范，且不宜小于表 4.5.1，当不能满足要求时，应在设计和施工中采取必要措施。

表 4.5.1 电缆隧道与相邻建（构）筑物及管线最小间距 m

具体情况 \ 施工方法	开挖式隧道	非开挖式隧道
隧道与建（构）筑物平行距离	≥1.0	不小于隧道外径
隧道与地下管线平行距离	≥1.0	不小于隧道外径
隧道与地下管线交叉穿越距离	≥0.5	不小于隧道外径

4.5.2 电缆隧道的截面应按容纳的全部电缆及附属设施确定，电缆的布置应无碍安全运行，满足电缆敷设施工作业及日常维护巡视等活动所需空间，并应符合下列规定：

1 电缆隧道内通道净高不宜小于 1900mm，可供人员活动的短距离空间或与其他管沟交叉的局部段净高，不应小于 1400mm。

2 电缆隧道内的安装电缆支架离地板距离应满足本标准第 4.1.3 条的规定；

3 电缆隧道内通道净宽应满足本标准第 4.1.4 条的规定；

4.5.3 电缆隧道设计使用年限和安全等级应符合国家现行有关规范。

4.5.4 电缆隧道应进行防水设计，并符合国家现行有关规范。

4.5.5 在隧道内 66kV 及以上的单芯电缆，应按电缆的热伸缩量作蛇形敷设设计。蛇形弧的横向滑移量、热伸缩量和轴向力计算方法参见附录 D。

4.5.6 蛇形敷设的电缆固定于支架时，应垫以橡胶垫，并符合下列规定：

1 采用垂直蛇形应在每隔 5～6 个蛇形弧的顶部和靠近接头部位用金属夹具把电缆固定于支架上，其余部位应用具有足够强度的绳索或夹具固定于支架上；

2 采用水平蛇形敷设的电缆，应在每个蛇形半节距部位用夹具把电缆固定于防火槽盒内或支架上；

3 绑扎绳索强度应按受绑扎的单芯电缆通过最大短路电流时所产生的电动力验算；

4　在坡度大于10%的斜坡隧道内，把电缆直接放在支架上（如采用垂直蛇形敷设）时，应在每个弧顶部位和靠近接头部位用夹具把电缆固定于支架上，以防电缆热伸缩时位移。

4.5.7　隧道内电缆排列应按照电压等级"从高到低""强电至弱电的控制和信号电缆、通信电缆"的顺序"自下而上"排列。不同电压等级的电缆不宜敷设于同一层支架上。

4.5.8　在电缆中间接头两侧应用固定夹具进行刚性固定，固定夹具数量应通过计算确定。

4.5.9　电缆隧道的转弯半径应满足本标准第4.1.1条的规定。

4.6　电缆沟敷设

4.6.1　电缆沟尺寸应根据远景规划敷设电缆根数、电缆布置方式、运行维护要求等因素确定。

4.6.2　净深小于0.6m的电缆沟，可把电缆敷设在沟底板上，不设支架和施工通道。

4.6.3　在不增加电缆导体截面且满足输送容量要求的前提下，电缆沟内可回填细砂或土。

4.6.4　在不回填的电缆沟内，电缆固定和热伸缩对策方法应符合本标准第4.5.5条和第4.5.6条的规定。

4.6.5　电缆沟应能实现排水通畅且符合下列规定：

1　电缆沟的纵向排水坡度，不应小于0.5%

2　沿排水方向在标高最低部位宜设集水坑及其泄水系统，必要时应实施机械排水。

4.6.6　盖板下沉式的电缆沟宜沿线每隔一定距离设1处检修人孔。

4.7　桥梁敷设

4.7.1　利用交通桥梁敷设电缆应符合下列规定：

1　在桥梁上敷设的电缆和附件等重量应在桥梁设计允许承载值之内；

2　电缆敷设和附件安装，不得有损于桥梁结构的稳定性；

3　电缆不得明敷在通行的路面上；

4　在桥梁上敷设的电缆和附件，不得低于桥底距水面高度。

4.7.2　在短跨距的桥梁人行道下敷设的电缆除应符合本标准第4.7.1条的规定外，还应符合下列规定：

1　把电缆穿入内壁光滑、耐燃性良好的管子内或放入耐燃性能良好的槽盒内，以防外界火源危及电缆；在外来人员不可能接触到之处可裸露敷设，但应采取避免太阳直接照射的措施；

2　在桥墩二端或在桥梁伸缩间隙处，应设电缆伸缩弧用以吸收来自桥梁或电缆本身热伸缩量。

4.7.3　在长跨距的桥桁内或桥梁人行道下敷设电缆，除应符合本标准第4.7.1条规定外，还应符合下列规定：

1　在电缆上采取适当的防火措施，以防外界火源危及电缆；

2　在桥梁上敷设的电缆应考虑桥梁因受风力和车辆行驶时的振动而导致电缆金属套出现疲劳的保护措施；

3　在桥梁上敷设的66kV及以上的大截面电缆，宜作蛇形敷设，用以吸收电缆本身的热伸缩量；

4　在桥梁的伸缩间隙部位的一端，应按桥桁最大伸缩长度设置电缆伸缩弧、用以吸收桥桁的热伸缩；

5　在桥梁伸缩间隙的上方，宜把电缆放入能垂直、水平方向转动的万向铰链架内，用以吸收桥梁的挠角。

4.8　水下敷设

4.8.1　水下电缆敷设路径的选择，应满足电缆不易受机械性损伤、能实施可靠防护敷设作业方便、经济合理等要求，且符合下列规定：

1　流速较缓，水深较浅，河床平坦起伏角应不大于20°，水底无岩礁和沉船等障碍物，少有拖网渔船和投锚设网捕鱼作业的水域，且电缆登陆的岸边稳定性好；

2　水下电缆不宜敷设在码头、渡口、疏浚挖泥、规划筑港地带和水工建筑物、工厂排污口、取水口近旁。

4.8.2　水下电缆不得悬空于水中，应埋置于水底。在通航水道等需防范外部机械力损伤的水域，电缆应敷设于水底适当深度的沟槽中，并应加以稳固覆盖保护；深水段埋深不宜小于2m，浅水段埋深不宜小于0.5m。

4.8.3 水下电缆平行敷设时相互间严禁交叉、重叠。相邻电缆间距，应符合下列规定：

1 航道内电缆相互间距按施工机具、水流流速以及施工技术决定且不宜小于最大水深的1.2倍，引至岸边可适当缩小。

2 在非航道的流速未超过1m/s的河流中，同回路单芯电缆相互间距不得小于0.5m，不同回路电缆间距不得小于5m。

4.8.4 水下电缆与工业管道之间水平距离不宜小于50m，受条件限制时，不得小于15m。

4.8.5 水下电缆引至岸上的区段，宜采取迂回形式敷设以预留适当备用长度，并在岸边装设锚定装置。在浅水段宜把电缆放入保护盒、沟槽内加以保护。

4.8.6 水下电缆穿越防汛堤穿越点的标高，不应小于当地的最高洪水位的标高。

4.8.7 水下电缆的两岸，应按航标规范设置警告标志。

4.9 垂直敷设

4.9.1 垂直敷设电缆，需按电缆重量以及由电缆的热伸缩而产生的轴向力来选择敷设方式和固定方式。

4.9.2 敷设方式和固定方式宜按下列情况选择

1 高落差不大、电缆重量较轻时，宜采用直线敷设、顶部设夹具固定方式；电缆的热伸缩由底部弯曲处吸收；

2 电缆重量较大，由电缆的热伸缩所产生的轴向力不大的情况下，宜采用直线敷设、多点固定方式；固定间距需按电缆重量和由电缆热伸缩而产生的轴向力计算，夹具数量和安装位置计算可按附录C.4；

3 电缆重量大，由电缆的热伸缩所产生的轴向力较大的情况下，宜采用蛇形敷设，并在蛇形弧顶部设置能横向滑动的夹具。

8.0.1 电缆支架及其立柱应符合下列规定：

1 机械强度应满足电缆及其附件荷重以及施工作业时附加荷重的要求；

2 金属制的电缆支架及其立柱应采取防腐措施，并可靠接地；

3 表面光滑，无尖角和毛刺；

4 禁止采用易燃材料制作。

11.0.1 电缆支架及其立柱应符合下列规定：

1 机械强度应能满足电缆及其附件荷重以及施工作业时附加荷重（一般按1kN考虑）的要求，并留有足够的裕度。

2 金属制的电缆支架应采取防腐措施。

3 表面光滑，无尖角和毛刺。

4 禁止采用易燃材料制作。

附录 B 保护管工井长度计算

B.1 保护管工井长度计算

保护管工井长度 S 计算示意图见图B.1，计算公式如下：

$$S = \sqrt{4R_O C - C^2} \tag{B-1}$$

$$L = \sqrt{S^2 + C^2} \tag{B-2}$$

$$B_O = R_O\left(1 - \cos\frac{\theta_O}{2}\right) \tag{B-3}$$

$$B_1 = \sqrt{\frac{mL}{\pi^2} + B_O^2} \tag{B-4}$$

$$R_1 = \frac{L^2}{32B_1} + \frac{B_1}{2} \tag{B-5}$$

式中　R_0——电缆允许最小弯曲半径（见表 4.1.1），m；

　　　　R_1——热伸长后电缆最小弯曲半径，m，参考值 $R_1 \geqslant 0.8R_0$。

　　　　B——施工时伸缩弧弧幅，m；

　　　　B_1——温升后伸缩弧弧幅，m；

　　　　m——热收缩量，m，当计算 R_1 时，$t=25℃$，用式（C.2-2）计算，L 为相邻工井间距离。

以上式中未做说明符号全文见图 C.1。

电缆伸缩畸变量计算：

$$\varepsilon = \frac{2dmS}{(S^2+C^2)C} \tag{B-6}$$

式中　ε——电缆伸缩畸变量，%；

　　　　d——电缆金属护层外径，m。

计算金属护套热应变时，取日夜温差变化。$t=25℃$，计算 m 值用式（C.2-1）或式（C.2-2）计算。

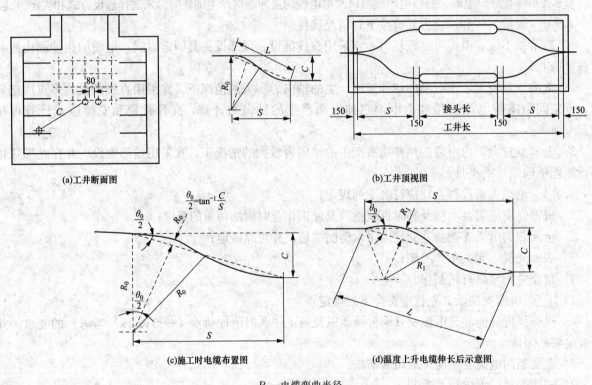

(a)工井断面图　　　　　　　　　　　　　　(b)工井顶视图

(c)施工时电缆布置图　　　　　　　　(d)温度上升电缆伸长后示意图

R_0—电缆弯曲半径

图 B.1　工井长度计算示意图

1　公式 ε 为日本电气技术规程介绍的 Bauer 简化公式，当 C 值较小时，可采用以下非简化公式：

$$\varepsilon = \frac{2d(\sqrt{C^2+2Lm-m^2}-C)}{S^2+C^2+2d\sqrt{C^2+2Lm-m^2}} \quad (\%) \tag{B-7}$$

2　简化公式中当 C 值逐步缩小时，ε 逐渐增加。从实验确认 $C \leqslant \frac{S}{4}$ 时，调节效能减小。因此在工井中对位移 C 较小的电缆采用一个伸缩弧方式吸收排管中热伸缩量。伸缩弧弧幅 B 一般可取 $0.1S$，伸缩弧半径 $R \approx \frac{S^2}{8B} + \frac{B}{2}$。

3　计算时，先从已知 R_0 求得 S，R_1，再计算 ε，ε 值参考资料允许值为铅 0.1%，铅合金 0.15%，铝 0.3%。如果 R_1 或 ε 值超过允许值时，可适当放大 S，再进行计算。

附录 C　蛇形弧幅向滑移量、热伸缩量和轴向力

C.1　蛇形弧幅向滑移量的计算

蛇形弧横向滑移量、热伸缩量和轴向力。

C.2　蛇形弧横向滑移量的计算

蛇形弧横向滑移量的计算公式为

$$n = \sqrt{B^2 + 1.6Lm} - B \tag{C.2}$$

式中　m——电缆热伸缩量，mm；

　　　B——蛇形弧幅，mm；

　　　L——半个蛇形长度，mm；

　　　n——电缆横向滑移量，mm。

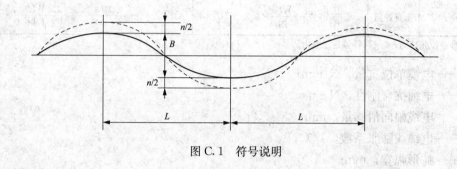

图 C.1　符号说明

C.3　热伸缩量的计算公式

当 $t \leqslant \dfrac{1}{AE\alpha}(\mu WL + 2f)$ 时 $\tag{C.3-1}$

$$m = \frac{(AE\alpha t - 2f)^2}{4\mu WEA} \tag{C.3-2}$$

当 $t > \dfrac{1}{AE\alpha}(\mu WL + 2f)$ 时 $\tag{C.3-3}$

$$m = \frac{L}{2}\left[\alpha t - \frac{1}{AE}\left(\frac{\mu WL}{2} + 2f\right)\right] \tag{C.3-4}$$

上两式中　t——导体的温升，℃；

　　　　　α——电缆的线膨胀系数，1/℃；

　　　　　L——电缆长度，mm；

　　　　　μ——摩擦系数；

　　　　　W——电缆单位长度的重量，N/mm；

　　　　　f——电缆的反作用力，N；

　　　　　A——导体截面，mm²；

　　　　　E——电缆的杨氏模量，N/mm²。

蛇形弧轴向力计算用常数见表 C-1。

表 C-1　蛇形弧轴向力计算用常数

电缆类型	电缆的线膨胀系数/1/℃	电缆的反作用力/N	导体的温升/℃	电缆的杨氏模量 N/mm²
充油	16.5×10⁻⁶	1000	单芯 55	50000
			3 芯 50	30000
交联	20.5×10⁻⁶	1000	单芯 65	30000
			3 芯 60	5000

C.4 蛇形弧轴向力的计算公式

蛇形弧轴向力计算式见表 C-2。

表 C-2   **蛇形弧轴向力计算式**

金属护套有无	原点校正值	敷设方式	温度下将时		温度上升时	
有	—	水平蛇行	$+\dfrac{\mu W L^2}{2B} \times 0.8$	(C.3-1)	$-\dfrac{8EI}{B^2}\cdot\dfrac{\alpha t}{2}-\dfrac{8EI}{(B+n)^2}\cdot\dfrac{\alpha t}{2}-\dfrac{\mu W L^2}{2(B+n)}\times 0.8$	(C.3-2)
		垂直蛇行	$+\dfrac{\mu W L^2}{2B}\times 0.8$	(C.3-3)	$-\dfrac{8EI}{B^2}\cdot\dfrac{\alpha t}{2}-\dfrac{8EI}{(B+n)^2}\cdot\dfrac{\alpha t}{2}+\dfrac{W L^2}{2(B+n)}\times 0.8$	(C.3-4)
无	$+\dfrac{8EI}{B^2}\cdot\dfrac{\alpha t}{2}$	水平蛇行	$+\dfrac{8EI}{B^2}\cdot\dfrac{\alpha t}{2}+\dfrac{\mu W L^2}{2B}\times 0.8$	(C.3-5)	$-\dfrac{8EI}{(B+n)^2}\cdot\dfrac{\alpha t}{2}-\dfrac{\mu W L^2}{2(B+n)}\times 0.8$	(C.3-6)
		垂直蛇行	$+\dfrac{8EI}{B^2}\cdot\dfrac{\alpha t}{2}+\dfrac{W L^2}{2B}\times 0.8$	(C.3-7)	$-\dfrac{8EI}{(B+n)^2}\cdot\dfrac{\alpha t}{2}+\dfrac{W L^2}{2(B+n)}\times 0.8$	(C.3-8)

注   "+"符号是拉张应力，"−"符号是压缩力。

表中 W——电缆单位重量，N/mm；

       EI——电缆抗弯刚性，N·mm²；

       n——电缆幅向滑移量，mm；

       α——电缆线膨胀系数，1/℃；

       B——蛇形幅宽，mm；

       L——蛇形弧半个节距长度，mm；

       t——温升，℃。

C.5 垂直敷设所需夹具数量和安装位置的计算。垂直敷设示意图见图 C.5-1。

C.5.1 垂直直线敷设顶部一点固定所需夹具计算：

温度上升电缆伸长时：

$$N \geqslant \dfrac{LW S_f - AE\alpha t}{F} \qquad\qquad (C.5.1)$$

温度下降电缆收缩时：

$$N \geqslant \dfrac{LW S_f + AE\alpha t}{F}$$

式中 N——所需夹具数量；

       F——夹具对电缆的紧握力，N；

       L——垂直部分电缆长度，m；

       W——电缆单位长度重量，N/m；

       t——导体的温升，℃；

       α——电缆的线膨胀系数，1/℃；

       A——导体截面，mm²；

       E——电缆的杨氏模量，kg/mm²；

       S_f——安全系数，取≥4。

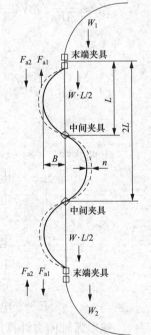

C.5-1 垂直敷设示意图

C.5.2 垂直直线敷设多点固定夹具安装间距计算：

$$L_1 \leqslant \dfrac{F S_f}{W} \qquad\qquad (C.5.2)$$

式中 L_1——夹具安装间距，m；

       F——夹具对电缆的紧握力，N；

       W——电缆单位长度重量，N/m；

S_f——安全系数，取$\geqslant 4$。

C.5.3 垂直蛇行敷设所需夹具计算

1 上顶部位所需夹具

1）温度上升电缆伸长时：

$$N_1 = (F_{a1} - WL/2 - W1)S_f/F \tag{C.5.3-1}$$

2）温度下降电缆收缩时：

$$N_2 = (F_{a2} + WL/2 + W_1)S_f/F \tag{C.5.3-2}$$

N_1，N_2 两者取大的数值。

2 下底部位所需夹具

1）温度上升电缆伸长时：

$$N_3 = (F_{a1} + WL/2 + W_2)S_f/F \tag{C.5.3-3}$$

2）温度下降电缆收缩时：

$$N_4 = (F_{a2} - WL/2 - W_2)S_f/F \tag{C.5.3-4}$$

N_3，N_4 两者取大的数值。

式（C.5.3-1）～式（C.5.3-4）中： $N_1 \sim N_4$——所需夹具数量，只；

$\qquad F_{a1}$——温度上升时蛇行弧的轴向力，N；

$\qquad F_{a2}$——温度下降时蛇行弧的轴向力，N；

$\qquad W_1$——上顶末端夹具分担的电缆重量，N；

$\qquad W_2$——下底末端夹具分担的电缆重量，N；

$\qquad W$——电缆单位长度重量，N/m；

$\qquad L$——一个蛇行弧两端的夹具间距，m；

$\qquad F$——夹具对电缆的紧握力，N；

$\qquad S_f$——安全系数，取$\geqslant 4$。

C.5.4 温度变化时电力电缆的轴向力和蛇行弧幅向的滑移量计算。

1）温度上升电缆伸长时的轴向力 F_{a1} 为

$$F_{a1} = + \frac{8EI}{(B+n)^2} \frac{at}{2} \tag{C.5.4-1}$$

2）温度下降电缆收缩时的轴向力 F_{a2} 为

$$F_{a2} = - \frac{8EI}{B^2} \frac{at}{2} \tag{C.5.4-2}$$

3）滑移量：

$$n = \sqrt{B^2 + 1.6atL^2} - B \tag{C.5.4-3}$$

以上式中 n——向蛇行弧幅向的滑移量，mm；

$\qquad B$——蛇行弧幅宽，mm；

$\qquad \alpha$——电缆的线膨胀系数，1/℃，对充油电缆，取 16.5×10^{-6}，对交联电缆，取 20.0×10^{-6}；

$\qquad t$——温升，℃；

$\qquad EI$——电缆弯曲刚性，N·mm²。

C.5.5 电缆弯曲刚性计算

1）充油铅护套电缆：

$$EI = 251 d_m^{3.5} \tag{C.5.5-1}$$

2）充油铝皱纹护套电缆：

$$EI = 14.4 d_s^{3.94} \tag{C.5.5-2}$$

3）交联电缆：

$$EI = E_c I_c + E_i I_i + E_m I_m \tag{C.5.5-3}$$

以上式中　E_c——导体的杨氏模量，N/mm^2，一般取 >500；

$\qquad\qquad E_i$——绝缘层的杨氏模量，N/mm^2，一般取 400；

$\qquad\qquad E_m$——金属护套的杨氏模量，N/mm^2，铝护套取 $10000 \sim 13000$；

$\qquad\qquad I_c$——导体断面次力矩，　　$I_c = \dfrac{\pi}{64} d_c^4 \tag{C.5.5-4}$

$\qquad\qquad I_i$——绝缘断面次力矩，　$I_i = \dfrac{\pi}{64}\left(d_i^4 - d_c^4\right) \tag{C.5.5-5}$

$\qquad\qquad I_m$——金属护套断面次力矩，$I_m = \dfrac{\pi}{8} d_m^3 \cdot t \tag{C.5.5-6}$

$\qquad\qquad d_c$——导体外径，mm；

$\qquad\qquad d_i$——绝缘层外径，mm；

$\qquad\qquad d_m$——金属护套外径，mm；

$\qquad\qquad d_s$——金属护套平均外径，mm；

$\qquad\qquad t$——金属护套厚度，mm。

【依据2】《电气装置安装工程电缆线路施工及验收规范》（GB 50168—2018）

5.3.1　与电缆线路安装有关的建筑工程施工应符合下列规定：

1　建（构）筑物施工质量，应符合现行国家标准《建筑工程施工质量验收统一标准》（GB/T 50300）的有关规定；

2　电缆线路安装前，建筑工程应具备下列条件：

1）预埋件应符合设计要求，安置应牢固。

2）电缆沟、隧道、竖井及人孔等处的地坪及抹面工作应结束，人孔爬梯的安装应完成。

3）电缆层、电缆沟、隧道等处的施工临时设施、模板及建筑废料等应清理干净，施工用道路应畅通，盖板应齐全。

4）电缆沟排水应畅通，电缆室的门窗应安装完毕；电缆线路相关构筑物的防水性能应满足设计要求。

3　电缆线路安装完毕后投入运行前，建筑工程应完成修饰工作。

5.3.2　电缆工作井尺寸应满足电缆最小弯曲半径的要求。电缆井内应设有集水坑，上盖算子。

5.3.3　城市电缆线路通道的标识应按设计要求设置。当设计无要求时，应在电缆通道直线段每隔15m～50m处、转弯处、口、十字口和进入建（构）筑物等处设置明显的标志或标桩。

9.0.1　工程验收时应进行下列检查：

7　电缆沟内应无杂物、积水，盖板应齐全；隧道内应无杂物，消防、监控、暖通、照明、通风、给排水等设施应符合设计要求。

【依据3】《电力电缆及通道运维规程》（Q/GDW 1512—2014）第5.6.7条

5.6.7　非开挖定向钻拖拉管技术要求：

a）220kV及以上电压等级不应采用非开挖定向钻进拖拉管；

b）非开挖定向钻拖拉管出入口角度不应大于15°；

c）非开挖定向钻拖拉管长度不应超过150m，应预留不少于1个抢修备用孔；

d）非开挖定向钻拖拉管两侧工作井内管口应与井壁齐平；

e）非开挖定向钻拖拉管两侧工作井内管口应预留牵引绳，并进行对应编号挂牌；

f）对非开挖定向钻拖拉管两相邻井进行随机抽查，要求管孔无杂物，疏通检查无明显拖拉障碍；

g）非开挖定向钻拖拉管出入口2m范围，应有配筋砼包封保护措施；

h）非开挖定向钻拖拉管两侧工作井处应设置安装标志标识。工作井应根据周边环境设置标志标识，轨迹走向宜设置路面标识。

5.2.2.1.4 电缆线路登杆（塔）处

本条评价项目（见《评价》）的查评依据如下。

【依据1】《城市电力电缆线路设计技术规定》（DL/T 5221—2016）

4.10.3 在电缆登杆（塔）处，凡露出地面部分的电缆应套入具有一定机械强度的保护管加以保护。露出地面的保护管总长不应小于2.5m，单芯电缆应采用非磁性材料制成的保护管。

【依据2】《配电网技改大修技术规范》（Q/GDW 743—2012）第5.2.10条、第5.3.10条

5.2.10 架空线路的分段点、分支点及用户T接处应装设故障指示器，架空绝缘线路应在耐张杆、转角杆、柱上开关两侧、电缆登杆等位置加装验电接地环。

5.3.10 电缆引出地面2.5m至地下0.2m一段，容易接触以及容易受到机械损伤的地方，应有保护管等可靠的防护措施。

5.2.2.1.5 防雷和接地措施

本条评价项目（见《评价》）的查评依据如下。

【依据1】《配电网技改大修技术规范》（Q/GDW 743—2012）第5.3.11条、第5.9.2条

5.3.11 在电缆终端头处，电缆铠装、金属屏蔽层应用接地线分别引出并良好接地，铠装接地线截面积不小于 $10mm^2$，屏蔽接地线截面积不小于 $25mm^2$。

5.9.2 与架空线路连接的电缆长度大于或等于50m时，应在电缆两端装设避雷器，与架空线路连接的电缆长度小于50m时，只在电缆任一端装设避雷器。避雷器接地线与电缆金属外皮连接后共同接地。

【依据2】《城市电力电缆线路设计技术规定》（DL/T 5221—2016）

4.4.2 保护管中的工井应符合下列规定

7 安装在工井内的金属构件皆应用镀锌扁钢与接地装置连接。每座工井应设接地装置，接地电阻不应大于10Ω。

4.11.4 终端站（场）应设置接地装置，电缆终端及附属设施接地部分应与接地装置可靠连接。

7 电缆金属护套或屏蔽层接地方式

7.0.1 电力电缆金属套或屏蔽层必须按下列规定接地：

1 三芯电缆线路的金属屏蔽层和铠装层应在电缆线路两端直接接地；当三芯电缆具有塑料内衬层或隔离套时，金属屏蔽层和铠装层宜分别引出接地线，且两者之间宜采取绝缘措施。

2 单芯电缆金属屏蔽（金属套）在线路上至少有一点直接接地，任一点非直接接地处的正常感应电压应符合下列规定：

1）采取能防止人员任意接触金属屏蔽（金属套）的安全措施时，满载情况下不得大于300V；

2）未采取能防止人员任意接触金属屏蔽（金属套）的安全措施时，满载情况下不得大于50V。

3 单芯电缆线路的金属屏蔽（金属套）接地方式的选择应符合下列规定：

1）电缆线路较短且符合感应电压规定要求时，可采取在线路一端直接接地而在另一端经过电压限制器接地方式。

2）线路稍长一端接地不能满足感应电压规定要求时，可采取中间部位单点直接接地而在两端经过电缆护层电压限制器接地方式。

3）线路较长，中间一点接方式不能满足应电压规定要求时，宜设置绝缘接头或实施电缆金属层的绝缘分隔将电缆的金属套和绝缘屏蔽均匀分割成三段或三的倍数段，按图7.0.1所示采用交叉互联接地方式。

4）水底电缆线路可采取线路两端直接接地，或两端直接接地的同时，沿线多点直接接地。

7.0.2 单芯电缆采用金属层一端直接接地方式时，在下列任一情况下，应沿电缆设置回流线。

1 系统短路时电缆金属层产生的工频感应电压，超过电缆护层绝缘耐受强度或护层电压限制器的工频耐压；

2 需抑制临近弱点线路的电气干扰强度。

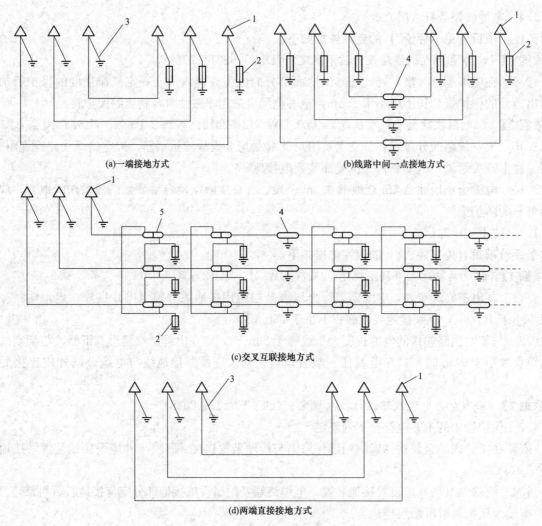

(a)一端接地方式   (b)线路中间一点接地方式

(c)交叉互联接地方式

(d)两端直接接地方式

图 7.0.1　电缆护层电压限制器设置方式

1—电缆终端；2—电缆护层电压限制器；3—直接接地；4—中间接头；5—绝缘接头

【依据3】《电气装置安装工程电缆线路施工及验收规范》（GB 50168—2018）

5.1.9　利用电缆保护钢管做接地线时，应先安装好接地线，再敷设电缆；有螺纹连接的电缆管，管接头处，应焊接跳线，跳线截面应不小于 $30mm^2$。

5.1.10　钢制保护管应可靠接地；钢管与金属软管、金属软管与设备间宜使用金属管接头连接，并保证可靠电气连接。

5.2.10　金属电缆支架、桥架及竖井全长均必须有可靠的接地。

【依据4】《交流电气装置的接地设计规范》（GB/T 50065—2011）

4.3.7　发电厂、变电所电气装置中下列部位应采用专门敷设的接地线接地。

1　发电厂和变.站电气装置中，下列部位应采用专门敷设的接地导体（线）接地：

1）发电机机座或外壳，出线柜、中性点柜的金属底座和外壳，封闭母线的外壳。

2）110KV 及以上钢筋混凝土支座上电气装置的金属外壳。

3）箱式变电站和环网柜的金属箱体。

4）直接接地的变压器材中性点。

5）变压器、发电机和高压并联电抗器中性点所接自动跟踪补偿消弧装置提供感性电流的部分、接地电抗昌、电阻器或变压器等的接地端子。

6）气体绝缘金属封闭开关设备的接地母线、接地端子。

7）避雷器，避雷针和地线等。

5.2.2.2 架空线路专业管理

5.2.2.2.1 架空配电线路运行状况

本条评价项目（见《评价》）的查评依据如下。

【依据】《配电网运维规程》（Q/GDW 1519—2014）

4.1 配电网运维工作应贯彻"安全第一、预防为主、综合治理"的方针，严格执行 Q/GDW 1799 的有关规定。

4.2 配电网运维工作应积极推广应用带电检测、在线监测等手段，及时、动态地了解和掌握各类配电网设备的运行状态，并结合配电网设备在电网中的重要程度以及不同区域、季节、环境特点，采用定期与非定期巡视检查（以下简称巡视）相结合的方法，确保工作有序、高效。

4.3 配电网运维工作应推行设备状态管理理念，积极开展设备状态评价，及时、准确掌握配电网设备状态信息，分析配电网设备运行情况，提出并实施预防事故的措施，提高安全运行水平。

4.4 配电网运维工作应充分发挥配电自动化与管理信息化的优势，推广应用地理信息系统与现场巡视作业平台，并采用标准化作业手段，不断提升运维工作水平与效率。

5.2.2.2.2 导线、绝缘子和金具

本条评价项目（见《评价》）的查评依据如下。

【依据1】《电气装置安装工程66kV及以下架空电力线路施工及验收规范》（GB 50173—2014）

8.4.1 不同金属、不同规格、不同绞制方向的导线或架空地线，不得在一个耐张段内连接。

8.4.2 当导线或架空地线采用液压连接时，操作人员应经过培训及考试合格、持有操作许可证。连接完成并自检合格后，应在压接管上打上操作人员的钢印。

8.4.5 导线切割及连接应符合下列规定：

1 切割导线铝股时不得伤及钢芯。

2 切口应整齐。

3 导线及架空地线的连接部分不得有线股绞制不良、断股、缺股等缺陷。

4 连接后管口附近不得有明显的松股现象。

8.4.6 采用钳压或液压连接导线时，导线连接部分外层铝股在洗擦后应薄薄地涂上一层电力复合脂，并应用细钢丝刷清刷表面氧化膜，应保留电力复合脂进行连接。

8.4.7 各种接续管、耐张管及钢锚连接前应测量管的内、外直径及管壁厚度，其质量应符合现行国家标准《电力金具通用技术条件》GB/T 2314 的规定。不合格者，不得使用。

8.4.8 接续管及耐张线夹压接后应检查外观质量，并应符合下列规定：

1 用精度不低于0.1mm的游标卡尺测量压后尺寸，各种液压管压后对边距尺寸的最大允许值 S 可按下式计算，但三个对边距应只允许有一个达到最大值，超过规定时应更换钢模重压：

$$S = 0.866 \times (0.993D) + 0.2 \tag{8.4.8}$$

式中　D——管外径，mm。

2 飞边、毛刺及表面未超过允许的损伤，应锉平并用0#砂纸磨光。

3 弯曲度不得大于2%，有明显弯曲时应校直。

4 校直后的接续管有裂纹时，应割断重接。

5 裸露的钢管压后应涂防锈漆。

8.4.9 在一个挡距内每根导线或架空地线上不应超过一个接续管和三个补修管，当张力放线时不应超过两个补修管，并应符合下列规定：

1 各类管与耐张线夹出口间的距离不应小于15m。

2 接续管或补修管与悬垂线夹中心的距离不应小于5m。

3 接续管或补修管与间隔棒中心的距离不宜小于0.5m。

4 宜减少因损伤而增加的接续管。

8.4.10 钳压的压口位置及操作顺序应符合要求（图8.4.10）。连接后端头的绑线应保留。

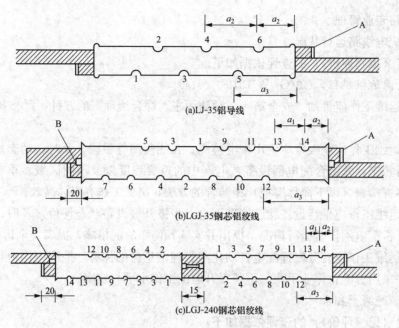

图 8.4.10 钳压管连接

A—绑线；B—垫片；1、2、3···操作顺序

8.4.11 钳压管压口数及压后尺寸应符合表 8.4.11 的规定。铝绞线钳接管压后尺寸允许偏差应为±1.0mm；钢芯铝绞线钳接管压后尺寸允许偏差应为±0.5mm。

表 8.4.11   钳压管压口数及压后尺寸

导线型号		压口数	压后尺寸 D(mm)	钳压部位尺寸（mm）		
				a1	a2	a3
铝绞线	LJ-16	6	10.5	28	20	34
	LJ-25	6	12.5	32	20	36
	LJ-35	6	14.0	36	25	43
	LJ-50	8	16.5	40	25	45
	LJ-70	8	19.5	44	28	50
	LJ-95	10	23.0	48	32	56
	LJ-120	10	26.0	52	33	5
	LJ-150	10	30.0	56	34	62
	LJ-185	10	33.5	60	35	65
钢芯铝绞线	LGJ-16/3	12	12.5	28	14	28
	LGJ-25/4	14	14.5	32	15	31
	LGJ-35/6	14	17.5	34	42.5	93.5
	LGJ-50/8	16	20.5	38	48.5	105.5
	LGJ-70/10	16	25.0	46	54.5	123.5
	LGJ-95/20	20	29.0	54	61.5	142.5
	LGJ-120/20	24	33.0	62	67.5	160.5
	LGJ-150/20	24	36.0	64	70	166
	LGJ-185/25	26	39.0	66	74.5	173.5
	LGJ-240/30	2×14	43.0	62	68.5	161.5

8.4.12 1kV 及以下架空电力线路的导线，当采用缠绕方法连接时，连接部分的线股应缠绕良好，不应有断股、松股等缺陷。

8.5.7 紧线弧垂在挂线后应随即在该观测档检查，其允许偏差应符合下列规定：

1 弧垂允许偏差应符合表 8.5.7 的规定。

表 8.5.7   弧 垂 允 许 偏 差

线路电压等级	10kV 及以下	35kV～66kV
允许偏差	±5%	+5%，−2.5%

2 跨越通航河流的跨越档弧垂允许偏差应为±1‰，其正偏差不应超过1m。

8.5.8 导线或架空地线各相间的弧垂应保持一致，当满足本规范第8.5.7条的弧垂允许偏差标准时，各相间弧垂的相对偏差最大值应符合下列规定：

1 相间弧垂相对偏差最大值应符合表8.5.8的规定。

表8.5.8 相间弧垂相对偏差最大值

线路电压等级	10kV 及以下	35kV~66kV
相间弧垂允许偏差最大值（mm）	50	200

注 对架空地线指两水平排列的同型线间。

2 跨越通航河流跨越档的相间弧垂相对偏差最大值，不应大于500mm。

8.6.1 导线的固定应牢固、可靠，且应符合下列规定：

1 直线转角杆，对针式绝缘子，导线应固定在转角外侧的槽内；对瓷横担绝缘子导线应固定在第一裙内。

2 直线跨越杆导线应双固定，导线本体不应在固定处出现角度。

3 裸铝导线在绝缘子或线夹上固定应缠绕铝包带，缠绕长度应超出接触部分30mm。铝包带的缠绕方向应与外层线股的绞制方向一致。

8.6.2 10kV及以下架空电力线路的裸铝导线在蝶式绝缘子上作耐张且采用绑扎方式固定时，绑扎长度应符合表8.6.2的规定。

表8.6.2 绑 扎 长 度

导线截面（mm²）	绑扎长度（mm）
LJ-50、LGJ-50 及以下	≥150
LJ-70、LGJ-70	≥200
低压绝缘线 50mm² 及以下	≥150

8.6.3 10kV~66kV架空电力线路当采用并沟线夹连接引流线时，线夹数量不应少于2个。连接面应平整、光洁。导线及并沟线夹槽内应清除氧化膜，并应涂电力复合脂。

8.6.4 10kV及以下架空电力线路的引流线（或跨接线）之间、引流线与主干线之间的连接，应符合下列规定：

1 不同金属导线的连接应有可靠的过渡金具。

2 同金属导线，当采用绑扎连接时，引流线绑扎长度应符合表8.6.4的规定。

表8.6.4 引流线绑扎长度值

导线截面（mm²）	绑扎长度（mm）
35 及以下	≥150
50	≥200
70	≥250

3 绑扎连接应接触紧密、均匀、无硬弯，引流线应呈均匀弧度。

4 当不同截面导线连接时，其绑扎长度应以小截面导线为准。

8.6.5 绑扎用的绑线，应选用与导线同金属的单股线，其直径不应小于2.0mm。

8.6.6 3kV~10kV架空电力线路的引下线与3kV以下线路导线之间的距离，不宜小于200mm。3kV~10kV架空电力线路的过引线、引下线与邻导线之间的最小间隙，不应小于300mm；3kV以下架空电力线路，不应小于150mm。采用绝缘导线的架空电力线路，其最小间隙可结合地区运行经验确定。

8.6.7 架空电力线路的导线与杆塔构件、拉线之间的最小间隙，35kV时不应小于600mm；3kV~10kV时不应小于200mm；3kV以下时不应小于100mm。

8.6.8 绝缘子安装前应逐个表面清洗干净，并应逐个、逐串进行外观检查。安装时应检查碗头、球头与弹簧销子之间的间隙。在安装好弹簧销子的情况下球头不得自碗头中脱出。验收前应清除瓷、玻璃表面的污垢。有机复合绝缘子伞套的表面不应有开裂、脱落、破损等现象，绝缘子的芯棒与端部附件不应有明显的歪斜。

8.6.9 安装针式绝缘子、线路柱式绝缘子时应加平垫及弹簧垫圈，安装应牢固。

8.6.10 安装悬式、蝴蝶式绝缘子时，绝缘子安装应牢固，并应连接可靠，安装后不应积水。与电杆、横担及金具应无卡压现象，悬式绝缘子裙边与带电部位的间隙不应小于50mm。

8.6.11 金具的镀锌层有局部碰损、剥落或缺锌时，应除锈后补刷防锈漆。

8.6.15 悬垂线夹安装后，绝缘子串应垂直地平面，其在顺线路方向与垂直位置的偏移角不应超过5°，连续上（下）山坡处杆塔上的悬垂线夹的安装位置应符合设计要求。

8.6.16 绝缘子串、导线及架空地线上的各种金具上的螺栓、穿钉及弹簧销子，除有固定的穿向外，其余穿向应统一，并应符合下列规定：

1 单、双悬垂串上的弹簧销子应一律由电源侧向受电侧穿入。使用W形弹簧销子时，绝缘子大口应一律朝电源侧；使用R型弹簧销子时，大口应一律朝受电侧。螺栓及穿钉凡能顺线路方向穿入者应一律由电源侧向受电侧穿入，特殊情况两边线应由内向外，中线应由左向右穿入。

2 耐张串上的弹簧销子、螺栓及穿钉应一律由上向下穿；当使用W形弹簧销子时，绝缘子大口应一律向上；当使用R形弹簧销子时，绝缘子大口应一律向下，特殊情况两边线可由内向外，中线可由左向右穿入。

3 当穿入方向与当地运行单位要求不一致时，可按运行单位的要求安装，但应在开工前明确规定。

8.6.17 金具上所用的闭口销的直径应与孔径相配合，且弹力应适度。

8.6.18 各种类型的铝质绞线，在与金具的线夹夹紧时，除并沟线夹及使用预绞丝护线条外，安装时应在铝股外缠绕铝包带，缠绕时应符合下列规定：

1 铝包带应缠绕紧密，其缠绕方向应与外层铝股的绞制方向一致。

2 所缠铝包带应露出线夹，但不应超过10mm，其端头应回缠绕于线夹内压住。

8.6.19 安装预绞丝护线条时，每条的中心与线夹中心应重合，对导线包裹应紧固。

8.6.20 防振锤及阻尼线与被连接的导线或架空地线应在同一铅垂面内，设计有特殊要求时应按设计要求安装。其安装距离偏差应为±30mm。

【依据2】《10kV及以下架空配电线路设计技术规程》（DL/T 5220—2005）

7.0.5 导线的设计安全系数，不应小于表7.0.5所列数值。

表7.0.5 导线设计的最小安全系数

绝缘导线种类	一般地区	重要地区
铝绞线、钢芯铝绞线、铝合金线	2.5	3.0
铜绞线	2.0	2.5

7.0.6 配电线路导线截面的确定应符合下列规定：

1 结合地区配电网发展规划和对导线截面确定，每个地区的导线规格宜采用3种～4种。无配电网规划地区不宜小于表7.0.6所列数值。

表7.0.6 导 线 截 面 mm²

导线种类	1kV～10kV 配电线路			1kV 以下配电线路		
	主干线	分干线	分支线	主干线	分干线	分支线
铝绞线及铝合金线	120（125）	70（63）	50（40）	95（100）	70（63）	50（40）
钢芯铝绞线	120（125）	70（63）	50（40）	95（100）	70（63）	50（40）
铜绞线绝缘铝绞线	—	—	16	50	35	16
绝缘铜绞线	150	95	50	95	70	50
	—	—	—	70	50	35

注 （）为圆线同心绞线（见GB/T 1179）。

2 采用允许电压降校核时：

1）1kV～10kV 配电线路，自供电的变电所二次侧出口至线路末端变压器或末端受电变电所一次侧入口的允许电压降为供电变电所二次侧额定电压的5%；

2）1kV 以下配电线路，自配电变压器二次侧出口至线路末端（不包括接户线）的允许电压降为额定电压的4%。

7.0.7 校验导线载流量时，裸导线与聚乙烯、聚氯乙烯绝缘导线的允许温度采用+70℃，交联聚乙烯绝缘导线的允许温度采用+90℃。

8.0.2 在空气污秽地区，配电线路的电瓷外绝缘应根据地区运行经验和所处地段外绝缘污秽等级，增加绝缘的泄漏距离或采取其他防污措施。如无运行经验，应符合附录 B 所规定的数值。

13 对地距离及交叉跨越

13.0.1 导线对地面、建筑物、树木、铁路、道路、河流、管道、索道及各种架空线路的距离，应根据最高气温情况或覆冰情况求得的最大弧垂和最大风速情况或覆冰情况求得的最大风偏计算。

计算上述距离，不应考虑由于电流、太阳辐射以及覆冰不均匀等引起的弧垂增大，但应计及导线架线后塑性伸长的影响和设计施工的误差。

13.0.2 导线与地面或水面的距离，不应小于表 13.0.2 数值。

表 13.0.2　　　　　　　　　　　导线与地面或水面的最小距离　　　　　　　　　　m

线路经过地区	线路电压	
	1kV～10kV	1kV 以下
居民区	6.5	6
非居民区	5.5	5
不能通航也不能浮运的河、湖（至冬季冰面）	5	5
不能通航也不能浮运的河、湖（至 50 年一遇洪水位）	3	3
交通困难区	4.5（3）	4（3）

注　括号内为绝缘线数值。

13.0.3 导线与山坡、峭壁、岩石地段之间的净空距离，在最大计算风偏情况下，不应小于表 13.0.3 所列数值。

表 13.0.3　　　　　　　　　　导线与山坡、峭壁、岩石之间的最小距离　　　　　　　m

线路经过地区	线路电压	
	1kV～10kV	1kV 以下
步行可以到达的山坡	4.5	3.0
步行不能到达的山坡、峭壁和岩石	1.5	1.0

13.0.4 1kV～10kV 配电线路不应跨越屋顶为易燃材料做成的建筑物，对耐火屋顶的建筑物，应尽量不跨越，如需跨越，导线与建筑物的垂直距离在最大计算弧垂情况下，裸导线不应小于 3m，绝缘导线不应小于 2.5m。

1kV 以下配电线路跨越建筑物，导线与建筑物的垂直距离在最大计算弧垂情况下，裸导线不应小于 2.5m，绝缘导线不应小于 2m。

线路边线与永久建筑物之间的距离在最大风偏情况下，不应小于下列数值：

1kV～10kV：裸导线 1.5m，绝缘导线 0.75m。（相邻建筑物无门窗或实墙）

1kV 以下：裸导线 1m，绝缘导线 0.2m。（相邻建筑物无门窗或实墙）

在无风情况下，导线与不在规划范围内城市建筑物之间的水平距离，不应小于上述数值的一半。

注 1：导线与城市多层建筑物或规划建筑线间的距离，指水平距离。

注 2：导线与不在规划范围内的城市建筑物间的距离，指净空距离。

13.0.5 1kV～10kV 配电线路通过林区应砍伐出通道，通道净宽度为导线边线向外侧水平延伸 5m，绝缘线为 3m，当采用绝缘导线时不应小于 1m。

在下列情况下，如不妨碍架线施工，可不砍伐通道：

1 树木自然生长高度不超过 2m。

2 导线与树木（考虑自然生长高度）之间的垂直距离，不小于 3m。

配电线路通过公园、绿化区和防护林带，导线与树木的净空距离在最大风偏情况下不应小于 3m。

配电线路通过果林、经济作物以及城市灌木林，不应砍伐通道，但导线至树梢的距离不应小于 1.5m。

配电线路的导线与街道行道树之间的距离，不应小于表 13.0.5 所列数值。

表 13.0.5　　　　　　　　　　导线与街道行道树之间的最小距离　　　　　　　　　m

最大弧垂情况的垂直距离		最大风偏情况的水平距离	
1kV～10kV	1kV 以下	1kV～10kV	1kV 以下
1.5（0.8）	1.0（0.2）	2.0（1.0）	1.0（0.5）

注　括号内为绝缘导线数值。

校验导线与树木之间的垂直距离，应考虑树木在修剪周期内生长的高度。

13.0.6 1kV~10kV 线路与特殊管道交叉时，应避开管道的检查井或检查孔，同时，交叉处管道上所有金属部件应接地。

13.0.7 配电线路与甲类厂房、库房，易燃材料堆场，甲、乙类液体贮罐，液化石油气贮罐，可燃、助燃气体贮罐最近水平距离，不应小于杆塔高度的1.5倍，丙类液体贮罐不应小于1.2倍。

13.0.8 配电线路与弱电线路交叉，应符合下列要求：

1 交叉角应符合表13.0.8的要求。

表 13.0.8　　配电线路与弱电线路的交叉角

弱电线路等级	一级	二级	三级
交叉角	≥45°	≥30°	不限制

2 配电线路一般架在弱电线路上方。配电线路的电杆，应尽量接近交叉点，但不宜小于7m（城区的线路，不受7m的限制）。

13.0.9 配电线路与铁路、道路、河流、管道、索道、人行天桥及各种架空线路交叉或接近，应符合表13.0.9的要求。

表 13.0.9　架空配电线路与铁路、道路、河流、管道、索道及各种架空线路交叉或接近的基本要求　　m

项目	铁路：标准轨距	铁路：窄轨	铁路：电气化铁路	公路：高速公路、一级公路	公路：二、三、四级公路	电车道：有轨及无轨	河流：通航	河流：不通航	弱电线路：一、二级	弱电线路：三级	电力线路/kV：1以下	电力线路/kV：1~10	电力线路/kV：35~110	电力线路/kV：154~220	电力线路/kV：330	电力线路/kV：500	特殊管道	一般管道、索道	人行天桥
导线最小截面	铝线及铝合金线 50mm²，铜线为 16mm²																		
导线在跨越档内的接头	不应接头		—	不应接头		不应接头	不应接头		不应接头			交叉不应接头	交叉不应接头				不应接头		—
导线支持方式	双固定		—	双固定	单固定	双固定	双固定	单固定	双固定	单固定	单固定	双固定							双固定
最小垂直距离 m（1kV~10kV）参考点	至轨顶	至轨顶	接触线或承力索	至路面	至路面	至承力索或接触线／至路面	至常年高水位／至最高航行水位的最高船樯顶	至最高洪水位／冬季至冰面	至被跨越线								电力线在下面	电力线路在下面至电力线上的保护设施／电力线在下面	
1kV~10kV	7.5	6.0	平原地区配电线路入地	7.0	7.0	3.0/9.0	6 / 1.5	3.0 / 5.0	2.0	2	2	3	4	5	8.5	—	3.0	2.0/2.0	5(4)
1kV以下	7.5	6.0	平原地区配电线路入地	6.0	6.0	3.0/9.0	6 / 1.0	3.0 / 5.0	1.0	1	1	2	3	4	5	8.5		1.5/1.5	4(3)

续表

最小水平距离 m	线路电压	电杆外缘至轨道中心	电杆中心至路面边缘 / 电杆外缘至轨道中心	与拉纤小路平等的线路,边导线至斜坡上缘	在路径受限制地区,两线路边导线间	在路径受限制地区,两线路边导线间						在线路受限制地区,至管道、索道任何部分	导线边缘线至人行天桥边缘
	1kV ~ 10kV	交叉:5.0 平行:杆高+3.0	平行 杆高+3.0 ／ 5.0 ／ 0.5/3.0	最高电杆高度	2.0	2.5	2.5	5.0	7.0	9.0	13.0	2.0	4.0
	1kV 以下		0.5/3.0		1.0							1.5	2.0
备注		山区入地困难时,应协商,并签协议	公路分级见附录D,城市道路的分级,参照公路的规定	最高洪水位时,有抗洪抢险船只航行的河流,垂直距离应协商确定	① 两平行线路在开阔地区的水平距离不应小于电杆高度; ② 弱电线路分级见附录C	两平行线路开阔地区的水平距离不应小于电杆高度						① 特殊管道指架设在地面上的输送易燃、易爆物的管道; ② 交叉点不应选在管道检查井(孔)处,与管道、索道平行、交叉时,管道、索道应接地	

注 1. 1kV 以下配电线路与二、三级弱电线路,与公路交叉时,导线支持方式不限制。
   2. 架空配电线路与弱电线路交叉时,交叉档弱电线路的木质电杆应有防雷措施。
   3. 1kV~10kV 电力接户线与工业企业内自用的同电压等级的架空线路交叉时,接户线宜架设在上方。
   4. 不能通航河流指不能通航也不能浮运的河流。
   5. 对路径受限制地区的最小水平距离的要求,应计及架空电力线路导线的最大风偏。
   6. 公路等级应符合 JT J001 的规定。
   7. ( ) 内数值为绝缘导线线路。

表 13.0.9 架空配电线路与铁路、道路、河流、管道、索道及各种架空线路交叉或接近的基本要求。

附录 B （规范性附录）架空配电线路污秽分级标准

表 B.1　　　　　　　　　　　　架空配电线路污秽分级标准

污秽等级	污湿特征	盐密（mg/c）	线路爬电比距（cm/kV）	
			中性点非直接接地	中性点直接接地
0	大气清洁地区及离海岸盐场 50km 以上无明显污染地区	≤0.03	1.9	1.6
Ⅰ	大气轻度污染地区,工业区和人口低密集区,离海岸盐场 10km~50km 地区。在污闪季节中干燥少雾（含毛毛雨）或雨量较多时	>0.03~0.06	1.9~2.4	1.6~2.0
Ⅱ	大气中等污染地区,轻盐碱和炉烟污秽地区,离海岸盐场 3km~10km 地区。在污闪季节中潮湿多雾（含毛毛雨）但雨量较少时	>0.06~0.10	2.4~3.0	2.0~2.5
Ⅲ	大气污染严重地区,重雾和重盐碱地区,近海岸盐场 11km~3km 地区,工业与人口密度较大地区,离化学污源和炉烟污秽 300m~1500m 的较严重地区	>0.10~0.25	3.0~38	2.5~3.2
Ⅳ	大气特别严重污染地区,离海岸盐场 1km 以内,离化学污源和炉烟污秽 300km 以内的地区	>0.25~0.35	3.8~4.5	3.2~3.8

注 本表是根据 GB/T 16434 而订。

附录 C （规范性附录）弱电线路等级

C.1　一级线路

首都与各省（直辖市）、自治区所在地及其相互间联系的主要线路；首都至各重要工矿城市、海港的线路以及由首都通达国外的国际线路；由邮电部门指定的其他国际线路和国防线路；铁道部与各铁路局及各铁路局之间联系用的线路，以及铁路信号自动闭塞装置专用线路。

C.2　二级线路

各省（直辖市）、自治区所在地与各地（市）、县及其相互间的通信线路；相邻两省（自治区）各地（市）、县相互间的通信线路；一般市内电话线路；铁路局与各站、段及站段相互间的线路，以及铁路信号闭塞装置的线路。

C.3　三级线路

县至区、乡的县内线路和两对以下的城郊线路；铁路的地区线路及有线广播线路。

附录 D （规范性附录）公路等级

D.1　高速公路为专供汽车分向、分车道行驶并全部控制出入的干线公路

四车道高速公路一般能适应按各种汽车折合成小客车的远景设计年限年平均昼夜交通量为25000～55000辆。

六车道高速公路一般能适应按各种汽车折合成小客车的远景设计年限年平均昼夜交通量为45000～80000辆。

八车道高速公路一般能适应按各种汽车折合成小客车的远景设计年限年平均昼夜交通量为60000～100000辆。

D.2　一级公路为供汽车分向、分车道行驶的公路

一般能适应按各种汽车折合成小客车的远景设计年限年平均昼夜交通量为15000～30000辆。为连接重要政治、经济中心，通往重点工矿区、港口、机场，专供汽车分道行驶并部分控制出入的公路。

D.3　二级公路

一般能适应按各种车辆折合成中型载重汽车的远景设计年限年平均昼夜交通量为3000～15000辆，为连接重要政治、经济中心，通往重点工矿、港口、机场等的公路。

D.4　三级公路

一般能适应按各种车辆折合成中型载重汽车的远景设计年限年平均昼夜交通量为1000～4000辆，为连通县以上城市的公路。

D.5　四级公路

一般能适应按各种车辆折合成中型载重汽车的远景设计年限年平均昼夜交通量为：双车道1500辆以下，单车道200辆以下，为沟通县、乡（镇）、村等的公路。

【依据3】《66kV及以下架空电力线路设计规范》（GB 50061—2010）第5.2.4条、第12.0.6条

5.2.4　导线或地线的平均运行张力上限及防振措施，应符合表5.2.4的要求。

表5.2.4　　　　　　　导线或地线平均运行张力上限及防振措施

挡距和环境状况	平均运行张力上限（瞬时破坏张力的百分数）（%）		防振措施
	钢芯铝绞线	镀锌钢绞线	
开阔地区挡距<500m	16	12	不需要
非开阔地区挡距<500m	18	18	不需要
挡距<120m	18	18	不需要
不论挡距大小	22	—	护线条
不论挡距大小	25	25	防振锤（线）或另加护线条

12.0.6 导线与地面、建筑物、树木、铁路、道路、河流、管道、索道及各种架空线路间的距离，应按下列原则确定：

1 应根据最高气温情况或覆冰情况求得的最大弧垂和最大风速情况或覆冰情况求得的最大风偏进行计算；

2 计算上述距离应计入导线架线后塑性伸长的影响和设计、施工的误差，但不应计入由于电流、太阳辐射、覆冰不均匀等引起的弧垂增大；

3 当架空电力线路与标准轨距铁路、高速公路和一级公路交叉，且架空电力线路的挡距超过200m时，最大弧垂应按导线温度为+70℃计算。

5.2.2.2.3 架空绝缘导线和平行集束绝缘导线

本条评价项目（见《评价》）的查评依据如下。

【依据1】《架空绝缘配电线路施工及验收规程》（DL/T 602—1996）

7.2.2 绝缘层的损伤处理：

7.2.2.1 绝缘层损伤深度在绝缘层厚度的10％及以上时应进行绝缘修补。可用绝缘自粘带缠绕，每圈绝缘黏带间搭压带宽的1/2，补修后绝缘自黏带的厚度应大于绝缘层损伤深度，且不少于两层。也可用绝缘护罩将绝缘层损伤部位罩好，并将开口部位用绝缘自粘带缠绕封住。

7.2.2.2 一个挡距内，单根绝缘线绝缘层的损伤修补不宜超过三处。

7.3 绝缘线的连接和绝缘处理

7.3.1 绝缘线连接的一般要求。

7.3.1.1 绝缘线的连接不允许缠绕，应采用专用的线夹、接续管连接。

7.3.1.2 不同金属、不同规格、不同绞向的绝缘线，无承力线的集束线严禁在档内做承力连接。

7.3.1.3 在一个挡距内，分相架设的绝缘线每根只允许有一个承力接头，接头距导线固定点的距离不应小于0.5m，低压集束绝缘线非承力接头应相互错开，各接头端距不小于0.2m。

7.3.1.4 铜芯绝缘线与铝芯或铝合金芯绝缘线连接时，应采取铜铝过渡连接。

7.3.1.5 剥离绝缘层、半导体层应使用专用切削工具，不得损伤导线，切口处绝缘层与线芯宜有45°倒角。

7.3.1.6 绝缘线连接后必须进行绝缘处理。绝缘线的全部端头、接头都要进行绝缘护封，不得有导线、接头裸露，防止进水。

7.3.1.7 中压绝缘线接头必须进行屏蔽处理。

7.3.3 承力接头的连接和绝缘处理。

7.3.3.1 承力接头的连接采用钳压法、液压法施工，在接头处安装辐射交联热收缩管护套或预扩张冷缩绝缘套管（统称绝缘护套），其绝缘处理示意图见附录A。

7.3.3.2 绝缘护套管径一般应为被处理部位接续管的1.5～2.0倍。中压绝缘线使用内外两层绝缘护套进行绝缘处理，低压绝缘线使用一层绝缘护套进行绝缘处理。各部长度见附录A。

7.3.3.3 有导体屏蔽层的绝缘线的承力接头，应在接续管外面先缠绕一层半导体自粘带和绝缘线的半导体层连接后再进行绝缘处理。每圈半导体自粘带间搭压带宽的1/20。

7.3.3.4 截面为240mm²及以上铝线芯绝缘线承力接头宜采用液压法施工。

7.3.4 非承力接头的连接和绝缘处理。

7.3.4.1 非承力接头包括跳线、T接时的接续线夹（含穿刺型接续线夹）和导线与设备连接的接线端子。

7.3.4.2 接头的裸露部分须进行绝缘处理，安装专用绝缘护罩。

7.3.4.3 绝缘罩不得磨损、划伤，安装位置不得颠倒，有引出线的要一律向下，需紧固的部位应牢固严密，两端口需绑扎的必须用绝缘自粘带绑扎两层以上。

7.5 绝缘线的固定

7.5.1 采用绝缘子（常规型）架设方式时绝缘线的固定。

7.5.1.1　中压绝缘线直线杆采用针式绝缘子或棒式绝缘子，耐张杆采用两片悬式绝缘子和耐张线夹或一片悬式绝缘子和一个中压蝶式绝缘子。

7.5.1.2　低压绝缘线垂直排列时，直线杆采用低压蝶式绝缘子；水平排列时，直线杆采用低压针式绝缘子；沿墙敷设时，可用预埋件或膨胀螺栓及低压蝶式绝缘子，预埋件或膨胀螺栓的间距以6m为宜。低压绝缘线耐张杆或沿墙敷设的终端采用有绝缘衬垫的耐张线夹，不需剥离绝缘层，也可采用一片悬式绝缘子与耐张线夹或低压蝶式绝缘子。

7.5.1.3　针式或棒式绝缘子的绑扎，直线杆采用顶槽绑扎法；直线角度杆采用边槽绑扎法，绑扎在线路外角侧的边槽上。蝶式绝缘子采用边槽绑扎法。使用直径不小于2.5mm的单股塑料铜线绑扎。

7.5.1.4　绝缘线与绝缘子接触部分应用绝缘自黏带缠绕，缠绕长度应超出绑扎部位或与绝缘子接触部位两侧各30mm。

7.5.1.5　没有绝缘衬垫的耐张线夹内的绝缘线宜剥去绝缘层，其长度和线夹等长，误差不大于5mm。将裸露的铝线芯缠绕铝包带，耐张线夹和悬式绝缘子的球头应安装专用绝缘护罩罩好。

7.5.2　中压绝缘线采用绝缘支架架设时绝缘线的固定。

7.5.2.1　按设计要求设置绝缘支架，绝缘线固定处缠绕绝缘自黏带。带承力钢绞线时，绝缘支架固定在钢绞线上。终端杆用耐张线夹和绝缘拉棒固定绝缘线，耐张线夹应装设绝缘护罩。

7.5.2.2　240mm² 及以下绝缘线采用钢绞线的截面不得小于50mm²。钢绞线两端用耐张线夹和拉线包箍固定在耐张杆上，直线杆用悬挂线夹吊装。

7.5.3　集束绝缘线的固定。

7.5.3.1　中压集束绝缘线直线杆采用悬式绝缘子和悬挂线夹，耐张杆采用耐张线夹。

7.5.3.2　低压集束绝缘线直线杆采用有绝缘衬垫的悬挂线夹，耐张杆采用有绝缘衬垫的耐张线夹。

7.5.4　中压绝缘线路每相过引线、引下线与邻相的过引线、引下线及低压绝缘线之间的净空距离不应小于200mm；中压绝缘线与拉线、电杆或构架间的净空距离不应小于200mm。

7.5.5　低压绝缘线每相过引线、引下线与邻相的过引线、引下线之间的净空距离不应小于100mm；低压绝缘线与拉线、电杆或构架间的净空距离不应小于50mm。

7.5.7　停电工作接地点的设置。

7.5.7.1　中低压绝缘线路及线路上变压器台的一、二次侧应设置停电工作接地点。

7.5.7.2　停电工作接地点处宜安装专用停电接地金具，用以悬挂接地线。

附录A　承力接头连接绝缘处理示意图

A1　承力接头钳压连接绝缘处理见图A1。

A2　承力接头铝绞线液压连接绝缘处理见图A2。

A3　承力接头钢芯铝绞线液压连接绝缘处理见图A3。

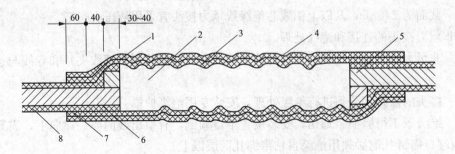

图A1　承力接头钳压连接绝缘处理示意图

1—绝缘黏带；2—钳压管；3—内层绝缘护套；4—外层绝缘护套；5—导线；6—绝缘层倒角；7—热熔胶；8—绝缘层

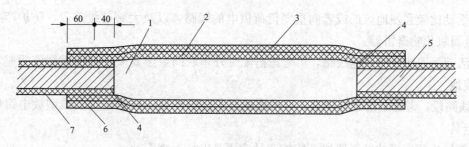

图 A2　承力接头铝绞线液压连接绝缘处理示意图

1—液压管；2—内层绝缘护套；3—外层绝缘护套；4—绝缘层倒角，绝缘黏带；5—导线；6—热熔胶；7—绝缘层

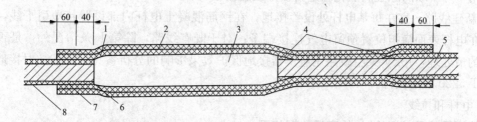

图 A3　承力接头钢芯铝绞线液压连接绝缘处理示意图

1—内层绝缘护套；2—外层绝缘护套；3—液压管；4—绝缘黏带；5—导线；6—绝缘层倒角，绝缘黏带；

7—热熔胶；8—绝缘层

【依据2】《架空绝缘配电线路设计技术规程》（DL/T 601—1996）

C2　低压集束架空绝缘电线的长期允许载流量为同截面同材料单根架空绝缘电线长期允许载流量的 0.7 倍。

【依据3】《架空平行集束绝缘导线低压配电线路设计与施工规程》（DL/T 5253—2010）第11.2 条

11.2　平行集束绝缘导线的连接

11.2.1　平行集束绝缘导线应在耐张杆上非承力线处采用专用线夹连接。

11.2.2　平行集束绝缘导线 T 接应采用专用线夹，各相 T 接点顺导线方向的间距不小于 0.15m。

11.2.3　平行集束绝缘导线连接后，应进行安全防护处理。连接点应加装绝缘防雨罩，绝缘罩不得磨损、划伤，安装位置不得颠倒，并保持封闭，防止进水。

【依据4】《10kV 及以下架空配电线路设计技术规程》（DL/T 5220—2005）

表 9.0.4　配电线路的挡距

地段	电压		
		1kV～10kV	1kV 以下
城镇		40～50	40～50
空旷		60～100	40～60

注　1kV 以下线路当采用集束型绝缘导线时，挡距不宜大于 30m。

【依据5】《国家电网公司电力安全工作规程（线路部分）》（Q/GDW 1799.2—2013）

12.2.2　架空绝缘导线应在线路的适当位置设立验电接地环或其他验电接地装置，以满足运行、检修工作的需要。

【依据6】《配电网技改大修技术规范》（Q/GDW 743—2012）

【依据7】《配电网架空绝缘线路雷击断线防护导则》（DL/T 1292—2013）

6.2　实施原则

a）距变电站电气距离 1km 范围内的出线线路段、雷电活动强烈地区的线路、向重要负荷供电的线路，以及大跨越线路段，应加强雷电防护。

b）对于新建线路，宜采用柱式绝缘子和与之相配套的防雷措施。

c）距变电站电气距离 1km 范围内的出线线路段，防护产品应使用带外串联间隙金属氧化物避雷器。

d）雷电活动比较强烈地区的或者向重要负荷供电的线路，以及大跨越线路段，防护产品宜使用带外串联间隙金属氧化物避雷器。

e）雷电活动强烈地区的新建线路，可考虑搭配带外串联间隙金属氧化物避雷器使用避雷线，并做好避雷线的接地。

f）其他线路段，考虑经济成本因素，可采用疏导式防护产品，推荐选用剥线型放电钳位绝缘子和穿刺型防弧金具。

g）对可能发生雷害事故的线路段，防护产品应逐基电杆逐相安装。

h）若防护产品安装在配电设备（变压器、电缆头、线路开关）附近，配电设备临近一基电杆上的防护产品使用带外串联间隙金属氧化物避雷器并设置接地。

i）对于新建线路，宜在每基电杆处设置接地，在钢筋混凝土电杆内部设置接地引下线，设置集中接地极，并在电杆表面横担位置预留电气连接端子；对于既有线路，除第 h 条情况外，是否设置接地视具体情况酌情处理，10kV 架空线路用避雷器接地保护效果影响的分析参见附录 D。对接地电阻的要求按照 DL/T 5220 规定执行。

5.2.2.2.4　电杆和拉线

本条评价项目（见《评价》）的查评依据如下。

【**依据1**】《10kV 及以下架空配电线路设计技术规程》（DL/T 5220—2005）

10.0.3　各型电杆应按下列荷载条件进行计算：

1　最大风速、无冰、未断线。

2　覆冰、相应风速、未断线。

3　最低气温、无冰、无风、未断线（适用于转角杆和终端杆）。

10.0.8　配电线路的钢筋混凝土电杆，应采用定型产品。电杆构造的要求应符合现行国家标准。

10.0.10　拉线应根据电杆的受力情况装设。拉线与电杆的夹角宜采用 45°。受地形限制可适当减小，且不应小于 30°。

10.0.11　跨越道路的水平拉线，对路边缘的垂直距离不应小于 6m。拉线柱的倾斜角宜采用 10°～20°。跨越电车行车线的水平拉线，对路面的垂直距离，不应小于 9m。

10.0.12　拉线应采用镀锌钢绞线，其截面应按受力情况计算确定，且不应小于 25mm²。

10.0.13　空旷地区配电线路连续直线杆超过 10 基时，宜装设防风拉线。

10.0.14　钢筋混凝土电杆，当设置拉线绝缘子时，在断拉线情况下拉线绝缘子距地面处不应小于 2.5m，地面范围的拉线应设置保护套。

10.0.15　拉线棒的直径应根据计算确定，且不应小于 16mm。拉线棒应热镀锌。腐蚀地区拉线棒直径应适当加大 2mm～4mm 或采取其他有效的防腐措施。

10.0.17　电杆埋设深度应计算确定。单回路的配电线路电杆埋设深度宜采用表 10.0.17 所列数值。

表 10.0.17　　　　　　　　　　　　**单回路电杆埋设深度**　　　　　　　　　　　　m

杆高	8.0	9.0	10.0	12.0	13.0	15.0
埋深	1.5	1.6	1.7	1.9	2.0	2.3

【**依据2**】《配电网技改大修项目交接验收技术规范》（Q/GDW 744—2012）

5.1.2.2　电杆的钢圈焊接头应按设计要求进行防腐处理。设计无规定时，应将钢圈表面铁锈和焊缝的焊渣与氧化层除净，涂刷一底一面防锈漆处理。焊缝表面应呈平滑的细鳞形，与基本金属平缓连接，无折皱、间断、漏焊及未焊满的陷槽，并不应有裂缝。

5.1.3.2　拉线安装应符合下列规定：

a）安装后对地平面夹角与设计值的允许偏差，应符合下列规定：

1）10kV 及以下架空电力线路不应大于 3°。

2）特殊地段应符合设计要求。

b）承力拉线应与线路方向的中心线对正；分角拉线应与线路分角线方向对正；防风拉线应与线路方向垂直。

c）跨越道路的拉线，应满足设计要求，且对通车路面对路面中心距离不小于 6m，对边缘的垂直距离不应小于 5m。

d）当采用 NUT 型线夹及楔形线夹固定安装时，应符合下列规定：

1）安装前丝扣上应涂润滑剂；

2）线夹舌板与拉线接触应紧密，受力后无滑动现象，线夹凸肚在尾线侧，安装时不应损伤线股；

3）拉线弯曲部分不应有明显松股，拉线断头处与拉线主线应固定可靠，线夹处露出的尾线长度为 300mm～500mm，尾线回头后与本线应扎牢；

4）当同一组拉线使用双线夹并采用连板时，其尾线端的方向应统一；

5）NUT 形线夹的螺杆应露扣，并应有不小于 1/2 螺杆丝扣长度可供调紧，调整后，NUT 型线夹的双螺母应并紧。

e）在道路边上的拉线应装设警示保护套管；

f）从导线之间穿过时，应装设一个拉线绝缘子，在断拉线情况下，拉线绝缘子距地面不应小于 2.5m。

【依据3】《国家电网公司安全设施标准　第 2 部分：电力线路》（Q/GDW 434.2—2010）

7.2　安全防护设施及配置规范，见表 8。

表 8　　　　　　　　　　　　　安全防护设施及配置规范

序号	图形示例	名称	配置规范	备注
8-7		杆塔拉线、接地引下线、电缆防护套管及警示标识	（1）在线路杆塔拉线、接地引下线、电缆的下部，应装设防护套管，也可采用反光材料制作的防撞警示标识。 （2）防护套管及警示标识，长度不小于 1.8m，黄黑相间，间距宜为 200mm	
8-8		杆塔防撞警示线	（1）在道路中央和马路沿外 1m 内的杆塔下部，应涂刷防撞警示线。 （2）防撞警示线采用道路标线涂刷，带荧光，其高度不小于 1200mm，黄黑相间，间距 200mm	

【依据4】《配电网运维规程》（Q/GDW 1519—2014）同 5.2.1.1**【依据1】**

【依据5】《城市配电网技术导则》（Q/GDW 370—2009）

8.1.2 各类供电区域低压架空线路宜选用 10m 环形混凝土电杆，必要时可选用 12m 环形混凝土电杆，环形混凝土电杆一般应采用非预应力电杆，交通运输不便地区可采用其他型式电杆。考虑负荷发展需求，可按 10kV 线路电杆选型，为 10kV 线路延伸预留通道。

【依据6】《配电网技术改造选型和配置原则》（Q/GDW 741—2012）

5.1.3 一般选用长度为 12m 或 15m 的混凝土电杆，以保持合理跨越高度，并便于带电作业及登杆检修，市政道路沿线新架线路不宜采用预应力混凝土电杆。

【依据7】《电气装置安装工程66kV 及以下架空电力线路施工及验收规范》（GB 50173—2014）

7.5 拉线

7.5.1 拉线盘的埋设深度和方向应符合设计要求。拉线棒与拉线盘应垂直，连接处应采用双螺母，其外露地面部分的长度应为 500mm～700mm。

7.5.2 拉线的安装应符合下列规定：

1 安装后对地平面夹角与设计值的允许偏差，应符合下列规定：

1）35kV～66kV 架空电力线路不应大于 1°。

2）10kV 及以下架空电力线路不应大于 3°。

3）特殊地段应符合设计要求。

2 承力拉线应与线路方向的中心线对正；分角拉线应与线路角线方向对正；防风拉线应与线路方向垂直。

3 当采用 UT 形线夹及楔形线夹固定安装时，应符合下列规定：

1）安装前丝扣上应涂润滑剂。

2）线夹舌板与拉线接触应紧密，受力后无滑动现象，线夹凸肚在尾线侧，安装时不应损伤线股，线夹凸肚朝向应统一。

3）楔形线夹处拉线尾线应露出线夹 200mm～300mm，用直径 2mm 镀锌铁线与主拉线绑扎 20mm；楔形 UT 形线夹处拉线尾线应露出线夹 300mm～500mm，用直径 2mm 镀锌铁线与主拉线绑扎 40mm。拉线回弯部分不应有明显松脱、灯笼，不得用钢线卡子代替镀锌铁线绑扎。

4）当同一组拉线使用双线夹并采用连板时，其尾线端的方向应统一。

5）UT 形线夹或花篮螺栓的螺杆应露扣，并应有不小于 1/2 螺杆丝扣长度可供调紧，调整后，UT 型线夹的双螺母应并紧，花篮螺栓应封固，应有防卸措施。

4 当采用绑扎固定安装时，应符合下列规定：

1）拉线两端应设置心形环。

2）钢绞线拉线，应采用直径不大于 3.2mm 的镀锌铁线绑扎固定。绑扎应整齐、紧密，最小缠绕长度应符合表 7.5.2-1 的规定。

表 7.5.2-1 最 小 缠 绕 长 度

钢绞线截面（mm²）	最小缠绕长度（mm）				
	上段	中段有绝缘子的两端	与拉棒连接处		
			下端	花缠	上端
25	200	200	150	250	80
35	250	250	200	250	80
50	300	300	250	250	80

5 采用压接型线夹的拉线，安装时应符合现行行业标准《输变电工程架空导线及地线液压压接工艺规程》DL/T 5285 的规定。

6 采用预绞式拉线耐张线夹安装时，应符合下列规定：

1）剪断钢绞线前，端头应用铁绑线进行绑扎，剪断口应平齐。

2）将钢绞线端头与预绞式线夹起缠标识对齐，先均匀缠绕长腿至还剩两个节距。

3）应将短腿穿过心形环槽或拉线绝缘子，使两条腿标识对齐后，缠绕短腿至还剩两个节距。当拉线绝缘子外形尺寸较大时，预绞式线夹铰接起点不得越过远端铰接标识点。

4）将两条腿尾部拧开，应进行单丝缠绕扣紧到位。

5）重复拆装不应超过 2 次。

7　拉线绝缘子及钢线卡子的安装应符合下列规定：

1）镀锌钢绞线与拉线绝缘子、钢线卡子宜采用表 7.5.2-2 所列配套安装。

表 7.5.2-2　　　　　　　镀锌钢绞线与拉线绝缘子、钢线卡子配套安装

拉线型号	拉线绝缘子型号	钢线卡子型号	拉线绝缘子每侧安装钢卡数量（只）
GJ-25～35	J-45	JK-1	3
GJ-50	J-54	JK-2	4
GJ-70	J-70		
GJ-95～120	J-90	JK-3	5

2）靠近拉线绝缘子的第一个钢线卡子，其 U 形环应压在拉线尾线侧。

3）在两个钢线卡子之间的平行钢绞线夹缝间，应加装配套的铸铁垫块，相互间距宜为 100mm～150mm。

4）钢线卡子螺母应拧紧，拉线尾线端部绑线不拆除。

5）混凝土电杆的拉线在装设绝缘子时，在断拉线情况下，拉线绝缘子距地面不应小于 2.5m。

8　采用绝缘钢绞线的拉线，除满足一般拉线的安装要求外，应选用规格型号配套的 UT 形线夹及楔形线夹进行固定，不应损伤绝缘钢绞线的绝缘层。

7.5.3　跨越道路的水平拉线与拉桩杆的安装应符合下列规定：

1　拉桩杆的埋设深度，当设计无要求，采用坠线时，不应小于拉线柱长的 1/6；采用无坠线时，应按其受力情况确定。

2　拉桩杆应向受力反方向倾斜，倾斜角宜为 10°～20°。

3　拉桩杆与坠线夹角不应小于 30°。

4　拉线抱箍距拉桩杆顶端应为 250mm～300mm，拉桩杆的拉线抱箍距地距离不应少于 4.5m。

5　跨越道路的拉线，除应满足设计要求外，均应设置反光标识，对路边的垂直距离不宜小于 6m。

6　坠线采用镀锌铁线绑扎固定时，最小缠绕长度应符合本规范表 7.5.2-1 的规定。

7.5.4　当一基电杆上装设多条拉线时，各条拉线的受力应一致。

7.5.5　杆塔的拉线应在监视下对称调整。

7.5.6　对一般杆塔的拉线应及时进行调整收紧。对设计有初应力规定的拉线，应按设计要求的初应力允许范围且观察杆塔倾斜不超过允许值的情况下进行安装与调整。

7.5.7　架线后应对全部拉线进行复查和调整，拉线安装后应符合下列规定：

1　拉线与拉线棒应呈一直线。

2　X 形拉线的交叉点处应留足够的空隙。

3　组合拉线的各根拉线应受力均衡。

7.5.8　拉线应避免设在通道处，当无法避免时应在拉线下部设反光标志，且拉线上部应设绝缘子。

7.5.9　顶（撑）杆的安装应符合下列规定：

1　顶杆底部埋深不宜小于 0.5m，应采取防沉措施。

2　与主杆之间夹角应满足设计要求，允许偏差应为 ±5°。

3　与主杆连接应紧密、牢固。

【依据8】《架空绝缘配电线路设计技术规程》（DL/T 601—1996）

8.8　转角杆的横担，应根据受力情况确定。一般情况下，15°以下转角杆，可采用单横担；15°～45°转角杆，宜采用双横担；45°以上转角杆，宜采用十字横担。转角杆宜可不用横担，导线垂直单列式。

5.2.2.2.5 低压配电网零线和接户线

本条评价项目（见《评价》）的查评依据如下。

【依据1】《10kV及以下架空配电线路设计技术规程》（DL/T 5220—2005）同5.2.2.2.2条【依据2】

7.0.8　1kV以下三相四线制的零线截面，应与相线截面相同。

14　接户线

14.0.1　接户线是指10kV及以下配电线路与用户建筑物外第一支持点之间的架空导线。

14.0.2　1kV～10kV接户线的挡距不宜大于40m。挡距超过40m时，应按1kV～10kV配电线路设计。1kV以下接户线的挡距不宜大于25m，超过25m时宜设接户杆。

14.0.3　接户线应选用绝缘导线，1kV～10kV接户线其截面不应小于下列数值：

铜芯绝缘导线为25mm²；

铝芯绝缘导线为35mm²。

1kV以下接户线的导线截面应根据允许载流量选择，且不应小于下列数值：

铜芯绝缘导线为10mm²；

铝芯绝缘导线为16mm²。

14.0.4　1kV～10kV接户线，线间距离不应小于0.40m。1kV以下接户线的线间距离，不应小于表14.0.4所列数值。1kV以下接户线的零线和相线交叉处，应保持一定的距离或采取加强绝缘措施。

表14.0.4　　　　　　　　　　1kV以下接户线的最小线间距离　　　　　　　　　　　　　　　m

架设方式	挡距	线间距离
自电杆上引下	25及以上	0.15
	25以下	0.20
沿墙敷设水平排列或垂直排列	6及以上	0.10
	6以下	0.15

14.0.5　接户线受电端的对地面垂直距离，不应小于下列数值：

1kV～10kV为4m；

1kV以下为2.5m。

14.0.6　跨越街道的1kV以下接户线，至路面中心的垂直距离，不应小于下列数值：

有汽车通过的街道为6m；

汽车通过困难的街道、人行道为3.5m；

胡同（里、弄、巷）为3m；

沿墙敷设对地面垂直距离为2.5m。

14.0.7　1kV以下接户线与建筑物有关部分的距离，不应小于下列数值：

与接户线下方窗户的垂直距离为0.3m；

与接户线上方阳台或窗户的垂直距离为0.8m；

与窗户或阳台的水平距离为0.75m；

与墙壁、构架的距离为0.05m。

14.0.8　1kV以下接户线与弱电线路的交叉距离，不应小于下列数值：

在弱电线路的上方为0.6m；

在弱电线路的下方为0.3m。

如不能满足上述要求，应采取隔离措施。

14.0.9　1kV～10kV接户线与各种管线的交叉，应符合表13.0.8和表13.0.9的规定。

14.0.10　1kV以下接户线不应从高压引下线间穿过，严禁跨越铁路。

14.0.11　不同金属、不同规格的接户线，不应在挡距内连接。跨越有汽车通过的街道的接户线，不应有接头。

14.0.12　接户线与线路导线若为铜铝连接，应有可靠的过渡措施。

14.0.13 各栋门之前的接户线若采用沿墙敷设时，应有保护措施。

【依据2】《架空绝缘配电线路设计技术规程》（DL/T 601—1996）

7.3 分相架设的低压绝缘线排列应统一，零线宜靠电杆或建筑物，并应有标志，同一回路的零线不宜高于相线。

【依据3】《配电网技改大修技术规范》（Q/GDW 743—2012）

6.2.2 低压系统采用 TN-C(-S) 接地型式时，配电线路主干线末端和各分支末端中性线（保护线）均应重复接地，且每回线不应少于 3 处。进入大型建筑物的入口支架处，其中性线（保护线）应再次重复接地。

5.2.2.2.6 低压配电网分区供电，高、低压同杆架设

本条评价项目（见《评价》）的查评依据如下。

【依据】《配电网技改大修技术规范》（Q/GDW 743—2012）

6.1.2 低压配电网实行分区供电的原则，低压线路应有清晰的供电范围，不同变压器供电的低压线路不应交叉。

6.1.6 低压架空线路与装有分段开关的中压架空配电线路同杆架设时，不应穿越该配电线路的分段开关所在位置。同一变压器出线的多回低压架空线路可同杆架设。

5.2.2.3 配电变压器专业管理

5.2.2.3.1 配电变压器运行状况

本条评价项目（见《评价》）的查评依据如下。

【依据1】《配电网运维规程》（Q/GDW 1519—2014）

4.1 配电网运维工作应贯彻"安全第一、预防为主、综合治理"的方针，严格执行 Q/GDW 1799 的有关规定。

4.2 配电网运维工作应积极推广应用带电检测、在线监测等手段，及时、动态地了解和掌握各类配电网设备的运行状态，并结合配电网设备在电网中的重要程度以及不同区域、季节、环境特点，采用定期与非定期巡视检查（以下简称巡视）相结合的方法，确保工作有序、高效。

4.3 配电网运维工作应推行设备状态管理理念，积极开展设备状态评价，及时、准确掌握配电网设备状态信息，分析配电网设备运行情况，提出并实施预防事故的措施，提高安全运行水平。

4.4 配电网运维工作应充分发挥配电自动化与管理信息化的优势，推广应用地理信息系统与现场巡视作业平台，并采用标准化作业手段，不断提升运维工作水平与效率。

【依据2】《配电网规划设计技术导则》（Q/GDW 1738—2012）

9.5.1 柱上变压器

配电变压器应按"小容量、密布点、短半径"的原则配置，应尽量靠近负荷中心，根据需要也可采用单相变压器。配电变压器容量应根据负荷需要选取，不同类型供电区域额定配电变压器容量选取一般应参照表 11。

表 11　10kV 柱上变压器容量推荐表

供电区域类型	三相柱上变压器容量（kVA）	单相柱上变压器容量（kVA）
A+、A、B、C 类	≤400	≤100
D 类	≤315	≤50
E 类	≤100	≤30

注　在低电压问题突出的 E 类供电区域，也可采用 35kV 配电化建设模式，35/0.38kV 配电变压器单台容量不宜超过 630kVA。

【依据3】《电气装置安装工程 66kV 及以下架空电力线路施工及验收规范》（GB 50173—2014）

10.1.1 电气设备的安装，应符合下列规定：

1 安装前应对设备进行开箱检查，设备及附件应齐全无缺陷，设备的技术参数应符合设计要求，出厂试验报告应有效。

2 安装应牢固可靠。

3 电气连接应接触紧密，不同金属连接应有过渡措施。

4 绝缘件表面应光洁，应无裂缝、破损等现象。

10.1.2 变压器的安装，应符合下列规定：

1 变压器台的水平倾斜不应大于台架根开的1/100。

2 变压器安装平台对地高度不应小于2.5m。

3 一、二次引线排列应整齐、绑扎牢固。

4 油枕、油位应正常，外壳应干净。

5 应接地可靠，接地电阻值应符合设计要求。

6 套管表面应光洁，不应有裂纹、破损等现象。

7 套管压线螺栓等部件应齐全，压线螺栓应有防松措施。

8 呼吸器孔道应通畅，吸湿剂应有效。

9 护罩、护具应齐全，安装应可靠。

10.1.7 无功补偿箱的安装，应符合下列规定：

1 无功补偿箱安装应牢固可靠。

2 无功补偿箱的电源引接线应连接紧密，其截面应符合设计要求。

3 电流互感器的接线方式和极性应正确；引接线应连接牢固，其截面应符合设计要求。

4 无功补偿控制装置的手动和自动投切功能应正常可靠。

5 接地应可靠，接地电阻值应符合设计要求。

10.1.8 低压交流配电箱安装，应符合下列规定：

1 低压交流配电箱的安装托架应具有无法借助其攀登变压器台架的结构且安装牢固可靠。

2 配置无功补偿装置的低压交流配电箱，当电流互感器安装在箱内时，接线、投运正确性要求应符合本规范第10.1.7条的规定。

3 设备接线应牢固可靠，电线线芯破口应在箱内，进出线孔洞应封堵。

4 当低压空气断路器带剩余电流保护功能时，应使馈出线路的低压空气断路器的剩余电流保护功能投入运行。

10.1.9 低压熔断器和开关安装，其各部位接触应紧密，弹簧垫圈应压平，并应便于操作。

10.1.10 低压保险丝（片）安装，应符合下列规定：

1 应无弯折、压偏、伤痕等现象。

2 不得用线材代替保险丝（片）。

5.2.2.3.2 杆架式变压器

本条评价项目（见《评价》）的查评依据如下。

【依据1】《配电网技改及大修项目交接验收技术规范》（Q/GDW 744—2012）

12.1.2.2 柱上变压器安装工艺质量检查

m）熔断器、避雷器、变压器的接线柱与绝缘导线的连接部位，宜进行绝缘密封；

n）柱上变压器台槽钢对地高度一般为3m，受条件限制时最低不应小于2.5m；当变压器下安装有其他设备时应保证其支架对地高度2.8m，受条件限制时最低不应小于2.5m，槽钢平面坡度不应大于根开的1/100。

【依据2】《10kV及以下架空配电线路设计技术规程》（DL/T 5220—2005）

11.0.5 变压器台的引下线、引上线和母线应采用多股铜芯绝缘线，其截面应按变压器额定电流选择，且不应小于16mm²。变压器的一、二次侧应装设相适应的电气设备。一次侧熔断器装设的对地垂直距离不应小于4.5m，二次侧熔断器或断路器装设的对地垂直距离不应小于3.5m。各相熔断器水平距离：一次侧不应小于0.5m，二次侧不应小于0.3m。

11.0.8 配电变压器熔丝的选择宜按下列要求进行：

1 容量在 100kVA 及以下者，高压侧熔丝按变压器额定电流的 2~3 倍选择。

2 容量在 100kVA 及以上者，高压侧熔丝按变压器额定电流的 1.52 倍选择。

3 变压器低压侧熔丝（片）或断路器长延时整定值按变压器额定电流选择。

4 繁华地段，居民密集区域宜设置单相接地保护。

【依据3】《架空绝缘配电线路施工及验收规程》（DL/T 602—1996）

7.5.7 停电工作接地点的设置。

7.5.7.1 中低压绝缘线路及线路上变压器台的一、二次侧应设置停电工作接地点。

7.5.7.2 停电工作接地点处宜安装专用停电接地金具，用以悬挂接地线。

【依据4】《城市配电网技术导则》（Q/GDW 10370—2016）

7.1.11 架空绝缘线路除接地环裸露部位外，宜对柱上变压器、柱上开关、避雷器和电缆终端的接线端子、导线线夹等进行绝缘封闭，导体接续采用阻燃绝缘卷材或阻燃绝缘罩包封，跳线接续包封的绝缘罩内应填充绝缘材料。

5.2.2.3.3 落地式变压器

本条评价项目（见《评价》）的查评依据如下。

【依据1】《20kV 及以下变电所设计规范》（GB 50053—2013）

4.2.1 室内外配电装置的最小电气安全净距应符合表 4.2.1 的规定。

表 4.2.1 室内外配电装置的最小电气安全净距 mm

监控项目	场所	额定电压（kV）						符号
		≤1	3	6	10	15	20	
无遮拦裸带电部分至地（楼）面之间	室内	2500	2500	2500	2500	2500	2500	—
	室外	2500	2700	2700	2700	2800	2800	
裸带电部分至接地部分和不同的裸带电部分之间	室内	20	75	100	125	150	180	A
	室外	75	200	200	200	300	300	
距地面 2500mm 以下的遮拦防护等级为 IP2X 时，裸带电部分与遮护物间水平净距	室内	100	175	200	225	250	280	B
	室外	175	300	300	300	400	400	
不同时停电检修的无遮拦裸导体之间的水平距离	室内	1875	1875	1900	1925	1950	1980	—
	室外	2000	2200	2200	2200	2300	2300	
裸带电部分至无孔固定遮拦	室内	50	105	130	155	—	—	—
裸带电部分至用钥匙或工具才能打开或拆卸的栅栏	室内	800	825	850	875	900	930	c
	室外	825	950	950	950	1050	1050	
高低压引出线的套管至户外通道地面	室外	3650	4000	4000	4000	4000	4000	—

注 1. 海拔超过 1000m 时，表中符号 A 后的数值应按每升高 100m 增大 1% 进行修正，符号 B、C 后的数值应加上符号 A 的修正值。

2. 裸带电部分的遮拦高度不小于 2.2m。

4.2.2 露天或半露天变电所的变压器四周应设高度不低于 1.8m 的固定围栏或围墙，变压器外廓与围栏或围墙的净距不应小于 0.8m，变压器底部距地面不应小于 0.3m。油重小于 1000kg 的相邻油浸变压器外廓之间的净距不应小于 1.5m；油重 1000kg~2500kg 的相邻油浸变压器外廓之间的净距不应小于 3.0m；油重大于 2500kg 的相邻油浸变压器外廓之间的净距不应小于 5m；当不能满足上述要求时，应设置防火墙。

4.2.3 当露天或半露天变压器供给一级负荷用电时，相邻油浸变压器的净距不应小于5m；当小于5m时，应设置防火墙。

4.2.4 油浸变压器外廓与变压器室墙壁和门的最小净距，应符合表4.2.4的规定。

表4.2.4 　　　　　　　　　油浸变压器外廓与变压器室墙壁和门的最小净距　　　　　　　　　mm

变压器容量（kVA）	100～1000	1250 及以上
变压器外廓与后壁、侧壁	600	800
变压器外廓与门	800	1000

注　不考虑室内油浸变压器的就地检修。

4.2.5 设置在变电所内的非封闭式干式变压器，应装设高度不低于1.8m的固定围栏，围栏网孔不应大于40mm×40mm。变压器的外廓与围栏的净距不宜小于0.6m，变压器之间的净距不应小于1.0m。

【依据2】《配电网技改大修项目交接验收技术规范》（Q/GDW 744—2012）

12.1.1.1　箱式变电站本体检查

j）……变压器一、二次引线不应使变压器的套管直接承受应力。

5.2.2.3.4　变压器防雷和接地

本条评价项目（见《评价》）的查评依据如下。

【依据1】《配电网技改大修项目交接验收技术规范》（Q/GDW 744—2012）

5.1.6.4　接地引下线与接地体连接，应便于解开测量接地电阻。接地引下线应紧靠杆身，每隔一定距离与杆身固定一次。

10.1.2.3　配电变压器高压侧装设的金属氧化物避雷器应尽量靠近变压器安装，其接地线应与变压器低压侧中性点及金属外壳连接后共同接地。

【依据2】《电气装置安装工程66kV及以下架空电力线路施工及验收规范》（GB 50173—2014）

10.1.6　避雷器的安装，应符合下列规定：

1　避雷器的水平相间距离应符合设计要求。

2　避雷器与地面垂直距离不宜小于4.5m。

3　引线应短而直、连接紧密，其截面应符合设计要求。

4　带间隙避雷器的间隙尺寸及安装误差应满足产品技术要求。

5　接地应可靠，接地电阻值符合设计要求。

【依据3】《交流电气装置的接地设计规范》（GB/T 50065—2011）

6.2.1　户外箱式变压器、环网柜和柱上配电变压器等电气装置，宜敷设围绕户外箱式变压器、环网柜和柱上变压器的闭合环形的接地装置。

6.2.2　与户外箱式变压器、环网柜内所有电气装置的外露导电部分连接的接地母线，应与闭合环形接地装置相连接。

5.2.2.3.5　变压器无功补偿装置

本条评价项目（见《评价》）的查评依据如下。

【依据1】《电气装置安装工程66kV及以下架空电力线路施工及验收规范》（GB 50173—2014）同5.2.2.3.1**【依据3】**

【依据2】《配电网运维规程》（Q/GDW 1519—2014）同5.2.1.1**【依据1】**、同5.2.1.4**【依据】**

5.2.2.3.6　杆架式变压器低压侧配电箱

本条评价项目（见《评价》）的查评依据如下。

【依据1】《电气装置安装工程66kV及以下架空电力线路施工及验收规范》（GB 50173—2014）同5.2.2.3.1**【依据3】**

【依据2】《户外配电箱通用技术条件》（DL/T 375—2010）

6.2.1　装置外形尺寸及结构应设计合理，便于安装、巡视和检修。

6.2.2 装置应能承受短路电流产生的热稳定和动稳定，以及搬运、使用中的电动、机械强度和防磁等干扰要求。

6.2.3 装置外壳应采用 1.5mm～2mm 厚不锈钢板、优质冷轧钢板等金属材质，或相应强度的其他材质制作。冷轧钢板应进行喷锌等防腐处理。

6.2.4 装置应设置搬运吊耳，并具备锁具防淋雨，门轴防锈蚀和进出线防划割、进水措施，宜考虑结构安全防护。

6.2.9 装置焊接、组配、防腐处理等工艺应符合相关标准，无虚焊、毛刺、撕边、搭接不工整等现象。

6.2.10 装置壳体使用寿命至少保证 8 年。

【依据3】《10kV 及以下架空配电线路设计技术规程》（DL/T 5220—2005）

11.0.7 一、二次侧熔断器或隔离开关、低压断路器，应优先选用少维护的符合国家标准的定型产品，并应与负荷电流、导线最大允许电流、运行电压等相配合。

【依据4】《配电网技改大修技术规范》（Q/GDW 743—2012）

5.7.5 柱上变压器低压综合配电箱装于变压器的下部或电杆侧面时，其底部对地距离不应低于 2.0m，低压综合配电箱防护等级不低于 IP33。

5.7.6 柱上变压器及低压综合配电箱应悬挂规范的运行和安全警示标识。

5.7.7 偏僻处的柱上变压器应采取必要的防盗措施。

【依据5】《低压配电设计规范》（GB 50054—2011）

4.2.1 落地式配电箱的底部宜抬高，高出地面的高度室内不应低于 50mm，室外不应低于 200mm；其底座周围应采取封闭措施，并应能防止鼠、蛇类等小动物进入箱内。

5.2.2.4 柱上设备专业管理

5.2.2.4.1 柱上设备运行状况

本条评价项目（见《评价》）的查评依据如下。

【依据1】《配电网运维规程》（Q/GDW 1519—2014）

4.1 配电网运维工作应贯彻"安全第一、预防为主、综合治理"的方针，严格执行 Q/GDW 1799 的有关规定。

4.2 配电网运维工作应积极推广应用带电检测、在线监测等手段，及时、动态地了解和掌握各类配电网设备的运行状态，并结合配电网设备在电网中的重要程度以及不同区域、季节、环境特点，采用定期与非定期巡视检查（以下简称巡视）相结合的方法，确保工作有序、高效。

4.3 配电网运维工作应推行设备状态管理理念，积极开展设备状态评价，及时、准确掌握配电网设备状态信息，分析配电网设备运行情况，提出并实施预防事故的措施，提高安全运行水平。

4.4 配电网运维工作应充分发挥配电自动化与管理信息化的优势，推广应用地理信息系统与现场巡视作业平台，并采用标准化作业手段，不断提升运维工作水平与效率。

【依据2】《电气装置安装工程 66kV 及以下架空电力线路施工及验收规范》（GB 50173—2014）第 10.1.1 条同 5.2.2.3.1【依据3】、第 10.1.3 条～第 10.1.5 条、第 10.1.6 条同 5.2.2.3.4【依据2】、第 10.1.7 条同 5.2.2.3.1【依据3】

10.1.3 跌落式熔断器的安装，应符合下列规定：

1 跌落式熔断器水平相间距离应符合设计要求。

2 跌落式熔断器支架不应探入行车道路，对地距离宜为 5m，无行车碰触的郊区农田线路可降低至 4.5m。

3 各部分零件应完整。

4 熔丝规格应正确，熔丝两端应压紧，弹力适中，不应有损伤现象。

5 转轴应光滑灵活，铸件不应有裂纹、砂眼、锈蚀。

6 熔丝管不应有吸潮膨胀或弯曲现象。

7　熔断器应安装牢固、排列整齐，熔管轴线与地面的垂线夹角应为15°～30°。

8　操作时应灵活可靠、接触紧密。合熔丝管时上触头应有一定的压缩行程。

9　上、下引线应压紧，线路导线线径与熔断器接线端子应匹配且连接紧密可靠。

10　动静触点应可靠扣接。

11　熔管跌落时不应危及其他设备及人身安全。

10.1.4　断路器、负荷开关和高压计量箱的安装，应符合下列规定：

1　断路器、负荷开关和高压计量箱的水平倾斜不应大于托架长度的1/100。

2　引线应连接紧密。

3　密封应良好，不应有油或气的渗漏现象，油位或气压应正常。

4　操作应方便灵活，分、合位置指示应清晰可见、便于观察。

5　外壳接地应可靠，接地电阻值应符合设计要求。

10.1.5　隔离开关安装，应符合下列规定：

1　分相安装的隔离开关水平相间距离应符合设计要求。

2　操作机构应动作灵活，合闸时动静触点应接触紧密，分闸时应可靠到位。

3　与引线的连接应紧密可靠。

4　安装的隔离开关，分闸时，宜使静触点带电。

5　三相连动隔离开关的分、合闸同期性应满足产品技术要求。

5.2.2.4.2　柱上充油、充气设备

本条评价项目（见《评价》）的查评依据如下。

【依据1】《配电网运维规程》（Q/GDW 1519—2014）第6.4条和第6.5条同5.2.1.1【依据1】

【依据2】《LW 10型SF$_6$断路器检修工艺规程》（DL/T 739—2000）

4.3　临时性检修，出现下列情况之一时，应退出运行，进行维护：

4.3.1　SF$_6$气体压力迅速下降或年漏气率大于2%时；

4.3.2　气压低于0.25MPa（20℃时）或回路电阻大于200$\mu\Omega$时；

4.3.3　绝缘不良、放电、闪络或击穿时；

4.3.4　因断路器卡滞现象造成不能分合闸或分合闸速度过低时；

4.3.5　其他影响安全运行的异常现象。

5.2.2.4.3　柱上设备装置

本条评价项目（见《评价》）的查评依据如下。

【依据1】《继电保护和安全自动装置技术规程》（GB/T 14285—2006）

4.1.2.2　选择性

选择性是指首先由故障设备或线路本身的保护切除故障，当故障设备或线路本身的保护或断路器拒动时，才允许由相邻设备、线路的保护或断路器失灵保护切除故障。

为保证选择性，对相邻设备和线路有配合要求的保护和同一保护内有配合要求的两元件（如起动与跳闸元件、闭锁与动作元件），其灵敏系数及动作时间应相互配合。

当重合于本线路故障，或在非全相运行期间健全相又发生故障时，相邻元件的保护应保证选择性。在重合闸后加速的时间内以及单相重合闸过程中，发生区外故障时，允许被加速的线路保护无选择性。

在某些条件下必须加速切除短路时，可使保护无选择性动作，但必须采取补救措施，例如采用自动重合闸或备用电源自动投入来补救。

4.1.2.3　灵敏性是指在设备或线路的被保护范围内发生金属性短路时，保护装置应具有必要的灵敏系数。灵敏系数应根据不利正常（含正常检修）运行方式和不利的故障类型计算。

【依据2】《10kV柱上开关选型技术原则和检测技术规范》（Q/GDW 11253—2014）

6.1.1　10kV架空线路过长，变电站继电保护不能有效保护线路末端时，宜加装柱上断路器保护，

并可配置多次重合闸功能。

6.1.2 当10kV架空线路供电区域负荷对供电可靠性要求较高时，其分段开关或支线开关宜采用柱上断路器，较长线路的联络开关也宜采用柱上断路器，可不配置重合闸。

6.1.3 城市柱上断路器选型应充分考虑电网的未来发展，与变电站断路器实现选择性配合，使柱上断路器不仅可以满足当前的需要，还可以满足未来的要求。

6.2.1 城市10kV架空线路长度较短或当供电半径较短时，线路的分段开关、联络开关可选用柱上负荷开关。

6.3.1 一般10kV架空线路用于与用户分界及故障隔离可选用负荷型分界开关。

6.3.2 10kV架空线路对供电可靠性要求较高时，或用户内部10kV架空线路较长时，与用户分界及故障隔离宜选用断路器型分界开关。

6.3.3 用户内部电缆线路较长时，不宜选用带接地检测功能的分界开关。

【依据3】《电气装置安装工程66kV及以下架空电力线路施工及验收规范》（GB 50173—2014）第10.1.3条~第10.1.5条（同5.2.2.4.1【依据2】）

【依据4】《10kV及以下架空配电线路设计技术规程》（DL/T 5220—2005）第11.0.8条同5.2.2.3.2【依据2】

【依据5】《电气装置安装工程66kV及以下架空电力线路施工及验收规范》（GB 50173—2014）第10.1.7条同5.2.2.3.5【依据1】

【依据6】《配电网运维规程》（Q/GDW 1519—2014）第6.5条同7.2.1.1【依据1】、第13.3.6条和第13.3.7条同5.2.1.4【依据】

5.2.2.4.4 柱上设备防雷和接地

本条评价项目（见《评价》）的查评依据如下。

【依据1】《配电网避雷器选型技术原则和检测技术规范》（Q/GDW 11255—2014）

5.3.1 柱上配电变压器、柱上负荷开关和柱上断路器（常闭开关的避雷器应装在电源侧；常开开关的避雷器应装在两侧）、柱上常开隔离开关（避雷器应装在两侧）、柱上电缆终端、线路调压器、线路末端（末端无设备时）配置配电型无间隙避雷器。对于有可能经常改变运行方式的常闭开关宜在两侧安装避雷器。

【依据2】《交流电气装置的接地设计规范》（GB/T 50065—2011）

4.3.7 发电厂、变电所电气装置中下列部位应采用专门敷设的接地线接地。

1 发电厂和变电站电气装置中，下列部位应采用专门敷设的接地导体（线）接地：

1）发电机机座或外壳，出线柜、中性点柜的金属底座和外壳，封闭母线的外壳。

2）110kV及以上钢筋混凝土支座上电气装置的金属外壳。

3）箱式变电站和环网柜的金属箱体。

4）直接接地的变压器材中性点。

5）变压器、发电机和高压并联电抗器中性点所接自动跟踪补偿消弧装置提供感性电流的部分、接地电抗器、电阻器或变压器等的接地端子。

6）气体绝缘金属封闭开关设备的接地母线、接地端子。

7）避雷器、避雷针和地线等。

【依据3】《电气装置安装工程66kV及以下架空电力线路施工及验收规范》（GB 50173—2014）第10.1.6条同5.2.2.3.4【依据2】

【依据4】《10kV及以下架空配电线路设计技术规程》（DL/T 5220—2005）第12.0.3条

12.0.3 柱上断路器应设防雷装置。经常开路运行而又带电的柱上断路器或隔离开关的两侧均应设防雷装置，其接地线与柱上断路器等金属外壳应连接并接地，且接地电阻不应大于10Ω。

【依据5】《配电网运维规程》（Q/GDW 1519—2014）第5.5.3条g）同5.2.1.6【依据】

【依据6】《电气装置安装工程接地装置施工及验收规范》（GB 50169—2006）

3.4.4 采用钢绞线、铜绞线等作接地线引下时，宜用压接端子与接地体连接。

3.11.5 断开接地线的装置应便于安装和测量。

5.2.2.5 开关站、环网单元、配电室和箱式变电站专业管理

5.2.2.5.1 开关站、环网单元、配电室和箱式变电站运行状况

本条评价项目（见《评价》）的查评依据如下。

【依据1】《配电网运维规程》（Q/GDW 1519—2014）

4.1 配电网运维工作应贯彻"安全第一、预防为主、综合治理"的方针，严格执行 Q/GDW 1799 的有关规定。

4.2 配电网运维工作应积极推广应用带电检测、在线监测等手段，及时、动态地了解和掌握各类配电网设备的运行状态，并结合配电网设备在电网中的重要程度以及不同区域、季节、环境特点，采用定期与非定期巡视检查（以下简称巡视）相结合的方法，确保工作有序、高效。

4.3 配电网运维工作应推行设备状态管理理念，积极开展设备状态评价，及时、准确掌握配电网设备状态信息，分析配电网设备运行情况，提出并实施预防事故的措施，提高安全运行水平。

4.4 配电网运维工作应充分发挥配电自动化与管理信息化的优势，推广应用地理信息系统与现场巡视作业平台，并采用标准化作业手段，不断提升运维工作水平与效率。

6.6 开关柜、配电柜的巡视

巡视的主要内容：

a）开关分、合闸位置是否正确，与实际运行方式是否相符，控制把手与指示灯位置是否对应，SF_6 开关气体压力是否正常；

b）开关防误闭锁是否完好，柜门关闭是否正常，油漆有无剥落；

c）设备的各部件连接点接触是否良好，有无放电声，有无过热变色、烧熔现象，示温片是否熔化脱落；

d）设备有无凝露，加热器、除湿装置是否处于良好状态；

e）接地装置是否良好，有无严重锈蚀、损坏；

f）母线排有无变色变形现象，绝缘件有无裂纹、损伤、放电痕迹；

g）各种仪表、保护装置、信号装置是否正常；

h）铭牌及标识标示是否齐全、清晰；

i）模拟图板或一次接线图与现场是否一致。

6.9 站房类建（构）筑物的巡视

巡视的主要内容：

a）建（构）筑物周围有无杂物，有无可能威胁配电网设备安全运行的杂草、蔓藤类植物等；

b）建（构）筑物的门、窗、钢网有无损坏，房屋、设备基础有无下沉、开裂，屋顶有无漏水、积水，沿沟有无堵塞；

c）户外环网单元、箱式变电站等设备的箱体有无锈蚀、变形；

d）建（构）筑物、户外箱体的门锁是否完好；

e）电缆盖板有无破损、缺失，进出管沟封堵是否良好，防小动物设施是否完好；

f）室内是否清洁，周围有无威胁安全的堆积物，大门口是否畅通、是否影响检修车辆通行；

g）室内温度是否正常，有无异声、异味；

h）室内消防、照明设备、常用工器具是否完好齐备、摆放整齐，除湿、通风、排水设施是否完好。

【依据2】《3kV～110kV 高压配电装置设计规范》（GB 50060—2008）

5.1.4 室内配电装置的安全净距不应小于表5.1.4所列数值。电气设备外绝缘体最低部位距地面小于 2300mm 时，应装设固定遮拦。

表 5.1.4   屋内配电装置的安全净距

符号	适应范围	系统标称电压（kV）								
		3	6	10	15	20	35	66	110J	110
A1	1. 带电部分至接地部分之间。 2. 网状和板状遮拦向上延伸线距在2300mm处与遮拦上方带电部分之间	75	100	125	150	180	300	550	850	950
A2	1. 不同相的带电部分之间。 2. 断路器和隔离开关的断口两侧引线带电部分之间	75	100	125	150	180	300	550	900	1000
B1	1. 栅状遮拦至带电部分之间。 2. 交叉的不同时停电检修的无遮拦带电部分之间	825	850	875	900	930	1050	1300	1600	1700
B2	网状遮拦至带电部分之间	175	200	225	250	280	400	650	950	1050
C	无遮拦裸导体至地（楼）面之间	2500	2500	2500	2500	2500	2600	2850	3150	3250
D	平行的不同时停电检修的无遮拦裸导体之间	1875	1900	1925	1950	1980	2100	2350	2650	2750
E	通向屋外的出线套管至屋外通道的路面	4000	4000	4000	4000	4000	4000	4500	5000	5000

注 1. 110J 指中性点有效接地系统。
　　2. 海拔超过 1000m 时，A 值应进行修正。
　　3. 当为板状遮拦时，B_2 值可在 A_1 值上加 30m。
　　4. 通向屋外配电装置的出线套管至屋外地面的距离，不应小于表 5.1.1 中所列屋外部分的 C 值。
　　5. 本表所列各值不适用于制造厂的产品设计。

【依据3】《配电网技术改造选型和配置原则》（Q/GDW 741—2012）第 6.1.4 条

6.1.4 环网单元、配电室、箱式变电站及电缆分支箱应配置电缆故障指示器，根据电网中性点接地方式具有相间及接地故障指示功能，防护等级应不低于 IP67，可具有故障信号远传功能。

【依据4】《配电网技改大修技术规范》（Q/GDW 743—2012）第 5.5.2 条

5.5.2 环网柜应具备"五防"功能，出线单元应设置接地刀闸，便于检修和防止人身触电事故；负荷开关单元应选用三工位型式；进出线单元应加装故障指示器和带电显示装置，带电显示装置应有插孔以便于核相。

5.2.2.5.2 相关建筑物

本条评价项目（见《评价》）的查评依据如下。

【依据1】《低压配电设计规范》（GB 50054—2011）第 4.2.1 条（同 5.2.2.3.6 [5]）、第 4.2.2 条～第 4.2.6 条

4.2.2 同一配电室内相邻的两段母线，当任一段母线有一级负荷时，相邻的两段母线之间应采取防火措施。

4.2.3 高压及低压配电设备设在同一室内，且两者有一侧柜有裸露的母线时，两者之间的净距不应小于 2m。

4.2.4 成排布置的配电屏，其长度超过 6m 时，屏后的通道应设 2 个出口，并宜布置在通道的两端，当两出口之间的距离超过 15m 时，其间尚应增加出口。

4.2.5 当防护等级不低于现行国家标准《外壳防护等级（IP 代码）》GB 4208 规定的 IP2X 级时，成排布置的配电屏通道最小宽度应符合表 4.2.5 的规定。

表 4.2.5　　　　　　　　　　　　　成排布置的配电屏通道最小宽度　　　　　　　　　　　　　　　　m

配电屏		单配布置			双排面对面布置			双排背对背布置			多排同向布置			屏侧通道
			屏后			屏后			屏后			前、后排屏距墙		
		屏前	维护	操作	屏前	维护	操作	屏前	维护	操作	屏间	前排屏前	后排屏后	
固定式	不受限制时	1.5	1.1	1.2	2.1	1	1.2	1.5	1.5	2.0	2.0	1.5	1.0	1.0
	受限制时	1.3	0.8	1.2	1.8	0.8	1.2	1.3	1.3	2.0	1.8	1.3	0.8	0.8
抽屉式	不受限制时	1.8	1.0	1.2	2.3	1.0	1.2	1.8	1.0	2.0	2.3	1.8	1.0	1.0
	受限制时	1.6	0.8	1.2	2.1	0.8	1.2	1.6	0.8	2.0	2.1	1.6	0.8	0.8

　　注　1. 受限制时是指受到建筑平面的限制、通道内有柱等局部突出物的限制。
　　　　2. 屏后操作通道是指需在屏后操作运行中的开关设备的通道。
　　　　3. 背靠背布置时屏前通道宽度可按本表中双排对背布置的屏前尺寸确定。
　　　　4. 控制屏、控制柜、落地式动力配电箱前后的通道最小宽度可按本表确定。
　　　　5. 挂墙式配电箱的箱前操作通道宽度不宜小于1m。

　　4.2.6　配电室通道上方裸带电体距地面的高度不应低于 2.5m；当低于 2.5m 时，应设置不低于现行国家标准《外壳防护等级（IP 代码）》GB 4208 的规定的 IP××B 级或 IP2× 级的遮拦或外护物，遮拦或外护物底部距地面的高度不应低于 2.2m。

　　【依据2】《配电网技术改造选型和配置原则》（Q/GDW 741—2012）

　　15.2　站室土建设计应满足防火、防汛、防渗漏水、防盗、通风和降噪等各项要求，并应满足电气专业的各项技术要求。独立建筑的中压开关站、配电室屋顶排水设计应有不小于 1/50 的坡度，以避免积水。

　　15.3　箱式变电站、环网单元、电缆分支箱基础底座应高出地面 150（300）mm，底座强度应不低于 C20。设备排列应整齐，必要时应设置防护围栏，同一区域设备外观、标识应保持一致，与环境相协调。

　　15.4　箱式变电站、环网单元、电缆分支箱外壳应满足使用场所的要求，并与周围环境相协调，宜采用坚固环保材质，具有防水、防腐蚀、防粘贴、耐气候及耐雨淋等性能，应带有明显的警示标志，箱式变电站、环网单元外壳的防护等级不应低于 IP33，电缆分支箱外壳的防护等级不应低于 IP43。

　　15.5　箱式变电站外壳应具有良好通风散热性能，箱壳温升等级不宜超过 10K，宜采用底进顶出的通风结构。

　　15.6　低压分支箱应设置在车辆、行人不易碰及且电缆进出方便的地方，箱内带电导体应进行绝缘封闭，公共场所落地安装时宜采用绝缘箱体，防护等级不应低于 IP44。

　　【依据3】《20kV 及以下变电所设计规范》（GB 50053—2013）

　　6.2　建筑

　　6.2.1　地上变电所宜设自然采光窗。除变电所周围设有 1.8m 高的围墙或围栏外，高压配电室窗户的底边距室外地面的高度不应小于 1.8m，当高度小于 1.8m 时，窗户应采用不易破碎的透光材料或加装格栅；低压配电室可设能开启的采光窗。

　　6.2.2　变压器室、配电室、电容器室的门应向外开启。相邻配电室之间有门时，应采用不燃材料制作的双向弹簧门。

　　6.2.3　变电所各房间经常开启的门、窗，不应直通相邻的酸、碱、蒸汽、粉尘和噪声严重的场所。

　　6.2.4　变压器室、配电室、电容器室等房间应设置防止雨、雪和蛇、鼠等小动物从采光窗、通风窗、门、电缆沟等处进入室内的设施。

　　6.2.5　配电室、电容器室和各辅助房间的内墙表面应抹灰刷白，地面宜采用耐压、耐磨、防滑、易清洁的材料铺装。配电室、变压器室、电容器室的顶棚以及变压器室的内墙面应刷白。

　　6.2.6　长度大于 7m 的配电室应设两个安全出口，并宜布置在配电室的两端。当配电室的长度大于 60m 时，宜增加一个安全出口，相邻安全出口之间的距离不应大于 40m。

　　当变电所采用双层布置时，位于楼上的配电室应至少设一个通向室外的平台或通向变电所外部通道的安全出口。

6.2.7 配电装置室的门和变压器室的门的高度和宽度，宜按最大不可拆卸部件尺寸，高度加0.5m、宽度加0.3m确定，其疏散通道门的最小高度宜为2.0m，最小宽度宜为750mm。

6.2.8 当变电所设置在建筑物内或地下室时，应设置设备搬运通道。搬运通道的尺寸及地面的承重能力应满足搬运设备的最大不可拆卸部件的要求。当搬运通道为吊装孔或吊装平台时，吊钩、吊装孔或吊装平台的尺寸和吊装荷重应满足吊装最大不可拆卸部件的要求，吊钩与吊装孔的垂直距离应满足吊装最高设备的要求。

6.2.9 变电所、配电所位于室外地坪以下的电缆夹层、电缆沟和电缆室应采取防水、排水措施；位于室外地坪下的电缆进、出口和电缆保护管也应采取防水措施。

6.2.10 设置在地下的变电所的顶部位于室外地面或绿化土层下方时，应避免顶部滞水，并应采取避免积水、渗漏的措施。

6.2.11 配电装置的布置宜避开建筑物的伸缩缝。

【依据4】《变电站管理规范》（国家电网生〔2006〕512号）

3.7.4 各设备室不得存放粮食及其他食品，站内厨房的各种食品有固定存放地点或专用存放器具。各设备室应搁放鼠药或捕鼠器械。

3.7.5 各开关柜、电气间隔、端子箱和机构箱应采取防止小动物进入的措施，35kV及以下电压等级高压配电室、低压配电室、电缆层室、蓄电池室出入门应有防小动物挡板。

5.2.2.5.3 防雷和接地

本条评价项目（见《评价》）的查评依据如下。

【依据1】《配电网技改大修技术规范》（Q/GDW 743—2012）第5.9.2条（同5.2.2.1.5条**【依据1】**）

【依据2】《电气装置安装工程接地装置施工及验收规范》（GB 50169—2006）

3.4.1 接地体（线）的连接应采用焊接，焊接必须牢固无虚焊。接至电气设备上的接地线应用镀锌螺栓连接；有色金属接地线不能采用焊接时，可用螺栓连接、压接、热剂焊（放热焊接）方式连接。用螺栓连接时应设防松螺帽或防松垫片，螺栓连接处的接触面应按现行国家标准《电气装置安装工程母线装置施工及验收规范》（GB J149）的规定处理。不同材料接地体间的连接应进行处理。

3.4.4 采用钢绞线、铜绞线等作接地线引下时，宜用压接端子与接地体连接。

3.11.5 断开接地线的装置应便于安装和测量。

【依据3】《国家电网公司电力安全工作规程（线路部分）》（Q/GDW 1799.2—2013）

12.1.2 在高压配电室、箱式变电站、配电变压器台架上进行工作，不论线路是否停电，应先拉开低压侧刀闸，后拉开高压侧隔离开关（刀闸）或跌落式熔断器，在停电的高、低压引线上验电、接地。

【依据4】《交流电气装置的接地设计规范》（GB/T 50065—2011）

3.2.1 电力系统、装置或设备的下列部分（给定点）应接地：

1 有效接地系统中部分变压器的中性点和有效接地系统中部分变压器、谐振接地、低电阻接地以及高电阻接地系统的中性点所接设备的接地端了。

2 高压并联电抗器中性点接地电抗器的接地端子。

3 电机、变压器和高压电器等的底座和外壳。

4 发电机中性点柜的外壳、发电机出线柜、封闭母线的外壳和变压器、开关柜等（配套）的金属母线槽等。

5 气体绝缘金属封闭开关设备的接地端子。

6 配电、控制和保护用的屏（柜、箱）等的金属框架。

7 箱式变电站和环网柜的金属箱体等。

8 发电厂、变电站电缆沟和电缆隧道内，以及地上各种电缆金属支架等。

9 屋内外配电装置的金属架构和钢筋混凝土架构，以及靠近带电部分的金属围栏和金属门。

10 电力电缆接线盒、终端盒的外壳，电力电缆的金属护套或屏蔽层，穿线的钢管和电缆桥架等。

11　装有地线（架空地线，又称避雷线）的架空线路杆塔。

12　除沥青地面的居民区外，其他居民区内，不接地、谐振接地和高电阻接地系统中无地线架空线路的金属杆塔。

13　装在配电线路杆塔上的开关设备、电容器等电气装置。

14　高压电气装置传动装置。

15　附属于高压电气装置的互感器的二次绕组和铠装控制电缆的外皮。

【依据5】《国家电网公司电力安全工作规程（配电部分）（试行）》（国家电网安质〔2014〕265号）

2.2.8　环网柜、电缆分支箱等箱式配电设备宜装设验电、接地装置。

5.2.2.5.4　防火、防毒

本条评价项目（见《评价》）的查评依据如下。

【依据1】《配电网运维规程》（Q/GDW 1519—2014）第6.9条（h）同5.2.1.1条【依据1】

【依据2】《20kV及以下变电所设计规范》（GB 50053—2013）

6.1　防火

6.1.1　变压器室、配电室和电容器室的耐火等级不应低于二级。

6.1.2　位于下列场所的油浸变压器室的门应采用甲级防火门：

1　有火灾危险的车间内；

2　容易沉积可燃粉尘、可燃纤维的场所；

3　附近有粮、棉及其他易燃物大量集中的露天堆场；

4　民用建筑物内，门通向其他相邻房间；

5　油漫变压器室下面有地下室。

6.1.3　民用建筑内变电所防火门的设置应符合下列规定：

1　变电所位于高层主体建筑或裙房内时，通向其他相邻房间的门应为甲级防火门，通向过道的门应为乙级防火门；

2　变电所位于多层建筑物的二层或更高层时，通向其他相邻房间的门应为甲级防火门，通向过道的门应为乙级防火门；

3　变电所位于单层建筑物内或多层建筑物的一层时，通向其他相邻房间或过道的门应为Z级防火门；

4　变电所位于地下层或下面有地下层时，通向其他相邻房间或过道的门应为甲级防火门；

5　变电所附近堆有易燃物品或通向汽车库的门应为甲级防火门；

6　变电所直接通向室外的门应为丙级防火门。

6.1.4　变压器室的通风窗应采用非燃烧材料。

6.1.5　当露天或半露天变电所安装油浸变压器，且变压器外廓与生产建筑物外墙的距离小于S_m时，建筑物外墙在下列范围内不得有门、窗或通风孔：

1　油量大于1000kg同时，在变压器总高度加3m及外廓两侧各加3m的范围内；

2　油量小于或等于1000kg时，在变压器总高度加3m及外廓两侧各加1.5m的范围内。

6.1.6　高层建筑物的裙房和多层建筑物内的附设变电所及车间内变电所的油浸变压器室，应设置容量为100%变压器油量的储油池。

6.1.7　当设置容量不低于20%变压器油量的挡油池时，应有能将油排到安全场所的设施。位于下列场所的油浸变压器室，应设置容量为100%变压器油量的储油池或挡油设施：

1　容易沉积可燃粉尘、可燃纤维的场所；

2　附近有粮、棉及其他易燃物大量集中的露天场所；

3　油浸变压器室下面有地下室。

6.1.8　独立变电所、附设变电所、露天或半露天变电所中，油量大于或等于1000kg的油浸变压器，应设置储油池或挡油池，并应符合本规范第6.1.7条的有关规定。

6.1.9　在多层建筑物或高层建筑物裙房的首层布置油浸变压器的变电站时，首层外墙开口部位的上方应设置宽度不小于 1.0m 的不燃烧体防火挑幡或高度不小于 1.2m 的窗槛墙。

6.1.10 在露天或半露天的油浸变压器之间设置防火墙时，其高度应高于变压器油枕，长度应长过变压器的贮油池两侧各 0.5m。

6.3.1 变压器室宜采用自然通风，夏季的排风温度不宜高于 45℃，且排风与进风的温差不宜大于 15℃。当自然通风不能满足要求时，应增设机械通风。

6.3.3 当变压器室、电容器室采用机械通风时，其通风管道应采用燃烧材料制作。当周围环境污秽时，宜加设空气过滤器。装有 SF_6 气体绝缘的配电装置的房间，在发生事故时房间内易聚集 SF_6 气体的部位，应装设报警信号和排风装置。

6.3.4 配电室宜采用自然通风。设置在地下或地下室的变、配电所，宜装设除湿、通风换气设备；控制室和值班室宜设置空气调节设施。

6.3.5 在采暖地区，控制室和值班室应设置采暖装置。配电室内温度低影响电气设备元件和仪表的正常运行时，也应设置采暖装置或采取局部采暖措施。控制室和配电室内的采暖装置宜采用钢管焊接，且不应有法兰、螺纹接头和阀门等。

【依据 3】《变电站管理规范》（国家电网生〔2006〕512 号）

3.5.1.2 变电站消防器具的设置应符合消防部门的规定，定期检查消防器具的放置、完好情况并清点数量，记入相关记录。

3.5.1.4 变电站设备室或设备区不得存放易燃、易爆物品，因施工需要放在设备区的易燃、易爆物品，应加强管理，并按规定要求使用，施工后立即运走。

【依据 4】《国家电网公司电力安全工作规程（变电部分）》（Q/GDW 1799.1—2013）

11.1 装有 SF_6 设备的配电装置室和 SF_6 气体实验室，应装设强力通风装置，风口应设置在室内底部，排风口不应朝向居民住宅或行人。

11.2 在室内，设备充装 SF_6 气体时，周围环境相对湿度应不大于 80%，同时应开启通风系统，并避免 SF_6 气体泄漏到工作区。工作区空气中 SF_6 气体含量不得超过 $1000\mu L/L$（1000ppm）。

11.3 主控制室与 SF_6 配电装置室间要采取气密性隔离措施。SF_6 配电装置室与其下方电缆层、电缆隧道相通的孔洞都应封堵。SF_6 配电装置室及下方电缆层隧道的门上，应设置"注意通风"的标志。

11.4 SF_6 配电装置室、电缆层（隧道）的排风机电源开关应设置在门外。

11.5 在 SF_6 配电装置室低位区应安装能报警的氧量仪和 SF_6 气体泄漏报警仪，在工作人员入口处应装设显示器。上述仪器应定期检验，保证完好。

11.6 工作人员进入 SF_6 配电装置室，入口处若无 SF_6 气体含量显示器，应先通风 15min，并用检漏仪测量 SF_6 气体含量合格。尽量避免一人进入 SF_6 配电装置室进行巡视，不准一人进入从事检修工作。

5.2.2.5.5 接线和环网柜配置

本条评价项目（见《评价》）的查评依据如下。

【依据】《配电网技术改造选型和配置原则》（Q/GDW 741—2012）

9.1 环网单元宜采用 SF_6 或真空开关，户外环网单元应选用满足环境要求的小型化全绝缘、全封闭的 SF_6 共气箱型，户内可采用间隔型或共气箱型。

9.2 开关类型可根据需求选用，环网宜采用负荷开关，馈出可采用负荷开关或断路器。变压器单元保护一般采用负荷开关—熔断器组合电器，出线间隔接入变压器容量超过 1250kVA 时宜配置断路器及继电保护。

9.3 环网负荷开关柜一般选用额定电流 630A，额定短时耐受电流不宜小于 20kA，额定峰值耐受电流不宜小于 50kA。

9.4 断路器柜一般选用额定电流 630A，额定开断电流不宜小于 20kA，短时耐受电流不宜小于 20kA，额定峰值耐受电流不宜小于 50kA。

9.5 负荷开关—熔断器组合电器单元宜选用额定电流 125A，熔断器额定开断电流不小于

31.5kA，转移电流应符合相关标准。

9.6 SF₆气体绝缘的环网单元每个独立的SF₆气室配有气体压力指示，可具备低气压分合闸闭锁功能。

9.7 实施配电自动化的环网单元应具备手动和电动操作功能，操作直流电源为24V、48V，直流系统的储能容量不小于24Ah，进出线柜装设2只电流互感器，1只零序互感器（必要时），设置二次小室。

9.8 安装在由10kV电缆单环网或单射线接入的用户产权分界点处的环网单元，宜具有自动隔离用户内部相间及接地故障的功能。

5.2.2.5.6 低压配电室设备和无功补偿装置

本条评价项目（见《评价》）的查评依据如下。

【依据1】《配电网技术改造选型和配置原则》（Q/GDW 741—2012）

8.2.1 低压开关柜一般选用母线区、设备区和电缆区互相隔离的固定式开关柜，设备导体均绝缘封闭，可选用固定式或抽屉式，采取下进风、上出风散热结构，防护等级不低于IP31。

【依据2】《低压配电设计规范》（GB 50054—2011）

5.1.11 伸臂范围应符合下列规定：

1 裸带电体布置在有人活动的区域上方时，其与平台或地面的垂直净距不应小于2.5m；

2 裸带电体布置在有人活动的平台侧面时，其与平台边缘的水平净距不应小于1.25m；

3 裸带电体布置在有人活动的平台下方时，其与平台下方的垂直净距不应小于1.25m，且与平台边缘的水平净距不应小于0.75m；

4 裸带电体的水平方向的阻挡物、遮栏或外护物，其防护等级低于现行国家标准《外壳防护等级（IP代码）》（GB 4208）规定的IP××B级或IP2×级时，伸臂范围应从阻挡物、遮栏或外护物算起；

5 在有人活动区域上方的裸带电体的阻挡物、遮栏或外护物，其防护等级低于现行国家标准《外壳防护等级（IP代码）》GB 4208规定的IP××B级或IP2×级时，伸臂范围2.5m应从人所在地面算起；

6 人手持大的或长的导电物体时，伸臂范围应计及该物体的尺寸。

【依据3】《变电站管理规范》（国家电网生〔2006〕512号）第6.7.1条

6.7.1 运行人员应对站内无功补偿装置及调压装置进行认真的投切、调整和监视，并做好记录。

【依据4】《配电网运维规程》（Q/GDW 1519—2014）第13.3.5条和第13.3.7条同5.2.1.4【依据】

5.2.2.6 检修管理

本条评价项目（见《评价》）的查评依据如下。

【依据1】《配电网检修规程》（Q/GDW 11261—2014）

4.6 检修单位应根据配电网设备的状态评价结果和综合分析，适时做好配电网设备检修工作，做到"应修必修、修必修好"。

4.7 检修单位应根据配电网设备的状态评价结果，按照Q/GDW 644—2011、Q/GDW 643—2011的要求，确定检修项目，并根据年度检修计划编制月度和周检修计划，做好各项检修准备工作，严格按计划执行。

4.8 对较复杂的检修项目，检修单位应根据检修工作内容组织工作票签发人和工作负责人进行现场勘察。现场勘察应察看检修作业现场的设备状况、作业环境、危险点、危险源及交叉跨越情况等，并做好现场勘察记录。

4.9 设备检修均应按标准化管理规定，编制符合现场实际、操作性强的作业指导书，组织检修人员认真学习并贯彻执行。

5.7 同一停电范围内某个设备需停电检修时，相应其他的设备宜同时安排停电检修；因故提前检修且需相应配网设备陪停时，如检提前修时间不超过2年宜同时安排检修。

5.8 设备确认有家族缺陷时，应安排普查或进行诊断性试验。对于未消除家族缺陷的设备应根据评价结果重新修正检修周期。

【依据 2】《配网设备状态检修导则》（Q/GDW 644—2011）

3　定义

3.1　状态检修 condition based maintenance

以安全、可靠性、环境、成本为基础，通过设备状态评价、风险评估、检修决策，达到设备运行安全可靠，检修成本合理的一种检修策略。

3.2　A 类检修 A-level maintenance

指整体性检修，对配网设备进行较全面、整体性的解体修理、更换。

3.3　B 类检修 B-level maintenance

指局部性检修，对配网设备部分功能部件进行局部的分解、检查、修理、更换。

3.4　C 类检修 C-level maintenance

指一般性检修，对设备在停电状态下进行的例行试验、一般性消缺、检查、维护和清扫。

3.5　D 类检修 D-level maintenance

指维护性检修和巡检，对设备在不停电状态下进行的带电测试和设备外观检查、维护、保养。

3.6　E 类检修 E-level maintenance

指设备带电情况下采用绝缘手套作业法、绝缘杆作业法进行的检修、消缺、维护。

4　总则

4.1　配网设备实施状态检修必须坚持"安全第一，预防为主，综合治理"的方针，确保人身、电网、设备的安全。

4.2　根据配网设备的状态评价结果和综合分析，适时做好配网设备的检修工作，做到"应修必修，修必修好"。确保配网设备健康，减少重复停电，提高用户供电可靠性。

4.3　配网设备状态定期评价周期：特别重要设备 1 年一次，重要设备 2 年一次，一般设备 3 年一次。评价结果为注意、异常、严重状态的设备应缩短巡视周期并及时进行动态评价。

4.4　配网设备状态评价（检修）单元划分按可单独停电或可隔离的设备、线段划分。

4.5　配网设备应积极采用免维护、少维护设备，加强带电检测和在线监测工作，不断探索状态检修新技术、新工艺、新方法的应用。

4.6　应加强配网设备的运行监视，做好设备运行记录，为设备评价提供依据。

4.7　配网设备检修应优先采取不停电作业方式。

4.8　户外柱上设备的 A 类、B 类检修宜采用更换方式。金属氧化物避雷器、跌落式熔断器的检修结合所保护的设备同步进行，金属氧化物避雷器检修宜采用轮换方式开展。

4.9　配网设备的检修分类参见附录 B。

5　停电检修策略

5.1　正常状态设备

正常状态设备的停电检修按 C 类检修项目执行，试验按《配网设备状态检修试验规程》例行试验项目执行。

5.2　注意状态设备

注意状态设备的停电检修按附录 A 执行，试验按《配网设备状态检修试验规程》例行试验项目执行，必要时增做部分诊断性试验项目。

5.3　异常状态、严重状态设备

异常状态、严重状态设备的停电检修按附录 A 执行，试验项目除按《配网设备状态检修试验规程》例行试验项目执行外，还应根据异常的程度增做诊断性试验项目，必要时进行设备更换。

5.4　同步原则

配网同一停电范围中某个设备需要进行停电检修时，相应其他的设备宜同时安排停电检修；因故提前检修，且需相应配网设备陪停时，如检修时间提前不超过 2 年的，配网设备及相关设备宜同时安排检修。

6 停电检修周期调整

6.1 正常状态设备

正常状态设备的 C 类检修，原则上特别重要设备 6 年 1 次，重要设备 10 年 1 次。满足《配网设备状态检修试验规程》4.5.1 条中延长试验时间条件的设备可推迟 1 个年度进行检修。

6.2 注意状态设备

注意状态设备的 C 类检修宜按基准周期适当提前安排。

6.3 异常状态设备

异常状态设备的停电检修应按具体情况及时安排。

6.4 严重状态设备

严重状态设备的停电检修应按具体情况限时安排，必要时立即安排。

7 具有家族缺陷设备检修

7.1 当确认某一类设备有家族缺陷时，应安排普查或进行诊断性试验。

7.2 对于未消除家族缺陷的设备，应根据其评价结果重新修正检修周期。

【依据3】《国家电网公司电力安全工作规程（线路部分）》（Q/GDW 1799.2—2013）

5.2.2 现场勘察应查看现场施工（检修）作业需要停电的范围、保留的带电部位和作业现场的条件、环境及其他危险点等。

根据现场勘察结果，对危险性、复杂性和困难程度较大的作业项目，应编制组织措施、技术措施、安全措施，经本单位批准后执行。

5.2.2.7 技术资料管理

本条评价项目（见《评价》）的查评依据如下。

【依据1】《国家电网公司配网运维管理规定》[国网（运检/4）（306—2014）]

第八十三条 运维单位应建立健全配网运维台账和管理技术档案，积极应用各类信息化手段管理设备台账和技术档案。运维资料包括以下内容：

（一）通用运维技术资料。

1. 系统图、单线图；

2. 杆位图，电缆路径图；

3. 线路、设备参数等台账记录；

4. 竣工（中间）验收记录和设备技术资料；

5. 设计资料图纸、变更设计的证明文件和竣工图；

6. 设备出厂、交接、预试记录；

7. 接地电阻测量记录，测温记录；

8. 巡视手册、记录；

9. 试验记录、检修记录；

10. 缺陷及处理记录；

11. 故障及处理记录；

12. 运行分析记录；

13. 线路、设备更改（异动）记录及通知单；

14. 防护、整改通知书；

15. 维护（产权）分界点记录；

16. 多电源用户记录；

17. 小水电（自备电）记录；

18. 用户委托运行协议书；

19. 分布式电源相关资料。

（二）架空线路还应具备以下运维技术资料。

1. 线路交叉跨越记录；

2. 同杆架设线路不同电源记录。

（三）开关类、变压器类设备还应具备以下运维技术资料。

1. 主接线图；

2. 公用变压器负荷、电压测量记录；

3. 保护定值（熔丝配置）记录。

（四）电缆线路还应具备以下运维技术资料。

1. 电缆终端、中间接头制作记录；

2. 电缆管线图。

第八十四条 档案资料管理包括资料收集、整理、完善、录入、保管、备份、借用、销毁等工作。

第八十五条 资料和图纸应根据现场变动情况及时做出相应的修改和补充，与现场情况保持一致，运维班组应将资料信息及时录入运检管理系统和GIS等信息系统。

第八十六条 设备试验报告应确保完整、准确。

【依据2】《配电网运维规程》（Q/GDW 1519—2014）第13.5条（同5.2.1.4【依据】）

【依据3】《国家电网公司电力安全工作规程（配电部分）（试行）》（国家电网安质〔2014〕265号）第13.1.4条

13.1.4 有分布式电源接入的电网管理单位应及时掌握分布式电源接入情况，并在系统接线图上标注完整。

【依据4】《电力电缆及通道运维规程》（Q/GDW 1512—2014）

11 资料

11.1 一般要求

11.1.1 电缆及通道资料应有专人管理，建立图纸、资料清册，做到目录齐全、分类清晰、一线一档、检索方便。

11.1.2 根据电缆及通道的变动情况，及时动态更新相关技术资料，确保与线路实际情况相符。

11.2 资料内容

资料应包括：

a）相关法律法规、规程、制度和标准；

b）竣工资料；

c）设备台账：

1）电缆设备台账，应包括电缆的起讫点、电缆型号规格、附件型式、生产厂家、长度、敷设方式、投运日期等信息；

2）电缆通道台账，应包括电缆通道地理位置、长度、断面图等信息；

3）备品备件清册。

d）实物档案：

1）特殊型号电缆的截面图和实物样本。截面图应注明详细的结构和尺寸，实物样本应标明线路名称、规格型号、生产厂家、出厂日期等；

4）电缆及附件典型故障样本，应注明线路名称、故障性质、故障日期等。

e）生产管理资料：

1）年度技术改造、大修计划及完成情况统计表；

5）状态检修、试验计划及完成情况统计表；

6）反事故措施计划；

7）状态评价资料；

8）运行维护设备分界点协议；

9）故障统计报表、分析报告；

10) 年度运行工作总结。

f) 运行资料：

1) 巡视检查记录；

11) 外力破坏防护记录；

12) 隐患排查治理及缺陷处理记录；

13) 温度测量（电缆本体、附件、连接点等）记录；

14) 相关带电检测记录；

15) 电缆通道可燃、有害气体监测记录；

16) 单芯电缆金属护层接地电流监测记录；

17) 土壤温度测量记录。

5.2.2.8 运维责任分界点

本条评价项目（见《评价》）的查评依据如下。

【依据1】《配电网运维规程》（Q/GDW 1519—2014）

4.5 配电网运维单位及班组（以下简称运维单位）应有明确的设备运维责任分界点，配电网与变电、营销、用户管理之间界限应划分清晰，避免出现空白点（区段），原则上按以下进行分界：

a) 电缆出线：以变电站10(20)kV出线开关柜内电缆终端为分界点，电缆终端（含连接螺栓）及电缆属配电网运维；

b) 架空线路出线：以门形架耐张线夹外侧1m为分界点；

c) 低压配电线路：按供用电合同中所确立的供电公司维护部分中，以表箱为分界点，表箱前所辖线路属配电网运维。

4.7 运维单位应建立运维岗位责任制，明确分工，确保各配电网设备、设施有专人负责，实现配电网状态巡视、停送电操作、带电检测、隐患排查、3m以下常规消缺（具体项目参见附录A）等业务高度融合，实行运维一体化管理。

4.8 运维单位应开展电力设施保护宣传教育工作，建立和完善电力设施保护工作机制和责任制，加强线路保护区管理，防止外力破坏。

4.9 运维单位应加强分布式电源管理，建立分布式电源档案，制定和落实可能影响配电网安全运行和电能质量的措施。

【依据2】《供电营业规则》（电力工业部令〔1996〕8号）

第四十六条

用户独资、合资或集资建设的输电、变电、配电等供电设施建成后，其运行维护管理按以下规定确定：

1. 属于公用性质或占用公用线路规划走廊的，由供电企业统一管理。供电企业应在交接前，与用户协商，就供电设施运行维护达成协议。对统一运行维护管理的公用供电设施，供电企业应保留原所有者在上述协议中确认的容量。

2. 属于用户专用性质，但不在公用变电站内的供电设施，由用户运行维护管理。如用户运行维护管理确有困难，可与供电企业协商，就委托供电企业代为运行维护管理有关事项签订协议。

3. 属于用户共用性质的供电设施，由拥有产权的用户共同运行维护管理。如用户共同运行维护管理确有困难，可与供电企业协商，就委托供电企业代为运行维护管理有关事项签订协议。

4. 在公用变电站内由用户投资建设的供电设备，如变压器、通信设备、开关、刀闸等，由供电企业统一经营管理。建成投运前，双方应就运行维护、检修、备品备件等项事宜签订交接协议。

5. 属于临时用电等其他性质的供电设施，原则上由产权所有者运行维护管理，或由双方协商确定，并签订协议。

第四十七条

供电设施的运行维护管理范围，按产权归属确定。责任分界点按下列各项确定：

1．公用低压线路供电的，以供电接户线用户端最后支持物为分界点，支持物属供电企业。

2．10kV 及以下公用高压线路供电的，以用户厂界外或配电室前的第一断路器或第一支持物为分界点，第一断路器或第一支持物属供电企业。

3．35kV 及以上公用高压线路供电的，以用户厂界外或用户变电站外第一基电杆为分界点，第一基电杆属供电企业。

4．采用电缆供电的，本着便于维护管理的原则，分界点由供电企业与用户协商确定。

5．产权属于用户且由用户运行维护的线路，以公用线路分支杆或专用线路接引的公用变电站外第一基电杆为分界点，专用线路第一基电杆属用户。

在电气上的具体分界点，由供用双方协商确定。

【依据3】《电力电缆及通道运维规程》（Q/GDW 1512—2014）

4.6　运维单位应建立岗位责任制，明确分工，做到每回电缆及通道有专人负责。每回电缆及通道应有明确的运维管理界限，应与发电厂、变电所、架空线路、开闭所和临近的运行管理单位（包括用户）明确划分分界点，不应出现空白点。

4.10　运维单位应建立电力电缆及通道资产台账，定期清查核对，保证账物相符。对与公用电网直接连接的且签订代维护协议的用户电缆应建立台账。

5.2.2.9　技术规程管理

本条评价项目（见《评价》）的查评依据如下。

【依据】《国家电网公司安全工作规定》（国家电网企管〔2014〕1117号）

第五章　规章制度

第二十六条　公司所属各级单位应严格贯彻公司颁发的制度标准及其他规范性文件。

第二十七条　公司各级单位应建立健全保障安全的各项规程制度：

（一）根据上级颁发的制度标准及其他规范性文件和设备厂商的说明书，编制企业各类设备的现场运行规程和补充制度，经专业分管领导批准后按公司有关规定执行；

（二）在公司通用制度范围以外，根据上级颁发的检修规程、技术原则，制定本单位的检修管理补充规程，根据典型技术规程和设备制造说明，编制主、辅设备的检修工艺规程和质量标准，经专业分管领导批准后执行；

（三）根据国务院颁发的《电网调度管理条例》和国家颁发的有关规定以及上级的调控规程或细则，编制本系统的调控规程或细则，经专业分管领导批准后执行；

（四）根据上级颁发的施工管理规定，编制工程项目的施工组织设计和安全施工措施，按规定审批后执行。

第二十八条　公司所属各级单位应及时修订、复查现场规程，现场规程的补充或修订应严格履行审批程序。

（一）当上级颁发新的规程和反事故技术措施、设备系统变动、本单位事故防范措施需要时，应及时对现场规程进行补充或对有关条文进行修订，书面通知有关人员；

（二）每年应对现场规程进行一次复查、修订，并书面通知有关人员；不需修订的，也应出具经复查人、审核人、批准人签名的"可以继续执行"的书面文件，并通知有关人员；

（三）现场规程宜每3～5年进行一次全面修订、审定并印发。

第二十九条　省公司级单位应定期公布现行有效的规程制度清单；地市公司级单位、县公司级单位应每年至少举行一次对安全法律法规、标准规范、规章制度、操作规程的执行情况进行检查评估，公布一次本单位现行有效的现场规程制度清单，并按清单配齐各岗位有关的规程制度。

第三十条　公司所属各单位应按规定严格执行"两票（工作票、操作票）三制（交接班制、巡回检查制、设备定期试验轮换制）"和班前会、班后会制度，检修、施工作业应严格执行现场勘察制度。

第三十一条　公司所属各单位应严格执行各项技术监督规程、标准，充分发挥技术监督作用。

5.2.3　技术指标

5.2.3.1　例行测试、检查和试验

5.2.3.1.1　电缆线路例行试验、红外测温和交接试验

本条评价项目（见《评价》）的查评依据如下。

【依据1】《配网设备状态检修试验规程》（Q/GDW 1643—2015）

15　电缆线路

15.1　巡检项目

电缆线路巡检项目见表25。

表25　　　　　　　　　　　　　　　　电缆线路巡检项目

巡检项目	周　期	要　　求	说明
通道检查	1个月	1）盖板无缺损，设备标识、安全警示、线路标桩完整、清晰； 2）电缆沟道上无违章建筑，无杂物堆积或酸碱性排泄物； 3）电缆线路周围路面正常，无挖掘痕迹，无管线在建施工； 4）电缆支架构件无弯曲、变形、锈蚀；螺栓无缺损、松动，防火阻燃措施完善； 5）电缆双重命名和相位标识正确、齐全，电缆上杆塔处保护管牢固、完整； 6）水底电缆两边岸露出部分无变动，保护区范围内无水下作业或船只弃锚； 7）电缆隧道结构本体无形变，支架、爬梯、接地等附属设施及标识、标志完好，无坍塌、锈蚀等隐患； 8）电缆隧道防水、通风及消防、排水、照明、动力及监控等设施措施完善，无漫水、火灾等隐患； 9）电缆隧道出入口无通风不良、杂物堆积等隐患，孔洞封堵完好	
外观检查	1个季度	1）电缆终端外绝缘无破损和异物，无明显的放电痕迹，无异味和异常声响，电缆终端头和避雷器固定牢固，连接部位良好、无过热现象； 2）电缆屏蔽层及外护套接地良好； 3）中间头固定牢固，外观完好，无异常； 4）引入室内的电缆入口封堵完好，电缆支架牢固，接地良好； 5）电缆无机械损伤，排列整齐； 6）电缆的固定、弯曲半径、保护管安装等符合规定； 7）标识标志（电缆标志牌、相位标识、路径标志牌、标桩等）齐全，设置规范	
电缆工作井检查	1个季度	1）工作井内无积水、杂物；井盖完好，无破损；防盗措施完好； 2）防火阻燃措施完善； 3）管孔封堵完好； 4）工作井内电缆双重命名铭牌清晰齐全； 5）井体、基础、盖板无坍塌、渗漏或墙体脱落等缺陷	
接地电阻测试	1）首次：投运后3年； 2）其他：6年； 3）大修后	不大于10Ω且不大于初值的1.3倍	
红外测温	1）每年2次； 2）必要时	电缆终端头及中间接头无异常温升，同部位相间无明显温差，具体按DL/T 664相关条款执行	

15.2　例行试验项目

电缆线路例行试验项目见表26。

表26   **电缆线路例行试验项目**

例行试验项目	周期	要求	说明
电缆主绝缘绝缘电阻	特别重要电缆6年；重要电缆10年；一般电缆必要时	与初值比没有显著差别	采用2500V或5000V绝缘电阻表
电缆外护套、内衬层绝缘电阻测试	特别重要电缆6年；重要电缆10年；一般电缆必要时	与被测电缆长度（km）的乘积不低于0.5MΩ	采用500V绝缘电阻表
交流耐压试验	新作电缆终端头、中间接头后和必要时	1）试验频率：30Hz～300Hz； 2）试验电压：$2U_0$； 3）加压时间：5min	1）推荐使用45Hz～65Hz试验频率； 2）耐压前后测量绝缘电阻

注   1. U_0 电缆对地的额定电压。
      2. 交流耐压试验的试验电压、加压时间按 Q/GDW 1168 要求执行。

15.3 诊断性试验项目

电缆线路诊断性试验项目见表27。

表27   **电缆线路诊断性试验项目**

诊断性试验项目	要求	说明
相位检查	与电网相位一致	
铜屏蔽层电阻和导体电阻比（R_p/R_x）	重做终端或接头后，用双臂电桥测量在相同温度下的铜屏蔽层和导体的直流电阻	较投运前的电阻比增大时，表明铜屏蔽层的直流电阻增大，有可能被腐蚀；电阻比减少时，表明附件中导体连接点的电阻有可能增大
局放测试	无异常放电	采用OWTS电缆局放检测等先进的检测技术

16 电缆分支箱

16.1 巡检项目

电缆分支箱巡检项目见表28。

表28   **电缆分支箱巡检项目**

巡检项目	周期	要求	说明
外观检查	1个季度	1）外观无异常，高压引线连接正常，绝缘件无残损、无移位； 2）声音无异常； 3）试温蜡片无脱落或测温片无变色； 4）标示牌和设备命名正确	
接地装置检查	1个季度	接地装置完整	
接地电阻测试	1）首次：投运后3年； 2）其他：6年； 3）大修后	不大于10Ω且不大于初值的1.3倍	
红外测温	1）每年2次； 2）必要时	温升、温差无异常	
超声波局放测试和暂态地电压测试	特别重要设备6个月；重要设备1年；一般设备2年	无异常放电	采用超声波、地电波局部放电检测等先进的技术进行

16.2 例行试验项目

电缆分支箱例行试验项目见表29。

表 29 电缆分支箱例行试验项目

例行试验项目	周期	要求	说明
绝缘电阻测量	特别重要设备 6 年；重要设备 10 年；一般设备必要时	应符合制造厂规定	
交流耐压试验		与主送电缆同时试验	

【依据2】《电气装置安装工程电气设备交接试验标准》（GB 50150—2016）

17 电力电缆线路

17.0.1 电力电缆线路的试验项目，应包括下列内容：

1 主绝缘及外护层绝缘电阻测量；

2 主绝缘直流耐压试验及泄漏电流测量；

3 主绝缘交流耐压试验；

4 外护套直流耐压试验；

5 检查电缆线路两端的相位；

6 充油电缆的绝缘油试验；

7 交叉互联系统试验；

8 电力电缆线路局部放电测量。

17.0.2 电力电缆线路交接试验，应符合下列规定：

1 橡塑绝缘电力电缆可按本标准第17.0.1条第1、3、5和8款进行试验，其中交流单芯电缆应增加本标准第17.0.1条第4、7款试验项目。额定电压 U_0/U 为 18/30kV 及以下电缆，当不具备条件时允许用有效值为 $3U_0$ 的 0.1Hz 电压施加 15min 或直流耐压试验及泄漏电流测量代替本标准第17.0.5条规定的交流耐压试试验。

2 纸绝缘电缆可按本标准第17.0.1条第1、2和5款进行试验。

3 自容式充油电缆可按本标准第17.0.1条第1、2、4、5、6、7和8款进行试验。

4 应对电缆的每一相测量其主绝缘的绝缘电阻和进行耐压试验。对具有统包绝缘的三芯电缆，应分别对每一相进行，其他两相导体、金属屏蔽或金属套和铠装层应一起接地；对分相屏蔽的三芯电缆和单芯电缆，可一相或多相同时进行，非被试相导体、金属屏蔽或金属套和铠装层应一起接地。

5 对金属屏蔽或金属套一端接地，另一端装有护层过电压保护器的单芯电缆主绝缘做耐压试验时，应将护层过电压保护器短接，使这一端的电缆金属屏蔽或金属套临时接地。

6 额定电压为 0.6/1kV 的电缆线路应用 2500V 绝缘电阻表测量导体对地绝缘电阻代替耐压试验，试验时间 1min。

7 对交流单芯电缆外护套应进行直流耐压试验。

17.0.3 绝缘电阻测量，应符合下列规定：

1 耐压试验前后，绝缘电阻测量应无明显变化；

2 橡塑电缆外护套、内衬层的绝缘电阻不应低于 0.5MΩ/km；

3 测量绝缘电阻用绝缘电阻表的额定电压等级，应符合下列规定：

1) 电缆绝缘测量宜采用 2500V 绝缘电阻表，6/6kV 及以上电缆也可用 5000V 绝缘电阻表；

2) 橡塑电缆外护套、内衬层的测量宜采用 500V 绝缘电阻表。

17.0.4 直流耐压试验及泄漏电流测量，应符合下列规定：

1 直流耐压试验电压应符合下列规定：

1) 纸绝缘电缆直流耐压试验电压 U_t 可按下列公式计算：

对于统包绝缘（带绝缘）：

$$U_t = 5 \times \frac{U_0 + U}{2} \qquad (17.0.4-1)$$

对于分相屏蔽绝缘：

$$U_t = 5 \times U_0 \qquad (17.0.4-2)$$

式中 U_0——电缆导体对地或对金属屏蔽层间的额定电压；

U——电缆额定线电压。

2）试验电压应符合表17.0.4-1的规定。

表 17.0.4-1　　　　　　纸绝缘电缆直流耐压试验电压　　　　　　kV

电缆额定电压 U_0/U	1.8/3	3/3	3.6/6	6/6	6/10	8.7/10	21/35	26/35
直流试验电压	12	14	24	30	40	47	105	130

3）18/30kV及以下电压等级的橡塑绝缘电缆直流耐压试验电压，应按下式计算：

$$U_t = 4 \times U_0 \tag{17.0.4-3}$$

4）充油绝缘电缆直流耐压试验电压，应符合表17.0.4-2的规定。

表 17.0.4-2　　　　　　充油绝缘电缆直流耐压试验电压　　　　　　kV

电缆额定电压 U_0/U	48/66	64/110	127/220	190/330	290/500
直流试验电压	162	275	510	650	840

5）现场条件只允许采用交流耐压方法，当额定电压为 U_0/U 为190/330kV及以下时，应采用的交流电压的有效值为上列直流试验电压值的42%，当额定电压 U_0/U 为290/500kV时，应采用的交流电压的有效值为上列直流试验电压值的50%。

6）交流单芯电缆的外护套绝缘直流耐压试验，可按本标准第17.0.8条规定执行。

2 试验时，试验电压可分4~6阶段均匀升压，每阶段应停留1min，并应读取泄漏电流值。试验电压升至规定值后应维持15min，期间应读取1min和15min时泄漏电流。测量时应消除杂散电流的影响。

3 纸绝缘电缆各相泄漏电流的不平衡系数（最大值与最小值之比）不应大于2；当6/10kV及以上电缆的泄漏电流小于20μA和6kV及以下电缆世漏电流小于10μA时，其不平衡系数可不作规定。

4 电缆的泄漏电流具有下列情况之一者，电缆绝缘可能有缺陷，应找出缺陷部位，并予以处理：

1）泄漏电流很不稳定；

2）泄漏电流随试验电压升高急剧上升；

3）泄漏电流随试验时间延长有上升现象。

17.0.5 交流耐压试验，应符合下列规定：

1 橡塑电缆应优先采用20Hz~300Hz交流耐压试验，试验电压和时间应符合表17.0.5的规定。

表 17.0.5　　　　橡塑电缆 20Hz~300Hz 交流耐压试验电压和时间

额定电压 U_0/U	试验电压	时间（min）
18/30kV 及以下	$2U_0$	15（或 60）
21/35kV~64/110kV	$2U_0$	60
127/220kV	$1.7U_0$（或 $1.4U_0$）	60
190/330kV	$1.7U_0$（或 $1.3U_0$）	60
290/500kV	$1.7U_0$（或 $1.1U_0$）	60

2 不具备上述试验条件或有特殊规定时，可采用施加正常系统对地电压24h方法代替交流耐压。

17.0.6 检查电缆线路的两端相位，应与电网的相位一致。

17.0.7 充油电缆的绝缘油试验项目和要求应符合表17.0.7的规定。

表 17.0.7 充油电缆的绝缘油试验项目和要求

项目		要求	试验方法
击穿电压	电缆及附件内	对于 64/110kV～190/330kV，不低于 50kV 对于 290/500kV，不低于 60kV	按现行国家标准《绝缘油击穿电压测定法》（GB/T 507）
	压力箱中	不低于 50kV	
介质损耗因数	电缆及附件内	对于 64/110kV～127/220kV 的不大于 0.005 对于 190/330kV～290/500kV 的不大于 0.003	按《电力设备预防性试验规程》DL/T 596 中第 11.4.5.2 条
	压力箱中	不大于 0.003	

17.0.8　交叉互联系统试验，应符合本标准附录 G 的规定。

17.0.9　66kV 及以上橡塑绝缘电力电缆线路安装完成后，结合交流耐压试验可进行局部放电测量。

5.2.3.1.2 架空线路预防性检查、维护

本条评价项目（见《评价》）的查评依据如下。

【依据 1】《配电网运维规程》（Q/GDW 1519—2014）

8.1　一般要求

8.1.1　配电网维护主要包括一般性消缺、检查、清扫、保养、带电测试、设备外观检查和临近带电体修剪树（竹）、清除异物、拆除废旧设备、清理通道等工作。

8.1.2　根据配电网设备状态评价结果和反事故措施的要求，运维单位应编制年度、月度、周维护工作计划并组织实施，做好维护记录与验收，定期开展维护统计、分析和总结。

8.1.3　配电网维护应纳入 PMS、GIS 等信息系统管理，积极采用先进工艺、方法、工器具以提高维护质量与效率。

8.1.4　配电网运维人员在维护工作中应随身携带相应的资料、工具、备品备件和个人防护用品。

8.1.5　配电网设备、设施的检查、维护和测量等工作应按标准化作业要求开展。

8.1.6　配电网维护宜结合巡视工作完成。

8.2　架空线路的维护

8.2.1　通道维护的主要内容：

a）补全、修复通道沿线缺失或损坏的标识标示；

b）清除通道内的易燃、易爆物品和腐蚀性液（气）体等堆积物；

c）清除可能被风刮起危及线路安全的物体；

d）清除威胁线路安全的蔓藤、树（竹）等异物。

8.2.2　杆塔、导线和基础维护的主要内容：

a）补全、修复缺失或损坏杆号（牌）、相位牌、3m 线等杆塔标识和警告、防撞等安全标示；

b）修复符合 D 类检修的铁塔、钢管杆、混凝土杆接头锈蚀、变形倾斜和混凝土杆表面老化、裂缝；

c）修复符合 D 类检修的杆塔埋深不足和基础沉降；

d）补装、紧固塔材螺栓、非承力缺失部件；

e）清除导线、杆塔本体异物；

f）定期开挖检查（运行工况基本相同的可抽样）铁塔、钢管塔金属基础和盐、碱、低洼地区混凝土杆根部，每 5 年 1 次，发现问题后每年 1 次。

8.2.3　拉线维护的主要内容：

a）补全、修复缺失或损坏拉线警示标示；

b）修复拉线棒、下端拉线及金具锈蚀；

c）修复拉线下端缺失金具及螺栓，调整拉线松紧；

d）修复符合 D 类检修的拉线埋深不足和基础沉降；

e）定期开挖检查（运行工况基本相同的可抽样）镀锌拉线棒，每 5 年 1 次，发现问题后每年 1 次。

【依据 2】《配网设备状态检修试验规程》（Q/GDW 1643—2015）

5.1 巡检项目

架空线路巡检项目见表 1。

表 1 架空线路巡检项目

巡检项目	周 期	要 求	说 明
通道巡检		1）民房、厂房、临时棚及易随风飘起的宣传带（球）、塑料薄膜、广告牌所处位置等无威胁线路情况； 2）地面开挖、采石放炮、机械起吊及公路、铁路、水利设施、市政工程等施工无威胁线路情况； 3）山体崩塌、易燃（易爆）场所、鱼塘、污染源（如废气、废水、废渣等一些有害化学物品）的分布无威胁线路情况； 4）新增植物、植物生长速度、植物与带电体净空距离等无威胁线路情况； 5）线路新（改）建、升建后穿越位置及交叉净空距离等无威胁线路情况	
杆塔巡检	市区线路 1个月，郊区及农村 1个季度	1）杆塔无倾斜变形，铁塔构件无弯曲、变形、锈蚀，螺栓无松动或残缺； 2）混凝土杆无裂纹、酥松、钢筋外露，焊接处无开裂、锈蚀； 3）杆塔上无鸟窝及其他杂物，塔基周围无过高杂草及在杆塔上无蔓藤类植物附生； 4）基础无损坏、开裂、下沉或上拔，周围土壤无挖掘、沉陷和流失现象； 5）杆塔位置合适，无被碰撞的痕迹和可能，保护设施完好，标志清晰； 6）杆塔基础没有被水淹、水冲的可能，防洪设施没有损坏、坍塌； 7）寒冷地区混凝土杆无鼓冻情况； 8）无不同电源的低压线路同杆架设，通道内无未经批准擅自搭挂的弱电线路	特殊地段（正在建设的开发区、树木生长区、易受洪水冲刷地区等）或特殊时期应适当缩短巡视周期；根据情况安排特殊性巡视、夜间巡视、监察性巡视等
导线巡检		1）没有断股、损伤或闪络烧伤的痕迹。 2）各相导线弛度平衡，无过松、过紧现象，弛度正常，导线相间距离、交叉跨越距离及对建筑物等其他物体的距离符合 Q/GDW 1519 规定。 3）导线无严重腐蚀和锈蚀（导线表面、钢芯线）。 4）线夹、连接器上无锈蚀或过热现象（如接头变色、熔化痕迹等），连接线夹弹簧垫齐全，螺栓紧固。 5）导线在线夹内无松动，在连接器处无拔出痕迹，绝缘子上的绑线无松弛或断落现象。 6）过（跳）引线无损伤、断股、歪扭、松动，与杆塔、构件及其他引线间的距离符合规定。 7）导线上无风筝等抛挂物。 8）架空绝缘导线的绝缘层无损伤，接地环完好。各类绝缘护套无脱落、无损伤	
铁件、金具巡检		1）线路上各种铁件和金具无锈蚀、变形，螺栓紧固，无缺帽，无缺螺栓及垫片，开口销（销扣）无锈蚀、断裂、脱落； 2）铁横担无锈蚀、歪斜、变形、移位	
绝缘子巡检		1）绝缘子无脏污、损伤、裂缝和闪络痕迹； 2）铁脚、铁帽无锈蚀、松动、弯曲、偏斜； 3）绝缘子无偏斜	

巡检项目	周 期	要 求	说 明
拉线巡检	市区线路1个月，郊区及农村1个季度	1）拉线无锈蚀、松弛、断股、散股、张力分配不均匀（二根及以上拉线时）、防盗帽缺失等现象； 2）拉线抱箍、拉线棒、UT型线夹、楔型线夹等金具铁件无变形、锈蚀或松动； 3）拉线绝缘子无损坏、缺少； 4）拉线对地、建筑物、带电体及其他构件的距离符合规定； 5）拉线固定牢固，拉线基础周围土壤无突起、沉陷、缺土等现象； 6）顶（撑）杆、拉线桩、保护桩或墩子等无损坏、开裂等现象； 7）因环境变化，拉线无妨碍交通等现象； 8）拉线护套无缺损	特殊地段（正在建设的开发区、树木生长区、易受洪水冲刷地区等）或特殊时期应适当缩短巡视周期；根据情况安排特殊性巡视、夜间巡视、监察性巡视等
接地装置巡检		1）铁塔、钢管塔及其他需接地的杆塔接地装置良好； 2）接地引下线连接正常，接地装置完整、正常	
附件巡检		1）标志标识（设备命名、相位标识、杆塔埋深标识等）齐全，设置规范； 2）安全标识（"双电源""止步、高压危险""禁止攀登高压危险"等）齐全，设置规范； 3）防鸟器、防雷金具、防震锤、故障指示器等正常、完好	
导线接续管、导线连接线夹等红外测温	1）每年2次； 2）必要时	温升无异常，具体按DL/T 664相关条款执行	高温及大负荷之前、后加强巡视
拉线棒检查	一般每5年1次，发现问题后每年1次	镀锌拉线棒检查正常	镀锌拉线棒开挖检查无异常，运行工况基本相同的可抽样检查
接地装置试验及检查	1）首次：投运后3年； 2）其他：6年； 3）大修后	接地电阻符合规定，按DL/T 5220的要求执行	发现接地装置腐蚀或接地电阻增大时，通过分析决定是否开挖检查
导线检查	运行环境发生较大变化时	导线弧垂在允许值范围内	1）过负荷后； 2）覆冰、大风后； 3）温度急剧变化后

5.2.3.1.3 配电变压器负荷测量、例行试验、红外测温和交接试验

本条评价项目（见《评价》）的查评依据如下。

【依据1】《配电网运维规程》（Q/GDW 1519—2014）第8.6条、第13.4.3～第13.4.5条（同5.2.1.4【依据】）

8.6 配电变压器的维护

配电变压器维护的主要内容：

a）定期开展负荷测试，特别重要、重要变压器1～3个月1次，一般变压器3～6个月1次；

b）清除壳体污秽，修复锈蚀、油漆剥落的壳体；

c）更换变色的呼吸器干燥剂（硅胶）；

d）补全油位异常的变压器油。

【依据2】《配网设备状态检修试验规程》（Q/GDW 1643—2015）

13 配电变压器

13.1 巡检项目

配电变压器巡检项目见表20。

表 20   配电变压器巡检项目

巡检项目	周 期	要 求	说 明
外观检查	柱上变压器市区线路 1 个月，郊区及农村 1 个季度配电室、箱式变电站 1 个季度	1) 外观无异常，油位正常，无渗漏油，呼吸器畅通，对地距离合格，测温装置正常； 2) 变压器台架高度符合规定，无锈蚀、倾斜、下沉，构件无腐朽、砖、石结构台架无裂缝和倒塌等隐患； 3) 围栏、门锁齐全，无隐患； 4) 接线线夹（端子）无松动	对地距离包括所有有关的电气安全距离（包括对地面、构筑物、树木等）
呼吸器干燥剂（硅胶）检查		硅胶无变色情况	
冷却系统检查		冷却系统的风扇运行正常，出风口和散热器无异物附着或严重积污	
接地装置检查	柱上变压器市区线路 1 个月，郊区及农村 1 个季度；配电室、箱式变电站 1 个季度	接地装置正常、完整	
声响及振动		无异常	
瓦斯保护巡检		无异常	
接地电阻测试	1) 首次：投运后 3 年； 2) 其他：6 年； 3) 大修后	1) 容量小于 100kVA 时不大于 10Ω； 2) 容量 100kVA 及以上时不大于 4Ω； 3) 不大于初值的 1.3 倍	
红外测温	1) 每年 2 次； 2) 必要时	变压器箱体、套管、引线接头及电缆等温升、温差无异常，具体按 DL/T 664 相关条款执行	判断时应考虑测量时负荷电流的变化情况
负荷测试	特别重要、重要变压器 1~3 个月 1 次，一般变压器 3~6 个月 1 次	1) 最大负载不超过额定值； 2) 不平衡率：Yyn0 接线不大于 15%，零线电流不大于变压器额定电流 25%；Dyn11 接线不大于 25%，零线电流不大于变压器额定电流 40%	可用用电信息采集系统等在线监测手段进行设备负荷监测

13.2 例行试验项目

配电变压器例行试验项目见表 21。

表 21   配电变压器例行试验项目

例行试验项目	周 期	要 求	说 明
绕组及套管绝缘电阻测试		初值差不小于 −30%	采用 2500V 绝缘电阻表测量。绝缘电阻受油温的影响可按下式作近似修正 $R_2 = R_1 \times 1.5^{(t_1-t_2)/10}$，式中，$R_1$、$R_2$ 分别表示温度为 t_1、t_2 时的绝缘电阻
绕组直流电阻测试	特别重要变压器 6 年；重要变压器 10 年；一般变压器必要时	1) 1.6MVA 以上变压器，各相绕组电阻相互间的差别不应大于三相平均值的 2%，无中性点引出的绕组，线间差别不应大于三相平均值的 1%； 2) 1.6MVA 及以下的变压器，相间差别一般不大于三相平均值的 4%，线间差别一般不大于三相平均值的 2%	1) 测量结果换算到 75℃，温度换算公式： $R_2 = R_1\left(\dfrac{T_K+t_2}{T_K+t_1}\right)$，式中，$R_1$、$R_2$ 分别表示油温为 t_1、t_2 时的电阻；T_K 为常数，铜绕组 T_K 为 235，铝绕组 T_K 为 225。 2) 分接开关调整后开展
非电量保护装置绝缘电阻测试		绝缘电阻不低于 1MΩ	采用 2500V 绝缘电阻表测量
绝缘油耐压测试		不小于 25kV	不含全密封变压器

13.3 诊断性试验项目

配电变压器诊断性试验项目见表 22。

表 22   配电变压器诊断性试验项目

诊断性试验项目	要 求	说 明
绕组各分接位置电压比	初值差不超过 ±0.5%（额定分接位置）、±1.0%（其他分接）（警示值）	

续表

诊断性试验项目	要　求	说　明
空载电流及损耗测量	1）与上次测量结果比，不应有明显差异； 2）单相变压器相间或三相变压器两个边相空载电流差异不超过 10％	1）试验电压值应尽可能接近额定电压； 2）试验的电压和接线应与上次试验保持一致； 3）空载损耗无明显变化
交流耐压试验	油浸式变压器采用 30kV 进行试验，干式变压器按出厂试验值的 85％	按 DL/T 596 有关条款执行

5.2.3.1.4　柱上设备例行试验、红外测温和交接试验

本条评价项目（见《评价》）的查评依据如下。

【依据 1】《LW 10 型六氟化硫断路器检修工艺规程》（DL/T 739—2000）

4.1.1　断路器运行 10 年或开断额定短路电流 30 次即应进行一次大修。但当气压不低于 0.25MPa（20℃时），直流电阻不大于 200$\mu\Omega$ 时，可暂停大修；当 SF$_6$ 气压低于 0.25MPa（20℃时），应立即退出运行（补气方法参见附录 B），温度压力曲线见图 1。

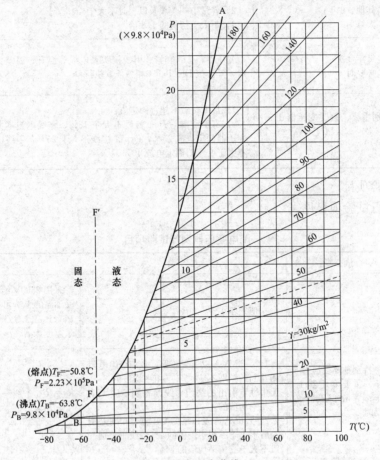

图 1　温度压力曲线

A—F—B—SF$_6$ 饱和蒸汽压力曲线，其右侧是气态区域，A—F—F′线上方是液态区域，F′—F—B 线上方是固态区域；F—SF$_6$ 的熔点（凝点），参数见图；B—SF$_6$ 的沸点，即饱和蒸汽压力为一个大气压（0.1MPa）时的温度；参数见图；γ—密度（kg/m³）；T—温度（℃）；P′—压强（MPa）本图用法：找到压力和温度对应的坐标交点，画出密度曲线，气体温度变化时，压力沿曲线移动；A—F 线右侧为气态区，密度曲线与此线的交点即为出现液态时的 P、T 参数

附录 B（标准的附录）

补气

B1　补气时间

当 SF$_6$ 气压低于 0.25MPa（20℃时），应立即退出运行。检查如无明显漏气点后可补气再投入运

行，并加强巡视。

B2　补气方法

（1）用螺丝刀将箍和密封带卸下，然后卸下固定罩的 4 个 M4 螺钉，拿下表罩。

（2）卸下充放气螺帽，先打开充气瓶上的高压阀门，再打开减压阀少许，用 SF_6 气体排净充气管道中的空气并进行干燥处理，然后把充气装置的气嘴固定在阀体上。

（3）充气时再打开充气瓶上的阀门，给断路器充气，并监视端盖上的真空压力表指针，当压力升至 0.35MPa（20℃）时（参照图 1），即充气完毕。

（4）按与以上相反的顺序操作，补气工作即全部完成。

【依据 2】《配网设备状态检修试验规程》（Q/GDW 1643—2015）

6　柱上真空开关

6.1　巡检项目

柱上真空开关巡检项目见表 2。

表 2　　　　　　　　　　　　柱上真空开关巡检项目

巡检项目	周期	要求	说明
外观检查	市区线路 1 个月，郊区及农村 1 个季度	1）外观无异常，高压引线连接正常，无松动、锈蚀、过热和烧损现象；瓷件无残损、无异物挂接。 2）声音无异常。 3）标识规范，开关的命名、编号、警示标识等完好、正确、清晰。 4）套管外绝缘无污秽及放电痕迹。 5）开关固定牢固，无下倾，支架无歪斜、松动。线间和对地距离符合规定	包括开关本体及互感器、隔离开关等附件
操作机构状态检查	市区线路 1 个月，郊区及农村 1 个季度	1）操作机构状态正常，储能位置指示正确、清晰； 2）合、分指示正确	包括开关本体及互感器、隔离开关等附件
接地装置检查		接地引下线连接正常，接地装置完整、正常	
接地电阻测试	1）首次：投运后 3 年。 2）其他：6 年。 3）大修后	不大于 10Ω 且不大于初值的 1.3 倍	接地装置大修后需进行接地电阻测试（以下相同）
红外测温	1）每年 2 次。 2）必要时	引线接头、开关本体、互感器本体及隔离开关触头温升、温差无异常，具体按 DL/T 664 相关条款执行	判断时，应考虑测量时及前 3h 负荷电流变化情况

6.2　例行试验项目

柱上真空开关例行试验项目见表 3。

表 3　　　　　　　　　　　　柱上真空开关例行试验项目

例行试验项目	周期	要求	说明
开关本体、隔离闸刀及套管绝缘电阻		20℃时绝缘电阻不低于 300MΩ	一次采用 2500V 绝缘电阻表，二次采用 1000V 绝缘电阻表。A、B 类检修后必须重新测量
电压互感器绝缘电阻		20℃时一次绝缘电阻不低于 1000MΩ 二次绝缘电阻不低于 10MΩ	
检查和维护	特别重要设备 6 年；重要设备 10 年；一般设备必要时	各部件外观机械正常 1）就地进行 2 次操作，传动部件灵活； 2）螺栓、螺母无松动，部件无磨损或腐蚀； 3）支柱绝缘子表面和胶合面无破损、裂纹； 4）触头等主要部件没有因电弧、机械负荷等作用出现的破损或烧损； 5）联锁装置功能正常； 6）对操作机构机械轴承等部件进行润滑； 7）绝缘罩齐全完好	

6.3 诊断性试验项目

柱上真空开关诊断性试验项目见表4。

表 4 柱上真空开关诊断性试验项目

诊断性试验项目	要求	说明
交流耐压试验	采用工频交流耐压，相间及相对地 42kV；断口间的试验电压按产品技术条件的规定执行	A、B 类检修后或检验主绝缘时进行
主回路电阻值测试	≤1.2 倍初值（注意值）	测量电流≥100A，在以下情况时进行测量： 1）红外热像发现异常； 2）有此类家族缺陷，且该设备隐患尚未消除； 3）上一年度测量结果呈现明显增长趋势，或自上次测量之后又进行了 100 次以上分、合闸操作； 4）A、B 类检修之后

7 柱上 SF_6 开关

7.1 巡检项目

柱上 SF_6 开关巡检项目见表5。

表 5 柱上 SF_6 开关巡检项目

巡检项目	周期	要求	说明
外观检查	市区线路 1 个月，郊区及农村 1 个季度	1）外观无异常，高压引线连接正常，瓷件无残损，套管外绝缘无污秽及放电痕迹，无异物挂接； 2）声音无异常； 3）标识规范； 4）开关固定牢固，无下倾，支架无歪斜、松动，线间和对地距离满足规定	包括开关及电压互感器、闸刀等附件
气体压力值检查		气压正常	有压力表时检查
操作机构状态检查		1）操作机构状态正常； 2）合、分指示正确	
接地装置检查		接地线连接正常，接地装置完整、正常	
接地电阻测试	1）首次：投运后 3 年； 2）其他：6 年； 3）大修后	不大于 10Ω 且不大于初值的 1.3 倍	
红外测温	1）每年 2 次； 2）必要时	引线接头、开关本体、电压互感器本体及闸刀触点温升、温差无异常，具体按 DL/T 664 相关条款执行	判断时，应考虑测量时及前 3 小时电流的变化情况

7.2 例行试验项目

柱上 SF_6 开关例行试验项目见表6。

表 6 柱上 SF_6 开关例行试验项目

例行试验项目	周期	要求	说明
开关本体、隔离闸刀及套管绝缘电阻		20℃时绝缘电阻不低于 300MΩ	一次采用 2500V 绝缘电阻表，二次采用 1000V 绝缘电阻表。A、B 类检修后必须重新测量
电压互感器绝缘电阻		20℃时绝缘电阻不低于 1000MΩ，二次绝缘电阻不低于 10MΩ	
检查和维护	特别重要设备 6 年；重要设备 10 年；一般设备必要时	各部件外观机械正常 1）就地进行 2 次操作，传动部件灵活； 2）螺栓、螺母无松动，部件无磨损或腐蚀； 3）支柱绝缘子表面和胶合面无破损、裂纹； 4）触头等主要部件没有因电弧、机械负荷等作用出现破损或烧损； 5）联锁装置功能正常； 6）对操作机构机械轴承等部件进行润滑	

7.3 诊断性试验项目

柱上 SF$_6$ 开关诊断性试验项目见表7。

表7 柱上 SF$_6$ 开关诊断性试验项目

诊断性试验项目	要求	说明
交流耐压试验	采用工频交流耐压，相间、相对地及断口间试验电压按出厂试验电压的80%执行	A、B类检修后或检验主绝缘可靠性时进行
气体密封测试	气体检漏仪检漏或其他方法无明显漏气	
回路电阻值测试	≤1.2倍初值（注意值）	测量电流≥100A，在以下情况时进行测量 1）红外热像发现异常； 2）有家族缺陷，且该设备隐患尚未消除； 3）上一年度测量结果呈现明显增长趋势，或自上次测量之后又进行了100次以上分、合闸操作； 4）A、B类检修后

8 柱上隔离开关

8.1 巡检项目

柱上隔离开关巡检项目见表8。

表8 柱上隔离开关巡检项目

巡检项目	周期	要求	说明
外观检查	市区线路1个月，郊区及农村1个季度	1）无影响设备安全运行的异物。 2）支撑绝缘子无破损、裂纹，无污秽及放电痕迹。 3）触头、高压引线等无异常。 4）标识规范。 5）开关固定牢固，无下倾，支架无歪斜、松动。线间和对地距离符合规定	
接地装置检查		接地引下线连接正常，接地装置完整、正常	
接地电阻测试	1）首次：投运后3年； 2）其他：6年； 3）大修后	不大于10Ω且不大于初值的1.3倍	
红外测温	1）每年2次； 2）必要时	开关触头、引线接头温升、温差无异常，具体按 DL/T 664 相关条款执行	分析判断时，应考虑测量时负荷电流的情况

8.2 例行试验项目

柱上隔离开关例行试验项目见表10。

表10 柱上隔离开关例行试验项目

例行试验项目	周期	要求	说明
绝缘电阻测试	特别重要设备6年；重要设备10年；一般设备必要时	20℃时绝缘电阻不低于300MΩ	
检查和维护	特别重要设备6年；重要设备10年；一般设备必要时	1）就地进行2次操作，传动部件灵活。 2）螺栓、螺母无松动，部件无磨损或腐蚀。 3）支柱绝缘子表面和胶合面无破损、裂纹。触头等主要部件没有因电弧、机械负荷等作用出现破损或烧损。 4）联锁装置功能正常。 5）对操作机构机械轴承等部件进行润滑	

8.3 诊断性试验项目

柱上隔离开关诊断性试验项目见表10。

表 10 柱上隔离开关诊断性试验项目

诊断性试验项目	要求	说明
回路电阻值测试	不大于制造厂规定值（注意值）的1.5倍	测量电流≥100A，在以下情况时进行测量 1) 红外热像发现异常； 2) 有此类家族缺陷，且该设备隐患尚未消除； 3) 上一年度测量结果呈现明显增长趋势，或自上次测量之后又进行了100次以上分、合闸操作； 4) A、B类检修之后

9 跌落式熔断器

9.1 巡检项目

跌落式熔断器巡检及例行试验项目见表11。

表 11 跌落式熔断器巡检及例行试验项目

巡检项目	周期	要求	说明
外观检查	市区线路1个月，郊区及农村1个季度	外观无异常，高压引线连接正常	
红外测温	1) 每年2次； 2) 必要时	温升、温差无异常，具体按DL/T 664相关条款执行	检测引线接头、触头等

9.2 例行试验项目

跌落式熔断器例行试验项目见表12。

表 12 跌落式熔断器例行试验项目

例行试验项目	周期	要求	说明
绝缘电阻测试	特别重要设备6年；重要设备10年；一般设备必要时	20℃时绝缘电阻不低于300MΩ	

11 电容器

11.1 巡检项目

电容器巡检项目见表15。

表 15 电容器巡检项目

巡检项目	周期	要求	说明
外观检查	市区线路1个月，郊区及农村1个季度	1) 绝缘件无闪络、裂纹、破损和严重脏污； 2) 无渗、漏油；外壳无膨胀、锈蚀； 3) 放电回路及各引线接线可靠； 4) 带电导体与各部的间距满足安全要求； 5) 熔丝正常； 6) 标识正确	
控制机构状态检查		1) 控制机构状态正常； 2) 合、分指示正确	
接地装置检查		接地装置完整，正常	
接地电阻测试	1) 首次：投运后3年。 2) 其他：6年。 3) 大修后	不大于10Ω，且不大于初值的1.3倍	
红外测温	1) 每年2次。 2) 必要时	温升、温差无异常，具体按DL/T 664相关条款执行	检测引线接头、电容器本体等

11.2 例行试验项目

电容器例行试验项目见表 16。

表 16　　　　　　　　　　　　　　　　电容器例行试验项目

例行试验项目	周期	要求	说明
检查和维护	特别重要设备 6 年，重要设备 10 年，一般设备必要时	1) 就地进行 2 次操作，传动部件灵活； 2) 螺栓、螺母无松动，部件无磨损或腐蚀； 3) 支柱绝缘子表面和胶合面无破损、裂纹； 4) 触头等主要部件没有因电弧、机械负荷等作用出现破损或烧损； 5) 联锁装置功能正常； 6) 对操作机构机械轴承等部件进行润滑	停电检查电容器各控制机构和电气连接设备
绝缘电阻测试	特别重要设备 6 年，重要设备 10 年，一般设备必要时	20℃时高压并联电容器极对壳绝缘电阻不小于 2000MΩ，且与同类电容器相比无显著差异	采用 2500V 绝缘电阻表测量
电容量测量		初值差不超出 −5%～+5% 范围（警示值）	建议采用专用的电容表测量

12 高压计量箱

12.1 巡检项目

高压计量箱巡检项目见表 17。

表 17　　　　　　　　　　　　　　　　高压计量箱巡检项目

巡检项目	周期	要求	说明
外观检查	市区线路 1 个月，郊区及农村 1 个季度	1) 外观无异常，高压引线连接正常，瓷件无残损、无异物挂接； 2) 声音无异常； 3) 标识规范； 4) 套管外绝缘无污秽及放电痕迹	
接地装置检查		接地线连接正常，接地装置完整、正常	
接地电阻测试	1) 首次：投运后 3 年。 2) 其他：6 年。 3) 大修后	不大于 10Ω，且不大于初值的 1.3 倍	
红外测温	1) 每年 2 次。 2) 必要时	引线接头、本体的温升、温差无异常，具体按 DL/T 664 相关条款执行	判断时应考虑测量时负荷电流的变化情况

12.2 例行试验项目

高压计量箱例行试验项目见表 18。

表 18　　　　　　　　　　　　　　　　高压计量箱例行试验项目

例行试验项目	周期	要求	说明
本体及二次回路绝缘电阻测试	特别重要设备 6 年；重要设备 10 年；一般设备必要时	1) 20℃时绝缘电阻不低于 1000MΩ。 2) 二次回路绝缘电阻不低于 10MΩ	一次试验采用 2500V 绝缘电阻表，二次试验采用 1000V 绝缘电阻表

12.3 诊断性试验项目

高压计量箱诊断性试验项目见表 19。

表 19　　　　　　　　　　　　　　　　高压计量箱诊断性试验项目

诊断性试验项目	要求	说明
耐压试验	一次绕组按出厂值的 85% 进行，出厂值不明的，按 30kV 进行试验	A、B 类检修后或检验主绝缘可靠性时进行

【依据3】《配电网技改大修项目交接验收技术规范》（Q/GDW 744—2012）

6 柱上真空开关

6.3 交接试验项目及要求

6.3.1 交接试验的要求

交接试验应在设备投运之前进行。

6.3.2 交接试验项目和要求

柱上真空开关的试验项目和要求见表11。

表 11 柱上真空开关交接试验项目和要求

序号	交接试验项目	要求	说明
1	绝缘电阻	1) 断路器本体20℃时不小于1000MΩ； 2) 控制、辅助等二次回路绝缘电阻不小于10MΩ	1) 断路器本体、绝缘拉杆使用2500V绝缘电阻表； 2) 交流耐压前后均进行绝缘电阻测量，测量值不应有明显变化； 3) 二次回路绝缘电阻采用1000V绝缘电阻表
2	每相导电回路的电阻	符合产品技术条件的规定	采用电流不小于100A的直流压降法
3	主回路交流耐压试验	在分、合闸状态下分别进行，1min耐受电压：42kV（相对地）/48kV（断口），无击穿，无发热，无闪络	使用工频耐压
4	机械特性试验	1) 合闸在额定电压的85%～110%范围内应可靠动作，分闸在额定电压的65%～110%，应可靠动作，当低于额定电压的30%时，脱扣器不应脱扣； 2) 储能电动机工作电流及储能时间检测，检测结果应符合设备技术文件要求。电动机应能在85%～110%的额定电压下可靠工作； 3) 分、合闸线圈直流电阻结果应符合设备技术文件要求； 4) 分、合闸时间、同期、弹跳符合设备技术文件要求	1) 合闸过程中触头接触后的弹跳时间不应大于2ms； 2) 分、合闸时间、同期、弹跳测量应在断路器额定操作电压条件下进行； 3) 适用于电动操作机构真空开关
5	隔离开关及套管绝缘电阻	20℃时绝缘电阻不低于300MΩ	采用2500V绝缘电阻表
6	电压互感器绝缘电阻	1) 20℃时一次绝缘电阻不低于1000MΩ 2) 二次绝缘电阻不低于10MΩ	一次采用2500V绝缘电阻表，二次采用1000V绝缘电阻表
7	接地电阻测试	应符合设计要求	

7 柱上 SF₆ 开关

7.3 交接试验项目及要求

7.3.1 交接试验的要求

交接试验应在设备投运之前进行。

7.3.2 交接试验项目和要求

柱上 SF₆ 开关的试验项目和要求见表12。

表 12 柱上 SF₆ 开关的试验项目和要求

序号	交接试验项目	要求	说明
1	绝缘电阻测量	1) 断路器本体20℃时不小于1000MΩ； 2) 控制、辅助等二次回路绝缘电阻不小于10MΩ	1) 本体绝缘电阻测试使用2500V绝缘电阻表； 2) 交流耐压前后均进行绝缘电阻测量，测量值不应有明显变化； 3) 二次回路测试使用1000V绝缘电阻表

序号	交接试验项目	要求	说明
2	每相导电回路电阻	符合产品技术条件的规定	采用电流不小于 100A 的直流压降法
3	交流耐压试验	在分、合闸状态下分别进行，1min 耐受电压 42kV（相对地）/48kV（断口），无击穿，无发热，无闪络	使用工频耐压
4	动作特性及操动机构检查和测试	1）合闸在额定电压的 85%～110% 范围内应可靠动作，分闸在额定电压的 65%～110%，应可靠动作，当低于额定电压的 30% 时，脱扣器不应脱扣； 2）储能电动机工作电流及储能时间检测，检测结果应符合设备技术文件要求。电动机应能在 85%～110% 的额定电压下可靠工作； 3）分、合闸线圈直流电阻结果应符合设备技术文件要求； 4）分、合闸时间、同期符合设备技术文件要求	1）分、合闸时间、同期测量应在断路器额定操作电压条件下进行； 2）适用于电动操作机构 SF$_6$ 开关
5	SF$_6$ 气体密封性试验	气体检漏仪检漏或局部包扎法测量气体泄漏，无明显漏气	1）采用灵敏度不低于 1×10^{-6}（体积比）的检漏仪对各密封部位进行检测时，检漏仪不应报警。 2）必要时可采用局部包扎法进行气体泄漏测量。以 24h 的漏气量换算，年漏气率不大于 1%。 3）本试验在必要时开展
6	隔离开关及套管绝缘电阻	20℃时绝缘电阻不低于 300MΩ	采用 2500V 绝缘电阻表
7	电压互感器绝缘电阻	1）20℃时一次绝缘电阻不低于 1000MΩ； 2）二次绝缘电阻不低于 10MΩ	一次采用 2500V 绝缘电阻表，二次采用 1000V 绝缘电阻表
8	接地电阻测试	应符合设计要求	

8 柱上隔离开关

8.3 交接试验项目及要求

8.3.1 交接试验的要求

交接试验应在设备投运之前进行。

8.3.2 交接试验项目和要求

柱上隔离开关的试验项目和要求见表 13。

表 13　　　　　　　　　　　　　　　**柱上隔离开关的试验项目和要求**

序号	试验项目	要求	说明
1	绝缘电阻测量	隔离开关绝缘电阻值要求不低于 1200MΩ	1）使用 2500V 绝缘电阻表； 2）交流耐压前后均进行绝量值不应有明显变化
2	回路电阻测量	不大于技术协议规定值（注意值）的 1.5 倍	测量电流不小于 100A
3	操动机构的试验	隔离开关的机械或电气闭锁装置应准确可靠，进行三次及以上的分、合操作应灵活	
4	交流耐压试验	1min 耐受电压 42kV，无击穿，无发热，无闪络	

9 跌落式熔断器

9.3 交接试验项目及要求

9.3.1 交接试验的要求

交接试验应在设备投运之前进行。

9.3.2 交接试验项目和要求

跌落式熔断器的试验项目和要求见表 14。

表 14 跌落式熔断器交接试验项目和要求

序号	试验项目	要求	说明
1	绝缘电阻测量	一般不小于1200MΩ	1）使用2500V绝缘电阻表； 2）交流耐压前后均进行绝缘电阻测量，测量值不应有明显变化
2	交流耐压试验	1min耐受电压42kV，1min耐受电压42kV，无击穿，无发热，无闪络无击穿，无发热，无闪络	

11 电容器

11.3 交接试验项目及要求

11.3.1 交接试验的要求

交接试验应在设备投运之前进行。

11.3.2 交接试验项目和要求

电容器的试验项目和要求见表16。

表 16 电容器的试验项目和要求

序号	交接试验项目	要求	说明
1	绝缘电阻	符合技术协议规定	1）低压电容器用1000V绝缘电阻表； 2）高压电容器用2500V绝缘电阻表
2	电容值	1）电容值偏差不超过额定值的−5％～+10％范围； 2）电容值不应小于出厂值的95％	用电容表或电流电压法测量

5.2.3.1.5 开关站、环网单元、配电室和箱式变电站局放测试、例行试验、红外测温和交接试验

本条评价项目（见《评价》）的查评依据如下。

【依据1】《配网设备状态检修试验规程》（Q/GDW 1643—2015）

14 开关柜

14.1 巡检项目

开关柜巡检项目见表23。

表 23 开 关 柜 巡 检 项 目

巡检项目	周期	要求	说明
外观检查	1个季度	1）外观无异常，高压引线连接正常，绝缘件表面完好； 2）无异常放电声音，设备无凝露，加热器或除湿装置处于正常状态； 3）试温蜡片无脱落或测温片无变色； 4）标示牌和设备命名正确； 5）带电显示器显示正常，开关防误闭锁完好，柜门关闭正常，油漆无剥落； 6）照明正常； 7）开关柜前后通道无杂物； 8）防小动物、防火、防水、通风措施完好； 9）模拟图板或一次接线图与现场一致	
气体压力值		气体压力表指示正常	
操动机构状态检查		1）操动机构合、分指示正确； 2）加热器功能正常（每半年）	
电源设备检查		1）交直流电源、蓄电池电压、浮充电流正常； 2）蓄电池等设备外观正常，接头无锈蚀，无渗液、老化，状态显示正常； 3）机箱无锈蚀和缺损	
接地装置检查		接地装置完整、正常	
仪器仪表检查		显示正常	
构架、基础检查		正常，无裂缝	

巡检项目	周期	要求	说明
超声波局放测试和暂态地电压测试	特别重要设备 6 个月；重要设备 1 年；一般设备 2 年	无异常放电	采用超声波、地电波局部放电检测等先进的技术进行
接地电阻测试	1）首次：投运后 3 年； 2）其他：6 年； 3）大修后	不大于 4Ω，且不大于初值的 1.3 倍	
红外测温	1）每年 2 次； 2）必要时	温升、温差无异常，具体按 DL/T 664 相关条款执行	

14.2 例行试验项目

开关柜例行试验项目见表 24。

表 24   **开关柜例行试验项目**

例行试验项目	周期	要求	说明
绝缘电阻测量	特别重要设备 6 年；重要设备 10 年；一般设备必要时	1）20℃时开关本体绝缘电阻不低于 300MΩ； 2）20℃时金属氧化物避雷器、PT、CT 一次绝缘电阻不低于 1000MΩ，二次绝缘电阻不低于 10MΩ； 3）在交流耐压前、后分别进行绝缘电阻测量	一次采用 2500V 绝缘电阻表，二次采用 1000V 绝缘电阻表
主回路电阻测量		≤出厂值 1.5 倍（注意值）	测量电流≥100A
交流耐压试验		1）断路器试验电压值按 DL/T 593 规定； 2）CT、PT（全绝缘）一次绕组试验电压值按出厂值的 85%，出厂值不明的按 30kV 进行试验； 3）当断路器、CT、PT 一起耐压试验时按最低试验电压	试验电压施加方式：合闸时各相对地及相间；分闸时各断口
动作特性及操动机构检查和测试	特别重要设备 6 年；重要设备 10 年；一般设备必要时	1）合闸在额定电压的 85%～110% 范围内应可靠动作，分闸在额定电压的 65%～110% 范围内应可靠动作，当低于额定电压的 30% 时，脱扣器不应脱扣； 2）储能电动机工作电流及储能时间检测，检测结果应符合设备技术文件要求。电动机应能在 85%～110% 的额定电压下可靠工作； 3）直流电阻结果应符合设备技术文件要求或初值差不超过±5%； 4）开关分合闸时间、速度、同期、弹跳符合设备技术文件要求	采用一次加压法。A、B 类检修后开展
控制、测量等二次回路绝缘电阻		绝缘电阻一般不低于 2MΩ	采用 1000V 绝缘电阻表
连跳、五防装置检查		符合设备技术文件和五防要求	

【依据 2】《配电网技改大修项目交接验收技术规范》（Q/GDW 744—2012）

13.3.2 交接试验项目和要求

开关柜本体试验项目和要求见表 18，开关柜内电流互感器试验项目和要求见表 19，开关柜内电压互感器试验项目和要求见表 20。

表 18   **开关柜本体试验项目和要求**

序号	交接试验项目	要求	说明
1	整体绝缘电阻	符合技术协议要求	采用 2500V 绝缘电阻表
2	整体交流耐压试验	试验电压按出厂值的 80%	试验时应解开避雷器、电压互感器等影响耐压试验的设备

序号	交接试验项目	要求	说明
3	回路电阻测量	不大于技术协议规定值的1.5倍	测量电流不小于100A
4	动作特性及操动机构检查和测试	1）合闸在额定电压的85%～110%范围内应可靠动作，分闸在额定电压的65%～110%（直流），应可靠动作，当低于额定电压的30%时，脱扣器不应脱扣； 2）储能电动机工作电流及储能时间检测，检测结果应符合设备技术文件要求。电动机应能在85%～110%的额定电压下可靠工作； 3）直流电阻结果应符合设备技术文件要求或初值差不超过±5%； 4）开关分合闸时间、同期、弹跳符合设备技术文件要求	
5	控制、测量等二次回路绝缘电阻	绝缘电阻一般不低于10MΩ	采用1000V绝缘电阻表
6	"五防"装置检查	符合设备技术文件和"五防"要求	
7	接地电阻测试	符合设计要求	
8	保护类设备试验	1）按照实际故障定值进行定值效验试验； 2）对开关站一次开关进行保护传动试验	根据实际的配置情况，对过流、零序等功能进行检查

表19　开关柜内电流互感器试验项目和要求

序号	交接试验项目	要求	说明
1	绕组的绝缘电阻	测量电流互感器一次绕组的绝缘电阻，绝缘电阻不宜低于1000MΩ	采用2500V绝缘电阻表
2	交流耐压试验	按出厂试验的80%进行	
3	极性检查	与铭牌标识一致	
4	各分接头变比	与铭牌标识一致	
5	绕组直流电阻	同型号、同规格、同批次电流互感器一、二次绕组的直流电阻和平均值的差异不宜大于10%	

表20　开关柜内电压互感器试验项目和要求

序号	交接试验项目	要求	说明
1	绕组的绝缘电阻	测量一次绕组对二次绕组及外壳绝缘电阻不宜低于1000MΩ，二次绕组绝缘电阻不低于10MΩ	一次绕组采用2500V绝缘电阻表，二次绕组采用1000V绝缘电阻表
2	交流耐压试验	按出厂试验的80%进行	
3	极性检查	与铭牌标识一致	
4	各分接头变比	与铭牌标识一致	
5	绕组直流电阻	1）一次绕组直流电阻测量值，与换算到同一温度下的出厂值比较，相差不宜大于10%； 2）二次绕组直流电阻测量值，与换算到同一温度下的出厂值比较，相差不宜大于15%	

5.2.3.1.6　避雷器及接地装置的预防性试验，避雷器交接试验

本条评价项目（见《评价》）的查评依据如下。

【依据1】《配网设备状态检修试验规程》（Q/GDW 1643—2015）

10　金属氧化物避雷器

10.1　巡检项目

金属氧化物避雷器巡检项目见表13。

表 13 金属氧化物避雷器巡检项目

巡检项目	周期	要求	说明
外观检查	市区线路 1 个月,郊区及农村 1 个季度	1) 外表面无影响安全运行的异物,无污秽、破损、裂纹和电蚀痕迹 2) 高压引线、接地线连接正常 3) 绝缘护套无磨损或腐蚀	
接地电阻测试	1) 首次:投运后 3 年。 2) 其他:6 年。 3) 大修后	不大于 10Ω 且不大于初值的 1.3 倍	
红外测温	1) 每年 2 次 2) 必要时	温升、温差无异常,具体按 DL/T 664 相关条款执行	检查金属氧化物避雷器本体及电气连接部位无异常温升(注意与同等运行条件其他金属氧化物避雷器进行比较)

10.2 例行试验项目

金属氧化物避雷器例行试验项目见表 14。

表 14 金属氧化物避雷器例行试验项目

例行试验项目	周期	要求	说明
绝缘电阻测试	特别重要设备 6 年;重要设备 10 年;一般设备必要时	20℃时绝缘电阻不低于 1000MΩ	1) 采用 2500V 绝缘电阻表; 2) 可采用轮换方式
直流参考电压 (U_{1mA}) 及在 $0.75U_{1mA}$ 下泄漏电流测量		U_{1mA} 初值差不超 5%;U_{1mA} 不低于 GB 11032 规定值(注意值);$0.75U_{1mA}$ 漏电流初值差≤30% 和 $0.75U_{1mA}$ 漏电流≤50μA(注意值)	可采用轮换方式

【依据 2】《配电网运维规程》(Q/GDW 1519—2014)第 6.8 条(同 5.2.1.1【依据 1】)、第 8.7 条

8.7 防雷和接地装置的维护

防雷和接地装置维护的主要内容:

a) 修复连接松动、接地不良、锈蚀等情况的接地引下线;

b) 修复缺失或埋深不足的接地体;

c) 定期开展接地电阻测量,柱上变压器、配电室、柱上开关设备、柱上电容器设备每 2 年进行 1 次,其他有接地的设备接地电阻测量每 4 年进行 1 次,测量工作应在干燥天气进行。

【依据 3】《10kV 及以下架空配电线路设计技术规程》(DL/T 5220—2005)

12.0.9 总容量为 100kVA 以上的变压器,其接地装置的接地电阻不应大于 4Ω,每个重复接地装置的接地电阻不应大丁 10Ω。

总容量为 100kVA 及以下的变压器,其接地装置的接地电阻不应大于 10Ω,每个重复接地装置的接地电阻不应大于 30Ω,且重复接地不应少于 3 处。

12.0.10 悬挂架空绝缘导线的悬挂线两端应接地,其接地电阻不应大于 30Ω。

【依据 4】《配电网技改大修项目交接验收技术规范》(Q/GDW 744—2012)

10 金属氧化物避雷器

10.3 交接试验项目及要求

10.3.1 交接试验的要求

交接试验应在设备投运之前进行。

10.3.2 交接试验项目和要求

金属氧化物避雷器的交接试验项目和要求见表 15。

表 15　　　　　　　　　　　　　金属氧化物避雷器的交接试验项目和要求

序号	交接试验项目	要求	说明
1	金属氧化物避雷器绝缘电阻测量	避雷器绝缘电阻不小于1000MΩ	使用2500V绝缘电阻表
2	直流1mA参考电压和0.75倍直流参考电压下的泄漏电流	1) 金属氧化物避雷器对应于直流参考电流下的直流参考电压，不应低于现行GB 11032规定值，并符合产品技术条件的规定。实测值与技术协议规定值比较，变化不应大于±5%。 2) 0.75倍直流参考电压下的泄漏电流值不应大于50μA，或符合产品技术条件的规定	
3	接地电阻测试	应符合设计要求	

5.2.3.2　架空线路通道，导线弧垂和交叉跨越测量

本条评价项目（见《评价》）的查评依据如下。

【依据1】《配电网技术改造选型和配置原则》（Q/GDW 741—2012）

5.1.2　市区、林区、人群密集区域宜采用中压架空绝缘线路，采用铝芯交联聚乙烯绝缘导线时，线路档距不宜超过50m。山区或大档距线路一般采用钢芯铝绞线。

【依据2】《城市配电网技术导则》（Q/GDW 10370—2016）

7.2　电缆线路

7.2.2　下列情况可采用电缆线路：

a) 依据市政规划，明确要求采用电缆线路且具备相应条件的地区；

b) 规划A+、A类供电区域及B、C类重要供电区域；

c) 走廊狭窄，架空线路难以通过而不能满足供电需求的地区；

d) 易受热带风暴侵袭的沿海地区；

e) 供电可靠性要求较高并具备条件的经济开发区；

f) 经过重点风景旅游区的区段；

g) 电网结构或运行安全的特殊需要。

【依据3】《配电网运维规程》（Q/GDW 1519—2014）第6.2.1条和附录C（同5.2.1.1【依据1】）

【依据4】《电力设施保护条例》（国务院令第293号1998）第10条（一）

第十条　电力线路保护区：

（一）架空电力线路保护区：导线边线向外侧延伸所形成的两平行线内的区域，在一般地区各级电压导线的边线延伸距离如下：

1kV～10kV	5m
35kV～110kV	10m
154kV～330kV	15m
500kV	20m

在厂矿、城镇等人口密集地区，架空电力线路保护区的区域可略小于上述规定，但各级电压导线边线延伸的距离，不应小于导线边线在最大计算弧垂及最大计算风偏后的水平距离和风偏后距建筑物的安全距离之和。

【依据5】《10kV及以下架空配电线路设计技术规程》（DL/T 5220—2005）第13条（同5.2.2.2.2【依据2】）

5.2.3.3　配电自动化运行

本条评价项目（见《评价》）的查评依据如下。

【依据】《配电网运维规程》（Q/GDW 1519—2014）第6.10条（同5.2.1.1【依据1】）、第8.9条

8.9　配电自动化设备的维护

8.9.1　配电自动化终端维护的主要内容：

a) 补全缺失的内部线缆连接图等；

b) 清除外壳壳体污秽，修复锈蚀、油漆剥落的壳体；

c) 紧固松动的插头、压板、端子排等。

8.9.2 直流电源设备维护的主要内容：

a) 清除直流电源设备箱体污秽，修复锈蚀、油漆剥落的壳体；

b) 紧固松动的蓄电池连接部位；

c) 定期测量蓄电池端电压，每季度1次；

d) 定期开展蓄电池核对性充放电试验，每年1次。

5.2.3.4 电压质量管理

本条评价项目（见《评价》）的查评依据如下。

【依据1】《电能质量供电电压允许偏差》（GB/T 12325—2008）

4 供电电压偏差的限值

4.1 35kV及以上供电电压正、负偏差绝对值之和不超过标称电压的10%。

注：如供电电压上下偏差同号（均为正或负）时，按较大的偏差绝对值作为衡量依据。

4.2 20kV及以下三相供电电压偏差为标称电压的±7%。

4.3 220V单相供电电压偏差为标称电压的+7%、−10%。

4.4 对供电点短路容量较小、供电距离较长以及对供电电压偏差有特殊要求的用户，由供用电双方协议确定。

附录A（资料性附录） 电压合格率统计

被监测的供电点称为监测点，通过供电电压偏差的统计计算获得电压合格率。供电电压偏差监测统计的时间单位为min，通常每次以月（或周、季、年）的时间为电压监测的总时间，供电电压偏差超限的时间累计之和为电压超限时间，监测点电压合格率计算公式如下：

$$电压合格率(\%) = \left(1 - \frac{电压超限时间}{总运行统计时间}\right) \times 100\% \tag{A.1}$$

附录B（资料性附录） 电网电压监测及地区电网电压合格率的统计

B.1 电网电压监测

电网电压监测分别为A、B、C、D四类监测点：

(1) A类为带地区供电负荷的变电站和发电厂的20kV、10(6)kV母线电压。

(2) B类为20kV、35kV、66kV专线供电的和110kV及以上供电电压。

(3) C类为20kV、35kV、66kV非专线供电的和10(6)kV供电电压。每10MW负荷至少应设一个电压监测点。

(4) D类为380/220V低压网络供电电压。每百台配电变压器至少设2个电压监测点。监测点应设在有代表性的低压配电网首末两端和部分重要用户处。

各类监测点每年应随供电网络变化进行调整。

B.2 地区电网电压年（季、月）度合格率的统计

(1) 各类监测点电压合格率为其对应监测点个数的平均值。

$$月度电压合格率(\%) = \sum_{1}^{n} \frac{电压合格率}{n} \tag{B.1}$$

式中 n——各类监测点电压监测点数。

$$年(季)度电压合格率(\%) = \sum_{1}^{m} \frac{月度电压合格率}{m} \tag{B.2}$$

式中 m——年（季）度电压合格率统计月数。

(2) 电网年（季）度综合电压合格率γ

$$\gamma(\%) = 0.5\gamma_B + 0.5\left(\frac{\gamma_B + \gamma_C + \gamma_D}{3}\right) \tag{B.3}$$

式中　γ_A、γ_B、γ_C、γ_D——A、B、C、D类的年（季、月）度电压合格率。

【依据2】《配电网运维规程》（Q/GDW 1519—2014）第13.3条（同5.2.1.4条【依据】）

5.2.3.5　10kV～20kV 线路负荷管理

本条评价项目（见《评价》）的查评依据如下。

【依据1】《配电网技术导则》（Q/GDW 10370—2016）第7.2.2条、第7.3.3条

7.1.4　架空线路采用多分段、适度联络接线方式时，运行电流宜控制在安全电流的70%以下；采用多分段、单联络接线方式时，运行电流宜控制在安全电流的50%以下；当超过时应采取分流（分路、倒路）措施，线路每段负荷宜均匀，均预留转供负荷的裕度。

7.2.4　双环、双射、单环电缆线路的最大负荷电流不应大于其额定载流量的50%，转供时不应过载。

【依据2】《配电网典型供电模式》（发展规二〔2014〕21号）

2.2　电网结构及运行方式分析

……

2）10kV 电网结构及运行方式

a）电网结构

① 变电站出线双环网接线

由2座110kV变电站不在同一条110kV母线的不同主变压器的10kV侧分别馈出2回10kV电缆线路，由多个环网单元组成电缆双环网，每条线路分段数宜为3～5段，每段线路挂接配变容量约为1500～2500kVA，最小不宜低于1000kVA，最大不宜超过4000kVA。每条线路挂接配变容量不宜超过10000kVA。

5.2.4　反措落实

5.2.4.1　电力电缆线路反措落实

5.2.4.1.1　电缆线路命名标识

本条评价项目（见《评价》）的查评依据如下。

【依据1】《电气装置安装工程电缆线路施工及验收规范》（GB 50168—2018）

6.1.17　电缆敷设时应排列整齐，不宜交叉，并应及时装设标识牌。

6.1.18　标识牌装设应符合下列规定：

1　生产厂房及变电站内应在电缆终端头、电缆接头处装设电缆标识牌；

2　电网电缆线路应在下列部位装设电缆标识牌：

1）电缆终端及电缆接头处；

2）电缆管两端人孔及工作井处；

3）电缆隧道内转弯处、T形口、十字口、电缆分支处、直线段每隔50m～100m处；

3　标识牌上应注明线路编号，且宜写明电缆型号、规格、起讫地点；并联使用的电缆应有顺序号，单芯电缆应有相序或极性标识；标识牌的字迹应清晰不易脱落；

4　标识牌规格宜统一，标识牌应防腐，挂装应牢固。

7.2.15　电缆终端上应有明显的相位（极性）标识，且应与系统的相位（极性）一致。

【依据2】《国家电网公司安全设施标准　第2部分：电力线路》（Q/GDW 434.2—2010）

6.3　电缆线路标志

6.3.1　电缆线路均应配置标志牌，标明线路的名称、电压等级、型号、长度、起止变电站名称。

6.3.2　电缆标志牌的基本形式是矩形，白底，红色黑体字。

6.3.3　电缆两端及隧道内应悬挂标志牌。隧道内标志牌间距约为100m，电缆转角处也应悬挂。与架空线路相连的电缆，其标志牌固定于连接处附近的本电缆上。

6.3.4　电缆接头盒应悬挂标明电缆编号、始点、终点及接头盒编号的标志牌。

6.3.5　电缆为单相时，应注明相位标志。

6.3.6　电缆应设置路径、宽度标志牌（桩）。城区直埋电缆可采用地砖等形式，以满足城市道路

交通安全要求。

【依据3】《电力电缆及通道运维规程》（Q/GDW 1512—2014）

第5.6.5条 工作井技术要求：

f）工作井井室中应设置安全警示标识标牌。露面盖板应有电力标志、联系电话等，不露面盖板应根据周边环境条件按需设置标志标识。

第5.6.7条 非开挖定向钻拖拉管技术要求：

h）非开挖定向钻拖拉管两侧工作井处应设置安装标志标识。工作井应根据周边环境设置标志标识，轨迹走向宜设置路面标识。

5.2.4.1.2 电缆线路防火阻燃措施

本条评价项目（见《评价》）的查评依据如下。

【依据1】《城市电力电缆线路设计技术规定》（DL/T 5221—2016）

9 电缆防火设计

9.1 一般规定

9.1.1 所有城市电力电缆线路工程均应有电缆防火设计内容。

9.1.2 城市电力电缆线路的电缆防火设计除应符合相关设计规程规范外，还应符合全国性和地方性的消防法规。

9.2 阻燃电缆选用

9.2.1 敷设在电缆防火重要部位的电力电缆应选用阻燃电缆。

9.2.2 敷设在变、配电站及发电厂电缆通道或电缆夹层内，自终端起到站外第一只接头的一段电缆，宜选用阻燃电缆。

9.3 变电站电缆通道和电缆夹层的防火设计

9.3.1 变电站内电缆总体布置应符合下列规定：

1 变电站两路及以上的进线电缆，宜分别布置在独立或有防火分隔的通道内；

2 变电站出线电缆宜分流，在规划时宜根据出线方向设置多个电缆通道；当电缆出线通道受限时，宜在站内将不同出线的路径分开布置，并在变电站与电缆通道接口处做好防火分隔。

3 在电缆夹层中的电缆应理顺并逐根固定在电缆支架上，所有电缆走向按出线仓位顺序排列。

9.3.2 防火封堵

1 为了有效防止电缆因短路或外界火源造成电缆引燃或沿电缆延燃，应对电缆及其构筑物采取防火封堵分隔措施；

2 电缆穿越楼板、墙壁或盘柜孔洞以及管道两端时，应用防火堵料封堵。防火封堵材料应密实无气孔，封堵材料厚度不应小于100mm；

9.3.3 不应在变电站电缆夹层、桥架和竖井等缆线密集区域布置电力电缆接头。

9.3.4 220kV及以上变电站，当电缆与控制电缆或通信电缆敷设在同一电缆沟或电缆隧道内时，宜采用防火槽盒或防火隔板进行分隔。

9.3.5 地下变电站电缆夹层宜采用C类或C类以上的阻燃材料。

9.4 电缆隧道、电缆沟和竖井的防火设计

9.4.1 对电缆可能着火导致严重事故的回路、易受外部影响波及火灾的电缆密集场所，应有适当的阻火分隔，并按工程的重要性、火灾概率及其特点和经济合理等因素，确定采取下列安全措施。

9.4.2 阻火分隔封堵

1 电缆隧道、电缆沟和竖井内除应符合9.3.2的规定外，在电缆竖井穿越楼板处、竖井和隧道或电缆沟（桥架）接口处，应采用防火包等材料封堵；

2 阻火分隔包括设置防火门、防火墙、耐火隔板与封闭式耐火槽盒。防火门、防火墙用于电缆隧道、电缆沟、电缆桥架以及上述通道分支处及出入口。耐火隔板用于电缆竖井和电缆层中电缆分隔。防火墙和耐火隔板的间隔距离应符合表9.4.2的规定。

表 9.4.2 阻火分隔的间距 m

类别	地点		间隔
防火墙	电缆隧道	电厂、变电所内	100
		电厂、变电所内	200
	电缆沟、电缆桥架	电厂、变电所内	100
		厂区内	100
		厂区外	200
防火隔板	上、下层间距		7

封闭式耐火槽盒的接缝处和两端，应用阻火包带或防火堵料密封。

【依据2】《电力工程电缆设计标准》（GB/T 50217—2018）

7.0.4 非阻燃电缆用于明敷时，应符合下列规定：

1 在易受外因波及而着火的场所，宜对该范围内的电缆实施防火分隔；对重要电缆回路，可在适当部位设置阻火段实施阻止延燃；防火分隔或阻火段可采取在电缆上施加防火涂料、阻火包带；当电缆数量较多时，也可采用耐火电缆槽盒或阻火包等；

2 在接头两侧电缆各约3m区段和该范围内邻近并行敷设的其他电缆上，宜采用防火涂料或阻火包带实施阻止延燃。

【依据3】《配电网技改大修技术规范》（Q/GDW 743—2012）

5.3.12 变电站电缆夹层、电缆竖井、电缆隧道、电缆沟等空气中敷设的电缆，应选用阻燃电缆。在上述场所中已经运行的非阻燃电缆，应包绕防火包带或涂防火涂料等措施。

【依据4】《电力电缆及通道运维规程》（Q/GDW 1512—2014）

5.5.4 防火设施技术要求：

a) 在电缆穿过竖井、变电站夹层、墙壁、楼板或进入电气盘、柜的孔洞处，应做防火封堵；

b) 在隧道、电缆沟、变电站夹层和进出线等电缆密集区域应采用阻燃电缆或采取防火措施；

c) 在重要电缆沟和隧道中有非阻燃电缆时，宜分段或用软质耐火材料设置阻火隔离，孔洞应封堵；

d) 未采用阻燃电缆时，电缆接头两侧及相邻电缆2m～3m长的区段应采取涂刷防火涂料、缠绕防火包带等措施；

e) 在封堵电缆孔洞时，封堵应严实可靠，不应有明显的裂缝和可见的缝隙，孔洞较大者应加耐火衬板后再进行封堵。

8.3 防火与阻燃

8.3.1 电缆的防火阻燃应采取下列措施：

a) 按设计采用耐火或阻燃型电缆；

b) 按设计设置报警和灭火装置；

c) 防火重点部位的出入口，应按设计要求设置防火门或防火卷帘；

d) 改、扩建工程施工中，对于贯穿已运行的电缆孔洞、阻火墙，应及时恢复封堵。

8.3.2 明敷充油电缆的供油系统应装设自动报警和闭锁装置，多回路充油电缆的终端设置处应装设专用消防设施，有定期检验记录。

8.3.3 电缆接头应加装防火槽盒或采取其他防火隔离措施。变电站夹层内不应布置电缆接头。

8.3.4 运维部门应保持电缆通道、夹层整洁、畅通，消除各类火灾隐患，通道沿线及其内部不得积存易燃、易爆物。

8.3.5 电缆通道临近易燃或腐蚀性介质的存储容器、输送管道时，应加强监视，及时发现渗漏情况，防止电缆损害或导致火灾。

8.3.6 电缆通道接近加油站类构筑物时，通道（含工作井）与加油站地下直埋式油罐的安全距离应满足 GB 50156 的要求，且加油站建筑红线内不应设工作井。

8.3.7 在电缆通道、夹层内使用的临时电源应满足绝缘、防火、防潮要求。工作人员撤离时应立即断开电源。

8.3.8　在电缆通道、夹层内动火作业应办理动火工作票，并采取可靠的防火措施。

8.3.9　变电站夹层宜安装温度、烟气监视报警器，重要的电缆隧道应安装温度在线监测装置，并应定期传动、检测，确保动作可靠、信号准确。

8.3.10　严格按照运行规程规定对电缆夹层、通道进行巡检，并检测电缆和接头运行温度。

5.2.4.2　架空线路反措落实

5.2.4.2.1　架空线路标识

本条评价项目（见《评价》）的查评依据如下。

【依据】《国家电网公司安全设施标准　第2部分：电力线路》（Q/GDW 434.2—2010）

4.3.4　电力线路一般应采用单色色标，线路密集地区可采用不同颜色的色标加以区分。

5.1.14　电力线路杆塔，应根据电压等级、线路途经区域等具体情况，在醒目位置按配置规范设置相应的安全标志牌，如"禁止攀登高压危险"等。

6.2　架空线路标志

6.2.1　线路每基杆塔均应配置标志牌或涂刷标志，标明线路的名称、电压等级和杆塔号。

新建线路杆塔号应与杆塔数量一致。若线路改建，改建线路段的杆塔号可采用"$n+1$"或"$n-1$"（n为改建前的杆塔编号）形式。

6.2.2　耐张型杆塔、分支杆塔和换位杆塔前后各一基杆塔上，应有明显的相位标志。

相位标志牌基本形式为圆形，标准颜色为黄色、绿色、红色。

6.2.3　在杆塔适当位置宜喷涂线路名称和杆塔号，以在标志牌丢失情况下仍能正确辨识杆塔。

6.2.4　杆塔标志牌的基本形式一般为矩形，白底，红色黑体字，安装在杆塔的小号侧。特殊地形的杆塔，标志牌可悬挂在其他的醒目方位上。

6.2.5　同杆塔架设的双（多）回线路应在横担上设置鲜明的异色标志加以区分。各回路标志牌底色应与本回路色标一致，白色黑体字（黄底时为黑色黑体字）。色标颜色按照红黄绿蓝白紫排列使用。

6.2.6　同杆架设的双（多）回路标志牌应在每回路对应的小号侧安装，特殊情况可在回路对应的杆塔两侧面安装。

6.2.7　110kV及以上电压等级线路悬挂高度距地面5m～12m、涂刷高度距地面3m；110kV及以下电压等级线路悬挂高度距地面3m～5m、涂刷高度距地面3m。

5.2.4.2.2　弱电线路与配电线路同杆架设

本条评价项目（见《评价》）的查评依据如下。

【依据】《10kV及以下架空配电线路设计技术规程》（DL/T 5220—2005）

13.0.8　配电线路与弱电线路交叉，应符合下列要求：

1　交叉角应符合表13.0.8的要求。

表13.0.8　　　　　　　　　　　配电线路与弱电线路的交叉角

弱电线路等级	一级	二级	三级
交叉角	≥45°	≥30°	不限制

2　配电线路一般架在弱电线路上方。配电线路的电杆，应尽量接近交叉点，但不宜小于7m（城区的线路，不受7m的限制）。

14.0.8　1kV以下接户线与弱电线路的交叉距离，不应小于下列数值：

在弱电线路的上方为0.6m；

在弱电线路的下方为0.3m。

如不能满足上述要求，应采取隔离措施。

5.2.4.3　配电变压器设备标识

本条评价项目（见《评价》）的查评依据如下。

【依据1】《国家电网公司安全设施标准　第2部分：电力线路》（Q/GDW 434.2—2010）

5.3.3　常用警告标志及设置规范，见表3。

表3　　　　　　　　　　　　　　　　　　　常用警告标志及设置规范

序号	图形标志示例	名称	设置范围和地点	备注
3-1	—	—	—	—
		省略		
3-6	 当心触电	当心触电	有可能发生触电危险 的电气设备和线路	
3-7	—	—	—	—
		—		

【依据2】《配电变压器运行规程》（DL/T 1102—2009）

3.1　安装在室内或台上、柱上的变压器均应悬挂设备名称、编号牌、"禁止攀登，高压危险"等警示标志牌。

5.2.4.4　柱上设备标识

本条评价项目（见《评价》）的查评依据如下。

【依据1】《配电网运维规程》（Q/GDW 1519—2014）第5.5.3条 h）（同5.2.1.6【依据】）

【依据2】《电气装置安装工程66kV及以下架空电力线路施工及验收规范》（GB 50173—2014）

2.0.10　相色

为区分线路相位，采用颜色进行标识，并规定A相为黄色、B相为绿色、C相为红色。

10.1.11　电气设备应采用颜色标志相位。相色应符合本规范第2.0.10条的规定。

5.2.4.5　开关站、环网单元、配电室和箱式变电站反措落实

5.2.4.5.1　外部标识和运行环境

本条评价项目（见《评价》）的查评依据如下。

【依据1】《配电网运维规程》（Q/GDW 1519—2014）第5.5.5条（同5.2.1.6【依据】）、第6.6条 h）（同5.2.1.1条【依据1】）

【依据2】《国家电网公司安全设施标准　第1部分：变电》（Q/GDW 434.1—2010）

5.1.13　变电站入口，应根据站内通道、设备、电压等级等具体情况，在醒目位置按配置规范设置相应的安全标志牌，如"当心触电""未经许可　不得入内""禁止吸烟""必须戴安全帽"等，并应设立限速的标识（装置）。

5.1.14　设备区入口，应根据通道、设备、电压等级等具体情况，在醒目位置按配置规范设置相应的安全标志牌，如"当心触电""未经许可　不得入内""禁止吸烟""必须戴安全帽"及安全距离等，并应设立限速、限高的标识（装置）。

5.1.15　各设备间入口，应根据内部设备、电压等级等具体情况，在醒目位置按配置规范设置相应的安全标志牌，如主控制室、继电器室、通信室、自动装置室应配置"未经许可　不得入内""禁止烟火"；继电器室、自动装置室应配置"禁止使用无线通信"，高压配电装置室应配置"未经许可　不得入内""禁止烟火"，GIS组合电器室、SF₆设备室、电缆夹层应配置"禁止烟火""注意通风""必须戴安全帽"等。

【依据3】《配电网技改大修技术规范》（Q/GDW 743—2012）

5.8.6　箱式变电站应悬挂规范的运行和安全警示标识，人员密集场所处宜增设防护围栏，并设有防止车辆碰撞的警示标志和警示语。

【依据 4】《配电网技术改造选型和配置原则》（Q/GDW 741—2012）

15.1 中压开关站、配电室及环网单元站址不应设在地势低洼和可能积水的场所，站址及通道的设置应便于进出线、运行维护、故障处理及更换设备。

【依据 5】《20kV 及以下变电所设计规范》（GB 50053—2013）

2.0.1 变电所的所址应根据下列要求，经技术经济等因素综合分析和比较后确定：

1 宜接近负荷中心；

2 宜接近电源侧；

3 应方便进出线；

4 应方便设备运输；

5 不应设在有剧烈振动或高温的场所；

6 不宜设在多尘或有腐蚀性物质的场所，当无法远离时，不应设在污染源盛行风向的下风侧，或应采取有效的防护措施；

7 不应设在厕所、浴室、厨房或其他经常积水场所的正下方处，也不宜设在与上述场所相贴邻的地方，当贴邻时，相邻的隔墙应做无渗漏、无结露的防水处理；

8 当与有爆炸或火灾危险的建筑物毗连时，变电所的所址应符合现行国家标准《爆炸和火灾危险环境电力装置设计规范》（GB 50058）的有关规定；

9 不应设在地势低洼和可能积水的场所；

10 不宜设在对防电磁干扰有较高要求的设备机房的正上方、正下方或与其贴邻的场所，当需要设在上述场所时，应采取防电磁干扰的措施。

5.2.4.5.2 内部标识

本条评价项目（见《评价》）的查评依据如下。

【依据 1】《配电网运维规程》（Q/GDW 1519—2014）（同 5.2.1.6 条【依据】）

【依据 2】《国家电网公司电力安全工作规程（配电部分）》（国家电网安监〔2014〕265 号）第5.2.3.2 条

5.2.3.2 操作设备应具有明显的标志，包括命名、编号、分合指示，旋转方向、切换位置的指示及设备相色等。

5.2.4.5.3 防误措施

本条评价项目（见《评价》）的查评依据如下。

【依据 1】《配电网技改大修技术规范》（Q/GDW 743—2012）

【依据 2】《12kV 固体绝缘环网柜技术条件》（Q/GDW 730—2012）

7.1.9 连锁装置

按 DL/T 593—2006 中 5.11 的规定，并作如下补充：

a）所有型式的功能单元均应满足此规定。

b）进、出线柜应装有能反映进出线侧有无电压，并具有联锁信号输出功能的带电显示装置。当进、出线侧带电时，应有闭锁操作接地开关及电缆室门的装置。进线柜的带电显示装置应具有二次侧核相功能。

c）电缆室门与接地开关应同时具备电气联锁和机械闭锁，电气闭锁应单独设置电源回路，且与其他回路独立。

d）负荷开关—熔断器组合电器的固体绝缘环网柜中，熔断器撞击器与负荷开关脱扣器之间的联动装置应在任一相撞击器动作时，负荷开关应可靠动作，三相同时动作时不应损坏脱扣器。

e）负荷开关—熔断器组合电器回路，如用于变压器保护时可加装分励脱扣装置（如过温跳闸）。

f）采用断路器时，应具有电气防跳装置。

g）柜中如配置故障指示器，故障指示器应能指示故障性质和位置，且具有远方传输接点和远方复位控制接点，在未接到复位指令前故障指示器应保持故障指示状态。

【依据3】《国家电网公司电力安全工作规程（配电部分）（试行）》（国家电网安质〔2014〕265号）

5.2.3　倒闸操作的基本条件。

5.2.3.1　有与现场高压配电线路、设备和实际相符的系统模拟图或接线图（包括各种电子接线图）。

5.2.3.4　下列三种情况应加挂机械锁：

（1）配电站、开闭所未装防误操作闭锁装置或闭锁装置失灵的刀闸手柄和网门。

5.2.4.6　配电设施防盗技术措施

本条评价项目（见《评价》）的查评依据如下。

【依据1】《城市配电网技术导则》（Q/GDW 10370—2016）

5.13.9　电力设施应采取技术防盗措施，诸如线路导线及设施防盗技术，电缆井盖状态监测及防盗技术，配电变压器防盗技术。

【依据2】《配电网技改及大修技术规范》（Q/GDW 743—2012）（同5.2.2.3.6**【依据4】**）

5.3.8　电缆工井井盖应采用双层结构，材质应满足荷载及环境要求，以及防水、防盗、防滑、防位移、防坠落等要求。在同一个地区内，井盖尺寸、外观标志等应保持一致。

5.9.4　偏僻地点的户外接地引下线，在地面上2.5m范围内宜采取防盗措施。

9.5　配电站房采用自然通风，合理设置事故排风装置。门窗应密合并采取必要的防盗措施，与室外相通的孔洞应封堵，防止雨、雪、小动物、尘埃等进入室内。

6 供用电安全

6.1 机制建设

6.1.1 客户安全用电服务规定执行

本条评价项目（见《评价》）的查评依据如下。

【依据1】《供电监管办法》（2009年国家电力监管委员会第27号令）

第二章　监管内容

第六条　电力监管机构对供电企业的供电能力实施监管。

供电企业应当加强供电设施建设，具有能够满足其供电区域内用电需求的供电能力，保障供电设施的正常运行。

第七条　电力监管机构对供电企业的供电质量实施监管。

在电力系统正常的情况下，供电企业的供电质量应当符合下列规定：

（一）向用户提供的电能质量符合国家标准或者电力行业标准；

（二）城市地区年供电可靠率不低于99%，城市居民用户受电端电压合格率不低于95%，10kV以上供电用户受电端电压合格率不低于98%；

（三）农村地区年供电可靠率和农村居民用户受电端电压合格率符合派出机构的规定。派出机构有关农村地区年供电可靠率和农村居民用户受电端电压合格率的规定，应当报电监会备案。

供电企业应当审核用电设施产生谐波、冲击负荷的情况，按照国家有关规定拒绝不符合规定的用电设施接入电网。用电设施产生谐波、冲击负荷影响供电质量或者干扰电力系统安全运行的，供电企业应当及时告知用户采取有效措施予以消除；用户不采取措施或者采取措施不力，产生的谐波、冲击负荷仍超过国家标准的，供电企业可以按照国家有关规定拒绝其接入电网或者中止供电。

第十一条　电力监管机构对供电企业办理用电业务的情况实施监管。

供电企业办理用电业务的期限应当符合下列规定：

（一）向用户提供供电方案的期限，自受理用户用电申请之日起，居民用户不超过3个工作日，其他低压供电用户不超过8个工作日，高压单电源供电用户不超过20个工作日，高压双电源供电用户不超过45个工作日；

（二）对用户受电工程设计文件和有关资料审核的期限，自受理之日起，低压供电用户不超过8个工作日，高压供电用户不超过20个工作日；

（三）对用户受电工程启动中间检查的期限，自接到用户申请之日起，低压供电用户不超过3个工作日，高压供电用户不超过5个工作日；

（四）对用户受电工程启动竣工检验的期限，自接到用户受电装置竣工报告和检验申请之日起，低压供电用户不超过5个工作日，高压供电用户不超过7个工作日；

（五）给用户装表接电的期限，自受电装置检验合格并办结相关手续之日起，居民用户不超过3个工作日，其他低压供电用户不超过5个工作日，高压供电用户不超过7个工作日。

前款第（二）项规定的受电工程设计，用户应当按照供电企业确定的供电方案进行。

第十三条　电力监管机构对供电企业实施停电、限电或者中止供电的情况进行监管。

在电力系统正常的情况下，供电企业应当连续向用户供电。需要停电或者限电的，应当符合下列规定：

（一）因供电设施计划检修需要停电的，供电企业应当提前 7 日公告停电区域、停电线路、停电时间；

（二）因供电设施临时检修需要停电的，供电企业应当提前 24 小时公告停电区域、停电线路、停电时间；

（三）因电网发生故障或者电力供需紧张等原因需要停电、限电的，供电企业应当按照所在地人民政府批准的有序用电方案或者事故应急处置方案执行。

引起停电或者限电的原因消除后，供电企业应当尽快恢复正常供电。

供电企业对用户中止供电应当按照国家有关规定执行。

供电企业对重要电力用户实施停电、限电、中止供电或者恢复供电，应当按照国家有关规定执行。

第十四条　电力监管机构对供电企业处理供电故障的情况实施监管。

供电企业应当建立完善的报修服务制度，公开报修电话，保持电话畅通，24 小时受理供电故障报修。

供电企业应当迅速组织人员处理供电故障，尽快恢复正常供电。供电企业工作人员到达现场抢修的时限，自接到报修之时起，城区范围不超过 60min，农村地区不超过 120min，边远、交通不便地区不超过 240min。因天气、交通等特殊原因无法在规定时限内到达现场的，应当向用户做出解释。

第十五条　电力监管机构对供电企业履行紧急供电义务的情况实施监管。

因抢险救灾、突发事件需要紧急供电时，供电企业应当及时提供电力供应。

第十六条　电力监管机构对供电企业处理用电投诉的情况实施监管。

供电企业应当建立用电投诉处理制度，公开投诉电话。对用户的投诉，供电企业应当自接到投诉之日起 10 个工作日内提出处理意见并答复用户。

供电企业应当在供电营业场所设置公布电力服务热线电话和电力监管投诉举报电话的标识，标识应当固定在供电营业场所的显著位置。

【依据2】《关于发布国家电网公司员工服务行为"十个不准""三公"调度"十项措施"和供电服务"十项承诺"的通知》（国家电网办〔2011〕1493 号）

1. 城市地区：供电可靠率不低于 99.90％，居民客户端电压合格率不低于 96％；农村地区：供电可靠率和居民客户端电压合格率经国家电网公司核定后，由各省（自治区、直辖市）电力公司公布承诺指标。

2. 供电营业场所公开电价、收费标准和服务程序。

3. 供电方案答复期限：居民用户不超过 3 个工作日，低压电力用户不超过 7 个工作日，高压单电源用户不超过 15 个工作日，高压双电源用户不超过 30 个工作日。

4. 城乡居民客户向供电企业申请用电，受电装置检验合格并办理相关手续后，3 个工作日内送电。

5. 非居民客户向供电企业申请用电，受电工程验收合格并办理相关手续后，5 个工作日内送电。

6. 当电力供应不足，不能保证连续供电时，严格执行政府批准的限电序位。

7. 供电设施计划检修停电，提前 7 天向社会公告。

8. 提供 24h 电力故障报修服务，供电抢修人员到达现场的时间一般不超过：城区范围 45min；农村地区 90min；特殊边远地区 2h。

9. 客户欠电费需依法采取停电措施的，提前 7 天送达停电通知书。

10. 电力服务热线"95598"24 小时受理业务咨询、信息查询、服务投诉和电力故障报修。

【依据3】《国家电网公司客户安全用电服务若干规定》（国家电网营销〔2007〕49 号）

第二章　职责与要求

第四条　建立客户安全用电服务工作机制。各级营销部门负责客户安全用电服务的归口管理，组织协调安全、生产、调度等部门完成用电安全管理过程的业务指导及技术服务工作。

第五条　各省（自治区、直辖市）公司营销部门负责制定客户安全用电服务的管理制度和工作目标，对地市供电公司实行指导监督与管理考核。

第六条　地市供电公司营销部门负责客户安全用电服务工作的业务管理及组织实施，协调安全、生产、调度等部门完成相应专业技术工作。

第七条　客户服务中心负责履行用电检查职责，并协调组织专业部门开展客户受电装置试验、消缺，以及继电保护装置和安全自动装置的定值计算、整定、传递、校验等技术服务工作。

第八条　客户安全用电服务由客户服务中心"一口对外"，内部按职责分工，统筹协调。各专业部门要积极配合，相互协调，确保责任到位，流程通畅。建立为客户安全用电提供技术服务的专业队伍，切实提高服务质量。

第九条　积极向客户宣传国家及电力行业有关安全用电方面的法规、政策、技术标准及规章制度。积极使用先进的技术手段和设备，为提高客户受电装置安全运行及健康水平提供技术支持。

6.1.2　停电控制及公告

本条评价项目（见《评价》）的查评依据如下。

【依据1】《供电监管办法》（国家电力监管委员会第27号令）

第二章　监管内容

第十三条　电力监管机构对供电企业实施停电、限电或者中止供电的情况进行监管。

在电力系统正常的情况下，供电企业应当连续向用户供电。需要停电或者限电的，应当符合下列规定：

（一）因供电设施计划检修需要停电的，供电企业应当提前7日公告停电区域、停电线路、停电时间；

（二）因供电设施临时检修需要停电的，供电企业应当提前24小时公告停电区域、停电线路、停电时间；

（三）因电网发生故障或者电力供需紧张等原因需要停电、限电的，供电企业应当按照所在地人民政府批准的有序用电方案或者事故应急处置方案执行。

引起停电或者限电的原因消除后，供电企业应当尽快恢复正常供电。

供电企业对用户中止供电应当按照国家有关规定执行。

供电企业对重要电力用户实施停电、限电、中止供电或者恢复供电，应当按照国家有关规定执行。

【依据2】《关于发布国家电网公司员工服务行为"十个不准""三公"调度"十项措施"和供电服务"十项承诺"的通知》（国家电网办〔2011〕1493号）

7. 供电设施计划检修停电，提前7天向社会公告。

6.1.3　限电序位表

本条评价项目（见《评价》）的查评依据如下。

【依据1】《供电监管办法》（国家电力监管委员会第27号令）

第二章　监管内容

第十三条　电力监管机构对供电企业实施停电、限电或者中止供电的情况进行监管。

在电力系统正常的情况下，供电企业应当连续向用户供电。需要停电或者限电的，应当符合下列规定：

（一）因供电设施计划检修需要停电的，供电企业应当提前7日公告停电区域、停电线路、停电时间；

（二）因供电设施临时检修需要停电的，供电企业应当提前24小时公告停电区域、停电线路、停电时间；

（三）因电网发生故障或者电力供需紧张等原因需要停电、限电的，供电企业应当按照所在地人民政府批准的有序用电方案或者事故应急处置方案执行。

引起停电或者限电的原因消除后，供电企业应当尽快恢复正常供电。

供电企业对用户中止供电应当按照国家有关规定执行。

供电企业对重要电力用户实施停电、限电、中止供电或者恢复供电，应当按照国家有关规定执行。

【依据2】《关于发布国家电网公司员工服务行为"十个不准""三公"调度"十项措施"和供电服务"十项承诺"的通知》（国家电网办〔2011〕1493号）

6. 当电力供应不足，不能保证连续供电时，严格执行政府批准的限电序位。

6.1.4　作业人员安全资质

本条评价项目（见《评价》）的查评依据如下。

【依据1】《国家电网公司电力安全规程（变电部分）》（Q/GDW 1799.1—2013）

6.3.10.1　工作票签发人应由熟悉人员技术水平、熟悉设备情况、熟悉本规程，并具有相关工作经验的生产领导、技术人员或经本单位批准的人员担任。工作票签发人名单应公布。

6.3.10.2　工作负责人（监护人）应是具有相关工作经验、熟悉设备情况和本规程，经工区（车间，下同）批准的人员。工作负责人还应熟悉工作班成员的工作能力。

6.3.10.3　工作许可人应是经工区批准的有一定工作经验的运维人员或检修操作人员（进行该工作任务操作及做安全措施的人员）；用户变电站、配电站的工作许可人应是持有效证件的高压电气工作人员。

【依据2】《国家电网公司电力安全规程（配电部分）（试行）》（国家电网安质〔2014〕265号）

3.3.11.1　工作票签发人应由熟悉人员技术水平、熟悉配电网络接线方式、熟悉设备情况、熟悉本规程，并具有相关工作经验的生产领导、技术人员或经本单位批准的人员担任，名单应公布。

3.3.11.2　工作负责人应由有本专业工作经验、熟悉工作范围内的设备情况、熟悉本规程，并经工区（车间，下同）批准的人员担任，名单应公布。

3.3.11.3　工作许可人应由熟悉配电网络接线方式、熟悉工作范围内的设备情况、熟悉本规程，并经工区批准的人员担任，名单应公布。

6.2　专业管理

6.2.1　线路及设备运行维护（产权）分界点

本条评价项目（见《评价》）的查评依据如下。

【依据1】《供电营业规则》（1996年10月8日中华人民共和国电力工业部第8号令）

第四章　受电设施建设与维护管理

第四十六条　用户独资、合资或集资建设的输电、变电、配电等供电设施建成后，其运行维护管理按以下规定确定：

1. 属于公用性质或占用公用线路规划走廊的，由供电企业统一管理。供电企业应在交接前，与用户协商，就供电设施运行维护管理达成协议。对统一运行维护管理的公用供电设施，供电企业应保留原所有者在上述协议中确认的容量。

2. 属于用户专用性质，但不在公用变电站内的供电设施，由用户运行维护管理。如用户运行维护管理确有困难，可与供电企业协商，就委托供电企业代为运行维护管理有关事项签订协议。

3. 属于用户共用性质的供电设施，由拥有产权的用户共同运行维护管理。如用户共同运行维护管理确有困难，可与供电企业协商，就委托供电企业代为运行维护管理有关事项签订协议。

4. 在公用变电站内由用户投资建设的供电设备，如变压器、通信设备、开关、刀闸等，由供电企业统一经营管理。建成投运前，双方应就运行维护、检修、备品备件等项事签订交接协议。

5. 属于临时用电等其他性质的供电设施，原则上由产权所有者运行维护管理，或由双方协商确定，并签订协议。

第四十七条　供电设施的运行维护管理范围，按产权归属确定。责任分界点按下列各项确定：

1. 公用低压线路供电的，以供电接户线用户端最后支持物为分界点，支持物属供电企业。

2. 10kV及以下公用高压线路供电的，以用户厂界外或配电室前的第一断路器或第一支持物为分界点，第一断路器或第一支持物属供电企业；

3. 35kV 及以上公用高压线路供电的，以用户厂界外或用户变电站外第一基电杆为分界点。第一基电杆属供电企业。

4. 采用电缆供电的，本着便于维护管理的原则，分界点由供电企业与用户协商确定。

5. 产权属于用户且由用户运行维护的线路，以公用线路分支杆或专用线路接引的公用变电站外第一基电杆为分界点，专用线路第一基电杆属用户。

在电气上的具体分界点，由供用双方协商确定。

第四十八条 供电企业和用户分工维护管理的供电和受电设备，除另有约定者外，未经管辖单位同意，对方不得操作或更动；如因紧急事故必须操作或更动者，事后应迅速通知管辖单位。

第四十九条 由于工程施工或线路维护上的需要，供电企业须在用户处进行凿墙、挖沟、掘坑、巡线等作业时，用户应给予方便，供电企业工作人员应遵守用户的有关安全保卫制度。用户到供电企业维护的设备区作业时，应征得供电企业同意，并在供电企业人员监护下进行工作。作业完工后，双方均应及时予以修复。

第五十条 因建设引起建筑物、构筑物与供电设施相互妨碍，需要迁移供电设施或采取防护措施时，应按建设先后的原则，确定其担负的责任。如供电设施建设在先，建筑物、构筑物建设在后，由后续建设单位负担供电设施迁移、防护所需的费用；如建筑物、构筑物的建设在先，供电设施建设在后，由供电设施建设单位负担建筑物、构筑物的迁移所需的费用；不能确定建设的先后者，由双方协商解决。

供电企业需要迁移用户或其他供电企业的设施时，也按上述原则办理。

城乡建设与改造需迁移供电设施时，供电企业和用户都应积极配合，迁移所需的材料和费用，应在城乡建设与改造投资中解决。

第五十一条 在供电设施上发生事故引起的法律责任，按供电设施产权归属确定。产权归属于谁，谁就承担其拥有的供电设施上发生事故引起的法律责任。但产权所有者不承担受害者因违反安全或其他规章制度，擅自进入供电设施非安全区域内而发生事故引起的法律责任，以及在委托维护的供电设施上，因代理方维护不当所发生事故引起的法律责任。

6.2.2 供用电合同

本条评价项目（见《评价》）的查评依据如下。

【依据1】《中华人民共和国电力供应与使用条例》1996 年 4 月 17 日中华人民共和国国务院令第 196 号和《供电营业规则》（1996 年 10 月 8 日中华人民共和国电力工业部第 8 号令）

第四章 电力供应与使用

第二十七条 电力供应与使用双方应当根据平等自愿、协商一致的原则，按照国务院制定的电力供应与使用办法签订借用电合同，确定双方的权利和义务。

【依据2】《供电营业规则》（1996 年 10 月 8 日中华人民共和国电力工业部第 8 号令）

第八章 供用电合同与违约责任

第九十二条 供电企业和用户应当在正式供电前，根据用户用电需求和供电企业的供电能力以及办理用电申请时双方已认可或协商一致的下列文件，签订供用电合同：

1. 用户的用电申请报告或用电申请书；

2. 新建项目立项前双方签订的供电意向性协议；

3. 供电企业批复的供电方案；

4. 用户受电装置施工竣工检验报告；

5. 用电计量装置安装完工报告；

6. 供电设施运行维护管理协议；

7. 其他双方事先约定的有关文件。

对用电量大的用户或供电有特殊要求的用户，在签订供用电合同时，可单独签订电费结算协议和电力调度协议等。

第九十三条　供用电合同应采用书面形式。经双方协商同意的有关修改合同的文书、电报、电传和图表也是合同的组成部分。

供用电合同书面形式可分为标准格式和非标准格式两类。标准格式合同适用于供电方式简单、一般性用电需求的用户；非标准格式合同适用于供用电方式特殊的用户。

省电网经营企业可根据用电类别、用电容量、电压等级的不同，分类制定出适应不同类型用户需要的标准格式的供用电合同。

6.2.3　客户欠电费停电管理

本条评价项目（见《评价》）的查评依据如下。

【依据1】《供电监管办法》（国家电力监管委员会第27号令）

第二章　监管内容

第十三条　电力监管机构对供电企业实施停电、限电或者中止供电的情况进行监管。

在电力系统正常的情况下，供电企业应当连续向用户供电。需要停电或者限电的，应当符合下列规定：

（一）因供电设施计划检修需要停电的，供电企业应当提前7日公告停电区域、停电线路、停电时间；

（二）因供电设施临时检修需要停电的，供电企业应当提前24小时公告停电区域、停电线路、停电时间；

（三）因电网发生故障或者电力供需紧张等原因需要停电、限电的，供电企业应当按照所在地人民政府批准的有序用电方案或者事故应急处置方案执行。

引起停电或者限电的原因消除后，供电企业应当尽快恢复正常供电。

供电企业对用户中止供电应当按照国家有关规定执行。

供电企业对重要电力用户实施停电、限电、中止供电或者恢复供电，应当按照国家有关规定执行。

【依据2】《关于发布国家电网公司员工服务行为"十个不准""三公"调度"十项措施"和供电服务"十项承诺"的通知》（国家电网办〔2011〕1493号）

3.供电设施计划检修停电，提前7天向社会公告。对欠电费客户依法采取停电措施，提前7天送达停电通知书，费用结清后24小时内恢复供电。

【依据3】《电力供应与使用条例》（1996年4月17日中华人民共和国国务院令第196号）

第四章　电力供应

第二十七条　供电企业应当按照国家核准的电价和用电计量装置的记录，向用户计收电费。用户应当按照国家批准的电价，并按照规定的期限、方式或者合同约定的办法，交付电费。

第八章　法律责任

第三十九条　违反本条例第二十七条规定，逾期未交付电费的，供电企业可以从逾期之日起，每日按照电费总额的千分之一至千分之三加收违约金，具体比例由供用电双方在供用电合同中约定；自逾期之日起计算超过30日，经催交仍未交付电费的，供电企业可以按照国家规定的程序停止供电。

6.2.4　用户端的电压监控点设置数量及电压波动偏移

本条评价项目（见《评价》）的查评依据如下。

【依据1】《供电监管办法》（国家电力监管委员会第27号令）

第二章　监管内容

第六条　电力监管机构对供电企业的供电能力实施监管。

供电企业应当加强供电设施建设，具有能够满足其供电区域内用电需求的供电能力，保障供电设施的正常运行。

第七条　电力监管机构对供电企业的供电质量实施监管。

在电力系统正常的情况下，供电企业的供电质量应当符合下列规定：

（一）向用户提供的电能质量符合国家标准或者电力行业标准；

（二）城市地区年供电可靠率不低于99%，城市居民用户受电端电压合格率不低于95%，10kV以上供电用户受电端电压合格率不低于98%；

（三）农村地区年供电可靠率和农村居民用户受电端电压合格率符合派出机构的规定。派出机构有关农村地区年供电可靠率和农村居民用户受电端电压合格率的规定，应当报电监会备案。

供电企业应当审核用电设施产生谐波、冲击负荷的情况，按照国家有关规定拒绝不符合规定的用电设施接入电网。用电设施产生谐波、冲击负荷影响供电质量或者干扰电力系统安全运行的，供电企业应当及时告知用户采取有效措施予以消除；用户不采取措施或者采取措施不力，产生的谐波、冲击负荷仍超过国家标准的，供电企业可以按照国家有关规定拒绝其接入电网或者中止供电。

第八条　电力监管机构对供电企业设置电压监测点的情况实施监管。

供电企业应当按照下列规定选择电压监测点：

（一）35kV专线供电用户和110kV以上供电用户应当设置电压监测点；

（二）35kV非专线供电用户或者66kV供电用户、10（6、20）kV供电用户，每10000kW负荷选择具有代表性的用户设置1个以上电压监测点，所选用户应当包括对供电质量有较高要求的重要电力用户和变电站10（6、20）kV母线所带具有代表性线路的末端用户；

（三）低压供电用户，每百台配电变压器选择具有代表性的用户设置1个以上电压监测点，所选用户应当是重要电力用户和低压配电网的首末两端用户。

供电企业应当于每年3月31日前将上一年度设置电压监测点的情况报送所在地派出机构。

供电企业应当按照国家有关规定选择、安装、校验电压监测装置，监测和统计用户电压情况。监测数据和统计数据应当及时、真实、完整。

【依据2】《关于印发国家电网公司电力系统电压质量和无功电力管理规定的通知》（国家电网生〔2009〕133号）

第七章　电压质量监测与统计

第三十条　电压监测装置应符合相关国家、电力行业标准，确保监测的数据准确、可靠、有效。电压监测装置的校验应纳入电测仪表技术监督范围。

第三十一条　电压质量监测点设置原则

（一）电网电压质量监测点的设置

并入220kV及以上电网的发电厂高压母线电压、220kV及以上电压等级的母线电压，220kV及以上电压等级的母线电压，均设置为电网电压质量监测点。其中发电厂220kV母线和500kV（330kV）变电站高、中压母线电压质量监测点，应计算电网电压波动率和电网电压波动合格率，并列入指标考核范围。

（二）供电电压质量监测点的设置

供电电压质量监测分为A、B、C、D四类监测点。

1. A类：带地区供电负荷的变电站的10（6）kV母线电压。

（1）变电站内两台及以上变压器分列运行，每段10kV母线均设置一个电压监测点；

（2）一台变压器的10kV为分裂母线运行的，只设置一个电压监测点。

2. B类：35（66）kV专线供电和110kV及以上供电的用户端电压。

B类电压监测点设置及安装应符合下列要求：

（1）35（66）kV及以上专线供电的可装在产权分界处，110kV及以上非专线供电的应安装在用户变电站侧。

（2）对于两路电源供电的35kV及以上用户变电站，用户变电站母线未分裂运行，只需设一个电压监测点；用户变电站母线分裂运行，且两路供电电源为不同变电站的应设置两个电压监测点；用户变电站母线分裂运行，两路供电电源为同一变电站供电，且上级变电站母线未分裂运行的，只需设一个电压监测点；用户变电站母线分裂运行，双电源为同一变电站供电的，且上级变电站母线分裂运行的，应设置两个电压监测点。

（3）用户变电站高压侧无电压互感器的，电压监测点设置在给用户变电站供电的上级变电站母线侧。

3. C类：

35（66）kV 非专线供电的和 10（6）kV 供电的用户端电压。每 10MW 负荷至少应设一个电压质量监测点。

C类电压监测点设置及安装应符合下列要求：

（1）C类电压监测点应安装在用户侧；

（2）C类负荷计算方法为C类用户售电量除以统计小时数；

（3）应选择高压侧有电压互感器的用户，不考虑设在用户变电站低压侧。

4. D类：380/220V 低压网络和用户端的电压。每百台公用配电变压器至少设 2 个电压质量监测点，不足百台的按百台计算，超过百台的按每 50 台设 1 个电压质量监测点。监测点应设在有代表性的低压配电网首末两端和部分重要用户。

（三）供电电压监测点的调整

各类监测点每年应随供电网络变化进行动态调整。各单位应根据供电网络变化对各类电压监测点进行动态调整，其中 10（6）千伏母线电压应在变电站新投产次月列入 A 类电压监测点，进行统计考核；B、C、D 类电压监测点应每季度进行监测点数量校核，并在次季度首月末完成增减工作。

第三十二条　电压监测点的台账。各单位应建立电压监测点的台账，内容包括：监测点名称、安装地点、电压等级、监测点类别（分 A 类、B 类、C 类、D 类）、电压监测装置类型、电压监测装置厂家、监测装置型号、通信方式，电压上限下限值、监测装置制造、投运、校验日期等信息数据。

第三十三条　电压质量的统计

（一）电压质量的统计内容包括各监测点电压合格率、电网电压合格率、电网电压波动合格率和供电电压合格率。

（二）电压合格率是实际运行电压在允许电压偏差范围内累计运行时间与对应的总运行统计时间的百分比。

第三十四条　电压合格率管理

（一）区域电网公司、省（自治区、直辖市）电力公司应认真做好电压质量数据的统计分析工作。

（二）年、月度电网电压合格率、电压波动合格率由区域电网公司、省（自治区、直辖市）电力公司调度部门按设备隶属关系负责统计，并按有关规定报上级有关归口管理部门。

（三）年、月度供电电压合格率由各级生产管理部门负责统计，并在每月利用网络系统逐级上报归口管理部门。

（四）电网电压合格率、电压波动合格率、A 类供电电压合格率除采用电压监测仪以外也可以利用具有电压监测和统计功能的自动化系统和变电站综合自动化系统进行统计。

B、C、D 类供电电压合格率，可采用电压监测仪、配电综合测控仪、负荷管理终端（系统）以及其他电能质量监测装置进行统计。

【依据3】《电能质量 电压波动和闪变》（GB/T 12326—2008）

4　电压波动的限值

任何一个波动负荷用户在电力系统公共连接点产生的电压变动，其限值和电压变动频度、电压等级有关。对于电压变动频度较低（例如 $r \leqslant 1000$ 次/h）或规则的周期性电压波动，可通过测量电压方均根值曲线 $U(t)$ 确定其电压变动频度和电压变动值。电压波动限值见表1。

表1　电压波动限值

R/（次/h）	d（%）	
	LV、MV	HV
$r \leqslant 1$	4	3
$1 < r \leqslant 10$	3*	2.5*
$10 < r \leqslant 100$	2	1.5

R/(次/h)	d(%)	
	LV、MV	HV
100<r≤1000	1.25	1

注 1. 很少的变动频度（每日少于1次），电压变动限值 d 还可以放宽，但不在本标准中规定。

2. 对于随机性不规则的电压波动，如电弧炉负荷引起的电压波动，表中标有"*"的值为其限值。

3. 参照 GB/T 156—2007，本标准中系统标称电压 U_n 等级按以下划分：

低压（LV）　　　　　　≤1kV

中压（MV）　　　　　 1kV<U_n≤35kV

高压（HV）　　　　　 35kV<U_n≤220kV

对于220kV以上超高压（EHV）系统的电压波动限值可参照高压（HV）系统执行。

5　闪变的限值

5.1　电力系统公共连接点在系统正常运行的较小方式下，以一周（168h）为测量周期，所有长时间闪变值都应满足表2闪变限值的要求。

表2　　　　　　　　　　　　　　　闪　变　限　值

P1t	
≤110kV	>110kV
1	0.8

5.2　任何一个波动负荷用户在电力系统公共连接点单独引起的闪变值一般应满足下列要求。

5.2.1　电力系统正常运行的较小方式下，波动负荷处于正常、连续工作状态，以一天（24h）为测量周期，并保证波动负荷的最大工作周期包括在内，测量获得的最大长时间闪变值的波动负荷退出时的背景闪变值，通过下列计算获得波动负荷单独引起的长时间闪变值：

$$P_{lt2} = \sqrt[3]{P_{lt1}^3 - P_{lt0}^3} \tag{1}$$

式中　P_{lt1}——波动负荷投入时的长时间闪变测量值；

P_{lt0}——背景闪变值，是波动负荷退出时一段时间内长时间闪变测量值；

P_{lt2}——波动负荷单独引起的长时间闪变值。

波动负荷单独引起的闪变值根据用户负荷大小、其协议用电容量占总供电容量的比例以及电力系统公共连接点的状况，分别按三级作不同的规定和处理。

5.2.2　第一级规定。满足本级规定，可以不往闪变核算允许接入电网。

a）对于 LV 和 MV 用户，第一级限值见表3。

表3　　　　　　　　　　　　　对于 LV 和 MV 用户，第一级限值

r/(次/min)	$k=(\Delta S/S_{sc})_{max}$（%）
r≤10	0.4
10<r≤200	0.2
200<r	0.1

注　表中 ΔS 为波动负荷在功率的变动；S_{sc} 为 PCC 短路容量。

b）对于 HV 用户，满足$(\Delta S/S_{sc})_{max}$<0.1%。

c）满足 P_{lt}<0.25 的单个波动负荷用户。

d）符合 GB 17625.2 和 GB/Z 17625.3 的低压用电设备。

5.2.3　第二级规定。波动负荷单独引起的长时间闪变值须小于该负荷用户的闪变限值。

每个用户按其协议用电容量 S_i（$S_i = P_i/\cos\varphi_i$）和总供电容量 S_t 之比，考虑上一级对下一级闪变传递的影响（下一级对上一级的传递一般忽略）等因素后确定该用户的闪变限值。单个用户闪变限值的计算方法如下：

首先求出接于 PCC 点的全部负荷产生闪变的总限值 G：

$$G = \sqrt[3]{L_P^3 - T^3 L_H^3} \tag{2}$$

式中　L_P——PCC 点对应电压等级的长时间闪变值 P_{lt} 限值；

　　　　L_H——上一电压等级的长时间闪变值 P_{lt} 限值；

　　　　T——上一电压等级对下一电压等级的闪变传递函数，推荐为 0.8。不考虑超高压（EHV）系统对下一级电压系统的闪变传递。各电压等级的闪变限值见表 2。

单个用户闪变限值 E_i 为：

$$E_i = G\sqrt[3]{\frac{S_i}{S_t} \cdot \frac{1}{F}} \tag{3}$$

式中　F——波动负荷的同时系数，其典型值 $F = 0.2 \sim 0.3$（但必须满足 $S_i/F \leqslant S_t$），高压（HV）系统 PCC 总容量 S_{tHV} 确定方法见附录 B。

5.2.4　第三级规定。不满足第二级规定的单个波动负荷用户，经过治理后仍超过其闪变限值，可根据 PCC 点实际闪变情况和电网的发展预测适当放宽限值，当 PCC 点的闪变值必须符合 5.1 的规定。

【依据 4】《电能质量　供电电压偏差》（GB/T 12325—2008）

35kV 及以上供电电压正、负偏差的绝对值之和不超过标称电压的 10%；

20kV 及以下三相供电电压偏差为标称电压的 ±7%；

220V 单相供电电压偏差为标称电压的 +7%，-10%。

【依据 5】《供电营业规则》（1996 年 10 月 8 日中华人民共和国电力工业部第 8 号令）

第五章　供电质量与安全供用电

第五十四条　在电力系统正常状况下，供电企业供到用户受电端的供电电压允许偏差为：

1. 35kV 及以上电压供电的，电压正、负偏差的绝对值之和不超过额定值的 10%；

2. 10kV 及以下三相供电的，为额定值的 ±7%；

3. 220V 单相供电的，为额定值的 +7%，-10%。

在电力系统非正常状况下，用户受电端的电压最大允许偏差不应超过额定值的 ±10%。

用户用电功率因数达不到本规则第四十一条规定的，其受电端的电压偏差不受此限制。

6.2.5　电压合格率，配电设施电磁环境影响

本条评价项目（见《评价》）的查评依据如下。

【依据 1】《供电营业规则》（1996 年 10 月 8 日中华人民共和国电力工业部第 8 号令）

第五章　供电质量与安全供用电

第五十四条　在电力系统正常状况下，供电企业供到用户受电端的供电电压允许偏差为：

1. 35kV 及以上电压供电的，电压正、负偏差的绝对值之和不超过额定值的 10%；

2. 10kV 及以下三相供电的，为额定值的 ±7%；

3. 220V 单相供电的，为额定值的 +7%，-10%。

在电力系统非正常状况下，用户受电端的电压最大允许偏差不应超过额定值的 ±10%。

用户用电功率因数达不到本规则第四十一条规定的，其受电端的电压偏差不受此限制。

【依据 2】《电能质量　供电电压偏差》（GB/T 12325—2008）

35kV 及以上供电电压正、负偏差的绝对值之和不超过标称电压的 10%；

20kV 及以下三相供电电压偏差为标称电压的 ±7%；

220V 单相供电电压偏差为标称电压的 +7%，-10%。

【依据 3】《关于印发国家电网公司电力系统电压质量和无功电力管理规定的通知》（国家电网生〔2009〕133 号）

第二章　电压质量标准

第五条　用户受电端供电电压允许偏差值

（一）35kV 及以上用户供电电压正、负偏差绝对值之和不超过额定电压的 10%。

（二）10kV 及以下三相供电电压允许偏差为额定电压的 ±7%。

（三）220V 单相供电电压允许偏差为额定电压的＋7％、－10％。

第六条　电力网电压质量控制标准

（一）发电厂和变电站的母线电压允许偏差值

1. 1000kV 母线正常运行方式时，最高运行电压不得超过 1100kV；最低运行电压不应影响电力系统同步稳定、电压稳定、厂用电的正常使用及下一级电压的调节。

2. 750kV 母线正常运行方式时，最高运行电压不得超过 800kV；最低运行电压不应影响电力系统同步稳定、电压稳定、厂用电的正常使用及下一级电压的调节。

3. 500（330）kV 母线正常运行方式时，最高运行电压不得超过系统额定电压的＋10％；最低运行电压不应影响电力系统同步稳定、电压稳定、厂用电的正常使用及下一级电压的调节。

4. 发电厂 220kV 母线和 500（330）kV 变电站的中压侧母线正常运行方式时，电压允许偏差为系统额定电压的 0％～＋10％；事故运行方式时为系统额定电压的－5％～＋10％。

5. 发电厂和 220kV 变电站的 35～110kV 母线正常运行方式时，电压允许偏差为系统额定电压的－3％～＋7％；事故运行方式时为系统额定电压的±10％。

6. 带地区供电负荷的变电站和发电厂（直属）的 10（6）kV 母线正常运行方式下的电压允许偏差为系统额定电压的 0％～＋7％。

（二）特殊运行方式下的电压允许偏差值由调度部门确定。

第七条　发电厂和变电站母线电压波动率允许值。电压波动率是指在一段时间内母线电压的变化限度。本规定中电压波动率按日进行计算，即每日母线电压变化幅度与系统标称电压值之比的百分数为日电压波动率。发电厂和变电站的母线电压在满足第六条规定的电压偏差的基础上，日电压波动率应满足以下要求：

1. 500（330）kV 变电站高压母线：3％；

2. 发电厂 220kV 母线和 500kV（330kV）变电站中压母线电压：3.5％；

3. 特殊运行方式下的日电压波动率由调度部门确定。

【依据4】《城市配电网规划设计导则》（能源电〔1993〕228 号）

9　供电环保

根据《中华人民共和国环境保护法》要求，城市电网规划设计应在噪声、工频电场和磁场、高频电磁波、通信干扰、环境影响的评价等方面应满足相关的要求。

9.1　噪声

9.1.1　噪声标准

根据《城市区域环境噪声标准》（GB 3096），各类变电站、配电站运行时厂界噪声不应高于表 9-1 城市各类区域环境噪声标准值，见表 9-1。

表 9-1　城市各类区域环境噪声标准值　　　　　　　　　　　　dB（A）

适用区域	昼间 6：00～22：00	夜间 22：00～6：00
Ⅰ类地区	55	45
Ⅱ类地区	60	50
Ⅲ类地区	65	55
Ⅳ类地区	70	55

注　夜间经常突发的噪声（如排气噪声），其峰值不应超过标准值 10dBA，夜间偶然突发的噪声（如短促鸣笛声），其峰值不应超过标准值 15dBA。

Ⅰ类地区：以居住、文教机关为主的区域；

Ⅱ类地区：居住、商业、工业混杂区以及商业中心区；

Ⅲ类地区：工业区；

Ⅳ类地区：交通干线道路两侧区域。

9.1.2 变压器（电抗器）的噪声

（1）户内变电站主变压器（电抗器）的外形结构和冷却方式，应充分考虑自然通风散热措施，根据需要确定散热器的安装位置；

（2）220kV 户内变电站选用设备（主变压器、电抗器的本体等）的噪声水平应控制在 65～70dBA 以下，110kV、35kV 应控制在 60～65dBA 以下，使整个变电站的噪声水平满足 9.1.1 条的要求。

9.1.3 配电站、箱式变压器和杆架式变压器运行的噪声应满足第 9.1.1 条的要求。

9.1.4 分布式电源设备运行的噪声应满足第 9.1.1 条的要求。

9.2 工频电场和磁场

9.2.1 变电站、配电站、箱式变压器、杆架式变压器、架空（电缆）线路等输、变、配电设备的工频电场与磁场标准应满足相关国家标准的要求。

9.2.2 按照国家标准《作业场所工频电场卫生标准》（GB 16203）中的有关规定，输、变、配电设备运行时产生的工频电场 8 小时最高容许量为 5kV/m。

按照国家环保行业标准《500kV 超高压送变电工程电磁环境影响评价技术规定》（HJ/T 24）中的有关规定，居民区工频电场评价标准宜选为 4kV/m。

9.2.3 按照上述国家环保行业标准中《500kV 超高压送变电工程电磁环境影响评价技术规定》（HJ/T 24）中的有关规定，输、变、配电设备运行时产生的工频磁场，不应超过 0.1mT（100μT）。

9.3 无线电干扰限值

根据《高压交流架空线路无线电干扰限值》（GB 15707）的规定，无线电干扰限值如表 9-2 所示。

表 9-2 无线电干扰限值（距边导线投影 20m 处）

电压（kV）	110	220～330	500
无线电干扰限值 dB（μV/m）	46	53	55

9.4 高频电磁波

9.4.1 按照国家标准《环境电磁波卫生标准》（GB 9175）中的有关规定，环境电磁波容许辐射强度分级标准如表 9-3 所示。

表 9-3 环境电磁波容许辐射强度分级标准

波段	频率	场强单位	容许场强	
			一级（安全区）	二级（中间区）
长中短	0.1～30MHz	V/m	＜10	＞20
超短	30～300MHz	V/m	＜5	＜12

9.5 环境影响的评价

9.5.1 按照《中华人民共和国环境保护法》的有关规定，城市重要电网建设项目在必要时应开展环境影响评价工作。

9.5.2 城网供电设施的建设应与城市的建设特点相适应，与市容环境相协调，并注意水土保持。

（1）市区内的电力设施的设计应尽量节约空间、控制用地，采用紧凑型设备，可采用节约空间的户外型和半户外型布置。市中心区的变电站可考虑采用占空间较小的全户内型，并考虑与其他周围建设物混合建设，或建设地下变电站。

（2）在保护地区、重点景观环境周围，所建变电站和线路应与周围环境相协调。

（3）在新建供电设施时，应注意采用新技术，以减少对自然保护区、绿化带以及周围生态环境的破坏。

（4）应对电力设施在运行过程中产生的废油、废气等排放物进行有效的处理。

【依据5】《电磁辐射环境保护管理办法》（1997 年 3 月 25 日，国家环保局第十八号局令发布）

《电磁辐射环境保护管理办法》把"100kV 以上的送、变电系统"和"电流在 100A 以上的工频设备"纳入电磁辐射管理范围。

《建设项目环境保护分类管理名录》规定，500kV 及以上，500kV 以下在敏感区，要编制环境影响报告书；500kV 以下，在非敏感区，要编制环境影响报告表。

【依据6】《110kV～500kV 架空送电线路设计技术规程》（DL/T 5092—1999）

16 对地距离及交叉跨越

16.0.5 500kV 送电线路跨越非长期住人的建筑物或邻近民房时，房屋所在位置离地 1m 处最大未畸变电场不得超过 4kV/m。

【依据7】《声环境质量标准》（GB 3096—2008）

5 环境噪声限值

5.1 各类型环境功能区适用表1规定的环境噪声等效声级限值

表1   环 境 噪 声   dB（A）

声环境功能区类别	时段		昼间	夜间
0 类			50	40
1 类			55	45
2 类			60	50
3 类			65	55
4 类	4a 类		70	55
	4b 类		70	60

6.2.6 签订协议、合同

本条评价项目（见《评价》）的查评依据如下。

【依据1】《分布式发电暂行管理办法》（发改能源〔2013〕1381 号）

第十六条 电网企业负责分布式发电外部接网设施以及由接入引起公共电网改造部分的投资建设，并为分布式发电提供便捷、及时、高效的接入电网服务，与投资经营分布式发电设施的项目单位（或个体经营者、家庭用户）签订并网协议和购售电合同。

第二十三条 分布式发电投资方要建立健全运行管理规章制度。包括个人和家庭用户在内的所有投资方，均有义务在电网企业的指导下配合或参与运行维护，保障项目安全可靠运行。

【依据2】《国家电网公司关于印发分布式电源并网相关意见和规范（修订版）的通知》（国家电网办〔2013〕1781 号）

15. 公司在受理并网验收及并网调试申请后，10 个工作日内完成关口计量和发电量计量装置安装服务，并与 380V 接入的项目业主（或电力用户）签署关于购售电、供用电和调度方面的合同；与 35kV、10kV 接入的项目业主（或电力用户）同步签署购售电合同和并网调度协议。合同和协议内容执行国家能源局和国家工商行政管理总局相关规定。

6.2.7 调度管理

本条评价项目（见《评价》）的查评依据如下。

【依据1】《电网运行规则》（国家电力监管委员会 2006 年 22 号令）

第三十七条 发电企业应当按照发电调度计划和调度指令发电；主网直供用户应当按照供（用）电调度计划和调度指令用电。对于不按照调度计划和调度指令发电的，调度机构应当予以警告；经警告拒不改正的，调度机构可以暂时停止其并网运行。对于不按照调度计划和调度指令用电的，调度机构应当予以警告；经警告拒不改正的，调度机构可以暂时部分或者全部停止向其供电。

【依据2】《分布式发电暂行管理办法》（发改能源〔2013〕1381 号）

第二十六条 分布式发电应满足有关发电、供电质量要求，运行管理应满足有关技术、管理规定和规程规范要求。电网及电力运行管理机构应优先保障分布式发电正常运行。具备条件的分布式发电在紧急情况下应接受并服从电力运行管理机构的应急调度。

【依据3】《国家电网公司关于印发分布式电源并网相关意见和规范（修订版）的通知》（国家电网办〔2013〕1781号）

24. 分布式电源涉网设备，应按照并网调度协议约定，纳入地市公司调控中心调度管理。分布式电源并网点开关（属用户资产）的倒闸操作，须经地市公司和项目方人员共同确认后，由地市公司相关部门许可。其中，35kV、10kV接入项目，由地市公司调控中心确认和许可；380V接入项目，由地市公司营销部（客户服务中心）确认和许可。

6.3 技术指标

6.3.1 特级重要电力用户

本条评价项目（见《评价》）的查评依据如下。

【依据1】《印发关于加强重要电力用户供电电源及自备应急电源配置监督管理的意见的通知》（电监安全〔2008〕43号）

一、明确重要电力用户范围和管理职能

（二）根据供电可靠性的要求以及中断供电危害程度，重要电力用户可以分为特级、一级、二级重要电力用户和临时性重要电力用户。

1. 特级重要用户是指在管理国家事务中具有特别重要作用，中断供电将可能危害国家安全的电力用户。

二、合理配置供电电源和自备应急电源

（五）重要电力用户供电电源的配置至少应符合以下要求：

1. 特级重要电力用户具备三路电源供电条件，其中的两路电源应当来自两个不同的变电站，当任何两路电源发生故障时，第三路电源能保证独立正常供电。

【依据2】关于印发《国家电网公司业扩供电方案编制导则的通知》（国家电网营销〔2010〕1247号）

4 确定供电方案的基本原则及要求

4.1 基本原则

4.1.1 应能满足供用电安全、可靠、经济、运行灵活、管理方便的要求，并留有发展余地。

4.1.2 符合电网建设、改造和发展规划要求；满足客户近期、远期对电力的需求，具有最佳的综合经济效益。

4.1.3 具有满足客户需求的供电可靠性及合格的电能质量。

4.1.4 符合相关国家标准、电力行业技术标准和规程，以及技术装备先进要求，并应对多种供电方案进行技术经济比较，确定最佳方案。

4.2 基本要求

4.2.1 根据电网条件以及客户的用电容量、用电性质、用电时间、用电负荷重要程度等因素，确定供电方式和受电方式。

4.2.2 根据重要客户的分级确定供电电源及数量、自备应急电源及非电性质的保安措施配置要求。

4.2.3 根据确定的供电方式及国家电价政策确定电能计量方式、用电信息采集终端安装方案。

4.2.4 根据客户的用电性质和国家电价政策确定计费方案。

4.2.5 客户自备应急电源及非电性质保安措施的配置、谐波负序治理的措施应与受电工程同步设计、同步建设、同步验收、同步投运。

4.2.6 对有受电工程的，应按照产权分界划分的原则，确定双方工程建设出资界面。

5 供电方案的基本内容

5.1 高压供电客户

（1）客户基本用电信息：户名、用电地址、行业、用电性质、负荷分级，核定的用电容量，拟定的客户分级。

（2）供电电源及每路进线的供电容量。

（3）供电电压等级，供电线路及敷设方式要求。

（4）客户电气主接线及运行方式，主要受电装置的容量及电气参数配置要求。

（5）计量点的设置，计量方式，计费方案，用电信息采集终端安装方案。

（6）无功补偿标准、应急电源及保安措施配置，谐波治理、继电保护、调度通信要求。

（7）受电工程建设投资界面。

（8）供电方案的有效期。

（9）其他需说明的事宜。

6 电力客户分级

6.2 重要电力客户的分级

6.2.1.1 特级重要电力客户是指在管理国家事务中具有特别重要作用，中断供电将可能危害国家安全的电力客户。

7 用电容量及供电电压等级的确定

7.1 用电容量的确定

7.1.1 用电容量确定的原则，综合考虑客户申请容量、用电设备总容量，并结合生产特性兼顾主要用电设备同时率、同时系数等因素后确定。

7.1.2 高压供电客户

7.1.2.1 在满足近期生产需要的前提下，客户受电变压器应保留合理的备用容量，为发展生产留有余地。

7.1.2.2 在保证受电变压器不超载和安全运行的前提下，应同时考虑减少电网的无功损耗。一般客户的计算负荷宜等于变压器额定容量的 $70\%\sim75\%$。

7.1.2.3 对于用电季节性较强、负荷分散性大的客户，可通过增加受电变压器台数、降低单台容量来提高运行的灵活性，解决淡季和低谷负荷期间因变压器轻负载导致损耗过大的问题。

7.2 供电额定电压

2. 高压供电：10、35（66）、110、220kV。

客户需要的供电电压等级在 110kV 及以上时，其受电装置应作为终端变电站设计。

7.3 确定供电电压等级的一般原则

7.3.1 客户的供电电压等级应根据当地电网条件、客户分级、用电最大需量或受电设备总容量，经过技术经济比较后确定。除有特殊需要，供电电压等级一般可参照表1确定。

表1 客户供电电压等级的确定

供电电压等级/kV	受电变压器总容量
10	50kVA～10MVA
35	5MVA～40MVA
66	15MVA～40MVA
110	20MVA～100MVA
220	100MVA 及以上

注 1. 无 35kV 电压等级的，10kV 电压等级受电变压器总容量为 50kVA～15MVA。
2. 供电半径超过本级电压规定时，可按高一级电压供电。

7.3.2 具有冲击负荷、波动负荷、非对称负荷的客户，宜采用由系统变电所新建线路或提高电压等级供电的供电方式。

7.5 高压供电

7.5.1 客户受电变压器总容量在 50kVA～10MVA 时（含 10MVA），宜采用 10kV 供电。无 35kV 电压等级的地区，10kV 电压等级的供电容量可扩大到 15MVA。

7.5.2 客户受电变压器总容量在 5MVA～40MVA 时，宜采用 35kV 供电。

7.5.3 有 66kV 电压等级的电网，客户受电变压器总容量在 15MVA～40MVA 时，宜采用 66kV 供电。

7.5.4 客户受电变压器总容量在 20MVA～100MVA 时，宜采用 110kV 及以上电压等级供电。

7.5.5 客户受电变压器总容量在 100MVA 及以上，宜采用 220kV 及以上电压等级供电。

7.5.6 10kV 及以上电压等级供电的客户，当单回路电源线路容量不满足负荷需求且附近无上一级电压等级供电时，可合理增加供电回路数，采用多回路供电。

8 供电电源及自备应急电源配置

8.1 供电电源配置的一般原则

8.1.1 供电电源应依据客户分级、用电性质、用电容量、生产特性以及当地供电条件等因素，经过技术经济比较，与客户协商后确定。

8.1.1.1 特级重要电力客户应具备三路及以上电源供电条件，其中的两路电源应来自两个不同的变电站，当任何两路电源发生故障时，第三路电源能保证独立正常供电。

8.1.2 双电源、多电源供电时宜采用同一电压等级电源供电，供电电源的切换时间和切换方式要满足重要电力客户允许中断供电时间的要求。

8.1.3 根据客户分级和城乡发展规划，选择采用架空线路、电缆线路或架空—电缆线路供电。

8.2 供电电源点确定的一般原则

8.2.1 电源点应具备足够的供电能力，能提供合格的电能质量，满足客户的用电需求，保证接电后电网安全运行和客户用电安全。

8.2.2 对多个可选的电源点，应进行技术经济比较后确定。

8.2.3 根据客户分级和用电需求，确定电源点的回路数和种类。

8.2.4 根据城市地形、地貌和城市道路规划要求，就近选择电源点。路径应短捷顺直，减少与道路交叉，避免近电远供、迂回供电。

8.3 自备应急电源配置的一般原则

8.3.1 重要电力客户应配变自备应急电源及非电性质的保安措施，满足保安负荷应急供电需要。

8.3.2 自备应急电源配置容量应至少满足全部保安负荷正常供电的需要。有条件的可设置专用应急母线。

8.3.3 自备应急电源的切换时间、切换方式、允许停电持续时间和电能质量应满足客户安全要求。

8.3.4 自备应急电源与电网电源之间应装设可靠的电气或机械闭锁装置，防止倒送电。

8.3.5 对于环保、防火、防爆等有特殊要求的用电场所，应选用满足相应要求的自备应急电源。

8.4 非电性质保安措施配置的一般原则

非电性质保安措施应符合客户的生产特点、负荷特性，满足无电情况下保证客户安全的需要。

9 电气主接线及运行方式的确定

9.1 确定电气主接线的一般原则

9.1.1 根据进出线回路数、设备特点及负荷性质等条件确定。

9.1.2 满足供电可靠、运行灵活、操作检修方便、节约投资和便于扩建等要求。

9.1.3 在满足可靠性要求的条件下，宜减少电压等级和简化接线等。

9.4 重要客户运行方式

9.4.1 特级重要客户可采用两路运行、一路热备用运行方式。

9.4.4 不允许出现高压侧合环运行的方式。

【依据3】《国家电网有限公司十八项电网重大反事故措施（修订版)》（国家电网设备〔2018〕979号）

5.4.1 完善重要客户入网管理

5.4.1.1 供电企业应制定重要客户入网管理制度，制度应包括对重要客户在规划设计、接线方式、短路容量、电流开断能力、设备运行环境条件、安全性等各方面的要求，对重要客户设备验收标准及要求。

5.4.1.2　供电企业应做好重要客户业扩工程的设计审核、中间检查、竣工验收等工作，应督促重要客户自行选择的业扩工程设计、施工、设备选型符合现行国家、行业标准的要求。

5.4.1.3　对属于非线性、不对称负荷性质的重要客户，供电企业应要求客户进行电能质量测试评估。根据评估结果，重要客户应制订相应无功补偿方案并提交供电企业审核批准，保证其负荷产生的谐波成分及负序分量不对电网造成污染，不对供电企业及其自身供用电设备造成影响。

5.4.1.4　供电企业在与重要客户签订供用电合同时，应明确要求重要客户按照电力行业技术监督标准开展技术监督工作。

5.4.1.5　供电企业在与重要客户签订供用电合同时，当重要客户对电能质量的要求高于国家相关标准的，应明确要求其自行采取必要的技术措施。

5.4.2　合理配置供电电源点

5.4.2.1　特级重要电力客户应采用双电源或多电源供电，其中任何一路电源能保证独立正常供电。

5.4.2.5　重要电力客户供电电源的切换时间和切换方式要满足重要电力客户保安负荷允许断电时间的要求。对切换时间不能满足保安负荷允许断电时间要求的，重要电力用户应自行采取技术措施解决。

5.4.3　加强为重要客户供电的输变电设备运行维护

5.4.3.1　供电企业应根据国家相关标准、电力行业标准、国家电网公司制度，针对重要客户供电的输变电设备制定专门的运行规范、检修规范、反事故措施。

5.4.3.2　根据对重要客户供电的输变电设备实际运行情况，缩短设备巡视周期、设备状态检修周期。

5.4.4　督促重要客户合理配置自备应急电源

5.4.4.1　重要客户均应配置自备应急电源，自备应急电源配置容量至少应满足全部保安负荷正常启动和带负荷运行的要求。

5.4.4.2　重要客户的自备应急电源应与供电电源同步建设，同步投运。

5.4.4.3　重要客户自备应急电源启动时间、切换方式、持续供电时间、电能质量、使用场所应满足安全要求。

5.4.4.4　重要客户自备应急电源与电网电源之间应装设可靠的电气或机械闭锁装置，防止倒送电。

5.4.4.5　重要客户自备应急电源设备要符合国家有关安全、消防、节能、环保等技术规范和标准要求。

5.4.4.6　重要客户新装自备应急电源投入切换装置技术方案要符合国家有关标准和所接入电力系统的安全要求。

5.4.4.7　重要电力客户应具备外部自备应急电源接入条件，有特殊供电需求及临时重要电力客户应配置外部应急电源接入装置。

5.4.5　协助重要客户开展受电设备和自备应急电源安全检查

5.4.5.1　供电企业及客户对各自拥有所有权的电力设施承担维护管理和安全责任，对发现的属于客户责任的安全隐患，供电企业应以书面形式告知客户，积极督促客户整改，同时向政府主管部门沟通汇报，争取政府支持，做到"通知、报告、服务、督导"四到位，建立政府主导、客户落实整改、供电企业提供技术服务的长效工作机制。

5.4.5.2　供电企业对特级、一级重要客户每3个月至少检查1次，对二级重要客户每6个月至少检查1次，对临时性重要客户根据其现场实际用电需要开展用电检查工作。

5.4.5.3　重要电力客户应按照国家和电力行业有关标准、规程和规范的要求，对受电设备定期进行安全检查、预防性试验，对自备应急电源定期进行安全检查、预防性试验、启机试验和切换装置的切换试验。

5.4.5.4　重要客户不应自行变更自备应急电源接线方式，不应自行拆除自备应急电源的闭锁装置或者使其失效，不应擅自将自备应急电源转供其他客户，自备应急电源发生故障后应尽快修复。

6.3.2 一级重要电力用户

本条评价项目（见《评价》）的查评依据如下。

【依据1】《印发关于加强重要电力用户供电电源及自备应急电源配置监督管理的意见的通知》（电监安全〔2008〕43号）

一、明确重要电力用户范围和管理职能

（二）根据供电可靠性的要求以及中断供电危害程度，重要电力用户可以分为特级、一级、二级重要电力用户和临时性重要电力用户。

2. 一级重要用户，是指中断供电将可能产生下列后果之一的：

（1）直接引发人身伤亡的；

（2）造成严重环境污染的；

（3）发生中毒、爆炸或火灾的；

（4）造成重大政治影响的；

（5）造成重大经济损失的；

（6）造成较大范围社会公共秩序严重混乱的。

二、合理配置供电电源和自备应急电源

（五）重要电力用户供电电源的配置至少应符合以下要求：

2. 一级重要电力用户具备两部电源供电条件，两路电源应当来自两个不同的变电站，当一路电源发生故障时，另一路电源能保证独立正常供电。

【依据2】《国家电网公司业扩供电方案编制导则》（国家电网营销〔2010〕1247号）

4 确定供电方案的基本原则及要求

4.1 基本原则

4.1.1 应能满足供用电安全、可靠、经济、运行灵活、管理方便的要求，并留有发展余度。

4.1.2 符合电网建设、改造和发展规划要求；满足客户近期、远期对电力的需求，具有最佳的综合经济效益。

4.1.3 具有满足客户需求的供电可靠性及合格的电能质量。

4.1.4 符合相关国家标准、电力行业技术标准和规程，以及技术装备先进要求，并应对多种供电方案进行技术经济比较，确定最佳方案。

4.2 基本要求

4.2.1 根据电网条件以及客户的用电容量、用电性质、用电时间、用电负荷重要程度等因素，确定供电方式和受电方式。

4.2.2 根据重要客户的分级确定供电电源及数量、自备应急电源及非电性质的保安措施配置要求。

4.2.3 根据确定的供电方式及国家电价政策确定电能计量方式、用电信息采集终端安装方案。

4.2.4 根据客户的用电性质和国家电价政策确定计费方案。

4.2.5 客户自备应急电源及非电性质保安措施的配置、谐波负序治理的措施应与受电工程同步设计、同步建设、同步验收、同步投运。

4.2.6 对有受电工程的，应按照产权分界划分的原则，确定双方工程建设出资界面。

5 供电方案的基本内容

5.1 高压供电客户

（1）客户基本用电信息：户名、用电地址、行业、用电性质、负荷分级，核定的用电容量，拟定的客户分级；

（2）供电电源及每路进线的供电容量；

（3）供电电压等级，供电线路及敷设方式要求；

（4）客户电气主接线及运行方式，主要受电装置的容量及电气参数配置要求；

（5）计量点的设置，计量方式，计费方案，用电信息采集终端安装方案；

（6）无功补偿标准、应急电源及保安措施配置，谐波治理、继电保护、调度通信要求；

（7）受电工程建设投资界面；

（8）供电方案的有效期；

（9）其他需说明的事宜。

6 电力客户分级

6.2 重要电力客户的分级

6.2.1.2 一级重要电力客户是指中断供电将可能产生下列后果之一的电力客户：

（1）直接引发人身伤广的；

（2）造成严重环境污染的；

（3）发生中毒、爆炸或火灾的；

（4）造成重大政治影响的；

（5）造成重大经济损失的；

（6）造成较大范围社会公共秩序严重混乱的。

7 用电容量及供电电压等级的确定

7.1 用电容量的确定

7.1.1 用电容量确定的原则，综合考虑客户申请容量、用电设备总容量，并结合生产特性兼顾主要用电设备同时率、同时系数等因素后确定。

7.1.2 高压供电客户

7.1.2.1 在满足近期生产需要的前提下，客户受电变压器应保留合理的备用容量，为发展生产留有余地。

7.1.2.2 在保证受电变压器不超载和安全运行的前提下，应同时考虑减少电网的无功损耗。一般客户的计算负荷宜等于变压器额定容量的70%～75%。

7.1.2.3 对于用电季节性较强、负荷分散性大的客户，可通过增加受电变压器台数、降低单台容量来提高运行的灵活性，解决淡季和低谷负荷期间因变压器轻负载导致损耗过大的问题。

7.2 供电额定电压

2. 高压供电：10、35（66）、110、220kV。

客户需要的供电电压等级在110kV及以上时，其受电装置应作为终端变电站设计。

7.3 确定供电电压等级的一般原则

7.3.1 客户的供电电压等级应根据当地电网条件、客户分级、用电最大需量或受电设备总容量，经过技术经济比较后确定。除有特殊需要，供电电压等级一般可参照表1确定。

表1 客户供电电压等级的确定

供电电压等级/kV	受电变压器总容量
10	50kVA～10MVA
35	5MVA～40MVA
66	15MVA～40MVA
110	20MVA～100MVA
220	100MVA及以上

注 1. 无35kV电压等级的，10kV电压等级受电变压器总容量为50kVA～15MVA。
　 2. 供电半径超过本级电压规定时，可按高一级电压供电。

7.3.2 具有冲击负荷、波动负荷、非对称负荷的客户，宜采用由系统变电所新建线路或提高电压等级供电的供电方式。

7.5　高压供电

7.5.1　客户受电变压器总容量在50kVA～10MVA时（含10MVA），宜采用10kV供电。无35kV电压等级的地区，10kV电压等级的供电容量可扩大到15MVA。

7.5.2　客户受电变压器总容量在5MVA～40MVA时，宜采用35kV供电。

7.5.3　有66kV电压等级的电网，客户受电变压器总容量在15MVA～40MVA时，宜采用66kV供电。

7.5.4　客户受电变压器总容量在20MVA～100MVA时，宜采用110kV及以上电压等级供电。

7.5.5　客户受电变压器总容量在100MVA及以上，宜采用220kV及以上电压等级供电。

7.5.6　10kV及以上电压等级供电的客户，当单回路电源线路容量不满足负荷需求且附近无上一级电压等级供电时，可合理增加供电回路数，采用多回路供电。

8　供电电源及自备应急电源配置

8.1　供电电源配置的一般原则

8.1.1　供电电源应依据客户分级、用电性质、用电容量、生产特性以及当地供电条件等因素，经过技术经济比较，与客户协商后确定。

8.1.1.2　一级重要电力客户应采用双电源供电。

8.1.2　双电源、多电源供电时宜采用同一电压等级电源供电，供电电源的切换时间和切换方式要满足重要电力客户允许中断供电时间的要求。

8.1.3　根据客户分级和城乡发展规划，选择采用架空线路、电缆线路或架空—电缆线路供电。

8.2　供电电源点确定的一般原则

8.2.1　电源点应具备足够的供电能力，能提供合格的电能质量，满足客户的用电需求，保证接电后电网安全运行和客户用电安全。

8.2.2　对多个可选的电源点，应进行技术经济比较后确定。

8.2.3　根据客户分级和用电需求，确定电源点的回路数和种类。

8.2.4　根据城市地形、地貌和城市道路规划要求，就近选择电源点。路径应短捷顺直，减少与道路交叉，避免近电远供、迂回供电。

8.3　自备应急电源配置的一般原则

8.3.1　重要电力客户应配电变压器自备应急电源及非电性质的保安措施，满足保安负荷应急供电需要。对临时性重要电力客户可以租用应急发电车（机）满足保安负荷供电要求。

8.3.2　自备应急电源配置容量应至少满足全部保安负荷正常供电的需要。有条件的可设置专用应急母线。

8.3.3　自备应急电源的切换时间、切换方式、允许停电持续时间和电能质量应满足客户安全要求。

8.3.4　自备应急电源与电网电源之间应装设可靠的电气或机械闭锁装置，防止倒送电。

8.3.5　对于环保、防火、防爆等有特殊要求的用电场所，应选用满足相应要求的自备应急电源。

8.4　非电性质保安措施配置的一般原则。非电性质保安措施应符合客户的生产特点、负荷特性，满足无电情况下保证客户安全的需要。

9　电气主接线及运行方式的确定

9.1　确定电气主接线的一般原则

9.1.1　根据进出线回路数、设备特点及负荷性质等条件确定。

9.1.2　满足供电可靠、运行灵活、操作检修方便、节约投资和便于扩建等要求。

9.1.3　在满足可靠性要求的条件下，宜减少电压等级和简化接线等。

9.3　客户电气主接线

9.3.1　其电气主接线的确定应符合下列要求：

1. 35kV及以上电压等级应采用单母线分段接线或双母线接线。装设两台及以上主变压器。6kV～10kV侧应采用单母线分段接线。

2. 10kV 电压等级应采用单母线分段接线。装设两台及以上变压器。0.4kV 侧应采用单母线分段接线。

9.4 重要客户运行方式

9.4.2 一级客户可采用以下运行方式：

1. 两回及以上进线同时运行互为备用。

2. 一回进线主供，另一回路热备用。

9.4.4 不允许出现高压侧合环运行的方式。

【依据3】《国家电网有限公司十八项电网重大反事故措施（修订版）》（国家电网设备〔2018〕979 号）

5.4.2 合理配置供电电源点

5.4.2.1 特级重要电力客户应采用双电源或多电源供电，其中任何一路电源能保证独立正常供电。

5.4.2.2 一级重要电力客户应采用双电源供电，两路电源应当来自两个不同的变电站或来自不同电源进线的同一变电站内两段母线，当一路电源发生故障时，另一路电源能保证独立正常供电。

6.3.3 二级重要电力用户

本条评价项目（见《评价》）的查评依据如下。

【依据1】《印发关于加强重要电力用户供电电源及自备应急电源配置监督管理的意见的通知》（电监安全〔2008〕43 号）

一、明确重要电力用户范围和管理职能

（二）根据供电可靠性的要求以及中断供电危害程度，重要电力用户可以分为特级、一级、二级重要电力用户和临时性重要电力用户。

3. 二级重要用户，是指中断供电将可能产生下列后果之一的：

（1）造成较大环境污染的；

（2）造成较大政治影响的；

（3）造成较大经济损失的；

（4）造成一定范围社会公共秩序严重混乱的。

二、合理配置供电电源和自备应急电源

（五）重要电力用户供电电源的配置至少应符合以下要求：

3. 二级重要电力用户具备双回路供电条件，供电电源可以来自同一个变电站的不同母线段。

【依据2】《国家电网公司业扩供电方案编制导则》（国家电网营销〔2010〕1247 号）

6 电力客户分级

6.2 重要电力客户的分级

6.2.1.3 二级重要客户是指中断供电将可能产生下列后果之一的电力客户：

（1）造成较大环境污染的；

（2）造成较大政治影响的；

（3）造成较人经济损失的；

（4）造成一定范围社会公共秩序严重混乱的。

7 用电容量及供电电压等级的确定

7.1 用电容量的确定

7.1.1 用电容量确定的原则。综合考虑客户申请容量、用电设备总容量，并结合生产特性兼顾主要用电设备同时率、同时系数等因素后确定。

7.1.2 高压供电客户

7.1.2.1 在满足近期生产需要的前提下，客户受电变压器应保留合理的备用容量，为发展生产留有余地。

7.1.2.2 在保证受电变压器不超载和安全运行的前提下，应同时考虑减少电网的无功损耗。一般客户的计算负荷宜等于变压器额定容量的 70%～75%。

7.1.2.3 对于用电季节性较强、负荷分散性大的客户，可通过增加受电变压器台数、降低单台容量来提高运行的灵活性，解决淡季和低谷负荷期间因变压器轻负载导致损耗过大的问题。

7.2 供电额定电压

2. 高压供电：10、35（66）、110、220kV。

客户需要的供电电压等级在110kV及以上时，其受电装置应作为终端变电站设计。

7.3 确定供电电压等级的一般原则

7.3.1 客户的供电电压等级应根据当地电网条件、客户分级、用电最大需量或受电设备总容量，经过技术经济比较后确定。除有特殊需要，供电电压等级一般可参照表1确定。

表1 客户供电电压等级的确定

供电电压等级/kV	受电变压器总容量
10	50kVA～10MVA
35	5MVA～40MVA
66	15MVA～40MVA
110	20MVA～100MVA
220	100MVA及以上

注 1. 无35kV电压等级的，10kV电压等级受电变压器总容量为50kVA～15MVA。
　　2. 供电半径超过本级电压规定时，可按高一级电压供电。

7.3.2 具有冲击负荷、波动负荷、非对称负荷的客户，宜采用由系统变电所新建线路或提高电压等级供电的供电方式。

7.5 高压供电

7.5.1 客户受电变压器总容量在50kVA～10MVA时（含10MVA），宜采用10kV供电。无35kV电压等级的地区，10kV电压等级的供电容量可扩大到15MVA。

7.5.2 客户受电变压器总容量在5MVA～40MVA时，宜采用35kV供电。

7.5.3 有66kV电压等级的电网，客户受电变压器总容量在15MVA～40MVA时，宜采用66kV供电。

7.5.4 客户受电变压器总容量在20MVA～100MVA时，宜采用110kV及以上电压等级供电。

7.5.5 客户受电变压器总容量在100MVA及以上，宜采用220kV及以上电压等级供电。

7.5.6 10kV及以上电压等级供电的客户，当单回路电源线路容量不满足负荷需求且附近无上一级电压等级供电时，可合理增加供电回路数，采用多回路供电。

8 供电电源及自备应急电源配置

8.1 供电电源配置的一般原则

8.1.1 供电电源应依据客户分级、用电性质、用电容量、生产特性以及当地供电条件等因素，经过技术经济比较、与客户协商后确定。

8.1.1.2 二级重要电力客户应采用双电源或双回路供电。

8.1.2 双电源、多电源供电时宜采用同一电压等级电源供电，供电电源的切换时间和切换方式要满足重要电力客户允许中断供电时间的要求。

8.1.3 根据客户分级和城乡发展规划，选择采用架空线路、电缆线路或架空—电缆线路供电。

8.2 供电电源点确定的一般原则

8.2.1 电源点应具备足够的供电能力，能提供合格的电能质量，满足客户的用电需求，保证接电后电网安全运行和客户用电安全。

8.2.2 对多个可选的电源点，应进行技术经济比较后确定。

8.2.3 根据客户分级和用电需求，确定电源点的回路数和种类。

8.2.4 根据城市地形、地貌和城市道路规划要求，就近选择电源点。路径应短捷顺直，减少与道路交叉，避免近电远供、迂回供电。

8.3 自备应急电源配置的一般原则

8.3.1 重要电力客户应配电变压器自备应急电源及非电性质的保安措施，满足保安负荷应急供电需要。

8.3.2 自备应急电源配置容量应至少满足全部保安负荷正常供电的需要。有条件的可设置专用应急母线。

8.3.3 自备应急电源的切换时间、切换方式、允许停电持续时间和电能质量应满足客户安全要求。

8.3.4 自备应急电源与电网电源之间应装设可靠的电气或机械闭锁装置，防止倒送电。

8.3.5 对于环保、防火、防爆等有特殊要求的用电场所，应选用满足相应要求的自备应急电源。

8.4 非电性质保安措施配置的一般原则。非电性质保安措施应符合客户的生产特点、负荷特性，满足无电情况下保证客户安全的需要。

9 电气主接线及运行方式的确定

9.1 确定电气主接线的一般原则

9.1.1 根据进出线回路数、设备特点及负荷性质等条件确定。

9.1.2 满足供电可靠、运行灵活、操作检修方便、节约投资和便于扩建等要求。

9.1.3 在满足可靠性要求的条件下，宜减少电压等级和简化接线等。

9.3 客户电气主接线

9.3.2 其电气主接线的确定应符合下列要求：

1. 35kV 及以上电压等级宜采用桥形、单母线分段、线路变压器组接线。装设两台及以上主变压器。中压侧应采用单母线分段接线。

2. 10kV 电压等级宜采用单母线分段、线路变压器组接线。装设两台及以上变压器。0.4kV 侧应采用单母线分段接线。

9.4 重要客户运行方式

9.4.3 二级客户可采用以下运行方式：

1. 两回及以上进线同时运行。

2. 一回进线主供另一回路冷备用。

9.4.4 不允许出现高压侧合环运行的方式。

【依据3】《国家电网有限公司十八项电网重大反事故措施（修订版）》（国家电网设备〔2018〕979号）

5.4.1 完善重要客户入网管理

5.4.1.1 供电企业应制定重要客户入网管理制度，制度应包括对重要客户在规划设计、接线方式、短路容量、电流开断能力、设备运行环境条件、安全性等各方面的要求，对重要客户设备验收标准及要求。

5.4.1.2 供电企业应做好重要客户业扩工程的设计审核、中间检查、竣工验收等工作，应督促重要客户自行选择的业扩工程设计、施工、设备选型符合现行国家、行业标准的要求。

5.4.1.3 对属于非线性、不对称负荷性质的重要客户，供电企业应要求客户进行电能质量测试评估。根据评估结果，重要客户应制订相应无功补偿方案并提交供电企业审核批准，保证其负荷产生的谐波成分及负序分量不对电网造成污染，不对供电企业及其自身供用电设备造成影响。

5.4.1.4 供电企业在与重要客户签订供用电合同时，应明确要求重要客户按照电力行业技术监督标准开展技术监督工作。

5.4.1.5 供电企业在与重要客户签订供用电合同时，当重要客户对电能质量的要求高于国家相关标准的，应明确要求其自行采取必要的技术措施。

5.4.2 合理配置供电电源点

5.4.2.3 二级重要电力客户应具备双回路供电条件，供电电源可以来自同一个变电站。

5.4.2.5 重要电力客户供电电源的切换时间和切换方式要满足重要电力客户保安负荷允许断电时

间的要求。对切换时间不能满足保安负荷允许断电时间要求的，重要电力用户应自行采取技术措施解决。

5.4.3 加强为重要客户供电的输变电设备运行维护

5.4.3.1 供电企业应根据国家相关标准、电力行业标准、国家电网公司制度，针对重要客户供电的输变电设备制订专门的运行规范、检修规范、反事故措施。

5.4.3.2 根据对重要客户供电的输变电设备实际运行情况，缩短设备巡视周期、设备状态检修周期。

5.4.4 督促重要客户合理配置自备应急电源

5.4.4.1 重要客户均应配置自备应急电源，自备应急电源配置容量至少应满足全部保安负荷正常启动和带负荷运行的要求。

5.4.4.2 重要客户的自备应急电源应与供电电源同步建设，同步投运。

5.4.4.3 重要客户自备应急电源启动时间、切换方式、持续供电时间、电能质量、使用场所应满足安全要求。

5.4.4.4 重要客户自备应急电源与电网电源之间应装设可靠的电气或机械闭锁装置，防止倒送电。

5.4.4.5 重要客户自备应急电源设备要符合国家有关安全、消防、节能、环保等技术规范和标准要求。

5.4.4.6 重要客户新装自备应急电源投入切换装置技术方案要符合国家有关标准和所接入电力系统安全要求。

5.4.4.7 重要电力客户应具备外部自备应急电源接入条件，有特殊供电需求客户及临时重要电力客户应配置外部应急电源接入装置。

5.4.5 协助重要客户开展受电设备和自备应急电源安全检查

5.4.5.1 供电企业及客户对各自拥有所有权的电力设施承担维护管理和安全责任，对发现的属于客户责任的安全隐患，供电企业应以书面形式告知客户，积极督促客户整改，同时向政府主管部门沟通汇报，争取政府支持，做到"通知、报告、服务、督导"四到位，建立政府主导、客户落实整改、供电企业提供技术服务的长效工作机制。

5.4.5.2 供电企业对特级、一级重要客户每3个月至少检查1次，对二级重要客户每6个月至少检查1次，对临时性重要客户根据其现场实际用电需要开展用电检查工作。

5.4.5.3 重要电力客户应按照国家和电力行业有关标准、规程和规范的要求，对受电设备定期进行安全检查、预防性试验，对自备应急电源定期进行安全检查、预防性试验、启机试验和切换装置的切换试验。

5.4.5.4 重要客户不应自行变更自备应急电源接线方式，不应自行拆除自备应急电源的闭锁装置或者使其失效，不应擅自将自备应急电源转供其他客户，自备应急电源发生故障后应尽快修复。

6.3.4 临时性重要电力用户

本条评价项目（见《评价》）的查评依据如下。

【依据1】《印发关于加强重要电力用户供电电源及自备应急电源配置监督管理的意见的通知》（电监安全〔2008〕43号）

一、明确重要电力用户范围和管理职能

（二）根据供电可靠性的要求以及中断供电危害程度，重要电力用户可以分为特级、一级、二级重要电力用户和临时性重要电力用户。

4. 临时性重要电力用户，是指需要临时特殊供电保障的电力用户。

二、合理配置供电电源和自备应急电源

（五）重要电力用户供电电源的配置至少应符合以下要求：

4. 临时性重要电力用户按照供电负荷重要性，在条件允许情况下，可以通过采用临时架线等方式，为具备双回路或两路以上电源供电条件。

【依据2】《国家电网公司业扩供电方案编制导则》（国家电网营销〔2010〕1247号）

4 确定供电方案的基本原则及要求

4.1 基本原则

4.1.1 应能满足供用电安全、可靠、经济、运行灵活、管理方便的要求，并留有发展余度。

4.1.2 符合电网建设、改造和发展规划要求，满足客户近期、远期对电力的需求，具有最佳的综合经济效益。

4.1.3 具有满足客户需求的供电可靠性及合格的电能质量。

4.1.4 符合相关国家标准、电力行业技术标准和规程，以及技术装备先进要求，并应对多种供电方案进行技术经济比较，确定最佳方案。

4.2 基本要求

4.2.1 根据电网条件以及客户的用电容量、用电性质、用电时间、用电负荷重要程度等因素，确定供电方式和受电方式。

4.2.2 根据重要客户的分级确定供电电源及数量、自备应急电源及非电性质的保安措施配置要求。

4.2.3 根据确定的供电方式及国家电价政策确定电能计量方式、用电信息采集终端安装方案。

4.2.4 根据客户的用电性质和国家电价政策确定计费方案。

4.2.5 客户自备应急电源及非电性质保安措施的配置、谐波负序治理的措施应与受电工程同步设计、同步建设、同步验收、同步投运。

4.2.6 对有受电工程的，应按照产权分界划分的原则，确定双方工程建设出资界面。

5 供电方案的基本内容

5.1 高压供电客户

（1）客户基本用电信息：户名、用电地址、行业、用电性质、负荷分级，核定的用电容量，拟定的客户分级。

（2）供电电源及每路进线的供电容量。

（3）供电电压等级，供电线路及敷设方式要求。

（4）客户电气主接线及运行方式，主要受电装置的容量及电气参数配置要求。

（5）计量点的设置，计量方式，计费方案，用电信息采集终端安装方案。

（6）无功补偿标准、应急电源及保安措施配置，谐波治理、继电保护、调度通信要求。

（7）受电工程建设投资界面。

（8）供电方案的有效期。

（9）其他需说明的事宜。

6 电力客户分级

6.1 重要电力客户的界定重要电力客户是指在国家或者一个地区（城市）的社会、政治、经济生活中占有重要地位，对其中断供电将可能造成人身伤亡、较大环境污染、较大政治影响、较大经济损失、社会公共秩序严重混乱的用电单位或对供电可靠性有特殊要求的用电场所。重要电力客户认定一般由各级供电企业或电力客户提出，经当地政府有关部门批准。

6.2 重要电力客户的分级

6.2.1.4 临时性重要电力客户，是指需要临时特殊供电保障的电力客户。

7 用电容量及供电电压等级的确定

7.1 用电容量的确定

7.1.1 用电容量确定的原则综合考虑客户申请容量、用电设备总容量，并结合生产特性兼顾主要用电设备同时率、同时系数等因素后确定。

7.1.2 高压供电客户

7.1.2.1 在满足近期生产需要的前提下，客户受电变压器应保留合理的备用容量，为发展生产留有余地。

7.1.2.2 在保证受电变压器不超载和安全运行的前提下，应同时考虑减少电网的无功损耗。一般客户的计算负荷宜等于变压器额定容量的70%～75%。

7.1.2.3 对于用电季节性较强、负荷分散性大的客户，可通过增加受电变压器台数、降低单台容量来提高运行的灵活性，解决淡季和低谷负荷期间因变压器轻负载导致损耗过大的问题。

7.2 供电额定电压

2. 高压供电：10、35（66）、110、220kV。

7.3 确定供电电压等级的一般原则

7.3.1 客户的供电电压等级应根据当地电网条件、客户分级、用电最大需量或受电设备总容量，经过技术经济比较后确定。除有特殊需要，供电电压等级一般可参照表1确定。

表1　　　　　　　　　　　　客户供电电压等级的确定

供电电压等级/kV	受电变压器总容量
10	50kVA～10MVA
35	5MVA～40MVA
66	15MVA～40MVA
110	20MVA～100MVA
220	100MVA 及以上

注 1. 无35kV电压等级的，10kV电压等级受电变压器总容量为50kVA～15MVA。
　　2. 供电半径超过本级电压规定时，可按高一级电压供电。

7.3.2 具有冲击负荷、波动负荷、非对称负荷的客户，宜采用由系统变电所新建线路或提高电压等级供电的供电方式。

7.5 高压供电

7.5.1 客户受电变压器总容量在50kVA～10MVA时（含10MVA），宜采用10kV供电。无35kV电压等级的地区，10kV电压等级的供电容量可扩大到15MVA。

7.5.2 客户受电变压器总容量在5MVA～40MVA时，宜采用35kV供电。

7.5.3 有66kV电压等级的电网，客户受电变压器总容量在15MVA～40MVA时，宜采用66kV供电。

7.5.4 客户受电变压器总容量在20MVA～100MVA时，宜采用110kV及以上电压等级供电。

7.5.5 客户受电变压器总容量在100MVA及以上时，宜采用220kV及以上电压等级供电。

7.5.6 10kV及以上电压等级供电的客户，当单回路电源线路容量不满足负荷需求且附近无上一级电压等级供电时，可合理增加供电回路数，采用多回路供电。

7.6 临时供电基建施工、市政建设、抗旱打井、防汛排涝、抢险救灾、集会演出等非永久性用电，可实施临时供电。具体供电电压等级取决于用电容量和当地的供电条件。

8 供电电源及自备应急电源配置

8.1 供电电源配置的一般原则

8.1.1 供电电源应依据客户分级、用电性质、用电容量、生产特性以及当地供电条件等因素，经过技术经济比较，与客户协商后确定。

8.1.1.3 临时性重要电力客户按照用电负荷重要性，在条件允许情况下，可以通过临时架线等方式满足双电源或多电源供电要求。

8.1.2 双电源、多电源供电时宜采用同一电压等级电源供电，供电电源的切换时间和切换方式要满足重要电力客户允许中断供电时间的要求。

8.1.3 根据客户分级和城乡发展规划，选择采用架空线路、电缆线路或架空—电缆线路供电。

8.2 供电电源点确定的一般原则

8.2.1 电源点应具备足够的供电能力，能提供合格的电能质量，满足客户的用电需求，保证接电后电网安全运行和客户用电安全。

8.2.2 对多个可选的电源点，应进行技术经济比较后确定。

8.3 自备应急电源配置的一般原则

8.3.1 对临时性重要电力客户可以租用应急发电车（机）满足保安负荷供电要求。

8.3.2 自备应急电源配置容量应至少满足全部保安负荷正常供电的需要。

8.3.3 自备应急电源的切换时间、切换方式、允许停电持续时间和电能质量应满足客户安全要求。

8.3.4 自备应急电源与电网电源之间应装设可靠的电气或机械闭锁装置，防止倒送电。

8.4 非电性质保安措施配置的一般原则

非电性质保安措施应符合客户的生产特点、负荷特性，满足无电情况下保证客户安全的需要。

9 电气主接线及运行方式的确定

9.1 确定电气主接线的一般原则

9.1.1 根据进出线回路数、设备特点及负荷性质等条件确定。

9.1.2 满足供电可靠、运行灵活、操作检修方便、节约投资和便于扩建等要求。

9.1.3 在满足可靠性要求的条件下，宜减少电压等级和简化接线等。

9.3 客户电气主接线

9.3.3 其电气主接线采用单母线或线路变压器组接线。

【依据3】《国家电网有限公司十八项电网重大反事故措施（修订版）》（国家电网设备〔2018〕979号）

5.4.1 完善重要客户入网管理

5.4.1.1 供电企业应制定重要客户入网管理制度，制度应包括对重要客户在规划设计、接线方式、短路容量、电流开断能力、设备运行环境条件、安全性等各方面的要求；对重要客户设备验收标准及要求。

5.4.1.2 供电企业应做好重要客户业扩工程的设计审核、中间检查、竣工验收等工作，应督促重要客户自行选择的业扩工程设计、施工、设备选型符合现行国家、行业标准的要求。

5.4.1.3 对属于非线性、不对称负荷性质的重要客户，供电企业应要求客户进行电能质量测试评估。根据评估结果，重要客户应制订相应无功补偿方案并提交供电企业审核批准，保证其负荷产生的谐波成分及负序分量不对电网造成污染，不对供电企业及其自身供用电设备造成影响。

5.4.1.4 供电企业在与重要客户签订供用电合同时，应明确要求重要客户按照电力行业技术监督标准开展技术监督工作。

5.4.1.5 供电企业在与重要客户签订供用电合同时，当重要客户对电能质量的要求高于国家相关标准的，应明确要求其自行采取必要的技术措施。

5.4.2 合理配置供电电源点

5.4.2.4 临时性重要电力客户，按照供电负荷重要性，在条件允许情况下，可以通过临时架线等方式具备双回路或两路以上电源供电条件。

5.4.2.5 重要电力客户供电电源的切换时间和切换方式要满足重要电力客户保安负荷允许断电时间的要求。对切换时间不能满足保安负荷允许的断电时间要求的，重要电力用户应自行采取技术措施解决。

5.4.3 加强为重要客户供电的输变电设备运行维护

5.4.3.1 供电企业应根据国家相关标准、电力行业标准、国家电网有限公司制度，针对重要客户供电的输变电设备制定专门的运行规范、检修规范、反事故措施。

5.4.3.2 根据对重要客户供电的输变电设备实际运行情况，缩短设备巡视周期、设备状态检修周期。

5.4.4 督促重要客户合理配置自备应急电源

5.4.4.1 重要客户均应配置自备应急电源，自备应急电源配置容量至少应满足全部保安负荷正常启动和带负荷运行的要求。

5.4.4.2　重要客户的自备应急电源应与供电电源同步建设、同步投运。

5.4.4.3　重要客户自备应急电源启动时间、切换方式、持续供电时间、电能质量、使用场所应满足安全要求。

5.4.4.4　重要客户自备应急电源与电网电源之间应装设可靠的电气或机械闭锁装置，防止倒送电。

5.4.4.5　重要客户自备应急电源设备要符合国家有关安全、消防、节能、环保等技术规范和标准要求。

5.4.4.6　重要客户新装自备应急电源投入切换装置技术方案要符合国家有关标准和所接入电力系统安全要求。

5.4.4.7　重要电力客户应具备外部自备应急电源接入条件，有特殊供电需求及临时重要电力客户应配置外部应急电源接入装置。

5.4.5　协助重要客户开展受电设备和自备应急电源安全检查。

5.4.5.1　供电企业及客户对各自拥有所有权的电力设施承担维护管理和安全责任，对发现的属于客户责任的安全隐患，供电企业应以书面形式告知客户，积极督促客户整改，同时向政府主管部门沟通汇报，争取政府支持，做到"通知、报告、服务、督导"四到位。建立政府主导、客户落实整改、供电企业提供技术服务的长效工作机制。

5.4.5.2　供电企业对特级、一级重要客户每3个月至少检查1次，对二级重要客户每6个月至少检查1次，对临时性重要客户根据其现场实际用电需要开展用电检查工作。

5.4.5.3　重要电力客户应按照国家和电力行业有关标准、规程和规范的要求，对受电设备定期进行安全检查、预防性试验，对自备应急电源定期进行安全检查、预防性试验、启机试验和切换装置的切换试验。

5.4.5.4　重要客户不应自行变更自备应急电源接线方式，不应自行拆除自备应急电源的闭锁装置或者使其失效，不应擅自将自备应急电源转供其他客户，自备应急电源发生故障后应尽快修复。

6.3.5　用户注入谐波

本条评价项目（见《评价》）的查评依据如下。

【依据1】《城市电力网规划设计导则》（能源电〔1993〕228号）

7.2　畸变负荷用户

7.2.1　各类工矿企业和运输以及家用电器等用电的非线性负荷，例如各种硅整流器、变频调速装置、电弧炉、电气化铁道、空调等设备，引起电网电压及电流的畸变，通称为谐波。谐波会造成大量的危害（电机发热、振动，继电保护误动，电容器烧损，仪表不准，通信干扰等）。用户注入电网的谐波电流及电网的电压畸变率必须符合《电能质量—公用电网谐波》（GB/T 14549）、《低压电气及电子设备发出的谐波电流限值》（GB 17625.1）等的要求，否则应采取措施，例如加装有源或无源滤波器，静止无功补偿装置，电力电容器加装串联电抗器等以保证电网和设备的安全、经济运行。

7.2.2　畸变负荷用户所造成的谐波污染，按照谁污染谁治理的原则进行治理。

【依据2】《供电营业规则》（1996年10月8日中华人民共和国电力工业部第8号令）

第五章　供电质量与安全供用电

第五十五条　电网公共连接点电压正弦波畸变率和用户注入电网的谐波电流不得超过国家标准GB/T 14549—93的规定。用户的非线性阻抗性的用电设备接入电网运行的注入的谐波电流和引起公共连接点电压正弦波畸变率超过标准时，用户必须采取措施予以消除。否则，供电企业可中止对其供电。

第五十六条　用户的冲击负荷、波动负荷、非对称负荷对供电质量产生影响或对安全运行构成干扰和妨碍时，用户必须采取措施予以消除。如不采取措施或采取措施不力，达不到国家标准GB 12326—90或GB—1995规定的要求时，供电企业可中止对其供电。

第五十八条　供电企业和用户应共同加强对电能质量的管理。因电能质量某项指标不合格而引起责任纠纷时，不合格的质量责任由电力管理部门认定的电能质量技术检测机构负责技术仲裁。

【依据3】《电能质量公用电网谐波》（GB/T 14549—1993）

4　谐波电压限值。公用电网谐波电压（相电压）限值见表1。

表1　　　　　　　　　　　　　公用电网谐波电压（相电压）限值

电网标称电压/kV	电压总谐波畸变率（%）	各次谐波电压含有率（%）	
		奇次	偶次
0.38	5	4	2
6	4	3.2	1.6
10			
35	3	2.4	1.2
66			
110	2	1.6	0.8

5　谐波电流允许值

5.1　公共连接点的全部用户向该点注入的谐波电流分量（方均根值）不应超过表2中规定的允许值。

表2　　　　　　　　　　　　注入公共连接点的谐波电流允许值

标准电压/kV	基准短路容量/MVA	谐波次数及谐波电流允许值/A																							
		2	3	4	5	6	7	8	9	10	11	12	13	14	15	16	17	18	19	20	21	22	23	24	25
0.38	10	78	62	39	62	26	44	19	21	16	28	13	24	11	12	9.7	18	8.6	16	7.8	8.9	7.1	14	6.5	12
6	100	43	34	21	34	17	24	11	11	8.5	16	7.1	13	6.1	6.8	5.3	10	4.7	9	4.3	4.9	3.9	7.4	3.6	6.8
10	100	26	20	13	20	8.5	15	6.4	6.8	5.1	9.3	4.3	7.9	3.7	4.1	3.2	6	2.8	5.4	2.6	2.9	2.3	4.5	2.1	4.1
35	250	15	12	7.7	12	5.1	8.8	3.8	4.1	3.1	5.6	2.6	4.7	2.2	2.5	1.9	3.6	1.7	3.2	1.5	1.8	1.4	2.7	1.3	2.5
66	500	16	13	8.1	13	5.4	9.3	4.1	4.3	3.3	5.9	2.7	5	2.6	2.6	2	3.8	1.8	3.4	1.6	1.9	1.5	2.8	1.4	2.6
110	750	12	9.6	6	9.6	4	6.8	3	3.2	2.4	4.3	2	3.7	1.9	1.9	1.5	2.8	1.3	2.5	1.2	1.4	1.1	2.1	1	1.9

注　220kV 基准短路容量取 2000MVA。

5.2　同一公共连接点的每个用户向电网注入的谐波电流允许值按此用户在该点的协议容量与其公共连接点的供电设备容量之比进行分配。

【依据4】《低压电气及电子设备发出的谐波电流限值》（GB 17625.1—1998）

采取加装无源或有源滤波器、电力电容器、串联电抗器等。

【依据5】《国家能源局关于印发防止电力生产事故的二十五项重点要求》国能安全〔2014〕161号

22.3.2.1　供电企业对属于非线性、不对称负荷性质的重要用户应进行电能质量测试评估，根据评估结果，重要用户应制订相应电能质量治理方案并提交供电企业评审，保证其负荷产生的谐波成分及负序分量不对电网造成污染，不对供电企业及其自身供用电设备造成影响。

22.3.5.3　对属于用户责任的安全隐患，供电企业用电检查人员应以书面形式告知用户，积极督促用户整改，同时向政府主管部门沟通汇报，争取政府支持，建立政府主导、用户落实整改、供电企业提供技术支持的长效工作机制。

6.3.6　冲击负荷及波动负荷

本条评价项目（见《评价》）的查评依据如下。

【依据1】《城市电力网规划设计导则》（能源电〔1993〕228号）

7.3　冲击负荷、波动负荷用户

7.3.1　冲击负荷及波动负荷（短路试验负荷、电气化铁道、电弧炉、电焊机、轧钢机等）引起电网电压波动、闪变，使电能质量严重恶化，危及电机等电力设备正常运行，引起灯光闪烁，影响生产和生活。这类负荷应经过治理后符合《电能质量—电压波动和闪变》（GB 12326—2000）的要求，方可接入城网。

7.3.2 为限制冲击、波动等负荷对电网产生电压波动和闪变，除要求用户采取就地装置静止无功补偿设备和改善其运行工况等措施外，供电企业可根据项目接入系统研究报告和城网实际情况制定可行的供电方案，必要时可采用提高接入系统电压等级，增加供电电源的短路容量，减少线路阻抗等措施。

【依据2】《电能质量 电压波动和闪变》（GB/T 12326—2008）

4 电压波动的限值

任何一个波动负荷用户在电力系统公共连接点产生的电压变动，其限值和电压变动频度、电压等级有关。对于电压变动频度较低（例如 $r \leqslant 1000$ 次/h）或规则的周期性电压波动，可通过测量电压方均根值曲线 $U(t)$ 确定其电压变动频度和电压变动值。电压波动限值见表1。

表1 电压波动限值

$R/(次/h)$	$d(\%)$	
	LV、MV	HV
$r \leqslant 1$	4	3
$1 < r \leqslant 10$	3*	2.5*
$10 < r \leqslant 100$	2	1.5
$100 < r \leqslant 1000$	1.25	1

注 1. 很少的变动频度（每日少于1次），电压变动限值 d 还可以放宽，但不在本标准中规定。
2. 对于随机性不规则的电压波动，如电弧炉负荷引起的电压波动，表中标有"*"的值为其限值。
3. 参照 GB/T 156—2007，本标准中系统标称电压 U_n 等级按以下划分：
低压（LV） $\leqslant 1kV$
中压（MV） $1kV < U_n \leqslant 35kV$
高压（HV） $35kV < U_n \leqslant 220kV$
对于 220kV 以上超高压（EHV）系统的电压波动限值可参照高压（HV）系统执行。

5 闪变的限值

5.1 在系统正常运行的较小方式下，电力系统公共连接点以一周（168h）为测量周期，所有长时间闪变值都应满足表2闪变限值的要求。

表2 闪变限值

$P1_t$	
$\leqslant 110kV$	$> 110kV$
1	0.8

5.2 任何一个波动负荷用户在电力系统公共连接点单独引起的闪变值一般应满足下列要求。

5.2.1 电力系统正常运行的较小方式下，波动负荷处于正常、连续工作状态，以一天（24h）为测量周期，并保证波动负荷的最大工作周期包括在内，测量获得的最大长时间闪变值的波动负荷退出时的背景闪变值，通过下列计算获得波动负荷单独引起的长时间闪变值：

$$P_{lt2} = \sqrt[3]{P_{lt1}^3 - P_{lt0}^3}$$ (1)

式中 P_{lt1}——波动负荷投入时的长时间闪变测量值；

P_{lt0}——背景闪变值，是波动负荷退出时一段时间内长时间闪变测量值；

P_{lt2}——波动负荷单独引起的长时间闪变值。

根据用户负荷大小、其协议用电容量占总供电容量的比例以及电力系统公共连接点的状况，波动负荷单独引起的闪变值分别按三级作不同的规定和处理。

5.2.2 第一级规定。满足本级规定，可以不往闪变核算允许接入电网。

a）对于 LV 和 MV 用户，第一级限值见表3。

表3 对于 LV 和 MV 用户，第一级限值

$r/(次/min)$	$k=(\Delta S/S_{sc})_{max}$（%）
$r\leqslant 10$	0.4
$10\leqslant r\leqslant 200$	0.2
$200<r$	0.1

注 表中 ΔS 为波动负荷在功率的变动；S_{sc} 为 PCC 短路容量。

b）对于 HV 用户，满足$(\Delta S/S_{sc})_{max}<0.1\%$。

c）满足 $P_{lt}<0.25$ 的单个波动负荷用户。

d）符合 GB 17625.2 和 GB/Z 17625.3 的低压用电设备。

5.2.3 第二级规定。波动负荷单独引起的长时间闪变值须小于该负荷用户的闪变限值。

每个用户按其协议用电容量 S_i（$S_i=P_i/\cos\varphi_i$）和总供电容量 S_t 之比，考虑上一级对下一级闪变传递的影响（下一级对上一级的传递一般忽略）等因素后确定该用户的闪变限值。单个用户闪变限值的计算方法如下：

首先求出接于 PCC 点的全部负荷产生闪变的总限值 G：

$$G=\sqrt[3]{L_P^3-T^3L_H^3} \tag{2}$$

式中 L_P——PCC 点对应电压等级的长时间闪变值 P_{lt} 限值；

L_H——上一电压等级的长时间闪变值 P_{lt} 限值；

T——上一电压等级对下一电压等级的闪变传递函数，推荐为 0.8。不考虑超高压（EHV）系统对下一级电压系统的闪变传递。各电压等级的闪变限值见表2。

单个用户闪变限值 E_i 为

$$E_i=G\sqrt[3]{\frac{S_i}{S_t}\cdot\frac{1}{F}} \tag{3}$$

式中 F——波动负荷的同时系数，其典型值为 $F=0.2\sim0.3$（但必须满足 $S_i/F\leqslant S_t$），高压（HV）系统 PCC 总容量 S_{HV} 确定方法见附录 B。

5.2.4 第三级规定。不满足第二级规定的单个波动负荷用户，经过治理后仍超过其闪变限值的，可根据 PCC 点实际闪变情况和电网的发展预测适当放宽限值，但 PCC 点的闪变值必须符合5.1的规定。

6.3.7 三相不对称负荷用户引起公用电网的电压不平衡度

本条评价项目（见《评价》）的查评依据如下。

【依据1】《城市电力网规划设计导则》（能源电〔1993〕228号）

7.4 不对称负荷用户

7.4.1 不对称负荷（电弧炉、电气机车以及单相负荷等）将引起负序电流，从而导致三相电压不平衡，会造成许多危害（使电机发热、振动，继电保护误动，低压中性线过载等）。电网中一般不平衡度通常以负序电压与正序电压之比的百分数来计算衡量。电网中电压不平衡度必须符合国标《电能质量——三相电压允许不平衡度》（GB/T 15543—1995），否则应采取平衡化的技术措施（调整二相负荷以及 7.3.2 中措施）。

7.4.2 380/220V 用户在 30A 以下的单相负荷，可以单相供电，超过 30A 的可采用三相供电。

7.4.3 中压用户若采用单相供电时，应力求将多台负荷设备平衡分布在三相线路上。

7.4.4 10kV 及以上的（电气机车）或虽是三相负荷而有可能不对称运行（电渣重熔炉等）的大型设备，若三相用电不平衡电流超过供电设备额定电流的 10% 时，应核算电压不平衡度。

6.3.8 高层建筑供电

本条评价项目（见《评价》）的查评依据如下。

【依据1】《城市电力网规划设计导则》（能源电〔1993〕228号）

7.5 高层建筑用户

7.5.1 高层建筑用户因楼层高、功能复杂、火警发生后人员疏散与扑救困难等因素，其供电应符

合《高层民用建筑设计防火规范》（GB 50045—95）的要求。

7.5.2 十层及以上的住宅建筑（包括底层设置商业服务网点的住宅）以及高度超过 24m 的其他民用建筑除正常供电电探外，还应供给备用电源。

7.5.3 十九层及以上的办公楼、高级宾馆或高度超过 50m 以上的科研楼、图书馆、档案馆和大型公共场馆等建筑，由于其功能复杂，停电后或发生火灾后损失严重，除应提供正常电源与备用电源外，用户还应自备应急保安电源。

7.5.5 高层建筑应根据供电方式预留变、配电站和电能表的适当位置，配电站根据负荷大小，可以集中布置，也可以分散布置，还可以在建筑物内分在几层，分别在负荷中心布置。

7.5.6 设置在高层建筑内的配电室必须采用干式变压器和无油开关的配电装置。

7.5.7 贴附在高层建筑外侧的配电室应采用无油开关和干式变压器，如采用充油变压器时必须设置在专用房间内。高层建筑物的配电室、变压器室、低压配电室等，必须有火灾报警装置和自动灭火装置。

【依据2】《建筑设计防火规范》（GB 50016—2014）

10.1.3 除本规范第 10.1.1 条和第 10.1.2 条外的建筑物、储罐（区）和堆场等的消防用电，可按三级负荷供电。

10.1.4 消防用电按一、二级负荷供电的建筑，当采用自备发电设备作备用电源时，自备发电设备应设置自动和手动启动装置。当采用自动启动方式时，应能保证在 30s 内供电。

不同级别负荷的供电电源应符合现行国家标准《供配电系统设计规范》GB 50052 的规定。

10.1.5 建筑内消防应急照明和灯光疏散指示标志的备用电源的连续供电时间应符合下列规定：

1 建筑高度大于 100m 的民用建筑，不应小于 1.5h；

2 医疗建筑、老年人照料设施、总建筑面积大于 100000m² 的公共建筑和总建筑面积大于 20000m² 的地下、半地下建筑，不应少于 1.0h；

3 其他建筑，不应少于 0.5h。

10.1.6 消防用电设备应采用专用的供电回路，当建筑内的生产、生活用电被切断时，应仍能保证消防用电。

备用消防电源的供电时间和容量，应满足该建筑火灾延续时间内各消防用电设备的要求。

10.1.7 消防配电干线宜按防火分区划分，消防配电支线不宜穿越防火分区。

10.1.8 消防控制室、消防水泵房、防烟和排烟风机房的消防用电设备及消防电梯等的供电，应在其配电线路的最末一级配电箱处设置自动切换装置。

10.1.9 按一、二级负荷供电的消防设备，其配电箱应独立设置；按三级负荷供电的消防设备，其配电箱宜独立设置。

消防配电设备应设置明显标志。

10.1.10 消防配电线路应满足火灾时连续供电的需要，其敷设应符合下列规定：

1 明敷时（包括敷设在吊顶内），应穿金属导管或采用封闭式金属槽盒保护，金属导管或封闭式金属槽盒应采取防火保护措施；当采用阻燃或耐火电缆并敷设在电缆井、沟内时，可不穿金属导管或采用封闭式金属槽盒保护；当采用矿物绝缘类不燃性电缆时，可直接明敷；

2 暗敷时，应穿管并应敷设在不燃性结构内且保护层厚度不应小于 30mm；

3 消防配电线路宜与其他配电线路分开敷设在不同的电缆井、沟内；确有困难需敷设在同一电缆井、沟内时，应分别布置在电缆井、沟的两侧，且消防配电线路应采用矿物绝缘类不燃性电缆。

10.2 电力线路及电器装置

10.2.1 架空电力线与甲、乙类厂房（仓库），可燃材料堆垛，甲、乙、丙类液体储罐，液化石油气储罐，可燃、助燃气体储罐的最近水平距离应符合表 10.2.1 的规定。

35kV 及以上架空电力线与单罐容积大于 200m³ 或总容积大于 1000m³ 液化石油气储罐（区）的最近水平距离不应小于 40m。

10.2.2 电力电缆不应和输送甲、乙、丙类液体管道、可燃气体管道、热力管道敷设在同一管沟内。

表 10.2.1 架空电力线与甲、乙类厂房（仓库）、可燃材料堆垛等的最近水平距离 m

名称	架空电力线
甲、乙类厂房（仓库），可燃材料堆垛，甲、乙类液体储罐，液化石油气储罐，可燃、助燃气体储罐	电杆（塔）高度的 1.5 倍
直埋地下的甲、乙类液体储罐和可燃气体储罐	电杆（塔）高度的 0.75 倍
丙类液体储罐	电杆（塔）高度的 1.2 倍
直埋地下的丙类液体储罐	电杆（塔）高度的 0.6 倍

10.2.3 配电线路不得穿越通风管道内腔或直接敷设在通风管道外壁上，穿金属导管保护的配电线路可紧贴通风管道外壁敷设。

配电线路敷设在有可燃物的闷顶、吊顶内时，应采取穿金属导管、采用封闭式金属槽盒等防火保护措施。

10.2.4 开关、插座和照明灯具靠近可燃物时，应采取隔热、散热等防火措施。

卤钨灯和额定功率不小于 100W 的白炽灯泡的吸顶灯、槽灯、嵌入式灯，其引入线应采用瓷管、矿棉等不燃材料作隔热保护。

额定功率不小于 60W 的白炽灯、卤钨灯、高压钠灯、金属卤化物灯、荧光高压汞灯（包括电感镇流器）等，不应直接安装在可燃物体上或采取其他防火措施。

10.2.5 可燃材料仓库内宜使用低温照明灯具，并应对灯具的发热部件采取隔热等防火措施，不应使用卤钨灯等高温照明灯具。

配电箱及开关应设置在仓库外。

10.2.6 爆炸危险环境电力装置的设计应符合现行国家标准《爆炸危险环境电力装置设计规范》GB 50058 的规定。

10.2.7 老年人照料设施的非消防用电负荷应设置电气火灾监控系统。下列建筑或场所的非消防用电负荷宜设置电气火灾监控系统：

1 建筑高度大于 50m 的乙、丙类厂房和丙类仓库，室外消防用水量大于 30L/s 的厂房（仓库）；

2 一类高层民用建筑；

3 座位数超过 1500 个的电影院、剧场，座位数超过 3000 个的体育馆，任一层建筑面积大于 3000m² 的商店和展览建筑，省（市）级及以上的广播电视、电信和财贸金融建筑，室外消防用水量大于 25L/s 的其他公共建筑；

4 国家级文物保护单位的重点砖木或木结构的古建筑。

10.3 消防应急照明和疏散指示标志

10.3.1 除建筑高度小于 27m 的住宅建筑外，民用建筑、厂房和丙类仓库的下列部位应设置疏散照明：

1 封闭楼梯间、防烟楼梯间及其前室、消防电梯间的前室或合用前室、避难走道、避难层（间）；

2 观众厅、展览厅、多功能厅和建筑面积大于 200m² 的营业厅、餐厅、演播室等人员密集的场所；

3 建筑面积大于 100m² 的地下或半地下公共活动场所；

4 公共建筑内的疏散走道；

5 人员密集的厂房内的生产场所及疏散走道。

10.3.2 建筑内疏散照明的地面最低水平照度应符合下列规定：

1 对于疏散走道，不应低于 1.0lx；

2 对于人员密集场所、避难层（间），不应低于 3.0lx；对于老年人照料设施、病房楼或手术部的避难间，不应低于 10.0lx；

3 对于楼梯间、前室或合用前室、避难走道，不应低于 5.0lx；对于人员密集场所、老年人照料设施、病房楼或手术部内的楼梯间、前室或合用前室、避难走道，不应低于 10.0lx。

10.3.3　消防控制室、消防水泵房、自备发电机房、配电室、防排烟机房以及发生火灾时仍需正常工作的消防设备房应设置备用照明，其作业面的最低照度不应低于正常照明的照度。

10.3.4　疏散照明灯具应设置在出口的顶部、墙面的上部或顶棚上；备用照明灯具应设置在墙面的上部或顶棚上。

10.3.5　公共建筑、建筑高度大于54m的住宅建筑、高层厂房（库房）和甲、乙、丙类单、多层厂房，应设置灯光疏散指示标志，并应符合下列规定：

1　应设置在安全出口和人员密集的场所的疏散门的正上方；

2　应设置在疏散走道及其转角处距地面高度1.0m以下的墙面或地面上。灯光疏散指示标志的间距不应大于20m；对于袋形走道，不应大于10m；在走道转角区，不应大于1.0m。

10.3.7　建筑内设置的消防疏散指示标志和消防应急照明灯具，除应符合本规范的规定外，还应符合现行国家标准《消防安全标志》GB 13495和《消防应急照明和疏散指示系统》GB 17945的规定。

【依据3】《民用建筑电气设计规范》（JGJ 16—2008）

4.3.5　设置在民用建筑中的变压器，应选干式、气体绝缘或非可燃性液体绝缘的变压器。当单台变压器油量为100kg及以上时，应设置单独的变压器室。

4.9　对土建专业的要求

4.9.2　配变电所的门，应为防火门，并应符合以下要求：

1. 配变电所位于高层主体建筑（或裙房）内，通向其他相邻房间的门应为甲级防火门，通向过道的门应为乙级防火门。

2. 配变电所位于建筑物的二层或更高层通向其他相邻房间的门，应为甲级防火门，通向走道的门应为乙级防火门。

3. 配变电所位于多层建筑物的一层时，通向相邻房间或走道的门应为乙级防火门。

4. 配变电所位于地下层时，通向相邻房间或走道的门应为甲级防火门。

5. 配变电所附近堆有易燃物品或通向汽车库的门应为甲级防火门。

6. 配变电所直接通向室外的门，应为丙级防火门。

7.4.2　低压配电导体截面的选择应符合下列要求：

1. 按敷设方式、环境条件确定的导体截面，其导体载流量不应小于预期负荷的最大计算电流和按保护条件所确定的电流；

2. 电压损失不应超过允许值；

3. 应满足动稳定与热稳定的要求；导体最小截面应满足机械强度的要求，配电线路每一相导体截面不应小于表7.4.2的规定。

表7.4.2　　　　　　　　　　　导 体 最 小 允 许 截 面

布线系统形式	线路用途	导体最小截面（mm²）	
		铜	铝
固定敷设的电缆和绝缘电线	电力和照明线路	1.5	2.5
	信号和控制线路	0.5	—
固定敷设的裸导体	电力（供电）线路	10	16
	信号和控制线路	4	—
用绝缘电线和电缆的柔性连接	任何用途	0.75	—
	特殊用途的特低压电路	0.75	—

7.4.6　外界可导电部分，严禁用作PEN导体。

7.5.2　在TN-C系统中，严禁断开PEN导体，不得装设断开PEN导体的电器。

7.6.2　配电线路的短路保护应在短路电流对导体和连接件产生的热效应和机械力造成危险之前切断短路电流。

7.6.4　配电线路的过负荷保护，应在过负荷电流引起的导体温升对导体的绝缘、接头、端子或导体周围的物质造成损害前切断负荷电流。对于突然断电比过负荷造成的损失更大的线路，该线路的过负荷保护应作用于信号而不应切断电路。

7.7.5　对于相导体对地标称电压为 220V 的 TN 系统配电线路的接地故障保护，其切断故障回路的时间应符合下列要求：

1. 对于配电线路或仅供给固定式电气设备用电的末端线路，不应大于 5s；

2. 对于供电给手持式电气设备和移动式电气设备的末端线路或插座回路，不应大于 0.4s。

6.3.9　城市供电可靠率、大中城市中心区供电可靠率

本条评价项目（见《评价》）的查评依据如下。

【依据1】《供电监管办法》（国家电力监管委员会第 27 号令）

第二章　监管内容

第六条　电力监管机构对供电企业的供电能力实施监管。

供电企业应当加强供电设施建设，具有能够满足其供电区域内用电需求的供电能力，保障供电设施的正常运行。

第七条　电力监管机构对供电企业的供电质量实施监管。

在电力系统正常的情况下，供电企业的供电质量应当符合下列规定：

（一）向用户提供的电能质量符合国家标准或者电力行业标准。

（二）城市地区年供电可靠率不低于 99%，城市居民用户受电端电压合格率不低于 95%，10kV 以上供电用户受电端电压合格率不低于 98%。

（三）农村地区年供电可靠率和农村居民用户受电端电压合格率符合派出机构的规定。派出机构有关农村地区年供电可靠率和农村居民用户受电端电压合格率的规定，应当报电监会备案。

供电企业应当审核用电设施产生谐波、冲击负荷的情况，按照国家有关规定拒绝不符合规定的用电设施接入电网。用电设施产生谐波、冲击负荷影响供电质量或者干扰电力系统安全运行的，供电企业应当及时告知用户采取有效措施予以消除；用户不采取措施或者采取措施不力，产生的谐波、冲击负荷仍超过国家标准的，供电企业可以按照国家有关规定拒绝其接入电网或者中止供电。

第八条　电力监管机构对供电企业设置电压监测点的情况实施监管。

供电企业应当按照下列规定选择电压监测点：

（一）35kV 专线供电用户和 110kV 以上供电用户应当设置电压监测点。

（二）35kV 非专线供电用户或者 66kV 供电用户、10（6、20）kV 供电用户，每 10000kW 负荷选择具有代表性的用户设置 1 个以上电压监测点，所选用户应当包括对供电质量有较高要求的重要电力用户和变电站 10（6、20）kV 母线所带具有代表性线路的末端用户。

（三）低压供电用户，每百台配电变压器选择具有代表性的用户设置 1 个以上电压监测点，所选用户应当是重要电力用户和低压配电网的首末两端用户。

供电企业应当于每年 3 月 31 日前将上一年度设置电压监测点的情况报送所在地派出机构。

供电企业应当按照国家有关规定选择、安装、校验电压监测装置，监测和统计用户电压情况。监测数据和统计数据应当及时、真实、完整。

【依据2】《关于发布国家电网公司员工服务行为"十个不准""三公"调度"十项措施"和供电服务"十项承诺"的通知》（国家电网办〔2011〕1493 号）

1. 城市地区：供电可靠率不低于 99.90%，居民客户端电压合格率不低于 96%；农村地区：供电可靠率和居民客户端电压合格率，经国家电网公司核定后，由各省（自治区、直辖市）电力公司公布承诺指标。

【依据3】《供电营业规则》（1996 年 10 月 8 日中华人民共和国电力工业部第 8 号令）

第五章　供电质量与安全供用电

第五十七条　供电企业应不断改善供电可靠性，减少设备检修和电力系统事故造成的对用户的停电次数及每次停电持续时间。供用电设备计划检修应做到统一安排。供用电设备计划检修时，对

35kV 及以上电压供电的用户的停电次数，每年不应超过一次；对 10kV 供电的用户，每年不应超过三次。

6.3.10　客户注入电网的谐波电流以及冲击负荷、波动负荷、非对称负荷

本条评价项目（见《评价》）的查评依据如下。

【依据1】《供电营业规则》（1996 年 10 月 8 日中华人民共和国电力工业部第 8 号令）

第五章　供电质量与安全供用电

第五十五条　电网公共连接点电压正弦波畸变率和用户注入电网的谐波电流不得超过国家标准 GB/T 14549—93 的规定。

用户的非线性阻抗特性的用电设备接入电网运行所注入电网的谐波电流和引起公共连接点电压正弦波畸变率超过标准时，用户必须采取措施予以消除。否则，供电企业可中止对其供电。

第五十六条　用户的冲击负荷、波动负荷、非对称负荷对供电质量产生影响或对安全运行构成干扰和妨碍时，用户必须采取措施予以消除。如不采取措施或采取措施不力，达不到国家标准 GB 12326—90 或 GB/T 15543—1995 规定的要求时，供电企业可中止对其供电。

第五十八条　供电企业和用户应共同加强对电能质量的管理。因电能质量某项指标不合格而引起责任纠纷时，不合格的质量责任由电力管理部门认定的电能质量技术检测机构负责技术仲裁。

【依据2】《电能质量　公用电网谐波》（GB/T 14549—1993）

4　谐波电压限值

表 1　　　　　　　　　　　　公用电网谐波电压（相电压）限值

电网标称电压/kV	电压总谐波畸变率（%）	各次谐波电压含有率（%）	
		奇次	偶次
0.38	5	4	2
6	4	3.2	1.6
10			
35	3	2.4	1.2
66			
110	2	1.6	0.8

5　谐波电流允许值

5.1　公共连接点的全部用户向该点注入的谐波电流分量（方均根值）不应超过表 2 中规定的允许值。当公共连接点处的最小短路容量不同于基准短路容量时，表 2 中的谐波电流允许值的换算见附录 B（补充件）。

表 2　　　　　　　　　　　　注入公共连接点的谐波电流允许值

标准电压/kV	基准短路容量/MVA	谐波次数及谐波电流允许值/A																							
		2	3	4	5	6	7	8	9	10	11	12	13	14	15	16	17	18	19	20	21	22	23	24	25
0.38	10	78	62	39	62	26	44	19	21	16	28	13	24	11	12	9.7	18	8.6	16	7.8	8.9	7.1	14	6.5	12
6	100	43	34	21	34	14	24	11	11	8.5	16	7.1	13	6.1	6.8	5.3	10	4.7	9	4.3	4.9	3.9	7.4	3.6	6.8
10	100	26	20	13	20	8.5	15	6.4	6.8	5.1	9.3	4.3	7.9	3.7	4.1	3.2	6	2.8	5.4	2.6	2.9	2.3	4.5	2.1	4.1
35	250	15	12	7.7	12	5.1	8.8	3.8	4.1	3.1	5.6	2.6	4.7	2.2	2.5	1.9	3.6	1.7	3.2	1.5	1.8	1.4	2.7	1.3	2.5
66	500	16	13	8.1	13	5.4	9.3	4.1	4.3	3.3	5.9	2.7	5	2.6	2.6	2	3.8	1.8	3.4	1.6	1.9	1.5	2.8	1.4	2.6
110	750	12	9.6	6	9.6	4	6.8	3	3.2	2.4	4.3	2	3.7	1.9	1.9	1.5	2.8	1.4	2.5	1.2	1.4	1.1	2.1	1	1.9

注　220kV 基准短路容量取 2000MVA。

附录 B　谐波电流允许值的换算
（补充件）

当电网公共连接点的最小短路容量不同于表 2 基准短路容量时，按下式修正表 2 中的谐波电流允许值：

$$I_h = \frac{S_{k1}}{S_{k2}} I_{hp} \tag{B1}$$

式中　S_{k1}——公共连接点的最小短路容量，MVA；

　　　S_{k2}——基准短路容量；MVA；

　　　I_{hp}——表 2 中的第 h 次谐波电流允许值，A；

　　　I_h——短路容量为 S_{k1} 时的第 h 次谐波电流允许值。

5.2　同一公共连接点的每个用户向电网注入的谐波电流允许值按此用户在该点的协议容量与其公共连接点的供电设备容量之比进行分配。

6.4　反措落实

6.4.1　客户一、二次电气设备定期进行修试、校验

本条评价项目（见《评价》）的查评依据如下。

【依据 1】《供电营业规则》（1996 年 10 月 8 日中华人民共和国电力工业部第 8 号令）

第五章　供电质量与安全供用电

第五十二条　供电企业和用户都应加强供电和用电的运行管理，切实执行国家和电力行业制定的有关安全供用电的规程制度。用户执行其上级主管机关颁发的电气规程制度，除特殊专用的设备外，如与电力行业标准或规定有矛盾时，应以国家和电力行业标准或规定为准。

供电企业和用户在必要时应制订本单位的现场规程。

第六十一条　用户应定期进行电气设备和保护装置的检查、检修和试验，消除设备隐患，预防电气设备事故和误动作发生。

用户电气设备危及人身和运行安全时，应立即检修。

多路电源供电的用户应加装连锁装置，或按照供用双方签订的协议进行调度操作。

【依据 2】《国家电网公司客户安全用电服务若干规定》（国家电网营销〔2007〕49 号）

第四章　受电装置试验与消缺

第十四条　客户服务中心负责组织实施客户受电装置安全服务的具体工作。按照国家颁布的《电气设备预防性试验规程》《继电保护检验规程》等技术规程或技术标准，建立客户受电装置安全服务档案。对高压供电的客户，以书面形式向客户告知电气设备和保护装置的试验及检验周期要求，并由客户签收。主动提供安全用电及发现、消除受电装置缺陷等不安全因素的专业技术指导、咨询和帮助。

【依据 3】《电力设备预防性试验规程》（DL/T 596—1996）

限于篇幅，经过整理如下，常用电气设备预防性试验项目及周期要求。

（一）电力变压器定期试验项目和周期要求

1. 1.6MVA 以上油浸式电力变压器

（1）油中溶解气体色谱分析。

周期：①运行中的 220kV 变压器为 6 个月；8MVA 及以上的变压器为 1 年；8MVA 以下的变压器自行规定。②大修后；③必要时。

（2）绕组直流电阻。

周期：①1~3 年或自行规定；②无励磁调压变压器变换分接位置后；③有载调压变压器的分接开关检修后；④大修后；⑤必要时。

（3）绕组绝缘电阻、吸收比或（和）极化指数。

周期：①1~3 年或自行规定；②大修后；③必要时。

（4）绕组的 tanδ

周期：①1～3 年或自行规定；②大修后；③必要时。

（5）电容型套管的 tanδ 和电容值。

周期：①1～3 年或自行规定；②大修后；③必要时。

（6）绝缘油试验。

周期：①1～3 年或自行规定；②大修后；③必要时。

（7）交流耐压试验（可采用倍频感应方法和操作波感应法）。

周期：①1～3 年或自行规定；②大修后；③更换绕组后；④必要时。

（8）铁芯（有外引接地线的）绝缘电阻。

周期：①1～3 年或自行规定；②大修后；③必要时。

（9）穿心螺栓、铁轭夹件、绑扎钢带、铁芯、线圈压环及屏蔽等的绝缘电阻。

周期：①大修后；②必要时。

（10）绕组泄漏电流。

周期：①1～3 年或自行规定；②必要时。

（11）有载调压装置的试验和检查。

周期：①1 年或按制造厂要求；②大修后；③必要时。

（12）测温装置及二次回路试验。

周期：①1～3 年；②大修后；③必要时。

（13）气体继电器及其二次回路试验。

周期：①1～3 年；②大修后；③必要时。

（14）冷却装置及其二次回路试验。

周期：①自行规定；②大修后；③必要时。

2. 1.6MVA 及以下油浸式电力变压器

1.6MVA 及以下油浸式电力变压器定期试验项目如下，周期要求同 1.6MVA 以上油浸式电力变压器对应定期试验项目的周期要求。

（1）绕组直流电阻；

（2）绕组绝缘电阻，吸收比或（和）极化指数；

（3）绕组的 tanδ；

（4）电容型套管的 tanδ 和电容值（适用于 35kV 及以上变电所用变压器）；

（5）绝缘油试验（适用于 35kV 及以上变电所用变压器）；

（6）交流耐压（可采用倍频感应法和操作波感应法）；

（7）铁芯（有外引接地线的）绝缘电阻；

（8）测温装置及二次回路试验；

（9）气体继电器及其二次回路试验。

3. 干式变压器

干式变压器定期试验项目如下，周期要求同 1.6MVA 以上油浸式电力变压器对应定期试验项目的周期要求。

（1）绕组直流电阻；

（2）绕组绝缘电阻，吸收比或（和）极化指数；

（3）交流耐压试验；

（4）测温装置及其二次回路试验。

（二）互感器定期试验项目和周期要求

1. 电流互感器

（1）绕组及末屏的绝缘电阻。

周期：①1～3 年；②大修后；③必要时。

（2）tanδ 及电容量；

周期：①1～3 年；②大修后；③必要时。

（3）油中溶解气体色谱分析。

周期：①1～3 年（66kV 及以上）；②大修后；③必要时。

（4）交流耐压试验。

周期：①1～3 年（20kV 及以下）；②大修后；③必要时。

（5）局部放电测量。

周期：①1～3 年（20kV～35kV 固体绝缘互感器）；②大修后；③必要时。

2. 电压互感器

（1）电磁式电压互感器定期试验项目和周期要求。

1）绝缘电阻。

周期：①1～3 年；②大修后；③必要时。

1. tanδ（20kV 及以上）。

周期：①1～3 年；②大修后；③必要时。

2. 油中溶解气体色谱分析。

周期：①1～3 年（66kV 及以上）；②大修后；③必要时。

3. 交流耐压试验。

周期：①3 年（20kV 及以下）；②大修后；③必要时。

4. 局部放电测量。

周期：①1～3 年（20kV～35kV 固体绝缘互感器）；②大修后；③必要时。

（2）电容式电压互感器的电容分压器部分，定期试验项目和周期要求。

1）极间绝缘电阻。

周期：①投运后 1 年内；②1～3 年。

2）电容值。

周期：①投运后 1 年内；②1～3 年。

3）tanδ。

周期：①投运后 1 年内；②1～3 年。

4）漏油检查。

周期：6 个月

5）低压端对地绝缘电阻。

周期：1～3 年

（三）断路器定期试验项目和周期要求

1. 真空断路器

（1）绝缘电阻。

周期：①1～3 年；②大修后。

（2）交流耐压试验（断路器主回路对地、相间及断口）。

周期：①1～3 年（12kV 及以下）；②大修后；③必要时

（3）辅助回路和控制回路交流耐压试验。

周期：①1～3 年；②大修后。

（4）导电回路电阻。

周期：①1～3 年；②大修后。

（5）合闸接触器和分、合闸电磁铁线圈的绝缘电阻和直流电阻。

周期：①1～3 年；②大修后。

2. 六氟化硫断路器

（1）断路器内 SF_6 气体的湿度（20℃体积分数）10～6。

周期：①1～3 年（35kV 以上）；②大修后；③必要时。

（2）辅助回路和控制回路绝缘电阻。

周期：①1～3 年；②大修后。

（3）断口间并联电容器的绝缘电阻、电容量和 $tan\delta$。

周期：①1～3 年；②大修后；③必要时。

（4）合闸电阻值和合闸电阻的投入时间。

周期：①1～3 年（罐式断路器除外）；②大修后。

（5）分、合闸电磁铁的动作电压。

周期：①1～3 年；②大修后；③机构大修后。

（6）导电回路电阻。

周期：①1～3 年；②大修后。

（7）SF_6 气体密度监视器（包括整定值）检验。

周期：①1～3 年；②大修后；③必要时。

（8）压力表校验（或调整），机构操作压力（气压、液压）整定值校验，机械安全阀校验。

周期：①1～3 年；②大修后。

（9）液（压）压操作机构的泄漏试验。

周期：①1～3 年；②大修后；③必要时。

（10）油（气）泵补压及零起打压的运转时间。

周期：①1～3 年；②大修后；③必要时。

3. 少油断路器

（1）绝缘电阻。

周期：①1～3 年；②大修后。

（2）40.5kV 及以上少油断器的泄漏电流。

周期：①1～3 年；②大修后。

（3）断路器对地、断口及相间交流耐压试验。

周期：①1～3 年（12kV 及以下）；②大修后；③必要时（72.5kV 及以上）。

（4）辅助回路和控制回路交流耐压试验。

周期：①1～3 年；②大修后。

（5）导电回路电阻。

周期：①1～3 年；②大修后。

（6）合闸接触器和分、合闸电磁铁线圈的绝缘电阻和直流电阻，辅助回路和控制回路绝缘电阻。

周期：①1～3 年；②大修后。

（四）电力电缆定期试验项目和周期要求

1. 纸绝缘电力电缆

（1）绝缘电阻。

周期：在直流耐压试验之前进行。

（2）直流耐压试验。

周期：①1～3 年；②新作终端或接头后进行。

2. 橡塑绝缘电力电缆。

（1）电缆主绝缘绝缘电阻。

周期：①重要电缆 1 年；②一般电缆：3.6/6kV 及以上 3 年；3.6/6kV 以下 5 年。

（2）电缆外护套绝缘电阻。

周期：①重要电缆 1 年；②一般电缆：3.6/6kV 及以上 3 年；3.6/6kV 以下 5 年。

（3）电缆内衬层绝缘电阻。

周期：①重要电缆 1 年；②一般电缆：3.6/6kV 及以上 3 年；3.6/6kV 以下 5 年。

（五）电容器定期试验项目和周期要求

1. 高压并联电容器、串联电容器和交流滤波电容器试验项目

（1）相间和极对壳绝缘电阻。

周期：①投运后 1 年内；②1～5 年。

（2）电容值。

周期：①投运后 1 年内；②1～5 年。

（3）并联电阻值测量。

周期：①投运后 1 年内；②1～5 年。

（4）渗漏油检查。

周期：6 个月。

2. 集合式电容器。

（1）相间和极对壳绝缘电阻。

周期：①1～5 年；②吊芯修理后。

（2）电容值。

周期：①投运后 1 年内；②1～5 年；③吊芯修理后。

（3）绝缘油击穿电压。

周期：①1～5 年；②吊芯修理后。

（4）渗漏油检查。

周期：1 年。

（六）避雷器定期试验项目和周期要求

1. 阀式避雷器

（1）绝缘电阻。

周期：①发电厂、变电所避雷器每年雷雨季前；②线路上避雷器 1～3 年；③大修后；④必要时。

（2）电导电流及串联组合元件的非线性因数差值。

周期：①每年雷雨季前；②大修后；③必要时。

（3）工频放电电压（主要指 FS 型避雷器，带有非线性并联电阻的只在解体大修后进行）。

周期：①1～3 年；②大修后；③必要时。

（4）底座绝缘电阻。

周期：①发电厂、变电所避雷器每年雷雨季前；②线路上避雷器 1～3 年；③大修后；④必要时。

（5）检查放电计数器的动作情况。

周期：①发电厂、变电所避雷器每年雷雨季前；②线路上避雷器 1～3 年；③人修后；④必要时。

2. 金属氧化物（氧化锌）避雷器。

（1）绝缘电阻。

周期：①发电厂、变电所避雷器每年雷雨季前；②必要时。

（2）直流 1mA 电压（U_{1mA}）及 $0.75U_{1mA}$ 下的泄漏电流。

周期：①发电厂、变电所避雷器每年雷雨季前；②必要时。

（3）运行电压下的交流泄漏电流。

周期：①新投运的 110kV 及以上者投运 3 个月后测量 1 次；以后每半年 1 次；运行 1 年后，每年雷雨季前 1 次；②必要时。

（4）底座绝缘电阻。

周期：①发电厂、变电所避雷器每年雷雨季前；②必要时。

（5）检查放电计数器动作情况。

周期：①发电厂、变电所避雷器每年雷雨季前；②必要时。

6.4.2 客户老旧未淘汰设备隐患管理

本条评价项目（见《评价》）的查评依据如下。

【依据1】《供电营业规则》（1996年10月8日中华人民共和国电力工业部第8号令）

第五章　供电质量与安全供用电

第五十二条　供电企业和用户都应加强供电和用电的运行管理，切实执行国家和电力行业制订的有关安全供用电的规程制度。用户执行其上级主管机关颁发的电气规程制度，除特殊专用的设备外，如与电力行业标准或规定有矛盾时，应以国家和电力行业标准或规定为准。

供电企业和用户在必要时应制订本单位的现场规程。

第六十一条　用户应定期进行电气设备和保护装置的检查、检修和试验，消除设备隐患，预防电气设备事故和误动作发生。

用户电气设备危及人身和运行安全时，应立即检修。

多路电源供电的用户应加装连锁装置，或按照供用双方签订的协议进行调度操作。

第六十三条　用户受电装置应当与电力系统的继电保护方式相互配合，并按照电力行业有关标准或规程进行整定和检验。由供电企业整定、加封的继电保护装置及其二次回路和供电企业规定的继电保护整定值、用户不得擅自变动。

第六十四条　承装、承修、承试受电工程的单位，必须经电力管理部门审核合格，并取得电力管理部门颁发的承装（修）电力设施许可证。

在用户受电装置上作业的电工，应经过电工专业技能的培训，必须取得电力管理部门颁发的电工进网作业许可证，方准上岗作业。

第六十五条　供电企业和用户都应经常开展安全供用电宣传教育，普及安全用电常识。

第六十六条　在发供电系统正常情况下，供电企业应连续向用户供应电力。但是，有下列情形之一的，须经批准方可中止供电：

1. 对危害供用电安全，扰乱供用电秩序，拒绝检查者；

2. 拖欠电费经通知催交仍不交者；

3. 受电装置经检验不合格，在指定期间未改善者；

4. 用户注入电网的谐波电流超过标准，以及冲击负荷、非对称负荷等对电能质量产生干扰与妨碍，在规定限期内不采取措施者；

5. 拒不在限期内拆除私增用电容量者；

6. 拒不在限期内交付违约用电引起的费用者；

7. 违反安全用电、计划用电有关规定，拒不改正者；

8. 私自向外转供电力者。

【依据2】《国家电网公司关于高危及重要客户用电安全管理工作的指导意见》（国家电网营销〔2016〕163号

严格执行隐患报备。各单位要严格规范隐患报备管理，对于客户的供电电源和自备应急电源配置不到位等可能导致电力中断的用电安全缺陷隐患，由各地市（地区、州、盟）供电企业进行汇总，每季度末前函报政府主管部门，确保报备到位、防范风险。各省（自治区、直辖市）电力公司应汇总报备文件，于每季度末报送国网营销部。

6.4.3 对重要电力用户用电情况进行服务、通知、报告、督导

本条评价项目（见《评价》）的查评依据如下。

【依据1】《供电监管办法》（国家电力监管委员会第27号令）

第二章　监管内容

第九条　电力监管机构对供电企业保障供电安全的情况实施监管。

供电企业应当坚持安全第一、预防为主、综合治理的方针，遵守有关供电安全的法律、法规和规章，加强供电安全管理，建立、健全供电安全责任制度，完善安全供电条件，维护电力系统安全稳定运行，依法处置供电突发事件，保障电力稳定、可靠供应。

供电企业应当按照国家有关规定加强重要电力用户安全供电管理，指导重要电力用户配置和使用自备应急电源，建立自备应急电源基础档案数据库。

供电企业发现用电设施存在安全隐患，应当及时告知用户采取有效措施进行治理。用户应当按照国家有关规定消除用电设施安全隐患。用电设施存在严重威胁电力系统安全运行和人身安全的隐患，用户拒不治理的，供电企业可以按照国家有关规定对该用户中止供电。

第十条　电力监管机构对供电企业履行电力社会普遍服务义务的情况实施监管。

供电企业应当按照国家规定履行电力社会普遍服务义务，依法保障仟何人能够按照国家规定的价格获得最基本的供电服务。

第十二条　电力监管机构对供电企业向用户受电工程提供服务的情况实施监管。

供电企业应当对用户受电工程建设提供必要的业务咨询和技术标准咨询；对用户受电工程进行中间检查和竣工检验，应当执行国家有关标准；发现用户受电设施存在故障隐患时，应当及时一次性书面告知用户并指导其予以消除；发现用户受电设施存在严重威胁电力系统安全运行和人身安全的隐患时，应当指导其立即消除，在隐患消除前不得送电。

【依据2】《国家电网公司客户安全用电服务若干规定》（国家电网营销〔2007〕49号）

第四章　受电装置试验与消缺

第十六条　主动跟踪客户受电装置的安全运行情况，及时督促客户消除受电装置的安全隐患。帮助客户分析问题，提出整改建议。

（一）对客户受电装置存在的缺陷、没有按规定的周期进行电气试验及保护检验等安全隐患，应向客户耐心说明其危害性和整改要求，以书面形式留下整改意见，并由客户签收。

（二）指导帮助并监督高压供电客户完成安全隐患整改。客户不实施安全隐患整改并危及电网或公共用电安全的，应立即报告当地政府有关部门和电力监管机构予以处理，并根据供用电合同约定，按照规定程序予以停电。

第十四条　客户服务中心负责组织实施客户受电装置安全服务的具体工作。按照国家颁布的《电气设备预防性试验规程》《继电保护检验规程》等技术规程或技术标准，建立客户受电装置安全服务档案。对高压供电的客户，以书面形式向客户告知电气设备和保护装置的试验及检验周期要求，并由客户签收。主动提供安全用电及发现、消除受电装置缺陷等不安全因素的专业技术指导、咨询和帮助。

第十五条　对客户委托的受电装置电气试验、保护及通信装置检验等工作，客户服务中心应立即协调生产、调度等专业部门组织安排好相关准备工作，并在3个工作日内将工作安排计划答复客户。

第五章　保护和自动装置整定与检验

第十七条　与电网相连接的客户进线继电保护和安全自动装置（包括备自投电源、同期并列、低周减载等）的服务是客户安全服务的重要工作内容，由客户服务中心统一组织实施。

第十八条　调度部门负责客户进线保护及安全自动装置的定值计算，生产部门负责现场整定和定期检验，用电检查人员负责现场检查，并向客户服务中心报告现场检查的异常情况，客户服务中心统一组织对异常情况的整改处理。服务管理流程如下：

（一）客户提供定值计算所需的基础资料；

（二）调度部门进行定值计算，并按有关规定履行定值单执行程序；

（三）生产部门进行现场检验，并将检验报告提交客户服务中心；

（四）客户服务中心向客户移交定值检验报告。

第十九条　调度部门负责审核客户内部继电保护方式与其进线保护方式的相互配合，防止因保护定值配合不当，客户内部保护不正确动作而引发电网越级跳闸事故。

第六章　用电安全检查

第二十条　客户服务中心负责客户用电安全检查服务工作。

在用电安全检查服务时，必须遵守《用电检查管理办法》《电业安全工作规程》及客户有关现场安全工作规定，不得操作客户的电气装置及电气设备。

第二十一条　用电安全检查分为定期检查、专项检查和特殊性检查。

定期检查可以与专项检查相结合。

定期检查是指根据规定的检查周期和客户安全用电实际情况，制订检查计划，并按照计划开展的检查工作。低压动力客户，每两年至少检查一次。

专项检查是指每年的春季、秋季安全检查以及根据工作需要安排的专业性检查，检查重点是客户受电装置的防雷情况、设备电气试验情况、继电保护和安全自动装置等情况。

对 10kV 及以上电压等级的客户，每年必须开展春、秋季安全专项检查。特殊性检查是指因重要保电任务或其他需要而开展的用电安全检查。

第二十二条　用电安全检查的主要内容：

（一）自备保安电源的配置和维护是否符合安全要求；

（二）闭锁装置的可靠性和安全性是否符合技术要求；

（三）受电装置及电气设备安全运行状况及缺陷处理情况；

（四）是否按规定的周期进行电气试验，试验项目是否齐全，试验结果是否合格，试验单位是否符合要求；

（五）电能计量装置、负荷管理装置、继电保护和自动装置、调度通信等安全运行情况；

（六）并网电源、自备电源并网安全状况；

（七）安全用电防护措施及反事故措施。

【依据3】《国家电网公司关于高危及重要客户用电安全管理工作的指导意见》国家电网营销〔2016〕163 号

六、严把客户入网关口

对高危及重要客户申请新装、增容，应严格按照有关规定制定供电方案，严把设计审核、中间检查及竣工验收环节。对于存在供用电安全隐患的客户，原则上不予接电。确有特殊原因的，应具备由市级及以上政府主管部门出具的书面函件，并报省（自治区、直辖市）电力公司营销部确认。

【依据3】《供电监管办法》（国家电力监管委员会第 27 号令（2009 年）

第二章　监管内容

第九条　电力监管机构对供电企业保障供电安全的情况实施监管。

供电企业应当坚持安全第一、预防为主、综合治理的方针，遵守有关供电安全的法律、法规和规章，加强供电安全管理，建立、健全供电安全责任制度，完善安全供电条件，维护电力系统安全稳定运行，依法处置供电突发事件，保障电力稳定、可靠供应。

供电企业应当按照国家有关规定加强重要电力用户安全供电管理，指导重要电力用户配置和使用自备应急电源，建立自备应急电源基础档案数据库。

供电企业发现用电设施存在安全隐患，应当及时告知用户采取有效措施进行治理。用户应当按照国家有关规定消除用电设施安全隐患。用电设施存在严重威胁电力系统安全运行和人身安全的隐患，用户拒不治理的，供电企业可以按照国家有关规定对该用户中止供电。

6.4.4　多电源及自备电源用户管理及调度协议

本条评价项目（见《评价》）的查评依据如下。

【依据1】《供电营业规则》（1996 年 10 月 8 日中华人民共和国电力工业部第 8 号令）

第五章　供电质量与安全供用电

第六十一条　用户应定期进行电气设备和保护装置的检查、检修和试验，消除设备隐患，预防电气设备事故和误动作发生。

用户电气设备危及人身和运行安全时，应立即检修。

多路电源供电的用户应加装连锁装置，或按照供用双方签订的协议进行调度操作。

第六十三条　用户受电装置应当与电力系统的继电保护方式相互配合，并按照电力行业有关标准或规程进行整定和检验。由供电企业整定、加封的继电保护装置及其二次回路和供电企业规定的继电保护整定值，用户不得擅自变动。

第六十五条　供电企业和用户都应经常开展安全供用电宣传教育，普及安全用电常识。

【依据2】《国家电网公司业扩供电方案编制导则》（国家电网营销〔2010〕1247号）

12.3　需要实行电力调度管理的客户范围：

1. 受电电压在10kV及以上的专线供电客户；

2. 有多电源供电、受电装置的容量较大且内部接线复杂的客户；

3. 有两回路及以上线路供电，并有并路倒闸操作的客户；

4. 有自备电厂并网的客户；

5. 重要电力客户或对供电质量有特殊要求的客户等。

12.4　通信和自动化要求

12.4.1　35kV及以下供电、用电容量不足8000kVA且有调度关系的客户，可利用用电信息采集系统采集客户端的电流、电压及负荷等相关信息，配置专用通信市话与调度部门进行联络。

12.4.2　35kV供电、用电容量在8000kVA及以上或110kV及以上的客户宜采用专用光纤通道或其他通信方式，通过远动设备上传客户端的遥测、遥信信息，同时应配置专用通信市话或系统调度电话与调度部门进行联络。

12.4.3　其他客户应配置专用通信市话与当地供电公司进行联络。

6.4.5　多路电源供电的重要用户或有自备应急电源装置的用户防倒送电措施

本条评价项目（见《评价》）的查评依据如下。

【依据1】《供电监管办法》（国家电力监管委员会第27号令）

第二章　监管内容

第九条　电力监管机构对供电企业保障供电安全的情况实施监管。

供电企业应当坚持安全第一、预防为主、综合治理的方针，遵守有关供电安全的法律、法规和规章，加强供电安全管理，建立、健全供电安全责任制度，完善安全供电条件，维护电力系统安全稳定运行，依法处置供电突发事件，保障电力稳定、可靠供应。

供电企业应当按照国家有关规定加强重要电力用户安全供电管理，指导重要电力用户配置和使用自备应急电源，建立自备应急电源基础档案数据库。

供电企业发现用电设施存在安全隐患，应当及时告知用户采取有效措施进行治理。用户应当按照国家有关规定消除用电设施安全隐患。用电设施存在严重威胁电力系统安全运行和人身安全的隐患，用户拒不治理的，供电企业可以按照国家有关规定对该用户中止供电。

【依据2】《关于转发国家电力监管委员会印发〈关于加强重要电力用户供电电源及自备应急电源配置监督管理的意见〉的通知》（国家电网营销〔2008〕1097号）

二、合理配置供电电源和自备应急电源

（五）重要电力用户供电电源的配置至少应符合以下要求：

1. 特级重要电力用户具备三路电源供电条件，其中的两路电源应当来自两个不同的变电站，当任何两路电源发生故障时，第三路电源能保证独立正常供电；

2. 一级重要电力用户具备两部电源供电条件，两路电源应当来自两个不同的变电站，当一路电源发生故障时，另一路电源能保证独立正常供电；

3. 二级重要电力用户具备双回路供电条件，供电电源可以来自同一个变电站的不同母线段；

4. 临时性重要电力用户按照供电负荷重要性，在条件允许情况下，可以通过临时架线等方式具备双回路或两路以上电源供电条件；

5. 重要电力用户供电电源的切换时间和切换方式要满足重要电力用户允许中断供电时间的要求。

（六）重要电力用户应配置自备应急电源，并加强安全使用管理。重要电力用户的自备应急电源配置应符合以下要求：

1. 自备应急电源配置容量标准应达到保安负荷的120％；

2. 自备应急电源启动时间应满足安全要求；

3. 自备应急电源与电网电源之间应装设可靠的电气或机械闭锁装置，防止倒送电；

4. 临时性重要电力用户可以通过租用应急发电车（机）等方式，配置自备应急电源。

三、安全规范使用自备应急电源

（七）重要电力用户选用的自备应急电源设备要符合国家有关安全、消防、节能、环保等技术规范和标准要求。

（八）重要电力用户新装自备应急电源及其业务变更要向供电企业办理相关手续，并与供电企业签订自备应急电源使用协议，明确供用电双方的安全责任后方可投入使用。自备应急电源的建设、运行、维护和管理由重要电力用户自行负责。

（九）重要电力用户新装自备应急电源投入切换装置技术方案要符合国家有关标准和所接入电力系统安全要求。重要电力用户保安负荷由供电企业与重要电力用户共同协商确定，并报当地电力监管机构备案。

（十）供电企业要掌握重要电力用户自备应急电源的配置和使用情况，建立基础档案数据库，并指导重要电力用户排查治理安全用电隐患，安全使用自备应急电源。

（十一）重要电力用户如需要拆装自备应急电源、更换接线方式、拆除或者移动闭锁装置，要向供电企业办理相关手续，并修订相关协议。

（十二）重要电力用户要按照国家和电力行业有关规程、规范和标准的要求，对自备应急电源定期进行安全检查、预防性试验、启机试验和切换装置的切换试验。

（十三）重要电力用户要制订自备应急电源运行操作、维护管理的规程制度和应急处置预案，并定期（至少每年一次）进行应急演练。

（十四）重要电力用户运行维护自备应急电源的人员应持有电力监管机构颁发的电工进网作业许可证，持证上岗。

（十五）重要电力用户的自备应急电源在使用过程中应杜绝和防止以下情况发生：

1. 自行变更自备应急电源接线方式；

2. 自行拆除自备应急电源的闭锁装置或者使其失效；

3. 自备应急电源发生故障后长期不能修复并影响正常运行；

4. 擅自将自备应急电源引入，转供其他用户；

5. 其他可能发生自备应急电源向电网倒送电的。

【依据3】《城市配电网技术导则》（国家电网科〔2009〕1194号）

10.3 重要电力用户

10.3.1 重要电力用户的供电电源应满足 GB 50052 和 GB/Z 29328 的规定。

10.3.2 按供电可靠性的要求以及中断供电的危害程度，将重要电力用户分为特级、一级、二级重要电力用户和临时性重要电力用户。重要电力用户的供电电源及自备应急电源配置应满足以下技术要求：

a）重要电力用户的供电电源应采用多电源、双电源或双回路供电，当任何一路或一路以上电源发生故障时，至少仍有一路电源应能满足保安负荷持续供电。

b）特级重要电力用户宜采用双电源或多电源供电；一级重要电力用户宜采用双电源供电；二级重要电力用户宜采用双回路供电。

c）临时性重要电力用户按照用电负荷的重要性，在条件允许情况下，可通过临时敷设线路等方式满足双回路或两路以上电源供电条件。

d）重要电力用户供电电源的切换时间和切换方式宜满足重要电力用户允许断电时间的要求。切换时间不能满足重要负荷允许断电时间要求的，重要电力用户应自行采取技术手段解决。

e）重要电力用户供电系统应当简单可靠，简化电压层级。如果用户对电能质量有特殊需求，应自行加装电能质量控制装置。

f）重要电力用户应自备应急电源，电源容量至少应满足全部保安负荷正常供电的要求，自备应急电源与正常供电电源间应有可靠的闭锁装置，防止向配电网反送电，并应符合国家有关安全、消防、节能、环保等技术规范和标准要求。

10.3.3　特级重要电力用户，是指在管理国家事务中具有特别重要作用，中断供电将可能危害国家安全的电力用户。

10.3.4　一级重要电力用户，是指中断供电将可能产生下列后果之一的电力用户：

a）直接引发人身伤亡的；

b）造成严重环境污染的；

c）发生中毒、爆炸或火灾的；

d）造成重大政治影响的；

e）造成重大经济损失的；

f）造成较大范围社会公共秩序严重混乱的。

10.3.5　二级重要电力用户，是指中断供电将可能产生下列后果之一的电力用户：

a）造成较大环境污染的；

b）造成较大政治影响的；

c）造成较大经济损失的；

d）造成一定范围社会公共秩序严重混乱的。

10.3.6　临时性重要电力用户，是指需要临时特殊供电保障的电力用户。

10.3.7　两路及以上电源供电的重要电力用户母联开关应安装可靠的闭锁机构。

10.3.8　双电源、多电源和自备应急电源应与供用电工程同步设计、同步建设、同步投运、同步管理。

【依据 4】 国家能源局《防止电力生产事故的二十五项重点要求》（国能安全〔2014〕161 号）

22.3.4.3　重要用户自备应急电源与电网电源之间应装设可靠的电气或机械锁装置，防止倒送电。

22.3.4.5　重要用户新装自备应急电源投入切换装置技术方案要符合国家有关标准和所接入电力系统的安全要求。

22.3.4.6　重要电力用户应按照国家和电力行业有关规程、规范和标准的要求，对自备应急电源定期进行安全检查、预防性试验、启动试验和切换装置的切换试验。

22.3.4.8　重要用户不应自行拆除自备应急电源的闭锁装置或者使其失效。

【依据 5】《重要电力用户供电电源及自备应急电源配置技术规范》（GB/Z 29328—2012）

7.4.4　重要电力用户的自备应急电源在使用过程中应杜绝和防止以下情况发生：

a）自行变更自备应急电源接线方式；

b）自行拆除自备应急电源的闭锁装置或者使其失效；

c）自备应急电源发生故障后长期不能修复并影响正常运行；

d）擅自将自备应急电源引入，转供其他用户；

e）其他可能发生自备应急电源向公共电网倒送电的。

6.4.6　装有不并网自备发电机的用户登记、备案

本条评价项目（见《评价》）的查评依据如下。

【依据 1】《关于转发国家电力监管委员会印发〈关于加强重要电力用户供电电源及自备应急电源配置监督管理的意见〉的通知》（国家电网营销〔2008〕1097 号）

三、安全规范使用自备应急电源

（八）重要电力用户新装自备应急电源及其业务变更要向供电企业办理相关手续，并与供电企业签订自备应急电源使用协议，明确供用电双方的安全责任后方可投入使用。自备应急电源的建设、运行、维护和管理由重要电力用户自行负责。

（九）重要电力用户新装自备应急电源投入切换装置技术方案要符合国家有关标准和所接入电力系统安全要求。重要电力用户保安负荷由供电企业与重要电力用户共同协商确定，并报当地电力监管机构备案。

（十）供电企业要掌握重要电力用户自备应急电源的配置和使用情况，建立基础档案数据库，并指导重要电力用户排查治理安全用电隐患，安全使用自备应急电源。

（十一）重要电力用户如需要拆装自备应急电源、更换接线方式、拆除或者移动闭锁装置，要向供电企业办理相关手续，并修订相关协议。

【依据2】《重要电力用户供电电源及自备应急电源配置技术规范》（GB/Z 29328—2012）

7.4.2　用户装设自备发电机组应向供电企业提交相关资料，备案后机组方可投入运行。

【依据3】《防止电力生产事故的二十五项重点要求》国能安全〔2014〕161号

22.3.4.1　重要用户自备应急电源配置容量标准应达到保安负荷的120％

6.4.7　用户安全规章制度、安全规程、反事故措施、应急预案、反事故演练

本条评价项目（见《评价》）的查评依据如下。

【依据1】《关于转发国家电力监管委员会印发〈关于加强重要电力用户供电电源及自备应急电源配置监督管理的意见〉的通知》（国家电网营销〔2008〕1097号）

三、安全规范使用自备应急电源

（十二）重要电力用户要按照国家和电力行业有关规程、规范和标准的要求，对自备应急电源定期进行安全检查、预防性试验、启机试验和切换装置的切换试验。

（十三）重要电力用户要制订自备应急电源运行操作、维护管理的规程制度和应急处置预案，并定期（至少每年一次）进行应急演练。

（十四）重要电力用户运行维护自备应急电源的人员应持有电力监管机构颁发的电工进网作业许可证，持证上岗。

（十五）重要电力用户的自备应急电源在使用过程中应杜绝和防止以下情况发生：

1. 自行变更自备应急电源接线方式；

2. 自行拆除自备应急电源的闭锁装置或者使其失效；

3. 自备应急电源发生故障后长期不能修复并影响正常运行；

4. 擅自将自备应急电源引入，转供其他用户；

5. 其他可能发生自备应急电源向电网倒送电的。

【依据2】国家能源局《防止电力生产事故的二十五项重点要求》（国能安全〔2014〕161号）

22.3.1.3　重要用户应制定停电事故应急预案。

22.3.5.2　供电企业应督促重要客户编制反事故预案，定期开展反事故演习，每年组织开展电网和重要用户端的联合演习。

6.4.8　重要电力用户确定及备案

本条评价项目（见《评价》）的查评依据如下。

【依据1】《关于转发国家电力监管委员会印发〈关于加强重要电力用户供电电源及自备应急电源配置监督管理的意见〉的通知》（国家电网营销〔2008〕1097号）

一、明确重要电力用户范围和管理职能

（三）供电企业要根据地方人民政府有关部门确定的重要电力用户的行业范围及用电负荷特性，提出重要电力用户名单，经地方人民政府有关部门批准后，报电力监管机构备案。

（四）电力监管机构要按照地方人民政府有关部门确定的重要电力用户名单，加强对重要电力用户

供电电源配置情况的监督管理，并与地方人民政府有关部门共同做好重要电力用户自备应急电源配置管理工作。

6.4.9 用户电工人员配备管理

本条评价项目（见《评价》）的查评依据如下。

【依据1】《中华人民共和国电力供应与使用条例》（1996年4月17日中华人民共和国国务院令第196号发布，根据2016年2月6日《国务院关于修改部分行政法规的决定》修订）

第七章　监督与管理

第三十七条　在用户受送电装置上作业的电工，必须经电力管理部门考核合格，取得电力管理部门颁发的《电工进网作业许可证》，方可上岗作业。

承装、承修、承试供电设施和受电设施的单位，必须经电力管理部门审核合格，取得电力管理部门颁发的《承装（修）电力设施许可证》

【依据2】《国务院关于取消一批行政许可事项的决定》（国发〔2017〕46号）

附件

序号	项目名称	审批部门	设定依据	加强事中事后监管措施
5	电工进网作业许可证核发	国家能源局	《电力供应与使用条例》《国务院关于第三批取消和调整行政审批项目的决定》（国发〔2004〕16号）《电工进网作业许可证管理办法》（电监会令第15号）	取消审批后，通过以下措施加强事中事后监管：1. 由安全监管部门考核发放"特种作业操作证（电工）"，将能源部门的相关管理要求纳入，明确规定考试、发证、收费标准、监管措施，并予以公布。2. 安全监管部门承担监管责任，对持证人员培训考核、监督管理。各级安全监管部门完善"双随机、一公开"抽查、责任追溯、违规行为查处、吊销证件等制度

【依据3】《国家安全监管总局关于做好特种作业（电工）整合工作有关事项的通知》（安监部人事〔2018〕18号）

根据《国务院关于取消一批行政许可事项的决定》（国发〔2017〕46号），取消电工进网作业许可证核发行政许可事项，由安全监管部门考核发放"特种作业操作证（电工）"（以下简称电工作业证）。

一、电工作业目录

保障电力系统、电力建设施工、社会用电和进网作业电工人身安全，将特种作业电工作业目录调整为6个操作项目：低压电工作业、高压电工作业、电力电缆作业、继电保护作业、电气试验作业和防爆电气作业（见附件1）。

四、考核管理

电工作业证按照电工作业目录单独考核，电工作业人员按照操作项目上岗作业，各操作项目不得相互替代。电工作业人员应当在作业证书确定的作业范围内作业。

五、证书管理

由国家能源局颁发的原电工进网作业许可证（以下简称电工进网证）在注册有效期内继续有效，在此期间，安全监管部门不得强制要求持证人员重复考试取证。电工进网证注册有效期届满前60日内，由申请人或申请人用人单位向从业所在地省级安全监管部门提出申请，经复审合格后，予以换发电工作业证。电工进网证注册有效期在2017年11月1日至2018年6月30日期间届满的，可在2018年6月30日前向从业所在地省级安全监管部门申请复审，逾期未申请复审的，电工进网证失效。

八、有关要求

自本通知发布之日起，各相关单位要按照新的电工作业目录和大纲标准执行，不得超越目录范围增设或变相增设操作项目，严格按照《特种作业人员安全技术培训考核管理规定》（国家安全生产监督管理总局令第30号）及《安全生产资格考试与证书管理暂行办法》（安监总培训〔2013〕104号）等规定做好考核发证工作。各省级安全监管局要会同国家能源局派出能源监管机构建立联合工作机制做好衔接，确保各项工作顺利有序开展。地方各级安全监管部门要认真贯彻落实《国务院关于取消一批行政许可事项的决定》的有关要求，完善"双随机、一公开"抽查、责任追究、违规行为查处、吊销证件等制度，依法履行综合监管工作职责，督促行业主管部门和企业依法落实行业主管责任和企业主体责任，严格落实持证上岗有关规定。

附件1：特种作业（电工）目录对照表

调整前	调整后
1.2 低压电工作业 　指对1kV（kV）以下的低压电器设备进行安装、调试、运行操作、维护、检修、改造施工和试验的作业	1.1 低压电工作业 　指对1kV（kV）以下的低压电气设备进行安装、调试、运行操作、维护、检修、改造施工和试验的作业
1.1 高压电工作业 　指对1kV（kV）及以上的高压电气设备进行运行、维护、安装、检修、改造、施工、调试、试验及绝缘工、器具进行试验的作业	1.2 高压电工作业 　指对1kV（kV）及以上的高压电气设备进行运行、维护、安装、检修、改造、施工、调试、试验及绝缘工、器具进行试验的作业
	1.3 电力电缆作业 　指对电力电缆进行安装、检修、试验、运行、维护等作业
	1.4 继电保护作业 　指对电力系统中的继电保护及自动装置进行运行、维护、调试及检验的作业
	1.5 电气试验作业 　对电力系统中的电气设备专门进行交接试验及预防性试验等的作业
1.3 防爆电气作业 　指对各种防爆电气设备进行安装、检修、维护的作业。适用于除煤矿井下以外的防爆电气作业	1.6 防爆电气作业 　指对各种防爆电气设备进行安装、检修、维护的作业。适用于除煤矿井下以外的防爆电气作业

6.4.10　居民用户电表箱

本条评价项目（见《评价》）的查评依据如下。

【依据1】《农村低压电力技术规程》（DL/T 499—2001）第9.2条

9.2　计量装置

9.2.1　低压电力用户计量装置应符合GB/T 16934的规定。

9.2.2　农户生活用电应实行一户一表计量，其电能表箱宜安装于户外墙上。

9.2.3　农户电能表箱底部距地面高度宜为1.8m～2.0m，电能表箱应满足坚固、防雨、防锈蚀的要求，应有便于抄表和用电检查的观察窗。

9.2.4 农户计量表后应装设有明显断开点的控制电器、过流保护装置。每户应装设末级剩余电流动作保护器。

【依据2】《电能计量装置安装接线规则》（DL/T 825—2002）

4.3.1　属金属外壳的直接接通式电能表，如装在非金属盘上，外壳必须接地。

【依据3】《电能计量装置通用设计》（Q/GDW 347—2009）

5.5.5　220V电能计量箱特殊要求：

a）采用悬挂式或嵌入式安装方式，满足户外安装条件。

b）进线开关操作手柄不外露。

c）电能表后出线开关手柄外露，且有防护门。

d）观察窗透明并带有保护门，观察窗下方应有客户标记位置。

5.5.5.10　电气保护应满足以下要求。

a）应设置分级保护，满足选择性、灵敏性要求。

b）单体计量箱宜采用"电能表前安装隔离开关、电能表后安装单相两级断路器"的方式。

c）整体组合计量箱电能表前宜安装断路器、电能表后宜安装单相两级断路器。

d）分体式计量箱的电源分线箱进线宜安装三相总断路器，电能表前安装单相两级断路器，电能表后宜安装单相两级断路器。

e）塑壳断路器应符合 GB/T 14048.2 标准要求。单相断路器应符合 GB 10963.1 标准要求。隔离开关应符合 GB 14048.3 标准要求。

6.4.11　分布式电源保护装置

本条评价项目（见《评价》）的查评依据如下。

【依据1】《分布式电源接入电网技术规定》（Q/GDW 1480—2015）

9.1　一般性要求

为保证设备和人身安全，分布式电源应具备相应继电保护功能，以保证配电网和发电设备的安全运行，确保维修人员和公众人身安全，其保护装置的配置和选型应满足所辖电网的技术规范和反事故措施。

a）接有分布式电源的 10kV 配电台区，不应与其他台区建立低压联络（配电室、箱式变低压母线间联络除外）；

b）分布式电源的接地方式应和配电网侧的接地方式相协调，并应满足人身设备安全和保护配合的要求；

c）通过 10（6）kV～35kV 电压等级并网的分布式电源，应在并网点安装易操作、可闭锁、具有明显开断点、带接地功能、可开断故障电流的开断设备；

d）通过 380V 电压等级并网的变流器类型分布式电源，应在并网点安装易操作、具有明显开断指示、具备开断故障电流能力的开关，开关应具备失压跳闸及检有压合闸功能。

10.1　一般性要求

分布式电源的保护应符合可靠性、选择性、灵敏性和速动性的要求，其技术条件应满足 GB/T 14825 和 DL/T 584 的要求（GB/T 14285—2006《继电保护和安全自动装置技术规程》和《3kV～110kV 电网继电保护装置运行整定规程》）（DL/T 584—2007）。

6.4.12　接入电网的检测点

本条评价项目（见《评价》）的查评依据如下。

【依据1】《分布式电源接入电网技术规定》（Q/GDW 1480—2015）

13　并网检测

13.1　检测要求

13.1.1　通过 380V 电压等级并网的分布式电源，应在并网前向电网企业提供由具备相应资质的单位或部门出具的设备检测报告，检测结果应符合本规定的相关要求。

13.1.2　通过 10（6）kV～35kV 电压等级并网的分布式电源，应在并网运行后 6 个月内向电网企业提供运行特性检测报告检测结果应符合本规定的相关要求。

13.1.3　分布式电源接入配电网的检测点为电源并网点，应由具有相应资质的单位或部门进行检测，并在检测前将检测方案报所接入电网调度机构备案。

13.1.4　当分布式电源更换主要设备时，需要重新提交检测报告。

【依据2】《国家电网公司关于印发分布式电源并网相关意见和规范（修订版）的通知》（国家电网办〔2013〕1781 号）

分布式电源接入配电网相关技术规范（修订版）

一、总则

第一条　为促进分布式电源又好又快发展，满足分布式电源接入配电网需求，有效防范安全风险，依据国家、行业和公司、相关制度标准，制定本规范。

第二条　本规范所指分布式电源，是指在用户所在场地或附近建设安装、运行方式以用户侧自发自用为主、多余电量上网，且在配电网系统平衡调节为特征的发电设施或有电力输出的能量综合梯级利用多联供设施。

第三条　本规范明确了公司经营区域内的所有分布式电源并网发电项目应遵循的技术原则和电网

设备运维检修要求。

第四条 小水电和35kV及以上接入分布式电源按国家及公司有关规定执行。10kV及以下接入分布式电源按接入电网形式分为逆变器和旋转电机两类。逆变器类型分布式电源经逆变器接入电网，主要包括光伏、全功率逆变器并网风机等；旋转电机类型分布式电源分为同步电机和感应电机两类，同步电机类型分布式电源主要包括天然气三联供、生物质发电等，感应电机类型分布式电源主要包括直接并网的感应式风机等。

二、一般技术原则

第五条 接有分布式电源的10kV配电台区，不得与其他台区建立低压联络（配电室、箱式变低压母线间联络除外）。

第六条 分布式电源接入系统方案应明确用户进线开关、并网点位置，并对接入分布式电源的配电线路载流量、变压器容量进行校核。

第七条 分布式电源继电保护和安全自动装置配置应符合相关继电保护技术规程、运行规程和反事故措施的规定，装置定值应与电网继电保护和安全自动装置配合整定，防止发生继电保护和安全自动装置误动、拒动，确保人身、设备和电网安全。

第八条 配电自动化系统故障自动隔离功能应适应分布式电源接入，确保故障定位准确，隔离策略正确。

第九条 分布式电源并网运行信息采集及传输应满足《电力二次系统安全防护规定》等相关制度标准要求。接入10kV电压等级的分布式电源（除10kV接入的分布式光伏发电、风电、海洋能发电项目）应能够实时采集并网运行信息，主要包括并网点开关状态、并网点电压和电流、分布式电源输送有功功率、无功功率、发电量等，并上传至相关电网调度部门；配置遥控装置的分布式电源，应能接收、执行调度端远方控制解/并列、启停和发电功率的指令。接入220/380V电压等级的分布式电源，或10kV接入的分布式光伏发电、风电、海洋能发电项目，暂只需上传电流、电压和发电量信息，条件具备时，预留上传并网点开关状态能力。

第十条 分布式电源接入后，其与公共电网连接（如用户进线开关）处的电压偏差、电压波动和闪变、谐波、三相电压不平衡、间谐波等电能质量指标应满足GB/T 12325、GB/T 12326、GB/T 14549、GB/T 15543、GB/T 24337等电能质量国家标准要求。

【依据3】《国家电网公司电力安全工作规程（配电部分）（试行）》国家电网安质〔2014〕265号

13.1.1 接入高压配电网的分布式电源，并网点应安装易操作、可闭锁、具有明显断开点、可开断故障电流的开断设备，电网侧应能接地。

13.1.2 接入低压配电网的分布式电源，并网点应安装易操作、具有明显开断指示、具备开断故障电流能力的开断设备。

13.1.3 接入高压配电网的分布式电源用户进线开关、并网点开断设备应有名称并报电网管理单位备案。

13.1.4 有分布式电源接入的电网管理单位应及时掌握分布式电源接入情况，并在系统接线图上标注完整。

13.1.5 装设于配电变压器低压母线处的反孤岛装置与低压总开关、母线联络开关间应具备操作闭锁功能。

6.4.13 安全标识

本条评价项目（见《评价》）的查评依据如下。

【依据1】《分布式电源接入电网技术规定》（Q/GDW 1480—2015）

9.3 安全标识

9.3.1 对于通过380V电压等级并网的分布式电源，连接电源和电网的专用低压开关柜应有醒目标识。标识应标明"警告""双电源"等提示性文字和符号。标识的形状、颜色、尺寸和高度参照GB/T 2894执行。

9.3.2 10 (6) kV～35kV 电压等级并网的分布式电源应根据 GB/T 2894，在电气设备和线路附近标识"当心触电"等提示性文字和符号。

6.4.14 严格执行工作票（单）制度

本条评价项目（见《评价》）的查评依据如下。

【依据1】营销业扩报装工作全过程防人身事故十二条措施（试行）（国家电网营销〔2011〕237 号）

三、严格执行工作票（单）制度。在高压供电客户的电气设备上作业必须填用工作票，在低压供电客户的电气设备上作业必须使用工作票或工作任务单（作业卡），并明确供电方现场工作负责人和应采取的安全措施，严禁无票（单）作业。客户电气工作票实行由供电方签发人和客户方签发人共同签发的"双签发"管理。供电方工作票签发人对工作的必要性和安全性、工作票上安全措施的正确性、所安排工作负责人和工作人员是否合适等内容负责。客户方工作票签发人对工作的必要性和安全性、工作票上安全措施的正确性等内容审核确认。

【依据2】《国家电网公司电力安全规程（变电部分）》（Q/GDW 1799.1—2013）

6.3 工作票制度

6.3.1 在电气设备上的工作，应填用工作票或事故抢修单，方式有以下 6 种：

a）填用变电站（发电厂）第一种工作票（见附录 B）；

b）填用电力电缆第一种工作票（见附录 C）；

c）填用变电站（发电厂）第二种工作票（见附录 D）；

d）填用电力电缆第二种工作票（见附录 E）；

e）填用变电站（发电厂）带电作业工作票（见附录 F）；

f）使用变电站（发电厂）事故紧急抢修单（见附录 G）。

【依据3】《国家电网公司电力安全规程（配电部分）（试行）》国家电网安质〔2014〕265 号

3.3 工作票制度

3.3.1 在配电线路和设备上工作，可按下列方式进行：

3.3.1.1 填用配电第一种工作票（见附录 B）；

3.3.1.2 填用配电第二种工作票（见附录 C）；

3.3.1.3 填用配电带电作业工作票（见附录 D）；

3.3.1.4 填用低压工作票（见附录 E）；

3.3.1.5 填用配电故障紧急抢修单（见附录 F）；

3.3.1.6 使用其他书面记录或按口头、电话命令执行。

6.4.15 严格落实安全技术措施

本条评价项目（见《评价》）的查评依据如下。

【依据1】《营销业扩报装工作全过程防人身事故十二条措施（试行）》（国家电网营销〔2011〕237 号）

六、严格落实安全技术措施。在客户电气设备上从事相关工作，必须落实保证现场作业安全的技术措施（停电、验电、装设接地线、悬挂标识牌和安装遮栏等）。由客户方按工作票内容实施现场安全技术措施后，现场工作负责人与客户许可人共同检查并签字确认。现场作业班组要根据工作内容配备齐全验电器（笔）、接地线（短路线）等安全工器具并确保正确使用。

【依据2】《国家电网公司电力安全规程（变电部分）》（Q/GDW 1799.1—2013）

7.1 在电气设备上工作，保证安全的技术措施

a）停电；

b）验电；

c）接地；

d）悬挂标示牌和装设遮栏（围栏）。

上述措施由运维人员或有权执行操作的人员执行。

【依据3】《国家电网公司电力安全规程（配电部分）（试行）》国家电网安质〔2014〕265号

4.1　在配电线路和设备上工作保证安全的技术措施

4.1.1　停电；

4.1.2　验电；

4.1.3　接地；

4.1.4　悬挂标示牌和装设遮栏（围栏）。

7 安 全 管 理

7.1 安全目标管理

7.1.1 安全目标制定

本条评价项目（见《评价》）的查评依据如下。

【依据1】《电网企业安全生产标准化规范及达标评级标准（试行）》（电监安全〔2012〕52号）

5.1.1 目标制订

企业应根据自身生产实际，依据"保人身、保电网、保设备"的原则，制订规划期内和年度安全生产目标。

安全生产目标应明确企业安全状况在人员、设备、作业环境、职业安全管理等方面的各项指标，（如不发生负有责任的重伤及以上人身伤亡事故、不发生负有责任的一般及以上电力设备事故、电力安全事故以及火灾、交通事故等对社会造成重大不良影响的安全事件）。

目标应科学、合理，体现分级控制的原则，安全生产目标应经企业主要负责人审批，以文件形式下达。

【依据2】《国家电网公司安全工作规定》［国网（安监/2）406—2014］

第二章 目标

第八条 国家电网公司安全工作的总体目标是防止发生如下事故（事件）：

（一）人身死亡；

（二）大面积停电；

（三）大电网瓦解；

（四）主设备严重损坏；

（五）电厂垮坝、水淹厂房；

（六）重大火灾；

（七）煤矿透水、瓦斯爆炸；

（八）其他对公司和社会造成重大影响、对资产造成重大损失的事故（事件）。

第九条 省（直辖市、自治区）电力公司和公司直属单位（以下简称"省公司级单位"）的安全目标：

（一）不发生人身死亡事故；

（二）不发生一般及以上电网、设备事故；

（三）不发生重大火灾事故；

（四）不发生五级信息系统事件；

（五）不发生煤矿重大及以上非伤亡事故；

（六）不发生本单位负同等及以上责任的特大交通事故；

（七）不发生其他对公司和社会造成重大影响的事故（事件）。

第十条 省（直辖市、自治区）电力公司支撑实施机构、直属单位、地市供电企业和公司直属单位下属单位（以下简称"地市公司级单位"）的安全目标：

（一）不发生重伤及以上人身事故；

（二）不发生五级及以上电网、设备事件；

（三）不发生一般及以上火灾事故；

（四）不发生六级及以上信息系统事件；

（五）不发生煤矿较大及以上非伤亡事故；

（六）不发生本单位负同等及以上责任的重大交通事故；

（七）不发生其他对公司和社会造成重大影响的事故（事件）。

第十一条　地市公司级单位直属单位、县供电企业、公司直属单位下属单位子企业（以下简称"县公司级单位"）的安全目标：

（一）不发生五级及以上人身事故；

（二）不发生六级及以上电网、设备事件；

（三）不发生一般及以上火灾事故；

（四）不发生七级及以上信息系统事件；

（五）不发生煤矿一般及以上非伤亡事故；

（六）不发生本单位负同等及以上责任的重大交通事故；

（七）不发生其他对公司和社会造成重大影响的事故（事件）。

7.1.2　目标分解与落实

本条评价项目（见《评价》）的查评依据如下。

【依据1】《电网企业安全生产标准化规范及达标评级标准（试行）》（电监安全〔2012〕52号）

5.1.2　目标的分解与落实

根据企业确定的安全生产目标，按照基层管理部门在生产经营中的职能，制订相应的实施计划、安全指标。

企业应按照基层单位或部门安全生产职责，将安全生产目标自上而下逐级分解，层层落实目标责任、指标。并实施企业与员工双向承诺。

遵循分级控制的原则，制定保证安全生产目标实现的控制措施，措施应明确、具体，具有可操作性。

【依据2】《国家电网公司安全工作职责规范》（国家电网安质〔2014〕1528号）

第八条　行政正职的安全职责

（二）组织确定本单位年度安全工作目标，实行安全目标分级控制，审定有关安全工作的重大举措。建立安全指标控制和考核体系，形成激励约束机制。

第十条　分管"大规划"行政副职的安全职责

（一）组织制订并贯彻执行实现年度安全工作目标的年度项目计划。

第十一条　分管"大建设"行政副职的安全职责

（一）组织制订基建年度安全生产工作目标计划；

第十二条　分管"大运行"行政副职的安全职责

（一）组织制订大运行年度安全工作目标、工作重点和措施，并组织实施。

第十三条　分管"大检修"行政副职的安全职责

（一）组织制订大检修年度安全工作目标、工作重点和措施，并组织实施。

第十四条　分管"大营销"行政副职的安全职责

（一）主持编制营销规划并明确安全规划目标；组织制订营销系统安全生产工作目标、工作重点，并组织实施。

7.1.3　目标的监督与考核

本条评价项目（见《评价》）的查评依据如下。

【依据】《电网企业安全生产标准化规范及达标评级标准（试行）》（电监安全〔2012〕52号）

5.1.3　目标的监督与考核

制定安全生产目标考核办法。

定期对安全生产目标实施计划的执行情况进行监督、检查与纠偏。

对安全生产目标完成情况进行评估与考核、奖惩。

7.2 安全责任制

7.2.1 主要负责人的安全职责

本条评价项目（见《评价》）的查评依据如下。

【依据1】《中华人民共和国安全生产法》（2014年中华人民共和国主席令第13号）

第十八条 生产经营单位的主要负责人对本单位安全生产工作负有下列职责：

（一）建立、健全本单位安全生产责任制；

（二）组织制订本单位安全生产规章制度和操作规程；

（三）组织制订并实施本单位安全生产教育和培训计划；

（四）保证本单位安全生产投入的有效实施；

（五）督促、检查本单位的安全生产工作，及时消除生产安全事故隐患；

（六）组织制定并实施本单位的生产安全事故应急救援预案；

（七）及时、如实报告生产安全事故。

【依据2】《国家能源局关于防范电力人身伤亡事故的指导意见》（国能安全〔2013〕427号）

（三）落实各级人员安全责任。电力企业主要负责人要严格履行安全生产第一责任人的职责。电力企业要把控制人身伤亡事故作为安全生产责任制的主要内容，层层分解、落实防范人身伤亡事故的目标。要建立健全安全生产问责机制，因安全责任落实不到位导致人身伤亡的，要严格进行安全考核和责任追究。要针对生产作业现场的人身安全风险，建立企业负责人和各级安监人员到岗到位工作责任制度，并进行相应考核。

【依据3】《国家电网公司安全工作规定》〔国网（安监/2）406—2014〕

第十二条 公司各级单位行政正职是本单位的安全第一责任人，对本单位安全工作和安全目标负全面责任。

第十三条 公司各级单位行政正职安全工作的基本职责：

（一）建立、健全本单位安全责任制；

（二）批阅上级有关安全的重要文件并组织落实，及时协调和解决各部门在贯彻落实中出现的问题；

（三）全面了解安全情况，定期听取安全监督管理机构的汇报，主持召开安全生产委员会议和安全生产月度例会，组织研究解决安全工作中出现的重大问题；

（四）保证安全监督管理机构及其人员配备符合要求，支持安全监督管理部门履行职责；

（五）保证安全所需资金的投入，保证反事故措施和安全技术劳动保护措施所需经费，保证安全奖励所需费用；

（六）组织制定本单位安全管理辅助性规章制度和操作规程；

（七）组织制订并实施本单位安全生产教育和培训计划；

（八）组织制订本单位安全事故应急预案；

（九）督促、检查本单位安全工作，及时消除安全事故隐患；

（十）建立安全指标控制和考核体系，形成激励约束机制；

（十一）及时、如实报告安全事故；

（十二）其他有关安全管理规章制度中所明确的职责。

【依据4】《国家电网公司安全工作职责规范》（国家电网安质〔2014〕1528号）

第八条 行政正职的安全职责

（一）是本单位安全第一责任人，负责贯彻执行有关安全生产的法律、法规、规程、规定，把安全生产纳入企业发展战略和整体规划，做到同步规划、同步实施、同步发展。建立健全并落实本单位各级人员、各职能部门的安全责任制。

（二）组织确定本单位年度安全工作目标，实行安全目标分级控制，审定有关安全工作的重大举措。建立安全指标控制和考核体系，形成激励约束机制。

（三）亲自批阅上级有关安全的重要文件并组织落实，解决贯彻落实中出现的问题。协调和处理好领导班子成员及各职能管理部门之间在安全工作上的协作配合关系，建立和完善安全生产保证体系和监督体系，并充分发挥作用。

（四）建立健全并落实各级领导人员、各职能部门、业务支撑机构、基层班组和生产人员的安全生产责任制，将安全工作列入绩效考核，促进安全生产责任制的落实。在干部考核、选拔、任用过程中，把安全生产工作业绩作为考察干部的重要内容。

（五）组织制定本单位安全管理辅助性规章制度和操作规程；组织制订并实施本单位安全生产教育和培训计划，确保本单位从业人员具备与所从事的生产经营活动相应的安全生产知识和管理能力，做到持证上岗。

（六）省公司级单位行政正职直接领导或委托行政副职领导本单位安监部门，地市公司级单位、县公司级单位行政正职直接领导安监部门，定期听取安监部门的汇报，建立能独立有效行使职能的安监部门，健全安全监督体系，配备足够且合格的安全监督人员和装备。建立安全奖励基金并督促规范使用。

（七）每年主持召开本单位年度安全工作会议，总结交流经验，布置安全工作；定期主持召开安全生产委员会议和安全生产月度例会，组织研究解决安全工作中出现的重大问题；对涉及人身、电网、设备安全的重大问题，亲自主持专题会议研究分析，提出防范措施，及时解决。督促、检查本单位安全工作，每年亲自参加春（秋）季安全大检查或重要的安全检查，针对发现的安全管理问题和安全事故隐患，及时提出并落实整改措施和治理措施。

（八）确保安全生产所需资金的足额投入，保证反事故措施和安全技术劳动保护措施计划（简称"两措"计划）经费需求。

（九）建立健全本单位应急管理体系。组织制定（或修订）并督促实施突发事件应急预案，根据预案要求担任相应等级的事件应急处置总指挥。

（十）及时、如实报告安全生产事故。按照"四不放过"原则，组织或配合事故调查处理，对性质严重或典型的事故，应及时掌握事故情况，必要时召开专题事故分析会，提出防范措施。

（十一）定期向职工代表大会报告安全生产工作情况，广泛征求安全生产管理意见或建议，积极接受职代会有关安全方面的合理化建议。

（十二）其他有关安全管理规章制度中所明确的职责。

【依据5】《国家电网公司关于印发贯彻落实〈中共中央国务院关于推进安全生产领域改革发展的意见〉实施方案的通知》（国家电网办〔2017〕1101号）

（八）强化各级领导安全责任。各级单位主要负责人是安全生产第一责任人，担任本单位安委会主任，定期组织召开安委会会议，及时研究部署重大安全问题，加强议定事项执行监督，严格安全责任目标管理。

7.2.2 领导班子成员的安全职责

本条评价项目（见《评价》）的查评依据如下。

【依据1】《电网企业安全生产标准化规范及达标评级标准（试行）》（电监安全〔2012〕52号）

5.2.2.2 其他副职的职责

主管生产的负责人统筹组织生产过程中各项安全生产制度和措施的落实，完善安全生产条件，对企业安全生产工作负重要领导责任。

安全总监（主管安全生产工作的负责人）协助主要负责人落实各项安全生产法律法规、标准，统筹协调和综合管理企业的安全生产工作，对企业安全生产工作负综合管理领导责任。

其他副职在自己分管的部门安全生产工作中，为第一责任人，对部门安全生产负全责。

【依据2】《国家能源局关于防范电力人身伤亡事故的指导意见》（国能安全〔2013〕427号）

（三）落实各级人员安全责任。电力企业主要负责人要严格履行安全生产第一责任人的职责。电力企业要把控制人身伤亡事故作为安全生产责任制的主要内容，层层分解落实防范人身伤亡事故的目标。要建立健全安全生产问责机制，因安全责任落实不到位导致人身伤亡的，要严格进行安全考核和责任追究。要针对生产作业现场的人身安全风险，建立企业负责人和各级安监人员到岗到位工作责任制度，并进行相应考核。

【依据3】《国家电网公司安全工作规定》[国网（安监/2）406—2014]

第十四条　公司各级单位行政副职对分管工作范围内的安全工作负领导责任，向行政正职负责；总工程师对本单位的安全技术管理工作负领导责任；安全总监协助负责安全监督管理工作。

【依据4】《国家电网公司关于印发贯彻落实〈中共中央国务院关于推进安全生产领域改革发展的意见〉实施方案的通知》（国家电网办〔2017〕1101号）

（八）强化各级领导安全责任。所有领导班子成员对分管范围内的安全工作负领导责任，带头履行"一岗双责"要求，强化安全工作同部署、同安排、同落实。各级领导班子定期听取涉及电网、人身等重大安全问题的汇报。

7.2.3　机构、岗位安全职责

本条评价项目（见《评价》）的查评依据如下。

【依据1】《电网企业安全生产标准化规范及达标评级标准（试行）》（电监安全〔2012〕52号）

5.2.2.3　全员安全责任制度

制定符合企业机构设置的安全生产责任制，明确各级、各类岗位人员安全生产责任制。包括企业负责人及管理人员应定期参与重大操作和施工现场作业监督检查。

安全责任制度应随机构、人员变更及时修订。

5.2.2.4　相关单位安全职责

各部门、各层级和生产各环节的相关单位，应明确有关协作、合作单位责任，并签订安全责任书。要做好相关单位和各个环节安全管理责任的衔接，相互支持、互为保障，做到责任无盲区、管理无死角。

【依据2】《国家电网公司安全工作规定》[国网（安监/2）406—2014]

公司各级单位的各部门、各岗位应有明确的安全管理职责，做到责任分担，并实行下级对上级的安全逐级负责制。安全保证体系对业务范围内的安全工作负责，安全监督体系负责安全工作的综合协调和监督管理。

【依据3】《国家电网公司关于印发贯彻落实〈中共中央国务院关于推进安全生产领域改革发展的意见〉实施方案的通知》（国家电网办〔2017〕1101号）

（四）健全全员安全生产责任制。根据安全生产法律法规和相关标准要求，进一步明确从主要负责人到一线从业人员（含劳务派遣人员、实习学生等）的安全生产责任、责任范围和考核标准，建成与公司组织架构相适应，"纵向到底、横向到边"，覆盖所有组织、专业和全部岗位，覆盖全员、全业务、全过程，分级负责、管理严密的安全责任体系。

7.2.4　安全工作"五同时"原则的落实情况

本条评价项目（见《评价》）的查评依据如下。

【依据】《国家电网公司安全工作规定》[国网（安监/2）406—2014]

第六条　公司各级单位应贯彻"谁主管谁负责、管业务必须管安全"的原则，做到计划、布置、检查、总结、考核业务工作的同时，计划、布置、检查、总结、考核安全工作。

7.3　安全监督管理

7.3.1　管理机构设置

本条评价项目（见《评价》）的查评依据如下。

【依据1】《中华人民共和国安全生产法》（2014年中华人民共和国主席令第13号）

第二十一条　矿山、金属冶炼、建筑施工、道路运输单位和危险物品的生产、经营、储存单位，应当设置安全生产管理机构或者配备专职安全生产管理人员。

前款规定以外的其他生产经营单位，从业人员超过一百人的，应当设置安全生产管理机构或者配备专职安全生产管理人员；从业人员在一百人以下的，应当配备专职或者兼职的安全生产管理人员。

【依据2】《国家电网公司安全工作规定》[国网（安监/2）406—2014]

第十七条　安全监督管理机构是本单位安全工作的综合管理部门，对其他职能部门和下级单位的安全工作进行综合协调和监督。

第十八条　公司、省公司级单位和省公司级单位所属的检修、运行、发电、施工、煤矿企业（单位）以及地市供电企业、县供电企业，应设立安全监督管理机构。机构设置及人员配置执行公司"三集五大"体系机构设置和人员配置指导方案。

省公司级单位所属的电力科学研究院、经济技术研究院、信息通信（分）公司、物资供应公司、培训中心、综合服务中心等下属单位，地市供电企业、县供电企业两级单位所属的建设部、调控中心、业务支撑和实施机构及其二级机构（工地、分场、工区、室、所、队等，下同）等部门、单位，应设专职或兼职安全员。地市供电企业、县供电企业两级单位所属业务支撑和实施机构下属二级机构的班组应设专职或兼职安全员。

第十九条　公司和省公司级单位的安全监督管理机构由本单位行政正职或行政正职委托的行政副职主管；地市供电企业、县供电企业安全监督管理机构由行政正职主管。

第二十条　安全监督管理机构应满足以下基本要求：

（一）从事安全监督管理工作的人员符合岗位条件，人员数量满足工作需要；

（二）专业搭配合理，岗位职责明确；

（三）配备监督管理工作必需的装备。

【依据3】《国家电网公司关于印发贯彻落实〈中共中央国务院关于推进安全生产领域改革发展的意见〉实施方案的通知》（国家电网办〔2017〕1101号）

（十五）加强安监队伍建设。健全各级安全监督机构，所有生产性单位、县公司、集体企业从业人员超过一百人的全部设置独立的安全监督管理部门。公司各级生产性单位全面推行安全总监制度。充实各级安监力量，配齐配足岗位人员，保证省、市、县公司以及检修、施工管理单位安监人员数量和专业素质满足工作需要。

7.3.2　管理机构职责

本条评价项目（见《评价》）的查评依据如下。

【依据】《国家电网公司安全工作规定》[国网（安监/2）406—2014]

第二十一条　安全监督管理机构的职责

（一）贯彻执行国家和上级单位有关规定及工作部署，组织制定本单位安全监督管理和应急管理方面的规章制度，牵头并督促其他职能部门开展安全性评价、隐患排查治理、安全检查和安全风险管控等工作，积极探索和推广科学、先进的安全管理方式和技术。

（二）监督本单位各级人员安全责任制的落实；监督各项安全规章制度、反事故措施、安全技术劳动保护措施和上级有关安全工作要求的贯彻执行；负责组织基建、生产、发电、供用电、农电、信息等安全的监督、检查和评价；负责组织交通安全、电力设施保护、防汛、消防、防灾减灾的监督检查。

（三）监督涉及电网、设备、信息安全的技术状况，涉及人身安全的防护状况；对监督检查中发现的重大问题和隐患，及时下达安全监督通知书，限期解决，并向主管领导报告。

（四）监督建设项目安全设施"三同时"（与主体工程同时设计、同时施工、同时投入生产和使用）执行情况；组织制定安全工器具、安全防护用品等相关配备标准和管理制度，并监督执行。

（五）参加和协助本单位领导组织安全事故调查，监督"四不放过"（事故原因未查清不放过、责任人员未处理不放过、整改措施未落实不放过、有关人员未受教育不放过）原则的贯彻落实，完成事故统计、分析、上报工作并提出考核意见；对安全做出贡献者提出给予表扬和奖励的建议或意见。

（六）参与电网规划、工程和技改项目的设计审查、施工队伍资质审查和竣工验收以及安全方面科研成果鉴定等工作。

（七）负责编制安全应急规划并组织实施；负责组织协调公司应急体系建设及公司应急管理日常工作；负责归口管理安全生产事故隐患排查治理工作并进行监督、检查与评价；负责人武、保卫管理；负责指导集体企业安全监察相关管理工作。

第二十二条　安全监督管理机构有责任分析安全工作存在的突出和重大问题，向主管领导汇报，并积极向有关职能部门提出工作建议。

第二十三条　安全监督管理机构可借助学会、协会、专家组织或其他中介机构和社会组织，对本单位或所属单位的安全状况提供诊断、分析和评价。

7.3.3　安全生产委员会

本条评价项目（见《评价》）的查评依据如下。

【依据1】《电网企业安全生产标准化规范及达标评级标准（试行）》（电监安全〔2012〕52号）

5.2.1.4.2　安全监督及安全网例会

企业安全监督部门负责人每月应主持召开一次安全网例会。安全网成员参加，传达安全分析会精神，分析安全生产和安全监督现状，制定对策。

【依据2】《国家电网公司安全工作规定》［国网（安监/2）406—2014］

第十八条　公司、省公司级单位和省公司级单位所属的检修、运行、发电、施工、煤矿企业（单位）以及地市供电企业、县供电企业，应设立安全监督管理机构。机构设置及人员配置执行公司"三集五大"体系机构设置和人员配置指导方案。

省公司级单位所属的电力科学研究院、经济技术研究院、信息通信（分）公司、物资供应公司、培训中心、综合服务中心等下属单位，地市供电企业、县供电企业两级单位所属的建设部、调控中心、业务支撑和实施机构及其二级机构（工地、分场、工区、室、所、队等，下同）等部门、单位，应设专职或兼职安全员。地市供电企业、县供电企业两级单位所属业务支撑和实施机构下属二级机构的班组应设专职或兼职安全员。

7.3.4　安全监督网络

本条评价项目（见《评价》）的查评依据如下。

【依据1】《国家电网公司安全工作规定》［国网（安监/2）406—2014］

第二十四条　公司各级单位应设立安全生产委员会，主任由单位行政正职担任，副主任由党组（委）书记和分管副职担任，成员由各职能部门负责人组成。

安全生产委员会办公室设在安全监督管理部门。

第二十五条　公司各级单位承、发包工程和委托业务（包括对外委托和接受委托开展的输变电设备运维、检修以及营销等运营业务，下同）项目，若同时满足以下条件，应成立项目安全生产委员会，主任由项目法人单位（或建设管理单位）主要负责人担任：

（一）项目同时有三个及以上中标施工企业参与施工；

（二）项目作业人员总数（包括外来人员）超过300人；

（三）项目合同工期超过12个月。

【依据2】《国家电网公司关于印发贯彻落实〈中共中央国务院关于推进安全生产领域改革发展的意见〉实施方案的通知》（国家电网办〔2017〕1101号）

（八）强化各级领导安全责任。各级单位主要负责人是安全生产第一责任人，担任本单位安委会主任，定期组织召开安委会会议，及时研究部署重大安全问题，加强议定事项执行监督，严格安全责任目标管理。

7.3.5　安全设施"三同时"原则的落实情况

本条评价项目（见《评价》）的查评依据如下。

【依据】《中华人民共和国安全生产法》（2014年中华人民共和国主席令第13号）

第二十八条　生产经营单位新建、改建、扩建工程项目（以下统称建设项目）的安全设施，必须与主体工程同时设计、同时施工、同时投入生产和使用。安全设施投资应当纳入建设项目概算。

7.4 规程和规章制度

7.4.1 企业规程和管理制度

本条评价项目（见《评价》）的查评依据如下。

【依据】《国家电网公司安全工作规定》［国网（安监/2）406—2014］

第二十七条 公司各级单位应建立健全保障安全的各项规程制度：

（一）根据上级颁发的制度标准及其他规范性文件和设备厂商的说明书，编制企业各类设备的现场运行规程和补充制度，经专业分管领导批准后按公司有关规定执行；

（二）在公司通用制度范围以外，根据上级颁发的检修规程、技术原则，制定本单位的检修管理补充规程，根据典型技术规程和设备制造说明，编制主、辅设备的检修工艺规程和质量标准，经专业分管领导批准后执行；

（三）根据国务院颁发的《电网调度管理条例》和国家颁发的有关规定以及上级的调控规程或细则，编制本系统的调控规程或细则，经专业分管领导批准后执行；

（四）根据上级颁发的施工管理规定，编制工程项目的施工组织设计和安全施工措施，按规定审批后执行。

7.4.2 现场规程

本条评价项目（见《评价》）的查评依据如下。

【依据】《国家电网公司安全工作规定》［国网（安监/2）406—2014］

第二十八条 公司所属各级单位应及时修订、复查现场规程，现场规程的补充或修订应严格履行审批程序。

（一）当上级颁发新的规程和反事故技术措施、设备系统变动、本单位事故防范措施需要时，应及时对现场规程进行补充或对有关条文进行修订，书面通知有关人员；

（二）每年应对现场规程进行一次复查、修订，并书面通知有关人员；不需修订的，也应出具经复查人、审核人、批准人签名的"可以继续执行"的书面文件，并通知有关人员；

（三）现场规程宜每3～5年进行一次全面修订、审定并印发。

7.4.3 "两票"管理

【依据1】《国家电网公司安全工作规定》［国网（安监/2）406—2014］

第五十八条 "两票"管理。公司所属各级单位应建立"两票"管理制度，分层次对操作票和工作票进行分析、评价和考核，班组每月一次，基层单位所属的业务支撑和实施机构及其二级机构至少每季度一次，基层单位至少每半年一次。基层单位每年至少进行一次"两票"知识调考。

【依据2】《国家电网公司电力安全工作规程》

2.3 倒闸操作

3.2 工作票制度

7.4.4 检查评估

【依据】《国家电网公司安全工作规定》［国网（安监/2）406—2014］

第二十九条 省公司级单位应定期公布现行有效的规程制度清单；地市公司级单位、县公司级单位应每年至少一次对安全法律法规、标准规范、规章制度、操作规程的执行情况进行检查评估，公布一次本单位现行有效的现场规程制度清单，并按清单配齐各岗位有关的规程制度。

7.5 反事故措施与安全技术劳动保护措施

7.5.1 反事故措施（反措）计划的编制

本条评价项目（见《评价》）的查评依据如下。

【依据】《国家电网公司安全工作规定》［国网（安监/2）406—2014］

第三十二条 省公司级单位、地市公司级单位、县公司级单位及其所属的检修、运行、发电、煤矿企业（单位）每年应编制年度反事故措施计划和安全技术劳动保护措施计划。

电力施工企业应编制年度安全技术措施计划及项目安全施工措施。

第三十三条 年度反事故措施计划应由分管业务的领导组织，以运维检修部门为主，各有关部门参加制定；安全技术劳动保护措施计划应由分管安全工作的领导组织，以安全监督管理部门为主，各有关部门参加制定。

第三十四条 反事故措施计划应根据上级颁发的反事故技术措施、需要治理的事故隐患、需要消除的重大缺陷、提高设备可靠性的技术改进措施以及本单位事故防范对策进行编制。

反事故措施计划应纳入检修、技改计划。

第三十六条 安全性评价结果、事故隐患排查结果应作为制订反事故措施计划和安全技术劳动保护措施计划的重要依据。

防汛、抗震、防台风、防雨雪冰冻灾害等应急预案所需项目，可作为制定和修订反事故措施计划的依据。

第三十七条 省公司级单位、地市公司级单位、县公司级单位及其所属的检修、运行、发电、煤矿企业（单位）主管部门应优先从成本中据实列支反事故措施计划、安全技术劳动保护措施计划所需资金。

电力建设管理有关部门应根据国家、行业、公司的有关规定，优先安排安全技术措施计划所需费用，电力施工企业安全生产费用应优先用于保证工程建设过程达到安全生产标准化要求，所需的支出应按规定规范使用。

7.5.2 安全技术劳动保护措施（安措）计划的编制

本条评价项目（见《评价》）的查评依据如下。

【依据】《国家电网公司安全工作规定》[国网（安监/2）406—2014]

第三十二条 省公司级单位、地市公司级单位、县公司级单位及其所属的检修、运行、发电、煤矿企业（单位）每年应编制年度反事故措施计划和安全技术劳动保护措施计划。

电力施工企业应编制年度安全技术措施计划及项目安全施工措施。

第三十三条 年度反事故措施计划应由分管业务的领导组织，以运维检修部门为主，各有关部门参加制定；安全技术劳动保护措施计划应由分管安全工作的领导组织，以安全监督管理部门为主，各有关部门参加制定。

第三十五条 安全技术劳动保护措施计划、安全技术措施计划应根据国家、行业、公司颁发的标准，从改善作业环境和劳动条件、防止伤亡事故、预防职业病、加强安全监督管理等方面进行编制；项目安全施工措施应根据施工项目的具体情况，从作业方法、施工机具、工业卫生、作业环境等方面进行编制。

第三十七条 省公司级单位、地市公司级单位、县公司级单位及其所属的检修、运行、发电、煤矿企业（单位）主管部门应优先从成本中据实列支反事故措施计划、安全技术劳动保护措施计划所需资金。

电力建设管理有关部门应根据国家、行业、公司的有关规定，优先安排安全技术措施计划所需费用，电力施工企业安全生产费用应优先用于保证工程建设过程达到安全生产标准化要求，所需的支出应按规定规范使用。

7.5.3 "两措"计划的实施

本条评价项目（见《评价》）的查评依据如下。

【依据】《国家电网公司安全工作规定》[国网（安监/2）406—2014]

第三十八条 安全监督管理机构负责监督反事故措施计划和安全技术劳动保护措施计划的实施，并建立相应的考核机制，对存在的问题应及时向主管领导汇报。

第三十九条 省公司级单位、地市公司级单位、县公司级单位及其所属的检修、运行、发电、煤矿企业（单位）负责人应定期检查反事故措施计划、安全技术劳动保护措施计划的实施情况，并保证反事故措施计划、安全技术劳动保护措施计划的落实；列入计划的反事故措施和安全技术劳动保护措施若需取消或延期，必须由责任部门提前征得分管领导同意。

7.6 安全教育培训

7.6.1 安全教育培训计划

本条评价项目（见《评价》）的查评依据如下。

【依据】《国家电网公司安全工作规定》[国网（安监/2）406—2014]

第四十八条 地市公司级单位、县公司级单位应按规定建立安全培训机制，制订年度培训计划，定期检查实施情况；保证员工安全培训所需经费；建立员工安全培训管理档案，详细、准确记录企业主要负责人、安全生产管理人员、特种作业人员培训和持证情况、生产人员调换岗位和其岗位面临新工艺、新技术、新设备、新材料时的培训情况以及其他员工安全培训考核情况。

7.6.2 新入职人员安全教育培训

本条评价项目（见《评价》）的查评依据如下。

【依据】《国家电网公司安全工作规定》[国网（安监/2）406—2014]

第四十条 新入单位的人员（含实习、代培人员），应进行安全教育培训，经《国家电网公司电力安全工作规程》考试合格后方可进入生产现场工作。

7.6.3 新上岗生产人员安全教育培训

本条评价项目（见《评价》）的查评依据如下。

【依据】《国家电网公司安全工作规定》[国网（安监/2）406—2014]

第四十一条 新上岗生产人员应当经过下列培训，并经考试合格后上岗：

（一）运维、调控人员（含技术人员）、从事倒闸操作的检修人员，应经过现场规程制度的学习、现场见习和至少2个月的跟班实习；

（二）检修、试验人员（含技术人员），应经过检修、试验规程的学习和至少2个月的跟班实习；

（三）用电检查、装换表、业扩报装人员，应经过现场规程制度的学习、现场见习和至少1个月的跟班实习；（四）特种作业人员，应经专门培训，并经考试合格取得资格、单位书面批准后，方能参加相应的作业。

7.6.4 在岗生产人员培训

本条评价项目（见《评价》）的查评依据如下。

【依据】《国家电网公司安全工作规定》[国网（安监/2）406—2014]

第四十二条 在岗生产人员的培训

（一）在岗生产人员应定期进行有针对性的现场考问、反事故演习、技术问答、事故预想等现场培训活动；

（二）因故间断电气工作连续3个月以上者，应重新学习《电力安全工作规程》，并经考试合格后，方可再上岗工作；

（三）生产人员调换岗位或者其岗位需面临新工艺、新技术、新设备、新材料时，应当对其进行专门的安全教育和培训，经考试合格后，方可上岗；

（四）变电站运维人员、电网调控人员，应定期进行仿真系统的培训；

（五）所有生产人员应学会自救互救方法、疏散和现场紧急情况的处理，应熟练掌握触电现场急救方法，所有员工应掌握消防器材的使用方法；

（六）各基层单位应积极推进生产岗位人员安全等级培训、考核、认证工作；

（七）生产岗位班组长应每年进行安全知识、现场安全管理、现场安全风险管控等知识培训，考试合格后方可上岗；

（八）在岗生产人员每年再培训不得少于8学时；

（九）离开特种作业岗位6个月的作业人员，应重新进行实际操作考试，经确认合格后方可上岗作业。

7.6.5 外来人员安全培训

本条评价项目（见《评价》）的查评依据如下。

【依据1】《国家电网公司安全工作规定》[国网（安监/2）406—2014]

第四十三条 外来工作人员必须经过安全知识和安全规程的培训，并经考试合格后方可上岗。

【依据2】《国家电网公司安全工作规程 变电部分》（Q/GDW 1799.1—2012）

4.4.4 外单位承担或外来人员参与公司系统电气工作的工作人员应熟悉本部分并经考试合格，经设备运维管理单位（部门）认可，方可参加工作。工作前，设备运维管理单位（部门）应告知现场电气设备接线情况、危险点和安全注意事项。

7.6.6 "三项岗位"人员安全培训

本条评价项目（见《评价》）的查评依据如下。

【依据1】《国家电网公司安全工作规定》[国网（安监/2）406—2014]

第四十四条 企业主要负责人、安全生产管理人员、特种作业人员应由取得相应资质的安全培训机构进行培训，并持证上岗。发生或造成人员死亡事故的，其主要负责人和安全生产管理人员应当重新参加安全培训。对造成人员死亡事故负有直接责任的特种作业人员，应当重新参加安全培训。

【依据2】《国务院安委会关于进一步加强安全培训工作的决定》（安委〔2012〕10号）

三、全面落实持证上岗和先培训后上岗制度

（八）严格落实"三项岗位"人员持证上岗制度。企业新任用或者招录"三项岗位"人员，要组织其参加安全培训，经考试合格持证后上岗。取得注册安全工程师资格证并经注册的，可以直接申领矿山、危险物品行业主要负责人和安全管理人员安全资格证。对发生人员死亡事故负有责任的企业主要负责人、实际控制人和安全管理人员，要重新参加安全培训考试。要严格证书延期继续教育制度。有关主管部门要按照职责分工，定期开展本行业领域"三项岗位"人员持证上岗情况登记普查，建立信息库。要建立特种作业人员范围修订机制。

7.6.7 对违反规程制度造成事故（事件）和严重未遂事故责任者的培训

本条评价项目（见《评价》）的查评依据如下。

【依据】《国家电网公司安全工作规定》[国网（安监/2）406—2014]

第四十四条 企业主要负责人、安全生产管理人员、特种作业人员应由取得相应资质的安全培训机构进行培训，并持证上岗。发生或造成人员死亡事故的，其主要负责人和安全生产管理人员应当重新参加安全培训。对造成人员死亡事故负有直接责任的特种作业人员，应当重新参加安全培训。

第四十九条 对违反规程制度造成安全事故、严重未遂事故的责任者，除按有关规定处理外，还应责成其学习有关规程制度，并经考试合格后，方可重新上岗。

7.6.8 安全规程制度考试

本条评价项目（见《评价》）的查评依据如下。

【依据】《国家电网公司安全工作规定》[国网（安监/2）406—2014]

第四十五条 安全法律法规、规章制度、规程规范的定期考试：

（一）省公司级单位领导、安全监督管理机构负责人应自觉接受公司和政府有关部门组织的安全法律法规考试；

（二）省公司级单位对本单位运检、营销、农电、建设、调控等部门的负责人和专业技术人员，对所属地市公司级单位的领导、安全监督管理机构负责人，一般每两年进行一次有关安全法律法规和规章制度考试；

（三）地市供电企业对所属的县供电企业负责人，地市公司级单位和县公司级单位对所属的建设部、调控中心、业务支撑和实施机构及其二级机构的负责人、专业技术人员，每年进行一次有关安全法律法规、规章制度、规程规范考试；

（四）地市公司级单位、县公司级单位每年至少组织一次对班组人员的安全规章制度、规程规范考试。

第四十六条　公司所属各级单位应每年对生产人员的安全考试进行抽考、调考，并对抽考、调考情况进行通报。

7.6.9　"三种人"考试

本条评价项目（见《评价》）的查评依据如下。

【依据1】《国家电网公司安全工作规定》[国网（安监/2）406—2014]

第四十七条　地市公司级单位、县公司级单位每年应对工作票签发人、工作负责人、工作许可人进行培训，经考试合格后，书面公布有资格担任工作票签发人、工作负责人、工作许可人的人员名单。

【依据2】《国家电网公司安全工作规程 变电部分》（Q/GDW 1799.1—2012）

6.3.10.1　工作票签发人应是熟悉人员技术水平、熟悉设备情况、熟悉本部分，并具有相关工作经验的生产领导人、技术人员或经本单位分管生产领导批准的人员。工作票签发人员名单应书面公布。

6.3.10.2　工作负责人（监护人）应是具有相关工作经验，熟悉设备情况和本部分，经车间（工区、公司、中心）生产领导书面批准的人员。工作负责人还应熟悉工作班成员的工作能力。

6.3.10.3　工作许可人应是经车间（工区、公司、中心）生产领导书面批准的有一定工作经验的运维人员或检修操作人员（进行该工作任务操作及做安全措施的人员）；用户变、配电站的工作许可人应是持有效证书的高压电气工作人员。

7.6.10　安全培训档案

本条评价项目（见《评价》）的查评依据如下。

【依据】《国家电网公司安全工作规定》[国网（安监/2）406—2014]

第四十八条　地市公司级单位、县公司级单位应按规定建立安全培训机制，制订年度培训计划，定期检查实施情况；保证员工安全培训所需经费；建立员工安全培训管理档案，详细、准确记录企业主要负责人、安全生产管理人员、特种作业人员培训和持证情况、生产人员调换岗位和其岗位面临新工艺、新技术、新设备、新材料时的培训情况，以及其他员工安全培训考核情况。

7.7　安全例行工作

7.7.1　安全生产委员会议

本条评价项目（见《评价》）的查评依据如下。

【依据1】《电网企业安全生产标准化规范及达标评级标准（试行）》（电监安全〔2012〕52号）

5.2.1.1　安全生产委员会

成立以主要负责人为领导的安全生产委员会，明确委员会的组成和职责，建立健全工作制度和例会制度。

企业主要负责人每季度至少主持召开一次安委会，安委会成员参加，总结分析本单位的安全生产情况，部署安全生产工作，研究解决安全生产工作中的重大问题，决策企业安全生产的重大事项。

【依据2】《国家电网公司安全工作规定》[国网（安监/2）406—2014]

第五十三条　安全生产委员会议。省公司级单位至少每半年，地市公司级单位、县公司级单位每季度召开一次安全生产委员会议，研究解决安全重大问题，决策部署安全重大事项。

按要求成立安全生产委员会的承、发包工程和委托业务项目，安全生产委员会应在项目开工前成立并召开第一次会议，以后至少每季度召开一次会议。

【依据3】《国家电网公司关于印发贯彻落实〈中共中央国务院关于推进安全生产领域改革发展的意见〉实施方案的通知》（国家电网办〔2017〕1101号）

（八）强化各级领导安全责任。各级单位主要负责人是安全生产第一责任人，担任本单位安委会主任，定期组织召开安委会会议，及时研究部署重大安全问题，加强议定事项执行监督，严格安全责任目标管理。

7.7.2　安全例会

本条评价项目（见《评价》）的查评依据如下。

【依据】《国家电网公司安全工作规定》［国网（安监/2）406—2014］

第五十四条　安全例会。公司各级单位应定期召开各类安全例会。

（一）年度安全工作会。公司各级单位应在每年初召开一次年度安全工作会，总结本单位上年度安全情况，部署本年度安全工作任务。

（二）月、周、日安全生产例会。省公司级单位、地市公司级单位、县公司级单位应建立安全生产月、周、日例会制度，对安全生产实行"月计划、周安排、日管控"，协调解决安全工作存在的问题，建立安全风险日常管控和协调机制。

（三）安全监督例会。省公司级单位应每半年召开一次安全监督例会，地市公司级单位、县公司级单位应每月召开一次安全网例会。

7.7.3　安全活动

本条评价项目（见《评价》）的查评依据如下。

【依据1】《电网企业安全生产标准化规范及达标评级标准（试行）》（电监安全〔2012〕52号）

5.2.1.4.3　安全日活动

企业班组应定期组织安全日活动，学习国家、上级单位、本单位有关安全生产的指示精神和规定、安全事故通报以及本岗位安全生产知识，交流安全生产工作经验，分析本岗位安全生产风险和预防措施。

企业和车间领导、管理人员每月应至少参加一次班组安全日活动，企业安全监督人员要做好安全日活动的检查。

5.2.1.4.8　安全生产月及其他

安全生产月以及上级部署的其他安全活动，做到有组织、有方案、有总结、有考核。

【依据2】《国家电网公司安全工作规定》［国网（安监/2）406—2014］

第五十六条　安全活动。公司各级单位应定期组织开展各项安全活动。

（一）年度安全活动。根据公司年度安全工作安排，组织开展专项安全活动，抓好活动各项任务的分解、细化和落实。

（二）安全生产月活动。根据全国安全生产月活动要求，结合本单位安全工作实际情况，每年开展为期一个月的主题安全月活动。

（三）安全日活动。班组每周或每个轮值进行一次安全日活动，活动内容应联系实际，有针对性，并做好记录。班组上级主管领导每月至少参加一次班组安全日活动并检查活动情况。

7.7.4　安全检查

本条评价项目（见《评价》）的查评依据如下。

【依据】《国家电网公司安全工作规定》［国网（安监/2）406—2014］

第五十七条　安全检查。公司各级单位应定期和不定期进行安全检查，组织进行春季、秋季等季节性安全检查，组织开展各类专项安全检查。

安全检查前应编制检查提纲或"安全检查表"，经分管领导审批后执行。对查出的问题要制订整改计划并监督落实。

7.7.5　安全生产反违章

本条评价项目（见《评价》）的查评依据如下。

【依据1】《国家电网公司安全工作规定》［国网（安监/2）406—2014］

第五十九条　反违章工作。公司各级单位应建立预防违章和查处违章的工作机制，开展违章自查、互查和稽查，采用违章曝光和违章记分等手段，加大反违章力度。定期通报反违章情况，对违章现象进行点评和分析。

【依据2】《国家电网公司安全生产反违章工作管理办法》（国家电网安监〔2011〕75号）

第三条　公司反违章工作贯彻"查防结合，以防为主，落实责任，健全机制"的基本原则，发挥安全保证体系和安全监督体系的共同作用，建立行之有效的预防违章和查处违章的工作机制，持续深入地开展反违章。

第十四条　完善安全规章制度。根据国家安全生产法律法规和公司安全生产工作要求、生产实践发展、电网技术进步、管理方式变化、反事故措施等，及时修订补充安全规程规定等规章制度，从组织管理和制度建设上预防违章。

第十五条　健全安全培训机制。分层级、分专业、分工种开展安全规章制度、安全技能知识、安全监督管理等培训，从安全素质和技能培训上提高各级人员辨识违章、纠正违章和防止违章的能力。

第十六条　开展违章自查自纠。充分调动基层班组和一线员工的积极性、主动性，紧密结合生产实际，鼓励员工自主发现违章，自觉纠正违章，相互监督整改违章。

第十七条　执行违章"说清楚"。对查出的每起违章，应做到原因分析清楚，责任落实到人，整改措施到位。对反复发生的同类性质违章，以及引发安全事件的违章，责任单位要到上级单位"说清楚"。

第十八条　建立违章曝光制度。在网站、报刊等内部媒体上开辟反违章工作专栏，对事故监察、安全检查、专项监督、违章纠察（稽查）等查出的违章现象，予以曝光，形成反违章舆论监督氛围。

第十九条　开展违章人员教育。对严重违章的人员，应集中进行教育培训；对多次发生严重违章或违章导致事故发生的人员，应进行待岗教育培训，经考试、考核合格后方可重新上岗。

第二十一条　开展违章统计分析。以月、季、年为周期，统计违章现象，分析违章规律，研究制定防范措施，定期在安委会会议、安全生产分析会、安全监督（安全网）例会上通报有关情况。

第二十三条　各单位应加强反违章工作监督检查，建立上级对下级检查、同级安全生产监督体系对安全生产保证体系进行督促的监督检查机制。

第二十四条　反违章监督检查应通过事故监察、安全检查、专项监督、违章纠察（稽查）等形式，采取计划安排、临时抽查、突击检查等方式组织开展。

第二十五条　根据实际需要，应安排或聘请熟悉安全生产规章制度、具备较强业务素质、反违章工作经验且责任心强的人员，组成反违章监督检查专职或兼职队伍。

第二十六条　各单位制定反违章监督检查标准，明确监督检查内容，规范监督检查流程，建立反违章监督检查标准化工作机制。

第二十七条　配足反违章监督检查必备的设备（如照相、摄像器材，望远镜等），保证交通工具使用，提高监督检查效率和质量。

第二十八条　反违章监督检查一旦发现违章现象，应立即加以制止、纠正，说明违章判定依据，做好违章记录，必要时由上级单位下达违章整改通知书（样例见附件2，略），督促落实整改措施。

第二十九条　建立现场作业信息网上公布制度，提前公示作业信息，明确作业任务、时间、人员、地点，主动接受反违章现场监督检查。

第三十条　各单位应按照精神鼓励与物质奖励、批评教育与经济处罚相结合的原则，以奖惩为手段，以教育为目的，建立完善反违章工作考核激励约束机制。

第三十五条　各单位应依据本办法，建立健全相应的规章制度，并按照《劳动合同法》等法律法规的要求履行相应程序。

【依据3】《国家电网公司生产作业安全管控标准化工作规范（试行）》（国家电网安质〔2016〕356号）

5　监督考核

5.1　各级单位应加强作业现场安全监督检查，制定检查标准，明确检查内容，规范检查流程。

各级安监部门应会同各专业管理部门，加强作业现场的安全监督检查工作。

各级领导应带头深入作业现场，检查指导作业现场安全管控工作。

5.2　作业现场安全监督检查重点

a) 作业现场"两票""三措"、现场勘察记录等资料是否齐全、正确、完备。

b) 现场作业内容是否和作业计划一致，工作票所列安全措施是否满足作业要求并与现场一致。

c) 现场作业人员与工作票所列人员是否相符，人员精神状态是否良好。

d) 工作许可人对工作负责人，工作负责人对工作班成员是否进行安全交底。

e) 现场使用的机具、安全工器具和劳动防护用品是否良好，是否按周期试验并正确使用。

f）高处作业、邻近带电作业、起重作业等高风险作业是否指派专责监护人进行监护，专责监护人在工作前是否知晓危险点和安全注意事项等。

g）现场是否存在可能导致触电、物体打击、高处坠落、设备倾覆、电杆倒杆等风险和违章行为。

h）各级到岗到位人员是否按照要求履行职责。

j）其他不安全情况。

5.3 各级单位应开展作业现场违章稽查工作，一旦发现违章现象应立即加以制止、纠正，做好违章记录，对违章单位和个人给予批评和考核。

5.4 各级单位应建立完善反违章工作机制，组织开展"无违章现场""无违章员工"等创建活动，鼓励自查自纠，对及时发现纠正违章、避免安全事故的单位和个人给予表扬和奖励。

5.5 各级单位应加强生产作业安全管控工作的检查指导与评价，定期分析评估安全管控工作执行情况，督促落实安全管控工作标准和措施，持续改进和提高生产作业安全管控工作水平。

7.7.6 安全通报

本条评价项目（见《评价》）的查评依据如下。

【依据】《国家电网公司安全工作规定》[国网（安监/2）406—2014]

第六十条 安全通报。公司各级单位应编写安全通报、快报，综合安全情况，分析事故规律，吸取事故教训。

7.8 承、发包工程和委托业务安全管理

7.8.1 管理制度

本条评价项目（见《评价》）的查评依据如下。

【依据1】《电力建设施工企业安全生产标准化规范及达标评级标准》（国能安全〔2014〕148号）

5.7.4 相关方管理

5.7.4.1 制度建设

企业应建立和完善与分包（供）方等相关方的管理制度。内容至少包括资格预审、选择、服务前准备、作业过程、提供的产品、技术服务、表现评估、续用及退出机制等。

项目部应根据企业的管理制度，编制相关方的现场管理实施细则。

【依据2】《国家电网公司安全工作规定》[国网（安监/2）406—2014]

第八十八条 承、发包工程和委托业务项目，项目法人和工程（业务）总承包方（含接受委托方，下同），或项目法人和设计、监理、工程（业务）承包方应共同管理施工现场安全工作，并各自承担相应的安全责任。

第八十九条 项目法人（管理单位）应明确发布项目的安全方针、目标、政策和主要保证措施；明确应遵守的安全法规，制定项目现场安全管理制度；依托项目安全生产委员会建立健全现场安全保证体系和监督体系。

第九十条 公司所属各级单位应建立承、发包工程和委托业务管理补充制度，规范管理流程，明确安全工作的评价考核标准和要求。

7.8.2 资质、资格审查

本条评价项目（见《评价》）的查评依据如下。

【依据】《国家电网公司安全工作规定》[国网（安监/2）406—2014]

第九十二条 公司所属各级单位在工程项目和外委业务招标前必须对承包方以下资质和条件进行审查：

（一）企业资质（营业执照、法人资格证书）、业务资质（建设主管部门和电力监管部门颁发的资质证书）和安全资质（安全生产许可证、近3年安全情况证明材料）是否符合工程要求。

（二）企业负责人、项目经理、现场负责人、技术人员、安全员是否持有国家合法部门颁发有效安全证件，作业人员是否有安全培训记录，人员素质是否符合工程要求。

（三）施工机械、工器具、安全用具及安全防护设施是否满足安全作业需求。

（四）具有两级机构的承包方应设有专职安全管理机构。施工队伍超过 30 人的应配有专职安全员，30 人以下的应设有兼职安全员。

7.8.3 安全协议

本条评价项目（见《评价》）的查评依据如下。

【依据】《国家电网公司安全工作规定》［国网（安监/2）406—2014］

第九十一条 公司所属各级单位对外承、发包工程和委托业务应依法签订合同，并同时签订安全协议。合同的形式和内容应统一规范。安全协议中应具体规定发包方（含委托方，下同）和承包方各自应承担的安全责任和评价考核条款，并由本单位安全监督管理机构审查。

7.8.4 考核评估制度

本条评价项目（见《评价》）的查评依据如下。

【依据】《国家电网公司安全工作规定》［国网（安监/2）406—2014］

第九十条 公司所属各级单位应建立承、发包工程和委托业务管理补充制度，规范管理流程，明确安全工作的评价考核标准和要求。

第一○○条 公司所属各级单位应建立对施工承包队伍和业务接受委托队伍的安全动态评价考核机制，通过入网资质审查、日常检查和年终评价等制度对外包队伍进行安全动态管理。

7.8.5 施工单位人员资质审查

本条评价项目（见《评价》）的查评依据如下。

【依据 1】《中华人民共和国安全生产法》（中华人民共和国主席令第 13 号）

第二十五条 生产经营单位应当对从业人员进行安全生产教育和培训，保证从业人员具备必要的安全生产知识，熟悉有关的安全生产规章制度和安全操作规程，掌握本岗位的安全操作技能，了解事故应急处置措施，知悉自身在安全生产方面的权利和义务。未经安全生产教育和培训合格的从业人员，不得上岗作业。

生产经营单位使用被派遣劳动者的，应当将被派遣劳动者纳入本单位从业人员统一管理，对被派遣劳动者进行岗位安全操作规程和安全操作技能的教育和培训。劳务派遣单位应当对被派遣劳动者进行必要的安全生产教育和培训。

生产经营单位接收中等职业学校、高等学校学生实习的，应当对实习学生进行相应的安全生产教育和培训，提供必要的劳动防护用品。学校应当协助生产经营单位对实习学生进行安全生产教育和培训。

生产经营单位应当建立安全生产教育和培训档案，如实记录安全生产教育和培训的时间、内容、参加人员以及考核结果等情况。

【依据 2】《国家电网公司安全工作规定》［国网（安监/2）406—2014］

第九十三条 发包方应承担以下安全责任：

（一）对承包方的资质进行审查，确定其符合本规定第九十二条所列条件；

（二）开工前对承包方项目经理、现场负责人、技术员和安全员进行全面的安全技术交底，并应有完整的记录或资料；

（三）在有危险性的电力生产区域内作业，如有可能因在电力设施引发火灾、爆炸、触电、高处坠落、中毒、窒息、机械伤害、灼烫伤等或容易引起人员伤害和电网事故、设备事故的现场所作业，发包方应事先进行安全技术交底，要求承包方制订安全措施，并配合做好相关的安全措施；

（四）安全协议中规定由发包方承担的有关安全、劳动保护等其他事宜。

7.8.6 工程项目"三措一案"

本条评价项目（见《评价》）的查评依据如下。

【依据】《国家电网公司基建安全管理规定》［国网（基建/2）173—2014］

第五十三条 由施工项目部总工程师组织编制项目管理实施规划（施工组织设计），分别用单独章节描述安全技术措施和施工现场临时用电方案，经施工企业技术、质量、安全等职能部门审核，施工企业技术负责人审批，报监理项目部审查，业主项目部批准后组织实施。

第五十四条 施工项目部总工程师组织编制施工安全管理及风险控制方案、工程施工强制性条文执行计划等安全策划文件，经施工企业相关职能部门审核，分管领导审批，报监理项目部审查，业主项目部批准后组织实施。

7.8.7 外来人员安全管理

本条评价项目（见《评价》）的查评依据如下。

【依据1】《国家电网公司电力安全工作规程》

6.3.7.5 工作票由设备运维管理单位（部门）签发，也可由经设备运维管理单位（部门）审核合格且经批准的检修及基建单位签发。检修及基建单位的工作票签发人及工作负责人名单应事先送有关设备运维管理单位（部门）备案。

6.3.7.6 承发包工程中，工作票可实行"双签发"形式。签发工作票时，双方工作票签发人在工作票上分别签名，各自承担本部分工作票签发人相应的安全责任。

【依据2】《国家电网公司安全工作规定》[国网（安监/2）406—2014]

第一〇一条 外来工作人员必须持证或佩带标志上岗。

第一〇二条 外来工作人员从事有危险的工作时，应在有经验的本单位职工带领和监护下进行，并做好安全措施。开工前监护人应将带电区域和部位等危险区域、警告标志的含义向外来工作人员交代清楚并要求外来工作人员复述，复述正确方可开工。禁止在没有监护的条件下指派外来工作人员单独从事有危险的工作。

第一〇三条 按照"谁使用、谁负责"原则，外来工作人员的安全管理和事故统计、考核与本单位职工同等对待。

7.9 隐患排查治理

7.9.1 隐患排查

本条评价项目（见《评价》）的查评依据如下。

【依据1】《国家电网公司安全工作规定》[国网（安监/2）406—2014]

第六十五条 隐患排查治理。公司各级单位应按照"全方位覆盖、全过程闭环"的原则，实施隐患"发现、评估、报告、治理、验收、销号"的闭环管理。按照"预评估、评估、核定"步骤定期评估隐患等级，建立隐患信息库，实现"一患一档"管理，保证隐患治理责任、措施、资金、期限、预案"五落实"。建立隐患排查治理定期通报工作机制。

【依据2】《国家电网公司安全隐患排查治理管理办法》[国网（安监/3）481—2014]

第二十三条 隐患排查治理应纳入日常工作中，按照"排查（发现）—评估报告—治理（控制）—验收销号"的流程形成闭环管理。

第二十四条 安全隐患排查（发现）包括：各级单位、各专业应采取技术、管理措施，结合常规工作、专项工作和监督检查工作排查、发现安全隐患，明确排查的范围和方式方法，专项工作还应制定排查方案。

（一）排查范围应包括所有与生产经营相关的安全责任体系、管理制度、场所、环境、人员、设备设施和活动等。

（二）排查方式主要有：电网年度和临时运行方式分析；各类安全性评价或安全标准化查评；各级各类安全检查；各专业结合年度、阶段性重点工作和"二十四节气表"组织开展的专项隐患排查；设备日常巡视、检修预试、在线监测和状态评估、季节性（节假日）检查；风险辨识或危险源管理；已发生事故、异常、未遂、违章的原因分析，事故案例或安全隐患范例学习等。

（三）排查方案编制应依据有关安全生产法律、法规或者设计规范、技术标准以及企业的安全生产目标等，确定排查目的、参加人员、排查内容、排查时间、排查安排、排查记录要求等内容。

第二十五条　安全隐患评估报告包括：

（一）安全隐患的等级由隐患所在单位按照预评估、评估、认定三个步骤确定。重大事故隐患由省公司级单位或总部相关职能部门认定，一般事故隐患由地市公司级单位认定，安全事件隐患由地市公司级单位的二级机构或县公司级单位认定。

（二）地市和县公司级单位对于发现的隐患应立即进行预评估。初步判定为一般事故隐患的，1周内报地市公司级单位的专业职能部门，地市公司级单位接报告后1周内完成专业评估、主管领导审定，确定后1周内反馈意见；初步判定为重大事故隐患的，立即报地市公司级单位专业职能部门，经评估仍为重大隐患的，地市公司级单位立即上报省公司级单位专业职能部门核定，省公司级单位应于3天内反馈核定意见，地市公司级单位接核定意见后，应于24小时内通知重大事故隐患所在单位。

（三）地市公司级单位评估判断存在重大事故隐患后应按照管理关系以电话、传真、电子邮件或信息系统等形式立即上报省公司级单位的专业职能部门和安全监察部门，并于24小时内将详细内容报送省公司级单位专业职能部门核定。

（四）省公司级单位对主网架结构性缺陷、主设备普遍性问题，以及由于重要枢纽变电站、跨多个地市公司级单位管辖的重要输电线路处于检修或切改状态造成的隐患进行评估，确定等级。

（五）跨区电网出现重大事故隐患，受委托的省公司级单位应立即报告委托单位有关职能部门和安全监察部门。

7.9.2　隐患治理

本条评价项目（见《评价》）的查评依据如下。

【依据1】《国家电网公司安全隐患排查治理管理办法》［国网（安监/3）481—2014］

第二十六条　安全隐患治理（控制）包括以下内容：

安全隐患一经确定，隐患所在单位应立即采取防止隐患发展的控制措施，防止事故发生，同时根据隐患具体情况和急迫程度，及时制定治理方案或措施，抓好隐患整改，按计划消除隐患，防范安全风险。

（一）重大事故隐患治理应制定治理方案，由省公司级单位专业职能部门负责或其委托地市公司级单位编制，省公司级单位审查批准，在核定隐患后30天内完成编制、审批，并由专业部门定稿后3天内抄送省公司级单位安全监察部门备案，受委托管理设备单位应在定稿后5天内抄送委托单位相关职能部门和安全监察部门备案。

重大事故隐患治理方案应包括：隐患的现状及其产生原因，隐患的危害程度和整改难易程度分析，治理的目标和任务，采取的方法和措施，经费和物资的落实，负责治理的机构和人员，治理的时限和要求，防止隐患进一步发展的安全措施和应急预案。

（二）一般事故隐患治理应制定治理方案或管控（应急）措施，由地市公司级单位负责在审定隐患后15天内完成。其中，第十七条第四款规定的隐患治理方案由省公司级单位专业职能部门编制，并经本单位批准。

（三）安全事件隐患应制定治理措施，由地市公司级单位二级机构或县公司级单位在隐患认定后1周内完成，地市公司级单位有关职能部门予以配合。

（四）安全隐患治理应结合电网规划和年度电网建设、技术改造、大修、专项活动、检修维护等进行，做到责任、措施、资金、期限和应急预案"五落实"。

（五）公司总部、分部、省公司级单位和地市公司级单位应建立安全隐患治理快速响应机制，设立绿色通道，将治理隐患项目统一纳入综合计划和预算优先安排，对计划和预算外亟须实施的项目须履行相应决策程序后实施，报总部备案，作为综合计划和预算调整的依据；对治理隐患所需物资应及时调剂、保障供应。

（六）未能按期治理消除的重大事故隐患，经重新评估仍确定为重大事故隐患的须重新制定治理方案，进行整改。对经过治理、危险性确已降低、虽未能彻底消除但重新评估定级降为一般事故隐患的，经省公司级单位核定可划为一般事故隐患进行管理，在重大事故隐患中销号，但省公司级单位要动态跟踪直至彻底消除。

（七）未能按期治理消除的一般事故隐患或安全事件隐患，应重新进行评估，依据评估后等级重新填写"重大（一般事故或安全事件隐患排查治理档案表"，重新编号，原有编号销除。

第二十七条　安全隐患治理验收销号包括：

（一）隐患治理完成后，隐患所在单位应及时报告有关情况、申请验收。省公司级单位组织对重大事故隐患治理结果和第十七条第四款规定的安全隐患进行验收，地市公司级单位组织对一般事故隐患治理结果进行验收，县公司级单位或地市公司级单位二级机构组织对安全事件隐患治理结果进行验收。

（二）事故隐患治理结果验收应在提出申请后 10 天内完成。验收后填写"重大、一般事故或安全事件隐患排查治理档案表"。重大事故隐患治理应有书面验收报告，并由专业部门定稿后 3 天内抄送省公司级单位安全监察部门备案，受委托管理设备单位应在定稿后 5 天内抄送委托单位相关职能部门和安全监察部门备案。

（三）隐患所在单位对已消除并通过验收的应销号，整理相关资料，妥善存档；具备条件的应将书面资料扫描后上传至信息系统存档。

【依据 2】《国家电网公司关于印发贯彻落实〈中共中央国务院关于推进安全生产领域改革发展的意见〉实施方案的通知》（国家电网办〔2017〕1101 号）

（二十七）深化隐患排查治理。健全隐患治理监督机制，动态抽查隐患治理情况，保证隐患治理"五到位"。加强重大隐患治理，实行"两单一表"管控，建立"绿色通道"，向政府部门和本单位职代会实行"双报告"。

7.9.3　与用户相关的安全隐患治理

本条评价项目（见《评价》）的查评依据如下。

【依据】《国家电网公司安全隐患排查治理管理办法》[国网（安监/3）481—2014]

第二十九条　与用户相关的安全隐患治理包括：

（一）由于电网限制或供电能力不足导致的安全隐患，纳入供电企业安全隐患进行闭环管理。

（二）由于用户原因导致电网存在的安全隐患，由地市或县公司级单位负责以安全隐患通知书的形式告知用户，同时向政府有关部门报告，督促用户整改，并将安全隐患纳入闭环管理，采取技术或管理措施防止对电网造成影响。

（三）用户自身存在的供用电安全隐患，由地市或县公司级单位负责以安全隐患通知书的形式告知产权单位，提出整改要求，告知安全责任，做好签收记录，同时向政府有关部门报告，积极督促整改。

7.9.4　定期评估

本条评价项目（见《评价》）的查评依据如下。

【依据】《国家电网公司安全隐患排查治理管理办法》[国网（安监/3）481—2014]

第二十八条　省、地市和县公司级单位应开展定期评估，全面梳理、核查各级各类安全隐患，做到准确无误，对隐患排查治理工作进行评估。定期评估周期 般为地市、县公司级单位每月 次，省公司级单位至少每季度一次，可结合安全委员会会议、安全分析会等进行。

7.9.5　安全隐患预警

本条评价项目（见《评价》）的查评依据如下。

【依据】《国家电网公司安全隐患排查治理管理办法》[国网（安监/3）481—2014]

第三十条　建立安全隐患预警通告机制。因计划检修、临时检修和特殊方式等使电网运行方式变化而引起的电网运行隐患风险，由相应调度部门发布预警通告，相关部门制定应急预案。由电网运行方式变化构成的重大事故隐患，电网调度部门应将有关情况通告同级安全监察部门和相关部门。

第三十一条　对排查出影响人身和设备安全的隐患，要分析其风险程度和后果严重性，由相关专业管理部门或作业实施单位及时发布预警通告，及时告知涉及人身和设备安全管理的责任单位。

第三十二条　接到隐患预警通告后，涉及电网、人身和设备安全管理的责任单位应立即采取管控、防范或治理措施，做到有效降低隐患风险，保障作业人员和电网及设备运行安全，并将措施落实情况报告相关部门。隐患预警工作结束后，发布单位应及时通告解除预警。

7.9.6　隐患信息报送

本条评价项目（见《评价》）的查评依据如下。

【**依据**】《国家电网公司安全隐患排查治理管理办法》[国网（安监/3）481—2014]

第三十三条　分部、省、地市和县公司级单位安全监察部门应分别明确一名专责人，负责安全隐患的汇总、统计、分析、数据库管理、信息报送等工作。相关专业职能部门应明确一名专责人，负责专业范围内安全隐患的统计、分析、信息报送等工作。

第三十四条　重大事故隐患和一般事故隐患需逐级统计，上报至公司总部；安全事件隐患由地市公司级单位统计，上报至省公司级单位，省公司级单位汇总后报公司总部备案。

第三十五条　安全隐患信息报送执行零报告制度。各级单位须如实记录并按时报送。

第三十六条　安全隐患信息报送通过安监一体化平台中的安全隐患管理信息系统进行，与生产管理系统、ERP等做好数据共享和应用集成，对隐患排查、上报、整改、挂牌督办等工作进行全过程记录和管理，实现自下而上、横向联动，动态跟踪隐患排查治理工作进展情况。

第三十七条　分部、省、地市和县公司级单位应运用安全隐患管理信息系统，做到"一患一档"。隐患档案应包括隐患简题、隐患来源、隐患内容、隐患编号、隐患所在单位、专业分类、归属职能部门、评估等级、整改期限、整改完成情况等。隐患排查治理过程中形成的传真、会议纪要、正式文件、治理方案、验收报告等也应归入隐患档案。上述档案的电子文档应及时录入安全隐患管理信息系统。

第三十八条　地市公司级单位专业职能部门、所属单位（含县公司级单位）每月21日前将当月（上月21日至本月20日，以下同）安全隐患排查治理情况通过安全隐患管理信息系统报地市公司级单位安全监察部门。安全监察部门汇总、审核，形成"安全隐患排查治理一览表"（见附件5）和"安全隐患排查治理情况月报表"（见附件6）。本条所述"专业职能部门、所属单位"由地市公司级单位结合实际确定。

第三十九条　省公司级单位专业职能部门每月21日前将当月安全隐患排查治理情况通过安全隐患管理信息系统报本单位安全监察部门。安全监察部门汇总、审核，形成"安全隐患排查治理一览表"和"安全隐患排查治理情况月报表"。本条所述"专业职能部门"由省公司级单位结合实际确定。

第四十条　地市公司级单位安全监察部门每月23日前将本单位当月"安全隐患排查治理情况月报表"报省公司级单位安全监察部门。省公司级单位安全监察部门负责汇总、审核，每月25日前形成本单位当月"安全隐患排查治理一览表"和"安全隐患查治理情况月报表"。

第四十一条　分部、省公司级单位每月26日前通过安全隐患管理信息系统向公司总部上报"安全隐患排查治理情况月报表"，7月5日前通过安全隐患管理信息系统上报半年度工作总结，次年1月5日前通过公文上报年度隐患排查治理工作总结。

第四十二条　专业职能部门和下属单位应做好沟通协调，确保隐患排查治理报送数据的准确性和一致性。

第四十三条　分部、省、地市和县公司级单位安全监察部门应在月度安全生产会议上通报本单位隐患排查治理工作情况，班组（供电所、运维站）应在每周安全日活动上通报本班组隐患排查治理工作情况。

第四十四条　对于重大事故隐患，分部、省、地市和县公司级单位应按相关规定向地方政府有关部门报告。

第四十五条　公司总部每季度、每年对公司系统隐患排查治理情况进行统计分析。按要求向国家有关部门报送。

7.9.7 督办机制

本条评价项目（见《评价》）的查评依据如下。

【依据】《国家电网公司安全隐患排查治理管理办法》[国网（安监/3）481—2014]

第四十六条 隐患排查治理工作执行上级对下级监督，同级间安全生产监督体系对安全生产保证体系进行监督的督办机制。

第四十七条 安全隐患实行逐级挂牌督办制度。分部、省公司级单位对重大事故隐患实施挂牌督办，地市公司级单位对一般事故隐患实施挂牌督办，县公司级单位及地市公司级单位其他二级机构对安全事件隐患实施挂牌督办，指定专人管理、督促整改。

第四十八条 分部、省公司、地市公司和县公司级单位安全监察部门根据掌握的隐患信息情况，以安全监督通知书形式进行督办。定期对隐患排查治理情况进行检查并及时通报。

7.9.8 承包、承租、委托业务的隐患排查治理

本条评价项目（见《评价》）的查评依据如下。

【依据】《国家电网公司安全隐患排查治理管理办法》[国网（安监/3）481—2014]

第二十二条 各级单位将生产经营项目、工程项目、场所、设备发包、出租或代维的，应当与承包、承租、代维单位签订安全生产管理协议，并在协议中明确各方对安全隐患排查、治理和防控的管理职责，对承包、承租、代维单位隐患排查治理负有统一协调和监督管理的职责。

7.10 风险管控

7.10.1 作业风险管控

7.10.1.1 计划编制

本条评价项目（见《评价》）的查评依据如下。

【依据1】《国家电网公司安全工作规定》[国网（安监/2）406—2014]

第六十六条 作业安全风险管控。公司各级单位应针对运维、检修、施工等生产作业活动，从计划编制、作业组织、现场实施等关键环节，分析辨识作业安全风险，开展安全承载能力分析，实施作业安全风险预警，制定落实风险管控措施，落实到岗到位要求。

【依据2】《国家电网公司生产作业安全管控标准化工作规范（试行）》（国家电网安质〔2016〕356号）

2.1.1 编制原则

（1）应贯彻状态检修、综合检修的基本要求，按照"六优先、九结合"的原则，科学编制作业计划。

（2）六优先：人身风险隐患优先处理，重要变电站（换流站）隐患优先处理，重要输电线路隐患优先处理，严重设备缺陷优先处理，重要用户设备缺陷优先处理和新设备及重大生产改造工程优先安排。

（3）九结合：生产检修与基建、技术改造、用户工程相结合；线路检修与变电检修相结合；二次系统检修与一次系统检修相结合；辅助设备检修与主设备检修相结合；两个及以上单位维护的线路检修相结合；同一停电范围内有关设备检修相结合；低电压等级设备检修与高电压等级设备检修相结合；输变电设备检修与发电设备检修相结合；用户检修与电网检修相结合。

2.1.2 月度作业计划编制

各级单位应根据设备状态、电网需求、反事故措施、基建技改及用户工程、保供电、气候特点、承载力、物资供应等因素制订月度作业计划。主要指10千伏及以上设备停（带）电作业计划。

2.1.3 周作业计划编制

各级单位应根据月度作业计划，结合保供电、气候条件、日常运维需求、承载力分析结果等情况统筹编制周作业计划。周作业计划宜分级审核上报，实现省、地市、县公司级单位信息共享。

2.1.4 日作业安排

二级机构和班组应根据周作业计划，结合临时性工作，合理安排工作任务。

2.2 计划发布

2.2.1 月度作业计划由专业管理部门统一发布。

2.2.2 周作业计划应明确发布流程和方式，可利用周安全生产例会、信息系统平台等发布。

2.2.3 信息发布应包括作业时间、电压等级、停电范围、作业内容、作业单位等内容。周作业计划信息发布中还应注明作业地段、专业类型、作业性质、工作票种类、工作负责人及联系方式、现场地址（道路、标志性建筑或村庄名称）、到岗到位人员、作业人数、作业车辆等内容。

2.3 计划管控

2.3.1 所有计划性作业应全部纳入周作业计划管控，禁止无计划作业。

2.3.2 作业计划实行刚性管理，禁止随意更改和增减作业计划，确属特殊情况需追加或者变更作业计划时，应履行审批手续，并经分管领导批准后方可实施。

2.3.3 作业计划按照"谁管理、谁负责"的原则实行分级管控。各级专业管理部门应加强计划编制与执行的监督检查，分析存在的问题，并定期通报。

2.3.4 各级安监部门应加强对计划管控工作的全过程安全监督，对无计划作业、随意变更作业计划等问题按照管理违章实施考核。

7.10.1.2 作业组织

（1）现场勘察。

本条评价项目（见《评价》）的查评依据如下。

【依据】《国家电网公司生产作业安全管控标准化工作规范（试行）》（国家电网安质〔2016〕356号）

3.1 现场勘察

3.1.1 需要现场勘察的作业项目

35千伏及以上电气设备大修、改造等大型、复杂作业；0.4kV以上电杆、导线、电缆新装、更换作业；带电作业、10千伏开关柜作业等项目（附录B）；以及工作票签发人或工作负责人认为有必要现场勘察的作业项目。

3.1.2 现场勘察组织

（1）现场勘察应在编制"三措"及填写工作票前完成。

（2）现场勘察由工作票签发人或工作负责人组织，工作负责人、设备运维管理单位和检修（施工）单位相关人员参加。

（3）对涉及多专业、多部门、多单位的作业项目，应由项目主管部门、单位组织相关人员共同参与。

（4）外包作业应由设备运维管理单位和施工单位共同开展现场勘察。

3.1.3 现场勘察主要内容

（1）需要停电的范围：作业中需要直接触及的电气设备，施工过程中起重机械（包含起重辅具或吊物工器具）、人员、工具及材料可能触及或接近导致安全距离不能满足《安规》规定距离的电力设施。

（2）保留的带电部位：不需停电的线路及设备，双电源、自备电源、分布式电源可能反送电的设备。

（3）作业现场的条件：人员进出场地、设备材料搬运通道与摆放地点、机械进出作业的工作条件；人员往返或紧急撤离现场、设备材料运输条件；可能涉及的地下电缆走向等。

（4）作业现场的环境：施工线路跨越铁路、电力线路、公路、河流等环境，生产作业对周边构筑物、通信设施、交通设施产生的影响，生产作业可能对城区、人口密集区或交通道口和通行道路上人员产生的人身伤害风险。

（5）现场勘查还应包括需要落实的"反措"及设备遗留缺陷等内容。

3.1.4 现场勘察记录

（1）现场勘察应填写现场勘察记录（附录C），为"三措"编制和工作票填写、安全交底提供依据。

（2）现场勘察宜采用文字记录和影像记录相结合的方式，对生产作业现场的作业任务、作业方法、危险点、预控措施等（必要时采用勘察简图）进行勘察。

（3）现场勘察记录由工作负责人收执。勘察记录应同工作票一起保存一年。

（2）风险评估。

本条评价项目（见《评价》）的查评依据如下。

【依据】《国家电网公司生产作业安全管控标准化工作规范（试行)》（国家电网安质〔2016〕356号）

3.2 风险评估

3.2.1 现场勘察结束后，工作票签发人或工作负责人应组织开展风险评估。

3.2.2 大型复杂项目作业或设备改进、革新、试验、科研项目作业，应由作业单位生产领导组织开展风险评估。

3.2.3 涉及多专业、多单位共同参与的作业，应由作业项目主管部门、单位生产领导组织开展风险评估。

3.2.4 风险评估应从触电伤害、高空坠落、物体打击、机械伤害、有限空间作业、人员误操作等方面存在的风险因素开展综合评估（附录D）。

3.2.5 风险评估出的危险点及预控措施应在工作票中予以明确。

（3）承载力分析。

本条评价项目（见《评价》）的查评依据如下。

【依据】《国家电网公司生产作业安全管控标准化工作规范（试行)》（国家电网安质〔2016〕356号）

3.3 承载力分析

3.3.1 各单位应以班组为单位，利用周生产例会，对班组作业能力开展承载力分析，保证每个班组每天作业量在可控范围内。

3.3.2 作业班组承载力分析内容包括：

（1）班组可以同时派出的工作组与工作负责人数量，每个班组同时开工的作业现场数量不得超过工作负责人数量。

（2）作业任务难易水平、工作量大小。

（3）安全防护用品、安全工器具、一般施工机具、车辆、大型施工机具是否满足作业需求。

（4）生产作业环境因素（低温、雨雪冰冻、酷暑天气）对工作进度、人员工作状态造成的影响等。

3.3.3 作业人员承载力分析内容包括：

（1）作业人员身体状况、精神状态以及有无妨碍工作的特殊病症。

（2）作业人员技能水平、安全能力。技能水平可根据其岗位角色、是否担任工作负责人、本专业工作年限等综合评定，安全能力应结合安规考试成绩、人员违章情况等综合评定。

3.3.4 各单位应结合实际积极推进承载力量化分析工作，保证班组作业承载力满足实际作业条件。

（4）"三措"编制。

本条评价项目（见《评价》）的查评依据如下。

【依据】《国家电网公司生产作业安全管控标准化工作规范（试行)》（国家电网安质〔2016〕356号）

3.4 "三措"编制

3.4.1 需编制"三措"的项目

a）变电站（换流站）改（扩）建项目。

b）变电站（换流站）保护及自动装置更换或改造作业。

c）35kV及以上输电线路（电缆）改（扩）建项目。

d）首次开展的带电作业项目。

e）涉及多专业、多单位、多班组的大型复杂作业。

f）跨越铁路、高速公路、通航河流等施工作业。

g）试验和推广新技术、新工艺、新设备、新材料的作业项目。

h）作业单位或项目主管部门认为有必要编写"三措"的其他作业。

3.4.2 作业单位应根据现场勘察结果和风险评估内容编制"三措"。对涉及多专业、多单位的大型复杂作业项目，应由项目主管部门、单位组织相关人员编制"三措"。

3.4.3 "三措"内容包括任务类别、概况、时间、进度、需停电的范围、保留的带电部位及组织措施、技术措施和安全措施（附录D）。

3.4.4 "三措"应分级管理，经作业单位、监理单位（如有）、设备运维管理单位、相关专业管理部门、分管领导逐级审批，严禁执行未经审批的"三措"。

（5）"两票"填写。

本条评价项目（见《评价》）的查评依据如下。

【依据】《国家电网公司生产作业安全管控标准化工作规范（试行）》（国家电网安质〔2016〕356号）

3.5 "两票"填写

3.5.1 在电气设备上及相关场所的工作，应填用工作票、倒闸操作票。

各级单位应规范"两票"填写与执行标准，明确使用范围、内容、流程、术语。

3.5.2 作业单位应根据现场勘察、风险评估结果，由工作负责人或工作票签发人填写工作票。

3.5.3 工作票"双签发"相关要求

a）承发包工程中，作业单位在运用中的电气设备上或已运行的变电站内工作，工作票宜由作业单位和设备运维管理单位共同签发，在工作票上分别签名，各自承担相应的安全责任。

b）发包方工作票签发人主要对工作票上所填工作任务的必要性、安全性和安全措施是否正确完备负责；承包方工作票签发人主要对所派工作负责人和工作班人员是否适当和充足，以及安全措施是否正确完备负责。

3.5.4 承发包工程宜由作业单位人员担任工作负责人，若设备运维管理单位认为有必要，可派人担任工作负责人或增派专人监护。

3.5.5 生产厂家、外协服务等人员参加现场作业，应由设备运维管理单位人员担任工作负责人，执行相应工作票。

3.5.6 作业班组每月应对所执行的"两票"进行整理汇总，按编号统计、分析。二级机构每季度至少对已执行的"两票"进行检查并填写检查意见。地市公司级单位、县公司级单位每半年至少抽查调阅一次"两票"。省公司级单位每年至少抽查调阅一次"两票"。

3.5.7 各级单位应分析"两票"存在的问题，及时反馈，制定整改措施，建立定期通报制度。

（6）班前会

本条评价项目（见《评价》）的查评依据如下。

【依据1】《国家电网公司安全工作规定》［国网（安监/2）406—2014］

第五十五条 班前会和班后会。班前会应结合当班运行方式、工作任务开展安全风险分析，布置风险预控措施，组织交代工作任务、作业风险和安全措施，检查个人安全工器具、个人劳动防护用品和人员精神状况。班后会应总结讲评当班工作和安全情况，表扬遵章守纪，批评忽视安全、违章作业等不良现象，布置下一个工作日任务。班前会和班后会均应做好记录。

【依据2】《国家电网公司生产作业安全管控标准化工作规范（试行）》（国家电网安质〔2016〕356号）

3.6 班前会

3.6.1 作业开工前，由班组长组织全体人员召开班前会。涉及多专业、多部门、多单位的作业，由项目主管部门、单位组织工作负责人等关键人、作业人员（含外协人员）、相关管理人员参加。

3.6.2 班前会应结合当班运行方式、工作任务开展安全风险分析，布置风险预控措施，组织交代工作任务、作业风险和安全措施，检查个人安全工器具、个人劳动防护用品和人员精神状况。

3.6.3 班前会内容应符合实际工作情况，做好记录或录音。

7.10.1.3 作业实施

本条评价项目（见《评价》）的查评依据如下。

【依据】《国家电网公司生产作业安全管控标准化工作规范（试行）》（国家电网安质〔2016〕356号）

4. 作业实施

作业实施包括倒闸操作、安全措施布置、许可开工、安全交底（站班会、开工会）、现场作业、作业监护、到岗到位、验收及工作终结、班后会。

4.1 倒闸操作

4.1.1 操作人和监护人应经考试合格，由设备运维管理单位审核、批准并公布。

4.1.2 运维人员应根据工作任务、设备状况及电网运行方式，分析倒闸操作过程中的危险点并制定防控措施。

4.1.3 严格执行倒闸操作制度，严格执行防误操作安全管理规定，不准擅自更改操作票，不准随意解除闭锁装置。

4.2 安全措施布置

4.2.1 变电专业安全措施应由工作许可人负责布置，采取电话许可方式的变电站第二种工作票安全措施可由工作人员自行布置，工作结束后应汇报工作许可人。输、配电专业工作许可人所做安全措施由其负责布置，工作班所做安全措施由工作负责人负责布置。安全措施布置完成前禁止作业。

4.2.2 工作许可人应审查工作票所列安全措施的正确完备性，检查工作现场布置的安全措施是否完善（必要时予以补充）和检修设备有无突然来电的危险。对工作票所列内容即使有很小疑问，也应向工作票签发人询问清楚，必要时应要求工作票签发人作详细补充。

4.2.3 10kV 及以上双电源用户或备有大型发电机用户配合布置和解除安全措施时，作业人员应现场检查确认。

4.2.4 现场为防止感应电或完善安全措施需加装接地线时，应明确装、拆人员，每次装、拆后应立即向工作负责人或小组负责人汇报，并在工作票中注明接地线的编号和装、拆的时间和位置。

4.3 许可开工

4.3.1 许可开工前，作业班组应提前做好作业所需工器具、材料等的准备工作。

4.3.2 现场履行工作许可前，工作许可人会同工作负责人检查现场安全措施布置情况，指明实际的隔离措施、带电设备的位置和注意事项，证明检修设备确无电压，并在工作票上分别确认签字。电话许可时由工作许可人和工作负责人分别记录双方姓名，并复诵核对无误。

4.3.3 所有许可手续（工作许可人姓名、许可方式、许可时间等）均应记录在工作票上。需其他单位配合停电的作业应履行书面许可手续。

4.4 安全交底

4.4.1 工作许可手续完成后，工作负责人组织全体作业人员整理着装，统一进入作业现场，进行安全交底，列队宣读工作票，交代工作内容、人员分工、带电部位、安全措施和技术措施，进行危险点及安全防范措施告知，抽取作业人员提问无误后，全体作业人员确认签字。

4.4.2 执行总、分工作票或小组工作任务单的作业，由总工作票负责人（工作负责人）和分工作票（小组）负责人分别进行安全交底。

4.4.3 现场安全交底宜采用录音或影像方式，作业后由作业班组留存一年。

4.5 现场作业

4.5.1 现场作业人员安全要求

a）作业人员应正确佩戴安全帽，统一穿全棉长袖工作服、绝缘鞋。

b）特种作业人员及特种设备操作人员应持证上岗。开工前，工作负责人对特种作业人员及特种设备操作人员交代安全注意事项，指定专人监护。特种作业人员及特种设备操作人员不得单独作业。

c）外来工作人员须经过安全知识和《电力安全工作规程》培训考试合格，佩戴有效证件，配置必要的劳动防护用品和安全工器具后，方可进场作业。

4.5.2 安全工器具和施工机具安全要求

a）作业人员应正确使用施工机具、安全工器具，严禁使用损坏、变形、有故障或未经检验合格的施工机具、安全工器具。

b）特种车辆及特种设备应经具有专业资质的检测检验机构检测、检验合格，取得安全使用证或者安全标志后，方可投入使用。

4.5.3　工作负责人需携带工作票、现场勘察记录、"三措"等资料到作业现场。

4.5.4　涉及多专业、多单位的大型复杂作业，应明确专人负责工作总体协调。

4.6　作业监护

4.6.1　工作票签发人或工作负责人对有触电危险、施工复杂容易发生事故等作业，应增设专责监护人，确定被监护的人员和监护范围，专责监护人应佩戴明显标识，始终在工作现场，及时纠正不安全的行为。

4.6.2　专责监护人不得兼做其他工作。专责监护人临时离开时，应通知被监护人员停止工作或离开工作现场，待专责监护人回来后方可恢复工作。当专责监护人必须长时间离开工作现场时，应由工作负责人变更专责监护人，履行变更手续，并告知全体被监护人员。

4.7　到岗到位

4.7.1　各级单位应建立健全作业现场到岗到位制度，按照"管业务必须管安全"的原则，明确到岗到位人员责任和工作要求。

4.7.2　各级单位应严格按照《生产作业现场到岗到位标准》（附录 E），落实到岗到位要求。

4.7.3　到岗到位工作重点

a）检查"两票""三措"执行及现场安全措施落实情况。

b）安全工器具、个人防护用品使用情况。

c）大型机械安全措施落实情况。

d）作业人员不安全行为。

e）文明生产。

4.7.4　到岗到位人员对发现的问题应立即责令整改，并向工作负责人反馈检查结果。

4.8　验收及工作终结

4.8.1　验收工作由设备运维管理单位或有关主管部门组织，作业单位及有关单位参与验收工作。

4.8.2　验收人员应掌握验收现场存在的危险点及预控措施，禁止擅自解锁和操作设备。

4.8.3　已完工的设备均视为带电设备，任何人禁止在安全措施拆除后处理验收发现的缺陷和隐患。

4.8.4　工作结束后，工作班应清扫、整理现场，工作负责人应先周密检查，待全体作业人员撤离工作地点后，方可履行工作终结手续。

4.8.5　执行总、分票或多个小组工作时，总工作票负责人（工作负责人）应得到所有分工作票（小组）负责人工作结束的汇报后，方可与工作许可人履行工作终结手续。

7.10.1.4　班后会

本条评价项目（见《评价》）的查评依据如下。

【依据1】《国家电网公司安全工作规定》[国网（安监/2）406—2014]

第五十五条　班前会和班后会。班前会应结合当班运行方式、工作任务开展安全风险分析，布置风险预控措施，组织交代工作任务、作业风险和安全措施，检查个人安全工器具、个人劳动防护用品和人员精神状况。班后会应总结讲评当班工作和安全情况，表扬遵章守纪，批评忽视安全、违章作业等不良现象，布置下一个工作日任务。班前会和班后会均应做好记录。

【依据2】《国家电网公司生产作业安全管控标准化工作规范（试行）》（国家电网安质〔2016〕356号）

4.9　班后会

4.9.1　班后会一般在工作结束后由班组长组织全体班组人员召开。

4.9.2　班后会应对作业现场安全管控措施落实及"两票三制"执行情况总结评价，分析不足，表扬遵章守纪行为，批评忽视安全、违章作业等不良现象。

7.10.1.5 监督考核

本条评价项目（见《评价》）的查评依据如下。

【依据】《国家电网公司生产作业安全管控标准化工作规范（试行）》（国家电网安质〔2016〕356号）

5 监督考核

5.1 各级单位应加强作业现场安全监督检查，制定检查标准，明确检查内容，规范检查流程。

各级安监部门应会同各专业管理部门，加强作业现场的安全监督检查工作。

各级领导应带头深入作业现场，检查指导作业现场安全管控工作。

5.2 作业现场安全监督检查重点

a）作业现场"两票""三措"、现场勘察记录等资料是否齐全、正确、完备。

b）现场作业内容是否和作业计划一致，工作票所列安全措施是否满足作业要求并与现场一致。

c）现场作业人员与工作票所列人员是否相符，人员精神状态是否良好。

d）工作许可人对工作负责人，工作负责人对工作班成员是否进行安全交底。

e）现场使用的机具、安全工器具和劳动防护用品是否良好，是否按周期试验并正确使用。

f）高处作业、邻近带电作业、起重作业等高风险作业是否指派专责监护人进行监护，专责监护人在工作前是否知晓危险点和安全注意事项等。

g）现场是否存在可能导致触电、物体打击、高处坠落、设备倾覆、电杆倒杆等风险和违章行为。

h）各级到岗到位人员是否按照要求履行职责。

i）其他不安全情况。

5.3 各级单位应开展作业现场违章稽查工作，一旦发现违章现象应立即加以制止、纠正，做好违章记录，对违章单位和个人给予批评和考核。

5.4 各级单位应建立完善反违章工作机制，组织开展"无违章现场""无违章员工"等创建活动，鼓励自查自纠，对及时发现纠正违章、避免安全事故的单位和个人给予表扬和奖励。

5.5 各级单位应加强生产作业安全管控工作的检查指导与评价，定期分析评估安全管控工作执行情况，督促落实安全管控工作标准和措施，持续改进和提高生产作业安全管控工作水平。

7.10.2 电网运行风险预警管控

7.10.2.1 预警评估

本条评价项目（见《评价》）的查评依据如下。

【依据】《国家电网公司电网运行风险预警管控工作规范》（国家电网安质〔2016〕407号）

第十二条 按照"分级预警、分层管控"原则，规范各级风险预警发布。

1. 总（分）部负责发布总（分）部调度管辖范围电网可能导致五级以上电网安全事件的风险预警，并对全网可能导致四级以上电网安全事件的风险预警管控情况进行跟踪督导。

2. 省公司负责发布省调管辖范围电网可能导致六级以上电网安全事件的风险预警。

3. 地市公司负责发布地（县）调管辖范围电网可能导致七级以上电网安全事件的风险预警。

对于涉及单一专业的省调管辖范围电网六级风险、地（县）调管辖范围电网七级风险，在制定并落实可靠的专业管控措施前提下，可以不专门发布预警。

第十五条 地市公司电网运行风险预警发布条件包括但不限于：

1. 设备停电期间再发生 $N-1$ 及以上故障，可能导致七级以上电网事件；

2. 设备停电造成220（330）kV变电站改为单台主变压器、单母线运行；

3. 220（330）kV主设备存在缺陷或隐患不能退出运行；

4. 二级以上重要客户供电安全存在隐患。

第十六条 总（分）部、省公司、地市公司应强化电网运行"年方式、月计划、周安排、日管控"，建立健全风险预警评估机制，为预警发布和管控提供科学依据。

1. 年方式。开展年度电网运行风险分析，加强年度综合停电计划协调，各级调控部门编制的年度运行方式报告应包括年度电网运行风险分析结果、四级以上风险预警项目。

2. 月计划。加强月度停电计划协调，各级调控部门牵头组织分析下月电网设备计划停电带来的安全风险，梳理达到预警条件的停电项目，制订月度风险预警发布计划。

3. 周安排。加强周工作计划和停电安排，动态评估电网运行风险，及时发布电网运行风险预警，在周生产安全例会上部署风险预警管控措施。

4. 日管控。密切跟踪电网运行状况和停电计划执行情况，加强日工作组织协调，在日生产早会上通报工作进展，根据实际情况动态调整风险预警管控措施。

第十七条 总（分）部、省公司、地市公司应贯彻"全面评估、先降后控"要求，动态评估电网运行风险，准确界定风险等级，做到不遗漏风险、不放大风险、不降低管控标准。

第十八条 全面评估。充分辨识电网运行方式、运行状态、运行环境、电源、负荷及其他可能对电网运行和电力供应造成影响的风险因素。

1. 运行方式。评估电网特殊保电时期、多重检修方式、系统性试验、配合基建技改等临时方式的安全风险。

2. 运行状态。评估电网断面潮流、设备负载、设备运行状况、设备评价状态等安全风险。

3. 运行环境。评估重要输变电设备周边水文地质、气候条件、山火、覆冰、雾霾、外力破坏等安全风险。

4. 电源。评估电厂出力、送出可靠性、清洁能源消纳等安全风险。

5. 负荷。评估重要客户供电方式、保电需求等安全风险。

第十九条 先降后控。充分采取各种预控措施和手段，降等级、减时长、缩范围、控数量，降低风险影响，提升管控实效。

1. 降等级：采取方式调整、分母线运行、负荷转移、分散稳控切负荷数量、调整开机、配合停电、需求侧响应、同周期检修、调整客户生产计划等手段，降低可能造成的负荷损失。

2. 减时长：优化施工（检修）方案，提前安排设备消缺，适当加大人员投入，采取先进技术工艺，合理减少停电时间。

3. 缩范围：优化电网运行方式、停电检修计划、倒闸操作方案，转移重要负荷，启用备用线路，缩小受影响的范围。

4. 控数量：坚持"综合平衡，一停多用"，统筹优化基建、技改和检修工作，科学安排停电计划，减少重复停电，避免风险叠加，严格控制高风险预警工作。

7.10.2.2 预警发布

本条评价项目（见《评价》）的查评依据如下。

【依据】《国家电网公司电网运行风险预警管控工作规范》（国家电网安质〔2016〕407号）

第二十条 预警编制。

1. 各级调控部门会同相关部门根据电网检修、设备隐患、施工跨越、重大保电、灾害天气等情况，依据预警条件和预警评估结果，编制"预警通知单"。

2. "预警通知单"应包括风险等级、停电设备、计划安排、风险分析、预控措施要求等内容，预控措施应明确责任单位、管控对象、巡视维护、现场看护、电源管理、有序用电等重点内容。

第二十一条 预警审批。

1. "预警通知单"执行部门会签和审批制度，调控部门编制完成并送相关部门会签后，提交本单位领导或上级单位审批。

2. 一、二级风险预警报总部审核同意。三级以上风险预警由分部、省公司行政正职审核批准。四级风险预警由分部、省公司分管副职审核批准。地市公司五、六级风险预警由本单位行政正职或副职审核批准。其他风险预警由调控部门负责人审核批准。

第二十二条 预警发布。

1. 充分发挥生产安全例会和预警管控系统"两个平台"的作用，规范预警的发布、反馈和解除。

2. "预警通知单"在周生产安全例会或日生产早会发布，并在预警管控系统挂网。

3. 预警发布应预留合理时间，"预警通知单"宜在工作实施前 36 小时发布，四级以上"预警通知单"宜在工作实施 3 个工作日前发布。

4. 输变电设备紧急缺陷或异常、自然灾害、外力破坏等突发事件引发的电网运行风险，达到预警条件，调控部门在采取应急处置措施后，及时通知相关部门和责任单位。

第二十三条 预警反馈。

1. 相关部门按照"谁签收、谁组织、谁反馈"原则，组织落实管控措施，在次日生产早会或下周生产安全例会上汇报风险预警管控措施组织落实情况。

2. 责任单位填写"预警反馈单"，在预警发布 24 小时内在预警管控系统挂网反馈。"预警反馈单"应包括事故预案制定、设备巡视频次、设备检测手段、安全保卫措施、政府部门报告、重要客户告知等内容。

3. "预警通知单"涉及工作实施前 1 个工作日，各项预警管控措施均应落实到位，具备下达设备停电操作指令的条件。

7.10.2.3 预警报告与告知

本条评价项目（见《评价》）的查评依据如下。

【依据】《国家电网公司电网运行风险预警管控工作规范》（国家电网安质〔2016〕407 号）

第二十四条 总（分）部、省公司、地市公司建立电网运行风险预警报告与告知制度，做好向能源局及派出机构、地方政府电力运行主管部门、电厂和重要客户报告与告知工作。

第二十五条 预警报告。

1. 按照"谁预警、谁报告"原则，四级以上风险预警，相关单位分别向能源局及派出机构、地方政府电力运行主管部门行文报送"电网运行风险预警报告单"（以下简称"预警报告单"）。一、二级风险预警，总部向国家能源局、国家发改委经济运行局报告。

2. "预警报告单"应包括风险分析、风险等级、计划安排、影响范围（含敏感区域、民生用电、重要客户等）、管控措施、需要政府协助办理的事项建议等（见附件 4）。

第二十六条 预警告知。

1. 对风险预警涉及的二级以上重要客户，营销部门提前 2 个工作日向客户书面送达"电网运行风险预警告知单"（以下简称"预警告知单"）并签收。

2. 对电厂送出可靠性造成影响或需要电源支撑的风险预警，调控部门提前 1 个工作日向相关并网电厂书面送达"预警告知单"并签收。

3. "预警告知单"主要内容包括预警事由、预警时段、风险影响、应对措施等，督促电厂、客户合理安排生产计划，做好防范准备（见附件 5）。

7.10.2.4 预警实施

本条评价项目（见《评价》）的查评依据如下。

【依据】《国家电网公司电网运行风险预警管控工作规范》（国家电网安质〔2016〕407 号）

第二十七条 预警发布后，应强化"专业协同、网源协调、供用协助、政企联动"，有效提升管控质量和实效。

第二十八条 专业协同。调控、运检、基建、营销、信通、安质等专业协同配合，全面落实管控措施。

1. 电网调控。进行安全稳定校核，优化系统运行方式，完善稳控策略，转移重要负荷，优先安排操作，编制事故预案。

2. 设备运维。加强设备特巡，开展红外测温等带电检测，提前完成设备消缺和隐患整治，落实针对性运维保障措施，做好抢修队伍、物资和备品备件等准备。

3. 施工检修。优化施工检修方案，加大人员装备投入，确保按期完工。

4. 供电保障。组织供电安全检查，帮助客户排查消除用电侧安全隐患，做好重要客户保电，做好配网应急抢修准备。

5. 信通保障。排查消除电力通信、信息系统、信息通信专用 UPS 电源等安全隐患，制定通信方式调整及保障方案，组织电力光缆、通信设备等特巡，做好应急通信系统准备，落实信息系统等安全防护措施。

6. 监督协调。协调编制风险预警管控工作方案，组织开展现场监督检查，督导落实电网调控、设备运维、施工检修、供电保障、信通保障等各项管控措施。

第二十九条 网源协调。做好电厂设备配合检修，调整发电计划，优化开机方式，安排应急机组，做好调峰、调频、调压准备。加强技术监督，确保涉网保护、安全自动装置等按规定投入。

第三十条 供用协助。及时告知客户电网运行风险预警信息，督促重要客户备齐应急电源，制定应急预案，执行落实有序用电方案，提前安排事故应急容量。

第三十一条 政企联动。提请政府部门协调电力供需平衡和有序用电，将预警电力设施纳入治安巡防体系，加强防外力破坏等管控措施。

第三十二条 四级以上风险预警，应强化落实以下风险预警管控措施：

1. 编制风险预警管控工作方案，成立组织机构，召开现场协调会，明确职责分工、管控措施和相关要求。

2. 强化值班制度，提前编制操作预案，开展专项反事故演习，优先安排操作。

3. 提升运维保障级别，无人变电站恢复有人值班，重要区段派专人看护，重点设备特巡不少于每日 3 次。

4. 加强施工组织，优化施工（检修）方案，派员驻场指导，开展随工验收。

5. 建立信息通报制度，及时通报天气情况、电网运行、现场环境、施工进度、管控措施落实等情况。

6. 保证主力电厂安全可靠、重要客户应急电源有效可用，联合开展针对性演练。

7. 提请政府部门协调落实电力平衡需求，调整发电计划，加强电力设施保护。

第三十三条 电网运行风险预警管控工作应抓好与电网大面积停电事件应急预案的无缝衔接，针对电网运行风险失控可能导致大面积停电，提前做好应急准备，及时启动应急响应，全方位做好电网运行安全工作。

7.10.2.5 预警解除

本条评价项目（见《评价》）的查评依据如下。

【依据】《国家电网公司电网运行风险预警管控工作规范》（国家电网安质〔2016〕407 号）

第三十五条 预警解除由调控部门负责在预警管控系统实施，并在周生产安全例会或日生产早会发布。相关部门和单位接到预警解除通知后，应及时告知预警涉及的重要客户和并网电厂，并向政府部门报告。

第三十六条 预警状态因故延期或变更，须经"预警通知单"审批人同意后，方可延期或变更，由调控部门在周生产安全例会或日生产早会发布，相关部门和单位履行报告与告知手续。

7.10.2.6 检查评价

本条评价项目（见《评价》）的查评依据如下。

【依据】《国家电网公司电网运行风险预警管控工作规范》（国家电网安质〔2016〕407 号）

第三十七条 公司在安监一体化信息系统平台上开发预警管控系统，对电网运行风险预警实行全过程、痕迹化闭环管理。

第四十条 公司建立健全各级电网运行风险预警管控监督检查、总结评价机制，持续提升工作质量，确保管控实效。

第四十一条 监督检查。各级安质部门将电网运行风险预警管控监督检查工作纳入日常管理，逐级进行督查，督促落实管控职责，杜绝风险失控。

1. 总（分）部对总（分）部调度管辖范围内风险预警、全网四级以上风险预警进行现场督查。

2. 省公司对五级以上风险预警进行现场检查。

3. 地市公司对六级以上风险预警进行现场检查。

第四十二条 总结评价。公司建立电网运行风险预警管控成效评价机制。

1. 对四级以上风险预警，各单位应逐一开展评价，全面评价风险辨识、管控措施、责任落实等工作，总结经验成效，查找工作不足，提出改进措施。

2. 总（分）部、省公司编制年度电网运行风险预警管控评价报告，总结年度电网运行风险预警发布及执行情况，分析电网运行风险，提出加强电网运行安全举措。

3. 总部依据电网运行风险预警管控成效评价指数（见附件6），对各省公司风险预警管控情况进行综合评价。

7.11 应急管理

7.11.1 组织体系

7.11.1.1 应急领导体系

本条评价项目（见《评价》）的查评依据如下。

【依据1】《国家电网公司应急工作管理规定》［国家电网企管〔2014〕1467号国网（安监/2）483—2014］

第二章 组织机构及职责

第六条 公司建立由各级应急领导小组及其办事机构组成的、自上而下的应急领导体系，由安质部归口管理、各职能部门分工负责的应急管理体系。根据突发事件类别和影响程度，成立专项事件应急处置领导机构（临时机构）。形成领导小组决策指挥、办事机构牵头组织、有关部门分工落实、党政工团协助配合、企业上下全员参与的应急组织体系，实现应急管理工作的常态化。

第十条 国网安质部是公司应急管理归口部门，负责日常应急管理、应急体系建设与运维、突发事件预警与应对处置的协调或组织指挥，以及与政府相关部门的沟通汇报等工作。

第十四条 公司各单位相应成立应急领导小组。组长由本单位行政正职担任。领导小组成员名单及常用通信联系方式上报公司应急领导小组备案。

第十五条 公司各单位应急领导小组主要职责：贯彻落实国家应急管理法律法规、方针政策及标准体系，贯彻落实公司及地方政府和有关部门应急管理规章制度，接受上级应急领导小组和地方政府应急指挥机构的领导，研究本企业重大应急决策和部署，研究建立和完善本企业应急体系和统一领导和指挥本企业应急处置实施工作。

第十六条 公司各单位应急领导小组下设安全应急办公室和稳定应急办公室。安全应急办公室设在安全监察质量部，稳定应急办公室设在办公室，工作职责同第十条相关规定。

第十七条 公司各单位安质部及其他职能部门应急工作职责分工同第十一、十二条相关规定。

第十八条 公司各单位根据突发事件处置需要，临时成立专项事件应急处置指挥机构组织、协调、指挥应急处置。专项事件应急处置指挥机构应与上级相关机构保持衔接。

第三章 应急体系建设

第三十二条 公司各单位应急管理归口部门及相关职能部门均应根据自身管理范围，制订计划，组织协调，开展应急体系相关内容建设，确保应急体系运转良好，发挥应急体系作用，应对处置突发事件。

【依据2】《国家电网公司安全工作规定》（国家电网企管〔2014〕1117号）

第四章 监督管理

第二十一条 安全监督管理机构的职责：

（一）贯彻执行国家和上级单位有关规定及工作部署，组织制定本单位安全监督管理和应急管理方面的规章制度，牵头并督促其他职能部门开展安全性评价、隐患排查治理、安全检查和安全风险管控等工作，积极探索和推广科学、先进的安全管理方式和技术。

（七）负责编制安全应急规划并组织实施，负责组织协调公司应急体系建设及公司应急管理日常工作，负责归口管理安全生产事故隐患排查治理工作并进行监督、检查与评价，负责人武、保卫管理；负责指导集体企业安全监察相关管理工作。

【依据3】《中华人民共和国安全生产法》（主席令第十三号）

第十八条　生产经营单位的主要负责人对本单位安全生产工作负有下列职责：

（六）组织制定并实施本单位的生产安全事故应急救援预案。

第二十二条　生产经营单位的安全生产管理机构以及安全生产管理人员履行下列职责：

（一）组织或者参与拟订本单位安全生产规章制度、操作规程和生产安全事故应急救援预案；

（二）组织或者参与本单位安全生产教育和培训，如实记录安全生产教育和培训情况；

（三）督促落实本单位重大危险源的安全管理措施；

（四）组织或者参与本单位应急救援演练。

7.11.1.2　部门及职责

本条评价项目（见《评价》）的查评依据如下。

【依据】《国家电网公司应急工作管理规定》［国家电网企管〔2014〕1467号国网（安监/2）483—2014］

第二章　组织机构及职责

第十条　国网安质部是公司应急管理归口部门，负责日常应急管理、应急体系建设与运维、突发事件预警与应对处置的协调或组织指挥、与政府相关部门的沟通汇报等工作。

第十一条　各职能部门按照"谁主管、谁负责"原则，贯彻落实公司应急领导小组有关决定事项，负责管理范围内的应急体系建设与运维、相关突发事件预警与应对处置的组织指挥、与政府专业部门的沟通协调等工作。

第十六条　公司各单位应急领导小组下设安全应急办公室和稳定应急办公室。安全应急办公室设在安质部，稳定应急办公室设在办公室（或综合管理部门），工作职责同第九条规定的公司安全应急办公室和稳定应急办公室的职责。

第十七条　公司各单位安质部及其他职能部门应急工作职责分工，同第十条国网安质部、第十一条国网各职能部门职责。

7.11.1.3　日常管理

本条评价项目（见《评价》）的查评依据如下。

【依据1】《关于定期报送应急工作年度计划、总结和季度报表的通知》（国家电网安监〔2008〕106号）

为进一步规范和加强公司系统应急管理，切实提高公司系统突发事件应急处置能力，安监部要求各单位尽快建立应急管理常态工作机制，定期报送应急工作年度计划、总结和季度报表，有关要求通知如下，请认真贯彻执行。

一、扎实做好计划管理

各单位要加强日常应急工作计划管理，结合自身实际，理清工作思路，认真制订各项应急工作年度计划，纳入本单位年度综合计划，认真执行，严格考核。各单位应于每年12月上旬，将本单位应急工作年度计划报公司安监部。上报应急工作年度计划包括应急预案修编、应急演练、应急培训、应急体系建设重点项目年度计划（计划模版见附件1）。

二、按时填报季度报表

各单位要细化分解年度应急管理工作计划，加强计划落实过程管理，建立符合实际的报表体系及相关管理制度，及时了解掌握应急管理各项工作开展情况。各单位应于每季度结束后的2个工作日内，将季度报表报公司安监部。上报季度报表包括应急体系建设重点项目完成情况季度报表，应急预案编制、修订完成情况季度报表，应急培训、演练完成情况季度报表（报表格式见附件2）。

三、认真开展工作总结

各单位每半年应组织开展应急管理工作总结，编写半年总结报告，年底进行全年工作总结，编写年度总结报告。总结报告应重点反映本单位安全生产应急组织体系建设和运转情况，预案修编、应急培训、应急演练以及统计期间发生的应急事件及应急处置情况等，并分析查找应急管理工作中存在的问题，提出相应的对策和建议。每年7月5日和次年的1月5日前，分别将应急管理半年、年度总结报告报公司安监部（总结模版见附件3）。

各单位在执行过程中遇到的问题，要及时向公司安监部汇报，公司安监部将对执行情况进行监督检查，并依据公司信息报送及其他相关管理制度进行考核。

附件：1. 应急管理年度计划报表

2. 应急管理季度工作报表

3. 应急管理工作总结模板

附件1：应急管理年度计划报表

表1　　　　　　　　　20____年国网公司系统应急管理规章制度修编年度计划表

填报单位（公章）：　　　　　　　　　　　　　　　　　　　　　　　　日期：

序号	单位	计划新增规章制度名称	计划修订规章制度名称	计划完成时间	备注
一	二级单位				
1					
2					
合计（篇）					
二	所属基层单位				
1					
2					
合计（篇）					

填表人：　　　　　　　　　　审核人：　　　　　　　　　　联系电话：

说明：单位名称栏中，"二级单位"指的是国网公司所属二级单位；"所属基层单位"是指二级单位所属基层单位，包括主业及多经企业。

表2　　　　　　　　　20____年国网公司系统应急预案修编年度计划表

填报单位（公章）：　　　　　　　　　　　　　　　　　　　　　　　　日期：

序号	单位	计划新增预案名称	计划修订预案名称	预案类别	计划完成时间	备注
一	二级单位					
1						
2						
合计（篇）						
二	所属基层单位					
1						
2						
合计（篇）						

填表人：　　　　　　　　　　审核人：　　　　　　　　　　联系电话：

说明：

1. 单位名称栏中，"二级单位"指的是国网公司所属二级单位；"所属基层单位"是指二级单位所属基层单位，包括主业及多经企业。

2. 预案类别包括：综合预案、专项预案、现场处置方案。

表3　　　　　　　　　　　　　　20＿＿＿年国网公司系统应急培训年度计划表

填报单位（公章）：　　　　　　　　　　　　　　　　　　　　　　　　　　日期：

序号	单位	培训项目名称	主要培训内容	培训对象	培训期次	计划完成时间	资金（万元）	备注
一	二级单位							
1								
2								
合计								
二	所属基层单位							
1								
2								
合计								

填表人：　　　　　　　　　　审核人：　　　　　　　　　　　　　　联系电话：

说明：

1. 单位名称栏中，"二级单位"指的是国网公司所属二级单位；"所属基层单位"是指各二级单位所属基层单位，包括主业及多经企业。

2. 培训项目名称指计划开展的培训名称。

3. 参加外系统、单位等的培训在备注中注明主办单位。

表4　　　　　　　　　　　　　　20＿＿＿年国网公司系统应急演练年度计划表

填报单位（公章）：　　　　　　　　　　　　　　　　　　　　　　　　　　日期：

序号	单位	演练项目名称	主要演练内容	演练类型	参演人数	计划演练场次	计划完成时间	资金（万元）	备注
一	二级单位								
1									
2									
合计									
二	所属基层单位								
1									
2									
合计									

填表人：　　　　　　　　　　审核人：　　　　　　　　　　　　　　联系电话：

说明：

1. 单位名称栏中，"二级单位"指的是国网公司所属二级单位；"所属基层单位"是指各二级单位所属基层单位，包括主业及多经企业。

2. 演练类型包括：现场演练、桌面演练。

3. 参加政府、主管部门组织的演练请在备注中注明演练主办单位。

表5　　　　　　　　　　　　　20＿＿＿年国网公司系统应急重点工作年度计划表

填报单位（公章）：　　　　　　　　　　　　　　　　　　　　　　　　　　日期：

序号	单位	项目名称	项目内容	资金（万元）	计划完成时间	备注
一	二级单位					
1						
2						
合计						
二	所属基层单位					
1						
2						
合计						

填表人：　　　　　　　　　　审核人：　　　　　　　　　　　　　　联系电话：

说明：

1. 单位名称栏中，"二级单位"指的是国网公司所属二级单位；"所属基层单位"是指各二级单位所属基层单位，包括主业及多经企业。

2. 年度重点工作主要指除日常工作外，专门立项的。如：应急指挥中心建设、备用调度建设等等。

3. 项目内容中要简要叙述项目建设背景、目的、建设地点、规模等项目概况。

附件2：应急管理季度计划报表

表1　　国网公司系统应急管理和应急指挥机构基础情况季报表

（20＿＿＿年第＿＿＿季度）

填报单位（公章）：　　　　　　　　　　　　　　　　日期：

级别	类别	机构名称	成立时间	批准文号	机构级别	编制性质	编制人数	到位人数	合署办公机构（单位）
二级单位	应急指挥机构								
	应急管理机构								
所属基层单位	应急指挥机构								
	应急管理机构								

填表人：　　　　　　审核人：　　　　　　　　　　联系电话：

说明：

1. 单位名称栏中，"二级单位"指的是国网公司所属二级单位；"所属基层单位"是指各二级单位所属基层单位，包括主业及多经企业。

2. 本单位及所属二级单位应急指挥机构没有发生变化不必填写本表。

表2　　国网公司系统安全生产应急管理和应急指挥机构统计表

（20＿＿＿年第＿＿＿季度）

填报单位（公章）：　　　　　　　　　　　　　　　　日期：

类别	安全生产应急指挥机构					安全生产应急管理机构				
	机构总数（个）	单独办公（个）	合署办公（个）	编制总数（人）	到位总数（人）	机构总数（个）	单独办公（个）	合署办公（个）	编制总数（人）	到位总数（人）
二级单位										
所属基层单位										

填表人：　　　　　　审核人：　　　　　　　　　　联系电话：

说明：单位名称栏中，"二级单位"指的是国网公司所属二级单位；"所属基层单位"是指各二级单位所属基层单位，包括主业及多经企业。

表3　　国网公司系统应急预案编制情况统计表

（20＿＿＿年第＿＿＿季度）

填报单位（公章）：　　　　　　　　　　　　　　　　日期：

行业	省属企业						市属企业						其他企业					
	企业数目（家）	有预案企业数（家）	预案个数				企业数目（家）	有预案企业数（家）	预案个数				企业数目（家）	有预案企业数（家）	预案个数			
			综合（个）	专项（个）	现场（个）	合计（个）			综合（个）	专项（个）	现场（个）	合计（个）			综合（个）	专项（个）	现场（个）	合计（个）
电力																		

填表人：　　　　　　审核人：　　　　　　　　　　联系电话：

表4

国网公司系统安全生产应急管理培训情况统计表

（20＿＿年第＿＿季度）

填报单位（公章）：　　　　　　　　　　　　　　　　　　　　日期：

培训情况	生产经营单位安全管理人员	专业救援人员		
		救援指挥人员（人）	救护队管理人员（人）	救护队队员（人）
现有总人数				
已参加培训人数				

填表人：　　　　　　　　　　审核人：　　　　　　　　　　　　联系电话：

表5

国网公司系统应急平台建设情况统计表

（20＿＿年第＿＿季度）

填报单位（公章）：　　　　　　　　　　　　　　　　　　　　日期：

序号	应急平台管理机构		应急平台建设情况						备注
	机构名称	工作人员数量	是/否已有规划（方案）	是/否已立项	有/无可研（初步设计）	是/否已开始建设	是/否正常运行	已投资规模（万元）	
一	二级单位								
1									
2									
二	所属基层单位								
1									
2									
合计									

填表人：　　　　　　　　　　审核人：　　　　　　　　　　　　联系电话：

表6

国网公司系统安全生产应急演练开展情况季报表

（20＿＿年第＿＿季度）

填报单位（公章）：　　　　　　　　　　　　　　　　　　　　日期：

行业类别	总体情况			按主办单位分类														按演练类型分类					
	举办次数（次）	参演人数（人）	直接投入（万元）	省级政府、机构			市县政府、机构			企业总部			网省电力公司			综合演练（次）	其中		专项演练（次）	其中	
				举办次数（次）	参演人数（人）	直接投入（万元）	举办次数（次）	参演人数（人）	直接投入（万元）	举办次数（次）	现场（次）	桌面（次）	举办次数（次）	参演人数（人）	直接投入（万元）		现场（次）	桌面（次）		现场（次）	桌面（次）

填表人：　　　　　　　　　　审核人：　　　　　　　　　　　　联系电话：

附件3

××公司应急管理半年（年度）工作总结

一、应急管理工作总体情况

（一）应急组织体系建设及运转情况

1. 应急领导小组及其应急办公室组建、调整情况。

2. 应急监督、保证体系建设及运作情况。包括应急管理平台、指挥系统建设情况。

3. 应急救援队伍建设、应急救援情况。包括专、兼职应急队伍人数、装备情况。

（二）应急管理日常工作开展情况

总结期间应急管理开展的主要工作，年初制订的工作计划的落实情况概述。

1. 应急规章制度修编情况。总结期间新制订、修订应急管理规章制度数量。重要规章制度修编的背景、目的意义以及主要内容，并填写表1。

表1 　　　　　　　　　　　　　　　　应急管理规章制度修编统计表

单位名称	新增规章制度数量（篇）	修订规章制度数量（篇）	备注
本部			
二级单位（合计）			

2. 应急预案修编情况。总结期间新编写、修订应急预案数量，包括单位本部和所辖二级单位数量。重要预案修编的背景、目的意义等。并填写表2。

表2 　　　　　　　　　　　　　　　　应急预案修编统计表

单位名称	新增预案数量（篇）	修订预案数量（篇）	备注
本部			
二级单位（合计）			

3. 应急演练、培训情况。总结期间本单位及所辖二级单位应急培训、演练开展情况，包括本单位组织开展的次数、参与的单位和人员数量，达到的效果等。同时参加政府、上级主管部门组织的培训、演练也一并纳入总结。并填写表3。

表3 　　　　　　　　　　　　　　　应急预案修编、演练、培训情况表

单位名称	应急演练次数、参加人数		应急培训次数、参加人数	
	次数（次）	人数（人）	次数（次）	人数（人）
本部				
二级单位（合计）				

4. 应急管理重点工作完成情况。年初制订的年度应急重点工作计划完成情况。

（三）统计期内发生的应急事件及其应对情况

统计期内单位所发生的应急事件数量，应急处置情况，相关经验教训等。包括：

1. 发生的应急事件及其概况。

2. 事件应对概况。

二、应急管理工作中存在的突出矛盾和问题

三、有关对策、意见和建议

四、下半年（年度）工作思路和重点工作

【依据2】《国家电网公司应急工作管理规定》〔国家电网企管〔2014〕1467号国网（安监/2）483—2014〕

第三章　应急体系建设

第十九条　公司建立"统一指挥、结构合理、功能实用、运转高效、反应灵敏、资源共享、保障有力"的应急体系，形成快速响应机制，提升综合应急能力。

第二十条　总部、分部及公司各单位均应组织编制应急体系建设五年规划，纳入企业发展总体规划一并实施。公司各单位还应据此建立应急体系建设项目储备库，逐年滚动修订完善建设项目，并制订年度应急工作计划，纳入本单位年度综合计划，同步实施，同步督查，同步考核。

第四章　预防与应急准备

第四十三条　加强应急工作计划管理，公司各单位应按时编制、上报年度工作计划。公司下达的年度应急工作计划相关内容及本单位年度工作计划均应纳入本单位年度综合计划，认真实施，严格考核。

第四十四条　公司各单位应加强应急专业数据统计分析和总结评估工作，及时、全面、准确地统计各类突发事件，编写并及时向公司应急管理归口部门报送年度（半年）应急管理和突发事件应急处置总结评估报告、季度（年度）报表。

7.11.1.4　监督和考核

本条评价项目（见《评价》）的查评依据如下。

【依据1】《国家电网公司应急工作管理规定》〔国家电网企管〔2014〕1467号国网（安监/2）483—2014〕

第八章　监督检查和考核

第六十四条　公司建立健全应急管理监督检查和考核机制，上级单位应当对下级单位应急工作开展情况进行监督检查和考核。

第六十五条　公司各单位应组织开展日常检查、专题检查和综合检查等活动，监督指导应急体系建设和运行、日常应急管理工作开展，以及突发事件处置等工作。

第六十六条　公司各单位应将应急工作纳入企业综合考核评价范围，建立应急管理考核评价指标体系，健全责任追究制度。

第六十七条　公司建立应急工作奖惩制度，对应急工作表现突出的单位和个人予以表彰奖励；对履行职责不当引起事态扩大、造成严重后果的单位和个人，依据有关规定追究责任。

【依据2】《国家电网公司应急工作管理规定》〔国家电网企管〔2014〕1467号国网（安监/2）483—2014〕

第二章　组织机构及职责

第六条　公司建立由各级应急领导小组及其办事机构组成的、自上而下的应急领导体系，由安全监察质量部门归口管理、各职能部门分工负责的应急管理体系。根据突发事件类别和影响程度，成立专项事件应急处置领导机构（临时机构）。形成领导小组决策指挥、办事机构牵头组织、有关部门分工落实、党政工团协助配合、企业上下全员参与的应急组织体系，实现应急管理工作的常态化。

第十一条　各职能部门按照"谁主管、谁负责"原则，贯彻落实公司应急领导小组有关决定事项，负责管理范围内的应急体系建设与运维、相关突发事件预警与应对处置的组织指挥、与政府专业部门的沟通协调等工作。

第十八条　公司各单位根据突发事件处置需要，临时成立专项事件应急处置指挥机构，组织、协调、指挥应急处置。专项事件应急处置指挥机构应与上级相关机构保持衔接。

第三章　应急体系建设

第三十二条　公司各单位应急管理归口部门及相关职能部门均应根据自身管理范围，制订计划，组织协调，开展应急体系相关内容建设，确保应急体系运转良好，发挥应急体系作用，应对处置突发事件。

7.11.2　预案体系

7.11.2.1　应急制度体系

7.11.2.1.1　法律法规

本条评价项目（见《评价》）的查评依据如下。

【依据1】《电力企业综合应急预案编制导则（试行）》（电监安全〔2009〕22号）

前言

为指导和规范电力企业做好电力应急预案编制工作，依据《中华人民共和国突发事件应对法》《电力监管条例》《国家突发公共事件总体应急预案》《国家处置电网大面积停电事件应急预案》《生产经营单位安全生产事故应急预案编制导则》等有关文件制定本导则。

【依据2】《国家电网公司应急队伍管理规定（试行）》（国家电网生〔2008〕1245号）

第二条　本规定依据《中华人民共和国安全生产法》《国家突发公共事件总体应急预案》《国务院关于全面加强应急管理工作的意见》《生产经营单位安全生产事故应急预案编制导则》《国家电网公司应急管理工作规定》《国家处置电网大面积停电事件应急预案》等，并结合电力生产特点和公司应急管理工作实际制定。

【依据3】《国家电网公司应急工作管理规定》〔国家电网企管〔2014〕1467号国网（安监/2）483—2014〕

第九章　附则

第六十八条　本办法依据下列法律法规及相关文件规定制定：

《中华人民共和国突发事件应对法》（中华人民共和国主席令第69号）；

《国家突发公共事件总体应急预案》（国务院2006）；

《安全生产事故报告和调查处理条例》（国务院令第 493 号）；

《电力安全事故应急处置和调查处理条例》（国务院令第 599 号）；

《国务院关于加强应急管理工作的意见》（国发〔2006〕24 号）；

《国务院办公厅关于加强基层应急队伍建设的意见》（国办发〔2009〕59 号）；

《国务院办公厅关于加强基层应急管理工作的意见》（国办发〔2007〕52 号）；

《国务院办公厅转发安全监管总局等部门关于加强企业应急管理工作的意见》（国办发〔2007〕13 号）

【依据 4】《电力企业综合应急预案编制导则（试行）》（电监安全〔2009〕22 号）

前言

为指导和规范电力企业做好电力应急预案编制工作，依据《中华人民共和国突发事件应对法》《电力监管条例》《国家突发公共事件总体应急预案》《国家处置电网大面积停电事件应急预案》《生产经营单位安全生产事故应急预案编制导则》等有关文件制定本导则。

本导则是国家电力监管委员会组织编写的电力应急预案编制和应急演练规范系列文件的组成部分。各级政府、电力企业、电力用户组织开展电力突发事件应急演练时应参照本导则要求，规范应急演练的策划、准备、组织实施以及评估总结等各环节。

【依据 5】《国家电网公司应急预案评审管理办法》（国家电网企管〔2014〕1467 号）

第二条　本办法编制依据包括：

（一）《中华人民共和国突发事件应对法》；

（二）《生产经营单位生产安全事故应急预案评审指南（试行）》（国家安全生产监督管理总局安监总厅应急〔2009〕73 号）；

（三）《国家电网公司应急工作管理规定》〔国家电网企管〔2014〕1467 号国网（安监/2）483—2014〕；

（四）《国家电网公司应急预案编制规范》（国家电网安监〔2007〕98 号文）；

（五）其他相关法律法规及公司相关管理办法。

7. 11. 2. 1. 2　国家电网公司制度文件

本条评价项目（见《评价》）的查评依据如下。

【依据】《国家电网公司应急预案编制规范》（国家电网安监〔2007〕98 号）

4.3.5　编制的应急预案，应符合国家应急救援相关法律法规，符合公司应急管理工作规定及相关应急预案，符合电网安全生产特点及本单位工作实际，与上级单位应急预案、地方政府相关应急预案衔接。编写格式应规范、统一。

7. 11. 2. 1. 3　省（自治区、直辖市）公司制度文件

本条评价项目（见《评价》）的查评依据如下。

【依据】《国家电网公司应急预案编制规范》（国家电网安监〔2007〕98 号）

参见 7.4.2.1.3 之**【依据】**。

7. 11. 2. 1. 4　企业文件

本条评价项目（见《评价》）的查评依据如下。

【依据 1】《国家电网公司应急工作管理规定》（国家电网企管〔2014〕1467 号）

第二十二条　应急制度体系是组织应急工作过程和进行应急工作管理的规则与制度的总和，是公司规章制度的重要组成部分，包括应急技术标准以及其他应急方面规章制度性文件。

第四十七条　总部、分部、公司各单位应不断完善应急值班制度，按照部门职责分工，成立重要活动、重要会议、重大稳定事件、重大安全事件处理、重要信息报告、重大新闻宣传、办公场所服务保障和网络与信息安全处理等应急值班小组，负责重要节假日或重要时期 24 小时值班，确保通信联络畅通，收集整理、分析研判、报送反馈和及时处置重大事项相关信息。

第四十九条　建立健全突发事件预警制度，依据突发事件的紧急程度、发展态势和可能造成的危害，及时发布预警信息。

第六十六条 公司各单位应将应急工作纳入企业综合考核评价范围，建立应急管理考核评价指标体系，健全责任追究制度。

第六十七条 公司应建立应急工作奖惩制度，对应急工作表现突出的单位和个人予以表彰奖励，对履行职责不当引起事态扩大、造成严重后果的单位和个人，依据有关规定追究责任。

【依据2】《国家电网公司应急队伍管理规定（试行）》（国家电网生〔2008〕1245号）

第四条 各网省公司应根据本规定，结合本单位实际制定实施细则。

7.11.2.2　应急预案体系

本条评价项目（见《评价》）的查评依据如下。

【依据1】《国家电网公司应急工作管理规定》〔国家电网企管〔2014〕1467号国网（安监/2）483—2014〕

第十九条 公司建立"统一指挥、结构合理、功能实用、运转高效、反应灵敏、资源共享、保障有力"的应急体系，形成快速响应机制，提升综合应急能力。

第二十条 应急体系建设内容包括持续完善应急组织体系、应急制度体系、应急预案体系、应急培训演练体系、应急科技支撑体系，不断提高公司应急队伍处置救援能力、综合保障能力、舆情应对能力、恢复重建能力，建设预防预测和监控预警系统、应急信息与指挥系统。

第二十一条 应急预案体系由总体预案、专项预案、现场处置方案构成（见附件1），应满足"横向到边、纵向到底、上下对应、内外衔接"的要求。总部、分部、各省（自治区、直辖市）电力公司原则上设总体预案、专项预案，根据需要设现场处置方案。市级供电公司、县级供电企业设总体预案、专项预案、现场处置方案。各直属单位及所属厂矿企业根据工作实际，参照设置相应预案。

【依据2】《国家电网公司安全工作规定》（国家电网企管〔2014〕1117号）

第六十七条 公司各级单位应贯彻国家和公司安全生产应急管理法规制度，坚持"预防为主、预防与处置相结合"的原则，按照"统一指挥、结构合理、功能实用、运转高效、反应灵敏、资源共享、保障有力"的要求，建立系统和完整的应急体系。

第七十一条 公司各级单位应按照"实际、实用、实效"的原则，建立横向到边、纵向到底、上下对应、内外衔接的应急预案体系。应急预案由本单位主要负责人签署发布，并向上级有关部门备案。

【依据3】《国家电网公司应急预案管理规定》〔国家电网企管〔2014〕1467号国网（安监/3）484—2014〕

第八条 公司总部、各分部、省（自治区、直辖市）电力公司原则上设总体应急预案、专项应急预案，根据需要设现场处置方案。市、县级公司设总体应急预案、专项应急预案和现场处置方案。各直属单位及其所属厂矿企业结合实际，参照设置相应应急预案。

第十条 应急预案的编制应依据有关方针政策、法律、法规、规章、标准，并遵循公司的应急预案编制规范和格式要求，要素齐全。应急预案的内容应突出"实际、实用、实效"的原则，既要避免出现与现有生产管理规定、规程重复或矛盾，又要避免以应急预案替代规定、规程的现象。

【依据4】《电力安全事故应急处置和调查处理条例》（国务院第599号令）

第十三条 电力企业应当按照国家有关规定，制定本企业事故应急预案。

电力监管机构应当指导电力企业加强电力应急救援队伍建设，完善应急物资储备制度。

【依据5】《国家电网公司应急预案编制规范》（国家电网安监〔2007〕98号）

4　应急预案编制

4.1　应急预案编制准备

在编制应急预案前，应认真做好编制准备工作，全面分析本单位危险因素，预测可能发生的事故类型及其危害程度，确定事故危险源，进行风险分析和评估。针对事故危险源和存在的问题，客观评价本单位应急能力，确定相应的防范和应对措施。

4.2 应急预案编制工作组

针对可能发生的事故类别，结合本单位部门职能分工，成立以本单位主要负责人（或分管负责人）为领导的应急预案编制工作组，明确编制任务、职责分工，制订编制工作计划。

4.3 应急预案编制

4.3.1 广泛收集编制应急预案所需的各种资料，包括相关法律法规、应急预案、技术标准、国内外同行业事故案例分析、本单位技术资料等。

4.3.2 立足本单位应急管理基础和现状，对本单位应急装备、应急队伍等应急能力进行评估，充分利用本单位现有应急资源，建立科学有效的应急预案体系。

4.3.3 应急预案编制过程中，对于机构设置、预案流程、职责划分等具体环节，应符合本单位实际情况和特点，保证预案的适应性、可操作性和有效性。

4.3.4 应急预案编制过程中，应注重相关人员的参与和培训，使所有与事故有关人员均掌握危险源的危害性、应急处置方案和技能。

4.3.5 编制的应急预案，应符合国家应急救援相关法律法规，符合公司应急管理工作规定及相关应急预案，符合电网安全生产特点及本单位工作实际，与上级单位应急预案、地方政府相关应急预案衔接。编写格式规范、统一。

4.4 应急预案评审与发布

应急预案编制完成后，应进行预案评审。评审由本单位主要负责人（或分管负责人）组织有关部门和人员进行。评审后，由本单位主要负责人（或分管负责人）签署发布，并按规定报上级主管单位、地方政府部门备案。

4.5 应急预案修订与更新

公司系统各单位应根据应急法律法规和有关标准变化情况、电网安全性评价和企业安全风险评估结果、应急处置经验教训等，及时评估、修改与更新应急预案，不断增强应急预案的科学性、针对性、实效性和可操作性，提高应急预案质量，完善应急预案体系。

5 应急预案体系结构

5.1 应急预案体系

5.1.1 公司系统各单位应针对电网安全、人身安全、设备设施安全、网络与信息安全、社会安全等各类事故或事件，编制相应的应急预案，明确事前、事发、事中、事后各个阶段相关部门和有关人员的职责，形成公司上下对应、相互衔接、完善健全的应急预案体系。

5.1.2 国家电网有限公司依据有关法律法规及国家有关部门要求，结合公司应急管理工作需要，制定公司层面的综合应急预案及应急管理规章制度，明确应急处置方针、政策、原则，应急组织结构及相关职责，应急行动、措施和保障等基本要求和程序，建立公司应急管理规章制度和预案体系。

5.1.3 国家电网有限公司、各区域电网公司、省（自治区、直辖市）电力公司、国家电网有限公司直属公司、地（市）供电公司、县供电公司、发电企业，结合各自职责范围，参照公司应急预案体系结构（见附录C），编制各级各类应急预案，包括综合应急预案、专项应急预案和现场应急处置方案。

5.2 综合应急预案

综合应急预案是从总体上阐述公司处置事故和突发事件的应急方针、政策，应急组织结构及相关应急职责，应急行动、措施和保障等基本要求和程序，是应对各类事故和突发事件的综合性文件（如电网大面积停电事件应急预案、重要城市电网大面积停电事件应急预案、突发事件信息报告与新闻发布应急预案等）。

5.3 专项应急预案

专项应急预案是针对具体的、特定类型的紧急情况而制定的应急预案，说明单一应急行动的目的和范围，通过危险源辨识，制订处置措施，程序内容应具体详细，是综合应急预案的组成部分。

5.4 现场处置方案

现场处置方案是针对具体的装置、场所或设施、岗位所制定的应急处置措施。现场处置方案应具体、简单、针对性强。现场处置方案应根据风险评估及危险性控制措施逐一编制，做到事故相关人员应知应会，熟练掌握，并通过应急演练，做到迅速反应、正确处置。

6 综合应急预案框架内容

6.1 总则

6.1.1 编制目的

简述应急预案的编制目的、作用等。

6.1.2 编制依据

应急预案编制所依据的法律法规、规章，以及有关管理规定、技术规范和标准、应急预案等。

6.1.3 适用范围

说明应急预案的适用范围，以及所涉及的事故类型、级别等。

6.1.4 工作原则

说明应急处置的基本原则，内容应简明扼要、明确具体（如预防为主、统一指挥、分层分区、保障重点、加强引导、依靠科技等）。

6.2 组织机构及职责

6.2.1 应急组织体系

6.2.1.1 明确应急组织形式，构成单位、部门或人员，并尽可能以结构图的形式表现出来。

6.2.1.2 应急组织体系建立应立足本单位现有组织体系设立，应尽可能避免机构上的重复交叉设置，并且应急职责分工应与部门职能设置相符合。

6.2.2 应急领导小组及职责

明确应急领导小组（指挥机构）组长、副组长、各成员单位或部门组成人员及其职责。应急领导小组根据事故类型和应急工作需要，可以下设应急办公室，并明确应急办公室的职责。

6.2.3 应急工作小组及职责

根据事故类型和应急工作需要，按照"谁主管、谁负责"原则，设置相应的应急工作小组（如电网恢复、事故抢修、新闻发布、通信保障、后勤保障、治安保卫等应急工作组），并明确各小组的工作任务及职责。

6.3 事件定义

6.3.1 事件分级

针对事故危害程度、影响范围、损失情况和本单位控制事态的能力，将事故分为不同等级的事件（如Ⅰ级停电事件、Ⅱ级停电事件等）。

6.3.2 事件定义

6.3.2.1 根据事故类型和影响范围、损失情况等，对每级事件给出具体的界定标准。

6.3.2.2 事件定义应符合事故类型及特点，界定标准应简单明了、便于掌握。

6.4 应急响应

6.4.1 信息报告

明确事故信息来源、接收和报告程序，明确事故发生后向上级单位和地方政府报告事故信息的流程、方式、方法、内容和时限等。

6.4.2 分级响应

根据事件定义和分级，针对事故危害程度、影响范围和单位控制事态的能力，按照分级负责的原则，明确相应的应急响应级别。

6.4.3 应急响应

根据事件级别和发展态势，明确应急指挥、应急行动、资源调配、应急避险、扩大应急的响应程序。

6.4.4 应急结束

明确应急结束的条件或状态，以及确定应急结束的程序、机构或人员。应急结束应区别于现场抢救和灾后恢复的结束。

6.5 信息发布

明确信息发布的机构，发布原则。事故信息应由事故现场指挥部及时准确向新闻媒体通报。

6.6 后期处置

主要包括生产秩序恢复、善后赔偿、灾后重建、应急能力评估、应急预案修订等内容。

6.7 保障措施

6.7.1 通信与信息保障

明确与应急工作相关联的单位或人员通信联系方式和方法，并提供备用方案。建立信息通信系统及维护方案，确保应急期间信息通畅。

6.7.2 应急队伍保障

明确各类应急响应的人力资源，包括专业应急队伍、兼职应急队伍、应急专家组的组织与保障方案。

6.7.3 应急物资装备保障

明确应急处置需要使用的应急物资和装备的类型、数量、性能、存放位置、管理责任人及其联系方式等内容。

6.7.4 经费保障

明确应急专项经费来源、使用范围、数量和监督管理措施，保障应急状态时应急经费的及时到位。

6.7.5 其他保障

根据应急工作需求而确定的其他相关保障措施（如交通运输保障、治安保障、技术保障、医疗保障、后勤保障等）。

6.8 培训与演练

6.8.1 培训

明确对本单位人员开展的应急培训计划、方式和要求，对公众和社会开展的电力安全和应急知识宣传教育等工作。

6.8.2 演练

明确应急演练的规模、方式、频次、范围、内容、组织、评估、总结等内容。

6.9 奖惩

按照有关规定，明确事故应急处置工作中奖励和处罚的条件和内容。

6.10 附则

6.10.1 术语和定义

对应急预案涉及的一些术语进行定义。

6.10.2 应急预案备案

明确本应急预案的报备部门。

6.10.3 维护和更新

明确应急预案维护和更新的基本要求，定期进行评审，实现可持续改进。

6.10.4 制定与解释

明确应急预案负责制定与解释的部门。

6.10.5 应急预案实施

明确应急预案实施的具体时间。

7 专项应急预案框架内容

7.1 范围与依据

7.1.1 明确本专项应急预案针对的事故类型、适用范围和编制依据等。

7.1.2 在危险源辨识和风险评估的基础上，对事故发生的条件及其严重程度进行确定。

7.2 应急处置基本原则

明确应急处置应当遵循的基本原则。

7.3 组织机构及责任

7.3.1 应急组织体系

明确应急组织形式，构成部门或人员，并尽可能以结构图的形式表示出来。

7.3.2 指挥机构及职责

根据事故类型，明确应急救援指挥机构总指挥、副总指挥以及各组成人员的具体职责。应急救援指挥机构可以设置相应的应急处置工作小组，明确各小组的工作任务及主要负责人职责。

7.4 预防与预警

7.4.1 危险源监控

明确本单位对危险源监测监控的方式、方法，以及采取的预防措施。

7.4.2 预警行动

明确具体类型事故预警的条件、方式、方法和信息的发布程序。

7.5 信息报告程序

明确信息报警的条件、程序、方式、方法、内容和时限等，明确与相关部门的通信、联络方式。

7.6 应急处置

7.6.1 响应分级

针对事故危害程度、影响范围和单位控制事态的能力，将事故分为不同的等级。按照分级负责的原则，明确应急响应级别。

7.6.2 响应程序

根据事故的大小和发展态势，明确应急指挥、应急行动、资源调配、应急避险、扩大应急等相应程序。

7.6.3 处置措施

针对本单位事故类别和可能发生的事故特点、危险性，制定的应急处置措施（如电力设施毁坏、变电站停电、电缆着火等事故应急处置措施）。

7.7 应急物资与装备保障

明确应急处置所需的物资与装备数量、管理和维护、正确使用等。

8 现场处置方案框架内容

8.1 事故特征

主要包括：

a）危险性分析，可能发生的事故类型；

b）事故发生的地点或设备的名称；

c）事故可能发生的季节和造成的危害程度；

d）事故前可能出现的征兆。

8.2 应急组织与职责

主要包括：

a）基层单位应急自救组织形式及人员构成情况；

b）应急自救组织机构、人员的具体职责，应同单位或车间、班组人员工作职责紧密结合，明确相关岗位和人员的应急工作职责。

8.3 应急处置

主要包括以下内容：

a）事故应急处置程序。根据可能发生的事故类别及现场情况，明确事故报警、各项应急措施启动、应急救护人员的引导、事故扩大及同企业应急预案的衔接的程序。

b）现场应急处置措施。针对可能发生的设施毁坏、设备着火、爆炸、水患、重要用户停电等，从现场处置、事故控制、人员救护、消防、停电恢复等方面制订明确的应急处置措施。

c）报警电话及上级管理部门、相关应急救援单位联络方式和联系人员，事故报告的基本要求和内容。

8.4　注意事项

主要包括：

a）佩戴个人防护器具方面的注意事项；

b）使用抢险救援器材方面的注意事项；

c）采取救援对策或措施方面的注意事项；

d）现场自救或互救注意事项；

e）现场应急处置能力确认和人员安全防护等事项；

f）应急救援结束后的注意事项；

g）其他需要特别警示的事项。

9　附件

9.1　有关应急部门、机构或人员的联系方式

列出应急工作中需要联系的部门、机构或人员的多种联系方式，并不断进行更新。

9.2　重要物资装备的名单或清单

列出应急预案涉及的重要物资和装备名称、型号、存放地点和联系电话等。

9.3　规范化格式文本

信息接收、处理、上报等规范化格式文本。

9.4　关键的路线、标识和图纸

主要包括：

a）警报系统分布及覆盖范围；

b）重要防护目标一览表、分布图；

c）应急救援指挥位置及救援队伍行动路线；

d）疏散路线、重要地点等标识；

e）相关平面布置图纸、救援力量的分布图纸等。

9.5　相关应急预案名录

列出直接与本应急预案相关的或相衔接的应急预案名称。

9.6　有关协议或备忘录

与相关应急救援部门签订的应急支援协议或备忘录。

【依据6】《国家电网有限公司突发事件总体应急预案》（国家电网办〔2018〕1181号）

1.6　预案体系

1.6.1　公司突发事件应急预案体系由总体应急预案、专项应急预案、部门应急预案、现场处置方案构成。总体应急预案是公司为应对各种突发事件而制定的综合性工作方案，是公司应对突发事件的总体工作程序、措施和应急预案体系的总纲。专项应急预案是公司为应对某一种或者多种类型突发事件，或者针对重要设施设备、重大危险源而制定的专项性工作方案。部门应急预案是公司有关部门根据总体应急预案、专项应急预案和部门职责，为应对本部门突发事件，或者针对重要目标物保护、重大活动保障、应急资源保障等涉及部门工作而预先制定的工作方案。现场处置方案是针对特定的场所、设备设施、岗位，针对典型的突发事件，制定的处置措施和主要流程。

1.6.2　总（分）部，各单位设总体应急预案、专项应急预案，视情况制定部门应急预案和现场处置方案，明确本部门或关键岗位应对特定突发事件的处置工作。公司总部和各单位本部涉及大面积停电、消防安全等事件管理工作的部门，应当编制相应的部门应急预案，并做好与对应专项预案的内容衔接和工作配合。

1.6.3　市、县级供电企业设总体应急预案、专项应急预案、现场处置方案，视情况制定部门应急预案；公司其他单位根据工作实际，参照设置相应预案；公司各级职能部门、生产车间，根据工作实际设现场处置方案；相邻、相近的单位，根据需要制定联合应急预案。

1.6.4　总部有关部门、公司各单位根据各自工作职责组织编制突发事件应急预案。在突发事件应急预案的基础上，根据工作场所和岗位特点，编制简明、实用、有效的应急处置卡。

1.6.5　各类预案应根据实际情况变化和国家相关规定及时增补、修订、完善。

【依据7】《中华人民共和国安全生产法》（第十三号主席令）

第三十七条　生产经营单位对重大危险源应当登记建档，进行定期检测、评估、监控，并制订应急预案，告知从业人员和相关人员在紧急情况下应当采取的应急措施。

生产经营单位应当按照国家有关规定将本单位重大危险源及有关安全措施、应急措施报有关地方人民政府安全生产监督管理部门和有关部门备案。

第七十八条　生产经营单位应当制订本单位生产安全事故应急救援预案，与所在地县级以上地方人民政府组织制订的生产安全事故应急救援预案相衔接，并定期组织演练。

【依据8】《生产经营单位生产安全事故应急预案编制导则》（GB/T 29639—2013）

生产经营单位的应急预案主要由综合应急预案、专项应急预案和现场处置方案构成。生产经营单位应根据本单位组织管理体系、生产规模、危险源的性质，以及可能发生的事故类型确定应急预案体系，并可根据本单位的实际情况，确定是否编制专项应急预案。风险因素单一的小微型生产经营单位可只编写现场处置方案。

7.11.2.2.1　总体应急预案

本条评价项目（见《评价》）的查评依据如下。

【依据1】《电力企业综合应急预案编制导则（试行）》（电监安全〔2009〕22号）

4　综合应急预案的编制要求

电力企业应结合自身安全生产和应急管理工作实际情况编制一个综合应急预案。

综合应急预案的内容应满足以下基本要求：

（1）符合与应急相关的法律、法规、规章和技术标准的要求；

（2）与事故风险分析和应急能力相适应；

（3）职责分工明确、责任落实到位；

（4）与相关企业和政府部门的应急预案有机衔接。

5　综合应急预案的主要内容

5.1　总则

5.1.1　编制目的

明确综合应急预案编制的目的和作用。

5.1.2　编制依据

明确综合应急预案编制的主要依据。应主要包括国家相关法律法规，国务院有关部委制定的管理规定和指导意见，行业管理标准和规章，地方政府有关部门或上级单位制定的规定、标准、规程和应急预案等。

5.1.3　适用范围

明确综合应急预案的适用对象和适用条件。

5.1.4　工作原则

明确本单位应急处置工作的指导原则和总体思路，内容应简明扼要、明确具体。

5.1.5　预案体系

明确本单位的应急预案体系构成情况。一般应由综合应急预案、专项应急预案和现场处置方案构成。应在附件中列出本单位应急预案体系框架图和各级各类应急预案名称目录。

5.2　风险分析

5.2.1　单位概况

明确本单位与应急处置工作相关的基本情况。一般应包括单位地址、从业人数、隶属关系、生产规模、主设备型号等。

5.2.2 危险源与风险分析

针对本单位的实际情况对存在或潜在的危险源或风险进行辨识和评价，包括对地理位置、气象及地质条件、设备状况、生产特点以及可能突发的事件种类、后果等内容进行分析、评估和归类，确定危险目标。

5.2.3 突发事件分级

明确本单位对突发事件的分级原则和标准。分级标准应符合国家有关规定和标准要求。

5.3 组织机构及职责

5.3.1 应急组织体系

明确本单位的应急组织体系构成，包括应急指挥机构和应急日常管理机构等，应以结构图的形式表示。

5.3.2 应急组织机构的职责

明确本单位应急指挥机构、应急日常管理机构，以及相关部门的应急工作职责。应急指挥机构可以根据应急工作需要设置相应的应急工作小组，并明确各小组的工作任务和职责。

5.4 预防与预警

5.4.1 危险源监控

明确本单位对危险源监控的方式方法。

5.4.2 预警行动

明确本单位发布预警信息的条件、对象、程序和相应的预防措施。

5.4.3 信息报告与处置

明确本单位发生突发事件后信息报告与处置工作的基本要求。包括本单位 24 小时应急值守电话、单位内部应急信息报告和处置程序，以及向政府有关部门、电力监管机构和相关单位进行突发事件信息报告的方式、内容、时限、职能部门等。

5.5 应急响应

5.5.1 应急响应分级

根据突发事件分级标准，结合本单位控制事态和应急处置能力确定响应分级原则和标准。

5.5.2 响应程序

针对不同级别的响应，分别明确启动条件、应急指挥、应急处置和现场救援、应急资源调配、扩大应急等应急响应程序的总体要求。

5.5.3 应急结束

明确应急结束的条件和相关事项。应急结束的条件一般应满足以下要求：突发事件得以控制，导致次生、衍生事故隐患消除，环境符合有关标准，并经应急指挥部批准。应急结束后的相关事项应包括需要向有关单位和部门上报的突发事件情况报告以及应急工作总结报告等。

5.6 信息发布

明确应急处置期间相关信息的发布原则、发布时限、发布部门和发布程序等。

5.7 后期处置

明确应急结束后，突发事件后果影响消除、生产秩序恢复、污染物处理、善后理赔、应急能力评估对应急预案的评价和改进等方面的后期处置工作要求。

5.8 应急保障

明确本单位应急队伍、应急经费、应急物资装备、通信与信息等方面的应急资源和保障措施。

5.9 培训和演练

5.9.1 培训

明确对本单位人员开展应急培训的计划、方式和周期。如果预案涉及社区和居民，应做好宣传教育和告知等工作。

5.9.2 演练

明确本单位应急演练的频度、范围和主要内容。

5.10 奖惩

明确应急处置工作中奖励和惩罚的条件和内容。

5.11 附则

明确综合应急预案涉及的术语定义，以及对预案的备案、修订、解释和实施等要求。

5.12 附件

综合应急预案包含的主要附件（不限于）如下：

（1）应急预案体系框架图和应急预案目录；

（2）应急组织体系和相关人员联系方式；

（3）应急工作需要联系的政府部门、电力监管机构等相关单位的联系方式；

（4）关键的路线、标识和图纸，如电网主网架接线图、发电厂总平面布置图等；

（5）应急信息报告和应急处置流程图；

（6）与相关应急救援部门签订的应急支援协议或备忘录。

【依据2】《国家电网公司应急工作管理规定》〔国家电网企管〔2014〕1467号国网（安监/2）483—2014〕

第二十一条 应急预案体系由总体预案、专项预案、现场处置方案构成（见附件1），应满足"横向到边、纵向到底、上下对应、内外衔接"的要求。总部、分部、各省（自治区、直辖市）电力公司原则上设总体预案、专项预案，根据需要设现场处置方案。市级供电公司、县级供电企业设总体预案、专项预案、现场处置方案。各直属单位及所属厂矿企业根据工作实际，参照设置相应预案。

【依据3】《国家电网公司应急预案体系框架方案》（国家电网办〔2010〕1511号）

2. 公司应急预案体系总体预案设置

公司作为国有公用事业企业，在处置自身突发事件的同时，还负有重要的应急救援社会责任，应参照国家应急预案体系设置总体预案，对公司应急组织机构及职责、预案体系的构成及相应程序、事故预防及应急保障、事件分类分级、应急培训及预案演练等，作出详细、明确的规定。公司各层面企业均设置一个总体预案。

【依据4】《生产经营单位生产安全事故应急预案编制导则》（GB/T 29639—2013）

5.2 综合应急预案

综合应急预案是生产经营单位应急预案体系的总纲，主要从总体上阐述事故的应急工作原则，包括生产经营单位的应急组织机构及职责、应急预案体系、事故风险描述、预警及信息报告、应急响应、保障措施、应急预案管理等内容。

6 综合应急预案的主要内容

6.1 总则

6.1.1 编制目的

简述应急预案编制的目的。

6.1.2 编制依据

简述应急预案编制所依据的法律、法规、规章、标准和规范性文件，以及相关应急预案等。

6.1.3 适用范围

说明应急预案适用的工作范围和事故类型、级别。

6.1.4 应急预案体系

说明生产经营单位应急预案体系的构成情况，可用框图形式表述。

6.1.5 应急预案工作原则

说明生产经营单位应急工作的原则，内容应简明扼要、明确具体。

6.2 事故风险描述

简述生产经营单位存在或可能发生的事故风险种类、发生的可能性，以及严重程度及影响范围等。

6.3 应急组织机构及职责

明确生产经营单位的应急组织形式及组成单位或人员，可用结构图的形式表示，明确构成部门的职责。应急组织机构根据事故类型和应急工作需要，可设置相应的应急工作小组，并明确各小组的工作任务及职责。

6.4 预警及信息报告

6.4.1 预警

根据生产经营单位检测监控系统数据变化状况、事故险情紧急程度和发展势态或有关部门提供的预警信息进行预警，明确预警的条件、方式、方法和信息发布的程序。

6.4.2 信息报告

信息报告程序主要包括：

a）信息接收与通报。明确24小时应急值守电话、事故信息接收、通报程序和责任人。

b）信息上报。明确事故发生后向上级主管部门、上级单位报告事故信息的流程、内容、时限和责任人。

c）信息传递。明确事故发生后向本单位以外的有关部门或单位通报事故信息的方法、程序和责任人。

6.5 应急响应

6.5.1 响应分级

针对事故危害程度、影响范围和生产经营单位控制事态的能力，对事故应急响应进行分级，明确分级响应的基本原则。

6.5.2 响应程序

根据事故级别的发展态势，描述应急指挥机构启动、应急资源调配、应急救援、扩大应急等响应程序。

6.5.3 处置措施

针对可能发生的事故风险、事故危害程度和影响范围，制订相应的应急处置措施，明确处置原则和具体要求。

6.5.4 应急结束

明确现场应急响应结束的基本条件和要求。

6.6 信息公开

明确向有关新闻媒体、社会公众通报事故信息的部门、负责人和程序，以及通报原则。

6.7 后期处置

主要明确污染物处理、生产秩序恢复、医疗救治、人员安置、善后赔偿、应急救援评估等内容。

6.8 保障措施

6.8.1 通信与信息保障

明确可为生产经营单位提供应急保障的相关单位及人员的通信联系方式和方法，并提供备用方案。同时，建立信息通信系统及维护方案，确保应急期间信息通畅。

6.8.2 应急队伍保障

明确应急响应的人力资源，包括应急专家、专业应急队伍、兼职应急队伍等。

6.8.3 物资装备保障

明确生产经营单位的应急物资和装备的类型、数量、性能、存放位置、运输及使用条件、管理责任人及其联系方式等内容。

6.8.4 其他保障

根据应急工作需求而确定的其他相关保障措施（如经费保障、交通运输保障、治安保障、技术保障、医疗保障、后勤保障等）。

6.9 应急预案管理

6.9.1 应急预案培训

明确对生产经营单位人员开展的应急预案培训计划、方式和要求，使有关人员了解相关应急预案内容，熟悉应急职责、应急程序和现场处置方案。如果应急预案涉及社区和居民，要做好宣传教育和告知等工作。

6.9.2 应急预案演练

明确生产经营单位不同类型应急预案演练的形式、范围、频次、内容，以及演练评估、总结等要求。

6.9.3 应急预案修订

明确应急预案修订的基本要求，并定期进行评审，实现可持续改进。

6.9.4 应急预案备案

明确应急预案的报备部门，并进行备案。

6.9.5 应急预案实施

明确应急预案实施的具体时间、负责制定与解释的部门。

9 附件

9.1 有关应急部门、机构或人员的联系方式

列出应急工作中需要联系的部门、机构或人员的多种联系方式，当发生变化时及时进行更新。

9.2 应急物资装备的名录或清单

列出应急预案涉及的主要物资和装备名称、型号、性能、数量、存放地点、运输和使用条件、管理责任人和联系电话等。

9.3 规范化格式文本

应急信息接报、处理、上报等规范化格式文本。

9.4 关键的路线、标识和图纸

主要包括：

a）警报系统分布及覆盖范围；

b）重要防护目标、危险源一览表、分布图；

c）应急指挥部位置及救援队伍行动路线；

d）疏散路线、警戒范围、重要地点等的标识；

e）相关平面布置图纸、救援力量的分布图纸等。

9.5 有关协议或备忘录

列出与相关应急救援部门签订的应急救援协议或备忘录。

【依据5】《突发事件应急预案管理办法》（国办发〔2013〕101号）

第六条 应急预案按照制定主体划分，分为政府及其部门应急预案、单位和基层组织应急预案两大类。

第七条 政府及其部门应急预案由各级人民政府及其部门制定，包括总体应急预案、专项应急预案、部门应急预案等。

总体应急预案是应急预案体系的总纲，是政府组织应对突发事件的总体制度安排，由县级以上各级人民政府制定。

专项应急预案是政府为应对某一类型或某几种类型突发事件，或者针对重要目标物保护、重大活动保障、应急资源保障等重要专项工作而预先制定的涉及多个部门职责的工作方案，由有关部门牵头制订，报本级人民政府批准后印发实施。

部门应急预案是政府有关部门根据总体应急预案、专项应急预案和部门职责，为应对本部门（行业、领域）突发事件，或者针对重要目标物保护、重大活动保障、应急资源保障等涉及部门工作而预先制定的工作方案，由各级政府有关部门制定。

鼓励相邻、相近的地方人民政府及其有关部门联合制定应对区域性、流域性突发事件的联合应急预案。

第八条 总体应急预案主要规定突发事件应对的基本原则、组织体系、运行机制，以及应急保障的总体安排等，明确相关各方的职责和任务。

针对突发事件应对的专项和部门应急预案，不同层级的预案内容各有所侧重。国家层面专项和部门应急预案侧重明确突发事件的应对原则、组织指挥机制、预警分级和事件分级标准、信息报告要求、分级响应及响应行动、应急保障措施等，重点规范国家层面应对行动，同时体现政策性和指导性；省级专项和部门应急预案侧重明确突发事件的组织指挥机制、信息报告要求、分级响应及响应行动、队伍物资保障及调动程序、市县级政府职责等，重点规范省级层面应对行动，同时体现指导性；市县级专项和部门应急预案侧重明确突发事件的组织指挥机制、风险评估、监测预警、信息报告、应急处置措施、队伍物资保障及调动程序等内容，重点规范市（地）级和县级层面应对行动，体现应急处置的主体职能；乡镇街道专项和部门应急预案侧重明确突发事件的预警信息传播、组织先期处置和自救互救、信息收集报告、人员临时安置等内容，重点规范乡镇层面应对行动，体现先期处置特点。

针对重要基础设施、生命线工程等重要目标物保护的专项和部门应急预案，侧重明确风险隐患及防范措施、监测预警、信息报告、应急处置和紧急恢复等内容。

针对重大活动保障制定的专项和部门应急预案，侧重明确活动安全风险隐患及防范措施、监测预警、信息报告、应急处置、人员疏散撤离组织和路线等内容。

针对为突发事件应对工作提供队伍、物资、装备、资金等资源保障的专项和部门应急预案，侧重明确组织指挥机制、资源布局、不同种类和级别突发事件发生后的资源调用程序等内容。

联合应急预案侧重明确相邻、相近地方人民政府及其部门间信息通报、处置措施衔接、应急资源共享等应急联动机制。

【依据6】《中华人民共和国应对法》（第十三号主席令）

第十八条 应急预案应当根据本法和其他有关法律、法规的规定，针对突发事件的性质、特点和可能造成的社会危害，具体规定突发事件应急管理工作的组织指挥体系与职责和突发事件的预防与预警机制、处置程序、应急保障措施以及事后恢复与重建措施等内容。

【依据7】《电力企业综合应急预案编制导则（试行）》（电监安全〔2009〕22号）

4 综合应急预案的编制要求

电力企业应结合自身安全生产和应急管理工作实际情况编制一个综合应急预案。

综合应急预案的内容应满足以下基本要求：

（1）符合与应急相关的法律、法规、规章和技术标准的要求；

（2）与事故风险分析和应急能力相适应；

（3）职责分工明确、责任落实到位；

（4）与相关企业和政府部门的应急预案有机衔接。

5 综合应急预案的主要内容

5.1 总则

5.1.1 编制目的

明确综合应急预案编制的目的和作用。

5.1.2 编制依据

明确综合应急预案编制的主要依据。应主要包括国家相关法律法规，国务院有关部委制定的管理规定和指导意见，行业管理标准和规章，地方政府有关部门或上级单位制定的规定、标准、规程和应急预案等。

5.1.3 适用范围

明确综合应急预案的适用对象和适用条件。

5.1.4 工作原则

明确本单位应急处置工作的指导原则和总体思路，内容应简明扼要、明确具体。

5.1.5 预案体系

明确本单位的应急预案体系构成情况。一般应由综合应急预案、专项应急预案和现场处置方案构成。应在附件中列出本单位应急预案体系框架图和各级各类应急预案名称目录。

5.2 风险分析

5.2.1 单位概况

明确本单位与应急处置工作相关的基本情况。一般应包括单位地址、从业人数、隶属关系、生产规模、主设备型号等。

5.2.2 危险源与风险分析

针对本单位的实际情况对存在或潜在的危险源或风险进行辨识和评价，包括对地理位置、气象及地质条件、设备状况、生产特点，以及可能突发的事件种类、后果等内容进行分析、评估和归类，确定危险目标。

5.2.3 突发事件分级

明确本单位对突发事件的分级原则和标准。分级标准应符合国家有关规定和标准要求。

5.3 组织机构及职责

5.3.1 应急组织体系

明确本单位的应急组织体系构成，包括应急指挥机构和应急日常管理机构等，应以结构图的形式表示。

5.3.2 应急组织机构的职责

明确本单位应急指挥机构、应急日常管理机构，以及相关部门的应急工作职责。应急指挥机构可以根据应急工作需要设置相应的应急工作小组，并明确各小组的工作任务和职责。

5.4 预防与预警

5.4.1 危险源监控

明确本单位对危险源监控的方式方法。

5.4.2 预警行动

明确本单位发布预警信息的条件、对象、程序和相应的预防措施。

5.4.3 信息报告与处置

明确本单位发生突发事件后信息报告与处置工作的基本要求。包括本单位24小时应急值守电话、单位内部应急信息报告和处置程序，以及向政府有关部门、电力监管机构和相关单位进行突发事件信息报告的方式、内容、时限、职能部门等。

5.5 应急响应

5.5.1 应急响应分级

根据突发事件分级标准，结合本单位控制事态和应急处置能力确定响应分级原则和标准。

5.5.2 响应程序

针对不同级别的响应，分别明确启动条件、应急指挥、应急处置和现场救援、应急资源调配、扩大应急等应急响应程序的总体要求。

5.5.3 应急结束

明确应急结束的条件和相关事项。应急结束的条件一般应满足以下要求：突发事件得以控制，导致次生、衍生事故隐患消除，环境符合有关标准，并经应急指挥部批准。应急结束后的相关事项应包括需要向有关单位和部门上报的突发事件情况报告以及应急工作总结报告等。

5.6 信息发布

明确应急处置期间相关信息的发布原则、发布时限、发布部门和发布程序等。

5.7 后期处置

明确应急结束后，突发事件后果影响消除、生产秩序恢复、污染物处理、善后理赔、应急能力评估对应急预案的评价和改进等方面的后期处置工作要求。

5.8 应急保障

明确本单位应急队伍、应急经费、应急物资装备、通信与信息等方面的应急资源和保障措施。

5.9 培训和演练

5.9.1 培训

明确对本单位人员开展应急培训的计划、方式和周期。如果预案涉及社区和居民，应做好宣传教育和告知等工作。

5.9.2 演练

明确本单位应急演练的频度、范围和主要内容。

5.10 奖惩

明确应急处置工作中奖励和惩罚的条件和内容。

5.11 附则

明确综合应急预案所涉及的术语定义，以及对预案的备案、修订、解释和实施等要求。

5.12 附件

综合应急预案包含的主要附件（不限于）如下：

（1）应急预案体系框架图和应急预案目录；

（2）应急组织体系和相关人员联系方式；

（3）应急工作需要联系的政府部门、电力监管机构等相关单位的联系方式；

（4）关键的路线、标识和图纸，如电网主网架接线图、发电厂总平面布置图等；

（5）应急信息报告和应急处置流程图；

（6）与相关应急救援部门签订的应急支援协议或备忘录。

7.11.2.2.2 专项应急预案

本条评价项目（见《评价》）的查评依据如下。

【依据1】《电力企业专项应急预案编制导则（试行）》（电监安全〔2009〕22号）

3 专项应急预案的编制要求

3.1 专项应急预案的种类

电力企业专项应急预案原则上分为自然灾害、事故灾难、公共卫生事件和社会安全事件四大类。电网和发电企业专项应急预案体系目录详见附录A和附录B。

3.1.1 自然灾害类

电力企业应针对可能面临的气象灾害［主要包括雨雪冰冻、强对流天气（含暴雨、雷电、龙卷风等）、台风、洪水、大雾］、地震灾害、地质灾害（主要包括山体崩塌、滑坡、泥石流、地面塌陷）、森林火灾等自然灾害编制自然灾害类专项应急预案。

3.1.2 事故灾难类

电力企业应针对可能发生的人身事故、电网事故、设备事故、网络信息安全事故、火灾事故、交通事故及环境污染事故等各类电力生产事故编制事故灾难类专项应急预案。

3.1.3 公共卫生事件类

电力企业应针对可能发生的传染病疫情、群体性不明原因疾病、食物中毒等突发公共卫生事件编制公共卫生事件类专项应急预案。

3.1.4 社会安全事件类

电力企业应针对可能发生的群体性事件、突发新闻媒体事件等社会安全事件编制社会安全事件类专项应急预案。

3.2 编制要求

（1）自然灾害类专项应急预案的内容应以防范、控制和消除自然灾害影响为主，对由于自然灾害导致的次生或衍生事件，应急处置内容应根据事件性质由相应的专项应急预案予以明确。

（2）事故灾难类专项应急预案中，电网企业在编制电网事故专项应急预案的同时，应根据电网结构特点编制电网黑启动专项应急预案。此外，被列为电网黑启动电源点的发电厂，在编制全厂停电事故应急预案的同时，应单独编制发电厂黑启动专项应急预案。

（3）公共卫生事件类专项应急预案可以根据事件类别分别编制专项应急预案，也可编成一个综合性的专项应急预案。在综合性的公共卫生事件专项应急预案中，应分别明确各类公共卫生事件的应急处置程序和措施。公共卫生事件类专项应急预案的内容除应符合本导则的基本要求外，还应符合国家相关法律、法规、规章及技术标准要求。

（4）社会安全事件类专项应急预案除应符合本导则的基本要求外，还应符合国家制定的相关法律、法规、规章及技术标准要求。

4 专项应急预案的主要内容

4.1 总则

明确本预案的编制目的、编制依据和适用范围等内容。

4.2 应急处置基本原则

从应急响应、指挥领导、处置措施、与政府的联动、资源调配等方面说明本预案所涉及的突发事件发生后，应急处置工作的指导原则和总体思路，内容应简明扼要。

4.3 事件类型和危害程度分析

（1）分析突发事件风险的来源、特性等。

（2）明确突发事件可能导致紧急情况的类型、影响范围及后果。

4.4 事件分级

根据突发事件危害程度和影响范围，依照国家有关规定和上级应急预案等，对突发事件进行分级。应针对不同类型的突发事件明确具体事件分级标准。

4.5 应急指挥机构及职责

4.5.1 应急指挥机构

（1）明确本预案所涉突发事件的应急指挥机构组成情况。

（2）指挥机构应设置相应的应急处置工作组，明确各应急处置工作组的设置情况和人员构成情况。

（3）明确应急指挥平台建设要求。

4.5.2 应急指挥机构的职责

（1）明确应急指挥机构、各应急处置工作组和相关人员的具体职责。

（2）明确本预案所涉及各有关部门的应急工作职责。

4.6 预防与预警

4.6.1 风险监测

专项应急预案针对的突发事件可以实施预警的，需要明确以下内容：

（1）风险监测的责任部门和人员；

（2）风险监测的方法和信息收集渠道；

（3）风险监测所获得信息的报告程序。

4.6.2 预警发布与预警行动

专项应急预案针对的突发事件可以实施预警的，需要明确以下内容：

（1）根据实际情况进行预警分级；

（2）明确预警的发布程序和相关要求；

（3）明确预警发布后的应对程序和措施。

4.6.3 预警结束

明确结束预警状态的条件、程序和方式。

4.7 信息报告

（1）明确本单位 24 小时应急值班电话。

（2）明确本预案所涉突发事件发生后，本单位内部和向上级单位进行突发事件信息报告的程序、方式、内容和时限。

（3）明确本预案所涉突发事件发生后，向政府有关部门、电力监管机构进行突发事件报告的程序、方式、内容和时限。

4.8　应急响应

4.8.1　响应分级

根据突发事件分级标准，结合企业控制事态和应急处置能力明确具体响应分级标准、应急响应责任主体及联动单位和部门。

4.8.2　响应程序

针对不同级别的响应，分别明确下列内容，并附以流程图：

（1）应急响应启动条件（应分级列出）；

（2）响应启动：宣布响应启动的责任者；

（3）响应行动：包括召开应急会议、派出前线指挥人员、组建现场工作组及其他应急处置工作小组等；

（4）各有关部门按照响应级别和职责分工开展的应急行动；

（5）向上级单位、政府有关部门及电力监管机构进行应急工作信息报告的格式、内容、时限和责任部门等。

4.8.3　应急处置

针对事件类别和可能发生的次生事件危险性和特点，明确应急处置措施：

（1）先期处置：明确突发事件发生后现场人员的即时避险、救治、控制事态发展。隔离危险源等紧急处置措施。

（2）应急处置：根据事件的级别和发展势态，明确应急指挥、应急行动、资源调配、与社会联动等响应程序，并附以流程图表示。

（3）扩大应急响应：根据事件的升级，及时提高应急响应级别，改变处置策略。

4.8.4　应急结束

明确下述内容：

（1）应急结束条件；

（2）应急响应结束程序，包括宣布不同级别应急响应结束的责任人、宣布方式等。

4.9　后期处置

明确下述内容：

（1）后期处置、现场恢复的原则和内容；

（2）负责保险和理赔的责任部门；

（3）事故或事件调查的原则、内容、方法和目的；

（4）对预案及本次应急工作进行总结、评价、改进等内容。

4.10　应急保障

明确本单位应急资源和保障措施（其中部分内容可以附件形式列出）。

4.10.1　应急队伍

明确本预案所涉应急救援队伍、应急专家队伍和社会救援资源的建设、准备和培训要求。

4.10.2　应急物资与装备

明确本预案应急处置所需主要物资、装备的储备地点及重要应急物资供应单位的基本情况和管理要求。

4.10.3　通信与信息

明确与应急相关的政府部门、上级应急指挥机构、系统内外主要应急队伍等机构和单位、人员的通信渠道和手段以及极端条件下保证通信畅通的措施。

4.10.4　经费

明确本预案所需应急专项经费的来源、管理及在应急状态下确保及时到位的保障措施等。

4.10.5　其他

根据实际情况明确应急交通运输保障、安全保障、治安保障、医疗卫生保障、后勤保障及其他保障的具体措施。

4.11 培训和演练

明确本预案培训和演练的范围、方式、内容和周期要求。

4.12 附则

4.12.1 术语和定义

对本预案所涉及的一些术语进行定义。

4.12.2 预案备案

明确本预案的报备机构或部门。

4.12.3 预案修订

明确对本预案进行修订的条件、周期及负责部门。

4.12.4 制定与解释

明确负责本预案制定和解释的部门。

4.12.5 预案实施

明确本预案实施的时间。

4.13 附件

专项应急预案包含的主要附件（不限于）如下：

4.13.1 有关应急机构或人员联系方式

（1）应急指挥机构人员和联系方式；

（2）相关单位、部门、组织机构或人员名称及联系方式。

4.13.2 应急救援队伍信息

（1）应急救援队伍名称及联系方式；

（2）应急处置专家姓名及联系方式；

（3）与相关的社会应急救援部门签订的应急支援协议及联系方式。

4.13.3 应急物资储备清单

（1）本预案涉及的重要应急装备和物资的名称、型号、数量、图纸、存放地点和管理人员联系方式等。

（2）重要应急物资供应单位的生产能力、设备图纸和联系方式等。

（3）应急救援通信设施型号、数量、存放点等。

（4）应急车辆数量及司机联系方式清单。

4.13.4 规范化格式文本

列出应急信息接受、处理和上报等规范化格式文本。

4.13.5 关键的路线、标识和图纸

（1）重要防护目标一览表、分布图。

（2）应急指挥位置及应急队伍行动路线、人员疏散路线、重要地点等标识。

（3）相关平面布置图纸、应急力量的分布图纸等。

4.13.6 相关应急预案名录

列出直接与本预案相关或相衔接的应急预案名称。

4.13.7 有关流程

（1）预警信息发布流程。

（2）突发事件信息报告流程。

（3）各级应急响应及处置流程。

【依据2】《国家电网公司应急预案体系框架方案》（国家电网办〔2010〕1511号）

3. 公司应急预案体系专项预案设置

在公司层面，考虑到应对措施基本一致，同一类型突发事件合并设置专项预案，共设置16个专项预案。如将冰雪、暴雨、台风等预案合并设置为气象灾害应急预案。公司其他层面专项预案照此

原则设置，以利于公司上下对应，以及与各级政府实现预案的衔接，并保持预案体系较长时间的稳定。

【依据3】《国家电网有限公司突发事件总体应急预案》（国家电网办〔2018〕1181号）

1.4 突发事件分类

突发事件是指突然发生，造成或者可能造成严重社会危害，需要公司采取应急处置措施予以应对，或者参与应急救援的自然灾害、事故灾难、公共卫生事件和社会安全事件。

（1）自然灾害。主要包括气象灾害、地震灾害、地质灾害、森林草原火灾、水旱灾害、海洋灾害和生物灾害等。

（2）事故灾难。主要包括人身伤亡事故、电网事故、设备和设施事故、网络通信事故、火灾事故、交通运输事故、环境污染和生态破坏事件等。

（3）公共卫生事件。主要包括传染病疫情、群体性不明原因疾病、食品安全和职业危害、动物疫情，以及其他严重影响公众健康和生命安全的事件。

（4）社会安全事件。主要包括恐怖袭击事件、民族宗教事件、经济安全事件、新闻危机事件、涉外突发事件和群体性事件等。各类突发事件往往是相互交叉和关联的，某类突发事件可能和其他类别的事件同时发生，或引发次生、衍生事件，应当具体分析，统筹应对。

10.4 国家电网有限公司应急预案体系专项预案设置目录及说明（图略）

10.5 国家电网有限公司部门应急预案设置目录及说明（图略）

10.6 国家电网有限公司系统应急预案体系框架图（图略）

【依据4】《生产经营单位生产安全事故应急预案编制导则》（GB/T 29639—2013）

5.3 专项应急预案

专项应急预案是生产经营单位为应对某一类型或某几种类型事故，或者针对重要生产设施、重大危险源、重大活动等内容而制订的应急预案。专项应急预案主要包括事故风险分析、应急指挥机构及职责、处置程序和措施等内容。

7 专项应急预案的主要内容

7.1 事故风险分析

针对可能发生的事故风险，分析事故发生的可能性以及严重程度、影响范围等。

7.2 应急指挥机构及职责

根据事故类型，明确应急指挥机构总指挥、副总指挥以及各成员单位或人员的具体职责。应急指挥机构可以设置相应的应急救援工作小组，明确各小组的工作任务及主要负责人职责。

7.3 处置程序

明确事故及事故险情信息报告程序和内容、报告方式和责任等内容。根据事故响应级别，具体描述事故接警报告和记录、应急指挥机构启动、应急指挥、资源调配、应急救援、扩大应急等应急响应程序。

7.4 处置措施

同6.5.3处置措施。

9 附件

9.1 有关应急部门、机构或人员的联系方式

列出应急工作中需要联系的部门、机构或人员的多种联系方式，当发生变化时及时进行更新。

9.2 应急物资装备的名录或清单

列出应急预案涉及的主要物资和装备名称、型号、性能、数量、存放地点、运输和使用条件、管理责任人和联系电话等。

9.3 规范化格式文本

应急信息接报、处理、上报等规范化格式文本。

9.4 关键的路线、标识和图纸

主要包括：

a) 警报系统分布及覆盖范围；

b) 重要防护目标、危险源一览表、分布图；

c) 应急指挥部位置及救援队伍行动路线；

d) 疏散路线、警戒范围、重要地点等的标识；

e) 相关平面布置图纸、救援力量的分布图纸等。

9.5 有关协议或备忘录

列出与相关应急救援部门签订的应急救援协议或备忘录。

【依据5】《国家电网公司应急工作管理规定》[国家电网企管〔2014〕1467号国网（安监/2）483—2014]

附件1

1. 公司总部应急预案设置目录

公司总部应急预案目录

分类	序号	预案名称	发布部门
总体预案	1	突发事件总体应急预案	安全监察质量部
自然灾害类	2	气象灾害处置应急预案	运维检修部
	3	地震地质等灾害处置应急预案	运维检修部
事故灾难类	4	人身伤亡事件处置应急预案	安全监察质量部
	5	大面积停电事件处置应急预案	安全监察质量部
	6	设备设施损坏事件处置应急预案	运维检修部
	7	通信系统突发事件处置应急预案	信息通信部
	8	网络信息系统突发事件处置应急预案	信息通信部
	9	环境污染事件处置应急预案	科技部
	10	煤矿及非煤矿山安全生产事件处置应急预案	安全监察质
	11	水电站大坝垮塌事件处置应急预案	运维检修部
公共卫生事件类	12	突发公共卫生事件处置应急预案	后勤工作部
社会安全事件类	13	电力服务事件处置应急预案	营销部
	14	重要保电事件处置应急预案	营销部
	15	突发群体事件处置应急预案	办公厅
	16	突发事件新闻处置应急预案	对外联络部
	17	涉外突发事件处置应急预案	国际合作部

7.11.2.2.3 现场处置方案

本条评价项目（见《评价》）的查评依据如下。

【依据1】《电力企业现场处置方案编制导则（试行）》（电监安全〔2009〕22号）

3 现场处置方案的编制要求

（1）电力企业应组织基层单位或部门针对特定的具体场所（如集控室、制氢站等）、设备设施（如汽轮发电机组、变压器等）、岗位（如集控运行人员、消防人员等），在详细分析现场风险和危险源的基础上，针对典型的突发事件类型（如人身事故、电网事故、设备事故、火灾事故等），制订相应的现场处置方案。

（2）现场处置方案应简明扼要、明确具体，具有很强的针对性、指导性和可操作性。

4 现场处置方案的主要内容

4.1 总则

明确方案的编制目的、编制依据和适用范围等内容。

4.2 事件特征

主要包括：

（1）危险性分析，可能发生的事件类型；

（2）事件可能发生的区域、地点或装置的名称；

（3）事件可能发生的季节（时间）和可能造成的危害程度；

（4）事前可能出现的征兆。

4.3 应急组织及职责

主要包括：

（1）基层单位（部门）应急组织形式及人员构成情况；

（2）应急组织机构、人员的具体职责，应同基层单位或部门、班组人员的工作职责紧密配合，明确相关岗位和人员的应急工作职责。

4.4 应急处置

主要包括：

（1）现场应急处置程序。根据可能发生的典型事件类别及现场情况，明确报警、各项应急措施启动、应急救护人员的引导、事件扩大时与相关应急预案衔接的程序。

（2）现场应急处置措施。针对可能发生的人身、电网、设备、火灾等，从操作措施、工艺流程、现场处置、事故控制、人员救护、消防、现场恢复等方面制定明确的应急处置措施。现场处置措施应符合有关操作规程和事故处置规程规定。

（3）事件报告流程。明确报警电话及上级管理部门、相关应急救援单位联络方式和联系人员，事件报告的基本要求和内容。

4.5 注意事项

主要包括：

（1）佩戴个人防护器具方面的注意事项；

（2）使用抢险救援器材方面的注意事项；

（3）采取救援对策或措施方面的注意事项；

（4）现场自救和互救的注意事项；

（5）现场应急处置能力确认和人员安全防护等事项；

（6）应急救援结束后的注意事项；

（7）其他需要特别警示的事项。

4.6 附件

4.6.1 有关应急部门、机构或人员的联系方式

列出应急工作中需要联系的部门、机构或人员的联系方式。

4.6.2 应急物资装备的名录或清单

按需要列出现场处置方案涉及的物资和装备名称、型号、存放地点和联系电话等。

4.6.3 关键的路线、标识和图纸

按需要给出下列路线、标识和图纸：

（1）现场处置方案所适用的场所、设备一览表、分布图；

（2）应急救援指挥位置及救援队伍行动路线；

（3）疏散路线、重要地点等标识；

（4）相关平面布置图纸、救援力量的分布图纸等。

4.6.4 相关文件

（1）按需要列出与现场处置方案相关或相衔接的应急预案名称。

（2）相关操作规程或事故处置规程的名称和版本。

4.6.5 其他附件

附录 A

电网企业典型现场处置方案目录

一、人身事故类

1. 高处坠落伤亡事故处置方案

2. 机械伤害伤亡事故处置方案

3. 物体打击伤亡事故处置方案

4. 触电伤亡事故处置方案

5. 火灾伤亡事故处置方案

6. 灼烫伤亡事故处置方案

7. 化学危险品中毒伤亡事故处置方案

二、电网事故类

1. 重要输电通道及线路故障处理处置方案

2. 重要变电站、换流站、发电厂全停事故处置方案

3. 重要电力用户停电事件处置方案

4. 电网解列事故处置方案

5. 电网非同期振荡事故处置方案

6. 电网低频事故处置方案

7. 电网应对缺煤引发机组大范围停运事件处置方案

三、设备事故类

1. 变电站主变故障处置方案

2. 变电站母线故障处置方案

3. 输电线路倒塔断线事故处置方案

四、电力网络与信息系统安全类

1. 电力二次系统安全防护处置方案

2. 电网调度自动化系统故障处置方案

3. 电网调度通信系统故障处置方案

五、火灾事故类

1. 变压器火灾事故处置方案

2. 电缆火灾事故处置方案

3. 重要生产场所火灾事故处置方案

【依据 2】《国家电网公司应急预案体系框架方案》（国家电网办〔2010〕1511 号）

4. 公司应急预案体系现场处置方案设置

公司应急预案体系现场处置方案分为基本处置方案和特殊处置方案，基本处置方案的名称目录由公司统一制定下发，各基层单位编制发布。特殊处置方案由各基层单位根据自身实际编制，并向本单位应急管理部门备案。

【依据 3】《关于开展公司突发事件现场处置方案编制工作的通知》（办安监〔2011〕108 号）

附件 2

公司第一批突发事件现场处置方案目录

序号	事件类别	现场处置方案名称
1		变电站值班人员应对突发地震灾害现场处置方案
2	自然灾害	变电站值班人员应对突发水灾现场处置方案
3		线路塔上作业人员遭遇雷电天气现场处置方案

序号	事件类别	现场处置方案名称
4	事故灾难	变电站值班人员应对突发变压器火灾现场处置方案
5		工作人员应对突发交通事故现场处置方案
6		作业人员应对突发低压触电事故现场处置方案
7		作业人员应对突发高压触电事故现场处置方案
8		作业人员应对突发高空坠落事故现场处置方案
9		工作人员应对动物袭击事件现场处置方案
10		作业人员应对突发坍（垮）塌事件现场处置方案
11		作业人员应对突发落水事件现场处置方案
12	社会安全事件	变电站值班人员应对外来人员强行进入变电站事件现场处置方案
13	公共卫生事件	现场作业人员食物中毒事件现场处置方案

【依据4】《生产经营单位生产安全事故应急预案编制导则》（GB/T 29639—2013）

5.4 现场处置方案

现场处置方案是生产经营单位根据不同事故类型，针对具体的场所、装置或设施所制订的应急处置措施，主要包括事故风险分析、应急工作职责、应急处置和注意事项等内容。生产经营单位应根据风险评估、岗位操作规程以及危险性控制措施，组织本单位现场作业人员及安全管理等专业人员共同编制现场处置方案。

8 现场处置方案的主要内容

8.1 事故风险分析

主要包括：

a) 事故类型；

b) 事故发生的区域、地点或装置的名称；

c) 事故发生的可能时间、事故的危害严重程度及其影响范围；

d) 事故前可能出现的征兆；

e) 事故可能引发的次生、衍生事故。

8.2 应急工作职责

根据现场工作岗位、组织形式及人员构成，明确各岗位人员的应急工作分工和职责。

8.3 应急处置

主要包括以下内容：

a) 事故应急处置程序。根据可能发生的事故及现场情况，明确事故报警、各项应急措施启动、应急救护人员的引导、事故扩大及同生产经营单位应急预案的衔接的程序。

b) 现场应急处置措施。针对可能发生的火灾、爆炸、危险化学品泄漏、坍塌、水患、机动车辆伤害等，从人员救护、工艺操作、事故控制，消防、现场恢复等方面制定明确的应急处置措施。

c) 明确报警负责人，以及报警电话及上级管理部门、相关应急救援单位联络方式和联系人员，事故报告基本要求和内容。

8.4 注意事项

主要包括：

a) 佩戴个人防护器具方面的注意事项；

b) 使用抢险救援器材方面的注意事项；

c) 采取救援对策或措施方面的注意事项；

d) 现场自救和互救注意事项；

e) 现场应急处置能力确认和人员安全防护等事项；

f) 应急救援结束后的注意事项；

g）其他需要特别警示的事项。

9 附件

9.1 有关应急部门、机构或人员的联系方式

列出应急工作中需要联系的部门、机构或人员的多种联系方式，当发生变化时及时进行更新。

9.2 应急物资装备的名录或清单

列出应急预案涉及的主要物资和装备名称、型号、性能、数量、存放地点、运输和使用条件、管理责任人和联系电话等。

9.3 规范化格式文本

应急信息接报、处理、上报等规范化格式文本。

9.4 关键的路线、标识和图纸

主要包括：

a）警报系统分布及覆盖范围；

b）重要防护目标、危险源一览表、分布图；

c）应急指挥部位置及救援队伍行动路线；

d）疏散路线、警戒范围、重要地点等的标识；

e）相关平面布置图纸、救援力量的分布图纸等。

9.5 有关协议或备忘录

列出与相关应急救援部门签订的应急救援协议或备忘录。

7.11.2.2.4 预案格式

本条评价项目（见《评价》）的查评依据如下。

【依据1】《电力企业综合应急预案编制导则（试行）》（电监安全〔2009〕22号）

附录A（资料性附录）

应急预案的编制格式和要求

A.1 封面

应急预案的封面主要包括应急预案编号、应急预案版本号、单位名称、应急预案名称、编制单位（部门）名称、颁修订日期等内容。

A.2 批准页

应急预案的批准页为批准该预案发布的文件或签字。

A.3 目次

应急预案应设置目次，目次中所列的内容及次序如下：

——批准页；

——一级标题的编号、标题名称；

——二级标题的编号、标题名称；

——附件，用序号表明其顺序。

A.4 印刷与装订

应急预案采用A4版面印刷，活页装订。

【依据2】《国家电网公司应急预案编制规范》（国家电网安监〔2007〕98号）

附录A 应急预案编制格式和要求

A.1 封面

应急预案封面主要包括应急预案编号、应急预案版本号、单位名称、应急预案名称、发布日期等内容。

A.2 批准页

应急预案编写人、审查人、批准人等。

A.3 目次

应急预案应设置目次，目次中所列内容及次序如下：

——批准页；

——章的编号、标题；

——带有标题的条的编号、标题（需要时列出）；

——附件，用序号表明其顺序。

A.4 印刷与装订

应急预案采用 A4 版面印刷，活页装订。

【依据3】《生产经营单位生产安全事故应急预案编制导则》（GB/T 29639—2013）

附录 A
（资料性附录）
应急预案编制格式

A.1 封面

应急预案封面主要包括应急预案编号、应急预案版本号、生产经营单位名称、应急预案名称、编制单位名称、颁布日期等内容。

A.2 批准页

应急预案应经生产经营单位主要负责人（或分管负责人）批准方可发布。

A.3 目次

应急预案应设置目次，目次中所列的内容及次序如下：

——批准页；

——章的编号、标题；

——带有标题的条的编号、标题（需要时列出）；

——附件，用序号标明其顺序。

A.4 印刷与装订

应急预案推荐采用 A4 版面印刷，活页装订。

7.11.2.2.5 评审发布

本条评价项目（见《评价》）的查评依据如下。

【依据1】《国家电网公司应急预案管理办法》［国网（安监/3）484—2014］

第十三条 总体应急预案的评审由本单位应急管理归口部门组织；专项应急预案和现场处置方案的评审由预案编制责任部门负责组织。

第十四条 总体、专项应急预案，以及涉及多个部门、单位职责，处置程序复杂、技术要求高的现场处置方案编制完成后，必须组织评审。应急预案修订后，若有重大修改的应重新组织评审。

第十五条 总体应急预案的评审应邀请上级主管单位参加。涉及网厂协调和社会联动的应急预案，参加应急预案评审的人员应包括应急预案涉及的政府部门、能源监管机构和相关单位的专家。

第十六条 应急预案评审采取会议评审形式。评审会议由本单位业务分管领导或其委托人主持，参加人员包括评审专家组成员、评审组织部门及应急预案编写组成员。评审意见应形成书面意见，并由评审组织部门存档。

【依据2】《国家电网公司应急预案评审管理办法》（国家电网企管〔2014〕1467 号国网［安监/3］485—2014）

第三条 总体应急预案、专项应急预案编制完成后，必须组织评审。涉及多个部门、单位职责、处置程序复杂、技术要求高的现场处置方案应组织进行评审。应急预案修订后，视修订情况决定是否组织评审。

第四条　本办法适用于公司总部各部门和公司所属各单位。公司各类控股、代管单位应急预案的评审，参照本办法执行。

第二章　评审专家组织

第五条　安监部或其他负责应急职能管理的部门（二者以下合并简称应急职能管理部门）是本单位应急预案评审工作的管理部门。

第六条　各单位总体应急预案的评审由本单位应急职能管理部门负责组织；专项应急预案的评审由该预案编制责任部门负责组织；需评审的现场应急处置方案由该方案的业务主管部门自行组织评审。

第七条　应急预案评审通常采取会议评审形式。

第八条　应急预案评审专家组应包括应急职能管理部门人员、安全生产及应急管理等方面的专家。涉及网厂协调和社会联动的应急预案，应邀请政府有关部门、电力监管机构和相关单位人员参加评审。

第九条　参加应急预案评审的人员应符合以下要求：

（一）熟悉并掌握有关应急管理的法律、法规、规章、标准和应急预案；

（二）熟悉并掌握《国家电网公司应急工作管理规定》等公司有关应急管理规章制度、规程标准和应急预案；

（三）熟悉应急管理工作。总体、专项应急预案评审应具有高级及以上专业技术职称；参加现场处置方案评审应具有中级及以上专业技术职称。

（四）责任心强，工作认真。

第十条　各单位要加强对应急预案评审工作的组织领导与监督管理，确保应急预案评审工作的质量和效率。

第十一条　上级单位应指导、监督下级单位的应急预案评审工作，参加下级单位总体应急预案的评审。

第三章　评审依据和要点

第十二条　应急预案评审依据为：

（一）有关方针政策、法律、法规、规章、标准、应急预案；

（二）公司有关规章制度、规程标准、应急预案；

（三）本单位有关规章制度、规程标准、应急预案；

（四）本单位有关风险分析情况、应急管理实际情况；

（五）预案涉及的其他单位相关情况。

第十三条　应急预案评审应坚持实事求是的工作原则，紧密结合实际，从以下七个方面进行评审。

（一）合法性。符合有关法律、法规、规章、标准和规范性文件要求；符合公司规章制度的要求。

（二）完整性。具备国家电监会《电力企业综合应急预案编制导则（试行）》《电力企业专项应急预案编制导则（试行）》《电力企业现场处置方案编制导则（试行）》及《国家电网公司应急预案编制规范》所规定的各项要素。

（三）针对性。紧密结合本单位危险源辨识与风险分析，针对突发事件的性质、特点和可能造成的危害。

（四）实用性。切合本单位实际及电网安全生产特点，满足应急工作要求。

（五）科学性。组织体系与职责、信息报送和处置方案等内容科学合理。

（六）操作性。应急程序和保障措施具体明确，切实可行。

（七）衔接性。总体应急预案、专项应急预案和现场处置方案形成体系，并与政府有关部门、上下级单位相关应急预案衔接一致。

第四章　评审方法

第十四条　应急预案评审包括形式评审和要素评审，具体评审项目、内容及要求见附件1。

第十五条　评审时，将应急预案的内容与表中的评审内容及要求进行对照，判断是否符合表中要求，采用符合、基本符合、不符合三种意见进行判定。对于基本符合和不符合的项目，应给出具体修改意见或建议。

第十六条　形式评审是依据有关规定和要求，对应急预案的层次结构、内容格式、语言文字和编制程序等内容进行审查，重点审查应急预案的规范性和编制程序。

第十七条　要素评审是依据有关规定和标准，对应急预案的合法性、完整性、针对性、实用性、科学性、操作性和衔接性等方面对应急预案进行评审。应急预案要素分为关键要素和一般要素。

关键要素是指应急预案构成要素中必须规范的内容。这些要素涉及单位日常应急管理及应急救援的关键环节，具体包括应急预案体系、适用范围、危险源辨识与风险分析、突发事件分级、组织机构及职责、信息报告与处置、应急响应程序、保障措施、培训与演练等要素。关键要素必须符合单位实际和有关规定要求。

一般要素是指应急预案构成要素中可简写或省略的内容。这些要素不涉及单位日常应急管理及应急救援的关键环节，具体包括应急预案中的编制目的、编制依据、工作原则、单位概况、预防与预警、后期处置等要素。

第五章　评审程序

第十八条　应急预案编制完成、经编制责任部门初审后，应书面征求应急职能管理部门及其他相关部门和单位的意见。

第十九条　对于涉及政府部门或其他单位的应急预案，在评审前应采取适当方式征求有关部门、单位的意见。

第二十条　编制责任部门根据反馈的意见，组织对应急预案进行修改，形成应急预案送审稿，并起草编制说明。

第二十一条　预案编制责任部门填写《应急预案评审申请表》（见附件2），经应急职能管理部门审核、本单位分管应急预案编制责任部门的领导批准后，组织召开预案评审会。

第二十二条　预案编制责任部门提交《应急预案评审申请表》的同时，应附下列文件资料：

（一）应急预案送审稿及其编制说明；

（二）有关部门和单位的反馈意见。

第二十三条　编制责任部门审查资料齐全且符合要求后，组织召开评审会。

（一）成立评审专家组。

（二）将应急预案送审稿和编制说明在评审前送达参加评审的部门、单位和人员。

第二十四条　应急预案评审会议通常由本单位分管应急预案编制责任部门负责人主持进行，参加人员包括评审专家组全体成员、应急预案评审组织部门及编制部门有关人员。会议的主要内容如下：

（一）介绍应急预案评审人员构成，推选会议评审负责人；

（二）评审负责人说明评审工作依据、议程安排、内容和要求、评审人员分工等事项；

（三）应急预案编制部门向评审人员介绍应急预案编制（或修订）情况，就有关问题进行说明；

（四）评审人员对应急预案进行讨论，提出质询；

（五）应急预案评审专家组根据会议讨论情况，提出会议评审意见；

（六）参加会议评审人员签字，形成应急预案评审意见（见附件3）。

第二十五条　应急预案编制部门应按照评审意见，对应急预案存在的问题以及不合格项进行修订或完善。评审意见要求修改后重新进行评审的，应按照要求重新组织评审。

第二十六条　应急预案经评审、修改，符合要求后，由本单位主要负责人签署发布。

附件1

表1　　　　　　　　　　　　　　　　　**应急预案形式评审表**

评审项目	评审内容及要求	评审意见
封面	应急预案版本号、应急预案名称、单位名称等内容	
目录	1. 页码标注准确（预案简单时目录可省略）。 2. 层次清晰，编号和标题编排合理	

评审项目	评审内容及要求	评审意见
正文	1. 文字通顺、语言精练、通俗易懂。 2. 结构层次清晰，内容格式规范。 3. 图表、文字清楚，编排合理（名称、顺序、大小等）。 4. 无错别字，同类文字的字体、字号统一	
附件	1. 附件项目齐全，编排有序合理。 2. 多个附件应标明附件的对应序号。 3. 需要时，附件可以独立装订	
编制过程	1. 成立应急预案编制工作组。 2. 全面分析本单位危险因素，确定可能发生的事故和其他突发事件类型及危害程度。 3. 针对危险源和事故危害程度，制定相应的防范措施。 4. 客观评价本单位应急能力，掌握可利用的社会应急资源情况。 5. 制订相关专项预案和现场处置方案，建立应急预案体系。 6. 充分征求相关部门和单位意见，并对意见及采纳情况进行记录。 7. 必要时与相关专业应急救援单位签订应急救援协议。 8. 应急预案经过评审或论证。 9. 重新修订后评审的，一并注明	

表 2　　　　　　　　　　　　　**总体应急预案要素评审表**

评审项目		评审内容及要求	评审意见
总则	编制目的	目的明确，简明扼要	
	编制依据	1. 引用的法规标准及其他文件合法有效。 2. 明确相衔接的上级预案，不得越级引用应急预案	
	应急预案体系*	1. 清晰表述本单位及所属单位应急预案组成和衔接关系（推荐使用图表）。 2. 覆盖本单位及所属单位可能发生的事故类型	
	应急工作原则	1. 符合国家、公司有关规定和要求。 2. 结合本单位应急工作实际	
适用范围*		范围明确，适用的事故类型和响应级别合理	
危险性分析	单位概况	1. 明确与应急工作有关的情况。包括设施、装置、设备以及重要目标场所的布局等。 2. 需要各方应急力量（包括外部应急力量）事先熟悉的有关基本情况和内容	
	危险源辨识与风险分析*	1. 客观分析本单位存在的危险源及危险程度。 2. 客观分析可能引发突发事件的诱因、影响范围及后果	
	突发事件分级*	1. 明确分级原则和标准。 2. 分级原则和标准符合国家、公司有关规定和要求	
组织机构及职责*	应急组织体系	1. 清晰描述本单位的应急组织体系（推荐使用图表）。 2. 明确应急组织成员日常及应急状态下的工作职责	
	指挥机构及职责	1. 清晰表述本单位应急指挥体系。 2. 应急指挥部门职责明确。 3. 各应急工作小组设置合理，应急工作任务和职责明确	
预防与预警	危险源管理	1. 明确技术性预防和管理措施。 2. 明确相应的应急处置措施	
	预警行动	1. 明确预警信息发布的方式、内容和流程。 2. 预警级别与采取的预警措施科学合理	
信息报告与处置*		1. 明确本单位24h应急值班电话。 2. 明确本单位内部应急信息报告的方式、要求和处置流程。 3. 明确向上级单位、政府有关部门进行应急信息报告的责任部门、方式、内容和时限。 4. 明确向突发事件相关单位通告、报警的责任部门、方式、内容和时限。 5. 明确向有关单位发出请求支援的责任部门、方式和内容。 6. 明确与外界新闻舆论信息沟通的责任部门及具体方式	

评审项目		评审内容及要求	评审意见
应急响应	响应分级 *	1. 分级清晰，且与上级应急预案响应分级衔接。 2. 体现突发事件紧急和危害程度。 3. 明确紧急情况下应急响应决策的原则	
	响应程序 *	1. 立足于控制事态发展，减少损失，减轻危害。 2. 明确救援过程中各专项应急功能的实施程序。 3. 明确扩大应急的基本条件及原则。 4. 辅以图表直观表述应急响应程序	
	应急结束	1. 明确应急结束的条件和相关后续事宜。 2. 明确发布应急终止命令的组织机构和程序。 3. 明确应急结束后负责工作总结部门	
后期处置		1. 明确应急结束后，后果影响消除、生产恢复、污染物处理、善后赔偿等内容 2. 明确应急处置能力评估及应急预案的修订等要求	
保障措施 *		1. 明确应急通信信息保障措施，明确相关单位或人员的通信方式，确保应急期间信息通畅。 2. 明确应急装备、物资、设施器材及其存放位置清单，以及保证其有效性的措施。 3. 明确各类应急资源，包括专（兼）职应急队伍的组织机构以及联系方式。 4. 明确应急工作经费保障方案。 5. 明确交通运输、安全保卫、后勤服务等保障措施	
培训与演练 *		1. 明确本单位开展应急培训的计划和方式方法。 2. 如果应急预案涉及周边社区和居民，应明确相应的应急宣传教育和告知工作。 3. 明确应急演练的方式、频次、范围、内容、组织、评估、总结等内容	
附则	应急预案备案	1. 明确本预案应报备的有关部门（上级主管部门及地方政府有关部门）和有关抄送单位。 2. 符合国家有关预案备案的相关要求	
	制定与修订	1. 明确负责制定与解释应急预案的部门。 2. 明确应急预案修订的具体条件和时限	

注　* 代表应急预案的关键要素。

表 3　　　　　　　　　　　　　　　　　**专项应急预案要素评审表**

评审项目		评审内容及要求	评审意见
事件类型和危险程度分析 *		1. 客观分析本单位存在的危险源及危险程度。 2. 客观分析可能引发突发事件的诱因、影响范围及后果。 3. 提出相应的突发事件预防和应急措施	
组织机构及职责 *	应急组织体系	1. 清晰描述本单位的应急组织体系（推荐使用图表）。 2. 明确应急组织成员日常及应急状态下的工作职责。 3. 规定的工作职责合理，相互衔接	
	指挥机构及职责	1. 清晰表述本单位应急指挥体系。 2. 应急指挥部门职责明确。 3. 各应急工作小组设置合理，应急工作明确	
预防与预警	危险源监控	1. 明确危险源的监测监控方式、方法。 2. 明确技术性预防和管理措施。 3. 明确采取的应急处置措施	
	预警行动	1. 明确应急信息发布的方式及流程。 2. 预警级别与采取的预警措施科学合理	
信息报告 *		1. 明确本单位 24h 应急值班电话。 2. 明确本单位内部应急信息报告的方式、要求与处置流程。 3. 明确向上级单位、政府有关部门进行应急信息报告的责任部门、方式、内容和时限。 4. 明确向突发事件相关单位通告、报警的责任部门、方式、内容和时限。 5. 明确向有关单位发出请求支援的责任部门、方式和内容	

续表

评审项目		评审内容及要求	评审意见
应急响应*	响应分级	1. 分级清晰合理，且与上级应急预案响应分级衔接。 2. 体现突发事件紧急和危害程度。 3. 明确紧急情况下应急响应决策的原则	
	响应程序	1. 明确具体的应急响应程序和保障措施。 2. 明确救援过程中各专项应急功能的实施程序。 3. 明确扩大应急的基本条件及原则。 4. 辅以图表直观表述应急响应程序	
	处置措施	1. 针对突发事件种类制定相应的应急处置措施。 2. 符合实际，科学合理。 3. 程序清晰，简单易行	
应急物资与装备保障*		1. 明确对应急救援所需的物资和装备的要求。 2. 应急物资与装备保障符合单位实际，满足应急要求	

注 *代表应急预案的关键要素。如果专项应急预案作为总体应急预案的附件，总体应急预案应急明确的要素，专项应急预案可省略。

表 4 现场处置方案要素评审表

评审项目	评审内容及要求	评审意见
事件特征*	1. 明确可能发生突发事件的类型和危险程度，清晰描述作业现场风险。 2. 明确突发事件判断的基本征兆和条件	
应急组织及职责*	1. 明确现场应急组织形式及人员。 2. 应急职责与工作职责紧密结合	
应急处置*	1. 明确第一发现者进行突发事件初步判定的要点及报警时的必要信息。 2. 明确报警、应急措施启动、应急救护人员引导、扩大应急等程序。 3. 针对操作程序、工艺流程、现场处置、事故控制和人员救护等方面制定应急处置措施。 4. 明确报警方式、报告单位、基本内容和有关要求	
注意事项	1. 佩戴个人防护器具方面的注意事项。 2. 使用抢险救援器材方面的注意事项。 3. 有关救援措施实施方面的注意事项。 4. 现场自救与互救方面的注意事项。 5. 现场应急处置能力确认方面的注意事项。 6. 应急救援结束后续处置方面的注意事项。 7. 其他需要特别警示方面的注意事项	

注 *代表应急预案的关键要素。现场处置方案落实到岗位每个人，可以只保留应急处置。

表 5 应急预案附件要素评审表

评审项目	评审内容及要求	评审意见
有关部门、机构或人员的联系方式	1. 列出应急工作需要联系的部门、机构或人员至少两种以上联系方式，并保证准确有效。 2. 列出所有参与应急指挥、协调人员姓名、所在部门、职务和联系电话，并保证准确有效	
重要物资装备名录或清单	1. 以表格形式列出应急装备、设施和器材清单，清单应当包括种类、名称、数量，以及存放位置、规格、性能和用法等信息。 2. 定期检查和维护应急装备，保证准确有效	
规范化格式文本	给出信息接报、处理、上报等规范化格式文本，要求规范、清晰、简洁	
关键的路线、标识和图纸	1. 警报系统分布及覆盖范围。 2. 重要防护目标一览表、分布图。 3. 应急救援指挥位置及救援队伍行动路线。 4. 疏散线路、重要地点等标识。 5. 相关平面布置图纸、救援力量分布图等	
相关应急预案名录、协议或备忘录	列出与本应急预案相关的或相衔接的应急预案名称，以及与相关应急救援部门签订的应急支援协议或备忘录	

注 附件根据应急工作需要而设置，部分项目可省略。

附件2

应急预案评审申请表

填报部门（盖章）：　　　　　　　　　　　　　　　　　　　　　填报时间：

预案名称			
编制责任部门		联系人及电话	

送审稿编制情况：

征求意见及采纳情况：

拟定评审时间：

部门负责人签字：　　　　　　　日期：

应急职能管理部门意见	
	部门负责人签字：　　　　　　　日期：
本单位分管预案编制责任部门领导意见	
	签字：　　　　　　　日期：

注　本表由预案编制责任部门填报。

附件3

应急预案评审意见

单位名称：　　　　　　　　　　　　　　　　　　　　　　　　编号：

应急预案名称	
应急预案编制部门	
应急预案评审组织部门	

评审意见：（可以另加附页）

评审专家组组长、副组长（签字）：_____
　　　　　　　　　　　　　　　年　月　日

备注	

【依据3】《电力企业应急预案管理办法》（国能安全〔2014〕508号）

第三章　预案评审

第十六条　电力企业应当组织本单位应急预案评审工作，组建评审专家组，涉及网厂协调和社会联动的应急预案的评审，可邀请政府相关部门、国家能源局及其派出机构和其他相关单位人员参加。

第十七条　应急预案评审结果应当形成评审意见，评审专家应当按照"谁评审、谁签字、谁负责"的原则在评审意见上签字，电力企业应当按照评审专家组意见对应急预案进行修改完善。

评审意见应当记录、存档。

第十八条　预案评审应当注重电力企业应急预案的实用性、基本要素的完整性、预防措施的针对性、组织体系的科学性、响应程序的操作性、应急保障措施的可行性、应急预案的衔接性等内容。

第十九条　电力企业应急预案经评审合格后，由电力企业主要负责人签署印发。

【依据4】《电力企业应急预案评审与备案细则》（国能综安全〔2014〕953号）

第二章　评审

第三条　电力企业应急预案编制修订完成后，应当按照本细则规定及时组织开展应急预案评审工作，以确保应急预案的合法性、完整性、针对性、实用性、科学性、操作性和衔接性。

第四条　应急预案评审之前，电力企业应当组织相关人员对专项应急预案进行桌面演练，以检验预案的可操作性。如有需要，电力企业也可对多个应急预案组织开展联合桌面演练。演练应当记录、存档。

第五条　评审工作由编制应急预案的电力企业或其上级单位组织。组织应急预案评审的单位应组建评审专家组，对应急预案的形式、要素进行评审。评审工作可邀请预案涉及的有关政府部门、国家能源局及其派出机构和相关单位人员参加。

电力企业也可根据本单位实际情况，委托第三方机构组织评审工作。

第六条　评审专家组由电力应急专家库的专家组成，参加评审的专家人数不应少于2人。国家能源局及其派出机构负责组建全国和区域电力应急专家库，并负责电力应急专家的聘任、应急专业培训等工作。

第七条　评审专家应履行以下职责：

（一）严格按照电力企业应急预案管理的有关法律法规规定进行评审，不得擅自改变评审方法和评审标准；

（二）坚持独立、客观、公平、公正、诚实、守信原则，提供的评审意见要准确可靠，并对评审意见承担责任；

（三）不得利用评审活动之便或利用评审专家的特殊身份和影响力，为本人或本项目以外的其他项目谋取不正当的利益。

（四）不得擅自向任何单位和个人泄露与评审工作有关的情况和所评审单位的商业秘密等；

（五）与所评审预案的电力企业有利益关系或在评审前参与所评预案咨询、论证的，应当回避。

第八条　应急预案评审前，电力企业应落实参加评审的人员，将本单位编写的应急预案及有关资料提前7日送达相关人员。

第九条　电力企业应急预案评审包括形式评审和要素评审

（一）形式评审。依据有关行业规范，对应急预案的层次结构、内容格式、语言文字、附件项目以及编制程序等内容进行审查，重点审查应急预案的规范性和编制程序（见附表1）。

（二）要素评审。依据有关行业规范，从合法性、完整性、针对性、实用性、科学性、操作性和衔接性等方面对应急预案进行评审。为细化评审，采用列表方式分别对应急预案的要素进行评审。评审时，将应急预案的要素内容与评审表（见附表2.3.4）中所列要素的内容进行对照，判断是否符合有关要求，指出存在问题及不足。

第十条　应急预案评审采用符合、基本符合、不符合三种意见进行判定。判定为基本符合和不符合的项目，评审专家应给出具体修改意见或建议。

评审专家组所有成员应按照"谁评审、谁签字、谁负责"的原则，对每个预案的评审意见（见附表5）分别进行签字确认。

第十一条 电力企业应急预案评审应当形成评审会议记录，至少应包括以下内容：

（一）应急预案名称；

（二）评审地点、时间、参会人员信息；

（三）专家组书面评审意见（附"评审表"）；

（四）参会人员（签名）。

第十二条 专家组会议评审意见要求重新组织评审的，电力企业应当按要求修订后重新组织评审。

第十三条 电力企业应急预案经评审合格后，由电力企业主要负责人签署印发。

附表1

电力企业应急预案形式评审表

评审项目	评审内容及要求	评审意见		
		符合	基本符合	不符合
封面	应急预案编号、应急预案版本号、生产经营单位名称、应急预案名称、编制单位名称、颁布日期等内容			
批准页	1. 对应急预案实施提出具体要求。 2. 发布单位主要负责人签字或单位盖章			
目录	1. 页码标注准确（预案简单时目录可省略）。 2. 层次清晰，编号和标题编排合理			
正文	1. 文字通顺、语言精炼、通俗易懂。 2. 结构层次清晰，内容格式规范。 3. 图表、文字清楚，编排合理（名称、顺序、大小等）。 4. 无错别字，同类文字的字体、字号统一			
附件	1. 附件项目齐全，编排有序合理。 2. 多个附件应标明附件的对应序号。 3. 需要时，附件可以独立装订			
编制过程	1. 成立应急预案编制工作组。 2. 全面分析本单位危险因素，确定可能发生的事故类型及危害程度。 3. 针对危险源和事故危害程度，制定相应的防范措施。 4. 客观评价本单位应急能力，掌握可利用的社会应急资源情况。 5. 制订相关专项预案和现场处置方案，建立应急预案体系。 6. 充分征求相关部门和单位意见，并对意见及采纳情况进行记录。 7. 必要时与相关专业应急救援单位签订应急救援协议。 8. 应急预案评审前的桌面演练记录。 9. 重新修订后评审的，一并注明			

评审专家签字：

附表2

电力企业综合应急预案要素评审表

评审项目		评审内容及要求	评审意见		
			符合	基本符合	不符合
总则	编制目的	目的明确，简明扼要			
	编制依据	1. 引用的法规标准合法有效。 2. 明确相衔接的上级预案，不得越级引用应急预案			
	适用范围*	范围明确，适用的事故类型和响应级别合理			
	应急预案体系*	1. 能够清晰表述本单位及所属单位应急预案组成和衔接关系（推荐使用框图形式）。 2. 能够覆盖本单位及所属单位可能发生的事故类型			
	应急工作原则	1. 符合国家有关规定和要求。 2. 结合本单位应急工作实际			

评审项目		评审内容及要求	评审意见		
			符合	基本符合	不符合
事故风险描述 *		简述生产经营单位存在或可能发生的事故风险种类、发生的可能性，以及严重程度及影响范围等			
组织机构及职责 *	应急组织机构	能够清晰描述本单位的应急组织形及组成单位或人员（推荐使用结构图的形式）			
	指挥机构职责	1. 应急组织机构成部门职责明确。 2. 各应急工作小组设置合理，工作任务及职责明确			
预警与信息报告 *	预警 *	明确预警的条件、方式、方法和信息发布的程序			
	信息报告 *	1. 明确 24h 应急值守电话、事故信息接收、通报程序和责任人。 2. 明确事故发生后向上级主管部门或单位报告事故信息的流程、内容、时限和责任人。 3. 明确事故发生后向本单位以外的有关部门或单位通报事故信息的方法、程序和责任人			
应急响应	响应分级 *	1. 分级清晰，且与上级应急预案响应分级衔接。 2. 能够体现事故紧急和危害程度。 3. 明确分级响应的基本原则			
	响应程序 *	1. 立足于控制事态发展，减少事故损失。 2. 明确救援过程中各专项应急功能的实施程序。 3. 明确扩大应急的基本条件及原则			
	处置措施 *	1. 可能发生的事故风险、事故危害程度和影响范围，明确了相应的应急处置措施。 2. 明确了处置原则和具体要求			
	应急结束	1. 明确了应急响应结束的基本条件。 2. 明确应急响应结束的要求			
信息公开		1. 明确了向有关新闻媒体、社会公众通报事故信息的部门、负责人。 2. 明确向有关新闻媒体、社会公众通报事故信息的程序。 3. 明确向有关新闻媒体、社会公众通报事故信息的通报原则			
后期处置		1. 明确事故发生后，污染物处理、生产恢复、善后赔偿等内容。 2. 明确应急救援评估等内容			
保障措施 *		1. 明确相关单位或人员的通信方式，提供备用方案，确保应急期间信息通畅。 2. 明确各类应急资源，包括专业应急救援队伍、兼职应急队伍的组织机构以及联系方式。 3. 明确应急装备、设施和器材及其存放位置清单，以及保证其有效性的措施。 4. 明确应急工作经费保障方案			
应急预案管理	应急预案培训 *	1. 明确本单位开展应急培训的计划和方式方法。 2. 如果应急预案涉及周边社区和居民，应明确相应的应急宣传教育和工作			
	应急预案演练 *	不同类型应急预案演练的形式、范围、频次、内容，以及演练评估、总结等要求			
	应急预案修订	1. 明确应急预案修订的基本要求。 2. 明确应急预案定期评审的要求			
	应急预案备案	1. 明确本预案应报备的有关部门（上级主管部门及地方政府有关部门）和有关抄送单位。 2. 符合国家关于预案备案的相关要求			
	应急预案实施	明确应急预案实施的具体时间、负责制定与解释的部门			

注　* 代表应急预案的关键要素。

评审专家签字：

附表 3

电力企业专项应急预案要素评审表

评审项目		评审内容及要求	评审意见		
			符合	基本符合	不符合
事故风险分析*		针对可能的事故风险，分析事故发生的可能性，以及严重程度、影响范围等			
组织机构及职责*	应急组织体系*	1. 能够清晰描述本单位的应急组织体系（推荐使用图表）。 2. 明确应急组织成员日常及应急状态下的工作职责			
	指挥机构及职责	1. 清晰表述本单位应急指挥体系。 2. 应急指挥部门职责明确。 3. 各应急救援小组设置合理，应急工作明确			
处置程序*		1. 明确事故及事故险情信息报告程序和内容，报告方式和责任人等内容。 2. 根据事故响应级别，具体描述了事故接警报告和记录、应急指挥机构启动、应急指挥、资源调配、应急救援、扩大应急等应急响应程序			
处置措施*		1. 针对事件种类制定相应的应急处置措施。 2. 符合实际，科学合理。 3. 程序清晰，简单易行			

注　* 代表应急预案的关键要素。如果专项应急预案作为应急预案的附件，综合应急预案已经明确的要素，专项应急预案可省略。

评审专家签字：

附表 4

电力企业应急预案附件要素评审表

评审项目	评审内容及要求	评审意见		
		符合	基本符合	不符合
有关部门、机构或人员的联系方式	1. 列出应急工作需要联系的部门、机构或人员的多种联系方式，并保证准确有效。 2. 发生变化时，及时更新			
应急物资装备的名录或清单	以表格形式列出主要物资和装备名称、型号、性能、数量、存放地点、运输和使用条件、管理责任人和联系电话等			
规范化格式文本	给出信息接报、处理、上报等规范化格式文本，要求规范、清晰、简洁			
关键的路线、标识和图纸	1. 警报系统分布及覆盖范围。 2. 重要防护目标、危险源一览表、分布图。 3. 应急救援指挥位置及救援队伍行动路线。 4. 疏散线路、重要地点等标识。 5. 相关平面布置图纸、救援力量分布图等			
相关协议或备忘录	列出与相关应急救援部门签订的应急支援协议或备忘录			

注　附件根据应急工作需要而设置，部分项目可省略。

评审专家签字：

附表5

电力企业应急预案评审意见表

单位名称：

应急预案名称	
应急预案编制人员	
应急预案评审专家	

修改意见及建议（版面不够可转背页）：

　　××年××月××日，××公司在××（地点）召开了××应急预案专家评审会议。

　　评审专家组参照《电力企业应急预案评审与备案细则》，从合法性、完整性、针对性、实用性、科学性、操作性和衔接性等方面，对应急预案的层次结构、语言文字、要素内容、附件项目等进行了系统的审查，并查看了应急预案桌面演练的记录，形成如下评审意见：

　　一、×××

　　二、×××

　　三、×××

评审专家组一致认为，×××。

评审专家组（签字）：

　　　　　　　　　　　　　　　　　　　　　　　　　　　　　　年　　月　　日

备注	

【依据5】《国家电网公司安全工作规定》（国家电网安监〔2014〕1117号）

第七十一条　公司各级单位应按照"实际、实用、实效"的原则，建立横向到边、纵向到底、上下对应、内外衔接的应急预案体系。应急预案由本单位主要负责人签署发布，并向上级有关部门备案。

【依据6】《突发事件应急预案管理办法》（国办发〔2013〕101号）

第十八条　应急预案审核内容主要包括预案是否符合有关法律、行政法规，是否与有关应急预案进行了衔接，各方面意见是否一致，主体内容是否完备，责任分工是否合理明确，应急响应级别设计是否合理，应对措施是否具体简明、管用可行等。必要时，应急预案审批单位可组织有关专家对应急预案进行评审。

【依据7】《生产经营单位生产安全事故应急预案编制导则》（GB/T 29639—2013）

4.7　应急预案评审

应急预案编制完成后，生产经营单位应组织评审。评审分为内部评审和外部评审，内部评审由生产经营单位主要负责人组织有关部门和人员进行。外部评审由生产经营单位组织外部有关专家和人员进行评审。应急预案评审合格后，由生产经营单位主要负责人（或分管负责人）签发实施，并进行备案管理。

【依据8】《国家电网应急预案管理办法》〔国家电网企管〔2014〕1467号国网（安监/3）484—2014〕

第三章　评审和发布

第十四条　总体应急预案的评审由本单位应急管理归口部门组织；专项应急预案和现场处置方案的评审由预案编制责任部门负责组织。

第十五条　总体、专项应急预案，以及涉及多个部门、单位，处置程序复杂、技术要求高的现场处置方案编制完成后，必须组织评审。应急预案修订后，若有重大修改的应重新组织评审。

第十六条　总体应急预案的评审应邀请上级主管单位参加。涉及网厂协调和社会联动的应急预案，参加应急预案评审的人员应包括应急预案涉及的政府部门、电力监管机构和相关单位的专家。

第十七条　应急预案评审采取会议评审形式。评审会议由本单位业务分管领导或其委托人主持，参加人员包括评审专家组成员、评审组织部门及应急预案编写组成员。评审意见应形成书面意见并存档。

第十八条　应急预案评审包括形式评审和要素评审。形式评审：是对应急预案的层次结构、内容格式、语言文字和编制程序等方面进行审查，重点审查应急预案的规范性和编制程序。

要素评审：是对应急预案的合法性、完整性、针对性、实用性、科学性、操作性和衔接性等方面进行评审。

第十九条　应急预案经评审、修改，符合要求后，由本单位主要负责人签署发布。

第四章　备案

第二十条　各分部、各单位应急预案按照以下规定做好公司系统内部备案工作。

（一）备案对象：由各分部、各单位应急管理归口部门负责向直接主管上级单位报备；

（二）备案内容：总体、专项应急预案的文本，现场处置方案的目录；

（三）备案形式：正式文件；

（四）备案时间：应急预案发布后一个月内。

第二十一条　总安全监察质量部负责按国家有关部门的要求做好总部应急预案的备案工作。各分部、各单位应急管理归口部门负责按当地政府有关部门的要求开展本单位应急预案备案工作，并监督、指导所辖单位做好应急预案备案工作。

7.11.2.2.6　动态更新

本条评价项目（见《评价》）的查评依据如下。

【依据1】《电力企业应急预案管理办法》（国能安全〔2014〕508号）

第三十一条　电力企业编制的应急预案应当每三年至少修订一次，预案修订结果应当详细记录。

第三十二条　有下列情形之一的，电力企业应当及时对应预案进行相应修订：

（一）企业生产规模发生较大变化或进行重大技术改造的；

（二）企业隶属关系发生变化的；

（三）周围环境发生变化、形成重大危险源的；

（四）应急指挥体系、主要负责人、相关部门人员或职责已经调整的；

（五）依据的法律、法规和标准发生变化的；

（六）应急预案演练、实施或应急预案评估报告提出整改要求的；

（七）国家能源局及其派出机构或有关部门提出要求的。

第三十三条　应急预案修订涉及应急组织体系与职责、应急处置程序、主要处置措施、事件分级标准等重要内容的，修订工作应当参照本办法规定的预案编制、评审与发布、备案程序组织进行。仅涉及其他内容的，修订程序可根据情况适当简化。

【依据2】《国家电网公司应急预案管理办法》〔国家电网企管〔2014〕1467号国网（安监/3）484—2014〕

第二十七条　应急预案演练结束后，应当对演练进行评估，并针对演练过程中发现的问题，对相关应急预案提出修订意见。应急预案演练评估和应急预案修订意见应当有书面记录。

【依据3】《国家电网公司应急预案编制规范》（国家电网安监〔2007〕98号）

4.5　应急预案修订与更新

公司系统各单位应根据应急法律法规和有关标准变化情况、电网安全性评价和企业安全风险评估结果、应急处置经验教训等，及时评估、修改与更新应急预案，不断增强应急预案的科学性、针对性、实效性和可操作性，提高应急预案质量，完善应急预案体系。

7.11.3　保障体系

7.11.3.1　应急专业信息系统

本条评价项目（见《评价》）的查评依据如下。

【依据1】《国家电网公司应急工作管理规定》〔国家电网企管〔2014〕1467号国网（安监/2）

483—2014]

第二十条　应急体系建设内容包括：持续完善应急组织体系、应急制度体系、应急预案体系、应急培训演练体系、应急科技支撑体系，不断提高公司应急队伍处置救援能力、综合保障能力、舆情应对能力、恢复重建能力，建设预防预测和监控预警系统、应急信息与指挥系统。

第二十六条　综合保障能力是指公司在物质、资金等方面，保障应急工作顺利开展的能力。包括各级应急指挥中心、电网备用调度系统、应急电源系统、应急通信系统、特种应急装备、应急物资储备及配送、应急后勤保障、应急资金保障、直升机应急救援等方面内容。

第二十七条　舆情应对能力是指按照公司品牌建设规划推进和国家应急信息披露各项要求，规范信息发布工作，建立舆情分析、应对、引导常态机制，主动宣传和维护公司品牌形象的能力。

第三十一条　应急信息和指挥系统是指在较为完善的信息网络基础上，构建的先进实用的应急管理信息平台，实现应急工作管理，应急预警、值班，信息报送、统计，辅助应急指挥等功能，满足公司各级应急指挥中心互联互通，以及与政府相关应急指挥中心联通要求，完成指挥员与现场的高效沟通及信息快速传递，为应急管理和指挥决策提供丰富的信息支撑和有效的辅助手段。

第三十六条　公司各单位均应与当地气象、水利、地震、地质、交通、消防、公安等政府专业部门建立信息沟通机制，共享信息，提高预警和处置的科学性，并与地方政府、社会机构、电力用户建立应急沟通与协调机制。

【依据2】《电力突发事件应急演练导则（试行）》（国家电网安监〔2009〕691号）

4.10.3　通信与信息

明确与应急相关的政府部门、上级应急指挥机构、系统内外主要应急队伍等机构和单位、人员的通信渠道和手段，以及极端条件下保证通信畅通的措施。

【依据3】《国家电网有限公司突发事件总体应急预案》（国家电网办〔2018〕1181号）

8.2　通信与信息保障

公司按照统一系统规划、统一技术规范、统一组织建设，必要时统一调配使用的原则，持续完善电力专用和公用通信网，健全有线和无线相结合、基础公用网络与机动通信系统相配套的应急通信系统，确保应急处置过程中通信畅通、信息安全。建立健全有效的通信联络机制，完善政府相关应急机构、社会救援组织、重要用户群体等的联络方式，保证信息流转的上下内外互通。

【依据4】《国家电网应急指挥中心建设规范》（Q/GDW 1202—2015）

5.2　技术原则

技术上紧密结合企业自身特点，遵循安全可靠、纵向贯通、横向连接、信息全面、技术先进的原则。

6.2.1　通信与网络系统

通信与网络系统应满足应急指挥场所与外部进行沟通的需求，如视频会议接入、数据通信网络接入、电话接入、应急通信系统接入等。

6.3.1　应用系统功能

应急指挥中心应具有为电力应急指挥提供全方位信息技术支撑的应用系统。应用系统应服务于电力突发事件的预防与应急准备、监测与预警、应急处置与救援、事后恢复与重建四个阶段，应具有日常工作管理、预案管理、预警管理、应急值班、应急资源调配与监控、辅助应急指挥、预测预警、应急培训、演练及评估管理等功能。应用系统可与统一权限系统进行集成，以实现由公司协同办公系统单点登录。

6.3.2　应用系统功能要求

6.3.2.1　日常工作管理

日常工作管理应具备如下功能：

a）应急规章制度、应急档案查询管理功能；

b）日常应急工作计划管理功能；

c）日常应急资源信息查询功能；

d）日常应急管理、突发事件信息收集与报送功能。

6.3.2.2 预案管理

预案管理应具备如下功能：

a) 各类各级应急预案修编、更新、查询等动态管理功能；

b) 各级用户按照用户权限进行分级共享功能。

6.3.2.3 预警管理

预警管理应具备如下功能：

a) 预警信息接收功能；

b) 预警级别分类分级调整、下达功能；

c) 预警信息发布流程管理功能；

d) 预警启动、监测功能。

6.3.2.4 应急值班

应急值班应具备如下功能：

a) 应统一、规范报表格式，实现突发事件信息报表的接收、编辑、报送；

b) 应具有突发事件报警信息接收、审核、存档、分发等功能；

c) 应实现突发事件信息上报、续报等功能，可实现告警功能；

d) 可实现报警自动接收、存储转发和录音功能；

e) 应具备短信编辑、审核、发送功能；

f) 应具备值班日志、值班表管理和自动排班功能。

6.3.2.5 应急资源管理

应急资源管理应具备如下功能：

a) 应急资源分布、异动、调用情况等查询、统计、分析功能；

b) 应急资源信息在地理图上的显示和标注功能。

6.3.2.8 信息上报、统计及分析

信息统计及分析具备如下功能：

a) 应具备信息报表定制功能，实现人员伤亡、电力设备设施损坏、电力设备设施停运及恢复、停电用户（含重要用户）、投入应急救援力量等信息填报功能；

b) 宜具备信息审核及上报功能；

c) 应具备信息统计分析功能。

6.3.3 应急指挥中心信息接入

【依据 5】《国家突发公共事件总体应急预案》

4.9 通信保障

建立健全应急通信、应急广播电视保障工作体系，完善公用通信网，建立有线和无线相结合、基础电信网络与机动通信系统相配套的应急通信系统，确保通信畅通。

【依据 6】《安全生产法》（主席令第十二号）

第七十六条 国家加强生产安全事故应急能力建设，在重点行业、领域建立应急救援基地和应急救援队伍，鼓励生产经营单位和其他社会力量建立应急救援队伍，配备相应的应急救援装备和物资，提高应急救援的专业化水平。

国务院安全生产监督管理部门建立全国统一的生产安全事故应急救援信息系统，国务院有关部门建立健全相关行业、领域的生产安全事故应急救援信息系统。

7.11.3.2 通信和信息保障

本条评价项目（见《评价》）的查评依据如下。

【依据 1】《电力企业专项应急预案编制导则（试行）》（电监安全〔2009〕22 号）

4.10.3 通信与信息

明确与应急相关的政府部门、上级应急指挥机构、系统内外主要应急队伍等机构和单位、人员的通信渠道和手段，以及极端条件下保证通信畅通的措施。

【依据2】《国家电网公司应急预案编制规范》（国家电网安监〔2007〕98号）

6.7.1 通信与信息保障

明确与应急工作相关联的单位或人员通信联系方式和方法，并提供备用方案。建立信息通信系统及维护方案，确保应急期间信息通畅。

【依据3】《国家电网公司应急队伍管理规定（试行）》（国家电网生〔2008〕1245号）

第三十五条 应急处置期间应始终保持通信畅通，为应急处置决策快速、准确地提供信息。常规通信无法覆盖的地区应开通步话机、小功率电台及卫星通信。

【依据4】《国家电网公司人身伤亡事件处置应急预案》（国家电网安监〔2010〕1405号）

10.3.1 要持续完善电力专用和公用通信网，建立有线和无线相结合、基础公用网络与机动通信系统相配套的应急通信系统，确保应急处置过程中通信畅通。

【依据5】《国家电网公司应急工作管理规定》〔国家电网企管〔2014〕1467号国网（安监/2）483—2014〕

第二十条 应急体系建设内容包括持续完善应急组织体系、应急制度体系、应急预案体系、应急培训演练体系、应急科技支撑体系，不断提高公司应急队伍处置救援能力、综合保障能力、舆情应对能力、恢复重建能力，建设预防预测和监控预警系统、应急信息与指挥系统。

第三十条 应急信息和指挥系统是指在较为完善的信息网络基础上构建的、先进实用的应急管理信息平台，实现应急工作管理，应急预警、值班，信息报送、统计，辅助应急指挥等功能，满足公司各级应急指挥中心互联互通，以及与政府相关应急指挥中心联通要求，完成指挥员与现场的高效沟通及信息快速传递，为应急管理和指挥决策提供丰富的信息支撑和有效的辅助手段。

第三十六条 公司各单位均应与当地气象、水利、地震、地质、交通、消防、公安等政府专业部门建立信息沟通机制，共享信息，提高预警和处置的科学性，并与地方政府、社会机构、电力用户建立应急沟通与协调机制。

【依据6】《电力突发事件应急演练导则（试行）》（国家电网安监〔2009〕691号）

4.10.3 通信与信息

明确与应急相关的政府部门、上级应急指挥机构、系统内外主要应急队伍等机构和单位、人员的通信渠道和手段，以及极端条件下保证通信畅通的措施。

【依据7】《国家电网有限公司突发事件总体应急预案》（国家电网办〔2018〕1181号）

8.2 通信与信息保障

公司按照统一系统规划、统一技术规范、统一组织建设，必要时统一调配使用的原则，持续完善电力专用和公用通信网，健全有线和无线相结合、基础公用网络与机动通信系统相配套的应急通信系统，确保应急处置过程中通信畅通、信息安全。建立健全有效的通信联络机制，完善政府相关应急机构、社会救援组织、重要用户群体等的联络方式，保证信息流转的上下内外互通。

【依据8】《国家电网应急指挥中心建设规范》（Q/GDW 1202—2015）

5.2 技术原则

技术上紧密结合企业自身特点，遵循安全可靠、纵向贯通、横向连接、信息全面、技术先进的原则。

6.2.1 通信与网络系统

通信与网络系统应满足应急指挥场所与外部进行沟通的需求，如视频会议接入、数据通信网络接入、电话接入、应急通信系统接入等。

6.3.1 应用系统功能

应急指挥中心应具有为电力应急指挥提供全方位信息技术支撑的应用系统，应用系统应服务于电力突发事件的预防与应急准备、监测与预警、应急处置与救援、事后恢复与重建四个阶段，应具有日常工作管理、预案管理、预警管理、应急值班、应急资源调配与监控、辅助应急指挥、预测预警、应急培训、演练及评估管理等功能。应用系统可与统一权限系统进行集成，以实现由公司协同办公系统单点登录。

6.3.2 应用系统功能要求

6.3.2.1 日常工作管理

日常工作管理应具备如下功能：

a) 应急规章制度、应急档案查询管理功能；

b) 日常应急工作计划管理功能；

c) 日常应急资源信息查询功能；

d) 日常应急管理、突发事件信息收集与报送功能。

6.3.2.2 预案管理

预案管理应具备如下功能：

a) 各类各级应急预案修编、更新、查询等动态管理功能；

b) 各级用户按照用户权限进行分级共享功能。

6.3.2.3 预警管理

预警管理应具备如下功能：

a) 预警信息接收功能；

b) 预警级别分类分级调整、下达功能；

c) 预警信息发布流程管理功能；

d) 预警启动、监测功能。

6.3.2.4 应急值班

应急值班应具备如下功能：

a) 应统一、规范报表格式，实现突发事件信息报表的接收、编辑、报送；

b) 应具有突发事件报警信息接收、审核、存档、分发等功能；

c) 应实现突发事件信息上报、续报等功能，可实现告警功能；

d) 可实现报警自动接收、存储转发和录音功能；

e) 应具备短信编辑、审核、发送功能；

f) 应具备值班日志、值班表管理和自动排班功能。

6.3.2.5 应急资源管理

应急资源管理应具备如下功能：

a) 应急资源分布、异动、调用情况等查询、统计、分析功能；

b) 应急资源信息在地理图上的显示和标注功能。

6.3.2.8 信息上报、统计及分析

信息统计及分析具备如下功能：

a) 应具备信息报表定制功能，实现人员伤亡、电力设备设施损坏、电力设备设施停运及恢复、停电用户（含重要用户）、投入应急救援力量等信息填报功能；

b) 宜具备信息审核及上报功能；

c) 应具备信息统计分析功能。

6.3.3 应急指挥中心信息接入

【依据9】《国家突发公共事件总体应急预案》

4.9 通信保障

建立健全应急通信、应急广播电视保障工作体系，完善公用通信网，建立有线和无线相结合、基础电信网络与机动通信系统相配套的应急通信系统，确保通信畅通。

【依据10】《安全生产法》（第十三号主席令）

第七十六条 国家加强生产安全事故应急能力建设，在重点行业、领域建立应急救援基地和应急救援队伍，鼓励生产经营单位和其他社会力量建立应急救援队伍，配备相应的应急救援装备和物资，提高应急救援的专业化水平。

国务院安全生产监督管理部门建立全国统一的生产安全事故应急救援信息系统，国务院有关部门建立健全相关行业、领域的生产安全事故应急救援信息系统。

【依据11】《生产经营单位生产安全事故应急预案编制导则》（GB/T 29639—2013）

6.8.1　通信与信息保障

明确可为生产经营单位提供应急保障的相关单位及人员通信联系方式和方法，并提供备用方案。同时，建立信息通信系统及维护方案，确保应急期间信息通畅。

【依据12】《国家电网有限公司十八项电网重大反事故措施》（国家电网设备〔2018〕979）

16.3.3.13　严格落实公司一、二类电视电话会议系统"一主两备"的技术措施，制订切实可行的应急预案，开展应急操作演练，提高值机人员应对突发事件的保障能力，确保会议质量。

16.3.3.19　落实通信专业在电网大面积停电及突发事件发生时的组织机构和技术保障措施。完善各类通信设备和系统的现场处置方案和应急预案。定期开展反事故演习，检验应急预案的有效性，提高通信网预防和应对突发事件的能力。

16.4.1.2　A、B级信息机房电源系统的外部供电应至少来自两个变电站，并能进行主备自动切换。A级机房应配备满足机房正常运行所需用电负荷要求的柴油发电机或应急发电车作为机房后备电源，也可采用供电网络中独立于正常电源的专用馈电线路。

16.4.1.3　A、B级信息机房应采用不少于两路UPS供电，且每路UPS容量要考虑其中某一路故障或维修退出时，余下的UPS能够支撑机房内设备持续运行。C级信息机房的主机房可根据具体情况，采用单台或多台UPS供电。UPS设备的负荷不得超过额定输出功率的70%，采用双UPS供电时，单台UPS设备的负荷不应超过额定输出功率的35%。

16.5.3.7　应对信息系统运行、应用及安全防护情况进行监控，对安全风险进行预警。相关业务部门和运维部门（单位）应对电网网络安全风险进行预警分析，组织制订网络安全突发事件专项处置预案，定期进行应急演练。

【依据13】《国家电网公司应急指挥中心管理办法》〔国网（安监/3）901—2018〕

原文略。

7.11.3.3　应急装备

7.11.3.3.1　装备配备

本条评价项目（见《评价》）的查评依据如下。

【依据1】《国家电网公司应急队伍管理规定（试行）》（国家电网生〔2008〕1245号）

第二十六条　应急队伍应配备以下类别应急装备，具体种类、型号、参数、数量由各网省公司确定。

（一）电气专业装备：通用工具、安装检修特殊工具、油气处理器具、焊接器具、牵引器具、试验检测仪器及备品配件。

（二）通信及定位装备：除利用网内微波通信和手机外，应配备对讲机及卫星定位设备，通信不畅地区应配备小功率电台等通信装备。

（三）运输及起重装备：工程抢修车、器材运输车、车载起重机、起吊车辆及越野车辆等。

（四）发电及照明装备：移动发电机、现场应急照明设备和小型探照灯等。

（五）生命保障装备：安全帽、登高安全带、专用工作鞋和医用急救箱等。

（六）基本生活装备：野战餐车、野营帐篷及个人用便携式背包。背包中配有雨衣、洗漱用品、个人应急照明、应急联络手册、应急设备简化操作手册、应急药盒等。

【依据2】《国家电网公司应急救援基干分队管理意见》（国家电网安监〔2011〕895号）

5.1　装备配置及管理

5.1.1　应急基干分队应配备运输、通信、电源及照明、安全防护、单兵、生活等各类装备，具体种类、型号、参数、数量在公司统一指导下确定。各网省公司、直属单位应结合所处地域社会环境、自然环境、产业结构等实际，增设相关装备。基本装备清单参考附件2。

【依据3】《国家电网有限公司十八项电网重大反事故措施》（国家电网设备〔2018〕979）

1.1.2.8 对于有限空间作业，必须严格执行作业审批制度，有限空间作业的现场负责人、监护人员、作业人员和应急救援人员应经专项培训。监护人员应持有限空间作业证上岗，作业人员应遵循先通风、再检测、后作业的原则。作业现场应配备应急救援装备，严禁盲目施救。

7.11.3.3.2 装备管理

本条评价项目（见《评价》）的查评依据如下。

【依据1】《国家电网公司应急队伍管理规定（试行）》（国家电网生〔2008〕1245号）

第二十七条 与正常生产工作共用的应急装备，可与本单位正常生产装备设施共同存放和保养。属应急处置专用的装备设施，应按相应规定设立专用仓库妥善存放和按时保养，并指定专人负责。未经许可不得挪作他用。

【依据2】《国家电网公司应急工作管理规定》[国家电网企管〔2014〕1467号国网（安监/2）483—2014]

第二十一条 应急体系建设内容包括持续完善应急组织体系、应急制度体系、应急预案体系、应急培训演练体系、应急科技支撑体系，不断提高公司应急队伍处置救援能力、综合保障能力、舆情应对能力、恢复重建能力，建设预防预测和监控预警系统、应急信息与指挥系统。

第三十一条 应急信息和指挥系统是指在较为完善的信息网络基础上构建的、先进实用的应急管理信息平台，实现应急工作管理、应急预警、值班，信息报送、统计，辅助应急指挥等功能。满足公司各级应急指挥中心互联互通，以及与政府相关应急指挥中心联通要求，完成指挥员与现场的高效沟通及信息快速传递，为应急管理和指挥决策提供丰富的信息支撑和有效的辅助手段。

第三十七条 公司各单位均应与当地气象、水利、地震、地质、交通、消防、公安等政府专业部门建立信息沟通机制，共享信息，提高预警和处置的科学性，并与地方政府、社会机构、电力用户建立应急沟通与协调机制。

【依据3】《电力突发事件应急演练导则（试行）》（国家电网安监〔2009〕691号）

4.10.3 通信与信息

明确与应急相关的政府部门、上级应急指挥机构、系统内外主要应急队伍等机构和单位、人员的通信渠道和手段，以及极端条件下保证通信畅通的措施。

【依据4】《国家电网有限公司突发事件总体应急预案》（国家电网办〔2018〕1181号）

8.2 通信与信息保障

公司按照统一系统规划、统一技术规范、统一组织建设，必要时统一调配使用的原则，持续完善电力专用和公用通信网，健全有线和无线相结合、基础公用网络与机动通信系统相配套的应急通信系统，确保应急处置过程中通信畅通、信息安全。建立健全有效的通信联络机制，完善政府相关应急机构、社会救援组织、重要用户群体等的联络方式，保证信息流转的上下内外互通。

【依据5】《国家电网应急指挥中心建设规范》（Q/GDW 1202—2015）

5.2 技术原则

技术上紧密结合企业自身特点，遵循安全可靠、纵向贯通、横向连接、信息全面、技术先进的原则。

6.2.1 通信与网络系统

通信与网络系统应满足应急指挥场所与外部进行沟通的需求，如视频会议接入、数据通信网络接入、电话接入、应急通信系统接入等。

6.3.1 应用系统功能

应急指挥中心应具有为电力应急指挥提供全方位信息技术支撑的应用系统，应用系统应服务于电力突发事件的预防与应急准备、监测与预警、应急处置与救援、事后恢复与重建四个阶段，应具有日常工作管理、预案管理、预警管理、应急值班、应急资源调配与监控、辅助应急指挥、预测预警、应急培训、演练及评估管理等功能。应用系统可与统一权限系统进行集成，以实现由公司协同办公系统单点登录。

6.3.2 应用系统功能要求

6.3.2.1 日常工作管理

日常工作管理应具备如下功能：

a) 应急规章制度、应急档案查询管理功能；

b) 日常应急工作计划管理功能；

c) 日常应急资源信息查询功能；

d) 日常应急管理、突发事件信息收集与报送功能。

6.3.2.2 预案管理

预案管理应具备如下功能：

a) 各类各级应急预案修编、更新、查询等动态管理功能；

b) 各级用户按照用户权限进行分级共享功能。

6.3.2.3 预警管理

预警管理应具备如下功能：

a) 预警信息接收功能；

b) 预警级别分类分级调整、下达功能；

c) 预警信息发布流程管理功能；

d) 预警启动、监测功能。

6.3.2.4 应急值班

应急值班应具备如下功能：

a) 应统一、规范报表格式，实现突发事件信息报表的接收、编辑、报送；

b) 应具有突发事件报警信息接收、审核、存档、分发等功能；

c) 应实现突发事件信息上报、续报等功能，可实现告警功能；

d) 可实现报警自动接收、存储转发和录音功能；

e) 应具备短信编辑、审核、发送功能；

f) 应具备值班日志、值班表管理和自动排班功能。

6.3.2.5 应急资源管理

应急资源管理应具备如下功能：

a) 应急资源分布、异动、调用情况等查询、统计、分析功能；

b) 应急资源信息在地理图上的显示和标注功能。

6.3.2.8 信息上报、统计及分析

信息统计及分析具备如下功能：

a) 应具备信息报表定制功能，实现人员伤亡、电力设备设施损坏、电力设备设施停运及恢复、停电用户（含重要用户）、投入应急救援力量等信息填报功能；

b) 宜具备信息审核及上报功能；

c) 应具备信息统计分析功能。

【依据6】《国家突发公共事件总体应急预案》

4.9 通信保障

建立健全应急通信、应急广播电视保障工作体系，完善公用通信网，建立有线和无线相结合、基础电信网络与机动通信系统相配套的应急通信系统，确保通信畅通。

【依据7】《安全生产法》（第十三号主席令）

第七十六条 国家加强生产安全事故应急能力建设，在重点行业、领域建立应急救援基地和应急救援队伍，鼓励生产经营单位和其他社会力量建立应急救援队伍，配备相应的应急救援装备和物资，提高应急救援的专业化水平。

国务院安全生产监督管理部门建立全国统一的生产安全事故应急救援信息系统，国务院有关部门建立健全相关行业、领域的生产安全事故应急救援信息系统。

【依据8】《国家电网公司安全工作规定》（国家电网安监〔2014〕1117号）

第七十三条 公司各级单位应建立应急资金保障机制，落实应急队伍、应急装备、应急物资所需资金，提高应急保障能力；以3～5年为周期，开展应急能力评估。

【依据9】《生产安全事故应急预案管理办法》（安监总局令第17号）

第三十二条 生产经营单位应当按照应急预案的要求配备相应的应急物资及装备，建立使用状况档案，定期检测和维护，使其处于良好状态。

【依据10】《生产经营单位生产安全事故应急预案编制导则》（GB/T 29639—2013）

6.8.3 物资装备保障

明确生产经营单位的应急物资和装备的类型、数量、性能、存放位置、运输及使用条件、管理责任人及其联系方式等内容。

6.8.4 其他保障

根据应急工作需求而确定的其他相关保障措施（如经费保障、交通运输保障、治安保障、技术保障、医疗保障、后勤保障等）。

【依据11】《国家电网公司应急救援基干分队管理意见》（国家电网安监〔2011〕895号）

3.2.7 基干分队应建立健全安全管理、培训管理、演练拉练、装备保养、信息处理等管理制度，并建立和不断完善应急工作联系手册、现场救援工作程序、现场基本处置方案等。

5.1 装备配置及管理

5.1.2 与正常生产工作共用的应急装备，可与本单位正常生产装备设施共同存放和保养。属应急处置专用的装备设施，应按相应规定设立专用仓库妥善存放和按时保养，并指定专人负责。应急装备未经应急管理部门许可不得挪作他用。

5.1.3 应急装备应按模块化存放，并不断完善组合方式。

7.11.3.3.3 企业应急装备资源

本条评价项目（见《评价》）的查评依据如下。

【依据1】《电力企业专项应急预案编制导则（试行）》（电监安全〔2009〕22号）

4.13.3 应急物资储备清单

（1）本预案涉及的重要应急装备和物资的名称、型号、数量、图纸、存放地点和管理人员联系方式等。

（2）重要应急物资供应单位的生产能力、设备图纸和联系方式等。

（3）应急救援通信设施型号、数量、存放点等。

（4）应急车辆数量及司机联系方式清单。

【依据2】《国家电网公司应急预案编制规范》（国家电网安监〔2007〕98号）

6.7.3 应急物资装备保障

明确应急处置需要使用的应急物资和装备的类型、数量、性能、存放位置、管理责任人及其联系方式等内容。

9.2 重要物资装备的名单或清单

列出应急预案涉及的重要物资和装备名称、型号、存放地点和联系电话等。

【依据3】《国家电网公司应急物资管理办法》〔国网（物资/2）126—2013〕

第六条 应急物资管理包括日常管理和应急处置两部分，遵循"统筹管理，科学分布、合理储备、统一调配、实时信息"的原则。

第十六条 各级安质、运检部门负责组织制订分管范围内的应急物资储备定额，会同各级物资部确定实物储备、协议储备应急物资的品种、数量和技术规范。

第十七条 各级物资部门根据应急物资储备定额组织制定年度应急物资储备方案，经批准后组织实施。

第二十二条 应急物资储备仓库遵循"规模适度、布局合理、功能齐全、交通便利"的原则，因地制宜设立储备仓库，形成应急物资储备网络。

第二十三条 应急物资储备分为实物储备、协议储备和动态周转三种方式。

第二十四条 实物储备是指应急物资采购后存放在仓库内的一种储备方式。实物储备的应急物资纳入公司仓储物资统一管理，定期组织检验或轮换，保证应急物资质量完好，随时可用。

第二十五条 协议储备是指应急物资存放在协议供应商处的一种储备方式。协议储备的应急物资由协议供应商负责日常维护，保证应急物资随时可调。

第二十六条 应急储备物资耗用后，各级物资部门应及时组织补库。

第二十七条 公司各级单位应建立统一的应急物资储备信息台账，准确掌握实物储备、协议储备和动态周转物资信息。

第二十八条 动态周转是指在建项目工程物资、大修技改物资、生产备品备件和日常储备库存物资等作为应急物资使用的一种方式。动态周转物资信息应实时更新，保证信息准确。

第二十九条 为提高物资利用效率，电网抢修设备、电网抢修材料的储备可采用动态周转方式；应急抢修工器具、应急救灾物资、应急救灾装备的储备可采用实物储备与动态周转相结合的方式。

【依据4】《国家突发公共事件总体应急预案》

4.3 物资保障

要建立健全应急物资监测网络、预警体系和应急物资生产、储备、调拨及紧急配送体系，完善应急工作程序，确保应急所需物资和生活用品的及时供应，并加强对物资储备的监督管理，及时予以补充和更新。

地方各级人民政府应根据有关法律、法规和应急预案的规定，做好物资储备工作。

7.11.3.4 应急队伍

本条评价项目（见《评价》）的查评依据如下。

【依据1】《国家电网公司应急工作管理规定》［国家电网企管〔2014〕1467号国网（安监/2）483—2014］

第二十五条 应急队伍由应急救援基干分队、应急抢修队伍和应急专家队伍组成。应急救援基干分队负责快速响应实施突发事件应急救援；应急抢修队伍承担公司电网设施大范围损毁修复等任务；应急专家队伍为公司应急管理和突发事件处置提供技术支持和决策咨询。

第三十八条 公司各单位应加强应急救援基干分队、应急抢修队伍、应急专家队伍的建设与管理，配备先进和充足的装备，加强培训演练，提高应急能力。

第三十九条 总部及公司各单位应加大应急培训和科普宣教力度，针对所属应急救援基干分队、应急抢修队伍、应急专家队伍人员，定期开展不同层面的应急理论和技能培训，结合实际经常向全体员工宣传应急知识，提高员工应急意识和预防、避险、自救、互救能力。

【依据2】《国家电网公司应急预案编制规范》（国家电网安监〔2007〕98号）

6.7.2 应急队伍保障

明确各类应急响应的人力资源，包括专业应急队伍、兼职应急队伍、应急专家组的组织与保障方案。

【依据3】《国家电网公司应急队伍管理规定（试行）》（国家电网生〔2008〕1245号）

第三章 组建原则

第八条 网省公司应急队伍以220kV及以上输变电设备、地市供电公司应急队伍以220kV及以下输变配电设备的安装和检修为主要专业，同时兼顾社会应急救援需要。

第九条 应急队伍数量根据管理模式和地域分布特点确定。应急队伍人员数量根据各单位设备运行维护管理模式、电网规模、区域大小和出现大面积电网设施损毁的概率等因素综合确定。网省公司应急队伍中输、变电专业人员数量原则上按3∶1配备。

第十条 网省公司应急队伍以所辖输变电工程施工或超高压运行检修单位现有人员为基础组建，地市供电公司以输变配电工程施工或运行检修单位现有人员为基础组建。

第十一条 应急队伍的人员构成和装备配置应符合主辅专业搭配、内外协调并重、技能和体能兼顾、气候和地理环境适应性强等要求。

第四章 调配原则

第十三条 公司系统内跨省救援：发生以下情况时，由总部应急指挥中心根据应急处置需要和应急队伍分布情况，统一调配应急队伍，实施应急处置。

（一）发生地震、洪灾、台风、飓风、冰冻、暴雪等特大自然灾害或其他原因引起的大范围电网设施受损，网省公司内部应急队伍无法满足应急处置需要时；

（二）出现特大事故，网省公司应急队伍单独无法满足应急处置需要或其他原因无法及时到达事故现场时；

（三）根据国家有关部门要求参加社会应急救援等活动。

第十四条 网省区域内跨地市救援：发生以下情况时，由网省公司应急指挥中心根据应急处置需要和应急队伍分布情况，在其管辖范围内统一调配应急队伍，实施应急处置。

（一）出现大面积电网设施受损，地市公司现有应急队伍无法满足应急处置需要时；

（二）出现重大事故，地市公司现有应急队伍无法满足需求或其他原因无法及时到达现场时；

（三）根据上级要求参加社会应急救援等活动。

第二十一条 应急队伍应建立健全以下管理制度：日常管理、安全管理、质量管理、预案演练、装备保养、信息报送、业绩考核等。

第二十二条 应急队伍人员每年除应按公司有关要求进行专业生产技能培训外，还应安排登山、游泳等专项训练和触电、溺水等紧急救护训练，掌握发电机、应急照明、冲锋舟、生命保障等设备的正确使用方法。

第二十三条 技能培训应充分利用现有资源进行，各网省公司技能培训实训基地应配备应急队伍各种技能培训所需的训练和演习设施。

第二十五条 应急预案和演练经批准后方能执行。每年至少应组织一次应急预案演练，开展演练评估，及时修订完善应急预案。

第二十八条 应急队伍负责人出本省或本单位设备管辖区域外工作的，应向网省公司安全应急办公室报告。

第二十九条 应急队伍中若有超过三分之一以上人员在外省或本单位设备管辖区域外进行施工作业时，应向网省安全应急办公室报告。

第三十条 应急队伍接到应急处置命令，即应立即启动应急预案，并在2h内做好应急准备。应急准备包括应急队伍成员集结待命、保持通信畅通、检查器材装备和后勤保障物资、做好应急处置前的一切准备工作。

第三十一条 原则上，应急队伍从接到应急处置命令开始至首批人员到达应急处置现场的时间应不超过：200km以内，4h；200～500km，12h；500～1000km，24h。

第三十二条 应急队伍执行应急处置任务期间，按公司应急管理有关规定接受受援单位应急指挥机构领导和监督管理。

第三十三条 实施应急处置任务时，应根据承担任务性质和现场外部环境特点，设立工程技术、安全质量监督、物资供应、信息报送、医疗卫生和后勤保障等机构，确保指挥畅通、运转有序、作业安全。

第三十四条 应急队伍执行应急任务时应统一着装和徽标。

第三十六条 应急队伍应严格按照工程建设管理有关规定，做好废旧物资材料回收和工程、设备及资料移交等工作。

第三十七条 完成应急处置任务后，应急队伍应及时对应急处置工作进行全面总结和评估，并在

15天内向上级有关部门报送工作总结。

第三十八条　各单位应加大应急队伍建设资金投入，专款专用，及时添置和更新应急装备设施，确保技能培训、设备保养等工作的正常开展。

第三十九条　公司和各网省公司安全应急办公室应定期对各网省公司和地市公司应急队伍进行检查和考核，并召开队伍负责人会议，通报情况、布置工作、交流经验。

第六章　附则

第四十条　应急物资储备、应急队伍资金来源及应急工程概预算标准等由有关部门另行制定。

7.11.3.4.1　日常管理

本条评价项目（见《评价》）的查评依据如下。

【依据1】《国家电网公司应急队伍管理规定（试行）》（国家电网生〔2008〕1245号）

第七条　各地市公司（含输变电安装公司、超高压运检单位）应按照公司应急队伍管理规定和相关实施细则，做好应急队伍组建、管理等各项工作；指挥协调本单位内部应急处置；接受网省公司的应急调度和指挥，完成应急处置任务。

第十二条　应急队伍由所在单位负责日常管理，加强专业化、规范化、标准化建设，做到专业齐全、人员精干、装备精良、管理严格、反应快速、作风顽强，不断提高电网设施应急处置的综合能力。

第十五条　地市公司内部救援：各地市管辖范围内出现大量电网设施受损、事故抢险时，由地市公司应急指挥中心负责统一调配本单位资源，实施应急处置。

第十六条　为确保应急队伍"招之即来，来之能战，战之能胜"，应急队伍应按照上级应急办公室有关要求制订年度工作计划，重点做好技能培训、装备保养、预案编制和演练等工作。

第十七条　应急队伍设队长一名，由所在单位安全第一责任人担任，全面负责应急队伍日常管理和领导现场应急处置；设副队长两名，分别由分管领导担任，协助队长开展工作。其中一名负责技能培训、预案演练和现场应急处置，一名负责装备保养、后勤保障和外部协调。

第十八条　应急队伍成员在履行岗位职责参加本单位正常生产经营活动的同时，应按照应急队伍工作计划安排，参加技能培训、装备保养和预案演练等活动。应急事件发生后，由应急队伍统一集中管理直至应急处置结束。

第十九条　应急队伍应常设办公室，负责应急队伍日常管理与工作协调，技能培训、装备保养、预案编制和演练等具体工作可由所在单位指定相关部门和人员负责，做到分工合理、职责清晰、标准明确。

第二十条　应急队伍日常值班可与本单位安全生产值班合并进行。应急事件发生后，应单独设立24小时应急值班。

【依据2】《国家电网公司应急救援基干分队管理意见》（国家电网安监〔2011〕895号）

2.2　机构设置

2.2.1　各网省公司、国网能源公司、国网新源公司、鲁能公司均设置一支应急救援基干分队（简称"基干分队"），由应急管理部门负责组建和归口管理。

2.2.2　基干分队一般挂靠在灾害易发多发地区供电单位、省会城市供电单位、运行检修单位或工程施工单位，由挂靠单位负责具体管理，人员主要从挂靠单位选取，如确有需要也可从其他基层单位选取少量人员，但需满足队伍快速集结出发的要求。

2.2.3　基干分队属非脱产性质，不单独设置机构。

2.3　人员配置

2.3.1　基干分队定员50人左右，设队长一名，全面负责队伍管理、组织训练和现场救援指挥工作。设副队长两名，协助队长开展工作。

2.3.2　基干分队内部一般分为综合救援、应急供电、信息通信、后勤保障（含新闻宣传）四组，各组根据人员数量设组长一至两人。

2.4　人员素质要求

2.4.1　基本素质

（1）具有良好的政治素质，较强的事业心，遵守纪律，团队意识强。

（2）男性，年龄 20～45 岁，身体健康、强壮，心理素质良好，无妨碍工作的病症，能适应恶劣气候和复杂地理环境。

（3）具有中技及以上学历，从事电力专业工作 3 年以上，业务水平优秀。

（4）具有较强的工器具操作使用能力。

（5）队员的选拔坚持自觉自愿的原则。

2.4.2 专业技能

（1）通过强化培训，基干分队成员必须熟练掌握应急供电、应急通信、消防、灾害灾难救援、卫生急救、营地搭建、现场测绘、高处作业、野外生存等专业技能，熟练掌握所配车辆、舟艇、机具、绳索等的使用。

（2）基干分队要结合所处地域自然环境、社会环境、产业结构等实际，研究掌握其他应急技能。

3.2 日常管理

3.2.1 基干分队成员平时在本单位参加日常生产经营活动，挂靠单位应保证三分之二以上队员在辖区内工作，并随时接受调遣参加应急救援。基干分队成员应保持 24h 通信联络畅通。

挂靠单位建立基干分队队员个人身份信息卡，按季向上级应急管理部门报告队员动态。

【依据3】《国家电网公司安全工作规定》（国家电网安监〔2014〕1117 号）

第五十二条 公司所属各级单位应加大应急培训和科普宣教力度，针对所属应急救援基干分队、应急抢修队伍、应急专家队伍人员，定期开展不同层面的应急理论和技能培训，结合实际经常向全体员工宣传应急知识。

【依据4】《国家电网公司应急工作管理规定》[国家电网企管〔2014〕1467 号国网（安监/2）483—2014]

第三十九条 公司各单位应加强应急救援基干分队、应急抢修队伍、应急专家队伍的建设与管理，配备先进和充足的装备，加强培训演练，提高应急能力。

第四十条 总部及公司各单位应加大应急培训和科普宣教力度，针对所属应急救援基干分队、应急抢修队伍、应急专家队伍人员，定期开展不同层面的应急理论和技能培训，结合实际经常向全体员工宣传应急知识，提高员工应急意识和预防、避险、自救、互救能力。

7.11.3.4.2 制度建设

本条评价项目（见《评价》）的查评依据如下。

【依据】《国家电网公司应急救援基干分队管理意见》（国家电网安监〔2011〕895 号）

应建立健全安全管理、培训管理、演练拉练、装备保养、信息处理等管理制度，并建立和不断完善应急工作联系手册、现场救援工作程序、现场基本处置方案等。

7.11.3.4.3 协调联动

本条评价项目（见《评价》）的查评依据如下。

【依据1】《国家电网公司应急救援协调联动机制建设管理意见》（国家电网安质〔2013〕34 号）

三、应急救援协调联动机制的建立

（一）应急救援协调联动单位的确定

综合考虑"地域相邻、环境相近、交通便利、灾害相似、优势互补"等因素，相关单位自主选择建立协作关系，应急协调联动成员单位一般不超过 4 个。

（二）应急救援协调联动协议的签订应急协调联动成员单位通过签订应急协调联动协议确定协作关系。协议由成员单位共同协商起草，各成员单位应急领导小组会议通过、法人代表签署后生效，协议有效期限一般为 4 年。

（三）应急救援协调联动协议主要内容应急救援协调联动机制建设协议应明确工作机构、职责，以及各方在应急准备、预警、处置、恢复等阶段应急协调联动工作内容，安全责任和应急保障等事项。

【依据2】《国家电网公司应急救援协调联动机制建设管理意见的通知》（国家电网安质〔2013〕34 号）

五、应急救援协调联动机制的实施

（一）准备阶段

1. 各成员单位按照已批准的联合培训、演练计划，组织开展培训、演练。确保每年至少开展1次联合应急培训、1次联合应急演练、1次工作交流活动。

2. 建立信息通报工作网络，明确各单位日常信息联络人员、联系方式，及时通报应急救援基干分队状况。

3. 组长单位牵头组织，成员单位配合，开展总结评估工作，对日常管理、协调联动等进行全面分析总结。

（二）预警阶段

1. 成员单位分析突发事件发生的可能性、影响范围和严重程度，研判当可能需要应急救援协调联动单位参与处置时，及时将灾害评估信息、电网信息、地域特征等通报给应急救援协调联动支援单位；

2. 支援单位根据事发地所在单位的通报，关注事态发展，做好应急救援基干分队人员、物资、装备准备，开展应急值班，参与事发地所在单位应急会商会。

（三）处置阶段

1. 事发地所在单位统一领导指挥应急救援行动。

2. 事发地所在单位将受灾情况及社会损失、地理环境、道路交通、天气气候、灾害预报等信息及时通报给支援单位；向支援单位应急救援基干分队交代工作任务、交代安全措施、告知作业风险、明确现场联系人。

3. 事发地所在单位负责联系协调支援单位人员住所，为支援单位提供抢险救援所需的材料物资和配合人员。

4. 支援单位应急救援基干分队迅速赶赴事发地区，接受事发地所在单位指挥，开展救援工作；支援单位自行负责后勤保障的物资及人员的食宿费用。

5. 根据事态发展变化和救援进展情况，在确保现场情况得到控制，后续应急队伍力量充足的情况下，经事发地所在单位同意后，支援单位组织应急救援基干分队有序撤离。

（四）恢复阶段

支援单位应急救援基干分队一般不参与灾后重建工作。事件处置结束后，工作组负责评估联动工作，支援单位配合事发地所在单位做好联动评估。

7.11.3.5　交通运输工具

本条评价项目（见《评价》）的查评依据如下。

【**依据1**】《国家电网公司应急预案编制规范》（国家电网安监〔2007〕98号）

6.7.5　其他保障

根据应急工作需求而确定的其他相关保障措施（如交通运输保障、治安保障、技术保障、医疗保障、后勤保障等）。

【**依据2**】《国家电网公司人身伤亡事件处置应急预案》（国家电网安监〔2010〕1405号）

10.4.2　公司各单位应在人身伤亡事件应急预案中明确车辆配备要求，确定具体车辆、车号和驾驶人员，包括用于运输救援人员、现场保卫人员和运输应急物资装备的车辆保障。

【**依据3**】《国家电网公司应急预案评审管理办法》［国家电网企管〔2014〕1467号国网（安监/3）485—2014］

表2	总体应急预案要素评审表
保障措施	1. 明确应急通信信息保障措施，明确相关单位或人员的通信方式，确保应急期间信息通畅。 2. 明确应急装备、物资、设施和器材及其存放位置清单，以及保证其有效性的措施。 3. 明确各类应急资源，包括专（兼）职应急队伍的组织机构以及联系方式。 4. 明确应急工作经费保障方案。 5. 明确交通运输、安全保卫、后勤服务等保障措施

【依据4】《国家安全监管总局关于加强基层安全生产应急队伍建设的意见》（安监总应急〔2010〕13号）

（五）推进公用事业保障应急队伍建设。县级以下电力、供水、排水、燃气、供热、交通、市容环境等主管部门和基础设施运营单位，要组织本区域有关企事业单位懂技术和有救援经验的职工，分别组建公用事业保障应急队伍，承担相关领域突发事件应急抢险救援任务。重要基础设施运营单位要组建本单位运营保障应急队伍。要充分发挥设计、施工和运行维护人员在应急抢险中的作用，配备应急抢修的必要机具、运输车辆和抢险救灾物资，加强人员培训，提高安全防护、应急抢修和交通运输保障能力。

【依据5】《国家电网公司应急救援基干分队管理意见》（国家电网安监〔2011〕895号）

附件2

应急基干分队基本装备

序号	品名	单位	数量	类别	备注
44	应急抢修车	辆		运输设备类	每10人配置一辆
45	越野车	辆	2	运输设备类	
46	野战炊事车	辆	1	运输设备类	

【依据6】《国家突发公共事件总体应急预案》

4 应急保障

各有关部门要按照职责分工和相关预案做好突发公共事件的应对工作，同时根据总体预案切实做好应对突发公共事件的人力、物力、财力、交通运输、医疗卫生及通信保障等工作，保证应急救援工作的需要和灾区群众的基本生活，以及恢复重建工作的顺利进行。

4.6 交通运输保障

要保证紧急情况下应急交通工具的优先安排、优先调度、优先放行，确保运输安全畅通；要依法建立紧急情况社会交通运输工具的征用程序，确保抢险救灾物资和人员能够及时、安全送达。

【依据7】《生产经营单位生产安全事故应急预案编制导则》（GB/T 29639—2013）

6.8.4 其他保障

根据应急工作需求而确定的其他相关保障措施（如经费保障、交通运输保障、治安保障、技术保障、医疗保障、后勤保障等）。

7.11.3.6 应急物资

7.11.3.6.1 物资调拨

本条评价项目（见《评价》）的查评依据如下。

【依据1】《国家电网有限公司突发事件总体应急预案》（国家电网安监〔2018〕1181号）

8.3 应急物资装备保障

建立健全突发事件的应急物资装备储存、调拨和紧急配送机制。公司各单位应投入必要的资金，按照遵循"规模适度、布局合理、功能齐全、交通便利"的原则，因地制宜设立储备仓库，形成应急物资储备网络，储备应急救援与处置所需的通用救灾装备和物资，确保应急处置需要。

【依据2】《国家电网公司应急物资管理办法》［国网（物资/2）126—2013］

第十条 省物资公司、地市物资供应中心是应急物资配送、储备的具体实施单位，其主要职责是：

（一）负责应急物资储备仓库的建设和维护；

（二）负责实物储备应急物资库存管理；

（三）负责实时维护动态周转物资信息；

（四）负责实物储备物资的催交催运、收货验收工作；

（五）负责应急物资的配送；

（六）配合物资部检查协议储备物资和收集协议供应商评估信息。

第三十四条　应急物资储备库、协议储备供应商及动态周转物资所属单位在接到各级物资部门调拨指令后，迅速启动，及时配送，并对运输情况进行实时跟踪和信息反馈。

7.11.3.6.2　储备存放

本条评价项目（见《评价》）的查评依据如下。

【依据1】《国家电网公司应急工作管理规定》[国家电网企管〔2014〕1467号国网（安监/2）483—2014]

第二十六条　综合保障能力是指公司在物质、资金等方面，保障应急工作顺利开展的能力。包括各级应急指挥中心、电网备用调度系统、应急电源系统、应急通信系统、特种应急装备、应急物资储备及配送、应急后勤保障、应急资金保障、直升机应急救援等方面内容。

【依据2】《国家电网公司应急物资管理办法》[国网（物资/2）126—2013]

第十条　省物资公司、地市物资供应中心是应急物资配送、储备的具体实施单位，其主要职责是：

（一）负责应急物资储备仓库的建设和维护；

（二）负责实物储备应急物资库存管理；

（三）负责实时维护动态周转物资信息；

（四）负责实物储备物资的催交催运、收货验收工作；

（五）负责应急物资的配送；

（六）配合物资部检查协议储备物资和收集协议供应商评估信息。

第二十二条　应急物资储备仓库遵循"规模适度、布局合理、功能齐全、交通便利"的原则，因地制宜设立储备仓库，形成应急物资储备网络。

第二十四条　实物储备是指应急物资采购后存放在仓库内的一种储备方式。实物储备的应急物资纳入公司仓储物资统一管理，定期组织检验或轮换，保证应急物资质量完好，随时可用。

第二十五条　协议储备是指应急物资存放在协议供应商处的一种储备方式。协议储备的应急物资由协议供应商负责日常维护，保证应急物资随时可调。

第二十六条　动态周转是指在建项目工程物资、大修技改物资、生产备品备件和日常储备库存物资等作为应急物资使用的一种方式。动态周转物资信息应实时更新，保证信息准确。

第二十九条　公司各级单位应建立统一的应急物资储备信息台账，准确掌握实物储备、协议储备和动态周转物资信息。

【依据3】《国家电网公司电网实物资产管理规定》[（运检/2）408—2014]

第十一条　电网实物资产具体使用、运行、维护、保管单位（简称使用保管单位）按照"谁保管，谁负责"的原则，落实电网实物资产日常管理责任，规范开展维护、清查盘点、保险理赔等工作；根据电网实物资产有关情况变化，及时更新、完善实物信息，并做好资产信息协同处理；保证电网实物资产安全完整。

第三十一条　公司建立统一的电网实物资产信息标准，制定完善设备代码、参数及数据编码规范，建立设备代码与固定资产代码对应关系，建立工程项目、物资、实物资产、固定资产财务管理等相关业务系统信息共享和业务协同规范。

7.11.3.6.3　信息管理

本条评价项目（见《评价》）的查评依据如下。

【依据1】《国家电网公司应急工作管理规定》[国家电网企管〔2014〕1467号国网（安监/2）483—2014]

第二十条　应急体系建设内容包括持续完善应急组织体系、应急制度体系、应急预案体系、应急培训演练体系、应急科技支撑体系，不断提高公司应急队伍处置救援能力、综合保障能力、舆情应对能力、恢复重建能力，建设预防预测和监控预警系统、应急信息与指挥系统。

【依据2】《国家电网公司应急预案编制规范》（国家电网安监〔2007〕98号）

6.7.3　应急物资装备保障

明确应急处置需要使用的应急物资和装备的类型、数量、性能、存放位置、管理责任人及其联系方式等内容。

7.7 应急物资与装备保障

明确应急处置所需的物资与装备数量、管理和维护、正确使用等。

9.2 重要物资装备的名单或清单

列出应急预案涉及的重要物资和装备名称、型号、存放地点和联系电话等。

【依据3】《国家电网公司应急物资管理办法》[国网（物资/2）126—2013]

第二十二条 应急物资储备仓库遵循"规模适度、布局合理、功能齐全、交通便利"的原则，因地制宜设立储备仓库，形成应急物资储备网络。

第二十四条 实物储备是指应急物资采购后存放在仓库内的一种储备方式。实物储备的应急物资纳入公司仓储物资统一管理，定期组织检验或轮换，保证应急物资质量完好，随时可用。

第二十五条 协议储备是指应急物资存放在协议供应商处的一种储备方式。协议储备的应急物资由协议供应商负责日常维护，保证应急物资随时可调。

第二十六条 动态周转是指在建项目工程物资、大修技改物资、生产备品备件和日常储备库存物资等作为应急物资使用的一种方式。动态周转物资信息应实时更新，保证信息准确。

第二十九条 公司各级单位应建立统一的应急物资储备信息台账，准确掌握实物储备、协议储备和动态周转物资信息。

【依据4】《国家电网公司应急预案评审管理办法》[国家电网企管〔2014〕1467号国网（安监/3）485—2014]

表2 总体应急预案要素评审表

保障措施	1. 明确应急通信信息保障措施，明确相关单位或人员的通信方式，确保应急期间信息通畅。 2. 明确应急装备、物资、设施和器材及其存放位置清单，以及保证其有效性的措施。 3. 明确各类应急资源，包括专（兼）职应急队伍的组织机构以及联系方式。 4. 明确应急工作经费保障方案。 5. 明确交通运输、安全保卫、后勤服务等保障措施
应急物资与装备保障	1. 明确对应急救援所需的物资和装备的要求。 2. 应急物资与装备保障符合单位实际，满足应急要求

表5 应急预案附件要素评审表

重要物资装备名录或清单	1. 以表格形式列出应急装备、设施和器材清单，清单应当包括种类、名称、数量以及存放位置、规格、性能、用途和用法等信息。 2. 定期检查和维护应急装备，保证准确有效

【依据5】《国家突发事件总体应急演预案》

4.3 物资保障

要建立健全应急物资监测网络、预警体系和应急物资生产、储备、调拨及紧急配送体系，完善应急工作程序，确保应急所需物资和生活用品的及时供应，并加强对物资储备的监督管理，及时予以补充和更新。

【依据6】《生产经营单位生产安全事故应急预案编制导则》（GB/T 29639—2013）

6.8.3 物资装备保障

明确生产经营单位的应急物资和装备的类型、数量、性能、存放位置、运输及使用条件、管理责任人及其联系方式等内容。

9 附件

9.1 有关应急部门、机构或人员的联系方式

列出应急工作中需要联系的部门、机构或人员的多种联系方式，当发生变化时及时进行更新。

9.2　应急物资装备的名录或清单

列出应急预案涉及的主要物资和装备名称、型号、性能、数量、存放地点、运输和使用条件、管理责任人和联系电话等。

【依据7】《生产安全事故应急预案管理办法》（安监总局第17号）

第十二条　应急预案应当包括应急组织机构和人员的联系方式、应急物资储备清单等附件信息。附件信息应当经常更新，确保信息准确有效。

第三十二条　生产经营单位应当按照应急预案的要求配备相应的应急物资及装备，建立使用状况档案，定期检测和维护，使其处于良好状态。

【依据8】《国家电网公司电网备品备件管理规定》〔网（运检/3）410—2014〕

（四）统筹资源、信息共享。统筹各级仓储资源，分级储备，构建一体化信息共享平台，基于"一本账"制度，实现备品备件统一管理、高效调配。

7.11.3.7　外部应急资源

本条评价项目（见《评价》）的查评依据如下。

【依据1】《国家电网有限公司突发事件总体应急预案》（国家电网办〔2018〕1181号）

1.7　工作原则

以人为本，减少危害。在做好企业自身突发事件应对处置的同时，切实履行社会责任，把保障人民群众和公司员工的生命财产安全作为首要任务，最大限度减少突发事件及其造成的人员伤亡和各类危害。居安思危，预防为主。坚持"安全第一、预防为主、综合治理"的方针，树立常备不懈的观念，增强忧患意识，防患于未然，预防与应急相结合，做好应对突发事件的各项准备工作。统一领导，分级负责。落实党中央、国务院的部署，坚持政府主导，在公司党组的统一领导下，按照综合协调、分类管理、分级负责、属地管理为主的要求，开展突发事件预防和处置工作。把握全局，突出重点。牢记企业宗旨，服务社会稳定大局，采取必要手段保证电网安全，通过灵活方式重点保障关系国计民生的重要客户、高危客户及人民群众基本生活用电。快速反应，协同应对。充分发挥公司集团化优势，建立健全"上下联动、区域协作"快速响应机制，加强与政府的沟通协作，整合内外部应急资源，协同开展突发事件处置工作。依靠科技，提高能力。加强突发事件预防、处置科学技术研究和开发，采用先进的监测预警和应急处置装备，充分发挥公司专家队伍和专业人员的作用，加强宣传和培训，提高员工自救、互救和应对突发事件的综合能力。

【依据2】《国家电网公司人身伤亡事件处置应急预案》（国家电网安监〔2010〕1405号）

10.2.3　公司和所属各单位要加强与地方防疫机构、血站和医院的联系，建立紧急救护绿色通道和协作机制，确保受伤人员及时得到有效医治。

10.4.1　加强与公安、消防等部门的沟通与协调，做好重要电力设施设备、电力生产运行人员的安保、消防工作。

【依据3】《国家电网公司应急物资管理办法》〔国网（物资/2）126—2013〕

第二十三条　应急物资储备分为实物储备、协议储备和动态周转三种方式。

第二十四条　实物储备是指应急物资采购后存放在仓库内的一种储备方式。实物储备的应急物资纳入公司仓储物资统一管理，定期组织检验或轮换，保证应急物资质量完好，随时可用。

第二十五条　协议储备是指应急物资存放在协议供应商处的一种储备方式。协议储备的应急物资由协议供应商负责日常维护，保证应急物资随时可调。

第二十六条　动态周转是指在建项目工程物资、大修技改物资、生产备品备件和日常储备库存物资等作为应急物资使用的一种方式。动态周转物资信息应实时更新，保证信息准确。

第二十七条　为提高物资利用效率，电网抢修设备、电网抢修材料的储备可采用动态周转方式；应急抢修工器具、应急救灾物资、应急救灾装备的储备可采用实物储备与动态周转相结合的方式。

第二十八条　应急储备物资耗用后，各级物资部门应及时组织补库。

第二十九条　公司各级单位应建立统一的应急物资储备信息台账，准确掌握实物储备、协议储备和动态周转物资信息。

第三十八条　各级物资部门应保证应急救援抢险过程中应急物资调配、采购、运输、交货等信息的准确，并及时向相关部门（单位）进行通报。

【依据4】《国家电网应急指挥中心建设规范》的通知（Q/GDW 1202—2015）

3.9　应急资源 Resources for emergency response

应急装备、应急物资、应急运输资源、后勤保障、应急抢修救援队伍、应急专家咨询团队等资源的总称。

6.3.3.3　外部信息接入

应急指挥中心应具备接入电力突发事件相关外部信息的能力，接入信息应按照信息系统安全防护相关规定进行安全防护。具体功能要求如下：

a）应接入天气预报等基本气象信息；

b）应接入卫星云图信息；

c）宜接入台风信息；

d）应接入地方电视新闻并上传总部应急指挥中心；

e）可接入和查询公司内外应急重要事项、应急动态等信息；

f）可接入气象灾害、火灾、水灾、新闻等外部信息；

g）可接入地震、地质灾害信息；

h）可接入交通信息；

i）可具有与政府应急指挥部门音视频应急信息互通功能。

【依据5】《国家电网公司应急救援协调联动机制建设管理意见》（国家电网安质〔2013〕34号）

二、应急救援协调联动的基本原则

相关单位按照"信息互通、资源共享、快速响应、协同应对"原则，建立应急救援协调联动机制，通过加强在预防准备、监测预警、响应处置、恢复重建等阶段的沟通协作、相互支援，提高突发事件处置能力，最大限度地减少突发事件造成的损失和影响。

三、应急救援协调联动机制的建立

（一）应急救援协调联动单位的确定

综合考虑"地域相邻、环境相近、交通便利、灾害相似、优势互补"等因素，相关单位自主选择建立协作关系，应急协调联动成员单位一般不超过4个。

（二）应急救援协调联动协议的签订

应急协调联动成员单位通过签订应急协调联动协议确定协作关系。协议由成员单位共同协商起草，各成员单位应急领导小组会议通过、法人代表签署后生效，协议有效期限一般为4年。

（三）应急救援协调联动协议主要内容

应急救援协调联动机制建设协议应明确工作机构、职责，以及各方在应急准备、预警、处置、恢复等阶段应急协调联动工作内容，安全责任和应急保障等事项。

【依据6】《国家电网公司应急工作管理规定》[国家电网企管〔2014〕1467号国网（安监/2）483—2014]

第五条　公司应急工作原则

快速反应，协同应对。充分发挥公司集团化优势，建立健全"上下联动、区域协作"快速响应机制，加强与政府的沟通协作，整合内外部应急资源，协同开展突发事件处置工作。

第二十条　公司建立"统一指挥、结构合理、功能实用、运转高效、反应灵敏、资源共享、保障有力"的应急体系，形成快速响应机制，提升综合应急能力。

第三十六条　分层分级建立相关省电力公司（直属单位）、市级供电公司（厂矿企业、专业公司）、县级供电企业间应急救援协调联动和资源共享机制；公司各单位还应研究建立与相关非公司所属企业、社会团体间的协作支援机制，协同开展突发事件处置工作。

第三十七条 公司各单位均应与当地气象、水利、地震、地质、交通、消防、公安等政府专业部门建立信息沟通机制，共享信息，提高预警和处置的科学性，并与地方政府、社会机构、电力用户建立应急沟通与协调机制。

第五十七条 事发单位不能消除或有效控制突发事件引起的严重危害，应在采取处置措施的同时，启动应急救援协调联动机制，及时报告上级单位协调支援，根据需要，请求国家和地方政府启动社会应急机制，组织开展应急救援与处置工作。

【依据7】《国家电网公司防汛及防灾减灾管理规定》[国网（运检/2）407—2014]

（附件4）建设工程防汛检查大纲

6 与地方防汛部门的联系和协调检查

6.1 按照管理权限接受工程项目所在地地方人民政府防汛指挥部门的调度指挥，落实地方政府的防汛部署，积极向有关部门汇报有关防汛问题。

6.2 加强与气象、水文部门的联系，掌握气象和水情信息。

6.3 按规定建立与当地政府防汛指挥部门及上下游的联系制度。

【依据8】《国家电网公司电网实物资产管理规定》[国网（运检/2）408—2014]

第十一条 电网实物资产具体使用、运行、维护、保管单位（简称使用保管单位）按照"谁保管，谁负责"的原则，落实电网实物资产日常管理责任，规范开展维护、清查盘点、保险理赔等工作；根据电网实物资产有关情况变化，及时更新、完善实物信息，并做好资产信息协同处理；保证电网实物资产安全完整。

第三十一条 公司建立统一的电网实物资产信息标准，制定完善设备代码、参数及数据编码规范，建立设备代码与固定资产代码对应关系，建立工程项目、物资、实物资产、固定资产财务管理等相关业务系统信息共享和业务协同规范。

【依据9】《突发事件应急预案管理办法》（国办发〔2013〕101号）

第八条 总体应急预案主要规定突发事件应对的基本原则、组织体系、运行机制，以及应急保障的总体安排等，明确相关各方的职责和任务。

针对突发事件应对的专项和部门应急预案，不同层级的预案内容各有所侧重。国家层面专项和部门应急预案侧重明确突发事件的应对原则、组织指挥机制、预警分级和事件分级标准、信息报告要求、分级响应及响应行动、应急保障措施等，重点规范国家层面应对行动，同时体现政策性和指导性；省级专项和部门应急预案侧重明确突发事件的组织指挥机制、信息报告要求、分级响应及响应行动、队伍物资保障及调动程序、市县级政府职责等，重点规范省级层面应对行动，同时体现指导性；市县级专项和部门应急预案侧重明确突发事件的组织指挥机制、风险评估、监测预警、信息报告、应急处置措施、队伍物资保障及调动程序等内容，重点规范市（地）级和县级层面应对行动，体现应急处置的主体职能；乡镇街道专项和部门应急预案侧重明确突发事件的预警信息传播、组织先期处置和自救互救、信息收集报告、人员临时安置等内容，重点规范乡镇层面应对行动，体现先期处置特点。

针对重要基础设施、生命线工程等重要目标物保护的专项和部门应急预案，侧重明确风险隐患及防范措施、监测预警、信息报告、应急处置和紧急恢复等内容。

针对重大活动保障制订的专项和部门应急预案，侧重明确活动安全风险隐患及防范措施、监测预警、信息报告、应急处置、人员疏散撤离组织和路线等内容。

针对为突发事件应对工作提供队伍、物资、装备、资金等资源保障的专项和部门应急预案，侧重明确组织指挥机制、资源布局、不同种类和级别突发事件发生后的资源调用程序等内容。

联合应急预案侧重明确相邻、相近地方人民政府及其部门间信息通报、处置措施衔接、应急资源共享等应急联动机制。

第九条 单位和基层组织应急预案由机关、企业、事业单位、社会团体和居委会、村委会等法人和基层组织制订，侧重明确应急响应责任人、风险隐患监测、信息报告、预警响应、应急处置、人员疏散撤离组织和路线、可调用或可请求援助的应急资源情况及如何实施等，体现自救互救、信息报告和先期处置特点。

大型企业集团可根据相关标准规范和实际工作需要，参照国际惯例，建立本集团应急预案体系。

第十五条 编制应急预案应当在开展风险评估和应急资源调查的基础上进行。

（一）风险评估。针对突发事件特点，识别事件的危害因素，分析事件可能产生的直接后果以及次生、衍生后果，评估各种后果的危害程度，提出控制风险、治理隐患的措施。

（二）应急资源调查。全面调查本地区、本单位第一时间可调用的应急队伍、装备、物资、场所等应急资源状况和合作区域内可请求援助的应急资源状况，必要时对本地居民应急资源情况进行调查，为制订应急响应措施提供依据。

7.11.3.8 资料收集

本条评价项目（见《评价》）的查评依据如下。

【依据1】《国家电网公司应急工作管理规定》[国家电网企管〔2014〕1467号国网（安监/2）483—2014]

第三十条 预防预测和监控预警系统是指通过整合公司内部风险分析、隐患排查等管理手段，各种在线与离线电网、设备监测监控等技术手段，以及与政府相关专业部门建立信息沟通机制获得的自然灾害等突发事件预测预警信息，依托智能电网建设和信息技术发展成果，形成覆盖公司各专业的监测预警技术系统。

第三十一条 应急信息和指挥系统是指在较为完善的信息网络基础上，构建的先进实用的应急管理信息平台，实现应急工作管理，应急预警、值班，信息报送、统计，辅助应急指挥等功能，满足公司各级应急指挥中心互联互通，以及与政府相关应急指挥中心联通要求，完成指挥员与现场的高效沟通及信息快速传递，为应急管理和指挥决策提供丰富的信息支撑和有效的辅助手段。

第三十七条 公司各单位均应与当地气象、水利、地震、地质、交通、消防、公安等政府专业部门建立信息沟通机制，共享信息，提高预警和处置的科学性，并与地方政府、社会机构、电力用户建立应急沟通与协调机制。

第五十条 建立健全突发事件预警制度，依据突发事件的紧急程度、发展态势和可能造成的危害，及时发布预警信息。

【依据2】《国家电网有限公司突发事件总体应急预案》（国家电网办〔2018〕1181号）

1.7 工作原则

以人为本，减少危害。在做好企业自身突发事件应对处置的同时，切实履行社会责任，把保障人民群众和公司员工的生命财产安全作为首要任务，最大限度减少突发事件及其造成的人员伤亡和各类危害。居安思危，预防为主。坚持"安全第一、预防为主、综合治理"的方针，树立常备不懈的观念，增强忧患意识，防患于未然，预防与应急相结合，做好应对突发事件的各项准备工作。统一领导，分级负责。落实党中央、国务院的部署，坚持政府主导，在公司党组的统一领导下，按照综合协调、分类管理、分级负责、属地管理为主的要求，开展突发事件预防和处置工作。把握全局，突出重点。牢记企业宗旨，服务社会稳定大局，采取必要手段保证电网安全，通过灵活方式重点保障关系国计民生的重要客户、高危客户及人民群众基本生活用电。快速反应，协同应对。充分发挥公司集团化优势，建立健全"上下联动、区域协作"快速响应机制，加强与政府的沟通协作，整合内外部应急资源，协同开展突发事件处置工作。依靠科技，提高能力。加强突发事件预防、处置科学技术研究和开发，采用先进的监测预警和应急处置装备，充分发挥公司专家队伍和专业人员的作用，加强宣传和培训，提高员工自救、互救和应对突发事件的综合能力。

8.7 技术保障

公司建立应急科技支撑体系，将应急科学研究工作纳入公司科技发展计划予以重点支持，开展应急装备研制开发、应急理论与技术研究，借鉴国内外先进处置经验，组织开展突发事件预测、预防和应急处置等方面的科学研究。

7.11.3.9 经费保障

本条评价项目（见《评价》）的查评依据如下。

【依据1】《国家电网公司应急工作管理规定》［国家电网企管〔2014〕1467号国网（安监/2）483—2014］

第二十条　公司建立"统一指挥、结构合理、功能实用、运转高效、反应灵敏、资源共享、保障有力"的应急体系，形成快速响应机制，提升综合应急能力。

第二十七条　综合保障能力是指公司在物质、资金等方面，保障应急工作顺利开展的能力。包括各级应急指挥中心、电网备用调度系统、应急电源系统、应急通信系统、特种应急装备、应急物资储备及配送、应急后勤保障、应急资金保障、直升机应急救援等方面内容。

第六十四条　事后恢复与重建工作结束后，事发单位应当及时做好设备、资金的划拨和结算工作。

【依据2】《国家电网公司应急队伍管理规定（试行）》（国家电网生〔2008〕1245号）

第三十八条　各单位应加大应急队伍建设资金投入，专款专用，及时添置和更新应急装备设施，确保技能培训、设备保养等工作的正常开展。

【依据3】《国家电网公司应急预案编制规范》（国家电网安监〔2007〕98号）

6.7.4　经费保障

明确应急专项经费来源、使用范围、数量和监督管理措施，保障应急状态时应急经费的及时到位。

【依据9】《国家电网公司应急物资管理办法》［国网（物资/2）126—2013］

第十四条　各级财务部门负责根据批准的应急物资储备方案筹措、管理应急物资采购资金。

7.11.3.10　作业现场应急处理

本条评价项目（见《评价》）的查评依据如下。

【依据】《供电企业安全风险评估规范》（国家电网安监〔2009〕664号）

序号	评估项目	评估方法	评分标准	标准分	适用范围	评估周期	备注
4.3	作业现场应急处理						
4.3.1	作业现场是否组织制定各类现场的应急措施，是否根据专业需要制定相应的反事故处理措施	查阅有关预案文本	1. 没有按照要求制定各层面针对现场的人身、电网、设备应急措施，不得分； 2. 调度、变电运行、通信、自动化等专业没有制定相应的反事故处理措施的，不得分	30	上级评估下级，评估公司、车间	每年	
4.3.2	生产人员是否熟知与本专业相关的事故处理知识和应急预案	查阅有关培训演练记录，现场考问	1. 不熟悉本专业事故处理预案的，扣分50%； 2. 没有进行事故处理预案培训和实际模拟演练的，不得分； 3. 不熟知相关事故处理知识、不具备应急操作技能的，不得分	20	上级评估下级，评估公司、车间、班组	每年	
4.3.3	大型施工作业、主设备的事故抢修工作是否开展相应的危险因素分析，制定相应的应急对策	查阅"三措一案"或作业指导书	1. 没有进行相应的危险点分析预控的，不得分； 2. 没有采取相应的应急措施的，不得分	20	上级评估下级，评估车间（工区）	结合生产管理工作	
4.3.4	施工现场是否配备充足且合格的急救药品和救生器具，作业人员能正确使用	现场检查	1. 配备不充足，扣分50%； 2. 质量不合格或不了解药品、器具性能，不会正确使用的，不得分； 3. 没有配备或超期的，不得分	10	上级评估下级，评估现场和作业人员	结合生产管理工作	

续表

序号	评估项目	评估方法	评分标准	标准分	适用范围	评估周期	备注
4.3.5	生产现场是否具备必要的通信工具和应急救援车辆	现场检查	1. 不具备应急救援通信手段的，不得分； 2. 生产施工车辆随意离开现场，造成失去应急救援交通条件的，不得分	10	上级评估下级，评估现场	结合生产工作	
4.3.6	根据作业现场需要是否配备必要的消防器材，保持消防通道、逃生通道畅通	现场检查	1. 消防器材不满足现场需求，每缺少一件扣50%； 2. 现场消防、逃生通道阻塞的，不得分	10	上级评估下级，评估现场	结合生产工作	

7.11.3.10.1　生产人员应急知识

本条评价项目（见《评价》）的查评依据如下。

【依据1】《国家电网公司电力安全工作规程（变电部分）、（线路部分）》［Q/GDW 1799.1（2）—2013］

4.3　作业人员的基本条件

4.3.1　经医师鉴定，无妨碍工作的病症（体格检查每两年至少一次）。

4.3.2　具备必要的电气知识和业务技能，且按工作性质，熟悉本部分的相关部分，并经考试合格。

4.3.3　具备必要的安全生产知识，学会紧急救护法，特别要学会触电急救。

4.4　教育和培训

4.4.1　各类作业人员应接受相应的安全生产教育和岗位技能培训，经考试合格上岗。

4.4.2　作业人员对本部分应每年考试一次。因故间断电气工作连续3个月以上者，应重新学习本部分，并经考试合格后，方能恢复工作。

4.4.3　新参加电气工作的人员、实习人员和临时参加劳动的人员（管理人员、非全日制用工等），应经过安全知识教育后，方可下现场参加指定的工作，并且不得单独工作。

4.4.4　外单位承担或外来人员参与公司系统电气工作的工作人员应熟悉本部分、并经考试合格，经设备运维管理单位（部门）认可，方可参加工作。工作前，设备运维管理单位（部门）应告知现场电气设备接线情况、危险点和安全注意事项。

【依据2】《国家电网公司安全工作规定》（国家电网企管〔2014〕1117号）

第四十二条　在岗生产人员的培训：

（一）在岗生产人员应定期进行有针对性的现场考问、反事故演习、技术问答、事故预想等现场培训活动；

（二）因故间断电气工作连续3个月以上者，应重新学习《电力安全工作规程》，并经考试合格后，方可再上岗工作；

（三）生产人员调换岗位或者其岗位需面临新工艺、新技术、新设备、新材料时，应当对其进行专门的安全教育和培训，经考试合格后，方可上岗；

（四）变电站运维人员、电网调控人员，应定期进行仿真系统的培训；

（五）所有生产人员应学会自救互救方法、疏散和现场紧急情况的处理，应熟练掌握触电现场急救方法，所有员工应掌握消防器材的使用方法。

【依据3】《国家电网公司应急救援基干分队管理意见》（国家电网安监〔2011〕895号）

2.4.2　专业技能

（1）通过强化培训，基干分队成员必须熟练掌握应急供电、应急通信、消防、灾害灾难救援、卫生急救、营地搭建、现场测绘、高处作业、野外生存等专业技能，熟练掌握所配车辆、舟艇、机具、绳索等的使用。

3.3 培训与演练

3.3.1 各网省公司、直属单位应根据可能承担的应急救援任务特点，按照队员的具体情况，制订详细的计划，组织开展培训、演练、拉练活动。

3.3.2 技能培训应充分利用国家电网公司应急培训基地资源进行。初次技能培训每人每年不少于50个工作日，以后每年轮训应不少于20个工作日。培训科目应选择但不限于附件1中的类别和科目。

基干分队人员科目培训合格由培训单位颁发证书，无合格证书者不能参加应急救援行动。

3.3.3 基干分队应根据现场救援工作程序和救援处置方案内容，每年至少组织两次演练或拉练，并组织评估、修订完善救援现场处置方案。

【依据4】《突发事件应急预案管理办法》（国办发〔2013〕101号）

3.3 演练动员与培训

在演练开始前要进行演练动员和培训，确保所有演练参与人员掌握演练规则、演练情景和各自在演练中的任务。

所有演练参与人员都要经过应急基本知识、演练基本概念、演练现场规则等方面的培训。对控制人员要进行岗位职责、演练过程控制和管理等方面的培训；对评估人员要进行岗位职责、演练评估方法、工具使用等方面的培训；对参演人员要进行应急预案、应急技能及个体防护装备使用等方面的培训。

【依据5】 国家电网公司《应急工作管理规定》［国家电网企管〔2014〕1467号国网（安监/2）483—2014］

第四条 公司应急工作原则如下：

依靠科技，提高能力。加强突发事件预防、处置科学技术研究和开发，采用先进的监测预警和应急处置装备，充分发挥公司专家队伍和专业人员的作用，加强宣传和培训，提高员工自救、互救和应对突发事件的综合能力。

第三十九条 总部及公司各单位应加大应急培训和科普宣教力度，针对所属应急救援基干分队、应急抢修队伍、应急专家队伍人员，定期开展不同层面的应急理论和技能培训，结合实际经常向全体员工宣传应急知识，提高员工应急意识和预防、避险、自救、互救能力。

【依据6】《生产安全事故应急预案管理办法》（安监总局令第17号）

第五章 应急预案的实施

第二十三条 各级安全生产监督管理部门、生产经营单位应当采取多种形式开展应急预案的宣传教育，普及生产安全事故预防、避险、自救和互救知识，提高从业人员安全意识和应急处置技能。

【依据7】《国家电网有限公司十八项电网重大反事故措施》（国家电网设备〔2018〕979）

1.2.3 应结合生产实际，经常性开展多种形式的安全思想、安全文化教育，开展有针对性的应急演练，提高员工安全风险防范意识，掌握安全防护知识和伤害事故发生时的自救、互救方法。

7.11.3.10.2 危险点分析及对策

本条评价项目（见《评价》）的查评依据如下。

【依据1】《国家电网公司安全风险管理体系实施指导意见》（国家电网安监〔2007〕206号）

1.4 公司建立分层次的安全风险防控体系，针对不同管理层次和安全风险类别，形成上下衔接并逐级负责的安全风险防控机制。国家电网公司、区域电网公司、省（区、市）电力公司、直属公司、大中城市供电企业以防止电网大面积停电作为首要任务，重点防控大面积停电事故风险及其他重特大事故风险；供电企业、发电企业、施工企业、超高压公司等重点控制人身伤亡、设备损坏、供电中断等事故风险；基层班组、工区、个人重点控制作业过程中的违章、误操作、人身伤害等作业安全风险。

1.5 公司建立分专业的安全风险防控体系，发挥安全生产"三个组织体系"（安全保证体系、安全监督体系、安全责任体系）的共同作用，形成专业配合并各负其责的安全风险防控机制。各级安监部门牵头制定安全风险管理总体方案和工作计划，组织开展宣贯培训和风险评估，监督落实风险防控措施；调度、生产、营销、农电、基建等部门按照"谁主管，谁负责"原则，负责管理范围内的电网、供电、人身、设备等各类安全风险的辨识、分析和防控工作，落实各自职责和义务。

3 作业安全风险管理

3.1 作业安全是企业安全生产的基本保障，是人身安全、电网安全、设备安全等的基本要素。作业安全风险管理主要是指基层工区、班组、个人等结合专业特点和工作实际，辨识作业现场存在的危险源，有针对性地落实预防措施，控制作业违章、误操作、人身伤害等安全风险，保障作业全过程的安全。作业安全风险管理的关键是危险源辨识和预控。

3.2 作业前工作负责人及相关管理人员应依据作业现场危险源辨识手册，对作业活动中存在的风险进行预先分析和评估，辨识作业环境、作业方法、设备本身等存在的危险因素。对事先不了解或不熟悉的作业现场，应组织进行现场勘察，辨识可能存在的危险源。针对辨识出的危险因素，制定预控措施，编制作业指导书。

【依据2】《国家突发公共事件总体应急预案》

3 运行机制

3.1 预测与预警

各地区、各部门要针对各种可能发生的突发公共事件，完善预测预警机制，建立预测预警系统，开展风险分析，做到早发现、早报告、早处置。

【依据3】《生产经营单位生产安全事故应急预案编制导则》（GB/T 29639—2013）

4 应急预案的编制

4.1 概述

生产经营单位应急预案编制程序包括成立应急预案编制工作组、资料收集、风险评估、应急能力评估、编制应急预案和应急预案评审6个步骤。

4.2 成立应急预案编制工作组

生产经营单位应结合本单位部门职能和分工，成立以单位主要负责人（或分管负责人）为组长，单位相关部门人员参加的应急预案编制工作组，明确工作职责和任务分工，制订工作计划，组织开展应急预案编制工作。

4.3 资料收集

应急预案编制工作组应收集与预案编制工作相关的法律法规、技术标准、应急预案、国内外同行业企业事故资料，同时收集本单位安全生产相关技术资料、周边环境影响、应急资源等有关资料。

4.4 风险评估

主要内容包括：

a）分析生产经营单位存在的危险因素，确定事故危险源；

b）分析可能发生的事故类型及后果，并指出可能产生的次生、衍生事故；

c）评估事故的危害程度和影响范围，提出风险防控措施。

4.5 应急能力评估

在全面调查和客观分析生产经营单位应急队伍、装备、物资等应急资源状况基础上开展应急能力评估，并依据评估结果，完善应急保障措施。

4.6 编制应急预案

依据生产经营单位风险评估以及应急能力评估结果，组织编制应急预案。应急预案编制应注重系统性和可操作性，做到与相关部门和单位应急预案相衔接。应急预案编制格式参见附录A。

4.7 应急预案评审

应急预案编制完成后，生产经营单位应组织评审。评审分为内部评审和外部评审，内部评审由生产经营单位主要负责人组织有关部门和人员进行。外部评审由生产经营单位组织外部有关专家和人员进行评审。应急预案评审合格后，由生产经营单位主要负责人（或分管负责人）签发实施，并进行备案管理。

【依据4】《突发事件应急预案管理办法》（国办发〔2013〕101号）

第三章　预案编制

第十三条　各级人民政府应当针对本行政区域多发易发突发事件、主要风险等，制定本级政府及其部门应急预案编制规划，并根据实际情况变化适时修订完善。

单位和基层组织可根据应对突发事件需要，制订本单位、本基层组织应急预案编制计划。

第十四条　应急预案编制部门和单位应组成预案编制工作小组，吸收预案涉及主要部门和单位业务相关人员、有关专家及有现场处置经验的人员参加。编制工作小组组长由应急预案编制部门或单位有关负责人担任。

第十五条　编制应急预案应当在开展风险评估和应急资源调查的基础上进行。

（一）风险评估。针对突发事件特点，识别事件的危害因素，分析事件可能产生的直接后果以及次生、衍生后果，评估各种后果的危害程度，提出控制风险、治理隐患的措施。

（二）应急资源调查。全面调查本地区、本单位第一时间可调用的应急队伍、装备、物资、场所等应急资源状况和合作区域内可请求援助的应急资源状况，必要时对本地居民应急资源情况进行调查，为制订应急响应措施提供依据。

第十六条　政府及其部门应急预案编制过程中应当广泛听取有关部门、单位和专家的意见，与相关的预案做好衔接。涉及其他单位职责的，应当书面征求相关单位意见。必要时，向社会公开征求意见。

单位和基层组织应急预案编制过程中，应根据法律、行政法规要求或实际需要，征求相关公民、法人或其他组织的意见。

【依据5】《突发事件应急预案管理办法》（国办发〔2013〕101号）

第十五条　编制应急预案应当在开展风险评估和应急资源调查的基础上进行。

（一）风险评估。针对突发事件特点，识别事件的危害因素，分析事件可能产生的直接后果以及次生、衍生后果，评估各种后果的危害程度，提出控制风险、治理隐患的措施。

【依据6】《国家电网公司应急工作管理规定》〔国家电网企管〔2014〕1467号国网（安监/2）483—2014〕

第三十五条　公司各单位均应建立健全突发事件风险评估、隐患排查治理常态机制，掌握各类风险隐患情况，落实防范和处置措施，减少突发事件发生，减轻或消除突发事件影响。

第四十七条　公司各单位应及时汇总分析突发事件风险，对发生突发事件的可能性及其可能造成的影响进行分析、评估，并不断完善突发事件监测网络功能，依托各级行政、生产、调度值班和应急管理组织机构，及时获取和快速报送相关信息。

【依据7】《国家电网公司应急预案管理办法》〔国家电网企管〔2014〕1467号国网（安监/3）484—2014〕

第七条　公司应急预案体系由总体应急预案、专项应急预案和现场处置方案构成。

总体应急预案是突发事件组织管理、指挥协调、应急处置工作的指导原则和程序规范，是应对各类突发事件的综合性文件。专项应急预案是针对具体的突发事件、危险源和应急保障制定的计划或方案。现场处置方案是针对特定的场所、设备设施、岗位，在详细分析现场风险和危险源的基础上，针对典型的突发事件，制定的处置措施和主要流程。

第十一条　在应急预案编制前，应成立应急预案编制工作组，明确编制任务、职责分工，制订编制工作计划，广泛收集编制应急预案所需的各种资料，充分分析本单位的各种风险因素，评估本单位的应急工作现状。

【依据8】《国家电网公司应急预案评审管理办法》〔国家电网企管〔2014〕1467号国网（安监/3）

485—2014]

第十二条 应急预案评审依据为:

(一)有关方针政策、法律、法规、规章、标准、应急预案;

(二)公司有关规章制度、规程标准、应急预案;

(三)本单位有关规章制度、规程标准、应急预案;

(四)本单位有关风险分析情况、应急管理实际情况;

(五)预案涉及的其他单位相关情况。

第十三条 应急预案评审应坚持实事求是的工作原则,紧密结合实际,从以下七个方面进行评审。(之三)

(三)针对性。紧密结合本单位危险源辨识与风险分析,针对突发事件的性质、特点和可能造成的危害。

表2   总体应急预案要素评审表

评审项目		评审内容及要求	评审意见
危险性分析	危险源辨识与风险分析	1. 客观分析本单位存在的危险源及危险程度。 2. 客观分析可能引发突发事件的诱因、影响范围及后果	

表3   专项应急预案要素评审表

评审项目	评审内容及要求	评审意见
事件类型和危险程度分析	1. 客观分析本单位存在的危险源及危险程度。 2. 客观分析可能引发突发事件的诱因、影响范围及后果。 3. 提出相应的突发事件预防和应急措施	

【依据9】《国家电网公司安全工作规定》(国家电网企管〔2014〕1117号)

第五十五条 班前会和班后会。班前会应结合当班运行方式、工作任务开展安全风险分析,布置风险预控措施,组织交代工作任务、作业风险和安全措施,检查个人安全工器具、个人劳动防护用品和人员精神状况。班后会应总结讲评当班工作和安全情况,表扬遵章守纪,批评忽视安全、违章作业等不良现象,布置下一个工作日任务。班前会和班后会均应做好记录。

第九章 风险管理

第六十一条 公司各级单位应全面实施安全风险管理,对各类安全风险进行超前分析和流程化控制,形成"管理规范、责任明确、闭环落实、持续改进"的安全风险管理长效机制。

第六十二条 公司各级单位应针对电网、设备、管理和生产作业中存在的危及人身、电网、设备安全的隐患、缺陷和问题,有效组织年度方式分析、安全性评价、隐患排查治理、作业风险管控等工作,系统辨识安全风险,落实整改治理措施。

第六十三条 年度方式分析。公司各级单位应开展电网2~3年滚动分析校核及年度电网运行方式分析工作,全面评估电网运行情况、安全稳定措施落实情况及其实施效果,分析预测电网安全运行面临的风险,组织制订专项治理方案。

开展月度计划、周计划电网运行方式分析工作,评估临时方式、过渡方式、检修方式的电网风险,建立电网运行风险预警管控机制,分级落实电网风险控制的技术措施和组织措施。

第六十四条 安全性评价。公司各级单位应以3~5年为周期,依据各专业评价标准,按照"制订评价计划、开展自评价、组织专家查评、实施整改方案"过程,建立安全性评价闭环动态管理工作机制。对安全性评价查评发现的问题,应建立定期跟踪和督办工作机制;对暂不能完成整改的重点问题,要制订落实预控措施和应急预案。

第六十五条 隐患排查治理。公司各级单位应按照"全方位覆盖、全过程闭环"的原则,实施隐患"发现、评估、报告、治理、验收、销号"的闭环管理。按照"预评估、评估、核定"步骤定期评估隐患等级，建立隐患信息库，实现"一患一档"管理，保证隐患治理责任、措施、资金、期限、预案"五落实"。建立隐患排查治理定期通报工作机制。

第六十六条　作业安全风险管控。公司各级单位应针对运维、检修、施工等生产作业活动，从计划编制、作业组织、现场实施等关键环节，分析辨识作业安全风险，开展安全承载能力分析，实施作业安全风险预警，制定落实风险管控措施，落实到岗到位要求。

7.11.3.10.3　急救用品（药品）

本条评价项目（见《评价》）的查评依据如下。

【依据1】《国家电网公司电力安全工作规程》（变电、线路部分）（Q/GDW 1799.1—2013 及 Q/GDW 1799.2—2013）

4.2　作业现场的基本条件。

4.2.1　作业现场的生产条件和安全设施等应符合有关标准、规范的要求，工作人员的劳动防护用品应合格、齐备。

4.2.2　经常有人工作的场所及施工车辆上宜配备急救箱，存放急救用品，并应指定专人经常检查、补充或更换。

4.2.3　现场使用的安全工器具应合格并符合有关要求。

4.2.4　各类作业人员应被告知其作业现场和工作岗位存在的危险因素、防范措施及事故紧急处理措施。

附录 Q

（资料性附录）

紧急救护法

Q.1.4　生产现场和经常有人工作的场所应配备急救箱，存放急救用品，并应指定专人经常检查、补充或更换。

【依据2】《国家电网公司应急救援基干分队管理意见》（国家电网安监〔2011〕895号）

附件2

应急基干分队基本装备

应急基干分队基本装备

序号	品名	单位	数量	类别	备注
13	急救包	套	1/人单兵装备		

7.11.3.10.4　应急通信和交通工具

本条评价项目（见《评价》）的查评依据如下。

【依据1】《国家电网公司应急队伍管理规定（试行）》（国家电网生〔2008〕1245号）

参见 7.4.3.2 之**【依据3】**。

【依据2】《国家电网公司人身伤亡事件处置应急预案》（国家电网安监〔2010〕1405号）

10.3.2　公司系统各类作业现场和各种相关人员要配备必要的通信设施和通信工具，尤其在抢险救灾和应急救援工作中必须有可靠的通信手段，确保人身事件事发现场能在第一时间向外报告事件信息。

【依据3】《国家电网公司应急救援基干分队管理意见》（国家电网安监〔2011〕895号）

5.1　装备配置及管理

5.1.1　应急基干分队应配备运输、通信、电源及照明、安全防护、单兵、生活等各类装备，具体种类、型号、参数、数量在公司统一指导下确定。各网省公司、直属单位应结合所处地域社会环境、自然环境、产业结构等实际，增设相关装备。基本装备清单参考附件2。

附件 2
应急基干分队基本装备

应急基干分队基本装备

序号	品名	单位	数量	类别	备注
1	冲锋服	套	1/人	单兵装备	
2	登山鞋	双	1/人	单兵装备	
3	防雨雪保暖衣	套	1/人	单兵装备	
4	便携式餐具	套	1/人	单兵装备	
5	睡袋	套	1/人	单兵装备	
6	个人生活用品	套	1/人	单兵装备	
7	登山用保暖壶	个	1/人	单兵装备	
8	电工工具	套	1/人	单兵装备	
9	便携式背包	个	1/人	单兵装备	
10	雨衣	套	1/人	单兵装备	
11	洗漱用品	套	1/人	单兵装备	
12	强光手电筒	套	1/人	单兵装备	
13	急救包	套	1/人	单兵装备	
14	应急工作手册	册	1/人	单兵装备	
15	照相机	套		单兵装备	每3人配置1台
16	摄像机	套		单兵装备	每6人配置1台
17	对讲机	台	1/人	单兵装备	
18	望远镜	台	1/人	单兵装备	
19	卫星定位仪	台	1/人	单兵装备	
20	野营帐篷	顶		生活保障类	每6人配置1顶
21	炊事用具			生活保障类	每6人配置1套
22	应急食品	宗	1/人	生活保障类	
23	安全帽	套	1/人	安全防护类	
24	安全带	套	1/人	安全防护类	
25	攀登绳索	套	1/人	安全防护类	
26	绳索发射枪	套		安全防护类	每6人配置1套
27	气体报警控制器	台		安全防护类	每6人配置1台
28	红外夜视眼镜	套	1/人	安全防护类	
29	防毒面罩	套	1/人	安全防护类	
30	折叠担架	副		安全防护类	每6人配置1付
31	小型破拆装备	台		安全防护类	每6人配置1台
32	汽油切割锯	台		安全防护类	每10人配置1台
33	无线电台40W	台	2	通信类	
34	车载电台	台	2	通信类	
35	卫星电话	套	2	通信类	
36	海事卫星设备	套	1	通信类	
37	Vsat卫星便携站	套	1	通信类	
38	笔记本电脑	套		通信类	每6人配置1套
39	便携式发电机	台		发电照明类	每6人配置1台
40	小型发电机	台		发电照明类	每10人配置1台
41	小型泛光照明设备	台		发电照明类	每10人配置1台
42	便携式配电箱	套		发电照明类	每10人配置1套
43	照明及动力电缆	米	2000m	发电照明类	220V、380V分别配置
44	应急抢修车	辆		运输设备类	每10人配置一辆
45	越野车	辆	2	运输设备类	
46	野战炊事车	辆	1	运输设备类	

【依据4】《国家电网公司应急救援协调联动机制建设管理意见》（国家电网安质〔2013〕34号）

六、应急救援协调联动工作保障

（一）应急救援协调联动单位应规范应急队伍管理，做到专业齐全、人员精干、训练有素、反应快速。

（二）应急救援协调联动单位应配备应急处置所需的通信、交通、救援等各类装备，建立台账，规范管理。

【依据5】《突发事件应急预案管理办法》（国办发〔2013〕101号）

3.4.4　物资和器材保障

根据需要，准备必要的演练材料、物资和器材，制作必要的模型设施等，主要包括：

（1）信息材料：主要包括应急预案和演练方案的纸质文本、演示文档、图表、地图、软件等。

（2）物资设备：主要包括各种应急抢险物资、特种装备、办公设备、录音摄像设备、信息显示设备等。

（3）通信器材：主要包括固定电话、移动电话、对讲机、海事电话、传真机、计算机、无线局域网、视频通信器材和其他配套器材，尽可能使用已有通信器材。

（4）演练情景模型：搭建必要的模拟场景及装置设施。

【依据6】《突发事件应急预案管理办法》（国办发〔2013〕101号）

4　应急保障

各有关部门要按照职责分工和相关预案做好突发公共事件的应对工作，同时根据总体预案切实做好应对突发公共事件的人力、物力、财力、交通运输、医疗卫生及通信保障等工作，保证应急救援工作的需要和灾区群众的基本生活，以及恢复重建工作的顺利进行。

4.9　通信保障

建立健全应急通信、应急广播电视保障工作体系，完善公用通信网，建立有线和无线相结合、基础电信网络与机动通信系统相配套的应急通信系统，确保通信畅通。

7.11.3.10.5　消防安全

本条评价项目（见《评价》）的查评依据如下。

【依据1】　《国家电网公司电力安全工作规程》（变电、线路部分）（Q/GDW 1799.1—2013及Q/GDW 1799.2—2013）

16.3　一般电气安全注意事项

16.3.1　所有电气设备的金属外壳均应有良好的接地装置。使用中不准将接地装置拆除或对其进行任何工作。

16.3.2　手持电动工器具如有绝缘损坏、电源线护套破裂、保护线脱落、插头插座裂开或有损于安全的机械损伤等故障时，应立即进行修理，在未修复前，不得继续使用。

16.3.3　遇有电气设备着火时，应立即将有关设备的电源切断，然后进行救火。消防器材的配备、使用、维护，消防通道的配置等应遵守DL 5027的规定。

16.5.3　在重点防火部位和存放易燃易爆场所附近及存有易燃物品的容器上使用电、气焊时，应严格执行动火工作的有关规定，按有关规定填用动火工作票，备有必要的消防器材。

【依据2】《电力设备典型消防规程》（DL 5027—1993）

4.0.1.5　电力生产设备或场所应配置必要的消防设施，并根据需要配备合格的呼吸保护器。

现场消防设施不得移作他用。

现场消防设施确因工作需要而移动、拆除或损坏时，应采取临时防火措施和事先通知保卫（消防）部门，并得到上级防火责任人的批准。工作完毕后必须及时恢复。

现场消防设施周围不得堆放杂物和其他设备，消防用砂应保持充足和干燥。消防砂箱、消防桶和消防铲、斧把上应涂红色。

4.0.1.6　防火重点部位和场所应按国家、部颁有关规定装设火灾自动报警装置或固定灭火装置，并使其符合设计技术规定。

4.0.1.7 防火重点部位禁止吸烟,并应有明显标志,其他生产现场不准流动吸烟,吸烟应有指定地点。

4.0.1.8 工作间断或结束时应清理和检查现场,消除火险隐患。

【依据3】《中华人民共和国消防法》(第六号主席令 2008 年 10 月 28 日)

第十四条 机关、团体、企业、事业单位应当履行下列消防安全职责:

(一)制定消防安全制度、消防安全操作规程;

(二)实行防火安全责任制,确定本单位和所属各部门、岗位的消防安全责任人;

(三)针对本单位的特点对职工进行消防宣传教育;

(四)组织防火检查,及时消除火灾隐患;

(五)按照国家有关规定配置消防设施和器材、设置消防安全标志,并定期组织检验、维修,确保消防设施和器材完好、有效;

(六)保障疏散通道、安全出口畅通,并设置符合国家规定的消防安全疏散标志。

【依据4】《电力设备典型消防规程》(DL 5027—93)

2.0.5 现场消防系统或消防设施应按区划分,并指定专人负责定期检查和维护管理,保证完好可用。

4.0-1.5 电力生产设备或场所应配置必要的消防设施,并根据需要配备合格的呼吸保护器。现场消防设施不得移作他用。

4.0-3.2 全部工作人员应熟悉常用灭火器材及本部门、本部位配置的各种灭火设施的性能、布置和适用范围,并掌握其使用方法。

4.0-3.3 消防设施应选用经国家公安部门批准的定点厂生产的合格产品,其维护、检查、测试的周期、项目和方法以及使用方法和注意事项应符合生产厂的规定和要求,并在本企业的实施细则中作具体规定。

4.0-3.4 消防设施放置或装设地点的环境条件不符合生产厂的规定和要求时,应采取相应的防冻、防潮或防高温的措施。

附录二 变电所防火部位消防器材配置及数量(略)

附录四 变电所防火部位消防器材的配置及数量的说明(略)

4.0.1.5 电力生产企业的各个部位、场所应配置必要的消防设施,在具体执行时可参照条文说明附录的规定执行,但附录中不可能包括所有的部位和场所,因此各单位在执行时应参照相关的要求自行配置。同时附录中所规定的要求仅仅是最低标准,各单位在执行中可根据实际情况提高配置标准。

呼吸保护器或带压缩空气的呼吸防护装置主要配备在被燃烧物失火时产生有害气体,或非有害气体但在通风不良处容易窒息的部位,尤其是电缆层、电缆间和电缆隧道中。电力系统中因电缆起火而被有害气体引起中毒、窒息导致死亡的事件多次发生。

现场防火设施一般指防火隔墙、防火阻火堵料、固定灭火装置、自动报警装置等等,因施工等需要有拆除、损坏时应及时恢复。消防器材若移动后当天不能恢复者,则应得到部门防火责任人的批准。

消防砂箱、消防铲把和斧把、消防桶上涂以红色是根据 GB 2893《安全色标准》而制订的。

目前干燥的砂子仍是限制油火蔓延的行之有效的灭火材料,既经济又实用。

有关消防的指示标志应符合 GB 2894《安全标志》的规定。

【依据5】《消防安全标志设置要求》(GB 15630—1995)

5 设置原则

5.1 商场(店)、影剧院、娱乐厅、体育馆、医院、饭店、旅馆、高层公寓和候车(船、机)室大厅等人员密集的公共场所的紧急出口、疏散通道处、层间异位的楼梯间(如避难层的楼梯间)、大型公共建筑常用的光电感应自动门或 3600 旋转门旁设置的一般平开疏散门,必须相应地设置"紧急出口"标志。在远离紧急出口的地方,应将"紧急出口"标志与"疏散通道方向"标志联合设置,箭头必须指向通往紧急出口的方向。

5.2 紧急出口或疏散通道中的单向门必须在门上设置"推开"标志，在其反面应设置"拉开"标志。

5.3 紧急出口或疏散通道中的门上应设置"禁止锁闭"标志。

5.4 疏散通道或消防车道的醒目处应设置"禁止阻塞"标志。

5.5 滑动门上应设置"滑动开门"标志，标志中的箭头方向必须与门的开启方向一致。

5.6 需要击碎玻璃板才能拿到钥匙或开门工具的地方或疏散中需要打开板面才能制造一个出口的地方必须设置"击碎板面"标志。

5.7 各类建筑中的隐蔽式消防设备存放地点应相应地设置"灭火设备""灭火器"和"消防水带"等标志。室外消防梯和自行保管的消防梯存放点应设置"消防梯"标志。远离消防设备存放地点的地方应将灭火设备标志与方向辅助标志联合设置。

5.8 手动火灾报警按钮和固定灭火系统的手动启动器等装置附近必须设置"消防手动启动器"标志。在远离该装置的地方，应与方向辅助标志联合设置。

5.9 设有火灾报警器或火灾事故广播喇叭的地方应相应地设置"发声警报器"标志。

5.10 设有火灾报警电话的地方应设置"火警电话"标志。对于设有公用电话的地方（如电话亭），也可设置"火警电话"标志。

5.11 设有地下消火栓、消防水泵接合器和不易被看到的地上消火栓等消防器具的地方，应设置"地下消火栓""地上消火栓"和"消防水泵接合器"等标志。

5.12 在下列区域应相应地设置"禁止烟火""禁止吸烟""禁止放易燃物""禁止带火种""禁止燃放鞭炮""当心火灾—易燃物""当心火灾—氧化物"和"当心爆炸—爆炸性物质"等标志。

a. 具有甲、乙、丙类火灾危险的生产厂区、厂房等的入口处或防火区内；

b. 具有甲、乙、丙类火灾危险的仓库的入口处或防火区内；

c. 具有甲、乙、丙类液体储罐、堆场等的防火区内；

d. 可燃、助燃气体储罐或罐区与建筑物、堆场的防火区内；

e. 民用建筑中燃油、燃气锅炉房，油浸变压器室，存放、使用化学易燃、易爆物品的商店、作坊、储藏间内及其附近；

f. 甲、乙、丙类液体及其他化学危险物品的运输工具上；

g. 森林和矿山等防火区内。

5.13 存放遇水爆炸的物质或用水灭火会对周围环境产生危险的地方应设置"禁止用水灭火"标志。

5.14 在旅馆、饭店、商场（店）、影剧院、医院、图书馆、档案馆（室）、候车（船、机）室大厅、车、船、飞机和其他公共场所，有关部门规定禁止吸烟，应设置"禁止吸烟"等标志。

5.15 其他有必要设置消防安全标志的地方。

6 设置要求（略）

【依据6】《国家电网有限公司十八项电网重大反事故措施（修订版）》（国家电网设备〔2018〕979号）

18.1.2.1 各单位应按照相关规范建设配置完善的消防设施。严禁占用消防逃生通道和消防车通道。

18.1.2.2 火灾自动报警、固定灭火、防烟排烟等各类消防系统及灭火器等各类消防器材，应根据相关规范定期进行巡查、检测、检修、保养，并做好检查维保记录，确保消防设施正常运行。

18.1.2.3 各单位及相关厂站应按相关标准配置灭火器材，并定期检测维护，相关人员应熟练掌握灭火器材的使用方法。属消防重点部位的机构，应设立微型消防站，按照要求配置相应的消防器材。

18.1.2.4 各单位生产生活场所、各变电站（换流站）、电缆隧道等应根据规范及设计导则安装火灾自动报警系统。火灾自动报警信号应接入有人值守的消防控制室，并有声光警示功能，接入的信号类型和数量应符合国家相关规定。

18.1.2.5　各单位生产生活场所、各变电站（换流站）应根据规范设置消防控制室。无人值班变电站消防控制室宜设置在运维班驻地的值班室，对所辖的变电站实行集中管理。消防控制室实行 24 小时值班制度，每班不少于 2 人，并持证上岗。

18.1.2.6　供电生产、施工企业在可能产生有毒害气体或缺氧的场所应配备必要的正压式空气呼吸器、防毒面具等抢救器材，并应进行使用培训，掌握正确的使用方法，以防止救护人员在灭火中中毒或窒息。

18.1.2.7　在建设工程中，消防系统设计文件应报公安机关消防机构审核或备案，工程竣工后应报公安消防机关申请消防验收或备案。消防水系统应同工业、生活水系统分离，以确保消防水量、水压不受其他系统影响；消防设施的备用电源应由保安电源供给，未设置保安电源的应按 II 类负荷供电，消防设施用电线路敷设应满足火灾时连续供电的需求。变电站、换流站消防水泵电机应配置独立的电源。

18.1.2.8　酸性蓄电池室、油罐室、油处理室、大物流仓储等防火、防爆重点场所应采用防爆型的照明、通风设备，其控制开关应安装在室外。

18.1.2.9　值班人员应经专门培训，并能熟练操作厂站内各种消防设施。应制订防止消防设施误动、拒动的措施。

18.1.2.10　调度室、控制室、计算机室、通信室、档案室等重要部位严禁吸烟，禁止明火取暖。各室空调系统的防火，其中通风管道，应根据要求设置防火阀。

18.1.2.11　大型充油设备的固定灭火系统和断路器信号应根据规范联锁控制。发生火灾时，应确保固定灭火系统的介质，直接作用于起火部位并覆盖保护对象，不受其他组件的影响。

18.1.2.12　建筑贯穿孔口和空开口必须进行防火封堵，防火材料的耐火等级应进行测试，并不低于被贯穿物（楼板、墙体等）的耐火极限。电缆在穿越各类建筑结构进入重要空间时应做好防火封堵和防火延燃措施。

18.1.1.6　加强易燃、易爆物品的管理。建立易燃、易爆物品台账，严格按照易燃、易爆物品的管理规定进行采购、运输、储存、使用。

7.11.4　实施和评估

7.11.4.1　应急培训

7.11.4.1.1　培训计划

本条评价项目（见《评价》）的查评依据如下。

【依据 1】《国家电网公司应急工作管理规定》［国家电网企管〔2014〕1467 号国网（安监/2）483—2014］

第四条　公司应急工作原则

依靠科技，提高能力。加强突发事件预防、处置科学技术研究和开发，采用先进的监测预警和应急处置装备，充分发挥公司专家队伍和专业人员的作用，加强宣传和培训，提高员工自救、互救和应对突发事件的综合能力。

第二十条　应急体系建设内容包括持续完善应急组织体系、应急制度体系、应急预案体系、应急培训演练体系、应急科技支撑体系，不断提高公司应急队伍处置救援能力、综合保障能力、舆情应对能力、恢复重建能力，建设预防预测和监控预警系统、应急信息与指挥系统。

第二十三条　应急培训演练体系包括专业应急培训基地及设施、应急培训师资队伍、应急培训大纲及教材、应急演练方式方法，以及应急培训演练机制。

第三十一条　总部、分部及公司各单位均应组织编制应急体系建设五年规划，纳入企业发展总体规划一并实施。公司各单位还应据此建立应急体系建设项目储备库，逐年滚动修订完善建设项目，并制订年度应急工作计划，纳入本单位年度综合计划，同步实施，同步督查，同步考核。

第三十二条　公司各单位应急管理归口部门及相关职能部门均应根据自身管理范围，制订计划，组织协调，开展应急体系相关内容建设，确保应急体系运转良好，发挥应急体系作用，应对处置突发事件。

第三十八条 公司各单位应加强应急救援基干分队、应急抢修队伍、应急专家队伍的建设与管理，配备先进和充足的装备，加强培训演练，提高应急能力。

第三十九条 总部及公司各单位应加大应急培训和科普宣教力度，针对所属应急救援基干分队、应急抢修队伍、应急专家队伍人员，定期开展不同层面的应急理论和技能培训，结合实际经常向全体员工宣传应急知识，提高员工应急意识和预防、避险、自救、互救能力。

第四十三条 加强应急工作计划管理，公司各单位应按时编制、上报年度工作计划。公司下达的年度应急工作计划相关内容及本单位年度工作计划均应纳入本单位年度综合计划，认真实施，严格考核。

【依据2】《国家电网公司应急预案编制规范》（国家电网安监〔2007〕98号）

6.8.1 培训

明确对本单位人员开展的应急培训计划、方式和要求，对公众和社会开展的电力安全和应急知识宣传教育等工作。

【依据3】《国家电网有限公司突发事件总体应急预案》（国家电网办〔2018〕1181号）

9.1 预案培训

公司总（分）部、各单位应将应急预案的培训纳入安全生产培训工作计划，应组织与应急预案实施密切相关的管理人员和作业人员开展培训。总体应急预案的培训每三年至少组织开展一次，各专项应急预案的培训每年至少组织一次，各现场处置方案的培训每半年至少组织一次。预案培训的时间、地点、内容、师资、参加人员和考核结果等情况应如实记入本单位的安全生产教育和培训档案。

【依据4】《国家电网公司应急预案管理办法》〔国家电网企管〔2014〕1467号国网（安监/3）484—2014〕

第二十三条 总部各部门、各分部和各单位应制订年度应急演练和培训计划，并将其列入本部门、本单位年度培训计划。总体应急预案的培训和演练每两年至少组织一次，专项应急预案的培训和演练每年至少组织一次，现场处置方案的培训和演练每半年至少组织一次。

【依据5】《国家电网公司安全工作规定》（国家电网企管〔2014〕1117号）

第五十二条 公司所属各级单位应加大应急培训和科普宣教力度，针对所属应急救援基干分队、应急抢修队伍、应急专家队伍人员，定期开展不同层面的应急理论和技能培训，结合实际经常向全体员工宣传应急知识。

【依据6】《国家电网公司应急预案评审管理办法》〔国家电网企管〔2014〕1467号国网（安监/3）485—2014〕

表2　　　　　　　　　　　　　总体应急预案要素评审表

审项目	评审内容及要求	评审意见
培训与演练	1. 明确本单位开展应急培训的计划和方式方法。 2. 如果应急预案涉及周边社区和居民，应明确相应的应急宣传教育和告知工作。 3. 明确应急演练的方式、频次、范围、内容、组织、评估、总结等内容	

【依据7】《国家突发公共事件总体应急预案》

5.2 宣传和培训

宣传、教育、文化、广电、新闻出版等有关部门要通过图书、报刊、音像制品和电子出版物、广播、电视、网络等，广泛宣传应急法律法规和预防、避险、自救、互救、减灾等常识，增强公众的忧患意识、社会责任意识和自救、互救能力。各有关方面要有计划地对应急救援和管理人员进行培训，提高其专业技能。

【依据8】《生产经营单位生产安全事故应急预案编制导则》（GB/T 29639—2013）

6.9.1　应急预案培训

明确对生产经营单位人员开展的应急预案培训计划、方式和要求，使有关人员了解相关应急预案内容，熟悉应急职责、应急程序和现场处置方案。如果应急预案涉及社区和居民，要做好宣传教育和告知等工作。

6.9.2　应急预案演练

明确生产经营单位不同类型应急预案演练的形式、范围、频次、内容以及演练评估、总结等要求。

【依据9】《突发事件应急预案管理办法》（国办发〔2013〕101号）

第七章　培训和宣传教育

第二十八条　应急预案编制单位应当通过编发培训材料、举办培训班、开展工作研讨等方式，对与应急预案实施密切相关的管理人员和专业救援人员等组织开展应急预案培训。

各级政府及其有关部门应将应急预案培训作为应急管理培训的重要内容，纳入领导干部培训、公务员培训、应急管理干部日常培训内容。

第二十九条　对需要公众广泛参与的非涉密的应急预案，编制单位应当充分利用互联网、广播、电视、报刊等多种媒体广泛宣传，制作通俗易懂、好记管用的宣传普及材料，向公众免费发放。

【依据10】《突发事件应急预案管理办法》（国办发〔2013〕101号）

第七章　培训和宣传教育

第二十八条　应急预案编制单位应当通过编发培训材料、举办培训班、开展工作研讨等方式，对与应急预案实施密切相关的管理人员和专业救援人员等组织开展应急预案培训。

各级政府及其有关部门应将应急预案培训作为应急管理培训的重要内容，纳入领导干部培训、公务员培训、应急管理干部日常培训内容。

第二十九条　对需要公众广泛参与的非涉密的应急预案，编制单位应当充分利用互联网、广播、电视、报刊等多种媒体广泛宣传，制作通俗易懂、好记管用的宣传普及材料，向公众免费发放。

【依据11】《国家电网公司应急救援基干分队管理意见》（国家电网安监〔2011〕895号）

2.4.2　专业技能

（1）通过强化培训，基干分队成员必须熟练掌握应急供电、应急通信、消防、灾害灾难救援、卫生急救、营地搭建、现场测绘、高处作业、野外生存等专业技能，熟练掌握所配车辆、舟艇、机具、绳索等的使用。

（2）基干分队要结合所处地域自然环境、社会环境、产业结构等实际，研究掌握其他应急技能。

3.1.3　基干分队挂靠单位

（1）负责应急基干分队的制度建设、测评、考核等日常管理事项。

（2）负责组织制订年度技能培训、装备维护、演练拉练等工作计划和实施方案，并组织实施。定期或不定期召开基干分队会议，通报情况、布置工作。

（3）根据应急管理部门要求，组织基干分队开展应急救援工作。

（4）负责为基干分队人员办理相关人身保险。

7.11.4.1.2　应急知识宣传

本条评价项目（见《评价》）的查评依据如下。

【依据1】国家电网公司《应急工作管理规定》〔国家电网企管〔2014〕1467号国网（安监/2）483—2014〕

第四条　公司应急工作原则：

依靠科技，提高能力。加强突发事件预防、处置科学技术研究和开发，采用先进的监测预警和应急处置装备，充分发挥公司专家队伍和专业人员的作用，加强宣传和培训，提高员工自救、互救和应对突发事件的综合能力。

第二十条　应急体系建设内容包括持续完善应急组织体系、应急制度体系、应急预案体系、应急培训演练体系、应急科技支撑体系，不断提高公司应急队伍处置救援能力、综合保障能力、舆情应对能力、恢复重建能力，建设预防预测和监控预警系统、应急信息与指挥系统。

第二十三条　应急培训演练体系包括专业应急培训基地及设施、应急培训师资队伍、应急培训大纲及教材、应急演练方式方法，以及应急培训演练机制。

第三十一条　总部、分部及公司各单位均应组织编制应急体系建设五年规划，纳入企业发展总体规划一并实施。公司各单位还应据此建立应急体系建设项目储备库，逐年滚动修订完善建设项目，并制订年度应急工作计划，纳入本单位年度综合计划，同步实施，同步督查，同步考核。

第三十二条　公司各单位应急管理归口部门及相关职能部门均应根据自身管理范围，制订计划，组织协调，开展应急体系相关内容建设，确保应急体系运转良好，发挥应急体系作用，应对处置突发事件。

第三十八条　公司各单位应加强应急救援基干分队、应急抢修队伍、应急专家队伍的建设与管理，配备先进和充足的装备，加强培训演练，提高应急能力。

第三十九条　总部及公司各单位应加大应急培训和科普宣教力度，针对所属应急救援基干分队、应急抢修队伍、应急专家队伍人员，定期开展不同层面的应急理论和技能培训，结合实际经常向全体员工宣传应急知识，提高员工应急意识和预防、避险、自救、互救能力。

第四十三条　加强应急工作计划管理，公司各单位应按时编制、上报年度工作计划；公司下达的年度应急工作计划相关内容及本单位年度工作计划均应纳入本单位年度综合计划，认真实施，严格考核。

【依据2】《国家电网公司安全工作规定》（国家电网企管〔2014〕1117号）

第五十二条　公司所属各级单位应加大应急培训和科普宣教力度，针对所属应急救援基干分队、应急抢修队伍、应急专家队伍人员，定期开展不同层面的应急理论和技能培训，结合实际经常向全体员工宣传应急知识。

【依据3】《国家电网公司应急预案评审管理办法》［国家电网企管〔2014〕1467号国网（安监/3）485—2014］

表2　　　　　　　　　　　　　　　总体应急预案要素评审表

评审项目	评审内容及要求	评审意见
培训与演练	1. 明确本单位开展应急培训的计划和方式方法。 2. 如果应急预案涉及周边社区和居民，应明确相应的应急宣传教育和告知工作。 3. 明确应急演练的方式、频次、范围、内容、组织、评估、总结等内容	

【依据4】《中华人民共和国突发事件应对法》（第六十九号主席令）

第二十九条　县级人民政府及其有关部门、乡级人民政府、街道办事处应当组织开展应急知识的宣传普及活动和必要的应急演练。

居民委员会、村民委员会、企业事业单位应当根据所在地人民政府的要求，结合各自的实际情况，开展有关突发事件应急知识的宣传普及活动和必要的应急演练。

新闻媒体应当无偿开展突发事件预防与应急、自救与互救知识的公益宣传。

【依据5】《国家突发公共事件总体应急预案》

1.5　工作原则

（6）科技，提高素质。加强公共安全科学研究和技术开发，采用先进的监测、预测、预警、预防和应急处置技术及设施，充分发挥专家队伍和专业人员的作用，提高应对突发公共事件的科技水平和指挥能力，避免发生次生、衍生事件。加强宣传和培训教育工作，提高公众自救、互救和应对各类突发公共事件的综合素质。

5.2　宣传和培训

宣传、教育、文化、广电、新闻出版等有关部门要通过图书、报刊、音像制品和电子出版物、广播、电视、网络等，广泛宣传应急法律法规和预防、避险、自救、互救、减灾等常识，增强公众的忧患意识、社会责任意识和自救、互救能力。各有关方面要有计划地对应急救援和管理人员进行培训，提高其专业技能。

【依据6】《生产经营单位生产安全事故应急预案编制导则》（GB/T 29639—2013）

6.9.1　应急预案培训

明确对生产经营单位人员开展的应急预案培训计划、方式和要求，使有关人员了解相关应急预案内容，熟悉应急职责、应急程序和现场处置方案。如果应急预案涉及社区和居民，要做好宣传教育和告知等工作。

6.9.2　应急预案演练

明确生产经营单位不同类型应急预案演练的形式、范围、频次、内容以及演练评估、总结等要求。

【依据7】《突发事件应急预案管理办法》（国办发〔2013〕101号）

第五章　应急预案的实施

第二十三条　各级安全生产监督管理部门、生产经营单位应当采取多种形式开展应急预案的宣传教育，普及生产安全事故预防、避险、自救和互救知识，提高从业人员安全意识和应急处置技能。

【依据8】《突发事件应急预案管理办法》（国办发〔2013〕101号）

第七章　培训和宣传教育

第二十八条　应急预案编制单位应当通过编发培训材料、举办培训班、开展工作研讨等方式，对与应急预案实施密切相关的管理人员和专业救援人员等组织开展应急预案培训。

各级政府及其有关部门应将应急预案培训作为应急管理培训的重要内容，纳入领导干部培训、公务员培训、应急管理干部日常培训内容。

第二十九条　对需要公众广泛参与的非涉密的应急预案，编制单位应当充分利用互联网、广播、电视、报刊等多种媒体广泛宣传，制作通俗易懂、好记管用的宣传普及材料，向公众免费发放。

【依据9】《国家电网公司电力安全工作规程》（变电、线路部分）（Q/GDW 1799.1—2013及Q/GDW 1799.2—2013）

4.2.4　各类作业人员应被告知其作业现场和工作岗位存在的危险因素、防范措施及事故紧急处理措施。

4.4.4　外单位承担或外来人员参与公司系统电气工作的工作人员应熟悉本部分、并经考试合格，经设备运维管理单位（部门）认可，方可参加工作。工作前，设备运维管理单位（部门）应告知现场电气设备接线情况、危险点和安全注意事项。

7.11.4.1.3　在岗人员培训

本条评价项目（见《评价》）的查评依据如下。

【依据1】《国家电网公司安全工作规定》（国家电企管〔2014〕1117号）

第四十二条　在岗生产人员的培训：

（一）在岗生产人员应定期进行有针对性的现场考问、反事故演习、技术问答、事故预想等现场培训活动；

（二）因故间断电气工作连续3个月以上者，应重新学习《电力安全工作规程》，并经考试合格后，方可再上岗工作；

（三）生产人员调换岗位或者其岗位需面临新工艺、新技术、新设备、新材料时，应当对其进行专门的安全教育和培训，经考试合格后，方可上岗；

（四）变电站运维人员、电网调控人员，应定期进行仿真系统的培训；

（五）所有生产人员应学会自救互救方法、疏散和现场紧急情况的处理，应熟练掌握触电现场急救方法，所有员工应掌握消防器材的使用方法；

（六）各基层单位应积极推进生产岗位人员安全等级培训、考核、认证工作；

（七）生产岗位班组长应每年进行安全知识、现场安全管理、现场安全风险管控等知识培训，考试合格后方可上岗；

（八）在岗生产人员每年再培训不得少于 8 学时；

（九）离开特种作业岗位 6 个月的作业人员，应重新进行实际操作考试，经确认合格后方可上岗作业。

【依据 2】《国家电网公司应急工作管理规定》［国家电网企管〔2014〕1467 号国网（安监/2）483—2014］

第三十九条　总部及公司各单位应加大应急培训和科普宣教力度，针对所属应急救援基干分队、应急抢修队伍、应急专家队伍人员，定期开展不同层面的应急理论和技能培训，结合实际经常向全体员工宣传应急知识，提高员工应急意识和预防、避险、自救、互救能力。

【依据 3】《国家电网公司电力安全工作规程》（变电、线路部分）（Q/GDW 1799.1—2013 及 Q/GDW 1799.2—2013）

4.3　作业人员的基本条件。

4.3.1　经医师鉴定，无妨碍工作的病症（体格检查每两年至少一次）。

4.3.2　具备必要的电气知识和业务技能，且按工作性质，熟悉本部分的相关部分，并经考试合格。

4.3.3　具备必要的安全生产知识，学会紧急救护法，特别要学会触电急救。

【依据 4】《机关、团体、企业、事业单位消防安全管理规定》（公安部 2001 年 10 月 14 日令第 61 号）

第六章　消防安全宣传教育和培训

第三十六条　单位应当通过多种形式开展经常性的消防安全宣传教育。消防安全重点单位对每名员工应当至少每年进行一次消防安全培训。宣传教育和培训内容应当包括：

（一）有关消防法规、消防安全制度和保障消防安全的操作规程；

（二）本单位、本岗位的火灾危险性和防火措施；

（三）有关消防设施的性能、灭火器材的使用方法；

（四）报火警、扑救初起火灾以及自救逃生的知识和技能。

公众聚集场所对员工的消防安全培训应当至少每半年进行一次，培训的内容还应当包括组织、引导在场群众疏散的知识和技能。

单位应当组织新上岗和进入新岗位的员工进行上岗前的消防安全培训。

【依据 5】《国家电网公司应急预案管理办法》［国家电网企管〔2014〕1467 号国网（安监/3）484—2014］

第二十三条　总部各部门、各分部和各单位应制订年度应急演练和培训计划，并将其列入本部门、本单位年度培训计划。总体应急预案的培训和演练每两年至少组织一次，专项应急预案的培训和演练每年至少组织一次，现场处置方案的培训和演练每半年至少组织一次。

【依据 6】《国家电网公司应急预案评审管理办法》［国家电网企管〔2014〕1467 号国网（安监/3）485—2014］

表 2　　　　　　　　　　　　　　　　**总体应急预案要素评审表**

评审项目	评审内容及要求	评审意见
培训与演练	1. 明确本单位开展应急培训的计划和方式方法。 2. 如果应急预案涉及周边社区和居民，应明确相应的应急宣传教育和告知工作。 3. 明确应急演练的方式、频次、范围、内容、组织、评估、总结等内容	

【依据 7】《中华人民共和国突发事件应对法》（第六十九号主席令）

第二十五条　县级以上人民政府应当建立健全突发事件应急管理培训制度，对人民政府及其有关部门负有处置突发事件职责的工作人员定期进行培训。

【依据 8】《中华人民共和国安全生产法》（第十三号主席令）

第五十五条　从业人员应当接受安全生产教育和培训，掌握本职工作所需的安全生产知识，提高安全生产技能，增强事故预防和应急处理能力。

7.11.4.1.4　应急队伍培训

本条评价项目（见《评价》）的查评依据如下。

【依据1】《国家电网公司应急队伍管理规定（试行）》（国家电网生〔2008〕1245号）

第二十二条　应急队伍人员每年除应按公司有关要求进行专业生产技能培训外，还应安排登山、游泳等专项训练和触电、溺水等紧急救护训练，掌握发电机、应急照明、冲锋舟、生命保障等设备的正确使用方法。

第二十三条　技能培训应充分利用现有资源进行，各网省公司技能培训实训基地应配备应急队伍各种技能培训所需的训练和演习设施。

【依据2】《国家电网公司人身伤亡事件处置应急预案》（国家电网安监〔2010〕1405号）

10.1.2　公司系统各单位要在现有员工中组建专（兼）职应急救援队伍，实施各类紧急救护培训，重点组织外伤和触电急救培训，确保事故第一时间有效开展自救、互救和参与其他事故的应急救援。

【依据3】《国家电网公司应急工作管理规定》〔国家电网企管〔2014〕1467号国网（安监/2）483—2014〕

第四条　公司应急工作原则：

依靠科技，提高能力。加强突发事件预防、处置科学技术研究和开发，采用先进的监测预警和应急处置装备，充分发挥公司专家队伍和专业人员的作用，加强宣传和培训，提高员工自救、互救和应对突发事件的综合能力。

第三十八条　公司各单位应加强应急救援基干分队、应急抢修队伍、应急专家队伍的建设与管理，配备先进和充足的装备，加强培训演练，提高应急能力。

第三十九条　总部及公司各单位应加大应急培训和科普宣教力度，针对所属应急救援基干分队、应急抢修队伍、应急专家队伍人员，定期开展不同层面的应急理论和技能培训，结合实际经常向全体员工宣传应急知识，提高员工应急意识和预防、避险、自救、互救能力。

【依据4】《国家电网公司安全工作规定》（国家电企管〔2014〕1117号）

第五十二条　公司所属各级单位应加大应急培训和科普宣教力度，针对所属应急救援基干分队、应急抢修队伍、应急专家队伍人员，定期开展不同层面的应急理论和技能培训，结合实际经常向全体员工宣传应急知识。

【依据5】《国家电网公司应急救援基干分队管理意见》（国家电网安监〔2011〕895号）

2.4.2　专业技能

（1）通过强化培训，基干分队成员必须熟练掌握应急供电、应急通信、消防、灾害灾难救援、卫生急救、营地搭建、现场测绘、高处作业、野外生存等专业技能，熟练掌握所配车辆、舟艇、机具、绳索等的使用。

（2）基干分队要结合所处地域自然环境、社会环境、产业结构等实际，研究掌握其他应急技能。

3.3.2　技能培训应充分利用国家电网公司应急培训基地资源进行。初次技能培训每人每年不少于50个工作日，以后每年轮训应不少于20个工作日。培训科目应选择但不限于附件1中的类别和科目。

附件1：应急基干分队基本培训科目（略）

【依据6】《国家突发公共事件总体应急预案》

1.5　工作原则

（6）科技，提高素质。加强公共安全科学研究和技术开发，采用先进的监测、预测、预警、预防和应急处置技术及设施，充分发挥专家队伍和专业人员的作用，提高应对突发公共事件的科技水平和指挥能力，避免发生次生、衍生事件。加强宣传和培训教育工作，提高公众自救、互救和应对各类突发公共事件的综合素质。

5.2　宣传和培训

宣传、教育、文化、广电、新闻出版等有关部门要通过图书、报刊、音像制品和电子出版物、广播、电视、网络等，广泛宣传应急法律法规和预防、避险、自救、互救、减灾等常识，增强公众的忧患意识、社会责任意识和自救、互救能力。各有关方面要有计划地对应急救援和管理人员进行培训，提高其专业技能。

7.11.4.1.5 领导人员应急能力

本条评价项目（见《评价》）的查评依据如下。

【依据1】《国家电网公司《应急工作管理规定》[国家电网企管〔2014〕1467号国网（安监/2）483—2014]

第十四条 公司各单位相应成立应急领导小组。组长由本单位行政正职担任。领导小组成员名单及常用通信联系方式上报公司应急领导小组备案。

第十五条 公司各单位应急领导小组主要职责：贯彻落实国家应急管理法律法规、方针政策及标准体系，贯彻落实公司及地方政府和有关部门应急管理规章制度，接受上级应急领导小组和地方政府应急指挥机构的领导，研究本企业重大应急决策和部署，研究建立和完善本企业应急体系，统一领导和指挥本企业应急处置实施工作。

【依据2】《国务院安委会办公室关于进一步加强安全生产急救援体系建设的实施意见》（安委办〔2010〕25号）

（十一）切实开展好安全生产应急演练和培训工作。

4. 在搞好预案演练的同时，加强应急培训，提高企业各级管理人员和全体员工的应急意识和应急处置、避险、逃灾、自救、互救能力。

【依据3】《中华人民共和国安全生产法》（第十三号主席令）

第五十五条 从业人员应当接受安全生产教育和培训，掌握本职工作所需的安全生产知识，提高安全生产技能，增强事故预防和应急处理能力。

7.11.4.1.6 科普宣传

本条评价项目（见《评价》）的查评依据如下。

【依据1】国家电网公司《应急工作管理规定》[国家电网企管〔2014〕1467号国网（安监/2）483—2014]

第四条 公司应急工作原则：

依靠科技，提高能力。加强突发事件预防、处置科学技术研究和开发，采用先进的监测预警和应急处置装备，充分发挥公司专家队伍和专业人员的作用，加强宣传和培训，提高员工自救、互救和应对突发事件的综合能力。

第三十九条 总部及公司各单位应加大应急培训和科普宣教力度，针对所属应急救援基干分队、应急抢修队伍、应急专家队伍人员，定期开展不同层面的应急理论和技能培训，结合实际经常向全体员工宣传应急知识，提高员工应急意识和预防、避险、自救、互救能力。

【依据2】《国家电网公司应急预案编制规范》（国家电网安监〔2007〕98号）

参见7.4.4.1.1之【依据2】。

【依据3】《国家电网公司安全工作规定》（国家电企管〔2014〕1117号）

第五十二条 公司所属各级单位应加大应急培训和科普宣教力度，针对所属应急救援基干分队、应急抢修队伍、应急专家队伍人员，定期开展不同层面的应急理论和技能培训，结合实际经常向全体员工宣传应急知识。

【依据4】《突发事件应急演练指南》（国务院应急办函〔2009〕62号）

1.2 应急演练目的

（1）检验预案。通过开展应急演练，查找应急预案中存在的问题，进而完善应急预案，提高应急预案的实用性和可操作性。

（2）完善准备。通过开展应急演练，检查应对突发事件所需应急队伍、物资、装备、技术等方面的准备情况，发现不足及时予以调整补充，做好应急准备工作。

（3）锻炼队伍。通过开展应急演练，增强演练组织单位、参与单位和人员等对应急预案的熟悉程度，提高其应急处置能力。

（4）磨合机制。通过开展应急演练，进一步明确相关单位和人员的职责任务，理顺工作关系，完善应急机制。

（5）科普宣教。通过开展应急演练，普及应急知识，提高公众风险防范意识和自救互救等灾害应对能力。

7.11.4.2　应急演练

7.11.4.2.1　大面积停电应急联合演习

本条评价项目（见《评价》）的查评依据如下。

【依据1】《国家电网公司应急工作管理规定》［国家电网企管〔2014〕1467号国网（安监/2）483—2014］

第四十条　总部及公司各单位均应按应急预案要求定期组织开展应急演练，每两年至少组织一次大型综合应急演练，演练可采用桌面（沙盘）推演、验证性演练、实战演练等多种形式。相关单位应组织专家对演练进行评估，分析存在问题，提出改进意见。涉及政府部门、公司系统以外企事业单位的演练，其评估应有外部人员参加。

【依据2】《电网大面积停电事件应急联合演练指导意见》（国家电网安监〔2007〕809号）

1.1.4　本指导意见大面积停电应急联合演练是指由省（自治区、直辖市）人民政府主办，政府有关部门、电力监管机构及公司所属区域电网公司、省（自治区、直辖市）电力公司承办，各有关部门和单位、高危企业及重要客户参加，按照国家、公司及地方政府处置电网大面积停电事件应急预案规定，组织开展的大面积停电事件应急处置和社会联动综合演练。

1.1.5　公司各单位应高度重视应急联合演练工作，结合地方社会经济发展及电网安全供电特点，参照本指导意见内容和要求，针对电网大面积停电、电力设施受损、严重自然灾害、高危企业及重要客户供电中断等各类电力突发公共事件，筹划开展各种电力应急联合演练，进一步健全电力应急联动机制。

1.2　工作原则

1.2.1　依靠政府。在省（自治区、直辖市）政府的领导和支持下，协同政府有关部门及电力监管机构，联合公安、交通、消防、市政、通信、金融、新闻媒体等相关部门和单位，作为具体承办单位之一，组织和开展大面积停电应急联合演练工作。

1.2.2　突出重点。以省（自治区、直辖市）政府所在地城市、计划单列市及地区重点城市为对象，以检验电力应急联动机制为重点，采取分步演练和同步演练相结合方式，科学选择参演单位、合理设置演练规模、适当控制成本投入，尽可能减小对社会正常生产、生活秩序的影响。

1.2.3　注重实效。联系专业实际、贴近社会生活、检验应急能力，通过企业应急与政府联动、专业处置与社会救援相结合，开展大面积停电应急联合演练，提高社会公众大面积停电风险意识和电力设施保护意识，督促重要客户落实停电应急保安措施，健全电力应急联动机制。

1.2.4　评估提高。组织开展应急演练评估，全面总结应急演练取得效果及经验教训，深入发现应急组织体系、应急预案体系、应急保障体系及应急响应程序中存在的问题，提出整改意见和建议，制定整改措施和方法，督促整改过程实施，不断改进和完善大面积停电应急预案。

2　演练机构与职责

2.1　应急演练领导小组

2.1.1　各区域电网公司、省（自治区、直辖市）电力公司成立应急联合演练领导小组（指挥中心），组长由本单位主要负责人担任，副组长由本单位分管负责人担任，成员由演练相关部门负责人和基层单位负责人担任。

2.1.2　应急演练领导小组主要职责：贯彻落实国家、公司及地方政府应急管理法规制度及有关预案；接受地方政府大面积停电应急联合演练领导小组（指挥中心）的任务布置；研究决定本单位应急联合演练重大事项，保证演练所需资金投入；审查批准本单位应急联合演练内容和方案。

2.2 应急演练工作小组

2.2.1 各区域电网公司、省（自治区、直辖市）电力公司成立应急联合演练工作小组，组长由本单位分管负责人担任，成员由演练相关部门和基层单位人员担任。根据需要，工作小组可配备临时专职人员，负责演练日常工作。

2.2.2 应急演练工作小组主要职责：落实政府及本单位应急演练领导小组（指挥中心）的任务布置；参与制订应急联合演练总体方案，提出演练响应等级和事件设置；组织制订并实施本单位应急演练内容和方案；组织开展应急演练评估，完成应急演练评估工作报告。

2.3 应急演练专业小组

2.3.1 各区域电网公司、省（自治区、直辖市）电力公司根据应急联合演练工作需要，并结合本单位应急管理工作实际，成立应急联合演练协调保障组、方案编导组、技术支持组、电网调度组、安全监督组、专家评审组、新闻宣传组等，在本单位应急演练领导小组和工作小组的领导下开展相关工作。

2.3.2 应急演练协调保障组主要职责：负责落实应急演练资金安排，协调与各参演单位的相关工作，负责应急演练现场所需的装备保障和组织协调，负责本单位应急演练指挥中心和相关演练场所布置，负责应急演练接待安排、会务落实及其他后勤保障工作。

2.3.3 应急演练编导组主要职责：负责编写本单位应急演练方案和脚本；参与编写联合演练总体方案和脚本；配合参演单位编写演练方案和脚本；制订同步演练具体方案，确定参演单位和人员，编辑演练场景画面；参与相关单位分步演练方案的制订。

2.3.4 应急演练技术支持组主要职责：负责应急演练指挥中心技术支持系统建设，保障演练使用的电视、电话会议系统及视频、音频信号传输网络正常，协调本单位应急演练指挥中心与政府应急演练指挥中心之间的信号连接和对调。

2.3.5 应急演练电网调度组主要职责：负责制订电网调度事故处理演练方案，掌握电网运行状态及事故影响范围，模拟电网事故处理、供电恢复及运行操作，负责向本单位应急演练指挥中心报告电网事故模拟处理情况。

2.3.6 应急演练安全监督组主要职责：负责制订演练安全监督方案，负责监督本单位应急演练全过程安全措施的落实，对本单位参演人员履行安全职责情况、执行应急预案情况等提出安全监督意见，对演练过程中可能发生的安全隐患和事故，协调相关部门和人员予以排除。

2.3.7 应急演练专家评审组主要职责：负责制订演练评估方案；对应急预案执行、应急演练方案、演练组织实施、演练宣传报道、演练取得效果等进行现场观摩、点评和评估，提出评估意见和建议，形成评估报告。

2.3.8 应急演练新闻宣传组主要职责：负责制订演练宣传工作方案；收集国内外相关资料和背景材料，编写应急联合演练新闻报道通稿；编写大面积停电应急知识宣传手册；组织进行应急演练现场拍摄，制作电视新闻宣传片；负责新闻宣传策划，联系有关媒体开展宣传报道。

3 演练事件与内容

3.1 事件设置

3.1.1 各区域电网公司、省（自治区、直辖市）电力公司参照大面积停电应急预案事件定义，会同政府有关部门和电力监管机构，提出大面积停电应急联合演练停电事件响应等级，报省（自治区、直辖市）政府大面积停电应急联合演练领导小组审查批准。

3.1.2 应急演练响应等级应符合国家、公司及地方政府大面积停电应急预案有关规定；事故设置应符合电网事故发展规律，简明清晰、容易理解，便于宣传电网安全和应急知识，增强公众大面积停电风险意识。

3.1.3 根据确定的应急演练停电事件响应等级，结合电网运行特点和薄弱环节，科学合理地设计停电事件发生过程和覆盖范围，包括事故起因、事故过程、事故场景、停电厂站、影响范围、损失负荷等。

3.2 演练内容

3.2.1 事件报告

3.2.1.1 模拟停电事件发生后，电网调度进行事故处置的同时，按照应急预案规定和演练方案设定，将停电事件报告本单位应急演练指挥中心，以检验电网企业内部事件报告流程和执行情况。

3.2.1.2 各参演单位、高危企业、重要客户和社会公众按照演练方案设定，在停电事件发生后，向地方政府部门、上级主管部门、居民社区、95598客户服务中心等报告停电情况，询问停电原因，以模拟有关各方大面积停电事件报告和应急响应情况。

3.2.1.3 电网企业、地方政府、有关单位应急演练指挥机构按照应急预案规定和演练方案设定，将停电事件以各自渠道分别汇总报告省（自治区、直辖市）大面积停电应急联合演练指挥中心，以模拟政府、企业、社会事件报告流程和执行情况。

3.2.1.4 省（自治区、直辖市）大面积停电应急联合演练指挥中心根据事件报告情况，决定启动大面积停电事件应急响应，以模拟政府大面积停电应急预案实施情况。

3.2.2 应急处置

3.2.2.1 演练应包括电网调度事故处理，主要是掌握电网运行状态，控制系统频率、电压和潮流，指挥电网操作、机组启停、供电恢复，及时将电网应急处置进展情况报告本单位应急演练指挥中心等。

3.2.2.2 演练应包括电网事故抢修及应急救援，主要是电力设施事故损坏或灾害损失情况统计，抢修队伍组织和备品备件落实情况，现场抢修场面及计划恢复进度，抢修遇到问题及应急救援等，以检验电网事故抢修和组织能力。

3.2.2.3 演练应包括停电事故信息发布，主要是就停电原因、影响范围、抢修进度、预计恢复时间等内容，通过有关媒体、电力客户服务中心、企业门户网站等，及时向公众发布有关信息。

3.2.3 社会联动

3.2.3.1 演练应包括高危企业及重要客户停电应急措施落实情况，主要是矿井、医院、地铁、金融、通信中心、新闻媒体、化工、钢铁等客户是否按照预案要求，配备保安电源，并迅速正常启动，防止次生、衍生灾害。

3.2.3.2 演练应包括公众聚集场所人员疏散应急情况，主要是地铁、机场、高层建筑、商场、影剧院、体育场等各类人员聚集场所，停电后是否迅速启用应急照明，组织人员有秩序地集中或疏散，防止人身伤害。

3.2.3.3 演练应包括各有关部门应急联动执行情况，主要是公安、武警部门是否加强停电地区治安保卫措施，交通管理部门是否开展停电地区道路交通指挥和疏导，物资供应部门是否保证居民停电期间基本生活资料供给，新闻媒体是否及时发布停电事件信息等。

3.2.4 演练结束

模拟演练省（自治区、直辖市）大面积停电应急联合演练指挥中心按照大面积停电应急预案规定，决定解除大面积停电事件应急响应状态，宣布应急联合演练结束。

4 演练方案与方式

4.1 演练方案

4.1.1 各区域电网公司、省（自治区、直辖市）电力公司应加强与地方政府部门、电力监管机构及参演单位的沟通协调，按照确定的演练响应等级、事件设置和演练内容，认真组织编写应急演练总体方案（子方案）和脚本，加强整个应急联合演练工作的计划和协调。

4.1.2 应急演练总体方案应明确演练目的、依据和范围，演练组织机构与职责，演练停电事件设置，演练应急处置内容，分步演练工作计划，同步演练时间和指挥中心地点，联合演练组织体系结构图等。

4.1.3 应急演练总体方案应经省（自治区、直辖市）政府应急联合演练领导小组批准后，报国家电网公司安全应急办公室备案。

4.2　演练方式

4.2.1　应急演练实施过程中，应预先安排好各参演单位的演练内容、演练方式、演练时间安排等，采用分步演练和同步演练相结合方式组织实施，并在分步演练的基础上，实施同步演练。

4.2.2　应急演练实施过程中，应协调好同步和分步、模拟和实战、局部和整体演练进程，保障各演练单元的应急组织健全有效、信息报告流程清晰、应急响应实时联动、应急指令闭环反馈。

4.2.3　实施分步演练过程中，应主动与各参演客户单位进行交流和沟通，了解客户供电情况、应急预案及保安措施，指导编写客户演练方案和脚本，组织分步演练参演客户单位事故场景和应急救援现场拍摄工作，完成分步演练影像资料制作工作。

4.2.4　实施同步演练过程中，应以事件发生顺序和信息报告流程为主线，以各级应急组织体系响应为核心，重点演示各级应急演练指挥中心之间的互动、事件信息和应急指令的上传下达，以及事故处理、现场处置、抢修恢复、社会救援等同步发生场景。

5　演练培训与宣传

5.1　演练培训

5.1.1　以应急联合演练为契机，开展大面积停电应急预案培训，使各级领导、管理人员、专业人员、重要客户了解大面积停电应急处置内容，熟悉各自职责和义务，加强大面积停电应急预案的执行和落实。

5.1.2　开展应急联合演练培训，使各参演单位及其人员掌握应急联合演练的内容、范围和计划安排，熟悉本单位或本岗位演练具体方案及脚本，明确各自职责和分工，加强应急联合演练工作的落实。

5.2　演练宣传

5.2.1　广泛宣传电力应急知识，引导公众关注电网安全，了解停电情况下应急处置方法，增强公众自我保护意识，提高全社会应对停电事件的能力。

5.2.2　广泛宣传应急联合演练，增强公众大面积停电风险意识，推进高危企业及重要客户相关应急预案的编制和落实，取得各级政府部门对电网建设和安全运行的关心与支持，为电网安全发展创造良好条件。

5.2.3　加强演练前、演练中、演练后的新闻报道，提高公众对演练的关注程度，进一步增强联合演练的效果。

6　演练评估与后续改进

6.1　演练评估

6.1.1　各区域电网公司、省（自治区、直辖市）电力公司应组织开展应急联合演练评估，事先制订演练评估方案和评估标准，组织专家评审组进行现场观摩，对应急预案、演练方案、演练过程、演练效果等进行全面评估，提出评估意见和建议。

6.1.2　评估内容应包括应急预案的科学性、实用性、可操作性；演练总体方案及子方案的合理性、系统性、实效性；演练组织、现场应急、宣传报道、技术支持、协调保障、安全措施等是否到位；演练主要特点及取得效果；存在问题及有关意见和建议等，最终形成评估报告，并报国家电网公司安全应急办公室。

6.2　后续改进

6.2.1　各区域电网公司、省（自治区、直辖市）电力公司应根据应急联合演练和专家评估情况，认真做好应急预案的动态管理和修订更新，及时改进应急预案内容，完善应急预案体系，提高应急管理工作的质量和水平。

6.2.2　各区域电网公司、省（自治区、直辖市）电力公司应针对联合演练暴露出的问题和薄弱环节，及时向政府有关部门汇报，进一步加强电力安全管理，健全电力企业、重要客户、政府部门应急联动机制，提高全社会应对电力突发事件的能力。

附图　大面积停电事件应急联合演练组织体系参考图

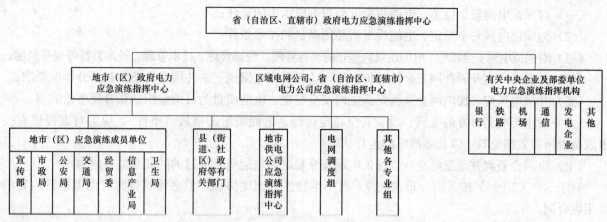

大面积停电事件应急联合演练组织体系参考图

【依据 3】《电力突发事件应急演练导则（试行）》（电监安全〔2009〕22 号）

附录 A

A 省电网大面积停电事件应急联合演练案例

（本参考案例属于程序性社会综合实战应急演练）等

（略）

【依据 4】《国家大面积停电事件应急预案》（国办函〔2015〕134 号）

7.1 预案管理

本预案实施后，能源局要会同有关部门组织预案宣传、培训和演练，并根据实际情况，适时组织评估和修订。地方各级人民政府要结合当地实际制订或修订本级大面积停电事件应急预案。

【依据 5】《国家电网公司安全工作规定》（国家电网企管〔2014〕1117 号）

第七十二条 公司各级单位应定期组织开展应急演练，每两年至少组织一次综合应急演练或社会应急联合演练，每年至少组织一次专项应急演练。

7.11.4.2.2 电网调度联合反事故演习

本条评价项目（见《评价》）的查评依据如下。

【依据 1】《国家电网公司应急工作管理规定》〔国家电网企管〔2014〕1467 号国网（安监/2）483—2014〕

第四十条 总部及公司各单位均应按应急预案要求定期组织开展应急演练，每两年至少组织一次大型综合应急演练，演练可采用桌面（沙盘）推演、验证性演练、实战演练等多种形式。相关单位应组织专家对演练进行评估，分析存在问题，提出改进意见。涉及政府部门、公司系统以外企事业单位的演练，其评估应有外部人员参加。

【依据 2】《电力突发事件应急演练导则（试行）》（电监安全〔2009〕22 号）

附录 A

A 省电网人面积停电事件应急联合演练案例

（本参考案例属于程序性社会综合实战应急演练）等

（略）

附件 2《电力企业综合应急预案编制导则（试行）》（略）

附件 3《电力企业专项应急预案编制导则》（略）

（2）事故灾难类专项应急预案中，电网企业在编制电网事故专项应急预案的同时，应根据电网结构特点编制电网黑启动专项应急预案。此外，被列为电网黑启动电源点的发电厂在编制全厂停电事故应急预案的同时，应单独编制发电厂黑启动专项应急预案。

【依据 3】《国家电网公司安全工作规定》的通知（国家电网企管〔2014〕1117 号）

第八十二条 公司所属各级单位应与并网运行的发电企业（包括电力用户的自备电源和分布式电源）签订并网调度协议，在并网协议中至少明确以下内容：

（一）对保证电网安全稳定、电能质量方面双方应承担的责任；

（二）为保证电网安全稳定、电能质量所必须满足的技术条件；

（三）对保证电网安全稳定、电能质量应遵守的运行管理、检修管理、技术管理、技术监督等规章制度；

（四）并网电厂应开展并网安全性评价工作，达到所在电网规定的并网必备条件和评分标准要求；

（五）并网电厂应参加电网企业为保证电网安全稳定、电能质量为目的组织的联合反事故演习；

（六）发生影响到对方的电网、设备安全稳定运行、电能质量的事故（事件），应为对方提供有关事故调查所需数据资料，以及事故时的运行状态；

（七）电网企业对并网发电企业以保证电网安全稳定、电能质量为目的的安全监督内容。

对于 380（220）V 接入的分布式电源，可不单独签订调度协议，但必须签署含有调度运行内容的发用电合同。

7.11.4.2.3　其他应急救援救灾演习

本条评价项目（见《评价》）的查评依据如下。

【依据 1】《国家电网公司应急工作管理规定》[国家电网企管〔2014〕1467 号国网（安监/2）483—2014]

第四十条　总部及公司各单位均应定期组织开展应急演练，每两年至少组织一次综合应急演练，每年至少组织一次专项应急演练，演练可采用桌面（沙盘）推演、验证性演练、实战演练等多种形式。相关单位应组织专家对演练进行评估，分析存在问题，提出改进意见。涉及政府部门、公司系统以外企事业单位的演练，其评估应有外部人员参加。

第四十一条　总部及公司各单位应加强应急指挥中心运行管理，定期进行设备检查调试，组织开展相关演练，保证应急指挥中心随时可以启用。

【依据 2】《国家电网公司应急预案管理办法》[国家电网企管〔2014〕1467 号国网（安监/3）484—2014]

第五章　培训与演练

第二十二条　总部各部门、各分部和各单位应结合本部门、本单位安全生产和应急管理工作组织应急预案演练，以不断检验和完善应急预案，提高应急管理水平和应急处置能力。

第二十三条　总部各部门、各分部和各单位应制订年度应急演练和培训计划，并将其列入本部门、本单位年度培训计划。总体应急预案的培训和演练每两年至少组织一次，专项应急预案的培训和演练每年至少组织一次，现场处置方案的培训和演练每半年至少组织一次。

第二十四条　应急预案演练分为综合演练和专项演练，可以采取桌面推演、现场实战演练或其他演练方式。

第二十五条　总体应急预案的演练经本单位主要领导批准后由应急管理归口部门负责组织，专项应急预案的演练经本单位分管领导批准后由相关职能负责组织，现场处置方案的演练经相关职能部门批准后由相关部门、车间或班组负责组织。

第二十六条　在开展应急预案演练前，应制订演练方案，明确演练目的、范围、步骤和保障措施等。应急预案演练方案经批准后实施。

第二十七条　应急预案演练结束后，应当对演练进行评估，并针对演练过程中发现的问题，对相关应急预案提出修订意见。应急预案演练评估和应急预案修订意见应当有书面记录。

【依据 3】《国家电网公司安全工作规定》的通知（国家电网企管〔2014〕1117 号）

第七十二条　公司各级单位应定期组织开展应急演练，每两年至少组织一次综合应急演练或社会应急联合演练，每年至少组织一次专项应急演练。

【依据 4】《电力突发事件应急演练导则（试行）》（电监安全〔2009〕22 号）

3.3　应急演练

指针对突发事件风险和应急保障工作要求，由相关应急人员在预设条件下，按照应急预案规定的职责和程序，对应急预案的启动、预测与预警、应急响应和应急保障等内容进行应对训练。

4 应急演练目的与原则

4.1 目的

(1) 检验突发事件应急预案，提高应急预案针对性、实效性和操作性。

(2) 完善突发事件应急机制，强化政府、电力企业、电力用户相互之间的协调与配合。

(3) 锻炼电力应急队伍，提高电力应急人员在紧急情况下妥善处置突发事件的能力。

(4) 推广和普及电力应急知识，提高公众对突发事件的风险防范意识与能力。

(5) 发现可能发生事故的隐患和存在问题。

4.2 原则

(1) 依法依规，统筹规划。应急演练工作必须遵守国家相关法律、法规、标准及有关规定，科学统筹规划，纳入各级政府、电力企业、电力用户应急管理工作的整体规划，并按规划组织实施。

(2) 突出重点，讲求实效。应急演练应结合本单位实际，针对性设置演练内容。演练应符合事故/事件发生、变化、控制、消除的客观规律，注重过程、讲求实效，提高突发事件应急处置能力。

(3) 协调配合，保证安全。应急演练应遵循"安全第一"的原则，加强组织协调，统一指挥，保证人身、电网、设备及人民财产、公共设施安全，并遵守相关保密规定。

5 应急演练分类

5.1 综合应急演练

由多个单位、部门参与的针对综合应急预案或多个专项应急预案开展的应急演练活动，其目的是在一个或多个部门（单位）内针对多个环节或功能进行检验，并特别注重检验不同部门（单位）之间以及不同专业之间的应急人员的协调性及联动机制。

其中，社会综合应急演练由政府相关部门、电力监管机构、电力企业、电力用户等多个单位共同参加。

5.2 专项应急演练

针对本单位突发事件专项应急预案，以及其他专项预案中涉及自身职责而组织的应急演练。其目的是在一个部门或单位内针对某一个特定应急环节、应急措施、或应急功能进行检验。

6 应急演练形式

6.1 实战演练

由相关参演单位和人员，按照突发事件应急预案或应急程序，以程序性演练或检验性演练的方式，运用真实装备，在突发事件真实或模拟场景条件下开展的应急演练活动。其主要目的是检验应急队伍、应急抢险装备等资源的调动效率，以及组织实战能力，提高应急处置能力。

6.1.1 程序性演练

根据演练题目和内容，事先编制演练工作方案和脚本。演练过程中，参演人员根据应急演练脚本，逐条分项推演。其主要目的是熟悉应对突发事件的处置流程，对工作程序进行验证。

6.1.2 检验性演练

演练时间、地点、场景不预先告知，由领导小组随机控制，有关人员根据演练设置的突发事件信息，依据相关应急预案，发挥主观能动性进行响应。其主要目的是检验实际应急响应和处置能力。

6.2 桌面演练

由相关参演单位人员，按照突发事件应急预案，利用图纸、计算机仿真系统、沙盘等模拟进行应急状态下的演练活动。其主要目的是使相关人员熟悉应急职责，掌握应急程序。

除以上两种形式外，应急演练也可采用其他形式进行。

（其余略）

【依据5】《国家电网有限公司十八项电网重大反事故措施（修订版）》（国家电网设备〔2018〕979号）

18.1.1.2 健全消防工作制度，应根据消防法相关规定，建立训练有素的专职或群众性消防队伍，专职消防队应报公安机关消防机构验收。开展相应的基础消防知识的培训，建立火灾事故应急响应机制，制订灭火和应急疏散预案及现场处置方案，定期开展灭火和应急疏散桌面推演和现场演练。

7.11.4.3 监督与考核

本条评价项目（见《评价》）的查评依据如下。

【依据1】《电力突发事件应急演练导则（试行）》（电监安全〔2009〕22号）

10.4 持续改进

应急演练结束后，组织应急演练的部门（单位）应根据应急演练情况，对表现突出的单位及个人，给予表彰或奖励，对不按要求参加演练，或影响演练正常开展的，给予相应批评或处分。应根据应急演练评估报告、总结报告提出的问题和建议，督促相关部门和人员制订整改计划，明确整改目标，制订整改措施，落实整改资金，并跟踪督查整改情况。

【依据2】《国家电网公司应急工作管理规定》[国家电网企管〔2014〕1467号国网（安监/2）483—2014]

第三十一条　总部、分部及公司各单位均应组织编制应急体系建设五年规划，纳入企业发展总体规划一并实施。公司各单位还应据此建立应急体系建设项目储备库，逐年滚动修订完善建设项目，并制订年度应急工作计划，纳入本单位年度综合计划，同步实施，同步督查，同步考核。

第四十三条　加强应急工作计划管理，公司各单位应按时编制、上报年度工作计划；公司下达的年度应急工作计划相关内容及本单位年度工作计划均应纳入本单位年度综合计划，认真实施，严格考核。

第四十五条　公司各单位要严格执行有关规定，落实责任，完善流程，严格考核，确保突发事件信息报告及时、准确、规范。

第八章　监督检查和考核

第六十五条　公司建立健全应急管理监督检查和考核机制，上级单位应当对下级单位应急工作开展情况进行监督检查和考核。

第六十六条　公司各单位应组织开展日常检查、专题检查和综合检查等活动，监督指导应急体系建设和运行、日常应急管理工作开展，以及突发事件处置等情况。

第六十七条　公司各单位应将应急工作纳入企业综合考核评价范围，建立应急管理考核评价指标体系，健全责任追究制度。

第六十八条　公司建立应急工作奖惩制度，对应急工作表现突出的单位和个人予以表彰奖励；对履行职责不当引起事态扩大、造成严重后果的单位和个人，依据有关规定追究责任。

【依据3】《国家电网公司应急救援基干分队管理意见》（国家电网安监〔2011〕895号）

6　检查与考核

6.1　国家电网公司安监部、各分部定期对各网省公司、直属单位基干分队管理情况进行检查与考核。

6.2　各网省公司、直属单位对基干分队挂靠单位基干分队管理情况进行检查与考核。

6.3　参加集中活动时，基干分队挂靠单位对应急基干分队进行考核，队长（副队长）对队员考核。

6.4　应急基干分队在抢险救援过程中作出突出贡献的，按有关规定给予表彰与经济奖励。

【依据4】《国务院应急突发事件应急演练指南》应急办函〔2009〕62号

3.4.2　经费保障

演练组织单位每年要根据应急演练规划编制应急演练经费预算，纳入该单位的年度财政（财务）预算，并按照演练需要及时拨付经费。对经费使用情况进行监督检查，确保演练经费专款专用、节约高效。

5.3　成果运用

对演练中暴露出来的问题，演练单位应当及时采取措施予以改进，包括修改完善应急预案、有针对性地加强应急人员的教育和培训、对应急物资装备有计划地更新等，并建立改进任务表，按规定时间对改进情况进行监督检查。

5.5　考核与奖惩

演练组织单位要注重对演练参与单位及人员进行考核。对在演练中表现突出的单位及个人，可给予表彰和奖励；对不按要求参加演练，或影响演练正常开展的，可给予相应批评。

7.11.4.4 风险预警

本条评价项目（见《评价》）的查评依据如下。

【依据1】《电力企业综合应急预案编制导则（试行)》（电监安全〔2009〕22号)

3.4 风险

指某一特定突发事件发生的可能性和后果的组合。

3.5 预警

指为了高效地预防和应对突发事件，对突发事件征兆进行监测、识别、分析与评估，预测突发事件发生的时间、空间和强度，并依据预测结果在一定范围内发布相应警报，提出相应应急建议的行动。

【依据2】《电力企业专项应急预案编制导则（试行)》（电监安全〔2009〕22号)

4.6 预防与预警

4.6.1 风险监测

专项应急预案针对的突发事件可以实施预警的，需要明确以下内容：

(1) 风险监测的责任部门和人员；

(2) 风险监测的方法和信息收集渠道；

(3) 风险监测所获得信息的报告程序。

4.6.2 预警发布与预警行动

专项应急预案针对的突发事件可以实施预警的，需要明确以下内容：

(1) 根据实际情况进行预警分级；

(2) 明确预警的发布程序和相关要求；

(3) 明确预警发布后的应对程序和措施。

4.6.3 预警结束

明确结束预警状态的条件、程序和方式。

【依据3】《国家电网有限公司突发事件总体应急预案》（国家电网办〔2018〕1181号)

10.2 国家电网公司突发事件预警流程

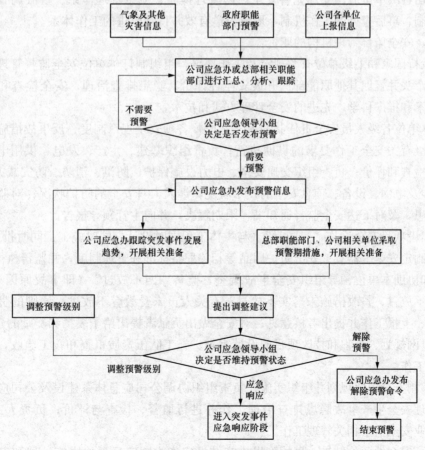

国家电网公司突发事件预警流程图

【依据4】《国家电网公司应急工作管理规定》[国家电网企管〔2014〕1467号国网（安监/2）483—2014]

第二十九条 预防预测和监控预警系统是指通过整合公司内部风险分析、隐患排查等管理手段，各种在线与离线电网、设备监测监控等技术手段，以及与政府相关专业部门建立信息沟通机制获得的自然灾害等突发事件预测预警信息，依托智能电网建设和信息技术发展成果，形成覆盖公司各专业的监测预警技术系统。

第三十条 预防预测和监控预警系统是指通过整合公司内部风险分析、隐患排查等管理手段，各种在线与离线电网、设备监测监控等技术手段，以及与政府相关专业部门建立信息沟通机制获得的自然灾害等突发事件预测预警信息，依托智能电网建设和信息技术发展成果，形成覆盖公司各专业的监测预警技术系统。

第三十四条 公司各单位均应建立健全突发事件风险评估、隐患排查治理常态机制，掌握各类风险隐患情况，落实防范和处置措施，减少突发事件发生，减轻或消除突发事件影响。

第三十五条 公司各单位均应建立健全突发事件风险评估、隐患排查治理常态机制，掌握各类风险隐患情况，落实防范和处置措施，减少突发事件发生，减轻或消除突发事件影响。

第四十七条 公司各单位应及时汇总分析突发事件风险，对发生突发事件的可能性及其可能造成的影响进行分析、评估，并不断完善突发事件监测网络功能，依托各级行政、生产、调度值班和应急管理组织机构，及时获取和快速报送相关信息。

【依据5】《国家电网公司应急预案管理办法》[国家电网企管〔2014〕1467号国网（安监/3）484—2014]

第十一条 在应急预案编制前，应成立应急预案编制工作组，明确编制任务、职责分工，制订编制工作计划，广泛收集编制应急预案所需的各种资料，充分分析本单位的各种风险因素，评估本单位的应急工作现状。

【依据6】《国家电网公司安全工作规定》的通知（国家电网企管〔2014〕1117号）

第四条 公司各级单位应建立和完善安全风险管理体系、应急管理体系、事故调查体系，构建事前预防、事中控制、事后查处的工作机制，形成科学有效并持续改进的工作体系。

第二十一条 安全监督管理机构的职责：

（一）贯彻执行国家和上级单位有关规定及工作部署，组织制订本单位安全监督管理和应急管理方面的规章制度，牵头并督促其他职能部门开展安全性评价、隐患排查治理、安全检查和安全风险管控等工作，积极探索和推广科学、先进的安全管理方式和技术。

（二）监督本单位各级人员安全责任制的落实；监督各项安全规章制度、反事故措施、安全技术劳动保护措施和上级有关安全工作要求的贯彻执行；负责组织基建、生产、发电、供用电、农电、信息等安全的监督、检查和评价；负责组织交通安全、电力设施保护、防汛、消防、防灾减灾的监督检查。

（三）监督涉及电网、设备、信息安全的技术状况，涉及人身安全的防护状况；对监督检查中发现的重大问题和隐患，及时下达安全监督通知书，限期解决，并向主管领导报告。

（四）监督建设项目安全设施"三同时"（与主体工程同时设计、同时施工、同时投入生产和使用）执行情况；组织制定安全工器具、安全防护用品等相关配备标准和管理制度，并监督执行。

（五）参加和协助本单位领导组织安全事故调查，监督"四不放过"（即事故原因未查清不放过、责任人员未处理不放过、整改措施未落实不放过、有关人员未受教育不放过）原则的贯彻落实，完成事故统计、分析、上报工作并提出考核意见；对安全做出贡献者提出给予表扬和奖励的建议或意见。

（六）参与电网规划、工程和技改项目的设计审查、施工队伍资质审查和竣工验收，以及安全方面科研成果鉴定等工作。

（七）负责编制安全应急规划并组织实施；负责组织协调公司应急体系建设及公司应急管理日常工作；负责归口管理安全生产事故隐患排查治理工作并进行监督、检查与评价；负责人武、保卫管理；负责指导集体企业安全监察相关管理工作。

第三十六条 安全性评价结果、事故隐患排查结果应作为制定反事故措施计划和安全技术劳动保护措施计划的重要依据。

防汛、抗震、防台风、防雨雪冰冻灾害等应急预案所需项目，可作为制定和修订反事故措施计划的依据。

第六十二条 公司各级单位应针对电网、设备、管理和生产作业中存在的危及人身、电网、设备安全的隐患、缺陷和问题，有效组织年度方式分析、安全性评价、隐患排查治理、作业风险管控等工作，系统辨识安全风险，落实整改治理措施。

第六十三条 年度方式分析。公司各级单位应开展电网 2~3 年滚动分析校核及年度电网运行方式分析工作，全面评估电网运行情况、安全稳定措施落实情况及其实施效果，分析预测电网安全运行面临的风险，组织制订专项治理方案。

开展月度计划、周计划电网运行方式分析工作，评估临时方式、过渡方式、检修方式的电网风险，建立电网运行风险预警管控机制，分级落实电网风险控制的技术措施和组织措施。

第六十六条 作业安全风险管控。公司各级单位应针对运维、检修、施工等生产作业活动，从计划编制、作业组织、现场实施等关键环节，分析辨识作业安全风险，开展安全承载能力分析，实施作业安全风险预警，制订落实风险管控措施，落实到岗到位要求。

【依据 7】《中华人民共和国突发事件应对法》第六十九号主席令

第五条 突发事件应对工作实行预防为主、预防与应急相结合的原则。国家建立重大突发事件风险评估体系，对可能发生的突发事件进行综合性评估，减少重大突发事件的发生，最大限度地减轻重大突发事件的影响。

第六条 国家建立有效的社会动员机制，增强全民的公共安全和防范风险的意识，提高全社会的避险救助能力。

第二十二条 所有单位应当建立健全安全管理制度，定期检查本单位各项安全防范措施的落实情况，及时消除事故隐患；掌握并及时处理本单位存在的可能引发社会安全事件的问题，防止矛盾激化和事态扩大；对本单位可能发生的突发事件和采取安全防范措施的情况，应当按照规定及时向所在地人民政府或者人民政府有关部门报告。

【依据 8】《国家突发公共事件总体应急预案》

3 运行机制

3.1 预测与预警

各地区、各部门要针对各种可能发生的突发公共事件，完善预测预警机制，建立预测预警系统，开展风险分析，做到早发现、早报告、早处置。

【依据 9】《国家电网有限公司突发事件总体应急预案》（国家电网办〔2018〕1181 号）

4 预防与预警

4.1 危险源监控

4.1.1 认真贯彻"安全第一、预防为主、综合治理"的方针，按照预防和应急并重的要求，建立风险管理长效机制。

4.1.2 建立完善与政府专业部门的沟通协作和信息共享机制。

4.1.3 充分利用调度自动化系统、设备在线监测等各种技术手段，积极开展风险监测、辨识、分析，积极组织开展隐患排查和治理，落实各项风险预控措施。

4.1.4 公司各部门、各单位预判发生一般、较大突发事件的概率较高，应及早采取预防和应对措施；预判发生重大、特别重大突发事件的概率较高，要在积极采取预防和应对措施的同时，及时报告公司应急办。

4.1.5 公司对重大危险源应当登记建档，并按照国家有关规定将本单位重大危险源及有关安全措施、应急措施报有关地方人民政府安全生产监督管理部门和有关部门备案。

【依据 10】《生产经营单位生产安全事故应急预案编制导则》（GB/T 29639—2013）

4.3 资料收集

应急预案编制工作组应收集与预案编制工作相关的法律法规、技术标准、应急预案、国内外同行业企业事故资料，同时收集本单位安全生产相关技术资料、周边环境影响、应急资源等有关资料。

4.4 风险评估

主要内容包括：

a) 分析生产经营单位存在的危险因素，确定事故危险源；

b) 分析可能发生的事故类型及后果，并指出可能产生的次生、衍生事故；

c) 评估事故的危害程度和影响范围，提出风险防控措施。

【依据11】《突发事件应急预案管理办法》（国办发〔2013〕101号）

第十一条 政府及其部门、有关单位和基层组织可结合本地区、本部门和本单位具体情况，编制应急预案操作手册，内容一般包括风险隐患分析、处置工作程序、响应措施、应急队伍和装备物资情况，以及相关单位联络人员和电话等。

第十二条 对预案应急响应是否分级、如何分级、如何界定分级响应措施等，由预案制订单位根据本地区、本部门和本单位的实际情况确定。

第十五条 编制应急预案应当在开展风险评估和应急资源调查的基础上进行。

（一）风险评估。针对突发事件特点，识别事件的危害因素，分析事件可能产生的直接后果以及次生、衍生后果，评估各种后果的危害程度，提出控制风险、治理隐患的措施。

【依据12】《进一步加强安全生产应急救援体系建设的实施意见》（国务院安委办〔2010〕25号）

（八）进一步完善安全生产应急救援工作机制。

1. 企业要全面建立健全安全生产动态监控及预报预警机制，做好安全生产事故防范和预报预警工作，做到早防御、早响应、早处置。同时，要建立重大危险源管理制度，明确操作规程和应急处置措施，实施不间断的监控。要按照国家有关规定实行重大危险源和重大隐患及有关应急措施备案制度，每月至少要进行一次全面的安全生产风险分析，加强重点岗位和重点部位监控，发现事故征兆要立即发布预警信息，采取有效防范和处置措施，防止事故发生和事故损失扩大。要积极探索与当地政府相关部门和周边企业建立应急联动机制，切实提高协同应对事故灾难的能力。

（十）切实提高安全生产应急预案质量。

企业应急预案的编制要做到全员参与，使预案的制订过程成为隐患排查治理的过程和全员应急知识培训教育的过程。与此同时，要加强应急预案管理，适时修订完善应急预案，组织专家进行评审或论证，按照有关规定将应急预案报当地政府和有关部门备案，并与当地政府和有关部门应急预案相互衔接。

各级安全监管部门和有关部门要加强对应急预案工作的监督管理，依法将应急预案作为行业准入的必要条件。矿山企业、建筑施工企业和危险化学品、烟花爆竹、民用爆炸物品生产企业没有生产安全事故应急预案或预案未通过专家评审的，或重大危险源没有检测、评估、监控措施及应急预案的，不得颁发安全生产许可证。

7.11.4.5 应急实施

本条评价项目（见《评价》）的查评依据如下。

【依据1】《国家电网公司安全工作规定》（国家电网总〔2014〕1117号）

第六十九条 公司各级单位应根据突发事件类别和影响程度，成立专项事件应急处置领导机构（临时机构），在应急领导小组的领导下，具体负责指挥突发事件的应急处置工作。

第七十四条 突发事件发生后，事发单位要做好先期处置，并及时向上级和所在地人民政府及有关部门报告。根据突发事件性质、级别，按照分级响应要求，组织开展应急处置与救援。

第七十五条 突发事件应急处置工作结束后，相关单位应对突发事件应急处置情况进行调查评估，提出防范和改进措施。

【依据2】国家电网公司《应急工作管理规定》〔国家电网企管〔2014〕1467号国网（安监/2）483—2014〕

第四十八条 突发事件发生后，事发单位应及时向上一级单位行政值班机构和专业部门报告，情况紧急时可越级上报。根据突发事件影响程度，依据相关要求报告当地政府有关部门。

信息报告时限执行政府主管部门及公司相关规定。

突发事件信息报告包括即时报告、后续报告，报告方式有电子邮件、传真、电话、短信等（短信方式需收到对方回复确认）。

第四十九条 建立健全突发事件预警制度，依据突发事件的紧急程度、发展态势和可能造成的危害，及时发布预警信息。

【依据3】《国家电网公司应急预案编制规范》（国家电网安监〔2007〕98号）

6.4 应急响应

6.4.1 信息报告

明确事故信息来源、接收和报告程序，明确事故发生后向上级单位和地方政府报告事故信息的流程、方式、方法、内容和时限等。

6.4.2 分级响应

根据事件定义和分级，针对事故危害程度、影响范围和单位控制事态的能力，按照分级负责的原则，明确相应的应急响应级别。

6.4.3 应急响应

根据事件级别和发展态势，明确应急指挥、应急行动、资源调配、应急避险、扩大应急的响应程序。

6.4.4 应急结束

明确应急结束的条件或状态，以及确定应急结束的程序、机构或人员。应急结束应区别于现场抢救和灾后恢复的结束。

6.5 信息发布

明确信息发布的机构，发布原则。事故信息应由事故现场指挥部及时准确向新闻媒体通报。

6.6 后期处置

主要包括生产秩序恢复、善后赔偿、灾后重建、应急能力评估、应急预案修订等内容。

【依据4】《电力企业专项应急预案编制导则（试行）》（电监安全〔2009〕22号）

4.8 应急响应

4.8.1 响应分级

根据突发事件分级标准，结合企业控制事态和应急处置能力明确具体响应分级标准、应急响应责任主体及联动单位和部门。

4.8.2 响应程序

针对不同级别的响应，分别明确下列内容，并附以流程图：

（1）应急响应启动条件（应分级列出）；

（2）响应启动：宣布响应启动的责任者；

（3）响应行动：包括召开应急会议、派出前线指挥人员、组建现场工作组及其他应急处置工作小组等；

（4）各有关部门按照响应级别和职责分工开展的应急行动；

（5）向上级单位、政府有关部门及电力监管机构进行应急工作信息报告的格式、内容、时限和责任部门等。

4.8.3 应急处置

针对事件类别和可能发生的次生事件危险性和特点，明确应急处置措施：

（1）先期处置：明确突发事件发生后现场人员的即时避险、救治、控制事态发展。隔离危险源等紧急处置措施。

（2）应急处置：根据事件的级别和发展势态，明确应急指挥、应急行动、资源调配、与社会联动等响应程序，并附以流程图表示。

（3）扩大应急响应：根据事件的升级，及时提高应急响应级别、改变处置策略。

4.8.4 应急结束

明确下述内容：

（1）应急结束条件；

（2）应急响应结束程序，包括宣布不同级别应急响应结束的责任人、宣布方式等。

4.9 后期处置

明确下述内容：

（1）后期处置、现场恢复的原则和内容；

（2）负责保险和理赔的责任部门；

（3）事故或事件调查的原则、内容、方法和目的；

（4）对预案及本次应急工作进行总结、评价、改进等内容。

【依据5】《国家电网公司应急预案管理办法》［国家电网企管〔2014〕1467号国网（安监/3）484—2014］

第三十条 发生突发事件，事发单位应当根据应急预案要求及时发布预警或启动应急响应，组织力量进行应急处置，并按照规定将事件信息及应急响应情况报告上级有关单位和部门。

第三十一条 突发事件应急响应结束后应及时对应急预案的实施效果进行评估。

【依据6】《国家电网有限公司突发事件总体应急预案》（国家电网办〔2018〕1181号）

4.3 预警程序

4.3.1 公司应急办、专项应急办或有关职能管理部门接到公司各有关单位预警信息，或收到政府相关部门预警通知、气象部门灾害天气预警后，立即汇总相关信息，分析研判，提出公司预警发布建议，经公司应急领导小组批准后由应急办负责发布。

4.3.2 预警信息由公司应急办通过协同办公系统、传真、安监管理一体化平台或应急指挥信息系统发布，并根据情况变化适时调整预警级别。

4.3.3 预警信息包括突发事件概述、预警类型、预警来源、预警级别、预警区域或影响范围、预警期起始时间、影响估计及应对措施、发布单位和时间、主送单位等内容。

4.4 预警行动

进入预警期后，总部、公司各有关单位应采取以下部分或全部措施：

（1）及时收集、报告有关信息，开展应急值班，做好突发事件发生、发展情况的监测和势态跟踪工作；加强与政府相关部门的沟通，及时报告事件信息；

（2）组织相关部门和人员随时对突发事件信息进行分析评估，预测发生突发事件可能性的大小、影响范围和严重程度以及可能发生的突发事件的级别；

（3）加强对电网运行、重点场所、重点部位、重要设备和重要舆论的监测工作；

（4）采取必要措施，加强对关系国计民生的重要客户、高危客户及人民群众生活基本用电的供电保障工作；

（5）核查应急物资和设备，做好物资调拨准备；

（6）专项应急办组织有关职能部门根据职责分工协调开展应急队伍、应急物资、应急电源、应急通信、交通运输和后勤保障等处置准备工作；

（7）做好新闻宣传和舆论引导工作；

（8）做好启动应急协调联动机制的准备工作；

（9）应急领导小组成员迅速到位，及时掌握相关事件信息，研究部署处置工作；

（10）应急队伍和相关人员进入待命状态；

（11）专项应急领导机构做好启动应急响应的准备工作；

（12）做好成立现场指挥机构（临时机构）的准备工作。

4.5 预警调整与解除

根据事态发展变化，公司应急办或有关职能管理部门提出预警级别调整建议，经公司应急领导小组批准后由应急办负责调整。有关情况证明突发事件不可能发生或危险已经解除，由公司应急办或相关职能部门提出解除建议，经公司应急领导小组批准后，由应急办负责发布，解除已经采取的有关措施。如转入应急响应状态或规定的预警期限内未发生突发事件，预警自动解除。

5 应急响应

5.1 先期处置

突发事件发生后，事发单位在做好信息报告的同时，要启动预案响应措施，立即组织本单位应急救援队伍和工作人员营救受伤害人员，疏散、撤离、安置受到威胁的人员；控制危险源，标明危险区域，封锁危险场所，采取其他防止危害扩大的必要措施，向所在地县级人民政府及有关部门报告。对因本单位的问题引发的或主体是本单位人员的社会安全事件，应按规定上报情况，有关单位要迅速派出负责人赶赴现场开展劝解、疏导工作。

5.2 响应启动

专项应急办或相关职能部门接到事发单位或公司应急办突发事件信息，收到政府相关部门事件信息通报，根据预警期势态发展趋势，应立即组织分析研判，及时向专项应急领导小组报告，并提出应急响应建议；专项应急领导小组决定启动、调整和终止应急响应，并视情况向现场派出公司工作组。

5.3 分级响应

按照突发事件的等级，总部和相关单位分别启动相应等级应急响应。公司应急响应分为Ⅰ、Ⅱ、Ⅲ、Ⅳ级，Ⅰ级为最高级别。

5.3.1 初判发生特别重大突发事件，总部应重点开展以下工作：

（1）公司专项应急领导小组研究启动Ⅰ级应急响应，协调、组织、指导处置工作，并将处置情况汇报公司应急领导小组；

（2）启用公司应急指挥中心，召开专项应急领导小组会议，就有关重大应急问题做出决策和部署；

（3）开展24h应急值班，做好信息汇总和报送工作；

（4）公司主要领导（或其授权人员）在总部指挥；委派公司分管领导或事件处置牵头负责部门主要负责人和专家赶赴现场，协调指导应急处置；

（5）对事发单位做出处置指示，责成有关部门立即采取相应应急措施，按照处置原则和部门职责开展应急处置工作；

（6）与政府职能部门联系沟通，做好信息发布及舆论引导工作；

（7）跨省跨区域调集应急队伍和抢险物资，协调解决应急通信、医疗卫生、后勤支持等方面问题；

（8）必要时请求政府部门支援。

5.3.2 初判发生重大突发事件，总部应重点开展以下工作：

（1）专项应急领导小组研究启动Ⅱ级应急响应，协调、组织、指导处置工作，并将处置情况汇报公司应急领导小组；

（2）启用公司应急指挥中心，视情况召开专项应急领导小组会议，就有关重大应急问题做出决策和部署；

（3）开展24h应急值班，做好信息汇总和报送工作；

（4）公司分管领导（或其授权人员）在总部指挥；委派事件处置牵头负责部门负责人和专家赶赴现场，协调指导应急处置。

5.3.3 初判发生较大、一般突发事件，由事发单位负责处置，总部应重点开展以下工作：

（1）专项应急领导小组研究启动Ⅲ、Ⅳ级应急响应，指导协调处置工作，并将处置情况汇报公司应急领导小组；

（2）事件处置牵头负责部门或专项应急办开展应急值守，及时跟踪事件发展情况，收集汇总分析事件信息。其他部门按职责开展应急工作；

（3）公司事件处置牵头负责部门或专项应急办主要负责人或分管负责人在总部指导协调，视情况委派部门分管负责人或相关处室负责人及专家赶赴现场协调指导应急处置。

5.4 应急救援

5.4.1 发生突发事件时，公司各级应急领导机构根据情况需要，请求国家和地方政府启动社会应急机制，组织开展应急救援与处置工作。

5.4.2 根据国家和地方政府的要求，公司积极参与社会应急救援，保证突发事件抢险和应急救援的电力供应，向政府抢险救援指挥机构、灾民安置点、医院等重要场所提供电力保障。

5.4.3 事发单位视情况启动应急协调联动机制，与公司内部单位以及政府、社会相关部门和单位共同应对突发事件。

5.5 响应调整与结束

根据势态发展变化，公司事件处置牵头负责部门或专项应急办提出突发事件应急响应级别调整建议，经专项应急领导小组批准后，按照新的应急响应级别开展应急处置。突发事件得到有效控制，危害消除后，按照"谁启动、谁结束"的原则，宣布应急响应结束。

7.11.4.6 调查与评估

本条评价项目（见《评价》）的查评依据如下。

【依据1】《国家电网公司应急队伍管理规定（试行）》（国家电网生〔2008〕1245号）

第三十七条 完成应急处置任务后，应急队伍应及时对应急处置工作进行全面总结和评估，并在15天内向上级有关部门报送工作总结。

【依据2】《国家电网公司应急工作管理规定》[国家电网企管〔2014〕1467号国网（安监/2）483—2014]

第三十七条 公司各单位均应定期开展应急能力评估活动，应急能力评估宜由本单位以外专业评估机构或专业人员按照既定评估标准，运用核实、考问、推演、分析等方法，客观、科学的评估应急能力的状况、存在的问题，指导本单位有针对性开展应急体系建设。

第四十条 总部及公司各单位均应定期组织开展应急演练，每两年至少组织一次综合应急演练，每年至少组织一次专项应急演练，演练可采用桌面（沙盘）推演、验证性演练、实战演练等多种形式。相关单位应组织专家对演练进行评估，分析存在问题，提出改进意见。涉及政府部门、公司系统以外企事业单位的演练，其评估应有外部人员参加。

第四十四条 公司各单位应加强应急专业数据统计分析和总结评估工作，及时、全面、准确地统计各类突发事件，编写并及时向公司应急管理归口部门报送年度（半年）应急管理和突发事件应急处置总结评估报告、季度（年度）报表。

第六十一条 公司及相关单位要对突发事件的起因、性质、影响、经验教训和恢复重建等问题进行调查评估，同时，要及时收集各类数据，开展事件处置过程的分析和评估，提出防范和改进措施。

【依据3】《国家电网公司应急预案管理办法》[国家电网企管〔2014〕1467号国网（安监/3）484—2014]

第二十七条 应急预案演练结束后，应当对演练进行评估，并针对演练过程中发现的问题，对相关应急预案提出修订意见。应急预案演练评估和应急预案修订意见应当有书面记录。

第三十一条 突发事件应急响应结束后应及时对应急预案的实施效果进行评估。

【依据4】《电网大面积停电事件应急联合演练指导意见》（国家电网安监〔2007〕809号）

1.2 工作原则

1.2.4 评估提高。组织开展应急演练评估，全面总结应急演练取得效果及经验教训，深入发现应急组织体系、应急预案体系、应急保障体系及应急响应程序中存在的问题，提出整改意见和建议，制订整改措施和方法，督促整改过程实施，不断改进和完善大面积停电应急预案。

6 演练评估与后续改进

6.1 演练评估

6.1.1 各区域电网公司、省（自治区、直辖市）电力公司应组织开展应急联合演练评估，事先制定演练评估方案和评估标准，组织专家评审组进行现场观摩，对应急预案、演练方案、演练过程、演练效果等进行全面评估，提出评估意见和建议。

6.1.2　评估内容应包括应急预案的科学性、实用性、可操作性，演练总体方案及子方案的合理性、系统性、实效性，演练组织、现场应急、宣传报道、技术支持、协调保障、安全措施等是否到位，演练主要特点及取得效果；存在问题及有关意见和建议等，最终形成评估报告，并报国家电网公司安全应急办公室。

【依据5】《电力突发事件应急演练导则（试行)》（国家电网安监〔2009〕691号）

附件1：电力突发事件应急演练导则

8　应急演练准备

针对演练题目和范围，开展下述演练准备工作。

8.1　成立组织机构

根据需要成立应急演练领导小组以及策划组、技术组、保障组、评估组等工作机构，并明确演练工作职责、分工。

8.1.5　评估组

（1）负责根据应急演练工作方案，拟定演练考核要点和提纲，跟踪和记录应急演练进展情况，发现应急演练中存在的问题，对应急演练进行点评。

（2）负责针对应急演练实施中可能面临的风险进行评估。

（3）负责审核应急演练安全保障方案。

8.2.3　评估指南

根据需要编写演练评估指南，主要包括：

（1）相关信息：应急演练目的、情景描述，应急行动与应对措施简介等；

（2）评估内容：应急演练准备、应急演练方案、应急演练组织与实施、应急演练效果等；

（3）评估标准：应急演练目的实现程度的评判指标；

（4）评估程序：针对评估过程做出的程序性规定。

10　应急演练评估、总结与改进

10.1　评估

对演练准备、演练方案、演练组织、演练实施、演练效果等进行评估，评估目的是确定应急演练是否已达到应急演练目的和要求，检验相关应急机构指挥人员及应急响应人员完成任务的能力。

评估组应掌握事件和应急演练场景，熟悉被评估岗位和人员的响应程序、标准和要求；演练过程中，按照规定的评估项目，依推演的先后顺序逐一进行记录；演练结束后进行点评，撰写评估报告，重点对应急演练组织实施中发现的问题和应急演练效果进行评估总结。

10.2　总结

应急演练结束后，策划组撰写总结报告，主要包括以下内容：

（1）本次应急演练的基本情况和特点；

（2）应急演练的主要收获和经验；

（3）应急演练中存在的问题及原因；

（4）对应急演练组织和保障等方面的建议及改进意见；

（5）对应急预案和有关执行程序的改进建议；

（6）对应急设施、设备维护与更新方面的建议；

（7）对应急组织、应急响应能力与人员培训方面的建议等。

【依据6】《国务院突发事件应急演练指南》（应急办函〔2009〕62号）

1.3　应急演练原则

（1）结合实际、合理定位。紧密结合应急管理工作实际，明确演练目的，根据资源条件确定演练方式和规模。

（2）着眼实战、讲求实效。以提高应急指挥人员的指挥协调能力、应急队伍的实战能力为着眼点。重视对演练效果及组织工作的评估、考核，总结推广好经验，及时整改存在的问题。

2.4 评估组

评估组负责设计演练评估方案和编写演练评估报告，对演练准备、组织、实施及其安全事项等进行全过程、全方位评估，及时向演练领导小组、策划部和保障部提出意见、建议。其成员一般是应急管理专家、具有一定演练评估经验和突发事件应急处置经验专业人员，常称为演练评估人员。评估组可由上级部门组织，也可由演练组织单位自行组织。

3.2.3 设计评估标准与方法

演练评估是通过观察、体验和记录演练活动，比较演练实际效果与目标之间的差异，总结演练成效和不足的过程。演练评估应以演练目标为基础。每项演练目标都要设计合理的评估项目方法、标准。根据演练目标的不同，可以用选择项（如：是/否判断，多项选择）、主观评分（如：1—差、3—合格、5—优秀）、定量测量（如：响应时间、被困人数、获救人数）等方法进行评估。

为便于演练评估操作，通常事先设计好评估表格，包括演练目标、评估方法、评价标准和相关记录项等。有条件时还可以采用专业评估软件等工具。

3.2.4 编写演练方案文件

编写演练评估指南，内容主要包括演练情景概述、演练事件清单、演练目标、演练场景说明、参演人员及其位置、评估人员组织结构与职责、评估人员位置、评估表格及相关工具、通信联系方式等。演练评估指南主要供演练评估人员使用。

5 应急演练评估与总结

5.1 演练评估

演练评估是在全面分析演练记录及相关资料的基础上，对比参演人员表现与演练目标要求，对演练活动及其组织过程作出客观评价，并编写演练评估报告的过程。所有应急演练活动都应进行演练评估。

演练结束后可通过组织评估会议、填写演练评价表和对参演人员进行访谈等方式，也可要求参演单位提供自我评估总结材料，进一步收集演练组织实施的情况。演练评估报告的主要内容一般包括演练执行情况、预案的合理性与可操作性、应急指挥人员的指挥协调能力、参演人员的处置能力、演练所用设备装备的适用性、演练目标的实现情况、演练的成本效益分析、对完善预案的建议等。

5.4 文件归档与备案

演练组织单位在演练结束后应将演练计划、演练方案、演练评估报告、演练总结报告等资料归档保存。

【依据7】《国家突发公共事件总体应急预案》

3.3.2 调查与评估

要对特别重大突发公共事件的起因、性质、影响、责任、经验教训和恢复重建等问题进行调查评估。

【依据8】《国家电网公司应急工作管理规定》[国家电网企管〔2014〕1467号国网（安监/2）483—2014]

第六十一条 公司及相关单位要对突发事件的起因、性质、影响、经验教训和恢复重建等问题进行调查评估，同时，要及时收集各类数据，开展事件处置过程的分析和评估，提出防范和改进措施。

7.11.4.7 统计报告

本条评价项目（见《评价》）的查评依据如下。

【依据1】《国家电网公司应急工作管理规定》[国家电网企管〔2014〕1467号国网（安监/2）483—2014]

第四十四条 公司各单位应加强应急专业数据统计分析和总结评估工作，及时、全面、准确地统计各类突发事件，编写并及时向公司应急管理归口部门报送年度（半年）应急管理和突发事件应急处置总结评估报告、季度（年度）报表。

第四十五条 公司各单位要严格执行有关规定，落实责任，完善流程，严格考核，确保突发事件信息报告及时、准确、规范。

第四十八条　突发事件发生后，事发单位应及时向上一级单位行政值班机构和专业部门报告，情况紧急时可越级上报。根据突发事件影响程度，依据相关要求报告当地政府有关部门。

信息报告时限执行政府主管部门及公司相关规定。

突发事件信息报告包括即时报告、后续报告，报告方式有电子邮件、传真、电话、短信等（短信方式需收到对方回复确认）。

第五十三条　发生突发事件，事发单位首先要做好先期处置，营救受伤被困人员，恢复电网运行稳定，采取必要措施防止危害扩大，并根据相关规定，及时向上级和所在地人民政府及有关部门报告。

【依据2】《电力突发事件应急演练导则（试行）》（国家电网安监〔2009〕691号）

附件3：电力企业综合应急演练编制导则

5.5.3　应急结束

明确应急结束的条件和相关事项。应急结束的条件一般应满足以下要求：突发事件得以控制，导致次生、衍生事故隐患消除，环境符合有关标准，并经应急指挥部批准。应急结束后的相关事项应包括需要向有关单位和部门上报的突发事件情况报告，以及应急工作总结报告等。

【依据3】《国家电网公司应急预案管理办法》〔国家电网企管〔2014〕1467号国网（安监/3）484—2014〕

第三十条　发生突发事件，事发单位应当根据应急预案要求及时发布预警或启动应急响应，组织力量进行应急处置，并按照规定将事件信息及应急响应情况报告上级有关单位和部门。

【依据4】《中华人民共和国应对法》（主席令第六十九号）

第三十九条　地方各级人民政府应当按照国家有关规定向上级人民政府报送突发事件信息。县级以上人民政府有关主管部门应当向本级人民政府相关部门通报突发事件信息。专业机构、监测网点和信息报告员应当及时向所在地人民政府及其有关主管部门报告突发事件信息。

有关单位和人员报送、报告突发事件信息，应当做到及时、客观、真实，不得迟报、谎报、瞒报、漏报。

7.12　事故调查和安全奖惩考核

7.12.1　事故信息报送

本条评价项目（见《评价》）的查评依据如下。

【依据1】《国家电网公司安全工作规定》〔国网（安监/2）406—2014〕

第七十六条　公司各级单位发生安全事故后，应严格依据国家、行业和公司的有关规定，及时、准确、完整报告事故情况，任何单位和个人对事故不得迟报、漏报、谎报或者瞒报。

事故发生单位应按照相关规定做好事故资料的收集、整理、信息统计和存档工作，并按时向上级相关单位提交事故报告（报表）。

【依据2】《国家电网公司安全事故调查规程》（国家电网安监〔2011〕2024号）

4　事故即时报告

4.1　公司系统各单位事故发生后，事故现场有关人员应当立即向本单位现场负责人报告。现场负责人接到报告后，应立即向本单位负责人报告。情况紧急时，事故现场有关人员可以直接向本单位负责人报告。

4.2　各有关单位接到事故报告后，应当依照下列规定立即上报事故情况：

（1）发生五级以上人身、电网、设备和信息系统事故，应立即按资产关系或管理关系逐级上报至国家电网公司；省电力公司上报国家电网公司的同时，还应报告相关分部。

（2）发生六级人身、电网、设备和信息系统事件，应立即按资产关系或管理关系逐级上报至省电力公司或国家电网公司直属公司。

（3）发生七级人身、电网、设备和信息系统事件，应立即按资产关系或管理关系上报至上一级管理单位。

每级上报的时间不得超过1h。

7.12.2 事故调查处理

本条评价项目（见《评价》）的查评依据如下。

【依据1】《国家电网公司安全工作规定》[国网（安监/2）406—2014]

第七十七条 事故调查应当严格执行国家、行业和公司的有关规定和程序，依据事故等级分级组织调查。对于由国家和政府有关部门、公司系统上级单位组织的调查，事故发生单位应积极做好各项配合工作。

第七十八条 事故调查应坚持实事求是、尊重科学的原则，及时、准确地查清事故经过、原因和损失，明确事故性质，认定事故责任，总结事故教训，提出整改措施，并对事故责任者提出处理意见，严格执行"四不放过"。

事故调查和处理的具体办法按照国家、行业和公司的有关规定执行。

【依据2】《国家电网公司关于印发贯彻落实〈中共中央国务院关于推进安全生产领域改革发展的意见〉实施方案的通知》（国家电网办〔2017〕1101号）

（十七）严格事故调查处理。严格执行事故调查规程和奖惩规定，对事故调查处理做到"四不放过"。坚持安全事故"说清楚"制度，建立事故"曝光台"，及时公布事故调查和责任追究。建立事故调查分析专家制，事故调查报告设立技术和管理专篇。建立事故整改后评估机制，对整改效果开展"回头看"，对整改不力的严肃问责。加强安全事故（事件）信息报送，对瞒报、谎报、漏报、迟报事故（事件）的单位，进行责任处罚。

7.12.3 安全奖励

本条评价项目（见《评价》）的查评依据如下。

【依据1】《国家电网公司安全工作规定》[国网（安监/2）406—2014]

第一〇四条 国家电网公司安全工作实行安全目标管理和以责论处的奖惩制度。安全奖惩坚持精神奖励与物质奖励相结合、惩罚和教育相结合的原则。

第一〇五条 公司各级单位应设立安全奖励基金，对实现安全目标的单位和对安全工作做出突出贡献的个人予以表扬和奖励；至少每年一次以适当的形式表彰、奖励对安全工作做出突出贡献的集体和个人。

【依据2】《国家电网公司安全工作奖惩规定》（国家电网企管〔2015〕266号）

第一章 总则

第二条 公司实行安全目标管理和以责论处的奖惩制度。对实现安全目标的单位和对安全工作做出突出贡献的个人予以表扬和奖励；按照职责管理范围，从规划设计、招标采购、施工验收、生产运行和教育培训等各个环节，对发生安全事故（事件）（以下简称：事故）的单位及责任人进行责任追究和处罚；对事故单位党组（党委）书记按照一岗双责、同奖同罚的原则进行相应的处罚。

第六条 公司每年对所属以下单位予以表扬奖励：

（一）实现安全目标的国调中心、省（自治区、直辖市）电力公司、公司生产性直属单位。

（二）实现安全目标的供电、发电、检修、施工、调控分中心、省调控中心、煤矿、信息通信运行维护单位。

第七条 公司每年对实现安全目标的省级公司及所属各级单位中做出突出贡献的安全生产先进个人进行表扬。

第十一条 安全生产纳入各级单位全员绩效考核，对实现安全目标的单位、安全生产先进个人及所属生产性企业实现连续安全生产100天等，在绩效考核中给予加分奖励，兑现绩效奖金。

【依据3】《国家电网公司关于印发贯彻落实〈中共中央国务院关于推进安全生产领域改革发展的意见〉实施方案的通知》（国家电网办〔2017〕1101号）

（十八）加强安全奖惩。坚持精神鼓励和物质奖励相结合、思想教育和行政经济处罚相结合，完善各级奖惩机制。省级公司设立安全生产专项奖，额度原则上不低于工资总额的1.5%，原水平高于1.5%的单位，保持奖励水平不降低，对实现安全目标、安全生产长周期，迎峰度夏（冬）、抢险救灾等做出突出贡献，及时制止严重违章、发现治理重大隐患、正确处置复杂故障的单位和个人，无违章班组、优秀工作票签发人、工作许可人、工作负责人及时给予表彰和奖励，激励引导干部职工扎实做好安全工作。坚持严抓严管，对未实现安全目标、未落实安全责任、管理违章、行为违章甚至发生事故的，进行严肃处罚。

7.12.4 安全考核

本条评价项目（见《评价》）的查评依据如下。

【依据1】《国家电网公司安全工作规定》［国网（安监/2）406—2014］

第一〇六条 公司各级单位应按照职责管理范围，从规划设计、招标采购、施工验收、生产运行和教育培训等各个环节，对发生安全事故（事件）的单位及责任人进行责任追究和处罚。对造成后果的单位和个人，在评先、评优等方面实行"一票否决制"。

第一〇七条 公司实行安全事故"说清楚"制度，发生事故的单位应在限定时间内向上级单位说清楚。

第一〇八条 生产经营单位主要领导、分管领导因安全事故受到撤职处分的，自受处分之日起，五年内不得担任任何生产经营单位的主要领导。

【依据2】《国家电网公司关于印发贯彻落实〈中共中央国务院关于推进安全生产领域改革发展的意见〉实施方案的通知》（国家电网办〔2017〕1101号）

（十）严格绩效考核和责任追究。落实安全责任全过程追溯制度，对安全监督管理、规划设计、招标采购、建设施工、生产运行、教育培训等各环节失职行为进行追责。严格执行安全生产"一票否决"制度。实行安全事故党纪政纪和经济处罚等责任追究。